Die Homotopie der Sphären

Fridtjof Toenniessen

Die Homotopie
der Sphären

Eine Einführung in Spektralsequenzen, Lokalisierungen und Kohomologie-Operationen

 Springer Spektrum

Fridtjof Toenniessen
University of Applied Sciences Stuttgart
Hochschule der Medien
Stuttgart, Deutschland

ISBN 978-3-662-67941-8   ISBN 978-3-662-67942-5   (eBook)
https://doi.org/10.1007/978-3-662-67942-5

Die Deutsche Nationalbibliothek verzeichnet diese Publikation in der Deutschen Nationalbibliografie;
detaillierte bibliografische Daten sind im Internet über http://dnb.d-nb.de abrufbar.

© Springer-Verlag GmbH Deutschland, ein Teil von Springer Nature 2023

Planung/Lektorat: Andreas Rüdinger
Springer Spektrum ist ein Imprint der eingetragenen Gesellschaft Springer-Verlag GmbH, DE und ist ein
Teil von Springer Nature.
Die Anschrift der Gesellschaft ist: Heidelberger Platz 3, 14197 Berlin, Germany

Das Papier dieses Produkts ist recyclebar.

„*Den Gedanken eines bedeutenden Menschen nachzugehen, ist die interessanteste Wissenschaft.*"

A. PUSCHKIN

Vorwort

Dieses Buch hat zum Ziel, aufbauend auf zwei Semestern algebraischer Topologie einen bedeutenden Meilenstein in der Mathematik des 20. Jahrhunderts lückenlos zugänglich zu machen: die Bestimmung höherer Homotopiegruppen von Sphären mit Methoden der Kohomologie, für deren Anwendung JEAN-PIERRE SERRE im Jahr 1954 die Fields-Medaille erhielt. Als Vorbereitung darauf wird (unter anderem) eine grundlegende Einführung in Spektralsequenzen und Kohomologie-operationen gegeben.

Der Text verlangt kein zusätzliches Literaturstudium und ist durchgehend im Stil eines Lehrbuches gehalten. Viele klassische und technisch komplizierte Sätze der Homotopietheorie aus der Zeit vor den Arbeiten von SERRE sind (zu Gunsten der Einfachheit) nur soweit ausgearbeitet, wie sie für die Hauptresultate in Kapitel 10 benötigt werden. Insofern versteht sich das Buch als themenorientierte Hinführung auf ein konkretes Ziel und nicht als enzyklopädisches Nachschlagewerk in der Breite[1]. Das Buch gliedert sich in drei inhaltliche Hauptbereiche.

Teil 1 – Motivation und Präliminarien

Am Anfang steht eine Wiederholung klassischer Themen aus den 1930er-Jahren wie *CW-Komplexe* (J.H.C. WHITEHEAD) und *zelluläre Kohomologie*, sowie die *Faserungen* (H. HOPF, W. HUREWICZ), die über die HOPF-Abbildung $S^3 \to S^2$ und die daraus resultierenden Meilensteine $\pi_3(S^2) \cong \mathbb{Z}$ und $\pi_4(S^2) \cong \mathbb{Z}_2$ den Beginn einer faszinierenden Entwicklung markieren.

Die Faserungen werden dann ergänzt durch das Konzept der *Pfadräume* und *Schleifenräume*, die einen bedeutenden Einfluss auf die Entwicklung der Topologie in den 1950-er Jahren (J.W. MILNOR, M. BARRATT) ausübten, und münden danach in das wichtige Theorem von MILNOR über die Äquivalenz dieser Räume zu CW-Komplexen (unter bestimmten Voraussetzungen).

Eine weiteres, aus den USA stammendes Schlüsselkonzept der Homotopietheorie sind *EILENBERG-MACLANE-Räume*, welche die atomaren Bausteine der Homotopie eines topologischen Raumes bilden und im Fall einer CW-Struktur von eindeutigem Homotopietyp sind. Sie wurden Ende der 1940-er Jahre von S. EILENBERG und S. MAC LANE entdeckt und ermöglichten M. POSTNIKOV im Jahr 1951 die Konstruktion von *POSTNIKOV-Türmen* als Sequenz von *Hauptfaserungen*.

---

[1]Einzige Abweichung vom direkten Weg zum angestrebten Ziel sind die Lokalisierungen topologischer Räume und ein Theorem von MILNOR zum Homotopietyp von Fasern über CW-Komplexen. Sie sind nicht zwingend notwendig, vereinfachen aber spätere Argumente deutlich. Die entsprechenden Kapitel sind mit einem * gekennzeichnet.

Teil 2 – Spektralsequenzen und das allgemeine Theorem von Serre

Damit ist die Bühne vorbereitet für *Spektralsequenzen*, dem Hauptthema des Buches. In dieser Form wurden sie erstmals 1951 von J.P. SERRE eingesetzt und begründeten den algebraisch motivierten, französischen Einfluss auf die Topologie. SERRE selbst hat dazu bei der Verleihung des Abel-Preises 2003 gesagt, dass die „*french topology*" in den USA erst nach einiger Zeit akzeptiert war, mittlerweile aber zu einem klassischen Werkzeug in vielen Bereichen der Mathematik wurde.

Wir behandeln hier Spektralsequenzen von Faserungen über CW-Komplexen, also vor einem eher topologisch motivierten Hintergrund (der aber äquivalent zu dem Ansatz von SERRE ist, auf Ideen von W.S. MASSEY zurückgeht und unter anderem auch von A. HATCHER beschrieben wurde). Damit erreichen wir den ersten Meilenstein des Buches: ein allgemeines Theorem von SERRE, wonach die Gruppen $\pi_k(S^n)$ für alle $k > n$ endlich sind, mit Ausnahme der Gruppen $\pi_{2n-1}(S^n)$ für gerades $n \geq 2$, bei denen noch ein $\mathbb{Z}$-Summand hinzukommt.

Teil 3 – Lokalisierungen und Kohomologieoperationen

Die eigentliche Stärke der Spektralsequenzen zeigt sich dann bei der Berechnung konkreter Beispiele wie $\pi_5(S^3) \cong \mathbb{Z}_2$, $\pi_6(S^3) \cong \mathbb{Z}_{12}$, $\pi_{10}(S^7) \cong \mathbb{Z}_{24}$ oder auch $\pi_{10}(S^3) \cong \mathbb{Z}_{15}$. Hierfür nehmen wir eine subtile Analyse der Spektralsequenzen mit STEENROD-*Squares* $Sq^i : H^n(X;\mathbb{Z}_2) \to H^{n+i}(X;\mathbb{Z}_2)$ vor.

Die STEENROD-Squares sind spezielle *Kohomologieoperationen* und bilden ein in sich geschlossenes Kapitel. Sie werden hier über die *äquivariante Kohomologie* konstruiert, wie 1962 von STEENROD selbst vorgeschlagen, um den technischen Aufwand durch elegantere, abstrakte Konzepte zu ersetzen. Das allgemeine Verfahren für Koeffizientengruppen $\mathbb{Z}_p$, $p \geq 2$ prim, konnte dabei durch die Einschränkung auf den Spezialfall $p = 2$ deutlich einfacher dargestellt werden.

Zuletzt ist es dann die Symbiose dieser mächtigen Ideen, Spektralsequenzen und STEENROD-Squares, beide schon für sich allein wahre Perlen der Topologie, die im Finale des Buches die Bestimmung einiger höherer Homotopiegruppen der Sphären ermöglichen (wobei, wie schon angedeutet, die *Lokalisierungen* $X_{(p)}$ mit der Eigenschaft $\pi_k(X_{(p)}) \cong \pi_k(X) \otimes \mathbb{Z}_{(p)}$ speziell für $p = 2$ eine argumentative Vereinfachung bringen, die zwar nicht zwingend notwendig ist, aber auch für sich gesehen ein interessantes Thema der algebraischen Topologie darstellt).

Ich gebe zu: Dieses Programm mag für Studenten der Mathematik auch noch im Hauptstudium schwindelerregend wirken. Es sei aber versichert, dass das Buch eine behutsame Einführung gibt, manchmal werden die Argumente mit Beispielen untermauert, ja fast in Zeitlupe ausgeführt und ein höherer Umfang gerne in Kauf genommen. Für kompliziertere Beweise gibt es separate Nachbetrachtungen, in denen die Beweisstrategie noch einmal zusammengefasst und reflektiert wird. Es war mir auch wichtig, die Themen stets organisch zu entwickeln, also nichts einfach vom Himmel fallen zu lassen und aufzuzeigen, wie sich die Ideen in logischer Konsequenz ergeben haben (was freilich nicht darüber hinwegtäuschen soll, dass manche Gedankenblitze eben kaum erklärbar sind, es sei denn mit den visionären Fähigkeiten eines Genies).

Nun wünsche ich Ihnen eine spannende Lektüre mit vielen erhellenden Momenten, wenn Sie eine Reise durch die Topologie des 20. Jahrhunderts antreten, um am Ende ein mit der Fields-Medaille gekröntes Ergebnis zu verstehen.

Stuttgart, im Juli 2023   Fridtjof Toenniessen

Danksagung

Zuerst möchte ich meiner Familie einen lieben Dank sagen. Dafür, dass sie mir ermöglicht, einer erfüllenden Beschäftigung wie dem Schreiben von Mathematikbüchern nachzugehen. Auch Herrn Dr. Andreas Rüdinger vom Springer Verlag sei Dank für die stets aufmerksame Betreuung des Buches, Frau Bianca Alton für das Lektorat und, last but not least, Herrn Dr.-Ing. Ivo Steinbrecher von der Universität der Bundeswehr München für das Illustrator-Plugin LaTeX2AI®, mit dem die zahlreichen Abbildungen beschriftet sind.

Inhaltsverzeichnis

Teil 1

Motivation zum Thema, einige Präliminarien
und eine Einführung zu Faserungen

1 Einleitung und Motivation

Im Sommer 1930 begann ein Stück Mathematikgeschichte. H. Hopf zeigte für das S^1-Faserbündel $h : S^3 \to S^2$, dass es nicht homotop zu einer konstanten Abbildung ist. In der heutigen Terminologie bedeutet dies $\pi_3(S^2) \neq 0$. Das Hopf-Bündel wurde so zu einer der wichtigsten Abbildungen überhaupt und legte den Grundstein für ein faszinierendes Forschungsgebiet. Lassen Sie uns zunächst die Ästhetik dieser Abbildung verstehen und einige Konsequenzen daraus herleiten.

1.1 Sphären in euklidischen Räumen

Unter der n-**dimensionalen Sphäre** im $\mathbb{R}^{n+1}$ versteht man die Menge

$$S^n \;=\; \left\{ (x_1, \ldots, x_{n+1}) \in \mathbb{R}^{n+1} : x_1^2 + \ldots + x_{n+1}^2 = 1 \right\},$$

also die Punkte vom Betrag 1 im $(n+1)$-dimensionalen euklidischen Raum.

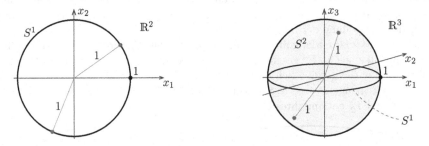

Die einfachste zusammenhängende Sphäre ist S^1, der Einheitskreis. Auch die S^2 ist noch vorstellbar: als Oberfläche der Einheitskugel im $\mathbb{R}^3$. Mit der S^3 geht das aber nicht mehr, denn der euklidische Raum $\mathbb{R}^4$ entzieht sich unserer Vorstellung. Hier hilft man sich mit Teilmodellen, motiviert aus den niedrigeren Dimensionen. So hat die S^2 die S^1 als Äquator, der sie in eine nördliche (H_N^2) und eine südliche Hemisphäre (H_S^2) trennt, die homöomorph zur Kreisscheibe $D^2 \subset \mathbb{R}^2$ und entlang ihres Randes $\partial D^2 = S^1$ verklebt sind. Man erhält so $S^2 \cong (H_N^2 \sqcup H_S^2)/\sim$.

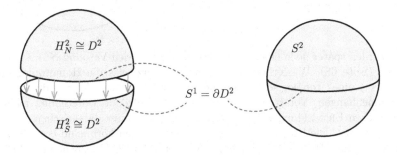

© Springer-Verlag GmbH Deutschland, ein Teil von Springer Nature 2023
F. Toenniessen, *Die Homotopie der Sphären*,
https://doi.org/10.1007/978-3-662-67942-5_1

Genauso könnte man sich die $S^2 \subset \mathbb{R}^3$ als Äquator in S^3 vorstellen, der den inneren Halbraum D_I^3 berandet (homöomorph zur Einheitskugel $D^3 \in \mathbb{R}^3$), und den äußeren Halbraum D_A^3 als die Punkte im $\mathbb{R}^3$ vom Betrag ≥ 1, ergänzt um den Punkt ∞ zur **Ein-Punkt-Kompaktifizierung** $\overline{D_A^3}$. Eine Umgebungsbasis von ∞ besteht dabei aus allen Komplementen $\overline{D_A^3} \setminus K$, mit $K \subset D_A^3$ kompakt. Es ergibt sich $S^3 \cong (D_I^3 \sqcup \overline{D_A^3})/\sim$, wobei die Ränder $\partial D_I^3 = S_I^2$ und $\partial D_A^3 = S_A^2$ punktweise identifiziert sind.

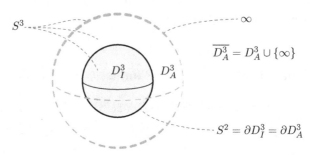

Ein Nachteil ist, dass D_A^3 nur durch einen zusätzlichen, unendlich fernen Punkt kompakt wird. Schon 1898 fand P. HEEGAARD hierfür eine überraschende Lösung mit der Darstellung der S^3 aus der Verklebung zweier solider Tori $T_1^s = D^2 \times S^1$ und $T_2^s = S^1 \times D^2$ entlang ihrer Randflächen, [41]. Die S^3 wird dabei als Rand ∂D^4 der Einheitskugel im $\mathbb{R}^4$ gesehen, und diese wiederum ist homöomorph zu $D^2 \times D^2$. Wegen $S^1 = \partial D^2$ ergibt sich daraus $S^3 \cong \partial(D^2 \times D^2) = (D^2 \times S^1) \cup (S^1 \times D^2)$, mit Schnittmenge $T = S^1 \times S^1$. So interpretiert, entsteht S^3 aus der Verklebung von T_1^s und T_2^s entlang ihres Randes T.

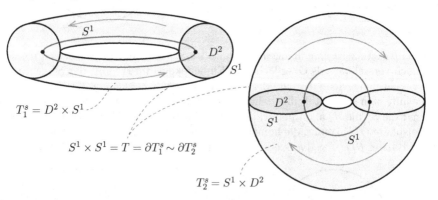

Wir werden später noch eine Darstellung von S^3 als den Verbund $S^1 * S^1$ kennen lernen (Seite 68). Wiederholen wir nun aber kurz, was die Homotopiegruppen $\pi_n(X, x_0)$ eines topologischen Raumes X sind und wie sie mit den Sphären zusammenhängen. Vorab sei erwähnt, dass die folgende Darstellung nicht der historischen Entwicklung entspricht, sondern auch unter didaktischen Aspekten entstanden ist. Die Homotopiegruppen in der heutigen Form sind erst 1932-1935 von ČECH und HUREWICZ eingeführt worden, [24][50][53], nachdem HOPF mit seinen Resultaten die Aufmerksamkeit auf dieses Gebiet gelenkt hatte.

1.2 Homotopiegruppen in der algebraischen Topologie

Zu den ersten Bausteinen der algebraischen Topologie um das Jahr 1900 gehört (neben den Homologiegruppen) die von POINCARÉ eingeführte **Fundamentalgruppe** $\pi_1(X, x_0)$ eines wegzusammenhängenden Raumes X zum Basispunkt x_0, also die Menge der Homotopieklassen stetiger Abbildungen $\gamma : (I, \partial I) \to (X, x_0)$, wobei alle Homotopien relativ ∂I sind. Jedes solche γ faktorisiert durch den Quotienten $S^1 = I/\partial I$, weswegen man die Fundamentalgruppe auch äquivalent als die Homotopieklassen punktierter stetiger Abbildungen $(S^1, 1) \to (X, x_0)$ sehen kann, als die Homotopieklassen relativ 1 aller an x_0 geschlossenen Wege in X. Eine Gruppenstruktur entsteht dabei durch das Nacheinander-Durchlaufen zweier Wege, die inversen Wege werden durch die rückwärts durchlaufenen Wege repräsentiert.

So gesehen beschreibt die Gruppe $\pi_1(S^1, 1)$ alle Homotopieklassen von Abbildungen $(S^1, 1) \to (S^1, 1)$ und beantwortet damit die Frage: „Auf wieviele essentiell verschiedene Weisen kann man die S^1 auf die S^1 abbilden?"

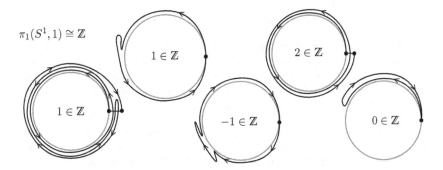

$\pi_1(S^1, 1) \cong \mathbb{Z}$

$1 \in \mathbb{Z}$

$2 \in \mathbb{Z}$

$1 \in \mathbb{Z}$

$-1 \in \mathbb{Z}$

$0 \in \mathbb{Z}$

Die Beispiele veranschaulichen das bekannte Ergebnis $\pi_1(S^1, 1) \cong \mathbb{Z}$, es kommt also modulo Homotopie nur darauf an, wie oft sich der geschlossene Weg, oder eben anders ausgedrückt: die S^1, um sich selbst herumwindet (Seite I-89). Dies ist das erste (und einfachste) Exemplar der Gruppen, die uns im gesamten Rest des Buches beschäftigen werden: die Homotopiegruppen der Sphären.

Kurz zur Erinnerung: Die **Homotopiegruppen** $\pi_n(X, x_0)$ eines wegzusammenhängenden Raumes X sind in konsequenter Analogie zur Fundamentalgruppe definiert (Seite I-133 ff), die Vorstellung dahinter sind Homotopieklassen punktierter stetiger Abbildungen $(S^n, 1) \to (X, x_0)$, mit Homotopien relativ $\{1\}$. Um diesen eine Gruppenstruktur zu geben, betrachtet man die Homotopieklassen von stetigen Abbildungen $(I^n, \partial I^n) \to (X, x_0)$, mit Homotopien relativ ∂I^n. Für Repräsentanten $f, g : (I^n, \partial I^n) \to (X, x_0)$ sei die Klasse $[f] + [g]$ dann über

$$\big([f] + [g]\big)(t_1, \ldots, t_n) = \begin{cases} f(2t_1, t_2, \ldots, t_n) & \text{für } t_1 \leq 1/2 \\ g(2t_1 - 1, t_2, \ldots, t_n) & \text{für } t_1 > 1/2 \end{cases}$$

definiert. Dies ist unabhängig von der Wahl der Repräsentanten f und g und der verknüpfenden Koordinate (hier t_1). Beachten Sie, dass diese Definition für $n = 1$ der klassischen Fundamentalgruppe entspricht.

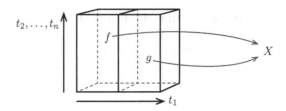

Das Bild zeigt für $n = 3$, wie die zwei Einheitswürfel in der t_1-Richtung um den Faktor $1/2$ gestaucht und dann nebeneinander gestellt werden. Es entsteht wieder ein Einheitswürfel. In der linken Hälfte lebt die Abbildung f, in der rechten g. Sie können dann zur **Übung** verifizieren, dass das inverse Element $-f$ durch die Abbildung $(t_1, t_2, \ldots, t_n) \mapsto f(1 - t_1, t_2, \ldots, t_n)$ repräsentiert wird. Damit können wir einige einfachere Resultate aus Grundlagenvorlesungen rekapitulieren. Dabei seien ab jetzt die Basispunkte $1 \in S^n$ weggelassen und alle Abbildungen oder Homotopien basispunkt-erhaltend.

Zunächst ergibt sich sehr schnell

$$\pi_n(S^1) = 0 \qquad \text{für } n \geq 2.$$

Betrachten Sie dazu eine stetige Abbildung $f : S^n \to S^1$ und liften diese zur universellen Überlagerung $\exp : \mathbb{R} \to S^1$ als Abbildung $\tilde{f} : S^n \to \mathbb{R}$. Dies ist nach dem Liftungssatz (Seite I-98) möglich, denn $\pi_1(S^n) = 0$. Eine (starke) Deformationsretraktion von $\mathbb{R}$ auf ein $y \in \mathbb{Z}$ definiert dann eine Homotopie (relativ 1) der Abbildung f zur konstanten Abbildung $g \equiv 1$. $\hfill (\square)$

Beachten Sie, dass wir hier den einfachen Zusammenhang der höheren Sphären verwendet haben. Ein keineswegs triviales Resultat, denn wir haben in der Topologie keine differenzierbaren, sondern stetige Abbildungen, und dort gibt es exotische Beispiele wie die flächenfüllende PEANO-Kurve $\gamma : I \to I^2$ (hier in einer Variante von D. HILBERT).

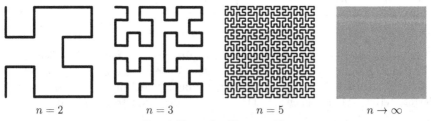

$\qquad n = 2 \qquad\qquad\qquad n = 3 \qquad\qquad\qquad n = 5 \qquad\qquad\qquad n \to \infty$

Entwicklung der HILBERT-Kurve

Diese Kurve hat als Grenzwert einer Funktionenfolge unendlich viele „Zacken", ist nirgendwo differenzierbar (aber stetig), hat unendliche Länge und überdeckt das gesamte Quadrat. Mit der Quotientenabbildung $I^2 \to I^2/\partial I^2 \cong S^2$ lässt sich damit sofort eine surjektive stetige Abbildung $f : S^1 \to S^2$ konstruieren. Da die S^2 nicht zusammenziehbar ist, folgt die Nullhomotopie von f nicht ohne weitere Hilfsmittel – das einfachste wäre in diesem Fall der Satz über die simpliziale Approximation stetiger Abbildungen (Seite I-165).

Mit diesem Approximationssatz folgt dann aber gleich viel mehr, nämlich

$$\pi_k(S^n) = 0 \quad \text{für } k < n,$$

denn jede stetige Abbildung $(\partial\Delta^{k+1}, v_0) \to (\partial\Delta^{n+1}, v_0)$ ist demnach homotop relativ zur Ecke v_0 zu einer simplizialen Abbildung, welche für $k < n$ nicht surjektiv und daher nullhomotop ist. $\qquad\qquad (\square)$

Die erste wirklich schwierigere Aussage betrifft die Frage nach den Homotopiegruppen $\pi_n(S^n)$ für $n \geq 2$. Hier gelang H. HOPF der Durchbruch mit dem Satz, wonach

$$\pi_n(S^n) \cong \mathbb{Z} \quad \text{für } n \geq 2$$

ist, in völliger Analogie zur Fundamentalgruppe des Einheitskreises. Der Beweis wird heute am schnellsten mit dem Theorem von HUREWICZ geführt: Wegen des $(n-1)$-Zusammenhangs von S^n gilt $\pi_n(S^n) \cong H_n(S^n)$, und die klassische simpliziale Homologie von POINCARÉ zeigt $H_n(S^n) \cong \mathbb{Z}$, mit dem Fundamentalzyklus $\mu_{S^n} \cong \partial\Delta^{n+1}$ als Generator. Das Theorem sagt dann, dass der Homomorphismus

$$p_n : \pi_n(S^n) \longrightarrow H_n(S^n), \quad [f] \mapsto f_*(\mu_{S^n}),$$

auch HUREWICZ-Homomorphismus genannt, ein Isomorphismus ist (dies wird in diesem Buch noch einmal genauer ausgeführt, Seite 203). Es folgt, dass die Identität $S^n \to S^n$ ein Generator von $\pi_n(S^n) \cong \mathbb{Z}$ ist (der originale Beweis von HOPF verfolgt übrigens einen ähnlichen Gedanken, mit dem Abbildungsgrad stetiger Abbildungen $S^n \to S^n$, dem BROUWER-Grad, [20]). $\qquad (\square)$

Die Grafik zeigt einen Repräsentanten der Zahl $3 \in \mathbb{Z}$ als Abbildung, welche die S^2 dreimal an der Nord-Süd-Achse um sich selbst wickelt (der Winkel η steht für den Längengrad, θ ist der Breitengrad). Das Beispiel kann ohne Schwierigkeiten auf alle $n \geq 2$ verallgemeinert werden.

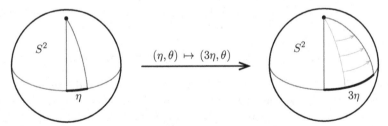

Soweit die Zusammenfassung einfacherer Resultate zu den Homotopiegruppen der Sphären. Bis um das Jahr 1930 hatte man also, in der heutigen Sprache der Topologie formuliert, ein vollständiges Bild der Sphärenhomotopie für alle $\pi_k(S^n)$ mit $k \leq n$ erarbeitet, neben den vollständigen Resultaten für $\pi_k(S^1)$, $k \geq 0$.

In der Homologie war die Aufgabe einfacher, hier kannte man schon frühzeitig, für $n > 0$, die Gruppen $H_0(S^n) \cong H_n(S^n) \cong \mathbb{Z}$ und $H_k(S^n) = 0$ in den anderen Fällen. Vor 1930 konnte man hingegen keine einzige Gruppe $\pi_k(S^n)$ für $k > n \geq 2$ bestimmen, es bestand sogar die Möglichkeit, dass diese Gruppen (wie bei $n = 1$) ohne Ausnahme verschwinden. Doch dann sollte alles anders kommen ...

1.3   Das Jahr 1930: Die große Entdeckung von Heinz Hopf

Schon Ende der 1920-er Jahre beschäftigte sich H. HOPF in Princeton mit einer der bedeutendsten Abbildungen der Topologie, der HOPF-Faserung $h : S^3 \to S^2$, mit der er im Sommer 1930 Mathematikgeschichte schrieb, [45].

Es sei dazu S^3 die Menge aller Punkte $(z_1, z_2) \in \mathbb{C}^2$ vom Betrag 1 und die Ein-Punkt-Kompaktifizierung $\mathbb{C} \cup \{\infty\}$ über die **stereographische Projektion**

$$P_N : S^2 \setminus (0,0,1) \longrightarrow \mathbb{R}^2, \quad (x_1, x_2, x_3) \mapsto \frac{1}{1 - x_3}(x_1, x_2),$$

homöomorph mit der S^2 identifiziert.

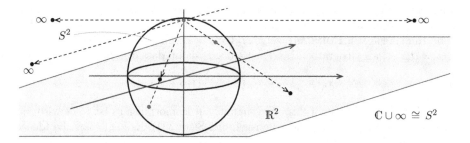

Unter diesen Voraussetzungen ist es – etwas überraschend – eine ganz einfache Aufgabe, eine surjektive stetige Abbildung $S^3 \to S^2$ über die Festlegung

$$h : S^3 \longrightarrow S^2, \quad (z_1, z_2) \mapsto \begin{cases} z_1/z_2 & \text{für } z_2 \neq 0 \\ \infty & \text{für } z_2 = 0 \end{cases}$$

zu definieren. Versuchen wir, diese Abbildung etwas genauer zu verstehen. Es ist $h^{-1}(\infty) = \{(z,0) : |z| = 1\} \cong S^1$, und für eine komplexe Zahl $w \neq \infty$ haben wir

$$h^{-1}(w) = \{(z_1, z_2) : |z_1|^2 + |z_2|^2 = 1 \text{ und } z_1 = wz_2\}.$$

Die Punkte (z_1, z_2) mit $z_1 = wz_2$ bilden eine komplexe Gerade durch $0 \in \mathbb{C}^2$, homöomorph zu $\mathbb{C}$, und die Bedingung $|z_1|^2 + |z_2|^2 = 1$ schneidet daraus die Paare vom Betrag 1 heraus, womit sich auch hier ein Raum homöomorph zu S^1 ergibt (denken Sie an die Analogie mit Geraden durch den Nullpunkt in $\mathbb{R}^2$).

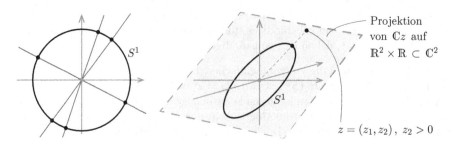

Es ist plausibel, dass die S^1-Fasern für verschiedene $w \in S^2$ disjunkt sind und „stetig" von w abhängen, also für nahe beieinander liegende Punkte w auch in $\mathbb{C}^2$ nahe beieinander liegen. Somit ist $h : S^3 \to S^2$ ein S^1-**Faserbündel**, jeder Punkt $w \in S^2$ hat eine Umgebung $U \subset S^2$ mit einem **fasertreuen** Homöomorphismus $h_U : h^{-1}(U) \to U \times S^1$, auch **Trivialisierung** genannt, womit das Diagramm

$$E|_U = h^{-1}(U) \xrightarrow{\quad h_U \quad} U \times S^1$$
$$\searrow_h \quad \nwarrow^{\mathrm{pr}_U}$$
$$U$$

kommutiert (mit der Projektion pr_U auf den ersten Faktor). Es ist eine lohnende **Übung**, sich klarzumachen, dass das Faserbündel $S^1 \to S^3 \xrightarrow{h} S^2$ wie die zweiblättrige Überlagerung $S^1 \to \mathbb{P}^1_{\mathbb{R}}$ des reell projektiven Raums (als Menge reeller Geraden) entsteht: aus der Abbildung $\mathbb{C}^2 \setminus \{0\} \to \mathbb{P}^1_{\mathbb{C}} \cong S^2$, $(z_1, z_2) \mapsto z_1 z_2^{-1}$. Leider können wir nicht näher auf die Geometrie dieses Faserbündels eingehen, doch sei wenigstens soviel gesagt: Wenn die S^3 ohne den Nordpol $(0,0,0,1)$ über die vierdimensionale stereographische Projektion

$$P_N : S^3 \setminus (0,0,0,1) \longrightarrow \mathbb{R}^3, \quad (x_1, x_2, x_3, x_4) \mapsto \frac{1}{1 - x_4}(x_1, x_2, x_3)$$

mit dem euklidischen Raum $\mathbb{R}^3$ identifiziert wird, dann liegen die Fasern $h^{-1}(w)$ als disjunkte Kreise im $\mathbb{R}^3$. Nur die Faser über dem Punkt $\infty \in \mathbb{C} \cup \{\infty\} \cong S^2$ bildet als Gerade im $\mathbb{R}^3$, als die z-Achse, eine Ausnahme.

Genauer formuliert: Die S^1-Fasern über einem Breitenkreis der S^2, er sei mit C_α bezeichnet ($\alpha \in [-\pi/2, \pi/2]$ ist der Breitengrad), bilden einen Torus T^2_α und liegen als sogenannte **Villarceau-Kreise** auf diesem Torus, benannt nach dem Mathematiker und Astronom Y. VILLARCEAU. Diese Kreise entstehen in Paaren durch einen Schnitt des Torus mit einer tangentialen Ebene $E_{\alpha,\beta}$ durch seinen Schwerpunkt, wobei die Ebenen um die Achse des Torus rotieren, um ihn vollständig zu überdecken ($0 \leq \beta < 2\pi$, siehe auch das übernächste Bild auf der Folgeseite). Die Faser über einem $w \in \mathbb{C}$ ist dann stets einer der beiden Kreise eines VILLARCEAU-Kreispaares $T^2_\alpha \cap E_{\alpha,\beta}$, sodass $h^{-1}(w)$ eben stetig von w abhängt (die reflektierte Projektion $-P_N$ würde den jeweils anderen Kreis liefern).

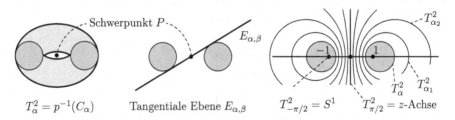

$$T^2_\alpha = p^{-1}(C_\alpha) \qquad \text{Tangentiale Ebene } E_{\alpha,\beta} \qquad T^2_{-\pi/2} = S^1 \qquad T^2_{\pi/2} = z\text{-Achse}$$

Die Urbilder $h^{-1}(C_\alpha)$ aller Breitenkreise zusammen bilden disjunkt ineinander verschachtelte Tori, welche den $\mathbb{R}^3$ überdecken. Einzige Ausnahmen sind die Winkel $\alpha = \pi/2$ (Nordpol der S^2) und $\alpha = -\pi/2$ (Südpol), wo die Fasern eindimensional sind (die z-Achse und die S^1). In der folgenden Abbildung sind drei weitere Querschnitte von Tori erkennbar, für die Winkel $\alpha < \alpha_1 < \alpha_2$.

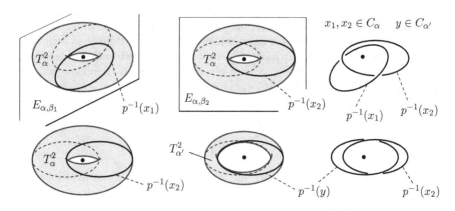

Die Lage der VILLARCEAU-Kreise ist wahrlich ein ästhetisches Wunderwerk im dreidimensionalen Raum, je zwei von ihnen sind disjunkt und einfach ineinander verschlungen (so bewies HOPF ursprünglich die Nichttrivialität von h).

Eine detailliertere Beschreibung des HOPF-Faserbündels finden Sie in der weiterführenden Literatur über Faserungen, zum Beispiel in [57] oder [94].

Die Berechnung der Homotopiegruppe $\pi_3(S^2)$

Die HOPF-Faserung $h : S^3 \to S^2$ ist offensichtlich surjektiv – und noch wichtiger: Sie ist differenzierbar und keine exotische Konstruktion wie die surjektive PEANO-Kurve $S^1 \to S^2$, die nach homotoper Verformung als simpliziale Abbildung nicht mehr surjektiv und daher nullhomotop ist. So gab es tatsächlich die Hoffnung, eine **topologisch wesentliche** Abbildung $S^3 \to S^2$ gefunden zu haben. Damit meinte HOPF eine Abbildung, die nicht homotop zu einer Abbildung ist, die im Ziel einen Punkt auslässt (womit er $\pi_3(S^2) \neq 0$ bewiesen hätte).

Das historische Resultat $\pi_3(S^2) \cong \mathbb{Z}$ ist es auf jeden Fall wert, in dieser Einleitung genauer erläutert zu werden. Dazu sei kurz an die **relativen Homotopiegruppen** $\pi_n(X, A, x)$ für Raumpaare (X, A) bezüglich eines Basispunkts $x \in A$ erinnert: Mit $J^{n-1} = (\partial I^{n-1} \times I) \cup (I^{n-1} \times 0) \subset \partial I^n$ betrachtet man die relativen Homotopieklassen von Abbildungen $f : (I^n, \partial I^n, J^{n-1}) \to (X, A, x)$. Die Homotopien $h_t : I^n \to X$, $0 \leq t \leq 1$, sind dabei relativ zu $(\partial I^n, J^{n-1})$, mithin alle h_t Abbildungen $(I^n, \partial I^n, J^{n-1}) \to (X, A, x)$.

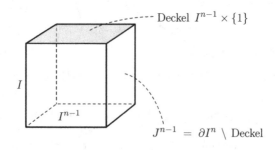

Die so definierten Homotopieklassen bezeichnet man dann als n-te **relative Homotopiegruppe** des Tripels (X, A, x) und schreibt dafür $\pi_n(X, A, x)$. Für $n = 1$ ist $\pi_1(X, A, x)$ nur eine punktierte Menge ohne Gruppenstruktur, für $n \geq 3$ sind die Gruppen aber wieder abelsch.

Die Gruppenstruktur entsteht dabei wie bei den absoluten Gruppen: Legt man die beiden Quader I^n nebeneinander, passen die Abbildungen an der Nahtstelle genau zusammen und der neue Deckel wird vorschriftsmäßig in die Menge A abgebildet. Bei $\pi_1(X, A, x)$ ist keine Gruppenverknüpfung möglich, denn hier fehlt die zweite Koordinate, um den Deckel nicht-konstant auf die Menge A abzubilden. Die Kommutativität der Gruppen für $n \geq 3$ zeigt man ähnlich wie bei den absoluten Gruppen für $n \geq 2$.

Die relativen Homotopiegruppen ermöglichen (ähnlich wie in der Homologie) ein wichtiges technisches Hilfsmittel, die **lange exakte Homotopiesequenz** eines Raumpaares (X, A, x)

$$\cdots \xrightarrow{j_*} \pi_{n+1}(X, A) \xrightarrow{\partial_*} \pi_n(A) \xrightarrow{i_*} \pi_n(X) \xrightarrow{j_*} \pi_n(X, A) \xrightarrow{\partial_*} \pi_{n-1}(A) \xrightarrow{i_*} \cdots,$$

in der die Basispunkte weggelassen sind. Die Sequenz endet eigentlich bei $\pi_1(X, x)$, kann aber formal auch bis $\pi_0(X, x)$ verlängert werden – man muss nur berücksichtigen, dass $\pi_1(X, A, x)$ in der Regel keine Gruppenstruktur trägt. Die Homomorphismen i_* und j_* sind offensichtlich, wenn Sie die Inklusionen $i : (A, x) \hookrightarrow (X, x)$ und $j : (X, x, x) \hookrightarrow (X, A, x)$ betrachten, und ∂_* ist von der Einschränkung einer Abbildung $f : (I^n, \partial I^n, J^{n-1}) \to (X, A, x)$ auf $(\partial I^n, J^{n-1}) \to (A, x)$ induziert: Mit der Inklusion $(I^{n-1}, \partial I^{n-1}) \cong (I^{n-1} \times 1, \partial I^{n-1} \times 1) \subset (\partial I^n, J^{n-1})$ ergibt sich eine wohldefinierte Abbildung $(I^{n-1}, \partial I^{n-1}) \to (A, x)$, die $\partial_*[f] \in \pi_{n-1}(A, x)$ repräsentiert (die Exaktheit der Sequenz ist eine schöne Übung in elementarer Homotopietheorie, Seite I-142 f, siehe auch deren Verallgemeinerung auf Raumtripel, die auf Seite 16 ausführlicher besprochen ist).

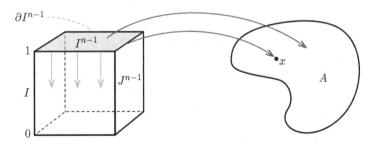

Wir greifen nun den roten Faden auf und wählen die Faser $h^{-1}(1) \cong S^1 \subset S^3$. Die lange exakte Homotopiesequenz des Paares (S^3, S^1) führt dann zu

$$\cdots \to \pi_{n+1}(S^3, S^1) \to \pi_n(S^1) \to \pi_n(S^3) \to \pi_n(S^3, S^1) \to \pi_{n-1}(S^1) \to \cdots,$$

und die Frage stellt sich nach der Gestalt der relativen Gruppen $\pi_n(S^3, S^1)$. In dem folgenden Resultat steckt dann die Hauptarbeit auf dem Weg zu $\pi_3(S^2) \cong \mathbb{Z}$.

Satz (Isomorphie von $\pi_n(S^3, S^1)$ und $\pi_n(S^2)$)

Die HOPF-Faserung $h : S^3 \to S^2$ induziert für $n \geq 2$ Isomorphismen relativer Homotopiegruppen

$$h_* : \pi_n(S^3, S^1) \longrightarrow \pi_n(S^2, 1).$$

In der exakten Homotopiesequenz von (S^3, S^1) können damit die Gruppen $\pi_n(S^3, S^1)$ durch $\pi_n(S^2)$ ersetzt werden, es ist also

$$\pi_n(S^3, S^1) \xrightarrow{\quad \partial_* \quad} \pi_{n-1}(S^1)$$
$$h_* \searrow \qquad \nearrow d$$
$$\pi_n(S^2)$$

kommutativ, mit $d = \partial_* h_*^{-1}$. Es folgt die exakte Sequenz

$$\cdots \xrightarrow{h_*} \pi_{n+1}(S^2) \xrightarrow{d} \pi_n(S^1) \xrightarrow{i_*} \pi_n(S^3) \xrightarrow{h_*} \pi_n(S^2) \xrightarrow{d} \pi_{n-1}(S^1) \xrightarrow{i_*} \cdots,$$

aus der sich das historische Resultat an der Stelle $n = 3$ mit den Homotopiegruppen von S^1 und der Tatsache $\pi_3(S^3) \cong \mathbb{Z}$ direkt ergibt:

Folgerung (Hopf 1931)

Es ist $\pi_3(S^2) \cong \mathbb{Z}$, mit dem S^1-Faserbündel $h : S^3 \to S^2$ als Generator. $\square$

Der **Beweis** des obigen Satzes kann noch mit relativ einfachen Mitteln erbracht werden. Dies sei, wie schon erwähnt, wegen seiner großen Bedeutung auch getan (obwohl die Folgerung in einem späteren Kapitel als Spezialfall enthalten ist). Zunächst liegt auf der Hand, dass h wegen $h^{-1}(1) \cong S^1$ auch als Abbildung von Raumpaaren $(S^3, S^1) \to (S^2, 1)$ interpretiert werden kann.

Für die Surjektivität von h_* sei dann $f : (I^n, \partial I^n) \to (S^2, 1)$ Repräsentant eines Elements in $\pi_n(S^2, 1)$, aufgefasst als Abbildung $(I^n, \partial I^n, J^{n-1}) \to (S^2, 1, 1)$. Das Ziel ist eine **Liftung** von f nach $(S^3, S^1, 1)$, also ein kommutatives Diagramm

$$(S^3, S^1, 1)$$
$$\widetilde{f} \nearrow \qquad \downarrow h$$
$$(I^n, \partial I^n, J^{n-1}) \xrightarrow{\quad f \quad} (S^2, 1, 1).$$

Offensichtlich ist damit $[f] = h_*[\widetilde{f}]$. Der Weg dahin führt über eine geschickte Interpretation von f. Wir schreiben $f : I^{n-1} \times I \to S^2$, und das ist eine Homotopie der Abbildung $f_0(x) = f(x, 0) : I^{n-1} \to S^2$ zu der Abbildung $f_1(x) = f(x, 1)$. Es ist $f_0 = f_1 \equiv 1$ und die Homotopie ist relativ ∂I^{n-1}, auf dem Rand von I^{n-1} also für alle $0 \leq t \leq 1$ ebenfalls konstant gleich 1. Zusätzlich werde die konstante Abbildung $g : J^{n-1} \to S^3$, $(x, t) \mapsto 1$ als Liftung der Homotopie f interpretiert, und zwar eingeschränkt auf ∂I^{n-1}. Was ist damit gemeint?

Es bedeutet zunächst, dass $g(x,0) = f_0(x) = f(x,0)$ ist, $x \in I^{n-1}$. Somit startet g auf I^{n-1} wie durch f_0 vorgegeben. Die Liftungseigenschaft $pg(x,t) = f(x,t)$ gilt dann aber nur für $x \in \partial I^{n-1}$.

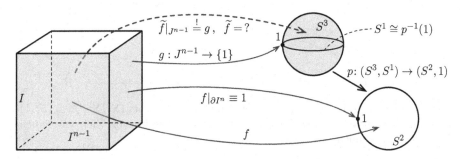

Es geht nun um die Frage der Fortsetzbarkeit einer zu ∂I^{n-1} relativen Homotopie $f : I^{n-1} \times I \to S^2$ zu einer Homotopie $\widetilde{f} : I^{n-1} \times I \to S^3$, die auch relativ ∂I^{n-1} ist. Und zwar so, dass sie eine auf ∂I^{n-1} bereits existierende Liftung g fortsetzt, mithin $\widetilde{f} = g$ für $x \in J^{n-1}$ ist. Diese Zusatzbedingung garantiert bei dem g aus obigem Beispiel $\widetilde{f}|_{J^{n-1}} \equiv 1$, weswegen $\widetilde{f}$ ein Element von $\pi_n(S^3, S^1, 1)$ repräsentiert, denn aus $\widetilde{f}h = f$ folgt $\widetilde{f}(\partial I^n) \subseteq h^{-1}(1) = S^1$.

Eine solche Liftung existiert nun allgemein für jedes Faserbündel – ein Lemma, das wir zunächst verschieben, um den roten Faden zu behalten. Halten wir einfach fest, dass mit dem Lemma ein Urbild von $f : (I^n, \partial I^n) \to (S^2, 1)$ in $\pi_n(S^3, S^1)$ gefunden und die Surjektivität von h_* bewiesen wäre.

Für die Injektivität von h_* seien $u, v : (I^n, \partial I^n, J^{n-1}) \to (S^3, S^1, 1)$ gegeben, mit $h_*[u] = h_*[v]$. Es gibt dann eine Homotopie $f_t : (I^n, \partial I^n, J^{n-1}) \to (S^2, 1, 1)$ relativ $(\partial I^n, J^{n-1})$ von pu nach pv. Für $t = 0$ und $t = 1$ gibt es die Liftungen $\widetilde{f}_0 = u$ und $\widetilde{f}_1 = v$ von f_t. Nach dem Lemma lässt sich auch diese Konstellation zu einer Liftung $\widetilde{f}_t$ von f_t für alle $0 \leq t \leq 1$ fortsetzen (siehe die Bemerkung nach der Formulierung des Lemmas). Aus $h\widetilde{f}_t = f_t$ folgt, dass alle $\widetilde{f}_t$ Abbildungen $(I^n, \partial I^n, J^{n-1}) \to (S^3, S^1, 1)$ sind und wir haben $[u] = [v] \in \pi_n(S^3, S^1)$. $\square$

Nun zum abschließenden Hauptteil des Beweises, der Homotopieliftung bei Faserbündeln. Ein ähnliches Phänomen für den verwandten Begriff der **Faserungen** (bei dem Homotopieliftungen per definitionem gefordert sind) werden wir später kennenlernen (Seite 76 ff).

Lemma (Homotopieliftung bei Faserbündeln)

Es sei ein Faserbündel $F \to E \xrightarrow{p} B$ gegeben, eine Homotopie $f_t : I^n \to B$ und eine Liftung $\widetilde{f}_0 : I^n \to E$ von f_t bei $t = 0$, also $p\widetilde{f}_0 = f_0$. Dann gibt es für die ganze Homotopie f_t eine **Homotopieliftung**

$$\widetilde{f}_t : I^n \longrightarrow E$$

mit $p\widetilde{f}_t = f_t$ für alle $0 \leq t \leq 1$. Falls zusätzlich eine Liftung $\widetilde{g}_t : \partial I^n \to E$ von $f_t|_{\partial I^n}$ existiert, kann $\widetilde{f}_t$ als Fortsetzung von $\widetilde{g}_t$ gewählt werden.

Hier das zugehörige Diagramm, mit dem Sie sich eine bessere Vorstellung von der Aussage machen können:

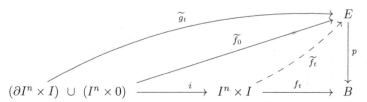

Vor dem Beweis des Lemmas eine Bemerkung: Es wurde bei $\pi_n(S^3, S^1) \cong \pi_n(S^2, 1)$ zweimal eingesetzt. Bei der Surjektivität führte es direkt zum Ziel, wir haben $\widetilde{g}_t \equiv 1$ wählen können.

Bei der Injektivität benötigt man einen Trick: Man vertauscht die t-Koordinate mit x_n und wendet die Homotopieliftung auf $f'_t(x_1, \ldots, x_n) = f_{x_n}(x_1, \ldots, x_{n-1}, t)$ an. Die Startvorgabe für $\widetilde{f}'_t$ ist dann in der Form $\widetilde{f}'_0(x_1, \ldots, x_n) \equiv 1 \in S^3$ möglich, denn wir hatten in der Situation des Satzes $f_{x_n}(x_1, \ldots, x_{n-1}, 0) \equiv 1 \in S^2$.

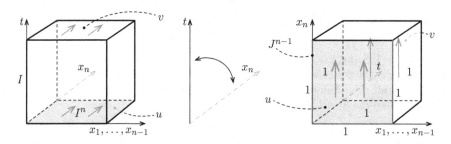

Für den Zusatz des Lemmas sei $\widetilde{g}_t$ auf der Teilmenge $I^{n-1} \times \{0, 1\} \subset \partial I^n$ mit

$$\widetilde{g}_t(x_1, \ldots, x_{n-1}, 0) = u(x_1, \ldots, x_{n-1}, t) \quad \text{und}$$
$$\widetilde{g}_t(x_1, \ldots, x_{n-1}, 1) = v(x_1, \ldots, x_{n-1}, t)$$

vorgegeben. Auf $\partial I^n \setminus (I^{n-1} \times \{0, 1\})$ sei $\widetilde{g}_t \equiv 1$. Anhand der Grafik erkennen Sie, dass dies wegen $u|_{J^{n-1}} = v|_{J^{n-1}} \equiv 1$ möglich ist (womit die spezielle Definition der relativen Homotopiegruppen über die Abbildungen $(I^n, \partial I^n, J^{n-1}) \to (X, A, x)$ plötzlich sehr konsequent erscheint). Beachten Sie dazu die kluge Konstruktion: Es ist tatsächlich $\widetilde{g}_0(x_1, \ldots, x_{n-1}, 0) = \widetilde{g}_0(x_1, \ldots, x_{n-1}, 1) \equiv 1 \in S^3$, passt also mit der Vorgabe $\widetilde{f}'_0 \equiv 1$ zusammen, denn sowohl u als auch v bilden $I^{n-1} \times 0 \subset J^{n-1}$ auf $1 \in S^3$ ab (dank der speziellen Definition von J^{n-1} hätten wir t übrigens auch mit jeder anderen Koordinate x_i tauschen können). Die Liftung $\widetilde{f}_t$ ergibt sich dann als $\widetilde{f}_t(x_1, \ldots, x_n) = \widetilde{f}'_{x_n}(x_1, \ldots, x_{n-1}, t)$.

Kommen wir zum **Beweis** des Lemmas und überdecken die Basis B mit offenen Mengen U_λ, mit Trivialisierungen $h_\lambda : p^{-1}(U_\lambda) \to U_\lambda \times F$. Nach dem LEBESGUEschen Lemma (Seite I-23) werde $I^n \times I$ dann in Würfel $W_i \times [t_j, t_{j+1}]$ aufgeteilt, die von f_t in eine der Mengen U_λ abgebildet werden (wähle zu diesem Zweck die Überdeckung von $I^n \times I$ mit den Urbildern $f_t^{-1}(U_\lambda)$, der Index λ hängt dann von i und j ab, was aber nicht extra notiert wird).

Man konstruiert $\widetilde{f}_t$ nun mit den Trivialisierungen $h_\lambda : E|_{U_\lambda} = p^{-1}(U_\lambda) \to U_\lambda \times F$ induktiv auf den k-Skeletten $W_i^{(k)}$. Der Fall $k = 0$ und $x \in W_i^{(0)}$ ist trivial. Man liftet den Weg $\gamma_x : I \to B$, $\gamma_x(t) = f_t(x)$ mit den Trivialisierungen stückweise über $[t_j, t_{j+1}]$ zu einem Weg $\widetilde{\gamma}_x : I \to E$, mit $\widetilde{\gamma}_x(0) = \widetilde{f}_0(x)$. Das funktioniert von einem U_λ zum nächsten, ähnlich zur Liftung von Wegen bei Überlagerungen (Seite I-94, einfache **Übung**). Da $W_i^{(0)}$ diskret ist, kann man die Liftungen unabhängig für alle Ecken der W_i durchführen und definiert dann $\widetilde{f}_t^{(0)}(x) = \widetilde{\gamma}_x(t)$. Die Zusatzbedingung mit der eingeschränkten Hochhebung $\widetilde{g}_t$ kann auch erfüllt werden, denn es wäre für die betroffenen Eckpunkte x die Festlegung $\widetilde{f}_t^{(0)}(x) = \widetilde{g}_t(x)$ bereits vorgegeben und wir müssen uns nur um die anderen Eckpunkte kümmern.

Induktiv nehmen wir jetzt an, auf den $W_i^{(k-1)}$ wäre eine Liftung $\widetilde{f}_t^{(k-1)}$ konstruiert, die für $t = 0$ mit der Startvorgabe $\widetilde{f}_0$ und auf ∂I^n mit $\widetilde{g}_t$ übereinstimmt. Beachten Sie, dass $\widetilde{f}_t^{(k-1)}$ eine Liftung auf allen Rändern $\partial W_i^{(k)}$ definiert, und eine Vorgabe $\widetilde{g}_t$ auf ∂I^n betrifft, wenn überhaupt, nur einige Ränder $\partial W_i^{(k)}$. Im ersten Schritt wollen wir dann $\widetilde{f}_t^{(k)}$ auf allen $W_i^{(k)} \times [0, t_1]$ definieren und stellen fest, dass die Liftung $\widetilde{f}_t^{(k-1)}$ wegen der Startvorgabe $\widetilde{f}_0^{(k-1)} = \widetilde{f}_0$ bereits auf allen Mengen der Form $J = (W_i^{(k)} \times 0) \cup (\partial W_i^{(k)} \times [0, t_1])$ definiert ist.

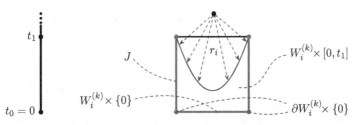

Falls dann $f_t(W_i \times [0, t_1]) \subset U_\lambda$ ist, betrachte den fasertreuen Homöomorphismus $h_\lambda : E_{U_\lambda} \to U_\lambda \times F$. Die Fortsetzung $\widetilde{f}_t^{(k-1)}$ hat, mit h_λ kombiniert, die Form

$$h_\lambda \widetilde{f}_t^{(k-1)} : J \longrightarrow U_\lambda \times F$$

und ist ebenfalls fasertreu in dem Sinne, dass die Punkte der Form $(x, t) \in J$ nach $f_t(x) \times F$ abgebildet werden. Für die Fortsetzung $h_\lambda \widetilde{f}_t^{(k)}$ genügt es nun, die zweite Komponente $\mathrm{pr}_F h_\lambda \widetilde{f}_t^{(k-1)} : J \to F$ nach $W_i^{(k)} \times [0, t_1]$ fortzusetzen (als erste Komponente bleibt $f_t(x)$ bestehen). Die obige Grafik zeigt, dass man hierfür nur die bekannte Retraktion $r_i : W_i^{(k)} \times [0, t_1] \to J$ vorschalten muss:

$$\mathrm{pr}_F h_\lambda \widetilde{f}_t^{(k-1)} r_i : W_i^{(k)} \times [0, t_1] \longrightarrow F.$$

Nach Anwendung von h_α^{-1} entsteht so die Fortsetzung $\widetilde{f}_t^{(k)}$ über $W_i^{(k)} \times [0, t_1]$. Induktiv über j ergibt sich damit die Fortsetzung zu $W_i^{(k)} \times I$ und über i schließlich für alle $W_i^{(k)} \times I$. Beachten Sie, dass die Fortsetzungen an den Nahtstellen stetig sind, also für alle $W_i^{(k)}$ unabhängig erfolgen können und eventuelle Vorgaben von $\widetilde{g}_t$ auf den Randwürfeln $W_i^{(k)} \subseteq I^n$ automatisch übernommen werden. $\square$

Eine komplizierte Homotopieübung, immerhin sind hier drei Induktionsbeweise ineinander verschachtelt: Zuerst über die j bei den Intervallen $[t_j, t_{j+1}]$, danach innen über die Indizes i der Würfel W_i und abschließend über die Dimension k der Würfel. Die Grundidee aber ist einfach: Über lokale Trivialisierungen zieht man sich auf ein triviales Bündel $E = B \times F$ zurück, wo eine fasertreue Fortsetzung der Liftung $(I^k \times 0) \cup (\partial I^k \times I) \to F$ über die Retraktion r_i möglich ist. Wichtig bei solchen lokal-globalen Argumenten sind immer die Nahtstellen, hier die Würfelgerüste $W_i^{(k-1)}$, wo die Fortsetzung induktiv schon konstruiert war.

Mit dem Lemma ist nichts Geringeres als der große Satz von HOPF bewiesen und die erste nicht-verschwindende Homotopiegruppe $\pi_k(S^n)$ mit einem $k > n$ gefunden: $\pi_3(S^2) \cong \mathbb{Z}$. In einer weiteren Arbeit hat HOPF nach dem gleichen Prinzip noch andere Faserbündel konstruiert. Nimmt man statt der komplexen Zahlen die Quaternionen $\mathbb{H}$ als Grundlage – aus diesen schneidet die Forderung $\|q\| = 1$ eine $S^3 \subset \mathbb{H}$ heraus – erhält man das Faserbündel $S^3 \to S^7 \to S^4$. Und mit den Oktaven $\mathbb{O}$ erhält man das S^7-Bündel $S^7 \to S^{15} \to S^8$, [46].

Hier können wir übrigens schon einen Bezug zu den späteren Höhepunkten des Buches herstellen. Da die Einbettung der Faser S^3 in die S^7 nullhomotop ist, kann man einen **Schnitt** gegen den Homomorphismus $\pi_k(S^7, S^3) \to \pi_{k-1}(S^3)$ aus der langen exakten Sequenz von (S^7, S^3) konstruieren (versuchen Sie das als **Übung**). Der Schnitt $s : \pi_{k-1}(S^3) \to \pi_k(S^7, S^3)$ zeigt dann die Spaltung von

$$\pi_7(S^3) \xrightarrow{0} \pi_7(S^7) \xrightarrow{p} \pi_k(S^7, S^3) \cong \pi_7(S^4) \longrightarrow \pi_6(S^3) \longrightarrow 0$$

und liefert den Isomorphismus $\pi_7(S^4) \cong \mathbb{Z} \oplus \pi_6(S^3)$. Analog dazu ergibt sich aus obigem S^7-Bündel $\pi_{15}(S^8) \cong \mathbb{Z} \oplus \pi_{14}(S^7)$, mithin sind zwei weitere nichttriviale höhere Homotopiegruppen $\pi_k(S^n)$ für $k > n$ gefunden. Ein neues Forschungsgebiet war eröffnet, dessen erste Erfolge im nächsten Abschnitt noch kurz erwähnt seien.

Doch zuvor noch eine Verallgemeinerung der langen exakten Homotopiesequenz, die ganz am Ende des Buches wichtig wird, aber hier inhaltlich am besten unterzubringen ist (das Resultat wird erst auf Seite 421 benötigt).

Satz (Lange exakte Homotopiesequenz für Raumtripel)
Für ein Raumtripel (X, B, A) mit $A \subseteq B \subseteq X$ gibt es eine lange exakte Sequenz

$$\pi_{k+1}(X, B) \xrightarrow{\partial_*} \pi_k(B, A) \xrightarrow{i_*} \pi_k(X, A) \xrightarrow{j_*} \pi_k(X, B) \xrightarrow{\partial_*} \pi_{k-1}(B, A),$$

in welcher der Basispunkt $x_0 \in A$ der Kürze halber weggelassen ist. Dabei ist $i : B \hookrightarrow X$ die Inklusion, $j : (X, A) \to (X, B)$ von id_X induziert und ∂_* die Einschränkung einer Abbildung $f : (D^k, S^{k-1}, 1) \to (X, B, x_0)$ auf $(S^{k-1}, 1)$, aufgefasst als Abbildung $(D^{k-1}, S^{k-2}) \to (B, x_0) \subseteq (B, A)$.

Beachten Sie, dass man für $k = 1$ am rechten Ende keinen Gruppenhomomorphismus erhält, denn die relativen Gruppen π_0 haben keine Gruppenstruktur. Es gibt aber auch für π_0 eine Interpretation der Exaktheit: Die Kerne sind einfach die Homotopieklassen derjenigen Abbildungen, die in die Menge der Repräsentanten abgebildet werden, die homotop zur konstanten Abbildung auf x_0 sind.

Beweis: Man weiß, dass $\pi_n(X, A, x)$ auch als die Menge der (relativen) Homotopieklassen von Abbildungen

$$f : (D^n, S^{n-1}, 1) \longrightarrow (X, A, x),$$

interpretierbar ist, wobei die Homotopien lauter Abbildungen derselben Bauart durchlaufen müssen (Seite I-143).

Im ersten Schritt zeigt man, dass die obige lange Sequenz ein Komplex ist, also die Hintereinanderausführung zweier aufeinanderfolgender Abbildungen die Nullabbildungen sind.

Nehmen wir zunächst $j_* i_*$. Gemäß dem **Kompressionskriterium** (Seite I-143) ist eine Abbildung $f : (D^k, S^{k-1}, 1) \to (X, B, x)$ genau dann nullhomotop in $\pi_k(X, B, x)$, wenn sie relativ zu S^{k-1} im klassischen Sinne homotop zu einer Abbildung $g : (D^k, S^{k-1}, 1) \to (B, B, x)$ ist, woraus die Behauptung unmittelbar folgt. Aus demselben Grund ist auch $\partial_* j_* = 0$.

Bei $i_* \partial_*$ ist zu beachten, dass die Abbildung $\partial_* f : (S^k, 1) \to (B, A)$ als Abbildung nach (X, A) tatsächlich nullhomotop relativ A ist, denn sie lässt sich nach D^{k+1} fortsetzen (Konstruktion der Nullhomotopie durch Zusammenziehung von D^{k+1} auf $1 \in S^k$).

Für die Exaktheit der Sequenz beginnen wir wieder bei $j_* i_*$, also der Stelle $\pi_k(X, A)$. Es sei $j_* f = 0$, also $f : (D^k, S^{k-1}, 1) \to (X, A, x_0)$ nullhomotop als Abbildung nach (X, B, x_0). Mit dem Kompressionskriterium ist sie dann homotop relativ S^{k-1} zu einer Abbildung nach (B, B, x_0), mithin wegen $f(S^{k-1}) \subseteq A$ zu einer Abbildung g nach (B, A, x_0) und wir haben $i_*[g] = [f]$.

Zur Exaktheit von $\partial_* j_*$ bei $\pi_k(X, B)$ sei $f : (D^k, S^{k-1}, 1) \to (X, B, x_0)$ und $\partial_*[f] = 0$, also nach dem Kompressionskriterium $f|_{S^{k-1}} : (S^{k-1}, 1) \to (B, x_0)$ homotop relativ $\{1\}$ zu einer Abbildung $g : (S^{k-1}, 1) \to (A, x_0)$.

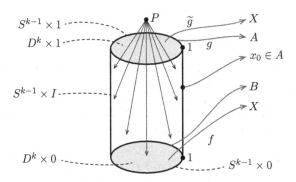

Anhand der Grafik erkennt man, wie sich radial vom Punkt P ausgehend eine Homotopie relativ 1 von f zu einer Abbildung $\tilde{g} : (D^k, S^{k-1}, 1) \to (X, A, x_0)$ konstruieren lässt, die auf S^{k-1} innerhalb B verläuft. Offensichtlich ist dann $j_*[\tilde{g}] = [f]$, die Sequenz also bei $\pi_k(X, B)$ exakt.

Für die Exaktheit von $i_*\partial_*$ bei $\pi_k(B, A)$ sei $f : (D^k, S^{k-1}, 1) \to (B, A, x_0)$ als Abbildung nach (X, A, x_0) nullhomotop. Es gibt dann eine Homotopie relativ S^{k-1} von f durch X hindurch zu einer Abbildung $g : (D^k, S^{k-1}, 1) \to (A, A, x_0)$.

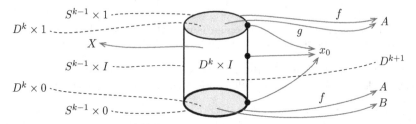

Die zugehörige Homotopie definiert eine Abbildung $h : (D^{k+1}, S^k, 1) \to (X, B, x_0)$ mit $\partial_*[h] = [f]$, warum? Hier muss man noch ein wenig genauer hinsehen. Da die Homotopie relativ zu S^{k-1} ist, ergibt $\partial_* h$ eine Abbildung $(S^k, 1) \to (B, x_0)$ wie in der Grafik links, die im Süden identisch zu f und im Norden zu g ist, mithin eine Abbildung $\partial_* h : (D^k, S^{k-1}) \to (B, x_0)$ wie in der mittleren Grafik.

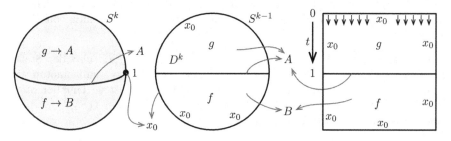

Nach homöomorpher Verformung zu dem Bild rechts ergibt sich entlang des Parameters t durch entsprechende Reskalierung eine Homotopie von $\partial_* h$ nach f. □

1.4 Der Suspensionssatz von Freudenthal

Nach der Einführung der höheren Homotopiegruppen gelang H. FREUDENTHAL im Jahr 1938 ein erstes universelles Resultat zur Sphärenhomotopie, [33]. Er nutzte dafür die **Einhängung** oder **Suspension** SX eines Raumes X, also den Quotienten $SX = (X \times [-1, 1])/\sim$, wobei die beiden Enden $X \times -1$ und $X \times 1$ zu zwei Kegelspitzen zusammengeschlagen werden.

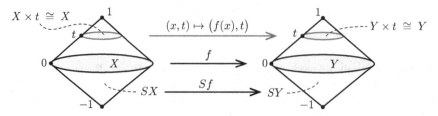

Jede Abbildung $f : X \to Y$ induziert dann eine Abbildung $Sf : SX \to SY$ über die Festlegung $Sf(x,t) = \big(f(x),t\big)$ mod $\sim$. Die Zuordnung $[f] \mapsto [Sf]$ der zugehörigen Homotopieklassen ist wohldefiniert, denn aus $f \simeq g$ rel x folgt $Sf \simeq Sg$ rel $(x,0)$. Man nennt dies die **Einhängungs-** oder **Suspensionsabbildung** des Paares (X,Y). Wegen $S(S^k) \cong S^{k+1}$ entsteht so für jeden Raum X ein Homomorphismus $\pi_k(X,x_0) \to \pi_{k+1}\big(SX,(x_0,0)\big)$. Diese Konstruktion ermöglichte FREUDENTHAL folgenden Durchbruch in der Homotopie der Sphären.

Satz (Homotopie von Einhängungen, Freudenthal 1938, [33])
Es sei X ein $(n-1)$-zusammenhängender CW-Komplex, $n \geq 1$. Dann sind die Einhängungsabbildungen $S_* : \pi_k(X) \to \pi_{k+1}(SX)$ für $k \leq 2n-1$ Surjektionen und für $k < 2n-1$ sogar Isomorphismen.

Die Hauptanwendung des Satzes ist natürlich der Fall $X = S^n$. Hier folgt, dass die Suspension $\pi_k(S^n) \to \pi_{k+1}(S^{n+1})$ für $k < 2n-1$ ein Isomorphismus ist, woraus sich unmittelbar die Isomorphismen $\pi_4(S^3) \cong \pi_5(S^4) \cong \pi_6(S^5) \cong \pi_7(S^6) \cong \ldots$ oder $\pi_8(S^5) \cong \pi_9(S^6) \cong \pi_{10}(S^7) \cong \pi_{11}(S^8) \ldots$ ergeben.

Die FREUDENTHAL-Suspensionen führten direkt zu einer neuen Forschungsfrage: Die Homomorphismen $\pi_{k+n}(S^n) \to \pi_{k+n+1}(S^{n+1})$ sind für genügend großes n stets Isomorphismen, denn irgendwann ist $k + n < 2n - 1$ sicher erfüllt. Die unendliche Sequenz $\pi_{k+n}(S^n) \to \pi_{k+n+1}(S^{n+1})$, $n \geq 1$, stabilisiert sich also für alle k und der Limes dieser Folge heißt der **stabile k-Stamm** π_k^s. Die k-Stämme sind aktuell erst bis zu einem Index $k \approx 60$ bekannt, und es gibt wahrlich exotische Exemplare wie $\pi_{11}^s \cong \mathbb{Z}_{504}$, $\pi_{17}^s \cong (\mathbb{Z}_2)^4$ oder $\pi_{19}^s \cong \mathbb{Z}_{264} \times \mathbb{Z}_2$. Die Ordnungen der Gruppen sind auch nicht immer gerade, wie zum Beispiel $\pi_{13}^s \cong \mathbb{Z}_3$ zeigt.

Der **Beweis** des Einhängungssatzes ist eine einfache Konsequenz eines allgemeinen theoretischen Ergebnisses, des **Ausschneidungssatzes** für die Homotopiegruppen eines CW-Komplexes. Dieser Satz ist ein Analogon zu dem bekannten Satz in der Homologie, ist aber nicht in der vollen Allgemeinheit möglich und deutlich schwieriger zu beweisen (Seite I-378 f).

In diesem Satz ist ein CW-Paar (X,A) und die Menge $W \subset A$ durch das Komplement $X \setminus B$ eines Teilkomplexes $B \subseteq X$ gegeben, wobei $X = A \cup B$ und $A \cap B \neq \varnothing$ zusammenhängend seien. Wir haben es dann mit den beiden Paaren (X,A) und $(X \setminus W, A \setminus W) = (B, A \cap B)$ zu tun und verwenden im Folgenden für die ausgeschnittenen Mengen die rechte, kürzere Schreibweise $(B, A \cap B)$.

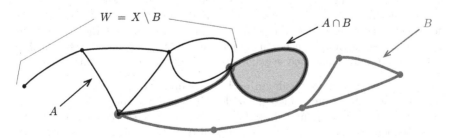

Satz (Ausschneidungseigenschaft für die Homotopie)
Mit den obigen Bezeichnungen sei das Paar $(A, A \cap B)$ m-zusammenhängend
und das Paar $(B, A \cap B)$ n-zusammenhängend, $m, n \geq 0$. Dann ist der von
der Inklusion induzierte Homomorphismus $i_* : \pi_k(B, B \cap A) \to \pi_k(X, A)$ für
$k < m + n$ ein Isomorphismus und für $k \leq m + n$ surjektiv.

Der Beweis ist, wie schon angedeutet, recht mühsam und würde das Einleitungskapitel sprengen. Er verwendet aber ausschließlich elementare Techniken aus dem
Bereich der CW-Komplexe (CW-Modelle, CW-Approximation), wie sie in einführenden Vorlesungen besprochen werden und ist selbst ein typischer Gegenstand
für einführende Vorlesungen zur algebraischen Topologie (Seite I-378 f).   ($\square$)

Für den **Beweis** der FREUDENTHAL-Suspensionen ist dann die Zerlegung

$$SX \ = \ C_+X \cup C_-X$$

die Schlüsselkonstruktion, wobei der Durchschnitt $C_+X \cap C_-X \ = \ X \times 0$ homöomorph zu X ist.

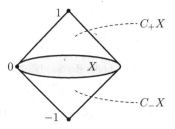

Die langen exakten Homotopiesequenzen für die Paare (C_+X, X) und (SX, C_-X)
ergeben einerseits wegen der Zusammenziehbarkeit der Kegel $C_\pm X$ die Isomorphien $\pi_k(X) \cong \pi_{k+1}(C_+X, X)$ und $\pi_{k+1}(SX) \cong \pi_{k+1}(SX, C_-X)$, und andererseits für die Paare (C_+X, X) und (C_-X, X) einen n-Zusammenhang, falls X
$(n-1)$-zusammenhängend war.

Damit sind die Voraussetzungen für den Ausschneidungssatz gegeben (man muss
dort nur $A = C_-X$ und $B = C_+X$ einsetzen), um die Surjektivität des Homomorphismus $i_* : \pi_{k+1}(C_+X, X) \to \pi_{k+1}(SX, C_-X)$ im Falle $k+1 \leq 2n$ zu bestätigen,
sowie dessen Bijektivität für den Fall $k+1 < 2n$. $\square$

Der Suspensionssatz von FREUDENTHAL war das erste universelle Homotopie-
resultat bei den Sphären. Er war nicht nur der entscheidende Schritt des bis
heute aktuellen Gebiets der stabilen Homotopietheorie, also der Bestimmung der
Stämme π_k^s, sondern gab auch den ersten Hinweis auf ein wahrlich erstaunliches,
ja fast schon aufregendes und geheimnisvolles Ergebnis. Um was ging es dabei?

Nun denn, die einfachste bis dahin noch unbekannte Gruppe war $\pi_4(S^2)$. Nach
der langen exakten Homotopiesequenz des HOPF-Faserbündels $h : S^3 \to S^2$ ist
sie isomorph zu $\pi_4(S^3)$, und diese Gruppe ist surjektives Bild des FREUDEN-
THAL-Homomorphismus $\pi_3(S^2) \to \pi_4(S^3)$, also zyklisch mit der Klasse $[Sh]$ als
Generator.

Als abelsche Gruppe gab es für $\pi_4(S^3)$ also die Möglichkeiten 0, $\mathbb{Z}$ oder $\mathbb{Z}_n$ für ein $n \geq 2$. Die triviale Gruppe wäre (zugegebenermaßen) ein wenig enttäuschend, $\pi_4(S^3) \cong \mathbb{Z}$ erschiene auf den ersten Blick am wahrscheinlichsten. Auf der anderen Seite gab es aber schon Räume mit endlichen Fundamentalgruppen: Das ebenfalls in dieser Zeit entstandene HUREWICZ-Theorem (oder zuvor die elementare Überlagerungstheorie) ergab zum Beispiel $\pi_1(\mathbb{P}^1) \cong H_1(\mathbb{P}^1) \cong \mathbb{Z}_2$.

Und tatsächlich führt eine genauere Analyse des S^1-Bündels $h : S^3 \to S^2$ zu der folgenden, spannenden Argumentationskette. Betrachtet man die S^2 als $\mathbb{C} \cup \infty$, so ist die Spiegelung $R_2 : S^2 \to S^2$, $z \mapsto \bar{z}$ an der reellen Achse als Abbildung vom Grad -1 das Inverse zur Identität id_{S^2}. Auf der S^3 als die Punkte in $\mathbb{C}^2$ vom Betrag 1 gibt es eine verwandte Konstruktion, die Transformation $R_3 : S^3 \to S^3$, $(u,v) \mapsto (\bar{u}, \bar{v})$, an den beiden reellen Achsen. Diese entsteht als Rotation um die (x_1, x_3)-Ebene der reellen Achsen in $\mathbb{C}^2$, mit dem Winkel $180°$, und ist damit homotop zur Identität id_{S^3}, im klaren Gegensatz zu R_2. Man ist fast versucht, diese Aussage mit einem Ausrufungszeichen hervorzuheben. Erkennen Sie die Konsequenz?

Da offensichtlich $hR_3 = R_2h$ ist (wegen $\overline{z_1}/\overline{z_2} = \overline{z_1/z_2}$), ist $h \simeq hR_3 = R_2h$, also das HOPF-Bündel h homotop zu dem an einer Ebene durch die S^2 gespiegelten HOPF-Bündel R_2h. Berücksichtigt man die einfachen Formeln $S(R_2h) = SR_2Sh$ und $S(hR_3) = ShSR_3$, so erhält man unmittelbar $Sh \simeq SR_2Sh$ und damit für den Generator $[Sh] \in \pi_4(S^3)$ die Beziehung $[Sh] \simeq [SR_2Sh]$. Eine einfache **Übung** zeigt, dass die Suspension SR_2 der Spiegelung R_2 ebenfalls eine Spiegelung ist, eine Spiegelung von $SS^2 \cong S^3$ und daher $\deg(SR_2) = -1$ ist.

Wir können für die Gleichung $[Sh] \simeq [SR_2Sh]$ nun einen speziellen Repräsentanten von $[SR_2]$ wählen, nämlich die Identität auf S^2, mit einer Umkehrung des Suspensionsparameters t, wodurch nur die Spiegelungsrichtung wechselt (beachten Sie hierfür, dass alle Abbildungen $S^3 \to S^3$ mit Grad -1 gemäß dem bereits erwähnten HUREWICZ-Isomorphismus $\pi_3(S^n) \to H_3(S^n)$, $[f] \mapsto f_*(\mu_{S^3})$ homotop sind).

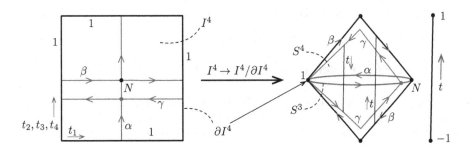

Wir erhalten so den Repräsentanten $S_-(\mathrm{id}_{S^2}) : SS^2 \to SS^2$, $(x,t) \mapsto (x,-t)$. Nun folgt aber aus der Konstruktion der Einhängung $S_-(\mathrm{id}_{S^2})Sh = ShS_-(\mathrm{id}_{S^3})$, wegen $\mathrm{id}_{S^2}h = h\,\mathrm{id}_{S^3}$, und es ergibt sich $[Sh] = \big[(Sh)S_-(\mathrm{id}_{S^3})\big]$. Die entscheidende Frage war nun, welches Element von $\pi_4(S^3)$ durch die Abbildung $(Sh)S_-(\mathrm{id}_{S^3})$ repräsentiert wird.

Die Grafik macht plausibel, dass eine Umkehr des Suspensionsparameters t in $S^4 = SS^3$ die gleiche Transformation bewirkt wie die Umkehr des t_1-Parameters bei der Interpretation von $[Sh]$ als Abbildung $(I^4, \partial I^4) \to (S^3, 1)$. Sie müssen dabei nur die Wege β und γ in $(I^4, \partial I^4)$ verfolgen und mit den Bildern der Wege nach der Quotientenbildung in $(S^4, 1)$ vergleichen. Der Übergang von t_1 zu $1 - t_1$ bewirkt auch eine Umkehrung der (am Punkt 1 geschlossenen) Wege in S^4, was durch den Übergang des Suspensionsparameters t zu $-t$ geschieht. Im linken Bild bedeutet der Übergang die Inversenbildung von $[Sh]$, und konsequenterweise auch im rechten Bild (vergleichen Sie mit Seite 6). So ergibt sich in $\pi_4(S^3)$ insgesamt $[Sh] = [(Sh)S_-(\mathrm{id}_{S^4})] = -[Sh]$ oder äquivalent dazu $2[Sh] = 0$, womit die Ordnung des Generators in $\pi_4(S^3)$ höchstens 2 ist. Es bleiben für diese Gruppe also nur noch die beiden Möglichkeiten 0 oder $\mathbb{Z}_2$.

Es ist interessant, sich noch einmal die Argumente vor Augen zu führen. Warum ist die Ordnung von $[h]$ in $\pi_3(S^2)$ unendlich, und nach der Suspension ist $2[Sh] = 0$ in $\pi_4(S^3)$? Es lag daran, dass die Transformation der S^3 durch komplexe Konjugation eine Rotation ist (man hat die vierte Dimension zur Verfügung). So konnte die Reflexion in der S^2 zur Quelle S^3 hin verlagert werden ($R_2 h = h R_3$) und anschließend $[Sh]$ durch eine Umkehr des Suspensionsparameters in $SS^3 \cong S^4$ dargestellt werden ($[(Sh)S_-(\mathrm{id}_{S^3})] = -[Sh]$). So folgte letztlich $[Sh] = -[Sh]$.

Dies war der Stand der Forschung Ende der 1930-er Jahre. Die Gruppen $\pi_{n+1}(S^n)$, $n \geq 3$, sind alle isomorph und entweder trivial oder isomorph zu $\mathbb{Z}_2$. Es ist bemerkenswert, dass es gut 10 Jahre dauerte, bis $Sh : S^4 \to S^3$ als nicht nullhomotop erkannt wurde und diese vermeintlich einfache Frage geklärt war. Ohne Zweifel ein Beleg dafür, wie schwierig das Gebiet der Homotopietheorie war und ist.

Da die Einleitung auch wichtige Resultate für später rekapitulieren soll (hier erst für Seite 262), noch eine Folgerung zum obigen Ausschneidungssatz (Seite I-386).

Satz (Homotopie von Quotienten X/A)
Es sei (X, A) ein m-zusammenhängendes CW-Paar, A n-zusammenhängend, $m, n \geq 0$ beliebig. Dann induziert der Quotient $q : X \to X/A$ Isomorphismen $q_* : \pi_k(X, A) \to \pi_k(X/A)$ für $k \leq m + n$.   ($\square$)

1.5 Der Weg zu den Resultaten $\pi_4(S^3) \cong \mathbb{Z}_2$ und $\pi_5(S^3) \neq 0$

Nach der Einleitung noch ein wenig Motivation dessen, was Sie in diesem Buch erwartet. Wir wollen kurz vorausschauen in die abenteuerlichen Entwicklungen, die ab Ende der 1930-er Jahre in der Homotopietheorie folgten.

In der Tat gab es mit den Mitteln der ursprünglichen Homotopietheorie (Faserbündel, lange exakte Sequenzen, Ausschneidungssatz, Suspensionen und eine Menge trickreiche Berechnungen) keine Möglichkeit, zu zeigen, dass die Suspension $Sh : S^4 \to S^3$ des HOPF-Bündels nichttrivial war – womit $\pi_4(S^3)$ und letztlich der gesamte Stamm π_1^s als isomorph zu $\mathbb{Z}_2$ ausgewiesen wäre. Genauso schwierig (bis unmöglich) war es, eine nichttriviale Abbildung $S^4 \to S^2$ zu finden.

Eine Lösung des Problems zu $\pi_4(S^3)$ verwendete schließlich einen anderen Aspekt der HOPF-Faserung, der **CW-Komplexe** nutzt, ein beliebtes Thema von einführenden Vorlesungen (es wird im nächsten Kapitel kurz wiederholt). Versuchen wir dazu, dem komplex projektiven Raum $\mathbb{P}_{\mathbb{C}}^2$ als Menge der **komplexen Geraden** $\mathbb{C} \cdot (z_1, z_2, z_3) \subset \mathbb{C}^3$ durch den Nullpunkt, $(z_1, z_2, z_3) \neq 0$, eine CW-Struktur zu geben (siehe auch Seite I-322 f). Dabei werden wir die bekannte Konstruktion des reell projektiven Raums auf den Körper $\mathbb{C}$ übertragen.

Den Anfang macht $\mathbb{P}_{\mathbb{C}}^0$ als einpunktige Menge, die 0-Zelle e^0. Diese steht für die (einzige) komplexe Gerade $\mathbb{C} \cdot 1$ in $\mathbb{C}$. Für die Geraden $\mathbb{C} \cdot (z_1, z_2)$ mit $z_2 \neq 0$ in $\mathbb{C}^2$ wählen wir einen speziellen, wohldefinierten repräsentierenden Punkt, nämlich den Punkt auf der S^3 mit z_2 reell positiv. Diese Punkte haben die Form $(u, \sqrt{1 - |u|^2})$ mit $|u| < 1$ und bilden eine Zelle e^2. Ihr Rand S^1 entspricht $(S^1, 0) \subset S^3$, also der Faser $h^{-1}(\infty)$ beim HOPF-Faserbündel.

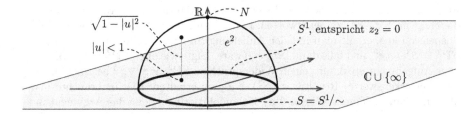

Kollabiert man die S^1 zu $0 \in \mathbb{C} \times \mathbb{R}$, dem Südpol S der entstehenden S^2, ist dies die Menge der komplexen Geraden durch $(0, 0) \in \mathbb{C}^2$, also $\mathbb{P}_{\mathbb{C}}^1 \cong S^2$. Die Anheftungsabbildung der e^2 an e^0 ist dabei die konstante Abbildung $S^1 \to \{e^0\}$.

Hier findet man die HOPF-Faserung schnell wieder (siehe auch die Übungen): Für alle $x = (u, \sqrt{1 - |u|^2}) \in S^3$ definieren die Punkte $S^1 \cdot x$ dieselbe komplexe Gerade durch den Nullpunkt. Der Bildpunkt all dieser Punkte beim HOPF-Bündel ist

$$h(S^1 \cdot x) = \frac{u}{\sqrt{1 - |u|^2}} \in \mathbb{C} \cup \infty,$$

wobei $\mathbb{C} \cup \infty$ über die stereographische Projektion der S^2 entspricht – hier in der Variante, bei der die S^2 unterhalb der Projektionsebene liegt, der Südpol $S = \{|u| = 1\}$ also auf ∞ und der Nordpol $N = \{u = 0\}$ auf 0 abgebildet wird.

Bei $\mathbb{P}_{\mathbb{C}}^2$ müssen wir ein Modell für die komplexen Geraden $\mathbb{C} \cdot z \subset \mathbb{C}^3$, $z \neq 0$, finden und setzen hierfür das Verfahren konsequent fort. Die Geraden durch $(z_1, z_2, 0)$, mit $(z_1, z_2) \neq 0$, liegen in der Teilmenge $\mathbb{P}_{\mathbb{C}}^1 \subset \mathbb{P}_{\mathbb{C}}^2$ und sind als Punkte in S^2 schon konstruiert. Für die Geraden mit $z_3 \neq 0$ wählt man den repräsentierenden Punkt auf $S^5 \subset \mathbb{C}^3$ mit z_3 reell positiv, also $(v, \sqrt{1 - |v|^2})$ mit $v \in \mathbb{C}^2$ und $|v| < 1$. Ersetzt man in der obigen Abbildung S^1 durch S^3 und die Zelle e^2 durch e^4, ergibt sich $\mathbb{P}_{\mathbb{C}}^2$ durch Anheften von e^4 an S^2 mit der Anheftungsabbildung $h : S^3 \to S^2$, dem HOPF-Bündel. Sie prüfen schnell, dass $S^2 \cup_p e^4$ mit der schwachen Topologie als CW-Komplex genau der Topologie der 4-dimensionalen, geschlossenen Mannigfaltigkeit $\mathbb{P}_{\mathbb{C}}^2$ entspricht, hier also ein Homöomorphismus vorliegt (eine Umgebungsbasis der Geraden durch $z \in \mathbb{C}^3$ ist gegeben als die Geraden durch $z' \in U$, mit U eine Umgebung von z).

Mit dem neuen Wissen über CW-Komplexe und der Entdeckung der Kohomologieringe ergab sich Mitte der 1930-er Jahre zunächst ein alternativer Beweis für die Nichttrivialität des HOPF-Bündels. Denn wäre h nullhomotop, so wäre $\mathbb{P}^2_{\mathbb{C}}$ homotopieäquivalent zu $S^2 \vee S^4$ (Seite I-177), was aber nicht sein kann, denn diese beiden Räume haben verschiedene Kohomologieringe: Der $\mathbb{P}^2_{\mathbb{C}}$ ist als geschlossene 4-Mannigfaltigkeit orientierbar, weswegen man (als eine mögliche Beweisvariante) die POINCARÉ-Dualität einsetzen kann, um $H^*(\mathbb{P}^2_{\mathbb{C}}) \cong \mathbb{Z}[\alpha]/(\alpha^3)$ zu zeigen (Seite I-498 f), mit einem Generator $\alpha \in H^2(\mathbb{P}^2_{\mathbb{C}})$. Im Gegensatz dazu ist $H^n(S^2 \vee S^4) \cong H^n(S^2) \oplus H^n(S^4)$ für $n > 0$, was aus der Homologie guter Keilprodukte und dem universellen Koeffiziententheorem folgt. Obwohl die Kohomologiegruppen von $\mathbb{P}^2_{\mathbb{C}}$ und $S^2 \vee S^4$ also übereinstimmen, sind die Ringstrukturen verschieden: So ist $\alpha^2 \neq 0$ ein Generator von $H^4(\mathbb{P}^2_{\mathbb{C}})$, aber für den Generator $\beta \in H^2(S^2 \vee S^4)$ gilt $\beta^2 = 0$. (Es waren Argumente dieser Art, die in den 1930-er Jahren den Erfolg der Kohomologie in der algebraischen Topologie begründeten.)

In Verbindung mit der Arbeit von FREUDENTHAL war damit ein Ansatz gefunden, die Frage nach $\pi_4(S^3)$ zu beantworten: Führt man in der CW-Struktur von $\mathbb{P}^2_{\mathbb{C}}$ die Suspension aus, erhält man mit der Anheftung $Sh : S^4 \to S^3$ die Homöomorphie $S\mathbb{P}^2_{\mathbb{C}} \cong S^3 \cup_{Sh} e^5$, und falls dann $[Sh] = 0$ wäre, folgte wie oben $S\mathbb{P}^2_{\mathbb{C}} \simeq S^3 \vee S^5$. Die neue Aufgabe lautete damit, einen Widerspruch zu $S\mathbb{P}^2_{\mathbb{C}} \simeq S^3 \vee S^5$ herzuleiten, um das (bemerkenswerte) Resultat $\pi_4(S^3) \cong \mathbb{Z}_2$ zu erhalten. Hierfür brauchte man allerdings deutlich mehr Wissen über Kohomologieringe, denn das Argument mit $\alpha^2 \neq 0$ und $\beta^2 = 0$ lässt sich nicht auf die Suspensionen übertragen. In der Tat war alles um eine Dimension erhöht: Das duale Element zu S^3 in den H^3-Gruppen von $S\mathbb{P}^2_{\mathbb{C}}$ oder $S^3 \vee S^5$ hat Grad 3 und dessen Quadrat verschwindet in beiden Fällen, denn es hätte Grad 6, für den es keine Zellen in den CW-Strukturen gibt. Einen Unterschied der Kohomologieringe konnte man so einfach also nicht mehr finden – es wird aber klar, was fehlt.

Man bräuchte *reduzierte* Produkte, die den Grad von 3 auf 5 anheben und eine Reihe von schönen algebraischen Eigenschaften haben. Hier dauerte es etwa 10 Jahre, bis N. STEENROD spezielle **Kohomologieoperationen** einführte, [95], die **Steenrod-Squares** $Sq^i : H^n(X; \mathbb{Z}_2) \to H^{n+i}(X; \mathbb{Z}_2)$ (Seite 315 ff, das Kapitel steht wegen seiner Komplexität so weit hinten, und weil es nur im letzten Kapitel wirklich benötigt wird – Sie könnten es aber schon jetzt lesen).

Für die Sq^i gilt im obigen Kontext $Sq^2(\alpha) = \alpha^2$ und sie kommutieren mit den Isomorphismen $\delta_s : H^n(X) \to H^{n+1}(CX, X) \cong H^{n+1}(CX/X) \cong H^{n+1}(SX)$ aus der langen exakten Kohomologiesequenz von (CX, X) und der Kohomologie guter Raumpaare (Seite I-276 f, CX ist als Kegel von X zusammenziehbar). Angewendet auf die Projektion $q : S^3 \vee S^5 \to S^3$ ergibt sich so das kommutative Diagramm

$$
\begin{array}{ccc}
H^3(S^3; \mathbb{Z}_2) & \xrightarrow{\;\;Sq^2\;\;} & H^5(S^3; \mathbb{Z}_2) = 0 \\
{\scriptstyle q^*}\big\downarrow{\scriptstyle \cong} & & \big\downarrow{\scriptstyle q^*} \\
H^3(S^3 \vee S^5; \mathbb{Z}_2) & \xrightarrow{\;\;Sq^2\;\;} & H^5(S^3 \vee S^5; \mathbb{Z}_2)
\end{array}
$$

und es müsste Sq^2 in der unteren Zeile die Nullabbildung sein, denn q^* in der linken Spalte ist ein Isomorphismus wegen $H^3(S^5; \mathbb{Z}_2) = 0$.

Im Fall $S\mathbb{P}_{\mathbb{C}}^2 \simeq S^3 \vee S^5$ wäre dann auch $Sq^2 : H^3(S\mathbb{P}_{\mathbb{C}}^2; \mathbb{Z}_2) \to H^5(S\mathbb{P}_{\mathbb{C}}^2; \mathbb{Z}_2)$ die Nullabbildung. Dies ist nicht möglich, denn es müsste wegen der Verträglichkeit der Sq^i mit Suspensionen $(\delta_s Sq^i = Sq^i \delta_s)$ auch $Sq^2 : H^2(\mathbb{P}_{\mathbb{C}}^2; \mathbb{Z}_2) \to H^4(\mathbb{P}_{\mathbb{C}}^2; \mathbb{Z}_2)$ die Nullabbildung sein, aber wir haben $Sq^2(\alpha) = \alpha^2 \neq 0$. $\qquad$ ($\square$)

Eine wahrlich beeindruckende Argumentationskette. Damit kann man, natürlich nur unter der Voraussetzung der Kohomologieoperationen Sq^i mitsamt ihrer Eigenschaften, das folgende fundamentale Resultat festhalten.

Satz: Es ist $\pi_4(S^3) \cong \mathbb{Z}_2$ und damit auch $\pi_4(S^2) \cong \mathbb{Z}_2$. $\qquad$ $\square$

Auf ähnliche Weise, mit speziellen Relationen zwischen den Squares Sq^i, kann man schließlich für $n \geq 2$ auch $\pi_{n+2}(S^n) \neq 0$ zeigen, insbesondere $\pi_5(S^3) \neq 0$. Dies würde die Einleitung aber sprengen und wird später gezeigt (Seite 391).

Mit der FREUDENTHAL-Suspension folgt dann aus obigem Satz $\pi_{n+1}(S^n) \cong \mathbb{Z}_2$ für alle $n \geq 3$, mithin $\pi_1^s \cong \mathbb{Z}_2$. Der erste stabile Stamm von Homotopiegruppen war somit etwa Ende der 1940-er Jahre bekannt, knapp 20 Jahre nach der epochalen Entdeckung von HOPF. Dabei weckte der Umstand großes Interesse, dass es sich um eine endliche Gruppe handelt (man weiß inzwischen, dass alle k-Stämme endliche Gruppen sind, Seite 222 ff). Bis heute ist die genaue Bestimmung der k-Stämme eine zentrale Aufgabe der algebraischen Topologie geblieben, und so unterschiedliche Resultate wie $\pi_{15}^s \cong \mathbb{Z}_2 \oplus \mathbb{Z}_3 \oplus \mathbb{Z}_5 \oplus \mathbb{Z}_{32}$, $\pi_{56}^s \cong \mathbb{Z}_2$, $\pi_{61}^s = 0$,

$$\pi_{71}^s \cong (\mathbb{Z}_2)^6 \oplus \mathbb{Z}_4 \oplus \mathbb{Z}_5 \oplus \mathbb{Z}_7 \oplus \mathbb{Z}_8 \oplus \mathbb{Z}_{13} \oplus \mathbb{Z}_{16} \oplus \mathbb{Z}_{19} \oplus \mathbb{Z}_{27} \oplus \mathbb{Z}_{37},$$

hingegen wieder $\pi_{77}^s \cong (\mathbb{Z}_2)^5 \oplus \mathbb{Z}_4$ lassen zumindest erahnen, wie schwierig die Materie ist, [59]. In der Tat bilden die höheren Homotopiegruppen der Sphären eine *„faszinierende Mischung aus Muster und Chaos"*, [38], in die eine Vielzahl von Theorien eingeflossen sind.

Aus historischen Gründen sei an dieser Stelle noch erwähnt, dass bis zu dem großen Durchbruch von SERRE 1951 die *Kobordismen*-Theorie von L.S. PONTRYAGIN bei der Berechnung von Homotopiegruppen eine große Rolle spielte, [79]. Da die Sphären auch geschlossene differenzierbare Mannigfaltigkeiten M sind, stand hier die Differentialgeometrie mit (gerahmten) Untermannigfaltigkeiten und Vektorbündeln (Tangential- und Normalenbündel) zur Verfügung. Damit konnte PONTRYAGIN für $\dim M \geq n$ einen Bezug zu Homotopieklassen von Abbildungen $M \to S^n$ herstellen und in der Zeit um das Jahr 1950 zeigen, dass $\pi_{n+2}(S^n) \cong \mathbb{Z}_2$ ist, für $n \geq 3$, [80][81]. So gesehen war vor der Arbeit von SERRE neben dem Resultat $\pi_5(S^3) \cong \mathbb{Z}_2$ auch der stabile Stamm $\pi_2^s \cong \mathbb{Z}_2$ bereits bekannt. Die Methode der Kobordismen hat in dieser Frage aber nicht so weit getragen wie die Spektralsequenzen und ist daher nicht Gegenstand dieses Buches.

Dies soll als Einleitung und Motivation genügen. Ich hoffe, Sie haben etwas Feuer gefangen und sind bereit für das Abenteuer. Nach einer kurzen Zusammenfassung der wichtigsten Grundlagen zu CW-Komplexen im nächsten Kapitel (das Sie gerne überspringen können, falls es Ihnen schon bekannt ist) beginnen wir unsere Reise durch die Homotopietheorie, an deren Ende Sie sich neben diversen Einzelresultaten die ersten fünf stabilen k-Stämme erarbeiten können.

Aufgaben und Wiederholungsfragen

Hier einige Aufgaben zu den Themen des Kapitels, mit denen Sie Ihre Kenntnisse aus einführenden Vorlesungen zur algebraischen Topologie wiederholen und festigen können.

1. Zeigen Sie, dass das Inverse $[f]^{-1}$ eines Elements $[f] \in \pi_1(X, x)$ vom rückwärts durchlaufenen Weg $f^{-1} : t \mapsto f(1 - t)$ repräsentiert wird.

2. Zeigen Sie, dass das Inverse $[f]^{-1}$ eines Elements $[f] \in \pi_k(X, x)$ durch die Umkehr einer Koordinate geschehen kann, auf Ebene der Repräsentanten also durch die Festlegung $f^{-1} : (t_1, t_2, \ldots, t_k) \mapsto f(1 - t_1, t_2, \ldots, t_k)$.

3. Zeigen Sie, dass die komplexe Konjugation $z \mapsto \bar{z}$ bezüglich der stereographischen Projektion eine Spiegelung $R_2 : S^2 \to S^2$ an einer durch die Sphäre verlaufenden Ebene darstellt – und dass die Suspension $SR_2 : S^3 \to S^3$ ebenfalls eine Spiegelung ist.

4. Die höheren Homotopiegruppen der S^2 (die einfachste geschlossene, orientierbare 2-Mannigfaltigkeit) sind äußerst kompliziert und bis heute nicht vollständig bekannt. Wie sieht es beim Geschlecht 1 aus, beim Torus T^2? Zeigen Sie $\pi_k(T^2) = 0$ für $k \geq 2$.

5. Zeigen Sie $\pi_k(M_g) = 0$ für $k \geq 2$, wobei M_g die geschlossene, orientierbare 2-Mannigfaltigkeit vom Geschlecht $g \geq 2$ ist (Brezelfläche mit g Löchern).

Nach den Aufgaben 4 und 5 ist plausibel, dass die S^2 als einfachste geschlossene 2-Mannigfaltigkeit bei der Berechnung der höheren Homotopiegruppen die schwierigsten Probleme bereitet, während die Flächen von höherem Geschlecht in diesem Punkt trivial sind. Ein überraschender Aspekt. Versuchen Sie, eine schlüssige Begründung dafür in einem kurzen Satz zu formulieren. Woran liegt es?

6. Zeigen Sie, dass für die „figure eight" $\pi_k(S^1 \vee S^1) = 0$ ist, für alle $k \geq 2$.

7. Berechnen Sie die Gruppen $\pi_3(S^2 \times S^2)$ und $\pi_4(S^2 \times S^2)$. Welchen Unterschied erkennen Sie in Bezug zu den Dimensionen der Mannigfaltigkeiten im Vergleich zu den Gruppen $\pi_k(S^n)$?

8. Motivieren Sie das Faserbündel $S^1 \to S^3 \overset{h}{\longrightarrow} S^2$ in Analogie zu der zweiblättrigen Überlagerung $S^1 \to \mathbb{P}^1_{\mathbb{R}}$ des reell projektiven Raums, mit zweipunktiger Faser $S^0 = \{-1, 1\}$, die man so auch als Faserung $S^0 \to S^1 \to \mathbb{P}^1_{\mathbb{R}}$ schreiben kann.

   Hinweis: Betrachten Sie zunächst $S^3 \subset \mathbb{C}^2 \setminus \{0\}$ als Teilmenge der Punkte vom Betrag 1, den komplex projektiven Raum $\mathbb{P}^1_{\mathbb{C}}$ als Menge der komplexen Geraden durch den Nullpunkt und die Abbildung

$$\mathbb{C}^2 \setminus \{0\} \longrightarrow \mathbb{P}^1_{\mathbb{C}} \cong S^2, \quad (z_1, z_2) \mapsto z_1 z_2^{-1}.$$

9. Konstruieren Sie das Faserbündel $S^3 \rightarrow S^7 \overset{p}{\longrightarrow} S^4$ auf die gleiche Weise wie das HOPF-Bündel $h : S^3 \rightarrow S^2$. Verwenden Sie dabei die Quaternionen $\mathbb{H}$ anstelle der komplexen Zahlen $\mathbb{C}$. Machen Sie sich plausibel, dass es sich hier tatsächlich um ein Faserbündel handelt.

2 CW-Komplexe und zelluläre Homologie

Zelluläre Strukturen und die zelluläre Homologie spielen eine zentrale Rolle in diesem Buch. Hier seien kurz einige Grundlagen wiederholt, die üblicherweise Gegenstand einführender Vorlesungen in die algebraische Topologie sind. Sie können gerne zum nächsten Kapitel springen, darüber hinwegfliegen oder später bei Bedarf nachschlagen. Dennoch werden einige ergänzende, über das Standardrepertoire hinausgehende Aspekte genauer behandelt und Beweise dafür gegeben.

2.1 Zelluläre Strukturen

Die einfachsten zellulären Strukturen sind **simpliziale Komplexe**. Die Idee entstand schon um das Jahr 1890 und bestand darin, sich topologische Räume als Mengen vorzustellen, die stückweise aus Polyedern in einem $\mathbb{R}^n$ zusammengesetzt sind, und zwar nach einem genau definierten Regelwerk. Die Polyeder sind wiederum aus **Simplizes** zusammengesetzt. Diese bilden die atomaren Bausteine eines simplizialen Komplexes. Zur kurzen Wiederholung hier noch einmal die formalen Definitionen dazu.

Definition (k-Simplex):
Es seien Punkte $v_0, \ldots, v_k \in \mathbb{R}^n$ gegeben, $k \leq n$, die **affin unabhängig** sind. Das bedeutet, die Vektoren $\mathbf{w_i} = \mathbf{v_i} - \mathbf{v_0}$ $(i = 1, \ldots, k)$ sind linear unabhängig. Unter einem k-**dimensionalen Simplex** oder kurz **k-Simplex** σ^k versteht man dann die konvexe Hülle von $v_0, \ldots, v_k$, in Zeichen $[v_0, \ldots, v_k]$, mithin

$$\sigma^k = \left\{ x \in \mathbb{R}^n : x = \sum_{i=0}^{k} b_i v_i,\ \text{mit allen } b_i \geq 0 \text{ und } \sum_{i=0}^{k} b_i = 1 \right\}.$$

Die b_i sind **baryzentrische Koordinaten**, die konvexe Hülle eines Teils der v_i heißt **Seite**, 0-dimensionale Seiten sind **Ecken** (engl. *vertex*), 1-dimensionale Seiten **Kanten** (engl. *edge*) und $(k-1)$-dimensionalen Seiten sind **Seitenflächen** (engl. *face*). Das **Standard-k-Simplex** Δ^k stammt von den Punkten $(0,0,\ldots,0)$, $(1,0,\ldots,0)$, $(0,1,0,\ldots,0)$, $\ldots$, $(0,0,\ldots,0,1) \in \mathbb{R}^k$. Alle Simplizes haben die vom Umgebenden euklidischen Raum induzierte Relativtopologie.

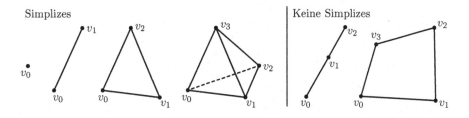

Simplizes · Keine Simplizes

© Springer-Verlag GmbH Deutschland, ein Teil von Springer Nature 2023
F. Toenniessen, *Die Homotopie der Sphären*,
https://doi.org/10.1007/978-3-662-67942-5_2

Definition (Simplizialer Komplex)

Ein **simplizialer Komplex** (auch **Simplizialkomplex**) K ist eine Menge $\{\sigma_\lambda^k : \lambda \in \Lambda, k \geq 0\}$ von Simplizes, die drei Bedingungen genügt:

1. K enthält mit einem Simplex σ_λ^k auch alle seine Seiten.

2. Der Durchschnitt zweier Simplizes in K ist entweder leer oder eine gemeinsame Seite der beiden Simplizes.

3. K ist **lokal endlich**, das bedeutet, jede Ecke $\sigma_\lambda^0 \in K$ ist nur in endlich vielen Simplizes enthalten.

Endlich viele Simplizes bilden einen **endlichen** simplizialen Komplex. Die **Dimension** von K ist das Maximum der Dimensionen der Simplizes in K, wobei ∞ erlaubt ist. Ein **Teilkomplex** $K' \subseteq K$ ist eine Vereinigung ausgewählter Simplizes in K, die zusammen wieder einen simplizialen Komplex bilden. Spezielle Teilkomplexe sind die Skelette: Das r-**Skelett** K^r von K besteht aus allen Simplizes in K mit Dimension $k \leq r$.

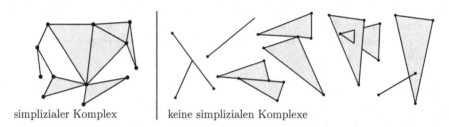

simplizialer Komplex   keine simplizialen Komplexe

Die lokale Endlichkeit wird manchmal weggelassen (es gehen dann aber schöne Eigenschaften verloren, siehe die **Übungen**). Formal bestehen simpliziale Komplexe aus einer Sammlung von Simplizes (die Kettenkomplexe mit Zyklen und Rändern ermöglichen, Seite I-229 f), sie bilden aber auch einen topologischen Raum $|K|$, das zugehörige **Polyeder** von K. Die Topologie ist die **simpliziale Topologie**, bei der eine Teilmenge $A \subseteq |K|$ offen sei, wenn $A \cap \sigma$ offen ist für alle $\sigma \in K$. Wir machen meist keinen Unterschied zwischen K und $|K|$, wenn aus dem Kontext heraus klar wird, was gemeint ist.

Simplizes haben eindeutige Verfeinerungen in Form von **baryzentrischen Unterteilungen**, die auch wiederholt ausgeführt werden können, um die simpliziale Überdeckung eines Raumes immer feiner werden zu lassen. Die Koordinaten des **Baryzentrums** eines k-Simplex lauten $b_i = 1/(k+1)$, für alle $0 \leq i \leq k$.

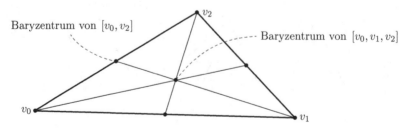

Baryzentrum von $[v_0, v_2]$ Baryzentrum von $[v_0, v_1, v_2]$

Die (eventuell wiederholte) baryzentrische Unterteilung eines Komplexes K führt zu einem Spezialfall von **Subdivisionen** $K' < K$, deren Polyeder zwar identisch sind, deren Simplizes aber immer kleinere Durchmesser haben.

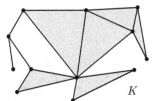
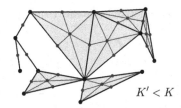

Einer der wichtigsten Sätze über simpliziale Komplexe ist dann die simpliziale Approximation stetiger Abbildungen zwischen zwei Polyedern $|K|$ und $|L|$.

Definition und Satz (Simpliziale Approximation, Seite I-165 f)
Es sei $f : K \to L$ eine stetige Abbildung zwischen simplizialen Komplexen. Man nennt f **simplizial**, wenn es auf jedem Simplex $\sigma \in K$ **affin linear** ist (Konstante + lineare Abbildung) und die Ecken von σ surjektiv auf die Ecken eines Simplex in L abbildet.

Es sei dann K ein endlicher simplizialer Komplex, L ein simplizialer Komplex und $f : K \to L$ stetig. Dann gibt es, eventuell nach genügend feinen Unterteilung zu $K' < K$, eine simpliziale Abbildung $g : K' \to L$, die homotop zu f ist. Man nennt g dann eine **simpliziale Approximation** von f. Sie kann auch im metrischen Sinne als ϵ-Approximation gewählt werden, wenn zusätzlich eine baryzentrische Verfeinerung zu einem Komplex $L' < L$ erlaubt wird. ($\square$)

Interessant ist hier die Andeutung einer Metrik auf $|L|$. In der Tat ist jeder simpliziale Komplex dank seiner lokalen Endlichkeit metrisierbar (Achtung: Würde man die lokale Endlichkeit weglassen, ginge auch die Metrisierbarkeit verloren – siehe die **Übungen** – was natürlich sehr unschön wäre und hier der Einfachheit halber per definitionem ausgeschlossen ist).

Satz (Metrisierbarkeit simplizialer Komplexe)
Die simpliziale Topologie des Polyeders $|K|$ eines simplizialen Komplexes K ist metrisierbar.

Im **Beweis** sei $K^0 = \{v_\lambda : \lambda \in \Lambda\}$ die Menge der Ecken von K. Der $\mathbb{R}$-Vektorraum

$$\mathbb{R}^{(\Lambda)} = \left\{ (x_\lambda)_{\lambda \in \Lambda} \in \mathbb{R}^\Lambda : x_\lambda \neq 0 \text{ nur für endlich viele } \lambda \in \Lambda \right\}$$

sei mit der gewöhnlichen euklidischen Metrik versehen – das ist möglich, weil in den Punkten (x_λ) fast alle Komponenten verschwinden – und wird dadurch zu einem topologischen Raum. Nun sei K^0 in $\mathbb{R}^{(\Lambda)}$ über

$$\varphi : K^0 \to \mathbb{R}^{(\Lambda)}, \quad v_\lambda \mapsto e_\lambda,$$

eingebettet (e_λ ist die Spitze des λ-ten Einheitsvektors in $\mathbb{R}^{(\Lambda)}$).

Die Inklusion φ kann affin linear zur **kanonischen Realisierung** $\varphi : |K| \to \Delta^{(\Lambda)}$ von K im unendlichen Standardsimplex $\Delta^{(\Lambda)} \subset \mathbb{R}^{(\Lambda)}$ fortgesetzt werden, indem jedes Simplex $[v_{\lambda_0}, \ldots, v_{\lambda_n}] \in K$ affin linear isomorph über baryzentrische Koordinaten auf die Seite $[e_{\lambda_0}, \ldots, e_{\lambda_n}] \in \Delta^{(\Lambda)}$ abgebildet wird. Das Bild $\varphi(K)$ trage dabei die (metrische) Relativtopologie von $\mathbb{R}^{(\Lambda)}$.

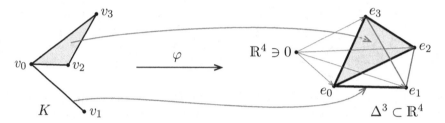

Wir müssen nun zeigen, dass φ ein Homöomorphismus auf sein Bild in $\mathbb{R}^{(\Lambda)}$ ist. Mit den offenen Bällen $B(y, \epsilon) \subset \mathbb{R}^{(\Lambda)}$ sind die Schnitte $B_K(y, \epsilon) = B(y, \epsilon) \cap \varphi(K)$ eine Basis der Relativtopologie von $\varphi(K)$. In der Tat sind dann alle $\varphi^{-1}\big(B_K(y, \epsilon)\big)$ offen, denn $\varphi^{-1}\big(B_K(y, \epsilon)\big) \cap \sigma^n$ ist stets offen in σ^n (weil σ^n affin linear und homöomorph auf $\tau^n = \varphi(\sigma^n)$ abgebildet wird und $B_K(y, \epsilon) \cap \tau^n$ offen in τ^n ist). Damit definiert φ eine stetige Abbildung.

Sei umgekehrt eine offene Menge $U \subseteq K$ gegeben, $U \cap \sigma^n$ offen in σ^n für alle $\sigma^n \in K$, und $y \in \varphi(U)$. Mit K ist auch $\varphi(K)$ lokal endlich, weswegen es ein $\delta > 0$ gibt, sodass $B(y, \delta)$ nur endlich viele Simplizes $\tau_1, \ldots, \tau_r \in \varphi(K)$ trifft, wobei $y \in \bigcap_{i=1}^r \tau_i$ und für alle anderen Simplizes $y \notin \tau$ ist (siehe die **Übungen** und die zugehörigen Hinweise). Mit $\sigma_i = \varphi^{-1}(\tau_i)$ ist $V_i = \varphi(U \cap \sigma_i)$ offen in τ_i, wegen des affin linearen Homöomorphismus $\varphi|_{\sigma_i}$ auf τ_i. Es gibt demnach ein $\epsilon_i > 0$, sodass $B(y, \epsilon_i) \cap \tau_i \subset V_i$ ist. Mit $\epsilon_0 = \min\{\delta, \epsilon_i : 1 \le i \le r\}$ ist dann $B_K(y, \epsilon_0) \subset \varphi(U)$ und folglich $\varphi(U)$ offen in $\varphi(K)$. Also definiert φ einen Homöomorphismus auf sein Bild, wodurch auch die Topologie von $|K|$ metrisierbar wird. $\square$

Lassen Sie uns nun einen Zeitsprung machen, als J.H.C. WHITEHEAD im Jahr 1949 mit einem neuen Konzept den Weg zu einer effektiveren Homotopietheorie öffnete, [112]. Er wandte sich ab von den starren Polyedern simplizialer Komplexe und definierte **Zellkomplexe**, auch bekannt als **CW-Komplexe**, durch sukzessive Anheftung von Zellen $e^k = \{x \in \mathbb{R}^k : \|x\| < 1\}$ an niedrigerdimensionale Skelette. Im Folgenden ein Überblick zu den grundlegenden Definitionen.

Definition (CW-Komplex und k-Skelette)

Man startet mit einer diskreten Menge von Punkten, den 0-Zellen. Sie bilden das 0-**Skelett** X^0. Das k-**Skelett** X^k, $k \ge 1$, wird dann induktiv gebildet, indem eine Menge $\{e_\lambda^k : \lambda \in \Lambda\}$ von k-Zellen über Abbildungen

$$\varphi_\lambda^k : S^{k-1} \longrightarrow X^{k-1}$$

an X^{k-1} **angeheftet** wird: In der disjunkten Vereinigung $X^{k-1} \sqcup D^k$ werden die Punkte $x \in S^{k-1} \subset D^k$ mit $\varphi_\lambda^k(x)$ identifiziert. An die Menge Λ besteht keine Forderung (sie kann leer sein, aber auch überabzählbar unendlich).

Zu jeder Anheftungsabbildung φ_λ^k gehört die **charakteristische Abbildung** $\Phi_\lambda^k : (D^k, S^{k-1}) \to (X^k, X^{k-1})$ von e_λ^k, die auf S^{k-1} gleich φ_λ^k ist und $D^k \setminus S^{k-1}$ homöomorph auf $e_\lambda^k \subset X$ abbildet, woraus $\Phi_\lambda^k(D^k) = \overline{e_\lambda^k} \subseteq X$ folgt.

Das k-**Skelett**

$$X^k = \left(X^{k-1} \bigsqcup_{\lambda \in \Lambda} D_\lambda^k \right) \Big/ (x \sim \varphi_\lambda^k(x))$$

bildet einen **(endlichdimensionalen) CW-Komplex**. Das Maximum der Dimensionen seiner Zellen nennt man seine **Dimension**. Der Anheftungsprozess kann ad infinitum fortgesetzt werden, um einen **unendlichdimensionalen CW-Komplex** zu erhalten.

Die Topologie von X wird, wie bei den simplizialen Komplexen, mit einem Zusatz festgelegt: Eine Teilmenge $A \subseteq X$ sei offen (abgeschlossen) genau dann, wenn $A \cap \overline{e}_\lambda^n$ offen (abgeschlossen) im Abschluss $\overline{e}_\lambda^n$ einer jeden Zelle von X ist (das ist die **schwache Topologie**, engl. *weak topology*, daher das „W" im Namen, das „C" stammt von engl. *closure finite*: Der Abschluss $\overline{e}_\lambda^n$ einer jeden Zelle darf nur endlich viele Zellen von X treffen, ähnlich zur lokalen Endlichkeit bei simplizialen Komplexen).

Hier einige Beispiele. Die S^2 benötigt nur eine e^0 und eine e^2 mit trivialer Anheftung. Als Tetraederfläche (simplizialer Komplex) würde man dafür 12 Simplizes benötigen. Der Torus entsteht aus einer e^0 mit zwei 1-Zellen e_1^1, e_2^1 und einer e^2.

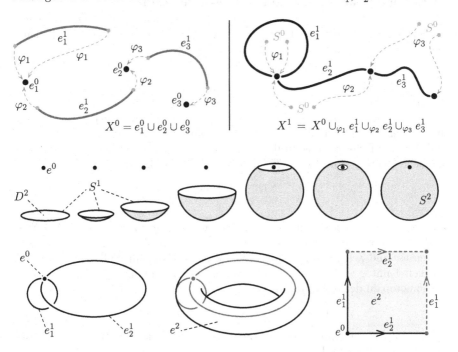

Hier Beispiele für eine zulässige Anheftung und eine unzulässige Anheftung (aus der keine CW-Struktur entsteht, obwohl die Menge selbst eine CW-Struktur hat). Versuchen Sie als **Übung**, für das rechte Beispiel eine CW-Struktur zu finden.

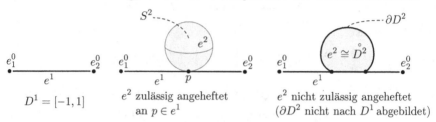

| $D^1 = [-1,1]$ | e^2 zulässig angeheftet an $p \in e^1$ | e^2 nicht zulässig angeheftet (∂D^2 nicht nach D^1 abgebildet) |

Mit diesen Beispielen ist Ihnen aus der anschaulichen Vorstellung bestimmt klar, dass jeder simpliziale Komplex eine CW-Struktur besitzt. Versuchen Sie auch das als kleine **Übung**. Umgekehrt besitzt nicht jeder CW-Komplex die Struktur eines simplizialen Komplexes (die Gegenbeispiele sind aber relativ kompliziert, [76][104]).

Wir benötigen später an einigen Stellen auch noch einen wichtigen Satz, der nicht unbedingt zum Standard-Curriculum von Anfängervorlesungen gehört. Im übernächsten Kapitel beweisen wir damit ein Theorem über CW-Strukturen in Faserungen, oder im vorletzten Kapitel die Existenz von STEENROD-Squares für allgemeine CW-Komplexe. Der Satz sagt aus, dass wir modulo Homotopieäquivalenz mit den CW-Komplexen nicht wirklich mehr haben als simpliziale Komplexe.

Satz (Simpliziale Komplexe und CW-Komplexe)
Jeder CW-Komplex X ist homotopieäquivalent zu einem simplizialen Komplex von gleicher Dimension und gleicher Art (was sich auf die Anzahl der Zellen bezieht: also endlich viele, abzählbar oder überabzählbar unendlich viele).

Für den **Beweis** sei X ein CW-Komplex und X^n sein n-Skelett, $n \geq 0$. Man konstruiert nun induktiv eine aufsteigende Folge von CW-Komplexen Z_n, die X^n als Deformationsretrakt enthalten, zusammen mit einer aufsteigenden Folge von simplizialen Komplexen $K_n \subseteq Z_n$, die ebenfalls Deformationsretrakte von Z_n sind. Da zwei Deformationsretrakte eines Raumes stets homotopieäquivalent sind (einfache **Übung**), folgt $X^n \simeq K_n$ und über die Vereinigung

$$K = \bigcup_{n \geq 0} K_n$$

auch $X \simeq K$. Die Konstruktion startet mit der Festlegung $Z_0 = K_0 = X^0$. Nun sei $K_n \subseteq Z_n$ bereits so konstruiert, dass die Zusatzbedingungen des Satzes zur Dimension und Zellenanzahl erfüllt sind. Betrachte dann eine Zelle $e^{n+1} \subset X^{n+1}$, angeheftet mit $\varphi : \partial\Delta^{n+1} \to X^n$, eine simpliziale Abbildung $\psi_\Delta : \partial\Delta^{n+1} \to K_n$, die homotop zu der Abbildungskette

$$\psi : \partial\Delta^{n+1} \xrightarrow{\varphi} X^n \subseteq Z_n \xrightarrow{r} K_n$$

gemäß simplizialer Approximation (Seite I-165) ist, und mit M_{ψ_Δ} den **Abbildungszylinder** (Seite I-177) von ψ_Δ.

In $W_n = Z_n \cup M_{\psi_\Delta}$ erkennen Sie anhand der folgenden Grafik am linken Ende des Zylinders den Komplex $\partial\Delta^{n+1}$. (Beachten Sie, dass aus Gründen der Darstellung die Tatsache $K_0 = X^0$ nicht korrekt wiedergegeben ist, man müsste diese Punkte identifizieren.)

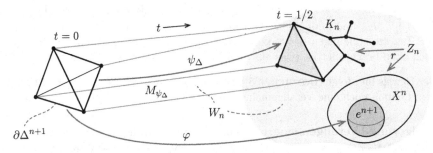

Die Einbettung $\partial\Delta^{n+1} \hookrightarrow W_n$ ist homotop zu ψ_Δ gefolgt von $K_n \hookrightarrow Z_n$ und damit auch (innerhalb W_n) homotop zu φ gefolgt von $X^n \hookrightarrow Z_n$. Diese Homotopie zwischen der Einbettung und φ sei mit $h_t : \partial\Delta^{n+1} \times I \to W_n$ bezeichnet (sie laufe für $0 \leq t \leq 1/2$ den Zylinder M_{ψ_Δ} ab, für $1/2 \leq t \leq 1$ innerhalb Z_n). Nun sei

$$Z_{e^{n+1}} = W_n \sqcup_{h_t} \left(\Delta^{n+1} \times I \right),$$

wobei h_t als Anheftungsabbildung einer angedickten Zelle $e^{n+1} \times I$ interpretiert wird. Sie erkennen darin bei $t = 1$ den CW-Komplex $X^n \cup_\varphi e^{n+1} \subset Z_{e^{n+1}}$ als Deformationsretrakt: Führen Sie zunächst, mit $0 \leq t \leq 1/2$, die Deformation

$$M_{\psi_\Delta} \sqcup_{h_t} \left(\Delta^{n+1} \times I \right) \downarrow \psi_\Delta(\Delta^{n+1}) \subset Z_n \cup \psi_\Delta(\Delta^{n+1})$$

aus (laufen Sie dabei den Abbildungszylinder gedanklich von links nach rechts ab und nehmen die Füllung Δ^{n+1} kontinuierlich mit). Danach laufen Sie die Deformation $Z_n \downarrow K_n$ rückwärts und schließen den Vorgang mit der Deformation $Z_n \downarrow X^n$ ab (auch hier nehmen Sie für $1/2 \leq t \leq 1$ die Füllung Δ^{n+1} mit, bis zu $\overline{e}^{n+1} \subset X$). Die Deformationen $Z_n \downarrow K_n$ und $\Delta^{n+1} \times I \downarrow (\Delta^{n+1} \times 0) \cup (\partial\Delta^{n+1} \times I)$ induzieren schließlich eine weitere Deformation

$$Z_{e^{n+1}} \downarrow K_{e^{n+1}} = K_n \cup \left(M_{\psi_\Delta} \cup (\Delta^{n+1} \times 0) \right).$$

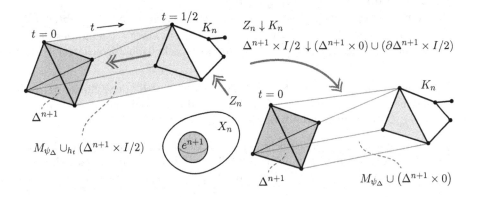

Es fehlt nur noch, dass auch M_{ψ_Δ} ein simplizialer Komplex ist. Wir verschieben dies auf das folgende Lemma und zeigen, wie der Beweis damit beendet wird. Führt man die Konstruktion für alle $e_\lambda^{n+1} \subset X^{n+1}$ durch, ergeben die Vereinigungen aller $Z_{e_\lambda^{n+1}}$ und $K_{e_\lambda^{n+1}}$ einen CW-Komplex Z_{n+1} mit simplizialem Teilkomplex K_{n+1} und $Z_{n+1} \downarrow K_{n+1}$ sowie $Z_{n+1} \downarrow X^{n+1}$. Definiere dann $Z = \bigcup_{n \geq 0} Z_n$, $K = \bigcup_{n \geq 0} K_n$ und bilde die Verkettung aller Homotopien für $n \geq 0$. Damit sind alle Zusatzbedingungen des Satzes erfüllt, wenn die Zahl der Simplizes in M_{ψ_Δ} nach oben beschränkt ist (was aus dem Beweis des Lemmas folgen wird).   □

Der Beweis hier folgt HATCHER, [38], im Original war er viel schwieriger, [12]. Vor dem Lemma noch eine Verallgemeinerung, die wir später verwenden (Seite 99 f).

Folgerung (Verallgemeinerung auf n-Tupel topologischer Räume)

Jedes **CW-n-Tupel** $(X; X_1, \ldots, X_{n-1})$, mit CW-Komplexen X und $X_i \subseteq X$, ist homotopieäquivalent zu einem **simplizialen n-Tupel** $(K; K_1, \ldots, K_{n-1})$, mit einem Simplizialkomplex K und simplizialen Teilkomplexen $K_i \subseteq K$, von gleicher Dimension und Art. Ist X_i ein simplizialer Komplex, kann $K_i = X_i$ gewählt werden und die Homotopieäquivalenz relativ zu X_i.

Die Homotopieäquivalenz ist hier in einem strengen Sinne gemeint: Es soll Homotopieinverse $f : X \to K$ und $g : K \to X$ geben, mit Homotopien $(gf)_t : X \times I \to X$ und $(fg)_t : K \times I \to K$ von gf und fg zu den Identitäten auf X und Y, die simultan auf allen $X_i \times I$ und $K_i \times I$ die Einschränkungen $f|_{X_i} : X_i \to K_i$ und $g|_{K_i} : K_i \to X_i$ als Homotopieinverse ausweisen.

Im **Beweis** genügt ein Blick auf den vorigen Beweis, in dem zellenweise so konstruiert wurde, dass bereits bestehende Zellen und Homotopien nicht verändert werden. Falls dann e^{n+1} zu X_i gehört, wird die zugehörige Erweiterung zu $Z_{e^{n+1}}$ zusätzlich auch zu $(Z_i)_{e^{n+1}}$ gemacht. Falls X_i simplizial ist, nimmt man induktiv $(K_i)_n = X_i^n$ an. Bei einem Simplex $\sigma^{n+1} \subseteq X_i$ kann in der Konstruktion jetzt $\psi_\Delta = \varphi$ gewählt werden und die Erweiterung $Z_{\sigma^{n+1}}$ bekommt die einfache Form $Z_n \cup (\sigma^{n+1} \times I)$. Der Zylinder $\sigma^{n+1} \times I$ wird anschließend auf $\sigma^{n+1} \times 1$ deformiert, wodurch $(K_i)_{\sigma^{n+1}} = (K_i)_n \cup \sigma^{n+1} = X_i^n \cup \sigma^{n+1}$ entsteht. Damit können simpliziale Teile $X_i \subseteq X$ Zelle für Zelle identisch übernommen werden.   □

Lemma (simpliziale Abbildungszylinder)

Der Abbildungszylinder M_f einer simplizialen Abbildung $f : K \to L$ besitzt eine simpliziale Struktur, bei der $M_{f|_{\sigma^n}}$ aus weniger als $2^{2^{n+1}}$ Simplizes der Dimension $n + 1$ besteht (diese obere Schranke ist sehr grob abgeschätzt).

Im **Beweis** stellen wir zunächst fest, dass für das 0-Skelett K^0 der Zylinder $M_{f|_{K^0}}$ ein (eindimensionaler) simplizialer Komplex ist. Induktiv werde nun angenommen, dass $M_{f|_{K^{n-1}}}$ das Lemma erfüllt, $n \geq 1$.

Dabei wird ein Problem ersichtlich: Schon bei der Identität id : $\Delta^1 \to \Delta^1$ ist $M_{\text{id}_{\Delta^1}} \cong I^2$ kein Simplizialkomplex. Hier hilft der Übergang zur baryzentrischen Unterteilung $(\Delta^1)'$ in der Quelle, wie in der folgenden Grafik motiviert.

Wir modifizieren also die Induktionsannahme und nehmen an, dass $M_{f|_{(K^{n-1})'}}$ das Lemma erfüllt. Es sei dann $\sigma \in K^n$ ein n-Simplex. Nach Induktionsannahme ist $M_{f|_{(\partial\sigma)'}}$ ein simplizialer Komplex wie im Lemma. Betrachte dann den Kegel $C_b\big(M_{f|_{(\partial\sigma)'}}\big)$ des Abbildungszylinders über $(\partial\sigma)'$ am Baryzentrum $b \in \sigma$. Da Kegel von simplizialen Komplexen wieder simpliziale Komplexe sind (alle Simplizes um eine Dimension erhöht), ist $C_b\big(M_{f|_{(\partial\sigma)'}}\big) \cong M_{f|_{\sigma'}}$ ein simplizialer Komplex.

Für die Anzahl der $(n+1)$-Simplizes hat zunächst σ' genau $V_n = 2^{n+1} - 1$ Eckpunkte. Jedes $(n+1)$-Simplex in $M_{f|_{\sigma'}}$ wird dann von $1 \le k \le n+1$ Eckpunkten in σ' und $n+2-k$ Eckpunkten in L aufgespannt (f ist simplizial und damit $f(\sigma)$ ein Simplex von Dimension $\le n$). Hierfür gibt es höchstens

$$\binom{V_n}{k} \cdot \binom{n+1}{n+2-k} \le \binom{V_n}{k} \cdot \binom{V_n}{V_n+1-k} = \binom{V_n+1}{k}$$

Möglichkeiten. Diese Abschätzung ist sehr grob, da viele Kombinationen nicht vorkommen, weil nicht beliebige k Eckpunkte ein Simplex in σ' aufspannen, außerdem ist V_n meist viel größer als $n+1$. Das Lemma folgt dann mit

$$\sum_{k=1}^{n+1} \binom{V_n+1}{k} < \sum_{k=0}^{V_n+1} \binom{V_n+1}{k} = (1+1)^{V_n+1} = 2^{V_n+1} = 2^{2^{n+1}}. \qquad \Box$$

Kurz zur Erinnerung: Diese grobe Abschätzung der Zahl von $(n+1)$-Simplizes in $M_{f|_{\sigma^n}}$ ermöglicht zumindest die theoretische Aussage, dass das simpliziale Paar (K, L) aus der Folgerung endlich (oder abzählbar) viele Simplizes enthält, wenn das CW-Paar (X, A) aus endlich (oder abzählbar) vielen Zellen besteht.

Nach diesen eher mengentheoretischen Aspekten wollen wir uns nun den algebraischen Eigenschaften der CW-Komplexe zuwenden.

2.2 Zelluläre Homologie

Wie in allen Abschnitten zur Einleitung und Wiederholung stellt sich auch hier die Frage, welche Themen behandelt werden und welche verzichtbar sind. Grundsätzlich gehe ich davon aus, dass Sie mit singulären Homologiegruppen $H_k(X; G)$, für abelsche Gruppen G, vertraut sind, zumindest soweit sie in einführenden Vorlesungen behandelt werden. Hier werde also, ebenfalls nur als Auffrischung gedacht, wenigstens die zelluläre Homologie von CW-Komplexen kurz skizziert.

Im Folgenden sei dazu X ein CW-Komplex und (X, A) ein CW-Paar, das k-Skelett eines CW-Komplexes X werde wie gewöhnlich mit X^k bezeichnet.

Die Idee des **zellulären Kettenkomplexes** von X besteht dann in einer meisterhaften Vernetzung langer exakter Homologiesequenzen. Sie werden aufsteigend für die Skelettpaare (X^1, X^0), (X^2, X^1), (X^3, X^2), ... an den passenden Dimensionen so verknüpft, dass eine lange Sequenz herauskommt, in der nur relative Gruppen der Form $H_k(X^k, X^{k-1})$ vorkommen. Betrachten wir dazu das folgende Diagramm, dessen Zeilen aus passenden Ausschnitten der langen exakten Sequenzen für die CW-Paare (X^{k+1}, X^k) und (X^k, X^{k-1}) bestehen.

$$
H_{k+1}(X^{k+1}, X^k) \xrightarrow{\partial_{k+1}} H_k(X^k) \xrightarrow{\ i_*\ } H_k(X^{k+1}) \xrightarrow{\quad j_* \quad} 0
$$

$$
0 \xrightarrow{\ i_*\ } H_k(X^k) \xrightarrow{\ j_*\ } H_k(X^k, X^{k-1}) \xrightarrow{\partial_k} H_{k-1}(X^{k-1}) \ .
$$

Dabei sind in der ersten Zeile $H_k(X^{k+1}, X^k) = 0$ und in der zweiten Zeile $H_k(X^{k-1}) = 0$ eingetragen, gemäß bekannten Resultaten zur zellulären Homologie, [38] oder Seite I-351.

> **Definition und Satz (Zellulärer Kettenkomplex)**
> In der obigen Situation nennt man die Komposition
>
> $$
> \partial_{k+1}^{\mathrm{cell}} = j_* \partial_{k+1} : H_{k+1}(X^{k+1}, X^k) \longrightarrow H_k(X^k, X^{k-1})
> $$
>
> den **zellulären Randoperator** und die Gruppe $H_k(X^k, X^{k-1})$ die k-te **zelluläre Kettengruppe** von X, kurz geschrieben als $C_k^{\mathrm{cell}}(X)$. Diese Gruppen bilden mit den Randoperatoren $\partial_k^{\mathrm{cell}}$ den **zellulären Kettenkomplex** von X, es gilt also für alle $k \geq 0$ die Beziehung $\partial_k^{\mathrm{cell}} \partial_{k+1}^{\mathrm{cell}} = 0$.

Im **Beweis** geht es nur um $\partial_k^{\mathrm{cell}} \partial_{k+1}^{\mathrm{cell}} = 0$. Mit einer dritte Zeile in obigem Diagramm für (X^{k-1}, X^{k-2}) erhalten Sie $\partial_k^{\mathrm{cell}} \partial_{k+1}^{\mathrm{cell}} = j_* \partial_k j_* \partial_{k+1} = j_* (\partial_k j_*) \partial_{k+1}$, wobei die geklammerten Homomorphismen in der langen exakten Sequenz von (X^k, X^{k-1}) nebeneinander stehen, also die Nullabbildungen sind.   □

Der zelluläre Kettenkomplex besitzt gegenüber dem singulären den Vorteil, dass man die Kettengruppen $C_k^{\mathrm{cell}}(X)$ direkt an seiner Geometrie ablesen kann. Es sind dies die frei abelschen Gruppen $\bigoplus_{\mathcal{C}(k)} \mathbb{Z}$, erzeugt von den k-Zellen in X. Dabei steht $\mathcal{C}(k)$ für die Mächtigkeit der Menge der k-Zellen. Hier einige Beispiele:

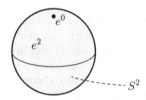

Es ist $S^2 = e^0 \cup e^2$ und daher hat der zelluläre Kettenkomplex dieser CW-Struktur die Form

$$
0 \xrightarrow{\partial_3^{\mathrm{cell}}} \mathbb{Z} \xrightarrow{\partial_2^{\mathrm{cell}}} 0 \xrightarrow{\partial_1^{\mathrm{cell}}} \mathbb{Z} \xrightarrow{\partial_0^{\mathrm{cell}}} 0 \ .
$$

Dabei steht das rechte $\mathbb{Z}$ für $H_0(X^0, X^{-1}) = H_0(X^0) = H_0(e^0)$ und die 0 ganz rechts für $H_{-1}(X^{-1}, X^{-2}) = 0$. Wenn wir die Homologiegruppen dieses Komplexes mit $H_k^{\mathrm{cell}}(S^2)$ bezeichnen, ergibt sich sofort

$$H_0^{\mathrm{cell}}(S^2) \cong H_2^{\mathrm{cell}}(S^2) \cong \mathbb{Z} \quad \text{und} \quad H_1^{\mathrm{cell}}(S^2) = 0.$$

Auch alle höheren Gruppen $H_k^{\mathrm{cell}}(S^2)$ mit $k \geq 3$ verschwinden. Das ist genau die Homologie von S^2, und analog gilt dies auch für allgemeine Sphären S^k (**Übung**).

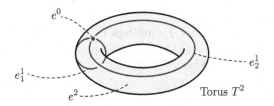

Torus T^2

Für den Torus $T^2 = e^0 \cup e_1^1 \cup e_2^1 \cup e^2$ lautet der zelluläre Kettenkomplex

$$0 \xrightarrow{\partial_3^{\mathrm{cell}}} \mathbb{Z} \xrightarrow{\partial_2^{\mathrm{cell}}} \mathbb{Z} \oplus \mathbb{Z} \xrightarrow{\partial_1^{\mathrm{cell}}} \mathbb{Z} \xrightarrow{\partial_0^{\mathrm{cell}}} 0.$$

Hier sind die Gruppen $\neq 0$ leider nicht mehr isoliert, aber ein genauerer Blick auf die Abbildungen $\partial_1^{\mathrm{cell}}$ und $\partial_2^{\mathrm{cell}}$ zeigt $\partial_1^{\mathrm{cell}} = \partial_2^{\mathrm{cell}} = 0$. Es ergibt sich damit

$$H_1^{\mathrm{cell}}(T^2) \cong \mathbb{Z} \oplus \mathbb{Z} \quad \text{und} \quad H_0^{\mathrm{cell}}(T^2) \cong \mathbb{Z}.$$

Offenbar ist auch hier $H_k^{\mathrm{cell}}(T^2) = 0$ für $k \geq 3$ und wir erhalten mit den Gruppen $H_k^{\mathrm{cell}}(T^2)$ ebenfalls die klassischen Homologiegruppen des Torus.

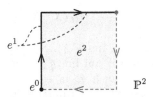

$\mathbb{P}^2$

Auch nicht orientierbare Flächen liefern identische H_*^{cell}- und H_*-Gruppen. Es ist $\mathbb{P}^2 = e^0 \cup e^1 \cup e^2$ eine CW-Struktur und der zelluläre Kettenkomplex lautet

$$0 \xrightarrow{\partial_3^{\mathrm{cell}}} \mathbb{Z} \xrightarrow{\partial_2^{\mathrm{cell}}} \mathbb{Z} \xrightarrow{\partial_1^{\mathrm{cell}}} \mathbb{Z} \xrightarrow{\partial_0^{\mathrm{cell}}} 0.$$

Am Bauplan von $\mathbb{P}^2$ in der obigen Grafik erkennt man den Randoperator

$$\partial_2 : H_2(\mathbb{P}^2, e^0 \cup e^1) \longrightarrow H_1(e^0 \cup e^1)$$

als die Multiplikation mit 2, sodass auch $\partial_2^{\mathrm{cell}}$ den Generator e^2 von $H_2(\mathbb{P}^2, e^0 \cup e^1)$ verdoppelt. Ähnliche Überlegungen ergeben $\partial_1^{\mathrm{cell}} = 0$ und die Homologie dieses Komplexes ist

$$H_0^{\mathrm{cell}}(\mathbb{P}^2) \cong \mathbb{Z}, \quad H_1^{\mathrm{cell}}(\mathbb{P}^2) \cong \mathbb{Z}_2 \quad \text{und} \quad H_2^{\mathrm{cell}}(\mathbb{P}^2) = 0.$$

Auch hier ist $H_k^{\mathrm{cell}}(\mathbb{P}^2) = 0$ für $k \geq 3$ und die Gruppen $H_*^{\mathrm{cell}}(\mathbb{P}^2)$ entsprechen exakt den klassischen singulären Homologiegruppen.

Der folgende, zentrale Satz zeigt, dass die Homologiegruppen des zellulären Kettenkomplexes generell unabhängig von der CW-Struktur des Raumes X sind und tatsächlich mit den singulären Homologiegruppen übereinstimmen. Wir betrachten hier auch allgemeine Koeffizienten in einer abelschen Gruppe G, wobei die frei abelschen Kettengruppen mit G tensoriert werden: $C_k(X; G) = C_k(X) \otimes G$ und $C_k^{\mathrm{cell}}(X; G) = C_k^{\mathrm{cell}}(X) \otimes G$.

Satz und Definition (Zelluläre Homologie)

In der obigen Situation sei G eine abelsche Gruppe und X ein CW-Komplex. Dann existieren für alle $k \geq 0$ Isomorphismen

$$H_k^{\mathrm{cell}}(X; G) \longrightarrow H_k(X; G).$$

Man nennt $H_k^{\mathrm{cell}}(X; G)$ die k-te **zelluläre Homologiegruppe** von X mit Koeffizienten in G.

Der **Beweis** sei wegen der Wichtigkeit des Resultats kurz skizziert, als kleine Wiederholung wahrscheinlich bekannter Tatsachen (die Gruppe G werde dabei vernachlässigt). In obigem Diagramm (Seite 38) ist nach den Gesetzen der singulären Homologie $H_k(X^{k+1}) \cong H_k(X)$ und wir halten bei

$$H_{k+1}(X^{k+1}, X^k) \xrightarrow{\partial_{k+1}} H_k(X^k) \xrightarrow{i_*} H_k(X) \xrightarrow{j_*} 0$$

$$0 \xrightarrow{i_*} H_k(X^k) \xrightarrow{j_*} H_k(X^k, X^{k-1}) \xrightarrow{\partial_k} H_{k-1}(X^{k-1}),$$

daher ist zunächst $H_k(X) \cong H_k(X^k) / \mathrm{Im}(\partial_{k+1})$. Nun ist j_* in der unteren Zeile injektiv, bildet also $\mathrm{Im}(\partial_{k+1})$ isomorph auf $\mathrm{Im}(\partial_{k+1}^{\mathrm{cell}})$ und $H_k(X^k)$ isomorph auf $\mathrm{Im}(j_*) = \mathrm{Ker}(\partial_k)$ ab. Es ist aber auch j_* in einer fiktiven dritten Zeile für (X^{k-1}, X^{k-2}) injektiv, was Sie (als kleine **Übung**) schnell erkennen, und daher $\mathrm{Ker}(\partial_k) = \mathrm{Ker}(\partial_k^{\mathrm{cell}})$. Insgesamt erhalten wir

$$H_k(X) \cong H_k(X^k) / \mathrm{Im}(\partial_{k+1}) \overset{j_*}{\cong} \mathrm{Ker}(\partial_k) / \mathrm{Im}(\partial_{k+1}^{\mathrm{cell}}) \cong \mathrm{Ker}(\partial_k^{\mathrm{cell}}) / \mathrm{Im}(\partial_{k+1}^{\mathrm{cell}}).$$

Die Gruppe auf der rechten Seite ist per definitionem $H_k^{\mathrm{cell}}(X)$. $\qquad\square$

Ein sehr praktisches Resultat, denn die zellulären Homologiegruppen sind leicht aus der Geometrie der Zellenanheftungen in X zu ermitteln. Was noch fehlt, ist ein gutes Verfahren, um die zellulären Randoperatoren $\partial_k^{\mathrm{cell}}$ zu berechnen.

Die obigen Beispiele, insbesondere das für den projektiven Raum $\mathbb{P}^2 = e^0 \cup e^1 \cup e^2$, motivieren eine suggestive Formel für $\partial_k^{\mathrm{cell}}$, die **zelluläre Randformel**. Dazu sei der CW-Komplex X aus Zellen e_λ^k aufgebaut, mit charakteristischen Abbildungen $\Phi_\lambda^k : (D^k, S^{k-1}) \to (X^k, X^{k-1})$. Die Mächtigkeit der Menge der k-Zellen sei dazu wieder mit $\mathcal{C}(k)$ bezeichnet.

Der zelluläre Randoperator ∂_k^{cell} ist dann ein Homomorphismus

$$\partial_k^{\text{cell}} : \bigoplus_{\mathcal{C}(k)} \mathbb{Z} \cong C_k^{\text{cell}}(X) \longrightarrow C_{k-1}^{\text{cell}}(X) \cong \bigoplus_{\mathcal{C}(k-1)} \mathbb{Z}$$

frei abelscher Gruppen (eventuell tensoriert mit einer Koeffizientengruppe G), der eindeutig bestimmt ist durch die Bilder der Generatoren in $C_k^{\text{cell}}(X)$, also der Zellen $e_\lambda^k \in X$. Die Anheftungsabbildung von e_λ^k trifft nur endlich viele Zellen e_μ^{k-1} in X^{k-1}, weil S^{k-1} kompakt ist. Es sei dann d_μ der Abbildungsgrad von

$$\Phi_\lambda^k\big|_{S^{k-1}} : S^{k-1} \longrightarrow X^{k-1}\big/\left(X^{k-1}\setminus e_\mu^{k-1}\right) \cong S_\mu^{k-1}.$$

Satz (Zelluläre Randformel)
In der obigen Konstellation ist $\partial_k^{\text{cell}} : C_k^{\text{cell}}(X) \to C_k^{\text{cell}}(X)$ gegeben durch

$$\partial_k^{\text{cell}} e_\lambda^k = \sum_\mu d_\mu e_\mu^{k-1}.$$

Der **Beweis** geht geradeaus. Da er aber bei genauer Ausführung viel Platz beansprucht, sei hier auf die Literatur verwiesen (zum Beispiel [38] oder I-357 f). ($\square$)

Dennoch lohnt sich hier ein kurzer Rückblick auf den Beweis der Randformel. Man benötigte dazu einen kanonischen Homomorphismus

$$\tau_\# : C_k^{\text{cell}}(X) \longrightarrow C_k(X), \qquad e^k \mapsto \left(\tau^k : \Delta^k \to X\right),$$

wobei τ^k die charakteristische Abbildung von $e^k \in X$ ist (wie immer dem radialen Homöomorphismus $(\Delta^k, \partial\Delta^k) \to (D^k, S^{k-1})$ nachgeschaltet). Offensichtlich ist $\tau_\#$ ein Gruppenhomomorphismus, aber generell kein Kettenhomomorphismus, denn auf Ebene der Ketten ist die Bedingung $\partial\tau_\# = \tau_\#\partial^{\text{cell}}$ eine zu starke Forderung, die von den charakteristischen Abbildungen in der Regel nicht erfüllt ist.

Es hilft hier der Wechsel zu einem homotopieäquivalenten CW-Komplex $\widetilde{X} \simeq X$, mit exakt denselben Zellen wie X. Dieser stimme auf dem 0-Skelett mit X überein und sei induktiv bereits bis zum $(k-1)$-Skelett $\widetilde{X}^{k-1}$ so konstruiert, dass es eine Homotopieäquivalenz $f : X^{k-1} \to \widetilde{X}^{k-1}$ gibt, deren Einschränkungen auf X^i Äquivalenzen $f|_{X^i} : X^i \to \widetilde{X}^i$ induzieren ($i \leq k-1$). Ferner sei dort

$$
\begin{array}{ccc}
C_i^{\text{cell}}(\widetilde{X}^{k-1}) & \xrightarrow{\;\;\widetilde{\partial}_i^{\text{cell}}\;\;} & C_{i-1}^{\text{cell}}(\widetilde{X}^{k-1}) \\
\big\downarrow{\scriptstyle\tau_\#} & & \big\downarrow{\scriptstyle\tau_\#} \\
C_i(\widetilde{X}^{k-1}) & \xrightarrow{\;\;\;\partial\;\;\;} & C_{i-1}(\widetilde{X}^{k-1})
\end{array}
$$

kommutativ, insbesondere bilden die $\tau_\#$ auf $\widetilde{X}^{k-1}$ einen Kettenhomomorphismus.

Für die induktive Fortsetzung von f auf X^k sei ein $e_\lambda^k \subset X$ gegeben, zusammen mit der charakteristischen Abbildung $\Phi_\lambda^k : (D^k, S^{k-1}) \to (X^k, X^{k-1})$, welche die Anheftung $\varphi_\lambda^k = \Phi_\lambda^k\big|_{S^{k-1}}$ ergibt. Mit der Anheftung $\psi_\lambda^k = f\varphi_\lambda^k : S^{k-1} \to \widetilde{X}^{k-1}$ sei für alle $e_\mu^{k-1} \subset X^{k-1}$ der Abbildungsgrad des Quotienten $q\psi_\lambda^k$, wobei q das Komplement $X^{k-1}\setminus e_\mu^{k-1}$ zu einem Punkt identifiziert, durch a_μ gegeben. Wir haben dann $\partial_i^{\text{cell}} k e_\lambda^k = \widetilde{\partial}_i^{\text{cell}} k e_\lambda^k = \sum_\mu a_\mu e_\mu^{k-1}$.

Der singuläre Rand von $f\tau_\# e_\lambda^k = \widetilde{\tau}_\lambda^k : \Delta^k \to \widetilde{X}$ ist homotop zu der aus der obigen Summe entstehenden singulären Kette $\sum_\mu a_\mu \widetilde{\tau}_\mu^{k-1}$, denn die Abbildungsgrade auf den $(k-1)$-Sphären $S_\mu^{k-1} \cong X^{k-1}/(X^{k-1} \setminus e_\mu^{k-1})$ stimmen überein (die Konstruktion der zugehörigen Homotopie ist zellenweise möglich, sie sei mit ψ_t bezeichnet). Es werde nun e_λ^k mit ψ_1 an $\widetilde{X}^{k-1}$ angeheftet, sodass obiges Diagramm auf $\widetilde{X}^{k-1} \cup_{\psi_1} e_\lambda^k$ kommutiert. Der folgende Hilfssatz garantiert dann, dass f zu einer Homotopieäquivalenz

$$X^{k-1} \cup_{\varphi_\lambda^k} e_\lambda^k \; \simeq \; \widetilde{X}^{k-1} \cup_{\psi_\lambda^k} e_\lambda^k \; = \; \widetilde{X}^{k-1} \cup_{\psi_0} e_\lambda^k \; \simeq \; \widetilde{X}^{k-1} \cup_{\psi_1} e_\lambda^k$$

fortgesetzt werden kann:

Hilfssatz (Homotope CW-Anheftungen von Zellen)
Es seien $\varphi_0, \varphi_1 : S^{k-1} \to Y$ homotope Anheftungen einer Zelle e_λ^k an einen CW-Komplex Y. Dann ist $Y \cup_{\varphi_0} e_\lambda^k \simeq Y \cup_{\varphi_1} e_\lambda^k$ relativ Y.

Im **Beweis** sei zunächst daran erinnert, dass $(D^k \times 0) \cup (S^{k-1} \times I)$ ein Deformationsretrakt von $D^k \times I$ ist. Wir heften dann $D^k \times I$ an Y und benutzen dabei die Homotopie $\varphi_t : S^{k-1} \times I \to Y$ zwischen φ_0 und φ_1 als Anheftungsabbildung. Im Bild links oben erkennen Sie, dass $(D^k \times I) \cup_{\varphi_t} Y$ sowohl $D^k \cup_{\varphi_0} Y$ als auch $D^k \cup_{\varphi_1} Y$ als Teilräume enthält (man muss nur im I-Faktor $s = 0$ und $s = 1$ setzen und zum Quotienten übergehen).

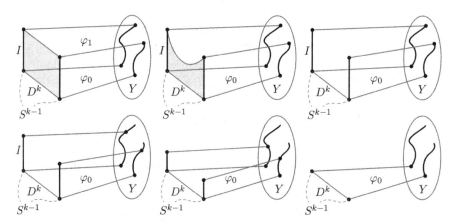

Die Grafik motiviert, dass beide Räume Deformationsretrakte von $(D^k \times I) \cup_{\varphi_t} Y$ sind, relativ zu Y. Zunächst wird links $D^k \times I$ auf $(D^k \times 0) \cup (S^{k-1} \times I)$ deformiert, danach kollabiert der Abbildungszylinder M_{φ_t} auf $M_{\varphi_0} \cup (D^k \times 0)$. Der Vorgang kann an der Horizontalen durch $1/2 \in I$ gespiegelt werden, um die Deformation von $(D^k \times I) \cup_{\varphi_t} Y$ auf $M_{\varphi_1} \cup (D^k \times 1)$ zu zeigen. Damit ist der Hilfssatz bewiesen, denn es ist $M_{\varphi_r} \cup (D^k \times r) = Y \cup_{\varphi_r} e_\lambda^k$, für $r \in \{0,1\}$. $\square$

Zurück zu unserer Konstruktion. Der Komplex $\widetilde{X}^{k-1} \cup_{\psi_1} e_\lambda^k$ ist nach dem Hilfssatz homotopieäquivalent zu $\widetilde{X}^{k-1} \cup_{\psi_0} e_\lambda^k = \widetilde{X}^{k-1} \cup_{\psi_\lambda^k} e_\lambda^k$ und damit über f auch zu $X^{k-1} \cup_{\varphi_\lambda^k} e_\lambda^k$. Verfährt man so für alle Zellen von X^k, kann f im Sinne des obigen Diagramms zu einer Homotopieäquivalenz $X^k \to \widetilde{X}^k$ fortgesetzt werden.

Induktiv entsteht so ein zu X homotopieäquivalenter CW-Komplex $\widetilde{X}$, für den auf Ebene der zellulären und singulären Ketten im Sinne des obigen Diagramms $\tau_\# \widetilde{\partial}^{\mathrm{cell}} = \partial \tau_\#$ ist. Wir nennen einen solchen CW-Komplex **zellenweise singulär** aufgebaut. Da es in der Homotopietheorie nur auf den Homotopietyp der Räume ankommt, können wir im weiteren Verlauf bei Bedarf von zellenweise singulären Komplexen ausgehen und in diesen über die Identifikation von e^k mit dem singulären Simplex $\tau^k = \tau_\#(e^k)$ auf der (singulären) Kettenebene argumentieren.

Ein Rückblick auf zelluläre und simpliziale Komplexe

Später in diesem Buch, bei den Spektralsequenzen, verwenden wir an entscheidender Stelle (Seite 177 f) noch eine Präzisierung des Satzes über die Homotopieäquivalenz eines CW-Komplexes X zu einem simplizialen Komplex K (Seite 34), im Licht der zellulären Kettenkomplexe $C_*^{\mathrm{cell}}(K)$ und $C_*^{\mathrm{cell}}(X)$.

Blicken wir dazu noch einmal zurück auf die Seiten 34 f und sehen uns an, was bei der Konstruktion der Räume $X^n, K_n \subseteq Z_n$ eigentlich passiert ist und wie die Homotopieäquivalenzen $h : K \to X$ und $i : X \to K$ genau aussehen.

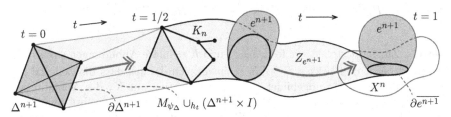

Man erkennt, dass die angeheftete Zelle $e^{n+1} \cong \mathring{\Delta}^{n+1} \subset M_{\psi_\Delta} \cup (\Delta^{n+1} \times 0) \subseteq K$ als Teil des Inneren von $Z_{e^{n+1}} = W_n \sqcup_{h_t} (\Delta^{n+1} \times I)$ im Verlauf der Deformation $K \to X$ durch $Z_{e^{n+1}}$ hindurchgeschoben wird, bis sie am anderen Ende $(t = 1)$ als $e^{n+1} \subset X$ erscheint. Der Rückweg von $t = 1$ nach $t = 0$ beschreibt die homotopieinverse Abbildung $i : X \to K$. Damit sind die Abbildungen $i : e^{n+1} \to K$ und $h : \mathring{\Delta}^{n+1} \to X$ Einbettungen, also Homöomorphismen auf ihr Bild, und dies hat erhebliche Auswirkungen auf die Kettenhomomorphismen $h_* : H_n(K^n, K^{n-1}) \to H_n(X^n, X^{n-1})$ und $i_* : H_n(X^n, X^{n-1}) \to H_n(K^n, K^{n-1})$.

Beachten Sie hierfür, dass $K^0 = X^0$ ist und jede Zelle $e^{n+1} \subset X$ die Entsprechung $\mathring{\Delta}^{n+1} \subset K$ besitzt. Dabei kommen in K die Zellen $\mathring{\Delta}_\mu^{k+1}$ aus dem Abbildungszylinder M_{ψ_Δ} hinzu, was alle Dimensionen $0 \le k \le n$ betrifft. So ist die Einschränkung $h : K_{n+1} \to X^{n+1}$ eine Homotopieäquivalenz, aber $h : K^{n+1} \to X^{n+1}$ nicht unbedingt, denn K_{n+1} ist in der Regel ein echter Teilkomplex im Skelett K^{n+1}, das beim Anfügen höherdimensionaler Zellen zusätzliche $(n+1)$-Zellen erhält.

In den zellulären Kettenkomplexen zeigt sich das in den Inklusionen

$$i_* : H_n(X^n, X^{n-1}) \hookrightarrow H_n(K_n, K_n^{n-1}) \hookrightarrow H_n(K^n, K^{n-1}),$$

bei denen die Sphären der zugehörigen Sträuße identisch mit Grad 1 aufeinander abgebildet werden.

Die Homotopieinverse h induziert dann den Homomorphismus (eine Projektion)

$$h_* : H_n(K^n, K^{n-1}) \longrightarrow H_n(K_n, K_n^{n-1}) \longrightarrow H_n(X^n, X^{n-1}),$$

der alle n-Zellen von K^n annulliert, die keiner Zelle in X^n entsprechen. Damit erhalten wir eine wichtige Zusatzinformation zur Äquivalenz zellulärer und simplizialer Komplexe.

Ergänzung zur Äquivalenz zellulärer und simplizialer Komplexe

Die Homotopieäquivalenzen $i : X \to K$ und $h : K \to X$ aus dem Satz über die Äquivalenz zellulärer und simplizialer Komplexe (Seite 34) bilden ein kommutatives Diagramm der Form

$$
\begin{array}{ccc}
H_n(K^n, K^{n-1}) & \xrightarrow{\ \partial_K^{\mathrm{cell}}\ } & H_{n-1}(K^{n-1}, K^{n-2}) \\
\Big\downarrow{\scriptstyle h_*}\ \Big\uparrow{\scriptstyle i_*} & & \Big\downarrow{\scriptstyle h_*} \\
H_n(X^n, X^{n-1}) & \xrightarrow{\ \partial_X^{\mathrm{cell}}\ } & H_{n-1}(X^{n-1}, X^{n-2}).
\end{array}
$$

Beweis: Zunächst stellen wir fest, dass i und h zelluläre Abbildungen sind. Das ist trivial bei i, und bei $h : K \to X$ ergibt es sich daraus, dass die Zelle $\overset{\circ}{\Delta}{}^{n+1}$ homöomorph auf e^{n+1} abgebildet wird, die Projektion auf K_n des Abbildungszylinders M_{ψ_Δ} der simplizialen Abbildung $\psi_\Delta : \partial \Delta^{n+1} \to K_n$ selbst simplizial ist und die Deformation von K_n auf X^n per Induktion als zellulär angenommen werden darf (beachten Sie obige Grafik).

Insbesondere wird dabei M_{ψ_Δ} auf $\partial \overline{e^{n+1}}$ deformiert (**Übung** 16). Damit folgt $h_* \partial_K^{\mathrm{cell}} = \partial_X^{\mathrm{cell}} h_*$ und wegen $h_* i_* = \mathrm{id}_{H_n(X^n, X^{n-1})}$ auch $\partial_X^{\mathrm{cell}} = h_* \partial_K^{\mathrm{cell}} i_*$, womit $i_*(X)$ zu einem Teilkomplex von K wird. $\qquad\square$

Beachten Sie, dass im Regelfall $\partial_K^{\mathrm{cell}} \neq i_* \partial_X^{\mathrm{cell}} h_*$ ist, denn bei der Projektion h_* auf den Teilkomplex X geht Information von K verloren.

2.3　Weitere Resultate und Beispiele zur zellulären Homologie

Es gäbe nun wahrlich noch viel Vorlesungsstoff zur zellulären Homologie, doch in einem Überblick wie diesem ist der Platz natürlich begrenzt. Im Folgenden sei dennoch kurz zusammengefasst, quasi als lose Stoffsammlung, was im weiteren Verlauf des Buches benötigt wird (teils sehr weit hinten), inhaltlich aber am besten hierher passt, um die Argumente später nicht zu sehr in die Länge zu ziehen.

Denken Sie zum Beispiel daran, dass CW-Paare (X, A) **gute Raumpaare** sind, also die Teilkomplexe A **Umgebungsdeformationsretrakte** in X sind: Es gibt eine Umgebung $U \supseteq A$, die auf A deformationsretrahiert. Eine Konsequenz daraus ist, dass die relativen Homologiegruppen $H_k^{\mathrm{cell}}(X, A)$ für alle $k > 0$ mit den absoluten Homologiegruppen $H_k^{\mathrm{cell}}(X/A)$ übereinstimmen.

Weiter sind auch Produkträume in späteren Kapiteln sehr wichtig. Das Produkt $X \times Y$ von zwei CW-Komplexen, oder sinngemäß auch das relative Produkt

$$(X, A) \times (Y, B) = (X \times Y, A{\times}Y \cup X{\times}B)$$

zweier CW-Paare, hat eine natürliche CW-Struktur über die Produktzellen $e_\lambda^k {\times} e_\mu^l$, deren Abschluss $\bar{e}_\lambda^k \times \bar{e}_\mu^l$ das Bild von $\Phi_\lambda^k \times \Psi_\mu^l$ der jeweiligen charakteristischen Abbildungen ist (siehe auch Seite 104).

Die seltsame Definition des Produktpaars in Form von $(X \times Y, A{\times}Y \cup X{\times}B)$ rührt daher, dass der topologische Rand

$$\partial(\bar{e}_\lambda^k \times \bar{e}_\mu^l) = (\partial\bar{e}_\lambda^k \times \bar{e}_\mu^l) \cup (\bar{e}_\lambda^k \times \partial\bar{e}_\mu^l)$$

ist, und entsprechend der zelluläre Rand $(\partial\bar{e}_\lambda^k \otimes \bar{e}_\mu^l) + (-1)^k (\bar{e}_\lambda^k \otimes \partial\bar{e}_\mu^l)$.

Insofern wäre eine Definition des Produktpaars als $(X \times Y, A \times B)$ nicht mit dem algebraischen Produkt von Kettenkomplexen C_* und D_* verträglich, das als Tensorprodukt $(C \otimes D)_*$ realisiert ist mit $\partial(a \otimes b) = \partial a \otimes b + (-1)^{\deg a} a \otimes \partial b$. So zeigt sich dann der bekannte Satz von EILENBERG-ZILBER in der zellulären Homologie auch unmittelbar in der CW-Struktur des Produktes $X \times Y$.

Satz (Eilenberg-Zilber in der zellulären Homologie)
In der obigen Situation ist der zelluläre Kettenkomplex $C_*^{\mathrm{cell}}(X \times Y)$ ketten-homotop zu $C_*^{\mathrm{cell}}(X) \otimes C_*^{\mathrm{cell}}(Y)$. Die Isomorphie stammt von der natürlichen Zuordnung $e_\lambda^k \times e_\mu^l \mapsto e_\lambda^k \otimes e_\mu^l$ auf den Generatoren der Kettengruppen. Sinn-gemäß gilt der Satz auch für das Produkt von CW-Paaren (X, A) und (Y, B).

Im **Beweis** werden die Kettenhomomorphismen $\tau_\# : C_*^{\mathrm{cell}} \to C_*$ auf den Satz von EILENBERG-ZILBER in der singulären Homologie angewendet (Seite I-307). $\quad(\Box)$

Mit der **Künneth-Formel** aus der homologischen Algebra (Seite I-217, oder 140) ergibt sich damit die spaltende exakte Sequenz

$$0 \longrightarrow \bigoplus_{i+j=n} H_i^{\mathrm{cell}}(X) \otimes H_j^{\mathrm{cell}}(Y) \longrightarrow H_n^{\mathrm{cell}}(X \times Y) \longrightarrow$$

$$\longrightarrow \bigoplus_{i+j=n-1} \mathrm{Tor}\big(H_i^{\mathrm{cell}}(X), H_j^{\mathrm{cell}}(Y)\big) \longrightarrow 0,$$

oder als Spezialfall für eine abelsche Gruppe G, zusammen mit dem trivialen Komplex $\cdots \to 0 \to 0 \to G = C_0$, das **universelle Koeffiziententheorem der Homologie** (Seite I-211) mit den spaltenden exakten Sequenzen

$$0 \longrightarrow H_k^{\mathrm{cell}}(X) \otimes G \longrightarrow H_k^{\mathrm{cell}}(X; G) \longrightarrow \mathrm{Tor}\big(H_{k-1}^{\mathrm{cell}}(X), G\big) \longrightarrow 0.$$

Um Ihnen das Nachschlagen in der Literatur über Homologietheorie zu ersparen, hier in aller Kürze die wichtigsten Fakten zum **Tor-Funktor**. Es sei dazu H eine abelsche Gruppe und $0 \to F_1 \to F_0 \to H \to 0$ eine **freie Auflösung** von H, also eine exakte Gruppensequenz mit frei abelschen Gruppen F_0 und F_1. Eine solche Auflösung existiert übrigens immer: Man nehme als F_0 eine von Generatoren der Gruppe H erzeugte frei abelsche Gruppe und als F_1 den Kern von $F_0 \to H$.

Nun ist Ihnen sicher bekannt, dass die Tensorierung mit einer weiteren abelschen Gruppe, sagen wir G, nicht exakt, sondern nur **rechtsexakt** ist. Das bedeutet, wir erhalten nach Tensorierung der obigen Auflösung mit G die exakte Sequenz

$$F_1 \otimes G \xrightarrow{\;\cdot \otimes \mathrm{id}_G\;} F_0 \otimes G \xrightarrow{\;\cdot \otimes \mathrm{id}_G\;} H \otimes G \longrightarrow 0,$$

in der die linke Abbildung nicht notwendig injektiv ist. Das einfachste Beispiel hierfür ist der Monomorphismus $\mathbb{Z} \to \mathbb{Z}$, $a \mapsto 2a$, der nach Tensorierung mit $\mathbb{Z}_2$ zur Nullabbildung $\mathbb{Z}_2 \to \mathbb{Z}_2$ wird.

Die Gruppe $\mathrm{Tor}(H, G)$ misst dann die Abweichung der tensorierten Sequenz von der Exaktheit, ist also der Kern von $F_1 \otimes G \xrightarrow{\;\cdot \otimes \mathrm{id}_G\;} F_0 \otimes G$, womit die Sequenz

$$0 \longrightarrow \mathrm{Tor}(H, G) \longrightarrow F_1 \otimes G \xrightarrow{\;\cdot \otimes \mathrm{id}_G\;} F_0 \otimes G \xrightarrow{\;\cdot \otimes \mathrm{id}_G\;} H \otimes G \longrightarrow 0$$

exakt wird. Am dem kleinen Beispiel oben erkennen Sie $\mathrm{Tor}(\mathbb{Z}_2, \mathbb{Z}_2) \cong \mathbb{Z}_2$, denn eine freie Auflösung von $H = \mathbb{Z}_2$ ist hier gegeben durch $0 \to \mathbb{Z} \xrightarrow{2} \mathbb{Z} \to H \to 0$.

Natürlich erkennen Sie einen kritischen Punkt bei diesen Ausführungen: die Wohldefiniertheit von $\mathrm{Tor}(H, G)$. Tatsächlich hängen diese Gruppen nicht von der freien Auflösung ab, die Auflösungen können sogar beliebig lang sein. Der Beweis dazu wird in der homologischen Algebra erbracht und ist nicht trivial (Seite I-204 f). Hier noch einige Beispiele und Formeln rund um die Tor-Gruppen (deren Beweise sich durch die elegante Definition über freie Auflösungen direkt ergeben):

1. Für abelsche Gruppen H_λ, $\lambda \in \Lambda$, und G gilt

$$\mathrm{Tor}\left(\bigoplus_{\lambda \in \Lambda} H_\lambda, G\right) \cong \bigoplus_{\lambda \in \Lambda} \mathrm{Tor}(H_\lambda, G).$$

2. Für die Multiplikation $\mu_n : G \to G$, $g \mapsto ng$, gilt $\mathrm{Ker}(\mu_n) \cong \mathrm{Tor}(\mathbb{Z}_n, G)$.

3. Für abelsche Gruppen G und H gilt stets $\mathrm{Tor}(H, G) \cong \mathrm{Tor}(G, H)$.

4. Für endlich erzeugte abelsche Gruppen G, H gilt $\mathrm{Tor}(H, G) \cong H_{\mathrm{tor}} \otimes G_{\mathrm{tor}}$, wobei mit dem tiefgestellten *tor* die Torsionsuntergruppen gemeint sind. Insbesondere ist $\mathrm{Tor}(H, G) = 0$, wenn eine der Gruppen torsionsfrei ist.

5. Ein Homomorphismus $f : H \to K$ zwischen abelschen Gruppen induziert einen natürlichen Homomorphismus $\mathrm{Tor}(f) : \mathrm{Tor}(H, G) \to \mathrm{Tor}(K, G)$. Damit ist Tor ein **kovarianter Funktor** in den abelschen Gruppen.

Soviel zu der kurzen Wiederholung der homologischen Algebra, insbesondere der Tor-Gruppen, die uns im weiteren Verlauf des Buches hie und da begleiten werden.

Eine abschließende Bemerkung zum Produkt von CW-Komplexen ist hier auch noch angebracht. Die schwache Topologie bei CW-Produkten bedeutet, dass sie von den Kompakta $\bar{e}_\lambda^k \times \bar{e}_\mu^l$ generiert ist, eine Menge $A \subseteq X \times Y$ also genau dann offen (abgeschlossen) ist, wenn $A \cap (\bar{e}_\lambda^k \times \bar{e}_\mu^l)$ offen (abgeschlossen) in $\bar{e}_\lambda^k \times \bar{e}_\mu^l$ ist, für alle k, l, λ, μ. In seltenen Fällen (zum Beispiel wenn die Komplexe unendlich viele Zellen haben und einer überabzählbar viele) kann der Produkt-CW-Komplex eine feinere Topologie besitzen als $X \times Y$, [27], siehe dazu auch Seite 104 f.

In der Homologietheorie spielt dies jedoch keine Rolle, da beide Topologien dieselben kompakten Mengen haben und alle Ketten, Zyklen und Ränder einen kompakten Träger haben. Bei der Frage, welche Zyklen Ränder sind, spielt sich daher alles in kompakten Teilmengen ab und der obige Unterschied kann vernachlässigt werden. (Nur in der Kohomologie muss man etwas aufpassen, Seite 125 ff, da Kozyklen und Koränder nicht zwingend einen kompakten Träger haben. Dort wird dann zusätzlich gefordert, dass einer der Komplexe kompakt ist.)

Zur Abrundung des Kapitels seien noch zwei Resultate erwähnt, die eine zentrale Rolle für die Homotopie von CW-Komplexen spielen. Eines der wichtigsten Grundlagentheoreme in diesem Buch zur Verbindung von Homotopie- und Homologietheorie stammt von W. Hurewicz, [51][52].

Theorem (Hurewicz 1936, Homotopie- und Homologiegruppen)

Absolute Form: Wir betrachten für $n \geq 2$ einen $(n-1)$-zusammenhängenden Raum X und einen Punkt $x \in X$. Dann stimmen die Gruppen $H_k(X)$ und $\pi_k(X, x)$ überein, und zwar von $k = 1$ bis einschließlich zu dem Index, bei dem sie zum ersten Mal $\neq 0$ sind.

Relative Form: Wir betrachten für $n \geq 2$ ein $(n-1)$-zusammenhängendes Raumpaar (X, A) und einen Punkt $x \in A$, wobei A nicht leer und einfach zusammenhängend ist. Dann stimmen die relativen Gruppen $H_k(X, A)$ und $\pi_k(X, A, x)$ überein, und zwar von $k = 0$ bis einschließlich zu dem Index, bei dem sie zum ersten Mal $\neq 0$ sind.

Ein Beweis des Theorems (auch wenn es nur eine grobe Skizze wäre), würde den Rahmen dieser Wiederholung allerdings sprengen, siehe [38] oder Seite I-391 ff.

Das zweite Theorem geht auf J.H.C. Whitehead zurück, einem Pionier der CW-Komplexe. Unter einer **schwachen Homotopieäquivalenz** $f : X \to Y$ versteht man eine Abbildung, die auf allen Homotopiegruppen einen Isomorphismus $f_* : \pi_*(X) \to \pi_*(Y)$ induziert. Mit der langen exakten Homologiesequenz des Raumpaares (M_f, X) folgen daraus auch Isomorphismen $f_* : H_*(X) \to H_*(Y)$ aller Homologiegruppen (Seite I-374, M_f ist der **Abbildungszylinder** von f, siehe Seite I-176 ff oder Seite 106).

Für CW-Komplexe X, Y gibt es in diesem Zusammenhang nun eine umfassende und sehr starke Umkehrung, [112].

Satz (Whitehead 1949, Bedingung für Homotopieäquivalenz)
Eine stetige Abbildung $f : X \to Y$ zwischen CW-Komplexen, die für alle $k \geq 0$ Isomorphismen

$$f_k : \pi_k(X) \longrightarrow \pi_k(Y)$$

induziert, ist eine Homotopieäquivalenz.

Der **Beweis** nutzt ebenfalls den Abbildungszylinder $M_f \simeq Y$, um sich auf eine Inklusion $X \hookrightarrow Y$ zurückzuziehen (Seite I-345 f). $\hspace{1em}(\Box)$

Die relative Form des obigen Theorems von HUREWICZ, in Verbindung mit der langen exakten Homologiesequenz, liefert dann für einfach zusammenhängende CW-Komplexe noch eine nützliche Variante dieses Satzes.

Folgerung (Variante des Satzes von Whitehead)
Eine stetige Abbildung $f : X \to Y$ zwischen einfach zusammenhängenden CW-Komplexen, die für alle $k \geq 0$ Isomorphismen

$$f_k : H_k(X) \longrightarrow H_k(Y)$$

induziert, ist eine Homotopieäquivalenz.

Vielleicht versuchen Sie den **Beweis** als kleine **Übung**, um wieder mit den Begriffen und technischen Mitteln vertraut zu werden.

Das Tangentialsphärenbündel $\mathbf{W}_{2n-1} \to S^n$, Teil I: Konstruktion

Zum Abschluss dieses Kapitels noch ein außergewöhnliches Beispiel für eine fortgeschrittene CW-Struktur, zusammen mit der damit verbundenen zellulären Homologie. Das Beispiel ist nicht nur für sich gesehen interessant, sondern wird ganz hinten in diesem Buch bei einem Theorem von SERRE verwendet (Seite 425), um zu zeigen, dass sich die Gruppen $\pi_k(S^n)$ für gerade-dimensionale Sphären auf die Gruppen $\pi_{k-1}(S^{n-1})$ und $\pi_k(S^{2n-1})$ zurückführen lassen (zumindest bis auf eine Gruppe, die ausschließlich gerade Torsion enthält, eine sogenannte **2-Gruppe**).

Wir betrachten dazu die S^n als Teilraum von $\mathbb{R}^{n+1}$ und heften an jeden Punkt $x \in S^n$ den **Tangentialraum** $T_x S^n \subset \mathbb{R}^{n+1}$ an (dies ist ein $\mathbb{R}$-Vektorraum). Anschließend betrachten wir für jeden Punkt $x \in S^n$ die Menge der Einheitsvektoren in $T_x S^n \cong \mathbb{R}^n$ und bezeichnen diese mit $E_x S^n \cong S^{n-1}$. Es sei dann das **Tangentialsphärenbündel** $\mathbf{W}_{2n-1}$ von S^n definiert als

$$\mathbf{W}_{2n-1} = \bigsqcup_{x \in S^n} E_x S^n,$$

mit der Projektion $p : \mathbf{W}_{2n-1} \to S^n$, $E_x S^n \ni v \mapsto x$. Da im Tangentialbündel per definitionem jedes $x \in S^n$ eine Umgebung U_x hat mit $p^{-1}(U_x) \cong U_x \times \mathbb{R}^n$, wird $\mathbf{W}_{2n-1}$ durch Einschränkung zu einem S^{n-1}-Faserbündel (Seite 9). Diese Räume haben die Homotopieliftung (Seite 13), was sie zu speziellen **Faserungen** macht (Seite 76 f). Faserungen spielen im weiteren Verlauf eine zentrale Rolle.

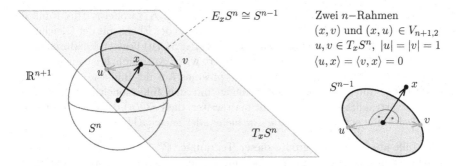

Anhand der Grafik erkennt man, dass jeder Punkt in $\mathbf{W}_{2n-1}$ durch zwei senkrecht aufeinanderstehende Einheitsvektoren $\mathbf{x}, \mathbf{u} \in \mathbb{R}^{n+1}$ gegeben ist. Wenn $\mathbf{x}$ alleine rotiert, haben wir n Freiheitsgrade und erhalten die Punkte von S^n. Lassen wir zusätzlich für jedes $\mathbf{x}$ auch $\mathbf{u}$ rotieren (senkrecht zu $\mathbf{x}$), haben wir noch $n-1$ weitere Freiheitsgrade. So ergibt sich für $\mathbf{W}_{2n-1}$ die Struktur einer $(2n-1)$-dimensionalen (sogar differenzierbaren) Mannigfaltigkeit.

Die so gewonnenen Punkte $(x, u) \in \mathbf{W}_{2n-1}$, man nennt diese auch **orthonormale 2-Rahmen** (engl. *2-frames*) werden als $V_2\mathbb{R}^{n+1}$ geschrieben und bilden eine sogenannte **Stiefel-Mannigfaltigkeit** (nach E. STIEFEL, [99]).

Die 1-Rahmen alleine bestehen nur aus den Einheitsvektoren $\mathbf{x}$ selbst und ergeben $V_1\mathbb{R}^{n+1} = S^n$, die n-Rahmen $V_n\mathbb{R}^{n+1}$ bilden $SO(n+1)$, denn man kann sie in $\mathbb{R}^{n+1}$ auf eindeutige Weise zu einem positiv orientierten Orthonormalsystem machen. Mit diesen Beobachtungen ist es naheliegend, eine CW-Struktur für $\mathbf{W}_{2n-1}$ aus einer CW-Struktur von $SO(n+1)$ abzuleiten.

Eine CW-Struktur auf $SO(n)$

In diesem Abschnitt (er folgt HATCHER, [38]) konstruieren wir eine äußerst trickreiche CW-Struktur auf $SO(n)$, den **speziellen orthogonalen Gruppen** (wobei die Dimension des euklidischen Raums hier der Notation wegen als n angenommen wird, im nächsten Abschnitt verwenden wir wieder $n+1$). Es ist dies ein wahres Kunststück in der Theorie zellulärer Komplexe und nutzt die CW-Struktur der projektiven Räume $\mathbb{P}^k(\mathbb{R}) = \mathbb{P}^k$ (Seite 39 oder I-321).

Kurz zur Erinnerung: Die CW-Struktur des reellen, n-dimensionalen projektiven Raums $\mathbb{P}^n$ entsteht induktiv. Man beginnt mit $\mathbb{P}^0 = e^0$, $\mathbb{P}^1 = e^0 \cup e^1 = S^1$ und heftet dann für $\mathbb{P}^i$ an den bereits konstruierten $\mathbb{P}^{i-1}$ eine Zelle e^i über die zweiblättrige Überlagerung $S^{i-1} \to \mathbb{P}^{i-1}$ an, die antipodal liegende Punkte identifiziert. Im zellulären Kettenkomplex ist dann $\partial e^i = 2e^{i-1}$ für i gerade und $\partial e^i = 0$ für i ungerade (was daran liegt, dass die antipodale Abbildung $x \to -x$ auf S^i für gerades i den Grad -1 hat und für ungerades i den Grad 1).

Die entscheidende Idee besteht nun darin, für $i < n$ eine Einbettung von $\mathbb{P}^i$ in $SO(n)$ zu finden, die mit den Inklusionen $\mathbb{P}^i \subset \mathbb{P}^j$ für $i < j < n$ verträglich ist. Es sei dazu $x \in S^{n-1}$ gegeben und $g_x \in \mathbb{P}^i$ die Gerade in $\mathbb{R}^n$ durch g_x und den Ursprung. Betrachte dann die Reflexion $r_x : S^{n-1} \to S^{n-1}$ an der Ebene $E_x^\perp$ durch den Ursprung, die senkrecht auf dem Vektor $\mathbf{x}$ steht.

Da diese Abbildung Determinante -1 hat, sei $R_x = r_x r_{e_1}$, wobei r_{e^1} die Punkte entlang des ersten Einheitsvektors e_1 spiegelt, also an der Ebene mit der Gleichung $x_1 = 0$. Man erkennt ohne Mühe, dass $R_x = R_{-x} \in SO(n)$ liegt und dadurch eine injektive Abbildung $\rho_i : \mathbb{P}^i \to SO(n)$ definiert wird. Anschaulich ist auch sofort klar, dass diese Abbildung ein Homöomorphismus auf ihr Bild ist, mithin eine Einbettung – und dass diese Einbettungen mit den Inklusionen $\mathbb{P}^i \subset \mathbb{P}^j$ für $i < j < n$ verträglich sind. So erkennt man weiter, dass $SO(n)$ die CW-Komplexe $\mathbb{P}^i$ als Teilräume enthält, für alle $i < n$ ineinander verschachtelt.

Leider füllt aber auch der größte dieser Teilräume, $\mathbb{P}^{n-1}$, die $SO(n)$ keinesfalls aus. Die Doppelspiegelungen R_x sind nur in der Lage, sehr grobe Drehungen auszuführen. Nehmen Sie zum Beispiel $x = e_2$, dann entspricht R_x lediglich einer Drehung um den Winkel π in der (x_1, x_2)-Ebene.

Es gibt jedoch auf $SO(n)$ eine Gruppenstruktur und wir können für $i > j$ eine (offensichtlich stetige) Abbildung

$$\rho_{ij} : \mathbb{P}^i \times \mathbb{P}^j \longrightarrow SO(n)$$

über die Zuordnung $(u, v) \mapsto \rho_i(u)\rho_j(v)$ definieren, oder allgemeiner für alle streng absteigenden Folgen $n > i_1 > \ldots > i_m > 0$ die Abbildungen

$$\rho_{i_1 \ldots i_m} : \mathbb{P}^{i_1} \times \ldots \times \mathbb{P}^{i_m} \longrightarrow SO(n), \quad (u_{i_1}, \ldots, u_{i_m}) \mapsto \rho_{i_1}(u_{i_1}) \cdots \rho_{i_m}(u_{i_m}).$$

Es sei nun $\Phi^i : D^i \to \mathbb{P}^i$ die charakteristische Abbildung der Zelle $e^i \subset \mathbb{P}^i$, deren Einschränkung auf ∂D^i die antipodale Überlagerung von $\mathbb{P}^{i-1}$ ist. Dann ist

$$\Phi^{i_1 \ldots i_m} : D^{i_1} \times \ldots \times D^{i_m} \longrightarrow \mathbb{P}^{i_1} \times \ldots \times \mathbb{P}^{i_m}$$

die charakteristische Abbildung der obersten Zelle $e^{i_1 \ldots i_m} = e^{i_1} \times \ldots \times e^{i_m}$ von $\mathbb{P}^{i_1} \times \ldots \times \mathbb{P}^{i_m}$. Es leuchtet nun ein, dass man über die Produkte $\rho_{i_1}(u_{i_1}) \cdots \rho_{i_m}(u_{i_m})$ wesentlich mehr Elemente in $SO(n)$ erreichen kann.

Satz (CW-Struktur von $SO(n)$)
In der obigen Situation definieren die Abbildungen $\rho_0 \Phi^0 : D^0 \to SO(n)$ und

$$\rho_{i_1 \ldots i_m} \Phi^{i_1 \ldots i_m} : D^{i_1} \times \ldots \times D^{i_m} \longrightarrow SO(n),$$

wobei $n > i_1 > \ldots > i_m > 0$ alle streng absteigenden Indexfolgen durchläuft, die charakteristischen Abbildungen einer CW-Struktur auf $SO(n)$.

Der **Beweis** verwendet vollständige Induktion nach n. Der Fall $n = 0$ ist trivial und wir können annehmen, dass die Aussage für $n - 1$ stimmt. Die Abbildungen $\rho_0 \Phi^0 : D^0 \to SO(n-1)$ und $\rho_{i_1 \ldots i_m} \Phi^{i_1 \ldots i_m} : D^{i_1} \times \ldots \times D^{i_m} \to SO(n-1)$ mit $i_1 < n - 1$ seien also die charakteristischen Abbildungen einer CW-Struktur auf $SO(n-1)$. Wir betrachten dabei $SO(n-1) \subset SO(n)$ als die Untergruppe, welche den Einheitsvektor $e_n \in \mathbb{R}^n$ konstant lässt (also nur Rotationen innerhalb der Hyperebene $x_n = 0$ vollzieht).

Bei der Anheftung der Zelle e^n an $\mathbb{P}^{n-1}$, oder anders formuliert: beim Übergang von $\rho_{i_1\ldots i_m}\Phi^{i_1\ldots i_m} : D^{i_1} \times \ldots \times D^{i_m} \to SO(n-1)$ zu

$$\rho_{(n-1)i_1\ldots i_m}\Phi^{(n-1)i_1\ldots i_m} : D^{n-1} \times D^{i_1} \times \ldots \times D^{i_m} \longrightarrow SO(n)$$

wird einer Rotation $R \in SO(n-1)$ für $x \in D^{n-1}$ die Rotation $\rho_{n-1}\Phi^{n-1}(x)$ nachgeschaltet, womit R zu $\rho_{n-1}\Phi^{n-1}(x)R$ übergeht. Im Fall $x \in \partial D^{n-1}$ ist $\Phi^{n-1}(x) \in \mathbb{P}^{n-2}$, also lässt $\rho_{n-1}\Phi^{n-1}(x) \in SO(n-1)$ den Vektor e_n unverändert. Ein innerer Punkt $x \in D^{n-1}$ hingegen bedeutet $\Phi^{n-1}(x) \in \mathbb{P}^{n-1} \setminus \mathbb{P}^{n-2}$, die Rotation $\rho_{n-1}\Phi^{n-1}(x)$ verändert damit e_n zu e_n'.

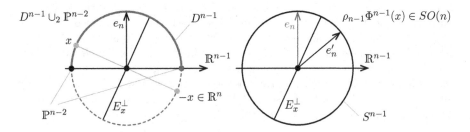

Links die Konstruktion des $\mathbb{P}^{n-1}$ durch die Anheftung von D^{n-1} an $\mathbb{P}^{n-2}$, rechts die Wirkung von $\rho_{n-1}\Phi^{n-1}(x)$ auf e_n. Variiert man links x im Inneren von D^{n-1}, erkennt man, dass rechts alle $e_n' \in S^{n-1} \setminus e_n$ erreicht werden, und dass die Zuordnung $x \mapsto e_n'$ bijektiv und in beide Richtungen stetig ist.

Damit wird, zusammen mit der Induktionsannahme für $SO(n-1)$, eine erste Eigenschaft von CW-Strukturen auch bei $SO(n)$ sichtbar: Das Innere der Produkte $D^{n-1} \times D^{i_1} \times \ldots \times D^{i_m}$ wird homöomorph auf sein Bild in $SO(n)$ abgebildet. Außerdem sind die Bilder des Inneren von $D^{n-1} \times D^{i_1} \times \ldots \times D^{i_m}$ und $D^{n-1} \times D^{i_1'} \times \ldots \times D^{i_{m'}'}$ disjunkt, falls die Tupel $(i_1, \ldots, i_m)$ und $(i_1', \ldots, i_{m'}')$ verschieden sind.

Man sieht nun schnell, warum die Bilder der Produkte $D^{n-1} \times D^{i_1} \times \ldots \times D^{i_m}$ ganz $SO(n)$ überdecken. Es sei dazu $\alpha \in SO(n)$ gegeben. Falls $\alpha \in SO(n-1)$ ist, ist es nach Induktionsannahme im Bild des Inneren eines Produkts $D^{i_1} \times \ldots \times D^{i_m}$ mit $i_1 < n-1$ enthalten. Falls $\alpha \notin SO(n-1)$ ist, wähle das eindeutige $x \in D^{n-1}$ mit $\rho_{n-1}\Phi^{n-1}(x)e_n = e_n' = \alpha(e_n)$. Nach einer Rotation R_α in der zu e_n' senkrechten Ebene wird α auch für die Einheitsvektoren $e_1, \ldots, e_{n-1}$ erreicht:

$$\alpha = R_\alpha \rho_{n-1}\Phi^{n-1}(x).$$

Die Rotation $\left(\rho_{n-1}\Phi^{n-1}(x)\right)^{-1}\alpha$ bildet e_n auf sich selbst ab, und nach einer Rotation $R \in SO(n-1)$ in der Ebene $x_n = 0$ haben wir $\mathbb{1} = R\left(\rho_{n-1}\Phi^{n-1}(x)\right)^{-1}\alpha$, oder äquivalent dazu

$$\alpha = \rho_{n-1}\Phi^{n-1}(x)R^{-1}.$$

Induktiv ist R^{-1} im Bild des Inneren eines Produktes $D^{i_1} \times \ldots \times D^{i_m}$ und damit auch $\alpha \in SO(n) \setminus SO(n-1)$ im Bild des Inneren von $D^{n-1} \times D^{i_1} \times \ldots \times D^{i_m}$.

Zu einer CW-Struktur auf $SO(n)$ fehlt noch, dass die $\rho_{i_1 \ldots i_m} \Phi^{i_1 \cdots i_m}$ mit $i_1 < n$ den topologischen Rand $\partial\left(D^{i_1} \times \ldots \times D^{i_m}\right)$ auf das CW-Gerüst einer Dimension kleiner als $\sum_{\mu=1}^{m} i_\mu$ abbildet. Ein Punkt in $\partial\left(D^{i_1} \times \ldots \times D^{i_m}\right)$ liegt bei mindestens einem Faktor im Rand ∂D^{i_λ}.

Aus der Konstruktion der charakteristischen Abbildungen folgt, dass der zugehörige Faktor in $\Phi^{i_\lambda}(\partial D^{i_\lambda}) \subseteq \mathbb{P}^{i_\lambda - 1} \subset SO(n)$ liegt, mit charakteristischer Abbildung $\Phi^{i_\lambda - 1} : D^{i_\lambda - 1} \to \mathbb{P}^{i_\lambda - 1}$. In jedem Summanden von $\partial\left(D^{i_1} \times \ldots \times D^{i_m}\right)$ ist damit mindestens einer der Indizes um 1 kleiner, womit sich auch ihre Summe wie gewünscht verkleinert.

Ein Problem ist dabei aber noch erkennbar: Was passiert, wenn durch die Verringerung zwei (oder mehrere) Indizes doppelt erscheinen? Konkretes Beispiel hierfür ist $D^5 \times D^4$ und ein Punkt, der im ersten Faktor auf dem Rand liegt. Das Bild $\Phi^{5,4}(\partial D^4 \times D^4)$ liegt dann in $\mathbb{P}^4 \mathbb{P}^4 \in SO(n)$, und es gibt keine charakteristische Abbildung, die von $D^4 \times D^4$ ausgeht (streng absteigende Indexfolge), mithin auch keine solche Zelle in $SO(n)$. Die Lösung liegt in darin, dass (via der Einbettungen ρ_*) innerhalb von $SO(n)$ stets $\mathbb{P}^k \mathbb{P}^k \subseteq \mathbb{P}^k \mathbb{P}^{k-1}$ gilt, womit die Indexfolge sukzessive zulässig gemacht werden kann.

Am Anfang steht hier die einfache Beobachtung, dass für ein $\theta \in SO(k)$ und einen Einheitsvektor $u \in \mathbb{R}^k$ die Reflexion $r_{\theta(u)}$ gleich $\theta r_u \theta^{-1}$ ist. Stellen Sie sich hierfür vor, die Richtung der Reflexion zunächst mit $\theta^{-1} : \mathbb{R}^k \to \mathbb{R}^k$ auf u zu rotieren, dann die Spiegelung vorzunehmen und abschließend die gespiegelte Situation wieder mit θ zurückzurotieren (das gleiche Prinzip wie bei der Bestimmung der Matrix einer linearen Abbildung nach Koordinatentransformation).

Es sei nun also $\beta\alpha \in \mathbb{P}^k \mathbb{P}^k$ mit $\alpha = \rho_k \Phi^k(x)$, $\beta = \rho_k \Phi^k(y)$, wobei x und y im Inneren von D^k liegen, mithin $\Phi^k(x)$ und $\Phi^k(y)$ in $\mathbb{P}^k \setminus \mathbb{P}^{k-1}$. Wegen der obigen Feststellung erkennt man mit $u = \Phi^k(x)$ und $v = \Phi^k(y)$ zunächst

$$\rho_k(v)\rho_k(u) = r_v r_{e_1} r_u r_{e_1} = r_v r_{e_1} r_u r_{e_1}^{-1} = r_v r_{u'},$$

wobei $u' = r_{e_1}(u)$ ebenfalls im Inneren von D^k liegt (damit kann man bei zwei Faktoren von den umständlichen Doppelspiegelungen entlang e_1 absehen).

Nun ist $\beta\alpha = r_v r_{u'}$ und wir betrachten $V = \mathrm{span}\{v, u'\}$ als 2-dimensionalen Unterraum von $\mathbb{R}^k$ (man kann davon ausgehen, dass v und u' nicht kolinear sind, da sonst $\beta\alpha = \mathbb{1}$ wäre und in dem Produkt wegfallen würde). Wähle nun einen Vektor $w \in V \cap \mathbb{R}^{k-1}$ und eine Rotation $\theta \in SO(k)$, die V auf $\mathbb{R}^2 \subseteq \mathbb{R}^k$ dreht, sodass $\theta(w) = e_1$ ist. Damit ist

$$\theta r_v r_{u'} \theta^{-1} = r_{\theta(v)} r_{\theta(u')} \in SO(2)$$

und es gibt wegen der Überdeckung von $SO(2)$ durch $\mathbb{P}^1$ ein $z \in S^1$ mit

$$\theta r_v r_{u'} \theta^{-1} = r_z r_{e_1}.$$

Hieraus ergibt sich

$$\beta\alpha = r_v r_{u'} = \theta^{-1} r_z r_{e_1} \theta = r_{\theta^{-1}(z)} r_{\theta^{-1}(e_1)} = r_{\theta^{-1}(z)} r_w \in \mathbb{P}^k \mathbb{P}^{k-1},$$

womit alle Bedingungen einer CW-Struktur auf $SO(n)$ erfüllt sind. $\qquad\square$

Mit ähnlichen Mitteln kann man auch zeigen, dass die **Surjektion**

$$\rho_{n-1,n-2,\ldots,1} : \mathbb{P}^{n-1} \times \mathbb{P}^{n-2} \times \ldots \times \mathbb{P}^1 \longrightarrow SO(n)$$

eine **zelluläre Abbildung** ist. Dies ist zunächst klar für zulässige Indexfolgen $(i_\mu)_{1 \leq \mu \leq m}$. Für Muster der Form $\mathbb{P}^k \mathbb{P}^l \subset SO(n)$ mit $k < l$ kann man nach ähnlichem Muster wie oben die Beziehung $\mathbb{P}^k \mathbb{P}^l \subseteq \mathbb{P}^l \mathbb{P}^k$ zeigen, sodass jede Indexfolge, mithin jede Zelle in $\mathbb{P}^{n-1} \times \mathbb{P}^{n-2} \times \ldots \times \mathbb{P}^1$, zulässig gemacht werden kann (unter Beibehaltung der Dimension).

Betrachte hierfür das Produkt $\rho_k(u)\rho_l(v)$ mit $u \in \mathbb{R}^{k+1}$ und $v \in \mathbb{R}^{l+1}$ als Repräsentanten zweier Elemente in $\mathbb{P}^k$ und $\mathbb{P}^l$. Mit $u' = r_{e_1} u$ und $v' = r_{e_1} v$ folgt dann

$$
\begin{aligned}
\rho_k(u)\rho_l(v) \;&=\; r_u r_{v'} \;=\; r_u r_{v'} r_u^{-1} r_u \;=\; r_{r_u(v')} r_u \;=\; r_{r_u(r_{e_1}v)} r_u \\
&=\; r_{\rho_k(u)v} r_{r_{e_1}u'} \;=\; \rho_l\big(\rho_k(u)v\big) r_{e_1} \rho_k(r_{e_1}u') r_{e_1} \;=\; \rho_l\big(\rho_k(u)v\big)\rho_k(u').
\end{aligned}
$$

Die (bemerkenswerten) inneren Gesetze bei mehrfachen Reflexionen in $O(n)$ zeigen schlussendlich $\mathbb{P}^k \mathbb{P}^l \subseteq \mathbb{P}^l \mathbb{P}^k$, denn es ist $\rho_k(u)v \in \mathbb{R}^l$ und $u' \in \mathbb{R}^k$. □

Mit diesem Wissen können wir nun wichtige Aussagen über den zellulären Kettenkomplex und die Homologiegruppen von $SO(n)$ gewinnen, aus denen sich dann mit einer nicht minder interessanten Konstruktion die Homologie des Tangentialsphärenbündels $\mathbf{W}_{2n-1} \to S^n$ ergibt, das im Finale des Buches eine wichtige Rolle spielen wird (Seite 425 f).

Der zelluläre Kettenkomplex von $SO(n)$

Anhand der zellulären Abbildung (Seite 53)

$$\rho_{n-1,n-2,\ldots,1} : \mathbb{P}^{n-1} \times \mathbb{P}^{n-2} \times \ldots \times \mathbb{P}^1 \longrightarrow SO(n)$$

kann man die Zellen in $SO(n)$ als Produkte $e^{i_1} e^{i_2} \cdots e^{i_m}$ schreiben, mit $n > i_1 > i_2 > \ldots > i_1 > 0$, und deren Ränder über Pullbacks der Form

$$e^{i_1} \times e^{i_2} \times \cdots \times e^{i_m} \times (e^0)^{n-1-m} \subset \mathbb{P}^{n-1} \times \mathbb{P}^{n-2} \times \ldots \times \mathbb{P}^1$$

berechnen. Beachten Sie, dass die Zellen e^0 bei ρ_* auf $\mathbb{1}$ abgebildet werden und daher die e^{i_μ} nur in ihrer inneren Reihenfolge, aber nicht notwendig an einem Stück (ohne e^0-Zellen dazwischen) in dem Produkt vorkommen müssen. Da $\rho_{n-1,n-2,\ldots,1}$ zellulär ist, ergibt sich im zellulären Kettenkomplex nach der Produktformel $\partial(e^i \times e^j) = \partial e^i \times e^j + (-1)^i e^i \times \partial e^j$

$$\partial\big(e^{i_1} e^{i_2} \cdots e^{i_m}\big) \;=\; \sum (-1)^\mu e^{i_1} e^{i_2} \ldots (\partial e^{i_\mu}) e^{i_{\mu+1}} \ldots e^{i_m}.$$

Die besondere Zellenstruktur von $SO(n)$ zeigt hier eine Vielzahl von Relationen. Von den projektiven Räumen kennen wir einerseits

$$\partial e^{i_\mu} = \begin{cases} 2e^{i_\mu - 1} & \text{für } i_\mu \text{ gerade}, \\ 0 & \text{für } i_\mu \text{ ungerade}. \end{cases}$$

Andererseits ist wegen $\mathbb{P}^{i_\mu-1}\mathbb{P}^{i_\mu-1} \subseteq \mathbb{P}^{i_\mu-1}\mathbb{P}^{i_\mu-2}$ stets $(\partial e^{i_\mu})e^{i_\mu-1} = 0$, denn dies liegt im $(2i_\mu - 3)$-Gerüst von $SO(n)$, und damit ist eine spezielle Zerlegung des Kettenkomplexes in ein Tensorprodukt von Teilkomplexen möglich. Es sei dazu C^{2k} erzeugt von der Basis $\{e^0, e^{2k-1}, e^{2k}, e^{2k}e^{2k-1}\}$. Dies ist ein Subkomplex wegen $\partial e^0 = \partial e^{2k-1} = 0$, $\partial e^{2k} = 2e^{2k-1}$ und $\partial(e^{2k}e^{2k-1}) = (\partial e^{2k})e^{2k-1} = 0$ als Element in $C_{2k-2}(SO(n))$.

Nun betrachte $SO(n)$ mit $n = 2k + 1$ ungerade. Die CW-Struktur ist dann durch die zulässigen Zellen in $\mathbb{P}^{2k}\mathbb{P}^{2k-1}\ldots\mathbb{P}^1$ gegeben und man erkennt ohne Mühe mit vollständiger Induktion nach k, dass die Kettengruppen $C_i(SO(n))$ isomorph zu der von den Elementen der Gesamtdimension i in $C^{2k} \otimes C^{2k-2} \otimes \ldots \otimes C^4 \otimes C^2$ generierten Untergruppe sind. Am schnellsten wird dies klar, wenn Sie sich konkrete Beispiele notieren. Für $n = 9$ ist $C_3(SO(n))$ generiert von $e^3 \in C^4$ und $e^2e^1 \in C^2$, oder $C_7(SO(n))$ generiert von $e^7 \in C^8$, $e^6e^1, e^5e^2 \in C^6\otimes C^2$, $e^4e^3 \in C^4$ und $e^4e^2e^1 \in C^4 \otimes C^2$.

Induktiv wird dann auch sofort klar, dass die Randoperatoren in den Komplexen $C_*(SO(n))$ mit denen von $C^{2k} \otimes C^{2k-2} \otimes \ldots \otimes C^4 \otimes C^2$ verträglich sind, man also insgesamt für ungerade $n = 2k + 1$ einen Isomorphismus

$$\varphi : C_*\big(SO(n)\big) \longrightarrow C^{2k} \otimes C^{2k-2} \otimes \ldots \otimes C^4 \otimes C^2$$

erhält. Damit erkennt man unmittelbar, dass die Homologiegruppen $H_*(SO(n))$ endliche Summen aus den Gruppen $\mathbb{Z}$ und $\mathbb{Z}_2$ sind.

Mit ähnlichen Methoden (**Übung**) sehen Sie auch, dass für gerades $n = 2k + 2$ der zugehörige Kettenisomorphismus

$$\psi : C_*\big(SO(n)\big) \longrightarrow C^{2k+1} \otimes C^{2k} \otimes C^{2k-2} \otimes \ldots \otimes C^4 \otimes C^2$$

lautet, wobei C^{2k+1} eine Basis der Form $\{e^0, e^{2k+1}\}$ hat.

Das Tangentialsphärenbündel $\mathbf{W}_{2n-1} \to S^n$, Teil II: Homologie

Bei der Konstruktion des Tangentialsphärenbündels $\mathbf{W}_{2n-1} \to S^n$ haben wir gesehen, dass

$$\mathbf{W}_{2n-1} \cong V_2\mathbb{R}^{n+1}$$

ist, das sind die orthonormalen 2-Rahmen in $\mathbb{R}^{n+1}$ (Seite 48 f). Auch wurde motiviert, dass die orthonormalen n-Rahmen in $V_n\mathbb{R}^{n+1}$ in eineindeutiger Beziehung zu $SO(n+1)$ stehen. Im Fall eines geraden n war der zelluläre Kettenkomplex im vorigen Abschnitt gegeben als

$$C_*\big(SO(n+1)\big) \cong C^n \otimes C^{n-2} \otimes \ldots \otimes C^4 \otimes C^2.$$

Betrachte nun die Untergruppe $SO(n-1) \subset SO(n+1)$. Jedes $\alpha \in V_2\mathbb{R}^{n+1}$ definiert die letzten beiden Einheitsvektoren $\mathbf{e_n'}, \mathbf{e_{n+1}'}$ eines positiv orientierten Orthonormalsystems $(e_1', \ldots, e_{n-1}', \mathbf{e_n'}, \mathbf{e_{n+1}'})$. Die Gesamtheit all dieser Orthonormalsysteme kann dann als $SO(n-1) \times (\mathbf{e_n'}, \mathbf{e_{n+1}'})$ geschrieben werden, denn sie ergeben sich aus den Drehungen von $(e_1', \ldots, e_{n-1}')$ im davon erzeugten Unterraum von $\mathbb{R}^{n+1}$.

Wie unterscheiden sich nun zwei solche Systeme $B_1 = (e'_1, \ldots, e'_{n-1}, \mathbf{e'_n}, \mathbf{e'_{n+1}})$ und $B_2 = (e''_1, \ldots, e''_{n-1}, \mathbf{e'_n}, \mathbf{e'_{n+1}})$? Es seien dazu $\beta_1, \beta_2 \in SO(n+1)$ die zwei Drehungen, welche die Standardbasis $e_1, \ldots, e_{n+1}$ auf B_1 beziehungsweise B_2 abbilden. Dann ist $\beta_1^{-1}(B_2) = (e'''_1, \ldots, e'''_{n-1}, \mathbf{e_n}, \mathbf{e_{n+1}})$ und es sei $\rho \in SO(n-1)$ die (eindeutig bestimmte) Rotation mit $\rho(e_1, \ldots, e_{n-1}) = (e'''_1, \ldots, e'''_{n-1})$. Offensichtlich ist dann

$$\beta_2 = \beta_1 \circ \rho$$

und man erkennt den Homöomorphismus

$$\mathbf{W}_{2n-1} \cong V_2 \mathbb{R}^{n+1} \cong SO(n+1)/SO(n-1).$$

Der Kürze wegen sei es dem Leser überlassen, all die kleinen Prüfungen vorzunehmen, die zeigen, dass $\mathbf{W}_{2n-1}$ ein kompakter Hausdorffraum ist und daher die Quotiententopologie von $SO(n+1)/SO(n-1)$ mit der (lokal durch die Trivialisierungen gegebenen) Produkttopologie von $\mathbf{W}_{2n-1}$ übereinstimmt, es sich bei der bijektiven Zuordnung

$$(\mathbf{e'_n}, \mathbf{e'_{n+1}}) \mapsto \big[(e'_1, \ldots, e'_{n-1}, \mathbf{e'_n}, \mathbf{e'_{n+1}}) \big]_{SO(n-1)}$$

eines 2-Rahmens auf die Klasse modulo $SO(n-1)$ von dessen Ergänzung zu B' also tatsächlich um einen Homöomorphismus handelt.

Satz (Homologie des S^{n-1}-Bündels $\mathbf{W}_{2n-1} \to S^n$, für gerades n)
Die Homologie des Tangentialsphärenbündels an die S^n, für gerades n, lautet

$$H_k(\mathbf{W}_{2n-1}) \cong \begin{cases} \mathbb{Z} & \text{für } k = 0 \text{ und } k = 2n-1, \\ \mathbb{Z}_2 & \text{für } k = n-1, \\ 0 & \text{sonst.} \end{cases}$$

Beweis: Bei der Quotientenbildung $SO(n+1) \to SO(n+1)/SO(n-1) \cong \mathbf{W}_{2n-1}$ werden alle Zellen in $SO(n-1)$, also alle $e^{i_1} \ldots e^{i_m}$ mit $i_1 < n-1$, zu einem Punkt identifiziert. Es bleiben daher nur die Zellen e^0, e^{n-1}, e^n und $e^n e^{n-1}$ übrig, mithin der Subkomplex C^n. Dessen Homologie ist die im Satz genannte, was man an den Randoperatoren direkt sehen kann (Seite 54). $\qquad\square$

Es ist eine gute **Übung**, sich mit den gleichen Überlegungen die Homologie von $\mathbf{W}_{2n-1}$ für ungerades n herzuleiten, was im weiteren Verlauf des Buches aber nicht benötigt wird (siehe die Aufgaben).

Soweit nun diese Erinnerung an CW-Komplexe und die zelluläre Homologie als elementarem Rüstzeug für die folgenden Kapitel. Ich hoffe, Sie sind inzwischen etwas warmgelaufen, um in die schwierigeren topologischen Themen einzusteigen. Im nächsten Kapitel lernen wir eine Klasse von Räumen kennen, die für die Homotopietheorie im Zusammenhang mit Faserungen sehr wertvoll sind.

Aufgaben und Wiederholungsfragen

1. Zeigen Sie, dass jeder simpliziale Komplex ein CW-Komplex ist.

2. Zeigen Sie, dass die Aussage von Aufgabe 1 nicht mehr stimmt, wenn man in der Definition von simplizialen Komplexen die Forderung nach lokaler Endlichkeit weglässt. *Hinweis*: Denken Sie an ein Rad im $\mathbb{R}^2$ mit unendlich vielen Speichen.

3. Zeigen Sie, dass die simpliziale Topologie ohne die lokale Endlichkeit nicht metrisierbar ist. *Hinweis*: Zeigen Sie an dem Rad von Aufgabe 2, dass der Mittelpunkt (die Nabe) keine abzählbare Umgebungsbasis hat.

4. Es sei $K \subset \Delta^{(\Lambda)} \subset \mathbb{R}^{(\Lambda)}$ ein Simplizialkomplex und $y \in K$. Zeigen Sie, dass es ein $\delta > 0$ gibt, sodass $B(y, \delta)$ nur endlich viele Simplizes $\tau_1, \ldots, \tau_r \in \varphi(K)$ trifft, wobei $y \in \bigcap_{i=1}^r \tau_i$ und für alle anderen Simplizes $y \notin \tau$ ist.

   Hinweise: Der Punkt y ist im Inneren genau eines Simplex σ_y^m enthalten. Wegen der lokalen Endlichkeit trifft σ_y^m nur endlich viele weitere Simplizes von K. Der Abstand aller übrigen Simplizes in K von σ_y^m lässt sich nach unten abschätzen, dank der speziellen Geometrie von $\Delta^{(\Lambda)}$.

5. Definieren Sie für das rechte Beispiel auf Seite 34 eine CW-Struktur.

6. Führen Sie die Konstruktion des Satzes über die Homotopieäquivalenz von CW-Komplexen zu simplizialen Komplexen (Seite 34) an den Beispielen $S^1 = e^0 \cup_\varphi e^1$ und $S^2 = e^0 \cup_\varphi e^2$ durch.

7. Zeigen Sie, dass die schwache Topologie eines CW-Komplexes X äquivalent zur **kompakt generierten Topologie** X_c ist, bei der $A \subseteq X$ offen (abgeschlossen) ist genau dann, wenn $A \cap K$ für alle kompakten Teilmengen $K \subseteq X$ offen (abgeschlossen) ist.

8. Berechnen Sie die zellulären Homologiegruppen $H_*^{\text{cell}}(\mathbb{P}_{\mathbb{C}}^n)$ aus der Darstellung $\mathbb{P}_{\mathbb{C}}^n = e^0 \cup e^2 \cup \ldots \cup e^{2n}$ als CW-Komplex.

9. Bestimmen Sie einen CW-Komplex X mit $H_k^{\text{cell}}(X) \cong \mathbb{Z}_k$, $k \geq 0$. Beachten Sie dazu $\mathbb{Z}_0 = \mathbb{Z}$ und $\mathbb{Z}_1 = 0$. *Hinweis*: Beginnen Sie mit $S^2 = e^0 \cup e^2$ und heften sukzessive höhere Zellen e^n an, $n \geq 3$.

10. Bestimmen Sie eine CW-Struktur und den zellulären Kettenkomplex der KLEINschen Flasche $F_\mathcal{K}$. Hier der ebene Bauplan dazu:

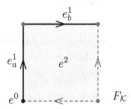

11. Berechnen Sie die zelluläre Homologie $H_*^{\text{cell}}(F_\mathcal{K})$.

12. Berechnen Sie die zelluläre Homologie $H_*^{\mathrm{cell}}(\mathbb{P}_{\mathbb{R}}^n)$ aus der CW-Struktur $\mathbb{P}_{\mathbb{R}}^n = e^0 \cup e^1 \cup \ldots \cup e^n$. *Hinweis*: Nutzen Sie die Tatsache, dass e^k über die Antipodenidentifikation

$$\varphi^k : S^{k-1} \to \mathbb{P}_{\mathbb{R}}^{k-1}, \qquad x, -x \mapsto [x]$$

an das $(k-1)$-Skelett $\mathbb{P}_{\mathbb{R}}^{k-1}$ von $\mathbb{P}_{\mathbb{R}}^n$ angeheftet ist.

13. Zeigen Sie für punktierte CW-Komplexe $(X, x), (Y, y)$ und alle $k \geq 0$

$$H_k^{\mathrm{cell}}(X \vee Y, x \vee y) \cong H_k^{\mathrm{cell}}(X, x) \oplus H_k^{\mathrm{cell}}(Y, y)$$

direkt anhand eines Vergleichs der zellulären Kettenkomplexe.

14. Berechnen Sie $H_*^{\mathrm{cell}}(S^2 \vee S^4)$ und vergleichen das Ergebnis mit $H_*^{\mathrm{cell}}(\mathbb{P}_{\mathbb{C}}^2)$.

15. Es seien X, Y CW-Komplexe und X kompakt. Zeigen Sie, dass die schwache Topologie der Produkt-CW-Struktur von $X \times Y$ mit der gewöhnlichen Produkttopologie übereinstimmt.

16. Konstruieren Sie den homotopieäquivalenten simplizialen Komplex K zu der CW-Struktur der Kreisscheibe D^2, welche durch die disjunkte Vereinigung $e_1^0 \cup e_2^0 \cup e_1^1 \cup e_2^1 \cup e^2$ gegeben ist. Verifizieren Sie, dass $i_*(D^2)$ auf diese Weise ein Teilkomplex von K wird.

17. Beweisen Sie die zelluläre Variante des Satzes von EILENBERG-ZILBER (Seite 45) anhand der Homomorphismen $\tau_\# : C_k^{\mathrm{cell}}(X) \to C_k(X)$.

18. Beweisen Sie mit dem klassischen Satz von WHITEHEAD die oben erwähnte Variante für einfach zusammenhängende CW-Komplexe (Seite 48).

19. Zeigen Sie auf Seite 54, dass für gerades $n = 2k+2$ ein Kettenisomorphismus

$$\psi : C_*\big(SO(n)\big) \longrightarrow C^{2k+1} \otimes C^{2k} \otimes C^{2k-2} \otimes \ldots \otimes C^4 \otimes C^2$$

besteht, wobei der Subkomplex C^{2k+1} die Basis $\{e^0, e^{2k+1}\}$ und C^{2i} die Basis $\{e^0, e^{2i-1}, e^{2i}, e^{2i}e^{2i-1}\}$ hat.

20. Bestimmen Sie (mit der gleichen Methode wie auf Seite 55) die Homologie des Tangentialsphärenbündels $\mathbf{W}_{2n-1} \to S^n$ für ungerades n als

$$H_k(\mathbf{W}_{2n-1}) \cong \begin{cases} \mathbb{Z} & \text{für } k = 0,\ n-1,\ n \text{ und } k = 2n-1, \\ 0 & \text{sonst}. \end{cases}$$

3 Eilenberg-MacLane-Räume und Moore-Räume

Auch in diesem Kapitel besprechen wir noch einige Grundlagen, die nicht unmittelbar auf die Berechnung der Sphärenhomotopie abzielen, dort aber sehr nützlich sind. Es geht um zwei spezielle Klassen von topologischen Räumen. Die erste bildet atomare Bausteine für die Gruppen π_k, es sind dies Räume mit einer denkbar einfachen Homotopie wie zum Beispiel S^1, dort ist $\pi_1(S^1) \cong \mathbb{Z}$ und $\pi_k(S^1) = 0$ für alle $k \neq 1$. Wir werden das später einen EILENBERG-MACLANE-Raum vom Typ $K(\mathbb{Z},1)$ nennen, oder auch kürzer einen $K(\mathbb{Z},1)$.

Schon bei der Einordnung der S^2 in diesen Kontext wird es allerdings schwieriger, obwohl die ersten drei Homotopiegruppen zunächst für einen $K(\mathbb{Z},2)$ sprechen würden, denn es ist $\pi_0(S^2) = \pi_1(S^2) = 0$ und $\pi_2(S^2) \cong \mathbb{Z}$. Das HOPF-Bündel $p : S^3 \to S^2$ aus dem Einleitungskapitel (Seite 9) zeigt aber $\pi_3(S^2) \neq 0$, weswegen die S^2 kein Beispiel für einen $K(\mathbb{Z},2)$ sein kann. Im Allgemeinen sind EILENBERG-MACLANE-Räume sehr kompliziert aufgebaute Räume, bei denen allein die Existenz und Eindeutigkeit (innerhalb der Kategorie der CW-Komplexe) eine bedeutende Rolle für die Theorie spielt.

Das Pendant dazu in der Homologie bildet die zweite hier besprochene Klasse von Räumen, die sogenannten MOORE-Räume, benannt nach J.C. MOORE. Die mit $M(G,k)$ bezeichneten Exemplare existieren ebenfalls für beliebige abelschen Gruppen G und haben die Eigenschaft, dass die reduzierten Homologiegruppen mit Index k isomorph zu G sind und in allen anderen Dimensionen verschwinden. Beginnen wir aber mit den (für uns wichtigeren) EILENBERG-MACLANE-Räumen.

3.1 Die Existenz von Eilenberg-MacLane-Räumen

Wie in der Einleitung erwähnt, suchen wir für (abelsche) Gruppen G einen topologischen Raum X, der an dezidierter Stelle eine Gruppe $\pi_k(X) \cong G$ hat und sonst von trivialer Homotopie ist. Die fundamentale Aussage dazu ist, dass diese Suche in allen Fällen zum Ziel führt, [30][31].

> **Definition und Satz (Existenz von Eilenberg-MacLane-Räumen)**
> Es sei $n \geq 1$ eine natürliche Zahl und G eine Gruppe (abelsch im Fall $n \geq 2$). Dann nennt man einen wegzusammenhängenden topologischen Raum X mit
>
> $$\pi_k(X,x) \cong \begin{cases} G & \text{für } k = n, \\ 0 & \text{für } k \neq n \end{cases}$$
>
> einen **Eilenberg-MacLane-Raum** vom Typ $K(G,n)$. Derartige Räume vom Typ $K(G,n)$ existieren ohne Ausnahme.

© Springer-Verlag GmbH Deutschland, ein Teil von Springer Nature 2023
F. Toenniessen, *Die Homotopie der Sphären*,
https://doi.org/10.1007/978-3-662-67942-5_3

Im **Beweis** sei G eine (für $n \geq 2$ abelsche) Gruppe mit Generatoren $(g_\lambda)_{\lambda \in \Lambda}$ und

$$Y^n = \bigvee_{\lambda \in \Lambda} S^n_\lambda$$

der zugehörige n-Sphärenstrauß (Seite I-350). Die Zuordnung, welche die Homotopieklasse der Inklusion $S^n_\lambda \hookrightarrow Y^n$ auf den Generator $g_\lambda \in G$ wirft, definiert offensichtlich einen Epimorphismus $f : \pi_n(Y^n) \to G$. Der Raum Y^n ist wegen zellulärer Approximation $(n-1)$-zusammenhängend (Seite I-339), es gilt also $\pi_k(Y^n) = 0$ für alle $k \leq n-1$. Außerdem induziert f einen Isomorphismus $\overline{f} : \pi_n(Y^n)/\mathrm{Ker}(f) \to G$.

Wir nutzen dies, um Y^n geeignet zu modifizieren. Es seien dazu Generatoren $(\varphi_\omega)_{\omega \in \Omega}$ des Kerns von $f : \pi_n(Y^n) \to G$, interpretiert als Anheftungsabbildungen $\varphi_\omega : S^n_\omega \to Y^n$ von Zellen e^{n+1}_ω an den n-dimensionalen CW-Komplex Y^n. Man erhält so den n-dimensionalen CW-Komplex

$$Y^{n+1} = Y^n \bigcup_{\varphi_\omega,\, \omega \in \Omega} e^{n+1}_\omega .$$

Die Inklusion $i : Y^n \hookrightarrow Y^{n+1}$ induziert (wieder mit zellulärer Approximation) eine Surjektion $i_* : \pi_n(Y^n) \to \pi_n(Y^{n+1})$. Wenn wir nun zeigen können, dass $\mathrm{Ker}(i_*) = \mathrm{Ker}(f)$ ist, hätten wir mit $\pi_n(Y^{n+1}) \cong G$ den schwierigsten Teil des Beweises geschafft. Die Aussage ist auch plausibel, denn über die charakteristischen Abbildungen $\Phi_\omega : (D^{n+1}_\omega, S^n_\omega) \to (Y^{n+1}, Y^n)$ der Zellen e^{n+1}_ω sind alle Anheftungen $\varphi_\omega = \Phi_\omega\big|_{S^n_\omega}$ nullhomotop in Y^{n+1} und daher ist $\mathrm{Ker}(f) \subseteq \mathrm{Ker}(i_*)$.

Die Inklusion $\mathrm{Ker}(i_*) \subseteq \mathrm{Ker}(f)$ ist schwieriger, hier trennt sich der Beweis in zwei Teile. Der erste Teil betrachtet $n \geq 2$ und benötigt das Theorem von Hurewicz in seiner relativen Form (Seite I-391). Wir betrachten dazu den Ausschnitt

$$\cdots \longrightarrow \pi_{n+1}(Y^{n+1}, Y^n) \xrightarrow{\ \partial\ } \pi_n(Y^n) \xrightarrow{\ i_*\ } \pi_n(Y^{n+1}) \longrightarrow 0$$

der langen exakten Homotopiesequenz von (Y^{n+1}, Y^n), wobei wir rechts die triviale Gruppe einsetzen dürfen (i_* ist surjektiv). Es ist dann $\mathrm{Ker}(i_*) = \mathrm{Im}(\partial)$ und es gilt, das Bild der Gruppe $\pi_{n+1}(Y^{n+1}, Y^n)$ in der Gruppe $\pi_n(Y^n)$ zu bestimmen. Das Paar (Y^{n+1}, Y^n) ist n-zusammenhängend, denn für $k \leq n$ ist jede Abbildung $g : (D^k, S^{k-1}, 1) \to (Y^{n+1}, Y^n, 1)$ nach zellulärer Approximation homotop zu einer Abbildung $(D^k, S^{k-1}, 1) \to (Y^n, Y^n, 1)$, und diese Homotopie kann relativ zu S^{k-1} konstruiert werden, denn Y^{n+1} entstand durch die Anheftungen der e^{n+1}_ω an den Strauß Y^n. Das Kompressionskriterium (Seite I-143) garantiert dann $[g] = 0$ innerhalb der Gruppe $\pi_k(Y^{n+1}, Y^n)$.

Mit Hurewicz (Seite I-391) und der Homologie guter Raumpaare (Seite 44) folgt

$$\pi_{n+1}(Y^{n+1}, Y^n) \cong H_{n+1}(Y^{n+1}, Y^n) \cong H_{n+1}(Y^{n+1}/Y^n) \cong \bigoplus_{\omega \in \Omega} \mathbb{Z},$$

denn Y^{n+1}/Y^n ist der Sphärenstrauß aller angehefteten e^{n+1}_ω.

Die charakteristischen Abbildungen $\Phi_\omega : (D_\omega^{n+1}, S_\omega^n) \to (Y^{n+1}, Y^n)$ der e_ω^{n+1} generieren $\pi_{n+1}(Y^{n+1}, Y^n)$, und wegen $\partial(\Phi_\omega) = \Phi_\omega|_{S_\omega^n} = \varphi_\omega$ folgt $\operatorname{Im}(\partial) \subseteq \operatorname{Ker}(f)$, denn $\operatorname{Ker}(f)$ ist von den Klassen $[\varphi_\omega]$ erzeugt (eigentlich folgt sogar die Gleichheit, aber die andere Inklusion haben wir oben schon gesehen). Für $n \geq 2$ ist damit $\pi_n(Y^{n+1}) \cong \pi_n(Y^n)/\operatorname{Ker}(i_*) \cong \pi_n(Y^n)/\operatorname{Im}(\partial) \cong \pi_n(Y^n)/\operatorname{Ker}(f) \cong G$ gezeigt.

Der Fall $n = 1$ verlangt andere Techniken, denn hier muss die an der Konstruktion beteiligte Gruppe nicht abelsch sein. Der initiale Sphärenstrauß $Y^1 = \bigvee_{g \in G} S_g^1$ hat als Fundamentalgruppe $\pi_1(Y^1)$ die von G erzeugte freie Gruppe $G * G$. Dies liefert einen Epimorphismus $f : \pi_1(Y^1) \to G$, dessen Kern durch die Relationen $(r_\omega)_{\omega \in \Omega}$ einer Darstellung von G definiert ist (Seite I-126). Diese r_ω sind Wörter in $G * G$, entsprechen also (am Wedge-Punkt 1) geschlossenen Wegen in Y^1.

Der Satz von HUREWICZ ist hier nicht anwendbar, denn es ist $\pi_1(Y^1) \neq 0$ für $G \neq 0$. Es greift aber der Satz von SEIFERT-VAN KAMPEN (Seite I-111, [88][108]). Wir wählen Punkte $y_\omega \in e_\omega^2$, $\omega \in \Omega$, und überdecken $Y^2 = Y^1 \cup_{r_\omega, \omega \in \Omega} e_\omega^2$ mit

$$A = Y^2 \setminus \bigcup_{\omega \in \Omega} y_\omega \quad \text{und} \quad B = Y^2 \setminus Y^1 \cup \{1\}.$$

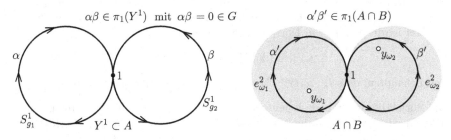

Der Raum B ist zusammenziehbar und daher $\pi_1(B) = 0$. Ferner deformations-retrahiert A auf Y^1 (die Zellen e_ω^2 haben durch die Herausnahme der Punkte y_ω jeweils ein Loch). Nach dem Satz von SEIFERT-VAN KAMPEN ist dann

$$\pi_1(Y^2) \cong \pi_1(A) *_{\pi_1(A \cap B)} \pi_1(B) \cong \pi_1(A)/\operatorname{Im}\big(\pi_1(A \cap B) \to \pi_1(A)\big).$$

$\alpha\beta \in \pi_1(Y^1)$ mit $\alpha\beta = 0 \in G$ $\alpha'\beta' \in \pi_1(A \cap B)$

Die Grafik motiviert, dass das Bild von $\pi_1(A \cap B)$ in $\pi_1(A)$ von den Klassen $[r_\omega]$ der Relationen $r_\omega : S^1 \to Y^1 \subset A$ erzeugt wird, weswegen wir

$$\pi_1(Y^2) \cong \pi_1(A)/\operatorname{Im}\big(\pi_1(A \cap B) \to \pi_1(A)\big) \cong \pi_1(Y^1)/\operatorname{Ker}(f) \cong G$$

haben und die Konstruktion von Y^{n+1} auch für den Fall $n = 1$ vollendet ist.

Im weiteren Verlauf des Beweises kann man wieder alle $n \geq 1$ gemeinsam behandeln. Wir müssen induktiv erreichen, dass die Gruppen π_k für $k > n$ verschwinden, und beginnen bei $\pi_{n+1}(Y^{n+1})$. Die Generatoren $\varphi_\mu : S^{n+1} \to Y^{n+1}$ dieser Gruppe definieren Anheftungen von Zellen e_μ^{n+2}, und der Raum

$$Y^{n+2} = Y^{n+1} \bigcup_{\varphi_\mu, \, \mu \in M} e_\mu^{n+2}$$

erfüllt die Bedingung $\pi_{n+1}(Y^{n+2}) = 0$, denn alle Generatoren φ_μ sind in Y^{n+2} nullhomotop geworden. Das sieht man schnell: Die charakteristische Abbildung $\Phi_\mu^{n+2} : (D^{n+2}, S^{n+1}) \to (Y^{n+1} \cup_{\varphi_\mu} e_\mu^{n+2}, S^n)$ der Zelle e_μ^{n+2} ermöglicht über die Kontraktion von D^{n+2} auf $1 \in S^{n+1}$ eine Nullhomotopie von φ_μ in $Y^{n+1} \cup_{\varphi_\mu} e_\mu^{n+2}$.

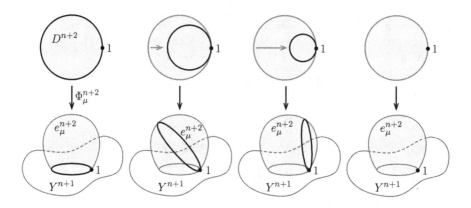

Man spricht bei dieser Technik auch davon, dass $\pi_{n+1}(Y^{n+1})$ durch das Anheften der Zellen e_λ^{n+2} **ausgelöscht** wird, es handelt sich hier um eine einfache Form der **Auslöschung von Homotopiegruppen** (siehe auch Seite 92). Anschaulich gesprochen werden dabei alle $(n+1)$-dimensionalen Löcher in Y^{n+1} durch die Zellen e_μ^{n+2} gestopft. Die wichtige Beobachtung ist nun, dass das Anheften von e_μ^{n+2} die Homotopiegruppen $\pi_k(Y^{n+2})$ für $k \leq n$ nicht verändert.

Für $k < n$ ist das trivial, da jede Abbildung $S^k \to Y^{n+2}$ gemäß zellulärer Approximation homotop zu einer konstanten Abbildung auf den Wedge-Punkt ist. Interessanter ist der Fall $k = n$. Dort betrachten wir die Inklusion

$$i : Y^{n+1} \hookrightarrow Y^{n+2}$$

und behaupten, dass $i_* : \pi_n(Y^{n+1}) \hookrightarrow \pi_n(Y^{n+2})$ ein Isomorphismus ist.

Die Surjektivität ist klar wegen zellulärer Approximation. Bei der Injektivität nehmen wir eine Abbildung $g : S^n \to Y^{n+1}$ an, nach eventueller Verformung homotop zu einer zellulären Abbildung in den Sphärenstrauß Y^n. Falls g dann in Y^{n+2} nullhomotop ist mit einer Homotopie $g_t : S^n \times I \to Y^{n+2}$, kann diese Homotopie als Abbildung eines $(n+1)$-dimensionalen CW-Komplexes nach Y^{n+2} homotop verformt werden zu einer Abbildung $\widetilde{g}_t : S^n \times I \to Y^{n+1}$, und zwar relativ zu $S^n \times \{0,1\}$, wo sie bereits zellulär war. Damit ist $\widetilde{g}_t$ eine Nullhomotopie von g und i_* auch injektiv.

Es ist klar, dass durch iteratives Anheften von Zellen der Dimensionen $k > n + 2$ alle Homotopiegruppen π_k mit $k > n + 1$ ausgelöscht werden und man auf diese Weise einen (eventuell unendlich-dimensionalen) CW-Komplex $Y^\infty = \bigcup_{k \geq n} Y^k$ vom Typ eines $K(G, n)$ erhält. $\qquad\square$

Damit ist die Existenz von EILENBERG-MACLANE-Räumen $K(G, n)$ bewiesen, für beliebige natürliche Zahlen $n \geq 1$ und (im Fall $n > 1$ abelschen) Gruppen G. In manchen Anwendungen noch wichtiger ist die folgende, durchaus überraschende Eindeutigkeitsaussage.

3.2 Die Eindeutigkeit von Eilenberg-MacLane-Räumen

In diesem Abschnitt wird gezeigt, dass die Räume $K(G, n)$ in der Kategorie der CW-Komplexe durch den Index $n \geq 1$ und die Gruppe G bis auf Homotopie-äquivalenz eindeutig bestimmt sind. Das ist bemerkenswert, denn der Beweis der Existenz von Räumen des Typs $K(G, n)$ enthält sehr viele Auswahlen bei der Wahl der Generatoren von $\mathrm{Ker}(f)$ oder der Generatoren von $\pi_k(Y^k)$ für $k > n$.

> **Satz (Eindeutigkeit von Eilenberg-MacLane-Räumen)**
> Der Homotopietyp eines EILENBERG-MACLANE-Raumes mit CW-Struktur ist durch die Gruppe G und den Index $n \geq 1$ eindeutig bestimmt.

Im **Beweis** zeigen wir, dass jeder (wegzusammenhängende) CW-Komplex X vom Typ $K(G, n)$ homotopieäquivalent zu Y^∞ aus dem Existenzbeweis ist. Nach dem Satz von WHITEHEAD (Seite 48) genügt dafür eine schwache Homotopieäquivalenz, also eine Abbildung $Y^\infty \to X$, die auf allen Homotopiegruppen einen Isomorphismus induziert. Zu Beginn sei noch einmal erinnert an $Y^n = \bigvee_{\lambda \in \Lambda} S_\lambda^n$ und

$$Y^{n+1} = Y^n \bigcup_{\varphi_\omega, \, \omega \in \Omega} e_\omega^{n+1}$$

aus dem Existenzbeweis. Es gibt nun, dank einer geeigneten Interpretation der Inklusionen $S_\lambda^n \subseteq Y^n$, für jeden Homomorphismus $f : \pi_n(Y^{n+1}) \to \pi_n(X)$ eine stetige Abbildung $F^{n+1} : Y^{n+1} \to X$ mit $F_*^{n+1} = f$.

Betrachte dazu die Inklusion $i_\lambda : S_\lambda^n \hookrightarrow Y^n \subseteq Y^{n+1}$ und $[j_\lambda] = f[i_\lambda]$, mit einem Repräsentanten $j_\lambda : S^n \to X$, der als Abbildung $S_\lambda^n \to X$ interpretiert wird (alle Abbildungen seien basispunkterhaltend). Die j_λ definieren auf diese Weise eine Abbildung $F^n : Y^n \to X$ und es ist $F_*^n[\varphi_\omega] = f[\varphi_\omega]$ für alle $\varphi_\omega : S^n \to Y^n$, denn die $[i_\lambda]$ generieren $\pi_n(Y^n)$, wir haben also eine Darstellung

$$[\varphi_\omega] = \sum_{i=1}^{s_\omega} b_i [i_{\lambda_i}]$$

mit $b_i \in \mathbb{Z}$. Nun ist F^n auf alle e_ω^{n+1} fortsetzbar zu F^{n+1} mit $F_*^{n+1} = f$. Die charakteristische Abbildung $\Phi_\omega^{n+1} : (D_\omega^{n+1}, S_\omega^n) \to (Y^{n+1}, Y^n)$ ist auf S_ω^n die in Y^{n+1} nullhomotope Anheftung $\varphi_\omega : S_\omega^n \to Y^n$, also ist $F_*^n[\varphi_\omega] = f[\varphi_\omega] = 0$ und damit im ersten Schritt $F^n \varphi_\omega : S_\omega^n \to X$ nullhomotop.

Die zugehörige Homotopie $h_t : S_\omega^n \times I \to X$ ermöglicht es dann, $F^n : Y^n \to X$ unter Verwendung von Φ_ω^{n+1} zu einer stetigen Abbildung $F_\omega^{n+1} : Y^n \cup_{\varphi_\omega} e_\omega^{n+1} \to X$ fortzusetzen.

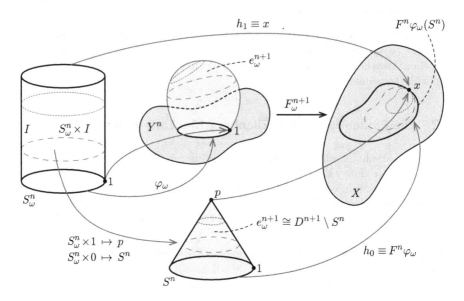

Alle F_ω^{n+1} ergeben dann eine wohldefinierte stetige Abbildung $F^{n+1} : Y^{n+1} \to X$, denn die Zellen e_ω^{n+1} sind in Y^{n+1} paarweise disjunkt (die Argumentation ist exakt dieselbe wie bei der Konstruktion von CW-Approximationen, Seite I-369 f). Nun erzeugen die Klassen $[i_\lambda]$ wegen zellulärer Approximation offensichtlich auch $\pi_n(Y^{n+1})$ und wir haben tatsächlich $F_*^{n+1} = f : \pi_n(Y^{n+1}) \to \pi_n(X)$.

Die Dimension n war der schwierigste Part in dem Beweis. Die Abbildung F^{n+1} ist nämlich problemlos auf das Skelett Y^{n+2} fortsetzbar, da $F_*^{n+1}[\varphi]$ wegen $\pi_{n+1}(X) = 0$ für alle weiteren Anheftungen $\varphi : S^{n+1} \to Y^{n+1}$ von Zellen e^{n+2} automatisch verschwindet. Über die charakteristischen Abbildungen funktioniert die Fortsetzung zu $F^{n+2} : Y^{n+2} \to X$ dann nach dem gleichen Prinzip wie bei den $(n+1)$-Zellen. Führt man diesen Vorgang induktiv fort, erhält man schließlich eine Abbildung $F^\infty : Y^\infty \to X$, die auf allen Homotopiegruppen einen Isomorphismus induziert. Aus dem Satz von Whitehead folgt schließlich, dass F^∞ eine Homotopieäquivalenz ist (Seite 48). $\qquad\square$

Damit ist ein wichtiger Meilenstein erreicht, klassische Homotopietheorie in ihrer reinsten Form und nicht zuletzt ein überzeugender Beleg für die elegante und effiziente Arbeit mit CW-Komplexen. Wir werden später sehen, dass die Homotopie eines beliebigen (wegzusammenhängenden) topologischen Raumes X aus einer aufsteigenden Folge $(X_k)_{k \geq 1}$ von Faserungen $X_{k+1} \to X_k$ berechnet werden kann, wobei jeder Raum X_k eine Art verdrilltes Produkt von Eilenberg-MacLane-Räumen des Typs $K\big(\pi_k(X), k\big)$ ist (Seiten 198 und 263). Dies wird ungeahnte Möglichkeiten eröffnen, höhere Homotopiegruppen von X zu berechnen.

Um darüber hinaus (in späteren Kapiteln) einen wichtigen Zusammenhang zwischen den Gruppen $\pi_k(X)$ und $H_k(X)$ zu zeigen (Seite 200 f), oder die Existenz von p-Lokalisierungen (Seite 258 f) und der STEENROD-Squares zu garantieren (Seite 315 ff), brauchen wir die Homologie speziell der Räume vom Typ $K(\mathbb{Z},1)$ und $K(\mathbb{Z}_m,1)$. Diese bekommen wir über eine trickreiche CW-Struktur.

Der Fall $K(\mathbb{Z},1)$ ist dabei trivial, wir haben hier mit der S^1 ein sehr einfaches CW-Exemplar. Dessen Homologie ist bekannt, es ist $H_0(S^1) \cong H_1(S^1) \cong \mathbb{Z}$ und $H_k(S^1) = 0$ für alle $k \geq 2$. Um ein Vielfaches interessanter sind aber die Fälle $K(\mathbb{Z}_m,1)$ für $m \geq 2$.

3.3 Linsenräume als Beispiele für den Typ $K(\mathbb{Z}_m,1)$

In diesem Abschnitt werden spezielle Beispiele von CW-Komplexen behandelt, die erstmals von H. TIETZE, später von J.W. ALEXANDER und K. REIDEMEISTER untersucht wurden, [85][102]. Man betrachtet dazu für natürliche Zahlen $m, n \geq 2$ mit zu m teilerfremden Zahlen $l_1, \ldots, l_n \geq 1$ die mehrdimensionale Rotation

$$\rho : S^{2n-1} \longrightarrow S^{2n-1}, \quad (z_1, \ldots, z_n) \mapsto \left(e^{2\pi i l_1/m} z_1, \ldots, e^{2\pi i l_n/m} z_n\right),$$

wobei $S^{2n-1} \subset \mathbb{C}^n$ die Einheitssphäre und $(z_1, \ldots, z_n)$ komplexe Koordinaten sind. Offensichtlich bilden die Potenzen $1, \rho, \ldots, \rho^{m-1}$ eine zyklische Gruppe, die isomorph zu $\mathbb{Z}_m$ ist. Dadurch entsteht eine **freie Wirkung** von $\mathbb{Z}_m$ auf S^{2n-1} über die Zuordnung

$$\mathcal{W} : \mathbb{Z}_m \times S^{2n-1} \longrightarrow S^{2n-1}, \quad (k,z) \mapsto \rho^k(z).$$

Eine solche Wirkung nennt man **frei**, wenn bei einem beliebigen $z \in S^{2n-1}$ aus $(k,z) \mapsto z$ zwingend $k = 0$ folgt (die einzig hier vorkommende Rotation mit Fixpunkten ist also die Identität auf S^{2n-1}). Unter der **Bahn** (oder dem **Orbit**) eines Punktes $z \in S^{2n-1}$ bei der Wirkung $\mathcal{W}$ versteht man dann die Menge $\mathcal{O}(z) = \mathcal{W}(\mathbb{Z}_m, z) = \{z, \rho(z), \ldots, \rho^{m-1}(z)\} \subset S^{2n-1}$.

Beachten Sie, dass $\mathcal{O}(z)$ stets aus genau m Punkten von S^{2n-1} besteht (kleine **Übung**, Sie brauchen dazu ggT$(l_i, m) = 1$ für alle $i = 1, \ldots, n$, denn alle ρ^k bilden die Koordinatenkreise $(0, \ldots, 0, S^1, 0, \ldots, 0)$ bijektiv in sich selbst ab).

Definition (Linsenraum)
In der obigen Situation nennt man den Quotientenraum

$$L(m; l_1, \ldots, l_n) = S^{2n-1}/\sim, \quad z_1 \sim z_2 \Leftrightarrow z_2 \in \mathcal{O}(z_1),$$

einen $(2n-1)$-dimensionalen **Linsenraum** (der Name wird später klar).

In $L(m; l_1, \ldots, l_n)$ werden also alle Bahnen von Punkten in S^{2n-1} zu einem Punkt identifiziert, weswegen die Linsenräume klassische Beispiele für **Bahnenräume** sind. Als weitere **Übung** können Sie verifizieren, dass die Quotientenabbildung $S^{2n-1} \to L(m; l_1, \ldots, l_n)$ eine m-blättrige Überlagerung ist und gleichzeitig die universelle Überlagerung von $L(m; l_1, \ldots, l_n)$ bildet.

Aus der Überlagerungstheorie (Seite I-91 ff) ergibt sich dann die

Beobachtung 1: Es gilt stets $\pi_1\big(L(m; l_1, \dots, l_n)\big) \cong \mathbb{Z}_m$.

Der **Beweis** ist eine Anwendung des Satzes über die Decktransformations-
gruppe einer regulären Überlagerung (Seite I-102, universelle Überlagerungen
sind regulär). Demnach ist $\pi_1\big(L(m; l_1, \dots, l_n)\big)$ isomorph zur Decktransforma-
tionsgruppe der universellen Überlagerung $S^{2n-1} \to L(m; l_1, \dots, l_n)$, und diese
Gruppe besteht aus allen Rotationen ρ^k, $0 \leq k < m$.   □

Damit ist schon viel erreicht. Leider ist $L(m; l_1, \dots, l_n)$ noch kein $K(\mathbb{Z}_m, 1)$, denn
die höheren Homotopiegruppen entsprechen denen der S^{2n-1}. (Dies folgt daraus,
dass Überlagerungen $p : Y \to X$ wegzusammenhängender Räume für alle $k \geq 2$
Isomorphismen $\pi_k(Y) \to \pi_k(X)$ induzieren, **Übung**, oder Seite I-343.)

Man kann sich auf dem Weg zu einem richtigen $K(\mathbb{Z}_m, 1)$ aber mit einem schönen
Trick helfen. Die ganze Konstruktion ist auch möglich für $n = \infty$. In diesem Fall
schreiben wir

$$\mathbb{C}^\infty = \bigcup_{n \geq 1} \mathbb{C}^n \quad \text{und} \quad S^\infty = \bigcup_{n \geq 1} S^{2n-1},$$

wobei für $r < s$ der Raum $\mathbb{C}^r$ über die Isomorphie $\mathbb{C}^r \cong \mathbb{C}^r \times 0$ als Teilmenge
von $\mathbb{C}^s$ aufgefasst wird. $\mathbb{C}^\infty$ ist somit die Menge aller komplexen Zahlenfolgen,
bei denen fast alle Folgenglieder 0 sind. S^∞ nennt man auch die unendlich-
dimensionale Einheitssphäre (beachten Sie auch hier $S^r \subset S^s$ für $r < s$).

Wenn dann eine Folge $(l_i)_{i \geq 1}$ von zu m teilerfremden natürlichen Zahlen gegeben
ist, erkennen Sie ohne Schwierigkeiten, dass die unendlich-dimensionale Rotation

$$\rho : S^\infty \longrightarrow S^\infty, \quad (z_1, z_2, \dots) \mapsto \big(e^{2\pi i l_1/m} z_1, e^{2\pi i l_2/m} z_2, \dots\big)$$

auch eine freie Wirkung der Gruppe $\mathbb{Z}_m$ auf S^∞ definiert. Es ergibt sich dann wie
oben eine reguläre, m-blättrige Überlagerung $S^\infty \to S^\infty / \sim$ auf den zugehörigen
Bahnraum, den **unendlich-dimensionalen Linsenraum** $L(m; l_1, l_2, \dots)$.

Die Überlagerungstheorie liefert ebenfalls $\pi_1\big(L(m; l_1, l_2, \dots)\big) \cong \mathbb{Z}_m$, und diesmal
ist $\pi_k\big(L(m; l_1, l_2, \dots)\big) = 0$ für $k > 1$, denn S^∞ ist – das ist durchaus etwas
überraschend – zusammenziehbar. Warum?

In der Tat ist id_{S^∞} homotop zur Konstante $S^\infty \to 1 \in S^1$. Betrachte dazu die
Homotopie $h_t : \mathbb{C}^\infty \times I \to \mathbb{C}^\infty$ mit $h_t(z) = (1-t)z + t(0, z)$. Sie bildet ein $z \neq 0$
stets auf $h_t(z) \neq 0$ ab, weswegen $h_t(z)/|h_t(z)|$ eine Homotopie von id_{S^∞} auf die
Abbildung $f : S^\infty \to S^\infty$ definiert mit dem Rechtsshift $z \mapsto (0, z)$. Völlig analog
ergibt sich dann mit $(z, t) \mapsto (1-t)(0, z) + t(1, 0, 0, \dots)$ eine Homotopie von f auf
die konstante Abbildung $S^\infty \to 1 \in S^1$. Fassen wir das Resultat zusammen.

Beobachtung 2: Der unendlich-dimensionale Linsenraum $L(m; l_1, l_2, \dots)$ ist
ein EILENBERG-MACLANE-Raum von Typ $K(\mathbb{Z}_m, 1)$.   □

Der Linsenraum $L(m; l_1, l_2, \ldots)$ ist gewiss eine elegante Konstruktion, doch ist die Frage nach ihrem praktischen Nutzen berechtigt. Die bloße Existenz der Räume vom Typ $K(\mathbb{Z}_m,1)$ war ja bereits bekannt (Seite 63). Nun denn, der entscheidende Vorteil der Linsenräume besteht in einer speziellen CW-Struktur, die eine effiziente Berechnung ihrer Homologiegruppen ermöglicht. Ein entscheidender Schritt auf dem Weg zur Bestimmung der Sphärenhomotopie, wie sich herausstellen wird.

Satz (CW-Struktur und Homologie der Linsenräume)
Der Linsenraum $L(m; l_1, l_2, \ldots)$ besitzt eine CW-Struktur, die aus genau einer Zelle in allen Dimensionen $n \geq 0$ besteht. Für seine Homologie gilt

$$H_k\big(L(m; l_1, l_2, \ldots)\big) \cong \begin{cases} \mathbb{Z} & \text{für } k = 0, \\ \mathbb{Z}_m & \text{für alle ungeraden } k \geq 1, \\ 0 & \text{sonst}. \end{cases}$$

Der **Beweis** verlangt etwas Anschauungsvermögen, vor allem in höheren Dimensionen, weswegen das Prinzip zuvor an einem einfachen Beispiel erläutert sei: der universellen Überlagerung $\mathbb{R}^2 \to T^2 = \mathbb{R}^2 / \sim$ des Torus (Seite 33, I-46).

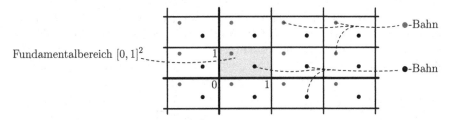

Hier operiert $\mathbb{Z}^2$ durch Addition auf dem $\mathbb{R}^2$, und die Bahnenidentifikation ist gegeben durch $(x, y) \sim (x + a, y + b)$ für alle $(a, b) \in \mathbb{Z}^2$. Das halboffene Quadrat $[0,1[^2 \subset \mathbb{R}^2$ bildet einen **Fundamentalbereich** der Gruppenoperation, denn es besteht aus genau einem Repräsentanten für jeden Orbit. Der Fundamentalbereich findet sich auch im **ebenen Bauplan** (Seite I-46) wieder – er erscheint dort nur einmal, mit zu identifizierenden Seiten und ausgefüllt durch eine 2-Zelle e^2.

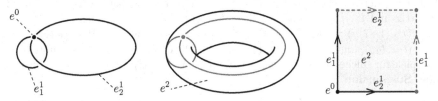

Eine CW-Struktur von T^2 entsteht demnach mit einer Zelle e^0, an der Zellen e_1^1 und e_2^1 angeheftet sind. Abschließend wird eine Zelle e^2 an das Skelett $e^0 \cup e_1^1 \cup e_2^1$ geheftet. Die Homologie des T^2 errechnet sich aus dem zellulären Kettenkomplex $0 \xrightarrow{d_3} \mathbb{Z} \xrightarrow{d_2} \mathbb{Z} \oplus \mathbb{Z} \xrightarrow{d_1} \mathbb{Z} \xrightarrow{d_0} 0$, in dem d_1 die Nullabbildung ist, denn die Generatoren e_1^1 und e_2^1 werden mit Gesamtgrad 0 auf e^0 abgebildet (die Endpunkte 0 und 1 von $D^1 \cong [0,1]$ haben im Rand entgegengesetzte Vorzeichen).

Es ist auch $d_2 = 0$, denn bei der Anheftung $\varphi : S^1 \cong \partial I^2 \to e^0 \cup e_1^1 \cup e_2^1$ der Zelle e^2 werden die gegenüberliegenden Seiten des Quadrats im T^2-Bauplan mit Grad 1 und -1 durchlaufen (sie gehen über eine Spiegelung durch I^2 auseinander hervor, welche die Orientierung umkehrt). In Summe heben sich die reflektierten Seiten von I^2 also auf und ergeben mit der Randformel $d_2 = 0$. Als Konsequenz erkennt man die Homologiegruppen $H_0(T^2) \cong H_2(T^2) \cong \mathbb{Z}$ und $H_1(T^2) \cong \mathbb{Z} \oplus \mathbb{Z}$.

Dieses Prinzip gilt es nun auf den Linsenraum $L(m; l_1, l_2, \ldots)$ anzuwenden. Der Unterschied zum Torus besteht darin, dass einerseits unendlich viele Zellen angefügt werden und andererseits die beiden Koordinatengeraden $\mathbb{R}$ in der universellen Überlagerung $\mathbb{R}^2 \to T^2$ beim Linsenraum zu Koordinatenkreisen $(0, \ldots, 0, S^1, 0, \ldots)$ geschlossen sind, die Bahnen also nur aus endlich vielen Punkten bestehen. Das macht die Sache leider nicht einfacher.

Beginnen wir damit, die ersten vier Zellen der Konstruktion zu verstehen, sie führen uns zu $L(m; l_1, l_2)$ mit der universellen Überlagerung $S^3 \to L(m; l_1, l_2)$. Man benötigt dabei den **Verbund** (engl. *join*) zweier Räume X und Y und schreibt für dieses Konstrukt kurz $X * Y$. Tatsächlich steckt dahinter eine Art Multiplikation zweier Punktmengen, denn anschaulich gesprochen nimmt man die disjunkte Vereinigung $X \sqcup Y$ und ergänzt sie, indem jeder Punkt von X mit jedem Punkt von Y durch eine Strecke verbunden wird.

Formalisiert wird das über einen Quotienten von $(X \times Y) \times I$, indem der linke Rand $(X \times Y) \times \{0\}$ gedanklich auf X projiziert wird (mitsamt aller Verbindungsstrecken) und danach der rechte Rand $(X \times Y) \times \{1\}$ auf Y. Hier ein Beispiel für $X = Y = I$:

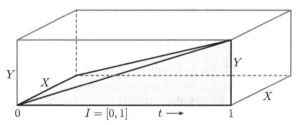

Die Punkte von $X * Y$ schreibt man intuitiv als (x, y, t), wobei für festes $t \in I$ der Punkt auf der Strecke zwischen x und y gemeint ist, welcher die Distanz t vom Punkt x und $1 - t$ von y entfernt liegt. Manchmal wird dafür auch $tx + (1 - t)y$ oder $\big(tx, (1-t)y\big)$ geschrieben und $X * Y$ wird zu der Menge aller Punkte $t_1 x + t_2 y$, oder $(t_1 x, t_2 y)$, mit $0 \leq t_i \leq 1$ und $t_1 + t_2 = 1$. Die einfachsten (und bekanntesten) Beispiele für solche Verbünde sind der **Kegel** $CX \cong X * \{p\}$ und die **Einhängung** oder **Suspension** $SX \cong X * \{p, q\}$.

Wird bei der Suspension $\{p, q\}$ als S^0 interpretiert, ergibt sich $S^2 \cong S^1 * S^0$, was man sich auch gut als Verbund vorstellen kann, der entlang der Großkreissegmente vom Nord- und Südpol der S^2 auf den Äquator S^1 zustandekommt. Eine einfache **Übung** zeigt dann $S^1 * S^1 \cong S^3$, und dass dieser Verbund dadurch entsteht, indem jeder Punkt $(z_1, 0)$ von $S^1 \times 0 \subset S^3$ entlang Großkreisen auf der S^3 mit jedem Punkt $(0, z_2)$ von $0 \times S^1 \subset S^3$ verbunden wird. Die Großkreissegmente in $S^3 \subset \mathbb{C}^2$ haben die Darstellung $(z_1 \cos\theta, z_2 \sin\theta)$, mit $0 \leq \theta \leq \pi/2$.

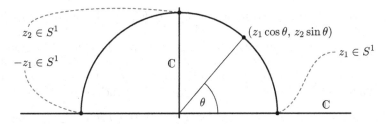

Nun betrachten wir die universelle Überlagerung $S^3 \to L(m; l_1, l_2)$, gegeben durch die Bahnenidentifikation wie zuvor bei $\mathbb{R}^2 \to T^2$. In den Koordinatenkreisen haben wir die von $\rho : S^1 \to S^1$, $z \mapsto e^{2\pi i/m}z$ generierten Rotationen in S^1. Hierbei ist $\mathcal{F} = \{e^{2\pi it} : 0 \le t < 1/m\} \subset S^1$ ein Fundamentalbereich der freien Wirkung $\mathbb{Z}_m \times S^1 \to S^1$. Sein Abschluss $\overline{\mathcal{F}}$ ist homöomorph zu D^1, weswegen man daraus die charakteristische Abbildung $(D^1, S^0) \to (S^1,1)$ einer Zelle e^1 an die Zelle $e^0 = \{1\}$ konstruieren kann.

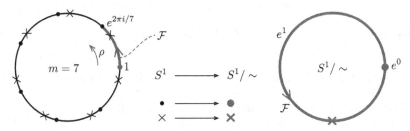

Diese Abbildung hat, eingeschränkt auf die S^0, den Grad 0, weil die Endpunkte von $\overline{\mathcal{F}} \cong D^1$ nach der Randbildung entgegengesetzte Vorzeichen haben. Der zelluläre Kettenkomplex von $S^1 = e^0 \cup e^1$ lautet daher $0 \to \mathbb{Z} \xrightarrow{0} \mathbb{Z} \to 0$.

Nun der entscheidende Schritt. Da jeder Punkt $x \in S^3 \subset \mathbb{C}^2$ auf genau einem Großkreis $(z_1 \cos \theta, z_2 \sin \theta)$ liegt, ergibt sich darin für die Wirkung $\mathbb{Z}_m \times S^3 \to S^3$ zum Quotienten $L(m; l_1, l_2)$ die Menge $S^1 * \mathcal{F}$ als Fundamentalbereich (rotieren Sie dazu $z_2 \in (0, S^1)$, bis $\rho^k(z_2) \in \mathcal{F}$ ist). Wie sieht der Abschluss von $S^1 * \mathcal{F}$ aus?

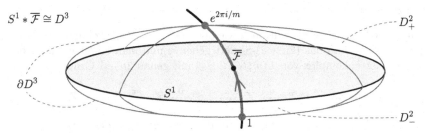

Man erkennt $\overline{S^1 * \mathcal{F}} = S^1 * \overline{\mathcal{F}} \cong D^3$, und der Rand davon besteht aus den in $L(m; l_1, l_2)$ identifizierten Bällen $D^2_+ = S^1 * \{e^{2\pi i/m}\}$ und $D^2_- = S^1 * \{1\}$, die entlang ihres Randes S^1 zu einer $S^2 = \partial D^3$ verklebt sind. Die Identifikation $D^2_+ \sim D^2_-$ geschieht über eine Spiegelung durch D^3 hindurch, analog zu den beiden Randpunkten $S^0 \subset D^1$ bei $S^1 \subset L(m; l_1, l_2)$ vorher (oder wie im anfänglichen Beispiel bei den gegenüberliegenden Seiten im Bauplan von T^2).

Man setzt nun die CW-Struktur von $L(m; l_1, l_2)$ fort durch Anheften einer e^2 mit einer Anheftungsabbildung $\varphi : S^1 \to S^1$ vom Grad m. Hierfür machen Sie sich klar, dass die S^1 im Bild von φ eigentlich der Quotient $S^1/(\rho)$ des ersten Koordinatenkreises $(S^1, 0)$ durch die von ρ erzeugte Rotationsgruppe war, und dabei wurden je m Punkte zu einem Punkt identifiziert. Diese Multiplizität muss beim Grad der Anheftung von e^2 an $S^1/(\rho) \cong S^1$ berücksichtigt werden.

Die finale Anheftung einer e^3 an das 2-Skelett von $L(m; l_1, l_2)$ geschieht dann wieder mit Grad 0, denn D_+^2 und D_-^2 gehen bei der Spiegelung mit verschiedenen Vorzeichen in die Rechnung ein (umgekehrte Orientierung, wie die 1-Zellen beim Torus auch). Es ist übrigens diese e^3, eingefasst in ihren Rahmen $D_+^2 \cup D_-^2$, die an eine optische Linse erinnert und diesen Räumen ihren Namen gegeben hat.

Damit ist die CW-Struktur $L(m; l_1, l_2) = e^0 \cup e^1 \cup e^2 \cup e^3$ vollständig und der zelluläre Kettenkomplex davon lautet

$$0 \to \mathbb{Z} \xrightarrow{0} \mathbb{Z} \xrightarrow{m} \mathbb{Z} \xrightarrow{0} \mathbb{Z} \to 0.$$

Hieraus folgt $H_3\big(L(m; l_1, l_2)\big) \cong \mathbb{Z}$, $H_2\big(L(m; l_1, l_2)\big) = 0$, $H_1\big(L(m; l_1, l_2)\big) \cong \mathbb{Z}_m$ und $H_0\big(L(m; l_1, l_2)\big) \cong \mathbb{Z}$.

Das weitere Vorgehen liegt nun auf der Hand, man setzt die Konstruktion induktiv fort. Hat man $L(m; l_1, \ldots, l_{n-1})$ als Quotient von $S^{2n-3} \subset \mathbb{C}^{n-1}$ konstruiert, so betrachte wieder den Kreis S^1 in der n-ten komplexen Koordinate und unterteile ihn in m Fundamentalbereiche, von denen der erste mit $\mathcal{F}$ bezeichnet sei. Es ist dann erneut $S^{2n-3} * \overline{\mathcal{F}} \cong D^{2n-1}$, und der Rand davon besteht aus den beiden im Quotienten $L(m; l_1, \ldots, l_n)$ identifizierten Bällen $D_+^{2n-2} = S^{2n-3} * \{e^{2\pi i/m}\}$ und $D_-^{2n-2} = S^{2n-3} * \{1\}$, die entlang ihres Randes S^{2n-3} zu $S^{2n-2} = \partial D^{2n-1}$ verklebt sind. Die Bälle D_+^{2n-2} und D_-^{2n-2} werden in $L(m; l_1, \ldots, l_n)$ wieder über eine orientierungsumkehrende Spiegelung miteinander identifiziert.

Es wird dann zunächst für D_+^{2n-2} eine Zelle e^{2n-2} mit Abbildungsgrad m an $L(m; l_1, \ldots, l_{n-1})$ geheftet, denn wegen der Identifikation von je m Punkten im Quotienten $L(m; l_1, \ldots, l_{n-1}) \cong S^{2n-3}/\sim$ entsteht als zelluläre Randoperation wieder die Multiplikation $\mathbb{Z} \xrightarrow{m} \mathbb{Z}$.

Die finale Zelle e^{2n-1} wird schließlich wie oben bei $n = 1$ (Spiegelung) mit einem Abbildungsgrad 0 an das $(2n-2)$-Skelett geheftet und man erhält induktiv den zellulären Kettenkomplex von $L(m; l_1, \ldots, l_n)$ mit genau $2n - 1$ Gruppen $\mathbb{Z}$ als

$$0 \longrightarrow \mathbb{Z} \xrightarrow{0} \mathbb{Z} \xrightarrow{m} \mathbb{Z} \xrightarrow{0} \mathbb{Z} \xrightarrow{m} \ldots \xrightarrow{0} \mathbb{Z} \xrightarrow{m} \mathbb{Z} \xrightarrow{0} \mathbb{Z} \longrightarrow 0.$$

Durch den Übergang $n \to \infty$ folgen nun die Behauptungen des Satzes mit rein algebraischen Argumenten aus der zellulären Homologie (Seite 40 f). $\qquad \square$

Sie haben sicher bemerkt, dass wir mit dem Beweis gleichzeitig auch die Homologie der endlich-dimensionalen Linsenräume bestimmt haben, denn beim Aufbau der CW-Struktur sehen wir $H_0\big(L(m; l_1, \ldots, l_n)\big) \cong H_{2n-1}\big(L(m; l_1, \ldots, l_n)\big) \cong \mathbb{Z}$, die Isomorphie $H_k\big(L(m; l_1, \ldots, l_n)\big) \cong \mathbb{Z}_m$ für alle ungeraden $1 \le k \le 2n - 3$ und $H_k\big(L(m; l_1, \ldots, l_n)\big) = 0$ sonst.

Die 3-dimensionalen Linsenräume haben übrigens schon vor 1920 eine historische Bedeutung erlangt. J.W. ALEXANDER konnte zeigen, dass $L(5;1,1)$ und $L(5;1,2)$ nicht homotopieäquivalent sind, obwohl sie dieselben Fundamental- und Homologiegruppen haben. Er widerlegte damit eine Vermutung von POINCARÉ und schuf den Grundstein für die geometrische Topologie der Mannigfaltigkeiten, in die auch analytische und differentialgeometrische Aspekte einfließen.

Die unendlich-dimensionalen Linsenräume $K(\mathbb{Z}_m,1)$ werden für uns eine wichtige Rolle spielen. Als Motivation hier ein kurzer Ausblick, um einen roten Faden durch das Buch herzustellen: Die SERRE-Spektralsequenzen (Seite 159 ff) erlauben später im Zusammenspiel mit den STEENROD-Squares (Seite 340 ff) trickreiche Berechnungen der Homologie von Räumen, die als Bestandteile von Faserungen vorkommen.

Um daraus Rückschlüsse auf deren Homotopiegruppen zu ziehen, benötigt man ein Theorem von SERRE (Seite 200) über den Zusammenhang zwischen $\pi_k(X)$ und $H_k(X)$, der das Theorem von HUREWICZ (Seite 47) signifikant ergänzt. Im Beweis dieses Satzes wird die Aussage über POSTNIKOV-Türme (Seite 198) schrittweise vereinfacht, bis man schließlich einzelne Linsenräume vom Typ $K(\mathbb{Z}_m,1)$ vorliegen hat. Deren Homologie kennen wir nun.

Es gibt auch ein Analogon von EILENBERG-MACLANE-Räumen für die Homologie: die MOORE-Räume. Sie sind in diesem Buch weniger wichtig und werden nur an einer speziellen Stelle benötigt, um eine Variante des Satzes von SERRE über rationale Homotopiegruppen zu beweisen (wonach die meisten $\pi_k(S^n)$ für $k > n$ endliche Gruppen sind, Seite 299 f). Sie können den Rest des Kapitels daher gerne überspringen und nur bei Bedarf nachholen.

3.4 Moore-Räume, Existenz und Eindeutigkeit

Ein MOORE-Raum, benannt nach J.C. MOORE, ist die homologische Entsprechung zu den EILENBERG-MACLANE-Räumen in der Homotopie.

Definition und Satz (Moore-Räume)
Es sei $n \geq 1$ eine natürliche Zahl und G eine abelsche Gruppe. Dann nennt man einen wegzusammenhängenden (für $n > 1$ einfach zusammenhängenden) topologischen Raum X einen **Moore-Raum** vom Typ $M(G,n)$, falls

$$H_k(X) \cong \begin{cases} G & \text{für } k = 0 \text{ oder } k = n, \\ 0 & \text{sonst} \end{cases}$$

ist. Räume vom Typ $M(G,n)$ existieren ohne Ausnahme. In der Kategorie der CW-Komplexe ist der Homotopietyp eines $M(G,n)$ durch G und n eindeutig bestimmt, falls $n > 1$ ist.

Der **Beweis** der **Existenz** nutzt $H_k(X,A) \cong H_k(X/A)$ für CW-Paare (Seite 44) und für gute Wedge-Summen die Formel $H_k(X \vee Y) \cong H_k(X) \oplus H_k(Y)$, $k > 0$.

Offensichtlich haben wir dann mit S^n einen $M(\mathbb{Z}, n)$, und durch Anheften einer Zelle e^{n+1} mit Anheftungsabbildung $\varphi : S^n \to S^n$ vom Grad m entsteht aus dem Kettenkomplex $\ldots \to 0 \to \mathbb{Z} \xrightarrow{m} \mathbb{Z} \to 0 \to \ldots \to 0$, mit $\mathbb{Z}$ bei den Indizes n und $n+1$, ein Raum vom Typ $M(\mathbb{Z}_m, n)$. Durch die Bildung endlicher Wedge-Summen dieser Räume am Punkt $1 \in S^n$ ergeben sich daraus exemplarische Räume vom Typ $M(G, n)$ für alle endlich erzeugten abelschen Gruppen G.

Für nicht endlich erzeugte G betrachte einen Epimorphismus $f : F \to G$ einer frei abelschen Gruppe F auf G, der die Basis von F auf einen Satz von Generatoren der Gruppe G abbildet. Nach dem Satz von DEDEKIND ist auch $\mathrm{Ker} f$ als Untergruppe von F frei abelsch (Seite I-68). Mit den Basen $\{b_k\}$ von F und $\{c_l\}$ von $\mathrm{Ker} f$ gelte $c_l = \sum_k x_{lk} b_k$ mit ganzen Zahlen x_{lk}.

Für die Wedge-Summe $Y = \bigvee_k S_k^n$ folgt die Homologie $H_n(Y) \cong F$ aus der zellulären Homologie (Seite 57). Nun werden Zellen e_l^{n+1} an Y geheftet, mit Anheftungen $\varphi_l : S^n \to Y$, die nach Projektion auf S_k^n den Grad x_{lk} haben. Hierfür werden zunächst einzelne Abbildungen $\varphi_{lk} : S^n \to S_k^n$ vom Grad x_{lk} konstruiert.

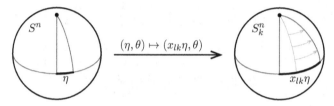

In der Abbildung wird dazu der Längengrad η mit x_{lk} multipliziert, das Tupel $\theta = (\theta_1, \ldots, \theta_{n-1})$ steht für die übrigen Polarwinkel in S^n. Es ist $\deg \varphi_{lk} = x_{lk}$ und φ_{lk} erhält den Nordpol der Sphären S^n und S_k^n. Bildet man die Wedge-Summe der S_k^n jeweils am Nordpol der Sphären, können die φ_l als Wedge-Summe der φ_{lk} gewählt werden. Aus der zellulären Randformel (Seite 41) ergibt sich dann sofort, dass $Y^{n+1} = Y \cup_{\varphi_l} e_l^{n+1}$ ein MOORE-Raum vom Typ $M(G, n)$ ist.

Für die **Eindeutigkeit** sei neben Y^{n+1} ein weiterer CW-Komplex $M(G, n)$ gegeben, $n > 1$. Nach dem Beweis der Eindeutigkeit der EILENBERG-MACLANE-Räume gibt es eine Abbildung $F^{n+1} : Y^{n+1} \to M(G, n)$, die einen Isomorphismus der Homotopiegruppen π_n induziert (Seite 63). Dies folgt aus einem Isomorphismus $f : \pi_n(Y^{n+1}) \to \pi_n\big(M(G, n)\big)$ gemäß HUREWICZ (Seite 47, beachten Sie $n > 1$ und den einfachen Zusammenhang der Räume), zusammen mit $F_*^{n+1} = f$.

Das Ziel ist nun zu zeigen, dass $F_*^{n+1} : H_n(Y^{n+1}) \to H_n\big(M(G, n)\big)$ auch ein Isomorphismus ist, denn für alle anderen Dimensionen $k \neq n$ ist dies klar (die beteiligten Gruppen sind trivial), weswegen aus der Variante des Satzes von WHITEHEAD (Seite 48) folgen würde, dass F^{n+1} eine Homotopieäquivalenz ist.

Die Bijektivität von $F_*^{n+1} : H_n(Y^{n+1}) \to H_n\big(M(G, n)\big)$ ist eine trickreiche Kombination von Homotopie- und Homologiegruppen über Abbildungszylinder (Seite I-177) und das Theorem von HUREWICZ, sie folgt [38]. Hierzu erkennen wir im ersten Schritt $\pi_i(M_{F^{n+1}}, Y^{n+1}) = 0$ für $i \leq n$, wobei $M_{F^{n+1}}$ der Abbildungszylinder von F^{n+1} ist (wegen der langen exakten Homotopiesequenz des Paares $Y^{n+1} \subset M_{F^{n+1}}$ und $M_{F^{n+1}} \simeq M(G, n)$).

Falls nun auch $\pi_{n+1}(M_{F^{n+1}}, Y^{n+1}) = 0$ wäre, hätten wir den Beweis der Eindeutigkeit erbracht: Das relative Theorem von HUREWICZ würde damit auch $H_{n+1}(M_{F^{n+1}}, Y^{n+1}) = 0$ liefern, mithin den gesuchten Isomorphismus F_*^{n+1} der n-ten Homologiegruppen (diesmal wegen der langen exakten Homologiesequenz von $Y^{n+1} \subset M_{F^{n+1}}$ und $M_{F^{n+1}} \simeq M(G, n)$).

Es bleibt $\pi_{n+1}(M_{F^{n+1}}, Y^{n+1}) = 0$ zu zeigen. Dazu erweitern wir $M(G, n)$ durch Anheften von $(n + 2)$-Zellen zu $\widetilde{M}(G, n)$, sodass $\pi_{n+1}(\widetilde{M}(G, n)) = 0$ wird (hier geht entscheidend ein, dass $M(G, n)$ ein CW-Komplex ist). Für den Abbildungszylinder $M_{\widetilde{F}^{n+1}}$ von $\widetilde{F}^{n+1} : Y^{n+1} \to M(G, n) \hookrightarrow \widetilde{M}(G, n)$ folgt mit den gleichen Argumenten wie oben $\pi_{n+1}(M_{\widetilde{F}^{n+1}}, Y^{n+1}) = 0$, wegen der langen exakten Homotopiesequenz von $Y^{n+1} \subset M_{\widetilde{F}^{n+1}}$ und $M_{\widetilde{F}^{n+1}} \simeq \widetilde{M}(G, n)$.

Dies wäre die gewünschte Aussage, bis auf den Unterschied zwischen $M_{F^{n+1}}$ und $M_{\widetilde{F}^{n+1}}$. Interessanterweise stört aber der Wechsel zu $\widetilde{F}^{n+1}$ nicht bei der originären Aufgabe, die Bijektivität von $F_*^{n+1} : H_n(Y^{n+1}) \to H_n(M(G, n))$ zu zeigen: Das relative Theorem von HUREWICZ liefert nämlich $H_{n+1}(M_{\widetilde{F}^{n+1}}, Y^{n+1}) = 0$, womit zunächst $\widetilde{F}_*^{n+1} : H_n(Y^{n+1}) \to H_n(\widetilde{M}(G, n))$ ein Isomorphismus ist.

Und dies genügt tatsächlich, denn die Erweiterung des Bildes von F^{n+1} durch Anheften von $(n+2)$-Zellen hat keinen Einfluss auf das Verhalten von F^{n+1} bezüglich der Gruppen H_n, was Sie direkt an der zellulären Randformel ablesen können. Mit der von der Inklusion induzierten Isomorphie $H_n(M(G, n)) \cong H_n(\widetilde{M}(G, n))$ folgt dann die gesuchte Isomorphie $F_*^{n+1} : H_n(Y^{n+1}) \to H_n(M(G, n))$. $\square$

Wie in vielen Fällen zeigt sich hier die Homologie etwas einfacher zugänglich als die Homotopie. So waren alle $M(\mathbb{Z}, n)$ als Sphären S^n bereits vorhanden und die weitere Konstruktion der Räume vom Typ $M(G, n)$ benötigte nur endlichdimensionale CW-Komplexe. Nur der Eindeutigkeitsbeweis verlangte einen trickreichen Umgang mit den Werkzeugen der Homologie- und Homotopietheorie.

Soweit dieser kurze Einblick in MOORE-Räume. Wie bereits angedeutet, werden wir sie nur an einer (optionalen) Stelle benötigen: in einer Beweisvariante des Theorems von SERRE, wonach alle $\pi_k(S^n)$ mit $k > n$ bis auf die bekannten Ausnahmen $\pi_{4n-1}(S^{2n})$, $n \geq 1$, endliche Gruppen sind (Seite 299 f).

Im nächsten Kapitel besprechen wir HUREWICZ-Faserungen, ein zentrales topologisches Konzept für die Bestimmung der Sphärenhomotopie, das die restlichen Themen des Buches bestimmen wird. Im Speziellen geht es um Faserungen von CW-Komplexen, Pfadraumfaserungen und die zugehörigen Schleifenräume.

Aufgaben und Wiederholungsfragen

1. Zunächst ein paar einfache Wissens- und Verständnisfragen: Warum ist S^2 kein $K(\mathbb{Z}, 2)$, aber ein $M(\mathbb{Z}, 2)$? Warum ist es sinnvoll, bei Linsenräumen $L(m; l_1, \ldots, l_n)$ zu verlangen, dass $n \geq 2$ ist? Begründen Sie, warum die Quotientenabbildung $S^{2n-1} \to L(m; l_1, \ldots, l_n)$ eine m-blättrige Überlagerung ist (genauer: die universelle Überlagerung).

2. Zeigen Sie mit Hilfe von Zeichnungen $X * \{p\} \cong CX$ (Kegel von X) und $X * \{p,q\} \cong SX$ (Suspension von X).

3. Beweisen Sie $S^3 \cong S^1 * S^1$, und danach allgemein $S^{2n+1} \cong S^{2n-1} * S^1$.

4. Konstruieren Sie einen $K(F_k,1)$, wobei F_k die von k Generatoren erzeugte freie Gruppe (nicht abelsch) ist.

5. Begründen Sie, dass jeder Linsenraum $L(m; l_1, l_2, \ldots)$ homotopieäquivalent zu $L(m; 1, 1, \ldots)$ ist.

6. Begründen Sie, dass zwei (endlich-dimensionale) Linsenräume $L(m; l_1, \ldots, l_n)$ und $L(m'; l'_1, \ldots, l'_n)$ nur dann homotopieäquivalent sein können, wenn $m = m'$ ist.

7. Zeigen Sie, dass für abelsche Gruppen G, H das Produkt $K(G,n) \times K(H,n)$ vom Typ $K(G \oplus H, n)$ ist.

8. Geben Sie Beispiele für einen $K(\mathbb{Z}^3, 1)$ und einen $K(\mathbb{Z} \oplus \mathbb{Z}_2 \oplus \mathbb{Z}_5, 1)$.

9. Geben Sie eine konkrete Konstruktionsvorschrift für einen $K(\mathbb{Z}_2, 5)$ und einen $K(\mathbb{Z}_3 \oplus \mathbb{Z}_7, 4)$ an.

10. Zeigen Sie, dass für abelsche Gruppen G und H die Wedge-Summe zweier CW-Komplexe $M(G,n) \bigvee M(H,n)$ vom Typ $M(G \oplus H, n)$ ist.

11. Geben Sie zwei Beispiele für CW-Komplexe vom Typ $M(G,1)$, die nicht homotopieäquivalent sind (der Eindeutigkeitssatz für MOORE-Räume gilt nur für $n \geq 2$). Hinweis: Einer der Räume ist eine sehr bekannte, nicht-orientierbare geschlossene Fläche.

12. Geben Sie zwei Beispiele für CW-Komplexe vom Typ $M(G,n)$, $n > 1$, die nicht homotopieäquivalent sind (der Eindeutigkeitssatz für MOORE-Räume mit $n \geq 2$ gilt nur für einfach zusammenhängende CW-Komplexe). Hinweis: Recherchieren Sie im Internet nach den Ursprüngen der POINCARÉ-Vermutung und achten Sie auf die dort erwähnten Mannigfaltigkeiten.

4 Faserungen über CW-Komplexen

Mit diesem Kapitel beginnt der Hauptteil des Buches. Wir besprechen das zentrale topologische Konzept für die Theorie und die Berechnungen in den späteren Kapiteln: Faserungen. Schon in der Einleitung wurde die Homotopieliftung von Faserbündeln für die Paare $(I^n, \partial I^n) \cong (D^n, S^{n-1})$ vorgestellt (Seite 13), ein wichtiger Baustein für die Entdeckung der Gruppe $\pi_3(S^2) \cong \mathbb{Z}$ anhand des HOPF-Bündels $S^1 \to S^3 \to S^2$. Es ist nicht übertrieben, die Homotopieliftung auch als einen Kerngedanken in SERRE's Argumenten zu bezeichnen, mit denen er zwanzig Jahre später den Durchbruch bei den höheren Homotopiegruppen der Sphären erreichte.

Faserbündel in ihrer originären Form sind hierfür aber nicht geeignet. Sie erlauben zwar trickreiche Homotopieberechnungen, falls der zu untersuchende Raum die Faser, der Totalraum oder die Basis eines solchen Bündels ist, sind aber seltene Erscheinungen (wenn man von reinen Produkten der Form $X \times Y \to Y$ absieht, die nichts bewirken). So kennt man über den höheren Sphären als nichttriviale Beispiele nur die HOPF-Bündel $S^{2n-1} \to S^{4n-1} \to S^{2n}$, für $1 \le n \le 4$. Für grundlegende Aussagen über die höhere Homotopie der Sphären ist das zu wenig. Den entscheidenden Gedanken hatte SERRE dann Anfang der 1950er-Jahre, nach eigener Erzählung während der Fahrt in einem Nachtzug, [92]. In einem der magischen Momente eines Mathematikers, in denen sich ein äußerst schwieriges Problem in Sekunden auflöst, erkannte er *Pfad-* und *Schleifenräume* als passende Konstruktion für seine Beweisstrategie. Diese Räume sind keine Faserbündel, besitzen aber ebenfalls die Homotopieliftung (wir besprechen sie ab Seite 88).

Die folgende Abbildung motiviert den Unterschied zwischen Faserbündeln und Faserungen anhand des trivialen Faserbündels $p : I \times I \to I$, $(x,t) \mapsto x$.

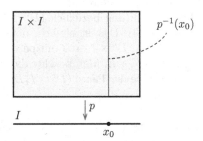 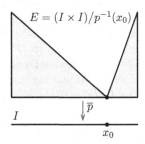

Wenn im Totalraum die Faser über $x_0 \in I$ zu einem Punkt identifiziert wird, entsteht der Totalraum $E = (I \times I)/p^{-1}(x_0)$ mit der Projektion $\bar{p} : E \to I$. Deren Fasern sind nicht mehr paarweise homöomorph, aber zumindest homotopieäquivalent. Da es bei der Berechnung von Homotopiegruppen nur auf den Homotopietyp der Räume ankommt, geht bei dieser Veränderung nichts verloren. Als **Übung** können Sie schnell verifizieren, dass die Eigenschaft der Homotopieliftung beim Übergang von $I \times I$ zu E erhalten bleibt – Grund genug, die klassischen Faserbündel jetzt in einem allgemeineren Kontext zu verstehen.

© Springer-Verlag GmbH Deutschland, ein Teil von Springer Nature 2023
F. Toenniessen, *Die Homotopie der Sphären*,
https://doi.org/10.1007/978-3-662-67942-5_4

4.1   Hurewicz-Faserungen

Um 1940 betrachteten HUREWICZ und STEENROD Abbildungen $p : E \to B$, deren Fasern nicht homöomorph, sondern nur homotopieäquivalent sind, [54].

> **Definition (Faserung nach Hurewicz, 1941)**
> Eine stetige Abbildung $p : E \to B$ mit der Homotopieliftung für alle Räume X nennt man eine **Faserung** (engl. *fiber space*, hier auch **Hurewicz-Faserung**).
>
>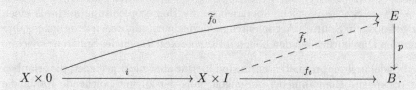
>
> Hierbei kann jede Homotopie $f_t : X \times I \to B$ mit einer Liftung $\widetilde{f}_0$ von $X \times 0$ nach E (im Sinne von $f_0 i = p\widetilde{f}_0$) zu einer Homotopie $\widetilde{f}_t : X \times I \to E$ fortgesetzt werden, sodass obiges Diagramm kommutiert.

Die einfache Definition soll nicht darüber hinwegtäuschen, dass Faserungen lange Zeit eine bewegte Geschichte hatten und lebhaft diskutiert wurden, [70]. Der Vollständigkeit halber seien dazu einige Aspekte besprochen, um die Problematik zu verdeutlichen. Sie sind für den weiteren Verlauf nicht essentiell, weswegen Sie gerne direkt zum Satz über die Homotopiefasern springen können (Seite 79).

Serre-Faserungen

In seiner originalen Arbeit benutzte SERRE eine Variante der obigen Definition, die Homotopieliftungen nur für die Räume D^n fordert. Eine interessante Beobachtung zeigt hier die Äquivalenz zur relativen Homotopieliftung bezüglich (D^n, S^{n-1}), wie sie von den Faserbündeln bekannt ist (Seite 13). Das ist einfach, denn die Homotopieliftung bezüglich D^n garantiert für ein $f_t : D^n \times I \to B$ mit partiellem Lift $\widetilde{f}_0 : D^n \times 0 \to E$ eine Fortsetzung zu $\widetilde{f}_t : D^n \times I \to E$. Man beachte dann die in der folgenden Abbildung skizzierte Homöomorphie der Paare $(D^n \times I, D^n \times 0)$ und $\big(D^n \times I, (D^n \times 0) \cup (S^{n-1} \times I)\big)$.

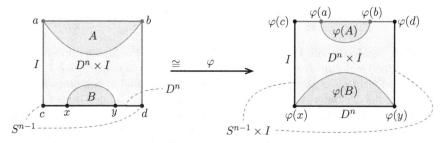

Die Lifterweiterung bezüglich des zweiten Paares ist aber genau die relative Homotopieliftung bezüglich (D^n, S^{n-1}).   ($\square$)

So gesehen sind die Serre-Faserungen eine direkte Verallgemeinerung von Faserbündeln. Man kann übrigens aus der relativen Homotopieliftung für (D^n, S^{n-1}) ohne größere Schwierigkeiten – induktiv über die Zellen und deren Dimensionen – die Homotopieliftung für beliebige CW-Paare (X, A) herleiten (siehe die **Übungen**). Die Homotopieliftung bezüglich D^n ist also eine starke Aussage.

Beobachtung (Äquivalenz von Homotopieliftungen)
Die Homotopieliftung bezüglich aller n-Kugeln D^n ist äquivalent zur Homotopieliftung bezüglich beliebiger CW-Paare (X, A). $\qquad\qquad(\Box)$

Der Unterschied zwischen Faserbündeln und Faserungen

Wir haben gerade gesehen, dass jedes Faserbündel eine Serre-Faserung ist (die Umkehrung gilt natürlich nicht, wie das Beispiel zu Beginn des Kapitels zeigt). Ganz offensichtlich ist auch jede Hurewicz-Faserung eine Serre-Faserung.

Beachten Sie aber eine subtile Feinheit, denn nicht jedes Faserbündel ist eine Hurewicz-Faserung (dort ist die Homotopieliftung für alle Räume gefordert). Ein trickreiches **Beispiel** hierfür ist ein $\mathbb{R}_+^*$-Faserbündel über dem Quotienten

$$B = (\mathbb{R} \times \{0,1\})/\sim\,,$$

in dem $(x,0)$ genau dann mit $(x,1)$ identifiziert wird, wenn $x > 0$ ist. B ist nicht hausdorffsch, denn die Punkte $(0,0) \neq (0,1)$ können nicht separiert werden, die Abbildung zeigt hierzu einige offene Umgebungen von $(0,1)$.

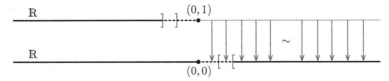

Betrachte nun die Quotientenabbildung $q : \mathbb{R} \times \{0,1\} \to B$ und in B die offenen Teilmengen $U = q(\mathbb{R} \times 0)$ und $V = q(\mathbb{R} \times 1)$. Offensichtlich ist $U \cup V = B$. Eine Abbildung $f : B \to \mathbb{R}$ sei definiert durch die Projektion auf die erste Koordinate, also $f\big(q(x,k)\big) = x$ für $k \in \{0,1\}$. Der Kürze halber seien die Punkte in B ab jetzt für $x \leq 0$ als Paare (x,k) bezeichnet, $k \in \{0,1\}$, und für $x > 0$ nur mit x. Damit ist $U \cap V = \{x \in B : x > 0\}$. Eine einfache **Übung** zeigt, dass die Einschränkung

$$g = f|_{U\cap V} : U \cap V \longrightarrow \mathbb{R}_+^*$$

nicht zu einer stetigen Abbildung $\tilde{g} : B \to \mathbb{R}_+^*$ fortgesetzt werden kann. Das $\mathbb{R}_+^*$-Faserbündel sei dann definiert als

$$E = (U \times \mathbb{R}_+^*) \cup_g (V \times \mathbb{R}_+^*)$$

mit der für alle $x > 0$ und $r \in \mathbb{R}_+^*$ geltenden Identifikation

$$U \times \mathbb{R}_+^* \ni (x,r) \sim \big(x, g(x)r\big) \in V \times \mathbb{R}_+^*\,.$$

Die Projektion $p : E \to B$ ist gegeben durch die Festlegungen $\big((x,k),r\big) \mapsto x$ für $x \le 0$ und $(x,r) \mapsto x$ für $x > 0$. Eine wichtige Beobachtung lautet nun, dass p keinen (stetigen) globalen Schnitt $s : B \to E$ hat (mit $ps = \mathrm{id}_B$).

Angenommen, das wäre doch der Fall. Dann hätten wir (mit den Trivialisierungen $\varphi_U : E|_U \to U \times \mathbb{R}_+^*$ und $\varphi_V : E|_V \to V \times \mathbb{R}_+^*$) Abbildungen

$$\mathrm{pr}_{\mathbb{R}_+^*} \varphi_U s = s_U : U \longrightarrow \mathbb{R}_+^* \quad \text{und} \quad \mathrm{pr}_{\mathbb{R}_+^*} \varphi_V s = s_V : V \to \mathbb{R}_+^*,$$

die über die g-Verklebung von $U \times \mathbb{R}_+^*$ und $V \times \mathbb{R}_+^*$ für $x > 0$ in der Beziehung $s_U(x) = g^{-1}(x) \cdot s_V(x)$ stehen. Damit gäbe es eine Darstellung von g als

$$g(x) \; = \; \frac{s_V(x)}{s_U(x)},$$

und das ist eine Funktion, die auf ganz B durch die Festlegung

$$\widetilde{g}(x,k) \; = \; \frac{s_V(x,1)}{s_U(x,0)}$$

fortsetzbar wäre – beachten Sie dazu $(x,1) \in V$ und $(x,0) \in U$ für $x \le 0$. Dieser Widerspruch zeigt, dass $p : E \to B$ keinen globalen Schnitt besitzen kann.

Eine weitere Beobachtung lautet, dass B zusammenziehbar ist (obwohl es in der Grafik gar nicht so aussieht). Sie erkennen aber schnell, dass sich sowohl U als auch V innerhalb von B simultan auf den Punkt $x = 1$ retrahieren lassen.

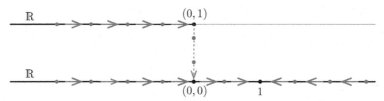

Nehmen wir jetzt an, das Faserbündel $p : E \to B$ wäre eine HUREWICZ-Faserung, hätte also die Homotopieliftung für alle Räume X. Betrachte dann $X = B$ und eine Homotopie $h_t : B \times I \to B$ mit $h_0 \equiv 1$ und $h_1 = \mathrm{id}_B$ (rückwärts ist das genau die Deformation von B auf 1). Eine Liftung von h_0 ist leicht möglich. Die dazu passende Liftung $\widetilde{h}_t : B \times I \to E$ würde aber an der Stelle $t = 1$ einen globalen Schnitt $s = \widetilde{h}_1 : B \to E$ beschreiben, den es nicht geben darf. Also ist p keine Faserung im originären Sinne von HUREWICZ.   ($\Box$)

Das Beispiel ist im Internet publiziert von GOODWILLIE und ANDRADE, [9]. HURE-WICZ und HUEBSCH haben selbst gezeigt, dass jedes Faserbündel über einem para-kompakten HAUSDORFF-Raum eine HUREWICZ-Faserung ist, [49][55]. Über nicht zu exotischen Basen (CW-Komplexe, Mannigfaltigkeiten) sind diese also ebenfalls echte Verallgemeinerungen der Faserbündel.

Wir bezeichnen HUREWICZ-Faserungen ab jetzt der Kürze halber nur noch als **Faserungen** (engl. *fibrations*) und besprechen nun eine ihrer wichtigsten Eigenschaften.

Satz und Definition (Homotopiefasern)

Es sei $p : E \to B$ eine Faserung und B wegzusammenhängend. Dann sind je zwei **Fasern** $p^{-1}(x)$ und $p^{-1}(y)$ homotopieäquivalent.

Man spricht daher bei ausgewähltem $x \in B$ von „der" **Homotopiefaser** (engl. *homotopy fiber*)

$$F = p^{-1}(x)$$

und schreibt kurz $F \hookrightarrow E \overset{p}{\to} B$ oder $F \to E \overset{p}{\to} B$, wohlwissend, dass $F \subseteq E$ von x abhängt und nur bis auf Homotopieäquivalenz eindeutig bestimmt ist (diese Abstraktion ist aber legitim, denn bei Homotopiegruppen ist nur der Homotopietyp eines Raumes relevant).

Eine Bemerkung dazu: Der Satz wird tatsächlich falsch, wenn man bei Faserungen auf die Forderung verzichtet, es müssten Homotopieliftungen für alle Räume existieren, und statt dessen nur Liftungen für CW-Paare, oder äquivalent nur für die Bälle D^n verlangt (SERRE-Faserungen). Bevor wir hierfür ein (wieder etwas exotisches) Gegenbeispiel geben, sehen wir uns den **Beweis** des Satzes an.

Es sei dazu $x \neq y \in B$, $F_x = p^{-1}(x)$ und $F_y = p^{-1}(y)$. Um eine Homotopieäquivalenz $F_x \to F_y$ zu konstruieren, wählt man einen Weg $\gamma : I \to B$ mit $\gamma(0) = x$ und $\gamma(1) = y$. Über die Festlegung $(a, s) \mapsto \gamma(s)$ erhalten wir eine Homotopie

$$h_s : F_x \times I \longrightarrow B .$$

Die Inklusion $F_x \hookrightarrow E$ definiert eine Liftung $\widetilde{h}_0$ von h_0 und nach Voraussetzung existiert dann eine Liftung

$$\widetilde{h}_s : F_x \times I \longrightarrow E$$

als Fortsetzung von $\widetilde{h}_0$. Diese Fortsetzung definiert für $s = 1$ eine stetige Abbildung $\Lambda_\gamma : F_x \to F_y$. Soweit die naheliegende Konstruktion, es geht eigentlich gar nicht anders. Etwas Arbeit steckt nun in dem Nachweis, dass Λ_γ eine Homotopieäquivalenz ist. Der Anfang liegt auch hier auf der Hand, wir nehmen den Rückweg $\gamma'(s) = \gamma(1 - s)$ und kommen über die gleiche Konstruktion zu einer stetigen Abbildung $\Lambda_{\gamma'} : F_y \to F_x$. Wir müssen zeigen, dass Λ_γ und $\Lambda_{\gamma'}$ Homotopieinverse sind. Dazu beobachten wir zunächst, dass allgemein für zwei relativ ∂I homotope Wege $\alpha \simeq_{\partial I} \beta$ stets Λ_α homotop zu Λ_β ist, warum?

Es sei dazu $g_t : I \times I \to B$ eine Homotopie relativ ∂I zwischen α und β, also $g_0(s) = \alpha(s)$ und $g_1(s) = \beta(s)$, sowie $\alpha(0) = \beta(0) = u$ und $\alpha(1) = \beta(1) = v$. Mit der gleichen Idee wie oben definiert man über die Zuordnung $\big((a, s), t\big) \mapsto g_t(s)$ eine Homotopie

$$G_t : (F_u \times I) \times I \longrightarrow B .$$

Beachten Sie, dass für $t = 0$ die obige Konstruktion mit $s = 1$ zu $\Lambda_\alpha : F_u \to F_v$ führt, für $t = 1$ und $s = 1$ zu $\Lambda_\beta : F_u \to F_v$.

Es sei dann $\widetilde{G}_0 : (F_u \times I) \times 0 \to E$ eine Liftung von G_0, gegeben durch die Liftung $\widetilde{h}_s : F_u \times I \to E$ aus der anfänglichen Konstruktion, hier durchgeführt für den Weg α von u nach v. Damit wären die Voraussetzungen für die (absolute) Homotopieliftung von $p : E \to B$ bezüglich des Raumes $F_u \times I$ gegeben.

Machen Sie sich aber bewusst, dass wir noch viel mehr haben: Es gibt zusätzlich eine partielle Liftung

$$\widetilde{G}_t^{\partial I} : (F_u \times \partial I) \times I \longrightarrow E$$

von G_t über dem Teilraum $F_u \times \partial I \subset F_u \times I$. Sie ist unabhängig von $t \in I$ für $s = 0$ gegeben durch die Inklusion $F_u \hookrightarrow E$ und für $s = 1$ durch die Inklusion $F_v \hookrightarrow E$. Beachten Sie dazu, dass sich bei G_t im Fall $s \in \{0,1\}$ die (für alle $t \in I$ festgehaltenen) identischen Anfangs- und Endpunkte der Wege α und β ergeben.

Und tatsächlich hat p Homotopieliftungen nicht nur für $F_u \times I$, sondern sogar (in relativer Form) für das Paar $(F_u \times I, F_u \times \partial I)$. Dies liegt, ähnlich wie wir es vorhin bei D^n und dem Paar (D^n, S^{n-1}) gesehen haben (Seite 76), an der Homöomorphie

$$\big((F_u \times I) \times I, (F_u \times I) \times 0\big) \;\cong\; \big(F_u \times (I \times I), F_u \times (I \times 0)\big)$$

$$\cong\; \big(F_u \times (I \times I), F_u \times (I \times 0 \cup \partial I \times I)\big)$$

$$\cong\; \big((F_u \times I) \times I, (F_u \times I) \times 0 \cup (F_u \times \partial I) \times I\big).$$

Das Phänomen, dass die Homotopieliftung für I äquivalent zu der für $(I, \partial I)$ ist, gilt auch nach Produktbildung mit einem anderen Raum, hier der Faser F_u.

Mit der relativen Liftung für das Paar $(F_u \times I, F_u \times \partial I)$ erhalten wir insgesamt eine Liftung

$$\widetilde{G}_t : (F_u \times I) \times I \longrightarrow E$$

von G_t, die $\widetilde{G}_t^{\partial I}$ fortsetzt. Damit ist für $s = 1$, also mit $\widetilde{G}|_{(F_u \times 1) \times I}$, eine Homotopie der Abbildungen Λ_α und Λ_β gegeben. Der Spezialfall $\alpha = \beta$, bei dem insbesondere $\alpha \simeq_{\partial I} \beta$ ist, zeigt dann mit Blick auf den Anfang des Beweises (mit dem Weg γ von x nach y) ein wichtiges Zwischenergebnis.

Beobachtung
Die Homotopieklasse $[\Lambda_\gamma]$ der Abbildung $\Lambda_\gamma : F_x \to F_y$ hängt nicht von der für ihre Konstruktion benötigten Homotopieliftung $\widetilde{h}_t : F_x \times I \to E$ ab. Die Konstruktion von Λ_γ ist also wohldefiniert bis auf Homotopie.

Den Rest des Satzes überlasse ich Ihnen als **Übung**. Sie müssen zeigen, dass sich für zwei Wege $\alpha, \beta : I \to B$ mit $\alpha(1) = \beta(0)$ und den zusammengesetzten Weg $\alpha \cdot \beta$ nach obiger Konstruktion eine Abbildung $\Lambda_{\alpha \cdot \beta}$ ergibt, die homotop zu

$$\Lambda_\beta \Lambda_\alpha : F_{\alpha(0)} \longrightarrow F_{\beta(1)}$$

ist. Das geht mit einer Spaltung $I = [0, 1/2] \cup [1/2, 1]$, indem α und Λ_α über dem ersten Teilintervall betrachtet werden, β und Λ_β über dem zweiten Teilintervall und die Liftungen an der Stelle $1/2 \in I$ zusammengesetzt werden. Damit folgt die Aussage des Satzes, weil konstante Wege $\omega_z : I \to \{z\} \subseteq B$ Abbildungen Λ_{ω_z} liefern, die zu den Identitäten id_{F_z} homotop sind (setzen Sie $z = x, y$). $\square$

Ein zentrales Resultat, an dessen Beweis Sie erkennen, dass Homotopieliftungen für alle Räume X nötig sind, nicht nur für CW-Paare (oder für alle D^n).

In der Tat ginge dabei die Homotopieäquivalenz der Fasern verloren. Bei einer SERRE-Faserung, auch **schwache Faserung** genannt (engl. *weak fibration*), sind die Fasern nur schwach homotopieäquivalent (Seite I-366).

Es gibt ein überraschend einfaches Beispiel für eine solche schwache Faserung, deren Fasern nicht alle homotopieäquivalent sind. Nehmen Sie dazu für den Totalraum E die Diagonale im Quadrat $I \times I$, zusammen mit den waagrechten Strecken $I \times \{1 + 1/n\}$, für $n \in \mathbb{N} \setminus \{0\}$, versehen mit der Relativtopologie von $\mathbb{R}^2$.

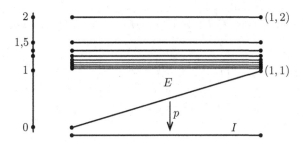

Die Abbildung $p : E \to I$ ist die Projektion auf die erste Koordinate. Sie überlegen sich schnell, dass p die Homotopieliftung für alle D^n besitzt: Jede Abbildung $D^n \to E$ muss aus Gründen der Stetigkeit ihr Bild entweder in der Diagonalen oder in einer der waagrecht verlaufenden Strecken von E haben. Jede partielle Liftung $\tilde{h}_0 : D^n \times 0 \to E$ einer Homotopie $h_t : D^n \times I \to I$ liegt also ganz in einem dieser Teile, sagen wir in $T_0 = I \times \{1 + 1/n_0\}$, der durch die Projektion $p|_{T_0}$ homöomorph auf die Basis abgebildet wird. Die Liftung $\tilde{h}_t : D^n \times I \to E$ ergibt sich dann als $(p|_{T_0})^{-1} h_t : D^n \times I \to T_0 \subset E$.

Die Fasern von p sind aber nicht homotopieäquivalent. Für $0 \leq x < 1$ ist $p^{-1}(x)$ homöomorph zu $\mathbb{N}$. Die Faser $p^{-1}(1)$ hat aber mit $(1,1)$ einen Häufungspunkt (wegen der Relativtopologie von $\mathbb{R}^2$). Es ist dann $p^{-1}(1) \not\simeq \mathbb{N}$, denn jede stetige Abbildung $g : p^{-1}(1) \to \mathbb{N}$ kann im Bild nur endlich viele Punkte enthalten (sie muss in einer Umgebung des Häufungspunktes $(1,1)$ konstant sein, denn $\mathbb{N}$ ist diskret). Eine Komposition $\mathbb{N} \to p^{-1}(1) \to \mathbb{N}$ kann also niemals surjektiv sein, geschweige denn homotop zur Identität $\mathrm{id}_{\mathbb{N}}$. Es folgt $p^{-1}(1) \not\simeq \mathbb{N}$.

Sie erkennen hier aber, dass die Zuordnung $0 \mapsto (1,1)$ und $n \mapsto (1, 1 + 1/n)$ für $n \geq 1$ eine stetige Bijektion $\mathbb{N} \to p^{-1}(1)$ definiert, welche Isomorphismen aller Homotopie- und Homologiegruppen induziert, womit die Fasern paarweise schwach homotopieäquivalent sind. $(\Box)$

Es hat also subtile Gründe, weswegen bei Faserungen gefordert wird, dass die Homotopieliftungen für alle Räume existieren. Dabei entsteht zwar eine gewisse Diskrepanz zu den eng verwandten Faserbündeln, man nimmt dies aber gerne in Kauf (Ausnahmen gibt es ja nur über exotischen Basen, siehe Seite 78).

Die Faserungen sind, kurz zusammengefasst, so etwas wie die Homotopie-Pendants zu den Faserbündeln: Alle Fasern sind, wenn auch nicht notwendig homöomorph, so doch zumindest homotopieäquivalent.

Wir können nun einen weiteren zentralen Satz über Faserungen formulieren. Er unterstreicht deren fundamentale Bedeutung in der Homotopietheorie.

Satz (Lange exakte Homotopiesequenz einer Faserung)

Wir betrachten eine Faserung $F \hookrightarrow E \overset{p}{\to} B$ mit Homotopiefaser $F = p^{-1}(x)$ für ein $x \in B$. Dann induziert p, nach Wahl eines Punktes $y \in F$, für alle $n \geq 1$ einen Isomorphismus $\overline{p}_* : \pi_n(E, F, y) \to \pi_n(B, x)$.

Falls B wegzusammenhängend ist, kann $\pi_n(E, F, y)$ in der langen exakten Homotopiesequenz von (E, F) durch $\pi_n(B, x)$ ersetzt werden und man erhält eine (sehr suggestive) lange exakte Sequenz der Form

$$\overset{j_*}{\longrightarrow} \pi_{n+1}(B, x) \overset{\partial_* \overline{p}_*^{-1}}{\longrightarrow} \pi_n(F, y) \overset{i_*}{\longrightarrow} \pi_n(E, y) \overset{p_*}{\longrightarrow} \pi_n(B, x) \overset{\partial_* \overline{p}_*^{-1}}{\longrightarrow} \pi_{n-1}(F, y) \overset{i_*}{\longrightarrow}$$

$$\cdots \overset{p_*}{\longrightarrow} \pi_1(B, x) \overset{\partial_* \overline{p}_*^{-1}}{\longrightarrow} \pi_0(F, y) \overset{i_*}{\longrightarrow} \pi_0(E, y) \longrightarrow 0.$$

Der **Beweis** ähnelt dem der Isomorphie $\pi_n(S^3, S^1) \cong \pi_n(S^2, 1)$ bei den Faserbündeln (Seite 13 f), sei aber wegen seiner zentralen Bedeutung noch einmal wiederholt. Man erhält den Homomorphismus $\overline{p}_* : \pi_n(E, F, y) \to \pi_n(B, x)$, indem einer stetigen Abbildung

$$\alpha : (I^n, \partial I^n, J^{n-1}) \longrightarrow (E, F, y)$$

als Repräsentant von $[\alpha] \in \pi_n(E, F, y)$ die Projektion p nachgeschaltet wird,

$$p\alpha : (I^n, \partial I^n, J^{n-1}) \longrightarrow (E, F, y) \overset{p}{\longrightarrow} (B, x, x).$$

Aufgrund der langen exakten Homotopiesequenz des Paares (B, x) sind für $n \geq 1$ die Gruppen $\pi_n(B, x)$ kanonisch isomorph zu $\pi_n(B, x, x)$, weswegen $p\alpha$ ein wohldefiniertes Element in $\pi_n(B, x)$ repräsentiert.

Die Surjektivität von $\overline{p}_*$ geht mit der relativen Homotopieliftung für $(I^{n-1}, \partial I^{n-1})$. Es sei dazu ein $[\alpha] \in \pi_n(B, x)$ repräsentiert durch $\alpha : (I^n, \partial I^n) \to (B, x)$.

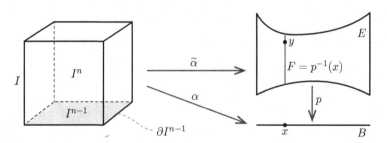

Die Abbildung α kann als Homotopie $\alpha : I^{n-1} \times I \to B$ relativ ∂I^{n-1} verstanden werden, die auf $\partial I^{n-1} \times I$ und auf $I^{n-1} \times 0$ konstant x ist. Daher existiert eine (triviale) Liftung $\widetilde{\alpha}_0 : I^{n-1} \times 0 \to E$, die konstant $y \in F$ ist. Die relative Homotopieliftung für $(I^{n-1}, \partial I^{n-1})$ garantiert dann die Existenz einer Homotopie relativ ∂I^{n-1} in der Form $\widetilde{\alpha} : I^{n-1} \times I \to E$, und wegen $\alpha(\partial I^n) = x$ muss dabei der Deckel $I^{n-1} \times 1$ nach $p^{-1}(x) = F$ abgebildet werden.

Dies führt zu einer Abbildung $\tilde{\alpha} : (I^n, \partial I^n, J^{n-1}) \to (E, F, y)$ und wegen $p\tilde{\alpha} = \alpha$ zu dem gesuchten Element $[\tilde{\alpha}] \in \pi_n(E, F, y)$ mit $\overline{p}_*[\tilde{\alpha}] = [\alpha]$.

Die Injektivität von $\overline{p}_*$ wird mit derselben Idee gezeigt, unter Hinzunahme eines kleinen Tricks. Es seien dazu mit $\alpha, \beta : (I^n, \partial I^n, J^{n-1}) \to (E, F, y)$ zwei Repräsentanten von Elementen in $\pi_n(E, F, y)$ gegeben, mit $\overline{p}_*[\alpha] = \overline{p}_*[\beta]$. Dann gibt es eine Homotopie

$$h_t : (I^n, \partial I^n) \times I \longrightarrow (B, x)$$

relativ ∂I^n zwischen den projizierten Abbildungen $p\alpha$ und $p\beta$.

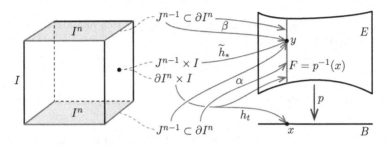

Wir haben als Zusatzinformationen, dass einige Teile des Würfels $I^n \times I$ bereits eine Liftung $\tilde{h}_*$ nach E besitzen. Dies sind

1. der Teil $I^n \times 0$ mit der Liftung $\tilde{h}_0 = \alpha$,

2. der Teil $I^n \times 1$ mit der Liftung $\tilde{h}_1 = \beta$ und

3. der Teil $J^{n-1} \times I$ mit der konstanten Liftung $\tilde{h}_t|_{J^{n-1}} \equiv y$.

Der Trick besteht darin, in dem Würfel $I^n \times I$ die beiden Koordinaten x_n und t zu vertauschen (die mit y bezeichneten Teile werden konstant auf y abgebildet).

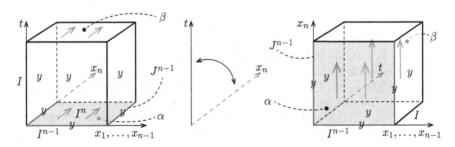

Damit entsteht eine neue Aufgabe: eine relative Homotopieliftung für das Paar $(I^n, \partial I^n) = \big(I^n, \partial(I^{n-1} \times I)\big)$. Die genauen Vorgaben hierfür sind

1. die an der (x_n, t)-Diagonalen gespiegelte Homotopie $g_t : I^n \times I \to B$, definiert durch $g_t(x_1, \ldots, x_{n-1}, x_n) = h_{x_n}(x_1, \ldots, x_{n-1}, t)$,

2. mit $g_0 \equiv x$, also einer partiellen Liftung $\tilde{g}_0 \equiv y$, und

3. einer partiellen Liftung $\tilde{g}_t^{\partial I^n} : \partial I^n \times I \to E$, die über $\partial I^{n-1} \times I$ konstant y ist, über $I^{n-1} \times 0$ identisch zu α und über $I^{n-1} \times 1$ identisch zu β.

Die Liftung $\widetilde{g}_t : I^n \times I \to E$ von g_t, gemäß der Definition von Faserungen als Fortsetzung von $\widetilde{g}_t^{\partial I^n}$ wählbar, wird nun wieder an der (t, x_n)-Diagonalen gespiegelt, die Koordinaten x_n und t also wieder zurückgetauscht. Es entsteht auf diese Weise eine Fortsetzung $\widetilde{h}_t : I^n \times I \to E$ der obigen partiellen Liftung $\widetilde{h}_*$ durch die Festlegung $\widetilde{h}_t(x_1, \ldots, x_{n-1}, x_n) = \widetilde{g}_{x_n}(x_1, \ldots, x_{n-1}, t)$. Bei genauer Verfolgung der Konstruktion erkennen Sie, dass für alle $t \in I$ die Zwischenstufen $\widetilde{h}_t$ Abbildungen $(I^n, \partial I^n, J^{n-1}) \to (E, F, y)$ sind. Beachten Sie dabei, dass $\widetilde{h}_t$ eine Liftung von h_t ist, sowie $p^{-1}(x) = F$. Insgesamt ist $\widetilde{h}_t$ also eine Homotopie von α nach β innerhalb der Gruppe $\pi_n(E, F, y)$, mithin $[\alpha] = [\beta]$. Damit ist auch die Injektivität von $\overline{p}_*$ bewiesen.

Die lange exakte Homotopiesequenz des Satzes ergibt sich nun aus der einfachen Beobachtung, dass die Komposition

$$\pi_n(E, y) \xrightarrow{j_*} \pi_n(E, F, y) \xrightarrow{\overline{p}_*} \pi_n(B, x)$$

nichts anderes ist als der klassische von $p : (E, y) \to (B, x)$ induzierte Homomorphismus $p_* : \pi_n(E, y) \to \pi_n(B, x)$.

Die Surjektivität von $i_* : \pi_0(F, y) \to \pi_0(E, y)$ folgt, weil B wegzusammenhängend vorausgesetzt ist, denn jede Abbildung $f : (S^0, 1) \to (E, y)$ ist damit homotop relativ $1 \in S^0$ zu einer Abbildung $g : (S^0, 1) \to (F, y)$.

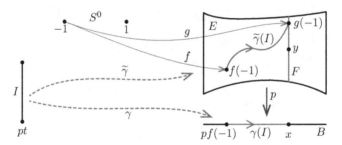

Betrachte dazu einen Weg $\gamma : I \to B$ von $pf(-1)$ nach x, aufgefasst als Homotopie $h_t : \{pt\} \times I \to B$, mit einer partiellen Liftung $\widetilde{h}_0(pt) = f(-1)$. Es gibt dann eine Liftung von h_t als Fortsetzung $\widetilde{h}_t : \{pt\} \times I \to E$ von $\widetilde{h}_0$. Wegen $p\widetilde{h}_t = h_t$ und $h_1(pt) = x$ gilt $\widetilde{h}_1(pt) \in p^{-1}(x) = F$. Die Abbildung $\widetilde{h}_t$ ist die Liftung $\widetilde{\gamma}$ von γ nach E mit Anfangspunkt $f(-1)$, woraus sich durch Rückzug des Weges $\widetilde{\gamma} = \widetilde{h}_t$ auf den Punkt $\widetilde{\gamma}(1)$ eine Homotopie relativ $1 \in S^0$ von f auf eine Abbildung $g : (S^0, 1) \to (F, y)$ konstruieren lässt. Offensichtlich ist damit $i_*[g] = [f]$. □

Bevor wir im nächsten Abschnitt zu der entscheidenden Konstruktion mit Faserungen kommen, betrachten wir noch ein technisches Hilfsmittel, das im weiteren Verlauf auch gelegentlich von Nutzen ist. Die Beweise dazu sind teils sehr einfach und sollen Ihnen als Übungen in den Begriffen und Techniken dienen.

Es sei dazu $p : E \to B$ eine Faserung und $f : A \to B$ eine stetige Abbildung. Mit $f^*E = \{(a, e) \in A \times E : p(e) = f(a)\}$ und den gewöhnlichen Projektionen $\mathrm{pr}_A(a, e) = a$ und $\mathrm{pr}_E(a, e) = e$ ist dann auch $\mathrm{pr}_A : f^*E \to A$ eine Faserung.

Man nennt sie den **Rückzug** oder **Pullback** der Faserung $p : E \to B$ bezüglich
der Abbildung $f : A \to B$.

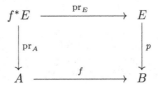

Bitte überprüfen als kleine **Übung** selbst, dass die Homotopieliftungen für pr_A
existieren (das ist elementar). Falls $f : A \hookrightarrow B$ eine Inklusion ist, kann man sich
$f^*E \to A$ als Einschränkung von p auf A vorstellen, mithin den Totalraum f^*E
als Teilraum $p^{-1}(A) \subseteq E$.

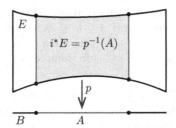

$i : A \hookrightarrow B$

Satz (Homotopiesatz für Pullbackfaserungen)
Falls $f, g : A \to B$ zwei homotope Abbildungen sind, dann sind die Pullbacks
f^*E und g^*E homotopieäquivalent, und zwar in einem strengen Sinne:

Es gibt **fasertreue** (engl. *fiber-preserving*) Homotopieinverse $\varphi : f^*E \to g^*E$
und $\psi : g^*E \to f^*E$. Das bedeutet, φ und ψ bilden jeweils die Fasern über
den Punkten $x \in A$ in sich ab, und dito für alle Parameter $t \in I$ der Homo-
topien $\psi\varphi \simeq \mathrm{id}_{f^*E}$ und $\varphi\psi \simeq \mathrm{id}_{g^*E}$. Man nennt f^*E und g^*E in diesem Fall
faserhomotopieäquivalent (engl. *fiber homotopy equivalent*).

Die genaue Ausarbeitung des **Beweises** sei Ihnen ebenfalls zur **Übung** empfohlen,
hier eine kurze Skizze: Mit einer Homotopie $h_t : A \times I \to B$ zwischen f und g ist
offensichtlich $f^*E = h_0^*E$ und $g^*E = h_1^*E$. In diesem Kontext gilt nun sogar mehr
als der Satz verlangt: Sämtliche Pullbacks h_t^*E sind paarweise faserhomotopieäquivalent, für alle $t \in I$. Dies wiederum folgt aus der Beobachtung, dass allgemein
für Faserungen $p : Y \to X \times I$ die Einschränkungen $Y|_t = p^{-1}(X \times t) \to X$
faserhomotopieäquivalent sind (beachte im Ziel die Identifikation $X \cong X \times t$).

Hierzu wähle man für $t_1, t_2 \in I$ einen Weg γ von t_1 nach t_2 und definiere eine
Homotopie $g_s : Y|_{\gamma(t_1)} \to X \times I$, $e \mapsto (p(e), \gamma(s))$. Deren Liftung $\widetilde{g}_0 : Y|_{\gamma(t_1)} \hookrightarrow Y$
über t_1 kann zu einer Homotopie $\widetilde{g}_s : Y|_{\gamma(t_1)} \to Y$ fortgesetzt werden, was für
$s = 1$ zu einer Abbildung $L_\gamma : Y|_{\gamma(t_1)} \to Y|_{\gamma(t_2)}$ führt, die sich als Faserhomotopieäquivalenz erweist (mit dem gleichen Argument wie bei den Λ_γ auf Seite 79 f,
Sie müssen dabei berücksichtigen, dass $Y|_t$ hier nicht nur eine Faser, sondern die
vollständige Faserung $p^{-1}(X \times t) \to X$ ist). $\hfill (\square)$

Folgerung (Faserungen über zusammenziehbaren Basen)
Eine Faserung $F \to E \xrightarrow{p} B$ mit zusammenziehbarer Basis B ist faserhomotopieäquivalent zur Produktfaserung $B \times F \to B$.

Beweis: Dies folgt aus dem vorigen Satz und einer Homotopie $h_t : B \times I \to B$ mit $h_0 = \mathrm{id}_B$ und $h_1 \equiv b \in B$, unter Berücksichtigung von $p^{-1}(b) \simeq F$. Die Äquivalenz $E \to B \times F$ kann man sich als eine Menge von Homotopieäquivalenzen $E_x \to x \times F$ vorstellen, die insgesamt zu einer stetigen Abbildung $E \to B \times F$ verschmelzen, also (etwas salopp formuliert) stetig von x abhängen. $\qquad\square$

Eine weitere Aussage betrifft die Pullbacks von starken Deformationsretrakten in der Basis. Welche Eigenschaften in B übertragen sich auf diese Pullbacks?

Satz (Pullbacks von starken Deformationsretrakten)
Es sei $p : E \to B$ eine Faserung und $A \subseteq U \subseteq B$. Die Pullbacks bezüglich der Inklusionen seien $\widetilde{A} \to A$ und $\widetilde{U} \to U$. Falls A ein starker Deformationsretrakt von U ist, ist die Inklusion $\widetilde{\imath} : \widetilde{A} \hookrightarrow \widetilde{U}$ eine Homotopieäquivalenz.

Für den **Beweis** sei $r_t : U \times I \to U$ eine Homotopie mit $r_0 = \mathrm{id}_U$ und r_1 bei Einschränkung auf das Bild eine Retraktion $U \to A$, mit $r_t|_A = \mathrm{id}_A$ für alle $t \in I$ (A ist starker Deformationsretrakt). Mit $h_t(x) = r_t p(x)$, $x \in \widetilde{U}$, ist eine Homotopie $\widetilde{U} \times I \to U$ definiert, mit einer partiellen Liftung $\widetilde{h}_0 = \mathrm{id}_{\widetilde{U}}$ nach $\widetilde{U}$. Es sei $\widetilde{h}_t : \widetilde{U} \times I \to \widetilde{U}$ eine Liftung von h_t als Fortsetzung von $\widetilde{h}_0$. Offensichtlich ist $\widetilde{h}_1(\widetilde{U}) \subseteq \widetilde{A}$ und $\widetilde{\imath}\,\widetilde{h}_1 : \widetilde{U} \to \widetilde{A} \hookrightarrow \widetilde{U}$ homotop zu $\mathrm{id}_{\widetilde{U}}$, Sie müssen dafür den Parameter $t = 1$ nur auf $t = 0$ zurücklaufen lassen. Der gleiche Vorgang zeigt dann auch, dass $\widetilde{h}_1\widetilde{\imath} : \widetilde{A} \hookrightarrow \widetilde{U} \to \widetilde{A}$ homotop zu $\mathrm{id}_{\widetilde{A}}$ ist, denn das Bild der Einschränkung $\widetilde{h}_t|_{\widetilde{A}}$ verbleibt in $\widetilde{A}$ (es war $r_t|_A = \mathrm{id}_A$ wegen $A \subseteq U$ starker Deformationsretrakt). Damit sind $\widetilde{\imath}$ und $\widetilde{h}_1$ homotopieinvers zueinander. $\qquad\square$

Die Eigenschaft der starken Deformationsretraktion vererbt sich also nicht vollständig auf die Pullback-Faserungen, diese sind aber wenigstens noch vom gleichen Homotopietyp (der Grund dafür ist, dass $\widetilde{h}_1\widetilde{\imath}$ nur homotop zur Identität auf $\widetilde{A}$ ist, denn $\widetilde{h}_t|_{\widetilde{A}}$ ist nicht zwingend die Identität auf $\widetilde{A}$).

4.2   Die Faserung einer stetigen Abbildung

Wir kommen nun zu der Hauptkonstruktion im Zusammenhang mit Faserungen.

Die lange exakte Homotopiesequenz von Faserungen (Seite 82) verspricht effiziente Berechnungen, wenn man die S^n in eine Faserung verwickeln könnte, bei der alle anderen Räume einfache Homotopiegruppen haben: zum Beispiel EILENBERG-MACLANE-Räume (Seite 59). Ausgehend von S^n wurden sukzessive Zellen höherer Dimension angeheftet, um eine Einbettung $S^n \hookrightarrow K(\mathbb{Z}, n)$ zu ermöglichen.

Leider ist das keine Faserung, denn diese müssen surjektiv sein. Ein weiteres Hindernis war, dass die S^n in den meisten Fällen nicht als Faser darstellbar ist.

Um das Jahr 1950 zeigte sich dann aber ein wahrlich genialer Ausweg aus diesem Dilemma, ein bemerkenswerter Durchbruch für die gesamte Homotopietheorie.

Ausgangspunkt ist die oben bereits erwähnte Einbettung $S^n \to K_n$, wobei K_n jetzt abkürzend für einen EILENBERG-MACLANE-Raum vom Typ $K(\mathbb{Z}, n)$ stehen soll. Die Idee besteht in der Konstruktion eines Raumes $\Gamma(S^n, K_n)$, der sich ausgehend von der Sphäre S^n auf allen denkbaren Wegen in den Raum K_n hineinbohrt, salopp formuliert wie die Würmer in einen Apfel.

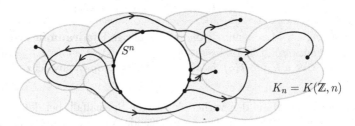

Eine gewagte Konstruktion, zumal schon K_n selbst enorme Ausmaße hat. Jeder Weg, der in S^n beginnt und sich zu irgendeinem Punkt in K_n erstreckt, soll ein Punkt in $\Gamma(S^n, K_n)$ werden, ohne irgendwelche vereinfachende Identifikationen. Wir werden der Menge $\Gamma(S^n, K_n)$ aber eine vernünftige Topologie geben können und über die Festlegung $\gamma \mapsto \gamma(1)$, die jedem Weg dessen Endpunkt zuordnet, eine stetige Abbildung $p_\Gamma : \Gamma(S^n, K_n) \to K_n$ definieren, die sich tatsächlich als Faserung herausstellt.

Sie werden sich nun wahrscheinlich fragen, worin der eigentliche Mehrwert dieser Konstruktion besteht. Wo ist denn die S^n geblieben?

Die Antwort ist verblüffend einfach. Alle Wege $\gamma \in \Gamma(S^n, K_n)$ können in sich selbst auf ihren Startpunkt $\gamma(0) \in S^n$ zurückgezogen werden. Um in dem etwas saloppen Bild zu bleiben, wandern die Würmer wieder zurück an die Oberfläche des Apfels. Dieser Vorgang definiert, bei geeigneter Topologie von $\Gamma(S^n, K_n)$, eine starke Deformationsretraktion $\Gamma(S^n, K_n) \to S^n$, und macht die Inklusion $i_\Gamma : S^n \hookrightarrow \Gamma(S^n, K_n)$, die jedem Punkt $x \in S^n$ den konstanten Weg $\omega_x \equiv x$ zuordnet, zu einer Homotopieäquivalenz.

Es genügt dann, die Homotopiegruppen von $\Gamma(S^n, K_n)$ zu erforschen, um entsprechende Aussagen über die Gruppen $\pi_k(S^n)$ machen zu können. Die Inklusion $f : S^n \hookrightarrow K_n$ würde sich also in Form von

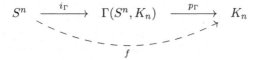

in die Faserung p_Γ und eine (vorgeschaltete) Homotopieäquivalenz i_Γ aufspalten, mithin in zwei Abbildungstypen, die man homotopietechnisch sehr gut im Griff hat. Lassen Sie uns jetzt all diese Ideen konkret machen. Um dabei die volle Allgemeinheit abzudecken, betrachten wir nicht nur Inklusionen, sondern beliebige stetige Abbildungen zweier Räume $A \to B$.

Definition und Satz (Pfadraumfaserung einer Abbildung)
Es sei $f : A \to B$ eine stetige Abbildung. Dann gibt es eine natürliche Topologie
auf dem Raum

$$\Gamma_f(A,B) \;=\; \big\{(a,\gamma) : a \in A \text{ und } \gamma : I \to B \text{ ein Weg mit } \gamma(0) = f(a)\big\},$$

sodass die Projektion

$$p : \Gamma_f(A,B) \;\longrightarrow\; B, \quad (a,\gamma) \mapsto \gamma(1),$$

eine Faserung ist. Man nennt sie die zu f gehörige **Pfadraumfaserung** (engl.
pathspace fibration). Die Inklusion $A \hookrightarrow \Gamma_f(A,B)$, $a \mapsto (a, \omega_{f(a)})$ mit dem
konstanten Weg $\omega_{f(a)} \equiv f(a)$, ist dabei eine Homotopieäquivalenz.

Sie erkennen ohne Mühe den vorher skizzierten Spezialfall, bei dem $f : A \to B$
die Einbettung $S^n \hookrightarrow K_n$ war. Die abschließende Aussage ist übrigens klar, denn
auch hier ist die Projektion $\Gamma_f(A,B) \to A$ homotopieinvers zu $A \hookrightarrow \Gamma_f(A,B)$, aus
demselben Grund wie im Beispiel oben (Rückzug der Wege auf ihren Startpunkt).

Der schwierigste Teil des **Beweises** ist die Definition einer natürlichen Topologie
auf $\Gamma_f(A,B)$. Man lässt sich dabei von der Anschauung leiten, die der Raum B^I
aller stetigen Abbildungen $\gamma : I \to B$ vorgibt, wenn B ein euklidischer Raum $\mathbb{R}^n$
ist. Dort gibt es für die Punkte x die Norm $\|x\|$ und zwei Wege γ_1 und γ_2 sollen
nahe beieinander liegen, wenn

$$\|\gamma_1 - \gamma_2\| \;=\; \sup\big\{\|\gamma_1(t) - \gamma_2(t)\| : t \in I\big\}$$

klein ist. Eine Umgebungsbasis eines Weges $\gamma \in B^I$ besteht dann aus allen offenen
Umgebungen der Gestalt $U_\epsilon(\gamma) = \{\beta \in B^I : \|\beta - \gamma\| < \epsilon\}$, mit einem $\epsilon > 0$.

Um die Topologie auch auf Pfadräumen B^I zu definieren, bei denen B kein metrischer Raum ist, muss man sich ein wenig in die elementare Topologie vertiefen.
Wie könnte hier eine Umgebungsbasis eines Weges $\gamma \in B^I$ aussehen?

Beachten Sie, dass B^I nicht mit dem Mengenprodukt $\prod_{t \in I} B$ verwechselt werden
darf. Dieses besteht aus allen (auch nicht-stetigen) Abbildungen $I \to B$, ist also ein
gewöhnlicher Produktraum (Seite I-15 ff), während B^I aus allen stetigen Abbildungen $I \to B$ besteht. Die naheliegende Idee, hierfür einfach die Relativtopologie
von $\prod_{t \in I} B$ zu verwenden, funktioniert nicht, denn sie würde zu einem nicht-
hausdorffschen Raum führen.

Wir müssen eine andere Topologie wählen, bei dem eine auf allen Kompakta gleichmäßige Konvergenz von Funktionenfolgen im Sinne der obigen Supremumsnorm
$\|\gamma_1 - \gamma_2\|$ möglich ist. Dies führt zur Definition mithilfe einer **Subbasis** $\mathcal{S}$ der Topologie (einer Teilmenge der Potenzmenge $\mathcal{P}(B^I)$), deren endliche Durchschnitte eine
Basis $\mathcal{B}$ der Topologie bilden). Diese Subbasis $\mathcal{S}$ bestehe aus allen Mengen

$$\mathcal{C}(K,U) \;=\; \big\{\gamma \in B^I : \gamma(K) \subseteq U\big\}$$

wobei $K \subseteq I$ kompakt und $U \subseteq B$ offen ist.

Ein Element in $\mathcal{B}$ hat damit die Form

$$\mathcal{C}(K_i, U_i : i = 1, \ldots, k) = \bigcap_{i=1}^{k} \mathcal{C}(K_i, U_i),$$

ist also die Menge stetiger Abbildungen $I \to B$, bei denen endliche viele kompakte Mengen K_i in offene Mengen U_i abgebildet werden. Die von der Basis $\mathcal{B}$ erzeugte Topologie auf B^I heißt die **Kompakt-Offen-Topologie** (engl. *compact-open topology*). Als Randbemerkung sei gesagt, dass die Kompakt-Offen-Topologie nicht nur für B^I existiert, sondern (im wörtlichen Sinne) für den Raum B^A aller stetigen Abbildungen $A \to B$ bei beliebigen topologischen Räumen A und B.

Die Kompakt-Offen-Topologie ist am Anfang nicht einfach zu verstehen, obwohl nur elementare Topologie darin vorkommt. Verwirrend ist die scheinbare Willkürlichkeit und Verschwommenheit der Mengen $\mathcal{C}(K, U)$, bei denen nichts anderes gefordert wird, als dass ein beliebiges Kompaktum K in eine beliebige offene Menge U abgebildet wird. Aber lassen Sie sich nicht täuschen: Man kann damit beliebige Durchschnitte $\mathcal{C}(K_i, U_i : i = 1, \ldots, k)$ bilden und erhält so eine äußerst feingranulare Basis.

Das häufigste Missverständnis zu Beginn ist die Vorstellung, ein Weg $\gamma \in B^I$ hätte eine Umgebungsbasis in Form von offenen Mengen V_i, die sich auf die Trägermenge $\gamma(I) \subseteq B$ zusammenziehen: $\bigcap_{i \in \mathbb{N}} V_i = \gamma(I)$. Demnach wären aber die konstanten Kurven $t \mapsto \gamma(t_0)$, $t_0 \in I$ beliebig, in jeder Umgebung von γ enthalten und der Raum nicht hausdorffsch. Auch die zusätzliche Forderung nach identischen Anfangs- und Endpunkten hilft nicht weiter, da die Wege sich bereits unterscheiden, wenn sie mit unterschiedlichen Geschwindigkeiten durchlaufen werden.

Die Stärke der Kompakt-Offen-Topologie liegt, wie bereits angedeutet, in der Freiheit bei der Wahl der Kompakta K und der offenen Mengen U, was zu einer sehr feinen Topologie führt. So können (bei hausdorffschem B) zwei Wege $\gamma_1 \neq \gamma_2$ immer durch offene Mengen getrennt werden: Falls $\gamma_1(t_0) \neq \gamma_2(t_0)$ ist, für ein $t_0 \in I$, gibt es (wegen B hausdorffsch) zwei trennende Umgebungen $U_i \ni \gamma_i(t_0)$, $i = 1,2$. Mit $K = \{t_0\}$ ist dann $\gamma_i \in \mathcal{C}(K, U_i)$ und $\mathcal{C}(K, U_1) \cap \mathcal{C}(K, U_2) = \varnothing$. Plötzlich wird alles einfach: Verschiedene Wege können sogar durch Mengen aus der Subbasis $\mathcal{S}$ getrennt werden. Eine Konvergenz

$$\lim_{n \to \infty} \gamma_n = \gamma$$

bedeutet dann anschaulich, dass die γ_n mit wachsendem n immer feinere Unterteilungen von I in immer feinere offene Überdeckungen von $\gamma(I)$ abbilden.

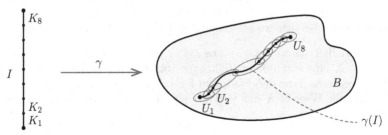

Es bleibt den γ_n dann gar nichts anderes übrig, als punktweise gegen γ zu konvergieren. Es ist eine lohnende kleine **Übung**, im Fall von $B = \mathbb{R}^n$ (oder allgemeiner bei metrischem B) die Äquivalenz der Kompakt-Offen-Topologie von B^I mit der durch die Supremumsnorm induzierten Topologie zu beweisen.

Nun können wir aber den Beweis des Satzes vollenden. Der dort definierte Raum

$$\Gamma_f(A, B) = \big\{ (a, \gamma) : a \in A \text{ und } \gamma : I \to B \text{ ist ein Weg mit } \gamma(0) = f(a) \big\}$$

soll einfach die Relativtopologie als Teilraum von $A \times B^I$ erhalten und wir müssen noch zeigen, dass $p : \Gamma_f(A, B) \to B$, $(a, \gamma) \mapsto \gamma(1)$, eine Faserung ist.

Hierzu sei X ein beliebiger topologischer Raum, $h_t : X \times I \to B$ eine Homotopie und $\widetilde{h}_0$ eine Liftung für $t = 0$ nach $\Gamma_f(A, B)$, also ist $\widetilde{h}_0(x) = (a_x, \gamma_x)$, mit $\gamma_x(0) = f(a_x)$ und $\gamma_x(1) = h_0(x)$. Wegen der Stetigkeit von $\widetilde{h}_0$ hängen a_x und γ_x stetig von x ab, mithin auch $f(a_x)$, und es definiert

$$\widetilde{h}_t(x) = \big(a_x, \widehat{\gamma}_{x,t}\big) \text{ mit } \widehat{\gamma}_{x,t}(s) = \left\{ \begin{array}{ll} \gamma_x\left(\frac{2s}{2-t}\right) & \text{für } 0 \leq s \leq 1 - \frac{t}{2}, \\[2mm] h_{t+2s-2}(x) & \text{für } 1 - \frac{t}{2} < s \leq 1 \end{array} \right.$$

eine stetige Abbildung $X \times I \to \Gamma_f(A, B)$, die eine Fortsetzung von $\widetilde{h}_0$ und eine Liftung von h_t ist, denn wir haben $\widehat{\gamma}_{x,0} = \gamma_x$ und für $t > 0$ ist

$$p\widetilde{h}_t(x) = \widehat{\gamma}_{x,t}(1) = h_t(x).$$

Die etwas komplizierte Formulierung von $\widehat{\gamma}_{x,t}$ erklärt sich durch die anschauliche Idee hinter dieser Konstruktion: Für die Liftung $\widetilde{h}_t(x)$ benötigen wir gemäß der Definition von $p : \Gamma_f(A, B) \to B$ neben dem Punkt $a_x \in A$ für alle $t \in I$ einen Weg in B von $f(a_x)$ nach $h_t(x)$.

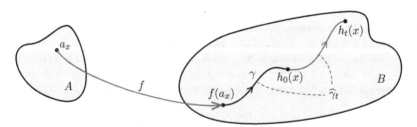

Hierfür durchlaufen wir zunächst den Weg γ_x von $f(a_x)$ nach $h_0(x) = \gamma_x(1)$. Danach wird der Weg von $h_0(x)$ nach $h_t(x)$ angehängt, der durch h_t bei festgehaltenem x vorgegeben ist. Die Darstellung von $\widehat{\gamma}_{x,t}$ dient also dazu, den Wertebereich von s bei dem zusammengesetzten Weg auf [0,1] zu normieren. $\qquad\square$

Ein Spezialfall des Satzes wird uns später gute Dienste leisten. Hier ist $A = \{x\}$ mit $x \in X$ eine einpunktige Teilmenge von X und $f : \{x\} \to X$ die Inklusion. Wir bezeichnen dann den Pfadraum $\Gamma_f(\{x\}, X)$ zum Punkt $x \in X$ kurz mit P_x, das sind alle Wege in X mit $\gamma(0) = x$ und der Kompakt-Offen-Topologie.

Wir erhalten so die punktierte Faserung $(P_x, \omega_x) \to (X, x)$, deren Totalraum P_x zusammenziehbar ist (sie müssen nur alle Wege in P_x auf ihren Startpunkt zurückziehen). Die Faser ist dann der **Schleifenraum** (engl. *loop space*) **am Punkt** $x \in X$, der kurz mit $\Omega(X, x)$ bezeichnet wird. Dies sind alle geschlossenen Wege (oder Schleifen) am Punkt x. Die **Pfadraumfaserung** lautet damit in ausführlicher Schreibweise

$$\big(\Omega(X, x), \omega_x\big) \longrightarrow (P_x, \omega_x) \longrightarrow (X, x)$$

und ein wichtiges Ziel dieses Kapitels wird ein Theorem von MILNOR sein, nach dem das Paar $\big(\Omega(X, x), \omega_x\big)$ homotopieäquivalent zu einem CW-Paar ist, wenn dies für das Paar (X, x) gilt (Seite 100).

Lassen Sie uns zwei **Beispiele** für diese Konstruktion besprechen, ein einfacheres als Übung, das zweite ist trickreicher und ein Schlüssel zu dem großen Theorem von SERRE über die Endlichkeit der höheren Gruppen $\pi_k(S^n)$ für $k > n$ (bis auf die Ausnahmen, in denen noch ein $\mathbb{Z}$-Summand hinzukommt, Seite 222).

Das einfache Beispiel betrifft Pfadräume über einem $K(G, n)$ für eine abelsche Gruppe G. In einer **Übung** zeigen Sie schnell, dass die Faser von $P_x \to K(G, n)$ stets ein $K(G, n-1)$ ist, für $n > 0$.

Die zu Beginn des Abschnitts erwähnte Einbettung $f : S^n \hookrightarrow K(\mathbb{Z}, n)$ der Sphäre liefert den Einstieg in das zweite Beispiel. Die Einbettung zerfällt in eine Sequenz

$$S^n \hookrightarrow E_f \xrightarrow{p} K(\mathbb{Z}, n),$$

mit $E_f = \Gamma_f\big(S^n, K(\mathbb{Z}, n)\big)$, bei der die Inklusion eine Homotopieäquivalenz ist und p eine Faserung. Um die Formeln und Diagramme nicht zu überfrachten, sei nun wieder $K_n = K(\mathbb{Z}, n)$. Die Basispunkte für alle Konstruktionen seien $1 \in S^n$ und der konstante Weg $\omega_1 \in E_f$, sie sind der Kürze wegen nicht aufgeführt.

Die Homotopieäquivalenz zeigt dann $\pi_k(S^n) \cong \pi_k(E_f)$, was unmittelbar zu der Frage führt, wie die Homotopiefaser F von p aussieht. Die lange exakte Homotopiesequenz für die Faserung $F \to E_f \to K_n$ besteht aus den Ausschnitten

$$\xrightarrow{p_*} \pi_{k+1}(K_n) \xrightarrow{\partial_*} \pi_k(F) \xrightarrow{i_*} \pi_k(E_f) \xrightarrow{p_*} \pi_k(K_n) \xrightarrow{\partial_*} \pi_{k-1}(F) \xrightarrow{i_*},$$

und das bedeutet zunächst $\pi_k(F) = 0$ für $k \leq n$, warum? Für $k \leq n - 2$ ist dies ganz einfach, denn Sie erhalten direkt die Ausschnitte

$$\pi_{k+1}(K_n) = 0 \xrightarrow{\partial_*} \pi_k(F) \xrightarrow{i_*} \pi_k(E_f) = 0.$$

Für $k = n - 1$ und $k = n$ ergibt sich wegen $\pi_{n+1}(K_n) = 0$ und $\pi_{n-1}(E_f) = 0$

$$0 \xrightarrow{\partial_*} \pi_n(F) \xrightarrow{i_*} \pi_n(E_f) \xrightarrow{p_*} \pi_n(K_n) \xrightarrow{\partial_*} \pi_{n-1}(F) \xrightarrow{i_*} 0.$$

Wie auf Seite 87 erwähnt, deformationsretrahiert E_f auf S^n, weswegen der von der Inklusion $i_\Gamma : S^n \hookrightarrow E_f$ induzierte Homomorphismus $i_{\Gamma*} : \pi_n(S^n) \to \pi_n(E_f)$ ein Isomorphismus ist. Da $f_* : \pi_n(S^n) \to \pi_n(K_n)$ nach Konstruktion (Seite 59 f) ein Isomorphismus ist, gilt dies wegen $f = p i_\Gamma$ auch für $p_* : \pi_n(E_f) \to \pi_n(K_n)$. Damit folgt wie gewünscht $\pi_{n-1}(F) = \pi_n(F) = 0$. Als weitere einfache **Übung** können Sie nun direkt an der langen exakten Homotopiesequenz erkennen, dass für $k > n$ stets $\pi_k(F) \cong \pi_k(S^n)$ ist. Halten wir dieses Resultat fest.

Beobachtung:
In der Faserung $F \to E_f \to K_n$ ist $\pi_k(F) = 0$ für $k \leq n$ und $\pi_k(F) \cong \pi_k(S^n)$ für alle $k > n$. $\qquad\qquad\qquad\qquad\qquad\qquad\qquad\qquad\qquad\qquad\qquad\square$

Dies ist eine technisch komplexere **Auslöschung von Homotopiegruppen** (engl. *killing homotopy groups*) als bei der Konstruktion von EILENBERG-MACLANE-Räumen (Seite 62), erstmals durchgeführt von SERRE. In F ist nur $\pi_3(S^3)$ ausgelöscht – unter Beibehaltung aller anderen Gruppen von S^3. Wir werden dies später noch an entscheidender Stelle nutzen (Seite 437 f).

Sie ahnen wahrscheinlich, dass hier eine Brücke erscheint, um Aussagen über die höheren Homotopiegruppen von S^n zu beweisen. Lassen Sie uns daher weiter konstruieren, die Mittel sind noch nicht ausgeschöpft. Wir betrachten die Inklusion $i : F \hookrightarrow E_f$ und konstruieren erneut die Pfadraumfaserung $Y = \Gamma_i(F, E_f) \to E_f$, mit $Y \simeq F$ (die Faser F ist über den Pfadrückzug ein starker Deformationsretrakt von Y). Die Homotopiefaser von $Y \to E_f$ sei (vorübergehend) mit G bezeichnet, damit es keine Verwechslungen mit F gibt. Die Basis E_f hat den Homotopietyp von S^n und es ist $\pi_k(Y) = 0$ für $k \leq n$ und $\pi_k(Y) = \pi_k(S^n)$ für $k > n$ gemäß der vorigen Beobachtung (beachten Sie $Y \simeq F$).

Die Faserung $G \to Y \to E_f$ hat nun eine Besonderheit. Die Homotopiegruppen von Totalraum und Basis unterscheiden sich nur an einer Stelle: Es ist $\pi_n(E_f) \cong \mathbb{Z}$ und $\pi_n(Y) = 0$. Bei allen anderen Indizes wird durch die Projektion $Y \to E_f$ ein Isomorphismus $\pi_k(Y) \to \pi_k(E_f)$ induziert. Dies ist trivial für $k < n$, wo die Gruppen verschwinden. Für $k > n$ sieht man es genauso wie zuvor bei der Faserung $E_f \to K_n$, die aus der Inklusion $S^n \to K_n$ entstand (**Übung**). Damit folgt eine wichtige Eigenschaft von G. Die lange exakte Homotopiesequenz

$$\xrightarrow{i_*} \pi_{k+1}(Y) \xrightarrow{p_*} \pi_{k+1}(E_f) \xrightarrow{\partial_*} \pi_k(G) \xrightarrow{i_*} \pi_k(Y) \xrightarrow{p_*} \pi_k(E_f) \longrightarrow \ ,$$

zeigt direkt $G = K(\mathbb{Z}, n-1)$, also $\pi_{n-1}(G) \cong \mathbb{Z}$ und $\pi_k(G) = 0$ für $k \neq n-1$. Wir halten daher zunächst bei einer Faserung der Form

$$K(\mathbb{Z}, n-1) \longrightarrow Y \longrightarrow E_f \,,$$

mit $\pi_k(S^n) \cong \pi_k(Y)$ für alle $k > n$. Ein schöner Erfolg, aber leider sind die Räume darin sehr kompliziert, was zum einen unser Hauptziel in scheinbar weite Ferne rücken lässt. Zum anderen ist es für die kommenden, algebraisch-topologischen Konzepte von großem Vorteil, Räume vom Typ eines CW-Komplexes als Basis zu haben (das ist bei E_f nicht a priori klar).

All diese Probleme lassen sich über $i : S^n \hookrightarrow E_f$ als (starken) Deformationsretrakt beheben. Mit dem Pullback $i^*Y \to S^n$ ergibt sich so die Faserung

$$K(\mathbb{Z}, n-1) \longrightarrow i^*Y \longrightarrow S^n \,,$$

bei der die (Homotopie-)Faser unverändert als ein $K(\mathbb{Z}, n-1)$ gewählt werden kann, denn nach Definition des Pullback (Seite 85) ist $i^*Y = Y|_{S^n}$.

Um die obige, komplizierte Faserung über E_f tatsächlich durch eine Faserung über S^n ersetzen zu können, müssen wir noch zeigen, dass die Homotopiegruppen von i^*Y mit denen von Y übereinstimmen.

Dazu betrachten wir das kommutative Pullback-Diagramm

$$
\begin{array}{ccccc}
K(\mathbb{Z}, n-1) & \xrightarrow{\ i\ } & i^*Y & \xrightarrow{\ p_i\ } & S^n \\
\Big\| & & \Big\downarrow{\scriptstyle i_Y} & & \Big\downarrow{\scriptstyle i_{E_f}} \\
K(\mathbb{Z}, n-1) & \xrightarrow{\ i\ } & Y & \xrightarrow{\ p\ } & E_f\,,
\end{array}
$$

in dem Inklusionen mit dem Buchstaben i markiert sind. Offenbar induziert i_{E_f} für alle $k \geq 0$ einen Isomorphismus $\pi_k(S^n) \to \pi_k(E_f)$, denn S^n ist ein (starker) Deformationsretrakt von E_f. Schreibt man dann die langen exakten Homotopie-sequenzen der Faserungen untereinander und verbindet sie mit den induzierten Gruppenhomomorphismen, so folgt aus dem Fünferlemma (Seite I-283), dass die mittleren Homomorphismen $i_Y^* : \pi_k(i^*Y) \to \pi_k(Y)$ auch Isomorphismen sind (sie sind an jeder Stelle rechts und links von zwei Isomorphismen umgeben). $(\Box)$

Wir haben damit ein erstes wichtiges Zwischenziel auf dem Weg zu einem der großen Meilensteine des Buches erreicht, dem Theorem von SERRE (Seite 222). Es existiert eine Faserung $K(\mathbb{Z}, n-1) \to E \to S^n$ mit einem n-zusammenhängenden Totalraum, der für alle $k > n$ dieselben Gruppen $\pi_k(E)$ hat wie die S^n. Die Basis dieser Faserung ist außerdem ein CW-Komplex, was uns später eine faszinierende algebraisch-topologische Konstruktion ermöglichen wird (Seite 157 ff).

Dennoch ist der Weg noch weit, es lauern große Schwierigkeiten. Im Rest des Kapitels besprechen wir dazu ein Theorem von MILNOR, das thematisch etwas isoliert steht und als eine Art Intermezzo eine rein topologische Aussage über CW-Strukturen zum Thema hat (Seite 100). Historisch gesehen ist es erst Jahre nach der Arbeit von SERRE entdeckt worden und dient hauptsächlich dazu, die algebraisch-topologischen Argumente rund um Faserungen in den folgenden Kapiteln zu vereinfachen (keine Sorge, die sind auch so schwierig genug). Später bei den Lokalisierungen wird das Theorem sogar essentiell wichtig (Seite 258 ff).

4.3 Parakompakte Räume*

In den beiden verbleibenden Abschnitten behandeln wir zunächst ein wenig elementare Topologie. Auf deren Grundlage werden wir dann im nächsten Abschnitt das bereits erwähnte Theorem von MILNOR über CW-Strukturen beweisen (Seite 100), mit dem die späteren Konstruktionen auf sicherem Boden stattfinden können, ohne komplizierte gedankliche Umwege zu gehen.

Definition (Dieudonné 1944, [25]): Ein topologischer Raum X heißt **para-kompakt**, wenn er hausdorffsch ist und jede offene Überdeckung $\mathcal{U} = (U_\lambda)_{\lambda \in \Lambda}$ von X eine lokal endliche Verfeinerung $\mathcal{V} = (V_\omega)_{\omega \in \Omega}$ besitzt.

Im Original musste X nicht hausdorffsch sein, es genügte ein schwächeres Trennungsaxiom. Auf solche Feinheiten verzichten wir hier aber, denn unsere Räume sind hausdorffsch. Mit einer **lokal endlichen Verfeinerung** $\mathcal{V} = (V_\omega)_{\omega \in \Omega}$ meint man eine Überdeckung, deren Mengen alle in einer der Mengen von $\mathcal{U}$ enthalten sind, also für jedes $\omega \in \Omega$ ein $\lambda(\omega) \in \Lambda$ existiert mit $V_\omega \subseteq U_{\lambda(\omega)}$, und zusätzlich jeder Punkt $x \in X$ eine Umgebung W besitzt, die nur endlich viele V_λ trifft.

Die parakompakten Räume sollten sich als das perfekt passende Konzept für die Untersuchung der Pfad- und Schleifenräume herausstellen. Schon ALEXANDROFF hat sie als die „wahrscheinlich wichtigste Klasse von topologischen Räumen, die in den letzten Jahren definiert wurde" bezeichnet, [8]. Grundlage für die weiteren Untersuchungen sind nun drei wichtige Sätze über parakompakte Räume.

Satz 1 (Stone 1948, [101]): Jeder metrische Raum ist parakompakt.

Damit ist die Parakompaktheit eine Verallgemeinerung der Metrisierbarkeit. Der originäre **Beweis** ist schwierig, aber M.E. RUDIN gelang etwa 20 Jahre nach STONE eine deutliche Vereinfachung. Ein bestechend schönes Beispiel dafür, dass elementare Mathematik keineswegs trivial sein muss, [87].

Man geht aus von einer offenen Überdeckung $\mathcal{U} = (U_\lambda)_{\lambda \in \Lambda}$, wobei Λ über eine Injektion in die Ordinalzahlen wohlgeordnet sei (Seite I-10, wir verwenden das Auswahlaxiom). Durch eine trickreiche Konstruktion kann daraus eine lokal endliche Überdeckung $\mathcal{V} = (V_{\lambda,n})_{\lambda \in \Lambda, \, n \geq 1}$ mit positiven ganzen Zahlen $n \geq 1$ gebildet werden, die $\mathcal{U}$ verfeinert.

Wir beginnen die Definition der Mengen $V_{\lambda,n}$ mit $n = 1$. Die $V_{\lambda,1}$ bestehen aus der Vereinigung aller offenen Bälle $B_{2^{-1}}(x) \subseteq X$, für die

1. λ der kleinste Index ist mit $x \in U_\lambda$, und

2. $B_{3 \cdot 2^{-1}}(x) \subseteq U_\lambda$ ist.

Hilfreich für das Verständnis dieser Bedingungen ist die Vorstellung der (nicht lokal endlichen) Überdeckung von $\mathbb{R}^2$ durch die offenen Bälle $U_\lambda = B_\lambda(0)$, für alle geraden ganzen Zahlen $\lambda \geq 2$.

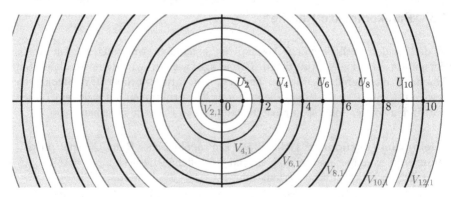

Durch die Graphik wird klar, wie bei den $V_{\lambda,1}$ die lokale Endlichkeit durch Kreisringe entsteht (zwar nicht als Überdeckung von $\mathbb{R}^2$, aber es ist stets $V_{\lambda,1} \subset U_\lambda$).

Interessant ist nun der Übergang zu $n = 2$. Hier wird der Radius der Bälle halbiert, die Mengen $V_{\lambda,2}$ bestehen aus der Vereinigung aller offenen Bälle $B_{2^{-2}}(x) \subseteq X$, für die neben den bekannten Bedingungen

1. λ ist der kleinste Index mit $x \in U_\lambda$, und

2. $B_{3\cdot 2^{-2}}(x) \subseteq U_\lambda$

noch zusätzlich die Bedingung

3. $x \notin \bigcup_{\lambda \in \Lambda} V_{\lambda,1}$

erfüllt ist. Weil bei den offenen Überdeckungsmengen $V_{\lambda,2}$ nur noch Bälle genommen werden, deren Mittelpunkte nicht schon in einer der bisher definierten Mengen $V_{\lambda,1}$ enthalten ist, erhalten wir möglichst wenig unnötige Überschneidungen (was letztlich die lokale Endlichkeit von $\mathcal{V}$ garantieren wird).

Hier nun die Überdeckung durch die $V_{\lambda,1}$ und $V_{\lambda,2}$, letztere sind etwas dunkler dargestellt. Es sind nur noch die weißen Kreislinien mit den Radien $(4r + 3)/2$ nicht überdeckt, $r \geq 0$ ganzzahlig.

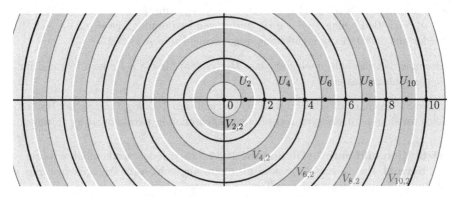

Es liegt nun nahe, im allgemeinen Fall die $V_{\lambda,n}$ für $n \geq 1$ induktiv als die Vereinigung aller offenen Bälle $B_{2^{-n}}(x) \subseteq X$ zu definieren, für die

1. λ ist der kleinste Index mit $x \in U_\lambda$,

2. $B_{3\cdot 2^{-n}}(x) \subseteq U_\lambda$, und

3. $x \notin \bigcup_{\lambda \in \Lambda,\, i < n} V_{\lambda,i}$

gilt. Bedingung 3 besagt wieder, dass nur noch solche Bälle genommen werden, deren Mittelpunkte durch die Mengen der früheren Schritte, also für $i < n$, noch nicht überdeckt sind. Im obigen Beispiel bricht die Konstruktion dann mit den Mengen $V_{\lambda,3}$ ab, also mit den offenen 2^{-3}-Umgebungen um die weißen Kreislinien mit den Radien $(4r + 3)/2$.

Warum ist $\mathcal{V}$, unabhängig von dem Beispiel, stets eine lokal endliche Verfeinerung von $\mathcal{U}$? Nun denn, es ist $V_{\lambda,n} \subseteq U_\lambda$ klar nach Definition, und mit $x \in U_\lambda$, bei minimalem λ, gibt es stets ein $n \geq 1$ mit $B_{3 \cdot 2^{-n}}(x) \subseteq U_\lambda$. Dann wird x entweder als Mittelpunkt eines 2^{-n}-Balles zu $V_{\lambda,n}$ hinzugefügt, oder es war bereits in einem der $V_{\alpha,i}$ mit $i < n$ vorhanden. Damit ist $\mathcal{V}$ zumindest eine Verfeinerung von $\mathcal{U}$.

Für die lokale Endlichkeit sei ein $x \in X$ gegeben und α der kleinste Index, für den es ein $n \geq 1$ gibt mit $x \in V_{\alpha,n}$. Wir wählen dann ein $r \geq 1$ mit $B_{2^{-r}}(x) \subseteq V_{\alpha,n}$ und fixieren für den Rest des Beweises die beiden Zahlen n und r.

Behauptung: Die Umgebung $B_{2^{-(n+r)}}(x)$ von x trifft nur endlich viele $V_{\lambda,i}$. Damit wäre die lokale Endlichkeit von $\mathcal{V}$ bewiesen.

Hierfür sei zunächst $i \geq n + r$. Wegen $n < i$ und Bedingung 3 liegen die Mittelpunkte y aller 2^{-i}-Bälle von $V_{\lambda,i}$ außerhalb von $V_{\alpha,n}$. Es ist $d(x,y) \geq 2^{-r}$ wegen $B_{2^{-r}}(x) \subseteq V_{\alpha,n}$. Da sowohl $n + r \geq r + 1$ als auch $i \geq r + 1$ ist, kann es keinen Punkt z in $B_{2^{-(n+r)}}(x) \cap B_{2^{-i}}(y)$ geben (andernfalls wäre nach der Dreiecksungleichung $d(x,y) \leq d(x,z) + d(z,y) < 2^{-(n+r)} + 2^{-i} \leq 2^{-(r+1)} + 2^{-(r+1)} = 2^{-r}$, im Widerspruch zu $d(x,y) \geq 2^{-r}$). Also trifft $B_{2^{-(n+r)}}(x)$ kein $V_{\lambda,i}$ mit $i \geq n + r$.

Im Fall $i < n+r$ hilft die Beobachtung, dass zwei Punkte $a \in V_{\mu,i}$ und $b \in V_{\nu,i}$ für $\mu \neq \nu$ generell einen Abstand $d(a,b) > 2^{-i}$ haben (das wird auch an dem Beispiel oben plausibel). Es sei hierfür $a \in B_{2^{-i}}(y) \subseteq V_{\mu,i}$ und $b \in B_{2^{-i}}(z) \subseteq V_{\nu,i}$, mit $\mu < \nu$. Nach Bedingung 1 ist $z \notin U_\mu$ und wegen Bedingung 2 ist $d(y,z) \geq 3 \cdot 2^{-i}$. Wieder aus der Dreiecksungleichung folgt tatsächlich $d(a,b) > 2^{-i}$.

Zusammenfassend halten wir fest, dass $B_{2^{-(n+r)}}(x)$ für $i \geq n+r$ kein $V_{\lambda,i}$ und für $i < n + r$ höchstens ein $V_{\lambda,i}$ trifft. $\qquad\qquad\square$

Lassen Sie uns nach dieser Übung in der elementaren Topologie metrischer Räume gleich fortfahren zu weiteren technischen Eigenschaften parakompakter Räume.

Definition und Satz 2 (Dieudonné 1944, [25]): Jeder parakompakte Raum ist **normal**, das bedeutet, je zwei disjunkte abgeschlossene Mengen besitzen disjunkte Umgebungen (viertes Trennungsaxiom, T_4).

Im **Beweis** sei X parakompakt und disjunkte abgeschlossene Mengen $A, B \subset X$ gegeben. Zu je zwei Punkten $a \in A$ und $b \in B$ wählen wir zwei trennende offene Umgebungen $U(a,b) \ni a$ und $V(a,b) \ni b$ gemäß der HAUSDORFF-Eigenschaft, mit $U(a,b) \cap B = \varnothing$ und $V(a,b) \cap A = \varnothing$. Die offene Überdeckung

$$X = (X \setminus B) \cup \bigcup_{b \in B} V(a,b), \text{ mit } V_a = \bigcup_{b \in B} V(a,b),$$

hat eine lokal endliche Verfeinerung $\mathcal{W}$. Es gibt dann eine Umgebung U von a, die nur endlich viele Mengen in $\mathcal{W}$ trifft, die (zum Beispiel) alle in der Vereinigung $V(a,b_1) \cup \ldots \cup V(a,b_r)$ enthalten sind, mit $b_1, \ldots, b_r \in B$. Damit ist

$$U_a = U \cap U(a,b_1) \cap \ldots \cap U(a,b_r)$$

disjunkt zu der Umgebung V_a von B, mithin sind a und B durch die disjunkten offenen Umgebungen U_a und V_a getrennt.

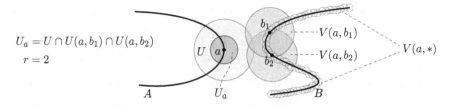

$$U_a = U \cap U(a,b_1) \cap U(a,b_2)$$
$$r = 2$$

Einen Raum, bei dem jede abgeschlossene Menge (hier B) von einem Punkt außerhalb dieser Menge (hier a) durch offene Mengen getrennt werden kann, nennt man übrigens **regulär** (drittes Trennungsaxiom, T_3). Jeder parakompakte Raum ist somit regulär.

Ein ähnliches Argument zeigt dann auch die Normalität von X. Hierzu betrachten wir die Überdeckung

$$X = (X \setminus A) \cup \bigcup_{a \in A} U_a, \text{ mit } U_A = \bigcup_{a \in A} U_a$$

und einer lokal-endlichen Verfeinerung $\mathcal{W}'$. Ein Punkt $b \in B$ besitzt dann eine Umgebung V, die nur endlich viele Mengen in $\mathcal{W}'$ trifft, die (zum Beispiel) in der Vereinigung $U_{a_1} \cup \ldots \cup U_{a_s}$ liegen. Definiere dann

$$V_b = V \cap (X \setminus \overline{U}_{a_1}) \cap \ldots \cap (X \setminus \overline{U}_{a_s}).$$

Die Vereinigung aller so gewonnenen V_b bildet eine offene Umgebung V_B von B mit der gewünschten Eigenschaft $U_A \cap V_B = \varnothing$. $\square$

Die Normalität eines Raumes erlaubt eine Konstruktion, die Ihnen vom $\mathbb{R}^n$ her sicher bekannt ist und zum Beispiel in der Analysis häufig Anwendung findet.

Satz 3 (Schrumpfungslemma, Lefschetz, [64]): Es sei X ein normaler Raum und $\mathcal{U} = (U_\lambda)_{\lambda \in \Lambda}$ eine lokalendliche offene Überdeckung von X. Dann gibt es eine Verfeinerung $\mathcal{V} = (V_\lambda)_{\lambda \in \Lambda}$ von $\mathcal{U}$ mit $\overline{V}_\lambda \subseteq U_\lambda$ für alle $\lambda \in \Lambda$. Man nennt $\mathcal{V}$ eine **Schrumpfung** von $\mathcal{U}$.

Der **Beweis** ist eine Anwendung des Zornschen Lemmas. Wir definieren dafür eine Teilmenge der Potenzmenge $\mathcal{P}\big(\mathcal{P}(X)\big)$ als

$$\mathcal{M} = \left\{ (W_i)_{i \in I} : I \subseteq \Lambda, \ W_i \text{ offen}, \ \overline{W}_i \subseteq U_i \text{ und } \bigcup_{i \in I} W_i \cup \bigcup_{\lambda \in \Lambda \setminus I} U_\lambda = X \right\}.$$

Mit $I = \varnothing$ sehen Sie sofort $\mathcal{M} \neq \varnothing$ und die Festlegung

$$(W_i)_{i \in I} \leq (W_j')_{j \in J} \quad \Leftrightarrow \quad I \subseteq J \text{ und } W_i = W_i' \text{ für alle } i \in I$$

definiert eine partielle Ordnung auf $\mathcal{M}$. Jede Kette $\big\{ (W_i^\omega)_{i \in I_\omega} : \omega \in \Omega \big\}$ besitzt eine obere Schranke in $\mathcal{M}$, nämlich $(W_k^{oS})_{k \in K}$ mit $K = \bigcup_{\omega \in \Omega} I_\omega$ und $W_k^{oS} = W_k^\omega$ für ein geeignetes ω mit $k \in I_\omega$ (beachten Sie, dass die W_k^{oS} wohldefiniert sind).

Um zu zeigen, dass $(W_k^{oS})_{k \in K}$ tatsächlich ein Element in $\mathcal{M}$ ist, stellt sich nur

$$\bigcup_{k \in K} W_k^{oS} \cup \bigcup_{\lambda \in \Lambda \setminus K} U_\lambda = X$$

als nichttriviale Bedingung heraus. Wähle hierfür ein $x \in X$ mit $x \notin \bigcup_{\lambda \in \Lambda \setminus K} U_\lambda$. Wir müssen zeigen, dass $x \in \bigcup_{k \in K} W_k^{oS}$ ist. Wegen der lokalen Endlichkeit liegt der Punkt x nur in endlich vielen Mengen von $\mathcal{U}$, zum Beispiel in $U_{\lambda_1}, \ldots, U_{\lambda_r}$. Es folgt $\{\lambda_1, \ldots, \lambda_r\} \subseteq K$ und weil dies nur endlich viele Elemente sind, ergibt sich sogar mehr: $\{\lambda_1, \ldots, \lambda_r\} \subseteq I_\omega$ für ein $\omega \in \Omega$, denn die I_ω bilden eine Kette. Damit ist $x \notin \bigcup_{\lambda \in \Lambda \setminus I_\omega} U_\lambda$, also tatsächlich $x \in \bigcup_{i \in I_\omega} W_i^\omega \subseteq \bigcup_{k \in K} W_k^{oS}$ wegen der vierten Bedingung an $(W_i^\omega)_{i \in I_\omega} \in \mathcal{M}$.

Der Verlauf des Beweises ist nun typisch für transfinite Induktionen mit dem Zornschen Lemma, das ein maximales Element $(W_i^m)_{i \in I_m} \in \mathcal{M}$ garantiert. Falls dann $I_m \neq \Lambda$ wäre, könnte man dieses Element echt vergrößern: Mit $\mu \in \Lambda \setminus I_m$ definiere $V = \bigcup_{i \in I_m} W_i^m \cup \bigcup_{\lambda \in \Lambda \setminus I_m, \, \lambda \neq \mu} U_\lambda$. Wegen $V \cup U_\mu = X$ ist $A = X \setminus V$ als abgeschlossene Menge in U_μ enthalten, also sind A und $B = X \setminus U_\mu$ zwei disjunkte abgeschlossene Mengen in X. Die Normalität von X garantiert dann disjunkte offene Umgebungen U_A von A und V_B von B, mithin über

$$A \subseteq U_A \subseteq \overline{U_A} \subseteq U_\mu$$

die Möglichkeit, $(W_i^m)_{i \in I_m}$ durch Hinzunahme von $U_A \subseteq U_\mu$ mit dem Index μ echt zu vergrößern. Dieser Widerspruch zeigt $I_m = \Lambda$ und das Schrumpfungslemma ist bewiesen, denn die vierte Bedingung besagt nun $\bigcup_{i \in I_m} W_i^m = X$. $\qquad \square$

Eine schöne Übung in elementarer Topologie, die wieder einmal die Nähe der Topologie zur Mengenlehre und mathematischen Logik zeigt. Auf dem Weg zum Beweis des Theorems von MILNOR benötigen wir noch eine Verschärfung der obigen Ergebnisse.

Definition: Ein topologischer Raum X heißt **vollnormal**, wenn es für jede offene Überdeckung $\mathcal{U} = (U_\lambda)_{\lambda \in \Lambda}$ eine **Δ-Verfeinerung** $\mathcal{V} = (V_\omega)_{\omega \in \Omega}$ gibt. Dies bedeutet, dass für jeden Punkt $x \in X$ die Vereinigung aller V_ω, die x enthalten, in einer der Überdeckungsmengen U_λ enthalten ist. Man nennt diese Vereinigung den **Stern** $\mathrm{st}(x, \mathcal{V})$ von x bezüglich der Überdeckung $\mathcal{V}$.

Satz 4 (Stone 1948, [101]): Jeder parakompakte Raum X ist vollnormal.

Beweis: Es genügt zu zeigen, dass jede lokal-endliche Überdeckung $\mathcal{U} = (U_\lambda)_{\lambda \in \Lambda}$ eine Δ-Verfeinerung $\mathcal{V} = (V_\omega)_{\omega \in \Omega}$ besitzt.

Nach den Sätzen 2 und 3 gibt es zunächst eine Schrumpfung $\mathcal{W} = (W_\lambda)_{\lambda \in \Lambda}$ von $\mathcal{U}$, mit $\overline{W}_\lambda \subseteq U_\lambda$. Jedes $x \in X$ hat eine Umgebung N_x, die nur endlich viele Mengen in $\mathcal{U}$ trifft. Die zugehörigen Indizes seien aus der endlichen Menge $\Lambda(x) \subseteq \Lambda$. Die Menge $\Lambda(x)$ setzt sich aus zwei Teilen zusammen, nicht notwendig disjunkt: $\Lambda_1(x)$ seien die Indizes mit $x \in U_\lambda$ und $\Lambda_2(x)$ die Indizes mit $x \notin \overline{W}_\lambda$.

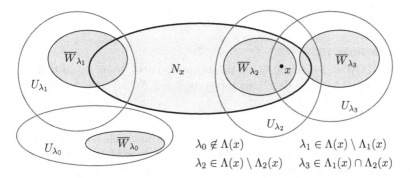

$$\lambda_0 \notin \Lambda(x) \qquad \lambda_1 \in \Lambda(x) \setminus \Lambda_1(x)$$
$$\lambda_2 \in \Lambda(x) \setminus \Lambda_2(x) \qquad \lambda_3 \in \Lambda_1(x) \cap \Lambda_2(x)$$

Offensichtlich ist $\Lambda_1(x) \cup \Lambda_2(x) = \Lambda(x)$, und die Menge

$$V_x \;=\; N_x \,\cap\, \bigcap_{\lambda \in \Lambda_1(x)} U_\lambda \,\cap\, \bigcap_{\lambda \in \Lambda_2(x)} (S \setminus \overline{W}_\lambda)$$

eine offene Umgebung von x. Definiere dann $\mathcal{V} = (V_x)_{x \in X}$.

Man erkennt schnell, dass $\mathcal{V}$ die gesuchte Δ-Verfeinerung von $\mathcal{U}$ ist. Es sei dazu $y \in X$ beliebig und $y \in W_\alpha$. Dann ist $\mathrm{st}(y, \mathcal{V}) \subseteq U_\alpha$, denn aus $y \in V_x$ folgt $V_x \subseteq U_\alpha$. Dies wiederum ist klar, denn aus $y \in V_x$ folgt wegen $y \in W_\alpha$, dass $\varnothing \neq V_x \cap \overline{W}_\alpha \subseteq N_x \cap U_\alpha$ ist, mithin $\alpha \in \Lambda(x)$. Aus der Definition von V_x folgt dann, wieder mit $y \in W_\alpha$, dass $\alpha \in \Lambda_1(x)$ und damit $V_x \subseteq U_\alpha$ ist. $\square$

4.4   Das Theorem von Milnor über TCW-n-Tupel*

Um im weiteren Verlauf auf sicherem Boden (und ohne technische Umwege) zu arbeiten, nutzen wir ein bekanntes Theorem von Milnor über CW-Strukturen. Es garantiert in Faserungen über CW-Komplexen, dass man (modulo Homotopieäquivalenzen) in der CW-Kategorie verbleiben kann und unterstützt so die topologische Konstruktion von Spektralsequenzen (Seite 157 ff). Auch die Definition der Steenrod-Squares (Seite 315 ff) wird damit signifikant vereinfacht.

Das zentrale Konzept dafür sind Räume einer sehr großen Klasse, nämlich solche vom Homotopietyp eines CW-Komplexes, kurz **TCW-Räume**. Diese Definition hat Milnor dann noch auf **TCW-n-Tupel**

$$\mathbf{X} \;=\; (X; X_1, \ldots, X_{n-1}), \quad \text{mit abgeschlossenen Teilräumen } X_i \subseteq X,$$

vom Homotopietyp eines **CW-n-Tupels** $(Y; Y_1, \ldots, Y_{n-1})$ erweitert, [73]. Per definitionem gibt es in diesem Fall Homotopieinverse $f : X \to Y$ und $g : Y \to X$, für die alle Einschränkungen $f|_{X_i} \to Y_i$ und $g|_{Y_i} \to X_i$ Homotopieinverse sind, und zwar bezüglich der auf $X_i \times I$ oder $Y_i \times I$ eingeschränkten Homotopien von gf und fg zu den Identitäten auf X und Y (Seite 36). Für ein kompaktes n-Tupel $\mathbf{C} = (C; C_1, \ldots, C_{n-1})$ sei dann noch das **Abbildungs-n-Tupel**

$$\mathbf{X}^{\mathbf{C}} \;=\; \big(X^C; (X, X_1)^{C, C_1}, \ldots, (X, X_{n-1})^{C, C_{n-1}}\big)$$

definiert. Das sind die stetigen Abbildungen $\varphi : C \to X$ mit $\varphi(C_i) \subseteq X_i$, für alle $1 \leq i < n$.

Das zentrale Theorem dieses Kapitels lautet dann wie folgt.

Theorem (Milnor 1959, [73])
Es sei X ein TCW-n-Tupel und C ein kompaktes n-Tupel. Dann ist auch X^C ein TCW-n-Tupel, hat also den Homotopietyp eines CW-n-Tupels in obigem (etwas strengeren) Sinne.

Dieser Satz hat eine Fülle von praktischen Anwendungen und viele homotopietheoretische Konstruktionen deutlich vereinfacht. Eine wesentliche Motivation bestand ursprünglich in der Untersuchung von Schleifenräumen $\Omega(X, x)$ als den Fasern von Pfadräumen $P_x \to X$, Seite 91. Der geniale Ansatz mit den n-Tupeln ermöglicht hier eine bestechend einfache Argumentation.

Folgerung aus dem Theorem (CW-Schleifenräume)
Falls ein punktierter Raum (X, x) den Homotopietyp eines CW-Paares hat, gilt das auch für den an x gebildeten punktierten Schleifenraum $\big(\Omega(X, x), \omega_x\big)$, mit dem konstanten Weg ω_x am Punkt x.

Beweis: Wähle in obigem Theorem $X = (X; x, x)$ und $C = (I; \partial I, I)$. Dann ist das Tripel $X^C = (X^I; \Omega(X, x), \omega_x)$ nach dem Theorem homotopieäquivalent zu einem CW-Tripel $(Y; Y_1, Y_2)$, mithin ist $\big(\Omega(X, x), \omega_x\big)$ homotopieäquivalent zu dem CW-Paar $(Y_1, Y_1 \cap Y_2)$. □

Der **Beweis des Theorems** wird den Rest des Kapitels beanspruchen. Im ersten Schritt beobachten wir, dass man wegen der Äquivalenz von CW-n-Tupeln zu simplizialen n-Tupeln (Seite 36) davon ausgehen darf, dass X bereits simplizial ist. Der Grund liegt darin, dass generell für Räume A und $X \simeq Y$ auch die Abbildungsräume X^A und Y^A bezüglich der Kompakt-Offen-Topologie homotopieäquivalent sind. Das ist eine einfache **Übung**, denn mit den Homotopieinversen $f : X \to Y$ und $g : Y \to X$ sind auch die Abbildungen $f^A : X^A \to Y^A$, $\varphi \mapsto f\varphi$, und $g^A : Y^A \to X^A$, $\psi \mapsto g\psi$, homotopieinvers zueinander.

Die signifikante Verstärkung der Voraussetzungen darf nun aber keinesfalls so verstanden werden, dass die verbleibende Aufgabe einfach wäre. Nein, man benötigte ein wahrhaft ausgeklügeltes Konzept, um eine CW-Struktur für Abbildungsräume X^C mit ihrer subtilen Kompakt-Offen-Topologie zu konstruieren. Ein Schlüssel hierfür war eine spezielle Form des Zusammenhangs eines Raumes, [32].

Definition (Äquilokaler Zusammenhang, Fox 1943)
Ein topologischer Raum X heißt **äquilokal zusammenhängend** (engl. *locally equiconnected*), wenn es eine Umgebung U der Diagonalen von $X \times X$ und eine Homotopie $\lambda_t : U \times I \to X$ gibt, sodass folgende Eigenschaften erfüllt sind:

1. $\lambda_0(x, y) = x$ und $\lambda_1(x, y) = y$ für alle $(x, y) \in U$,

2. $\lambda_t(x, x) = x$ für alle $t \in I$.

Ein einfaches Beispiel ist $X = I$. Hier kann $U = I \times I$ gewählt werden und die Homotopie λ_t nutzt für (x, y) die Strecke von (x, y) nach (y, x), gefolgt von der Projektion auf die erste Koordinate, also $\lambda_t(x, y) = \mathrm{pr}_1\big((1 - t)(x, y) + t(y, x)\big)$.

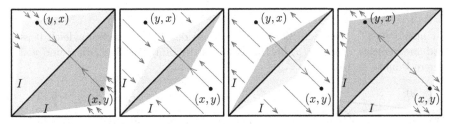

Eine solche Homotopie zwischen der Identität auf $I \times I$ und der Spiegelung an der Diagonalen wird beim äquilokalen Zusammenhang nur in einer Umgebung U der Diagonalen verlangt. Den Übergang können Sie sich dann lokal so vorstellen:

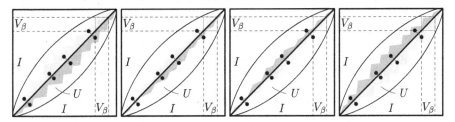

Hier fällt noch eine weitere Eigenschaft von λ_t auf. Der Raum X ist von offenen Mengen V_β mit $V_\beta \times V_\beta \subseteq U$ überdeckt, sodass $\bigcup_{t \in I} \lambda_t(V_\beta \times V_\beta) \subseteq V_\beta$ ist, für alle Überdeckungsmengen V_β (beachten Sie, dass die umgekehrte Inklusion $\supseteq$ stets gilt, denn bei $t = 0{,}1$ ist λ_t nur die Projektion auf den ersten oder zweiten Faktor). MILNOR nannte eine solche Überdeckung λ_t-**konvex** und X bei deren Existenz kurz **äquilokal konvex**, [73]. Konsequenterweise hat er diese Definition auch auf n-Tupel von Räumen erweitert.

Definition (Äquilokal konvexes n-Tupel, Milnor 1959)

Ein n-Tupel $(X; X_1, \ldots, X_{n-1})$ topologischer Räume, $X_i \subseteq X$ abgeschlossen, heißt **äquilokal konvex**, wenn X äquilokal konvex ist und für alle $1 \leq i \leq n-1$ und $t \in I$ die Beziehung $\lambda_t(x, y) \in X_i$ gilt, falls $x, y \in X_i$ und $(x, y) \in U$ ist.

Nun können wir das Theorem von MILNOR in mehreren Lemmata beweisen.

Lemma 1

Ein n-Tupel $(K; K_1, \ldots, K_{n-1})$ aus Simplizialkomplexen ist äquilokal konvex.

Im **Beweis** sei V_β die offene Sternumgebung einer Ecke β und U die Vereinigung der Produkte $V_\beta \times V_\beta$ über alle Ecken in K. Ein Punkt $x \in K$ hat dann baryzentrische Koordinaten der Form $(x_\beta)_{\beta \in K^0}$, mit $x_\beta \neq 0 \Leftrightarrow x \in V_\beta$.

Für ein $(x,y) \in U$ mit baryzentrischen Koordinaten $(x_\beta)_{\beta \in K^0}$ und $(y_\beta)_{\beta \in K^0}$ definiert man nun einen Punkt $z = \mu(x,y)$ über die baryzentrischen Koordinaten

$$z_\beta = \min\{x_\beta, y_\beta\} \Big/ \sum_{\gamma \in K^0} \min\{x_\gamma, y_\gamma\}\,,$$

für alle $\beta \in K^0$. Beachten Sie einerseits, dass der Nenner stets ungleich 0 ist, und andererseits, dass $\mu(x,y)$ im Durchschnitt der Simplizes liegt, die x und y als innere Punkte enthalten.

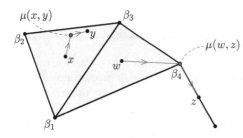

$$\mu(x,y)_{\beta_1} = \frac{1/10}{1/10 + 1/3 + 1/3} \approx 0{,}13$$

$$\mu(x,y)_{\beta_2} = \frac{1/3}{1/10 + 1/3 + 1/3} \approx 0{,}435$$

$$\mu(x,y)_{\beta_3} = \frac{1/3}{1/10 + 1/3 + 1/3} \approx 0{,}435$$

$$\mu(w,z)_{\beta_4} = \frac{1/3}{0 + 0 + 1/3 + 0} = 1$$

$$\mu(w,z)_{\beta_1} = \mu(w,z)_{\beta_3} = \mu(w,z)_{\beta_5} = 0$$

An den Beispielen wird auch klar, dass sich die z_β stets zu 1 addieren. Definiere dann (in ähnlicher Weise wie oben bei dem Spezialfall $X = I$) die Homotopie

$$\lambda_t : U \times I \longrightarrow K, \quad (x,y,t) \mapsto \begin{cases} (1-2t)x + 2t\mu(x,y) & \text{für } 0 \le t \le \tfrac{1}{2}, \\[2mm] (2-2t)\mu(x,y) + (2t-1)y & \text{für } \tfrac{1}{2} \le t \le 1. \end{cases}$$

Eine einfache **Übung** zeigt, dass λ_t zusammen mit den V_β die Eigenschaften der äquilokalen Konvexität für das n-Tupel $(K; K_1, \ldots, K_{n-1})$ erfüllt. $\qquad \Box$

In der nächsten Beobachtung beweisen wir, dass sich die äquilokale Konvexität von $\mathbf{X}$ ohne größere Schwierigkeiten auf stetige Abbildungsräume $\mathbf{X}^C$ mit der Kompakt-Offen-Topologie überträgt, falls $\mathbf{C}$ kompakt ist.

Lemma 2
Es sei $\mathbf{X} = (X; X_1, \ldots, X_{n-1})$ äquilokal konvex und $\mathbf{C} = (C; C_1, \ldots, C_{n-1})$ ein kompaktes n-Tupel. Dann ist auch das stetige Abbildungs-n-Tupel

$$\mathbf{X}^C = \left(X^C; (X, X_1)^{(C, C_1)}, \ldots, (X, X_{n-1})^{(C, C_{n-1})} \right)$$

äquilokal konvex. Dabei ist $(X, X_i)^{(C, C_i)}$ die Menge aller stetigen Abbildungen $f : X \to C$ mit $f(X_i) \subseteq C_i$, versehen mit der Relativtopologie von X^C.

Beweis: Es sei U die Umgebung der Diagonalen in $X \times X$ aus der Definition der äquilokalen Konvexität und $U' \subseteq X^C \times X^C$ die Menge der Paare $(f,g) \in X^C \times X^C$ mit $\big(f(c), g(c)\big) \in U$ für alle $c \in C$. Offensichtlich ist U' eine Umgebung der Diagonalen von $X^C \times X^C$. Damit definiert man

$$\lambda'_t : U' \times I \longrightarrow X^C, \quad (f,g,t) \mapsto \big(c \mapsto \lambda_t(f(c), g(c)) \big)\,.$$

Eine einfache **Übung** zeigt, dass λ'_t die beiden Bedingungen des äquilokalen Zusammenhangs erfüllt (Seite 100).

Für die äquilokale Konvexität seien die λ_t-konvexen Mengen $V_\beta \subseteq X$ gegeben. Für jeden Punkt $f \in X^C$ betrachte $W_\beta = f^{-1}(V_\beta) \subseteq C$. Wegen der Kompaktheit von C gibt es eine endliche Teilüberdeckung $\mathcal{W} = (W_{\beta_j})_{j \in J_f}$, mit einer von f abhängigen, endlichen Indexmenge J_f. Nach dem Schrumpfungslemma (Seite 97, C ist als Kompaktum normal) gehen wir zu einer Verfeinerung $\mathcal{K} = (K_{\beta_j})_{j \in J_f}$ von $\mathcal{W}$ über, die aus kompakten Mengen $K_{\beta_j} \subseteq W_{\beta_j}$ besteht. Damit sei

$$V'_f = \left(X^C; V_{\beta_j}^{K_{\beta_j}} : j \in J(f) \right)$$

und wir müssen zeigen, dass die V'_f in ihrer Gesamtheit eine λ'_t-konvexe offene Überdeckung von X^C bilden, mit $V'_f \times V'_f \subseteq U'$. Die Offenheit folgt direkt aus der Definition der Kompakt-Offen-Topologie (Seite 89, beachten Sie, dass es stets nur endlich viele K_{β_j} sind). Wegen $f \in V'_f$ bildet die Gesamtheit der V'_f eine offene Überdeckung von X^C. Auch die Bedingung $V'_f \times V'_f \subseteq U'$ ist klar nach Definition, denn mit $(g,h) \in V'_f \times V'_f$ und $c \in K_{\beta_j}$ gilt $\big(g(c), h(c)\big) \in V_{\beta_j} \times V_{\beta_j} \subseteq U$.

Die λ'_t-Konvexität von V'_f geht ähnlich, wir müssen zeigen, dass

$$\bigcup_{t \in I} \lambda'_t(V'_f \times V'_f) \subseteq V'_f$$

ist. Es sei also $t \in I$ und $(g,h) \in V'_f \times V'_f$. Dann ist

$$\lambda'_t(g,h)(c) = \lambda_t\big(g(c), h(c)\big) \in \lambda_t(V_{\beta_j} \times V_{\beta_j}) \subseteq V_{\beta_j} ,$$

falls $c \in K_{\beta_j}$. Da dies für alle β_j mit $j \in J_f$ gilt, folgt $\lambda'_t(g,h) \in V'_f$. $\qquad\square$

Um den Beweis des Theorems von MILNOR fortzusetzen, benötigen wir noch etwas Theorie zu CW-Komplexen. Sie wird hier separat vorgestellt, da wir die Ergebnisse nur im aktuellen Kontext brauchen und zudem die Kompakt-Offen-Topologie (Seite 89) benötigt wird, die wir erst in diesem Kapitel besprochen haben.

Beachten Sie zunächst, dass WHITEHEAD die CW-Strukturen von hausdorffschen Räumen X im Original geringfügig abweichend definiert hat: über eine Filtrierung $X^0 \subset X^1 \subset X^2 \subset \ldots \subseteq X$ mit abgeschlossenen $X^i \subseteq X$ und einer Menge charakteristischer Abbildungen $\Phi_\lambda^k : (D^k, S^{k-1}) \to (X^k, X^{k-1})$ von offenen Zellen $e_\lambda^k \subset X$, mit $e_\lambda^k \cong D^k \setminus S^{k-1}$, welche die folgenden Eigenschaften erfüllt:

Die abgeschlossenen Mengen sind genau diejenigen, deren Urbilder bei allen Φ_λ^k abgeschlossen in D^k sind (*schwache Topologie*). Die Φ_λ^k sind im Inneren von D^k Homöomorphismen auf ihr Bild $e_\lambda^k \subset X$, die offenen Zellen $e_\lambda^k \subset X$ sind paarweise disjunkt und die Einschränkungen $\Phi_\lambda^k|_{S^{k-1}}$ sind Anheftungsabbildungen von e_λ^k an X^{k-1}. Zusätzlich darf das Bild von Φ_λ^k als Abschluss von e_λ^k in X nur endlich viele weitere Abschlüsse $\overline{e}_\mu^l$ treffen (*closure finiteness*).

Es ist eine einfache **Übung**, zu prüfen, dass diese Definition äquivalent zu der induktiv konstruktiven Definition über die k-Skelette ist (Seite 32).

Die Definition einer CW-Struktur über charakteristische Abbildungen ermöglicht nun einen einfachen Nachweis, dass Produkte $X \times Y$ von CW-Komplexen auch eine natürliche CW-Struktur haben. Diese stimmt mit der Produkttopologie überein, falls einer der beiden Komplexe kompakt ist, also nur aus endlich vielen Zellen besteht (falls nicht, zum Beispiel wenn die Komplexe unendlich viele Zellen haben und einer überabzählbar viele, kann die CW-Topologie feiner als die Produkttopologie sein, doch diesen Fall müssen wir nicht berücksichtigen, [27]).

Satz (Produkt von CW-Komplexen)
Das Produkt $X \times Y$ von CW-Komplexen, Y kompakt, hat eine CW-Struktur, die mit der Produkttopologie übereinstimmt und durch die Produkte

$$\Phi_\lambda^k \times \Psi_\mu^l : (D^{k+l}, S^{k-1} \times D^l \cup D^k \times S^{l-1}) \longrightarrow \left(X \times Y, (X \times Y)^{k+l-1}\right)$$

als charakteristische Abbildungen der Zellen $e_{\lambda\mu}^{k+l} \cong e_\lambda^k \times e_\mu^l$ definiert ist.

Beweis: Die einfachen Eigenschaften sind klar: Die $\Phi_\lambda^k \times \Psi_\mu^l$ bilden das Innere von D^{k+l} homöomorph auf $e_\lambda^k \times e_\mu^l$ ab, die offenen Zellen sind paarweise disjunkt, überdecken $X \times Y$ und die Abschlüsse $\bar{e}_\lambda^k \times \bar{e}_\mu^l$ treffen höchstens endlich viele andere Zellabschlüsse.

Damit ist $X \times Y$ ein CW-Komplex, mit der schwachen Topologie bezüglich der Zellabschlüsse $\bar{e}_{\lambda\mu}^{k+l}$. Da alle kompakten Teilmengen $A \subseteq X \times Y$ in endlichen Teilkomplexen enthalten sind, ist die schwache Topologie äquivalent zur **kompakt generierten Topologie** $(X \times Y)_c$, bei der $A \subseteq X \times Y$ offen (abgeschlossen) ist genau dann, wenn $A \cap K$ für alle Kompakta $K \subseteq X \times Y$ offen (abgeschlossen) in K ist (**Übung**). Wir müssen nun zeigen, dass $(X \times Y)_c = X_c \times Y_c$ ist, die schwache Topologie des Produktes also der gewöhnlichen Produkttopologie entspricht.

Diese Aussage stimmt generell, unabhängig von CW-Strukturen, wenn Y kompakt ist. Man benötigt dazu nur, dass X hausdorffsch und kompakt generiert ist (was für CW-Komplexe zutrifft). Offensichtlich sind dann, nach Definition der Relativtopologie, die offenen Mengen in $X \times Y$ auch offen in $(X \times Y)_c$, die Mengenidentität $(X \times Y)_c \to X \times Y$ ist also stetig.

Die Umkehrung ist schwieriger. Warum ist auch die Identität $X \times Y \to (X \times Y)_c$ stetig? Es liegt an einer allgemeinen Beobachtung zur Kompakt-Offen-Topologie.

Beobachtung: Eine Abbildung $f : X \times Y \to Z$, mit X kompakt generiert hausdorffsch und Y kompakt, ist genau dann stetig, wenn $\tilde{f} : X \to Z^Y$, definiert als $\tilde{f}(x)(y) = f(x, y)$, stetig ist bezüglich der Kompakt-Offen-Topologie in Z^Y.

Beweis: Es sei zunächst $\tilde{f}$ stetig. Die Abbildung f ist die Komposition

$$X \times Y \xrightarrow{\tilde{f} \times \mathrm{id}_Y} Z^Y \times Y \xrightarrow{\ e\ } Z$$

wobei $e : Z^Y \times Y \to Z$ die **Evaluation** $(f, y) \mapsto f(y)$ ist.

Letztere Abbildung ist stetig, da Y kompakt ist: Nehmen Sie hierfür einen Punkt $(f, y) \in Z^Y \times Y$ und eine offene Umgebung U von $f(y) = e(f, y)$. Wir müssen zeigen, dass es eine offene Umgebung V von (f, y) gibt mit $e(V) \subseteq U$. Da f stetig ist, gibt es eine Umgebung W von y mit $f(W) \subseteq U$. Nun ist Y als kompakter Raum normal (Seite 96) und nach dem Schrumpfungslemma (Seite 97) gibt es eine kompakte Umgebung $L \subseteq W$ von y mit $f(L) \subseteq U$. Damit ist $V = \mathcal{C}(L, U) \times L$ eine Umgebung von (f, y) mit $e(V) \subseteq U$, also e stetig. Nach Voraussetzung ist dann auch $f = e(\widetilde{f} \times \mathrm{id}_Y)$ stetig.

Falls umgekehrt f stetig ist, betrachte eine Menge $\mathcal{C}(L, U)$ der Subbasis von Z^Y, $L \subseteq Y$ kompakt und $U \subseteq Z$ offen. Wir müssen zeigen, dass $\widetilde{f}^{-1}\mathcal{C}(L, U)$ offen in X ist. Es sei dazu $x \in \widetilde{f}^{-1}\mathcal{C}(L, U)$. Da $f^{-1}(U)$ offen ist und $\{x\} \times L$ enthält, gibt es offene Umgebungen V von x und W von L mit $\{x\} \times L \subset V \times W \subseteq f^{-1}(U)$. Damit ist $x \in V \subseteq \widetilde{f}^{-1}\mathcal{C}(L, U)$, mithin die Urbilder aller Subbasiselemente von Z^Y offen in X, also $\widetilde{f}$ stetig (beachten Sie: diese Richtung benötigt keine Voraussetzungen an die beteiligten Räume X, Y und Z). $(\Box)$

Zurück zum Satz, wir setzen $Z = (X \times Y)_c$. Die Abbildung $X \times Y \to Z$ ist gemäß der Beobachtung genau dann stetig, wenn $X \to Z^Y$ stetig ist. Weil X kompakt generiert ist, ist dies äquivalent zur Stetigkeit von $C \hookrightarrow X \to Z^Y$ für alle Inklusionen $C \hookrightarrow X$, mit $C \subseteq X$ kompakt. Aus demselben Grund (auch C ist als Kompaktum kompakt generiert) ist dies gemäß der Beobachtung äquivalent zur Stetigkeit von $C \times Y \hookrightarrow X \times Y \to Z$, für alle Kompakta $C \subseteq X$.

Halten wir fest: Die Identität $X \times Y \to (X \times Y)_c$ ist stetig genau dann, wenn die Inklusionen $i_C : C \times Y \to (X \times Y)_c$ stetig sind, für alle Kompakta $C \subseteq X$. Es sei dann $U \subseteq (X \times Y)_c$ offen. Nach Definition ist in diesem Fall stets $U \cap (C \times Y)$ offen in $C \times Y$, und wegen $i_C^{-1}(U) = U \cap (C \times Y)$ sind alle i_C stetig. $\Box$

Zugegeben, ein etwas schwerfälliges Stück Mengentopologie – damit hat niemand gerechnet. Aber auch ein Hinweis auf ein zentrales algebraisches Resultat im nächsten Kapitel, wenn wir den Satz von EILENBERG-ZILBER auf die Kohomologie übertragen und feststellen, dass dies nur unter bestimmten Endlichkeitsvoraussetzungen an die zellulären Kettengruppen möglich ist (Seite 144). Topologisch entspricht dies genau der Forderung nach Kompaktheit eines Faktors. So gesehen kann der obige Satz als ein Analogon der Kompakt-Offen-Topologie zur algebraischen Topologie zellulärer (Ko-)Kettenkomplexe interpretiert werden.

Nach dieser Vorbereitung machen wir einen weiteren Schritt zum Theorem von MILNOR. Hier geht es erstmals um eine konkrete Möglichkeit, bei topologischen Räumen den Homotopietyp eines CW-Komplexes zu erkennen.

Definition und Satz

Es sei C ein CW-Komplex und X ein **von C dominierter** topologischer Raum, es gebe also Abbildungen $i : X \to C$ und $r : C \to X$ mit $ri \sim \mathrm{id}_X$. Dann ist X homotopieäquivalent zu einem CW-Komplex.

Der **Beweis** des Satzes nutzt Abbildungszylinder und -teleskope (Seite I-176 ff), deren wichtigste Eigenschaften hier noch einmal kurz wiederholt werden.

Erinnern Sie sich, für eine stetige Abbildung $f : X \to Y$ und $I = [0,1]$ ist der **Abbildungszylinder** M_f definiert als

$$M_f = (X \times I) \sqcup Y / \sim,$$

wobei in der (disjunkten) Vereinigung die Identifikation $(x,1) \sim f(x)$ vorgenommen wird (Quotiententopologie). Für diese Identifikation gibt es auch die suggestive Schreibweise $M_f = (X \times I) \sqcup_f Y$.

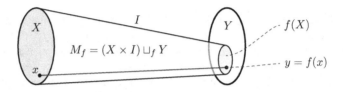

Das Bild zeigt, wie jedes $x \in X \cong X \times 0$ einen Strahl $x \times I$ definiert, der am rechten Ende an $y = f(x) \in Y$ geheftet wird. Y ist offensichtlich ein starker Deformationsretrakt von M_f. Beachten Sie die Asymmetrie der Konstruktion, denn X ist generell nicht einmal ein Retrakt von M_f. Ein Beispiel ist die Abbildung $f : S^1 \to \{x\}$. Hier ist $M_f \cong D^2$, und S^1 ist kein Retrakt von D^2.

Abbildungszylinder können auf eine unendliche Verkettung von Abbildungen

$$X_1 \xrightarrow{\ f_1\ } X_2 \xrightarrow{\ f_2\ } X_3 \xrightarrow{\ f_3\ } X_4 \xrightarrow{\ f_4\ } \cdots .$$

verallgemeinert werden. Dabei entsteht als Quotient das **Abbildungsteleskop**

$$M(f_1, f_2, \ldots) = \bigsqcup_{k \geq 1} \big(X_k \times [k, k+1]\big) / \sim,$$

mit den Identifikationen $(x_k, k+1) \sim \big(f_k(x_k), k+1\big)$ für alle $k \geq 1$.

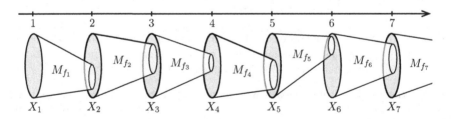

Eine Eigenschaft der Abbildungszylinder und -teleskope ist die Invarianz bezüglich homotoper Abbildungen f oder f_i. Basierend auf der Beobachtung, dass (ganz allgemein) homotope Anheftungen $\varphi, \psi : A \to Y$ eines Deformationsretrakts $A \subseteq Z$ stets relativ zu Y homotopieäquivalente Quotientenräume $Z \sqcup_\varphi Y \simeq Z \sqcup_\psi Y$ ergeben (Seite I-177, mit [105]), können Sie direkt ableiten, dass aus homotopen Abbildungen $f, g : X \to Y$ stets homotopieäquivalente Zylinder $M_f \simeq M_g$ resultieren (man muss dazu nur $A = X \times 1$ und $Z = X \times I$ wählen, beachten Sie auch die etwas ausführlichere Wiederholung dieser Fakten, zusammen mit einer wichtigen Ergänzung, auf Seite 113 f).

Etwas schwieriger ist die Aussage, dass für Abbildungen $f : X \to Y$ und $g : Y \to Z$ das Teleskop $M(f,g)$ homotopieäquivalent zum Zylinder M_{gf} ist. Hierfür nutzen wir die folgende Grafik als Gedankenstütze.

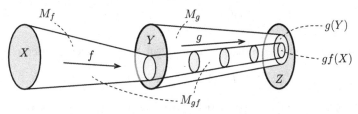

Die Anheftung $f : X \times 1 \to Y \times 0$ wird durch den Zylinder $Y \times I$ bis an dessen Ende in Z verschoben. Es entsteht dabei eine Homotopie

$$f_t : \big(X \times 1 \big) \times I \longrightarrow Y \times t \subset M_g$$

von Anheftungen, und nach der Identifikation von $\big(f(x),1 \big)$ mit $gf(x) \in Z$ erhält man den Raum $M_{gf} \sqcup M_g / \sim$, in dem rechts die Teilmengen $gf(X) \subseteq g(Y) \subseteq Z$ direkt identifiziert sind. Beachten Sie, dass hier der Eindruck entstehen könnte, die Zylinder M_{gf} und M_g würden sich durchdringen. Das ist nicht der Fall, sie sind zunächst disjunkt und nur über den Raum Z verklebt.

Wenn Sie nun $A = X \times 1$ und $Z = X \times I$ setzen und die homotopen Anheftungen f_0, f_1 von A an M_g betrachten, so ergibt die gleiche Überlegung wie vorhin eine Homotopieäquivalenz $M(f,g) \simeq M_{gf} \sqcup M_g / \sim$. Der Raum $M_{gf} \sqcup M_g / \sim$ deformationsretrahiert in der bekannten Weise auf M_{gf}, indem der Teil M_g auf Z deformiert wird. Insgesamt erhalten wir wie gewünscht $M(f,g) \simeq M_{gf}$. Halten wir diese Beobachtungen über Abbildungszylinder und -teleskope kurz fest.

Beobachtung
Es seien $f_1, f_2, f : X \to Y$ und $g : Y \to Z$ stetige Abbildungen, mit $f_1 \sim f_2$. Dann ist $M_{f_1} \simeq M_{f_2}$ und $M(f,g) \simeq M_{gf}$. $\qquad\square$

Damit können wir den obigen Satz über den Homotopietyp eine Raumes X, der von einem CW-Komplex C dominiert ist, beweisen (Seite 105). Es sei dazu $i : X \to C$ und $r : C \to X$ wie im Satz beschrieben, mit $\mathrm{id}_X \sim ri : X \to C \to X$. Nach der Beobachtung ist das unendliche Teleskop $M(i,r,i,r,i,r,\dots)$ einerseits homotopieäquivalent zu $M(ri,ri,ri,\dots)$ und dieses wegen $ri \sim \mathrm{id}_X$ homotopieäquivalent zu $M(\mathrm{id}_X,\mathrm{id}_X,\mathrm{id}_X,\dots) \cong X \times [0,\infty[\simeq X$.

Andererseits ist $M(i,r,i,r,i,r,\dots) \simeq M(r,i,r,i,r,i,\dots)$, denn man kann die Abbildung i ganz links auf $C \times 1$ deformieren. Das Teleskop $M(r,i,r,i,r,i,\dots)$ ist aus demselben Grund wie oben äquivalent zu $M(ir,ir,ir,\dots)$, und weil ir homotop zu einer zellulären Abbildung $\zeta : C \to C$ ist, halten wir schließlich bei $M(ir,ir,ir,\dots) \simeq M(\zeta,\zeta,\zeta,\dots)$, mithin bei $X \simeq M(\zeta,\zeta,\zeta,\dots)$.

Der fehlende Puzzlestein ist nun die Aussage, dass ganz allgemein Abbildungszylinder von zellulären Abbildungen $f : C_1 \to C_2$ zwischen CW-Komplexen auch CW-Komplexe sind.

Dies ist klar nach dem Satz über die Produkte von CW-Komplexen (Seite 104). Das Produkt $X \times I$ ist demnach ein CW-Komplex, bestehend aus den Zellen $e_X^k \times 0$, $e_X^k \times e^1$ und $e_X^k \times 1$, für alle Zellen $e_X^k \subset X$. Es sei dann

$$\Phi_{\bar{e}_X^k \times I}^{k+1} : (D^{k+1}, S^k) \longrightarrow \left(\bar{e}_X^k \times I, \partial(\bar{e}_X^k \times I)\right)$$

die charakteristische Abbildung von $e_X^k \times e^1$ in $X \times I$. Mit der Quotientenabbildung

$$q : (X \times I) \sqcup Y \longrightarrow (X \times I) \sqcup_f Y = M_f$$

ist dann $q\,\Phi_{\bar{e}_X^k \times I}^{k+1}$ die charakteristische Abbildung von $e_X^k \times e^1$ in M_f.

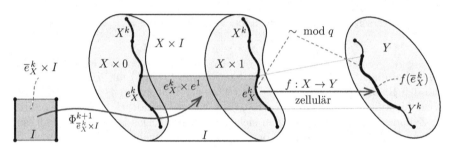

Beachten Sie, dass dies eine charakteristische Abbildung ist: stetig, weil q stetig ist nach Definition der Quotiententopologie, und mit Bild von S^k im k-Skelett von $(X \times I) \sqcup Y$, denn f war zellulär. Die anderen Zellen von $X \times 0$ und Y haben die charakteristischen Abbildungen von ihren originären Komplexen. Eine einfache Prüfung zeigt, dass über diese charakteristischen Abbildungen dem Zylinder M_f eine CW-Struktur gegeben wird (gemäß Seite 103).   □

Die Dominanz eines CW-Komplexes über X ist ein häufiges Argument, um bei X den Homotopietyp eines CW-Komplexes zu erkennen. Damit machen wir nun den entscheidenden Schritt zum Theorem von MILNOR, wenn äquilokale Konvexität und Parakompaktheit eines n-Tupels perfekt zusammenspielen.

Lemma 3
Jedes äquilokal konvexe, parakompakte n-Tupel $\mathbf{X} = (X; X_1, \ldots, X_{n-1})$ ist ein TCW-n-Tupel.

Beweis: Es sei zunächst $n = 1$. Wir müssen zeigen, dass ein parakompakter, äquilokal konvexer Raum X den Homotopietyp eines CW-Komplexes hat. Nach dem obigen Satz (Seite 105) genügt es zu zeigen, dass X von einem CW-Komplex C_X dominiert ist.

Dazu sei $\mathcal{V} = (V_\beta)$ eine λ_t-konvexe Überdeckung von X und $\mathcal{W} = (W_\gamma)_{\gamma \in \Gamma}$ eine zugehörige Δ-Verfeinerung (sie existiert, da parakompakte Räume vollnormal sind, Seite 98). Somit ist jeder Stern $\mathrm{st}(x, \mathcal{W})$ eines Punktes $x \in X$, also die Vereinigung aller W_γ, die x enthalten, vollständig in einem V_β enthalten. Ohne Einschränkung dürfen wir annehmen, dass $\mathcal{W}$ lokalendlich ist.

Aus der Δ-Überdeckung $\mathcal{W}$ kann man einen simplizialen Komplex konstruieren, den **Nerv** $C_\mathcal{N}$ der Überdeckung $\mathcal{W}$.

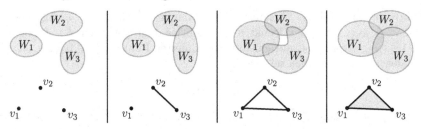

Jede offene Menge W_γ entspricht dabei einem Eckpunkt v_γ, und ein Simplex $[v_{\gamma_0}, \ldots, v_{\gamma_k}]$ ist genau dann in $C_\mathcal{N}$ enthalten, wenn $W_{\gamma_0} \cap \ldots \cap W_{\gamma_k} \neq \varnothing$ ist. Die lokale Endlichkeit von $\mathcal{W}$ garantiert, dass auch $C_\mathcal{N}$ lokalendlich ist (man nennt einen Komplex, der auf diese Art durch seine Eckpunkte definiert ist, einen **abstrakten Simplizialkomplex**).

Nun sei $(\tau_\gamma)_{\gamma \in \Gamma}$ eine **Teilung der Eins** bezüglich $\mathcal{W}$. Diese existiert allgemein für parakompakte Räume (Seite I-35), dabei verschwindet jedes $\tau_\gamma : X \to I$ außerhalb von W_γ und es ist $\sum_{\gamma \in \Gamma} \tau_\gamma \equiv 1$. Für $x \in X$ sei dann $\big(\tau_\gamma(x)\big)_{\gamma \in \Gamma}$ als ein Tupel von baryzentrischen Koordinaten in $C_\mathcal{N}$ aufgefasst, wodurch eine Abbildung

$$i : X \to C_\mathcal{N}, \quad x \mapsto \big(\tau_\gamma(x)\big)_{\gamma \in \Gamma}$$

definiert wird. Eine einfache **Übung** zeigt, dass i stetig ist.

Für die Abbildung $r : C_\mathcal{N} \to X$ wähle zunächst repräsentative Punkte $w_\gamma \in W_\gamma$ und eine Ordnungsrelation auf den Ecken $v_\gamma \in C_\mathcal{N}$. Die Abbildung r werde dann induktiv definiert, wir beginnen mit $r(v_\gamma) = w_\gamma$ auf dem 0-Skelett $C_\mathcal{N}^0$. Für den Induktionsschritt sei (zum besseren Verständnis) auch noch die Fortsetzung auf das 1-Skelett vorgestellt. Jeder Punkt $p \in [v_{\gamma_0}, v_{\gamma_1}]$, $v_{\gamma_0} < v_{\gamma_1}$, hat eine eindeutige baryzentrische Koordinatendarstellung $(1 - t)v_{\gamma_0} + tv_{\gamma_1}$, mit $t \in I$.

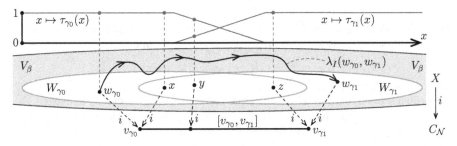

Es sei dann $r(p) = \lambda_t(w_{\gamma_0}, w_{\gamma_1})$. Da der Parameter t stetig von $p \in [v_{\gamma_0}, v_{\gamma_1}]$ abhängt, ist r stetig. Wegen der Δ-Eigenschaft von $\mathcal{W}$ ist $W_{\gamma_0} \cup W_{\gamma_1}$ in einem V_β enthalten, also $r(p) \in V_\beta$. Falls umgekehrt $i(x) \in [v_{\gamma_0}, v_{\gamma_1}]$ ist, gibt es ein $s \in I$ mit $\tau_{\gamma_0}(x) = 1 - s$ und $\tau_{\gamma_1}(x) = s$, mithin ist auch $ri(x) = \lambda_s(w_{\gamma_0}, w_{\gamma_1}) \in V_\beta$ und folglich $\big(x, ri(x)\big) \in V_\beta \times V_\beta \subseteq U$, wobei U die äquilokal konvexe Umgebung der Diagonale in $X \times X$ ist. Die Abbildung $\lambda_t : i^{-1}[v_{\gamma_0}, v_{\gamma_1}] \times I \to X$ beschreibt dann eine partielle Homotopie von id_X nach ri auf der Teilmenge $i^{-1}[v_{\gamma_0}, v_{\gamma_1}] \subseteq X$.

Beachten Sie zum Verständnis der Grafik, dass der Weg $\lambda_t(w_{\gamma_0}, w_{\gamma_1})$, $t \in I$, nicht notwendig in $W_{\gamma_0} \cup W_{\gamma_1}$ verläuft, aber in V_β, da diese Mengen λ_t-konvex sind.

Induktiv sei nun r auf $C_{\mathcal{N}}^{k-1}$ definiert und ein Simplex $\sigma^k = [v_{\gamma_0}, \ldots, v_{\gamma_k}]$ gegeben, $v_{\gamma_0} < \ldots < v_{\gamma_k}$. Für jeden Punkt $p \in \sigma^k$ gibt es dann genau ein $t \in I$, sodass $p = (1 - t)v_{\gamma_0} + tp_{k-1}$ ist, mit einem wohldefinierten Punkt $p_{k-1} \in [v_{\gamma_1}, \ldots, v_{\gamma_k}]$. In analoger Weise wie oben sei damit

$$r(p) = \lambda_t\big(w_{\gamma_0}, r(p_{k-1})\big).$$

Wieder hängt t stetig von p ab, mithin ist r stetig. Falls $i(x) \in [v_{\gamma_0}, \ldots, v_{\gamma_k}]$ ist, gibt es wieder eine λ_t-konvexe Menge $V_{\beta'}$ in X, die den Stern $st(x, \mathcal{W})$ enthält. Wie oben ist dann $\big(x, ri(x)\big) \in V_{\beta'} \times V_{\beta'} \subseteq U$ und λ_t definiert eine Homotopie von id_X nach ri auf der Teilmenge $i^{-1}(\sigma^k) \subseteq X$. Damit ist die Aussage des Satzes für $n = 1$ bewiesen (beachten Sie, dass $i^{-1}(C_{\mathcal{N}}) = X$ ist).

Für $n \geq 2$, also mit einem n-Tupel $(X; X_1, \ldots, X_{n-1})$, muss man bei der Wahl der Δ-Überdeckung $\mathcal{W}$ aufpassen. Sie muss **zulässig** sein in dem Sinne, dass mit $W_\gamma \cap X_{i_1} \neq \varnothing, \ldots, W_\gamma \cap X_{i_k} \neq \varnothing$ auch $W_\gamma \cap (X_{i_1} \cap \ldots \cap X_{i_k}) \neq \varnothing$ ist, warum?

Beim genauen Hinsehen erkennt man zunächst, dass die originäre Überdeckung $\mathcal{W}$ auch im Fall $n = 2$ zulässig ist, man den obigen Beweis also ohne Änderung übernehmen kann. Ab $n = 3$ jedoch entsteht eine Schwierigkeit bei der Definition von $r : (C_{\mathcal{N}}; C_{\mathcal{N},1}, \ldots, C_{\mathcal{N},n-1}) \to (X; X_1, \ldots, X_{n-1})$. Hierfür wurden repräsentative Punkte $w_\gamma \in W_\gamma$ benötigt. Falls nun ein $v_\gamma \in C_{\mathcal{N},s} \subseteq C_{\mathcal{N}}$ ist, so war $W_\gamma \cap X_s \neq \varnothing$ und man muss für $r|_{C_{\mathcal{N},s}}$ den Punkt $w_\gamma \in W_\gamma \cap X_s$ wählen (beachten Sie, dass alle Einschränkungen $ri|_{X_s} : X_s \to X_s$ homotop zu id_{X_s} sein müssen).

Wenn nun auch $W_\gamma \cap X_{s'} \neq \varnothing$ ist, mithin v_γ auch ein Eckpunkt in $C_{\mathcal{N},s'}$, wäre es sehr ungeschickt, hierfür einen anderen Punkt w'_γ wählen zu müssen. Die Abbildung r wäre dann auf v_γ, ja sogar auf dem ganzen Stern $st(v_\gamma)$ nicht wohldefiniert. Daher die Notwendigkeit, in diesem Fall den Punkt $w_\gamma \in W_\gamma \cap (X_s \cap X_{s'})$ wählen zu können, oder eben in allen Durchschnitten der Form $W_\gamma \cap (X_{i_1} \cap \ldots \cap X_{i_k})$, falls erforderlich.

Es ist aber einfach, aus $\mathcal{W}$ eine zulässige Δ-Verfeinerung zu den V_β zu machen. Man definiert $\mathcal{W}' = (W'_\delta)_{\delta \in \Gamma'} = (W'_{\gamma, i_1, \ldots, i_k})_{\gamma \in \Gamma, 1 \leq k < n}$, mit

$$W'_{\gamma, i_1, \ldots, i_k} = W_\gamma \setminus (X_{i_1} \cup \ldots \cup X_{i_k}).$$

Sie prüfen schnell, dass dies eine zulässige Δ-Verfeinerung zu den λ_t-konvexen V_β ist. Damit sei $C'_{\mathcal{N}}$ der Nerv von $\mathcal{W}'$ und die Subkomplexe $C'_{\mathcal{N},i}$ bestehen aus allen $[v_{\delta_0}, \ldots, v_{\delta_k}]$, für die $X_i \cap (W'_{\delta_0} \cap \ldots \cap W'_{\delta_k}) \neq \varnothing$ ist.

Nun kann sowohl die Abbildung $i : (X; X_1, \ldots, X_{n-1}) \to (C'_{\mathcal{N}}; C'_{\mathcal{N},1}, \ldots, C'_{\mathcal{N},n-1})$ als auch $r : (C'_{\mathcal{N}}; C'_{\mathcal{N},1}, \ldots, C'_{\mathcal{N},n-1}) \to (X; X_1, \ldots, X_{n-1})$ wie oben konstruiert werden. Die äquilokale Konvexität des n-Tupels $(X; X_1, \ldots, X_{n-1})$ garantiert, dass auch alle Einschränkungen $ri|_{X_s} : X_s \to X_s$ homotop zu id_{X_s} sind. $\qquad \square$

Damit ist das Ziel erreicht. Wir können ohne weitere Schwierigkeiten den Hauptsatz dieses Kapitels beweisen: das Theorem von MILNOR.

Theorem (Milnor 1959)
Es sei X ein TCW-n-Tupel $(X; X_1, \ldots, X_{n-1})$ und $C = (C; C_1, \ldots, C_{n-1})$ ein kompaktes n-Tupel. Dann ist auch

$$X^C = \left(X^C; (X, X_1)^{(C, C_1)}, \ldots, (X, X_{n-1})^{(C, C_{n-1})}\right)$$

ein TCW-n-Tupel.

Dabei bezeichnet $(X, X_i)^{(C, C_i)} \subseteq X^C$ die Teilmenge aller stetigen Abbildungen $f : C \to X$ mit $f(C_i) \subseteq X_i$.

Der **Beweis** besteht aus einer einfachen Kombination früherer Beobachtungen und der Lemmata 1-3. Demnach genügt es, von einem simplizialen n-Tupel $(X; X_1, \ldots, X_{n-1})$ auszugehen (Seiten 36 und 100). Nach Lemma 1 ist es äquilokal konvex (Seite 101). Aufgrund der Kompaktheit von C gilt dies auch für X^C, gemäß Lemma 2 (Seite 102).

Mit Lemma 3 (Seite 108) fehlt nur noch die Parakompaktheit von X^C. Diese ist aber gegeben, denn X ist als Simplizialkomplex metrisierbar (Seite 31), und wegen der Kompaktheit von C gilt dies mit der Maximumnorm

$$d(f, g) = \max \left\{ \|f(y) - g(y)\| : y \in C \right\}$$

auch für X^C. Nach dem Theorem von STONE (Seite 94) ist X^C parakompakt, und damit auch das n-Tupel X^C, denn die Teilmengen $(X, X_i)^{(C, C_i)} \subseteq X^C$ sind abgeschlossen (einfache **Übung**). $\square$

Nachbetrachtung zu dem Beweis

Der Beweis ist auch ohne die Sätze von STONE zur Parakompaktheit oder diverse weitere Grundlagen (Abbildungszylinder und -teleskope) über fünf Seiten lang. Ein wahres Meisterstück in mengentheoretischer Topologie, das ein kurzes Resümee verdient.

Zuerst fällt auf, dass wegen der Äquivalenz von CW- und Simplizialkomplexen (modulo Homotopietyp) diese beiden Kategorien im Beweis an praktisch jeder Stelle austauschbar sind. Der Satz gilt auch innerhalb der simplizialen n-Tupel, ist aber für die etwas größere Kategorie der CW-n-Tupel formuliert (wenn Sie genau hinsehen, haben wir für X^C letztlich den Homotopietyp eines abstrakten Simplizialkomplexes nachgewiesen – aber nur modulo Homöomorphie ergibt sich damit eine stärkere Aussage, was im Kontext dieses Buches keine Relevanz hat).

Der Homotopietyp eines CW-n-Tupels für X ergab sich aus der Konstruktion mit Abbildungszylindern und -teleskopen sowie der Dominanz $ri : X \to C \to X$ eines CW-n-Tupels C über X (Seite 105). Die Existenz von ri und deren Homotopieäquivalenz zur Identität id_X wurde dabei durch die trickreiche technische Konstruktion der λ_t-konvexen Überdeckungsmengen V_β ermöglicht, also der äquilokalen Konvexität von Simplizialkomplexen (Seite 101), und den Δ-Verfeinerungen $\mathcal{W}$ (oder $\mathcal{W}'$ für $n > 2$) in parakompakten Räumen (Seite 98), die letztlich den Bezug zu einem Simplizialkomplex hergestellt haben.

Ein Geniestreich war ohne Zweifel auch die Anwendung des Satzes auf Schleifenräume (Seite 100), genauer den punktierten Schleifenraum $\big(\Omega(X,x),\omega_x\big)$. Er findet sich in einer Teilmenge des Abbildungsraums $\boldsymbol{X}^{\boldsymbol{C}}$ wieder, mit den beiden Raumtripeln $\boldsymbol{X} = (X;x,x)$ und $\boldsymbol{C} = (I;\partial I, I)$. Wenn nun $\boldsymbol{X}^{\boldsymbol{C}} \simeq (Y;Y_1,Y_2)$ ist, mit einem CW-Tripel $(Y;Y_1,Y_2)$, hat auch $(Y_1,Y_1 \cap Y_2)$ eine CW-Struktur und entspricht bei der Äquivalenz $\boldsymbol{X}^{\boldsymbol{C}} \simeq (Y;Y_1,Y_2)$ genau dem Paar $\big(\Omega(X,x),\omega_x\big)$.

Die Schleifenräume sind ja die Fasern der Pfadraumfaserungen $P_x X \to X$ an einem Punkt $x \in X$. Das obige Argument kann dann noch signifikant verallgemeinert werden auf beliebige Faserungen (worin die Schleifenräume als Spezialfall enthalten sind).

Satz (Faserungen über TCW-Räumen)
Falls in einer Faserung $p : E \to B$ sowohl der Totalraum als auch die Basis den Homotopietyp eines CW-Komplexes haben, gilt dies auch für die Homotopiefaser $F \subseteq E$.

Beweis: Betrachte einen Basispunkt $b \in B$ und das Pullback-Diagramm

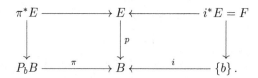

Der Pullback $\pi^* E$ ist homotopieäquivalent zu F. Dies folgt wegen der Zusammenziehbarkeit von $P_b B$ gemäß dem Satz über homotope Pullbacks (Seite 86), wonach $\pi^* E \simeq P_b B \times F \simeq F$ ist. Es genügt dann zu zeigen, dass $\pi^* E$ den Homotopietyp eines CW-Komplexes hat.

Dazu betrachten wir das Pullback-Diagramm

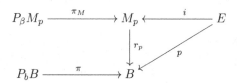

mit dem Abbildungszylinder M_p und einem Punkt $\beta \in r_p^{-1}(b)$. Dabei ist i eine Inklusion und r_p eine Homotopieäquivalenz. Die entscheidende Aussage ist nun $\pi^* E \simeq i^* P_\beta M_p$. Dies kann man direkt an den Definitionen prüfen:

Es ist einerseits

$$\pi^* E = \{(\gamma,e) \in P_b B \times E : p(e) = \pi(\gamma) = \gamma(1)\}.$$

Beachte außerdem $\gamma(0) = b$ für alle $\gamma \in P_b B$. Andererseits haben wir

$$i^* P_\beta M_p = \{(e,\eta) \in E \times P_\beta M_p : i(e) = \pi_M(\eta) = \eta(1)\},$$

wobei hier alle Startpunkte $\eta(0) = \beta$ sind.

Man sieht nun anhand der Grafik, dass $(e, \eta) \mapsto (e, r_p\eta)$, gefolgt von dem Homöomorphismus $(e, r_p\eta) \mapsto (r_p\eta, e)$, eine Deformationsretraktion $i^*P_\beta M_p \to \pi^*E$ definiert. Damit müssen wir nur noch zeigen, dass $i^*P_\beta M_p$ vom Typ TCW ist.

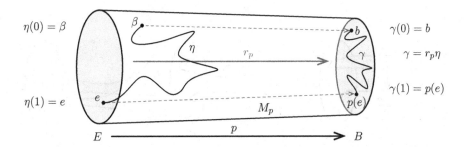

Wähle dazu das Tripel $\boldsymbol{M} = (M_p; \beta, E)$ und $\boldsymbol{C} = (I; 0,1)$. Der Zylinder M_p hat den Homotopietyp eines CW-Komplexes, denn dies gilt für E und B. Wie dabei die Homotopieäquivalenzen $E \to C_E$ und $B \to C_B$ zu CW-Komplexen C_E und C_B eine Äquivalenz von M_p zu einem CW-Komplex C_{M_p} ermöglicht, ist etwas technisch und wird unten separat ausgeführt, um das Ziel des Beweises im Auge zu behalten.

Nach dem Theorem von MILNOR ist nämlich $\boldsymbol{M}^{\boldsymbol{C}} = (M_p^I; \beta^0, E^1)$ ein TCW-Tripel und Sie sehen damit unmittelbar $(M_p^I; \beta^0, E^1) = P_\beta M_p\big|_E \cong i^*P_\beta M_p$. $\square$

Es ist bemerkenswert, wie universell das Theorem von MILNOR einsetzbar ist, wenn CW-Strukturen mit Pfadräumen zusammenkommen. Wir werden dies noch ausgiebig nutzen, wenn wir später einen mächtigen Apparat um sukzessiv aufeinander aufbauende Pfadraumfaserungen entwickeln und großen Gewinn daraus ziehen, dass alle Räume vom Typ TCW sind (Seiten 198 ff oder 263 ff).

Hier das noch fehlende Resultat zur TCW-Eigenschaft von Abbildungszylindern.

Satz (Abbildungszylinder von TCW-Räumen)
Es sei $f : X \to Y$ eine stetige Abbildung zwischen TCW-Räumen und

$$M_f = (X \times I) \sqcup Y \,/\, [(x,1) \sim f(x)]$$

der Abbildungszylinder. Dann ist das Paar (M_f, X) homotopieäquivalent zu einem CW-Paar und damit auch M_f/X vom Typ eines CW-Komplexes.

Für den **Beweis** seien $g_X : C_X \to X$ und $g_Y : Y \to C_Y$ Homotopieäquivalenzen zu CW-Komplexen C_X und C_Y. Dann ist mit $c_f = g_Y f g_X : C_X \to X \to Y \to C_Y$ das Paar (M_{c_f}, C_X) homotopieäquivalent zu $\big(M(g_X, f, g_Y), C_X\big)$, wobei

$$M(g_X, f, g_Y) = M(g_X) \cup M(f) \cup M(g_Y)$$

ist (Seite 107). Rekapitulieren wir kurz den Beweis hierfür, um zu sehen, dass die Homotopieäquivalenz relativ zu den äußeren Enden $C_X \cup C_Y \subset M_{c_f}$ ist.

Der erste Schritt bestand darin, für zwei homotope Abbildungen $\varphi, \psi : A \to B$ eine Homotopieäquivalenz der Abbildungszylinder M_φ und M_ψ zu konstruieren, die relativ zu den beiden Enden $A \cup B$ ist (wir wählen andere Bezeichnungen, um den Kontext der Beweise nicht zu vermischen). Es sei dazu $h_t : A \times I \to B$ eine Homotopie von φ nach ψ, wir schreiben dafür wieder $h_t : \varphi \Rightarrow \psi$.

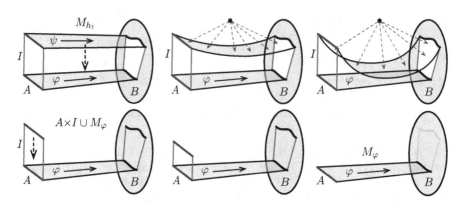

Wie in der Grafik motiviert, induziert die bekannte (radial projizierte) Zylinder-Becher-Deformation $I \times I \to I \times 0 \cup \partial I \times I$ eine Deformationsretraktion relativ zu $A \cup B$ von M_{h_t} auf M_φ, und gleichermaßen auch auf M_ψ. Durch Zusammensetzen der beiden Deformationen ergibt sich dann die gewünschte Aussage.

In der nächsten Grafik wird die Äquivalenz $M_{\psi\varphi} \simeq M(\varphi, \psi)$ relativ $A \cup C$ motiviert, für stetige Abbildungen $\varphi : A \to B$ und $\psi : B \to C$.

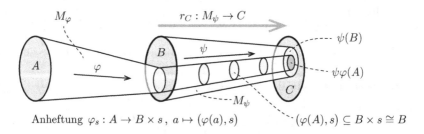

Anheftung $\varphi_s : A \to B \times s$, $a \mapsto (\varphi(a), s)$

Die Anheftung $\varphi = \varphi_0$ von $A \times I$ an B (über den Teilraum $A \times 1$) wird dabei homotop durch $B \times I$ geschoben, mit $\varphi_s : A \to B \times s$, $a \mapsto (\varphi(a), s)$, bis bei $\psi\varphi = \varphi_1 : A \to C$ die über C angehefteten Zylinder $M_{\psi\varphi} \cup_C M_\psi$ entstehen. Wird hier abschließend M_ψ auf C deformationsretrahiert (relativ C, dabei ergibt sich die Retraktion $r_C : M_\psi \to C$), erkennen Sie an der Gesamtkonstruktion, dass $M_{\psi\varphi} \simeq M(\varphi, \psi)$ relativ $A \cup C$ ist.

Kehren wir nun zurück zum Beweis des Satzes über TCW-Abbildungszylinder. Mit der Homotopieäquivalenz $(M_{c_f}, C_X) \simeq \big(M(g_X, f, g_Y), C_X\big)$ relativ $C_X \cup C_Y$ können wir zunächst den Teil M_{g_X} auf X zusammenziehen (relativ X), wobei wir festhalten, dass sich hier alles innerhalb der Deformation $M_{g_X} \Rightarrow X$ abspielt, ohne den Rest von $M(g_X, f, g_Y)$ zu tangieren.

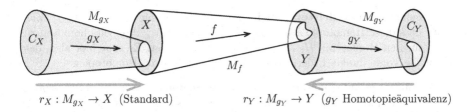

$r_X : M_{g_X} \to X$ (Standard) $r_Y : M_{g_Y} \to Y$ (g_Y Homotopieäquivalenz)

An der Grafik wird deutlich, dass wir für den Beweis des Satzes noch eine starke Deformationsretraktion $M_{g_Y} \Rightarrow Y$ benötigen. Dann wäre das Paar (M_f, X) in der Tat homotopieäquivalent zu (M_{c_f}, C_X) und der Satz folgt unmittelbar, denn Abbildungszylinder zwischen CW-Räumen sind vom Typ eines CW-Komplexes (verformen Sie die Abbildung zu einer zellulären Abbildung und verwenden die obige Aussage über homotope Abbildungen $\varphi \Rightarrow \psi$). Überraschenderweise macht die starke Deformationsretraktion $M_{g_Y} \Rightarrow Y$ noch einmal richtig Arbeit, obwohl sie anschaulich plausibel ist.

Wir betrachten dazu wieder ganz allgemein eine Homotopieäquivalenz $\varphi : A \to B$ und zeigen, dass A ein starker Deformationsretrakt von M_φ ist. Wir benötigen dazu die Inklusion $i : A \to M_\varphi$ und eine stetige Abbildung $r_A : M_\varphi \to A$, sodass $r_A i \simeq \mathrm{id}_A$ und $i r_A \simeq \mathrm{id}_{M_\varphi}$ ist, jeweils relativ zu A. In einem **ersten Schritt** sieht man, dass i eine Homotopieäquivalenz ist, denn die Retraktion $r_B : M_\varphi \to B$ ist eine solche und auch die Komposition $r_B i = \varphi$.

Im **zweiten Schritt** nutzen wir die Existenz einer Homotopieinversen $r : M_\varphi \to A$ mit $ri \simeq \mathrm{id}_A$ und $ir \simeq \mathrm{id}_{M_\varphi}$. Betrachte dann die Homotopie $h_t : ri \Rightarrow \mathrm{id}_A$ und deren Einschränkung $h_t|_A : ri|_A = r|_A \Rightarrow \mathrm{id}_A$.

Nun kommt eine zentrale Beobachtung ins Spiel: Das Paar (M_φ, A) erfüllt die sogenannte **Homotopieerweiterungs-Eigenschaft** (engl. *homotopy extension property*, kurz *HEP*). Das bedeutet in unserem Kontext, es gibt eine Homotopie $r_t : M_\varphi \times I \to A$, welche die Einschränkung $h_t|_A$ mit der Vorgabe $r_0 = r$ fortsetzt, es ist also $r_0 = r$ und $r_t|_A = h_t|_A$. Dies wiederum folgt aus einer allgemeinen Beobachtung, denn es ist

$$M_\varphi \times 0 \cup A \times I \subset M_\varphi \times I$$

ein Retrakt und $A \subset M_\varphi$ abgeschlossen (siehe die **Übung** auf Seite 122, beachten Sie auch die dort gegebenen Hinweise). Zusammengefasst ist dann $r_1 : M_\varphi \to A$ eine Abbildung mit $r_1|_A = \mathrm{id}_A$, also $r_1 i = \mathrm{id}_A$. Weiterhin gilt $i r_1 \simeq \mathrm{id}_{M_\varphi}$, wegen $r_1 \simeq r_0 = r$.

Was haben wir also im zweiten Schritt erreicht? Wir haben die ursprüngliche Homotopieinverse r so verformt (zu r_1), dass sie die Punkte in A konstant beibehält, mithin zu einer Retraktion $M_\varphi \to A$ wird. Um zu zeigen, dass dies sogar eine starke Deformationsretraktion ist, müssen wir nachweisen, dass es eine Homotopie $H_t : i r_1 \Rightarrow \mathrm{id}_{M_\varphi}$ relativ A gibt (beachten Sie, dass die bestehende Homotopie $\widetilde{h}_t : i r_1 \Rightarrow \mathrm{id}_{M_\varphi}$ zwar am Anfang und am Ende auf A konstant ist, dies aber in der Mitte nicht zwingend der Fall sein muss). Hierfür gibt es eine äußerst trickreiche Verformung der Homotopie $\widetilde{h}_t$, die wir uns nun abschließend ansehen wollen.

Man beginnt dazu im **dritten Schritt** mit der Homotopie $\tilde{h}_t : ir_1 \Rightarrow \mathrm{id}_{M_\varphi}$. Ziel ist es, dass diese Homotopie als Abbildung $M_\varphi \times I \to M_\varphi$ ihrerseits homotop zu der gesuchten Homotopie $H_t : ir_1 \Rightarrow \mathrm{id}_{M_\varphi}$ relativ A ist. Es geht hier also, das macht die Vorstellung schwieriger, um eine Homotopie von Homotopien.

Wir schränken $\tilde{h}_t$ auf A ein und erhalten die Homotopie $i_t = \tilde{h}_t|_A : A \times I \to M_\varphi$, die bei $t = 0$ und $t = 1$ die Inklusion $i : A \to M_\varphi$ ist (beachten Sie $r_1|_A = \mathrm{id}_A$). Betrachte dann die Homotopie $i_t r_1 : M_\varphi \times I \to M_\varphi$. Die Punkte in A durchlaufen dabei exakt denselben (geschlossenen) Weg wie bei $\tilde{h}_t$, beachten Sie aber, dass außerhalb von $A \times I$ im Allgemeinen $\tilde{h}_t \neq i_t r_1$ ist.

Wir definieren nun eine neue Homotopie $H_{t,0} : ir_1 \Rightarrow \mathrm{id}_{M_\varphi}$ über

$$
H_{t,0}(x) = \begin{cases} i_{1-2t} r_1(x) & \text{für } 0 \le t < 1/2\,, \\ \tilde{h}_{2t-1}(x) & \text{für } 1/2 \le t \le 1\,. \end{cases}
$$

Was bedeutet dies anschaulich? In der ersten Hälfte wird die Homotopie $i_t r_1$ mit doppelter Geschwindigkeit rückwärts durchlaufen und endet wieder bei ir_1 (beachten Sie $i_0 = i_1 = i$). Danach läuft ir_1 mit doppelter Geschwindigkeit zu id_{M_φ}. Der Umweg am Anfang hat den Vorteil, dass die Punkte in A einen geschlossenen Weg hin- und zurücklaufen. Damit kann $H_{t,0}|_A$ homotop verformt werden über

$$
H_{t,s}^A(x) = \begin{cases} H_{t,0} & \text{für } 0 \le t \le (1-s)/2\,, \\ H_{(1-s)/2,0} & \text{für } (1-s)/2 \le t < (1+s)/2\,, \\ H_{t,0} & \text{für } (1+s)/2 \le t \le 1\,. \end{cases}
$$

Anschaulich gesehen, laufen die Punkte in A auf dem Hinweg nur noch bis zum Parameter $1-s$, das ist die erste Zeile mit $0 \le t \le (1-s)/2$, bleiben dann für $(1-s)/2 \le t < (1+s)/2$ stehen und laufen den Weg für $(1+s)/2 \le t \le 1$ mit derselben Geschwindigkeit wieder zurück.

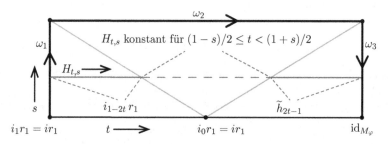

Damit ist $H_{1,s}^A = \mathrm{id}_A$ für alle $0 \le s \le 1$ und $H_{t,1}^A = \mathrm{id}_A$ für alle $0 \le t \le 1$, wie an der Grafik leicht zu erkennen. Nun werde $H_{t,s}^A : (A \times I) \times I \to M_\varphi$ mit der Startvorgabe $H_{t,0} : ir_1 \Rightarrow \mathrm{id}_{M_\varphi}$ zu einer Homotopie $H_{t,s} : (M_\varphi \times I) \times I \to M_\varphi$ fortgesetzt. Beachten Sie hierzu, dass auch das Paar $(M_\varphi \times I, A \times I)$ die HEP besitzt (Seite 115), was Sie schnell anhand des Retraktionskriteriums prüfen (siehe wieder die **Übung** auf Seite 122). Der eingezeichnete Weg $\omega_1 + \omega_2 + \omega_3$ in $I \times I$ beschreibt dann die gesuchte Homotopie $H_t : ir_1 \Rightarrow \mathrm{id}_{M_\varphi}$ relativ A. $\qquad\square$

Eine wahrlich trickreiche Homotopieübung, die zu einem sehr wichtigen Resultat aus der mengentheoretischen Topologie geführt hat. Wir werden die Aussage über den Homotopietyp eines Abbildungszylinders später bei den Lokalisierungen noch an entscheidenden Stellen verwenden (Seite 262 f). Auch sei kurz auf eine Verallgemeinerung der Aussage über den Deformationsretrakt $A \subset M_\varphi$ (Seite 115) in den Übungen hingewiesen (Seite 122).

Einige allgemeine Aussagen zu Pfadraumfaserungen

Abschließend in diesem Kapitel noch einige allgemeine Aussagen zu den Faserungen $E_f \to B$ stetiger Abbildungen $f : A \to B$. Sie werden erst viel später benötigt (ab Seite 285), passen aber inhaltlich am besten hierher, um später die komplizierten Beweisverläufe nicht unnötig auszudehnen.

Beobachtung 1
Es sei $i : A \hookrightarrow X$ ein starker Deformationsretrakt und $f : X \to B$ stetig. Dann sind die Faserungen $E_f \to B$ und $E_{fi} \to B$ faserhomotopieäquivalent.

Beweis: Mit der Retraktion $r : X \to A$ sei $h_t : X \times I \to X$ eine Homotopie von ir nach id_X relativ A, wir schreiben dafür ab jetzt kurz $h_t : ir \Rightarrow_A \mathrm{id}_X$. Dann ist $fh_t : fir \Rightarrow_A f$ und die Zuordnung $(x, \gamma_x) \mapsto (x, fh_t(x) + \gamma'_x)$ definiert eine fasertreue Abbildung

$$fh : E_f \longrightarrow E_{fir} \,.$$

Dabei sei $fh_t(x) + \gamma'_x$ der Weg, der zuerst der Weg $fh_t(x)$ von $fir(x)$ nach $f(x)$ durchläuft, und danach den Weg γ_x von $\gamma_x(0) = x$ nach $\gamma_x(1)$, jeweils mit doppelter Geschwindigkeit (die Fasertreue ergibt sich aus den identischen Endpunkten von γ_x und $fh_t(x) + \gamma'_x$). In den **Übungen** können Sie sich überlegen, dass fh wegen $f \simeq fir$ sogar eine Faserhomotopieäquivalenz ist (Seite 123, das wird hier aber nicht weiter benötigt).

Nun definiert die Zuordnung $(x, \gamma_x) \mapsto (r(x), \gamma_x)$ eine fasertreue Abbildung

$$r_* : E_{fir} \longrightarrow E_{fi} \,.$$

Beachten Sie dazu links $\gamma_x(0) = fir(x)$ und rechts $\gamma_x(0) = fi(r(x))$. Auf die gleiche Weise erhalten wir über die Zuordnung $(a, \gamma_a) \mapsto (i(a), \gamma_a)$ eine fasertreue Abbildung

$$i_* : E_{fi} \longrightarrow E_f \,,$$

womit sich insgesamt eine Komposition fasertreuer Abbildungen der Form

$$i_* r_* (fh) : E_f \xrightarrow{fh} E_{fir} \xrightarrow{r_*} E_{fi} \xrightarrow{i_*} E_f$$

ergibt. Mit $\widetilde{r}_* = r_*(fh) : E_f \to E_{fi}$ ist dann

$$
\begin{aligned}
i_* \widetilde{r}_* (x, \gamma_x) &= i_* r_*(fh)(x, \gamma_x) = i_* r_*(x, fh_t(x) + \gamma'_x) \\
&= i_*(r(x), fh_t(x) + \gamma'_x) = (ir(x), fh_t(x) + \gamma'_x)
\end{aligned}
$$

eine fasertreue Abbildung $E_f \to E_f$.

Damit sind wir in der Lage, eine fasertreue Homotopie

$$H_s : i_* \widetilde{r}_* \Rightarrow \mathrm{id}_{E_f}$$

zu definieren. Es sei dazu $fh_t(x)|_{[s,1]}$ die Einschränkung des Weges $fh_t(x)$ zum Punkt $f(x)$, beginnend beim Punkt $fh_s(x)$, und $\gamma'_{x,s}$ der Weg γ'_x nach entsprechender Reparametrisierung, sodass $fh_t(x)|_{[s,1]} + \gamma'_{x,s}$ zu einem Weg von $fh_s(x)$ über $\gamma_x(0) = f(x)$ zu $\gamma(1)$ wird.

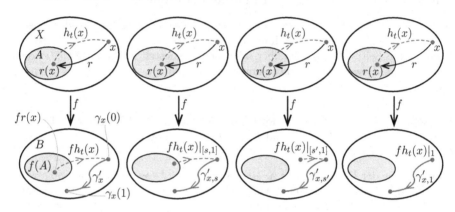

Sie sehen nun schnell, dass

$$H_s : E_f \longrightarrow E_f, \quad (x, \gamma_x) \mapsto \left(h_s(x), fh_t(x)|_{[s,1]} + \gamma'_{x,s} \right)$$

die gewünschte Homotopie ist. Die umgekehrte Homotopie $\widetilde{H}_s : \widetilde{r}_* i_* \Rightarrow \mathrm{id}_{E_{fi}}$ ergibt sich völlig analog aus der Kalkulation

$$\widetilde{r}_* i_* (a, \gamma_a) = r_*(fh) i_*(a, \gamma_a) = r_*(i(a), fh_t(a) + \gamma'_a)$$
$$= (ri(a), f(a) + \gamma'_a) = (a, f(a) + \gamma'_a)$$

als

$$\widetilde{H}_s : E_{fi} \longrightarrow E_{fi}, \quad (a, \gamma_a) \mapsto \left(a, f(a)|_{[s,1]} + \gamma'_{a,s} \right).$$

Dabei steht $f(a)$ für den konstanten Weg $fh_t(a)$, weil h_t relativ A ist. Da die Endpunkte von $fh_t(x)|_{[s,1]} + \gamma'_{x,s}(1)$ oder $f(a)|_{[s,1]} + \gamma'_{a,s}(1)$ für alle $s \in [0,1]$ konstant bleiben, sind die Homotopien H_s und $\widetilde{H}_s$ beide fasertreu, mithin ist $i_* : E_{fi} \to E_f$ eine Faserhomotopieäquivalenz, mit Homotopieinversem $\widetilde{r}_*$. $\qquad\square$

Folgerung

Es sei $\varphi : A \to X$ eine Homotopieäquivalenz und $f : X \to B$ stetig. Dann sind die Faserungen $E_f \to B$ und $E_{f\varphi} \to B$ faserhomotopieäquivalent.

Der **Beweis** nutzt den Abbildungszylinder $A \hookrightarrow M_\varphi \to X$, zusammen mit der Tatsache, dass sowohl $X \subset M_\varphi$ als auch $A \subset M_\varphi$ starke Deformationsretrakte sind (für X ist das klar nach Definition von M_φ, für A folgte es auf Seite 115).

Betrachte nun das kommutative Diagramm

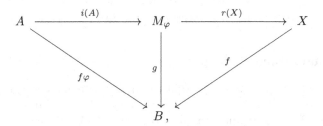

in dem mit $g = fr(X)$ auch der linke Teil kommutiert (einfache Überlegung). Mit Beobachtung 1 sind dann $i(A)_*$ und $\tilde{r}(X)_*$ Faserhomotopieäquivalenzen, mithin auch die Komposition $\tilde{r}(X)_*i(A)_* : E_{f\varphi} \to E_g \to E_f$. $\qquad\square$

Als nächstes besprechen wir ein ähnliches Resultat. Es geht um die Frage, was passiert, wenn man die Pfadraumfaserung (iterativ) für eine Abbildung $p : E \to B$ konstruiert, die selbst bereits eine Faserung ist.

Beobachtung 2

Es sei $p : E \to B$ eine Faserung und $E \xrightarrow{i} E_p \longrightarrow B$ die zugehörige Pfadraumfaserung. Dann ist die Inklusion $i : E \to E_p$ eine Faserhomotopieäquivalenz.

Für den **Beweis** sei die Homotopie $h_t : E_p \times I \to B$ gegeben, $h_t(e, \gamma_e) = \gamma_e(t)$, mit initialer Liftung $\tilde{h}_0(e, \gamma_e) = e$, beachten Sie wie immer $\gamma_e(0) = p(e)$. Es sei dann $\tilde{h}_t(e, \gamma_e) : E_p \to E$ eine Liftung von h_t, mithin gilt $p\tilde{h}_t(e, \gamma_e) = \gamma_e(t)$.

Wie kann man $\tilde{h}_t$ zu einer Abbildung $E_p \to E_p$ erweitern? Man betrachtet dazu die Einschränkung $\gamma_e|_{[t,1]}$, reparametrisiert auf das Intervall $[0,1]$, und definiert

$$H_t : E_p \times I \to E_p , \quad (e, \gamma_e, t) \mapsto \left(\tilde{h}_t(e, \gamma_e), \gamma_e|_{[t,1]} \right) .$$

Prüfen Sie selbst, dass das Bild von H_t in E_p wohldefiniert ist. H_t ist auch fasertreu, denn die Endpunkte von $\gamma_e|_{[t,1]}$ bleiben für alle $t \in [0,1]$ konstant erhalten.

Nun ist offensichtlich $H_0 = \mathrm{id}_{E_p}$ und weiter $H_1(E_p) \subseteq E \hookrightarrow E_p$, denn $\gamma_e|_{[1,1]}$ ist ein konstanter Weg unterhalb von $\tilde{h}_1(e, \gamma_e) \in E$. Zudem erkennt man auf die gleiche Weise $H_t(E) \subseteq E$ für alle $t \in [0,1]$. Damit definiert H_t eine fasertreue Homotopie $H_0 = \mathrm{id}_{E_p} \Rightarrow H_1 = iH_1$. Umgekehrt definiert $H_t|_E$ eine fasertreue Homotopie $H_1i \Rightarrow \mathrm{id}_E$ womit i und H_1 faserhomotopieinvers zueinander sind. $\square$

Wie schon angedeutet, werden diese Resultate später benötigt (Seite 285 ff), um in einem äußerst komplizierten Beweis die Existenz von Lokalisierungen $X \to X'$ zu zeigen. Das sind Einbettungen, bei denen die Gruppen $\pi_k(X')$ das Teilen der Elemente von $\pi_k(X)$ durch gewisse ganze Zahlen $n \neq 0$ erlauben – angewendet auf die S^n kann so zum Beispiel ein (wahrhaft monströser) Raum $S^n \subset X'$ konstruiert werden, dessen n-te Homotopiegruppe $\pi_n(X') \cong \mathbb{Q}$ ist. Für ein besseres Verständnis der Konstruktionen in diesem Kapitel sei noch auf die ECKMANN-HILTON-Dualität zwischen Abbildungszylindern und Pfadraumfaserungen hingewiesen, die am Ende der Übungen vorgestellt wird.

Lassen Sie uns nun aber das Hauptthema des Buches vorbereiten. Es wird wieder algebraischer, wir besprechen im nächsten Kapitel einige Resultate zur zellulären Kohomologie, bevor wir die erste Begegnung mit Spektralsequenzen wagen.

Aufgaben und Wiederholungsfragen

1. Ein Abbildung $f : E \to B$ erfülle die relative Homotopieliftung für alle Paare (D^n, S^{n-1}). Zeigen Sie induktiv und zellenweise, dass f dann die relative Homotopieliftung für alle CW-Paare (X, A) erfüllt.

2. Zeigen Sie für die Faserung $\bar{p} : E \to I$ auf Seite 75 die Homotopieliftungs-eigenschaft anhand der Liftung bei $p : I \times I \to I$.

3. Vervollständigen Sie die Beobachtung auf Seite 80. Zeigen Sie, dass sich für zwei Wege $\alpha, \beta : I \to B$ mit $\alpha(1) = \beta(0)$ und den zusammengesetzten Weg $\alpha \cdot \beta$ nach der gegebenen Konstruktion eine Abbildung $\Lambda_{\alpha \cdot \beta}$ ergibt, die homotop zu $\Lambda_\beta \Lambda_\alpha : F_{\alpha(0)} \to F_{\beta(1)}$ ist.

   Hinweis: Verwenden Sie die Zerlegung $I = [0, 1/2] \cup [1/2, 1]$, mit α, Λ_α über dem ersten Teilintervall und β, Λ_β über dem zweiten Teilintervall.

4. Warum haben auch Pullbackfaserungen (Seite 85) die Homotopieliftungs-eigenschaft? Prüfen Sie es direkt anhand der Definitionen.

5. Vervollständigen Sie die Beweisskizze zum Homotopiesatz für Pullbackfa-serungen (Seite 85) anhand der dort gegebenen Hinweise. Zeigen Sie auch: Falls $f : B' \to B$ eine Homotopieäquivalenz ist, dann ist der Pullback $\tilde{f} : f^*X = X' \to X$ zumindest eine schwache Homotopieäquivalenz (siehe auch Seite 86).

6. Zeigen Sie im Fall von $\mathbb{R}^n$ (oder allgemeiner für metrische Räume M) die Äquivalenz der Kompakt-Offen-Topologie von M^I mit der durch die Supre-mumsnorm induzierten Topologie.

7. Es sei G eine abelsche Gruppe und $P_x \to K(G, n)$ die Pfadraumfaserung bezüglich des Punktes x. Zeigen Sie anhand der langen exakten Homotopie-sequenz, dass die Faser ein $K(G, n-1)$ ist.

8. Betrachten Sie die Einbettung $f : S^n \hookrightarrow K(\mathbb{Z}, n)$, die durch Auslöschung der höheren Homotopiegruppen von S^n entsteht ($n \geq 2$). Außerdem sei $F \to E_f \to K(\mathbb{Z}, n)$ die zugehörige Pfadraumfaserung. Zeigen Sie anhand der langen exakten Homotopiesequenz $\pi_k(F) \cong \pi_k(S^n)$ für alle $k > n$.

9. Finden Sie eine surjektive stetige Abbildung $f : K(\mathbb{Z}_4, 1) \to K(\mathbb{Z}_2, 1)$ zwischen den zugehörigen Linsenräumen (Seite 65). Zeigen Sie, dass f eine Faserung mit Homotopiefaser $F = K(\mathbb{Z}_2, 1)$ ist.

   Hinweis: Verwenden Sie die exakte Sequenz $0 \to \mathbb{Z}_2 \xrightarrow{2} \mathbb{Z}_4 \to \mathbb{Z}_2 \to 0$ und die Tatsache, dass f eine Überlagerung ist.

10. Skizzieren Sie die Mengen $V_{\lambda,3}$ der RUDIN-Konstruktion (Seite 94). Experimentieren Sie auch mit anderen Kreisradien, zum Beispiel mit $U_\lambda = B_\lambda(0)$ mit $\lambda \in \mathbb{N}$ oder $\lambda \in 5\mathbb{N}$. Finden Sie ein Beispiel, in dem die RUDIN-Konstruktion nicht abbricht, man also die $V_{\lambda,k}$ für alle $k \geq 1$ benötigt.

11. Zeigen Sie, dass für Räume A und $X \simeq Y$ die Abbildungsräume X^A und Y^A bezüglich der Kompakt-Offen-Topologie homotopieäquivalent sind.

    Hinweis: Verwenden Sie die Beobachtung auf Seite 104 dafür, dass mit Homotopieinversen $f : X \to Y$ und $g : Y \to X$ auch $f^A : X^A \to Y^A$, $\varphi \mapsto f\varphi$, und $g^A : Y^A \to X^A$, $\psi \mapsto g\psi$, homotopieinvers zueinander sind.

12. Es sei $A \subseteq X$ beliebig und $B \subseteq Y$ abgeschlossen. Zeigen Sie, dass auch $(Y, B)^{(X,A)} \subseteq Y^X$ abgeschlossen ist.

13. Berechnen Sie im Beweis von Lemma 1 (Seite 101) näherungsweise die Werte $\mu(x, y)$, $\mu(w, z)$ und $\mu(x, w)$ für den in der folgenden Grafik dargestellten simplizialen Komplex.

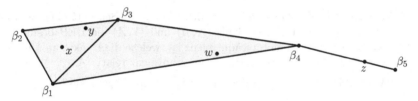

14. Zeigen Sie, dass jeder zusammenziehbare Raum ein TCW-Raum ist. Geben Sie Beispiele für

    a) einen TCW-Raum, der keine CW-Struktur besitzt und

    b) einen topologischen Raum, der kein TCW-Raum ist.

    Hinweis: Denken Sie bei Teilaufgabe a) an einen Kamm, der aus $I \subset \mathbb{R}^2$ besteht, mit Borsten über den rationalen Zahlen in I. Teilaufgabe b) nutzt ähnliche Argumente.

15. Schließen Sie den Beweis von Lemma 1 (Seite 101) ab, indem Sie direkt anhand der Definitionen begründen, warum λ_t zusammen mit den V_β die Eigenschaften der äquilokalen Konvexität erfüllt.

16. Zeigen Sie, dass die schwache Topologie eines CW-Komplexes X äquivalent zur kompakt generierten Topologie X_c ist, bei der $A \subseteq X$ offen (abgeschlossen) ist genau dann, wenn $A \cap K$ für alle kompakten Teilmengen $K \subseteq X$ offen (abgeschlossen) ist.

17. Zeigen Sie im Beweis von Lemma 3 (Seite 108), dass die dort definierte Abbildung $i : X \to N_{\mathcal{W}}$, $x \mapsto \big(i_\gamma(x)\big)_{\gamma \in \Gamma}$, stetig ist.

18. Verifizieren Sie das Theorem von MILNOR anhand der Faserungen

    a) $f : \mathbb{R} \to S^1$, $x \mapsto e^{2\pi i x}$ und

    b) $\overline{f} : \mathbb{R}/5\mathbb{Z} \to S^1$, $x \mapsto e^{2\pi i x}$ mod $5\mathbb{Z}$.

19. Zeigen Sie mit dem Theorem von MILNOR (und seinen Folgerungen), dass in der Faserung $K(\mathbb{Z}, n-1) \to E \to S^n$ auf Seite 92 alle Räume den Homotopietyp eines CW-Komplexes haben.

    Hinweis: Verfolgen Sie die Konstruktion und nehmen die TCW-Eigenschaft der Räume in jedem Schritt mit. Verwenden Sie am Ende den Satz über die Pullbacks von Deformationsretrakten (Seite 86).

20. Zeigen Sie, dass ein Paar (X, A), mit $A \subseteq X$ abgeschlossen, genau dann die Homotopieerweiterungs-Eigenschaft (HEP) besitzt, wenn

$$X \times 0 \cup A \times I \subset X \times I$$

    ein Retrakt ist.

    Hinweise: Wenden Sie für die „nur dann"-Richtung die HEP auf die Identität von $X \times 0 \cup A \times I$ an. Für die „dann"-Richtung brauchen Sie das Zusammensetzen stetiger Abbildungen auf $X \times 0$ und $A \times I$, das bei abgeschlossenem A sehr einfach möglich ist).

21. Zeigen Sie eine Verallgemeinerung der Aussage auf Seite 115 über den Deformationsretrakt $A \subset M_\varphi$: Falls (X, A) und (Y, A) die HEP besitzen und $f : X \to Y$ eine Homotopieäquivalenz ist, welche die Punkte in A unverändert lässt, dann ist f eine Homotopieäquivalenz relativ A.

    Warum ist die Aussage auf Seite 115 eine Folgerung daraus?

Die Eckmann-Hilton-Dualität

In der Homotopietheorie gibt es eine sehr interessante Gedankenstütze für das bessere Verständnis von Abbildungszylindern und Faserungen, die sich in gewisser Weise als duale Konstruktionen herausstellen. Dies hat auch dazu geführt, dass Abbildungszylinder gelegentlich als **Kofaserungen** (engl. *cofibration*) bezeichnet werden. Die Dualität vermittelt außerdem ein Gefühl dafür, welche Sätze möglich sind. Wir wollen uns das anhand einer Reihe von (einfachen) Aufgaben ansehen.

22. Zeigen Sie, dass $p : B^I \to B$, $\gamma \mapsto \gamma(0)$, eine Faserung ist.

23. Begründen Sie, inwiefern $A \times I$ ein Abbildungszylinder ist, dessen linkes Ende identisch zu A ist (diese Aufgabe ist absolut trivial).

24. Zeigen Sie, dass im Fall einer stetigen Abbildung $f : A \to B$ die Pfadraumfaserung $p_f : E_f \to B$ aus dem Pullback der Faserung $B^I \to B$ entsteht.

In einem Diagramm formuliert, wird Aufgabe 24 zu

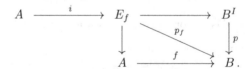

Durch Umkehr der Pfeile kann der Abbildungszylinder $A \overset{i}{\longrightarrow} M_f \overset{r}{\longrightarrow} B$ als **Pushout** definiert werden (mit i seien die jeweiligen Inklusionen gemeint):

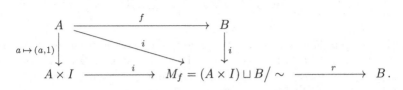

Der Pushout ist dual zum Pullback definiert, sodass obiges Diagramm kommutiert.

25. Finden Sie eine Interpretation, die den Funktionenraum X^I als dual zum Mengenprodukt $X \times I$ zeigt (anzuwenden auf B^I und $A \times I$ oben).

    Hinweis: Als Menge ist $X \times I = \bigsqcup_{t \in I} X \times t$, die Elemente darin sind also über ein eindeutiges $t \in I$ definiert (Summe). In X^I spielen bei den Elementen alle $t \in I$ eine Rolle (Produkt). Denken Sie auch an die Stetigkeit, wenn die Mengen ihre Topologie bekommen (stetige Summe und stetiges Produkt).

In Analogie zur direkten Summe $\bigoplus_{t \in I} G_t$ und zum direkten Produkt $\prod_{t \in I} G_t$ von Gruppen können wir dann die Faserung $F \to E_f \to B$ und die Komposition $A \to M_f \to M_f/A$ neu interpretieren. So wird die *Faser* F zu einer Art *Kern* in der Gruppentheorie, und der **Abbildungskegel** M_f/A spielt die Rolle des *Kokerns*. Er wird daher auch als **Kofaser** (engl./am. *cofibre/cofiber*) bezeichnet.

Lassen Sie uns in diesem Licht den Homotopiesatz von Abbildungszylindern betrachten (Seite 107). Für homotope Abbildungen $f, g : A \to B$ ist demnach $M_f \simeq M_g$, und beim genauen Blick auf den Beweis sieht man, dass die zugehörige Homotopieäquivalenz relativ A ist. Dies bedeutet, dass auch die Kofasern M_f/A und M_g/A homotopieäquivalent sind.

26. Zeigen Sie die entsprechende duale Aussage: Für zwei homotope Abbildungen $f, g : A \to B$ sind E_f und E_g faserhomotopieäquivalent (es sind also insbesondere die Fasern von E_f und E_g homotopieäquivalent).

    Hinweis: Mit einer Homotopie $h_t : g \Rightarrow f$ betrachte die fasertreue Abbildung $(a, \gamma) \mapsto (a, h_t(a) + \gamma')$ von E_f nach E_g, analog zum Beweis der obigen Beobachtung 1 (Seite 117).

Auch Aufgabe 21 oben hat eine duale Entsprechung:

27. Falls in einem Diagramm von Faserungen

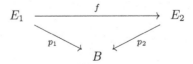

die Abbildung f eine Homotopieäquivalenz ist, ist sie bereits eine Faserhomotopieäquivalenz. Inwiefern ist das dual zu Aufgabe 21?

Beeindruckend zeigt sich die ECKMANN-HILTON-Dualität bei TCW-Räumen: Der Abbildungszylinder einer Abbildung $f : A \to B$ von TCW-Räumen ist TCW (Seite 113), und zwar relativ zu A, sodass auch die Kofaser M_f/A TCW ist.

Die duale Aussage dazu ist die Folgerung zum Theorem von MILNOR (Seite 112), wonach in diesem Fall, weil E_f TCW ist, auch die Faser F ein TCW-Raum ist. Die Dualität zeigt sich hier übrigens auch beim Schwierigkeitsgrad der Beweise: TCW für M_f war relativ schwierig, für M_f/A dann eher einfach (Quotienten von CW-Komplexen). TCW für E_f ist per definitionem fast trivial, aber für F war es äußerst schwierig (Theorem von MILNOR). Die Beweise von zueinander dualen Aussagen lassen sich also in der Regel nicht stereotyp ineinander überführen.

5 Zelluläre Kohomologie und Produkte

In diesem Kapitel treffen wir die letzten Vorbereitungen für die Konstruktion von Spektralsequenzen. Nach den Grundkonzepten zur zellulären Homologie im zweiten Kapitel behandeln wir nun die entsprechenden Ideen in der Kohomologie. Ähnlich wie in anderen Bereichen können hierbei auch die Spektralsequenzen über geeignete Produkte deutlich mehr bewirken als in der Homologie.

5.1 Zelluläre Kohomologiegruppen und Produkte

Wie schon bei der zellulären Homologie gehe ich davon aus, dass Ihnen singuläre Kohomologiegruppen $H^k(X; G)$ mit Koeffizienten in einer abelschen Gruppe G bekannt sind. Den wichtigsten Bezug zur Homologie stellt dabei das universelle Koeffiziententheorem der Kohomologie dar (Seite I-403), welches hier der Vollständigkeit halber kurz wiederholt sei.

Satz (universelles Koeffiziententheorem für die Kohomologie)
Es sei $C = (C_i, \partial_i)_{i \in \mathbb{Z}}$ ein Kettenkomplex mit frei abelschen C_i und G eine abelsche Gruppe. Dann gibt es für alle $k \in \mathbb{N}$ eine spaltende exakte Sequenz

$$0 \longrightarrow \mathrm{Ext}\big(H_{k-1}(C), G\big) \longrightarrow H^k(C, G) \longrightarrow \mathrm{Hom}\big(H_k(C), G\big) \longrightarrow 0,$$

deren Spaltung aber nicht natürlich ist, sondern von Auswahlen abhängt.

Wie die Tor-Gruppen in der Homologie sei hier auch der **Ext-Funktor** in aller Kürze wiederholt. Die Zuordnung $H \mapsto \mathrm{Hom}(H, G)$ ist ein Funktor der abelschen Gruppen in sich selbst, ähnlich wie die Tensorierung $H \mapsto H \otimes G$ (Seite 46). Jeder Homomorphismus $f : H \to K$ induziert dabei einen Homomorphismus $\widetilde{f} : \mathrm{Hom}(K, G) \to \mathrm{Hom}(H, G)$, indem jedem $\varphi : K \to G$ das Element $\varphi f : H \to G$ zugeordnet wird.

Der Hom-Funktor dreht dabei die Pfeile um, man nennt ihn deshalb auch einen **kontravarianten Funktor** (im Gegensatz zu der kovarianten Tensorierung). Er ist außerdem **linksexakt** in dem Sinne, dass eine Surjektion $H \to K \to 0$ zu einer Injektion $0 \to \mathrm{Hom}(K, G) \to \mathrm{Hom}(H, G)$ wird.

Aber schon an der kurzen exakten Sequenz $0 \to \mathbb{Z} \xrightarrow{2} \mathbb{Z} \to \mathbb{Z}_2 \to 0$ erkennt man, dass der Funktor nicht rechtsexakt ist, denn nach der Hom-Dualisierung mit der Gruppe $\mathbb{Z}_2$ ist nur der Teil

$$0 \longrightarrow \mathrm{Hom}(\mathbb{Z}_2, \mathbb{Z}_2) \longrightarrow \mathrm{Hom}(\mathbb{Z}, \mathbb{Z}_2) \xrightarrow{2} \mathrm{Hom}(\mathbb{Z}, \mathbb{Z}_2)$$

exakt (die Multiplikation rechts mit 2 ist die Nullabbildung).

© Springer-Verlag GmbH Deutschland, ein Teil von Springer Nature 2023
F. Toenniessen, *Die Homotopie der Sphären*,
https://doi.org/10.1007/978-3-662-67942-5_5

Wie bei den Tor-Gruppen sollen nun die **Ext-Gruppen** ein Maß für die Abweichung von der Rechtsexaktheit des Hom-Funktors sein. Wir betrachten dazu eine freie Auflösung $0 \to F_1 \to F_0 \to H \to 0$ und erhalten $\mathrm{Ext}(H, G)$ als den Kokern des Homomorphismus $\mathrm{Hom}(F_0, G) \longrightarrow \mathrm{Hom}(F_1, G)$, also die lange exakte Sequenz

$$0 \longrightarrow \mathrm{Hom}(H, G) \longrightarrow \mathrm{Hom}(F_0, G) \longrightarrow \mathrm{Hom}(F_1, G) \longrightarrow \mathrm{Ext}(H, G) \longrightarrow 0 \,.$$

Auf dem gleichen Weg wie bei den Tor-Gruppen zeigt man, dass diese Definition unabhängig von der freien Auflösung der Gruppe H ist.

Auch hier noch einige Beispiele und Formeln rund um die Ext-Gruppen (auch sie folgen ohne größere Schwierigkeiten durch die Definition dieser Gruppen mit freien Auflösungen), alle darin vorkommenden Gruppen seien abelsch:

1. Für frei abelsche Gruppen H gilt stets $\mathrm{Ext}(H, G) = 0$.

2. Für beliebige Indexmengen Λ gilt

$$\mathrm{Ext}\left(\bigoplus_{\lambda \in \Lambda} H_\lambda,\, G \right) \cong \bigoplus_{\lambda \in \Lambda} \mathrm{Ext}(H_\lambda, G) \,.$$

3. Für frei abelsche Gruppen H gilt $\mathrm{Ext}\big(H/nH,\, G\big) \cong H \otimes (G/nG)$.

4. Ein Homomorphismus $f : H \to K$ induziert einen natürlichen Homomorphismus $\mathrm{Ext}(f) : \mathrm{Ext}(K, G) \to \mathrm{Ext}(H, G)$. Damit ist $\mathrm{Ext}(-, G)$ ein **kontravarianter Funktor** in der Kategorie der abelschen Gruppen.

Eine Anwendung der dritten Aussage ist $\mathrm{Ext}(\mathbb{Z}_2, \mathbb{Z}) \cong \mathbb{Z}_2$. Die erste Aussage zeigt $\mathrm{Ext}(\mathbb{Z}, \mathbb{Z}_2) = 0$, wodurch klar wird, dass sich die Ext-Gruppen bezüglich ihrer Argumente nicht kommutativ verhalten wie die Tor-Gruppen (Seite 46).

Soviel zur Wiederholung der Ext-Gruppen, die Ihnen vielleicht nicht mehr geläufig waren (am Ende des Kapitels kommen noch einige Details zu diesen Gruppen, die aber erst weit hinten wichtig werden, bei den STEENROD-Squares, Seite 373).

Wir wollen daraus nun den Apparat der zellulären Kohomologie entwickeln und dabei etwas detaillierter vorgehen als in der Homologie, denn hier warten einige Spezialitäten auf uns, die nicht unbedingt zum Kanon der Grundlagenvorlesungen in algebraischer Topologie gehören. Es sei dazu im Folgenden X ein CW-Komplex mit seinen p-Skeletten X^p.

Beobachtung 1 (Relative Kohomologiegruppen von Skelettpaaren)
Für einen CW-Komplex X und alle $k \geq 0$ gilt

$$H^k(X^p, X^{p-1}) \cong \begin{cases} 0 & \text{für } k \neq p \\[2mm] \prod_{e^p_\lambda \in X} \mathbb{Z} & \text{für } k = p, \end{cases}$$

wobei das Produkt über die Menge der p-Zellen e^p_λ von X gebildet ist.

Der **Beweis** ist eine direkte Konsequenz aus der entsprechenden Aussage für die Homologie (Seite I-350) und dem universellen Koeffiziententheorem (Seite 125). So haben wir für die relativen Homologiegruppen

$$H_k(X^p, X^{p-1}) \cong \begin{cases} 0 & \text{für } k \neq p \\ \bigoplus_{e_\lambda^p \in X} \mathbb{Z} & \text{für } k = p, \end{cases}$$

und da das universelle Koeffiziententheorem generell für Kettenkomplexe frei abelscher Gruppen gilt, ergibt die Anwendung auf den relativen Kettenkomplex die spaltende kurze exakte Sequenz

$$0 \longrightarrow \text{Ext}\big(H_{k-1}(X^p, X^{p-1}), \mathbb{Z}\big) \longrightarrow H^k(X^p, X^{p-1}) \longrightarrow$$
$$\longrightarrow \text{Hom}\big(H_k(X^p, X^{p-1}), \mathbb{Z}\big) \longrightarrow 0,$$

aus der Beobachtung 1 wegen $\text{Ext}\big(H_{k-1}(X^p, X^{p-1}), \mathbb{Z}\big) = 0$ folgt.   □

Wenden wir diese Erkenntnis auf die lange exakte Kohomologiesequenz des Paares (X^p, X^{p-1}) an, so liefern die Abschnitte

$$\ldots \xleftarrow{j^*} H^{k+1}(X^p, X^{p-1}) \xleftarrow{\delta} H^k(X^{p-1}) \xleftarrow{i^*} H^k(X^p) \xleftarrow{j^*} H^k(X^p, X^{p-1}) \xleftarrow{\delta} \ldots$$

für $k \notin \{p, p-1\}$ die Isomorphien

$$H^k(X^{p-1}) \cong H^k(X^p).$$

Induktiv ergibt sich $H^k(X^p) \cong H^k(X^{p-1}) \cong \ldots \cong H^k(X^0)$ mit $H^k(X^0) = 0$ für $k > p$, denn es ist hier $k > 0$ und X^0 besteht aus diskreten Punkten (den Rest erledigt das universelle Koeffiziententheorem). Dies führt gleich zur nächsten

Beobachtung 2 (Höhere Kohomologiegruppen von Skeletten)
Für einen CW-Komplex X und alle $k > p$ gilt $H^k(X^p) = 0$. Insbesondere verschwinden für einen p-dimensionalen CW-Komplex die Kohomologiegruppen in den Dimensionen ab $p + 1$.   □

Ein weiterer Baustein sind die von den Inklusionen $X^p \subseteq X$ induzierten Homomorphismen $H^k(X) \to H^k(X^p)$. In der Homologie wissen wir (Seite I-351), dass $H_k(X^p) \to H_k(X)$ für $k < p$ ein Isomorphismus ist. Über die lange exakte Homologiesequenz ist dies gleichbedeutend mit $H_k(X, X^p) = 0$ für $k \leq p$. Nach dem universellen Koeffiziententheorem für relative Kettenkomplexe ist dann auch $H^k(X, X^p) = 0$ und aus der langen exakten Kohomologiesequenz ergibt sich unmittelbar die

Beobachtung 3 (Inklusionen erzeugen Gruppen-Isomorphismen)
Für einen CW-Komplex X und $k \leq p$ induziert die Inklusion $X^p \hookrightarrow X$ einen Monomorphismus $H^k(X) \to H^k(X^p)$, für $k < p$ sogar einen Isomorphismus. □

Anders ausgedrückt, sind für $k < p$ alle kohomologischen Informationen von X bereits im p-Skelett X^p vorhanden. Versuchen wir nun, das Diagramm

$$H_{p+1}(X^{p+1}, X^p) \xrightarrow{\ \partial\ } H_p(X^p) \xrightarrow{\ i_*\ } H_p(X^{p+1}) \xrightarrow{\ \ j_*\ \ } 0$$

$$\|$$

$$0 \xrightarrow{\ \ i_*\ \ } H_p(X^p) \xrightarrow{\ j_*\ } H_p(X^p, X^{p-1}) \xrightarrow{\ \partial\ } H_{p-1}(X^{p-1}) \ ,$$

welches zum zellulären Kettenkomplex geführt hat (Seite I-352), zu dualisieren. Es entsteht dabei aus den langen exakten Kohomologiesequenzen das Diagramm

$$H^{p+1}(X^{p+1}, X^p) \xleftarrow{\ \delta\ } H^p(X^p) \xleftarrow{\ i^*\ } H^p(X) \xleftarrow{\ \ j^*\ \ } 0$$

$$\|$$

$$0 \xleftarrow{\ \ i^*\ \ } H^p(X^p) \xleftarrow{\ j^*\ } H^p(X^p, X^{p-1}) \xleftarrow{\ \delta\ } H^{p-1}(X^{p-1}) \ ,$$

in dem die drei Beobachtungen, insbesondere $H^p(X^{p+1}) \cong H^p(X)$ in der oberen Zeile, bereits eingeflossen sind.

Definition und Satz (zellulärer Kokettenkomplex)
In der obigen Situation nennt man die Komposition

$$d^p = \delta j^* : H^p(X^p, X^{p-1}) \ \longrightarrow\ H^{p+1}(X^{p+1}, X^p)$$

den **zellulären Korandoperator** und die Gruppe $C^p_{\mathrm{cell}}(X) = H^p(X^p, X^{p-1})$ die p-te **zelluläre Kokettengruppe** von X. Sie bilden mit den Korandoperatoren d^p einen Kokettenkomplex, es gilt also stets $d^p d^{p-1} = 0$. Diesen Komplex nennt man den **zellulären Kokettenkomplex** von X.

Die Gruppe $H^p_{\mathrm{cell}}(X) = \mathrm{Ker}(d^p)/\mathrm{Im}(d^{p-1})$ heißt **zelluläre Kohomologiegruppe** und ist isomorph zur singulären Gruppe $H^p(X)$. Der zelluläre Kokettenkomplex ist die Hom-Dualisierung des zellulären Kettenkomplexes.

Beweis: Die Beziehung $d^p d^{p-1} = 0$ ist einfach, denn mit einer dritten Zeile in obigem Diagramm für das Paar (X^{p-1}, X^{p-2}) erhalten Sie

$$d^p d^{p-1} = (\delta j^*)(\delta j^*) = \delta(j^* \delta) j^*,$$

wobei die rechts geklammerten Homomorphismen in der langen exakten Sequenz von (X^p, X^{p-1}) direkt aufeinander folgen, also die Nullabbildung sind.

Für $\mathrm{Ker}(d^p)/\mathrm{Im}(d^{p-1}) \cong H^p(X)$ betrachten wir auch drei aufeinanderfolgende Zeilen des zellulären Kokettendiagramms:

$$C^{p+1}_{\mathrm{cell}}(X) \xleftarrow{\ \delta\ } H^p(X^p) \xleftarrow{\ i^*\ } H^p(X) \xleftarrow{\ \ j^*\ \ } 0$$

$$\|$$

$$0 \xleftarrow{\ i^*\ } H^p(X^p) \xleftarrow{\ j^*\ } C^p_{\mathrm{cell}}(X) \xleftarrow{\ \delta\ } H^{p-1}(X^{p-1})$$

$$\|$$

$$0 \xleftarrow{\ i^*\ } H^{p-1}(X^{p-1}) \xleftarrow{\ j^*\ } C^{p-1}_{\mathrm{cell}}(X) \ .$$

Da die ersten beiden Zeilen exakt sind, definiert $j^* : C^p_{\text{cell}}(X) \to H^p(X^p)$ in der mittleren Zeile eine Surjektion $\tilde{j}^* : \text{Ker}(d^p) \to H^p(X)$, wobei $H^p(X)$ mit der ersten Zeile als Untergruppe von $H^p(X^p)$ interpretiert wird. Wir müssen nun $\text{Ker}(\tilde{j}^*) = \text{Im}(d^{p-1})$ zeigen. Wegen der Exaktheit der zweiten Zeile ist $\tilde{j}^*(x) = 0$ genau dann, wenn $x \in \text{Im}(\delta)$ ist, was über die exakte dritte Zeile gleichbedeutend mit $x \in \text{Im}(\delta j^*) = \text{Im}(d^{p-1})$ ist. Damit folgt $H^p(X) \cong \text{Ker}(d^p)/\text{Im}(d^{p-1})$ und der zelluläre Kokettenkomplex berechnet wie behauptet die Kohomologie von X.

Um zu zeigen, dass der zelluläre Kokettenkomplex die Hom-Dualisierung des Kettenkomplexes ist, beachten Sie mit der Schreibweise $C^{\text{cell}}_p(X) = H_p(X^p, X^{p-1})$ die natürlichen Isomorphismen

$$\overline{\varphi} : C^p_{\text{cell}}(X) \longrightarrow \text{Hom}\big(C^{\text{cell}}_p(X), \mathbb{Z}\big)$$

aus dem universellen Koeffiziententheorem (Seite 125, die Gruppen $C^{\text{cell}}_p(X)$ sind frei abelsch und damit $\text{Ext}(C^{\text{cell}}_{p-1}(X), \mathbb{Z}) = 0$), sowie die ebenfalls von dort stammenden Surjektionen $\varphi : H^p(X^p) \to \text{Hom}\big(H_p(X^p), \mathbb{Z}\big)$. In dem Diagramm

$$
\begin{array}{ccccc}
C^p_{\text{cell}}(X) & \xrightarrow{\quad j^* \quad} & H^p(X^p) & \xrightarrow{\quad \delta \quad} & C^{p+1}_{\text{cell}}(X) \\
\downarrow{\scriptstyle \overline{\varphi}} & & \downarrow{\scriptstyle \varphi} & & \downarrow{\scriptstyle \overline{\varphi}} \\
\text{Hom}\big(C^{\text{cell}}_p(X), \mathbb{Z}\big) & \xrightarrow{\text{Hom}(j^*, \mathbb{Z})} & \text{Hom}\big(H_p(X^p), \mathbb{Z}\big) & \xrightarrow{\text{Hom}(\partial, \mathbb{Z})} & \text{Hom}\big(C^{\text{cell}}_{p+1}(X), \mathbb{Z}\big)
\end{array}
$$

definiert die obere Zeile den Korandoperator $d^p : C^p_{\text{cell}}(X) \to C^{p+1}_{\text{cell}}(X)$ und die untere Zeile ist die Hom-Dualisierung des Randoperators $C^{\text{cell}}_{p+1}(X) \to C^{\text{cell}}_p(X)$. Es genügt daher, die Kommutativität dieses Diagramms zu zeigen.

Machen wir uns hierfür zunächst klar, wie im Falle eines frei abelschen Kettenkomplexes $(C_k, \partial)_{k \in \mathbb{Z}}$ die Surjektionen $\varphi : H^k(C) \to \text{Hom}\big(H_k(C), \mathbb{Z}\big)$ aus dem universellen Koeffiziententheorem aussehen. Es sei dazu $\alpha = [z^k] \in H^k(C)$ und $\beta = [z_k] \in H_k(C)$, mit (Ko-)Zyklen $z^k \in \text{Hom}(C_k, \mathbb{Z})$ und $z_k \in C_k$. Die Festlegung $\alpha(\beta) = z^k(z_k) \in \mathbb{Z}$ ergibt dann ein Element $\varphi(\alpha) \in \text{Hom}\big(H_k(C), \mathbb{Z}\big)$.

Für die Wohldefiniertheit von $\varphi(\alpha) \in \text{Hom}\big(H_k(C), \mathbb{Z}\big)$ betrachten wir zunächst ein zu z_k homologes Element $z'_k \in C_k$. Dann ist $z_k - z'_k = \partial c$ mit einem $c \in C_{k+1}$ und es gilt $z^k(z_k - z'_k) = z_k(\partial c) = \delta z^k(c) = 0$, denn z^k war ein Kozyklus. Also hängt $\alpha(\beta)$ nicht vom Repräsentanten z_k von β ab. Analog sieht man, dass bei einem kohomologen Kozyklus z'^k, also mit $z^k - z'^k = \delta z^{k-1}$, für jeden Zyklus z_k die Beziehung $(z^k - z'^k)(z_k) = \delta z^{k-1}(z_k) = z^{k-1}(\partial z_k) = 0$ gilt, denn z_k war ein Zyklus. Damit hängt der Wert $\alpha(\beta)$ auch nicht vom Repräsentanten z^k von α ab. Die Kommutativität des Diagramms reduziert sich damit auf eine direkte Prüfung von Definitionen, wobei die Homomorphismen φ durch obige Überlegung bekannt sind und j^*, ∂ und δ den langen exakten (Ko-)Homologiesequenzen entspringen.

Exemplarisch sei die Kommutativität des rechten Quadrats verifiziert. Es sei dazu $z^p \in C^p(X^p)$ ein Kozyklus, mit $\delta z^p \in C^{p+1}(X^{p+1}, X^p)$ gegeben durch die Zuordnung $\delta z^p(z_{p+1}) = z^p(\partial z_{p+1})$, für alle relativen Zyklen $z_{p+1} \in C_{p+1}(X^{p+1}, X^p)$. Die Linearform $\overline{\varphi}\delta[z^p] \in \text{Hom}\big(C^{\text{cell}}_{p+1}(X), \mathbb{Z}\big)$ ist somit gegeben durch

$$\big(\overline{\varphi}\delta[z^p]\big)[z_{p+1}] = z^p(\partial z_{p+1}).$$

Auf dem anderen Weg müssen wir $\left(\partial^*\varphi[z^p]\right)[z_{p+1}]$ berechnen, wobei ∂^* für die Dualisierung $\mathrm{Hom}(\partial,\mathbb{Z})$ steht. Der Homomorphismus $\varphi[z^p]$ ordnet nach Definition jeder Klasse $[z_p] \in H_p(X^p)$ den Wert $z^p(z_p)$ zu. Nach Definition von ∂^* ist schließlich für jeden relativen Zyklus $z_{p+1} \in C_{p+1}(X^{p+1}, X^p)$

$$\left(\partial^*\varphi[z^p]\right)[z_{p+1}] \;=\; \varphi[z^p][\partial z_{p+1}] \;=\; z^p(\partial z_{p+1}),$$

was nach obiger Gleichung mit $\left(\overline{\varphi}\delta[z^p]\right)[z_{p+1}]$ übereinstimmt. Damit ist die Kommutativität des rechten Quadrats gezeigt. Die Kommutativität des linken Quadrats folgt mit ähnlichen Argumenten, hier benötigen Sie eine Darstellung der Quotientenabbildung $j^* : C_k(X^p) \to C_k(X^p, X^{p-1})$ und deren Hom-Dualisierung. Dies sei Ihnen als kleine **Übung** empfohlen.   □

Halten wir noch einmal fest, was dies für die zelluläre Homologie und Kohomologie bedeutet. Die Homologiegruppen $H_p(X)$ berechnen sich aus dem zellulären Kettenkomplex (Seite I-352 f), deren Kettengruppen

$$H_p(X^p, X^{p-1}) \;\cong\; \bigoplus_{e_\lambda^p \in X} \mathbb{Z}$$

lauten. Diese Gruppen sind isomorph zu den frei abelschen Gruppen, die von den Generatoren e_λ^p erzeugt sind (die e_λ^p durchlaufen alle p-Zellen von X). Die Hom-Dualisierung dieses Komplexes enthält die zellulären Kokettengruppen

$$H^p(X^p, X^{p-1}) \;\cong\; \mathrm{Hom}\big(H_p(X^p, X^{p-1}), \mathbb{Z}\big) \;\cong\; \prod_{e_\lambda^p \in X} \mathbb{Z}.$$

Beachten Sie, dass diese Gruppen in der Regel nicht frei abelsch sind. Jede zelluläre Kokette c^p darin besitzt aber eine eindeutige Darstellung der Form

$$c^p \;=\; \sum_{e_\lambda^p \in X} a_\lambda \widetilde{e}_\lambda^p$$

mit $a_\lambda = c^p(e_\lambda^p)$, wobei die Linearformen $\widetilde{e}_\lambda^p$ die Hom-dualen Elemente zu den Basiselementen $e_\lambda^p \in H_p(X^p, X^{p-1})$ sind. Da jedes $c_p \in H_p(X^p, X^{p-1})$ nur endlich viele Summanden e_λ^p enthält, ergibt $c^p(c_p)$ stets ein wohldefiniertes Element in $\mathbb{Z}$.

Aus der Hom-Dualisierung des zellulären Randoperators ergibt sich damit eine anschauliche Vorstellung des zellulären Korandoperators. Der Randoperator ∂ stellte ja fest, mit welchen Abbildungsgraden eine Zelle e_λ^k an das Skelett X^{k-1} angeheftet ist, für jede Zelle e_μ^{k-1} modulo ihres Abschlusses in X. Der zelluläre Korand δe_λ^k misst dagegen, mit welcher Vielfachheit die Zelle e_λ^k im topologischen Rand der Zellen e_ν^{k+1} vorkommt, mit welchem Grad also die $(k+1)$-Zellen e_ν^{k+1} an $e_\lambda^k/\overline{e_\lambda^k}$ angeheftet sind.

Abschließend sei noch erwähnt, dass alle Aussagen über die zelluläre Kohomologie auch für abelsche Koeffizientengruppen G gelten. Die Hom-G-Dualisierung des Kettenkomplexes $C_p^{\mathrm{cell}}(X)$ führt dann zum zellulären Kokettenkomplex mit den Gruppen $C_{\mathrm{cell}}^p(X; G) = \mathrm{Hom}(C_p^{\mathrm{cell}}(X), G)$. Nur der einfacheren Notation wegen haben wir uns hier auf Koeffizienten in $\mathbb{Z}$ beschränkt.

5.2 Das Kreuzprodukt in der singulären Kohomologie

Um Spektralsequenzen in der Kohomologie mit ihren diversen Produkten besprechen zu können, brauchen wir noch eine Reihe technischer Hilfsmittel, die etwas mehr ins Detail gehen und die Sie vielleicht nicht (oder nicht mehr) vollständig in Erinnerung haben.

Es seien dazu X und Y topologische Räume und der Einfachheit halber wieder nur ganzzahlige Koeffizienten betrachtet (die Aussagen gelten aber sinngemäß für alle abelschen Koeffizientengruppen G).

Ziel ist es zunächst, in der singulären Kohomologie ein bilineares **Kreuzprodukt** (engl. *cross product*)

$$C^k(X) \times C^l(Y) \longrightarrow C^{k+l}(X \times Y)\,, \qquad (a,b) \mapsto a \times b\,,$$

zu definieren, das bezüglich der Vertauschung $X \times Y \to Y \times X$ **antikommutativ** im Sinne von $a \times b = (-1)^{kl}\, b \times a$ ist und mit dem Cup-Produkt $a \smile b$ in Verbindung steht (Seite I-496). Die Definition ist naheliegend, denn mit den Projektionen $p_X : X \times Y \to X$ und $p_Y : X \times Y \to Y$ kann man einfach

$$a \times b \;=\; p_X^{\#}(a) \smile p_Y^{\#}(b) \qquad \text{(Definition des \textbf{Kreuzprodukts})}$$

festlegen. Die Antikommutativität und die Bilinearität folgt aus den gleichen Eigenschaften des Cup-Produkts, so gilt zum Beispiel $a \smile b = (-1)^{kl}\, b \smile a$ für $a \in C^k(X \times Y)$ und $b \in C^l(X \times Y)$. $\hfill (\square)$

Der entscheidende Mehrwert dieser Konstruktion liegt darin, dass man umgekehrt auch das Cup-Produkt aus dem Kreuzprodukt zurückgewinnen kann, die beiden Produkte also auf eine ganz bestimmte Art äquivalent sind.

Beobachtung (Kreuzprodukt und Cup-Produkt)
Es sei $\Delta : X \to X \times X$ die Diagonale, also $\Delta(x) = (x,x)$. Dann gilt für alle $a \in C^k(X)$ und $b \in C^l(X)$ die Formel $a \smile b = \Delta^{\#}(a \times b)$.

Der **Beweis** ist einfach. Zunächst machen Sie sich klar, wie $\Delta^{\#}$ ganz allgemein auf Koketten $z \in C^{k+l}(X \times X)$ wirkt. Für Simplizes $\sigma : \Delta^{k+l} \to X$ ist

$$\Delta^{\#} z(\sigma) \;=\; z(\Delta\sigma) \;=\; z(\sigma,\sigma)\,, \quad \text{mit } (\sigma,\sigma)(x) = \big(\sigma(x),\sigma(x)\big) \in X \times X$$

und daher für $a \in C^k(X)$ und $b \in C^l(X)$

$$
\begin{aligned}
\Delta^{\#}(a \times b)(\sigma) &= (a \times b)\big(\Delta\sigma\big) = (a \times b)(\sigma,\sigma) \\
&= \big((p_1^{\#}(a) \smile p_2^{\#}(b)\big)(\sigma,\sigma) \\
&= p_1^{\#}(a)\big(\sigma|_{0\ldots k},\sigma|_{0\ldots k}\big) \cdot p_2^{\#}(b)\big(\sigma|_{k\ldots k+l},\sigma|_{k\ldots k+l}\big) \\
&= a(\sigma|_{0\ldots k}) \cdot b(\sigma|_{k\ldots k+l}) = (a \smile b)(\sigma)\,. \qquad \square
\end{aligned}
$$

Das Kreuzprodukt auf Ebene der Koketten kann nun zu einem externen Kreuzprodukt in der Kohomologie gemacht werden.

> **Definition und Satz (Kreuzprodukt in der Kohomologie)**
> Das obige Kreuzprodukt auf Ebene der Koketten induziert eine bilineare, antikommutative Abbildung
>
> $$H^k(X) \times H^l(Y) \longrightarrow H^{k+l}(X \times Y), \quad (a,b) \mapsto a \times b,$$
>
> zusammen mit einer **Leibniz-Regel** $\delta(a \times b) = \delta a \times b + (-1)^k a \times \delta b$. (Beachten Sie, dass jetzt a und b keine Koketten mehr sind, sondern Kohomologieklassen, die von Kozyklen repräsentiert werden.)

Beweis: Die LEIBNIZ-Regel folgt auf Koketten-Ebene aus der entsprechenden Regel für das Cup-Produkt. Daher ist Kozyklus × Kozyklus = Kozyklus, aber auch Kozyklus × Korand = Korand, denn wir haben $z \times \delta x = (-1)^k \delta(z \times x)$, dito für Korand × Kozyklus = Korand. Das obige Produkt ist also auch auf Ebene der Kohomologieklassen wohldefiniert. $\qquad\square$

Die nächste Frage liegt sofort auf der Hand: Wie verhält sich das Kreuzprodukt bei relativen Koketten- oder Kohomologiegruppen? Versuchen wir uns langsam heranzutasten. Die relative Kokettengruppe $C^k(X, A)$ besteht aus den Linearformen $C_k(X) \to \mathbb{Z}$, die auf allen Ketten mit Träger in A verschwinden. Dies ergibt sich aus der Hom-Dualisierung der kurzen exakten Sequenz

$$0 \longrightarrow C_k(A) \longrightarrow C_k(X) \longrightarrow C_k(X, A) \longrightarrow 0.$$

Schränken wir dann das Kreuzprodukt auf die relativen Gruppen ein, erhalten wir ein Produkt

$$C^k(X, A) \times C^l(Y, B) \longrightarrow C^{k+l}(X \times Y, A \times B).$$

Sie können anhand der Definition ohne Probleme prüfen, dass für $a \in C^k(X, A)$ und $b \in C^l(Y, B)$ das Produkt $a \times b$ auf allen $(k + l)$-Ketten mit Träger in $A \times B$ verschwindet (einfache **Übung**).

Leider ergibt dieses Produkt beim Übergang zu Kohomologiegruppen kein brauchbares Ergebnis. Denken Sie zum Beispiel an berandete Mannigfaltigkeiten wie (D^n, S^{n-1}). Nehmen wir diese Raumpaare, erhielten wir ein Produkt der Form

$$C^k(D^n, S^{n-1}) \times C^l(D^n, S^{n-1}) \longrightarrow C^{k+l}(D^n \times D^n, S^{n-1} \times S^{n-1}),$$

und hier ist $D^n \times D^n \cong D^{2n}$, aber $S^{n-1} \times S^{n-1} \neq \partial D^{2n}$. Der Teilraum des Produkts ist in diesem Fall nicht identisch mit dem Rand der Produktmannigfaltigkeit, was eine große Einschränkung bedeutet. Wünschenswert wäre ein Produkt in die Gruppe $C^{k+l}\big(D^{2n}, (S^{n-1} \times D^n) \cup (D^n \times S^{n-1})\big)$, denn nach der HEEGAARD-Zerlegung (Seite I-510) ist $(S^{n-1} \times D^n) \cup (D^n \times S^{n-1}) \cong \partial D^{2n}$. Übersetzt in den allgemeinen Kontext bräuchten wir also eine bilineare Abbildung

$$C^k(X, A) \times C^l(Y, B) \overset{?}{\longrightarrow} C^{k+l}\big(X \times Y, (A \times Y) \cup (X \times B)\big).$$

Doch dieses Produkt existiert nicht, wie folgende Grafik motiviert (beachten Sie, dass die Löcher in $X \times Y$ kein korrektes Bild eines Produktes zeigen und nur andeuten sollen, dass die Ketten nicht nullhomolog sind).

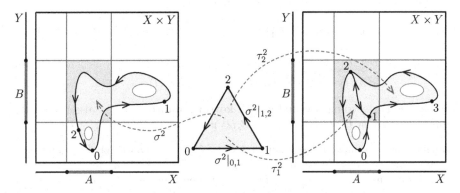

Anhand der Definition von $\times$ erkennen Sie, dass Simplizes wie $\sigma^{k+l} \in C_{k+l}(X \times Y)$ in der obigen Grafik (mit $k, l = 1$) ihren Träger zwar in $(A \times Y) \cup (X \times B)$ haben, aber dennoch im Falle $a \in C^k(X, A)$ und $b \in C^l(Y, B)$

$$
\begin{aligned}
(a \times b)(\sigma^{k+l}) &= \big(p_X^{\#}(a) \smile p_Y^{\#}(b)\big)(\sigma^{k+l}) \\
&= p_X^{\#}(a)(\sigma^{k+l}|_{0,\dots,k}) \cdot p_Y^{\#}(b)(\sigma^{k+l}|_{k,\dots,k+l}) \\
&= a(p_X\sigma^{k+l}|_{0,\dots,k}) \cdot b(p_Y\sigma^{k+l}|_{k,\dots,k+l}) \neq 0
\end{aligned}
$$

sein kann, denn weder $p_X\sigma^{k+l}|_{0,\dots,k}$ muss seinen Träger in A noch $p_Y\sigma^{k+l}|_{k,\dots,k+l}$ seinen in B haben. In der Grafik rechts sehen Sie aber eine zu σ^{k+l} homologe Kette $\tau_1^{k+l} + \tau_2^{k+l}$, deren Summanden $\tau_1^{k+l} = [0,1,2]$ und $\tau_2^{k+l} = [1,3,2]$ ganz in $A \times Y$ oder $X \times B$ liegen. Die obige Rechnung zeigt dann $(a \times b)(\tau_1^{k+l}) = (a \times b)(\tau_2^{k+l}) = 0$, denn jeweils ein Faktor in diesen Produkten muss verschwinden.

Dieses Argument legt nahe, dass man durch den Übergang von Koketten zu Kohomologieklassen eine für viele Anwendungen geeignetere Bilinearform

$$
H^k(X, A) \times H^l(Y, B) \longrightarrow H^{k+l}\big(X \times Y, (A \times Y) \cup (X \times B)\big)
$$

konstruieren könnte. In der Tat erinnert die (modulo Rändern, also in den Homologiegruppen bestehende) Zerlegung $\sigma^{k+l} = \tau_1^{k+l} + \tau_2^{k+l}$ an den Übergang von Ketten zu **kleinen Ketten** beim Ausschneidungssatz (Seite I-264 f).

Es seien dazu $A \subseteq X$ und $B \subseteq Y$ offene Teilmengen, womit $\mathcal{U} = \{A \times Y, X \times B\}$ als offene Überdeckung von $Z = (A \times Y) \cup (X \times B)$ betrachtet werden kann. Die bezüglich $\mathcal{U}$ kleinen Ketten waren gegeben als die Untergruppe

$$
C_{k+l}(Z, \mathcal{U}) = C_{k+l}(A \times Y) + C_{k+l}(X \times B)
$$

von $C_{k+l}(Z)$. Die Inklusionen $i_* : C_*(Z, \mathcal{U}) \hookrightarrow C_*(Z)$ definieren dann einen Kettenhomomorphismus, der bei der Einschränkung auf Zyklen modulo Rändern kanonische Isomorphismen $i_* : H_*(Z, \mathcal{U}) \to H_*(Z)$ induziert (Seite I-266 f).

Zur besseren Orientierung sei der trickreiche Beweis mit der **Methode der azyklischen Modelle**, Seite I-256 f, noch einmal skizziert. Die Methode garantierte zunächst eine Fortsetzung der Identität $C_0(Z) = C_0(Z,\mathcal{U})$ zu einem Kettenhomomorphismus $\psi_* : C_*(Z) \to C_*(Z,\mathcal{U})$ der Form

$$\cdots \xrightarrow{\partial_3} C_2(Z) \xrightarrow{\partial_2} C_1(Z) \xrightarrow{\partial_1} C_0(Z) \xrightarrow{\epsilon} \mathbb{Z} \longrightarrow 0$$

$$\cdots \xrightarrow{\partial_3} C_2(Z,\mathcal{U}) \xrightarrow{\partial_2} C_1(Z,\mathcal{U}) \xrightarrow{\partial_1} C_0(Z,\mathcal{U}) \xrightarrow{\epsilon} \mathbb{Z} \longrightarrow 0 \, .$$

Zwei solche Fortsetzungen ψ und ψ' sind **kettenhomotop**, es gibt also für $k > 0$ Homomorphismen $D : C_*(Z) \to C_{*+1}(Z,\mathcal{U})$ mit $\psi_k(c) - \psi'_k(c) = \partial_{k+1}D + D\partial_k$.

Nun liefern die obigen Inklusionen $i_* : C_*(Z,\mathcal{U}) \hookrightarrow C_*(Z)$ einen Kettenhomomorphismus, der die inverse Identität $\psi_0^{-1} : C_0(Z,\mathcal{U}) \to C_0(Z)$ fortsetzt. Auch hierfür können Sie ein Diagramm bilden wie oben, mit vertauschten Zeilen und den Homomorphismen i_k und i'_k anstelle von ψ_k und ψ'_k.

Schreibt man nun beide Diagramme untereinander – einmal so, dass in den Spalten die Kettenhomomorphismen $i_k\psi_k : C_k(Z) \to C_k(Z)$ stehen und einmal so, dass dort die Kettenhomomorphismen $\psi_k i_k : C_k(Z,\mathcal{U}) \to C_k(Z,\mathcal{U})$ stehen – erkennt man wegen der Eindeutigkeit aller Fortsetzungen modulo Kettenhomotopie, dass $i_*\psi_*$ homotop zu $\mathrm{id}_{C_*(Z)}$ und ψ_*i_* homotop zu $\mathrm{id}_{C_*(Z,\mathcal{U})}$ ist. Daher induzieren die i_* und ψ_* zueinander inverse Isomorphismen zwischen $H_*(Z)$ und $H_*(Z,\mathcal{U})$.

Es ist nun nicht schwierig, die Konstruktion durch Anwendung des Hom-Funktors zu dualisieren. Die Gruppe $C^*(Z,\mathcal{U})$ der $\mathcal{U}$-kleinen Koketten ist dabei die Gruppe der Koketten in $C^*(Z)$, die auf allen Simplizes $\sigma^* : \Delta^* \to Z$ verschwinden, deren Träger nicht in $A \times Y$ oder $X \times B$ enthalten ist, und $i^* : C^*(Z) \to C^*(Z,\mathcal{U})$ ist die **Annullierung** einer Kokette auf allen nicht-$\mathcal{U}$-kleinen Ketten in $C_*(Z)$. Die Methode der azyklischen Modelle funktioniert auch nach der Dualisierung, denn es ist $H^k(M) \cong H^k(M,\mathcal{V}) = 0$ für $k > 0$ auf den zusammenziehbaren Modellen wegen des universellen Koeffiziententheorems und $H_k(M) = H_k(M,\mathcal{V}) = 0$, für alle offene Überdeckungen $\mathcal{V} = f^{-1}(\mathcal{U})$, bei variablen stetigen Abbildungen $f : M \to Z$. Insgesamt induzieren die Einschränkungen $i^* : C^*(Z) \to C^*(Z,\mathcal{U})$ und die Inklusionen $\psi^* : C^*(Z,\mathcal{U}) \to C^*(Z)$ also auch hier zueinander inverse Isomorphismen zwischen $H^k(Z)$ und $H^k(Z,\mathcal{U})$ für alle $k \geq 0$.

Damit kann das Kreuzprodukt auf $H^k(X,A) \times H^l(Y,B)$ wie gewünscht konstruiert werden. Die lange exakte Kohomologiesequenz von $\big(X \times Y, (A \times Y) \cup (X \times B)\big)$ mit der Abkürzung Z wie oben bildet dabei die obere Zeile des Diagramms

$$\longrightarrow H^{k-1}(Z) \xrightarrow{\partial^*} H^k(X \times Y, Z) \xrightarrow{j^*} H^k(X \times Y) \xrightarrow{i^*} H^k(Z) \longrightarrow$$

$$\longrightarrow H^{k-1}(Z,\mathcal{U}) \xrightarrow{\partial^*} H^k(X \times Y, A_Y + X_B) \xrightarrow{j^*} H^k(X \times Y) \xrightarrow{i^*} H^k(Z,\mathcal{U}) \longrightarrow \, .$$

Die untere Zeile kommt von der kurzen exakten Sequenz von Kokettenkomplexen

$$0 \longrightarrow C^*(X \times Y, A_Y + X_B) \longrightarrow C^*(X \times Y) \longrightarrow C^*(A_Y + X_B) \longrightarrow 0 \, .$$

Hierbei steht die Schreibweise $C^*(A_Y + X_B)$ abkürzend für alle Homomorphismen $C_*(X \times Y) \to \mathbb{Z}$, die nur auf Simplizes mit Träger in $A_Y = A \times Y$ oder in $X_B = X \times B$ nicht verschwinden. Die Gruppe auf der linken Seite ist der Quotient $C^*(X \times Y)/C^*(A_Y + X_B)$. Da die ψ^* nach der vorigen Überlegung Isomorphismen sind, gilt dies nach dem Fünferlemma auch für die $\widetilde{\psi}^*$. Das Kreuzprodukt $C^k(X, A) \times C^l(Y, B) \to C^{k+l}(X \times Y, A_Y + X_B)$ induziert damit durch Nachschalten der Isomorphismen $\widetilde{\psi}^*$ das gewünschte **relative Kreuzprodukt**

$$H^k(X, A) \times H^l(Y, B) \xrightarrow{\times} H^{k+l}(X \times Y, A_Y + X_B) \xrightarrow{\widetilde{\psi}^*} H^{k+l}(X \times Y, A_Y \cup X_B).$$

Bevor wir die Konstruktion fortsetzen, machen Sie sich noch einmal bewusst, das dies alles nur mit offenen Teilmengen $A \subseteq X$ und $B \subseteq Y$ möglich war. Speziell für die triviale $\mathcal{V}$-kleine Homologie $H_*(M, \mathcal{V}) = 0$ der azyklischen Modelle M war es essentiell, dass $\mathcal{V} = \{f^{-1}(A_Y), f^{-1}(X_B)\}$ eine offene Überdeckung von M ist, für beliebige stetige Abbildungen $f : M \to Z$ (Seite I-264 ff). Und hierbei entsteht ein Problem, wenn wir CW-Paare (X, A) untersuchen, bei denen niederdimensionale CW-Skelette $A \subset X$ oder $B \subset Y$ nicht offen sind.

Aber es gibt Abhilfe, denn diese Skelette sind Deformationsretrakte von offenen Umgebungen $U_A \subseteq X$ (Seite I-335), also ist $(A \times Y) \cup (X \times B)$ ein Deformationsretrakt von $(U_A \times Y) \cup (X \times U_B)$ und die bekannten Standardtechniken wie lange exakte Sequenzen oder das Fünferlemma zeigen, dass die Inklusionen $A \hookrightarrow U_A$, $B \hookrightarrow U_B$ für $k, l \geq 0$ natürliche Isomorphien $H^k(X, A) \cong H^k(X, U_A)$, $H^l(Y, B) \cong H^l(Y, U_B)$ sowie

$$H^{k+l}\big(X \times Y, (A \times Y) \cup (X \times B)\big) \cong H^{k+l}\big(X \times Y, (U_A \times Y) \cup (X \times U_B)\big)$$

induzieren. Ohne Schwierigkeiten ergibt sich so ein relatives Kreuzprodukt

$$H^k(X^n, X^m) \times H^l(Y^s, Y^r) \xrightarrow{\times} H^{k+l}\big(X^n \times Y^s, (X^m \times Y^s) \cup (X^n \times Y^r)\big)$$

für die Skelettpaare von CW-Komplexen X und Y, wobei $-1 \leq m < n \leq \infty$ und $-1 \leq r < s \leq \infty$ sein kann (für absolute Gruppen wähle man einfach $X^{-1} = \varnothing$ oder $Y^{-1} = \varnothing$).

Damit aber noch nicht genug, wir sind mit den Möglichkeiten zu Verallgemeinerungen noch nicht am Ende. Unser spezielles Interesse für den Rest des Buches gilt den Faserungen $f : X \to B$, speziell über CW-Komplexen B. Der Satz über Pullbackfaserungen bei Deformationsretrakten (Seite 86) garantiert hier, dass die Teilräume $X_* = f^{-1}(B^*)$ und $U_{X_*} = f^{-1}(U_{B^*})$ homotopieäquivalent sind, wenn die offene Menge $U_{B^*} \subseteq B$ auf B^* deformationsretrahiert. Über die zugehörigen Isomorphien in der Kohomologie entsteht so das **relative Kreuzprodukt für Faserungen** $f : X \to B$ über CW-Basen, in der Form

$$H^k(X_n, X_m) \times H^l(X_s, X_r) \xrightarrow{\times} H^{k+l}\big(X_n \times X_s, (X_m \times X_s) \cup (X_n \times X_r)\big),$$

mit $X_* = f^{-1}(B^*)$ und den Indizes $m < n$, $r < s$ wie oben. $\qquad\square$

5.3   Das Kreuzprodukt in der zellulären Kohomologie

Im weiteren Verlauf ist es von Vorteil, das eben definierte Kreuzprodukt auch in der zellulären Kohomologie auszudrücken, das vereinfacht viele Argumente und Konstruktionen signifikant. Es seien dazu $C^p_{\text{cell}}(X) = H^p(X^p, X^{p-1})$ die p-ten zellulären Kokettengruppen eines CW-Komplexes X. Jedes Element in $C^p_{\text{cell}}(X)$ besitzt eine eindeutige Darstellung der Form

$$c^p = \sum_{e^p_\lambda \in X} a_\lambda \widetilde{e}^p_\lambda,$$

wobei die Koeffizienten durch $a_\lambda = c^p(e^p_\lambda)$ bestimmt sind (Seite 130). Die Linearformen $\widetilde{e}^p_\lambda$ sind die Hom-Dualen zu den Basiselementen $e^p_\lambda \in H_p(X^p, X^{p-1})$. Für das zelluläre Kreuzprodukt betrachten wir zunächst das originäre Kreuzprodukt

$$H^k(X^k, X^{k-1}) \times H^l(X^l, X^{l-1}) \overset{\times}{\longrightarrow} H^{k+l}\big(X^k \times X^l, (X^{k-1} \times X^l) \cup (X^k \times X^{l-1})\big)$$

in der singulären Kohomologie. Auch der Raum $X^k \times X^l$ ist ein CW-Komplex, sein p-Skelett ist die Vereinigung aller Zellen $e^i_\lambda \times e^j_\mu$ mit $i + j \leq p$, $i \leq k$ und $j \leq l$, zusammen mit den charakteristischen Abbildungen

$$\Phi^i_\lambda \times \Phi^j_\mu : D^{i+j} = D^i \times D^j \longrightarrow X^k \times X^l,$$

wobei $\partial D^{i+j} = (S^{i-1} \times D^j) \cup (D^i \times S^{j-1})$ in das $(k+l-1)$-Skelett von $X^k \times X^l$ abgebildet wird (Seite 103).

Die zellulären Kokettengruppen $C^p_{\text{cell}}(X^k \times X^l) = H^p\big((X^k \times X^l)^p, (X^k \times X^l)^{p-1}\big)$ enthalten dann die Hom-dualen Elemente zu den Zellen $e^i_\lambda \times e^j_\mu$, für die

$$\widetilde{e^i_\lambda \times e^j_\mu}\big(e^r \times e^s\big) = \widetilde{e}^i_\lambda(e^r) \cdot \widetilde{e}^j_\mu(e^s) = \begin{cases} 1 & \text{für } e^r = e^i_\lambda \text{ und } e^s = e^j_\mu, \\ 0 & \text{sonst} \end{cases}$$

gilt, wobei alle Produktzellen $e^r \times e^s \in (X^k \times X^l)^p$ zugelassen sind. Dazu kurz als Wiederholung: Gemäß der Homologie guter Raumpaare (Seite I-277) haben wir

$$H_k(X^k, X^{k-1}) \cong H_k(X^k/X^{k-1}) \cong H_k\left(\bigvee_{e^k_\lambda \in X} S^k_\lambda\right) = \bigoplus_{e^k_\lambda \in X} \mathbb{Z},$$

mit den Generatoren $[e^k_\lambda]$. Die Klassen $[e^k_\lambda]$ haben als kubisch singuläre Ketten in $C_k(X^k)$ Repräsentanten der Form $\tau^k_\lambda = \Phi^k_\lambda : I^k \cong D^k \to X^k$, wobei Φ^k_λ die charakteristische Abbildung der Zelle e^k_λ ist und ein natürlicher Homöomorphismus $I^k \to D^k$ gewählt wird (zum Beispiel die radiale Projektion auf eine Sphäre um den Mittelpunkt von I^k, siehe Seite 41 f). In der Tat entsteht durch Nachschaltung der Quotientenabbildung $X^k \to X^k/X^{k-1}$ aus τ^k_λ der $\mathbb{Z}$-Generator $[\tau^k_\lambda]$ in $H_k(X^k, X^{k-1})$.

Die dualen Elemente $\widetilde{e}^k_\lambda$ bilden τ^k_λ auf 1 ab und alle anderen singulären k-Simplizes $\sigma : I^k \to X$ auf 0. Dito für $\tau^l_\mu = \Phi^l_\mu : I^l \cong D^l \to X^l$ und $\widetilde{e}^l_\mu$.

Der Generator $[e_\lambda^k \times e_\mu^l] \in H_{k+l}\big(X^k \times X^l, (X^{k-1} \times X^l) \cup (X^k \times X^{l-1})\big)$ hat dann den natürlichen Repräsentanten $\tau_\lambda^k \times \tau_\mu^l : D^{k+l} \to X^k \times X^l$, und eine einfache Überprüfung der Definitionen ergibt für das externe Kreuzprodukt die Rechnung $\big(\widetilde{e}_\lambda^k \times \widetilde{e}_\mu^l\big)(\sigma) = \big(p_k^\#(\widetilde{e}_\lambda^k) \smile p_l^\#(\widetilde{e}_\mu^l)\big)(\sigma) = \widetilde{e}_\lambda^k(p_k\sigma|_{0,\ldots,k}) \cdot \widetilde{e}_\mu^l(p_l\sigma|_{k,\ldots,k+l})$, für alle singulären $(k+l)$-Simplizes $\sigma : I^k \times I^l \to X^k \times X^l$, wobei p_k und p_l die Projektionen $X^k \times X^l \to X^k$ und $X^k \times X^l \to X^l$ sind. Die rechte Seite ist 1 im Fall $\sigma = \tau_\lambda^k \times \tau_\mu^l$, sonst 0, weil hier in der kubischen Homologie $p_k\sigma|_{0,\ldots,k} = \tau_\lambda^k$ und $p_l\sigma|_{k,\ldots,k+l} = \tau_\mu^l$ ist. So ergeben sich die suggestiven Formeln

$$\widetilde{e}_\lambda^k \times \widetilde{e}_\mu^l = \widetilde{e_\lambda^k \times e_\mu^l} \quad \text{und für die Klassen} \quad [\widetilde{e}_\lambda^k] \times [\widetilde{e}_\mu^l] = \big[\widetilde{e_\lambda^k \times e_\mu^l}\big].$$

Das Kreuzprodukt zwischen den zellulären Kokettengruppen bildet also ein Produkt von (Ko-)Zellen auf die entsprechenden (Ko-)Produktzellen ab. Es ist übrigens eine lohnende kleine **Übung** zu zeigen, dass der zelluläre Korandoperator (die Hom-Dualisierung des zellulären Randoperators, Seite 130) auch die LEIBNIZ-Regel erfüllt: $\delta(a \times b) = \delta a \times b + (-1)^{|a|} a \times \delta b$.

Hier tut sich nun eine spannende Frage auf (die Antwort wird uns später ermöglichen, in den Spektralsequenzen virtuos hin und her zu rechnen). In der singulären Kohomologie gab es einen einfachen Zusammenhang zwischen dem Kreuzprodukt und dem Cup-Produkt (Seite 131): Mit der Diagonalen $\Delta : X \to X \times X$ gilt die Formel $\alpha \smile \beta = \Delta^*(\alpha \times \beta)$, für alle $\alpha \in H^k(X)$ und $\beta \in H^l(X)$. Gibt es einen ähnlichen Zusammenhang auch in der zellulären Kohomologie? Die Antwort ist ja, allerdings müssen wir hierfür etwas ausholen und den Isomorphismus $H^k(X) \to H^k_{\text{cell}}(X)$ explizit angeben.

Es sei dazu $\alpha \in H^k(X)$ repräsentiert durch $z_\alpha \in C^k(X)$ und $a_\lambda = z_\alpha(\tau_\lambda^k) \in \mathbb{Z}$ für den zu e_λ^k gehörigen Generator $\tau_\lambda^k \in H^k(X^k, X^{k-1})$, aufgefasst als (kubisch) singuläres Simplex in $C_k(X)$. Beachten Sie, dass a_λ nur von dem Kozyklus z_α abhängt, nicht aber von der Wahl der charakteristischen Abbildung von e_λ^k, denn zwei auf diese Weise konstruierte τ_λ^k und $\tau_\lambda'^k$ sind als singuläre k-Simplizes homolog (elementare **Übung**), weswegen in der Tat

$$z_\alpha(\tau_\lambda^k) - z_\alpha(\tau_\lambda'^k) = z_\alpha(\tau_\lambda^k - \tau_\lambda'^k) = z_\alpha(\partial \tau^{k+1}) = \delta z_\alpha(\tau^{k+1}) = 0$$

ist (beachten Sie $\delta z_\alpha = 0$). Die formale Summe $a = \sum_\lambda a_\lambda[\widetilde{e}_\lambda^k]$ in der zellulären Gruppe $C^k_{\text{cell}}(X) = H^k(X^k, X^{k-1})$ repräsentiert dann eine Klasse $[a] \in H^k_{\text{cell}}(X)$, die bei der Isomorphie $H^k(X) \cong H^k_{\text{cell}}(X)$ dem Element α entspricht, vergleichen Sie dazu die einschlägige Literatur zum zellulären (Ko-)Randoperator oder die Ausführungen auf Seite I-359. Die gleiche Überlegung für $\beta \in H^l(X)$ führt auf die Summe $b = \sum_\mu b_\mu[\widetilde{e}_\mu^l]$ als Kozyklus in $C^l_{\text{cell}}(X) = H^l(X^l, X^{l-1})$. Damit ist

$$a \times b = \sum_{e_\lambda^k, e_\mu^l \in X} a_\lambda b_\mu[\widetilde{e}_\lambda^k \times \widetilde{e}_\mu^l] = \sum_{e_\lambda^k, e_\mu^l \in X} a_\lambda b_\mu \big[\widetilde{e_\lambda^k \times e_\mu^l}\big]$$

ein Element der Gruppe $H^{k+l}\big(X^k \times X^l, (X^{k-1} \times X^l) \cup (X^k \times X^{l-1})\big)$, gemäß der Definition des relativen (singulären) Kreuzproduktes (Seite 135). Wir fragen uns dann zunächst, wie dieses Produkt mit $\alpha \times \beta \in H^{k+l}(X \times X)$ zusammenhängt.

Da es auch in der Kohomologie einen Ausschneidungssatz gibt (Seite I-478, der Beweis ergibt sich durch Hom-Dualisierung und das universelle Koeffiziententheorem aus dem entsprechenden Satz für die Homologie, **Übung**) und da von der Dimension benachbarte Skelette gute Raumpaare sind, ist

$$H^{k+l}\big(X^k \times X^l, (X^{k-1} \times X^l) \cup (X^k \times X^{l-1})\big) \;\cong$$

$$H^{k+l}\big(X^k \times X^l / (X^{k-1} \times X^l) \cup (X^k \times X^{l-1})\big) \;\cong\; \prod_{e_\lambda^k, e_\mu^l \in X} H^{k+l}\big(D_{\lambda\mu}^{k+l}, S_{\lambda\mu}^{k+l-1}\big)$$

und dieses Produkt auf natürliche Weise enthalten in

$$\prod_{e_\lambda^i, e_\mu^j \in X \,,\, i+j=k+l} H^{k+l}\big(D_{\lambda\mu}^{i+j}, S_{\lambda\mu}^{i+j-1}\big) \;\cong\; H^{k+l}\big((X \times X)^{k+l}, (X \times X)^{k+l-1}\big).$$

Verknüpft mit dieser Inklusion kann das Kreuzprodukt damit als antikommutative Bilinearform

$$\times_{\text{cell}} : C_{\text{cell}}^k(X) \times C_{\text{cell}}^l(X) \;\longrightarrow\; C_{\text{cell}}^{k+l}(X \times X)$$

aufgefasst werden, auf den Koketten durch lineare Fortsetzung der Zuordnung $(\widetilde{e}_\lambda^k, \widetilde{e}_\mu^l) \mapsto \widetilde{e_\lambda^k \times e_\mu^l}$ gegeben. Bei diesem Kreuzprodukt ist nach der LEIBNIZ-Regel auch $a \times b$ ein zellulärer Kozyklus, denn es waren a und b zelluläre Kozyklen. Direkt aus den Definitionen, durch Anwendung auf die Generatoren $\widetilde{e}_\lambda^k \times \widetilde{e}_\mu^l$ von $C_{\text{cell}}^{k+l}(X \times X)$, ergibt sich damit, dass die Klasse $[a \times_{\text{cell}} b]_{\text{cell}}$ bei der Isomorphie $H_{\text{cell}}^{k+l}(X \times X) \cong H^{k+l}(X \times X)$ dem Element $\alpha \times \beta \in H^{k+l}(X \times X)$ entspricht.

Kommen wir nun zum Cup-Produkt. In der singulären Kohomologie war dies die Anwendung von Δ^* auf dem Kreuzprodukt: $\Delta^*(\alpha \times \beta) = \alpha \smile \beta$. In der zellulären Kohomologie entsteht hierbei das Problem, dass die Diagonale $\Delta : X \to X \times X$, $x \mapsto (x, x)$, keine zelluläre Abbildung ist. So wird das $(k+l)$-Skelett von X nicht in das $(k+l)$-Skelett von $X \times X$ abgebildet, sondern in das $2(k+l)$-Skelett.

Es sei dann $\widetilde{\Delta}$ eine zelluläre Approximation (Seite I-339) von Δ. Damit ist in der singulären Kohomologie für $a \in H^k(X^k, X^{k-1})$ und $b \in H^l(X^l, X^{l-1})$

$$\widetilde{\Delta}^*(a \times_{\text{cell}} b) \in H^{k+l}(X^{k+l}, X^{k+l-1}) = C_{\text{cell}}^{k+l}(X)$$

und das kommutative Diagramm

$$
\begin{array}{ccccc}
H^k(X) \times H^l(X) & \xrightarrow{\quad\times\quad} & H^{k+l}(X \times X) & \xrightarrow{\;\widetilde{\Delta}^* = \Delta^*\;} & H^{k+l}(X) \\[4pt]
{\scriptstyle\cong}\big\downarrow{\scriptstyle\cong} & & \big\downarrow{\scriptstyle\cong} & & \big\downarrow{\scriptstyle\cong} \\[4pt]
H_{\text{cell}}^k(X) \times H_{\text{cell}}^l(X) & \xrightarrow{\;\times_{\text{cell}}\;} & H_{\text{cell}}^{k+l}(X \times X) & \xrightarrow{\;[\widetilde{\Delta}^*]_{\text{cell}}\;} & H_{\text{cell}}^{k+l}(X)
\end{array}
$$

zeigt wegen $\widetilde{\Delta}^* = \Delta^*$ in der oberen (singulären) Zeile, dass die zelluläre Klasse

$$\big[\widetilde{\Delta}^*(a \times_{\text{cell}} b)\big]_{\text{cell}} \in H_{\text{cell}}^{k+l}(X)$$

bei Anwendung des kanonischen Isomorphismus in der rechten Spalte dem Element $\widetilde{\Delta}^*(\alpha \times \beta) = \Delta^*(\alpha \times \beta) = \alpha \smile \beta \in H^{k+l}(X)$ entspricht. Halten wir dieses Ergebnis fest (beachten Sie, dass es nicht für Koketten gilt, da die zelluläre Diagonale $\widetilde{\Delta}^*$ von Auswahlen abhängt).

Definition und Satz (zelluläres Cup-Produkt)

In der obigen Situation induziert das zelluläre Kreuzprodukt

$$\times_{\mathrm{cell}} : C_{\mathrm{cell}}^k(X) \times C_{\mathrm{cell}}^l(X) \longrightarrow C_{\mathrm{cell}}^{k+l}(X)$$

zusammen mit einer zellulären Diagonalen $\widetilde{\Delta}^*$ das **zelluläre Cup-Produkt**

$$\smile_{\mathrm{cell}} : H_{\mathrm{cell}}^k(X) \times H_{\mathrm{cell}}^l(X) \longrightarrow H_{\mathrm{cell}}^{k+l}(X), \quad \big([a],[b]\big) \mapsto \big[\widetilde{\Delta}^*(a \times_{\mathrm{cell}} b)\big]_{\mathrm{cell}}.$$

Bezüglich der kanonischen Isomorphien $H_{\mathrm{cell}}^*(X) \cong H^*(X)$ entspricht das zelluläre Cup-Produkt dem singulären Cup-Produkt. $\qquad\square$

5.4 Die Homologie und Kohomologie von Produkträumen

Abschließend noch einige spezielle Resultate zur (Ko-)Homologie von Produkten, für die meist in Grundlagenvorlesungen zu wenig Zeit bleibt. Wir werden im nächsten Kapitel sehen, dass sich Faserungen $F \to E \to B$ über CW-Komplexen homologisch über den Zellen von B als Produkte $e_\lambda^k \times F$ interpretieren lassen (Seite 170 ff). Wenn wir dann auf die hier vorgestellten Ergebnisse zurückgreifen können, fällt es leichter, den Überblick zu bewahren und zügiger vorzugehen. Auch können wir dadurch, quasi als Motivation, einen ersten Blick auf das algebraische Räderwerk der Spektralsequenzen werfen.

In der Homologie gibt es für Produkträume den Satz von EILENBERG-ZILBER, der die Kettenkomplexe von $X \times Y$ über das Tensorprodukt $C_*(X) \otimes C_*(Y)$ mit den Kettenkomplexen der einzelnen Faktoren in Verbindung bringt und hier der Vollständigkeit halber kurz in Erinnerung gebracht sei.

Definition (Produkt von Kettenkomplexen topologischer Räume)

Für zwei topologische Räume X, Y und deren singuläre Kettenkomplexe $C_*(X)$ und $C_*(Y)$ sei das **Tensorprodukt** der Komplexe definiert als

$$C_*(X) \otimes C_*(Y) = \left(\bigoplus_{i+j=n} C_i(X) \otimes C_j(Y), \partial_n \right)_{n \in \mathbb{N}},$$

wobei für $u^i \in C_i(X)$ und $v^j \in C_j(Y)$ der Randoperator durch lineare Fortsetzung der Vorschrift $\partial(u^i \otimes v^j) = \partial u^i \otimes v^j + (-1)^i u^i \otimes \partial v^j$ festgelegt ist.

Satz (Homologie eines Produktes, Eilenberg-Zilber)

Mit den obigen Bezeichnungen ergeben der Kettenkomplex $C_*(X \times Y)$ und das Tensorprodukt $C_*(X) \otimes C_*(Y)$ isomorphe Homologiegruppen.

Der **Beweis** verwendet die kubische Homologie und den Kettenhomomorphismus $\varphi : C_*(X) \otimes C_*(Y) \to C_*(X \times Y)$ mit $u^i \otimes v^j \mapsto u^i \times v^j$, zusammen mit der Methode der azyklischen Modelle (Seite I-307 f). $\qquad(\square)$

Der Satz von EILENBERG-ZILBER entfaltet seine volle Kraft im Zusammenspiel mit der KÜNNETH-Formel (Seite I-217), mit der die Verbindung der Homologie eines Tensorproduktes $C_*(X) \otimes C_*(Y)$ zur Homologie der beiden Faktoren $C_*(X)$ und $C_*(Y)$ hergestellt wird.

Satz (Künneth-Formel für die Homologie)
Mit den obigen Bezeichnungen gibt es für alle $n \in \mathbb{N}$ eine in den Räumen X und Y funktorielle, spaltende exakte Sequenz

$$0 \;\longrightarrow\; \bigoplus_{i+j=n} H_i(X) \otimes H_j(Y) \;\longrightarrow\; H_n\big(C_*(X) \otimes C_*(Y)\big) \;\longrightarrow\;$$

$$\longrightarrow\; \bigoplus_{i+j=n-1} \mathrm{Tor}\big(H_i(X), H_j(Y)\big) \;\longrightarrow\; 0\,.$$

Wichtig in dem rein algebraisch geführten **Beweis** (Seite I-217 f) ist übrigens, dass die Kettengruppen frei abelsch sind (also eine Basis haben). $\qquad(\Box)$

Da wir hier ein wenig in das nächste Kapitel vorausschauen, verwenden wir am besten gleich die dortigen, für Spektralsequenzen üblichen Bezeichnungen. Es sei hierfür B ein CW-Komplex und

$$E = B \times F \;\xrightarrow{f}\; B\,, \quad (b,x) \mapsto b\,,$$

die triviale Faserung mit einer beliebigen Faser $F = f^{-1}(b_0)$. Wir schreiben dann die KÜNNETH-Formel der beiden Komplexe $C_*^{\mathrm{cell}}(B) \otimes C_*(F)$ und $C_*(B) \otimes C_*(F)$ untereinander und verbinden die sich entsprechenden Gruppen mit Isomorphismen. So erkennen Sie, dass der Kettenhomomorphismus

$$\tau \otimes \mathbb{1} : C_*^{\mathrm{cell}}(B) \otimes C_*(F) \;\longrightarrow\; C_*(B) \otimes C_*(F)\,, \quad e_\lambda^k \otimes c_F \mapsto \tau_\lambda^k \otimes c_F\,,$$

einen Isomorphismus $(\tau \otimes \mathbb{1})_* : H_k\big(C_*^{\mathrm{cell}}(B) \otimes C_*(F)\big) \to H_k\big(C_*(B) \otimes C_*(F)\big)$ induziert, wobei das singuläre Simplex $\tau_\lambda^k : I^k \to B$ mit der obigen Konstruktion aus der Zelle e_λ^k gewonnen wurde (Seite 41, und wenn Sie weitere Hilfe benötigen, beachten Sie die zugehörige **Übung** mit Hinweisen). Mit dem Homomorphismus $\varphi : C_*(B) \otimes C_*(F) \to C_*(B \times F)$ aus dem Satz von EILENBERG-ZILBER ergeben sich dann über die Komposition $\varphi(\tau \otimes \mathbb{1}) : C_*^{\mathrm{cell}}(B) \otimes C_*(F) \to C_*(B \times F)$ die natürlichen Isomorphismen

$$\varphi^*(\tau \otimes \mathbb{1})^* : H_k\big(C_*^{\mathrm{cell}}(B) \otimes C_*(F)\big) \to H_k(B \times F)$$

für alle $k \geq 0$.

So weit, so gut – Sie fragen sich jetzt vielleicht, was hier eigentlich geschehen ist. Das Resultat entspricht dem bekannten Satz über die Homologie von Produkträumen, bei dem lediglich der Komplex $C_*(B)$ durch den (viel kleineren) zellulären Kettenkomplex $C_*^{\mathrm{cell}}(B)$ ersetzt wurde. Was in aller Welt ist daran besonders? Nun denn, die scheinbar kleine Modifikation hat weitreichende Konsequenzen, wenn man zu relativen Gruppen übergeht, wie in der folgenden Beobachtung getan.

Beobachtung

Für ein CW-Paar (B, A) induziert $C_*^{\text{cell}}(B, A) \otimes C_*(F) \xrightarrow{\tau_\# \otimes \mathbb{1}} C_*(B, A) \otimes C_*(F)$ einen Isomorphismus

$$(\tau_\# \otimes \mathbb{1})_* : H_k\big(C_*^{\text{cell}}(B, A) \otimes C_*(F)\big) \longrightarrow H_k(B \times F, A \times F).$$

Beweis: Dies folgt aus den (untereinander stehenden, durch Pfeile verbundenen) langen exakten Homologiesequenzen für (B, A) und dem Fünferlemma. $\square$

Wendet man die Beobachtung auf das CW-Paar (B^p, B^{p-1}) an, wobei hier (schon vorausschauend wie bei Spektralsequenzen üblich) die Dimension mit dem Buchstaben p benannt ist, erhält man den Isomorphismus

$$(\tau_\# \otimes \mathbb{1})_* : H_k\big(C_*^{\text{cell}}(B^p, B^{p-1}) \otimes C_*(F)\big) \to H_k\big(B^p \times F, B^{p-1} \times F\big).$$

Der zelluläre Kettenkomplex $C_*^{\text{cell}}(B^p, B^{p-1})$ hat nun die sehr einfache Form

$$\ldots \xrightarrow{\partial} 0 \xrightarrow{\partial} 0 \xrightarrow{\partial} 0 \xrightarrow{\partial} C_p^{\text{cell}}(B^p, B^{p-1}) \xrightarrow{\partial} 0 \xrightarrow{\partial} 0 \xrightarrow{\partial} \ldots,$$

womit das Tensorprodukt $C_*^{\text{cell}}(B^p, B^{p-1}) \otimes C_*(F)$ an der Stelle k nur aus dem Summanden $C_p^{\text{cell}}(B^p, B^{p-1}) \otimes C_{k-p}(F)$ besteht und der Randoperator die Form

$$\partial(u^p \otimes v^{k-p}) = \partial u^p \otimes v^{k-p} + (-1)^p u^p \otimes \partial v^{k-p} = (-1)^p u^p \otimes \partial v^{k-p}$$

annimmt. Beachten Sie $\partial u^p = 0$, denn wir betrachten relative zelluläre Ketten. Diese bestehen aus Zellen, die quasi alle an einem einzigen Punkt angeheftet und daher nicht berandet sind. Die Homologie des Produktes ergibt sich damit als

$$H_k\big(C_*^{\text{cell}}(B^p, B^{p-1}) \otimes C_*(F)\big) \cong C_p^{\text{cell}}(B^p, B^{p-1}) \otimes H_{k-p}(F),$$

denn der Randoperator reicht die Faktoren u^p bis auf ein Vorzeichen identisch durch und wirkt nur auf den singulären Ketten v^{k-p}. Insgesamt folgt mit der Beobachtung ein natürlicher Isomorphismus

$$\Psi : C_p^{\text{cell}}(B^p, B^{p-1}) \otimes H_{k-p}(F) \longrightarrow H_k\big(B^p \times F, B^{p-1} \times F\big).$$

Und die Möglichkeiten sind noch nicht erschöpft, wir können weiter konstruieren: Mit $E_p = f^{-1}(B^p) = B^p \times F$, $p \geq 0$, erhält auch das Produkt $E = B \times F$ eine Filtrierung, ähnlich zu den zellulären Skeletten von B, und damit haben wir

$$H_k(E_p, E_{p-1}) \cong C_p^{\text{cell}}(B^p, B^{p-1}) \otimes H_{k-p}(F) \cong C_p^{\text{cell}}(B) \otimes H_{k-p}(F)$$

$$\cong C_p^{\text{cell}}\big(B; H_{k-p}(F)\big).$$

Eine bemerkenswerte Beziehung. Die triviale Faserung $E = B \times F \to B$ erlaubt es offensichtlich, für $k \geq 0$ die relativen Homologiegruppen $H_k(E_p, E_{p-1})$ als zelluläre Homologiegruppen von B mit Koeffizienten in der Gruppe $H_{k-p}(F)$ zu interpretieren (formal ist diese Isomorphie übrigens auch für $k < p$ gültig und besagt dann wegen $H_{k-p}(F) = 0$, dass auch $H_k(E_p, E_{p-1}) = 0$ verschwindet).

Für zusammenhängende Fasern F und $k = p$ gilt $H_p(E_p, E_{p-1}) \cong C_p^{\text{cell}}(B)$, was unmittelbar die Frage aufwirft, ob man die Gruppen $H_k(E_p, E_{p-1})$ auf ähnliche Weise in einen „zellulären", oder besser gesagt: **faserzellulären** Kettenkomplex einbinden kann wie beim zellulären Kettenkomplex, nur eben mit komplizierteren Koeffizientengruppen.

Tatsächlich ist das möglich – und gleichzeitig ein erster Vorgeschmack auf die Spektralsequenzen im nächsten Kapitel. Wir betrachten dazu in Anlehnung an den zellulären Kettenkomplex das Diagramm

$$\begin{array}{ccccccc}
\boldsymbol{H_{p+1}(E_p, E_{p-1})} & \xrightarrow{\partial_{p,1}} & \boldsymbol{H_p(E_{p-1})} & \xrightarrow{j_*} & H_p(E_{p-1}, E_{p-2}) & \xrightarrow{\partial_{p-1,1}} & H_{p-1}(E_{p-2}) \\
& & \downarrow{\scriptstyle i_*} & & & & \downarrow{\scriptstyle i_*} \\
H_{p+1}(E_{p+1}, E_p) & \xrightarrow{\partial_{p+1,0}} & \boldsymbol{H_p(E_p)} & \xrightarrow{j_*} & \boldsymbol{H_p(E_p, E_{p-1})} & \xrightarrow{\partial_{p,0}} & \boldsymbol{H_{p-1}(E_{p-1})} \ ,
\end{array}$$

bei dem in der unteren Zeile die Analogie zum zellulären Kettenkomplex erkennbar ist (Seite 38). Denken Sie sich das Diagramm jetzt zeilenweise nach oben fortgesetzt (dabei entstehen nach p Zeilen in dem Ausschnitt nur noch triviale Gruppen, wegen $E_k = \varnothing$ für $k < 0$). Nach unten wäre die Fortsetzung theoretisch auch möglich, jedoch stehen dort nur Nullabbildungen, denn die relativen Gruppen verschwinden. Beachten Sie, dass beim zellulären Komplex (im Fall $F = \{pt\}$ und $E_p \cong B^p$) alle Zeilen außer der unteren trivial wären – für beliebige Fasern F ist dies jedoch nicht der Fall wegen $H_k(E_p, E_{p-1}) \cong C_p^{\text{cell}}\big(B; H_{k-p}(F)\big)$.

In dem Diagramm ist eine Treppenstufe fett hervorgehoben, das ist ein Ausschnitt der langen exakten Homologiesequenz für das Paar (E_p, E_{p-1}). Auch hier bilden die Zeilen einen Komplex und ermöglichen die Definition von Randoperatoren

$$d_{p,q} = j_* \partial_{p,q} : H_{p+q}(E_p, E_{p-1}) \longrightarrow H_{(p-1)+q}(E_{p-1}, E_{p-2})$$

für $p, q \geq 0$. In der oberen Zeile des Diagramms können Sie an den linken drei Gruppen den Randoperator $d_{p,1}$ ablesen, rechts davon den Anfang von $d_{p-1,1}$ und in der unteren Zeile $d_{p+1,0}$ sowie rechts davon den Anfang von $d_{p,0}$. Machen Sie sich in ein paar ruhigen Minuten die Logik der Indizierung klar. Der Index p wächst in den Spalten nach unten und q nach oben, sodass $p + q$ in den Spalten konstant ist. Ferner ist q in jeder Zeile konstant und p nimmt nach rechts ab.

Es ist nun bemerkenswert (wenn auch nicht allzu überraschend), dass die Randoperatoren $d_{p,q}$ mit den obigen Isomorphismen

$$\Psi : C_p^{\text{cell}}(B) \otimes H_q(F) \longrightarrow H_{p+q}(E_p, E_{p-1})$$

und dem mit der Identität $\mathbb{1}_q$ auf $H_q(F)$ tensorierten zellulären Randoperator

$$\partial_p^{\text{cell}} \otimes \mathbb{1}_q : C_p^{\text{cell}}(B) \otimes H_q(F) \longrightarrow C_{p-1}^{\text{cell}}(B) \otimes H_q(F)$$

verträglich sind im Sinne der Gleichung $\partial_p^{\text{cell}} \otimes \mathbb{1}_q = \Psi^{-1} d_{p,q} \Psi$. Dazu beobachten wir zunächst, dass der Operator $d_{p,q} : H_{p+q}(E_p, E_{p-1}) \to H_{(p-1)+q}(E_{p-1}, E_{p-2})$ auf Ebene von relativen Zyklen $c_{p+q} \in C_{p+q}(E_p, E_{p-1})$ durch $j_\# \partial c_{p+q}$ gegeben ist, also den homologischen Rand ∂c_{p+q} zusammen mit der Restklassenbildung modulo $C_{(p-1)+q}(E_{p-2})$.

Für eine Darstellung von $\Psi(\partial_p^{\text{cell}} \otimes \mathbb{1}_q)\Psi^{-1}$ sei $u = \sum_\lambda \tau_\lambda^p \in C_p^{\text{cell}}(B)$ eine zelluläre Kette (wieder mit $\tau_\lambda^p : I^p \to B$ für e_λ^p, Seite 41 f) und $v = \sum_\mu \sigma_\mu^q \in C_q(F)$ ein repräsentierender Zyklus von $[v] \in H_q(F)$. Dann ist für singuläre Ketten

$$\Psi(u \otimes v) = (u,v) : I^p \times I^q \longrightarrow B^p \times F = E_p, \quad (s,t) \mapsto \sum_{\lambda,\mu} \left(\tau_\lambda^p(s), v_\mu(t)\right)$$

eine kubisch singuläre $(p+q)$-Kette mit Rand

$$\partial(u,v) = (\partial u, v) + (-1)^p (u, \partial v) = (\partial u, v),$$

nach der LEIBNIZ-Regel und $\partial v = 0$. Damit gilt für die modulo $C_{(p-1)+q}(E_{p-2})$ relativen Ketten stets $j_\# \partial(u,v) = j_\#(\partial^{\text{cell}} u, v) = (j_\#^{\text{cell}} \partial^{\text{cell}} u, v)$, beachten Sie dazu für B die Annahme eines zellensingulären Aufbaus (Seite 41 f), der die Identifikation $\partial = \partial^{\text{cell}}$ ermöglicht. Die zweite Gleichung folgt, weil v identisch durchgereicht wird und die Restklassenbildung modulo E_{p-2} nur im ersten Faktor stattfindet, also klassisch zellulär modulo B^{p-2}.

Bildet man dann $\Psi^{-1}(j_\#^{\text{cell}} \partial^{\text{cell}} u, v)$ auf Kettenebene, ergibt sich

$$(j_\#^{\text{cell}} \partial^{\text{cell}} u) \otimes v \in C_{p-1}^{\text{cell}}(B) \otimes H_q(F),$$

und dies ist nichts anderes als $(\partial_p^{\text{cell}} \otimes \mathbb{1}_q)(u,v)$. Es folgt unmittelbar die

---

Beobachtung

In der obigen Situation lauten für alle $q \geq 0$ die Homologiegruppen der faser-zellulären Kettenkomplexe $\left(H_{*+q}(E_*, E_{*-1}), d_{*,q}\right) = \left(C_{*+q}^{\text{fcell}}(E), d_{*,q}\right)$

$$H_{p+q}\left(C_{*+q}^{\text{fcell}}(E)\right) \cong H_p\left(B; H_q(F)\right). \qquad \Box$$

Das ist er also, der erste Pfeiler im gewaltigen Tempelbau der Spektralsequenzen. Im nächsten Kapitel beweisen wir dies (unter bestimmten Voraussetzungen an B) für allgemeine Faserungen $E \to B$.

Dies alles benötigt jedoch noch einen großen algebraischen Apparat. In der Tat sind Spektralsequenzen wegen ihrer Komplexität gefürchtet. Das zeigen Zitate wie

> *Spectral sequences are among the most feared and most complicated of mathematical objects.* (J. McCLEARY, [71])

> *The words „spectral sequence" strike fear into the hearts of many hardened mathematicians.* (M. HUTCHINGS, [58])

> *They have a reputation for being abstruse and difficult. It has been suggested that the name „spectral" was given because, like spectres, spectral sequences are terrifying, evil, and dangerous.* (R. VAKIL, [107])

Es gibt aber auch Aussagen wie

> *But once the initial hurdle of „believing in" spectral sequences is surmounted, one cannot help but be amazed at their power.* (A. HATCHER, [39])

Und über die obige Formel

$$H_{p+q}\big(C^{\mathrm{fcell}}_{*+q}(B \times F)\big) \;\cong\; H_p\big(B; H_q(F)\big)\,,$$

mit der gewöhnungsbedürftigen Koeffizientengruppe $H_q(F)$, schreibt HATCHER

> *One can begin to feel comfortable with spectral sequences when this formula no longer looks bizarre.* (A. HATCHER, [39])

Nun denn, vielleicht hilft es Ihnen ja, die Hürden im nächsten Kapitel leichter zu nehmen, wenn sich einige grundlegende Konzepte schon hier, vor der konkreten algebraischen Umsetzung, ein wenig gefestigt haben.

Produkträume und Kohomologie

Nun aber zur Kohomologie – dem eigentlichen Hauptthema dieses Kapitels (und beim genauen Hinsehen auch des gesamten Buches). Hier wollen wir analoge Aussagen gewinnen wie in der Homologie, sind aber schon zu Beginn mit einem Hindernis konfrontiert: Der Satz von EILENBERG-ZILBER lässt sich nicht ohne Einschränkung auf die Kohomologie übertragen. Der Grund dafür ist, dass singuläre Kokettengruppen nicht frei abelsch sind (in den nichttrivialen Fällen). Es gibt aber eine Spezialisierung im Zusammenspiel mit der zellulären Kohomologie, die eine solche Übertragung dennoch erlaubt.

Satz (Eilenberg-Zilber in der Kohomologie)
Es sei B ein kompakter CW-Komplex, F beliebig und $p \geq 0$. Dann induziert der Kettenhomomorphismus

$$f^{\#} : C^*\big(B \times F\big) \;\longrightarrow\; \mathrm{Hom}\big(C^{\mathrm{cell}}_*(B) \otimes C_*(F), \mathbb{Z}\big)$$

als Hom-Dualisierung der Komposition

$$f_{\#} : C^{\mathrm{cell}}_*(B) \otimes C_*(F) \;\longrightarrow\; C_*(B) \otimes C_*(F) \;\longrightarrow\; C_*(B \times F)$$

aus den Homomorphismen $\tau_{\#} : C^{\mathrm{cell}}_*(B) \to C_*(B)$ von früher (Seite 41) und $C_*(B) \otimes C_*(F) \to C_*(B \times F)$ aus dem Satz von EILENBERG-ZILBER, für alle $k \geq 0$ einen Isomorphismus

$$f^* : H^k\big(B \times F\big) \;\longrightarrow\; H_k\big(C^*_{\mathrm{cell}}(B) \otimes C^*(F)\big)\,.$$

Der **Beweis** nutzt den zellulären Kettenkomplex von B, der wegen der Kompaktheit von B aus endlich erzeugten frei abelschen Kettengruppen $C^{\mathrm{cell}}_k(B)$ besteht. Der Kettenhomomorphismus $\tau_{\#} : C^{\mathrm{cell}}_*(B) \to C_*(B)$, der e^*_λ auf ein kubisch singuläres Simplex $\tau^*_\lambda : I^* \to B$ abbildet, induziert einen Isomorphismus der Homologiegruppen dieser Komplexe: $H^{\mathrm{cell}}_*(B) \cong H_*(B)$.

Die Funktorialität der KÜNNETH-Formel (Seite 140) garantiert, dass der Homomorphismus $\tau_{\#} \otimes \mathbb{1} : C^{\mathrm{cell}}_*(B) \otimes C_*(F) \to C_*(B) \otimes C_*(F)$ ebenfalls einen Isomorphismus der Homologiegruppen induziert (schreiben Sie die KÜNNETH-Sequenzen untereinander und verbinden sie mit den Pfeilen τ_* und $\mathbb{1}$, **Übung**).

Komponiert mit $C_*(B) \otimes C_*(F) \to C_*(B \times F)$ ergibt sich so der Homomorphismus $f_\# : C_*^{\mathrm{cell}}(B) \otimes C_*(F) \to C_*(B \times F)$, der einen Isomorphismus der Homologiegruppen erzeugt. Dessen Hom-Dualisierung

$$f^\# : C^*(B \times F) \longrightarrow \mathrm{Hom}\big(C_*^{\mathrm{cell}}(B) \otimes C_*(F), \mathbb{Z}\big)$$

induziert in allen Dimensionen Isomorphismen der Homologiegruppen (versuchen Sie auch das als **Übung**, wenn es nicht gleich klar ist – kleiner Hinweis: Es geht, wie gerade eben beim KÜNNETH-Theorem, mit dem universellen Koeffiziententheorem der Kohomologie, Seite I-403, zusammen mit seiner Funktorialität).

Für das Ziel von $f^\#$ gelten dann nach der allgemeinen **Tensor-Hom-Adjunktion** aus der Algebra (einfache **Übung**), also gemäß

$$\mathrm{Hom}(A_1 \otimes A_2, G) \cong \mathrm{Hom}\big(A_1, \mathrm{Hom}(A_2, G)\big),$$

die Beziehungen

$$\mathrm{Hom}\big(C_i^{\mathrm{cell}}(B) \otimes C_j(F), \mathbb{Z}\big) \cong \mathrm{Hom}\big(C_i^{\mathrm{cell}}(B), C^j(F)\big)$$
$$\cong C_{\mathrm{cell}}^i(B) \otimes C^j(F),$$

wobei der zweite Isomorphismus von der endlichen Erzeugtheit der frei abelschen Gruppen $C_*^{\mathrm{cell}}(B)$ herrührt (hier geht die Kompaktheit von B ein).

Die Komposition dieser Isomorphismen mit $f^\#$ ergibt schließlich einen Kettenhomomorphismus $C^*(B \times F) \to C_{\mathrm{cell}}^*(B) \otimes C^*(F)$, der für alle $k \geq 0$ die gesuchten Isomorphismen

$$f^* : H^k(B \times F) \longrightarrow H_k\big(C_{\mathrm{cell}}^*(B) \otimes C^*(F)\big)$$

der Homologiegruppen induziert. □

Beachten Sie hier die algebraische Feinheit in der Aussage des Satzes. Die Hom-Dualisierung von $C_*(B) \otimes C_*(F) \to C_*(B \times F)$ führt in der singulären Kohomologie nicht zu einem Isomorphismus $H^k(B \times F) \to H_k\big(C^*(B) \otimes C^*(F)\big)$, denn der Kettenkomplex $C_*(B)$ ist im Regelfall nicht endlich erzeugt, weswegen $\mathrm{Hom}\big(C_i(B), C^j(F)\big) \not\cong C^i(B) \otimes C^j(F)$ ist und der obige Beweis nicht funktionieren würde (die Elemente in $C^i(B) \otimes C^j(F)$ sind endliche Summen, weswegen darin nur Homomorphismen erfasst werden, die ihren Träger in endlich erzeugten Untergruppen von $C_i(B)$ haben).

Dasselbe Problem entsteht, selbst bei Verwendung der zellulären Kokettenkomplexe $C_{\mathrm{cell}}^*(B)$, wenn B nicht kompakt ist. Nur im Fall der zellulären Kettengruppen kompakter CW-Komplexe B hat man die endliche Erzeugtheit im ersten Faktor und kann den Satz von EILENBERG-ZILBER mit der Tensor-Hom-Adjunktion übertragen (am Beweis erkennt man übrigens, dass auch kompakte Skelette von B genügen würden, doch das bringt für uns keinen echten Mehrwert).

Der Satz kann nun mit den gängigen Techniken ohne Schwierigkeiten auf relative Kohomologiegruppen verallgemeinert werden, was in der folgenden Beobachtung zum Ausdruck kommt.

Beobachtung (Eilenberg-Zilber in der relativen Kohomologie)
Für ein kompaktes CW-Paar (B, A) induziert die Komposition

$$\tau^{\#} \otimes \mathbb{1} : C^*(B, A) \otimes C^*(F) \longrightarrow C^*_{\text{cell}}(B, A) \otimes C^*(F)$$

einen Isomorphismus

$$(\tau^{\#} \otimes \mathbb{1})^* : H^{p+q}(B \times F, A \times F) \longrightarrow H_{p+q}\big(C^*_{\text{cell}}(B, A) \otimes C^*(F)\big).$$

Hierbei ist $\tau^{\#}$ die Hom-Dualisierung von $\tau_{\#}$, das eine Zelle e_λ^k auf das singuläre Simplex $\tau_\lambda^k : I^k \to B$ gemäß der früheren Konstruktion abbildet (Seite 41 f). Der **Beweis** ergibt sich aus den (untereinander stehenden, durch Pfeile verbundenen) langen exakten Kohomologiesequenzen für (B, A) und dem Fünferlemma. $\square$

Auch in der Kohomologie können wir dieses Ergebnis auf kompakte CW-Paare (B^k, B^{k-1}) anwenden. Führt man ab Seite 140 die Hom-Dualisierung konsequent in allen Diagrammen und Homomorphismen durch, dreht dort also alle Pfeile um und nutzt Standardtechniken wie lange exakte Kohomologiesequenzen, das Fünferlemma und die Funktorialität des universellen Koeffiziententheorems oder der KÜNNETH-Formel, ergibt sich in Analogie zu der Beobachtung auf Seite 143, unter Berücksichtigung der Kompaktheit von B, die folgende Aussage.

Beobachtung
Für die Faserung $E = B \times F \to B$ mit einem kompakten CW-Komplex B, einer beliebigen Faser F und $E_p = B^p \times F$ lauten für $q \geq 0$ die Homologiegruppen der faserzellulären Kettenkomplexe $\big(H^{*+q}(E_*, E_{*-1}), d^{*,q}\big) = \big(C^{*+q}_{\text{fcell}}(E), d^{*,q}\big)$

$$H^{p+q}\big(C^{*+q}_{\text{fcell}}(E)\big) \cong H^p\big(B; H^q(F)\big).$$ $\square$

Dabei entspringt der Operator $d^{p,q} : H^{p+q}(E_p, E_{p-1}) \to H^{(p+1)+q}(E_{p+1}, E_p)$ als $d^{p,q} = \delta^{p,q} j^*$ in der Kohomologieversion des entsprechenden Diagramms für die Homologie auf Seite 142, mit Randoperatoren $\delta^{p,q}$ anstelle von $\partial_{p,q}$. Auch dieses Resultat werden wir im nächsten Kapitel auf allgemeine Faserungen $E \to B$ verallgemeinern – zumindest unter bestimmten Voraussetzungen an die Faser B.

Der Vollständigkeit halber sei noch erwähnt, dass hier die (Ko-)Homologie nur mit $\mathbb{Z}$-Koeffizienten besprochen wurde (um die neuen Konzepte zu vereinfachen). Sie können alle Beweise auch mit Koeffizienten in einer beliebigen abelschen Gruppe G durchführen. Sie gelangen dann zum Beispiel zu Formeln wie $H^{p+q}\big(C^{*+q}_{\text{fcell}}(E); G\big) \cong H^p\big(B; H^q(F; G)\big)$. Beachten Sie hierfür, dass man im Tensorprodukt von G-Moduln wegen der Bilinearität stets $g_1 a \otimes g_2 b = a \otimes g_1 g_2 b$ hat, also beispielsweise $C^*_{(\text{cell})}(B, A; G) \otimes C^*(F; G) \cong C^*_{(\text{cell})}(B, A) \otimes C^*(F; G)$.

Damit ist der erste, vorbereitende Teil des Buches abgeschlossen. Im 2. Teil können wir damit die Konstruktion der Spektralsequenzen beginnen, um das allgemeine Theorem von SERRE über die Gruppen $\pi_k(S^n)$ in den Fällen $k > n$ zu beweisen.

Zuvor aber noch einige Definitionen und Fakten zur Adjunktion von Ext- und Tor-Gruppen, die allerdings erst im dritten Teil des Buches, bei der Konstruktion spezieller Kohomologieoperationen verwendet werden (Seite 373). Thematisch passen sie sehr gut zum aktuellen Kapitel und erscheinen daher bereits hier, auch um die ziemlich komplizierte Konstruktion der STEENROD-Squares später nicht unnötig in die Länge zu ziehen (Seite 331 ff).

5.5 Die Tor-Ext-Adjunktion für injektive Gruppen

Kurz zur Wiederholung: Sie haben einerseits schon die **Tensor-Hom-Adjunktion** kennengelernt (Seite 145), eine natürliche Isomorphie der Form

$$\mathrm{Hom}(A_1 \otimes A_2, G) \;\cong\; \mathrm{Hom}\big(A_1, \mathrm{Hom}(A_2, G)\big)$$

für abelsche Gruppen A_1, A_2 und G.

Andererseits kennen Sie, als Ableitungen der Tensorierung (kovariant) und der Hom-B-Dualisierung (kontravariant), die beiden Funktoren $A \mapsto \mathrm{Tor}(A, B)$ und $A \mapsto \mathrm{Ext}(A, B)$. Für deren Definition durften wir bei abelschen Gruppen von einer freien Auflösung $0 \to F_1 \to F_0 \to A \to 0$ ausgehen, welche die Komplexe

$$0 \;\longrightarrow\; F_1 \otimes B \;\longrightarrow\; F_0 \otimes B \;\longrightarrow\; A \otimes B \;\longrightarrow\; 0 \,,$$

rechtsexakt ab $F_0 \otimes B$, und

$$0 \;\longrightarrow\; \mathrm{Hom}(A, B) \;\longrightarrow\; \mathrm{Hom}(F_0, B) \;\longrightarrow\; \mathrm{Hom}(F_1, B) \;\longrightarrow\; 0 \,,$$

linksexakt bis $\mathrm{Hom}(F_0, B)$, erzeugte. Bezeichnet man die Homologiegruppen des Tensorkomplexes (von links nach rechts) mit H_2, H_1 und H_0, so ergibt sich aus der Rechtsexaktheit $H_0 = H_1 = 0$ und $H_2 = \mathrm{Tor}(A, B)$. Analog dazu, mit den (wieder von links nach rechts) als H^0, H^1 und H^2 bezeichneten Homologiegruppen des Hom-B-Komplexes, ergibt sich aus der Linksexaktheit $H^0 = H^1 = 0$ und $H^2 = \mathrm{Ext}(A, B)$. Die so definierten Funktoren waren unabhängig von der freien Auflösung (modulo Isomorphie).

Es stellt sich nun die Frage, ob es auch zwischen Tor und Ext eine Adjunktionsformel der Gestalt

$$\mathrm{Hom}\big(\mathrm{Tor}(A_1, A_2), G\big) \;\cong\; \mathrm{Ext}\big(A_1, \mathrm{Hom}(A_2, G)\big)$$

geben kann. Beim universellen Koeffiziententheorem (Seite 125) mit seinem oft störenden Ext-Summanden wäre das vorteilhaft, denn Hom- und Tor-Gruppen sind einfacher zu behandeln als Ext-Gruppen: So verhält sich Tor kommutativ und misst einfach die Torsionsbestandteile der Gruppen, und sowohl Hom als auch Tor vertauschen mit der Bildung von direkten (oder inversen) Limiten,

$$\mathrm{Hom}\big(\varinjlim A_\lambda, B\big) \;\cong\; \varprojlim \mathrm{Hom}(A_\lambda, B) \quad \text{und} \quad \mathrm{Tor}\big(\varinjlim A_\lambda, B\big) \;\cong\; \varinjlim \mathrm{Tor}(A_\lambda, B) \,,$$

für alle **gerichteten Systeme** von abelschen Gruppen $(A_\lambda)_{\lambda \in \Lambda}$, mit Homomorphismen $f_{\alpha\beta} : A_\alpha \to A_\beta$ für $\alpha \le \beta$, die sich reflexiv und transitiv verhalten, also $f_{\alpha\alpha} = \mathrm{id}_{A_\alpha}$ und $f_{\beta\gamma} f_{\alpha\beta} = f_{\alpha\gamma}$ (versuchen Sie das als **Übung**, siehe auch die dortigen Hinweise auf Seite 153).

Im Gegensatz dazu ist bei den Ext-Gruppen die Kommutativität nicht gegeben. Betrachte dazu das Beispiel $\mathrm{Ext}(\mathbb{Z}, \mathbb{Z}_2) = 0 \neq \mathbb{Z}_2 \cong \mathrm{Ext}(\mathbb{Z}_2, \mathbb{Z})$. Auch ist der Ext-Funktor nicht mit Limiten verträglich, wie mit $G_\lambda = (1/\lambda)\mathbb{Z} \cong \mathbb{Z}$, $1 \leq \lambda \in \mathbb{N}$, das Beispiel $\mathbb{Q} = \varinjlim G_\lambda$ zeigt, denn aus dem Beweis des Theorems von STEIN-SERRE ([43], Seite 106 f) folgt $\mathrm{Ext}\big(\varinjlim G_\lambda, \mathbb{Z}\big) \cong \mathrm{Ext}(\mathbb{Q}, \mathbb{Z}) \cong \mathbb{R}$, wohingegen $\varprojlim \mathrm{Ext}(G_\lambda, \mathbb{Z}) \cong \varprojlim \mathrm{Ext}(\mathbb{Z}, \mathbb{Z}) = 0$ ist.

All diese Probleme deuten darauf hin, dass eine Tor-Ext-Adjunktion generell nicht möglich sein wird und man dafür weitere Voraussetzungen benötigt (mit der obigen Überlegung findet man sehr schnell ein Gegenbeispiel, **Übung**).

Injektive Gruppen und Moduln

Der Schlüssel zur Tor-Ext-Adjunktion

$$\mathrm{Hom}\big(\mathrm{Tor}(A_1, A_2), G\big) \cong \mathrm{Ext}\big(A_1, \mathrm{Hom}(A_2, G)\big)$$

liegt in einer speziellen Eigenschaft der Gruppe (oder des $\mathbb{Z}$-Moduls) G, die eigentlich zum Standardrepertoire der homologischen Algebra gehört: der **Injektivität** dieses Moduls. (Die zweite Eigenschaft der **Projektivität**[1] von Moduln wird in diesem Buch nicht benötigt, denn wir können uns bei Moduln über Hauptidealringen auf die speziellere Klasse der freien Moduln beschränken.)

Definition und Satz (injektive Moduln)
Es sei R ein kommutativer Ring mit Einselement und M ein R-Modul. Dann heißt M **injektiv**, falls M ein direkter Summand in jedem Obermodul $N \supseteq M$ ist: $N \cong M \oplus M'$, mit einem geeigneten R-Modul M'.

Satz: Die Injektivität von M ist äquivalent zur Exaktheit des Funktors $\mathrm{Hom}(-, M)$, und damit äquivalent zu $\mathrm{Ext}(A, M) = 0$ für alle R-Moduln A.

Beweis: Es sei zunächst der Funktor $\mathrm{Hom}(-, M)$ exakt und $M \subseteq N$. Dann ist id_M Einschränkung eines Homomorphismus $f : N \to M$ auf die Quelle M, denn $\mathrm{Hom}(N, M) \to \mathrm{Hom}(M, M) \to 0$ ist exakt. Damit spaltet die exakte Sequenz $0 \to M \to N \to N/M \to 0$ und M ist direkter Summand von N.

Für die Umkehrung sei M in Obermoduln direkter Summand, $0 \to A \to B$ eine exakte Sequenz von R-Moduln und ein Homomorphismus $g : A \to M$ gegeben. Wir müssen eine Fortsetzung $g' : B \to M$ finden, mit $g'|_A = g$.

$$
\begin{array}{ccc}
0 \longrightarrow & A & \xrightarrow{\ i\ } B \\
& \Big\downarrow{\scriptstyle g} & \nearrow{\scriptstyle g'} \\
& M &
\end{array}
$$

---

[1]Projektive Moduln sind direkte Summanden von freien Moduln. Zum Beispiel ist $\mathbb{Z}_2$ kein freier $\mathbb{Z}_6$-Modul (er hat nur zwei Elemente), aber es ist $\mathbb{Z}_2 \oplus \mathbb{Z}_3 \cong \mathbb{Z}_6$ frei über $\mathbb{Z}_6$.

Es sei dann
$$N = (M \oplus B) \Big/ \Big(\big(g(a), -i(a)\big) : a \in A \Big),$$

wobei der Quotient nach dem von den Elementen $\big(g(a), -i(a)\big)$ generierten Unter-
modul gebildet ist. Mit den Homomorphismen $\alpha : M \to N$, $m \mapsto \overline{(m,0)}$, und
$\beta : B \to N$, $b \mapsto \overline{(0,b)}$, kommutiert nun das Diagramm

$$
\begin{array}{ccc}
0 \longrightarrow A & \overset{i}{\longrightarrow} & B \\
{\scriptstyle g}\downarrow & & \downarrow{\scriptstyle \beta} \\
M & \overset{\alpha}{\longrightarrow} & N\,,
\end{array}
$$

wie Sie direkt verifizieren. Dabei ist α injektiv, denn mit $\overline{(m,0)} = 0$ ist $m = g(a)$
und $0 = -i(a)$, für ein $a \in A$, und da i injektiv ist, haben wir $a = 0$ und damit
auch $m = 0$. Nach Voraussetzung ist $\alpha(M)$ ein direkter Summand in N, es gibt
also einen Isomorphismus $\varphi : N \to M \oplus M'$ mit $\varphi\alpha(m) = (m,0)$ für alle $m \in M$.
Damit kann man N in dem Diagramm durch $M \oplus M'$ ersetzen, mit $\widetilde{\alpha} = \varphi\alpha$ und
dito $\widetilde{\beta} = \varphi\beta$. Wir erhalten so das kommutative Diagramm

$$
\begin{array}{ccc}
0 \longrightarrow A & \overset{i}{\longrightarrow} & B \\
{\scriptstyle g}\downarrow & & \downarrow{\scriptstyle \widetilde{\beta}} \\
M & \overset{\widetilde{\alpha}}{\longrightarrow} & M \oplus M'\,,
\end{array}
$$

mit $\widetilde{\alpha}(m) = (m,0)$. Definiere nun $g' = \mathrm{pr}_M\widetilde{\beta} : B \to M$. $\qquad\square$

Nun können wir das wichtige Hilfsresultat für die Konstruktion der STEENROD-
Squares (Seite 331 ff) formulieren.

Satz (Tor-Ext-Adjunktion)
Es seien A_1, A_2 und G abelsche Gruppen, G als $\mathbb{Z}$-Modul injektiv. Dann gibt
es einen natürlichen Isomorphismus der Form

$$\mathrm{Hom}\big(\mathrm{Tor}(A_1, A_2), G\big) \; \cong \; \mathrm{Ext}\big(A_1, \mathrm{Hom}(A_2, G)\big).$$

Beweis: Man geht aus von einer freien Auflösung $0 \to F_1 \to F_0 \to A_1 \to 0$. Die
Gruppe $\mathrm{Tor}(A_1, A_2)$ ist dann die Homologiegruppe H_2 des Tensorkomplexes

$$0 \longrightarrow F_1 \otimes A_2 \longrightarrow F_0 \otimes A_2 \longrightarrow A_1 \otimes A_2 \longrightarrow 0\,,$$

der kurz als $C_*^{A_1,A_2}$ bezeichnet sei. Wir schreiben also $\mathrm{Tor}(A_1, A_2) = H_2(C_*^{A_1,A_2})$.

Da G injektiv ist, verhält sich der Funktor $\mathrm{Hom}(-, G)$ exakt. Dies bedeutet

$$\mathrm{Hom}\big(H_2(C_*^{A_1,A_2}), G\big) \; \cong \; H^2\big(\mathrm{Hom}(C_*^{A_1,A_2}, G)\big)\,,$$

die Bildung der Homologieklassen von $C_*^{A_1,A_2}$ vertauscht also mit der Anwendung
von $\mathrm{Hom}(-, G)$, auf H_2 respektive auf $C_*^{A_1,A_2}$, wo die Homologieklasse H^2 des
Hom-G-dualisierten Komplexes gebildet wird.

Die rechte Seite der Isomorphie ist $\mathrm{Hom}(\mathrm{Tor}(A_1, A_2), G)$. Für die linke Seite müssen wir uns den dualisierten Komplex $\mathrm{Hom}(C_*^{A_1, A_2}, G)$ genauer ansehen. Er hat die Form

$$0 \longrightarrow \mathrm{Hom}(A_1 \otimes A_2, G) \longrightarrow \mathrm{Hom}(F_0 \otimes A_2, G) \longrightarrow \mathrm{Hom}(F_1 \otimes A_2, G) \longrightarrow 0$$

und ist linksexakt bis zur Gruppe $\mathrm{Hom}(F_0 \otimes A_2, G)$. Die gewöhnliche Tensor-Hom-Adjunktion zeigt diesen Komplex natürlich isomorph zu

$$0 \longrightarrow \mathrm{Hom}\big(A_1, \mathrm{Hom}(A_2, G)\big) \longrightarrow \mathrm{Hom}\big(F_0, \mathrm{Hom}(A_2, G)\big) \longrightarrow$$
$$\longrightarrow \mathrm{Hom}\big(F_1, \mathrm{Hom}(A_2, G)\big) \longrightarrow 0,$$

und dessen Homologiegruppe H^2 ist $\mathrm{Ext}\big(A_1, \mathrm{Hom}(A_2, G)\big)$. $\hfill\square$

Für die praktische Anwendung dieses Resultats auf Moduln über Hauptidealringen gibt es eine sehr einfache Charakterisierung der Injektivität.

Definition und Satz (Divisibilität und Injektivität von R-Moduln)
Es sei R ein kommutativer Ring mit Einselement und M ein R-Modul. Dann heißt M **divisibel**, falls es für alle $0 \neq r \in R$ und $m \in M$ ein $m' \in M$ gibt, sodass $m = rm'$ ist. Anders ausgedrückt: Die Multiplikation $m \mapsto rm$ definiert einen surjektiven Modulhomomorphismus.

Satz: Über Hauptidealringen R sind die injektiven R-Moduln genau die divisiblen R-Moduln.

Der Begriff der Divisibilität rührt anschaulich daher, dass man alle $m \in M$ durch die Ringelemente $r \neq 0$ „teilen" kann, also das Element $m' = m/r$ bilden kann.

Beweis: Falls M injektiv ist, betrachte $r \neq 0$, $m \in M$, die Inklusion $i : (r) \hookrightarrow R$ und den Homomorphismus $g : (r) \to M$ mit $g(ar) = am$, für $a \in R$.

$$
\begin{array}{ccc}
0 \longrightarrow & (r) & \stackrel{i}{\longrightarrow} R \\
& {\scriptstyle g}\downarrow & {\scriptstyle g'} \\
& M &
\end{array}
$$

Für die Fortsetzung $g' : R \to M$ gilt dann mit $m' = g'(1)$ die Gleichung $rm' = m$.

Für die Umkehrung sei M divisibel und $i : M \to N$ injektiv. Wir müssen einen Spaltungshomomorphismus $p : N \to M$ finden, mit $pi = \mathrm{id}_M$. Man geht dabei transfinit induktiv vor und betrachtet eine Familie $\mathcal{M} = (M_\lambda, p_\lambda)_{\lambda \in \Lambda}$ von Spaltungen, mit $i(M) \subseteq M_\lambda \subseteq N$, $p_\lambda : M_\lambda \to M$ und $p_\lambda i = \mathrm{id}_M$. Über die Inklusionen $M_{\lambda_1} \subseteq M_{\lambda_2}$ und $p_{\lambda_2}|_{M_{\lambda_1}} = p_{\lambda_1}$ ist $\mathcal{M}$ partiell geordnet und es besitzt jede Kette $(M_{\lambda_i}, p_{\lambda_i})$ in $\mathcal{M}$ die obere Schranke $(\cup_i M_{\lambda_i}, \cup_i p_{\lambda_i})$. Da $\mathcal{M}$ nicht leer ist, wegen $\big(i(M), i^{-1}\big) \in \mathcal{M}$, besitzt $\mathcal{M}$ nach dem Lemma von ZORN ein maximales Element $(\overline{M}, \overline{p})$. Um $\overline{M} = N$ zu zeigen, sei angenommen, es gäbe ein $x \in N \setminus \overline{M}$.

Definiere dann das Ideal $I = \{r \in R : rx \in \overline{M}\} \subseteq R$. Da R Hauptidealring ist, existiert ein $r_0 \in R$ mit $I = (r_0)$. Falls $r_0 = 0$ ist, also $I = \{0\}$ und damit x **frei** über $\overline{M}$, kann man $\widetilde{p} : \overline{M} \cup Rx \to M$ durch $\widetilde{p}|_{\overline{M}} = \overline{p}$ und $\widetilde{p}(x) = 0$ definieren, um einen Widerspruch zur Maximalität von $(\overline{M}, \overline{p})$ zu erhalten.

Im Fall $r_0 \neq 0$ sei $m = \overline{p}(r_0 x) \in M$. Wegen der Divisibilität existiert ein $m' \in M$ mit $r_0 m' = m$, und damit kann $\overline{p}$ für $\overline{z} \in \overline{M}$ und $r \in R$ durch die Zuordnung

$$\widetilde{p}(\overline{z} + rx) \; = \; \overline{p}(\overline{z}) + rm'$$

auf $\overline{M} \cup Rx$ fortgesetzt werden. Dies ist wohldefiniert, denn mit $\overline{z}, \overline{z}' \in \overline{M}$ und $r, r' \in R$ folgt aus $\overline{z} + rx = \overline{z}' + r'x$ wegen $rx - r'x \in \overline{M}$ die Beziehung $r - r' = sr_0$ für ein $s \in R$. Damit ist einerseits

$$\overline{p}(rx - r'x) \; = \; \overline{p}(sr_0 x) \; = \; s\overline{p}(r_0 x) \; = \; sm \; = \; sr_0 m' \; = \; (r - r')m' \, ,$$

und andererseits über dem Rx-Summanden das gleiche Ergebnis, mithin

$$\widetilde{p}(rx - r'x) \; = \; \widetilde{p}\big((r - r')x\big) \; = \; (r - r')m' \, .$$

Wegen $\widetilde{p}(\overline{z} - \overline{z}') = \overline{p}(\overline{z} - \overline{z}')$ erhalten wir $\widetilde{p}(\overline{z} + rx) = \widetilde{p}(\overline{z}' + r'x)$ und damit die Wohldefiniertheit von $\widetilde{p}$. Dies ist ebenfalls ein Widerspruch zur Maximalität von $(\overline{M}, \overline{p})$. Also ist $\overline{M} = N$, mithin $i(M)$ direkter Summand in N. $\qquad\square$

Ein etwas schwer zu durchschauender Beweis. Das Rechnen in $\overline{M} \cup Rx$ ist mit seinen ambivalenten Darstellungen durchaus gewöhnungsbedürftig.

Folgerung 1: Die Gruppen $\mathbb{Q}$ und $\mathbb{Q}/\mathbb{Z}$ sind als $\mathbb{Z}$-Moduln injektiv.

Beweis: Sowohl $\mathbb{Q}$ als auch $\mathbb{Q}/\mathbb{Z}$ sind offensichtlich divisibel. $\qquad\square$

Folgerung 2: Für Primzahlen $p \geq 2$ und gerichtete Systeme $(G_\lambda)_{\lambda \in \Lambda}$ von abelschen Gruppen vertauscht der Funktor $\mathrm{Ext}(-, \mathbb{Z}_p)$ mit direkten Limiten in Form einer natürlichen Isomorphie

$$\mathrm{Ext}\big(\varinjlim G_\lambda, \mathbb{Z}_p\big) \; \cong \; \varprojlim \mathrm{Ext}(G_\lambda, \mathbb{Z}_p) \, .$$

Beweis: Es ist $\mathbb{Z}_p \cong \mathrm{Hom}(\mathbb{Z}_p, \mathbb{Q}/\mathbb{Z})$, gegeben durch die Zuordnung $k \mapsto f_k$, mit $f_k(1) = k/p$, für $0 \leq k < p$. Mit der Tor-Ext-Adjunktion ergibt sich daraus

$$
\begin{aligned}
\mathrm{Ext}\big(\varinjlim G_\lambda, \mathbb{Z}_p\big) \; &\cong \; \mathrm{Ext}\big(\varinjlim G_\lambda, \mathrm{Hom}(\mathbb{Z}_p, \mathbb{Q}/\mathbb{Z})\big) \\
&\cong \; \mathrm{Hom}\big(\mathrm{Tor}(\varinjlim G_\lambda, \mathbb{Z}_p), \mathbb{Q}/\mathbb{Z}\big) \\
&\cong \; \mathrm{Hom}\big(\varinjlim \mathrm{Tor}(G_\lambda, \mathbb{Z}_p), \mathbb{Q}/\mathbb{Z}\big) \\
&\cong \; \varprojlim \mathrm{Hom}\big(\mathrm{Tor}(G_\lambda, \mathbb{Z}_p), \mathbb{Q}/\mathbb{Z}\big) \\
&\cong \; \varprojlim \mathrm{Ext}\big(G_\lambda, \mathrm{Hom}(\mathbb{Z}_p, \mathbb{Q}/\mathbb{Z})\big) \; \cong \; \varprojlim \mathrm{Ext}(G_\lambda, \mathbb{Z}_p) \, ,
\end{aligned}
$$

wobei die mittleren Isomorphien von der Verträglichkeit der Funktoren $\mathrm{Tor}(-, G)$ und $\mathrm{Hom}(-, G)$ mit direkten Limiten herrührt (Seite 147, oder 153). $\qquad\square$

Folgerung 2 wird, wie angedeutet, im dritten Teil des Buches wichtig (Seite 373). Die Tor-Ext-Adjunktion gilt natürlich für eine größere Klasse von Moduln als hier besprochen nur für injektive Moduln. Weitere Details finden Sie in gängigen Lehrbüchern zur homologischen Algebra, zum Beispiel in [22] oder [43].

Aufgaben und Wiederholungsfragen

1. Zeigen Sie, dass das Diagramm auf Seite 130 im linken Quadrat kommutiert. Beachten Sie dazu die Quotientenabbildung $j^* : C_k(X^p) \to C_k(X^p, X^{p-1})$ und deren Hom-Dualisierung.

2. Zeigen Sie auf Seite 132, dass für $a \in C^k(X, A)$ und $b \in C^l(Y, B)$ das Produkt $a \times b$ auf allen $(k + l)$-Ketten mit Träger in $A \times B$ verschwindet.

3. Zeigen Sie, dass der zelluläre Korandoperator (die Hom-Dualisierung des zellulären Randoperators, Seite I-357 f) ebenfalls die LEIBNIZ-Regel erfüllt.

4. Es sei e_λ^k eine Zelle in X und $\tau_\lambda^k : I^k \to X^k \subseteq X$ das zu einer charakteristischen Abbildung Φ_λ^k gehörige (kubisch) singuläre Simplex (Seite 41 f). Zeigen Sie, dass eine andere charakteristische Abbildung für e_λ^k, die auf ∂I^k dieselbe Anheftung der Zelle an X^{k-1} ergibt, ein Simplex $\tau_\lambda'^k$ definiert, das zu τ_λ^k homolog ist.

5. Formulieren und zeigen Sie den Ausschneidungssatz für die Kohomologie. *Hinweis*: Verwenden Sie den Satz für die Homologie (Seite I-478) und die Funktorialität des universellen Koeffiziententheorems der Kohomologie (Seite I-403).

6. Zeigen Sie auf Seite 140, dass $\tau_\# \otimes \mathbb{1} : C_*^{\mathrm{cell}}(X) \otimes C_*(Y) \to C_*(X) \otimes C_*(Y)$ einen Isomorphismus der Homologiegruppen induziert. *Hinweis*: Schreiben Sie die spaltenden KÜNNETH-Sequenzen der Komplexe untereinander und verbinden sie mit τ_* und $\mathbb{1}$, der Einstieg sieht so aus:

$$0 \to \bigoplus_k H_i^{\mathrm{cell}} \otimes H_j \to H_k(C_*^{\mathrm{cell}}(B) \otimes C_*(F)) \to \bigoplus_{k-1} \mathrm{Tor}(H_i^{\mathrm{cell}}, H_j) \to 0$$

$$0 \to \bigoplus_k H_i \otimes H_j \to H_k(C_*(B) \otimes C_*(F)) \to \bigoplus_{k-1} \mathrm{Tor}(H_i, H_j) \to 0.$$

Hierbei steht $H_i^{(\mathrm{cell})}$ abkürzend für $H_i^{(\mathrm{cell})}(B)$ und H_j für $H_j(F)$. Verwenden Sie dazu die Funktorialität der KÜNNETH-Formel, wobei die Isomorphismen $\tau_* : H_*^{\mathrm{cell}}(B) \to H_*(B)$ die einzigen nichttrivialen Fälle darstellen.

7. Kombinieren Sie Aufgabe 6 mit dem EILENBERG-ZILBER-Homomorphismus $C_*(X) \otimes C_*(Y) \to C_*(X \times Y)$ zu dem Homomorphismus

$$f_\# : C_*^{\mathrm{cell}}(X) \otimes C_*(Y) \longrightarrow C_*(X \times Y),$$

der einen Isomorphismus der Homologiegruppen erzeugt, und wenden darauf die Hom-Dualisierung

$$f^\# : C^*(X \times Y) \longrightarrow \mathrm{Hom}\big(C_*^{\mathrm{cell}}(X) \otimes C_*(Y), \mathbb{Z}\big)$$

an. Zeigen Sie, dass dieser Kettenhomomorphismus auch Isomorphismen in der Homologie der zugehörigen Komplexe induziert. *Hinweis*: Verwenden Sie das universelle Koeffiziententheorem der Kohomologie (Seite I-403), zusammen mit dessen Funktorialität.

8. Verifizieren Sie die Tensor-Hom-Adjunktion für abelsche Gruppen A_1, A_2 und G, also

$$\text{Hom}(A_1 \otimes A_2, G) \cong \text{Hom}\big(A_1, \text{Hom}(A_2, G)\big).$$

Hinweis: Definieren Sie eine natürliche Entsprechung von $\varphi : A_1 \otimes A_2 \to G$ in $\text{Hom}\big(A_1, \text{Hom}(A_2, G)\big)$ auf Basis elementarer Tensoren $a_1 \otimes a_2$. Zeigen Sie dann die Eigenschaft des Gruppenhomomorphismus sowie dessen Injektivität und Surjektivität.

9. Zeigen Sie, dass die Funktoren Hom und Tor mit der Bildung von direkten (oder inversen) Limiten vertauschen:

$$\text{Hom}\big(\varinjlim A_\lambda, B\big) \cong \varprojlim \text{Hom}(A_\lambda, B)$$

und

$$\text{Tor}\big(\varinjlim A_\lambda, B\big) \cong \varinjlim \text{Tor}(A_\lambda, B).$$

Hinweis: In einem gerichteten System $(G_\lambda)_{\lambda \in \Lambda}$ ist der **direkte Limes** definiert als

$$\varinjlim G_\lambda = \bigsqcup_{\lambda \in \Lambda} G_\lambda \big/ \sim,$$

mit $g_\alpha \sim g_\beta$ für $\alpha \le \beta$, falls $f_{\alpha\beta}(g_\alpha) = g_\beta$ ist (beachten Sie dabei auch mögliche Transitivitäten). Analog dazu wird der **inverse Limes** gebildet als

$$\varprojlim G_\lambda = \left\{ (g_\lambda)_{\lambda \in \Lambda} \in \prod_{\lambda \in \Lambda} G_\lambda : f_{\alpha\beta}(g_\alpha) = g_\beta \text{ wenn immer möglich} \right\}.$$

Definieren Sie in beiden Fällen auch die (offensichtliche) Gruppenoperation.

10. Finden Sie ein Gegenbeispiel für die Annahme der Tor-Ext-Adjunktion bei nicht-injektivem G.

Hinweis: Verwenden Sie $G = \mathbb{Z}$ und die Überlegung auf Seite 148.

Teil 2

Spektralsequenzen und das allgemeine Theorem von Serre über die Gruppen $\pi_k(S^n)$ mit $k > n$

6 Serre-Spektralsequenzen

Mit diesem Kapitel beginnt der algebraische Hauptteil des Buches. Es geht um die Konstruktion von Spektralsequenzen, wie sie erstmals in der Dissertation des damals 25-jährigen J.-P. SERRE eingesetzt wurden, [89]. Gemeinsam mit ihren bedeutenden Anwendungen in der Homotopietheorie war es im Wesentlichen diese Leistung, für die SERRE im Jahr 1954 die Fields-Medaille erhielt.

Der Korrektheit wegen sei betont, dass in diesem Buch eine Variante der SERRE-Spektralsequenzen besprochen wird, die sich auf HUREWICZ-Faserungen über CW-Komplexen stützt, also einen ausgeprägt topologischen Ursprung hat und konsequent die zelluläre Homologie und Kohomologie verwendet, [39][69]. SERRE betrachtete ursprünglich Spektralsequenzen von SERRE-Faserungen (Seite 76), ohne die Forderung an eine CW-Struktur für B. Er nutzte dabei die kubisch singuläre (Ko-)Homologie. Beide Ansätze sind aber äquivalent, weswegen wir auch hier von SERRE-Spektralsequenzen sprechen.

6.1 Filtrierte Kettenkomplexe und Treppendiagramme

Der zentrale Gedanke, aufbauend auf die Vorarbeiten von J. LERAY, J. KOSZUL und H. CARTAN, [65], [66], besteht darin, die Kettengruppen C_k eines Komplexes (C_*, ∂) zu verfeinern und ihnen dadurch eine zusätzliche Struktur zu geben. Dies geschieht über **Filtrierungen**, also aufsteigende Sequenzen

$$\ldots \subseteq C_k^{(p-1)} \subseteq C_k^{(p)} \subseteq C_k^{(p+1)} \subseteq \ldots \subseteq C_k$$

von Untergruppen in C_k mit $\bigcup_p C_k^{(p)} = C_k$ und $\bigcap_p C_k^{(p)} = 0$, wobei $p \in \mathbb{Z}$ erlaubt ist (in unseren Fällen aber für $p < 0$ stets $C_k^{(p)} = 0$ gilt). Man spricht in diesem Fall von einem **filtrierten Kettenkomplex**, wenn sich der Randoperator mit der Filtrierung verträgt, im Sinne von $\partial C_k^{(p)} \subseteq C_{k-1}^{(p)}$ für alle $k, p \in \mathbb{Z}$.

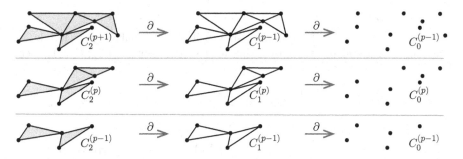

Die Grafik motiviert die Idee anhand eines simplizialen Komplexes. Beachten Sie, dass die oberen Indizes der Kettengruppen die Filtrierung in Form von Teilkomplexen aufzeigen, die unteren Indizes stehen wie üblich für deren Dimension.

© Springer-Verlag GmbH Deutschland, ein Teil von Springer Nature 2023
F. Toenniessen, *Die Homotopie der Sphären*,
https://doi.org/10.1007/978-3-662-67942-5_6

Wie könnte nun im topologischen Kontext einer Faserung $F \to X \to B$ eine geeignete Filtrierung von Kettengruppen aussehen, auf deren Grundlage sich eine sinnvolle Theorie aufbauen lässt? Es ist klar, dass das Beispiel aus obiger Grafik nur bedingt nützlich ist, denn die Zerlegung eines Komplexes in Teilkomplexe derselben Dimension ist nicht natürlich, hängt von vielen Auswahlen ab und kann homologisch verschiedene Kettenkomplexe hervorrufen (je nachdem, welche Zellen man zulässt oder wegnimmt, können in den Gruppen Ränder oder Zyklen entstehen oder verschwinden).

Aber ein Ergebnis macht Hoffnung. Erinnern Sie sich an die Formel

$$H_{p+q}\big(C^{\mathrm{fcell}}_{*+q}(X)\big) \cong H_p\big(B; H_q(F)\big)$$

für die triviale Faserung $f : X = B \times F \to B$ über einer CW-Basis B (Seite 143). Hier definieren die Teilräume $X_p = f^{-1}(B^p)$ eine natürliche Filtrierung von X.

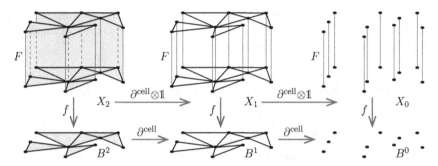

Über die Festlegung $C^{(p)}_k(X) = C_k(X_p)$, das sind die singulären k-Ketten von X mit Träger in X_p, entsteht eine natürliche Filtrierung

$$\ldots \subseteq C_k(X_{p-1}) \subseteq C_k(X_p) \subseteq C_k(X_{p+1}) \subseteq \ldots \subseteq C_k(X)$$

der Ketten in $C_*(X)$. Zur Erinnerung: Der faserzelluläre Komplex $C^{\mathrm{fcell}}_{*+q}(X)$, formal definiert für alle $q \in \mathbb{Z}$, aber mit $C^{\mathrm{fcell}}_{p+q}(X) = 0$ für $p + q < 0$, bestand aus den Gruppen $C^{\mathrm{fcell}}_{p+q}(X) = H_{p+q}(X_p, X_{p-1})$, welche über die Randoperatoren

$$d_{p,q} : H_{p+q}(X_p, X_{p-1}) \longrightarrow H_{p+q-1}(X_{p-1}, X_{p-2}), \quad p \geq 0,$$

mit $d_{p,q} = j_* \partial_{p,q} = \partial^{\mathrm{cell}}_p \otimes \mathbb{1}$, verbunden sind (Seite 142), gemäß der verschränkten langen exakten Homologiesequenzen benachbarter Mengenpaare (X_p, X_{p-1}) in der Form

$$\boldsymbol{H_{p+q}(X_p, X_{p-1})} \xrightarrow{\ \partial_{p,q}\ } \boldsymbol{H_{(p-1)+q}(X_{p-1})} \xrightarrow{\ j_*\ } H_{(p-1)+q}(X_{p-1}, X_{p-2})$$

$$\Big\downarrow{\scriptstyle i_*}$$

$$H_{(p+1)+(q-1)}(X_{p+1}, X_p) \xrightarrow{\ \partial_{p+1,q-1}\ } \boldsymbol{H_{p+(q-1)}(X_p)} \xrightarrow{\ j_*\ } \boldsymbol{H_{p+(q-1)}(X_p, X_{p-1})},$$

nach dem Vorbild der zellulären Komplexe, die hierin als Spezialfall mit einpunktiger Faser $F = \{pt\}$ enthalten sind. Wegen der speziellen Faktorisierung der Randoperatoren ergab sich die Homologie als $H_{p+q}\big(C^{\mathrm{fcell}}_{*+q}(X)\big) \cong H_p\big(B; H_q(F)\big)$, für alle (festgehaltenen) Werte $q \in \mathbb{Z}$.

Versuchen Sie sich, ähnlich wie am Ende des vorigen Kapitels, die Indizierung mit dem variablen Index p und dem festen Index q in ein paar ruhigen Minuten noch einmal klarzumachen. Wenn dies gelungen ist, können wir die fehlenden Schritte zu einer Spektralsequenz für allgemeine Faserungen $F \to X \to B$ machen. Dies werden wir in Form von zwei technischen Überlegungen leisten:

1. Mit einem ausgeklügelten iterierten Vorgehen in den verschränkten exakten Homologiesequenzen, das immer wieder neuartig verschränkte Diagramme erzeugt, mit systematisch modifizierten Gruppen (man nennt diese sukzessiven Diagramme auch die **Seiten** der Spektralsequenz).

2. Mit der Verallgemeinerung des Resultats $H_{p+q}\big(C_{*+q}^{\mathrm{fcell}}(X)\big) \cong H_p\big(B; H_q(F)\big)$ auf beliebige Faserungen.

6.2 Die Seiten der Homologie-Spektralsequenz

Beginnen wir gleich mit dem Hauptteil der Konstruktion, also der ersten Überlegung von oben. An der Überschrift haben Sie sicher bemerkt, dass es einen Unterschied macht, ob wir von Homologie- oder Kohomologiesequenzen ausgehen und wir zunächst die Spektralsequenz für die Homologie konstruieren.

Um dabei die Diagramme nicht zu überfrachten, seien zwei Kurzschreibweisen eingeführt, nämlich $E_{p,q}^1 = H_{p+q}(X_p, X_{p-1})$ und $A_{p,q} = H_{p+q}(X_p)$. Die hochgestellte 1 in $E_{p,q}^1$ deutet darauf hin, dass es sich um die erste Seite der Spektralsequenz handelt. Das vorige Treppendiagramm schreibt sich dann in einem etwas größeren Ausschnitt als

$$
\begin{array}{ccccccccc}
E_{p,q+1}^1 & \xrightarrow{\ \partial\ } & A_{p-1,q+1} & \xrightarrow{\ j\ } & E_{p-1,q+1}^1 & \xrightarrow{\ \partial\ } & A_{p-2,q+1} & \xrightarrow{\ j\ } & E_{p-2,q+1}^1 \\
& & \downarrow{\scriptstyle i} & & & & \downarrow{\scriptstyle i} & & \\
E_{p+1,q}^1 & \xrightarrow{\ \partial\ } & A_{p,q} & \xrightarrow{\ j\ } & E_{p,q}^1 & \xrightarrow{\ \partial\ } & A_{p-1,q} & \xrightarrow{\ j\ } & E_{p-1,q}^1 \\
& & \downarrow{\scriptstyle i} & & & & \downarrow{\scriptstyle i} & & \\
E_{p+2,q-1}^1 & \xrightarrow{\ \partial\ } & A_{p+1,q-1} & \xrightarrow{\ j\ } & E_{p+1,q-1}^1 & \xrightarrow{\ \partial\ } & A_{p,q-1} & \xrightarrow{\ j\ } & E_{p,q-1}^1 \, ,
\end{array}
$$

wobei, auch der Kürze wegen, bei den Homomorphismen alle Symbole wie die Indexpaare (p,q) oder der Stern $*$ weggelassen sind, solange keine Missverständnisse entstehen können. Die im Fettdruck dargestellte Treppe ist ein Teil der langen exakten Homologiesequenz des Paares (X_p, X_{p-1}), parallel darüber sehen Sie dasselbe für das Paar (X_{p-1}, X_{p-2}), parallel darunter für (X_{p+1}, X_p).

Versuchen Sie sich auch hier den systematischen Verlauf der doppelten Indizierung klarzumachen, und dass im Spezialfall $F = \{pt\}$, also $X_p \cong B^p$, für $q = 0$ der Randoperator $d^1 = j\partial : E_{p,0}^1 \to E_{p-1,0}^1$ nichts anderes als der gewöhnliche zelluläre Randoperator von B ist (die Bezeichnung d^1 bedeutet übrigens, dass die Komposition $j\partial$ hier auf der ersten Seite der Spektralsequenz gebildet wird). Beachten Sie auch, dass in diesem Spezialfall alle Gruppen $E_{p,q}^1$ mit $q \neq 0$ verschwinden und die meisten Treppen trivial sind, sich das jedoch bei nichttrivialer Faser F ganz anders verhält und die nun folgende, faszinierende Konstruktion möglich wird.

Die große Leistung von SERRE und seinen Vordenkern bestand nämlich darin, in diesen Treppendiagrammen eine strenge Gesetzmäßigkeit zu entdecken, eine Systematik, die ein iteriertes Vorgehen in aufeinander folgenden Stufen ermöglicht[1]. So bilden in jeder Zeile die Kompositionen $d_p^1 = j\partial : E_{p,q}^1 \to E_{p-1,q}^1$ die Randoperatoren eines Komplexes, denn wir haben wegen $\partial j = 0$ an jeder Stelle des Diagramms $d_{p+1}^1 d_p^1 = (j\partial)(j\partial) = j(\partial j)\partial = 0$.

Die Transformation des obigen Diagramms zur nächsten Seite der Spektralsequenz ergibt sich nun aus zwei Schritten. Erstens werden die Gruppen $E_{p,q}^1$ durch die Homologiegruppen des Komplexes $(E_{*,q}^1, d_*^1)$, also durch

$$E_{p,q}^2 = \mathrm{Ker}(d_p^1) \big/ \mathrm{Im}(d_{p+1}^1)$$

ersetzt, mit $0 \subseteq \mathrm{Im}(d_{p+1}^1) \subseteq \mathrm{Ker}(d_p^1) \subseteq E_{p,q}^1$. Die Gruppe $E_{p,q}^2$ ist damit ein **Subquotient** von $E_{p,q}^1$, also Quotient einer Untergruppe von $E_{p,q}^1$. Mit den Kurzschreibweisen $B_{p,q}^1 = \mathrm{Im}(d_{p+1}^1)$ und $Z_{p,q}^1 = \mathrm{Ker}(d_p^1)$ ergeben sich die E^2-Gruppen aus der (etwas suggestiver notierten) Inklusionskette $0 \subseteq B_{p,q}^1 \subseteq Z_{p,q}^1 \subseteq E_{p,q}^1$.

Im zweiten Schritt wollen wir eine Folgeseite erstellen, mit neuen, treppenartig verschachtelten Komplexen $(E_{*,*}^2, d_*^2)$. Werfen wir dazu einen Blick auf das ursprüngliche Diagramm, in dem die E^2-Gruppen eingesetzt sind.

$$
\begin{array}{ccccccccc}
E_{p+1,q}^2 & \xrightarrow{\partial'} & A_{p,q} & \xrightarrow{j'} & E_{p,q}^2 & \xrightarrow{\partial'} & A_{p-1,q} & \xrightarrow{j'} & E_{p-1,q}^2 \\
& & \downarrow{\scriptstyle i} & & & & \downarrow{\scriptstyle i} & & \\
E_{p+2,q-1}^2 & \xrightarrow{\partial'} & A_{p+1,q-1} & \xrightarrow{j'} & E_{p+1,q-1}^2 & \xrightarrow{\partial'} & A_{p,q-1} & \xrightarrow{j'} & E_{p,q-1}^2 \ .
\end{array}
$$

Eine Klasse $[a] \in E_{p+2,q-1}^2$, repräsentiert durch $a \in Z_{p+2,q-1}^1$ definiert ein Element $\partial'[a] \in A_{p+1,q-1}$. Da a ein d^1-Zyklus war, ist $j\partial'[a] = j\partial[a] = 0 \in E_{p+1,q-1}^1$ und es gibt wegen der exakten Sequenzen auf der E^1-Seite ein $a' \in A_{p,q}$ mit $i(a') = \partial'[a]$.

Das Diagramm ist also immer noch möglich, wenn wir die A-Gruppen auf die Bilder bei den Homomorphismen i schrumpfen. Setzen wir $A_{p,q}' = i(A_{p-1,q+1})$, $A_{p+1,q-1}' = i(A_{p,q})$ und $i' = i|_{A_{p,q}'}$, so erhalten wir das folgende, modifizierte Diagramm:

$$
\begin{array}{ccccccccc}
E_{p+1,q}^2 & \xrightarrow{\partial'} & A_{p,q}' & \xrightarrow{j'} & E_{p,q}^2 & \xrightarrow{\partial'} & A_{p-1,q}' & \xrightarrow{j'} & E_{p-1,q}^2 \\
& & \downarrow{\scriptstyle i'} & & & & \downarrow{\scriptstyle i'} & & \\
E_{p+2,q-1}^2 & \xrightarrow{\partial'} & A_{p+1,q-1}' & \xrightarrow{j'} & E_{p+1,q-1}^2 & \xrightarrow{\partial'} & A_{p,q-1}' & \xrightarrow{j'} & E_{p,q-1}^2 \ .
\end{array}
$$

---

[1]In der ursprünglichen Publikation von 1951, [89], hat SERRE kubisch singuläre Kettengruppen $C_k(X)$ für SERRE-Faserungen $f : X \to B$ verwendet, ohne CW-Struktur von B, und die Filtrierungsmengen $C_k^{(p)}(X) \subseteq C_k(X)$ rein algebraisch definiert: als Linearkombination von Simplizes $\sigma : I^k \to X$, deren Projektion $f\sigma : I^k \to B$ von den letzten $k - p$ Koordinaten unabhängig ist. Dieser Ansatz ist äquivalent zu der hier besprochenen, eher topologischen Methode, bei der die Filtrierung von einer CW-Struktur der Basis kommt.

Der entscheidende Impuls kommt nun von der Idee, dass im obigen Argument das Element $a' \in A_{p,q}$, mit $i(a') = \partial'[a]$, über den Homomorphismus j' ein Element $j'(a') \in E^2_{p,q}$ definiert, und zwar unabhängig von der Wahl des Elements a'. Falls nämlich auch $i(a'') = \partial'[a]$ wäre, hätten wir $i(a'-a'') = 0$ und wegen der Exaktheit der Sequenzen auf der E^1-Seite folgt $a' - a'' \in \mathrm{Im}(\partial)$. Wenden wir darauf den Homomorphismus $j' = j \bmod B^1_{p,q}$ an, ergibt sich offensichtlich $j'(a' - a'') = 0$, wegen $j(a' - a'') \in B^1_{p,q}$. Insgesamt ist damit $j'(a') = j'(a'')$.

Die Konsequenzen davon sind enorm. Sie ermöglichen ein Diagramm, in dem es neue Homomorphismen von Typ j gibt, die nicht mehr waagrecht verlaufen, sondern schräg in die Zeile darüber. Wir biegen die j'-Pfeile also eine Zeile nach oben und erhalten das folgende, **abgeleitete Treppendiagramm**.

Wir werden in Kürze sehen, dass der im Fettdruck hervorgehobene Teil wieder eine exakte Sequenz ist, was uns die Definition eines abgeleiteten Komplexes ermöglicht und damit ein iteratives Verfahren ad infinitum. Die Spektralsequenz der Faserung $X \to B$ nimmt allmählich Formen an.

In dem Diagramm sind die Homomorphismen j aus dem E^1-Diagramm mit eingezeichnet. Es gilt für alle $a' = i(a) \in A'_{p,q}$ stets $j'(a') = [j(a)]$, wobei die Restklasse modulo $B^1_{p,q}$ gebildet wird. Der neue Randoperator (ab jetzt **Differential** genannt)

$$d^2_p = j'\partial' : E^2_{p,q} \longrightarrow E^2_{p-2,q+1}$$

ist dann nicht mehr notwendig gleich 0. Das abgeleitete Diagramm verknüpft also wieder Homologiegruppen (diesmal die E^2-Gruppen) eines Ausgangskomplexes in einem neuen Komplex, und zwar bezüglich der Differentiale d^2_*, die den ersten Index p um 2 reduzieren und (als Ausgleich) den zweiten Index q um 1 erhöhen.

Komplex? Ja, Sie haben richtig gelesen. Es ist eine einfache Aufgabe, erneut die Beziehung $d^2_p d^2_{p+2} = 0$ zu verifizieren, denn wir haben wieder $\partial'j' = 0$. Es gilt sogar viel mehr: Die fett gedruckten Gruppen bilden (exemplarisch) eine lange exakte Sequenz, bestehend aus den Homomorphismen ∂', i' und j'. Im Unterschied zum vorigen Diagramm mit i, j und ∂ verlaufen sie jedoch nicht mehr stufenweise abwärts, sondern im Zick-Zack, wie die Springer beim Schach, auf einer Höhe.

Wir beweisen zunächst $\partial'j' = 0$, woraus die Beziehung $d^2_p d^2_{p+2} = 0$ folgt. Es sei dazu $a' \in A'_{p+1,q-1} = i(A_{p,q})$. Dann ist

$$\partial'j'(a') = \partial'[j(a)] = [\partial j(a)] \in E^2_{p,q}$$

für ein $a \in A_{p,q}$ mit $i(a) = a'$. Wegen $\partial j = 0$ im E^1-Diagramm folgt $\partial'j' = 0$.

Warum ist die hervorgehobene Sequenz ein Komplex? Nun denn, bei $j'i' = 0$ sei hierfür $a' \in A'_{p,q}$. Nach Konstruktion gibt es ein $a \in A_{p-1,q+1}$ mit $i(a) = a'$. Damit gilt $j'i'(a') = [ji(a)] = 0$ wegen der Exaktheit im E^1-Diagramm. Das gleiche Argument führt auf $i'\partial' = 0$, denn für ein $[e] \in E^2_{p,q}$ ist $i'\partial'[e] = [i\partial(e)] = 0$, auch wegen der Exaktheit im E^1-Diagramm. Genauso ergibt sich $\partial'j' = 0$. Damit bilden die fett gedruckten Gruppen zunächst einen Komplex.

Für die Exaktheit zeigen wir exemplarisch $\mathrm{Ker}(\partial') \subseteq \mathrm{Im}(j')$. Dazu sei $\partial'[e] = 0$ für ein $e \in Z^1_{p,q}$. Dies bedeutet $\partial(e) = 0$ im E^1-Diagramm. Wegen dessen Exaktheit gibt es ein $a \in A_{p,q}$ mit $j(a) = e$, und mit $a' = i(a) \in A'_{p+1,q-1}$ folgt $j'(a') = [e]$.

Die Exaktheit an den anderen Stellen folgt mit ähnlichen Argumenten und sei Ihnen als einfache **Übung** empfohlen.   □

Damit liegt die Idee nahe, den Übergang zu abgeleiteten Treppendiagrammen ad infinitum fortzusetzen. Aus dem E^2-Diagramm mit den Homomorphismen ∂', i' und j' können wir über die Differentiale $d^2_p = j'\partial' : E^2_{p,q} \to E^2_{p-2,q+1}$ mit $Z^2_{p,q} = \mathrm{Ker}(d^2_p)$ und $B^2_{p,q} = \mathrm{Im}(d^2_{p+2})$ die neuen Subquotienten

$$E^3_{p,q} = Z^2_{p,q} / B^2_{p,q}$$

einer dritten Seite der Spektralsequenz bilden. Alle Konstruktionsschritte wiederholen sich wörtlich und ergeben die Gruppen $A''_{p,q} = i'(A'_{p-1,q+1}) = i^2(A_{p-2,q+2})$, die Homomorphismen $i'' = i^2$, $\partial'' = \partial'|_{Z^2_{p,q}}$ und $j''(a'') = j'(a')$ mod $B^2_{p,q}$ für $a'' = i'(a')$ und die verlängerte Inklusionskette

$$0 \subseteq B^1_{p,q} \subseteq B^2_{p,q} \subseteq Z^2_{p,q} \subseteq Z^1_{p,q} \subseteq E^1_{p,q}.$$

Das Differential $d^3_p = j''\partial'' : E^3_{p,q} \to E^3_{p-3,q+2}$ wandert nun zwei Zeilen nach oben, der q-Index erhöht sich um 2, und das doppelt abgeleitete Treppendiagramm bekommt die Gestalt

worin die E^2-Gruppen durch die Subquotienten $E^3_{p,q}$ ersetzt sind, die $A'_{p,q}$ durch $A''_{p,q} = i'(A'_{p-1,q+1})$ und wieder eine exakte Sequenz fett hervorgehoben ist. Sie erkennen dabei auch, dass die exakten Zeilen nun im Zick-Zack aufwärts laufen.

Versuchen Sie nun, das Vorgehen in Gedanken selbst weiterzuführen und überlegen sich das Diagramm nach $r - 1$ Iterationen, also bis zu dem Treppendiagramm, indem die Gruppen $E_{p,q}^{r-1}$ durch die Gruppen $E_{p,q}^r$ ersetzt werden. Wir haben darin A-Gruppen der Form $A_{p,q}^{r-1} = i^{r-1}(A_{p-r+1,\,q+r-1})$ und Homomorphismen $j^{(r-1)} : A_{p,q}^{r-1} \to E_{p-r+1,\,q+r-1}^r$, deren Komposition

$$d_p^r = j^{(r-1)} \partial^{(r-1)} : E_{p,q}^r \longrightarrow E_{p-r,\,q+r-1}^r$$

wieder die Randoperatoren (Differentiale) eines Komplexes bilden – ein Komplex, der dann die Gruppen $E_{p,q}^{r+1}$ als Homologiegruppen besitzt. Für die sukzessive Subquotientenbildung zu $E_{p,q}^{r+1} = Z_{p,q}^r / B_{p,q}^r$ haben wir nun die Inklusionskette

$$0 \subseteq B_{p,q}^1 \subseteq B_{p,q}^2 \subseteq \dots \subseteq B_{p,q}^r \subseteq Z_{p,q}^r \subseteq \dots \subseteq Z_{p,q}^2 \subseteq Z_{p,q}^1 \subseteq E_{p,q}^1.$$

Die zentrale Frage lautet nun: Welche Bedeutung hat die Folge $\left(E_{p,q}^r\right)_{r \geq 1}$ von Gruppen für feste ganzzahlige Werte von p und q? Um hier aussagekräftige Ergebnisse zu erhalten, benötigen wir zwei Beobachtungen. Die erste ist zentral wichtig und auch am schwierigsten zu zeigen.

Beobachtung 1: In jeder A-Spalte auf der E^1-Seite sind alle bis auf endlich viele Homomorphismen $i : A_{p,q} \to A_{p+1,q-1}$ Isomorphismen.

Beweis: Die $i : A_{p,q} \to A_{p+1,q-1}$ sind die durch die Inklusion $i : X_p \to X_{p+1}$ induzierten Abbildungen $H_{p+q}(X_p) \to H_{p+q}(X_{p+1})$. Für $p < -1$ sind das Isomorphismen wegen $X_p = \varnothing$ für $p < 0$. Es sei also für den Rest des Beweises $p \geq 0$.

Wandert man dann in den A-Spalten nach unten, so sind ab einem (von der Spalte abhängigen) Index $s > 0$ alle Homomorphismen $i : A_{p+s,q-s} \to A_{p+s+1,q-s-1}$ Isomorphismen, denn die Inklusionen $i : X_{p+s} \to X_{p+s+1}$ induzieren für $s > q$ Isomorphismen

$$i : H_{p+q}(X_{p+s}) \longrightarrow H_{p+q}(X_{p+s+1}),$$

warum? Nun denn, die Aussage erinnert an einen Satz über die Homologie von CW-Komplexen (Seite I-351), es ist letztlich eine Verallgemeinerung des Falles für eine einpunktige Faser (in dem X eine CW-Struktur hat). Sehen wir uns also den Beweis hierfür an, er verwendet die entsprechende Aussage für CW-Komplexe (die wiederum direkt aus der zellulären Homologie folgt).

Die obigen Isomorphismen $i : H_{p+q}(X_{p+s}) \to H_{p+q}(X_{p+s+1})$, $s > q$, folgen aus $H_k(X, X_{p+s}) = H_k(X, X_{p+s+1}) = 0$ für $1 \leq k \leq p+s$, was weiter unten bewiesen wird, und den exakten Homologiesequenzen der Paare (X, X_{p+s}) und (X, X_{p+s+1}). Verwenden Sie hierfür als kleine **Übung** das kommutative Diagramm

bei dem sich für $p + q < p + s$, also $q < s$, die induzierten Homomorphismen i_*^∞ der H_{p+q}-Gruppen als Isomorphismen herausstellen.

Warum also ist $H_k(X, X_{p+s}) = 0$ für $1 \leq k \leq p+s$? Wie oben schon erwähnt, gilt die Aussage für CW-Komplexe (Seite I-351). Wir haben also $H_k(B, B^{p+s}) = 0$ für $1 \leq k \leq p+s$. Nach dem relativen Theorem von HUREWICZ (Seite I-391) ist in diesen Fällen dann auch $\pi_k(B, B^{p+s}, x) = 0$, falls $\pi_1(B, B^{p+s}, x) = 0$ ist.

Tatsächlich ist $\pi_1(B, B^{p+s}, x) = 0$, denn mit $s > 0$ ist auch $p + s > 0$ und damit $\pi_1(B^{p+s}, x) \to \pi_1(B, x)$ surjektiv wegen zellulärer Approximation (Seite I-339). Die Aussage folgt dann mit der langen exakten Homotopiesequenz

$$\longrightarrow \pi_1(B^{p+s}, x) \xrightarrow{\text{surjektiv}} \pi_1(B, x) \xrightarrow{0} \pi_1(B, B^{p+s}, x) \xrightarrow{0} \pi_0(B^{p+s}, x),$$

worin der rechte Homomorphismus in der Tat die Nullabbildung ist, denn es wird hierbei ein Weg $\alpha : (D^1, S^0, 1) \to (B, B^{p+s}, x)$ auf $\alpha|_{S^0}$ abgebildet, wobei $\alpha(D^1)$ in der Wegkomponente $B_x \subseteq B$ liegen muss, die x enthält. Die (relativ selten benötigte) Tatsache, dass ein CW-Komplex B dieselben Wegkomponenten hat wie alle seine positiv-dimensionalen Skelette, bewirkt dann $\alpha(S^0) \subseteq B_x^{p+s}$, mithin $\alpha|_{S^0} = 0 \in \pi_0(B^{p+s}, x)$. (Um ganz genau zu sein: Überlegen Sie sich, dass die Aussage auch stimmt, wenn $\dim(B^{p+s}) = 0$ ist und dort mehr Wegkomponenten existieren können als in B. Das kann zum Beispiel passieren, wenn B keine 1-Zellen besitzt und $p + s = 1$ ist).

Halten wir das Zwischenergebnis fest: Es ist $\pi_k(B, B^{p+s}, x) = 0$ für $1 \leq k \leq p+s$. Der Schwenk zu Homotopiegruppen erlaubt nun, die Homotopieerweiterung der Faserung $f : X \to B$ zu nutzen, um in diesen Fällen auch $\pi_k(X, X_{p+s}, y) = 0$ zu zeigen, mit $y \in f^{-1}(x)$. Nehmen Sie dazu ein Element in $\pi_k(X, X_{p+s}, y)$, repräsentiert durch die Abbildung $\alpha : (D^k, S^{k-1}, 1) \to (X, X_{p+s}, y)$. Es ist dann $[f\alpha] = 0$ in $\pi_k(B, B^{p+s}, x) = 0$ und nach dem Kompressionskriterium (Seite I-143) homotop relativ B^{p+s} zu einer Abbildung nach (B^{p+s}, B^{p+s}, x).

Eine Liftung dieser Homotopie zeigt, dass auch α nullhomotop ist (beachten Sie die relative Homotopieliftung bezüglich (D^k, S^{k-1}), Seite 76). Damit ist $\pi_k(X, X_{p+s}, y) = 0$ in den genannten Fällen und wieder mit dem Theorem von HUREWICZ folgt schließlich $H_k(X, X_{p+s}) = 0$ für $1 \leq k \leq p+s$. Aus den langen exakten Homologiesequenzen der Paare (X, X_{p+s}) und (X, X_{p+s+1}) ergibt sich, wie oben erwähnt, dass $i : H_{p+q}(X_{p+s}) \to H_{p+q}(X_{p+s+1})$ im Fall $p + q < p + s$, also für $s > q$, ein Isomorphismus ist. $\square$

Diese Beobachtung öffnet uns das Tor zu den gewaltigen Möglichkeiten im Umgang mit Spektralsequenzen. Es ist interessant, wie das Theorem von HUREWICZ hier seine Wirkung entfaltet: Um eine Aussage über Homologiegruppen von X zu erhalten, benutzt man die bekannten Gesetze in B aus der zellulären Homologie, um die Aussage zunächst in Homotopiegruppen von B zu übersetzen. Diese lassen dann über die Homotopieliftung der Faserung $X \to B$ eine entsprechende Aussage über Homotopiegruppen in X zu, und wieder mit HUREWICZ schließt man zurück auf die Homologiegruppen von X.

Mit der Beobachtung ergibt sich eine Konsequenz für die E^1-Seite (**Übung**).

Folgerung: In jeder E^1-Spalte sind nur endlich viele Gruppen $E^1_{p,q} \neq 0$. $\square$

Sehen wir uns die Folgerung grafisch an. Es ist damit eine bemerkenswerte Argumentation möglich, denn offensichtlich ist $E_{p,q}^r = 0$ für $r \geq 2$, wenn $E_{p,q}^1 = 0$ war (die Gruppen $E_{p,q}^r$ sind Subquotienten der anfänglichen Gruppen $E_{p,q}^1$).

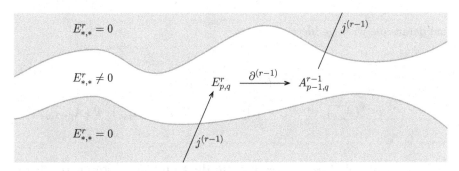

Im E^r-Diagramm verläuft $d_p^r = j^{(r-1)}\partial^{(r-1)}$ genau $r-1$ Zeilen aufwärts. Ist dann bei festem $p,q \in \mathbb{Z}$ der Index r groß genug, sind sowohl $d_p^r : E_{p,q}^r \to E_{p-r,q+r-1}^r$ als auch $d_{p+r}^r : E_{p+r,q-r+1}^r \to E_{p,q}^r$ Nullabbildungen. In einem Komplex sind die Homologiegruppen an den Stellen, die von Differentialen $d^r = 0$ umgeben sind, isomorph zu den Kettengruppen selbst. Dies bedeutet, dass ab einem (von $p,q \in \mathbb{Z}$ abhängigen) Index r

$$E_{p,q}^r \cong E_{p,q}^{r+1} \cong E_{p,q}^{r+2} \cong \dots$$

stationär ist und man dafür suggestiv $E_{p,q}^\infty$ schreiben kann. Denken Sie dabei an die Entwicklung der $E_{p,q}^r$ als Subquotienten von $E_{p,q}^1$. Die $B_{p,q}^r$ wachsen und die $Z_{p,q}^r$ schrumpfen, sodass $E_{p,q}^r = Z_{p,q}^{r-1}/B_{p,q}^{r-1}$ mit dem Index r immer kleiner wird. Irgendwann hält dieser Prozess an und die Gruppen $E_{p,q}^r$ haben sich stabilisiert.

Mit einer weiteren Beobachtung, deutlich einfacher als die erste, kann man nun eine zentrale Aussage über die Gestalt der Gruppen $E_{p,q}^\infty$ machen.

Beobachtung 2: In den A-Spalten des E^1-Diagramms stabilisieren sich die Gruppen $A_{p+l,q-l}$ beim Übergang $l \to -\infty$ auf die triviale Gruppe $A_{p+q}^{-\infty} = 0$.

Der **Beweis** ist trivial. Beachten Sie hierfür nur die Bezeichnung $A_{p+q}^{-\infty}$ und dass der Wert $p+q$ jede A-Spalte eindeutig bestimmt. Der Übergang $l \to -\infty$ bedeutet, dass in Richtung abnehmender p-Werte nach oben gewandert wird. Bei Faserungen $X \to B$ mit CW-Basen ist die Aussage wegen $H_k(X_p) = H_k(\varnothing) = 0$ für $p < 0$ offensichtlich erfüllt. $\qquad\square$

Werfen wir nun einen Blick auf eine der exakten Sequenzen im E^r-Diagramm

$$E_{p+r-1,q-r+2}^r \xrightarrow{\partial^{(r-1)}} A_{p+r-2,q-r+2}^{(r-1)} \xrightarrow{i^{(r-1)}} A_{p+r-1,q-r+1}^{(r-1)} \xrightarrow{j^{(r-1)}}$$

$$E_{p,q}^r \xrightarrow{\partial^{(r-1)}} A_{p-1,q}^{(r-1)} \xrightarrow{i^{(r-1)}} A_{p,q-1}^{(r-1)} \xrightarrow{j^{(r-1)}} E_{p-r+1,q+r-2}^r \ .$$

Ist r groß genug, verschwinden die Gruppen $E_{p+r-1,q-r+2}^r$ und $E_{p-r+1,q+r-2}^r$ aus den oben genannten Gründen.

Aber auch $A_{p-1,q}^{(r-1)}$ und $A_{p,q-1}^{(r-1)}$ verschwinden wegen $A_{p-1,q}^{(r-1)} = i^{r-1}(A_{p-r,q+r-1}) = 0$ für genügend großes r nach Beobachtung 2. Es ergibt sich so die exakte Sequenz

$$0 \xrightarrow{\partial^{(r-1)}} A_{p+r-2,q-r+2}^{(r-1)} \xrightarrow{i^{(r-1)}} A_{p+r-1,q-r+1}^{(r-1)} \xrightarrow{j^{(r-1)}} E_{p,q}^r \xrightarrow{\partial^{(r-1)}} 0$$

und daraus die wichtige Identität

$$
\begin{aligned}
E_{p,q}^r &\cong A_{p+r-1,q-r+1}^{(r-1)} \big/ i^{(r-1)}\big(A_{p+r-2,q-r+2}^{(r-1)}\big) \\
&\cong i^{r-1}\big(A_{p,q}\big) \big/ i^{(r-1)}\big(i^{r-1}(A_{p-1,q+1})\big) \cong i^{r-1}\big(A_{p,q}\big) \big/ i^r\big(A_{p-1,q+1}\big).
\end{aligned}
$$

Allmählich nimmt die **Spektralsequenz für die Homologie** Form an. Der Nebel einer (ich gebe es zu) bis an die Grenzen des Erträglichen reichenden Indexgymnastik lichtet sich, wir setzen im Folgenden der Kürze wegen $m = p + q$. Wendet man auf $A_{p,q}$ iteriert den Homomorphismus i an, bis man bei den Isomorphismen nach Beobachtung 1 ankommt, definieren deren Verkettung einen Homomorphismus

$$i^\infty : A_{p,q} \longrightarrow A_m^\infty = \lim_{l \to \infty} A_{p+l,q-l}.$$

Es sei dann $F_m^p = i^\infty(A_{p,q}) \subseteq A_m^\infty$ und wir erhalten eine Filtrierung

$$0 \subseteq \ldots \subseteq F_m^p \subseteq F_m^{p+1} \subseteq \ldots \subseteq A_m^\infty$$

von A_m^∞. Sie erkennen nun durch den Grenzübergang $r \to \infty$ aus der obigen Darstellung von $E_{p,q}^r$ die Formel $E_{p,q}^\infty = i^\infty(A_{p,q})/i^\infty(A_{p-1,q+1}) = F_m^p/F_m^{p-1}$ und man nennt

$$\mathcal{G}A_m^\infty = \bigoplus_{l \in \mathbb{Z}} F_m^{p+l} \big/ F_m^{p+l-1} \cong \bigoplus_{l \in \mathbb{Z}} E_{p+l,q-l}^\infty$$

die zu der Filtrierung gehörige **assoziierte graduierte Gruppe** von A_m^∞. Das Ziel ist nun erreicht: Der Limes A_m^∞ ist offensichtlich isomorph zu $H_{p+q}(X)$, denn die $i : A_{p,q} \to A_{p+1,q-1}$ waren nicht anderes als die sich zu Isomorphismen stabilisierenden $i : H_{p+q}(X_p) \to H_{p+q}(X_{p+1})$. Halten wir diesen Meilenstein fest.

Theorem:
Die bezüglich der obigen Filtrierung graduierte Gruppe $\mathcal{G}H_{p+q}(X)$ ist isomorph zur Summe der stabilen Gruppen $E_{p+l,q-l}^\infty$ in der Spektralsequenz. □

Mit diesem bemerkenswerten Resultat haben wir die Möglichkeit, Aussagen über die Homologie des Totalraumes X zu machen, die vorher völlig außer Reichweite lagen. Insbesondere wenn wir im nächsten Abschnitt die Gestalt der E^2-Gruppen als Homologiegruppen der Basis B mit Koeffizienten in $H_*(F)$ auch für allgemeinere Faserungen herleiten (vergleichen Sie mit dem einfachen Resultat bei Produktfaserungen, Seite 143), können wir zu weitreichenden Schlussfolgerungen über die Homologiegruppen $H_*(X)$ kommen.

Es gibt aber auch Grenzen. Aus der Graduierung von $\mathcal{G}H_*(X)$ kann man nicht immer auf die genaue Form von $H_*(X)$ schließen. Ein Beispiel ist die endliche Filtrierung der additiven Gruppen $0 \subset \mathbb{Z}_2 \subset \mathbb{Z}_4 \subset \mathbb{Z}_8 = A_2^\infty$, mit den Inklusionen, die durch die Multiplikation mit 2 gegeben sind. Die Filtrierungsmengen sind dann $F_2^0 = \mathbb{Z}_2$, $F_2^1 = \mathbb{Z}_4/\mathbb{Z}_2 \cong \mathbb{Z}_2$ und $F_2^2 = \mathbb{Z}_8/\mathbb{Z}_4 \cong \mathbb{Z}_2$. Hier wären alle E^∞-Gruppen in der Diagonalen von $(p,q) = (2,0)$ über $(1,1)$ zu $(0,2)$ isomorph zu $\mathbb{Z}_2$, aber es ist $\mathbb{Z}_8 \not\cong \mathbb{Z}_2 \oplus \mathbb{Z}_2 \oplus \mathbb{Z}_2$. Lediglich die Elementzahl der beiden Gruppen stimmt überein (was in gewissen Situationen immerhin Endlichkeitsaussagen ermöglicht). Seltsame Dinge können auch bei unendlich zyklischen Gruppen passieren: So erzeugt die Filtrierung $0 \subseteq 7\mathbb{Z} \subseteq \mathbb{Z}$ eine graduierte Gruppe der Form $\mathcal{G}\mathbb{Z} \cong \mathbb{Z} \oplus \mathbb{Z}_7$, in der Torsion entstanden ist, die es in $\mathbb{Z}$ gar nicht gibt.

Besser sieht es aus bei den endlichen Filtrierungen $0 \subset \mathbb{Z}_3 \overset{1}{\hookrightarrow} \mathbb{Z}_3 \overset{1}{\hookrightarrow} \mathbb{Z}_3 \overset{5}{\hookrightarrow} \mathbb{Z}_{15}$ oder $0 \subset \mathbb{Z}_2 \overset{1}{\hookrightarrow} \mathbb{Z}_2 \overset{7}{\hookrightarrow} \mathbb{Z}_{14} \overset{1}{\hookrightarrow} \mathbb{Z}_{14} \overset{3}{\hookrightarrow} \mathbb{Z}_{42}$. Welche E^∞-Gruppen ergeben sich hier, warum kann man hier auf $H_*(X)$ schließen? Siehe dazu auch die **Übungen**.

Eine kompaktere Darstellung der E^r-Seiten

Nachdem wir, ausgehend von der E^1-Seite, die sukzessive Entwicklung der Folgeseiten einer Spektralsequenz verstanden haben, können wir eine abkürzende Notation einführen, wie sie in der Literatur üblich ist. Die A-Gruppen dienten nur als Zwischenglied, quasi als algebraischer Schrittmacher für die Entstehung immer weiterer Seiten der Sequenz. Außerdem waren sie entscheidend daran beteiligt, den Bezug zu den Homologiegruppen $H_{p+q}(X)$ herzustellen.

Wir benötigen diese A-Gruppen nun aber nicht mehr und konzentrieren uns auf die variablen Gruppen $E_{p,q}^r$ mitsamt den Differentialen $d_p^r : E_{p,q}^r \to E_{p-r,q+r-1}^r$. Wir ordnen diese dann in einem Diagramm mit (p,q)-Koordinaten an, wobei wir uns auf $p \geq 0$ konzentrieren, weil schon auf der ersten Seite $E_{p,q}^1 = H_{p+q}(X_p, X_{p-1})$ für negative Werte von p verschwindet. Im folgenden Beispiel für eine E^2-Seite verwenden wir außerdem die Tatsache $E_{p,q}^2 = 0$ für $q < 0$, die eigentlich erst für Produktfaserungen $f : B \times F \to B$ bewiesen ist (Seite 143). Im nächsten Abschnitt werden wir dies – das ist der zweite große Meilenstein – auch für allgemeine Faserungen beweisen, solange B gewisse Voraussetzungen erfüllt.

$$
\begin{array}{c|cccccccc}
3 & E_{0,3}^2 & \leftarrow & E_{1,3}^2 & \leftarrow & E_{2,3}^2 & \leftarrow & E_{3,3}^2 & \leftarrow & E_{4,3}^2 & \leftarrow & E_{5,3}^2 & \cdots \\[4pt]
2 & E_{0,2}^2 & \leftarrow & E_{1,2}^2 & & E_{2,2}^2 & \leftarrow & E_{3,2}^2 & & E_{4,2}^2 & \leftarrow & E_{5,2}^2 & \cdots \\[4pt]
1 & E_{0,1}^2 & \leftarrow & E_{1,1}^2 & \leftarrow & E_{2,1}^2 & \leftarrow & E_{3,1}^2 & \leftarrow & E_{4,1}^2 & \leftarrow & E_{5,1}^2 & \cdots \\[4pt]
q=0 & \boxed{\mathbb{Z}} & & E_{1,0}^2 & & E_{2,0}^2 & & E_{3,0}^2 & & E_{4,0}^2 & & E_{5,0}^2 & \cdots \\[4pt]
\hline
& p=0 & & 1 & & 2 & & 3 & & 4 & & 5 & \cdots
\end{array}
$$

Die Pfeile sind die (potentiell nicht verschwindenden) Differentiale d_*^2, sie verlaufen eine Zeile nach oben ($q \to q+1$) und zwei Spalten nach links ($p \to p-2$).

Auf der E^3-Seite zeigt sich dann folgendes Bild, die Differentiale d^3_* verlaufen nun zwei Zeilen nach oben und drei Spalten nach links.

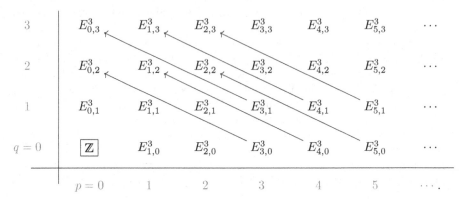

Auch an diesen Beispielen wird sofort plausibel, dass es für jedes Indexpaar (p, q) ein $r \geq 2$ gibt, ab dem die Gruppe $E^r_{p,q}$ von Differentialen $d^r_* = 0$ umgeben ist und sich die Stabilisierung $E^r_{p,q} \cong E^\infty_{p,q}$ spätestens hier vollzieht. Der Eintrag $\mathbb{Z}$ bei $E^*_{0,0}$ rührt übrigens von der Tatsache her, dass wir nur zusammenhängende Basen und Fasern betrachten werden, es ist dann $E^2_{0,0} \cong H_0(B; H_0(F)) \cong \mathbb{Z}$ und dies gilt auch für alle Folgeseiten, denn die umgebenden Differentiale d^2_* verschwinden.

Doch nun ist es Zeit, den zweiten Meilenstein zu besprechen. Schaffen wir also wieder etwas Abwechslung von rein algebraischen Argumenten und rücken die Topologie von Faserungen in den Fokus.

6.3 Die Bestimmung der Gruppen $E^2_{p,q}$

Im vorigen Kapitel haben wir einen einfachen Spezialfall von dem behandelt, was uns in diesem Abschnitt erwartet. Die Beziehung

$$H_{p+q}\big(C^{\text{fcell}}_{*+q}(X)\big) \cong H_p\big(B; H_q(F)\big)$$

für Produktfaserungen $X = B \times F \to B$ über CW-Komplexen (Seite 143) wollen wir nun auf allgemeinere Faserungen $f : X \to B$ ausdehnen. Schon früher ist Ihnen wahrscheinlich die seltsame Formulierung „allgemeinere Faserungen" aufgefallen. Warum nicht einfach „allgemeine Faserungen" über CW-Komplexen? Nun denn, wir benötigen für das Weitere eine Zusatzforderung an f, die mit einer Art von Orientierbarkeit der Fasern im Totalraum zusammenhängt. Um was geht es dabei?

Im Kapitel über Faserungen wurde die Homotopieäquivalenz zweier konkreter Fasern $F_{x_1} = f^{-1}(x_1)$ und $F_{x_2} = f^{-1}(x_2)$ über eine Liftung $\tilde{h}$ der Homotopie $h_s : F_{x_1} \times I \to B$, $(a, s) \mapsto \gamma(s)$, gezeigt, mit einem Weg γ von x_1 nach x_2. Bei $s = 0$ hatte sie die partielle Liftung $\tilde{h}_0 : F_{x_1} \hookrightarrow X$ (Seite 79), und damit war die Abbildung $\Lambda_\gamma : F_{x_1} \to F_{x_2}$ mit $a \mapsto \tilde{h}_1(a)$ eine Homotopieäquivalenz. Daraus resultierte ein wohldefinierter Isomorphismus $(\Lambda_\gamma)_* : H_k(F_{x_1}) \to H_k(F_{x_2})$ für alle $k \geq 0$, der nur von der Homotopieklasse des Weges γ abhing, denn relativ ∂I homotope Wege γ, γ' lieferten homotope Abbildungen Λ_γ und $\Lambda_{\gamma'}$.

Leider ist im Fall $\gamma \not\simeq \gamma'$ nicht notwendig $\Lambda_\gamma \sim \Lambda_{\gamma'}$, und dies hat Auswirkungen auf Elemente $0 \neq [\gamma] \in \pi_1(B, x)$. So induziert der konstante Weg $\gamma_0 : I \to \{x\}$ zwar die Identität $(\Lambda_{\gamma_0})_* : H_*(F_x) \to H_*(F_x)$, ein geschlossener Weg γ mit $[\gamma] \neq 0$ muss das aber nicht tun. Zwei Beispiele sollen dies verdeutlichen.

Zunächst sei der Torus $T^2 = (I \times S^1)/\sim$ und die Projektion $T \to S^1$ mit $(a, b) \mapsto a$ gegeben.

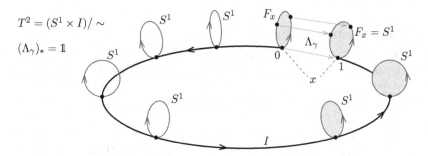

In der Grafik sind einige der S^1-Fasern eingezeichnet. Die Orientierungen, also Vorder- und Rückansichten der Fasern, sind durch unterschiedliche Hintergrundfarben der Kreise angedeutet. Man erkennt, dass nicht nur der konstante Weg, sondern auch der Weg $\gamma(t) = e^{2\pi t}$ die Identität auf $H_*(S^1)$ induziert, denn die partielle Liftung $\tilde{h}_0 : S^1 \to \{x\}$ ist bei $\tilde{h}_s$ orientierungserhaltend in der Faser S^1 um den Torus geführt.

In diesem Beispiel induziert also jedes Element $[\gamma] \in \pi_1(S^1, x)$ die Identität $(\Lambda_\gamma)_* : H_1(F_x) \to H_1(F_x)$. Man sagt auch, die Gruppe $\pi_1(S^1, x)$ hat eine **triviale Wirkung** (engl. *trivial action*)

$$\pi_1(S^1, x) \times H_*(F_x) \longrightarrow H_*(F_x)$$

auf den Gruppen $H_*(F_x)$. Dass dies nicht immer so ist, zeigt die Kleinsche Flasche $\mathcal{KF}^2 = (I \times S^1)/\sim$, bei der die Ränder $0 \times S^1$ und $1 \times S^1$ orientierungsumkehrend identifiziert werden, über die Abbildung $S^1 \to S^1$, $e^{2\pi it} \mapsto e^{-2\pi it}$.

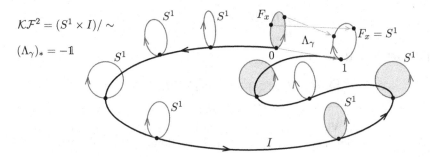

Bei der Kleinschen Flasche ist $(\Lambda_\gamma)_* = -\mathbb{1}$ als Isomorphismus $H_1(F_x) \to H_1(F_x)$. Versuchen Sie zur **Übung** herauszufinden, wie der Weg $(2\gamma)(t) = e^{4\pi it}$ auf die Homologiegruppe $H_1(F_x)$ wirkt.

Wir werden nun generell für eine Faserung $F \to X \to B$ voraussetzen, dass $\pi_1(B,x)$ trivial auf allen Gruppen $H_*(F)$ wirkt, die Fasern also in gewisser Weise orientierbar an die Basis angeheftet sind.

Der folgende Satz ist dann der zweite Meilenstein dieses Kapitels. Er kann als Erweiterung des Satzes von EILENBERG-ZILBER und der KÜNNETH-Formel interpretiert werden (Seite I-307 ff). Sein Beweis ist erwartungsgemäß ziemlich kompliziert und geht bis Seite 180.

Theorem (Darstellung von $E_{p,q}^2$ bei Faserungen $F \to X \to B$)

Es sei $F \to X \xrightarrow{f} B$ eine Faserung über einer CW-Basis B, bei der $\pi_1(B)$ trivial auf $H_*(F)$ wirkt. Dann gilt in der Spektralsequenz für die Gruppen auf der E^2-Seite

$$E_{p,q}^2 \cong H_p\big(B; H_q(F)\big).$$

Beweis: Die Gruppen auf beiden Seiten der Isomorphie sind Homologiegruppen. Die Beweisstrategie beruht damit darauf, einen Isomorphismus der zugehörigen Kettenkomplexe zu konstruieren.

Die Gruppen $E_{p,q}^2$ waren die Homologiegruppen des Komplexes auf Seite 159,

$$\xrightarrow{\ d_{p+1}^1\ } H_{p+q}(X_p, X_{p-1}) \xrightarrow{\ d_p^1\ } H_{p+q-1}(X_{p-1}, X_{p-2}) \xrightarrow{\ d_{p-1}^1\ },$$

und die $H_p\big(B; H_q(F)\big)$ sind die (zellulären) Homologiegruppen von B mit Koeffizienten in $H_q(F)$, also die Homologiegruppen des Komplexes

$$\xrightarrow{\ \partial_*^{\mathrm{cell}} \otimes \mathbb{1}\ } H_p(B^p, B^{p-1}) \otimes H_q(F) \xrightarrow{\ \partial_*^{\mathrm{cell}} \otimes \mathbb{1}\ } H_{p-1}(B^{p-1}, B^{p-2}) \otimes H_q(F) \xrightarrow{\ \partial_*^{\mathrm{cell}} \otimes \mathbb{1}\ },$$

wobei $\partial_*^{\mathrm{cell}}$ der zelluläre Randoperator ist (Seite 38). Die charakteristischen Abbildungen $\Phi^p : (D^p, S^{p-1}) \to (B^p, B^{p-1})$ der p-Zellen e^p induzieren den bekannten Isomorphismus

$$\big(\Phi^p\big)_{e^p \in B} : \bigoplus_{e^p \in B} H_p(D^p, S^{p-1}) \longrightarrow H_p(B^p, B^{p-1}),$$

und der zelluläre Randoperator

$$\partial_p^{\mathrm{cell}} : \bigoplus_{e^p \in B} H_p(D^p, S^{p-1}) \longrightarrow \bigoplus_{e^{p-1} \in B} H_{p-1}(D^{p-1}, S^{p-2})$$

zeigt, mit welchen Vielfachheiten eine Zelle e^p über $\Phi^p|_{S^{p-1}}$ an endlich viele der Zellen e^{p-1} angeheftet wird, über den Abbildungsgrad von $\Phi^p|_{S^{p-1}}$ auf $\overline{e^{p-1}}/(B^{p-1} \setminus e^{p-1})$.

Wir werden einen Isomorphismus $\Psi : H_{p+q}(X_p, X_{p-1}) \to H_p(B^p, B^{p-1}) \otimes H_q(F)$ zwischen den einzelnen Kettengruppen der Komplexe konstruieren und danach zeigen, dass die Operatoren d_*^1 und $\partial_*^{\mathrm{cell}} \otimes \mathbb{1}$ mit Ψ verträglich sind.

Zunächst zum Isomorphismus der Kettengruppen, er ergibt sich aus der Verkettung von drei separaten Isomorphismen.

Zum **1. Isomorphismus** ist nicht viel zu sagen, er erschließt sich unmittelbar aus der zellulären Homologie. Wegen $H_p(B^p, B^{p-1}) \cong \bigoplus_{e^p \in B} \mathbb{Z}$ ist offensichtlich

$$\Psi_1 : H_p(B^p, B^{p-1}) \otimes H_q(F) \longrightarrow \bigoplus_{e^p \in B} H_q(F)$$

ein Isomorphismus (im dritten Schritt werden wir die Summanden $H_q(F)$ mit den Homologiegruppen des Paares (X_p, X_{p-1}) in Verbindung bringen).

Beim **2. Isomorphismus** sei eine Zelle e^p in B mit charakteristischer Abbildung $\Phi^p : (D^p, S^{p-1}) \to (B, B^{p-1})$ gegeben. Betrachte dann die Pullback-Kette

$$
\begin{array}{ccccccc}
\left(\widetilde{D}^p, \widetilde{S}^{p-1}\right) & \xrightarrow{\widetilde{\Phi}} & \left(\widetilde{e^p}, \widetilde{\partial e^p}\right) & \xrightarrow{\text{incl.}} & (X_p, X_{p-1}) & \xrightarrow{\text{incl.}} & (X, X_{p-1}) \\
\downarrow{\scriptstyle \widetilde{f}} & & \downarrow{\scriptstyle f|_{f^{-1}(\overline{e^p})}} & & \downarrow{\scriptstyle f|_{X_p}} & & \downarrow{\scriptstyle f} \\
(D^p, S^{p-1}) & \xrightarrow{\Phi} & (\overline{e^p}, \partial \overline{e^p}) & \xrightarrow{\text{incl.}} & (B^p, B^{p-1}) & \xrightarrow{\text{incl.}} & (B, B^{p-1}) \;,
\end{array}
$$

in der die Abbildungen rechts Einschränkungen der Faserung $f : X \to B$ sind (die Pullbacks von Raumpaaren sind genauso definiert wie im absoluten Fall, Seite 85).

Geht man dann in der unteren Zeile zu den Quotienten der Raumpaare über und bildet links über alle p-Zellen das Wedge-Produkt der Sphären an einem Punkt, mithin einen **Sphärenstrauß**, erhält man den aus der zellulären Homologie bekannten Homöomorphismus

$$\bigvee_{e^p \in B} D^p / S^{p-1} \xrightarrow{\quad [\Phi] \quad} B^p / B^{p-1} \cong \bigvee_{e^p \in B} \overline{e^p} / \partial \overline{e^p}.$$

Wie sieht die Situation in der oberen Zeile aus? Die Konstruktion des Pullbacks zeigt hier eine ähnliche Faktorisierung von $\widetilde{\Phi}$ zu einer stetigen Abbildung

$$\bigvee_{e^p \in B} \widetilde{D}^p / \widetilde{S}^{p-1} \xrightarrow{\quad [\widetilde{\Phi}] \quad} X_p / X_{p-1} \cong \bigvee_{e^p \in B} \widetilde{e^p} / \widetilde{\partial e^p},$$

die sich als Homöomorphismus herausstellt (**Übung**, direkt mit den Definitionen). Die zweite Isomorphie

$$\Psi_2 : \bigoplus_{e^p \in B} H_{p+q}\left(\widetilde{D}^p, \widetilde{S}^{p-1}\right) \longrightarrow H_{p+q}(X_p, X_{p-1})$$

wäre geschafft, wenn auch (X_p, X_{p-1}) ein gutes Raumpaar bildet (Seite I-276). Dann wäre $H_{p+q}(X_p, X_{p-1}) \cong H_{p+q}(X_p / X_{p-1})$ und $[\widetilde{\Phi}]$ würde den obigen Isomorphismus Ψ_2 induzieren.

Nun denn, wir werden zwar nicht zeigen können, dass (X_p, X_{p-1}) ein gutes Raumpaar ist, dafür aber eine schwächere Aussage, die ebenfalls ausreicht. Man braucht dazu die Tatsache, dass $f : X \to B$ eine Faserung ist.

Es ist (B^p, B^{p-1}) ein gutes Raumpaar (Seite I-335), also hat B^{p-1} eine Umgebung $U \subseteq B^p$, zusammen mit einer starken Deformationsretraktion $f_t : U \times I \to U$, $f_0 = \mathrm{id}_U$ und f_1, eingeschränkt auf sein Bild, eine Retraktion $U \to B^{p-1}$. Nach dem früheren Satz (Seite 86) ist die Inklusion $X_{p-1} \subset f^{-1}(U)$ eine Homotopie-äquivalenz und man zeigt mit dem Ausschneidungssatz (siehe die Homologie guter Raumpaare, Seite I-277), dass $H_{p+q}(X_p, X_{p-1}) \cong H_{p+q}(X_p/X_{p-1})$ ist.

Halten wir dies als Zwischenergebnis in dem Diagramm

$$
\begin{array}{ccc}
\displaystyle\bigoplus_{e^p \in B} H_{p+q}(\widetilde{D}^p, \widetilde{S}^{p-1}) & \xrightarrow{\;\;\Psi_2\;\;} & H_{p+q}(X_p, X_{p-1}) \\[2ex]
\Big\downarrow{\scriptstyle \Psi_3} & & \\[2ex]
\displaystyle\bigoplus_{e^p \in B} H_q(F) & \xrightarrow{\;\;\Psi_1^{-1}\;\;} & H_p(B^p, B^{p-1}) \otimes H_q(F)
\end{array}
$$

fest, mit den beiden bisherigen Isomorphismen in den Zeilen, wobei links oben $H_{p+q}(\widetilde{D}^p, \widetilde{S}^{p-1}) \cong H_{p+q}(\widetilde{D}^p/\widetilde{S}^{p-1})$ verwendet wurde, denn auch $(\widetilde{D}^p, \widetilde{S}^{p-1})$ ist der Pullback eines gutes Raumpaares. Es bleibt im ersten Teil des Beweises noch die Aufgabe, den **3. Isomorphismus** Ψ_3 in der linken Spalte zu finden.

Hierfür verwendet man die Zusammenziehbarkeit aller Bälle D^p, $p \geq 0$, wählt für jedes D^p einen Punkt $x \in D^p$ und eine Deformationsretraktion von D^p auf $\{x\}$ in Form einer Homotopie $h_t : D^p \times I \to D^p$ mit $h_0 = \mathrm{id}_{D^p}$ und $h_1 \equiv x$. Aus dem Pullback-Homotopiesatz (Seite 85) ergibt sich eine Faserhomotopieäquivalenz $\widetilde{D}^p \simeq D^p \times F_x$. Wir fixieren nun für den Rest des Beweises einen Punkt $b \in B$, die Homotopiefaser $F = f^{-1}(b)$ und wählen für alle D^p einen Weg $\alpha_x : I \to B$ mit $\alpha_x(0) = x$ und $\alpha_x(1) = b$.

So erhalten wir eine Faserhomotopieäquivalenz $\widetilde{D}^p \simeq D^p \times F_x \xrightarrow{\mathrm{id} \times \Lambda_{\alpha_x}} D^p \times F$, in der die Homotopieäquivalenz $\Lambda_{\alpha_x} : F_x \to F$ aus der von früher bekannten Wegekonstruktion stammt (Seite 79). Da $\pi_1(B)$ nach Voraussetzung trivial auf $H_*(F)$ wirkt, sind die induzierten Isomorphismen

$$
H_*(\widetilde{D}^p) \longrightarrow H_*(D^p \times F_x) \xrightarrow{(\mathrm{id} \times \Lambda_{\alpha_x})_*} H_*(D^p \times F)
$$

unabhängig von der Wahl des Weges α_x, denn mit einem anderen Weg α_x' von x nach b wäre $(\alpha_x')^{-1}\alpha_x$ ein am Punkt b geschlossener Weg, dessen Homotopieklasse ein Element in $\pi_1(B, b)$ definiert. Wegen der trivialen Wirkung dieser Gruppe auf $H_*(F)$ folgt $(\Lambda_{(\alpha_x')^{-1}\alpha_x})_* = \mathbb{1}_{H_*(F)}$ und mit $\Lambda_{(\alpha_x')^{-1}\alpha_x} \simeq \Lambda_{(\alpha_x')^{-1}}\Lambda_{\alpha_x}$ ergibt sich $(\Lambda_{\alpha_x})_* = (\Lambda_{\alpha_x'})_*$.

Schränkt man nun die Pullbackfaserung $\widetilde{D}^p$ auf $\widetilde{S}^{p-1}$ ein, ergibt sich daraus unmittelbar auch eine relative Faserhomotopieäquivalenz

$$
\psi_{D^p} : (\widetilde{D}^p, \widetilde{S}^{p-1}) \longrightarrow (D^p, S^{p-1}) \times F = (D^p \times F, S^{p-1} \times F).
$$

Beachten Sie, dass $\widetilde{S}^{p-1} \simeq S^{p-1} \times F$ ist, obwohl es nichttrivialisierbare Faserungen über S^{p-1} gibt. Der Grund liegt darin, dass die Homotopieäquivalenz $\widetilde{D}^p \simeq D^p \times F$ fasertreu ist und $\widetilde{S}^{p-1} \simeq S^{p-1} \times F$ eine Einschränkung davon.

Aus den Sätzen von KÜNNETH und EILENBERG-ZILBER (Seite 139 f), die ohne Probleme auf Raumpaare erweiterbar sind, ergeben sich dann die Isomorphismen

$$\epsilon_* : H_{p+q}\big((D^p, S^{p-1}) \times F\big) \longrightarrow H_p(D^p, S^{p-1}) \otimes H_q(F) \cong H_q(F),$$

die zu dem Isomorphismus $(\Psi_3)_{D^p} = \epsilon_*(\psi_{D^p})_* : H_{p+q}\big(\widetilde{D}^p, \widetilde{S}^{p-1}\big) \to H_q(F)$ führen. Die Summe aller $(\Psi_3)_{D^p}$ liefert schließlich den gesuchten Isomorphismus

$$\Psi_3 : \bigoplus_{e^p \in B} H_{p+q}\big(\widetilde{D}^p, \widetilde{S}^{p-1}\big) \longrightarrow \bigoplus_{e^p \in B} H_q(F),$$

weswegen die Komposition

$$\Psi = \Psi_1^{-1} \Psi_3 \Psi_2^{-1} : H_{p+q}(X_p, X_{p-1}) \longrightarrow H_p(B^p, B^{p-1}) \otimes H_q(F)$$

alles leistet, was wir brauchen. Damit ist der erste Teil des Beweises abgeschlossen, im folgenden Diagramm sind alle Homomorphismen Ψ Isomorphismen:

$$
\begin{array}{ccc}
H_{p+q}(X_p, X_{p-1}) & \xrightarrow{\ \ d^1_{p+q}\ \ } & H_{p+q-1}(X_{p-1}, X_{p-2}) \\
\Big\downarrow{\scriptstyle\Psi} & & \Big\downarrow{\scriptstyle\Psi} \\
H_p(B^p, B^{p-1}) \otimes H_q(F) & \xrightarrow{\ \partial^{\mathrm{cell}}_* \otimes \mathbb{1}\ } & H_{p-1}(B^{p-1}, B^{p-2}) \otimes H_q(F) \ .
\end{array}
$$

Im zweiten Teil des Beweises müssen wir zeigen, dass die Identifikation von $H_{p+q}(X_p, X_{p-1})$ mit $H_p(B^p, B^{p-1}) \otimes H_q(F)$ über die Isomorphismen Ψ mit den Operatoren

$$d^1_{p+q} : H_{p+q}(X_p, X_{p-1}) \longrightarrow H_{(p-1)+q}(X_{p-1}, X_{p-2})$$

und

$$\partial^{\mathrm{cell}}_* \otimes \mathbb{1} : H_p(B^p, B^{p-1}) \otimes H_q(F) \longrightarrow H_{p-1}(B^{p-1}, B^{p-2}) \otimes H_q(F)$$

kommutiert. Hierbei erkennen Sie, dass Ψ zwar wohldefiniert war, insgesamt aber noch ein wichtiger Punkt fehlt: Um bei dem komponentenweise definierten Ψ auf festem Boden zu stehen, darf die Konstruktion nicht von Auswahlen abhängen.

Nun denn, was wurde ausgewählt? Es betraf die Konstruktion der Isomorphismen $(\Psi_3)_{D^p} : H_{p+q}\big(\widetilde{D}^p, \widetilde{S}^{p-1}\big) \to H_q(F)$ in Abhängigkeit von der Deformation des Balles D^p auf den Punkt x.

Beobachtung 1: Der Isomorphismus

$$(\psi_{D^p})_* : H_{p+q}\big(\widetilde{D}^p, \widetilde{S}^{p-1}\big) \longrightarrow H_{p+q}\big((D^p, S^{p-1}) \times F\big)$$

ist unabhängig von der Kontraktion des Balles D^p auf einen Punkt $x \in D^p$.

Beweis: Die Aussage kann direkt anhand der Definitionen gezeigt werden. Wir betrachten dazu eine Kontraktion $f_t : D^p \times I \to D^p$ auf den Punkt $x \in D^p$. Es ist also $f_0 : D^p \to D^p$ die Identität und $f_1 \equiv x$.

Wie kommt nun die Faserhomotopieäquivalenz $\psi_{D^p}(f) : \tilde{D}^p \to D^p \times F_x$ zustande? Betrachte dazu das Diagramm

$$
\begin{array}{ccc}
f_t^* \tilde{D}^p & \xrightarrow{\tilde{f}_t} & \tilde{D}^p \\
\downarrow{\scriptstyle f_t^* p} & & \downarrow{\scriptstyle p} \\
D^p \times I & \xrightarrow{f_t} & D^p \,,
\end{array}
$$

bei dem nach Definition die Faser $f_t^* \tilde{D}^p_{(z,t)} = \tilde{D}^p_{\gamma_z(t)} = F_{\gamma_z(t)}$ ist, mit dem durch f_t gegebenen Weg $\gamma_z(t) = f_t(z)$ von $z \in D^p$ zum Punkt x. Die Faserhomotopieäquivalenz $\tilde{D}^p \to D^p \times F_x$ entsteht dann aus dem Diagramm

$$
\begin{array}{ccc}
 & & f_t^* \tilde{D}^p \\
 & \tilde{h} \nearrow & \downarrow{\scriptstyle p} \\
f_0^* \tilde{D}^p \times I & \xrightarrow{\;\;h\;\;} & D^p \times I \,,
\end{array}
$$

mit der Liftung $\tilde{h}$ der Homotopie $h(e,t) = \big(p(e),t\big)$, siehe dazu den Homotopiesatz für Pullbacks (Seite 85). Schränkt man dieses Diagramm auf $z \in D^p$ ein, betrachtet also die Einschränkung $p^{-1}(z \times I) \to z \times I$, ergibt sich

$$
\tilde{h}\big|_{F_z \times I} : F_z \times I \longrightarrow f_t^* \tilde{D}^p_{(z,t)} = F_{\gamma_z(t)} \subset \tilde{D}^p
$$

als Liftung der Homotopie $F_z \times I \to D^p$, mit $(e,t) \mapsto \gamma_z(t)$.

Vielleicht benötigen Sie einen Moment, um sich die verschachtelten Konstruktionen klarzumachen, es folgt alles direkt aus den Definitionen. Die Einschränkung $\tilde{h}\big|_{F_z \times I}$ liefert damit für $t = 1$ nichts anderes als die frühere Abbildung $\Lambda_{\gamma_z} : F_z \to F_x$, also die Wegekonstruktion, mit der wir die Homotopieäquivalenz der Fasern gezeigt haben (Seite 79). So gesehen ist die Faserhomotopieäquivalenz $\tilde{D}^p \to D^p \times F_x$ nichts anderes als die simultane Durchführung der Wegekonstruktion für alle Punkte $z \in D^p$, über die Wege $\gamma_z(t) = f_t(z)$, die alle zum Punkt x führen.

Falls nun zwei Kontraktionen f_t und g_t auf die Punkte x und y in D^p gegeben sind, betrachte Wege α_x, α_y von x, y zum Basispunkt $b \in B$ mit $p^{-1}(b) = F$ und einen Weg $\gamma : I \to D^p$ von x nach y.

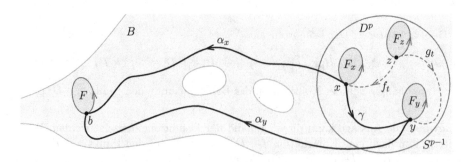

Die Äquivalenzen $\mathrm{id} \times \Lambda_{\alpha_x} : D^p \times F_x \to D^p \times F$, $\mathrm{id} \times \Lambda_{\alpha_y} : D^p \times F_y \to D^p \times F$ und $\mathrm{id} \times \Lambda_\gamma : D^p \times F_x \to D^p \times F_y$ liefern dann nach Anwendung des Funktors H_* und den bekannten Übergang zu Raumpaaren das Diagramm

$$
\begin{array}{ccc}
H_*(\widetilde{D}^p, \widetilde{S}^{p-1}) & =\!=\!=\!=\!= & H_*(\widetilde{D}^p, \widetilde{S}^{p-1}) \\[2pt]
\Big\downarrow {\scriptstyle \psi_{D^p}(f)_*} & & \Big\downarrow {\scriptstyle \psi_{D^p}(g)_*} \\[6pt]
H_*\big((D^p, S^{p-1}) \times F_x\big) & \xrightarrow{\ (\mathrm{id}\times\Lambda_\gamma)_*\ } & H_*\big((D^p, S^{p-1}) \times F_y\big) \\[2pt]
\Big\downarrow {\scriptstyle (\mathrm{id}\times\Lambda_{\alpha_x})_*} & & \Big\downarrow {\scriptstyle (\mathrm{id}\times\Lambda_{\alpha_y})_*} \\[6pt]
H_*\big((D^p, S^{p-1}) \times F\big) & =\!=\!=\!=\!= & H_*\big((D^p, S^{p-1}) \times F\big)\,,
\end{array}
$$

welches in der Tat kommutiert, denn $(\alpha_x)^{-1}\gamma\alpha_y$ ist ein geschlossener Weg am Punkt b, definiert also ein Element in der Gruppe $\pi_1(B,b)$, die trivial auf den Gruppen $H_*(F)$ wirkt. Wegen $(\psi_{D^p})_* = (\mathrm{id}\times\Lambda_{\alpha_x})_*\psi_{D^p}(f)_* = (\mathrm{id}\times\Lambda_{\alpha_y})_*\psi_{D^p}(g)_*$ folgt Beobachtung 1 unmittelbar.   ($\square$)

Nachdem wir mit Beobachtung 1 die Natürlichkeit der Isomorphismen

$$\Psi : H_{p+q}(X_p, X_{p-1}) \longrightarrow H_p(B^p, B^{p-1}) \otimes H_q(F)$$

kennen, sind wir (endlich) in der Lage, die Kommutativität des Diagramms

$$
\begin{array}{ccc}
H_{p+q}(X_p, X_{p-1}) & \xrightarrow{\ d^1_{*+q}\ } & H_{p+q-1}(X_{p-1}, X_{p-2}) \\[2pt]
\Big\downarrow {\scriptstyle \Psi} & & \Big\downarrow {\scriptstyle \Psi} \\[6pt]
H_p(B^p, B^{p-1}) \otimes H_q(F) & \xrightarrow{\ \partial^{\mathrm{cell}}_* \otimes \mathbb{1}\ } & H_{p-1}(B^{p-1}, B^{p-2}) \otimes H_q(F)\,.
\end{array}
$$

zu zeigen und den Beweis des Theorems abzuschließen. Blicken wir dazu noch einmal auf den Spezialfall $B \times F \to B$ zurück (Seite 143), dort war der Zusammenhang zwischen d^1_{*+q} und $\partial^{\mathrm{cell}}_* \otimes \mathbb{1}$ relativ einfach zu sehen, denn wir hatten $\Psi(u \otimes v) = (u, v)$ als Produktsimplex und $d^1_{*+q}(u, v)$ konnte direkt berechnet werden.

Bei allgemeinen Faserungen ist dies leider nicht mehr möglich, weswegen wir noch einmal Arbeit investieren müssen, um die Homotopieeigenschaften der Faserungen einzusetzen und den Bezug zur zellulären Randformel herzustellen.

Es seien dazu Zellen e^p, $e^{p-1}_\lambda \subseteq \overline{e^p}$ und $\Phi : (D^p, S^{p-1}) \to (B^p, B^{p-1})$ als charakteristische Abbildung von e^p gegeben, $\varphi = \Phi|_{S^{p-1}}$ sei die Anheftung von e^p an das Skelett B^{p-1}. Mit dem Quotienten

$$q_\lambda : B^{p-1} \longrightarrow B^{p-1}/(B^{p-1} \setminus e^{p-1}_\lambda) \cong S^{p-1}_\lambda$$

ist dann $\deg(q_\lambda\varphi)$ der Koeffizient von $\partial^{\mathrm{cell}}_p e^p$ bei dem zu der Zelle e^{p-1}_λ gehörenden Summanden in der zellulären Randformel (Seite 41).

Betrachte nun noch einmal das Pullback-Paar

$$
\begin{array}{ccc}
(\widetilde{D}^p, \widetilde{S}^{p-1}) & \xrightarrow{\widetilde{\Phi}} & (X_p, X_{p-1}) \\
\downarrow{\widetilde{f}} & & \downarrow{f} \\
(D^p, S^{p-1}) & \xrightarrow{\Phi} & (B^p, B^{p-1}),
\end{array}
$$

das zu der Isomorphie $\bigoplus_{e^p \in B} H_{p+q}(\widetilde{D}^p, \widetilde{S}^{p-1}) \to H_{p+q}(X_p, X_{p-1})$ führte. Wie kann man damit den Operator $d_p^1 : H_{p+q}(X_p, X_{p-1}) \to H_{p+q-1}(X_{p-1}, X_{p-2})$ darstellen? Analog zur klassischen zellulären Homologie (Seite I-359) ergibt sich für die e^p- und e_λ^{p-1}-Summanden in $H_{p+q-*}(X_{p-*}, X_{p-1-*})$ das Diagramm

$$
\begin{array}{ccccc}
H_{p+q}(\widetilde{D}^p, \widetilde{S}^{p-1}) & \xrightarrow{\partial_{p+q}} & H_{p+q-1}(\widetilde{S}^{p-1}) & \xrightarrow{\widetilde{q}_{\lambda *} j_* \widetilde{\varphi}_*} & H_{p+q-1}(X_{p-1}, X_{p-1} \setminus \widetilde{e_\lambda^{p-1}}) \\
\downarrow{\widetilde{\Phi}_*} & & \downarrow{j_* \widetilde{\varphi}_*} & \nearrow{\widetilde{q}_{\lambda *}} & \downarrow{\cong} \\
H_{p+q}(X_p, X_{p-1}) & \xrightarrow{d_p^1} & H_{p+q-1}(X_{p-1}, X_{p-2}) & & H_{p+q-1}(\widetilde{D}_\lambda^{p-1}, \widetilde{S}_\lambda^{p-2}).
\end{array}
$$

Es kommutiert im linken Teil, weil d_p^1 genau so definiert ist. Der Homomorphismus j_* kommt von der Quotientenbildung aus der langen exakten Homologiesequenz, und $\widetilde{q}_{\lambda *}$ ist von q_λ abgeleitet: Es steht für den Quotienten von (X_{p-1}, X_{p-2}) zu $(X_{p-1}, X_{p-1} \setminus \widetilde{e_\lambda^{p-1}})$ als Pullback von $f : X \to B$ über $(B^{p-1}, B^{p-1} \setminus e_\lambda^{p-1})$. Das Paar $(X_{p-1}, X_{p-1} \setminus \widetilde{e_\lambda^{p-1}})$ hat die Homologie des Paares $(\widetilde{D}_\lambda^{p-1}, \widetilde{S}_\lambda^{p-2})$, das man sich auf die gleiche Weise wie $(\widetilde{D}^p, \widetilde{S}^{p-1})$ als Pullback der charakteristischen Abbildung $\Phi_\lambda : (D_\lambda^{p-1}, S_\lambda^{p-2}) \to (B^{p-1}, B^{p-2})$ von e_λ^{p-1} vorstellen kann.

Warum sind die Verhältnisse bei Faserungen über CW-Komplexen komplizierter als in der zellulären Homologie? Der Grund liegt darin, dass der Quotient

$$
X_{p-1} / (X_{p-1} \setminus \widetilde{e_\lambda^{p-1}}) \;\cong\; \widetilde{e_\lambda^{p-1}} / \widetilde{\partial e_\lambda^{p-1}} \;\cong\; \widetilde{D}_\lambda^{p-1} / \widetilde{S}_\lambda^{p-2}
$$

im Allgemeinen keine Faserung über $D_\lambda^{p-1} / S_\lambda^{p-2} \cong S^{p-1}$ bildet (die Faser über dem Wedge-Punkt $\widetilde{S}_\lambda^{p-1} / \widetilde{S}_\lambda^{p-2}$ bestünde nur aus einem Punkt, und der ist in den nichttrivialen Fällen nicht homotopieäquivalent zu F). Hier muss man bei den Raumpaaren bleiben und die Darstellung von d_p^1 mit Hilfe der Isomorphismen $\Psi_2 : H_{p+q-*}(X_{p-*}, X_{p-1-*}) \to \bigoplus_{e^{p-*} \in B} H_{p+q-*}(\widetilde{D}^{p-*}, \widetilde{S}^{p-1-*})$ über

$$
\partial_p^{\mathrm{fcell}} : H_{p+q}(\widetilde{D}^p, \widetilde{S}^{p-1}) \;\longrightarrow\; \bigoplus_{e_\lambda^{p-1} \in B} H_{p+q-1}(\widetilde{D}_\lambda^{p-1}, \widetilde{S}_\lambda^{p-2})
$$

vornehmen. Dies aber funktioniert wie in der zellulären Homologie (Seite I-359) auch bei Faserungen: Mit exakt dem gleichen Argument wie dort kann man d_p^1 separat auf jedem dieser direkten Summanden $H_{p+q}(\widetilde{D}^p, \widetilde{S}^{p-1})$ berechnen, denn jedes singuläre Simplex $\Delta^{p+q} \to X$ entspricht bis auf Homologie genau einer (endlichen) Summe von Simplizes $\Delta^{p+q} \to \widetilde{D}^p$, deren Ränder unabhängig voneinander gebildet werden (nach dem Prinzip der Homologie eines guten Wedge-Produkts $X \vee Y$, Seite I-278 f, siehe dazu auch die Pullbacks von Deformationsretrakten, Seite 86, und deren Anwendung auf Seite 171).

Die faserzelluläre Ableitung $\partial^{\mathrm{fcell}}_p$ finden Sie nun für jede Zelle $e^p \in B$ in dem vorangehenden Diagramm in der oberen Zeile

$$H_{p+q}\big(\widetilde{D}^p, \widetilde{S}^{p-1}\big) \xrightarrow{\ \partial_{p+q}\ } H_{p+q-1}\big(\widetilde{S}^{p-1}\big) \xrightarrow{\ \widetilde{q}_{\lambda*}j_*\widetilde{\varphi}_*\ } H_{p+q-1}(X_{p-1}, X_{p-1} \setminus \widetilde{e^{p-1}_\lambda}),$$

zusammen mit dem Isomorphismus

$$H_{p+q-1}(X_{p-1}, X_{p-1} \setminus \widetilde{e^{p-1}_\lambda}) \;\cong\; H_{p+q-1}\big(\widetilde{D}^{p-1}_\lambda, \widetilde{S}^{p-2}_\lambda\big)$$

für alle e^{p-1}_λ im Rand von $\overline{e^p}$. Halten wir dies als Zwischenergebnis fest.

Beobachtung 2: Die Isomorphismen Ψ_2 ergeben das kommutative Diagramm

$$
\begin{array}{ccc}
\bigoplus_{e^p \in B} H_{p+q}\big(\widetilde{D}^p, \widetilde{S}^{p-1}\big) & \xrightarrow{\ \partial^{\mathrm{fcell}}_p\ } & \bigoplus_{e^{p-1}_\lambda \in B} H_{p+q-1}\big(\widetilde{D}^{p-1}_\lambda, \widetilde{S}^{p-2}_\lambda\big) \\
\Big\downarrow{\scriptstyle \Psi_2} & & \Big\downarrow{\scriptstyle \Psi_2} \\
H_{p+q}(X_p, X_{p-1}) & \xrightarrow{\ d^1_p\ } & H_{p+q-1}(X_{p-1}, X_{p-2}). \quad (\Box)
\end{array}
$$

Nach der Zerlegung von d^1_p in seine Bestandteile müssen wir die Faserhomotopie-äquivalenzen $\psi_{D^p} : \widetilde{S}^{p-1} \to S^{p-1} \times F$ und $\psi_{D^{p-1}} : (\widetilde{D}^{p-1}_\lambda, \widetilde{S}^{p-2}_\lambda) \to (D^p_\lambda, S^{p-1}_\lambda) \times F$ einsetzen (Seite 172), um ein Diagramm zu konstruieren, das die Isomorphismen $\Psi_3 : H_{p+q}\big(\widetilde{D}^p, \widetilde{S}^{p-1}\big) \to H_{p+q}\big((D^p, S^{p-1}) \times F\big)$ verbindet und dabei den entscheidenden Bezug zwischen $\partial^{\mathrm{fcell}}_p$ und $\partial^{\mathrm{cell}}_p \otimes \mathbb{1}$ herstellt.

Der Schlüssel zum Beweis des Theorems ist dann folgendes Resultat.

Beobachtung 3: Die Homomorphismen ψ_{D^p-*} induzieren nach Anwendung des H_*-Funktors das kommutative Diagramm

$$
\begin{array}{ccc}
H_{p+q}\big(\widetilde{D}^p, \widetilde{S}^{p-1}\big) & \xrightarrow{\ (\partial^{\mathrm{fcell}}_p)_\lambda\ } & H_{p+q-1}\big(\widetilde{D}^{p-1}_\lambda, \widetilde{S}^{p-2}_\lambda\big) \\
\Big\downarrow{\scriptstyle (\psi_{D^p})_*} & & \Big\downarrow{\scriptstyle (\psi_{D^{p-1}_\lambda})_*} \\
H_{p+q}\big((D^p, S^{p-1}) \times F\big) & \xrightarrow{\ (\partial^{\mathrm{cell}}_p)_\lambda \otimes \mathbb{1}\ } & H_{p+q-1}\big((D^{p-1}_\lambda, S^{p-2}_\lambda) \times F\big).
\end{array}
$$

Beweis: Wir können uns auf die Indizes λ mit $\overline{e^{p-1}_\lambda} \subset \overline{e^p}$ beschränken. Andernfalls wäre φ nullhomotop auf $\overline{e^{p-1}_\lambda}$ und eine Liftung nach X zeigt, dass auch $\widetilde{\varphi}$ auf $\overline{e^{p-1}_\lambda}$ homotop zu einer Abbildung nach X_{p-2} ist, mithin die Komponente $(\partial^{\mathrm{fcell}}_p)_\lambda = 0$.

Betrachte wir nun, als ersten (zaghaften) Versuch, auf Ebene der singulären Kettengruppen das Diagramm

$$
\begin{array}{ccc}
C_{p+q}(\widetilde{D}^p, \widetilde{S}^{p-1}) & \xrightarrow{(\widetilde{i_\lambda(j\varphi)})_\# \partial_{p+q}} & C_{p+q-1}\big(X_{p-1}, X_{p-1} \setminus \widetilde{e_\lambda^{p-1}}\big) \\
\downarrow {\scriptstyle (\psi_{D^p})_\#} & & \\
C_{p+q}\big((D^p, S^{p-1}) \times F\big) & \xrightarrow{(i_\lambda j\varphi)_\# \partial_p \times (\mathrm{id}_F)_\#} & C_{p+q-1}\big((B^{p-1}, B^{p-1} \setminus e_\lambda^{p-1}) \times F\big),
\end{array}
$$

wobei i_λ und $\widetilde{i}_\lambda$ für die Inklusionen $i_\lambda : (B^{p-1}, B^{p-2}) \to (B^{p-1}, B^{p-1} \setminus e_\lambda^{p-1})$ und $\widetilde{i}_\lambda : (X_{p-1}, X_{p-2}) \to (X_{p-1}, X_{p-1} \setminus \widetilde{e_\lambda^{p-1}})$ stehen.

Offensichtlich ist

$$
(\widetilde{i_\lambda(j\varphi)})_\# \partial_{p+q} = (\partial^{\mathrm{fcell}})_\lambda \qquad \text{und} \qquad (i_\lambda j\varphi)_\# \partial_p \times (\mathrm{id}_F)_\# = (\partial_p^{\mathrm{cell}})_\lambda \otimes \mathbf{1},
$$

wobei die zweite Gleichung mit KÜNNETH und EILENBERG-ZILBER zu lesen ist. Die Aufgabe besteht nun darin, das Diagramm nach rechts geeignet fortzusetzen. Die Komposition von i_λ mit der charakteristischen Abbildung Φ_λ der Zelle e_λ^{p-1},

$$
i_\lambda \Phi_\lambda : (D_\lambda^{p-1}, S_\lambda^{p-2}) \longrightarrow (B^{p-1}, B^{p-1} \setminus e_\lambda^{p-1}),
$$

und deren Pullback,

$$
\widetilde{i}_\lambda \widetilde{\Phi}_\lambda : (\widetilde{D}_\lambda^{p-1}, \widetilde{S}_\lambda^{p-2}) \longrightarrow (X_{p-1}, X_{p-1} \setminus \widetilde{e_\lambda^{p-1}}),
$$

erzeugen jeweils homotope Kettenkomplexe, mithin Isomorphismen in den relativen Homologiegruppen der linken und rechten Seiten (das Argument verläuft wieder über Quotienten guter Raumpaare und deren Verallgemeinerung auf Faserungen, Seite I-276 f und 171).

Das obige Diagramm können wir dann auf der rechten Seite ergänzen zu

$$
\begin{array}{ccc}
C_{p+q-1}\big(X_{p-1}, X_{p-1} \setminus \widetilde{e_\lambda^{p-1}}\big) & \xleftarrow{(\widetilde{i}_\lambda \widetilde{\Phi}_\lambda)_\#} & C_{p+q-1}(\widetilde{D}_\lambda^{p-1}, \widetilde{S}_\lambda^{p-1}) \\
& & \downarrow {\scriptstyle (\psi_{D_\lambda^{p-1}})_\#} \\
C_{p+q-1}\big((B^{p-1}, B^{p-1} \setminus e_\lambda^{p-1}) \times F\big) & \xleftarrow{(i_\lambda \Phi_\lambda)_\# \times (\mathrm{id}_F)_\#} & C_{p+q-1}\big((D_\lambda^{p-1}, S_\lambda^{p-1}) \times F\big),
\end{array}
$$

was zumindest in den Zeilen nach Übergang zu Homologiegruppen Isomorphismen erzeugt und mit dem obigen Diagramm zu Behauptung 3 führen würde.

Leider muss es vorerst bei diesem Versuch bleiben, denn es gibt hier zwei schwerwiegende Probleme, die verhindern, den Beweis geradlinig zu Ende zu führen. Wie oben schon angedeutet dürfen wir nicht von den Raumpaaren zu Quotienten übergehen, weil es nichttriviale Faserungen über $S_\lambda^{p-1} \cong D_\lambda^{p-1}/S_\lambda^{p-2}$ gibt und dort die Kontraktionen auf Produkte $S_\lambda^{p-1} \times F$ nicht existieren (denken Sie an die Kleinsche Flasche, die nicht homotopieäquivalent zu $S^1 \times S^1$ ist, Seite 169).

Aber selbst wenn wir bei Raumpaaren bleiben (nach Anwendung des H_*-Funktors können wir das Paar $(D_\lambda^{p-1}, S_\lambda^{p-1})$ homologisch als Sphäre ansehen), stellen sich als entscheidendes Hindernis die charakteristischen Abbildungen Φ heraus, mithin die CW-Struktur von B. Diese sind in der Regel keine Einbettungen und nur auf dem Inneren der Bälle D^p Homöomorphismen. So kann in unserem konkreten Fall das Bild der Anheftung $\varphi : S^{p-1} \to B^{p-1}$ wild verstreut in B^{p-1} liegen und keine Chance bestehen, die Trivialisierungen ψ_{D^p} und $\psi_{D_\lambda^{p-1}}$ so in Bezug zueinander zu setzen, dass damit ein kommutatives Diagramm entsteht (versuchen Sie einmal, sich das Urbild $\varphi^{-1}(e_\lambda^{p-1}) \subset S^{p-1}$ vorzustellen – viel mehr als dass es offen ist, lässt sich ohne größere Manipulationen nicht herausfinden). Wir stecken mit diesem Versuch in der Tat fest, weil die charakteristischen Abbildungen von e^{p+1} und $e_\lambda^p \subset \partial \overline{e^{p+1}}$ nicht natürlich zusammenhängen.

Es gibt jedoch einen Ausweg: die Homotopieäquivalenz von B zu einem simplizialen Komplex (Seiten 34 und 44). Wir gehen nun also im ersten Schritt davon aus, dass B ein simplizialer Komplex ist und werden danach im zweiten Schritt versuchen, das Ergebnis auf einen allgemeinen CW-Komplex zu verallgemeinern.

Der erste Schritt führt schnell zum Ziel. Ein simplizialer Komplex ist einerseits zellenweise singulär aufgebaut (Seite 43), weswegen wir in den obigen Diagrammen $D_\lambda^{p-1} \cong \Delta_\lambda^{p-1}$ als eine Seite von $D^p \cong \Delta^p$ auffassen können.

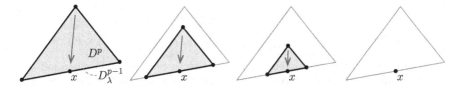

So ist die charakteristische Abbildung von $e_\lambda^{p-1} = \mathring{\Delta}_\lambda^{p-1}$ identisch mit der Einschränkung der charakteristischen Abbildung von $e^p = \mathring{\Delta}^p$. Wenn wir dann den gemeinsamen Kontraktionspunkt x als Mittelpunkt (oder Baryzentrum) von $D_\lambda^{p-1} \cong \Delta_\lambda^{p-1}$ wählen und die Simplizes proportional zusammenziehen, ergibt die Konstruktion der Faserhomotopieäquivalenzen ψ_{D^*} aus Beobachtung 1, dass $\psi_{D_\lambda^{p-1}} : \tilde{D}_\lambda^{p-1} \to D_\lambda^{p-1} \times F$ identisch zur Einschränkung von $\psi_{D^p} : \tilde{D}^p \to D^p \times F$ auf $\tilde{D}_\lambda^{p-1} \subset \tilde{D}^p$ ist. Damit ergibt sich ein kommutatives Diagramm

$$
\begin{array}{ccc}
C_{p+q}(\tilde{D}^p, \tilde{S}^{p-1}) & \xrightarrow{(\widetilde{i_\lambda(j\varphi)})_\# \partial_{p+q} = (\partial^{\mathrm{fcell}})_\lambda} & C_{p+q-1}(\tilde{D}_\lambda^{p-1}, \tilde{S}_\lambda^{p-1}) \\
\Big\downarrow{\scriptstyle(\psi_{D^p})_\#} & & \Big\downarrow{\scriptstyle(\psi_{D_\lambda^{p-1}})_\#} \\
C_{p+q}\big((D^p, S^{p-1}) \times F\big) & \xrightarrow{(i_\lambda j\varphi)_\# \partial_p \times (\mathrm{id}_F)_\# = (\partial_p^{\mathrm{cell}})_\lambda \otimes \mathbb{1}} & C_{p+q-1}\big((D_\lambda^{p-1}, S_\lambda^{p-1}) \times F\big)
\end{array}
$$

sogar auf Ebene der Kettengruppen. Da nach Anwendung des H_*-Funktors die induzierten Homomorphismen $(\psi_{D^p})_*$ und $(\psi_{D_\lambda^{p-1}})_*$ unabhängig von der Kontraktion auf einen Punkt sind (Seite 173), folgt Beobachtung 3 unmittelbar (für simpliziale Komplexe B).

Für allgemeine CW-Komplexe B seien $h : K \to B$ und $i : B \to K$ die homotopie-inversen Abbildungen aus dem Satz über die Homotopieäquivalenz von B zu einem Simplizialkomplex (Seite 34 und die Ergänzung, Seite 44). Wir bezeichnen dann, zur Verdeutlichung des Unterschieds, die charakteristischen Abbildungen der Zellen von B als Abbildungen $(D^*, S^{*-1}) \to (B^*, B^{*-1})$ und die charakteristischen Abbildungen der Zellen von K als $(\Delta^*, \Sigma^{*-1}) \to (K^*, K^{*-1})$, mit $\Sigma^{*-1} = \partial\Delta^*$. Über den direkten Summanden von $H_{*+q}\big((K^*, K^{*-1}) \times F\big)$ und $H_{*+q}\big((B^*, B^{*-1}) \times F\big)$, respektive $H_{*+q}(\widetilde{K}^*, \widetilde{K}^{*-1})$ und $H_{*+q}(\widetilde{B}^*, \widetilde{B}^{*-1})$, ergibt sich damit das große Diagramm

$$
\begin{array}{ccc}
H_{p+q}(\widetilde{D}^p, \widetilde{S}^{p-1}) & \xrightarrow{\ (\partial_B^{\mathrm{fcell}})_\lambda\ } & H_{p+q-1}(\widetilde{D}_\lambda^{p-1}, \widetilde{S}_\lambda^{p-2}) \\[2mm]
\widetilde{i}_* \downarrow \quad \uparrow \widetilde{h}_* & & \uparrow \widetilde{h}_* \\[2mm]
H_{p+q}(\widetilde{\Delta}^p, \widetilde{\Sigma}^{p-1}) & \xrightarrow{\ (\partial_K^{\mathrm{fcell}})_\lambda\ } & H_{p+q-1}(\widetilde{\Delta}_\lambda^{p-1}, \widetilde{\Sigma}_\lambda^{p-2}) \\[2mm]
(\psi_{\Delta^p})_* \downarrow & & \downarrow (\psi_{\Delta_\lambda^{p-1}})_* \\[2mm]
H_{p+q}\big((\Delta^p, \Sigma^{p-1}) \times F\big) & \xrightarrow{\ (\partial_K^{\mathrm{cell}})_\lambda \otimes \mathbb{1}\ } & H_{p+q-1}\big((\Delta_\lambda^{p-1}, \Sigma_\lambda^{p-2}) \times F\big) \\[2mm]
h_* \otimes \mathbb{1} \downarrow \quad \uparrow i_* \otimes \mathbb{1} & & \downarrow h_* \otimes \mathbb{1} \\[2mm]
H_{p+q}\big((D^p, S^{p-1}) \times F\big) & \xrightarrow{\ (\partial_B^{\mathrm{cell}})_\lambda \otimes \mathbb{1}\ } & H_{p+q-1}\big((D_\lambda^{p-1}, S_\lambda^{p-2}) \times F\big).
\end{array}
$$

mit äußeren langen Pfeilen $(\psi_{D^p})_*$ links und $(\psi_{D_\lambda^{p-1}})_*$ rechts.

Die Kommutativität in den unteren beiden Zeilen ist Seite 44, zusammen mit der zellulären Homologie, EILENBERG-ZILBER und KÜNNETH. In den oberen beiden Zeilen entsteht sie aus dem Pullback des Diagramms von Seite 44. Die zweite und dritte Zeile kommutiert nach der eben bewiesenen Beobachtung 3 für simpliziale Komplexe. Die langen Pfeile rechts und links sind tatsächlich die Abbildungen $(\psi_{D^p})_*$ und $(\psi_{D_\lambda^{p-1}})_*$, denn diese sind unabhängig von den Kontraktionen auf einen Punkt (Seite 173). Wir erhalten dann solche Kontraktionen in D^p und D_λ^{p-1}, wenn wir der obigen linearen Kontraktion $f_t^\Delta : \Delta^p \times I \to \Delta^p$ auf den Mittelpunkt $x \in D_\lambda^{p-1} \cong \Delta_\lambda^{p-1}$ die Abbildung h nachschalten: Mit $f_t = hf_t^\Delta$, nach einer Identifikation von (D^p, S^{p-1}) und (Δ^p, Σ^{p-1}), kommutiert das Diagramm auch über die langen Pfeile. Die vier äußeren Ecken ergeben dann Beobachtung 3 für den CW-Komplex B. $\square$

Damit sind wir in der Lage, den Beweis des Theorems auf Seite 170 abzuschließen. Die Beobachtungen 1–3 liefern die nötigen Diagramme und Natürlichkeitsaussagen, um die Verträglichkeit von d_{p+q}^1 und $\partial_p^{\mathrm{cell}} \otimes \mathbb{1}_{H_q(F)}$ im Sinne der Gleichung $d_{p+q}^1 = \Psi^{-1}(\partial_p^{\mathrm{cell}} \otimes \mathbb{1}_{H_q(F)})\Psi$ nachzuweisen. Sie müssen dazu nur die Diagramme geeignet untereinander schreiben, Beobachtung 3 für jeden Summanden in Beobachtung 2 einsetzen, mit Beobachtung 1 erkennen, dass die speziell konstruierten Trivialisierungen $\widetilde{D}^* \to D^* \times F$ in der Homologie stets die gleichen Homomorphismen induzieren und nicht zuletzt noch Standard-Techniken wie die KÜNNETH-Formel oder den Satz von EILENBERG-ZILBER verwenden, um von dem Kettenkomplex des Produkts $(D^p, S^{p-1}) \times F$ zu einem Tensorkomplex zu gelangen. $\square$

Nachbetrachtung zu dem Beweis

Ein seltsam kompliziert anmutender Beweis. Wenn Sie ihn ganz verfolgt haben, wird Ihnen die Aussage aber sehr plausibel, ja fast selbstverständlich erscheinen: Man nutzt in B die CW-Struktur, um das Problem auf einzelne Zellen zu reduzieren, ähnlich wie bei der zellulären Randformel. Über die charakteristischen Abbildungen der Zellenabschlüsse $\overline{e^p}$ konnte man die Faserung zunächst lokal zu Produkten $(D^p, S^{p-1}) \times F_x$ trivialisieren, mit einem Punkt $x \in D^p$, und darauf die bekannten Sätze über die Homologie von Produkträumen anwenden (wir haben das bereits auf Seite 143 getan). Man nennt die dabei entstehenden Homologie-Koeffizienten $H_q(F_x)$ auch **lokale Koeffizienten** (engl. *local coefficients*).

In unserem Fall spielte es dann eine zentrale Rolle, dass man die lokalen Trivialisierungen uniform auf eine spezielle Homotopiefaser $F = p^{-1}(b)$ einstellen konnte, was wiederum durch die triviale Wirkung der Gruppe $\pi_1(B)$ auf $H_*(F)$ garantiert war (Seite 173 f). So konnten wir die Faserung $X \to B$ lokal über jeder Zelle als faserhomotopieäquivalent zu $(D^p, S^{p-1}) \times F$ ansehen.

Die Schwierigkeiten begannen dann damit, die zelluläre Homologie mit den Homotopieeigenschaften einer Faserung zu verknüpfen und hierfür geeignete Formulierungen zu finden – so durfte man zum Beispiel $\widetilde{q}^{p-1}_\lambda : X_{p-1} \to \widetilde{D}^{p-1}_\lambda / \widetilde{S}^{p-2}_\lambda$ nicht einfach als $\widetilde{S}^{p-1}_\lambda$ auffassen (wie in der zellulären Homologie).

Das schwierigste Problem waren aber die Anheftungen von e^p an B^{p-1}, was eine direkte Kopplung der lokalen Trivialisierungen ψ_{D^p} und $\psi_{D^{p-1}_\lambda}$ auf Kettenebene verhinderte. An dieser Stelle sprang die Homotopieäquivalenz $h : K \to B$ zu einem simplizialen Komplex in die Bresche (Seiten 34, 44), mit einer fast trivialen Kopplung der Abbildungen ψ_{Δ^p} und $\psi_{\Delta^{p-1}_\lambda}$. Weil wir die Konstruktion von h gut kontrollieren konnten, hat sich daraus das gewünschte kommutative Diagramm nach Anwendung des H_*-Funktors aber quasi wie von selbst ergeben (wieder mit der zentralen Beobachtung 1, Seite 173, welche diese Homomorphismen als unabhängig von den jeweils gewählten Kontraktionen der Bälle D^p und D^{p-1}_λ zeigte).

Verallgemeinerung auf beliebige Faserungen $X \to B$

Wie bereits erwähnt, hat SERRE eine andere Filtrierung des Kettenkomplexes benutzt, die algebraisch motiviert ist (ohne CW-Struktur der Basis). Man kann aber zeigen, dass auch die obige Konstruktion ohne CW-Basis funktioniert.

Beobachtung: Die Theoreme auf den Seiten 166 und 170 bleiben gültig, wenn die Forderung nach einer CW-Struktur der Basis B wegfällt.

Für den **Beweis** muss man sich von der Vorstellung lösen, man bräuchte immer eine Filtrierung $(B^p)_{p \geq 0}$ der Basis, um zu der Filtrierung $X_p = f^{-1}(B^p)$ des Totalraums zu gelangen. Nein, die Konstruktion kann auch über (schwache) Homotopieäquivalenzen von einer Faserung zu einer anderen transferiert werden. Es sei dazu eine CW-Approximation (Seite I-368) der Basis B als CW-Modell $g : B_{\mathrm{cw}} \to B$ gewählt und der Pullback $\widetilde{g} : X_{\mathrm{cw}} = g^*(X) \to B_{\mathrm{cw}}$ gebildet.

Das Diagramm

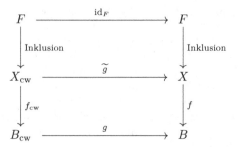

induziert dann einen Homomorphismus zwischen den langen exakten Homotopie-sequenzen der beiden Spalten. Die relativen Gruppen entsprechen den Gruppen $\pi_k(B_{\mathrm{cw}})$ respektive $\pi_k(B)$ gemäß des Satzes über die Homotopiesequenzen von Faserungen (Seite 82). Als schwache Homotopieäquivalenz (Seite I-366) induziert die Abbildung g Isomorphismen $g_* : \pi_k(B_{\mathrm{cw}}) \to \pi_k(B)$ für alle $k \geq 0$.

Beide Faserungen haben Faser F nach Definition des Pullbacks (Seite 85) und die $(\widetilde{g}|_F)_* : \pi_k(F) \to \pi_k(F)$ sind offenbar auch Isomorphismen wegen $\widetilde{g}|_F = \mathrm{id}_F$. Aus dem Fünferlemma folgt dann, dass alle $\widetilde{g}_* : \pi_k(X_{\mathrm{cw}}) \to \pi_k(X)$ Isomorphismen sind. Damit ist auch $\widetilde{g}$ eine schwache Homotopieäquivalenz und induziert Isomorphismen zwischen den Homologiegruppen der beteiligten Räume (Seite I-374).

Das Theorem liefert nun eine Spektralsequenz $E^*_{p,q}$ für $f_{\mathrm{cw}} : X_{\mathrm{cw}} \to B_{\mathrm{cw}}$. Die Treppendiagramme darin definieren aber auch eine Spektralsequenz für die Faserung $f : X \to B$. Beachten Sie einfach, was wir dafür brauchten: Die Homomorphismen $i_* : A_{p,q} \to A_{p+1,q-1}$, $j_* : A_{p,q} \to E^1_{p,q}$ und die Ableitungen $\partial_* : E^1_{p,q} \to A_{p-1,q}$ bildeten die E_1-Seite der Spektralsequenz (Seite 159). Die Homomorphismen i_* mussten sich für $p \to \infty$ auf Isomorphismen $i_* : A^\infty_{p+q} \to A^\infty_{p+q}$ stabilisieren, mit $A^\infty_{p+q} \cong H_{p+q}(X_{\mathrm{cw}})$.

All diese Dinge erfüllen die Treppendiagramme von $E^*_{p,q}$ aber auch für die Faserung $f : X \to B$. Wegen des universellen Koeffizententheorems (Seite I-211) gilt $H_m(X;G) \cong H_m(X_{\mathrm{cw}};G)$ und wir erhalten die im Theorem erwähnte Filtrierung mit den stabilen Gruppen $F^*_m \subseteq H_m(X_{\mathrm{cw}};G) \cong H_m(X;G)$. Nach dem Theorem ist darüber hinaus $E^2_{p,q}(X_{\mathrm{cw}}) \cong H_p(B_{\mathrm{cw}};H_q(F))$, denn die Wirkung von $\pi_1(B_{\mathrm{cw}})$ auf $H_*(F)$ in der Faserung $X_{\mathrm{cw}} \to B_{\mathrm{cw}}$ ist nichts anderes als der Pullback der Wirkung von $\pi_1(B)$ auf $H_*(F)$ in der Faserung $X \to B$, also trivial. Wieder mit dem universellen Koeffizententheorem gilt $H_p(B_{\mathrm{cw}};H_q(F)) \cong H_p(B;H_q(F))$, und das ist die Aussage über die Gruppen auf der E^2-Seite für $f : X \to B$. $\square$

Man benötigt also nicht unbedingt die Faserung $X \to B$ selbst, um den algebraischen Apparat einer Spektralsequenz für sie zu konstruieren. Der Übergang zu der (schwach) homotopieäquivalenten Faserung $X_{\mathrm{cw}} \to B_{\mathrm{cw}}$ mit identischer Faser F liefert eine Spektralsequenz mit exakt denselben Eigenschaften auch für die ursprüngliche Faserung. Insbesondere die Gruppen auf der E^2-Seite und die Filtrierung von $H_m(X;G)$ mit den stabilen Gruppen F^*_m, mithin die zentralen Argumente bei der Verwendung von Spektralsequenzen, können unverändert auf die Faserung $X \to B$ übertragen werden.

Nach diesem Meilenstein sollten wir innehalten und rekapitulieren, was wir erreicht haben. Fassen wir kurz zusammen, wie eine Frage der Art „Was ist eigentlich eine Spektralsequenz?" kurz und knapp beantwortet werden könnte.

Eine **Spektralsequenz** entsteht aus einem filtrierten Kettenkomplex. Danach ist sie untrennbar mit einer speziellen Konstruktionsvorschrift verbunden (die von der Filtrierung abhängt), aus der sich für jedes $r \geq 1$ mit $p, q \in \mathbb{Z}$ indizierte Treppendiagramme ergeben, welche als wichtigste Bestandteile die Gruppen $E^r_{p,q}$ mit den Differentialen $d^r_p : E^r_{p,q} \to E^r_{p-r,q+r-1}$ haben. Diese Bestandteile (ohne die A-Spalten) nennt man die E^r-**Seiten** der Spektralsequenz.

Spektralsequenzen haben immer dann einen Nutzen, wenn man in dem gegebenen Kontext bei der Konstruktion gewisse Annahmen beweisen kann, unter denen sich die Gruppen $E^r_{p,q}$ für $r \to \infty$ auf eine Gruppe $E^\infty_{p,q}$ stabilisieren und so auf bestimmte Weise mit den Homologiegruppen der beteiligten Räume in Verbindung gebracht werden können.

In unserem Kontext der Faserung $f : X \to B$ war eine der wichtigsten Annahmen, dass sich die $i_* : A_{p,q} \to A_{p+1,q-1}$ stabilisieren auf Automorphismen der Gruppe $A^\infty_{p+q} \cong H_{p+q}(X_p)$. Dann definierten die $E^\infty_{p,q}$ für $p + q = k$ eine Graduierung von $H_k(X)$ und mit der Annahme der trivialen Wirkung von $\pi_1(B)$ auf $H_*(F)$ ergab sich $E^2_{p,q} \cong H_p(B; H_q(F))$. So haben wir alle beteiligten Homologiegruppen im Zusammenspiel: die Gruppen der Basis B, des Totalraums X und der Faser F.

Es sei hier noch erwähnt, dass der algebraische Apparat von Spektralsequenzen auch in anderen Kontexten existiert. So gibt es die ADAMS-Spektralsequenzen, [1], basierend auf einer topologischen Interpretation des Ext-Funktors, die ATIYAH-HIRZEBRUCH-Spektralsequenz in der K-Theorie, [11], oder die GROTHENDIECK-Spektralsequenz zur Berechnung des abgeleiteten Funktors der Komposition zweier Funktoren, [36]. Die von SERRE konzipierten Spektralsequenzen für topologische Faserungen aus den Jahren 1950/51 haben hier einen Pioniercharakter.

6.4 Beispiele für Spektralsequenzen

Lassen Sie uns an zwei Beispielen den Nutzen der Spektralsequenzen erleben. Wir bestimmen im **1. Beispiel** die Homologie eines $K(\mathbb{Z},2)$, also eines wegzusammenhängenden Raumes B mit $\pi_2(B,x) \cong \mathbb{Z}$ und $\pi_k(B,x) = 0$ für $k \neq 2$. Sie erkennen hier auch, dass die gesuchte Homologie die der Basis B ist, denn die Homologien der Faser F und des Totalraums X werden sich als sehr einfach herausstellen.

Es sei dazu $P_x B = \Gamma(B,x)$ der Pfadraum am Punkt $x \in B$, bestehend aus allen Wegen $\gamma : I \to B$ mit $\gamma(0) = x$, mit der Kompakt-Offen-Topologie (Seite 89). Die Abbildung $f : P_x B \to B$ mit $\gamma \mapsto \gamma(1)$ ist dann eine Faserung mit Homotopiefaser $F = f^{-1}(x) = \Omega(B,x)$, dem Schleifenraum des Raumes B an x, als Teilraum ebenfalls mit der Kompakt-Offen-Topologie von $P_x B$ versehen. Außerdem ist $P_x B$ zusammenziehbar, alle Homotopiegruppen verschwinden, und damit auch alle Homologiegruppen $H_k(P_x B)$ für $k \geq 1$.

Die exakte Homotopiesequenz (Seite 82) von $F \to P_x B \to B$ zeigt $F = K(\mathbb{Z},1)$. Beachten Sie dazu $\pi_1(B) = 0$, und dass die CW-Approximation für F eine schwache Homotopieäquivalenz $S^1 \to F$ ist, weswegen $H_0(F) \cong H_1(F) \cong \mathbb{Z}$ ist und alle höheren Homologiegruppen $H_k(F)$ verschwinden ($k \geq 2$). Das Theorem von HUREWICZ (Seite 47) besagt schließlich $H_1(B) = 0$ und $H_2(B) \cong \mathbb{Z}$, der Wegzusammenhang von B garantiert $H_0(B) \cong \mathbb{Z}$.

Die Gruppe $\pi_1(B) = 0$ wirkt immer trivial auf $H_*(F)$, weswegen für die Faserung $F = \Omega(B,x) \to P_x B \to B$ eine Spektralsequenz mit $E^2_{p,q} \cong H_p\big(B; H_q(F)\big)$ existiert. Die Homologie von F zeigt dann, dass das E^2-Diagramm nur in den Zeilen mit $0 \leq q \leq 1$ Gruppen $E^2_{p,q} \neq 0$ enthält. Auf der E^2-Seite verlaufen die Differentiale um zwei Schritte nach links und einen Schritt nach oben, sodass sich folgendes Bild für Ihre (vielleicht) erste Spektralseite ergibt:

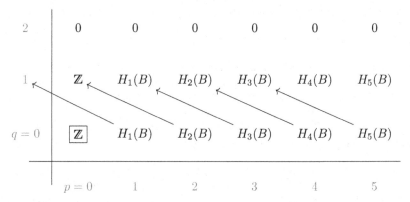

Nun ist $P_x B$ zusammenziehbar, die zu $H_k\big(P_x B\big)$ assoziierte graduierte Gruppe enthält demnach für $k \neq 0$ ausschließlich Null-Summanden, weswegen $E^\infty_{p,q} = 0$ ist für alle Paare $(p,q) \neq (0,0)$. Da auf der E^2-Seite nur zwei (benachbarte) Zeilen mit Gruppen $\neq 0$ besetzt sind, stabilisiert sich das Diagramm bereits im nächsten Schritt (bei den E^3-Gruppen) auf die endgültige Form: Es ist $E^3_{p,q} \cong E^\infty_{p,q}$ für alle $p, q \in \mathbb{Z}$, denn die Differentiale $d^3_p : E^3_{p,q} \to E^3_{p-3,q+2}$ wandern immer zwei Zeilen nach oben und müssen daher Null-Abbildungen sein.

Einzig $E^2_{0,0} \cong \mathbb{Z}$ überlebt diesen Prozess ad infinitum, denn sowohl das Differential $d^2_0 : E^2_{0,0} \to E^2_{-2,1}$ als auch $d^2_2 : E^2_{2,-1} \to E^2_{0,0}$ ist bereits im E^2-Diagramm die Null-Abbildung (die entsprechende Gruppe ist eingerahmt).

Es ist nun eine einfache **Übung**, nachzuweisen, dass alle eingezeichneten Pfeile Isomorphismen sein müssen (falls sie zum Beispiel einen Kern $\neq 0$ hätten, wäre die zugehörige Gruppe $E^3_{p,q} \neq 0$, auch ein Kokern $\neq 0$ führt auf einen Widerspruch). Ein einfaches induktives Argument, beginnend bei den Isomorphismen $d^2_1 : H_1(B) \to \{0\}$ und $d^2_2 : H_2(B) \to \mathbb{Z}$, zeigt dann

$$H_k\big(K(\mathbb{Z},2)\big) \cong H_k(B) \cong \begin{cases} \mathbb{Z} & \text{für } k \geq 0 \text{ gerade}, \\ 0 & \text{sonst}. \end{cases}$$

Ein bemerkenswertes Resultat. Über das Theorem von HUREWICZ hinaus sind also alle Homologiegruppen von den Homotopiegruppen eines $K(\mathbb{Z},2)$ determiniert. (Das Ergebnis benötigt übrigens nicht zwingend Spektralsequenzen, denn es ist der unendlich-dimensionale komplex-projektive Raum $\mathbb{P}_{\mathbb{C}}^{\infty}$ ein $K(\mathbb{Z},2)$, und die Homologie ergibt sich dann auch aus dessen CW-Struktur, siehe Seite I-360.)

Übergreifend betrachtet, kann ein EILENBERG-MACLANE-Raum $K(\mathbb{Z},2)$ in gewisser Weise als Gegenstück zu dem MOORE-Raum $M(\mathbb{Z},2) = S^2$ gesehen werden: Bei der S^2 sind alle bis auf eine reduzierte Homologiegruppe trivial, bei $K(\mathbb{Z},2)$ sind es alle bis auf eine Homotopiegruppe (jeweils zum Index 2). Während hingegen in den höheren Dimensionen bei $\pi_k(S^2)$ noch weitgehend Unklarheit besteht, sind bei $H_k\big(K(\mathbb{Z},2)\big)$ zwar unendlich viele Gruppen $\neq 0$, aber sehr regelmäßig und ohne Ausnahme bekannt. Ein schönes Beispiel dafür, dass sich die Homologiegruppen viel geordneter verhalten als die Homotopiegruppen.

Doch wenden wir uns dem **2. Beispiel** zu. Auf ähnliche Weise kann man die Homologie des Schleifenraumes $\Omega(S^n,1)$, $n \geq 2$, berechnen. Wir betrachten dazu $\Omega(S^n,1) \hookrightarrow P_x S^n \to S^n$, also wieder die Pfadraumfaserung, wobei auch $P_x S^n$ zusammenziehbar ist. Da S^n einfach zusammenhängend ist, ist $\Omega(S^n,x)$ wegzusammenhängend (die Wege zwischen den Schleifen sind die Homotopien zwischen ihnen), und es gibt wieder eine Spektralsequenz mit

$$E_{p,q}^2 \cong H_p\big(S^n; H_q(\Omega(S^n,x))\big) \cong H_p(S^n) \otimes H_q\big(\Omega(S^n,x)\big),$$

wobei die Isomorphie rechts das universelle Koeffiziententheorem ist (Seite I-211), zusammen mit $\mathrm{Tor}(A,B) = 0$, falls A oder B torsionsfrei sind (Seite I-214 f). Damit ist $E_{p,q}^2 \neq 0$ nur für $p \in \{0,n\}$ und dort $E_{p,q}^2 \cong H_q\big(\Omega(S^n,x)\big)$, sodass sich folgende E^2-Seite der Spektralsequenz ergibt:

3	$H_3(\Omega S^n)$	0	$\cdots$	0	$H_3(\Omega S^n)$	0	$\cdots$
2	$H_2(\Omega S^n)$	0	$\cdots$	0	$H_2(\Omega S^n)$	0	$\cdots$
1	$H_1(\Omega S^n)$	0	$\cdots$	0	$H_1(\Omega S^n)$	0	$\cdots$
$q=0$	$\boxed{\mathbb{Z}}$	0	$\cdots$	0	$\mathbb{Z}$	0	$\cdots$
	$p=0$	1	$\cdots$	$n-1$	n	$n+1$	$\cdots$

Das E^∞-Diagramm enthält wegen der Zusammenziehbarkeit von $P_x S^n$ wieder nur bei $(p,q) = (0,0)$ eine nicht verschwindende Gruppe, und diese ist $\mathbb{Z}$ (wieder eingerahmt), denn die umgebenden Differentiale d^r verschwinden wie im ersten Beispiel an der Stelle $(0,0)$ schon auf der E^1-Seite.

Am Verlauf der anderen d^r-Differentiale, die immer um r Spalten nach links und um $r - 1$ Zeilen nach oben wandern, erkennen Sie, dass die E^r-Gruppen zwischen $r = 2$ und $r = n$ stabil bleiben, denn es sind hier alle $d^r = 0$. Auch für $r > n$ ist immer die Quelle oder das Ziel von d^r eine triviale Gruppe. Die einzige Chance, um die Gruppe $E^2_{n,0} \cong \mathbb{Z}$ loszuwerden, ergibt sich bei $r = n$, denn hier treffen die d^n im Ziel auf Gruppen, die potentiell $\neq 0$ sein können:

Aus demselben Grund wie im 1. Beispiel müssen dabei alle d^n Isomorphismen sein, denn ab dem E^{n+1}-Diagramm verändert sich bis $r = \infty$ keine Gruppe mehr. Es folgt (auch als einfache **Übung**) das ebenfalls bemerkenswerte Resultat

$$H_k\big(\Omega(S^n,1)\big) \cong \begin{cases} \mathbb{Z} & \text{für } k \in (n-1)\,\mathbb{N}, \\ 0 & \text{sonst}. \end{cases}$$

Nach diesen praktischen Beispielen sind Sie sicher, so hoffe ich, etwas vertrauter mit den Spektralsequenzen geworden – insbesondere erkennen Sie den Nutzen der Beziehung $E^2_{p,q} \cong H_p\big(B; H_q(F)\big)$, deren Beweis uns viel Mühe bereitet hat (auch im weiteren Verlauf wird diese Formel noch gute Dienste leisten).

Das Potential von Spektralsequenzen zeigt sich in den Beispielen daran, dass wir Aussagen über die Homologie eines Raumes herleiten konnten, ohne auch nur ein einziges (nichttriviales) Differential d^* zu bestimmen. Welche Möglichkeiten würden sich erst ergeben, wenn wir über diese mehr wüssten als nur von der Eigenschaft, zu verschwinden oder Isomorphismen zu sein? Vielleicht macht Sie das ein wenig neugierig auf all die großen Entdeckungen, die noch auf uns warten.

6.5 Spektralsequenzen in der Kohomologie

Ihre eigentliche Kraft entwickeln Spektralsequenzen in der Kohomologie. Der Mehrwert der Kohomologie gegenüber der Homologie besteht in multiplikativen Strukturen durch diverse Produkte (Seite 131 f). Genau an diesem Punkt werden wir im nächsten Kapitel den entscheidenden Meilenstein auf dem Weg zur höheren Sphärenhomotopie beweisen (Seite 226 ff). Hier die ersten Grundlagen dazu.

Völlig analog zur Konstruktion der SERRE-Spektralsequenz in der Homologie (Seite 159 ff) kann man nun Treppendiagramme auch aus den langen exakten Kohomologiesequenzen der Raumpaare (X_p, X_{p-1}) bilden, wobei wieder eine Faserung $f : X \to B$ mit CW-Basis B und trivialer Wirkung von $\pi_1(B)$ auf $H_*(F)$ zugrunde liegt und die Filtrierung von X als $X_p = f^{-1}(B^p)$ gegeben ist.

Es ergibt sich (beachten Sie wieder $m = p + q$) das Diagramm

$$
\begin{array}{ccccccc}
\boldsymbol{H^{m+1}(X_p, X_{p-1})} & \xleftarrow{\ \delta\ } & \boldsymbol{H^m(X_{p-1})} & \xleftarrow{\ j\ } & H^m(X_{p-1}, X_{p-2}) & \xleftarrow{\ \delta\ } & H^{m-1}(X_{p-2}) \\
& & \big\uparrow{\scriptstyle i} & & & & \big\uparrow{\scriptstyle i} \\
H^{m+1}(X_{p+1}, X_p) & \xleftarrow{\ \delta\ } & \boldsymbol{H^m(X_p)} & \xleftarrow{\ j\ } & \boldsymbol{H^m(X_p, X_{p-1})} & \xleftarrow{\ \delta\ } & \boldsymbol{H^{m-1}(X_{p-1})} \\
& & \big\uparrow{\scriptstyle i} & & & & \big\uparrow{\scriptstyle i} \\
H^{m+1}(X_{p+2}, X_{p+1}) & \xleftarrow{\ \delta\ } & H^m(X_{p+1}) & \xleftarrow{\ j\ } & H^m(X_{p+1}, X_p) & \xleftarrow{\ \delta\ } & \boldsymbol{H^{m-1}(X_p)},
\end{array}
$$

in dem alle Pfeile gegenüber dem Diagramm auf Seite 159 die Richtung gewechselt haben (eine lange exakte Kohomologiesequenz ist auch hier durch Fettdruck hervorgehoben). Wie bei der Homologie ergeben sich die Korandoperatoren (ebenfalls **Differentiale** genannt)

$$
d_1 = \delta j : H^m(X_p, X_{p-1}) \longrightarrow H^{m+1}(X_{p+1}, X_p),
$$

die an den zellulären Kokettenkomplex erinnern (Seite 128). Analog zur Homologie setzen wir dann $\boldsymbol{E_1^{p,q} = H^m(X_p, X_{p-1})}$ sowie $\boldsymbol{A^{p,q} = H^m(X_p)}$ und beobachten auch hier $d_1 d_1 = 0$ wegen $j\delta = 0$. Wir definieren schließlich die Homologie des Komplexes $\big(E_1^{*,q}, d_1\big)$ als die Gruppen

$$
E_2^{p,q} = \operatorname{Ker}(d_1) \big/ \operatorname{Im}(d_1), \quad \text{für alle } p, q \in \mathbb{Z}.
$$

Nun ist wie in der Homologie ein iteratives Vorgehen möglich: Durch eine Verschiebung der Spalten mit den Homomorphismen i um eins nach oben lassen sich erneut Differentiale $d_2 = \delta j' : E_2^{p,q} \to E_2^{p-2,q+1}$ finden, die auch $\big(E_2^{*,q}, d_2\big)$ zu einem Komplex werden lassen, dessen Homologiegruppen dann mit

$$
E_3^{p,q} = \operatorname{Ker}(d_2) \big/ \operatorname{Im}(d_2)
$$

bezeichnet werden. Versuchen Sie vielleicht als kurze gedankliche Wiederholung, die Pfeile in der Konstruktion der Homologie-Treppendiagramme (Seite 159 f) konsequent umzudrehen.

Sie erkennen so die **Spektralsequenz für die Kohomologie** als Treppendiagramme für die Gruppen $E_r^{p,q}$ mit den Differentialen $d_r : E_r^{p,q} \longrightarrow E_r^{p+r,q-r+1}$, für $r \geq 1$ und $p, q \in \mathbb{Z}$. Die Seiten dafür lauten (in Anlehnung an die Homologie) die E_r-**Seiten** der Spektralsequenz. Sie können sich diese für die Kohomologie vorstellen wie bei der Homologie, nur verlaufen die Pfeile auf den E_r-Seiten nun von links oben nach rechts unten: um r Schritte nach rechts und um $r - 1$ Schritte nach unten.

Wie in der Homologie wollen wir auch hier von Annahmen ausgehen, die eine Stabilisierung der $E_r^{p,q}$ für $r \to \infty$ zu Gruppen $E_\infty^{p,q} = \lim_{r\to\infty} E_r^{p,q}$ ermöglichen:

> **Beobachtung:** In dem obigen Treppendiagramm sind in jeder Spalte mit den absoluten Gruppen $A^{p,q} = H^m(X_p)$ fast alle i Isomorphismen.

Der **Beweis** ist trivial für das obere Ende der Spalten, wegen $X_p = \varnothing$ für alle $p < 0$. Am unteren Ende der Spalten ist dann noch zu zeigen, dass der Homomorphismus $i : H^p(X_l) \to H^p(X_{l-1})$ für genügend großes $l \geq 1$ ein Isomorphismus ist. Die von der Inklusion induzierten Homomorphismen $H_p(X_{l-1}) \to H_p(X_l)$ in der Homologie seien hierfür zur besseren Unterscheidung von i ab jetzt mit i_* bezeichnet.

Nach eben diesen Überlegungen bei der Homologie sind $i_* : H_p(X_{l-1}) \to H_p(X_l)$ und $i_* : H_{p-1}(X_{l-1}) \to H_{p-1}(X_l)$ für $l \geq p+2$ Isomorphismen (Seite 163). Mit dem universellen Koeffizententheorem (Seite I-403) bilden wir nun das Diagramm

$$0 \longrightarrow \mathrm{Ext}\big(H_{p-1}(X_{l-1}), \mathbb{Z}\big) \longrightarrow H^p(X_{l-1}) \longrightarrow \mathrm{Hom}\big(H_p(X_{l-1}), \mathbb{Z}\big) \longrightarrow 0$$

$$\cong \Big\uparrow \mathrm{Ext}(i_*,\mathbb{Z}) \qquad\qquad \Big\uparrow i \qquad\qquad \cong \Big\uparrow \mathrm{Hom}(i_*,\mathbb{Z})$$

$$0 \longrightarrow \mathrm{Ext}\big(H_{p-1}(X_l), \mathbb{Z}\big) \longrightarrow H^p(X_l) \longrightarrow \mathrm{Hom}\big(H_p(X_l), \mathbb{Z}\big) \longrightarrow 0,$$

welches offensichtlich kommutiert (wegen der natürlichen Konstruktion und der Funktorialität von Ext und Hom). Nach dem Fünferlemma (Seite I-283) ist schließlich auch der mittlere Pfeil i für $l \geq p+2$ ein Isomorphismus. $\square$

Nun sind wir in der Situation wie bei der Konstruktion der Spektralsequenz für die Homologie. Wir müssen nur in jedem Gedankenschritt konsequent die Pfeile umkehren und von den Bildern $\mathrm{Im}(i_*)$ zu den Kernen $\mathrm{Ker}(i)$ der dualen Homomorphismen übergehen. Erinnern wir uns: Bei der Homologie hatten wir eine aufsteigende Filtrierung der Gruppe $H_m(X)$ durch die Untergruppen

$$F_m^p = \mathrm{Im}\big(H_m(X_p) \xrightarrow{i_*^\infty} H_m(X)\big), \ p \in \mathbb{Z},$$

wobei wieder der Kürze wegen $m = p + q$ sei. Da in jeder Spalte fast alle i_* Isomorphismen waren und die Gruppen $H_m(X_p) = 0$ sind für $p < 0$, ist die Filtrierung endlich und wir konnten die zentrale Beziehung $E_{p,q}^\infty \cong F_m^p / F_m^{p-1}$ zeigen (Seite 166). In der Kohomologie haben wir analog dazu die Untergruppen

$$F_p^m = \mathrm{Ker}\big(H^m(X) \xrightarrow{i_\infty} H^m(X_{p-1})\big)$$

von $H^m(X)$, und wegen der Beobachtung ist auch die **absteigende Filtrierung**

$$H^m(X) = F_0^m \supseteq F_1^m \supseteq \cdots \supseteq F_m^m \supseteq F_{m+1}^m \supseteq \cdots \supseteq 0$$

endlich. Beachten Sie zu den Indizes, dass wir die Definition von F_p^m so gewählt haben, dass $F_0^m = H^m(X)$ ist. Aus dem Beweis der Beobachtung folgt dann nur $F_{m+2}^m = 0$, wegen des Isomorphismus $H^m(X) = \lim_{\leftarrow} H^m(X_p) \xrightarrow{i_\infty} H^m(X_{m+1})$. Aufgrund der speziellen Topologie von X als Totalraum einer CW-Faserung werden wir in Kürze aber sehen, dass bereits $F_{m+1}^m = 0$ ist.

Die gleichen Überlegungen wie bei der Homologie (nur mit umgekehrten Pfeilen) führen schließlich ohne Schwierigkeiten auf die Stabilisierungsformel

$$E_\infty^{p,q} = \lim_{r\to\infty} E_r^{p,q} \cong F_p^m / F_{p+1}^m,$$

mithin auf die **assoziierten graduierten Kohomologiegruppen** der Gestalt

$$\mathcal{G}H^m(X) \cong \bigoplus_{p+q=m} E_\infty^{p,q} \cong \bigoplus_{p+q=m} F_p^m / F_{p+1}^m.$$

Der nächste Schritt ist naheliegend. Es geht um die Berechnung der Gruppen auf der E_1- und der E_2-Seite der Spektralsequenz. Auch hier ergibt sich in völliger Analogie zur Homologie (Seite 170 f) das bestmögliche Resultat.

Satz ($E_1^{p,q}$ und $E_2^{p,q}$ in der Serre-Spektralsequenz der Kohomologie)
Im obigen Kontext gilt für alle $p, q \in \mathbb{Z}$

$$E_1^{p,q} \cong H^p\big(B^p, B^{p-1}; H^q(F)\big) \quad \text{sowie} \quad E_2^{p,q} \cong H^p\big(B; H^q(F)\big).$$

Beachten Sie, dass nach dem universellen Koeffiziententheorem (Seite I-403), angewendet auf den Kettenkomplex mit den frei abelschen Kettengruppen $C_*(B^p, B^{p-1}) = C_*(B^p)/C_*(B^{p-1})$, stets

$$H^p\big(B^p, B^{p-1}; H^q(F)\big) \cong \mathrm{Hom}\big(H_p(B^p, B^{p-1}), H^q(F)\big)$$

ist. Dank der Vorarbeiten bei der Homologie kann der **Beweis** nun kürzer gefasst werden. Ziel ist es zunächst, für die erste Aussage einen Isomorphismus

$$\Psi^* : \mathrm{Hom}\big(H_p(B^p, B^{p-1}), H^q(F)\big) \longrightarrow H^{p+q}(X_p, X_{p-1})$$

zwischen den Kokettengruppen zu konstruieren. Für die Form der $E_2^{p,q}$-Gruppen müssen wir dann zeigen, dass Ψ^* mit den Korandoperatoren $\mathrm{Hom}(\partial, H^q(F))$ im linken Komplex und d_1 im rechten Komplex verträglich ist. Auch diese Konstruktion verläuft, nach Umkehrung aller Pfeile, analog zur Homologie. Daher genügt hier eine Skizze des Gedankengangs.

Klar ist zunächst der **1. Isomorphismus**

$$\Psi_1^* : \mathrm{Hom}\big(H_p(B^p, B^{p-1}), H^q(F)\big) \longrightarrow \prod_{e_\lambda^p \in B} H^q(F),$$

denn nach der zellulären Kohomologie ist

$$\mathrm{Hom}\big(H_p(B^p, B^{p-1}), \mathbb{Z}\big) \cong H^p(B^p, B^{p-1}) \cong \prod_{e_\lambda^p \in B} \mathbb{Z}$$

die Hom-duale Gruppe zu $H_p(B^p, B^{p-1}) \cong \bigoplus_{e_\lambda^p} \mathbb{Z}$. Beachten Sie, dass wir in der Kohomologie direkte Produkte haben, mithin die zu e_λ^p dualen Zellen $\widetilde{e}_\lambda^p$ in der Regel keine Basis bilden, da die Gruppen nicht frei abelsch sind. Wir müssen also bei der Übertragung der Ideen aus der Homologie vorsichtig sein.

Der **2. Isomorphismus**

$$\Psi_2^* : H^{p+q}(X_p, X_{p-1}) \longrightarrow \prod_{e_\lambda^p \in B} H^{p+q}(\widetilde{D}_\lambda^p, \widetilde{S}_\lambda^{p-1})$$

verläuft mit exakt demselben Argument wie in der Homologie, da auch in der Kohomologie ein Ausschneidungssatz existiert (Seite I-478) und die Eigenschaft von (B^p, B^{p-1}) als gutes Raumpaar eingebracht werden kann, um $H^{p+q}(X_p, X_{p-1}) \cong H^{p+q}(X_p/X_{p-1})$ zu zeigen (Seite 171).

Der **3. Isomorphismus**

$$\Psi_3^* : \prod_{e_\lambda^p \in B} H^q(F) \longrightarrow \prod_{e_\lambda^p \in B} H^{p+q}(\widetilde{D}_\lambda^p, \widetilde{S}_\lambda^{p-1})$$

ist etwas schwieriger, hier ging (in der Version für die Homologie) die triviale Wirkung von $\pi_1(B)$ auf $H_*(F)$ ein, um wohldefinierte und natürliche Isomorphismen $H_{p+q}(\widetilde{D}_\lambda^p, \widetilde{S}_\lambda^{p-1}) \to H_q(F)$ zu finden. Bei Umkehr aller Pfeile und dem Einsatz der entsprechenden Sätze und Techniken für die Kohomologie lässt sich die Konstruktion aber wörtlich übernehmen (Seite 172 f). Wir hatten dazu eine Faserhomotopieäquivalenz von Raumpaaren in der Form

$$\psi_{D_\lambda^p} : \big(\widetilde{D}_\lambda^p, \widetilde{S}_\lambda^{p-1}\big) \longrightarrow (D_\lambda^p, S_\lambda^{p-1}) \times F = \big(D_\lambda^p \times F, S_\lambda^{p-1} \times F\big)$$

konstruiert, die natürlich war in dem Sinne, dass sie unabhängig von der Auswahl eines Kontraktionspunktes in D_λ^p war. Mit dem Satz von EILENBERG-ZILBER, der KÜNNETH-Formel und zellulärer Homologie haben wir daraus den Isomorphismus

$$\psi_{D_\lambda^p *} : H_{p+q}\big(\widetilde{D}_\lambda^p, \widetilde{S}_\lambda^{p-1}\big) \longrightarrow H_p(D_\lambda^p, S_\lambda^{p-1}) \otimes H_q(F) \cong H_q(F)$$

abgeleitet, der die Komponente λ von Ψ_3 lieferte. In der Kohomologie kann dieses Vorgehen kopiert werden, denn D_λ^p und S_λ^{p-1} sind kompakte CW-Komplexe. Mit dem Satz von EILENBERG-ZILBER für die Kohomologie (Seite 144) ist es dann möglich, den Beweis des Satzes über die Gruppen $E_1^{p,q}$ und $E_2^{p,q}$ abzuschließen. Aus der Faserhomotopieäquivalenz

$$\psi_{D_\lambda^p} : \big(\widetilde{D}_\lambda^p, \widetilde{S}_\lambda^{p-1}\big) \longrightarrow (D_\lambda^p, S_\lambda^{p-1}) \times F$$

ergibt sich mit EILENBERG-ZILBER, dass sich die $H^{p+q}(\widetilde{D}_\lambda^p, \widetilde{S}_\lambda^{p-1})$ als die Homologiegruppen des Tensor-Komplexes $C_{\text{cell}}^*(D_\lambda^p, S_\lambda^{p-1}) \otimes C^*(F)$ errechnen lassen. Da $C_{\text{cell}}^p(D_\lambda^p, S_\lambda^{p-1}) \cong \mathbb{Z}$ ist, folgt für die Gruppe $H^{p+q}\big(C_{\text{cell}}^*(D_\lambda^p, S_\lambda^{p-1}) \otimes C^*(F)\big)$ eine natürliche Isomorphie zu

$$C_{\text{cell}}^p(D_\lambda^p, S_\lambda^{p-1}) \otimes H^q(F) \cong H^q(F).$$

Damit ist auch der **3. Isomorphismus** konstruiert, in der Komponente λ durch

$$\psi_{D_\lambda^p}^* : H^q(F) \cong C_{\text{cell}}^p(D_\lambda^p, S_\lambda^{p-1}) \otimes H^q(F) \longrightarrow H^{p+q}\big(\widetilde{D}_\lambda^p, \widetilde{S}_\lambda^{p-1}\big)$$

gegeben.

Der Beweis aus der Homologie kann nun wörtlich weitergeführt werden. Nach Umkehr aller Pfeile ergibt sich auch hier, dass die Isomorphismen

$$\Psi^* : \operatorname{Hom}\big(H_p(B^p, B^{p-1}), H^q(F)\big) \longrightarrow H^{p+q}(X_p, X_{p-1})$$

mit den Randoperatoren $\operatorname{Hom}(\partial, H^q(F))$ und dem Differential d_1 im Sinne des kommutativen Diagramms

$$
\begin{array}{ccc}
H^{p+q}(X_p, X_{p-1}) & \xrightarrow{\quad d_1 \quad} & H^{p+q+1}(X_{p+1}, X_p) \\[2pt]
{\scriptstyle \Psi^*}\big\uparrow & & {\scriptstyle \Psi^*}\big\uparrow \\[2pt]
\operatorname{Hom}\big(H_p(B^p, B^{p-1}), H^q(F)\big) & \xrightarrow{\operatorname{Hom}(\partial, H^q(F))} & \operatorname{Hom}\big(H_{p+1}(B^{p+1}, B^p), H^q(F)\big)
\end{array}
$$

verträglich sind. Damit ist auch die Darstellung der Gruppen $E_2^{p,q}$ bewiesen. $\qquad\square$

Zum Abschluss dieser Ausführungen sei noch das kleine Manko auf Seite 188 behoben, wo nur gezeigt werden konnte, dass in der Filtrierung von $H^m(X)$ die Gruppen $F_{m+2}^m = 0$ sind. In der Tat ist bereits $F_{m+1}^m = 0$, denn aufgrund der sukzessiven Untergruppen- und Quotientenbildung der Gruppen

$$H^{p+q}(X_p, X_{p-1}) \cong H^p\big(B^p, B^{p-1}; H^q(F)\big) \cong \operatorname{Hom}\big(H_p(B^p, B^{p-1}), H^q(F)\big)$$

ist klar, dass unabhängig von $r \geq 1$ alle $E_r^{p,q} = 0$ sind, falls $p < 0$ oder $q < 0$ ist (die Spektralsequenz lebt im ersten Quadranten von $\mathbb{Z} \times \mathbb{Z}$, wie in der Homologie auch). Mit $m = p + q$ ist dann $F_{m+1}^m / F_{m+2}^m \cong E_\infty^{p,-1} = 0$ und wegen $F_{m+2}^m = 0$ ist auch $F_{m+1}^m = 0$. Die Spektralfiltrierung von $H^m(X)$ lautet damit

$$H^m(X) = F_0^m \supseteq F_1^m \supseteq \cdots \supseteq F_m^m \supseteq F_{m+1}^m = 0,$$

die graduierte Gruppe $\mathcal{G}H^m(X)$ besteht also aus (höchstens) $m + 1$ Summanden.

Doch dies nur als Randnotiz. Ich möchte hier trotz der komplizierten Materie noch eine Verallgemeinerung für spätere Anwendungen hinzufügen.

6.6 Verallgemeinerung auf abelsche Koeffizientengruppen G

Aus Gründen der Einfachheit wurde die Homologie- und Kohomologie in dieser Einführung zu Spektralsequenzen nur mit $\mathbb{Z}$-Koeffizienten behandelt. Alle hier erwähnten Resultate, insbesondere die großen Sätze auf den Seiten 166 und 170 für die Homologie oder ab Seite 186 für die Kohomologie lassen sich aber (mit wörtlich übernommenen Beweisen) auch für beliebige abelsche Koeffizientengruppen herleiten. So haben die $E_{p,q}$- und $E^{p,q}$-Gruppen auf den ersten beiden Seiten der Spektralsequenzen mit Koeffizienten in einer abelschen Gruppe G die Form

$$E_{p,q}^1 \cong H_p\big(B^p, B^{p-1}; H_q(F; G)\big) \quad \text{und} \quad E_{p,q}^2 \cong H_p\big(B; H_q(F; G)\big), \text{ sowie}$$

$$E_1^{p,q} \cong H^p\big(B^p, B^{p-1}; H^q(F; G)\big) \quad \text{und} \quad E_2^{p,q} \cong H^p\big(B; H^q(F; G)\big).$$

Versuchen Sie dazu, sich die Beweise noch einmal in Erinnerung zu rufen. Entscheidend waren die (zellulären) Kettenisomorphismen

$$H_{p+q}(X_p, X_{p-1}) \cong H_p(B^p, B^{p-1}) \otimes H_q(F)$$

in der Homologie und

$$H^{p+q}(X_p, X_{p-1}) \cong \text{Hom}\big(H^p(B^p, B^{p-1}), H^q(F)\big)$$

in der Kohomologie. In der Homologie sei hierfür zunächst an die Definition der Gruppen $H_*(Y; G)$ erinnert, für beliebige Räume Y. Sie entstehen aus dem Kettenkomplex $C_*(Y; G) = C_*(Y) \otimes G$, in dem offensichtlich für alle $g \in G$ und Ketten $c \in C_*(Y)$ die Gleichung $\partial(c \otimes g) = (\partial c) \otimes g$ gilt, unabhängig davon, ob es sich um die simpliziale, singuläre oder zelluläre Homologie handelt. Sie erkennen damit durch Übergang zu Zyklen modulo Rändern, dass die Zuordnung $[c] \otimes g \mapsto [c \otimes g]$ natürliche Isomorphismen $H_*(Y; G) \otimes G \to H_*(Y; G)$ induziert. So ergibt sich

$$
\begin{aligned}
H_p(B^p, B^{p-1}; G) \otimes H_q(F; G) \;&\cong\; \big(H_p(B^p, B^{p-1}) \otimes G\big) \otimes H_q(F; G) \\
&\cong\; H_p(B^p, B^{p-1}) \otimes \big(G \otimes H_q(F; G)\big) \\
&\cong\; H_p(B^p, B^{p-1}) \otimes H_q(F; G)\,,
\end{aligned}
$$

wobei die Isomorphie $H_p(B^p, B^{p-1}; G) \cong H_p(B^p, B^{p-1}) \otimes G$ von der Interpretation als zelluläre Kettengruppen herrührt. Damit können alle G-Koeffizienten der zellulären Kettengruppe von B in die Gruppe $H_q(F; G)$ übernommen werden und wir erhalten wie gewünscht $H_{p+q}(X_p, X_{p-1}; G) \cong H_p(B^p, B^{p-1}) \otimes H_q(F; G)$.

Ähnliches gilt für die Kohomologie. Bei der Verwendung von G-Koeffizienten in Basis, Faser und Totalraum führt eine Kopie des Beweises für $\mathbb{Z}$-Koeffizienten auf die Isomorphie

$$\Psi^* : \text{Hom}\big(H_p(B^p, B^{p-1}; G), H^q(F; G)\big) \longrightarrow H^{p+q}(X_p, X_{p-1}; G)\,,$$

und die Aufgabe besteht darin, die G-Koeffizienten von B in die Gruppe $H^q(F; G)$ zu übernehmen. Dies geht nicht ganz so einfach wie im Fall der Homologie, denn es ist bei Anwendung der Tensor-Hom-Adjunktion (Seite 145)

$$
\begin{aligned}
\text{Hom}\big(H_p(B^p, B^{p-1}; G), H^q(F; G)\big) \;&\cong\; \text{Hom}\big(H_p(B^p, B^{p-1}) \otimes G, H^q(F; G)\big) \\
&\cong\; \text{Hom}\big(H_p(B^p, B^{p-1}), \text{Hom}(G, H^q(F; G))\big)
\end{aligned}
$$

im Allgemeinen $\text{Hom}(G, H^q(F; G)) \not\cong H^q(F; G)$, denken Sie für ein Gegenbeispiel an $G = \mathbb{Z}^2$.

Wir müssen den Beweis genauer ansehen und die richtige Stelle finden, wo die Kompaktheit eines Raumes den Satz von EILENBERG-ZILBER in der Kohomologie ermöglicht (Seite 144) und damit den Übergang zu einem Tensorprodukt, in dem die G-Koeffizienten wie oben von der Basis in die Faser übernommen werden können.

Der **3. Isomorphismus** (Seite 190) ist diese Stelle. Wir erhalten hier (bei Verwendung von G-Koeffizienten im Totalraum X, der Basis B und der Faser F)

$$H^{p+q}(\tilde{D}^p_\lambda, \tilde{S}^{p-1}_\lambda; G) \;\cong\; C^p_{\text{cell}}(D^p_\lambda, S^{p-1}_\lambda; G) \otimes H^q(F; G)$$

$$\cong\; \left(C^p_{\text{cell}}(D^p_\lambda, S^{p-1}_\lambda) \otimes G \right) \otimes H^q(F; G)$$

$$\cong\; C^p_{\text{cell}}(D^p_\lambda, S^{p-1}_\lambda) \otimes \left(G \otimes H^q(F; G) \right)$$

$$\cong\; C^p_{\text{cell}}(D^p_\lambda, S^{p-1}_\lambda) \otimes H^q(F; G) \;\cong\; H^q(F; G).$$

Mit dem **1. Isomorphismus** (Seite 189) in der Form

$$\Psi^*_1 : \text{Hom}\left(H_p(B^p, B^{p-1}), H^q(F; G) \right) \;\longrightarrow\; \prod_{e^p_\lambda \in B} H^q(F; G)$$

und dem **2. Isomorphismus** (Seite 190), in dem sich G-Koeffizienten problemlos mitführen lassen, folgt dann (mit dem universellen Koeffiziententheorem und zellulärer Kohomologie) der Isomorphismus

$$H^p\left((B^p, B^{p-1}); H^q(F; G) \right) \;\cong\; H^{p+q}(X_p, X_{p-1}; G),$$

aus dem sich die Darstellung der $E^{p,q}_2$-Gruppen in der Kohomologie exakt genauso ergibt wie mit $\mathbb{Z}$-Koeffizienten (Seite 189 f). $\qquad\square$

Wir benötigen diese Verallgemeinerung auf G-Koeffizienten zum Beispiel im nächsten Kapitel beim Theorem von SERRE (Seite 209 ff) mit $\mathbb{Q}$-Koeffizienten, bei den Lokalisierungen mit $\mathbb{Q}$-, $\mathbb{Z}_p$- und $\mathbb{Z}_{(p)}$-Koeffizienten (Seite 290 ff) oder bei den Kohomologieoperationen mit $\mathbb{Z}_2$-Koeffizienten (Seite 315 ff).

Wie schon angedeutet, haben Sie mit diesem Kapitel einen großen Meilenstein geschafft. Wir wollen uns nun zielstrebig an die Berechnungen der Sphärenhomotopie machen, also Faserungen über der S^n untersuchen. Als Zwischenziel hatten wir hier die Faserung $K(\mathbb{Z}, n-1) \to E \to S^n$ etabliert (Seite 93). Dieses Ergebnis werden wir im nächsten Kapitel systematisch ausbauen, um das allgemeine Theorem von SERRE über die Endlichkeit der allermeisten Gruppen $\pi_k(S^n)$ für $k > n$ zu beweisen.

Aufgaben und Wiederholungsfragen

1. Ergänzen Sie die Argumente auf Seite 162 und zeigen $\text{Ker}(j') \subseteq \text{Im}(i')$ mit Hilfe der Aussage $\text{Ker}(j) \subseteq \text{Im}(i)$ in dem ursprünglichen Diagramm (alle Gruppen sind nur um eine Zeile nach unten gerutscht). Dito für $\text{Ker}(i') \subseteq \text{Im}(\partial')$, auch hier wird die Exaktheit auf das originale Diagramm zurückgeführt.

2. Überlegen Sie sich das Diagramm auf Seite 163 nach $r-1$ Iterationen, indem die Gruppen $E^{r-1}_{p,q}$ durch die Gruppen $E^r_{p,q}$ ersetzt werden. Bilden Sie die Differentiale $d^r_p = j^{(r-1)}\partial^{(r-1)} : E^r_{p,q} \to E^r_{p-r,\,q+r-1}$ und zeigen $d^r_{p-r} d^r_p = 0$.

3. Zeigen Sie, dass die Homomorphismen $i_* : H_{p+q}(X_{p+s}) \to H_{p+q}(X_{p+s+1})$
   für $s > q$ Isomorphismen sind (siehe dazu die Argumente auf Seite 163).

   Hinweis: Verwenden Sie die lange exakte Homologiesequenz des Paares
   (X, X_{p+s}), die Behauptung $H_k(X, X_{p+s}) = 0$ für $1 \leq k \leq p + s$ und das
   kommutative Diagramm

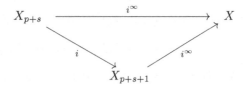

   bei dem sich für $p + q < p + s$, also $q < s$, die Homomorphismen i_*^∞ der
   H_{p+q}-Gruppen als Isomorphismen herausstellen.

4. Zeigen Sie die Folgerung auf Seite 164, wonach in jeder E^1-Spalte der Spektralsequenz nur endlich viele Gruppen $E^1_{p,q} \neq 0$ sind.

5. Es sei eine Faserung $F \to X \to B$ gegeben, mit einer Spektralsequenz $E^*_{p,q}$.

   a) Wie ist die Filtrierungsgruppe $F^p_{p+q} \subseteq H_{p+q}(X)$ definiert?

   b) Erklären Sie die Bedeutung des Quotienten F^p_{p+q}/F^{p-1}_{p+q}.

   c) Wie hängen die Gruppen F^p_{p+q} mit der Homologie $H_*(X)$ zusammen?

6. Es sei eine Faserung $F \to X \to B$ gegeben, mit einer Spektralsequenz $E^*_{p,q}$.

   a) Geben Sie ein Beispiel für eine Filtrierung $F^0_3 \subset F^1_3 \subset F^2_3 \subset F^3_3$ auf der
      E^∞-Seite, bei der man exakt auf die Gruppe $H_3(X)$ schließen kann,
      und ein Beispiel, wo das nicht der Fall ist. Was macht den Unterschied?

   b) Die Gruppen auf der E^∞-Seite seien für $p + q = 2$ von der Form
      $E^\infty_{2,0} = \mathbb{Z}_5$, $E^\infty_{1,1} = 0$ und $E^\infty_{0,2} = \mathbb{Z}_7$. Welche Aussage kann man
      daraus über die Gruppe $H_2(X)$ ableiten?

   c) Falls sich für $p+q = 5$ die stabilen Gruppen $E^\infty_{5,0} = \mathbb{Z}_2$, $E^\infty_{4,1} = \mathbb{Z}_3 \oplus \mathbb{Z}$,
      $E^\infty_{3,2} = 0$, $E^\infty_{2,3} = \mathbb{Z}_2$, $E^\infty_{1,4} = \mathbb{Z}_2$ und $E^\infty_{0,5} = \mathbb{Z}_{11} \oplus \mathbb{Z}$ ergeben, welche
      Aussagen über $H_5(X)$ lassen sich hieraus ableiten? (Denken Sie an den
      Rang und die Torsion der Gruppe.)

   d) Betrachte nun eine Kohomologie-Spektralsequenz zu obiger Faserung.
      Geben Sie ein Beispiel für eine Filtrierung von $H^5(X) \cong \mathbb{Z}$ und den
      stabilen Gruppen $E^{0,5}_\infty = \mathbb{Z}_3$, $E^{1,4}_\infty = E^{2,3}_\infty = E^{3,2}_\infty = E^{4,1}_\infty = 0$ sowie
      $E^{5,0}_\infty = \mathbb{Z}$. Beachten Sie, dass damit für die assoziierte graduierte
      Gruppe durchaus $\mathcal{G}\mathbb{Z} \cong \mathcal{G}H^5(X) \cong \mathbb{Z}_3 \oplus \mathbb{Z}$ gelten kann.

7. Finden Sie auf Seite 169 heraus, wie der Weg $(2\gamma)(t) = e^{4\pi i t}$ auf die Homologiegruppe $H_1(F_x)$ wirkt.

8. Zeigen Sie auf Seite 171, dass sich nach der Konstruktion des Pullbacks eine
   Faktorisierung von $\widetilde{\Phi}$ ergibt zu einer stetigen Abbildung

$$\bigvee_{e^p \in B} \widetilde{D}^p \big/ \widetilde{S}^{p-1} \xrightarrow{\ [\widetilde{\Phi}]\ } X_p/X_{p-1} \cong \bigvee_{e^p \in B} \widetilde{e^p} \big/ \widetilde{\partial e^p}.$$

9. Betrachten Sie die E^2-Seite der Spektralsequenz

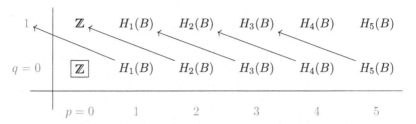

auf Seite 184. Begründen Sie, warum alle eingezeichneten Pfeile Isomorphismen sein müssen.

10. Folgern Sie in Aufgabe 9 mit einem induktiven Argument, beginnend bei den Isomorphismen $d_1^2 : H_1(B) \to \{0\}$ und $d_2^2 : H_2(B) \to \mathbb{Z}$, die Formel

$$H_k\big(K(\mathbb{Z},2)\big) \;\cong\; H_k(B) \;\cong\; \begin{cases} \mathbb{Z} & \text{für } k \geq 0 \text{ gerade}, \\ 0 & \text{sonst}. \end{cases}$$

11. Zeigen Sie (auf Seite 186) an der E^n-Seite der Spektralsequenz für die Faserung $\Omega(S^n,1) \hookrightarrow P_x S^n \to S^n$ induktiv die Formel

$$H_k\big(\Omega(S^n,1)\big) \;\cong\; \begin{cases} \mathbb{Z} & \text{für } k \in (n-1)\,\mathbb{N}, \\ 0 & \text{sonst}. \end{cases}$$

12. Betrachten Sie eine Abbildung $f : S^5 \to S^5$ vom Grad 3, wandeln diese ein eine Faserung $F \to \Gamma_f(S^5,S^5) \to S^5$ um, und berechnen die Homologie $H_*(F)$. Welche allgemeine Aussage ergibt sich für ein $f : S^n \to S^n$, $n > 1$, vom Grad $k > 1$?

13. Bestimmen Sie die Homologie-Spektralsequenz zu der Faserung

$$K(\mathbb{Z}_2,1) \;\longrightarrow\; K(\mathbb{Z}_4,1) \;\longrightarrow\; K(\mathbb{Z}_2,1)$$

aus Aufgabe 9 zu den Faserungen (Seite 120).

14. Bilden Sie auf die gleiche Weise die Homologie-Spektralsequenz zu der Faserung $K(\mathbb{Z}_2,1) \to K(\mathbb{Z}_8,1) \to K(\mathbb{Z}_4,1)$.

7 Modulo-$\mathcal{C}$-Klassen und die rationale Sphärenhomotopie

In diesem Kapitel erleben Sie zwei bedeutende Anwendungen von Spektralsequenzen auf die Sphärenhomotopie. Zunächst wird gezeigt, dass die Gruppen $\pi_k(S^n)$ allesamt endlich erzeugt sind. Schon das war Mitte des 20. Jahrhunderts ein bedeutendes Ergebnis, denn bis dahin wusste man nur von der abzählbar unendlichen Erzeugtheit der Homotopiegruppen von Sphären.

Mit dieser Endlichkeitsaussage erhalten wir dann über den Hauptsatz zu abelschen Gruppen (Seite I-74) die Möglichkeit, ein sehr elegantes Argument anzuwenden: Wenn wir zeigen können, dass $\pi_k(S^n) \otimes \mathbb{Q} = 0$ oder in den bekannten Ausnahmefällen isomorph zu $\mathbb{Q}$ ist, bedeutet dies nichts anderes als das allgemeine Theorem von SERRE, [89], mithin das große Ziel dieses Kapitels und insgesamt des zweiten Teils in diesem Buch.

> **Theorem von Serre (1951)**
> Für alle natürlichen Zahlen $k > n \geq 1$ sind die Gruppen $\pi_k(S^n)$ endlich, mit Ausnahme der Gruppen $\pi_{4n-1}(S^{2n})$, die isomorph zu einer Summe von $\mathbb{Z}$ mit einer endlichen Gruppe sind.

In der Tat ist nach dem Hauptsatz über abelsche Gruppen $\pi_k(S^n)$ eine endliche direkte Summe aus freien $\mathbb{Z}$-Bestandteilen und Torsionsgruppen der Form $\mathbb{Z}_n$. Mit dem obigen Ergebnis über die rationalen Homotopiegruppen $\pi_k(S^n) \otimes \mathbb{Q}$, einer weiteren Anwendung der Spektralsequenzen, folgt das Theorem unmittelbar.

Vor all diesen bemerkenswerten Schlussfolgerungen müssen wir aber noch signifikante technische Probleme überwinden (im Speziellen auf Seite 226 ff). Es geht hierbei um eine Multiplikation auf den Seiten der Kohomologie-Spektralsequenz, mit der wir einige Differentiale bestimmen können, was mit den einfacheren Argumenten des vorigen Kapitels nicht möglich war.

Doch beginnen wir mit topologischen Konstruktionen. Wir wollen herausfinden, wie man die Homotopiegruppen eines Raumes X nach und nach so zerlegen kann, dass man die Teile separat untersuchen kann. Ein erster Schritt dazu ist für dieses Kapitel ausreichend: die Approximation der Homotopie eines topologischen Raumes durch POSTNIKOV-Türme.

7.1 Postnikov-Türme und der Satz von Hurewicz-Serre

Ein POSTNIKOV-Turm, [82], ist eine Folge X_n, $n \geq 1$, von topologischen Räumen, die den Homotopietyp eines gegebenen Raumes X immer genauer approximieren. Dabei entstehen Faserungen mit Fasern vom Typ eines $K(G, n)$, mit denen man gut weiterarbeiten kann. Die Konstruktion ist, wie könnte es anders sein, eng verwandt mit einer Auslöschung von Homotopiegruppen (gemäß Seite 62).

© Springer-Verlag GmbH Deutschland, ein Teil von Springer Nature 2023
F. Toenniessen, *Die Homotopie der Sphären*,
https://doi.org/10.1007/978-3-662-67942-5_7

Definition und Satz (Postnikov-Türme)

Für jeden (wegzusammenhängenden) punktierten Raum (X, x) gibt es eine Sequenz $(X_n, f_n)_{n \geq 1}$ von Räumen mit Inklusionen $i_n : X \hookrightarrow X_n$ und

$$\pi_k(X_n, x) \cong \begin{cases} \pi_k(X, x) & \text{für } k \leq n, \\ 0 & \text{für } k > n, \end{cases}$$

zusammen mit einem kommutativen Diagramm der Gestalt

$$\cdots \xrightarrow{f_n} X_n \xrightarrow{f_{n-1}} X_{n-1} \xrightarrow{f_{n-2}} \cdots \xrightarrow{f_2} X_2 \xrightarrow{f_1} X_1$$

mit i_{n-1}, i_n, i_2, i_1 nach X.

Man nennt $(X_n, f_n)_{n \geq 1}$ den **Postnikov-Turm** (engl. *Postnikov tower*) von X und man kann ihn so konstruieren, dass alle $f_n : X_{n+1} \to X_n$ Faserungen sind.

Die lange exakte Homotopiesequenz (Seite 82) von Faserungen ergibt dann sofort, dass die Homotopiefaser von f_n ein $K\big(\pi_{n+1}(X), n+1\big)$ ist, denn die Homotopiegruppen von X_{n+1} und X_n unterscheiden sich nur an genau einer Stelle: Es ist $\pi_{n+1}(X_{n+1}) \cong \pi_{n+1}(X)$ und $\pi_{n+1}(X_n) = 0$.

Beweis: Die X_n werden durch Anheften von Zellen e_λ^i der Dimensionen $\geq n+2$ an X gebildet, um alle $\pi_k(X)$ mit $k > n$ auszulöschen (Seite 62). Für $k \leq n$ gilt dann $\pi_k(X_n) \cong \pi_k(X)$. Beachten Sie, dass X keine CW-Struktur haben muss.

Für die Abbildungen $f_n : X_{n+1} \to X_n$ mit $f_n|_X = \mathrm{id}_X$ stellen wir zunächst fest, dass sich in $X_{n+1} \setminus X$ nur Zellen mit Dimension $\geq n+3$ befinden. Man beginnt die Konstruktion dann mit einer Zelle e_λ^{n+j} minimaler Dimension, wobei $j \geq 3$ ist. Ihre charakteristische Abbildung $\Phi_\lambda^{n+j} : (D_\lambda^{n+j}, S_\lambda^{n+j-1}) \to (X_{n+1}, X)$ definiert, eingeschränkt auf S_λ^{n+j-1} und gefolgt von der induktiv vorhandenen Inklusion $X \hookrightarrow X_n$, ein Element in $\pi_{n+j-1}(X_n) = 0$ (beachten Sie $j \geq 3$). Folglich ist die Komposition $S_\lambda^{n+j-1} \to X \hookrightarrow X_n$ nullhomotop in X_n.

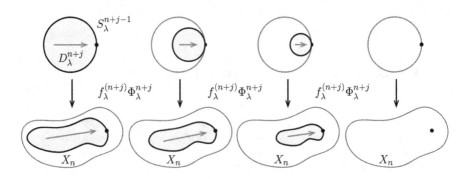

Die zugehörige Homotopie ermöglicht dann über den klassischen Trick mit der Zusammenziehung der S^{n+j-1}_λ innerhalb D^{n+j}_λ eine Fortsetzung der Komposition auf D^{n+j}_λ und damit über den Homöomorphismus $e^{n+j} \cong (D^{n+j}_\lambda)^\circ$ eine Fortsetzung der Inklusion $X \hookrightarrow X_n$ zu einer Abbildung $f^{(n+j)}_\lambda : X \cup e^{n+j}_\lambda \to X_n$.

Auf dieselbe Weise kann nun jede $(n + j)$-Zelle von X_{n+1} derart auf X_n abgebildet werden, dass der Teil $X \subseteq X_{n+1}$ unverändert bleibt, und damit finden wir eine Abbildung $f^{(n+j)}$ von X mit allen angehefteten $(n + j)$-Zellen auf X_n mit $f^{(n+j)}|_X = \text{id}_X$. Man nimmt nun die nächsthöhere zusätzliche Zelle von X_{n+1} und findet mit dem gleichen Argument eine Fortsetzung von $f^{(n+j)}$ auf diese Zelle und schließlich auf alle zu dieser Dimension gehörenden Zellen von X_{n+1}. Setzt man dieses Vorgehen induktiv über alle angehefteten Zellen von X_{n+1} fort, ergibt sich $f_n : X_{n+1} \to X_n$ mit $f_n|_X = \text{id}_X$ wie gewünscht.

Es bleibt noch, aus den f_n Faserungen zu machen (im nächsten Kapitel werden wir hier, unter bestimmten Voraussetzungen, noch mehr herausholen). Es beginnt mit $f^*_1 : X^*_2 \to X_1$, wobei $X^*_2 = \Gamma_{f_1}(X_2, X_1)$ der Pfadraum ist (Seite 88). Die Inklusion $i : X_2 \hookrightarrow X^*_2$ ist eine Homotopieäquivalenz, weswegen X^*_2 dieselben Homotopiegruppen besitzt wie X_2. Betrachte dann die Komposition

$$X_3 \xrightarrow{f_2} X_2 \xrightarrow{i} X^*_2$$

und ersetze X_3 durch den äquivalenten Raum $X^*_3 = \Gamma_{if_2}(X_3, X^*_2) \supseteq X_3$. Es ergibt sich die Sequenz

$$X_4 \xrightarrow{f_3} X_3 \hookrightarrow X^*_3 \xrightarrow{f^*_2} X^*_2 \xrightarrow{f^*_1} X_1 \supseteq X$$

mit Faserungen f^*_1 und f^*_2. Induktiv entsteht so ein Postnikov-Turm über X, in dem jede Abbildung f^*_n eine Faserung ist – beachten Sie dazu nur, dass die f^*_n ebenfalls mit den Inklusionen $X \hookrightarrow X^*_n$ verträglich sind.   □

Ein Postnikov-Turm $(X_n, f_n)_{n \geq 1}$ für X liefert ein probates Mittel, um die Homotopieeigenschaften von X induktiv zu untersuchen. Sie erkennen darin für $n \geq 1$ die Faserungen der Form

$$K\big(\pi_{n+1}(X), n + 1\big) \longrightarrow X_{n+1} \longrightarrow X_n \,,$$

in denen alle X_n den Homotopietyp eines CW-Komplexes haben und direkt für Spektralsequenzen zugänglich sind, sofern X selbst ein CW-Komplex ist. Mit den Folgerungen zum Theorem von Milnor (Seite 100 ff, insbesondere Seite 112) können wir dann auch bei der Faser vom Typ eines CW-Komplexes ausgehen[1]. Falls X außerdem einfach zusammenhängend ist, haben wir $\pi_1(X_n) = 0$, also stets eine triviale Wirkung auf die Gruppen $H_*\big(K(\pi_{n+1}(X), n+1)\big)$, und das Theorem über die Form der E^2-Seiten der Spektralsequenz ist anwendbar (Seite 170).

---

[1]Das wird erst später wichtig. Zwar können wir hier auch ohne CW-Strukturen Spektralsequenzen nutzen (Seite 181), brauchen dafür aber CW-Approximationen $X_{\text{cw}} \to X$, die ein zusätzliches gedankliches und technisches Hindernis darstellen. Insbesondere wenn die Konstruktionen im weiteren Verlauf des Buches schwieriger werden, bedeutet die Arbeit von Milnor eine signifikante, teils sogar notwendige Vereinfachung (Seiten 265 und 298).

Damit sind wir in der Lage, die in der Einleitung erwähnte, erste Endlichkeitsaussage über die Homotopiegruppen $\pi_k(S^n)$ zu beweisen (die endliche Erzeugtheit).

Satz (Hurewicz-Serre, die Gruppen $\pi_k(X)$ und $H_k(X)$)

Falls ein Raum X einfach zusammenhängend ist, dann ist $\pi_k(X)$ endlich für alle $k > 0$ genau dann, wenn $H_k(X)$ endlich ist für alle $k > 0$. Dies gilt sinngemäß auch, wenn das Wort „endlich" ersetzt wird durch „endlich erzeugt".

Als Folgerung sind alle Homotopiegruppen der Sphären endlich erzeugt, denn S^n ist ein MOORE-Raum $M(\mathbb{Z}, n)$. Diese signifikante Verbesserung der damals bekannten Aussage zur abzählbar unendlichen Erzeugtheit der $\pi_k(S^n)$ war die erste Anwendung der topologischen Spektralsequenzen von SERRE, die große Aufmerksamkeit errang.

Die endlichen und die endlich erzeugten abelschen Gruppen bilden exemplarisch zwei der sogenannten **Serre-Klassen**, die häufig mit dem Buchstaben $\mathcal{C}$ geschrieben werden (es gibt hierbei auch noch die Klassen beliebiger Torsionsgruppen, die aber zunächst nicht benötigt werden). Sie erkennen dann in dem Satz eine Verallgemeinerung des Theorems von HUREWICZ (Seite 47), modulo $\mathcal{C}$ betrachtet – und damit verstehen Sie auch die Überschrift des Kapitels besser.

Zum **Beweises** des Satzes: Wir wollen durch topologische und algebraische Konstruktionen das Spektrum der Homologie- und Homotopiegruppen von X auf die Linsenräume von Typ $K(\mathbb{Z}_m, 1)$ zurückführen. Die Homologie der Linsenräume (Seite 67) entspricht tatsächlich der Aussage des Satzes für endliche Gruppen (die Aussage für endlich erzeugte Gruppen besprechen wir im Anschluss an diesen Beweis, er kann fast wörtlich übernommen werden).

Beginnen wir bei der Äquivalenz mit der „nur dann"-Richtung und zeigen die Endlichkeit der Gruppen $H_k(X)$, $k > 0$, wenn sie für die $\pi_k(X)$ gegeben ist (der Beweis für die gleiche Aussage mit endlich erzeugten Gruppen verläuft identisch). Wegen des einfachen Zusammenhangs von X sind nur Indizes $k \geq 2$ zu berücksichtigen, denn nach dem Theorem von HUREWICZ beginnen die nichttrivialen Gruppen π_k und H_k frühestens mit $k = 2$. Die $\pi_k(X)$ sind dann abelsch und nach dem Darstellungssatz (Seite I-74) von der Gestalt $G = \mathbb{Z}_{m_1} \oplus \ldots \oplus \mathbb{Z}_{m_s}$. Ein Produkt von Linsenräumen

$$L = L(m_1; l_1, l_2, \ldots) \times \ldots \times L(m_1; l_1, l_2, \ldots)$$

wäre vom Typ $K(G, 1)$, beachten Sie dazu $\pi_1(A \times B) = \pi_1(A) \times \pi_1(B)$ und die Aufgabe auf Seite 74. Aus der KÜNNETH-Formel (Seite 140) und dem Satz über die Homologie von Linsenräumen folgt, dass der Satz auch hier gilt, also alle Gruppen $H_k(L)$, $k > 0$, endlich sind.

Es müsste nun eine geeignete Schlussfolgerung von diesen Spezialräumen auf die Homologie von X möglich sein und die „nur dann"-Richtung des Satzes wäre bewiesen. (Beachten Sie, dass in der Version mit endlich erzeugten $\pi_k(X)$ noch $\mathbb{Z}$-Summanden in G auftreten, was in L zusätzliche S^1-Faktoren verlangt – die folgenden Argumente lassen sich aber wörtlich übernehmen).

Der Schlüssel zum Erfolg sind nun die oben besprochenen POSTNIKOV-Türme, wobei hier wegen $\pi_1(X)$ der Turm bei $n = 2$ beginnen kann. Es sei dazu

$$\ldots \xrightarrow{f_n} X_n \xrightarrow{f_{n-1}} X_{n-1} \xrightarrow{f_{n-2}} \ldots \xrightarrow{f_3} X_3 \xrightarrow{f_2} X_2 \supseteq X$$

ein POSTNIKOV-Turm über X, mit (für $n \geq 2$ gegebenen) Faserungen

$$K\big(\pi_{n+1}(X), n+1\big) \longrightarrow X_{n+1} \xrightarrow{f_n} X_n.$$

Für $n = 2$ sehen wir zu Beginn die Faserung

$$K(\pi_3(X), 3) \longrightarrow X_3 \longrightarrow X_2,$$

wobei X_2 nach Konstruktion ein $K(\pi_2(X), 2)$ ist.

Beobachtung 1: Bei endlichen abelschen Gruppen G ist $H_k\big(K(G,n)\big)$ endlich für alle $k > 0$ und $n \geq 0$.

Wir verschieben den Beweis dieser Beobachtung kurz und hätten damit die Endlichkeit aller $H_k(X_3)$, $k > 0$, wenn man bezüglich dieser Eigenschaft ganz allgemein in Faserungen von der Basis und der Faser auf den Totalraum schließen könnte. Induktiv könnten wir diese Schlussfolgerung dann auf alle weiteren Faserungen

$$K\big(\pi_{n+1}(X), n+1\big) \longrightarrow X_{n+1} \longrightarrow X_n$$

anwenden und kämen zur Endlichkeit aller $H_k(X_n)$, mithin auch aller $H_k(X)$, denn es ist $H_k(X) \cong H_k(X_n)$ für $k \leq n$ (beachten Sie, dass X_n zu einem Raum homotopieäquivalent ist, der durch Anheften von Zellen mit Dimension $r \geq n + 2$ an X entstand – dies ändert nichts an den H_k-Gruppen für $k \leq n$, was Sie als **Übung** mit der MAYER-VIETORIS-Sequenz zeigen können, Seite I-297 f). Daraus ergäbe sich in der Tat die „nur dann"-Richtung des Satzes.

Im **Beweis** von Beobachtung 1 stellen wir zunächst fest, dass man über eine eventuelle CW-Approximation $f : K_{\mathrm{cw}}(G,n) \to K(G,n)$ davon ausgehen darf, dass der Raum $K(G,n)$ ein CW-Komplex ist. Das ist klar, denn CW-Approximationen induzieren Isomorphismen aller Homotopie- und Homologiegruppen (Seite I-374). Wir wählen dann die Pfadraumfaserung an einem Punkt $x \in K(G,n)$,

$$K(G, n-1) \longrightarrow P_x \longrightarrow K(G,n).$$

Der Raum P_x ist zusammenziehbar und die Faser ein $K(G, n-1)$, was aus der langen exakten Homotopiesequenz der Faserung folgt. Wenn wir dann zeigen könnten, dass endliche Homologiegruppen von $K(G, n-1)$ auch endliche Homologiegruppen von $K(G,n)$ induzieren, könnten wir das Problem induktiv immer weiter reduzieren bis zu einem Raum vom Typ $K(G,1)$, und dort lieferte ja das obige Beispiel L die positive Antwort (beachten Sie, dass für die allgemeine Aussage tatsächlich ein einziges Exemplar genügt, denn der Homotopietyp eines CW-Komplexes vom Typ $K(G,1)$ ist durch G eindeutig bestimmt, Seite 63).

Um nun den notwendigen Schluss von $K(G, n-1)$ auf $K(G,n)$ durchzuführen, benötigt man eine ähnliche Idee wie oben: Man müsste ganz allgemein in Faserungen bezüglich der Endlichkeit von Homologiegruppen des Totalraums und der Faser auf die Basis schließen können.

> **Beobachtung 2:** In einer Faserung $F \to Y \to B$, mit B einfach zusammenhängend und Y wegzusammenhängend, sind alle Homologiegruppen $H_k(Y)$ für $k > 0$ endlich, wenn dies für die Homologiegruppen der Faser und der Basis gilt. Analog dazu sind die $H_k(B)$ endlich, wenn dies für F und Y der Fall ist.

Die Aussage gilt sinngemäß auch für endlich erzeugte Gruppen und zusätzlich in beiden Varianten für die Schlussfolgerung von Y und B auf die Faser F (letztere Aussage wird im weiteren Verlauf aber nicht benötigt).

Der **Beweis** von Beobachtung 2 ist der erste große Auftritt der Spektralsequenzen. Beachten Sie noch einmal, dass damit auch die Beobachtung 1 fertig bewiesen wird, denn dort fehlte nur die Folgerung von $F = K(G, n-1)$ und $Y = P_x$ auf die Basis $B = K(G,n)$. Insgesamt ist damit die „nur dann"-Richtung des Satzes gezeigt: von der Endlichkeit der Gruppen $\pi_k(X)$ zur Endlichkeit der $H_k(X)$, $k > 0$.

1. Fall, Faser + Basis $\Rightarrow$ Totalraum: Es seien also $H_k(F)$ und $H_k(B)$ endlich für $k > 0$. Beachten Sie, dass wir hier nicht-reduzierte Homologiegruppen notieren und dann im Fall endlicher Gruppen Indizes $k > 0$ benötigen, denn H_0 ist niemals endlich. In der Spektralsequenz der Faserung ist dann

$$E^2_{p,q} \cong H_p\big(B; H_q(F)\big) \cong H_p(B) \otimes H_q(F) \oplus \mathrm{Tor}\big(H_{p-1}(B), H_q(F)\big)$$

gemäß Seite 170 und der KÜNNETH-Formel (Seite 140). Nun ist klar, dass mit zwei endlichen Gruppen A und B auch deren Tensorprodukt $A \otimes B$ endlich ist. Die Tor-Gruppe ist für alle $p, q \geq 0$ endlich, was Sie ohne Probleme anhand der Beziehung $\mathrm{Tor}(A, B) \cong A_{\mathrm{tor}} \otimes B_{\mathrm{tor}}$ verifizieren können (Seite 46). Also ist $E^2_{p,q}$ endlich für $(p, q) \neq (0,0)$ und damit induktiv alle $E^r_{p,q}$, denn das sind Quotienten einer Untergruppe von $E^2_{p,q}$. Weil sich die $E^r_{p,q}$ für $r \to \infty$ stabilisieren, ist auch $E^\infty_{p,q}$ endlich für alle Indexpaare $(p, q) \neq (0,0)$ und nach dem Theorem über Spektralsequenzen (Seite 166) haben wir

$$\mathcal{G}H_k(Y) \cong \bigoplus_{p=0}^{k} E^\infty_{p,k-p}$$

für alle $k > 0$. Dabei sind die $E^\infty_{p,k-p}$ Quotienten von Untergruppen aus einer endlichen Filtrierung von $H_k(Y)$. Eine einfache algebraische Übung ergibt dann ohne Umwege die Endlichkeit von $H_k(Y)$ für alle $k > 0$.

2. Fall, Faser + Totalraum $\Rightarrow$ Basis: Nun sei $H_k(F)$ und $H_k(Y)$ endlich für alle $k > 0$. Da B einfach zusammenhängend ist, gilt $H_1(B) = 0$ nach HUREWICZ und wir können versuchen, induktiv zu höheren Indizes zu gelangen. Wir nehmen also $H_p(B)$ für alle $0 < p < k$ als endlich an und müssen zeigen, dass auch $H_k(B)$ endlich ist (es beginnt mit $k = 2$). In der Spektralsequenz genügt dabei die Endlichkeit von $E^2_{k,0}$, denn nach obiger Formel ist $E^2_{k,0} \cong H_k(B; H_0(F)) \cong H_k(B)$.

Die Spektralsequenzen ermöglichen nun ein trickreiches Argument. Für $k \geq r \geq 2$ sind die Bilder der Differentiale $d^r : E^r_{k,0} \to E^r_{k-r,r-1}$ endlich, da $E^r_{k-r,r-1}$ als Subquotient von $E^2_{k-r,r-1} \cong H_{k-r}\big(B; H_{r-1}(F)\big)$ ebenfalls endlich ist. Beachten Sie dazu die Endlichkeit von

$$H_{k-r}\big(B; H_{r-1}(F)\big) \cong H_{k-r}(B) \otimes H_{r-1}(F) \oplus \mathrm{Tor}\big(H_{k-r-1}(B), H_{r-1}(F)\big)$$

wegen der Fakten über $H_*(B)$ per Induktion und $H_*(F)$ nach Voraussetzung.

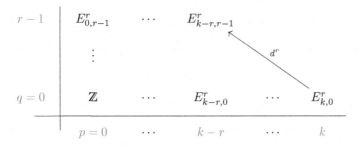

Der Kern von d^r ist $E^{r+1}_{k,0}$, denn für $q < 0$ verschwinden alle Differentiale. Damit ergibt sich die exakte Sequenz

$$0 \longrightarrow E^{r+1}_{k,0} \longrightarrow E^r_{k,0} \xrightarrow{d^r} \mathrm{Im}(d^r) \longrightarrow 0,$$

womit $E^{r+1}_{k,0}$ genau dann endlich ist, wenn dies für $E^r_{k,0}$ zutrifft (einfache **Übung** in Gruppentheorie). Da nach Voraussetzung $H_k(Y)$ endlich ist für $k > 0$, gilt dies auch für die assoziierte graduierte Gruppe

$$\mathcal{G}H_k(Y) = \bigoplus_{p+q=k} E^\infty_{p,q}$$

als endliche Summe endlicher Gruppen. Damit muss $E^\infty_{k,0}$ endlich sein, also gibt es ein $r > 0$ mit $E^r_{k,0}$ endlich. Absteigende Induktion nach r, gemäß obiger Übung, liefert dann die Endlichkeit von $E^2_{k,0} \cong H_k(B)$ und letztlich Beobachtung 2.

Der Beweis für die Variante endlich erzeugter Gruppen verläuft identisch, vielleicht versuchen Sie immer wieder als gedankliche **Übung**, ihn auch für diesen Fall zu verifizieren. Halten wir also für den Raum X in der Formulierung des Satzes das Zwischenergebnis fest: Aus der Endlichkeit (endlichen Erzeugtheit) aller $\pi_k(X)$, $k > 0$, folgt dieselbe Eigenschaft für die Gruppen $H_k(X)$. Dies war die „nur dann"-Richtung des Satzes.

Es seien nun alle $H_k(X)$ endlich, für $k > 0$. Um hier Aussagen über die Homotopiegruppen zu gewinnen, verwendet man den **Hurewicz-Homomorphismus** $h_k : \pi_k(X) \to H_k(X)$. Er entsteht über die Zuordnung $[f] \mapsto f_*(\mu^k)$, wobei $f : S^k \to X$ ein Element von $\pi_k(X)$ repräsentiert und $\mu^k \in H_k(S^k)$ eine Fundamentalklasse ist, also ein Generator von $H_k(S^k)$. Für $n \geq 2$ ist es einfach zu sehen, dass bei einem $(n-1)$-zusammenhängenden Raum für $1 \leq k \leq n$ alle h_k Isomorphismen sind, warum?

Über CW-Approximation kann man davon ausgehen, dass

$$X = \bigvee_{\lambda \in \Lambda} S_\lambda^n \bigcup_{\varphi_\omega, \omega \in \Omega} e_\omega^{n+1}$$

ein n-Sphärenstrauß am Punkt x mit angehefteten $(n+1)$-Zellen ist, denn alle hier relevanten Informationen zu Homologie- und Homotopiegruppen sind im $(n+1)$-Skelett einer CW-Approximation sichtbar (siehe dazu Seite I-391 f).

Um es etwas genauer zu sagen, induziert eine CW-Approximation $\chi : X_{\mathrm{cw}} \to X$ ein Diagramm

$$
\begin{array}{ccc}
\pi_k(X_{\mathrm{cw}}) & \xrightarrow{(h_{\mathrm{cw}})_*} & H_k(X_{\mathrm{cw}}) \\
\Big\downarrow{\chi_*} & & \Big\downarrow{\chi_*} \\
\pi_k(X) & \xrightarrow{\ h_*\ } & H_k(X),
\end{array}
$$

das offensichtlich kommutiert (bis auf eventuelle Vorzeichen, einfache **Übung**), mit $(h_{\mathrm{cw}})_*$ und den beiden senkrecht verlaufenden χ_* als Isomorphismen.

Wir gehen jetzt also von X als einem endlich-dimensionalen Sphärenstrauß aus, von einer Dimension $\leq n+1$, und betrachten das Diagramm

$$
\begin{array}{ccccccc}
\pi_{n+1}(X^{n+1}, X^n, x) & \xrightarrow{\ \partial\ } & \pi_n(X^n, x) & \longrightarrow & \pi_n(X^{n+1}, x) & \longrightarrow & 0 \\
\Big\downarrow{\scriptstyle [\Phi_\omega] \,\mapsto\, e_\omega^{n+1}} & & \Big\downarrow{\scriptstyle h : [\mathrm{id}_{S_\lambda^n}] \,\mapsto\, \mu_\lambda^n} & & & & \\
H_{n+1}(X^{n+1}, X^n) & \xrightarrow{d_{n+1}} & H_n(X^n, X^{n-1}) & \xrightarrow{\ d_n\ } & 0\,.
\end{array}
$$

Die obere Zeile stammt von der langen exakten Homotopiesequenz des Paares (X^{n+1}, X^n), die untere vom zellulären Kettenkomplex. Weiter ist $X^n = \bigvee_\lambda S_\lambda^n$, μ_λ^n eine Fundamentalklasse des λ-ten Summanden von $H_n(X^n, X^{n-1})$ und die mittlere Spalte offensichtlich ein Isomorphismus $\bigoplus_\lambda \mathbb{Z} \longrightarrow \bigoplus_\lambda \mathbb{Z}$ (vom HUREWICZ-Homomorphismus stammend). Die linke Spalte ordnet der charakteristischen Abbildung $\Phi_\omega : (D^{n+1}, S^n) \to (X^{n+1}, X^n)$ der Zelle e_ω^{n+1} den Generator des zu dieser Zelle gehörigen $\mathbb{Z}$-Summanden in $H_{n+1}(X^{n+1}, X^n) \cong \bigoplus_{\omega \in \Omega} \mathbb{Z}$ zu.

Direkt aus den Definitionen, wie beim Theorem von HUREWICZ, ergibt sich schließlich die Kommutativität des Diagramms (bis auf eventuelle Vorzeichen, die von den Generatoren μ_λ^n abhängen). Damit induziert die mittlere Spalte den HUREWICZ-Isomorphismus $h_n : \pi_n(X) \to H_n(X)$ wegen

$$\pi_n(X) \cong \pi_n(X^n, x)/\mathrm{Im}(\partial) \xrightarrow{\ [h]\ } H_n(X^n, X^{n-1})/\mathrm{Im}(d_{n+1}) \cong H_n(X),$$

denn die Untergruppen $\mathrm{Im}(\partial)$ und $\mathrm{Im}(d_{n+1})$ von $\bigoplus_\lambda \mathbb{Z}$ stimmen überein. Das Theorem von HUREWICZ besagt hier also, dass $h_n : \pi_n(X) \to H_n(X)$ ein Isomorphismus ist, falls $\pi_k(X)$ für $k < n$ verschwindet.

Der Schlüssel für den Beweis des Satzes ist dann die folgende Ergänzung zu dieser Aussage.

Beobachtung 3: Falls bei einfach zusammenhängendem X die Gruppen $\pi_k(X)$ endlich sind für $k < n$, dann ist der Hurewicz-Homomorphismus $h_n : \pi_n(X) \to H_n(X)$ ein Isomorphismus modulo einer endlichen Gruppe, es sind also $\mathrm{Ker}(h_n)$ und $\mathrm{Coker}(h_n)$ endliche Gruppen.

Sehen wir uns zunächst an, wie sich damit der Beweis des Satzes abschließen lässt. Für $k > 0$ seien also alle $H_k(X)$ endlich. Es ist nach Voraussetzung $\pi_1(X) = 0$, weswegen bei $h_2 : \pi_2(X) \to H_2(X)$ der Kern endlich ist (nach Beobachtung 3). Aus der exakten Sequenz

$$0 \longrightarrow \mathrm{Ker}(h_2) \longrightarrow \pi_2(X) \xrightarrow{h_2} \mathrm{Im}(h_2) \longrightarrow 0$$

folgt dann die Endlichkeit von $\pi_2(X)$, denn auch $\mathrm{Im}(h_2)$ ist endlich als Untergruppe von $H_2(X)$. Induktiv arbeitet man sich so immer weiter nach oben, im zweiten Schritt zum Beispiel nutzt man die Endlichkeit von $\pi_2(X)$. Das Verfahren kommt niemals zum Stillstand, denn es sind alle $H_k(X)$ endlich, mithin auch die entsprechenden Untergruppen $\mathrm{Im}(h_k)$. Damit wäre der Satz von Hurewicz-Serre bewiesen – es fehlt nur noch der **Beweis** von Beobachtung 3.

Wir betrachten dazu wieder den Postnikov-Turm (X_n, f_n) über X. Nach Konstruktion sind alle hier relevanten Eigenschaften von $h_n : \pi_n(X) \to H_n(X)$ auch in dem Homomorphismus $h_n : \pi_n(X_n) \to H_n(X_n)$ sichtbar, weil die Inklusion $X \hookrightarrow X_n$ natürliche Isomorphismen $\pi_n(X) \cong \pi_n(X_n)$ und auch $H_n(X) \cong H_n(X_n)$ induziert (beachten Sie, dass X_n zu einem Raum homotopieäquivalent ist, der durch Anheften von Zellen mit Dimension $r \geq n + 2$ an X entstand, Seite 201).

Wir bilden nun die Spektralsequenz zu der Faserung $F \to X_n \to X_{n-1}$. Deren Gruppen auf der E^2-Seite haben die Gestalt

$$E^2_{p,q} \cong H_p\big(X_{n-1}; H_q(F)\big),$$

mithin ist $E^2_{p,q} = 0$ für $0 < q < n$ wegen $F = K\big(\pi_n(X), n\big)$ und dem Theorem von Hurewicz (nach dem für $0 < q < n$ die Gruppe $H_q(F)$ verschwindet).

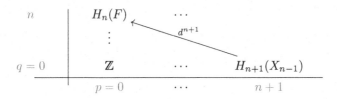

Sie sehen als erstes nichttriviales Differential d^{n+1} von $E^{n+1}_{n+1,0} \cong H_{n+1}(X_{n-1})$ nach $E^{n+1}_{0,n} \cong H_n(F)$. (Beachten Sie bei den Isomorphien, dass die E^r-Gruppen für $(p, q) = (0, n)$ und $(p, q) = (n + 1, 0)$ in den Fällen $2 \leq r \leq n + 1$ identisch zu den E^2-Gruppen bleiben.)

Die Gruppe $H_n(F)$ steht am linken Rand und stabilisiert sich bereits beim Übergang zur nächsten Ableitung $E_{0,n}^{n+2}$ zu der Gruppe $E_{0,n}^\infty \cong H_n(F)/\mathrm{Im}(d^{n+1})$, die auch gleichzeitig der erste Summand F_n^0 in der graduierten Gruppe $\mathcal{G}H_n(X_n)$ und damit ein direkter Summand von $H_n(X_n)$ ist (Seite 166). Beachten Sie, dass sowohl die Faser als auch die Filtrierungsmengen mit „F" notiert sind.

Wie sieht diese erste Gruppe F_n^0 der Spektralfiltrierung von $H_n(X_n)$ aus? Blättern Sie hierfür zurück zur Konstruktion der Spektralsequenzen (Seite 166). Es war $F_n^0 = i_*^\infty(A_{0,n})$, mit $A_{0,n} = H_n(X_{n,0})$ gemäß Seite 159, wobei $X_{n,0}$ das Urbild des 0-Skeletts von X_{n-1} bei der Faserung $X_n \to X_{n-1}$ ist.

Hierzu eine Zwischenbemerkung: Die POSTNIKOV-Etagen X_n tragen im Allgemeinen keine CW-Struktur, wenn X kein CW-Komplex ist. Hier greift dann der Übergang zur CW-Approximation von X_{n-1} gemäß der Verallgemeinerung des Theorems über Spektralsequenzen (Seite 181), und das 0-Skelett davon besteht aufgrund des einfachen Zusammenhangs von X_{n-1} aus einem einzigen Punkt. Daher kann man $A_{0,n} = H_n(x \times F)$ mit $H_n(F)$ identifizieren und über die Komposition $H_n(F) \to H_n(F)/\mathrm{Im}(d^{n+1}) = E_{0,n}^\infty \hookrightarrow H_n(X_n)$ erhalten wir die exakte Sequenz

$$H_{n+1}(X_{n-1}) \xrightarrow{d^{n+1}} H_n(F) \xrightarrow{i_*} H_n(X_n),$$

in der die zweite Abbildung von der Inklusion $i : F \hookrightarrow X_n$ induziert ist. Sehen wir uns jetzt die graduierte Gruppe $\mathcal{G}H_n(X_n)$ genauer an. Nach dem Theorem über Spektralsequenzen ist

$$\mathcal{G}H_n(X_n) \cong E_{0,n}^\infty \oplus E_{1,n-1}^\infty \oplus \ldots \oplus E_{n-1,1}^\infty \oplus E_{n,0}^\infty \cong E_{0,n}^\infty \oplus E_{n,0}^\infty,$$

denn für $0 < q < n$ verschwinden bereits alle E^2-Gruppen. Die verbliebenen zwei Summanden sind dann als sukzessive Quotienten der Spektralfiltrierung notwendigerweise von der Gestalt $E_{0,n}^\infty \cong F_n^0 \cong H_n(F)$, wie wir oben schon gesehen haben, und $E_{n,0}^\infty \cong H_n(X_n)/F_n^0$. Dies führt zu einer weiteren exakten Sequenz

$$0 \longrightarrow E_{0,n}^\infty \longrightarrow H_n(X_n) \longrightarrow E_{n,0}^\infty \longrightarrow 0$$

und es bleibt, die Gruppe $E_{n,0}^\infty$ zu bestimmen. An der Spektralsequenz erkennt man ohne Mühe $E_{n,0}^2 \cong E_{n,0}^\infty \cong H_n(X_{n-1})$, hier der zugehörige Ausschnitt:

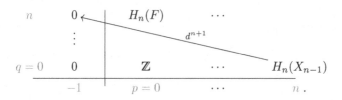

Damit ergibt sich insgesamt die exakte Sequenz

$$H_{n+1}(X_{n-1}) \xrightarrow{d^{n+1}} H_n(F) \xrightarrow{i_*} H_n(X_n) \longrightarrow H_n(X_{n-1}) \longrightarrow 0,$$

welche alle für die Beobachtung 3 noch fehlenden Schlussfolgerungen ermöglicht.

Es seien also für $k < n$ alle $\pi_k(X)$ endlich. Dann sind für $k \geq 0$ alle $\pi_k(X_{n-1})$ endlich und nach der ersten Richtung des Beweises auch alle $H_k(X_{n-1})$ für $k > 0$, insbesondere also die Gruppen $H_{n+1}(X_{n-1})$ und $H_n(X_{n-1})$ aus obiger exakter Sequenz. Elementare Algebra zeigt dann, dass der mittlere Homomorphismus $H_n(F) \xrightarrow{i_*} H_n(X_n)$ ein Isomorphismus modulo einer endlichen Gruppe ist. Um den HUREWICZ-Homomorphismus $\pi_n(X) \to H_n(X)$ zu ermitteln, betrachten wir nun das (offensichtlich kommutative) Diagramm

$$
\begin{array}{ccc}
\pi_n(F) & \xrightarrow{\quad i_*,\, \cong \quad} & \pi_n(X_n) \\[4pt]
{\scriptstyle h_n}\Big\downarrow {\scriptstyle \cong} & & \Big\downarrow {\scriptstyle h_n} \\[4pt]
H_n(F) & \xrightarrow{\;i_*,\, \cong \text{ modulo endliche Gruppe}\;} & H_n(X_n)\,,
\end{array}
$$

in dem die obere Zeile ein Isomorphismus ist, denn sie ist Ausschnitt der langen exakten Sequenz der Faserung $F \to X_n \to X_{n-1}$ und wir haben nach Konstruktion des POSTNIKOV-Turms $\pi_{n+1}(X_{n-1}) = \pi_n(X_{n-1}) = 0$. Die linke Spalte ist ein Isomorphismus nach dem klassischen Theorem von HUREWICZ (Seite I-391), denn F war ein EILENBERG-MACLANE-Raum von Typ $K\big(\pi_n(X), n\big)$. Die untere Zeile haben wir gerade als Isomorphismus modulo einer endlichen Gruppe erkannt, weswegen dies auch für die rechte Spalte gelten muss. Es folgt Beobachtung 3, denn wie eingangs erwähnt, ist alle relevante Information von $h_n : \pi_n(X) \to H_n(X)$ auch in $h_n : \pi_n(X_n) \to H_n(X_n)$ sichtbar. Damit ist auch die „dann"-Richtung des Satzes (auf Seite 200) über den Zusammenhang zwischen den Gruppen $\pi_k(X)$ und $H_k(X)$ bewiesen. $\qquad\qquad\Box$

Zur Deutlichkeit hier noch einmal der Hinweis, dass Sie den Beweis wörtlich übernehmen können, wenn „endlich" ersetzt wird durch „endlich erzeugt". So sind zum Beispiel alle Untergruppen endlich erzeugter abelscher Gruppen ebenfalls endlich erzeugt, was direkt aus dem Darstellungssatz folgt (Seite I-74). Der einzige Unterschied besteht darin, dass bei „endlich erzeugt" der Index $k = 0$ nicht wie oben ausgenommen werden muss, denn $H_0(X) \cong \mathbb{Z}$ ist automatisch endlich erzeugt.

Bevor wir zu einer kleinen Nachbetrachtung des Beweises kommen, hier noch einmal die wichtige Folgerung für die Homotopiegruppen der Sphären, denn deren Homologiegruppen sind allesamt endlich erzeugt.

Folgerung: Alle Homotopiegruppen $\pi_k(S^n)$ sind endlich erzeugt, also eine endliche direkte Summe aus $\mathbb{Z}$-Summanden und Gruppen der Form $\mathbb{Z}_m$. $\quad\Box$

Nachbetrachtung zu dem Beweis des Satzes

Die Aussage über den Zusammenhang der $\pi_k(X)$ mit den $H_k(X)$ für einen einfach zusammenhängenden Raum X ist ein beeindruckendes und äußerst schwieriges Resultat. Es ist in der Tat bemerkenswert, wie viele (schon für sich gesehen) mächtige und komplizierte Theoreme und Konstruktionen darin einfließen, sowohl algebraischer als auch topologischer Natur, und wie trickreich all diese Dinge sich zu einem wahren Feuerwerk an logischen Schlussfolgerungen zusammenfinden.

Zunächst sind hier klassische Werkzeuge zu nennen wie die Auslöschung von Homotopiegruppen und die Pfadraumfaserungen. Sie wirken aber schon fast wie das kleine Einmaleins, mit dem zunächst ein POSTNIKOV-Turm über X errichtet wurde (Seite 201), bestehend aus Faserungen $X_n \to X_{n-1}$ mit Homotopiefaser vom Typ $K\big(\pi_n(X), n\big)$ als dessen Stockwerke.

Wir haben in den Basen dann zwar keine CW-Struktur, jedoch kann man dies durch CW-Approximation umgehen, um den mächtigen Apparat der Spektralsequenzen zu nutzen (Seite 181). Ein induktives Argument mit Pfadraumfaserungen eröffnete dabei die Möglichkeit, den Schluss von den $\pi_k(X)$ zu den Homologiegruppen $H_k(X)$ auf die Berechnung der Homologie von Linsenräumen als $K(\mathbb{Z}_m,1)$-Räume zu reduzieren (Seite 201). Dort haben wir die Aussage dann sogar exemplarisch bewiesen, wegen der Eindeutigkeit der CW-Linsenräume von Typ $K(\mathbb{Z}_m,1)$ modulo Homotopieäquivalenz (Seiten 63 und 67).

Ähnlich verlief die Umkehrung, also die Richtung von den Gruppen $H_k(X)$ zu den $\pi_k(X)$. Die POSTNIKOV-Konstruktion liefert eine Homotopiefaser F von Typ $K(\pi_n(X), n)$, mithin starke Aussagen über die stabilen E-Gruppen in der zugehörigen Spektralsequenz, denn es ist $E_{p,q}^2 \cong H_p\big(X_{n-1}; H_q(F)\big)$. Insbesondere ergab sich eine auffallend einfache Filtrierung $0 \subseteq F_{0,n}^\infty \subseteq H_n(X_n)$ mit den sich schnell stabilisierenden E-Gruppen, wodurch die algebraische Logik der Spektralsequenzen ihre Wirkung entfalten konnte und die exakte Sequenz

$$H_{n+1}(X_{n-1}) \xrightarrow{d^{n+1}} H_n(F) \xrightarrow{i_*} H_n(X_n) \longrightarrow H_n(X_{n-1}) \longrightarrow 0$$

hervorbrachte (Seiten 205–206), aus der, wieder mit induktiven Argumenten, die Endlichkeit aller $\pi_k(X)$ mit einem erneuten Einsatz klassischer Mittel folgte (Theorem von HUREWICZ, exakte Homotopiesequenz von Faserungen, Seite 207). Berücksichtigt man zu all diesen Konzepten noch die Komplexität der Spektralsequenzen, kann man den visionären Ideen von LERAY und der Genialität von SERRE eigentlich gar nicht genug Bewunderung entgegenbringen.

Eine Bemerkung auch zu der Thematik rund um CW-Strukturen. In der Fußnote auf Seite 199 steht, dass man CW-Approximationen mit dem Theorem von MILNOR (Seite 100 ff) vermeiden kann, da allgemein die Fasern von CW-Faserungen selbst CW-Komplexe sind. So gesehen wären im Satz von HUREWICZ-SERRE keine CW-Approximationen nötig, wenn man X als CW-Komplex voraussetzt. War es hier noch überschaubar, werden wir im weiteren Verlauf die Vereinfachung der Argumente durch das Theorem von MILNOR konsequenter nutzen.

Zusammenfassend sei betont, dass Spektralsequenzen besonders bei solchen Faserungen $X \to B$ wirksam sind, in denen die Faser F vom Typ $K(G,n)$ ist. Die Formel $E_{p,q}^2 \cong H_p\big(B; H_q(F)\big)$ garantiert dann 0-Zeilen für $0 < q < n$, weswegen sich einfache Filtrierungen der $H_n(X)$ ergeben und starke Schlussfolgerungen möglich werden. Wir haben das auf zwei verschiedene Weisen genutzt. Einmal in Beobachtung 1, bei der eine Pfadraumfaserung $K(G, n-1) \to P_x \to K(G,n)$ gebildet wurde (Seite 201). Und dann bei den Faserungen $F \to X_n \to X_{n-1}$ im POSTNIKOV-Turm (Seite 205). Die Homotopieeigenschaften der X_n, die X für $n \to \infty$ mehr und mehr approximieren, aber für $k > n$ alle $\pi_k(X_n) = 0$ haben, garantierten hier die wichtige Aussage $F = K(\pi_n(X), n)$.

In beiden Fällen waren die Spektralsequenzen ein eher theoretisches Mittel, um trickreiche induktive Beweisschritte durchzuführen (im Unterschied zu konkreten Berechnungen wie auf Seite 185 f).

Um das allgemeine Theorem von SERRE über die Gruppen $\pi_k(S^n)$ zu erreichen, benötigen wir noch mehr Struktur, und die findet man in der Kohomologie. Da wir nur mit endlich erzeugten Gruppen arbeiten, können wir viel Information über den Rang oder die Endlichkeit dieser Gruppen durch $\mathbb{Q}$-Koeffizienten gewinnen.

7.2 Rationale (Ko-)Homologie- und Homotopietheorie

Die Homologietheorie und die Spektralsequenzen vereinfachen sich erheblich, wenn anstelle von Koeffizienten in $\mathbb{Z}$ solche aus dem Körper $\mathbb{Q}$ gewählt werden, denn alle endlichen Torsionsuntergruppen darin verschwinden als Moduln über $\mathbb{Q}$. Ohne diese Torsionsbestandteile geht zwar viel Information verloren, mit der Räume unterscheidbar werden, dem gegenüber steht aber ein großer Vorteil: Über einem Körper sind alle Gruppen als Moduln auch Vektorräume und besitzen – zumindest unter der Annahme des Auswahlaxioms – eine Basis, sind also frei abelsch.

Sowohl die Tor- als auch die Ext-Funktoren sind dann trivial und man kann mit KÜNNETH-Formeln oder universellen Koeffiziententheoremen einfache Umrechnungen zwischen Homologie und Kohomologie vornehmen. Außerdem lassen sich Produkträume sehr einfach auf ihre Faktoren reduzieren.

So erhalten wir mit KÜNNETH, EILENBERG-ZILBER und dem universellen Koeffiziententheorem der Kohomologie ohne größere Schwierigkeiten die suggestiven Formeln (beachten Sie $\mathrm{Ext}(H_{k-1}(X),\mathbb{Q}) = 0$, denn $\mathbb{Q}$ ist injektiv, Seite 151)

$$H_k(X;\mathbb{Q}) \;\cong\; H_k(X)\otimes\mathbb{Q}\,,$$

$$H^k(X;\mathbb{Q}) \;\cong\; \mathrm{Hom}\big(H_k(X),\mathbb{Q}\big)\,,$$

$$H_k(X\times Y;\mathbb{Q}) \;\cong\; \bigoplus_{i+j=k} H_i(X;\mathbb{Q})\otimes H_j(Y;\mathbb{Q})\,,$$

die alle sinngemäß auch für relative Gruppen gelten.

Rationale Koeffizienten in der Homotopietheorie entstehen durch die Tensorierung $\pi_k(X)\otimes\mathbb{Q}$, die ebenfalls alle endlichen Torsionsuntergruppen auslöscht. Selbstverständlich gelten auch mit rationalen Koeffizienten alle Theoreme von HUREWICZ weiter, in relativer und absoluter Form (Seite I-391), inklusive der Variante modulo Endlichkeit oder endlicher Erzeugtheit aus diesem Kapitel (Seite 207).

Ein weiterer Vorteil der $\mathbb{Q}$-Koeffizienten bei Spektralsequenzen ist die Tatsache, dass Homomorphismen leichter als Isomorphismen erkannt werden können als bei $\mathbb{Z}$-Koeffizienten. So ist zum Beispiel jeder Gruppenhomomorphismus $\mathbb{Q} \to \mathbb{Q}$ ein Isomorphismus, falls er nicht identisch gleich 0 ist.

Betrachten wir nun die Kohomologie-Spektralsequenz der früheren Faserung $K(\mathbb{Z}, n-1) \to X \to S^n$ (Seite 92), und zwar mit $\mathbb{Q}$-Koeffizienten (Seite 191).

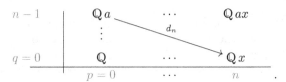

Zu sehen ist die E_n-Seite der Spektralsequenz. Bereits auf der E_2-Seite sind in dem Rechteck mit $0 \leq p \leq n$ und $0 \leq q \leq n-1$ die eingezeichneten Gruppen die einzigen Exemplare $\neq 0$, denn wir haben $E_2^{p,q} \cong H^p(S^n, H^q(F; \mathbb{Q}))$. Diese bleiben dann bis zur E_n-Seite unverändert. Da S^n für $n \geq 2$ einfach zusammenhängend ist, können wir das 0-Skelett dann wieder einpunktig wählen und haben

$$E_2^{0,q} \cong H^0(S^n, H^q(F; \mathbb{Q})) \cong H_{\mathrm{cell}}^0(S^n, H^q(F; \mathbb{Q})) \cong H^q(F; \mathbb{Q}).$$

Es seien dann $a \in H^{n-1}(F; \mathbb{Q})$, $x \in H^n(S^n; \mathbb{Q})$ und $ax \in H^n(S^n; H^{n-1}(F; \mathbb{Q}))$ die Generatoren dieser (zu $\mathbb{Q}$ isomorphen) Gruppen in den vier Ecken.

Die letzte Gelegenheit für $E_2^{0,n-1}$ zu verschwinden (das muss sein, denn $E_\infty^{0,n-1}$ ist direkter Summand in $H^{n-1}(X; \mathbb{Q})$ und diese Gruppe verschwindet wegen des n-Zusammenhangs von X nach dem Theorem von HUREWICZ) ist durch das Differential d_n gegeben. Dieses kann folglich nicht die Nullabbildung sein und muss (über $\mathbb{Q}$) ein Isomorphismus sein. Im Grenzübergang zu den Gruppen $E_\infty^{p,q}$ verschwinden dann also $E_\infty^{0,n-1}$ und $E_\infty^{n,0}$. Im Bereich $0 \leq p \leq n$ und $0 \leq q \leq n-1$ bleibt dann noch die Frage bei $E_\infty^{n,n-1}$, denn alle übrigen Gruppen (außer $E_\infty^{0,0} \cong \mathbb{Q}$) waren schon auf dem E_2-Level gleich 0.

Das ist immerhin ein Anfangserfolg bei der Bestimmung der $\pi_k(S^n)$, denn wenn wir (für n ungerade oder $k \neq 2n-1$ bei n gerade) das Verschwinden von $E_\infty^{p,q}$ für alle $(p,q) \neq (0,0)$ zeigen könnten, wäre $H^k(X; \mathbb{Q}) = 0$, $k > 0$, mithin auch $H_k(X; \mathbb{Q}) = 0$ und nach HUREWICZ schließlich $\pi_k(X) \otimes \mathbb{Q} = 0$, für alle $k \geq 0$. Mit der endlichen Erzeugtheit der $\pi_k(X)$ für $k > n$, gemäß der exakten Homotopiesequenz und der Folgerung zum Satz von HUREWICZ-SERRE (Seite 207), folgt die Endlichkeit von $\pi_k(X) \cong \pi_k(S^n)$ für $k > n$ (**Übung**). Wir wären in diesen Fällen am Ziel.

Genau an dieser Stelle finden wir uns aber in einer Sackgasse, mit den momentan zur Verfügung stehenden Mitteln haben wir keine Chance, die Entwicklung der Spektralsequenz oberhalb des besagten Rechtecks zu verfolgen. Wir kennen nicht einmal die Gruppen $E_2^{0,q} \cong H^q(F; \mathbb{Q})$ für $q \geq n$. Uns ist lediglich aus einem früheren Beispiel bekannt (Seite 185), dass

$$H^q\big(K(\mathbb{Z},2); \mathbb{Q}\big) \cong \mathrm{Hom}\big(H_q(K(\mathbb{Z},2)), \mathbb{Q}\big) \cong \begin{cases} \mathbb{Q} & \text{für } q \geq 0 \text{ gerade}, \\ 0 & \text{sonst} \end{cases}$$

ist. Die Faser F ist in unserem Fall leider kein $K(\mathbb{Z},2)$, sondern ein $K(\mathbb{Z}, n-1)$. Es wäre demnach ein großer Schritt in die richtige Richtung, wenn wir in Analogie zu obigem Beispiel zeigen könnten, dass $H^q\big(K(\mathbb{Z}, n-1); \mathbb{Q}\big) \cong \mathbb{Q}$ ist für alle $q = k(n-1)$, mit $k \geq 0$, und sonst $H^q\big(K(\mathbb{Z}, n-1); \mathbb{Q}\big) = 0$ gelten würde.

Wenn dann noch klar wäre, dass für alle $k \geq 1$ die Differentiale

$$d_n : H^{k(n-1)}(F; \mathbb{Q}) \longrightarrow H^n\big(S^n; H^{(k-1)(n-1)}(F; \mathbb{Q})\big)$$

Isomorphismen sind, wäre das Ziel erreicht: $E_\infty^{p,q} = 0$ für alle $(p,q) \neq (0,0)$. Eine fürwahr bemerkenswerte Schlussfolgerung auf die Kohomologie von X aus der Kohomologie der Basis S^n und der Faser F vom Typ eines $K(\mathbb{Z}, n-1)$.

Um all dies zu erreichen, benötigen wir mehr algebraische Struktur in den Spektralsequenzen. Ziel ist es, auch den Kohomologiegruppen $E_r^{p,q}$ eine multiplikative Struktur zu geben, die in einem algebraischen Zusammenhang zu den Differentialen d_r steht. Mit $\mathbb{Q}$-Koeffizienten werden wir dann folgende Verallgemeinerung des Resultats über die Kohomologie eines Raums vom Typ $K(\mathbb{Z},2)$ zeigen können.

Satz (Kohomologiering eines $K(\mathbb{Z}, n)$ über $\mathbb{Q}$)
Für den Kohomologiering von $K(\mathbb{Z}, n)$ mit $\mathbb{Q}$-Koeffizienten gilt

$$H^*\big(K(\mathbb{Z}, n); \mathbb{Q}\big) \cong \begin{cases} \mathbb{Q}[x] & \text{für } n \geq 2 \text{ gerade}, \\ \Lambda_{\mathbb{Q}}[x] & \text{für } n \geq 3 \text{ ungerade} \end{cases}$$

mit einem Generator $x \in H^n(K(\mathbb{Z}, n); \mathbb{Q})$. Dabei steht $\Lambda_{\mathbb{Q}}[x]$ für die **externe $\mathbb{Q}$-Algebra** mit einem Generator x, dort ist $x^2 = x \smile x = 0$.

Dieser Satz ist ein echter Meilenstein. Sein vollständiger Beweis wird einen großen Teil des restlichen Kapitels benötigen und liefert den Hauptteil für den Beweis des Theorems von SERRE (Seite 222). Aus didaktischen Gründen wollen wir den obigen Satz und damit auch das Theorem von SERRE aber so direkt wie möglich ansteuern, um nicht den roten Faden in technischen Details zu verlieren. Am Ende des Kapitels werden wir die Argumentation vervollständigen (in dem langen Abschnitt von Seite 226 bis 250).

7.3   Das Theorem von Serre über die Gruppen $\pi_k(S^n) \otimes \mathbb{Q}$

Als Bemerkung vorab sei gesagt, dass alle hier vorgenommenen Konstruktionen für beliebige (kommutative) Koeffizientenringe R gelten, ohne dass dies eigens erwähnt wird. Der Standard ist $R = \mathbb{Z}$, später verwenden wir aber auch $R = \mathbb{Q}$.

Versuchen wir also, ein Produkt auf den Gruppen $E_1^{p,q} \cong H^{p+q}(X_p, X_{p-1})$ zu definieren, das vom Cup-Produkt (Seite I-496) motiviert ist und dessen Ziel ebenfalls eine Gruppe auf der E_1-Seite ist, also von der Form $H^{i+j}(X_i, X_{i-1})$ für irgendwelche $i, j \geq 0$. Nun denn, ein erstes Problem tritt hier leider gleich zu Beginn auf, weil beim klassischen (relativen) Cup-Produkt in beiden Faktoren dieselben Raumpaare stehen müssen, wir hingegen suchen eine Bilinearform auf

$$E_1^{p,q} \times E_1^{s,t} = H^{p+q}(X_p, X_{p-1}) \times H^{s+t}(X_s, X_{s-1}),$$

und dabei sind alle beteiligten Räume und Teilräume in der Regel verschieden.

Doch es gibt einen Ausweg: Einen guten Ansatz liefert das relative Kreuzprodukt für Faserungen (Seite 135) als bilineare Multiplikation

$$H^k(X_n, X_m) \times H^l(X_s, X_r) \overset{\times}{\longrightarrow} H^{k+l}\big(X_n \times X_s, (X_m \times X_s) \cup (X_n \times X_r)\big).$$

Es ist naheliegend, daraus für die Kohomologiegruppen $E_1^{p,q} \cong H^{p+q}(X_p, X_{p-1})$ sowie $E_2^{p,q} \cong H^p\big(B; H^q(F)\big)$ eine Multiplikation auf den E_1- und E_2-Seiten der Spektralsequenzen und danach vielleicht ganz allgemein auf jeder E_r-Seite zu konstruieren. In der Tat werden sich daraus wahrlich verblüffende Möglichkeiten ergeben, den obigen Satz und damit das Theorem von SERRE zu beweisen.

Wir nutzen hierfür eine spezielle Faserung, die **Produktfaserung**

$$F \times F \longrightarrow X \times X \overset{f \times f}{\longrightarrow} B \times B$$

über $B \times B$, deren Zellen bekanntlich von der Form $e_\lambda^i \times e_\mu^j$ sind, mit $e_\lambda^i, e_\mu^j \in B$. Das Produkt $f \times f$ ist auch eine Faserung, was Sie zur **Übung** direkt an der Definition nachprüfen können (Seite 76). Das p-Skelett $(B \times B)^p$ besteht aus der Vereinigung aller $B^i \times B^j$ mit $i + j = p$. Die Filtrierung des Produktes $X \times X$ lautet damit

$$(X \times X)_p = (f \times f)^{-1}\big((B \times B)^p\big) = \bigcup_{i+j=p} (X_i \times X_j)$$

und ergibt über dieselben Konstruktionen wie im Fall $X \to B$ Spektralsequenzen in der Homologie und Kohomologie. Was kann man nun über das relative Kreuzprodukt $\alpha \times \beta$ eines Elementes in $E_1^{p,q} \times E_1^{s,t}$ sagen?

Es liegt formal in $H^{p+q+s+t}\big(X_p \times X_s, (X_{p-1} \times X_s) \cup (X_p \times X_{s-1})\big)$, aber eine ähnliche Argumentation wie beim zellulären Cup-Produkt (Seite 139) zeigt, dass diese Gruppe als direkter Summand in $H^{p+q+s+t}\big((X \times X)_{p+s}, (X \times X)_{p+s-1}\big)$ interpretiert werden kann.

Der Vollständigkeit halber hier noch einmal die Argumentation dazu. Wir benötigen (für $k = p + q + s + t$) die Produktzerlegung

$$H^k\big((X \times X)_{p+s}, (X \times X)_{p+s-1}\big) \cong \prod_{e_\lambda^i, e_\mu^j \in B,\, i+j=p+s} H^k\big(\widetilde{D}_{\lambda\mu}^{i+j}, \widetilde{S}_{\lambda\mu}^{i+j-1}\big)$$

in die Pullbacks der Faserung über den Zellen $(D_{\lambda\mu}^{i+j}, S_{\lambda\mu}^{i+j-1})$ der Basis $B \times B$, bei der offensichtlich

$$H^k\big(X_p \times X_s, (X_{p-1} \times X_s) \cup (X_p \times X_{s-1})\big) \cong \prod_{e_\lambda^p, e_\mu^s \in B} H^k\big(\widetilde{D}_{\lambda\mu}^{p+s}, \widetilde{S}_{\lambda\mu}^{p+s-1}\big)$$

einer von insgesamt $p + s + 1$ direkten Summanden ist. Damit können wir für $\alpha \in E_1^{p,q}$ und $\beta \in E_1^{s,t}$ das Kreuzprodukt $\alpha \times \beta$ als Element in der Gruppe $H^{p+q+s+t}\big((X \times X)_{p+s}, (X \times X)_{p+s-1}\big)$ interpretieren und betrachten das relative Kreuzprodukt ab jetzt in dieser Variante. Halten wir das in der folgenden Beobachtung fest.

Beobachtung (Kreuzprodukt in der Spektralsequenz)

Mit $p + q = m$ und $s + t = n$ induziert das externe Kreuzprodukt (Seite 131)

$$C^m(X) \times C^n(X) \longrightarrow C^{m+n}(X \times X), \quad (a, b) \mapsto a \times b,$$

über die obigen Wedge-Produktzerlegungen von X und $X \times X$ ein Produkt

$$H^m(X_p, X_{p-1}) \times H^n(X_s, X_{s-1}) \to H^{m+n}\big((X \times X)_{p+s}, (X \times X)_{p+s-1}\big). \quad \Box$$

In der Kohomologie-Spektralsequenz $E_*(X \times X)$ des Raumes $X \times X$ ist dann

$$H^{m+n}\big((X \times X)_{p+s}, (X \times X)_{p+s-1}\big) \;\cong\; E_1^{p+s,q+t}(X \times X)$$

und damit der weitere Weg vorgezeichnet: Wir brauchen eine Idee, um von dieser Gruppe zurück in die Spektralsequenz von X zu gelangen – und auch hier hilft ein Rückblick auf das Vorgehen beim zellulären Cup-Produkt (Seite 139).

Wir nehmen dazu wieder eine zelluläre Approximation (Seite I-339) der Diagonalen $\Delta_B : B \to B \times B$, $x \mapsto (x, x)$, und bezeichnen diese mit $\widetilde{\Delta}_B : B \to B \times B$. Da auch $X \times X \to B \times B$ eine Faserung ist, heben wir die Homotopie h_B von Δ_B auf $\widetilde{\Delta}_B$ über die Homotopieliftung zu einer Homotopie h_X nach $X \times X$, welche anfangs ($t = 0$) die Diagonale $\Delta : X \to X \times X$ ist. Den Endpunkt ($t = 1$) nennen wir die **faserzellulär approximierte Diagonale** $\widetilde{\Delta} : X \to X \times X$. Es ist dann stets $\widetilde{\Delta}(X_k) \subseteq (X \times X)_k$ und daher

$$\widetilde{\Delta}^* : H^{m+n}\big((X \times X)_{p+s}, (X \times X)_{p+s-1}\big) \longrightarrow H^{m+n}\big(X_{p+s}, X_{p+s-1}\big).$$

So haben wir ein Cup-Produkt (wir schreiben kurz $\alpha\beta$ für $\alpha \smile \beta$)

$$\Phi_1 : E_1^{p,q} \times E_1^{s,t} \longrightarrow E_1^{p+s,q+t}, \quad (\alpha, \beta) \mapsto \alpha\beta = \widetilde{\Delta}^*(\alpha \times \beta),$$

auf der E_1-Seite konstruiert. Beachten Sie, dass es auf den Kokettengruppen nicht natürlich definiert ist, sondern von der zellulären Approximation $\widetilde{\Delta}$ abhängt. Wegen des Homotopiesatzes (Seite I-248) ist aber

$$\alpha\beta = \widetilde{\Delta}^*(\alpha \times \beta) = \Delta^*(\alpha \times \beta)$$

stets wohldefiniert. Dieser Ausdruck erinnert an das Cup-Produkt (Seite 131), und wir werden bald sehen, wie $\alpha\beta = \Phi_1(\alpha, \beta)$ mit dem zellulären und dem klassischen Cup-Produkt zusammenhängt (Seite 217).

So weit, so gut. Wie es aber häufig bei mathematischen Konstruktionen passiert, werfen neue Erkenntnisse sofort eine Menge neuer Fragen auf. Induziert Φ_1 auch auf den höheren Seiten der Spektralsequenz eine Multiplikation? Und wenn ja, wie verhalten sich diese Multiplikationen mit den Differentialen d_r? Nun denn, lassen wir uns etwas Zeit, um uns an die komplizierte Konstruktion zu gewöhnen. Sehen wir einfach, wie weit sie uns trägt – an einem konkreten Beispiel, das direkt auf das große Ziel dieses Kapitels weist: das Theorem von SERRE (Seite 222).

Ein Meilenstein dafür ist, wie bereits erwähnt, der Satz über den Kohomologiering der Räume vom Typ $K(\mathbb{Z}, n)$ mit $\mathbb{Q}$-Koeffizienten (Seite 211). Unternehmen wir also einen vorsichtigen Versuch, die Ringe $H^*\big(K(\mathbb{Z}, n)\big)$ zu bestimmen, $n \geq 2$. Zur Wiederholung: Ein $K(\mathbb{Z}, n)$ ist ein Raum B mit $\pi_k(B) = 0$ für $k \neq n$ und $\pi_n(B) \cong \mathbb{Z}$. Im Fall eines CW-Komplexes sind diese Räume alle homotopieäquivalent (Seite 63), besitzen also denselben Kohomologiering und erzeugen dieselben Spektralsequenzen Basen von Faserungen $X \to K(\mathbb{Z}, n)$.

Mit einer CW-Approximation kann dies dann auch für beliebige $K(\mathbb{Z}, n)$ gezeigt werden, denn zwischen der Approximation und diesen Räumen besteht eine schwache Homotopieäquivalenz (Seite I-366 f, siehe auch Seite 181). Kurz formuliert: Der Kohomologiering eines $K(\mathbb{Z}, n)$ ist eine wohldefinierte algebraische Struktur (bis auf Isomorphie), und wir dürfen bei seiner Berechnung mit Spektralsequenzen davon ausgehen, dass es sich um einen CW-Komplex handelt, dessen 0-Skelett aus einem Punkt x besteht.

Nun betrachten wir (wie auf Seite 185) die Faserung $P_x \to K(\mathbb{Z}, n)$, mit dem Pfadraum P_x (Seite 88). Da P_x zusammenziehbar ist, haben wir $\pi_k(P_x) = 0$ für alle $k \geq 0$ und die lange exakte Homotopiesequenz zeigt die Faser F als einen $K(\mathbb{Z}, n-1)$.

Wir beginnen mit dem einfachsten Fall $n = 2$ und arbeiten mit der Faserung $S^1 \to P_x \to K(\mathbb{Z},2)$. Die Basis ist einfach zusammenhängend und garantiert eine Kohomologie-Spektralsequenz (Seite 186), deren E_2-Seite den Ausschnitt

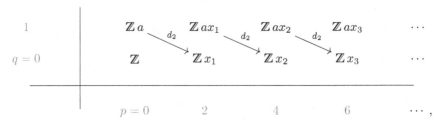

hat, wobei a ein Generator von $H^1(S^1)$ sei und x_i einer von $E_2^{2i,0} = H^{2i}\big(K(\mathbb{Z},2)\big)$, denn es war $H_k\big(K(\mathbb{Z},2); \mathbb{Z}\big) \cong \mathbb{Z}$ für $k \geq 0$ gerade, und für ungerade k verschwindet diese Gruppe (Seite 185). Das universelle Koeffiziententheorem garantiert dann die gleichen Eigenschaften auch für die Kohomologie (alternativ könnten Sie in der Spektralsequenz für die Homologie einfach die Pfeile umkehren).

Einen Generator von $E_2^{2i,1} \cong H^{2i}\big(K(\mathbb{Z},2); H^1(S^1)\big)$ können wir damit tatsächlich als ax_i schreiben, weil die $E_2^{2i,1}$ Subquotienten von $E_1^{2i,1} \cong H^{p+1}(X_p, X_{p-1})$ sind, mithin Äquivalenzklassen von Elementen in $E_1^{2i,1}$. Wegen der Isomorphismen $(\Psi^*)^{-1} : H^{p+q}(X_p, X_{p-1}) \to \mathrm{Hom}\big(H_p(B^p, B^{p-1}), H^q(F)\big)$, Seite 189, und der zellulären Kohomologie (Seite 128) ist damit jedes $\alpha \in E_2^{2i,1}$ als Produkt

$$\alpha = \prod_{e_\lambda^p \in B} h_\lambda^1 \widetilde{e}_\lambda^p$$

repräsentiert, wobei $\widetilde{e}_\lambda^p$ die zu e_λ^p duale Zelle ist, und $h_\lambda^1 = \alpha(e_\lambda^p) \in H^1(S^1)$.

Beachten Sie dazu wieder, dass singuläre Ketten endlichen Träger haben und nur endlich viele $\widetilde{e}_\lambda^p$ auf diesen Ketten einen Beitrag $\neq 0$ liefern, das Produkt also ein wohldefiniertes Element in $\operatorname{Hom}\!\big(H_p(B^p, B^{p-1}), H^1(S^1)\big)$ darstellt (Seite 130). Auch im weiteren Verlauf schreiben wir alle Elemente auf der E_2-Seite in dieser Form, wodurch sehr suggestive Argumente möglich werden.

In unserer speziellen Situation ist dies nun besonders einfach, denn alle Elemente in $H^{2i}\!\big(K(\mathbb{Z},2); H^1(S^1)\big)$ haben einen Repräsentanten in Form eines ganzzahligen Vielfachen von x_i, versehen mit einem Koeffizienten aus $H^1(S^1)$. Offensichtlich ist jedes Element in $E_2^{2i,1}$ dann ein ganzzahliges Vielfaches von ax_i.

Schon in der Homologie haben wir gesehen, dass wegen der Zusammenziehbarkeit von P_x die Differentiale d_2 Isomorphismen sein müssen (da sich sonst die $E_r^{p,q}$ für $(p,q) \neq (0,0)$ nicht auf 0 stabilisieren). Daher gilt für $i \geq 0$

$$d_2(ax_i) \;=\; \pm\, x_{i+1} \,,$$

wobei $x_0 = 1$ ist. Für $H^*\!\big(K(\mathbb{Z},2)\big)$ müssen wir nun $x_i \smile x_j \in H^{2(i+j)}\!\big(K(\mathbb{Z},2)\big)$ berechnen, also das Element $k_{ij} \in \mathbb{Z}$ mit $x_i \smile x_j = k_{ij}x_{i+j}$.

Und hier erlaubt die oben definierte Multiplikation Φ_1 ein klassisches Argument der Homologietheorie. Weil sich das Kreuzprodukt alternierend derivativ verhält (Seite 132), gilt auch für Φ_1 eine (alternierende) LEIBNIZ-Regel der Form

$$d_1(\alpha\beta) \;=\; d_1(\alpha)\beta + (-1)^{p+q}\alpha d_1(\beta) \,.$$

Damit ist das Produkt von zwei d_1-Zyklen auch wieder ein d_1-Zyklus, und ist einer der Faktoren sogar ein d_1-Rand, so ist auch das Produkt ein d_1-Rand. Als Konsequenz induziert Φ_1 eine bilineare Multiplikation

$$\Phi_2 : E_2^{p,q} \times E_2^{s,t} \;\longrightarrow\; E_2^{p+s,q+t}, \quad (\alpha,\beta) \mapsto \Phi_1(\alpha,\beta) = \alpha\beta = \widetilde{\Delta}^*(\alpha \times \beta)$$

auch auf der E_2-Seite (versuchen Sie vielleicht, dieses Argument als **Übung** noch einmal zu wiederholen).

So weit, so gut. Für die weiteren technischen Schritte müssen wir das Beispiel kurz verlassen und zeigen einen allgemeinen Hilfssatz, wie sich die Multiplikation $\alpha\beta$ mit den bekannten Isomorphismen $E_1^{i,j} \cong \operatorname{Hom}\!\big(H_i(B^i, B^{i-1}), H^j(F)\big)$ gemäß des früheren Satzes interpretieren lässt (Seite 189).

Hilfssatz: Mit den Isomorphismen

$$\Psi_{i,j}^* : \operatorname{Hom}\!\big(H_i(B^i, B^{i-1}), H^j(F)\big) \;\longrightarrow\; H^{i+j}(X_i, X_{i-1}) = E_1^{i,j}$$

gilt für $\Psi_\times^* = \big(\Psi_{p+s,q+t}^*\big)^{-1}\big(\Psi_{p,q}^* \times \Psi_{s,t}^*\big)$ als Bilinearform

$$\Psi_\times^* : \operatorname{Hom}\!\big(H_p(B^p, B^{p-1}), H^q(F)\big) \times \operatorname{Hom}\!\big(H_s(B^s, B^{s-1}), H^t(F)\big) \;\longrightarrow$$

$$\longrightarrow\; \operatorname{Hom}\!\big(H_{p+s}\big((B \times B)^{p+s}, (B \times B)^{p+s-1}\big), H^{q+t}(F \times F)\big)$$

die Formel $\Psi_\times^*\big(h_\lambda^q \widetilde{e}_\lambda^p \times h_\mu^t \widetilde{e}_\mu^s\big) = (-1)^{qs}\big(h_\lambda^q \times h_\mu^t\big)\widetilde{e_\lambda^p \times e_\mu^s}$.

Der **Beweis** besteht im Wesentlichen darin, über die Konstruktionen noch einmal genau nachzudenken. Ein Element $\alpha \in \mathrm{Hom}\big(H_p(B^p, B^{p-1}), H^q(F)\big)$ sei dabei im Sinne der Zerlegung

$$\alpha = \prod_{e_\lambda^p \in B} \alpha_\lambda \in \prod_{e_\lambda^p \in B} \mathrm{Hom}\big(H_p(D_\lambda^p, S_\lambda^{p-1}), H^q(F)\big)$$

interpretiert und wir setzen wie im Beispiel $h_\lambda^q = \alpha(e_\lambda^p) = \alpha_\lambda(e_\lambda^p)$ für alle λ. Der Satz von EILENBERG-ZILBER (Seite 144) garantierte einen Isomorphismus

$$H^{p+q}\big((D_\lambda^p, S_\lambda^{p-1}) \times F\big) \cong H_{p+q}\big(C^*_{\mathrm{cell}}(D_\lambda^p, S_\lambda^{p-1}) \otimes C^*(F)\big)$$

und wegen Trivialität des Komplexes $C^*_{\mathrm{cell}}(D_\lambda^p, S_\lambda^{p-1})$ ist die Gruppe auf der rechten Seite isomorph zu $\mathrm{Hom}\big(H_p(D_\lambda^p, S_\lambda^{p-1}), H^q(F)\big)$. Verfolgt man dann die Konstruktionen genau, entspricht der λ-Summand von α, im Beispiel oben als Element $\alpha_\lambda = h_\lambda^q \widetilde{e}_\lambda^p$ mit einem Koeffizienten $h_\lambda^q \in H^q(F)$ geschrieben, in dem homotopieäquivalenten Produktraum $(D_\lambda^p, S_\lambda^{p-1}) \times F$ dem Kreuzprodukt $\widetilde{e}_\lambda^p \times h_\lambda^q$. Analog dazu können wir für $\beta = \prod_{e_\mu^s \in B} \beta_\mu \in \mathrm{Hom}\big(H_s(B^s, B^{s-1}), H^t(F)\big)$ die Komponente $\beta_\mu = h_\mu^t \widetilde{e}_\mu^s$ als $\widetilde{e}_\mu^s \times h_\mu^t$ schreiben, mit $h_\mu^t = \beta(e_\mu^s) = \beta_\mu(e_\mu^s)$.

Die Bilinearform $\Psi_\times^*$, angewendet auf ein Paar (α, β), ist damit die formale Summe

$$
\begin{aligned}
\Psi_\times^*(\alpha, \beta) &= \sum_{e_\lambda^p \times e_\mu^s \in B \times B} \Psi_\times^*(\alpha_\lambda, \beta_\mu) = \sum_{e_\lambda^p \times e_\mu^s \in B \times B} \big(\widetilde{e}_\lambda^p \times h_\lambda^q\big) \times \big(\widetilde{e}_\mu^s \times h_\mu^t\big) \\
&= \sum_{e_\lambda^p \times e_\mu^s \in B \times B} (-1)^{qs} \big(\widetilde{e}_\lambda^p \times \widetilde{e}_\mu^s\big) \times \big(h_\lambda^q \times h_\mu^t\big) \\
&= \sum_{e_\lambda^p \times e_\mu^s \in B \times B} (-1)^{qs} \widetilde{e_\lambda^p \times e_\mu^s} \times \big(h_\lambda^q \times h_\mu^t\big) \\
&= \sum_{e_\lambda^p \times e_\mu^s \in B \times B} (-1)^{qs} \big(h_\lambda^q \times h_\mu^t\big) \widetilde{e_\lambda^p \times e_\mu^s},
\end{aligned}
$$

wobei die erste Gleichung die Bilinearität und die zweite die Definition von $\Psi_\times^*$ ist. Die dritte Gleichung ist die Antikommutativität des Kreuzprodukts, die vierte die aus der zellulären Kohomologie bekannte Beziehung $\widetilde{e}_\lambda^p \times \widetilde{e}_\mu^s = \widetilde{e_\lambda^p \times e_\mu^s}$ und die fünfte die oben eingeführte Schreibweise der Elemente unter Verwendung der Koeffizienten im Kohomologiering $H^*(F \times F)$. $\qquad\square$

Eine wichtige Konsequenz ergibt sich dann, wenn die zelluläre Approximation $\widetilde{\Delta}^*$ nachgeschaltet wird. Die faserzelluläre Diagonale $\widetilde{\Delta} : X \to X \times X$ entstand aus der Diagonale $\Delta : X \to X \times X$ als Liftung einer Homotopie von $\Delta_B : B \to B \times B$ zu einer zellulären Approximation $\widetilde{\Delta}_B$. Eine genaue Verfolgung der Konstruktion zeigt dann, dass diese Homotopie über den Summanden $(\widetilde{D}_\lambda^i, \widetilde{S}_\lambda^{i-1})$ bezüglich der Faserhomotopieäquivalenzen zu $(D_\lambda^i, S_\lambda^{i-1}) \times F$ homotope Verformungen der Diagonalen $\Delta_F : F \to F \times F$ im zweiten Faktor induziert. Auf den Summanden $(\widetilde{D}_\lambda^i, \widetilde{S}_\lambda^{i-1})$ kann man also $\widetilde{\Delta}$ als ein Produkt $\widetilde{\Delta}_B \times \widetilde{\Delta}_F$ auf $(D_\lambda^i, S_\lambda^{i-1}) \times F$ interpretieren, weswegen sich durch die Komposition von $\Psi_\times^*$ mit $\widetilde{\Delta}^*$ eine hilfreiche Darstellung der obigen Bilinearform Φ_1 ergibt.

Folgerung aus dem Hilfssatz: Die originäre Bilinearform Φ_1 kann über das kommutative Diagramm

$$
\begin{array}{ccc}
H^{p+q}(X_p, X_{p-1}) \times H^{s+t}(X_s, X_{s-1}) & \xrightarrow{\quad \Phi_1 \quad} & H^{p+s+q+t}(X_{p+s}, X_{p+s-1}) \\
\Big\uparrow{\scriptstyle \Psi^*_{p,q} \times \Psi^*_{s,t}} & & \Big\uparrow{\scriptstyle \Psi^*_{p+s,q+t}} \\
C^p_{\text{cell}}\big(B; H^q(F)\big) \times C^s_{\text{cell}}\big(B; H^t(F)\big) & \xrightarrow{\quad \widetilde{\Phi}_1 \quad} & C^{p+s}_{\text{cell}}\big(B; H^{q+t}(F)\big)
\end{array}
$$

dargestellt werden, wobei für $\alpha_\lambda = h^q_\lambda \widetilde{e}^p_\lambda$ und $\beta_\mu = h^t_\mu \widetilde{e}^s_\mu$ die Formel

$$
\begin{aligned}
\widetilde{\Phi}_1(\alpha_\lambda, \beta_\mu) &= (-1)^{qs} \, \widetilde{\Delta}^*_F(h^q_\lambda \times h^t_\mu) \, \widetilde{\Delta}^*_B(\widetilde{e}^p_\lambda \times \widetilde{e}^s_\mu) \\
&= (-1)^{qs} \left(h^q_\lambda \smile h^t_\mu \right)\left(\widetilde{e}^p_\lambda \smile \widetilde{e}^s_\mu \right) \qquad\qquad \text{gilt}.
\end{aligned}
$$

Die Multiplikation $\Phi_1 : E^{p,q}_1 \times E^{s,t}_1 \to E^{p+s,q+t}_1$ entsteht also dadurch, dass über die Isomorphien $E^{i,j}_1 \cong \operatorname{Hom}\big(H_i(B^i, B^{i-1}), H^j(F)\big)$ in der Basis B bis auf ein Vorzeichen das zelluläre Cup-Produkt (Seite 139)

$$
\begin{aligned}
H^p(B^p, B^{p-1}) \times H^s(B^s, B^{s-1}) &\longrightarrow H^{p+s}(B^{p+s}, B^{p+s-1}) \\
(\widetilde{e}^p_\lambda, \widetilde{e}^s_\mu) &\longmapsto \widetilde{\Delta}^*_B\big(\widetilde{e}^p_\lambda \times \widetilde{e}^s_\mu\big) = \widetilde{e}^p_\lambda \smile \widetilde{e}^s_\mu,
\end{aligned}
$$

ausgeführt wird und im Koeffizientenring $H^*(F)$ das klassische Cup-Produkt

$$
H^q(F) \times H^t(F) \longrightarrow H^{q+t}(F), \quad (h^q, h^t) \longmapsto \widetilde{\Delta}^*_F(h^q_\lambda \times h^t_\mu) = h^q \smile h^t. \quad \square
$$

Zurück zur Bestimmung des Rings $H^*\big(K(\mathbb{Z},2)\big)$. Wir blicken dafür zurück auf Seite 214, auf die E_2-Seite der Spektralsequenz von $K(\mathbb{Z},2)$. In der unteren Zeile $(q = 0)$ standen die relevanten Gruppen $H^{2i}\big(K(\mathbb{Z},2)\big) \neq 0$ und wir brauchten für den Kohomologiering $H^*\big(K(\mathbb{Z},2)\big)$ die $k_{ij} \in \mathbb{Z}$ mit $x_i \smile x_j = k_{ij}x_{i+j}$.

Hier gäbe es nun – beachten Sie bitte den Konjunktiv – eine sehr verlockende Schlussfolgerung, wenn wir vorher zwei offene Punkte klären könnten:

1. Es müsste sich die LEIBNIZ-Regel von d_1 auf d_2 übertragen lassen.

2. Es müsste der Generator $ax_i \in E^{2i,1}_2 = H^{2i}\big(K(\mathbb{Z},2); H^1(F)\big)$, hier gemeint als Produkt $x_i \otimes a$ gemäß der Tensor-Hom-Adjunktion (Seite 145), identisch zu $\Phi_2(a, x_i)$ sein, für das wir ja (vorausschauend) ebenfalls schon ax_i geschrieben haben.

Dann könnten wir $d_2 : E^{2,1}_2 \to E^{4,0}_2$ in der Tat berechnen (beachten Sie die Formel $x_i x_j = x_i \smile x_j$ direkt aus der Konstruktion des Produktes Φ_1). Es ergibt sich

$$
\begin{aligned}
d_2(ax_1) &= d_2(a)x_1 + (-1)^{0+1}a d_2(x_1) = d_2(a)x_1 + (-1)^{0+1}a \cdot 0 \\
&= d_2(a)x_1 = \pm x_1 x_1 = \pm(x_1 \smile x_1) \in E^{4,0}_2.
\end{aligned}
$$

Aus der Spektralsequenz selbst folgte ja $d_2(ax_1) = \pm x_2$, weswegen insgesamt $x_1 \smile x_1 = \pm x_2$ ist. Bei geeigneter Wahl von x_2 wäre dann $x_1 \smile x_1 = x_2$.

Auf analoge Weise (**Übung**) ergibt sich $x_1 \smile x_2 = \pm x_3$ und eine geeignete Wahl von x_3 liefert $x_1 \smile x_2 = x_3$. Beachten Sie, dass das Cup-Produkt auf den Gruppen $H^{2i}\big(K(\mathbb{Z},2)\big)$ kommutativ ist. Induktiv folgt damit $x_i \smile x_j = x_{i+j}$, also sind alle oben angesprochenen Faktoren $k_{ij} = 1$ und wir erhalten das Ergebnis

$$H^*\big(K(\mathbb{Z},2)\big) \;\cong\; \mathbb{Z}[x_1]\,,$$

mit einem Generator $x_1 \in H^2\big(K(\mathbb{Z},2)\big)$. Insbesondere würde bei konsequentem Einsatz von Koeffizienten in $\mathbb{Q}$ die Isomorphie $H^*\big(K(\mathbb{Z},2);\mathbb{Q}\big) \cong \mathbb{Q}[x_1]$ folgen, mithin der erste nichttriviale Fall in dem wichtigen Meilenstein über rationale Kohomologieringe (Seite 211).

Versuchen wir die noch offenen Punkte zu klären, der zweite ist einfach: Es ist in der Tat $x_i \otimes a = \Phi_2(a, x_i)$, denn wegen

$$E_2^{0,1} \;\cong\; H^0\big(K(\mathbb{Z},2)\big) \otimes H^1(S^1)$$

können wir $a = \mathbb{1}_{K(\mathbb{Z},2)} \otimes a$ schreiben, wobei $\mathbb{1}_{K(\mathbb{Z},2)}$ für das duale Element $\widetilde{e}^{\,0}$ zur 0-Zelle $e^0 : \{pt\} \to K(\mathbb{Z},2)$ steht. Im Sinne der obigen Koeffizientenschreibweise ist dann $a = a\mathbb{1}_{K(\mathbb{Z},2)}$.

Analog dazu ist $x_i = x_i \otimes \mathbb{1}_{S^1} \in E_2^{2i,0} \cong H^{2i}\big(K(\mathbb{Z},2)\big) \otimes H^0(S^1)$, in der üblichen Koeffizientenschreibweise also $x_i = \mathbb{1}_{S^1} x_i$, wobei auch hier der Generator $\mathbb{1}_{S^1}$ für das duale Element $\widetilde{e}^{\,0}$ in $H^0(S^1)$ steht. Wir erhalten nach obiger Folgerung

$$\Phi_2(a, x_i) \;=\; \Phi_1(a, x_i) \;=\; (-1)^{1\cdot 2i}(a \smile \mathbb{1}_{S^1})(\mathbb{1}_{K(\mathbb{Z},2)} \smile x_i) \;=\; ax_i\,,$$

mit den Produkten $a \smile \mathbb{1}_{S^1} = a$ und $\mathbb{1}_{K(\mathbb{Z},2)} \smile x_i = x_i$ per definitionem. Die rechte Seite ax_i ist hier als Element von $H^{2i}\big(K(\mathbb{Z},2);H^1(S^1)\big)$ in Koeffizientenschreibweise zu lesen, als der Generator $x_i \otimes a \in E_2^{2i,1}$ aus der Spektralsequenz von $K(\mathbb{Z},2)$.

Machen Sie sich zusammenfassend noch einmal klar, dass wir zwei synonyme Schreibweisen für unterschiedlich definierte Produkte verwenden: In der Spektralsequenz ist mit dem Generator ax_i das Tensorprodukt

$$x_i \otimes a \in H^{2i}\big(K(\mathbb{Z},2);H^1(S^1)\big) \;\cong\; H^{2i}\big(K(\mathbb{Z},2)\big) \otimes H^1(S^1)$$

gemeint, hingegen kommt bei der Anwendung der LEIBNIZ-Regel für $d_2(ax_i)$ das bilineare Produkt $ax_i = \Phi_2(a, x_i)$ zum Einsatz. In der Notation machen wir dabei keinen Unterschied.

Der erste offene Punkt hingegen, eine von Φ_1 induzierte Multiplikation

$$\Phi_2 : E_2^{p,q} \times E_2^{s,t} \;\longrightarrow\; E_2^{p+s,q+t}$$

mit der LEIBNIZ-Regel $d_2(\alpha\beta) = d_2(\alpha)\beta + (-1)^{p+q}\alpha d_2(\beta)$, ist leider sehr viel schwieriger – so schwierig, dass es bis heute (!) keinen halbwegs übersichtlichen Beweis gibt, der gezielt diese Aussage allein im Blickfeld hat.

Die einzige Möglichkeit besteht im Beweis einer sehr viel allgemeineren Aussage (die später aber auch notwendig ist): der Existenz einer **multiplikativen Struktur** auf allen Seiten der Spektralsequenz. Um in unserem Beispiel den roten Faden im Auge zu behalten, verschieben wir den zugehörigen Beweis auf später (Seite 226 ff) und formulieren hier nur das entsprechende Theorem dazu.

Theorem (multiplikative Struktur in der Serre-Spektralsequenz)
In der SERRE-Spektralsequenz gibt es für $1 \leq r \leq \infty$ eine bilineare Abbildung

$$\Phi_r : E_r^{p,q} \times E_r^{s,t} \longrightarrow E_r^{p+s,q+t} , \quad (\alpha, \beta) \mapsto \alpha\beta ,$$

bezüglich der sich das Differential d_r **alternierend derivativ** im Sinne einer LEIBNIZ-Regel verhält: $d_r(\alpha\beta) = d_r(\alpha)\beta + (-1)^{p+q}\alpha d_r(\beta)$.

Auf der E_1-Seite ist $\alpha\beta = \Phi_1(\alpha, \beta)$ wie oben definiert und dies induziert Φ_r auf allen höheren Seiten der Spektralsequenz (über Subquotientenbildung).

Der Beweis beginnt, wie angedeutet, erst später. Statt dessen wollen wir dieses Theorem schon jetzt nutzen, um den **Beweis des Satzes über den Kohomologiering** eines $K(\mathbb{Z}, n)$ über $\mathbb{Q}$ (Seite 211) zu leisten.

Der Fall $n = 2$ ist nach obigem Beispiel klar, Sie müssen nur die ganze Homologie- und Kohomologietheorie mit $\mathbb{Q}$-Koeffizienten betreiben. Für $n = 3$ bauen wir auf dem Fall $n = 2$ auf – Sie erkennen schon hier eine Art Induktionsbeweis – und erhalten dabei zunächst die Pfadraumfaserung $K(\mathbb{Z}, 2) \to P_x \to K(\mathbb{Z}, 3)$.

Da für ungerade Zahlen $q \in \mathbb{Z}$ stets $H^q\big(K(\mathbb{Z}, 2); \mathbb{Q}\big) = 0$ ist, können wir wegen $E_2^{p,q} \cong H^p\big(B; H^q(K(\mathbb{Z}, 2); \mathbb{Q})\big)$ auf der E_2-Seite der Spektralsequenz eine wichtige Beobachtung machen: Die Zeilen für q ungerade bestehen nur aus 0-Gruppen, und da die Differentiale d_2 von einer Zeile q in die Zeile $q - 1$ verlaufen, müssen sie alle die Nullabbildung sein. Daher ist $E_3^{p,q} = E_2^{p,q}$ für alle Paare $(p, q) \in \mathbb{Z}^2$ und wir können direkt zur E_3-Seite übergehen, mit dem Ausschnitt

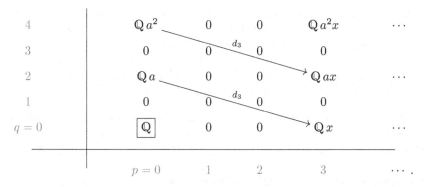

Beachten Sie, dass wegen des klassischen Theorems von HUREWICZ (Seite I-391) $H_k\big(K(\mathbb{Z}, 3); \mathbb{Q}\big) \cong \mathbb{Q}$ ist für $k = 0, 3$, und diese Gruppen für $k = 1, 2$ verschwinden. Also stehen in den Spalten für $p = 1$ und $p = 2$ nur Nullgruppen (beachten Sie hierfür auch $H^* \cong \mathrm{Hom}(H_*, \mathbb{Q})$ gemäß der Regeln auf Seite 209).

In dem Diagramm sei dann wieder $x \in E_3^{3,0} = H^3\big(K(\mathbb{Z},3);\mathbb{Q}\big)$ ein Generator und $a \in E_3^{0,2} = H^0\big(K(\mathbb{Z},3); H^2(K(\mathbb{Z},2))\big) \cong H^2\big(K(\mathbb{Z},2)\big)$ der Generator aus dem vorhin besprochenen Fall $n = 2$. Aus dem gleichen Grund (P_x ist zusammenziehbar und hat triviale Homologie) wie im Fall $n = 2$ muss $d_3 : E_3^{0,2} \to E_3^{3,0}$ ein Isomorphismus sein. Der Generator x sei dann so gewählt, dass $d_3(a) = x$ ist.

Nun können wir das obige Theorem über die Multiplikation einsetzen. Es ist demnach

$$d_3(a^2) = d_3(a)a + (-1)^{0+4}ad_3(a) = xa + ax,$$

und wenn man wieder die (etwas saloppe) Schreibweise für die Produkte beachtet, ist nach der Folgerung aus dem Hilfssatz (Seite 217) und der Antikommutativität des Cup-Produkts

$$
\begin{aligned}
xa &= \Phi_3(x,a) = \Phi_3\big(x \otimes \mathbb{1}_{K(\mathbb{Z},2)}, \mathbb{1}_{K(\mathbb{Z},3)} \otimes a\big) \\
&= (-1)^{0 \cdot 0}(\mathbb{1}_{K(\mathbb{Z},2)} \smile a)(x \smile \mathbb{1}_{K(\mathbb{Z},3)}) \\
&= (\mathbb{1}_{K(\mathbb{Z},2)} \smile a)(x \smile \mathbb{1}_{K(\mathbb{Z},3)}) \\
&= (-1)^{0 \cdot 2}(a \smile \mathbb{1}_{K(\mathbb{Z},2)})(-1)^{3 \cdot 0}(\mathbb{1}_{K(\mathbb{Z},3)} \smile x) \\
&= (a \smile \mathbb{1}_{K(\mathbb{Z},2)})(\mathbb{1}_{K(\mathbb{Z},3)} \smile x) = \Phi_3(a,x) = ax,
\end{aligned}
$$

mithin $d_3(a^2) = 2ax$. Eine einfache **Übung** ergibt dann induktiv auf die gleiche Weise $d_3(a^n) = na^{n-1}x$ für alle Differentiale d_3, die zwischen $p = 0$ und $p = 3$ verlaufen.

Nun kommt entscheidend zum Tragen, dass wir Koeffizienten in $\mathbb{Q}$ haben. Da jeder nicht verschwindende Homomorphismus $\mathbb{Q} \to \mathbb{Q}$ bereits ein Isomorphismus ist, sind alle Differentiale

$$d_3 : E_3^{0,2i} \longrightarrow E_3^{3,2i-2}$$

Isomorphismen, und die daran beteiligten Gruppen werden auf der E_4-Seite ausgelöscht. Doch nicht nur das, wir können durch exaktes Nachvollziehen der Spektralsequenz zeigen, dass sämtliche Gruppen $E_3^{p,0}$ für $p > 3$ bereits ausgelöscht sind, die Spalten rechts von dem dargestellten Ausschnitt also nur aus Nullgruppen bestehen. In der Tat ist $E_3^{4,2i} = 0$, denn es kann von keinem $d_r \neq 0$ mehr getroffen werden. Dasselbe gilt für $E_3^{5,2i}$, denn $E_3^{0,2i+4}$ ist schon auf der E_4-Seite ausgelöscht, weswegen auch $d_5 : E_5^{0,2i+4} \to E_5^{5,2i}$ nichts mehr bewirken kann.

Bei $E_3^{6,2i}$ verlaufen die Argumente ähnlich, hier brauchen wir aber zusätzlich den Isomorphismus $d_3 : E_3^{0,2i+4} \to E_3^{3,2i+2}$. Er bewirkt, dass $d_3 : E_3^{3,2i+2} \to E_3^{6,2i}$ die Nullabbildung sein muss, mithin die Gruppe $E_3^{6,2i}$ den Schritt auf die E_4-Seite unbeschadet übersteht. Aus den gleichen Gründen wie oben würde sie dann aber die gesamte Sequenz für $r \to \infty$ überstehen, weswegen sie schon auf der E_3-Seite ausgelöscht sein musste. Induktiv ergibt sich damit (versuchen Sie dies als kleine **Übung** zu verifizieren), dass die dargestellten Gruppen $\mathbb{Q}\,a^n$ und $\mathbb{Q}\,a^n x$, $n \geq 0$, die einzigen Gruppen $\neq 0$ auf der E_3-Seite sind, und dass sie (bis auf $E_3^{0,0}$) beim Übergang zur E_4-Seite allesamt verschwinden.

Für den Kohomologiering von $K(\mathbb{Z},3)$ über $\mathbb{Q}$ bedeutet dies

$$H^*\big(K(\mathbb{Z},3);\mathbb{Q}\big) \;=\; \mathbb{Q} \oplus \mathbb{Q}\,x$$

als $\mathbb{Q}$-Vektorraum, und bezüglich der Multiplikation gilt für die Produkte der beiden Basisvektoren 1 und x

$$1 \smile 1 = 1, \;\; 1 \smile x = x \smile 1 = x \text{ und } x \smile x = 0.$$

Dies beschreibt die algebraische Struktur der externen Algebra $\Lambda_{\mathbb{Q}}[x]$, womit der Satz für $n = 3$ bewiesen ist.

Für $n > 3$ folgt der Satz induktiv aus der Faserung $K(\mathbb{Z}, n-1) \to P_x \to K(\mathbb{Z}, n)$. Im Fall eines geraden $n > 2$ sieht man wie oben $E_2^{p,q} = E_3^{p,q} = \ldots = E_n^{p,q}$, und diese Seite hat die Form

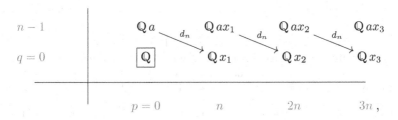

mit Generatoren $a \in H^{n-1}\big(K(\mathbb{Z}, n-1); \mathbb{Q}\big)$ und $x_i \in H^{ni}\big(K(\mathbb{Z}, n); \mathbb{Q}\big)$, wobei die dargestellten Gruppen die einzigen $\neq 0$ sind und bis auf $E_n^{0,0}$ alle beim Übergang zur E_{n+1}-Seite verschwinden. Bei geeigneter Wahl der x_i folgt dann mit denselben Argumenten wie bei $n = 2$ die Isomorphie $H^*\big(K(\mathbb{Z}, n); \mathbb{Q}\big) \cong \mathbb{Q}[x_1]$.

Für ungerades $n > 3$ ergibt sich ebenfalls $E_2^{p,q} = E_3^{p,q} = \ldots = E_n^{p,q}$ und die E_n-Seite mit den einzigen Gruppen $\neq 0$ in der Form

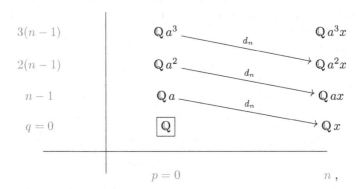

mit Generatoren $a \in H^{n-1}\big(K(\mathbb{Z}, n-1); \mathbb{Q}\big)$ und $x \in H^n\big(K(\mathbb{Z}, n); \mathbb{Q}\big)$, wobei alle Gruppen bis auf $E_n^{0,0}$ beim Übergang zur E_{n+1}-Seite verschwinden. Es folgt $H^*\big(K(\mathbb{Z}, n); \mathbb{Q}\big) \cong \Lambda_{\mathbb{Q}}[x]$ mit denselben Argumenten wie bei $n = 3$. Damit ist der Satz über den Kohomologiering eines $K(\mathbb{Z}, n)$ über $\mathbb{Q}$ bewiesen. $\qquad\square$

Es ist bemerkenswert, wie sich Nullzeilen in den Spektralsequenzen auswirken und als eine Art genetischer Bauplan alle höheren Seiten beeinflussen. Mit diesen Methoden greifen wir nun die frühere Beweisidee für das Theorem von SERRE auf.

Der Beweis des Theorems von Serre

Ähnliche Schlussfolgerungen wie bei dem gerade bewiesenen Satz lassen sich auch auf die Faserung $K(\mathbb{Z}, n-1) \to X \to S^n$ anwenden (Seite 210), falls $n \geq 2$ ist (dann ist S^n einfach zusammenhängend). Der Raum X war n-zusammenhängend und besitzt für $k > n$ dieselben Homotopiegruppen wie die Basis, es ist also bis auf $k = n$ stets $\pi_k(X) \cong \pi_k(S^n)$. Hier noch einmal das große Ziel:

Theorem von Serre (1951)
Für alle natürlichen Zahlen $k > n \geq 1$ sind die Gruppen $\pi_k(S^n)$ endlich, mit Ausnahme der Gruppen $\pi_{4n-1}(S^{2n})$, die isomorph zu einer Summe von $\mathbb{Z}$ mit einer endlichen Gruppe sind.

Für den **Beweis** sei zunächst $n \geq 3$ ungerade. Die Idee ist überraschend einfach: Da $\pi_k(S^n)$ endlich erzeugt ist (Seite 207), genügt es, dass diese Gruppen für $k > n$ nur Torsionselemente enthalten, oder dass eben $\pi_k(S^n) \otimes \mathbb{Q} = 0$ ist. Wegen der Homotopie von X genügt es dann, in diesen Fällen $\pi_k(X) \otimes \mathbb{Q} = 0$ nachzuweisen.

Hier nun kommt die geniale Konstruktion mit der obigen Faserung zum Tragen, denn X war n-zusammenhängend, mithin ist $\pi_k(X) = 0$ für alle $k \leq n$. Insgesamt würden wir also $\pi_k(X) \otimes \mathbb{Q} = 0$ für alle $k \geq 0$ bekommen, und hierfür haben wir einen Zugang über die Homologie: das Theorem von HUREWICZ (Seite I-391), angewendet auf die Homologie- und Homotopietheorie mit Koeffizienten in $\mathbb{Q}$. Wir haben demnach zu zeigen, dass $H_k(X; \mathbb{Q}) = 0$ ist, für alle $k > 0$, und dies wiederum ist nach dem universellen Koeffiziententheorem (vergleichen Sie mit Seite 209) eine Konsequenz aus $H^k(X; \mathbb{Q}) = 0$ für alle $k > 0$.

Hierfür betrachten wir die Kohomologie-Spektralsequenz der obigen Faserung, genauer ihre E_n-Seite. Beachten Sie wieder $E_2^{p,q} = \ldots = E_n^{p,q}$, diesmal enthalten sogar nur die Spalten $p = 0$ und $p = n$ Gruppen $E_2^{p,q} \neq 0$, also haben wir

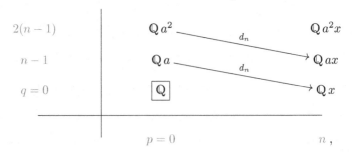

mit Generatoren $a \in H^{n-1}\big(K(\mathbb{Z}, n-1); \mathbb{Q}\big)$ und $x \in H^n(S^n; \mathbb{Q})$. Wie im vorigen Abschnitt ist $d_n(a^k) = k a^{k-1} x$ und daher sind alle hier gezeigten d_n Isomorphismen, weswegen sämtliche $E_n^{p,q}$ bis auf $E_n^{0,0}$ auf der E_{n+1}-Seite verschwinden. Daher ist $H^k(X; \mathbb{Q}) = 0$ für $k > 0$ und das Theorem für ungerades n bewiesen.

Beachten Sie den entscheidenden Fortschritt gegenüber dem ersten Versuch auf Seite 210. Die multiplikative Struktur der Spektralsequenz (Seite 219) garantierte zunächst die vollständige Berechnung des Koeffizientenrings $H^*\big(K(\mathbb{Z}, n-1); \mathbb{Q}\big)$ und damit alle Zeilen der E_2-Seite (Seite 211). Danach kam sie noch einmal zum Einsatz, um über die Derivationsregel $d_n(a^k) = ka^{k-1}x$ zu garantieren, dass alle Differentiale d_n über Koeffizienten in $\mathbb{Q}$ Isomorphismen sind.

Im zweiten Schritt des Beweises sei $n \geq 2$ gerade. Die E_n-Seite hat insgesamt nur vier Gruppen $\neq 0$ und damit die Gestalt

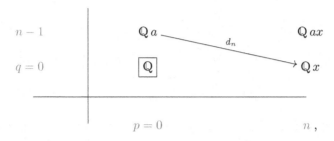

mit den Generatoren $a \in H^{n-1}\big(K(\mathbb{Z}, n-1); \mathbb{Q}\big)$ und $x \in H^n(S^n; \mathbb{Q})$. Beachten Sie $a^2 = 0$, denn der Kohomologiering $H^*\big(K(\mathbb{Z}, n-1); \mathbb{Q}\big)$ hat die Form $\mathbb{Q}[a]\big/(a^2)$ nach dem Satz auf Seite 211. Da X n-zusammenhängend ist, darf von den Gruppen $E_n^{0,n-1}$ und $E_n^{n,0}$ beim Übergang zur E_∞-Seite nichts übrig bleiben, sonst hätten $H^{n-1}(X; \mathbb{Q})$ und $H^n(X; \mathbb{Q})$ nichttriviale Filtrierungen. Also muss das Differential $d_n : \mathbb{Q}a \to \mathbb{Q}x$ ein Isomorphismus sein (weil diesen Gruppen ab der E_{n+1}-Seite nichts mehr passieren kann).

Weil wir wissen, dass oberhalb $q = n - 1$ keine Gruppen $\neq 0$ mehr vorkommen, bleibt $\mathbb{Q}ax$ bis zur E_∞-Seite bestehen und wir bekommen $H^{2n-1}(X; \mathbb{Q}) \cong \mathbb{Q}$. Die anderen Gruppen $E_n^{p,q}$ mit $n < p + q < 2n - 1$ waren ja schon auf der E_2-Seite verschwunden, dito für die Indizes $p + q > 2n - 1$. Zusammengefasst besitzt X also über $\mathbb{Q}$ die Kohomologiegruppen von S^{2n-1}, mithin auch deren Homologiegruppen und aus dem Theorem von HUREWICZ folgt $\pi_k(X) \otimes \mathbb{Q} = 0$ für $n < k < 2n - 1$ und $\pi_k(X) \otimes \mathbb{Q} \cong \mathbb{Q}$ für $k = 2n - 1$. Dies ist das Theorem von SERRE für gerade Dimensionen n bis einschließlich $\pi_{2n-1}(S^n)$.

Leider beendet die erste nicht-verschwindende Homotopiegruppe den Wirkungsbereich des Theorems von HUREWICZ, und auch die Verallgemeinerung modulo der SERRE-$\mathcal{C}$-Klassen (Seite 200) greift nicht.

Es hilft aber eine wahrlich geniale topologische Konstruktion. Durch Anheftung von Zellen der Dimensionen $\geq 2n$ an X entsteht ein Raum Y mit $\pi_k(Y) = 0$ für $k \geq 2n-1$ und $\pi_k(Y) = \pi_k(X)$ für $k < 2n-1$. Damit besitzt Y nur endliche Homotopiegruppen. Die Einbettung $i : X \hookrightarrow Y$ wandeln wir wieder in eine Faserung $F \to \Gamma_i(X, Y) \to Y$ um und erhalten mit der langen exakten Homotopiesequenz einen $(2n - 2)$-Zusammenhang von F sowie $\pi_k(F) \cong \pi_k\big(\Gamma_i(X, Y)\big) \cong \pi_k(X)$ für alle $k \geq 2n - 1$, beachten Sie die Homotopieäquivalenz $X \simeq \Gamma_i(X, Y)$, denn X ist ein Deformationsretrakt des Pfadraumes.

Mit diesen Informationen betrachten wir die Kohomologie-Spektralsequenz der Faserung $F \to \Gamma_i(X, Y) \to Y$ über Koeffizienten in $\mathbb{Q}$. Beachten Sie hierzu eine topologische Feinheit: Nach einer früheren Aufgabe zu Faserungen (Seite 122) können wir X, und damit auch Y, dank des Theorems von MILNOR (Seite 100) vom Typ eines CW-Komplexes annehmen und die Spektralsequenzen wie gewohnt konstruieren, ohne zusätzlich den Umweg über CW-Approximationen zu gehen.

Die E_2-Seite der Spektralsequenz stimmt mit der E_∞-Seite überein und hat wegen $H^k(Y; \mathbb{Q}) = 0$ für $k > 0$ die etwas seltsame Form

mit Gruppen $\neq 0$ nur bei $(p, q) = (0,0)$ und $(0, 2n - 1)$, denn für $q \geq 2n$ kann in der linken Spalte keine Gruppe $\neq 0$ mehr stehen, weil dies $H^q\big(\Gamma_i(X, Y)\big) \neq 0$ bedeuten würde, was wiederum wegen $\Gamma_i(X, Y) \simeq X$ nicht möglich war (X hatte über $\mathbb{Q}$ die Homologie von S^{2n-1}). Mit a als Generator von $H^{2n-1}(F; \mathbb{Q}) \cong \mathbb{Q}$ folgt offensichtlich $a^2 = 0$ und daher ist $H^*(F; \mathbb{Q}) \cong H^*(S^{2n-1}; \mathbb{Q})$.

Damit haben wir den entscheidenden Schritt getan, die Dimension $2n - 1$ ist ungerade und alle Homotopiegruppen π_k von F stimmen ab dem Index $k = 2n - 1$ mit denen von X überein. Wir wiederholen daher das gesamte Vorgehen bei den Sphären ungerader Dimension wörtlich für den Raum F. Es beginnt mit dem $(2n - 2)$-Zusammenhang von F, aus dem sich die Einbettung $F \hookrightarrow K(\mathbb{Z}, 2n - 2)$ konstruieren lässt. Über einen Pfadraum erhalten wir dann die Faserung $K(\mathbb{Z}, 2n - 2) \to Z \to F$ auf die gleiche Weise, wie es früher bei der Sphäre S^n gelungen ist, mit einem $(2n - 1)$-zusammenhängenden Raum Z, dessen Homotopiegruppen π_k für $k > 2n - 1$ mit denen von F übereinstimmen. Die Kohomologie-Spektralsequenz dieser Faserung lautet dann auf der E_{2n-1}-Seite

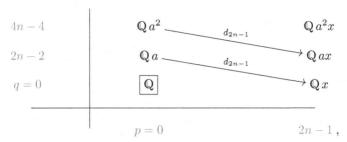

mit Generatoren $a \in H^{2n-2}\big(K(\mathbb{Z}, 2n - 2); \mathbb{Q}\big)$ und $x \in H^{2n-1}(F; \mathbb{Q})$. Wie im obigen Argument für n gerade sind alle hier gezeigten d_{2n-1} Isomorphismen, weswegen sämtliche $E_{2n-1}^{p,q}$ bis auf $E_{2n-1}^{0,0}$ auf der E_{2n}-Seite verschwinden. Daher ist $H^k(Z; \mathbb{Q}) = 0$ für $k > 0$ und nach HUREWICZ alle $\pi_k(Z)$ endlich. Für $k > 2n - 1$ ist damit auch $\pi_k(S^n) \cong \pi_k(X) \cong \pi_k(F) \cong \pi_k(Z)$ endlich. $\square$

Mit diesem Satz ist das große Ziel des Kapitels erreicht (bis auf die Multiplikation in den E_r-Seiten, Seite 226 ff). Das Theorem von SERRE über die höheren Homotopiegruppen von Sphären war in der Tat eine Sternstunde der Mathematik, bestechend einfach in der Aussage und Vollständigkeit, denn es gilt ausnahmslos für alle $\pi_k(S^n)$ mit $k > n$. Das Theorem bildete (nach 20 Jahren) einen krönenden Abschluss für die große Entdeckung von HOPF aus dem Jahr 1931, nach der $\pi_3(S^2) \cong \mathbb{Z}$ ist, die höheren Homotopiegruppen der Sphären also (im Gegensatz zu den Homologiegruppen) nicht trivial sind, [45][46]. Nicht von ungefähr hat SERRE hauptsächlich dafür (und für einige konkrete Resultate, die wir im abschließenden Kapitel besprechen) im Jahr 1954 die FIELDS-Medaille erhalten.

Die praktische Arbeit mit Spektralsequenzen, auch und besonders ihre geschickte Anwendung im Beweis des obigen Theorems, ist gar nicht so schwierig – das haben Sie inzwischen sicher bemerkt. Man muss die Seiten nur hinschreiben und genau aufpassen, wie die Gruppen auf den E_2-Seiten aussehen und sich der Verlauf gewisser Pfeile entwickelt. Die theoretischen Resultate können einfach benutzt werden und erledigen den Rest.

Eine ganz andere Sache ist es mit der formalen Konstruktion der Spektralsequenzen und der exakten Herleitung ihrer Eigenschaften. War die Abfolge der Treppendiagramme noch relativ einfach zu durchschauen, hatten wir mit den Sätzen über die Filtrierungen $(F^p_m)_{p\in\mathbb{Z}}$ oder $(F^m_p)_{p\in\mathbb{Z}}$ der Homologie oder Kohomologie des Totalraumes und die Gestalt der Gruppen auf den E^2- oder E_2-Seiten schon ernsthafte Hürden zu überwinden (Seiten 166 oder 170 ff). Es ist wohl kein Zufall, dass J. MCCLEARY in seinem umfassenden Werk zu Spektralsequenzen den ersten Abschnitt 1.1 mit „*There is a spectral sequence ...*" überschrieben hat und im Einführungskapitel zunächst nur Anwendungen motiviert, ohne die Theorie herzuleiten (was freilich einige Fragezeichen beim Lesen hervorruft), [71].

Nun denn, hier die leider nur mäßig gute Nachricht für alle Leser, die bis hierher tapfer durchgehalten haben: Der eigentliche Schrecken bei der Herleitung von Spektralsequenzen entsteht erst im Beweis der multiplikativen Struktur für die Kohomologie – und den müssen wir noch leisten.

In der Literatur zeigt sich hier kein befriedigendes Bild. So bricht der Entwurf eines fünften Kapitels zur *Algebraic Topology* von A. HATCHER mitten in der Konstruktion ohne Ergebnis ab, mit den Worten "*The argument we originally had for this was inadequate*", [39]. Auch M. HUTCHING aus Berkeley hat eine Abhandlung über das Thema veröffentlicht, [58]. Der Beweis einer multiplikativen Struktur auf den Spektralgruppen ist jedoch nur für die originäre algebraische Konstruktion von SERRE skizziert, [89], leider aber nicht für den Fall einer Faserung über einer CW-Basis, also für eine Filtrierung $(X_p)_{p\geq 0}$ von Räumen, die naturgemäß für Topologen interessanter ist. Die notwendigen Bedingungen seien zwar „*with a bit more work*" auch für diese Filtrierungen nachprüfbar, es gibt in dem Artikel aber keinen Hinweis darauf, wie das geschehen könnte.

Ähnlich verhält es sich bei dem schon erwähnten Werk von J. MCCLEARY, [71], vielleicht die vollständigste Abhandlung dieses Themas, aber auch darin wird keine multiplikative Struktur für CW-basierte Filtrierungen hergeleitet, sondern nur für die algebraischen Filtrierungen aus der Originalarbeit von SERRE.

Erst seit etwa 2016 lichteten sich die Nebel, hauptsächlich durch Quellen aus dem Internet. Neben Beiträgen von S. GOETTE und J. ROGNES, [35], auf Basis der klassischen CARTAN-Seminarnotizen von A. DOUADY über ein allgemeineres Problem (in dem unsere Fragestellung enthalten ist), [26], sind hier in erster Linie die Vorlesungsnotizen von F. HEBESTREIT, A. KRAUSE und T. NIKOLAUS aus dem Jahr 2017 zu nennen, [40].

Die unübersichtliche Quellenlage erschwert das Verständnis der komplizierten Materie doch erheblich. Im folgenden Abschnitt wird das gesamte Material sortiert und ein durchgängig topologischer Beweis der multiplikativen Struktur auf Basis von CW-Filtrierungen gegeben.

7.4 Eine Multiplikation für die Gruppen $E_r^{p,q}$

In diesem Abschnitt besprechen wir, fast im Stil eines Anhangs, das noch fehlende zentrale Resultat und zeigen, dass die oben (Seite 213) definierte Bilinearform

$$\Phi_1 : E_1^{p,q} \times E_1^{s,t} \longrightarrow E_1^{p+s,q+t}, \qquad (\alpha, \beta) \mapsto \widetilde{\Delta}^*(\alpha \times \beta)$$

auf allen $E_r^{p,q}$-Seiten eine multiplikative Struktur definiert, die eine LEIBNIZ-Regel erfüllt. Der Beweis nimmt den gesamten Rest des Kapitels ein (bis Seite 250).

Theorem (multiplikative Struktur in der Serre-Spektralsequenz)

In der SERRE-Spektralsequenz für die Kohomologie gibt es für $1 \le r \le \infty$ eine bilineare Abbildung

$$\Phi_r : E_r^{p,q} \times E_r^{s,t} \longrightarrow E_r^{p+s,q+t}, \quad (\alpha, \beta) \mapsto \alpha\beta,$$

bezüglich der sich das Differential d_r **alternierend derivativ** im Sinne einer LEIBNIZ-Regel verhält: $d_r(\alpha\beta) = d_r(\alpha)\beta + (-1)^{p+q}\alpha d_r(\beta)$.

Auf der E_1-Seite ist $\alpha\beta = \Phi_1(\alpha, \beta)$ wie früher definiert (Seite 213) und dies induziert Φ_r auf allen höheren Seiten (über Subquotientenbildung).

Die Schwierigkeiten des Beweises kommen daher, dass der naheliegende Weg nicht funktioniert, obwohl er vielversprechend beginnt: Die LEIBNIZ-Regel wird von der Bilinearform Φ_1 per definitionem erfüllt, denn das Kreuzprodukt bringt sie mit. Wie früher gesehen, induziert Φ_1 dann über Repräsentanten eine Multiplikation Φ_2 auch auf der E_2-Seite. An dieser Stelle passiert aber plötzlich das fast schon Unvorstellbare: Es gibt (bis heute) keinen Ansatz, die LEIBNIZ-Regel für Φ_2 direkt zu beweisen. Das ist sehr schade, denn damit würden die Chancen gut stehen, induktiv fortzufahren und das Theorem für jede E_r-Seite zu zeigen.

In der Tat kann man bei den Beweisversuchen regelrecht verrückt werden, weil man sich immer wieder kurz vor dem Ziel wähnt und am Ende doch scheitert. (Zu den Gründen sei nur kurz gesagt, dass der Mechanismus der Treppendiagramme, genauer: die Verschiebung der $A^{p,q}$-Gruppen mit den Homomorphismen i^*, einen Wechsel der Skelette X_p erfordert, den man einfach nicht in den Griff bekommt.)

Nein, man muss den Beweis grundlegend anders beginnen, auf einer „E_0-Seite", in der man es nicht mit Elementen in $H^{p+q}(X_p, X_{p-1})$ zu tun hat, sondern direkt mit Koketten in $C^{p+q}(X_p, X_{p-1})$. Damit erhält man mehr Rechenstruktur, um die Multiplikation explizit von Grund auf neu zu konstruieren. Wenn dann nach viel technischer Feinarbeit alles bewiesen ist, werden wir erst im Nachgang erkennen, dass auf der E_1-Seite nichts anderes definiert wurde als Φ_1.

Der **Beweis** des Theorems beginnt dann mit einem entscheidenden (und durchaus überraschenden) Schritt, einem Wechsel der Perspektive auf die Konstruktion der Treppendiagramme. Hier müssen wir nun doch für den eleganten Ansatz Tribut zollen, in der Kohomologie einfach alle Pfeile aus der Homologiekonstruktion umgedreht zu haben.

Kurz zur Erinnerung: Das Treppendiagramm der Homologie (Seite 159) entstand aus langen exakten Kohomologiesequenzen zu den kurzen exakten Sequenzen von Kettenkomplexen

$$0 \longrightarrow C_*(X_{p-1}) \longrightarrow C_*(X_p) \longrightarrow C_*(X_p)/C_*(X_{p-1}) \longrightarrow 0.$$

Konsequentes Umdrehen aller Pfeile (durch Hom-Dualisierung) liefert dann kurze exakte Sequenzen der Gestalt

$$0 \longrightarrow C^*(X_p)/C^*(X_{p-1}) \longrightarrow C^*(X_p) \longrightarrow C^*(X_{p-1}) \longrightarrow 0,$$

welche die langen exakten Kohomologiesequenzen der Paare (X_p, X_{p-1}) und damit die Stufen des Treppendiagramms für die Kohomologie lieferten (Seite 187). Der Homomorphismus rechts ist übrigens die Einschränkung eines Homomorphismus $C_*(X_p) \to \mathbb{Z}$ auf die Ketten mit Träger in X_{p-1}, der Quotient links besteht aus allen Homomorphismen $C_*(X_p) \to \mathbb{Z}$, die auf X_{p-1} verschwinden. Will man sich nun konkret mit Koketten beschäftigen, benötigt man eine passende Filtrierung des Komplexes $C^*(X)$, welche die gleiche E_1-Seite und damit die gleiche Spektralsequenz definiert, die wir schon kennen. Hier scheint es naheliegend, die Untergruppen $C^*(X_p) \subseteq C^*(X)$ selbst zu nehmen. Das sind die Homomorphismen $C_*(X) \to \mathbb{Z}$, welche auf allen singulären Ketten verschwinden, deren Träger nicht in X_p enthalten ist. Beachten Sie aber bitte eine Feinheit: Die $C^*(X_p)$ bilden keine Filtrierung von $C^*(X)$, denn ihre Vereinigung ist nicht ganz $C^*(X)$. Nur eine spezielle Beobachtung garantierte, dass die Konstruktion der Spektralsequenz in der Kohomologie genauso funktionierte wie in der Homologie (Seite 188).

Die Quotienten $C^{p+q}(X_p)/C^{p+q}(X_{p-1})$ kann man nun als Gruppen $E_0^{p,q}$ einer „E_0-Seite" der Spektralsequenz interpretieren, mit dem Differential

$$\delta : C^{p+q}(X_p)/C^{p+q}(X_{p-1}) \longrightarrow C^{p+q+1}(X_p)/C^{p+q+1}(X_{p-1}),$$

das einen Homomorphismus $d_0 : E_0^{p,q} \to E_0^{p,q+1}$ bildet und für den Index $r = 0$ genau in das Muster $d_r : E_r^{p,q} \longrightarrow E_r^{p+r,q-r+1}$ passt. Die Gruppen $E_r^{p,q}$ auf den höheren Seiten entstehen dann als sukzessive Subquotienten $E_{r+1}^{p,q} = Z_r^{p,q}/B_r^{p,q}$, wobei $Z_r^{p,q} = \mathrm{Ker}(d_r)$ und $B_r^{p,q} = \mathrm{Im}(d_r)$ ist. Die Kerne bilden absteigende Sequenzen $Z_r^{p,q} \supseteq Z_{r+1}^{p,q}$ und die Bilder aufsteigende Sequenzen $B_r^{p,q} \subseteq B_{r+1}^{p,q}$ in $E_0^{p,q} = C^{p+q}(X_p)/C^{p+q}(X_{p-1})$ und daher auch in der Gruppe $C^{p+q}(X_p)$.

Auf diese Weise gelangt man zu der Vorstellung, dass jedes Element in $E_r^{p,q}$ letztlich eine Kokette in $C^{p+q}(X_p)$ als Repräsentanten hat. Es gibt nun eine sehr nützliche (weil explizite) Darstellung für die Gruppen $Z_r^{p,q}$ und $B_r^{p,q}$, inklusive des Differentials d_r.

Beobachtung 1: Mit den obigen Bezeichnungen gilt

$$Z_r^{p,q} = j^{-1}\big(\mathrm{Im}(i^r)\big) \quad \text{und} \quad B_r^{p,q} = \delta\big(\mathrm{Ker}(i^r)\big),$$

wobei i, j und δ die Homomorphismen im Treppendiagramm für die Kohomologie sind (Seite 187).

Für ein $[x] \in E_r^{p,q}$, repräsentiert durch ein $x \in C^{p+q}(X_p)$, gilt $d_r[x] = [\delta(y)]$ genau dann, wenn $y \in C^{p+q}(X_{p+r-1})$ ist, mit $[j(x)] = i^{r-1}[y]$.

Zum **Beweis** ist nicht viel zu sagen, denn die Aussage rekapituliert nur in der Sprache der Kokettengruppen, wie die sukzessiven Treppendiagramme funktionieren (Seite 187). Hier noch einmal das Diagramm zum besseren Überblick:

$$H^{m+1}(X_p, X_{p-1}) \xleftarrow{\;\delta\;} H^m(X_{p-1}) \xleftarrow{\;j\;} H^m(X_{p-1}, X_{p-2}) \xleftarrow{\;\delta\;} H^{m-1}(X_{p-2})$$

$$\uparrow i \qquad\qquad\qquad\qquad\qquad\qquad\qquad\qquad \uparrow i$$

$$H^{m+1}(X_{p+1}, X_p) \xleftarrow{\;\delta\;} H^m(X_p) \xleftarrow{\;j\;} H^m(X_p, X_{p-1}) \xleftarrow{\;\delta\;} H^{m-1}(X_{p-1})$$

$$\uparrow i \qquad\qquad\qquad\qquad\qquad\qquad\qquad\qquad \uparrow i$$

$$H^{m+1}(X_{p+2}, X_{p+1}) \xleftarrow{\;\delta\;} H^m(X_{p+1}) \xleftarrow{\;j\;} H^m(X_{p+1}, X_p) \xleftarrow{\;\delta\;} H^{m-1}(X_p).$$

Versuchen Sie dann vielleicht als **Übung**, sich die Konstruktion noch einmal klarzumachen. Beginnen Sie mit $r = 1$, in diesem Fall ist $d_1[x] = [\delta j(x)]$ direkt ablesbar, und $[j(x)] = i^{r-1}[y] = [y]$ stimmt auch. Bei jeder Erhöhung des Seitenindex r werden die absoluten Gruppen $H^m(X_p)$ mit den Homomorphismen i um einen Schritt nach oben geschoben und danach erst mit δ ein Schritt nach links gegangen. So muss das Element y tatsächlich von der Gruppe $C^{p+q}(X_{p+r-1})$ stammen, damit $i^{r-1}(y) \in H^{p+q}(X_p)$ liegen kann.

Die Formeln für die Gruppen $Z_r^{p,q}$ und $B_r^{p,q}$ lassen sich ebenfalls einfach finden, verwenden Sie dazu die Exaktheit der Treppenstufen in dem Diagramm (eine Stufe ist fett hervorgehoben). In der Tat erhält man damit die ganze Spektralsequenz allein aus der E_0-Seite, also aus den filtrierten Kokettengruppen $C^*(X)$. $\quad\square$

Der Hilfssatz verschafft uns nun eine Fülle neuer Möglichkeiten, um explizit mit den Elementen der Gruppen $E_r^{p,q}$ zu rechnen. Das Problem, ja fast schon eine Art Ironie ist aber, dass mit diesen Möglichkeiten die Schwierigkeiten des Beweises erst beginnen. Wir stehen hier an genau dem Punkt, an dem alle Beweisversuche scheitern und nur der oben schon erwähnte, grundlegende Perspektivwechsel den Stein ins Rollen bringt: In der Kohomologie werden nicht nur alle Pfeile der Homologie umgedreht, sondern es werden auch – bei konsequentem Vorgehen – alle algebraischen Objekte zu ihren dualen Objekten (zum Beispiel Kerne zu Kokernen).

Dementsprechend wählen wir nun eine absteigende Filtrierung des Kokettenkomplexes in Form der Gruppen von Kokernen

$$\mathcal{F}_p^*(X) = C^*(X)\big/C^*(X_{p-1})\,,$$

also allen Homomorphismen $C_*(X) \to \mathbb{Z}$, die auf den singulären Ketten mit Träger in X_{p-1} verschwinden. Wir vereinfachen die Notation noch und schreiben für $\mathcal{F}_p^*(X)$ kurz $\mathcal{F}_p^*$. Klarerweise ist $\mathcal{F}_p^* \supseteq \mathcal{F}_{p+1}^*$ und $\mathcal{F}_0^* = C^*(X)$. Eine einfache Überlegung zeigt außerdem $\bigcap_{p \geq 0} \mathcal{F}_p^* = \{0\}$, weswegen die Gruppen $\mathcal{F}_p^i$ eine absteigende Filtrierung der Kokettengruppen $C^i(X)$ darstellen. Nun haben wir die kurze exakte Sequenz

$$0 \longrightarrow \mathcal{F}_{p+1}^* \xrightarrow{\;\widetilde{i}\;} \mathcal{F}_p^* \xrightarrow{\;\widetilde{j}\;} \mathcal{F}_p^*\big/\mathcal{F}_{p+1}^* \longrightarrow 0\,,$$

in der die Abbildungen mit $\widetilde{i}$ und $\widetilde{j}$ bezeichnet sind, um Verwechslungen mit dem obigen Treppendiagramm zu vermeiden. Das Vorgehen, aus einem filtrierten Komplex $C^*(X)$ eine Spektralsequenz zu bilden, funktioniert nun auch für die kurze exakte (Ko-)Sequenz mit den Komplexen $\mathcal{F}_p^*$. Es ergibt sich, wieder mit $m = p + q$, das Treppendiagramm

$$
\begin{array}{ccccccc}
H^{m+1}\!\left(\dfrac{\mathcal{F}_p^*}{\mathcal{F}_{p+1}^*}\right) & \xleftarrow{\;\widetilde{j}\;} & H^{m+1}\!\left(\mathcal{F}_p^*\right) & \xleftarrow{\;\widetilde{\delta}\;} & H^m\!\left(\dfrac{\mathcal{F}_{p-1}^*}{\mathcal{F}_p^*}\right) & \xleftarrow{\;\widetilde{j}\;} & H^m\!\left(\mathcal{F}_{p-1}^*\right) \\[2ex]
& & \big\uparrow{\scriptstyle\widetilde{i}} & & & & \big\uparrow{\scriptstyle\widetilde{i}} \\[1ex]
H^{m+1}\!\left(\dfrac{\mathcal{F}_{p+1}^*}{\mathcal{F}_{p+2}^*}\right) & \xleftarrow{\;\widetilde{j}\;} & H^{m+1}\!\left(\mathcal{F}_{p+1}^*\right) & \xleftarrow{\;\widetilde{\delta}\;} & H^m\!\left(\dfrac{\mathcal{F}_p^*}{\mathcal{F}_{p+1}^*}\right) & \xleftarrow{\;\widetilde{j}\;} & H^m\!\left(\mathcal{F}_p^*\right) \\[2ex]
& & \big\uparrow{\scriptstyle\widetilde{i}} & & & & \big\uparrow{\scriptstyle\widetilde{i}} \\[1ex]
H^{m+1}\!\left(\dfrac{\mathcal{F}_{p+2}^*}{\mathcal{F}_{p+3}^*}\right) & \xleftarrow{\;\widetilde{j}\;} & H^{m+1}\!\left(\mathcal{F}_{p+2}^*\right) & \xleftarrow{\;\widetilde{\delta}\;} & H^m\!\left(\dfrac{\mathcal{F}_{p+1}^*}{\mathcal{F}_{p+2}^*}\right) & \xleftarrow{\;\widetilde{j}\;} & H^m\!\left(\mathcal{F}_{p+1}^*\right)\,.
\end{array}
$$

Die zugehörige Spektralsequenz sei mit $\widetilde{E}_*$ bezeichnet. In völliger Analogie zu der originären Sequenz aus dem Diagramm zu den Paaren (X_p, X_{p-1}), existieren nun Möglichkeiten, um die Gruppen $\widetilde{E}_r^{p,q}$ und Differentiale $\widetilde{d}^r$ auf der Grundlage von (relativen) Koketten in den Gruppen $\mathcal{F}_p^*$ zu berechnen.

Beobachtung 2: Mit den obigen Bezeichnungen ist $\widetilde{E}_{r+1}^{p,q} = \widetilde{Z}_r^{p,q}\big/\widetilde{B}_r^{p,q}$, wobei

$$\widetilde{Z}_r^{p,q} = \widetilde{\delta}^{-1}\big(\operatorname{Im}(\widetilde{i}^{\,r})\big) \qquad \text{und} \qquad \widetilde{B}_r^{p,q} = \widetilde{j}\big(\operatorname{Ker}(\widetilde{i}^{\,r})\big)\,.$$

Für ein $[x] \in E_r^{p,q}$, repräsentiert durch ein $x \in \mathcal{F}_p^{p+q}$, gilt $\widetilde{d}^{\,r}[x] = [\widetilde{j}(y)]$ genau dann, wenn $y \in \mathcal{F}_{p+r}^{p+q+1} \subseteq \mathcal{F}_p^{p+q+1}$, mit $[\widetilde{\delta}x] = \widetilde{i}^{\,r-1}[y]$. $\qquad\Box$

Erkennen Sie den kleinen, aber feinen Unterschied zu Beobachtung 1 oben? Er liegt in der letzten Zeile, dort ist $y \in \mathcal{F}_{p+r}^{p+q+1}$ in $\mathcal{F}_p^{p+q+1}$ enthalten, über die gewöhnliche Inklusion – in Beobachtung 1 bestand zwischen $C^{p+q}(X_{p+r-1})$ und $C^{p+q}(X_p)$ keine derartige Inklusionsbeziehung. Dieser Unterschied wird später wichtig, wenn wir die LEIBNIZ-Regel für die Multiplikation beweisen (Seite 236 f).

Doch zunächst müssen wir sicherstellen, dass der Übergang von der Spektral-sequenz E_* zu $\widetilde{E}_*$ problemlos möglich ist.

Beobachtung 3: Die Spektralsequenz E_*, die aus den langen exakten Koho-mologiesequenzen der Raumpaare (X_p, X_{p-1}) entsteht (Seite 187), ist isomorph zu der Spektralsequenz $\widetilde{E}_*$ aus der absteigenden Filtrierung von $C^*(X)$ durch die Gruppen $\mathcal{F}_p^* = C^*(X)/C^*(X_{p-1})$.

Für den **Beweis** betrachten wir die langen exakten Kohomologiesequenzen aus beiden Treppendiagrammen und verbinden sie durch Homomorphismen γ und δ^* zu einem kommutativen Diagramm

$$\begin{array}{ccccccc}
H^m\left(X_p, X_{p-1}\right) & \xrightarrow{j} & H^m(X_p) & \xrightarrow{i} & H^m(X_{p-1}) & \xrightarrow{\delta} & H^{m+1}\left(X_p, X_{p-1}\right) \\
\downarrow{\scriptstyle\gamma} & & \downarrow{\scriptstyle\delta^*} & & \downarrow{\scriptstyle\delta^*} & & \downarrow{\scriptstyle\gamma} \\
H^m\left(\frac{\mathcal{F}_p^*}{\mathcal{F}_{p+1}^*}\right) & \xrightarrow{\widetilde{\delta}} & H^{m+1}\left(\mathcal{F}_{p+1}^*\right) & \xrightarrow{\widetilde{i}} & H^{m+1}\left(\mathcal{F}_p^*\right) & \xrightarrow{\widetilde{j}} & H^{m+1}\left(\frac{\mathcal{F}_p^*}{\mathcal{F}_{p+1}^*}\right)
\end{array}.$$

Die γ kommen von den Isomorphismen $\gamma : C^m(X_p)/C^m(X_{p-1}) \to \mathcal{F}_p^m/\mathcal{F}_{p+1}^m$ aus dem Homomorphiesatz

$$C^m(X_p)/C^m(X_{p-1}) \;\cong\; \frac{C^m(X)/C^m(X_{p-1})}{C^m(X)/C^m(X_p)} \;\cong\; \mathcal{F}_p^m/\mathcal{F}_{p+1}^m.$$

Beachten Sie für das bessere Verständnis noch einmal das Zustandekommen der langen exakten Kohomologiesequenzen: Für ein Raumpaar (B, A) existiert eine spaltende kurze exakte Sequenz

$$0 \longrightarrow C^*(B)/C^*(A) \longrightarrow C^*(B) \longrightarrow C^*(A) \longrightarrow 0$$

von Kokettenkomplexen (die senkrecht verlaufen). Die Spaltung $C^*(A) \to C^*(B)$ ist die triviale Fortsetzung und $C^*(B)/C^*(A)$ isomorph zu der Untergruppe aller $c^* \in C^*(B)$, die auf den Simplizes in A' verschwinden. Offensichtlich bedeutet dies $C^*(B)/C^*(A) \oplus C^*(A) \cong C^*(B)$. In der langen exakten Kohomologiesequenz

$$\longrightarrow\ H^m(B, A) \xrightarrow{j} H^m(B) \xrightarrow{i} H^m(A) \xrightarrow{\delta} H^{m+1}(B, A)\ \longrightarrow$$

ist $j(c^*) = c^*$ auf Kokettenebene, $i(c^*)$ die Einschränkung auf A und für Kozyklen $z^* \in C^m(A)$ und repräsentierende Ketten $a \in C_{m+1}(B)$ ist $\delta(z^*)(a) = z^*(\partial a|_A)$.

Die senkrechten Homomorphismen δ^* in dem Diagramm sind dann Teil der langen exakten Kohomologiesequenzen der Raumpaare (X, X_p) und (X, X_{p-1}). So gilt für Kozyklen $z^* \in C^m(X_p)$ und $a \in C_{m+1}(X)$ die Formel $\delta^*(z^*)(a) = z^*(\partial a|_{X_p})$, dito für das Paar (X, X_{p-1}).

Für einen Repräsentanten $c^* \in C^m(X_p)$ ist $\gamma(c^*) \in \mathcal{F}_p^m/\mathcal{F}_{p+1}^m$ gegeben durch die triviale Fortsetzung von c^* auf X und die Annullierung auf X_{p-1}. Für eine Kette $a \in C_m(X)$ gilt damit $\gamma(c^*)(a) = c^*(a|_{X_p}) - c^*(a|_{X_{p-1}})$.

Man braucht dann zunächst die Kommutativität des obigen Diagramms. Wir betrachten hierfür zuerst das linke Quadrat und müssen $\delta^* j = \widetilde{\delta}\gamma$ zeigen. Es sei dazu $c^* \in C^m(X_p)/C^m(X_{p-1})$ Repräsentant eines Elements in $H^m(X_p, X_{p-1})$. Wegen $j(c^*) = c^*$ folgt für alle Ketten $a \in C_{m+1}(X)$

$$\delta^* j(c^*)(a) = j(c^*)(\partial a|_{X_p}) = c^*(\partial a|_{X_p}) - 0 = c^*(\partial a|_{X_p}) - c^*(\partial a|_{X_{p-1}})$$
$$= \gamma(c^*)(\partial a) = \widetilde{\delta}\gamma(c^*)(a).$$

Beachten Sie bei der dritten Gleichung, dass wir von $c^*|_{X_{p-1}} = 0$ ausgehen können, denn c^* war eine Kokette modulo $C^m(X_{p-1})$. Halten wir fest, dass die Kommutativität des Diagramms im linken Quadrat bereits auf Ebene der Kokettengruppen gegeben ist.

Sehen wir uns nun das mittlere Quadrat an. Wir müssen $\delta^* i = \widetilde{i}\delta^*$ zeigen und starten mit einem Repräsentanten $c^* \in C^m(X_p)$. Für Ketten $a \in C_m(X_p)$ ist dann $i(c^*)(a) = c^*(a|_{X_{p-1}})$ nach der langen exakten Kohomologiesequenz des Paares (X_p, X_{p-1}), also ist $i(c^*)$ die Annullierung außerhalb von X_{p-1}. Dann haben wir für eine Kette $b \in C_{m+1}(X)$

$$\delta^* i(c^*)(b) = i(c^*)(\partial b|_{X_{p-1}}) = c^*(\partial b|_{X_{p-1}}).$$

Andererseits ist $\delta^*(c^*)(b) = c^*(\partial b|_{X_p})$ und mit $\widetilde{i} = \mathrm{id}_{C^{m+1}(X)}$ gilt

$$\widetilde{i}\delta^*(c^*)(b) = \delta^*(c^*)(b) = c^*(\partial b|_{X_p}).$$

Für die Differenz gilt mit $[c^*] = c^* \bmod C^m(X_{p-1})$, also $j[c^*] = c^*|_{X_p} - c^*|_{X_{p-1}}$,

$$\begin{aligned}\left(\widetilde{i}\delta^*(c^*) - \delta^* i(c^*)\right)(b) &= c^*(\partial b|_{X_p}) - c^*(\partial b|_{X_{p-1}}) \\ &= \left(c^*|_{X_p} - c^*|_{X_{p-1}}\right)(\partial b|_{X_p}) \\ &= j[c^*](\partial b|_{X_p}) = \delta^* j[c^*](b) \\ &= \widetilde{\delta}\gamma[c^*](b) = \widetilde{i}\widetilde{\delta}\gamma[c^*](b).\end{aligned}$$

Modulo Korändern ist dann $\left[\widetilde{i}\delta^*(c^*) - \delta^* i(c^*)\right] = \left[\widetilde{i}\widetilde{\delta}\gamma[c^*]\right] = 0$ und damit die Kommutativität des mittleren Quadrats bewiesen.

Für das rechte Quadrat sei ein Kozyklus $z^* \in C^m(X_{p-1})$ gegeben. Dann gilt für $a \in C_{m+1}(X_p)$

$$\delta(z^*)(a) = z^*(\partial a|_{X_{p-1}}),$$

mithin $\gamma\delta(z^*)(b) = \delta(z^*)(b|_{X_p}) - \delta(z^*)(b|_{X_{p-1}})$ für $b \in C_{m+1}(X)$.

Auf dem anderen Weg um das Quadrat erhalten wir $\delta^*(z^*)(b) = z^*(\partial b|_{X_{p-1}})$. Wegen $\widetilde{j}(c^*)(b) = c^*(b|_{X_p}) - c^*(b|_{X_{p-1}})$, für $c^* \in C^{m+1}(X)$, ergibt sich damit

$$\widetilde{j}\delta^*(z^*)(b) = \delta^*(z^*)(b|_{X_p}) - \delta^*(z^*)(b|_{X_{p-1}}) = \gamma\delta(z^*)(b),$$

denn auf Ketten mit Träger in X_p ist offensichtlich $\delta(z^*) = \delta^*(z^*)$. Damit ist $\widetilde{j}\delta^* = \gamma\delta^*$, wieder direkt auf Ebene der Koketten.

Nachdem die Kommutativität des Diagramms steht, kümmern wir uns noch um die Gruppen $H^m(X_p, X_{p-1})$ und $H^m(\mathcal{F}_p^*/\mathcal{F}_{p+1}^*)$. Nach dem Homomorphiesatz ist $\gamma : C^m(X_p)/C^m(X_{p-1}) \to \mathcal{F}_p^m/\mathcal{F}_{p+1}^m$ ein Isomorphismus. Wenn es dann gelingt, die Kommutativität von γ mit den Operatoren δ und $\widetilde{\delta}$ der beiden relativen Kokettenkomplexe zu zeigen (Koketten-Homomorphismus), wäre auch $\gamma : H^m(X_p, X_{p-1}) \to H^m(\mathcal{F}_p^*/\mathcal{F}_{p+1}^*)$ ein Isomorphismus. Das Diagramm

$$
\begin{array}{ccc}
C^m(X_p)/C^m(X_{p-1}) & \xrightarrow{\ \ \delta\ \ } & C^{m+1}(X_p)/C^{m+1}(X_{p-1}) \\
\downarrow{\gamma} & & \downarrow{\gamma} \\
\mathcal{F}_p^m/\mathcal{F}_{p+1}^m & \xrightarrow{\ \ \widetilde{\delta}\ \ } & \mathcal{F}_p^{m+1}/\mathcal{F}_{p+1}^{m+1}
\end{array}
$$

verdeutlicht die Aufgabe. Es sei dazu wieder $c^* \in C^m(X_p)/C^m(X_{p-1})$ ein Repräsentant, mit $c^*|_{X_{p-1}} = 0$. Die Elemente der Gruppe rechts unten sind determiniert durch ihre Wirkung auf Ketten mit Träger in X_p. Dann ist für ein $a \in C_{m+1}(X_p)$

$$\widetilde{\delta}\gamma(c^*)(a) \;=\; \gamma(c^*)(\partial a) \;=\; c^*(\partial a|_{X_p}) - c^*(\partial a|_{X_{p-1}}) \;=\; c^*(\partial a) \quad \text{und}$$

$$\gamma\delta(c^*)(a) \;=\; \delta(c^*)(a|_{X_p} - a|_{X_{p-1}}) \;=\; c^*\big(\partial(a|_{X_p}) - \partial(a|_{X_{p-1}})\big) \;=\; c^*(\partial a)\,,$$

mithin $\widetilde{\delta}\gamma = \gamma\delta$. Also sind die Komplexe $C^*(X_p)/C^*(X_{p-1})$ und $\mathcal{F}_p^*/\mathcal{F}_{p+1}^*$ isomorph und alle $\gamma : H^m(X_p, X_{p-1}) \to H^m(\mathcal{F}_p^*/\mathcal{F}_{p+1}^*)$ Isomorphismen.

Nun haben wir alle Zutaten beisammen, um Beobachtung 3 mit einer bemerkenswerten Argumentation zu beweisen. Wir verwenden dabei die Darstellung von $E_r^{p,q}$ als Quotient $Z_{r-1}^{p,q}/B_{r-1}^{p,q}$ gemäß Seite 228, dito für $\widetilde{E}_r^{p,q}$ als Quotient $\widetilde{Z}_{r-1}^{p,q}/\widetilde{B}_{r-1}^{p,q}$ gemäß Seite 229. Sowohl die Untergruppen $Z_{r-1}^{p,q}$, $B_{r-1}^{p,q}$, $\widetilde{Z}_{r-1}^{p,q}$ und $\widetilde{B}_{r-1}^{p,q}$ als auch die Differentiale d_r und $\widetilde{d}^r$ waren in den Treppendiagrammen mit den Homomorphismen i, j und δ oder eben $\widetilde{i}$, $\widetilde{j}$ und $\widetilde{\delta}$ aus langen exakten Kohomologiesequenzen definiert, sie ergaben sich dort aus einfachen Diagrammjagden. Nun stellen Sie sich die Treppendiagramme übereinander vor, die Gruppen der Spektralsequenz E_r liegen über den passenden Gruppen von $\widetilde{E}_r$ und sind auf der E_1-Seite durch die Homomorphismen γ und δ^* verbunden (beachten Sie $m = p + q - 1$).

Das entstehende (dreidimensionale) Diagramm kommutiert an jeder Stelle und sie können alle für die Gruppen $E_r^{p,q}$ oder das Differential d_r nötigen Diagrammjagden mit γ und δ^* induktiv nach r vom oberen auf das untere Treppendiagramm übertragen, um zu sehen, dass die γ für alle $1 \le r \le \infty$ Isomorphismen $\gamma : E_r^{p,q} \to \widetilde{E}_r^{p,q}$ induzieren, die mit den Differentialen d_r und $\widetilde{d}^r$ kommutieren. Sehen wir uns dazu den Induktionsanfang an.

Für $r = 1$ bewirkt die Verträglichkeit der Isomorphismen $\gamma : E_1^{p,q} \to \widetilde{E}_1^{p,q}$ mit den Differentialen d_1 und $\widetilde{d}_1$, dass hier ein Kettenisomorphismus der E_1-Seiten vorliegt. Also erzeugen die γ auch Isomorphismen $\gamma : E_2^{p,q} \to \widetilde{E}_2^{p,q}$ der Homologiegruppen dieser Komplexe.

Die Verträglichkeit mit den Differentialen d_2 und $\widetilde{d}_2$ liefert dann einen Isomorphismus der Kettenkomplexe auf den E_2-Seiten und es folgt die Isomorphie $\gamma : E_3^{p,q} \to \widetilde{E}_3^{p,q}$ auf den E_3-Seiten (wieder inklusive der Verträglichkeit mit den Differentialen). Fährt man induktiv so fort und nutzt beim Übergang $r \to \infty$ die Stabilisierung auf den E_∞-Seiten, ergibt sich Beobachtung 3 unmittelbar. $\square$

Eine kleine **Nachbemerkung** erleichtert das Verständnis dafür, was hier eigentlich passiert ist. Die lange exakte Kohomologiesequenz zur kurzen exakten Sequenz

$$0 \longrightarrow \mathcal{F}_{p+1}^* \xrightarrow{\widetilde{i}} \mathcal{F}_p^* \xrightarrow{\widetilde{j}} \mathcal{F}_p^*/\mathcal{F}_{p+1}^* \longrightarrow 0$$

entspricht der langen exakten Kohomologiesequenz des Raumtripels (X, X_p, X_{p-1}). Das ist durch genaues Nachvollziehen der bisherigen Techniken und der Definitionen schnell zu sehen: Zum einen gilt $H^m(\mathcal{F}_p^*) \cong H^m(X, X_{p-1})$ und entsprechend $H^m(\mathcal{F}_{p+1}^*) \cong H^m(X, X_p)$ wegen der guten Raumpaare in B gemäß den bekannten Argumenten (Seite 171), und mit dem Homomorphiesatz ist außerdem $H^m(\mathcal{F}_p^*/\mathcal{F}_{p+1}^*) \cong H^m(X_p, X_{p-1})$. Der Rest ist die Definition der langen exakten Kohomologiesequenz für Raumtripel (analog zu Seite I-263 für die Homologie).

> **Zusammenfassung:** Die Spektralsequenz E_* aus den Raumpaaren (X_p, X_{p-1}) ist isomorph zur Spektralsequenz $\widetilde{E}_*$ aus den Raumtripeln (X, X_p, X_{p-1}).

Warum dieser Wechsel in der Perspektive? Wie schon gesagt (Seite 226), kann die multiplikative Struktur in der Kohomologie-Spektralsequenz nicht mit der Dualisierung der Homologie-Treppendiagramme konstruiert werden, so elegant man mit ihnen auch die Spektralsequenzen selbst herleiten konnte. Es war zunächst der Fokus auf Koketten notwendig („E_0-Seite"), um mehr Rechenstruktur zu erhalten.

Doch auch dies lieferte keine echten Fortschritte. Es reicht nicht, sich direkt mit den Koketten in $C^*(X)$ zu befassen, denn die Filtrierung $C^*(X_{p-1}) \subseteq C^*(X_p)$ der Gruppen $C^*(X)$ führt nicht zum Ziel (obwohl die Dualisierung aus der Homologie die Sequenz $0 \to C^*(X_p)/C^*(X_{p-1}) \xrightarrow{j} C^*(X_p) \xrightarrow{i} C^*(X_{p-1}) \to 0$ ergibt und damit auf natürliche Weise eine solche Filtrierung herauskommen würde). Aus diesem Grund kann es auch nicht mehr das Cup-Produkt in $C^*(X)$ sein, das die Multiplikation auf allen Seiten E_* induziert – selbst wenn dies auf der E_1- und der E_2-Seite funktionierte und deswegen naheliegend erscheint (Seite 217).

Nein, wir werden uns für die Multiplikation in E_* auf die **absteigende Filtrierung** $\mathcal{F}_p^*$ konzentrieren, denn allein sie birgt den magischen Schlüssel für den Beweis des Theorems auf Seite 219. Da die Spektralsequenz sich dabei nach Beobachtung 3 nicht ändert, genügt es, die Multiplikation für diese Variante zu zeigen. Der Kürze wegen streichen wir darin jetzt auch bei allen Gruppen und Homomorphismen die Tilde $\sim$ und schreiben dafür wieder $E_r^{p,q}$, $Z_r^{p,q}$, $B_r^{p,q}$ sowie in den Treppendiagrammen i, j, δ oder d_r.

Um bei dem insgesamt recht komplizierten Gedankengang den roten Faden zu behalten, sei zunächst ein erstes Wunschziel genannt (es ist dann ein weiteres Hindernis, dass es in dieser idealen Form ein Wunsch bleiben wird).

Wunschziel (ein Produkt, das die Filtrierung respektiert)

Man könnte die multiplikative Struktur konstruieren, wenn man eine bilineare Abbildung $\Phi : C^m(X) \times C^n(X) \to C^{m+n}(X)$ hätte, $(a, b) \mapsto ab$, die

1. das gewöhnliche Cup-Produkt $H^m(X) \times H^n(X) \to H^{m+n}(X)$ induziert, $(\alpha, \beta) \mapsto \alpha \smile \beta$, inklusive aller relativen Formen mit den Gruppen $H^*(X_p, X_{p-1})$, die bei Spektralsequenzen vorkommen (siehe Seite 213),

2. für beliebige $p, s \geq 0$ Abbildungen $\mathcal{F}_p^m \times \mathcal{F}_s^n \to \mathcal{F}_{p+s}^{m+n}$ induziert und

3. die LEIBNIZ-Regel $\delta(ab) = \delta(a)b + (-1)^m a\delta(b)$ erfüllt.

Die Forderungen 1 und 3 sind beim gewöhnlichen Cup-Produkt für Koketten erfüllt, nicht aber Forderung 2. Nehmen Sie hierfür $X = I$ mit der standardmäßigen CW-Filtrierung $X^0 = \{0,1\}$ und $X^1 = I$.

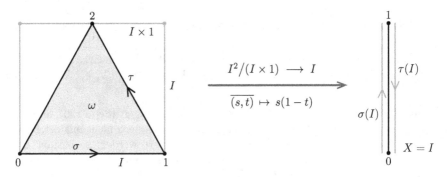

Es sei nun $\sigma : \Delta^1 \to X$ das Simplex, welches $\Delta^1 = I$ identisch auf X abbildet wie in der Grafik angedeutet. Das Simplex $\tau : \Delta^1 \to X$ läuft den Weg zurück vom Punkt 1 zum Punkt 0. Es sind dann $\tilde{\sigma}, \tilde{\tau} \in \mathcal{F}_1^1 = C^1(X)/C^1(X^0)$, aber $\tilde{\sigma} \smile \tilde{\tau} \notin \mathcal{F}_2^2 = C^2(X)/C^2(X^1) = 0$. Dazu müsste $\tilde{\sigma} \smile \tilde{\tau}$ auf allen 2-Ketten verschwinden, die ihren Träger in $X^1 = X$ haben, also insgesamt identisch 0 sein. Betrachten Sie dann die Abbildung $I \times I \to X$, $(s,t) \mapsto s(1-t)$, die eine Homotopie von σ auf die einpunktige Abbildung $\Delta^1 \to \{0\}$ darstellt (siehe Grafik oben). Sie faktorisiert durch $I \times 1$ und ergibt somit eine 2-Kette $\omega : \Delta^2 \to X$. Eine einfache Überlegung zeigt (mit der Definition des Cup-Produkts)

$$(\tilde{\sigma} \smile \tilde{\tau})(\omega) = \tilde{\sigma}\big(\omega\big|_{0,1}\big) \cdot \tilde{\tau}\big(\omega\big|_{1,2}\big) = \tilde{\sigma}(\sigma) \cdot \tilde{\tau}(\tau) = 1 \neq 0,$$

mithin $\tilde{\sigma} \smile \tilde{\tau} \notin \mathcal{F}_2^2$. Man erkennt, dass der Erhalt der Filtrierung eine starke Forderung ist – zu stark, wie sich herausstellen wird, weswegen wir nach den folgenden, darauf aufbauenden Überlegungen noch tiefer in die Trickkiste greifen müssen. Doch nehmen wir zunächst an, es gäbe die bilineare Abbildung Φ oben.

Die nächste Beobachtung enthält dann das Kernargument im Beweis des Theorems. Blättern Sie hierfür bitte zurück zu der Beobachtung 2 (Seite 229) und beachten Sie, dass wir in den Notationen die Tilde $\sim$ weglassen.

Beobachtung 4: Unter den beiden Annahmen, dass für alle $r \geq 0$

$$\Phi\left(Z_r^{p,q} \times Z_r^{s,t}\right) \;\subseteq\; Z_r^{p+s,q+t} \quad \text{und}$$

$$\Phi\left(Z_r^{p,q} \times B_r^{s,t} + B_r^{p,q} \times Z_r^{s,t}\right) \;\subseteq\; B_r^{p+s,q+t}$$

ist, gibt es für alle $1 \leq r \leq \infty$ die im Theorem geforderte Bilinearform

$$\Phi_r : E_r^{p,q} \times E_r^{s,t} \longrightarrow E_r^{p+s,q+t}, \quad (a,b) \mapsto ab,$$

bezüglich der sich das Differential d_r **alternierend derivativ** im Sinne einer LEIBNIZ-Regel verhält:

$$d_r(ab) \;=\; d_r(a)b + (-1)^{p+q} a d^r(b).$$

Auf der E_1-Seite gilt dabei $\Phi_1(a,b) = a \smile b$ und dies induziert Φ_r auf allen höheren Seiten der Sequenz (über sukzessive Subquotientenbildung).

Die Kohomologieklassen sind wegen besserer Lesbarkeit (Verwechslung mit δ) in lateinischen Buchstaben geschrieben. Der **Beweis** der ersten Aussage ist trivial. Wegen $E_r^{i,j} = Z_{r-1}^{i,j}/B_{r-1}^{i,j}$ folgt aus der ersten Annahme induktiv, dass Φ_r zwei Repräsentanten (a,b) eines Paares in $E_r^{p,q} \times E_r^{s,t}$ nach $Z_{r-1}^{p+s,q+t}$ abbildet, und aus der zweiten Annahme folgt, dass dies nicht von der Wahl der Repräsentanten abhängt, wenn man im Bild zum Quotienten modulo $B_{r-1}^{p+s,q+t}$ übergeht. So ergibt sich induktiv eine wohldefinierte Bilinearform $\Phi_r : E_r^{p,q} \times E_r^{s,t} \to E_r^{p+s,q+t}$.

Um zu sehen, dass das Differential d_r die LEIBNIZ-Regel erfüllt, nutzen wir seine explizite Darstellung in dem Hilfssatz (Seite 229). Einer einfacheren Notation wegen sei im Folgenden wieder $m = p + q$ (und später $n = s + t$). Wir betrachten dann eine Klasse $[x] \in E_r^{p,q} = Z_{r-1}^{p,q}/B_{r-1}^{p,q}$, repräsentiert durch ein $x \in \mathcal{F}_p^m$. Beachten Sie, dass x zunächst ein Element in $E_0^{p,q} = \mathcal{F}_p^m/\mathcal{F}_{p+1}^m$ definiert, und danach durch r aufeinander folgende (Sub-)Quotienten das Element $[x] \in E_r^{p,q}$.

Als Gleichung in $H^{m+1}(\mathcal{F}_{p+1}^*)$ bedeutet $d_r[x] = [j(y)]$ nach dem Hilfssatz die Existenz einer Kokette $z \in \mathcal{F}_{p+1}^m$, die in der Gruppe $\mathcal{F}_{p+1}^{m+1}$ die Gleichung

$$\delta x \;=\; i^{r-1}(y) + \delta z \;=\; y + \delta z$$

erfüllt (dies ist ein wichtiger Punkt: Wir können $i^{r-1}(y) = y$ schreiben, denn i ist hier eine Inklusion – im Gegensatz zu i bei der $C^*(X_p)$-Filtrierung, Seite 228). Daher ist y ein Kozyklus in $\mathcal{F}_{p+r}^{m+1}$, wegen $\delta y = \delta\delta(x-z) = 0$.

Falls umgekehrt $\delta x = y' + \delta z'$ ist, mit einem $y' \in \mathcal{F}_{p+r}^{m+1}$ und einem $z' \in \mathcal{F}_{p+1}^m$, folgt $y - y' = \delta(z' - z)$, also $i^{r-1}[y] = i^{r-1}[y']$ in $H^{m+1}(\mathcal{F}_{p+1}^*)$. Damit haben wir $y - y' \in \mathrm{Ker}(i^{r-1})$ und wegen $B_{r-1}^{p+r,q-r+1} = j\left(\mathrm{Ker}(i^{r-1})\right)$ gilt $[j(y)] = [j(y')]$, mithin auch $d_r[x] = [j(y')]$. Halten wir dies als eine weitere Beobachtung fest.

Beobachtung 5: In der Spektralsequenz zur $\mathcal{F}_p^*$-Filtrierung (Seite 229) ist für alle $[x] \in E_r^{p,q}$ mit Repräsentant $x \in \mathcal{F}_p^m$

$$d_r[x] = [j(y)]$$

genau dann, wenn y ein Kozyklus in $\mathcal{F}_{p+r}^{m+1}$ ist und $\delta x \equiv y \mod \delta(\mathcal{F}_{p+1}^m)$, es also auf Ebene der Koketten ein $z \in \mathcal{F}_{p+1}^m$ gibt mit $\delta x = y + \delta z$. $\square$

Durch diese Überlegungen haben wir Kontrolle über d_r erhalten und können die LEIBNIZ-Regel beweisen. Es seien dazu $[a] \in E_r^{p,q}$ und $[b] \in E_r^{s,t}$ gegeben, repräsentiert durch Koketten $a \in \mathcal{F}_p^m$ und $b \in \mathcal{F}_s^n$. Wegen der Eigenschaften der Bilinearform Φ gilt $ab \in \mathcal{F}_{p+s}^{m+n}$ und $\delta(ab) = (\delta a)b + (-1)^m a(\delta b)$.

Nach Beobachtung 5 ist $\delta a = y_a + \delta z_a$ mit einem Kozyklus $y_a \in \mathcal{F}_{p+r}^{m+1}$ und einer Kokette $z_a \in \mathcal{F}_{p+1}^m$. Dito ist $\delta b = y_b + \delta z_b$ mit einem Kozyklus $y_b \in \mathcal{F}_{s+r}^{n+1}$ und einer Kokette $z_b \in \mathcal{F}_{s+1}^n$. Damit erhält man

$$\begin{aligned}
\delta(ab) &= (\delta a)b + (-1)^m a(\delta b) \\
&= (y_a + \delta z_a)b + (-1)^m a(y_b + \delta z_b) \\
&= \left[y_a b + (-1)^m a y_b\right] + \left[(\delta z_a)b + (-1)^m a(\delta z_b)\right].
\end{aligned}$$

Dies sieht schon gut aus, denn der erste geklammerte Summand liegt wegen Eigenschaft 2 der Multiplikation in $\mathcal{F}_{p+s+r}^{m+n+1}$ und der zweite in $\mathcal{F}_{p+s+1}^{m+n+1}$. Leider ist der erste Summand kein Kozyklus, denn wir haben (beachten Sie $\delta y_a = \delta y_b = 0$)

$$\begin{aligned}
\delta\big(y_a b + (-1)^m a y_b\big) &= (-1)^{m+1} y_a \delta b + (-1)^m (\delta a) y_b \\
&= (-1)^m \big((\delta a) y_b - y_a \delta b\big).
\end{aligned}$$

Mit $\delta z_a = \delta a - y_a$ und $\delta z_b = \delta b - y_b$ kann man daraus aber leicht einen Kozyklus machen, denn eine einfache Rechnung (die ich Ihnen als **Übung** empfehle) zeigt auch $\delta\big(y_a z_b + (-1)^m z_a y_b\big) = (-1)^m \big((\delta a) y_b - y_a \delta b\big)$. Insgesamt erfüllt dann

$$y_{ab} = y_a(b - z_b) + (-1)^m (a - z_a) y_b$$

den Bauplan des y-Kozyklus in der Darstellung von $\delta(ab)$ gemäß Beobachtung 5, denn es ist ein Korand in $\mathcal{F}_{p+s+1}^{m+n+1}$ und ein Kozyklus in $\mathcal{F}_{p+s+r}^{m+n+1}$. Um $d_r\big([a][b]\big)$ zu bestimmen, muss nur noch

$$\delta(ab) - y_{ab} = (\delta a)b + (-1)^m a(\delta b) - \left[y_a(b - z_b) + (-1)^m (a - z_a) y_b\right]$$

in $\mathcal{F}_{p+s+1}^{m+n+1}$ ein Korand sein. Beachten Sie, dass $\delta(ab) \in \mathcal{F}_{p+s+1}^{m+n+1}$ ist, wieder wegen Eigenschaft 2 von Φ und der Tatsache, dass δa als relativer Kozyklus in $\mathcal{F}_{p+1}^{m+1}$ liegt, dito $\delta b \in \mathcal{F}_{s+1}^{n+1}$. Eine ähnliche Rechnung (auch eine gute **Übung**) zeigt nun

$$\delta(ab) - y_{ab} = \delta(z_a b + a z_b - z_a z_b),$$

mit $z_a b + a z_b - z_a z_b \in \mathcal{F}_{p+s+1}^{m+n}$.

Nach Beobachtung 5 gilt damit

$$d_r\big([a][b]\big) \;=\; \big[j(y_{ab})\big] \;=\; \big[j\big(y_a(b-z_b)+(-1)^m(a-z_a)y_b\big)\big].$$

Der schwierigste Teil ist jetzt geschafft. Die rechte Seite der LEIBNIZ-Regel lässt sich nach Beobachtung 5 darstellen als

$$\big(d_r[a]\big)[b] + (-1)^m[a]d_r[b] \;=\; [j(y_a)][b] + (-1)^m[a][j(y_b)],$$

und in dieser Gleichung besitzt die rechte Seite modulo $\mathcal{F}_{p+s+r+1}^{m+n+1}$ das Element $y_ab+(-1)^may_b \in \mathcal{F}_{p+s+r}^{m+n+1}$ als Repräsentanten. Bei der rechten Seite von $d_r\big([a][b]\big)$ haben wir oben den Repräsentanten $y_a(b-z_b)+(-1)^m(a-z_a)y_b$ errechnet. Die Differenz dieser rechten Seiten, also $y_az_b+(-1)^mz_ay_b$, ist ein Element in $\mathcal{F}_{p+s+r+1}^{m+n+1}$, denn es war $z_a \in \mathcal{F}_{p+1}^m$ und $z_b \in \mathcal{F}_{s+1}^n$. Damit ist die LEIBNIZ-Regel

$$d_r\big([a][b]\big) \;=\; \big(d_r[a]\big)[b] + (-1)^m[a]d_r[b],$$

mithin Beobachtung 4 bewiesen (der Fall $r=\infty$ ist identisch zu dem eines genügend großen $r<\infty$). □

Es ist in der Tat erstaunlich, wie die komplizierten doppelten Indizes wie Zahnräder einer imposanten Gedankenmaschine ineinander greifen und an jeder Stelle genau passen. Bei aller Euphorie müssen wir aber erkennen, dass der Beweis der LEIBNIZ-Regel auf einigen Annahmen beruhte, die wir nun beweisen müssen. Die erste dieser Annahmen ist zunächst die Voraussetzung von Beobachtung 4. Die zweite Annahme war die Existenz der Bilinearform Φ (Seite 234).

Die Voraussetzungen von Beobachtung 4 sind eine leichte Aufgabe. Zunächst zu $\Phi\big(Z_r^{p,q}\times Z_r^{s,t}\big) \subseteq Z_r^{p+s,q+t}$. Beachten Sie, dass im Folgenden von Elementen in $Z_r^{p,q}$ und $B_r^{p,q}$ ausgegangen wird, der Index r also um eins höher ist als beim Beweis der LEIBNIZ-Regel. Es seien also $[a] \in Z_r^{p,q}$ und $[b] \in Z_r^{s,t}$ mit Darstellungen $\delta a = y_a + \delta z_a$ und $\delta b = y_b + \delta z_b$. Bereits bei der LEIBNIZ-Regel haben wir daraus

$$\delta(ab) \;=\; \big(y_a(b-z_b)+(-1)^m(a-z_a)y_b\big) + \delta(z_ab+az_b-z_az_b)$$

hergeleitet. Damit ist $ab \in \delta^{-1}\big(\mathrm{Im}(i^r)\big)$, denn $y_a(b-z_b)+(-1)^m(a-z_a)y_b$ liegt in $\mathcal{F}_{p+s+r+1}^{m+n+1}$ und $\delta(z_ab+az_b-z_az_b)$ verschwindet als Korand in $H^{m+n+1}(\mathcal{F}_{p+s+1}^*)$. Insgesamt ist also $ab \in Z_r^{p+s,q+t}$.

Die zweite Voraussetzung $\Phi\big(Z_r^{p,q}\times B_r^{s,t} + B_r^{p,q}\times Z_r^{s,t}\big) \subseteq B_r^{p+s,q+t}$ ist nicht viel schwieriger zu zeigen. Es sei dazu $[a] \in Z_r^{p,q}$ und $[b] \in B_r^{s,t}$, repräsentiert durch $a \in \mathcal{F}_p^m$ mit $\delta a \in \mathcal{F}_{p+1}^{m+1}$ und $b \in \mathcal{F}_s^n$ mit $[b] \in j\big(\mathrm{Ker}(i^r)\big)$, also $[b] = j[x_b]$ mit einem relativen Kozyklus $x_b \in \mathcal{F}_s^n$, für den $i^r[x_b] = 0 \in H^n(\mathcal{F}_{s-r}^*)$ ist. In Koketten formuliert bedeutet dies

$$x_b \equiv \delta w_b \bmod \mathcal{F}_{s-r+1}^n \quad \text{oder} \quad x_b = \delta w_b + z_b, \;^\bullet$$

mit einem $w_b \in \mathcal{F}_{s-r}^{n-1}$ und einem $z_b \in \mathcal{F}_{s-r+1}^n$. Zu zeigen ist $[a][b] \in B_r^{p+s,q+t}$, also $[a][b] = j[x_{ab}]$ mit einem relativen Kozyklus $x_{ab} \in \mathcal{F}_{p+s}^{m+n}$, für den das r-fache Bild $i^r[x_{ab}] = 0 \in H^{m+n}(\mathcal{F}_{p+s-r}^*)$ ist.

In Koketten formuliert bedeutet dies

$$x_{ab} \equiv \delta w_{ab} \bmod \mathcal{F}^{m+n}_{p+s-r+1} \quad \text{oder} \quad x_{ab} = \delta w_{ab} + z_{ab} \, ,$$

mit einem $w_{ab} \in \mathcal{F}^{m+n-1}_{p+s-r}$ und einem $z_{ab} \in \mathcal{F}^{m+n}_{p+s-r+1}$. Ein Kandidat für x_{ab} ist der Kozyklus $ax_b \in \mathcal{F}^{m+n}_{p+s}$, denn es ist wegen der ersten Eigenschaft von Φ

$$[ax_b] = [a] \smile [x_b] \quad \text{und daher} \quad j[ax_b] = j[a] \smile j[x_b] = [a][b] \, .$$

Wir müssen also zeigen, dass $ax_b \equiv \delta w_{ab} \bmod \mathcal{F}^{m+n}_{p+s-r+1}$ ist, mit einer Kokette $w_{ab} \in \mathcal{F}^{m+n-1}_{p+s-r}$, und machen den Versuch $w_{ab} = (-1)^m aw_b$. Damit folgt

$$
\begin{aligned}
\delta w_{ab} &= (-1)^m (\delta a) w_b + a \delta w_b \\
&= (-1)^m (\delta a) w_b + a(x_b - z_b) = ax_b + (-1)^m (\delta a) w_b - az_b \, ,
\end{aligned}
$$

und es ist tatsächlich $(-1)^m (\delta a) w_b - az_b \in \mathcal{F}^{m+n}_{p+s-r+1}$, wieder mit Eigenschaft 2 der Bilinearform Φ.

Der Fall $[a] \in B^{p,q}_r$ und $[b] \in Z^{s,t}_r$ verläuft analog, womit auch die zweite Voraussetzung von Beobachtung 4 bewiesen ist.   ($\square$)

Es fehlt zu dem Theorem auf Seite 219 jetzt nur noch die Bilinearform Φ.

---

1. Meilenstein zur Multiplikation in der Serre-Spektralsequenz

Falls es eine Bilinearform Φ gemäß Seite 234 gibt, folgt die Existenz der Multiplikationen $\Phi_r : E^{p,q}_r \times E^{s,t}_r \to E^{p+s,q+t}_r$ (aus dem Theorem auf Seite 219) mit allen dort erwähnten Eigenschaften. $\square$

Wir haben einen großen Schritt auf dem Weg zu dem Theorem geschafft. Dennoch bleibt bei Ihnen wahrscheinlich ein seltsames Gefühl zurück, was den Verlauf dieses geheimnisvollen Beweises betrifft. An einigen Stellen habe ich bereits Hindernisse erwähnt (Seiten 233 oder 234). Eines davon kommt nun ziemlich überraschend und wirkt auf den ersten Blick ernüchternd: Wir werden dieses Φ nicht finden.

In der Tat wird es nicht gelingen, die Existenz einer Bilinearform Φ, wie im Wunschziel auf Seite 234 formuliert, zu zeigen. Die Eigenschaft 2, sich für alle $p, s \geq 0$ auf bilineare Abbildungen $\mathcal{F}^m_p \times \mathcal{F}^n_s \to \mathcal{F}^{m+n}_{p+s}$ einzuschränken, war im bisherigen Verlauf des Beweises essentiell, sie garantierte wie maßgeschneidert sämtliche Rechnungen für den Zusammenhang des Produktes mit den Differentialen d_r (Seite 236 f). Das Cup-Produkt auf Ebene der Koketten erfüllt diese Eigenschaft jedoch nicht (Seite 234), und es ist mir zum gegenwärtigen Zeitpunkt nicht bekannt, ob es ein solches Φ überhaupt geben kann.

Haben wir also auf den vergangenen 10 Seiten nichts anderes gemacht als die berüchtigte „Theorie der leeren Menge" – also korrekte Schlussfolgerungen auf Basis einer falschen Annahme, mithin völlig wertlose Arbeit? Die beruhigende Antwort ist: Nein. Der gewählte Ansatz kann in der Tat repariert werden, und die rettende Idee wurde bereits erwähnt. Es handelt sich um den Übergang zur Produktfaserung $F \times F \to X \times X \to B \times B$ mit der Skelettfiltrierung

$$(X \times X)_p = (f \times f)^{-1}\big((B \times B)^p\big) = \bigcup_{i+j=p} (X_i \times X_j) \, .$$

Wir modifizieren also die gesamte Problemstellung durch **Externalisierung** und nehmen für $m, n \geq 0$ das (externe) Kreuzprodukt (Seite 131)

$$\times : C^m(X) \times C^n(X) \longrightarrow C^{m+n}(X \times X) , \quad (a,b) \mapsto a \times b,$$

mit

$$\big(a \times b\big)(\sigma) = a \Big(\mathrm{pr}_1\sigma\big|_{0,\dots,m}\Big) \cdot b \Big(\mathrm{pr}_2\sigma\big|_{m,\dots,m+n}\Big) ,$$

für alle $\sigma : \Delta^{m+n} \to X \times X$, samt linearer Fortsetzung, wobei $\mathrm{pr}_1, \mathrm{pr}_2 : X \times X \to X$ die Projektionen sind. Über die Diagonale $\Delta : X \to X \times X$, $x \mapsto (x,x)$, ist dann $\Delta(a \times b) = a \smile b$ das Cup-Produkt, weswegen in allen Varianten von (absoluten oder relativen) Kohomologieklassen $\Delta^*\big([a] \times [b]\big) = [a] \smile [b]$ ist.

Nun benötigen wir eine Eigenschaft von Spektralsequenzen, die bisher noch etwas unterbelichtet war. Die $E^r_{p,q}$ und $E_r^{p,q}$ sind topologische Invarianten, denn sie entstehen aus (Ko-)Homologiegruppen. Daraus folgt eine gewisse Funktorialität.

Beobachtung 6: Es seien zwei Faserungen $F \to X \xrightarrow{f} B$ und $G \to Y \xrightarrow{g} C$ über CW-Basen B und C gegeben, zusammen mit einer fasertreuen Abbildung $\varphi : X \to Y$, damit das Diagramm

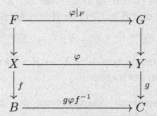

wohldefiniert ist und kommutiert. Die Abbildung φ respektiere zusätzlich die Filtrierung, was $\varphi(X_p) \subseteq Y_p$ für alle $p \geq 0$ bedeutet (wir nennen dies eine **faserzelluläre** Abbildung).

Dann induziert φ für alle $1 \leq r \leq \infty$ und $p, q \geq 0$ natürliche Homomorphismen $\varphi : E^r_{p,q}(X) \to E^r_{p,q}(Y)$ sowie $\varphi : E_r^{p,q}(Y) \to E_r^{p,q}(X)$, die sich mit den Differentialen d^r oder d_r in den jeweiligen Spektralsequenzen vertragen, es gelten also die Formeln

$$d^r\big(\varphi(a)\big) = \varphi(d^r a) \quad \text{und} \quad d_r\big(\varphi(b)\big) = \varphi(d_r b)$$

für alle $1 \leq r \leq \infty$, $a \in E^r_{p,q}(X)$ und $b \in E_r^{p,q}(Y)$.

Der **Beweis** ist einfach. Wir besprechen hier den Fall für die Kohomologie und verwenden die Darstellung von $E_r^{p,q}(X)$ als Quotient $Z_{r-1}^{p,q}(X)/B_{r-1}^{p,q}(X)$ gemäß Seite 227, dito für $E_r^{p,q}(Y)$ als Quotient $Z_{r-1}^{p,q}(Y)/B_{r-1}^{p,q}(Y)$. Sowohl die Untergruppen $Z_{r-1}^{p,q}$ und $B_{r-1}^{p,q}$ als auch die Differentiale d_r waren in den Treppendiagrammen (Seite 229) mit den Homomorphismen $\widetilde{i}$, $\widetilde{j}$ und $\widetilde{\delta}$ aus den langen exakten Kohomologiesequenzen der Raumtripel (X, X_p, X_{p-1}) und (Y, Y_p, Y_{p-1}) definiert, sie ergaben sich dort aus einfachen Diagrammjagden (Seite 227 f).

Nun stellen Sie sich die Treppendiagramme wieder übereinander vor (ähnlich wie auf Seite 232), die Gruppen von Y liegen über den passenden Gruppen von X und sind von oben nach unten durch die Abbildungen φ verbunden (das ist möglich, weil φ faserzellulär ist).

Das dreidimensionale Diagramm kommutiert, womit alle für die $E_r^{p,q}$ oder d_r nötigen Diagrammjagden in den beiden Spektralsequenzen mit φ verträglich sind. Daher sind die $\varphi : E_r^{p,q}(Y) \to E_r^{p,q}(X)$ wohldefiniert und ihrerseits mit den d_r verträglich. Die Argumentation kann wörtlich auch für den Fall der Homologie übernommen werden. $\square$

Wenden wir dies auf die faserzelluläre Diagonale $\widetilde{\Delta} : X \to X \times X$ an (Seite 213). Sie definiert nach Beobachtung 6 natürliche Homomorphismen

$$\widetilde{\Delta}^* : E_r^{p+s,q+t}(X \times X) \longrightarrow E_r^{p+s,q+t}$$

zwischen den Spektralsequenzen von $X \times X \to B \times B$ und $X \to B$, die sich mit den jeweiligen Differentialen vertragen.

Dies bedeutet eine entscheidende Veränderung des ursprünglichen Problems. Wenn wir eine externe Multiplikation

$$E_r^{p,q} \times E_r^{s,t} \longrightarrow E_r^{p+s,q+t}(X \times X)$$

finden könnten, die sinngemäß das Theorem auf Seite 219 erfüllt, dann kann diese Multiplikation durch Nachschaltung von $\widetilde{\Delta}^*$ zu der gesuchten Multiplikation in den $E_r^{p,q}$-Seiten von X gemacht werden. Formulieren wir zunächst diese Modifikation als neues Ziel.

Satz (externe multiplikative Struktur in der Spektralsequenz)
In der obigen Situation gibt es für $1 \leq r \leq \infty$ eine bilineare Abbildung

$$\widehat{\Phi}_r : E_r^{p,q} \times E_r^{s,t} \longrightarrow E_r^{p+s,q+t}(X \times X) , \quad (a,b) \mapsto a \times b,$$

bezüglich der sich die Differentiale d_r **alternierend derivativ** im Sinne einer LEIBNIZ-Regel verhalten:

$$d_r^{X \times X}(a \times b) = d_r^X(a) \times b + (-1)^{p+q} a \times d_r^X(b).$$

Auf den E_1-Seiten ist $\widehat{\Phi}_1(a,b) = a \times b$ das gewöhnliche Kreuzprodukt und diese Beziehung induziert $\widehat{\Phi}_r$ auf allen höheren Seiten der Sequenz (über die Bildung von Subquotienten).

Lassen Sie uns zunächst verstehen, warum das Theorem über die multiplikative Struktur der Kohomologie-Spektralsequenzen (Seite 219) aus diesem Satz folgt. Die Abbildung $\widehat{\Phi}_1$ ist nach dem Satz das gewöhnliche Kreuzprodukt, weswegen $\Delta^* \widehat{\Phi}_1$ das Cup-Produkt auf den Gruppen $E_1^{p,q} = H^m(X_p, X_{p-1})$ induziert, also die vorgegebene Multiplikation Φ_1. Dies gilt wegen $\Delta^* \simeq \widetilde{\Delta}^*$ auch für die Komposition $\widetilde{\Delta}^* \widehat{\Phi}_1$. Weil $\widetilde{\Delta}$ faserzellulär ist, induzieren die $\widetilde{\Delta}^* \widehat{\Phi}_r$ für $1 \leq r \leq \infty$ dann die auf Seite 219 gesuchten Bilinearformen $E_r^{p,q} \times E_r^{s,t} \to E_r^{p+s,q+t}$.

Zur LEIBNIZ-Regel sei daran erinnert, dass $\widetilde{\Delta}^*$ mit den Differentialen $d_r^{X \times X}$ und d_r^X verträglich ist. Daher gilt mit $ab = \widetilde{\Delta}^* \widehat{\Phi}_r(a,b)$ gemäß Seite 219

$$
\begin{aligned}
d_r^X(ab) &= d_r^X\big(\widetilde{\Delta}^* \widehat{\Phi}_r(a,b)\big) = \widetilde{\Delta}^*\big(d_r^{X \times X} \widehat{\Phi}_r(a,b)\big) = \widetilde{\Delta}^*\big(d_r^{X \times X}(a \times b)\big) \\
&= \widetilde{\Delta}^*\big(d_r^X(a) \times b + (-1)^{p+q} a \times d_r^X(b)\big) \\
&= \widetilde{\Delta}^*\big(d_r^X(a) \times b\big) + (-1)^{p+q} \widetilde{\Delta}^*\big(a \times d_r^X(b)\big) \\
&= d_r^X(a)b + (-1)^{p+q} a d_r^X(b),
\end{aligned}
$$

womit auch die LEIBNIZ-Regel bewiesen wäre. $\qquad\qquad$ ($\square$)

Beginnen wir nun den **Beweis** des Satzes. Es überrascht nicht, dass die grundlegende Idee mit der aus dem ersten Beweisversuch übereinstimmt. Der zentrale Unterschied liegt darin, dass wir nun ein externes Produkt haben und einige Umformulierungen möglich werden. Wir benötigen jetzt also für die Koketten eine bilineare Abbildung $\widehat{\Phi} : C^m(X) \times C^n(X) \to C^{m+n}(X \times X)$, die

1. das gewöhnliche Kreuzprodukt $H^m(X) \times H^n(X) \to H^{m+n}(X \times X)$ induziert, $(a,b) \mapsto a \times b$, inklusive aller relativen Formen mit den Gruppen $H^*(X_p, X_{p-1})$ oder $H^*\big((X \times X)_p, (X \times X)_{p-1}\big)$, die in beiden Spektralsequenzen vorkommen (vergleiche mit Seite 213),

2. für alle $p, s \geq 0$ Abbildungen $\mathcal{F}_p^m(X) \times \mathcal{F}_s^n(X) \to \mathcal{F}_{p+s}^{m+n}(X \times X)$ ergibt,

3. und die LEIBNIZ-Regel $\delta(a \times b) = \delta(a) \times b + (-1)^m a \times \delta(b)$ erfüllt.

Der Beweis des Satzes – unter Annahme der Existenz von $\widehat{\Phi}$ – kann dann wörtlich aus den Argumenten übernommen werden, welche die Seiten 234 – 238 füllen. Sie müssen nur die Produkte ab durch $a \times b$ ersetzen und dabei von der Faserung $X \to B$ zur Produktfaserung $X \times X \to B \times B$ wechseln. Was noch fehlt, ist die Abbildung $\widehat{\Phi}$. Halten wir dies als nächsten Meilenstein fest.

---

2. Meilenstein zur Multiplikation in der Serre-Spektralsequenz

Falls es die obige Bilinearform $\widehat{\Phi}$ gibt, folgt die Existenz der im Theorem auf Seite 219 geforderten Multiplikationen $\Phi_r : E_r^{p,q} \times E_r^{s,t} \to E_r^{p+s,q+t}$ mit allen dort erwähnten Eigenschaften. $\qquad\qquad$ $\square$

Und schon wieder stehen wir vor einem Hindernis – es gelingt auch nicht, $\widehat{\Phi}$ zu konstruieren. Doch diesmal scheitert es nicht so deutlich, es wird spürbar knapper. Sehen wir uns an, woran es scheitert. Der naheliegende Ausgangspunkt ist natürlich das Kreuzprodukt $\widehat{\Phi}(a,b) = a \times b$, es erfüllt die Forderungen 1 und 3.

Für ein $a \in \mathcal{F}_p^m(X)$ und ein $b \in \mathcal{F}_s^n(X)$ müssten wir dann $a \times b \in \mathcal{F}_{p+s}^{m+n}(X \times X)$ nachweisen. Nach Definition verschwindet a auf allen $\sigma : I^m \to X_{p-1}$ und b auf allen $\tau : I^n \to X_{s-1}$. Was ist dann mit $a \times b$? Es ist

$$(X \times X)_{p+s-1} = \bigcup_{i+j=p+s-1} (X_i \times X_j)$$

und es müsste für $a \times b \in \mathcal{F}_{p+s}^{m+n}(X \times X)$ die Kokette $a \times b$ auf allen Simplizes $\omega : I^{m+n} \to (X \times X)_{p+s-1}$ verschwinden. In der Tat ist das für eine beachtliche Menge von Simplizes der Fall, nämlich für alle reinen Produktsimplizes der Form $\omega : I^{m+n} \to (X \times X)_{p+s-1}$, die aus dem Produkt zweier Simplizes $\omega_1 : I^m \to X$ und $\omega_2 : I^n \to X$ als $\omega(x,y) = \big(\omega_1(x), \omega_2(y)\big)$ entstehen. Eine einfaches mengentheoretisches Argument zeigt nämlich, dass es dann ein Paar (i,j) geben muss, $i + j = p + s - 1$, sodass $X_i \times X_j$ den Träger von ω ganz enthält. In diesem Fall ist nach Definition $(a \times b)(\omega) = a(\omega_1) \cdot b(\omega_2) = 0$, weil $i < p$ oder $j < s$ sein muss, um $i + j = p + s - 1$ zu erfüllen.

Was aber ist, wenn $\omega : I^{m+n} \to (X \times X)_{p+s-1}$ kein Produktsimplex ist und sein Träger nicht ganz in einer der Teilmengen $X_i \times X_j \subseteq (X \times X)_{p+s-1}$ enthalten ist? In der Tat gibt es eine große Menge von $(m+n)$-Simplizes in $(X \times X)_{p+s-1}$, auf denen $a \times b$ nicht notwendig verschwindet. Daher kann $a \times b \in \mathcal{F}_{p+s}^{m+n}(X \times X)$ nicht garantiert werden und das Kreuzprodukt scheitert an Forderung 2 auf ähnliche Weise wie zuvor das Cup-Produkt beim 1. Meilenstein.

Aber die Lösung ist in Sicht. Es gibt eben doch genug solche Produktsimplizes, um die Konstruktion und damit dem Beweis des Theorems auf Seite 219 endlich auf die Zielgerade zu bringen. Wir bilden dazu (im Sinne des Satzes von EILENBERG-ZILBER für die Homologie) eine neue Spektralsequenz $\mathrm{Hom}\big(E^* \otimes E^*, \mathbb{Z}\big)$ aus der Hom-Dualisierung $\mathrm{Hom}\big(C_*(X) \otimes C_*(X), \mathbb{Z}\big)$, mit der absteigenden Filtrierung

$$\widetilde{\mathcal{F}}_p^m = \bigoplus_{i+j=m} \left(\mathrm{Hom}\big(C_i(X) \otimes C_j(X), \mathbb{Z}\big) \Big/ \sum_{k+l=p-1} \mathrm{Hom}\big(C_i(X_k) \otimes C_j(X_l), \mathbb{Z}\big) \right).$$

Es wäre nun wünschenswert (und der entscheidende Schritt zu dem Theorem), wenn sich ein Homomorphismus $\psi : \mathrm{Hom}\big(E^* \otimes E^*, \mathbb{Z}\big) \to E_*(X \times X)$ konstruieren ließe (gemäß der Funktorialität auf Seite 239), der das Diagramm

$$
\begin{array}{ccc}
E_*^{p,q} \times E_*^{s,t} & \xrightarrow{\ \otimes\ } & \big(\mathrm{Hom}\big(E^* \otimes E^*, \mathbb{Z}\big)\big)_{p+s,q+t} \\
& \searrow{\scriptstyle \times} & \downarrow{\scriptstyle \psi} \\
& E_*^{p+s,q+t}(X \times X) & \xrightarrow{\ \widetilde{\Delta}^*\ } \quad E_*^{p+s,q+t}
\end{array}
$$

kommutativ macht, wobei die Multiplikation $\otimes$ vom Tensorprodukt auf den Koketten induziert ist, also von

$$C^{p+q}(X) \times C^{s+t}(X) \longrightarrow \mathrm{Hom}\big((C_*(X) \otimes C_*(X))_{p+q+s+t}, \mathbb{Z}\big), \quad (a,b) \mapsto a \otimes b,$$

mit der Festlegung $(a \otimes b)(\sigma \otimes \tau) = a(\sigma) b(\tau)$ für $\sigma \in C_{p+q}(X)$ und $\tau \in C_{s+t}(X)$, sowie $(a \otimes b)(\sigma \otimes \tau) = 0$ für $\sigma \in C_{p+q+i}(X)$, $\tau \in C_{s+t-i}(X)$ mit $i \neq 0$.

Beobachtung 7: Der duale Kettenkomplex $\mathrm{Hom}\big(C_*(X) \otimes C_*(X), \mathbb{Z}\big)$ definiert zusammen mit der absteigenden Filtrierung durch die $\widetilde{\mathcal{F}}_p^*$ eine Spektralsequenz $\mathrm{Hom}\big(E^* \otimes E^*, \mathbb{Z}\big)$, die zu der Kohomologie-Spektralsequenz $E_*(X \times X)$ aus dem Satz über die externe Multiplikation (Seite 240) isomorph ist.

Für den **Beweis** beachten wir zunächst, dass die Spektralsequenz des filtrierten Komplexes $\mathrm{Hom}\big(C_*(X) \otimes C_*(X), \mathbb{Z}\big)$ auf der E_1-Seite als Treppendiagramm aus langen exakten Kohomologiesequenzen der kurzen exakten Sequenzen

$$0 \longrightarrow \widetilde{\mathcal{F}}_{p+1}^* \xrightarrow{\ \widetilde{i}\ } \widetilde{\mathcal{F}}_p^* \xrightarrow{\ \widetilde{j}\ } \widetilde{\mathcal{F}}_p^*/\widetilde{\mathcal{F}}_{p+1}^* \longrightarrow 0$$

entsteht, in dem Treppendiagramm stehen dann Gruppen $H^m\big(\widetilde{\mathcal{F}}_p^*\big)$ oder $H^m\big(\widetilde{\mathcal{F}}_p^*/\widetilde{\mathcal{F}}_{p+1}^*\big)$ und letztere füllen die E_1-Seite von $\mathrm{Hom}\big(E^* \otimes E^*, \mathbb{Z}\big)$.

Nun sei die Filtrierung $\mathcal{F}_p^*(X \times X)$ des Kokettenkomplexes $C^*(X \times X)$ mit $\widehat{\mathcal{F}}_p^*$ abgekürzt. Analog zu obiger Situation entsteht dann die Spektralsequenz von $C^*(X \times X)$ auf der E_1-Seite aus den kurzen exakten Sequenzen

$$0 \longrightarrow \widehat{\mathcal{F}}_{p+1}^* \xrightarrow{\ \widehat{i}\ } \widehat{\mathcal{F}}_p^* \xrightarrow{\ \widehat{j}\ } \widehat{\mathcal{F}}_p^*/\widehat{\mathcal{F}}_{p+1}^* \longrightarrow 0,$$

in dem Treppendiagramm stehen dann Gruppen $H^m\big(\widehat{\mathcal{F}}_p^*\big)$ oder $H^m\big(\widehat{\mathcal{F}}_p^*/\widehat{\mathcal{F}}_{p+1}^*\big)$ und letztere füllen die E_1-Seite von $E_*(X \times X)$.

Wir betrachten dann den aus dem Satz von EILENBERG-ZILBER bekannten Homomorphismus $\varphi : C_*(X) \otimes C_*(X) \to C_*(X \times X)$, $\sigma^i \otimes \tau^j \mapsto \sigma^i \times \tau^j \in C_{i+j}(X \times X)$ für kubisch singuläre Simplizes $\sigma^i \in C_i(X)$ und $\tau^j \in C_j(X)$, und den zugehörigen dualen Homomorphismus $\psi : C^*(X \times X) \to \mathrm{Hom}\big(C_*(X) \otimes C_*(X), \mathbb{Z}\big)$. Er respektiert die Filtrierungen der beiden Komplexe im Sinne der Inklusion $\psi\big(\widehat{\mathcal{F}}_p^*\big) \subseteq \widetilde{\mathcal{F}}_p^*$ für alle $p \geq 0$, denn falls eine Kokette $a \in C^*(X \times X)$ auf $(X \times X)_{p-1}$ verschwindet, dann verschwindet auch deren Bild $\varphi^*(a) \in \mathrm{Hom}\big(C_*(X) \otimes C_*(X), \mathbb{Z}\big)$ auf allen Produkten $\sigma^i \otimes \tau^j \in C_i(X_k) \otimes C_j(X_l)$, falls $k + l = p - 1$ ist.

Also erzeugen die ψ Kokettenhomomorphismen zwischen den Bestandteilen der kurzen exakten Sequenzen, welche das Diagramm

$$
\begin{array}{ccccccccc}
0 & \longrightarrow & \widehat{\mathcal{F}}_{p+1}^* & \xrightarrow{\ \widehat{i}\ } & \widehat{\mathcal{F}}_p^* & \xrightarrow{\ \widehat{j}\ } & \widehat{\mathcal{F}}_p^*/\widehat{\mathcal{F}}_{p+1}^* & \longrightarrow & 0 \\
& & \downarrow{\psi} & & \downarrow{\psi} & & \downarrow{\psi} & & \\
0 & \longrightarrow & \widetilde{\mathcal{F}}_{p+1}^* & \xrightarrow{\ \widetilde{i}\ } & \widetilde{\mathcal{F}}_p^* & \xrightarrow{\ \widetilde{j}\ } & \widetilde{\mathcal{F}}_p^*/\widetilde{\mathcal{F}}_{p+1}^* & \longrightarrow & 0
\end{array}
$$

kommutativ machen. Wir notieren die Treppendiagramme der langen exakten Kohomologiesequenzen wieder übereinander und verbinden die entsprechenden Gruppen durch die Homomorphismen ψ (vergleiche mit den Seiten 232 und 240). Wegen der Kommutativität des dreidimensionalen Diagramms genügt es zu zeigen, dass $\psi : \widehat{\mathcal{F}}_p^*/\widehat{\mathcal{F}}_{p+1}^* \to \widetilde{\mathcal{F}}_p^*/\widetilde{\mathcal{F}}_{p+1}^*$ einen Isomorphismus der Kohomologiegruppen induziert, mithin die Gruppen der E_1-Seiten isomorph sind (aus der Kommutativität folgt wieder induktiv die Verträglichkeit von ψ mit den Differentialen d_r auf allen E_r-Seiten und damit die Isomorphie der Spektralsequenzen).

Um zu zeigen, dass $\psi : \widehat{\mathcal{F}}_p^* / \widehat{\mathcal{F}}_{p+1}^* \to \widetilde{\mathcal{F}}_p^* / \widetilde{\mathcal{F}}_{p+1}^*$ einen Isomorphismus der Kohomologiegruppen induziert, zerlegen wir zunächst die Quelle von ψ. Es ist

$$\widehat{\mathcal{F}}_p^* / \widehat{\mathcal{F}}_{p+1}^* \;\cong\; C^*\big((X \times X)_p\big)/C^*\big((X \times X)_{p-1}\big)\,,$$

und die früheren Überlegungen (Seite 230) dazu ergeben

$$H^m\big(\widehat{\mathcal{F}}_p^* / \widehat{\mathcal{F}}_{p+1}^*\big) \;\cong\; H^m\big((X \times X)_p/(X \times X)_{p-1}\big)\,.$$

Nun kann wieder die Eigenschaft benachbarter CW-Skelette als gute Raumpaare von $B \times B$ auf den Totalraum $X \times X$ übertragen werden (zwar nicht vollständig, aber ausreichend für Isomorphien in der Homologie, Seite 171), weswegen

$$H^m\big((X \times X)_p/(X \times X)_{p-1}\big) \;\cong\; H^m\left(\bigvee_{\substack{e_\lambda^k \times e_\mu^l \in B \times B \\ k+l=p}} \big(\widetilde{D}_\lambda^k \times \widetilde{D}_\mu^l, \partial\big(\widetilde{D}_\lambda^k \times \widetilde{D}_\mu^l\big)\big) \right)$$

$$\cong\; \prod_{\substack{e_\lambda^k \times e_\mu^l \in B \times B \\ k+l=p}} H^m\big(\widetilde{D}_\lambda^k \times \widetilde{D}_\mu^l, \partial\big(\widetilde{D}_\lambda^k \times \widetilde{D}_\mu^l\big)\big)$$

ist. Bei der ersten Isomorphie sind wieder die Pullbacks $\widetilde{D}_\lambda^k \times \widetilde{D}_\mu^l \to D_\lambda^k \times D_\mu^l$ der charakteristischen Abbildungen von $e_\lambda^k \times e_\mu^l$ in $B \times B$ wichtig. Die Schreibweise $\partial\big(\widetilde{D}_\lambda^k \times \widetilde{D}_\mu^l\big)$ steht für $\big(\widehat{\partial D_\lambda^k} \times \widetilde{D}_\mu^l\big) \cup \big(\widetilde{D}_\lambda^k \times \widehat{\partial D_\mu^l}\big)$, faserhomotop gemäß dem Argument auf Seite 172 zu $\big((S_\lambda^{k-1} \times D_\mu^l) \times (F \times F)\big) \cup \big((D_\lambda^k \times S_\mu^{l-1}) \times (F \times F)\big)$. Beachten Sie auch, dass nach dem universellen Koeffiziententheorem (Seite I-403) isomorphe Homologiegruppen auch isomorphe Kohomologiegruppen bedeuten. Die zweite Isomorphie rührt vom Ausschneidungssatz (Seite I-478) her, denn auch die Pullbacks $\widetilde{D}_\lambda^k \times \widetilde{D}_\mu^l$ bilden gute Wedge-Produkte. Der Beweis für die Homologie ist hier direkt auf die Kohomologie übertragbar, man muss nur beachten, dass direkte Summen in der Kohomologie zu Produkten werden (vergleichen Sie mit Seite 190). Insgesamt ist die Quelle des von ψ induzierten Homomorphismus ψ^* also

$$H^m\big(\widehat{\mathcal{F}}_p^* / \widehat{\mathcal{F}}_{p+1}^*\big) \;\cong\; \bigoplus_{k+l=p} \left(\prod_{e_\lambda^k \times e_\mu^l \in B \times B} H^m\big(\widetilde{D}_\lambda^k \times \widetilde{D}_\mu^l, \partial\big(\widetilde{D}_\lambda^k \times \widetilde{D}_\mu^l\big)\big) \right)\,.$$

Für das Ziel $H^m\big(\widetilde{\mathcal{F}}_p^* / \widetilde{\mathcal{F}}_{p+1}^*\big)$ von ψ^* berechnen wir zuerst

$$\widetilde{\mathcal{F}}_p^m / \widetilde{\mathcal{F}}_{p+1}^m \;\cong\; \frac{\mathrm{Hom}\big(C_*(X) \otimes C_*(X), \mathbb{Z}\big)_m \Big/ \sum\limits_{k+l=p-1} \mathrm{Hom}\big(C_*(X_k) \otimes C_*(X_l), \mathbb{Z}\big)_m}{\mathrm{Hom}\big(C_*(X) \otimes C_*(X), \mathbb{Z}\big)_m \Big/ \sum\limits_{k+l=p} \mathrm{Hom}\big(C_*(X_k) \otimes C_*(X_l), \mathbb{Z}\big)_m}$$

$$\cong\; \bigoplus_{i+j=m} \frac{\sum\limits_{k+l=p} \mathrm{Hom}\big(C_i(X_k) \otimes C_j(X_l), \mathbb{Z}\big)}{\sum\limits_{k+l=p-1} \mathrm{Hom}\big(C_i(X_k) \otimes C_j(X_l), \mathbb{Z}\big)}\,.$$

Den Summanden für ein Paar (i, j) auf der rechten Seite sehen wir uns nun genauer an. Die Restklassenbildung eines Homomorphismus in $\mathrm{Hom}\big(C_i(X_k) \otimes C_j(X_l), \mathbb{Z}\big)$ geschieht dabei modulo der Gruppe

$$\mathrm{Hom}\big(C_i(X_{k-1}) \otimes C_j(X_l), \mathbb{Z}\big) + \mathrm{Hom}\big(C_i(X_k) \otimes C_j(X_{l-1}), \mathbb{Z}\big),$$

welche die Schnittmenge des gesamten Nenners mit $\mathrm{Hom}\big(C_i(X_k) \otimes C_j(X_l), \mathbb{Z}\big)$ darstellt (beachten Sie, dass die Elemente in $\mathrm{Hom}\big(C_i(X_k) \otimes C_j(X_l), \mathbb{Z}\big)$ auf allen $\sigma \otimes \tau$ verschwinden, bei denen der Träger von σ nicht in X_k oder der von τ nicht in X_l liegt). Insgesamt hat damit der Quotient $\widetilde{\mathcal{F}}_p^m / \widetilde{\mathcal{F}}_{p+1}^m$ die Form

$$\widetilde{\mathcal{F}}_p^m / \widetilde{\mathcal{F}}_{p+1}^m \;\cong\; \bigoplus_{i+j=m} \sum_{k+l=p} \mathrm{Hom}\left(\frac{C_i(X_k)}{C_i(X_{k-1})} \otimes \frac{C_j(X_l)}{C_j(X_{l-1})}, \mathbb{Z} \right)$$

$$\cong\; \bigoplus_{i+j=m} \bigoplus_{k+l=p} \mathrm{Hom}\left(\frac{C_i(X_k)}{C_i(X_{k-1})} \otimes \frac{C_j(X_l)}{C_j(X_{l-1})}, \mathbb{Z} \right),$$

wobei hier der Übergang zur letzten Zeile auffällt: Die Summe über $k + l = p$ ist direkt, denn falls auch $k' + l' = p$ ist mit $k \neq k'$, so ist entweder $k' < k$ oder $l' < l$. Ein Homomorphismus in beiden Summanden darf dann nur auf der Schnittmenge der beiden Tensorprodukte $\neq 0$ sein. Bei einem Tensor in beiden Summanden ist aber stets ein Faktor 0, weswegen die Schnittmenge $\{0\}$ sein muss und der Homomorphismus damit insgesamt verschwindet. Wir halten damit bei

$$H^m\big(\widetilde{\mathcal{F}}_p^* / \widetilde{\mathcal{F}}_{p+1}^*\big) \;\cong\; \bigoplus_{k+l=p} H_m \left(\bigoplus_{i+j=*} \mathrm{Hom}\left(\frac{C_i(X_k)}{C_i(X_{k-1})} \otimes \frac{C_j(X_l)}{C_j(X_{l-1})}, \mathbb{Z} \right) \right).$$

Nach all dieser algebraischen Umformungsgymnastik können wir den induzierten Homomorphismus $\psi^* : H^m\big(\widehat{\mathcal{F}}_p^* / \widehat{\mathcal{F}}_{p+1}^*\big) \to H^m\big(\widetilde{\mathcal{F}}_p^* / \widetilde{\mathcal{F}}_{p+1}^*\big)$ schließlich als

$$\psi^* : \bigoplus_{k+l=p} \left(\prod_{e_\lambda^k \times e_\mu^l \in B \times B} H^m\left(\widetilde{D}_\lambda^k \times \widetilde{D}_\mu^l, \partial\big(\widetilde{D}_\lambda^k \times \widetilde{D}_\mu^l\big)\right) \right) \longrightarrow$$

$$\longrightarrow \bigoplus_{k+l=p} H_m \left(\bigoplus_{i+j=*} \mathrm{Hom}\left(\frac{C_i(X_k)}{C_i(X_{k-1})} \otimes \frac{C_j(X_l)}{C_j(X_{l-1})}, \mathbb{Z} \right) \right)$$

schreiben. Um zu zeigen, dass dies ein Isomorphismus ist, schränken wir ψ^* auf den direkten Summanden eines festen Paares (k, l) mit $k + l = p$ ein und nennen diese Einschränkung ψ_{kl}^*. Es ist einfach anhand der Definition zu sehen, dass ψ_{kl}^* das Produkt der H^m über die Zellen $e_\lambda^k \times e_\mu^l \in B \times B$ in den zugehörigen direkten Summanden im Ziel abbildet, denn auf Ebene der Koketten ist für ein Element $c \in C^m\big(\widetilde{D}_\lambda^k \times \widetilde{D}_\mu^l, \partial(\widetilde{D}_\lambda^k \times \widetilde{D}_\mu^l)\big)$ sowie kubisch singuläre, relative Simplizes $\sigma^i : (I^i, \partial I^i) \to (\widetilde{D}_\lambda^k, \partial\widetilde{D}_\lambda^k)$ und $\tau^j : (I^j, \partial I^j) \to (\widetilde{D}_\mu^l, \partial\widetilde{D}_\mu^l)$

$$\psi(c)(\sigma^i \otimes \tau^j) \;=\; c\big(\varphi(\sigma^i \otimes \tau^j)\big) \;=\; c(\sigma^i \times \tau^j).$$

Daraus folgt einerseits, dass $\psi(\tilde{\sigma}^m) = 0$ ist für alle Simplizes $\sigma^m : I^m \to \tilde{D}_\lambda^k \times \tilde{D}_\mu^l$, die keine Produktsimplizes der Form $\sigma^i \times \tau^j \in C_m\left(\tilde{D}_\lambda^k \times \tilde{D}_\mu^l\right)$ sind, und andererseits

$$\psi\left(\widetilde{\sigma^i \times \tau^j}\right) \in \mathrm{Hom}\left(\frac{C_i(X_k)}{C_i(X_{k-1})} \otimes \frac{C_j(X_l)}{C_j(X_{l-1})}, \mathbb{Z}\right),$$

denn offensichtlich ist $\psi\left(\widetilde{\sigma^i \times \tau^j}\right)$ nur auf $\sigma^i \otimes \tau^j$ ungleich Null, verschwindet also auf allen Elementen außerhalb von $C_i(X_k)/C_i(X_{k-1}) \otimes C_j(X_l)/C_j(X_{l-1})$.

Als Folge davon ist ψ^* mit der Summenzerlegung $\bigoplus_{k+l=p}$ verträglich und ein Isomorphismus genau dann, wenn alle

$$\psi_{kl}^* : \prod_{e_\lambda^k \times e_\mu^l \in B \times B} H^m\left(\tilde{D}_\lambda^k \times \tilde{D}_\mu^l, \partial\left(\tilde{D}_\lambda^k \times \tilde{D}_\mu^l\right)\right) \longrightarrow$$

$$\longrightarrow H_m\left(\bigoplus_{i+j=*} \mathrm{Hom}\left(\frac{C_i(X_k)}{C_i(X_{k-1})} \otimes \frac{C_j(X_l)}{C_j(X_{l-1})}, \mathbb{Z}\right)\right)$$

Isomorphismen sind. Der Weg ist nun klar: Wieder über repräsentierende Koketten schränken wir ψ_{kl}^* auf jeden Faktor $H^m\left(\tilde{D}_\lambda^k \times \tilde{D}_\mu^l, \partial(\tilde{D}_\lambda^k \times \tilde{D}_\mu^l)\right)$ ein, was uns zu der Frage führt, wie das Bild dieser Einschränkung $\psi_{kl}^{*\lambda\mu}$ aussieht. Auch dies ist schnell beantwortet, denn falls $\sigma^i : I^i \to X$ sein Bild nicht in $\tilde{D}_\lambda^k \subseteq X_k$ hat, oder $\tau^j : I^j \to X$ sein Bild nicht in $\tilde{D}_\mu^l \subseteq X_l$, ist für alle $c \in C^m\left(\tilde{D}_\lambda^k \times \tilde{D}_\mu^l, \partial(\tilde{D}_\lambda^k \times \tilde{D}_\mu^l)\right)$

$$\psi_{kl}^{*\lambda\mu}(c)(\sigma^i \otimes \tau^j) = c(\sigma^i \times \tau^j) = 0,$$

weswegen man ohne Mühe die direkte Summenzerlegung $\psi_{kl}^* = \bigoplus_{e_\lambda^k \times e_\mu^l \in B \times B} \psi_{kl}^{*\lambda\mu}$ erkennt, mit

$$\psi_{kl}^{*\lambda\mu} : H^m\left(\tilde{D}_\lambda^k \times \tilde{D}_\mu^l, \partial\left(\tilde{D}_\lambda^k \times \tilde{D}_\mu^l\right)\right) \longrightarrow$$

$$\longrightarrow H_m\left(\bigoplus_{i+j=*} \mathrm{Hom}\left(\frac{C_i(\tilde{D}_\lambda^k)}{C_i(\partial\tilde{D}_\lambda^k)} \otimes \frac{C_j(\tilde{D}_\mu^l)}{C_j(\partial\tilde{D}_\mu^l)}, \mathbb{Z}\right)\right).$$

Nun ergibt sich alles fast wie von selbst. Beim genauen Nachvollziehen der Konstruktion ist $\psi_{kl}^{*\lambda\mu}$ vom (relativen) Kokettenhomomorphismus

$$\frac{C^*\left(\tilde{D}_\lambda^k \times \tilde{D}_\mu^l\right)}{C^*\left(\partial(\tilde{D}_\lambda^k \times \tilde{D}_\mu^l)\right)} \longrightarrow \mathrm{Hom}\left(\frac{C_*(\tilde{D}_\lambda^k)}{C_*(\partial\tilde{D}_\lambda^k)} \otimes \frac{C_*(\tilde{D}_\mu^l)}{C_*(\partial\tilde{D}_\mu^l)}, \mathbb{Z}\right)$$

induziert, und dies ist die Dualisierung des EILENBERG-ZILBER-Homomorphismus für das Raumpaar $\left(\tilde{D}_\lambda^k \times \tilde{D}_\mu^l, \partial(\tilde{D}_\lambda^k \times \tilde{D}_\mu^l)\right)$. Wegen der Faserhomotopieäquivalenzen $\tilde{D}_\lambda^k \times \tilde{D}_\mu^l \simeq \left(D_\lambda^k \times D_\mu^l\right) \times (F \times F)$ und $\partial(\tilde{D}_\lambda^k \times \tilde{D}_\mu^l) \simeq \partial(D_\lambda^k \times D_\mu^l) \times (F \times F)$ ist der Satz von EILENBERG-ZILBER für die Kohomologie anwendbar (Seite 144 in relativer Form), beachten Sie dazu die Kompaktheit der CW-Basen $D_\lambda^k \times D_\mu^l$ und $\partial(D_\lambda^k \times D_\mu^l)$. Das Argument verläuft dann ähnlich dem Isomorphismus Ψ_3^* bei der Konstruktion der Kohomologie-Spektralsequenzen (Seite 190). Daher sind alle $\psi_{kl}^{*\lambda\mu}$ Isomorphismen in der Kohomologie, mithin auch alle ψ_{kl}^* und letztlich ist auch die gesamte Summe ψ^* ein Isomorphismus.

Damit kann Beobachtung 7 mit dem gleichen Argument bewiesen werden, das wir schon bei Beobachtung 3 auf Seite 232 oder in ähnlicher Form bei Beobachtung 6 (Seite 239) eingesetzt haben: Der Homomorphismus ψ^* erzeugt Homomorphismen aller Gruppen des Treppendiagramms der Faserung $X \times X \to B \times B$ in die Gruppen des Treppendiagramms von $\operatorname{Hom}\big(C_*(X) \otimes C_*(X), \mathbb{Z}\big)$. Die ψ^* kommutieren (wegen der Natürlichkeit) mit den Homomorphismen i, j und δ der Treppendiagramme, also auch mit den jeweiligen Differentialen d_r. Beginnend bei $r = 1$, dort haben wir die ψ^* gerade als Isomorphismen erkannt, folgt somit Behauptung 7 wieder über vollständige Induktion.   □

Mit diesem Schritt ist der Beweis des Theorems auf Seite 219 de facto erledigt. Der Rest besteht nur noch aus dem Zusammensetzen der Einzelresultate. Wegen Beobachtung 7 können wir uns bei der Externalisierung der Multiplikation über

$$\widehat{\Phi}_r : E_r^{p,q} \times E_r^{s,t} \longrightarrow E_r^{p+s,q+t}(X \times X)$$

gemäß Seite 240 auf die Externalisierung in das Tensorprodukt

$$\widetilde{\Phi}_r : E_r^{p,q} \times E_r^{s,t} \longrightarrow \operatorname{Hom}\big(E^r \otimes E^r, \mathbb{Z}\big)_{p+s,q+t}$$

beschränken, denn die Spektralsequenzen im Ziel von $\widehat{\Phi}_r$ und $\widetilde{\Phi}_r$ sind isomorph in dem Sinne, dass für alle $1 \le r \le \infty$ und $p, q, r, s \ge 0$ die induzierten Homomorphismen

$$\psi^* : E_r^{p+s,q+t}(X \times X) \longrightarrow \operatorname{Hom}\big(E^r \otimes E^r, \mathbb{Z}\big)_{p+s,q+t}$$

Isomorphismen der Spektralgruppen sind, die mit den Differentialen d_r verträglich sind. Aus der Konstruktion von ψ^* folgt dann die Kommutativität des Diagramms

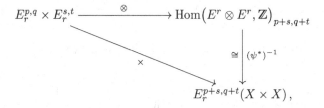

mit dem wir eine weitere Variante unserer Suche nach einer Bilinearform notieren können: Wir brauchen nun eine Bilinearform

$$\widetilde{\Phi} : C^m(X) \times C^n(X) \longrightarrow \operatorname{Hom}\big(C_*(X) \otimes C_*(X), \mathbb{Z}\big)_{m+n},$$

die

1. das Tensorprodukt $H^m(X) \times H^n(X) \to H_{m+n}\Big(\operatorname{Hom}\big(C_*(X) \otimes C_*(X), \mathbb{Z}\big)\Big)$ induziert, $\big([a], [b]\big) \mapsto [a \otimes b]$, inklusive aller relativen Formen mit den Kohomologiegruppen $H^*(X_p, X_{p-1})$ oder $H^*\big(\widetilde{\mathcal{F}}_p^m / \widetilde{\mathcal{F}}_{p+1}^m\big)$, die in den Spektralsequenzen vorkommen,

2. für beliebige $p, s \ge 0$ Abbildungen $\mathcal{F}_p^m(X) \times \mathcal{F}_s^n(X) \to \widetilde{\mathcal{F}}_{p+s}^{m+n}$ ergibt und

3. die LEIBNIZ-Regel $\delta(a \otimes b) = \delta(a) \otimes b + (-1)^m a \otimes \delta(b)$ erfüllt.

Auf der Grundlage des Homomorphismus $\widetilde{\Phi}$ können dann wieder alle Schritte auf den Seiten 234 – 238 übernommen werden. Ersetzen Sie diesmal sämtliche Produkte ab durch $a \otimes b$ und wechseln von dem durch $\mathcal{F}_p^*$ gefilterten Komplex $C^*(X)$ zum Komplex $\mathrm{Hom}\big(C_*(X) \otimes C_*(X), \mathbb{Z}\big)$ mit der Filtrierung durch $\widetilde{\mathcal{F}}_p^*$.

> **3. Meilenstein zur Multiplikation in der Serre-Spektralsequenz**
>
> Falls es die obige Bilinearform $\widetilde{\Phi}$ gibt, folgt die Existenz der im Theorem auf Seite 219 geforderten Multiplikation $E_r^{p,q} \times E_r^{s,t} \to E_r^{p+s,q+t}$ mit allen dort erwähnten Eigenschaften.

Der **Beweis** des dritten und finalen Meilensteins ist mit obigem Diagramm trivial. Mit den Isomorphismen $(\psi^*)^{-1}$ kann die Multiplikation von $\mathrm{Hom}\big(E^* \otimes E^*, \mathbb{Z}\big)$ in die Spektralsequenz $E_*(X \times X)$ weitergeleitet werden. Wegen $(\psi^*)^{-1} \otimes = \times$ kommt dabei eine multiplikative Struktur heraus, die alle Forderungen des Satzes auf Seite 240 erfüllt, insbesondere die Leibniz-Regel und die Übereinstimmung mit dem Produkt $\times$ auf den E_1-Seiten.

Durch Nachschalten der zellulären Diagonalen $\widetilde{\Delta}^*$ wird die Multiplikation in die originäre Spektralsequenz E_* geleitet und erfüllt dort wegen $\widetilde{\Delta}^* \times = \smile$ alle Forderungen des Theorems auf Seite 219, also wieder die Leibniz-Regel und die Übereinstimmung auf den E_1-Seiten mit dem Cup-Produkt. $\Box$

Damit fehlt nur noch die obige Bilinearform $\widetilde{\Phi}$, und die ist diesmal schnell gefunden: Es ist schlicht und einfach das Tensorprodukt $(a, b) \mapsto a \otimes b$ selbst, welches alle Forderungen erfüllt, denn es induziert

1. das Tensorprodukt $H^m(X) \times H^n(X) \to H_{m+n}\big(\mathrm{Hom}\big(C_*(X) \otimes C_*(X), \mathbb{Z}\big)\big)$ wegen der Definition $\big([a], [b]\big) \mapsto [a \otimes b]$, inklusive aller dort erwähnten relativen Formen,

2. es erfüllt für beliebige $p, s \geq 0$ die Bedingung $\mathcal{F}_p^m(X) \otimes \mathcal{F}_s^n(X) \subseteq \widetilde{\mathcal{F}}_{p+s}^{m+n}$, was direkt aus den Definitionen der Gruppen folgt (siehe unten) und

3. es erfüllt die Leibniz-Regel $\delta(a \otimes b) = \delta(a) \otimes b + (-1)^m a \otimes \delta(b)$ nach Definition des Tensorkomplexes (Seite I-216 f).

Die Punkte 1 und 3 sind klar, und zu Punkt 2 genügt eine kurze Prüfung. Zwei Koketten $a \in C^m(X)$ und $b \in C^n(X)$ definieren als Produkt $a \otimes b$ ein Element im Komplex $\mathrm{Hom}\big(C_*(X) \otimes C_*(X), \mathbb{Z}\big)$ über die Festlegung

$$(a \otimes b)(\sigma^i \otimes \sigma^j) = \begin{cases} a(\sigma^i) \cdot b(\sigma^j) & \text{für } i = m \text{ und } j = n, \\ 0 & \text{sonst}, \end{cases}$$

für kubisch singuläre Simplizes $\sigma^i : I^i \to X$ und $\sigma^j : I^j \to X$ mit $i + j = m + n$. Falls dann $a \in C^m(X)/C^m(X_{p-1})$ und $b \in C^n(X)/C^n(X_{s-1})$ liegen, folgt für $k + l = p + s - 1$ stets $(a \otimes b)(\sigma^i \otimes \sigma^j) = a(\sigma^i) \cdot b(\sigma^j) = 0$, falls $\sigma^i(I^i) \subseteq X_k$ oder $\sigma^j(I^j) \subseteq X_l$ ist, denn wir haben in diesen Fällen $k < p$ oder $l < s$.

Damit verschwindet $a \otimes b$ auf allen Ketten in

$$\sum_{\substack{i+j=m+n \\ k+l=p+s-1}} C_i(X_k) \otimes C_j(X_l)$$

und liegt daher in $\widetilde{\mathcal{F}}_{p+s}^{m+n}$. In der Tat funktioniert Forderung 2 hier ohne Probleme, denn die Separierung der Produkt-Spektralsequenz $E_*(X \times X)$ in die isomorphe Tensor-Spektralsequenz $\mathrm{Hom}(E^* \otimes E^*, \mathbb{Z})$ erlaubte es, die gemischten Simplizes zu eliminieren und sich auf Produktsimplizes $\sigma^i \otimes \sigma^j$ zu konzentrieren. Damit ist das Theorem auf Seite 219 bewiesen. □

Nachbetrachtung zu dem Beweis

Bei einem Beweis, der – natürlich in sehr ausführlicher Darstellung – gut 20 Seiten in Anspruch nimmt, ist ein Rückblick ohne Zweifel hilfreich. Wenn Sie die Argumente mit dem kommutativen Diagramm

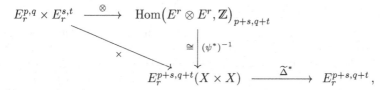

noch einmal Revue passieren lassen, erscheinen sie von der Idee her ganz einfach, in allen Schritten gab es nur natürliche Abbildungen, waren nur kanonische Details oder Definitionen zu überprüfen. Das eigentliche Problem besteht in all den Umwegen, die nötig sind, um ans Ziel zu gelangen. A. HATCHER hat in seinem Draft [39] versucht, den unteren Weg $\widetilde{\Delta}^* \times$ von $E_r^{p,q} \times E_r^{s,t}$ nach $E_r^{p+s,q+t}$ zu gehen, beginnend mit der E_1-Seite und dem externen Kreuzprodukt in die Spektralsequenz $E_r^{p+s,q+t}(X \times X)$. Dabei sind auf der E_1-Seite alle Forderungen erfüllt, und die LEIBNIZ-Regel für d_1 garantiert, dass dieses Kreuzprodukt auf den Subquotienten ein wohldefiniertes Produkt $E_2^{p,q} \times E_2^{s,t} \to E_2^{p+s,q+t}$ induziert.

Es schien, als ob die Dualisierung aller Abbildungen in den Treppendiagrammen genügt, um bei den Spektralsequenzen von der Homologie zur Kohomologie zu wechseln. Doch dann geriet dieser Ansatz ins Stocken. Es ist schon beinahe kurios, dass es über die Kohomologiesequenzen und Treppendiagramme keinen Weg zu geben scheint, die LEIBNIZ-Regel für das Differential d_2 auf der E_2-Seite zu beweisen, was ein induktives Vorgehen zu den höheren Seiten ermöglicht hätte. Fast möchte man sagen: „Geschenkt auf der E_1-Seite, aber unlösbar auf allen höheren Seiten".

Etwa 10 Jahre später kam dann Bewegung in die Diskussion, M.HUTCHING hat in [58] zumindest erwähnt, dass „with a bit more work" ein Beweis nicht nur in dem algebraischen Kontext bei SERRE, [89], sondern auch für Filtrierungen über CW-Basen möglich ist (dieses Quäntchen Mehrarbeit scheint allerdings aus nicht weniger als den vergangenen gut 20 Seiten zu bestehen). Was war also der entscheidende Puzzlestein, der gefehlt hat?

Es war der Übergang auf eine „E_0-Seite" der Spektralsequenz mit dem durch die Untergruppen $\mathcal{F}_p^*$ gefilterten Komplex $C^*(X)$. Die Spektralsequenz wird also auf etwas andere Weise konstruiert, wobei sich die Äquivalenz zum Ansatz von HATCHER durch Beobachtung 3 manifestiert: Das Treppendiagramm zu den Paaren (X_p, X_{p-1}) ist zu dem der Tripel (X, X_p, X_{p-1}) äquivalent (Seite 230). Damit waren Argumente mit Koketten möglich, und alle Seiten der Spektralsequenz konnten über die Beziehungen $Z_r^{p,q} = \delta^{-1}\big(\mathrm{Im}(i^r)\big)$, $B_r^{p,q} = j\big(\mathrm{Ker}(i^r)\big)$ und $E_{r+1}^{p,q} = Z_r^{p,q}/B_r^{p,q}$ aus Elementen in $C^*(X)$ konstruiert werden (Seiten 228, 229).

Wir haben dann zwar im Unterschied zum ersten Ansatz die LEIBNIZ-Regel auf der E_1-Seite nicht geschenkt bekommen (das Cup-Produkt erfüllte sie in der Kohomologie per se), sondern mussten sie mit den Koketten neu berechnen, genauso wie die Tatsache, dass die Multiplikation von $E_r^{p,q} \times E_r^{s,t}$ nach $E_r^{p+s,q+t}$ überhaupt wohldefiniert ist (Seiten 234 f). Diese Berechnungen waren untrennbar an eine Bilinearform $\Phi : C^m(X) \times C^n(X) \to C^{m+n}(X)$ gebunden, die einer strengen Filterbedingung genügt: $\Phi\big(\mathcal{F}_p^m \times \mathcal{F}_s^n\big) \subseteq \mathcal{F}_{p+s}^{m+n}$. Der Lohn der Mühe war dann die gesuchte Multiplikation auf allen Seiten der Spektralsequenz, denn die Berechnungen waren (ohne induktives Vorgehen) für beliebiges $1 \leq r \leq \infty$ möglich.

Die Probleme begannen damit, dass Φ nicht zu finden war. Ein erster Rettungsversuch bestand darin, eine Multiplikation $E_r^{p,q} \times E_r^{s,t} \to E_r^{p+s,q+t}(X \times X)$ in die Spektralsequenz von $X \times X$ zu konstruieren. Dieser Ansatz, auf den E_1-Seiten durch das Kreuzprodukt formuliert, wurde auch von HATCHER noch gewählt, [39]. In der Tat ein vielversprechender Ansatz, denn die Komposition mit der Diagonalen $\Delta^* : C^*(X \times X) \to C^*(X)$ ergibt das Cup-Produkt (Seite 131), mithin die ursprüngliche Multiplikation auf der E_1-Seite der Spektralsequenz E_*. Um daraus einen Homomorphismus zwischen den Spektralsequenzen $E_*(X \times X)$ und E_* zu machen, musste man für Δ noch eine zelluläre Approximation $\widetilde{\Delta}$ wählen (mit der sich dann auch die LEIBNIZ-Regel auf E_* übertragen ließ, Seiten 213 und 241). Trotz dieses kleinen Umwegs lief eigentlich alles nach Plan.

Bis das nächste Hindernis auftauchte: Das Kreuzprodukt von $C^m(X) \times C^n(X)$ nach $C^{m+n}(X \times X)$ scheitert ebenfalls an Forderung 2, nach der $\mathcal{F}_p^m \times \mathcal{F}_s^n \subseteq \widehat{\mathcal{F}}_{p+s}^{m+n}$ gelten müsste (Seite 241). Die Lösung bestand nun in der Eliminierung der für die Forderung 2 schädlichen Simplizes $\sigma^{i+j} : I^{i+j} \to X \times X$, welche keine Produktsimplizes $\sigma^i \times \sigma^j$ sind. Dies leistete der Übergang zur Tensor-Spektralsequenz $\mathrm{Hom}\big(E^* \otimes E^*, \mathbb{Z}\big)$, konstruiert aus dem Komplex $\mathrm{Hom}\big(C_*(X) \otimes C_*(X), \mathbb{Z}\big)$ über die $\widetilde{\mathcal{F}}_p^*$-Filtrierung (Seite 243). Insgesamt konnte mit diesen Modifikationen in mühsamer Handarbeit die Existenz einer externen Tensor-Multiplikation

$$\otimes : E_* \times E_* \longrightarrow \mathrm{Hom}\big(E^* \otimes E^*, \mathbb{Z}\big)$$

gezeigt werden, die alle notwendigen Eigenschaften erfüllt. Sie bildet die erste Zeile in obigem Diagramm und ist in [40] explizit berechnet (was in dem hier gegebenen Beweis aber wegen des 3. Meilensteins nicht nötig war, Seite 248). Die Komposition mit $(\psi^*)^{-1}$ und $\widetilde{\Delta}^*$ lieferte schließlich die Multiplikation $E_* \times E_* \to E_*$ inklusive aller auf Seite 219 geforderten Eigenschaften. So gesehen war die Multiplikation als Cup-Produkt auf der E_1-Seite hier nicht der Ausgangspunkt des Beweises, sondern hat sich erst im Nachgang als Nebenprodukt ergeben.

Mit diesem Theorem endet der 2. Teil des Buches. Der Beweis des allgemeinen Theorems von SERRE über die Gruppen $\pi_k(S^n)$ für $k > n$ ist damit vollständig.

Im Rest des Buches befassen wir uns mit der konkreten Bestimmung einiger Gruppen in der Sphärenhomotopie. Dies verlangt genauere Kenntnisse über die algebraische Struktur in Spektralsequenzen, insbesondere eine explizite Darstellung der Differentiale d_r, die über die bloße Frage „Nullabbildung oder Isomorphismus?" hinausgeht. Hier lebt die Theorie der Spektralsequenzen in einer wunderbaren Symbiose mit den Kohomologieoperationen von N. STEENROD, die fast zeitgleich zu der Arbeit von SERRE entstanden sind, [95].

Aufgaben und Wiederholungsfragen

1. Führen Sie das Argument auf Seite 198 aus und zeigen mit der langen exakte Homotopiesequenz von Faserungen, dass die Homotopiefaser von f_n ein $K\big(\pi_{n+1}(X), n+1\big)$ ist.

2. Zeigen Sie mit der MAYER-VIETORIS-Sequenz (Seite I-297 f), dass man durch Anheften von Zellen mit Dimension $r \geq n + 2$ an einen (beliebigen) Raum X nichts an den Gruppen $H_k(X)$ ändert, falls $k \leq n$ ist (Seite 201).

3. Rekapitulieren Sie das Argument auf Seite 203, wonach der Kern von d^r die Gruppe $E_{k,0}^{r+1}$ ist, weil für $q < 0$ alle Differentiale verschwinden. Folgern Sie daraus die exakte Sequenz

$$0 \;\longrightarrow\; E_{k,0}^{r+1} \;\longrightarrow\; E_{k,0}^r \;\xrightarrow{\; d^r \;}\; \mathrm{Im}(d^r) \;\longrightarrow\; 0$$

und zeigen, warum $E_{k,0}^{r+1}$ genau dann endlich ist, wenn dies für $E_{k,0}^r$ zutrifft.

4. Wiederholen Sie den Beweis des Satzes von HUREWICZ-SERRE für den Fall endlich erzeugter Gruppen.

5. Zeigen Sie, dass eine CW-Approximation $\chi : X_{\mathrm{cw}} \to X$ ein Diagramm

$$
\begin{array}{ccc}
\pi_k(X_{\mathrm{cw}}) & \xrightarrow{\;(h_{\mathrm{cw}})_*\;} & H_k(X_{\mathrm{cw}}) \\
\Big\downarrow{\scriptstyle \chi_*} & & \Big\downarrow{\scriptstyle \chi_*} \\
\pi_k(X) & \xrightarrow{\quad h_* \quad} & H_k(X),
\end{array}
$$

mit den zugehörigen HUREWICZ-Isomorphismen h_* und $(h_{\mathrm{cw}})_*$ ergibt, welches kommutiert (Seite 204).

6. Geben Sie ein Beispiel für eine Torsionsgruppe G mit $G \otimes \mathbb{Q} \neq 0$. Was bedeutet das für $H^k(X; \mathbb{Q})$, wenn $H_k(X)$ nicht endlich erzeugt ist? Worin besteht der entscheidende Unterschied zu $H_k(X; \mathbb{Q})$?

7. Führen Sie das Argument auf Seite 210 aus, wonach $\pi_k(X) \cong \pi_k(S^n)$ für $k > n$ endlich wäre, falls alle $E_\infty^{p,q}$ in der Spektralsequenz für $(p,q) \neq (0,0)$ verschwinden.

8. Zeigen Sie auf Seite 212, dass bei Faserungen $F \to X \to B$ und $G \to Y \to C$ auch das Produkt $F \times G \to X \times Y \to B \times C$ eine Faserung ist.

9. Zeigen Sie, dass Φ_1 eine bilineare Multiplikation

$$\Phi_2 : E_2^{p,q} \times E_2^{s,t} \longrightarrow E_2^{p+s,q+t}, \quad (\alpha, \beta) \mapsto \Phi_1(\alpha, \beta) = \alpha\beta = \widetilde{\Delta}^*(\alpha \times \beta)$$

auf der E_2-Seite der Spektralsequenz induziert (Seite 215).

10. Führen Sie das induktive Argument auf Seite 218 aus, um in $H^*\big(K(\mathbb{Z},2)\big)$ zu $x_i \smile x_j = x_{i+j}$ zu kommen.

11. Bestimmen Sie den Kohomologiering $H^*\big(K(\mathbb{Z},4) \times K(\mathbb{Z},5); \mathbb{Q}\big)$ mit dem Satz auf Seite 211.

12. Führen Sie die Induktion auf Seite 220 aus, wonach $d_3(a^n) = na^{n-1}x$ ist für alle Differentiale d_3, die zwischen $p = 0$ und $p = 3$ verlaufen.

13. Verifizieren Sie, ebenfalls in dem Argument auf Seite 220, dass die Gruppen $\mathbb{Q}\, a^n$ und $\mathbb{Q}\, a^n x$, $n \geq 0$, die einzigen Gruppen $\neq 0$ auf der E_3-Seite sind, und dass sie (bis auf $E_3^{0,0}$) beim Übergang zur E_4-Seite allesamt verschwinden.

14. Betrachten Sie eine Abbildung $f : S^5 \to S^5$ vom Grad 3, wandeln diese in eine Faserung $F \to \Gamma_f(S^5, S^5) \to S^5$ um, und bestimmen den Kohomologiering $H^*(F)$. Siehe auch Aufgabe 12 des vorigen Kapitels (Seite 195). Welche allgemeine Aussage ergibt sich für ein $f : S^n \to S^n$, $n > 1$, vom Grad $k > 1$?

15. Versuchen Sie, die Diagrammjagden für Beobachtung 1 (Seite 228) im Detail nachzuvollziehen, unter Beachtung der dort gegebenen Hinweise.

16. Zeigen Sie auf Seite 236 die beiden fehlenden Formeln

$$\delta\big(y_a z_b + (-1)^m z_a y_b\big) = (-1)^m\big((\delta a)y_b - y_a \delta b\big)$$

und

$$\delta(ab) - y_{ab} = \delta(z_a b + az_b - z_a z_b),$$

mit $z_a b + az_b - z_a z_b \in \mathcal{F}_{p+s+1}^{m+n}$.

Teil 3

Lokalisierungen, Kohomologieoperationen und
konkrete Beispiele für Gruppen $\pi_k(S^n)$ mit $k > n$

8 Lokalisierungen von topologischen Räumen*

Nach dem allgemeinen Theorem zu den Gruppen $\pi_k(S^n) \otimes \mathbb{Q}$ aus dem zweiten Teil des Buches wollen wir nun im dritten Teil mit konkreten Berechnungen beginnen. Schon vor 1950 waren ja die Gruppen $\pi_3(S^2) \cong \mathbb{Z}$ oder $\pi_4(S^3) \cong \pi_4(S^2) \cong \mathbb{Z}_2$ bekannt und legten es nahe, den geheimnisvollen, über die Dimensionen völlig unregelmäßig verteilten Torsionsanteilen der $\pi_k(S^n)$ auf die Spur zu kommen.

Ein neues und in der Literatur manchmal als „notorisch schwierig" bezeichnetes Forschungsgebiet war eröffnet. In diesem Kapitel wollen wir als wichtigen Meilenstein auf dem Weg zu den abschließenden Berechnungen ein Resultat anpeilen, das auf den ersten Blick vielleicht marginal erscheint. Es geht darum, in der Sphärenhomotopie für Primzahlen p konkrete direkte Summanden der Form $\mathbb{Z}_{p^m}$, also allgemein die p-Torsion, nachzuweisen oder auszuschließen. Eine der frühen Quellen dieses Resultats findet sich bei S.-T. HU, [48], und verwendet die WANG-Kohomologiesequenz, [109]. Wir wählen hier einen anderen Zugang, [39].

> **Satz (p-Torsion in der Sphärenhomotopie)**
> Es sei p prim und $n \geq 3$. Dann hat $\pi_k(S^n)$ für $k < n + 2p - 3$ keine p-Torsion und für $k = n + 2p - 3$ besteht sie aus genau einem Summand der Form $\mathbb{Z}_p$.

Obwohl man damit noch weit davon entfernt ist, die Gruppen $\pi_k(S^n)$ wirklich zu kennen, ist dies ein interessantes und vielseitiges Resultat. Es zeigt nicht nur beliebig viele konkrete Beispiele wie

$\pi_4(S^3) \cong \mathbb{Z}_2 \oplus \{\text{Untergruppe ohne Torsion}\} \cong \mathbb{Z}_2$, ein Resultat, dass kurz vor der Entdeckung der Spektralsequenzen bereits bekannt war (Seite 25),

$\pi_{28}(S^9) \cong \mathbb{Z}_{11} \oplus \{\text{Untergruppe nur mit } (\leq 7)\text{-Torsion}\}$, und die Gruppen $\pi_k(S^9)$ haben keine 11-Torsion für $k \leq 27$,

$\pi_{241176}(S^{2401}) \cong \mathbb{Z}_{119389} \oplus \{\text{Untergruppe nur mit } (\leq 119363)\text{-Torsion}\}$, und die Gruppen $\pi_k(S^{2401})$ haben keine 119389-Torsion für $k \leq 241175$,

sondern auch allgemeine Aussagen wie

„Jeder endliche Körper $\mathbb{Z}_p$ ist direkter Summand einer endlichen Gruppe $\pi_k(S^n)$, mit einem p-torsionsfreien Quotienten $\pi_k(S^n)/\mathbb{Z}_p$".

Beispiele wie diese zählen zu den tiefsten Geheimnissen unserer Gedankenwelt. So erschließt sich in der Tat niemandem, warum es genau 11 wesentlich verschiedene Abbildungen von der S^{28} auf die S^9 gibt, deren 11^m-fache Summe nullhomotop ist (wobei hier $0 < m \in \mathbb{N}$ beliebig sein darf), und keine einzige derartige Abbildung von niedriger-dimensionalen Sphären auf die S^9. Unendlich viele solche Beispiele folgen aus dem obigen Satz. Warum nur dieses scheinbar regellose Verhalten der Dimensionen? Fast fühlt man sich an die rätselhafte Verteilung der Primzahlen auf dem Zahlenstrahl erinnert.

© Springer-Verlag GmbH Deutschland, ein Teil von Springer Nature 2023
F. Toenniessen, *Die Homotopie der Sphären*,
https://doi.org/10.1007/978-3-662-67942-5_8

Neben solcherlei philosophischen Betrachtungen werden wir den eigentlichen Nutzen des Satzes bei der Bestimmung der Gruppen $\pi_{n+i}(S^n)$ für $i \leq 3$ im Schlusskapitel erleben (Seite 448 ff). Im Fall $i \leq 2$ existiert dort nach dem Satz keine p-Torsion für $p \geq 3$, wegen $n + i < n + 2p - 3$. Im Fall $i, p = 3$ ist $n + i = n + 2p - 3$ und daher

$$\pi_{n+3}(S^n) \cong \mathbb{Z}_3 \oplus \{\text{Untergruppe mit höchstens 2-Torsion}\}.$$

Beachten Sie, dass es auch bei diesen Gruppen keine p-Torsion für $p \geq 5$ geben kann, denn wir haben dann stets $n + 3 < n + 2p - 3$.

Die Konsequenzen davon sind enorm. Bei den Gruppen $\pi_{n+i}(S^n)$ mit $i \leq 3$ gibt es bis auf einen $\mathbb{Z}_3$-Summanden im Fall $i = 3$ nur 2-Torsion, alle Torsionselemente haben also eine Ordnung 2^m, mit einem $m \geq 1$. Wir werden später sehen, dass man die Gruppen $\pi_{n+i}(S^n)$ für $i \leq 3$ damit vollständig bestimmen kann, wenn man Spektralsequenzen in der Homologie und Kohomologie mit $\mathbb{Z}_2$-Koeffizienten betrachtet. Das ist dem glücklichen Umstand zu verdanken, dass die 2-Torsion auf den E_r-Seiten der $\mathbb{Z}$-Spektralsequenz an den entscheidenden Stellen nur aus Elementen a der Ordnung 2 besteht, mithin aus einzelnen $\mathbb{Z}_2$-Summanden, die eben mit $\mathbb{Z}_2$-Koeffizienten lückenlos erkennbar sind.

Für diesen Fall werden wir dann im nächsten Kapitel mit den STEENROD-Squares als spezielle Kohomologieoperationen $Sq^i : H^n(X; \mathbb{Z}_2) \to H^{n+i}(X; \mathbb{Z}_2)$ eine Fülle neuer algebraischer Mittel kennenlernen, um die Differentiale d_r auf den Seiten der $\mathbb{Z}_2$-Spektralsequenzen exakt darzustellen.

Ein faszinierendes Programm liegt nun vor uns. Lassen Sie uns aufbrechen und zunächst (für obigen Satz) wieder auf betont topologische Konzepte zurückgreifen. Wir haben bereits mit $\mathbb{Q}$-Koeffizienten gearbeitet, also alle Nenner $\neq 0$ zugelassen (Seite 209 ff). Dies kann man nun einschränken auf Nenner, in denen bestimmte Primzahlfaktoren ausgeschlossen sind, um Torsionsanteile in den Gruppen sichtbar zu machen (anstatt sie über $\mathbb{Q}$ vollständig auszulöschen). Dazu müssen wir für topologische Räume X geeignete Pendants X' konstruieren, deren Homotopiegruppen solche Nenner zulassen.

8.1 Die Existenz von $\mathcal{P}$-Lokalisierungen

Die hierfür notwendige Algebra ist schnell erklärt. Für eine Primzahl p sei

$$\mathbb{Z}_{(p)} = \left\{ \frac{a}{b} \in \mathbb{Q} : a, b \text{ teilerfremd und } p \text{ ist nicht Teiler von } b \right\}$$

der zugehörige Unterring von $\mathbb{Q}$. Dabei sind, wie in der Definition erwähnt, sämtliche ab jetzt vorkommenden Brüche in vollständig gekürzter Form gemeint. Damit wird $\mathbb{Z}_{(p)}$ zu einem **lokalen Ring** mit maximalem Ideal (p), wobei p abkürzend für $p/1$ steht. Der Ring $\mathbb{Z}_{(p)}$ ist (wie $\mathbb{Z}$) ebenfalls ein Hauptidealring, denn alle Ideale $\neq \mathbb{Z}_{(p)}$ sind von der Form (p^k), für ein $k \geq 1$.

Die Kurzschreibweise a für $a/1$ deutet darauf hin, dass $\mathbb{Z}$ über die Einbettung $a \mapsto a/1$ als Unterring von $\mathbb{Z}_{(p)}$ aufgefasst werden kann.

Die **Lokalisierung** von $\mathbb{Z}$ ist auch simultan über eine Menge $\mathcal{P}$ von Primzahlen möglich. Man definiert in diesem Fall

$$\mathbb{Z}_{\mathcal{P}} = \bigcap_{p \in \mathcal{P}} \mathbb{Z}_{(p)},$$

das sind alle $a/b \in \mathbb{Q}$, bei denen im Nenner (in vollständig gekürzter Form) keiner der Primfaktoren aus $\mathcal{P}$ vorkommt. Auch $\mathbb{Z}_{\mathcal{P}}$ ist ein Hauptidealring, mit den maximalen Idealen (p), $p \in \mathcal{P}$. Versuchen Sie als elementare **Übung**, sich all diese Aussagen kurz klarzumachen. Weitere elementare Aufgaben dazu finden Sie in den Übungen zu diesem Kapitel (Seite 313).

Ein nicht ganz triviales Resultat zu den Ringen $\mathbb{Z}_{\mathcal{P}}$ betrifft freie Moduln über diesen Ringen, wir werden es später benötigen (Seite 286). Diese Moduln zeigen ein ähnliches Verhalten wie Vektorräume.

Satz (Moduln über Hauptidealringen, zum Beispiel $\mathbb{Z}_{(p)}$ oder $\mathbb{Z}_{\mathcal{P}}$)
Es sei R Hauptidealring und M ein freier R-Modul. Dann sind alle R-Untermoduln $U \subseteq M$ ebenfalls freie R-Moduln.

Der **Beweis** ist elementare Algebra, fast schon eine Erholung im Vergleich zu den Anstrengungen der vergangenen Kapitel. Er ähnelt dem des entsprechenden Satzes über frei abelsche Gruppen (Seite I-68), sei hier aber noch einmal wiederholt.

Es sei M zunächst endlich erzeugt, mit Basis $\{x_1, \dots, x_n\}$. Wir zeigen den Satz durch Induktion nach n. Im Fall $n = 1$ ist $M = Rx_1 \cong R$ und jeder nichttriviale R-Untermodul $U \subseteq R$ ist ein Ideal, mithin ein Hauptideal $U = (u)$. Offensichtlich ist dann $\{u\}$ eine R-Basis von U, denn R ist per definitionem ein Integritätsring.

Falls $M = Rx_1 \oplus \dots \oplus Rx_n$ ist, betrachte die Projektion $p : M \to Rx_n$ und deren Einschränkung $p|_U$. Es gibt dann eine kurze exakte Sequenz der Form

$$0 \longrightarrow \operatorname{Ker}(p|_U) \longrightarrow U \xrightarrow{\ p|_U\ } p(U) \longrightarrow 0 \,.$$

Dabei ist $p(U)$ als R-Untermodul von Rx_n frei nach dem Induktionsanfang und $\operatorname{Ker}(p|_U)$ ein R-Untermodul von $\operatorname{Ker}(p) = Rx_1 \oplus \dots \oplus Rx_{n-1}$, also frei nach der Induktionsannahme. Im Fall $p(U) = 0$ ist damit U ein freier R-Modul.

Im Fall $p(U) \neq 0$ hat es wegen des Induktionsanfangs eine Basis $\{u_n\}$. Mit einem Element $y_n \in (p|_U)^{-1}(u_n)$ definiert dann die Zuordnung $u_n \mapsto y_n$ einen Homomorphismus $f : p(U) \to U$ mit $p|_U f = \operatorname{id}_{p(U)}$. Ein solcher Schnitt der Surjektion $p|_U$ bedeutet, dass es einen R-Modul-Isomorphismus $\operatorname{Ker}(p|_U) \oplus p(U) \to U$ gibt und damit auch U frei ist (nehmen Sie die Abbildung $k \oplus x \mapsto k + f(x)$ und zeigen deren Injektivität und Surjektivität mit der Exaktheit der obigen Sequenz). Der Satz ist damit für endlich erzeugte R-Moduln M bewiesen.

Für allgemeine freie R-Moduln benötigt man das ZORNsche Lemma, an die Stelle der gewöhnlichen Induktion tritt eine ausgeklügelte transfinite Induktion. Es sei dazu $\{x_\lambda : \lambda \in \Lambda\}$ eine Basis von M. Für jede Teilmenge $\mathcal{T} \subseteq \Lambda$ sei dann $M_{\mathcal{T}} \subseteq M$ der freie R-Modul, der von der Teilbasis $\{x_\tau : \tau \in \mathcal{T}\}$ erzeugt ist.

Ein R-Untermodul davon ist $U_{\mathcal{T}} = U \cap M_{\mathcal{T}}$. Um die transfinite Induktion vorzubereiten, betrachten wir die Menge

$$\mathcal{M} = \left\{ (U_{\mathcal{T}}, \mathcal{T}') : \mathcal{T} \subseteq \Lambda, \ \mathcal{T}' \subseteq \mathcal{T} \text{ und } U_{\mathcal{T}} \text{ frei mit } R\text{-Basis } \{u_\tau : \tau \in \mathcal{T}'\} \right\}.$$

Der Satz in der Variante für endlich erzeugte Gruppen garantiert, dass es solche Paare gibt (zumindest für alle endlichen Teilmengen $\mathcal{T}$). Eine induktive Ordnung auf $\mathcal{M}$ ist auf naheliegende Weise möglich: Es sei $(U_{\mathcal{S}}, \mathcal{S}') \leq (U_{\mathcal{T}}, \mathcal{T}')$ genau dann, wenn $\mathcal{S} \subseteq \mathcal{T}$ und $\mathcal{S}' \subseteq \mathcal{T}'$ ist, und die Basis $\{u_\sigma : \sigma \in \mathcal{S}'\}$ von $U_{\mathcal{S}}$ eine Teilmenge der Basis $\{u_\tau : \tau \in \mathcal{T}'\}$ von $U_{\mathcal{T}}$ ist. Offensichtlich hat jede Kette in $\mathcal{M}$ eine obere Schranke (die Vereinigung aller Paare in der Kette). Nach dem ZORNschen Lemma existiert dann ein maximales Element $(U_{\mathcal{T}_{\max}}, \mathcal{T}'_{\max}) \in \mathcal{M}$.

Wir zeigen $\mathcal{T}_{\max} = \Lambda$, was den Beweis des Satzes vollendet. Falls $\mathcal{T}_{\max} \subset \Lambda$ wäre, nehmen wir ein $\mu \in \Lambda \setminus \mathcal{T}_{\max}$. Damit ist $U \cap Rx_\mu \neq \{0\}$, sonst hätten wir

$$U_{\mathcal{T}_{\max} \cup \{\mu\}} = U \cap M_{\mathcal{T}_{\max} \cup \{\mu\}} = U \cap M_{\mathcal{T}_{\max}} = U_{\mathcal{T}_{\max}}$$

frei mit R-Basis $\{u_\tau : \tau \in \mathcal{T}'_{\max}\}$, also $(U_{\mathcal{T}_{\max} \cup \{\mu\}}, \mathcal{T}'_{\max}) \in \mathcal{M}$ im Widerspruch zur Maximalität von $(U_{\mathcal{T}_{\max}}, \mathcal{T}'_{\max})$. Aus diesem Widerspruch kommen wir aber auch mit $U \cap Rx_\mu \neq \{0\}$ nicht heraus: Es wäre dann $U \cap Rx_\mu$ frei mit einer R-Basis $\{cx_\mu\}$, für ein $c \in R$, und mit $u_\mu = cx_\mu$ ist dann $\left(U_{\mathcal{T}_{\max} \cup \{\mu\}}, \mathcal{T}'_{\max} \cup \{\mu\}\right) \in \mathcal{M}$, das ist der gleiche Widerspruch wie oben. Damit ist der Satz bewiesen. $\square$

Nach diesem algebraischen Intermezzo – wir kennen nun eine zentrale Eigenschaft von $\mathbb{Z}_{\mathcal{P}}$-Moduln – wenden wir uns einem großen topologischen Meilenstein zu.

Definition und Theorem (Existenz von Lokalisierungen)

Es sei X ein einfach zusammenhängender CW-Komplex. Dann existiert für jede Primzahl p eine p-**Lokalisierung** $X_{(p)}$ von X, das ist eine stetige Abbildung

$$\lambda_{(p)} : X \longrightarrow X_{(p)},$$

die für alle $i \geq 0$ einen $\mathbb{Z}_{(p)}$-Modul-Isomorphismus

$$\lambda_{(p)*} \otimes \mathbb{1} : \pi_i(X) \otimes \mathbb{Z}_{(p)} \longrightarrow \pi_i\big(X_{(p)}\big) \otimes \mathbb{Z}_{(p)} \cong \pi_i\big(X_{(p)}\big)$$

induziert. Insbesondere ist $X_{(p)}$ dabei ein $\mathbb{Z}_{(p)}$-**lokaler Raum**: Alle $\pi_i\big(X_{(p)}\big)$ sind $\mathbb{Z}_{(p)}$-Moduln.

Der **Beweis** dieser (eigentlich leicht verständlichen) Aussage ist überraschenderweise sehr umfangreich und erstreckt sich bis hin zu Seite 297. Sie können die Lektüre gerne dort fortsetzen (die Zwischenschritte des Beweises sind zwar faszinierende Mathematik, werden aber nicht mehr benötigt). Vielleicht ist es eine gute Idee, sich zur Motivation einen Beweis des Theorems von SERRE (Seite 222) anzusehen, der mit einer $\mathbb{Q}$-Lokalisierung der S^n auf bestechend einfache Weise gelingt (Seite 299 f). Zwei Bemerkungen noch, bevor wir den Beweis beginnen.

Einerseits ist die Bezeichnung von $\lambda_{(p)*}$ als $\mathbb{Z}_{(p)}$-Modul-Isomorphismus etwas hochtrabend. Eine einfache **Übung** zeigt, dass jeder Gruppenhomomorphismus $M \to N$ zwischen $\mathbb{Z}_{(p)}$-Moduln ein $\mathbb{Z}_{(p)}$-Modulhomomorphismus ist.

Andererseits ist zum einfachen Zusammenhang des Raumes X zu sagen, dass das Theorem auch unter der schwächeren Bedingung gilt, dass $\pi_1(X)$ trivial auf allen Gruppen $\pi_n(X)$ wirkt, $n \geq 2$, gemäß der Bilinearform $\pi_1(X) \times \pi_n(X) \to \pi_n(X)$, die sich aus den Isomorphismen $\pi_n(X, x) \to \pi_n(X, y)$ bei Basispunkttransformationen ergibt, [38][105].

Ein solcher Raum mit trivialer $\pi_1(X)$-Wirkung auf allen $\pi_n(X)$ wird als **abelsch** bezeichnet. Der Beweis unter dieser schwächeren Voraussetzung ist aber wesentlich komplizierter, denn er benötigt eine allgemeinere Form des Theorems von HURE-WICZ. Da wir dies im weiteren Verlauf nicht benötigen, gehen wir vom einfachen Zusammenhang von X aus, bei dem die Abelizität offensichtlich gegeben ist.

Wir wissen nun von früher (Seite 198), dass alle wegzusammenhängenden, punktierten Räume (X, x) einen POSTNIKOV-Turm

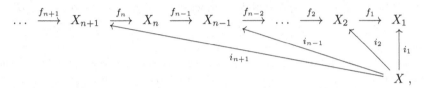

besitzen, mit Faserungen f_n und Inklusionen i_n, die für alle $k \leq n$ Isomorphismen $\pi_k(X, x) \to \pi_k(X_n, x)$ induzieren. Weiter ist $\pi_k(X_n, x) = 0$ für $k > n$ (Seite 198). Die speziellen Homotopieeigenschaften der Stockwerke X_n ergeben dabei mit der langen exakten Homotopiesequenz (Seite 82) für alle $n \geq 2$ die Faserungen

$$K(\pi_n(X), n) \longrightarrow X_n \longrightarrow X_{n-1}.$$

Im vorigen Kapitel konnten wir damit die Homotopie von X induktiv untersuchen, zerlegt in die Stockwerke als weitgehend unabhängige Einzelteile (Seite 200 f).

Es ist nicht überraschend, dass wir auch die Lokalisierungen induktiv aus einem POSTNIKOV-Turm erhalten: Wir haben $\pi_k(X_1) = 0$ für $k \geq 0$, womit die erste Lokalisierung $\lambda_{(p)} : X_1 \to (X_1)_{(p)}$ mit $(X_1)_{(p)} = X_1$ und $\lambda_{(p)} = \mathrm{id}_{X_1}$ quasi geschenkt ist. Sie ahnen vielleicht aber, dass wir damit insgesamt noch weit vom Ziel entfernt sind. Wie in aller Welt soll der Übergang zu den höheren Stockwerken geschehen, zumal diese keine trivialen Homotopiegruppen mehr haben.

Wir müssen hier einen neuen Blickwinkel auf die Situation bekommen und das Prinzip der Homotopieäquivalenz bis an seine Grenzen ausreizen. Ein erster Schritt ist eine Erweiterung des Begriffs einer Faserung $F \to E \to B$ zu einer **Sequenz von Faserungen** $F \to E \to B \to B'$, auch **Hauptfaserung** genannt (engl. *principal fibration*). Die seltsame Schreibweise mit den vier Räumen steht abkürzend für ein kommutatives Diagramm der Form

$$
\begin{array}{ccccc}
F & \longrightarrow & E & \overset{p}{\longrightarrow} & B \\
& & \downarrow{\scriptstyle\simeq} & & \downarrow{\scriptstyle\simeq} \\
F' & \longrightarrow & E' & \underset{p'}{\longrightarrow} & B' \, ,
\end{array}
$$

in dem die senkrechten Pfeile Homotopieäquivalenzen sind und in beiden Zeilen Faserungen stehen.

Hauptfaserungen sind ein gewöhnungsbedürftiges Konzept. Beachten Sie, dass die Faserung $F' \to E' \to B'$ stets nur bis auf Faserhomotopieäquivalenz eindeutig ist, und wenn eine solche Ergänzung gefunden ist, handelt es sich per definitionem um eine Hauptfaserung. Die kurze Schreibweise als $F \to E \to B \to B'$ ist insbesondere in POSTNIKOV-Türmen auch dadurch gerechtfertigt, als dort alle Räume nach Bedarf durch homotopieäquivalente Räume ersetzt werden können, ohne die Berechnungen von Invarianten zu verändern: Alle Diagrammjagden, ob in der Homotopie, der Homologie oder der Kohomologie, sind über die Äquivalenzen $E \simeq F'$ und $B \simeq E'$ übertragbar und liefern die entsprechenden Aussagen für die originären Faserungen $f_n : X_{n+1} \to X_n$.

Zur Vorbeugung eines Missverständnisses sei noch darauf hingewiesen, dass es im Allgemeinen nicht möglich ist, die Faserung $E \to B$ einfach über den äquivalenten Abbildungszylinder $E \to M_p$ in eine Inklusion umzuwandeln und dann $F' = E$ sowie $E' = M_p$ zu setzen (obwohl das verlockend wäre). Nein, um die Basis B' zu finden, mitsamt der Faserung $E' \to B'$, benötigt man subtilere Konzepte.

Bevor wir die Faserungen im POSTNIKOV-Turm eines einfach zusammenhängenden CW-Komplexes als Hauptfaserungen ausweisen, wollen wir (im Sinne eines roten Fadens) sehen, wohin uns diese Konstruktion führt. Die Faserungen $K(\pi_n(X), n) \to X_n \to X_{n-1}$ sind in einer Sequenz von Faserungen als

$$K(\pi_n(X),\, n) \;\longrightarrow\; X_n \;\longrightarrow\; X_{n-1} \;\longrightarrow\; K(\pi_n(X),\, n+1)$$

zu notieren, denn die lange exakte Homotopiesequenz zeigt, dass die Basis rechts in diesem Fall zwingend ein $K(\pi_n(X),\, n+1)$ ist (beachten Sie $E \simeq F'$ und $B \simeq E'$).

Der POSTNIKOV-Turm besitzt dann Stockwerke der Form

$$
\begin{array}{ccccc}
K(\pi_{n+1}(X), n+1) & \longrightarrow & X_{n+1} & \longrightarrow & K(\pi_{n+2}(X), n+3) \\
 & & \downarrow & & \\
\boldsymbol{K(\pi_n(X), n)} & \longrightarrow & \boldsymbol{X_n} & \longrightarrow & K(\pi_{n+1}(X), n+2) \\
 & & \downarrow & & \\
K(\pi_{n-1}(X), n-1) & \longrightarrow & X_{n-1} & \longrightarrow & \boldsymbol{K(\pi_n(X), n+1)}\,,
\end{array}
$$

mit EILENBERG-MACLANE-Räumen $K(\pi_*(X), *)$, die ähnlich wie Balkone rechts und links an jedes Stockwerk angebaut sind. Der Turm bestünde dann aus lauter Sequenzen von Faserungen (eine davon ist fett hervorgehoben), deren äußere Enden eine sehr einfache Homotopie besitzen und von unten nach oben schrittweise alle Homotopiegruppen von X durchlaufen.

Lokalisierungen für einen $K(G, n)$ scheinen damit in Reichweite zu sein, denn hier muss man sich nur auf die Gruppen π_n konzentrieren, weil alle anderen Homotopiegruppen verschwinden. Wenn man dann eine Lokalisierung für X_{n-1} konstruiert hat, ermöglichen die langen exakten Homotopiesequenzen in den Stockwerken eine Lokalisierung von X_n. Induktiv werden wir so den Turm über die Balkone rechts nach oben klettern und über den inversen Limes $X_{(p)} = \varprojlim (X_n)_{(p)}$ zu einer Lokalisierung von X gelangen (die Balkone links sind hier nicht von Bedeutung, wir haben sie im vorigen Kapitel benötigt, Seite 201 f).

Soweit die Skizze des Gedankengangs, lassen Sie uns dies nun ausarbeiten. Wir müssen zunächst für die Stockwerke des POSTNIKOV-Turms die obigen Sequenzen von Faserungen konstruieren.

Satz (Hauptfaserungen im Postnikov-Turm)
In einer Hauptfaserung $F \to E \to B \to B'$ ist die Faser F stets homotopie-äquivalent zu $\Omega B'$, dem Schleifenraum an einem Punkt $b' \in B'$ (Seite 91, diese Aussage dient nur dem allgemeinen Verständnis, sie wird im weiteren Verlauf nicht benötigt).

Falls X ein einfach zusammenhängender CW-Komplex ist, besitzt es einen POSTNIKOV-Turm aus **TCW-Hauptfaserungen** (Seite 99, alle beteiligten Räume haben den Homotopietyp eines CW-Komplexes) der Gestalt

$$K(\pi_n(X), n) \longrightarrow X_n \longrightarrow X_{n-1} \longrightarrow K(\pi_n(X), n+1).$$

Beweis: Wir zeigen zunächst, dass in Hauptfaserungen immer $F \simeq \Omega B'$ ist. Betrachte dazu die Pfadraumfaserung $p : P_{b'}B' \to B'$ zu einem Punkt $b' \in B'$ und die gegebenen Faserungen $f : E \to B$ und $f' : B \to B'$. Mit der Pfadraumfaserung $q : B_{f'} = \Gamma_{f'}(B, B') \to B'$ ist die Inklusion $i_{f'} : B \hookrightarrow B_{f'}$ eine Homotopieäquivalenz, und da f' selbst bereits eine Faserung war, ist es sogar eine Faserhomotopieäquivalenz (dies sei Ihnen als **Übung** empfohlen, die notwendige Homotopie entsteht als eine Liftung von $B_{f'} \times I \to B'$, $(e, \gamma, t) \mapsto \gamma(t)$, zu $B_{f'} \times I \to B$, beachten Sie auch weitere Hinweise bei den Aufgaben, Seite 313).

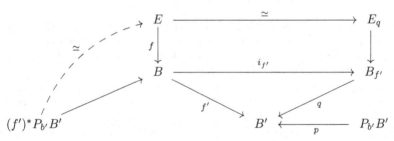

Damit können wir für die Faserung q die Homotopiefaser $E_q \simeq E$ annehmen. Nach Konstruktion ist

$$B_{f'} = \big\{ (b, \gamma) : b \in B \text{ und } \gamma : I \to B \text{ ein Weg mit } \gamma(0) = f'(b) \big\}$$

und wegen $q(b, \gamma) = \gamma(1)$ haben wir damit

$$E_q \simeq q^{-1}(b') = \big\{ (b, \gamma) \in B \times (B')^I : \gamma(0) = f'(b) \text{ und } \gamma(1) = b' \big\}.$$

Andererseits ist nach Definition des Pullbacks

$$(f')^* P_{b'} B' = \big\{ (b, \gamma) \in B \times P_{b'} B' : f'(b) = p(\gamma) \big\}.$$

Wegen $p(\gamma) = \gamma(1)$ und der Tatsache, dass in $P_{b'}B'$ stets $\gamma(0) = b'$ ist, liefert die Abbildung $\gamma \mapsto \gamma^{-1}$ einen Homöomorphismus $E_q \cong (f')^* P_{b'} B'$. Damit ist E homotopieäquivalent zum Pullback des Pfadraumes $P_{b'} B'$, mithin ist die Faser F homotopieäquivalent zum Schleifenraum $\Omega B'$.

Eine kurze Zwischenbemerkung: In einer frühen Publikation zu Hauptfaserungen hat J.P. Meyer die Hauptfaserungen als diejenigen definiert, die Pullbacks von Pfadraumfaserungen PB' sind, [72], wie in folgendem Diagramm gezeigt.

$$
\begin{array}{ccccc}
F & \longrightarrow & E = f^*P_{b'}B' & \longrightarrow & P_{b'}B' \\
 & & \downarrow & & \downarrow{\scriptstyle p} \\
 & & B & \overset{f}{\longrightarrow} & B'\,.
\end{array}
$$

Da Pullbacks die gleichen Homotopiefasern wie die ursprünglichen Faserungen haben, ist dann $F \simeq \Omega B'$ ein Schleifenraum. Diese Definition ist tatsächlich äquivalent zu der oben gegebenen Definition über Sequenzen von Faserungen (was Sie ebenfalls als kleine **Übung** verifizieren können, siehe die dortigen Hinweise).

All diese eher theoretischen Betrachtungen sollen uns aber nicht vom Hauptziel des Satzes abbringen – wir müssen die Faserungen $K(\pi_n(X), n) \to X_n \to X_{n-1}$ eines Postnikov-Turms nach rechts zu einer Sequenz von Faserungen fortsetzen. Über den Abbildungszylinder $M_{f_{n-1}} \simeq X_{n-1}$ interpretieren wir zunächst $X_n \to X_{n-1}$ als Inklusion (ohne die Bezeichnung zu ändern), und die lange exakte Homotopiesequenz liefert den n-Zusammenhang des Paares (X_{n-1}, X_n). Da X einfach zusammenhängend ist, gilt dies auch für X_n.

Der Ausschneidungssatz in der Homotopie (Seite 20) ergibt dann über den Quotienten $q : X_{n-1} \to X_{n-1}/X_n$ Isomorphismen

$$
q_* : \pi_k(X_{n-1}, X_n) \longrightarrow \pi_k(X_{n-1}/X_n)
$$

für alle $k \le n + 1$, siehe Seite 22. Nun müssen wir erstmals die Raumkategorien beachten. Alle X_n sind TCW-Räume (Seite 99), also homotopieäquivalent zu einem CW-Komplex. Nach dem Satz über TCW-Abbildungszylinder (Seite 113) ist dann X_{n-1}, als Zylinder $M_{f_{n-1}}$ interpretiert, auch ein TCW-Raum, dito der Quotient X_{n-1}/X_n. Es sei dann $\varphi : X_{n-1}/X_n \to C$ eine Homotopieäquivalenz zu einem CW-Komplex C und $\widetilde{q} = \varphi q : X_{n-1} \to C$. Da CW-Approximationen eines TCW-Raums Homotopieäquivalenzen sind (einfache **Übung**), kann C ausgehend vom Basispunkt $b' = X_n/X_n \subseteq X_{n-1}/X_n$ durch Anheften von Zellen an einen Sphärenstrauß der Dimension $n + 1$ konstruiert werden (die Bezeichnung b' soll an die Basis B' in Hauptfaserungen erinnern).

Durch weiteres Anheften von Zellen ab Dimension $n + 3$ entsteht dann eine Inklusion $i : C \hookrightarrow K(\pi_n(X), n + 1)$, denn es ist $\pi_{n+1}(X_{n-1}, X_n) \cong \pi_n(X_n) \cong \pi_n(X)$ nach der langen exakten Homotopiesequenz von (X_{n-1}, X_n) und der Homotopieeigenschaft von X_n. Definiere nun $k_{n-1} : X_{n-1} \to K(\pi_n(X), n + 1)$ als $k_{n-1} = i\widetilde{q}$ und bilde die äquivalente Faserung $\widetilde{k}_{n-1}$ mit Totalraum $E_{k_{n-1}}$ und Homotopiefaser $F_{k_{n-1}}$, woraus sich das folgende Diagramm ergibt.

$$
\begin{array}{ccccc}
X_n & \longrightarrow & X_{n-1} & \overset{\widetilde{q}}{\longrightarrow} & C \\
\downarrow & & \downarrow{\scriptstyle \simeq} & \overset{k_{n-1}}{\searrow} & \downarrow{\scriptstyle i} \\
F_{k_{n-1}} & \longrightarrow & E_{k_{n-1}} & \underset{\widetilde{k}_{n-1}}{\longrightarrow} & K(\pi_n(X), n + 1)\,.
\end{array}
$$

Der gestrichelte Pfeil links ist die natürliche Inklusion $X_n \hookrightarrow F_{k_{n-1}}$, mit Bild
$\{(x, \gamma) : x \in X_n, \ \gamma(1) = b'\} \subseteq \{(x, \gamma) : x \in X_{n-1}, \ \gamma(1) = b'\} = (\widetilde{k}_{n-1})^{-1}(b')$.

Hier zeigt sich auch zum ersten Mal der Vorteil, dass wir ausschließlich mit punktierten, also basispunkt-erhaltenden Abbildungen arbeiten. Die Inklusion $X_n \hookrightarrow F_{k_{n-1}}$ induziert nun Isomorphismen aller Homotopiegruppen und ist daher eine schwache Homotopieäquivalenz. Warum ist das der Fall?

Die exakte Homotopiesequenz der Faserung $E_{k_{n-1}} \to K(\pi_n(X), n+1)$ zeigt, dass $\pi_{n+1}(E_{k_{n-1}}, F_{k_{n-1}}) \cong \pi_n(X)$ ist und $\pi_k(E_{k_{n-1}}, F_{k_{n-1}})$ für $k \neq n+1$ verschwindet. Damit verhält sich dieses Paar identisch zu (X_{n-1}, X_n). Zusätzlich induziert das Diagramm einen Isomorphismus $\pi_{n+1}(X_{n-1}, X_n) \to \pi_{n+1}(E_{k_{n-1}}, F_{k_{n-1}})$, denn die Abbildungen k_{n-1} und $\widetilde{k}_{n-1}$ induzieren einen Isomorphismus dieser Gruppen auf $\pi_{n+1}\big(K(\pi_n(X), n+1)\big)$, wegen des Satzes auf Seite 22 für q_*, und für i_* wegen der Tatsache, dass das Anheften von Zellen in Dimensionen $\geq n+3$ keinen Einfluss auf den induzierten Homomorphismus der π_{n+1} hat. Damit ist $(k_{n-1})_*$ ein Isomorphismus und wegen der Kommutativität des Diagramms auch $(\widetilde{k}_{n-1})_*$. Nach dem Fünferlemma induziert dann auch die Inklusion $X_n \hookrightarrow F_{k_{n-1}}$ Isomorphismen aller Homotopiegruppen, sie ist also eine schwache Homotopieäquivalenz.

Nun kommt die Folgerung zum Theorem von MILNOR ins Spiel (Seite 112). Da X_{n-1} ein TCW-Raum ist, gilt dies auch für $E_{k_{n-1}}$, und nach Konstruktion ist $K(\pi_n(X), n+1)$ ein CW-Komplex. In der unteren Zeile ist demnach auch $F_{k_{n-1}}$ ein TCW-Raum. Da schwache Homotopieäquivalenzen zwischen TCW-Räumen echte Homotopieäquivalenzen sind (einfache **Übung** mit dem Satz von WHITEHEAD, Seite 48), ergibt sich die TCW-Fortsetzung der Faserung $X_n \to X_{n-1}$ aus den (homotopieäquivalenten) Räumen $F_{k_{n-1}} \to E_{k_{n-1}}$. $\qquad\square$

Damit ist ein wichtiger Meilenstein auf dem Weg zu den Lokalisierungen erreicht. Falls X ein einfach zusammenhängender CW-Komplex ist, können die Stockwerke des POSTNIKOV-Turms als (absteigende) Treppenstufen realisiert werden, wobei jede Stufe eine Sequenz von TCW-Faserungen im obigen Sinne darstellt – also eine TCW-Hauptfaserung ist, eine davon ist hier exemplarisch hervorgehoben:

$$
\begin{array}{ccccc}
K(\pi_n(X), n) & \longrightarrow & X_n & \xrightarrow{\ k_n\ } & K(\pi_{n+1}(X), n+2) \\
& & \downarrow & & \\
K(\pi_{n-1}(X), n-1) & \longrightarrow & X_{n-1} & \xrightarrow{\ k_{n-1}\ } & K(\pi_n(X), n+1)
\end{array}
$$

$$
\begin{array}{ccccc}
\vdots & & \vdots & & \vdots \\
K(\pi_2(X), 2) & \longrightarrow & X_2 & \xrightarrow{\ k_2\ } & K(\pi_3(X), 4) \\
& & \downarrow & & \\
& & X_1 & \xrightarrow{\ k_1\ } & K(\pi_2(X), 3) \, .
\end{array}
$$

Der Weg zu den Lokalisierungen ist nun von der Idee her einfach. Bei POSTNIKOV-Türmen ist die Inklusion $X \to \varprojlim X_n$ eine schwache Homotopieäquivalenz (was später ausgeführt wird). Man versucht dann für alle n induktiv Lokalisierungen $X_n \to (X_n)_{(p)}$ zu konstruieren, um schließlich $X_{(p)} = \varprojlim (X_n)_{(p)}$ zu definieren.

Es seien dazu die p-lokalisierten Räume kurz mit X' oder X'_n bezeichnet, und die Lokalisierungen $\pi_n(X) \otimes \mathbb{Z}_{(p)}$ mit $\pi'_n(X)$.

Beim Induktionsanfang $n = 1$ können wir wegen $\pi_1(X_*) = 0$ einfach $X'_1 = X_1$ und $\lambda_{(p)} = \mathrm{id}_{X_1}$ wählen (wie auf Seite 259). Induktiv seien dann die Lokalisierungen $\lambda_{(p)} : X_{n-1} \to X'_{n-1}$ gegeben, mit p-lokalen TCW-Räumen X'_i, $1 \le i < n$, die über Abbildungen $f'_k : X'_{k+1} \to X'_k$ zu einem Turm aus TCW-Hauptfaserungen verbunden sind, der mit den $\lambda_{(p)}$ kommutiert. Betrachte nun das Diagramm

$$
\begin{array}{ccccc}
X_n & \longrightarrow & X_{n-1} & \xrightarrow{\;k_{n-1}\;} & K(\pi_n(X), n+1) \\
\big\downarrow{\lambda_{(p)}\,?} & & \big\downarrow{\lambda_{(p)}} & \searrow^{\widetilde{k}_{n-1}} & \big\downarrow{\lambda_K,\ \text{induziert von } \pi_n(X) \to \pi'_n(X)\,?} \\
F_{k'_{n-1}} & \dashrightarrow & X'_{n-1} & \xdashrightarrow{\;k'_{n-1}\,?\;} & K(\pi'_n(X), n+1),
\end{array}
$$

in dem Sie eine ähnliche Situation wie bei der Konstruktion von Hauptfaserungen im POSTNIKOV-Turm erkennen (Seite 262). Die durchgezogenen Pfeile sind gegeben und die gestrichelten Pfeile spielen die entscheidende Rolle beim Induktionsschritt zu einer TCW-Lokalisierung $\lambda_{(p)} : X_n \to X'_n$. Der weitere Verlauf der Induktion besteht nun aus zwei Aufgaben:

1. Eine (möglichst natürliche) Definition des rechten senkrechten Pfeiles, als Lokalisierung $\lambda_K : K(\pi_n(X), n+1) \to K(\pi'_n(X), n+1)$ zwischen EILENBERG-MacLANE-Räumen mit CW-Struktur. Dies liefert eine Abbildung

$$
\lambda_K k_{n-1} = \widetilde{k}_{n-1} : X_{n-1} \longrightarrow K(\pi'_n(X), n+1).
$$

2. Eine Fortsetzung von $\widetilde{k}_{n-1}$ auf X'_{n-1}, die zu einer Abbildung

$$
k'_{n-1} : X'_{n-1} \longrightarrow K(\pi'_n(X), n+1),
$$

führt, die das rechte Quadrat kommutativ macht: $k'_{n-1} \lambda_{(p)} = \lambda_K k_{n-1}$.

Um den roten Faden beizubehalten, gehen wir zunächst davon aus, dass beide Aufgaben gelöst wären. Wandelt man dann auch $X'_{n-1} \to K(\pi'_n(X), n+1)$ in eine Faserung um (wie immer ohne die Bezeichnungen zu ändern), ergibt sich ein Diagramm mit p-lokalen Räumen X'_{n-1} und $K(\pi'_n(X), n+1)$ der Form

$$
\begin{array}{ccccc}
X_n & \xrightarrow{\;f_{n-1}\;} & X_{n-1} & \xrightarrow{\;k_{n-1}\;} & K(\pi_n(X), n+1), \\
\big\downarrow{\lambda\,?} & & \big\downarrow{\lambda_{(p)}} & & \big\downarrow{\lambda_K} \\
X'_n & \xrightarrow{\;f'_{n-1}\;} & X'_{n-1} & \xrightarrow{\;k'_{n-1}\;} & K(\pi'_n(X), n+1),
\end{array}
$$

verbunden durch die Lokalisierungen der Basen und der Totalräume. Es ist nun eine relativ einfache Beobachtung, dass in der unteren Zeile auch die Faser X'_n ein p-lokaler Raum ist: Die lange exakte Homotopiesequenz der unteren Faserung besteht aus einem steten Wechsel von je zwei p-lokalen und einer (noch) nicht näher bekannten Gruppe $\pi_k(X'_n)$, $k \ge 1$. Bildet man an jeder Stelle dieser Sequenzen einen Endomorphismus durch die Multiplikation $x \mapsto m_q(x) = qx$ mit einer Primzahl $q \ne p$, also einer Einheit in $\mathbb{Z}_{(p)}$, so ist dies an je zwei aufeinanderfolgenden Stellen der Sequenz ein Gruppenautomorphismus, denn diese Gruppen sind $\mathbb{Z}_{(p)}$-Moduln, womit die Umkehrabbildung durch $y \mapsto m_q^{-1} y$ möglich ist.

Nach dem Fünferlemma haben wir dann auch ein Automorphismus an den Stellen $\pi_k(X_n')$, $k \geq 1$, mithin eine $\mathbb{Z}_{(p)}$-Modulstruktur dieser Gruppen über die Festlegung $q^{-1}z = m_q^{-1}(z)$, denn die Überlegung gilt für alle Primzahlen $q \neq p$. Eine einfache algebraische **Übung** zeigt dann, dass alle Homomorphismen in der unteren langen exakten k_{n-1}'-Sequenz $\mathbb{Z}_{(p)}$-Modulhomomorphismen sind.

Damit können wir in dem Diagramm die Lokalisierung $\lambda : X_n \to X_n'$ auf der linken Seite definieren. Hierfür wählen wir zwei Punkte $b \in K(\pi_n(X), n+1)$ und $b' \in K(\pi_n'(X), n+1)$ mit $\lambda_K(b) = b'$, $X_n = k_{n-1}^{-1}(b)$ und $X_n' = (k_{n-1}')^{-1}(b')$. Für ein $x \in X_n \overset{i}{\hookrightarrow} X_{n-1}$ ist dann $\lambda_{(p)}(x) \in X_n' \subseteq X_{n-1}'$, wegen der Kommutativität des rechten Quadrats. Definiere nun $\lambda(x) = \lambda_{(p)}i(x)$, dies ist offensichtlich stetig nach Definition der Relativtopologie von X_n' in X_{n-1}'.

Mit dem gleichen Argument wie oben ergibt sich auch, dass λ eine p-Lokalisierung ist: Die langen exakten Homotopiesequenzen der Faserungen k_{n-1} und k_{n-1}', jeweils tensoriert mit $\mathbb{Z}_{(p)}$ und senkrecht mit $(\lambda/\lambda_{(p)}/\lambda_K)_* \otimes \mathbb{1}$ verbunden, liefern wieder je zwei benachbarte Isomorphismen, und wieder das Fünferlemma weist $\lambda_* \otimes \mathbb{1} : \pi_i(X_n) \otimes \mathbb{Z}_{(p)} \to \pi_i(X_n') \otimes \mathbb{Z}_{(p)}$ als Isomorphismus aus. Halten wir fest:

> **Beobachtung 1:** Nach Lösung der beiden Aufgaben auf Seite 264 existiert für einen CW-Komplex X mit $\pi_1(X) = 0$ und POSTNIKOV-Turm $(X_n, f_n)_{n \geq 1}$ aus TCW-Hauptfaserungen ein p-lokaler Turm $(X_n', f_n')_{n \geq 1}$ aus TCW-Hauptfaserungen, mit Lokalisierungen $\lambda_{(p)} : X_n \to X_n'$ für alle $n \geq 1$, die mit den f_n und f_n' kommutieren im Sinne der Gleichungen $\lambda_{(p)} f_n = f_n' \lambda_{(p)}$.

Beweis: Nach der Konstruktion ist nur noch zu zeigen, dass X_n' ein TCW-Raum ist. Dies folgt wieder aus dem Theorem von MILNOR (Seiten 100 und 112), denn X_n' ist als Faser der TCW-Faserung $X_{n-1}' \to K(\pi_n'(X), n+1)$ entstanden. □

Vor den noch zu lösenden Aufgaben wollen wir den roten Faden behalten und aus Beobachtung 1 die Lokalisierung $X \to X_{(p)}$ konstruieren. Was dazu noch fehlt, ist nicht sehr schwierig, an erster Stelle steht eine eher algebraische Aussage.

> **Beobachtung 2:** In einem POSTNIKOV-Turm $(X_n, f_n)_{n \geq 1}$ induzieren die Inklusionen $i_n : X \to X_n$ für alle $k \geq 1$ Isomorphismen
>
> $$i_* : \pi_k(X) \longrightarrow \varprojlim \pi_k(X_n).$$

Dabei ist rechts der **inverse Limes** über die $f_{n*} : \pi_k(X_{n+1}) \to \pi_k(X_n)$ gemeint, bestehend aus allen Tupeln $(g_n)_{n \geq 1} \in \prod_{n \geq 1} \pi_k(X_n)$ mit $f_{n*}(g_{n+1}) = g_n$.

Der **Beweis** ist fast trivial. Es sei dazu $\varphi : (S^k, 1) \to (X, x)$ Repräsentant eines Elements von $\pi_k(X)$. Die $\varphi_n = i_n \varphi$ repräsentieren wegen $\varphi_n = f_n \varphi_{n+1}$ ein Element im inversen Limes der $\pi_k(X_n)$, und diese Zuordnung ist ein Isomorphismus, denn $(i_n)_* : \pi_k(X) \to \pi_k(X_n)$ ist für alle $n \geq k$ ein Isomorphismus und für $n < k$ die Nullabbildung, weil dort die $\pi_k(X_n)$ im Ziel verschwinden (beachten Sie, dass das Produkt $\prod_{n \geq 1} \pi_k(X_n)$ erst beim Index $n = k$ beginnt). □

Etwas schwieriger ist die nächste Beobachtung, mit der dann aber der wesentliche Teil auf dem Weg zur Lokalisierung geschafft ist.

Beobachtung 3: In einem POSTNIKOV-Turm $(X_n, f_n)_{n \geq 1}$ bestehen natürliche Isomorphismen

$$\Phi: \pi_k\big(\varprojlim X_n\big) \longrightarrow \varprojlim \pi_k(X_n).$$

Beweis: Zunächst ist zu klären, wie die Abbildung Φ entsteht. Es sei dazu

$$\varphi: (S^k, 1) \longrightarrow \big(\varprojlim X_n, x_*\big)$$

Repräsentant eines Elements in $\pi_k\big(\varprojlim X_n\big)$, der Punkt x_* steht für $x \in X$ als gemeinsamen Basispunkt aller X_n. Wir können dann $\varphi = (\varphi_n)_{n \geq 1}$ schreiben, mit $\varphi_n: (S^k, 1) \to (X_n, x)$ und $f_n \varphi_{n+1} = \varphi_n$. Damit ist $(f_n)_* [\varphi_{n+1}] = [\varphi_n]$ in $\pi_k(X_n)$, mithin definiert die Homotopieklasse $\Phi[\varphi] = ([\varphi_n])_{n \geq 1}$ ein Element in $\varprojlim \pi_k(X_n)$.

Warum ist Φ surjektiv? Es sei hierfür ein Element $\big([\varphi_n]\big)_{n \geq 1}$ im inversen Limes der $\pi_k(X_n)$ gegeben, mit $(f_n)_* [\varphi_{n+1}] = [\varphi_n]$, beachte $\pi_k(X_n) = 0$ für $n < k$. Die Konstruktion eines Urbilds in $\pi_k(\varprojlim X_n)$ beginnt mit $\psi_k = \varphi_k: (S^k, 1) \to (X_k, x)$ und $\psi_i = f_i \cdots f_{k-1} \varphi_k: (S^k, 1) \to (X_i, x)$ für $1 \leq i < k$. Wir benötigen dann einen Repräsentanten ψ_{k+1} von $[\varphi_{k+1}]$ mit $f_k \psi_{k+1} = \psi_k$. Zunächst ist $f_k \varphi_{k+1} \simeq_{\{1\}} \psi_k$, mit der Homotopie $h_t: (S^k, 1) \times I \to (X_k, x)$ relativ $\{1\}$. Der Repräsentant φ_{k+1} bildet eine partielle Liftung $\tilde{h}_0: (S^k, 1) \to (X_{k+1}, x)$. Da f_{k+1} eine Faserung ist, existiert eine globale Liftung $\tilde{h}_t: (S^k, 1) \times I \to (X_{k+1}, x)$ und wir setzen $\psi_{k+1} = \tilde{h}_1$, um $f_k \psi_{k+1} = \psi_k$ zu erreichen. Induktiv gelangt man so zu einem Urbild $(\psi_n)_{n \geq 1}$ von $\big([\varphi_n]\big)_{n \geq 1}$ bei Φ.

Zur Injektivität sei $\varphi = (\varphi_n)_{n \geq 1}: (S^k, 1) \to (\varprojlim X_n, x_*)$ gegeben mit $\Phi[\varphi] = 0$. Es gibt dann für $n \geq 1$ Nullhomotopien $h_n: S^k \times I \to X_n$. Um $[\varphi] = 0$ zu zeigen, müssten die h_n für alle $t \in I$ mit den Faserungen f_n verträglich sein im Sinne von $f_n h_{n+1} = h_n$. Hierfür interpretieren wir die h_n ähnlich wie auf den Seiten 62 oder 198 als Abbildungen $D^{k+1} \to X_n$, wobei sich die S^k konzentrisch auf den Mittelpunkt zusammenziehen, mit Radius $1 - t$. Man nennt diese Interpretation eine **kontrahierende Nullhomotopie**, bei der der Teil $S^k \times 1 \subset S^k \times I$ zu einem Kegelpunkt identifiziert werden kann, weil er konstant auf x abgebildet wird.

$h_n\big|_{S^k} = \varphi_n$

$\tilde{h}_n\big|_{S^k} = \varphi_{n+1}$

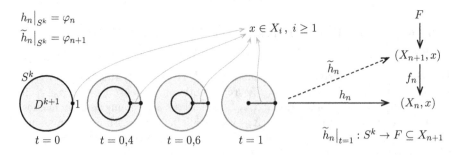

$\tilde{h}_n\big|_{t=1}: S^k \to F \subseteq X_{n+1}$

Das Problem besteht darin, dass zwar $f_n h_{n+1}|_{S^k} = h_n|_{S^k}$ ist, wegen $f_n \varphi_{n+1} = \varphi_n$, diese Gleichung aber nicht auf ganz D^{k+1} gilt. Dann nämlich wären die Nullhomotopien für alle $t \in I$ verträglich mit den Faserungen f_n, was per Definitionem $[\varphi] = 0$ im inversen Limes bedeuten und Beobachtung 3 abschließen würde.

Um dies zu bewerkstelligen, müssen wir die Homotopie h_n nach X_{n+1} liften, mit der Vorgabe $\tilde{h}_n|_{S^k} = \varphi_{n+1}$. Bei $t = 1$ bildet $\tilde{h}_n$ die S^k in die Faser F von f_n ab. Nun kommt eine bemerkenswerte Argumentation: Da in einem POSTNIKOV-Turm alle $(f_n)_* : \pi_{k+1}(X_{n+1}) \to \pi_{k+1}(X_n)$ surjektiv sind, folgt aus der langen exakten Homotopiesequenz dieser Faserung die Injektivität von $\pi_k(F) \to \pi_k(X_{n+1})$, und da $\tilde{h}_n|_{t=1} \simeq \tilde{h}_n|_{t=0} = \varphi_{n+1}$ ist, haben wir $[\tilde{h}_n|_{t=1}] = 0$ in $\pi_k(X_{n+1})$ und damit auch in $\pi_k(F)$. Es sei $g_{n+1} : D^{k+1} \to X_{n+1}$ eine zugehörige Nullhomotopie innerhalb von F von $\tilde{h}_n|_{t=1}$ auf die Konstante $\equiv x$.

Definiere nun die Hintereinanderausführung

$$h'_{n+1}(x,t) = \begin{cases} \tilde{h}_n(x,2t) & \text{für } 0 \le t < 1/2 \,, \\ g_{n+1}(x,2t-1) & \text{für } 1/2 \le t \le 1 \end{cases}$$

der beiden Homotopien, die zunächst $\varphi_{n+1} \Rightarrow \tilde{h}_n|_{t=1}$ deformiert und anschließend innerhalb F die Deformation $\tilde{h}_n|_{t=1} \Rightarrow x$ durchführt. Dies ist eine kontrahierende Nullhomotopie für φ_{n+1}. Wird sie mit f_n nach X_n transportiert, erkennen Sie für $0 \le t \le 1/2$ die originäre Nullhomotopie h_n, mit doppelter Geschwindigkeit durchlaufen, und für $1/2 \le t \le 1$ die konstante Homotopie $\equiv x$. Eine stetige Verschiebung der Nahtstelle von $1/2$ auf 1 ergibt dann eine Homotopie

$$f_n h'_{n+1} \simeq h_n \text{ relativ } S^k \,,$$

bei der für alle $t \in I$ die Werte auf S^k durch $\varphi_n : S^k \to X_n$ fixiert sind. Die zugehörige Homotopie sei mit $H_t : D^{k+1} \times I \to X_n$ bezeichnet. Wir haben die partiellen Liftungen $\tilde{H}_0 = h'_{n+1}$ und $\tilde{H}_t|_{S^k} = \varphi_{n+1}$. Die relative Homotopieliftung der Faserung f_n bezüglich (D^{k+1}, S^k), vergleiche mit den Seiten 13 und 76, garantiert nun eine Liftung $\tilde{H}_t : D^{k+1} \to X_{n+1}$, bei der

$$\tilde{H}_1 : D^{k+1} \longrightarrow X_{n+1}$$

eine kontrahierende Nullhomotopie von φ_{n+1} ist (beachten Sie $\tilde{H}_1|_{S^k} = \varphi_{n+1}$), mit $f_n \tilde{H}_1 = h_n$.

Ersetzt man die ursprüngliche Nullhomotopie h_{n+1} durch $\tilde{H}_1$ und setzt dieses Vorgehen induktiv für $n \to \infty$ fort, erhält man die Verträglichkeit aller Nullhomotopien in $\varphi = (\varphi_n)_{n \ge 1}$ mit den Faserungen f_n des POSTNIKOV-Turms (Sie müssen im Turm nur weit genug unten anfangen, wo es zum ersten Mal nicht stimmt). Damit ist $[\varphi] = 0$ und auch die Injektivität von Φ bewiesen. $\square$

Ein Beweis, dessen homotopietechnische Feinheiten bei der vermeintlich einfachen Aussage gar nicht zu vermuten war, die Beweisidee für die Injektivität von Φ folgt P. PSTRĄGOWSKI, [83]. Es ist nun eine einfache Aufgabe, daraus die Lokalisierung $\lambda_{(p)} : X \to X_{(p)}$ zu konstruieren (natürlich immer unter der Voraussetzung der beiden offenen Punkte auf Seite 264).

Beobachtung 4: Nach Lösung der beiden Aufgaben auf Seite 264 existiert für einen einfach zusammenhängenden CW-Komplex X und eine Primzahl p stets eine p-Lokalisierung $\lambda_{(p)} : X \to X_{(p)}$.

Beweis: Aus Beobachtung 2 und 3 ergibt sich, dass die Inklusion $i : X \to \varprojlim X_n$ für alle $k \geq 1$ über die Festlegung $\Psi = \Phi^{-1} i_*$ einen Isomorphismus

$$\Psi : \pi_k(X) \longrightarrow \pi_k\left(\varprojlim X_n\right)$$

induziert und damit eine schwache Homotopieäquivalenz ist (beachten Sie für den Fall $k = 0$ den Wegzusammenhang aller beteiligten Räume, weswegen stets $\pi_0(X) = \pi_0(\varprojlim X_n) = 0$ ist).

Gemäß Beobachtung 1 existieren p-Lokalisierungen $\lambda_{(p)} : X_n \to X_n'$, mit einem Turm aus Hauptfaserungen $f_n' : X_{n+1}' \to X_n'$. Definiere dann den inversen Limes

$$X_{(p)} = \varprojlim X_n' .$$

Wegen Beobachtung 3 ist $X_{(p)}$ ein p-lokaler Raum, denn der inverse Limes von $\mathbb{Z}_{(p)}$-Moduln ist offensichtlich ein $\mathbb{Z}_{(p)}$-Modul. Die $\mathbb{Z}_{(p)}$-Modul-Isomorphismen

$$\lambda_{(p)*} \otimes \mathbb{1} : \pi_k(X_n) \otimes \mathbb{Z}_{(p)} \longrightarrow \pi_k(X_n')$$

definieren einen natürlichen $\mathbb{Z}_{(p)}$-Modul-Isomorphismus der inversen Limiten in der Form

$$(\lambda_{(p)*} \otimes \mathbb{1})_{n \geq 1} : \varprojlim \left(\pi_k(X_n) \otimes \mathbb{Z}_{(p)}\right) \longrightarrow \varprojlim \pi_k(X_n') .$$

Nach Beobachtung 3 ist die rechte Seite $\mathbb{Z}_{(p)}$-isomorph zu $\pi_k(X_{(p)})$ und die linke Seite nach Definition des inversen Limes, bei dem die $\mathbb{Z}_{(p)}$-Faktoren identisch von Gruppe zu Gruppe weitergereicht werden, $\mathbb{Z}_{(p)}$-isomorph zu $\varprojlim \pi_k(X_n) \otimes \mathbb{Z}_{(p)}$, was $\mathbb{Z}_{(p)}$-isomorph zu $\pi_k\left(\varprojlim X_n\right) \otimes \mathbb{Z}_{(p)}$ ist (wiederum nach Beobachtung 3). Fasst man alles zusammen, erfüllt die Komposition

$$X \longrightarrow \varprojlim X_n \longrightarrow \varprojlim X_n' = X_{(p)}$$

alle Forderungen an eine p-Lokalisierung von X. $\qquad\square$

Wenden wir uns nun den zwei offenen Problemen auf Seite 264 zu, die für die Konstruktion der p-Lokalisierungen nötig waren. Beide Punkte folgen aus einem Hauptsatz der sogenannten **Hindernistheorie**, (engl. *obstruction theory*), in der Hindernisse für die Fortsetzung stetiger Abbildungen gemessen werden.

Das folgende Theorem präsentiert dazu die Grundlage. Es handelt sich um einen faszinierenden Zusammenhang zwischen der Menge $\langle X, K(G,n) \rangle$ der Homotopieklassen von basispunkt-erhaltenden Abbildungen $X \to K(G,n)$ und der Kohomologiegruppe $H^n(X; G)$, für CW-Komplexe X, abelsche Gruppen G und $n \geq 2$.

Theorem (Homotopie und Kohomologie)
Es sei ein EILENBERG-MACLANE-Raum $K(G, n)$ als CW-Komplex zu einer abelschen Gruppe G konstruiert (Seite 59), $n \geq 2$. Dann gibt es für jeden CW-Komplex X eine natürliche Bijektion

$$T : \langle X, K(G, n) \rangle \longrightarrow H^n(X; G),$$

definiert durch $T[f] = f^*(\alpha)$ für eine spezielle Klasse $\alpha \in H^n(K(G, n); G)$, die sogenannte **Fundamentalklasse** des Raumes $K(G, n)$.

Die Menge $\langle X, K(G, n) \rangle$ besitzt eine natürliche Gruppenstruktur, bezüglich der die Abbildung T ein Isomorphismus ist.

Im **Beweis** gehen wir von der Homotopieklasse $[f]$ einer basispunkt-erhaltenden Abbildung $f : X \to K(G, n)$ aus. Eine zelluläre Approximation f^c von f bildet das Skelett X^{n-1} auf den Basispunkt in $K(G, n)$ ab und liefert eine Abbildung $f^c : X/X^{n-1} \to K(G, n)$, mithin einen Homomorphismus

$$h_K^{-1} f_*^c : H_n(X/X^{n-1}) \xrightarrow{f_*^c} H_n(K(G, n)) \xrightarrow{h_K^{-1}} \pi_n(K(G, n)) \cong G,$$

wobei h_K der HUREWICZ-Isomorphismus $\pi_n \to H_n$ ist (Seite 203), der die Klassen $[S_\lambda^n]$ der initialen Sphären in der Konstruktion des $K(G, n)$ identifiziert – einmal als Homotopieklassen und einmal als singuläre Simplizes oder n-Zellen. Nach dem universellen Koeffiziententheorem (Seite 125) haben wir

$$H^n(K(G, n); G) \cong \mathrm{Hom}(H_n(K(G, n)), G),$$

wegen $H_{n-1}(K(G, n); G) = 0$. Daher definiert h_K^{-1} ein ausgezeichnetes Element

$$\alpha \in H^n(K(G, n); G),$$

welches die im Theorem erwähnte **Fundamentalklasse** von $K(G, n)$ darstellt. Aus der Komposition $h_K^{-1} f_*^c$ sieht man, dass dieser Homomorphismus identisch zu $(f^c)^*(\alpha)$ ist und – wieder nach dem universellen Koeffiziententheorem – ein Element in $H^n(X/X^{n-1}; G)$ definiert. Mit $q : X \to X/X^{n-1}$ sei dann

$$T[f^c] = q^*(f^c)^*(\alpha) \in H^n(X; G).$$

An der Konstruktion erkennen Sie, dass die Definition tatsächlich nur von der Homotopieklasse $[f^c]$ abhängt. Wegen $f \simeq f^c q$ ist dann für die originäre Homotopieklasse $[f]$ wie im Theorem erwähnt $T[f] = f^*(\alpha)$.

Für die Surjektivität von T sei $[\gamma] \in H^n(X; G)$ gegeben, repräsentiert durch einen zellulären Kozyklus $\gamma \in H^n(X^n, X^{n-1}; G)$. Die wesentliche Idee besteht nun darin, diesen Kozyklus zu **realisieren**, das bedeutet, eine basispunkt-erhaltende Abbildung

$$\rho : X/X^{n-1} \longrightarrow K(G, n)$$

zu finden, für die mit der Inklusion $i : X^n/X^{n-1} \to X/X^{n-1}$ die Gleichung $\rho_* i_* = \gamma$ gilt.

Beachten Sie, dass formal die Abbildung $\rho_* i_*$ von der Form

$$\rho_* i_* : H_n(X^n/X^{n-1}) \xrightarrow{i_*} H_n(X/X^{n-1}) \xrightarrow{\rho_*} H_n\big(K(G,n)\big)$$

ist, im weiteren Verlauf aber implizit die Isomorphien $H_n\big(K(G,n)\big) \cong G$ (vom in diesem Fall trivialen HUREWICZ-Homomorphismus $h_{K(G,n)}$) und

$$\mathrm{Hom}\big(H_n(X^n/X^{n-1}), G\big) \cong \mathrm{Hom}\big(H_n(X^n, X^{n-1}), G\big) \cong H^n(X^n, X^{n-1}; G)$$

verwendet werden, um der Gleichung $\rho_* i_* = \gamma$ einen Sinn zu geben.

Da X^n/X^{n-1} ein Sphärenstrauß $\bigvee S_\lambda^n$ ist und wir auch $K(G,n)$ initial aus dem (sehr großen) Sphärenstrauß $\bigvee_{g \in G} S_g^n$ konstruieren können (all diese Konstruktionen führen zu äquivalenten Räumen, Seite 63), erhält man ρ auf dem n-Skelett X^n/X^{n-1} über die Identität (Abbildungsgrad 1)

$$\rho_n : S_\lambda^n \longrightarrow S_{g_\lambda}^n \,,$$

wobei $g_\lambda = h_K^{-1} f_*^c[S_\lambda^n]$ gemäß der zellulären Homologie ist.

Für die Fortsetzung von ρ_n auf X/X^{n-1} konstruiert man nun Zelle für Zelle in den Dimensionen aufwärts, wobei die Dimension $n+1$ am schwierigsten ist: Falls es eine Zelle e^{n+1} in X gibt, sei sie über die Abbildung $\varphi : S_\lambda^n \to X^n$ angeheftet. Wir müssen zeigen, dass mit $q_n : X^n \to X^n/X^{n-1}$ die Abbildung

$$\widetilde{\rho}_n = \rho_n q_n \varphi : S^n \longrightarrow K(G,n)$$

nullhomotop ist. Über die Nullhomotopie kann ρ_n dann auf die Zelle e^{n+1} fortgesetzt werden (ähnlich wie auf Seite 62 praktiziert). Mittels des HUREWICZ-Isomorphismus genügt es dabei zu zeigen, dass $\widetilde{\rho}_{n*} : H_n(S^n) \to G$ die Nullabbildung ist. Für den Generator $[S^n] \in H_n(S^n)$ gilt (beachten Sie $\rho_{n*} = \gamma$)

$$\begin{aligned}
\widetilde{\rho}_{n*}[S^n] &= \rho_{n*} q_{n*} \varphi_*[S^n] = \gamma\big(q_{n*}\varphi_*[S^n]\big) \\
&= \gamma(\partial^{\mathrm{cell}} e^{n+1}) = \delta_{\mathrm{cell}} \gamma(e^{n+1}) = 0 \,,
\end{aligned}$$

wobei $\partial_{\mathrm{cell}} : H_{n+1}(X^{n+1}, X^n) \to H_n(X^n, X^{n-1})$ der zelluläre Randoperator und $\delta_{\mathrm{cell}} : H^n(X^n, X^{n-1}; G) \to H^{n+1}(X^{n+1}, X^n; G)$ der zelluläre Korandoperator ist. Bedenken Sie bei der letzten Gleichung, dass γ als Repräsentant eines Elements von $H^n(X^n, X^{n-1}; G)$ ein Kozyklus ist, mithin $\delta_{\mathrm{cell}} \gamma = 0$.

Damit ist insgesamt $\widetilde{\rho}_n$ nullhomotop und ρ_n über die Zelle e^{n+1} fortsetzbar. Analog verfährt man für alle $(n+1)$-Zellen von X und erhält so eine Fortsetzung von ρ_n auf X^{n+1}/X^{n-1}.

Die übrigen Anheftungen von Zellen e^k der Dimensionen $k > n+1$ sind einfacher zu behandeln, da in diesen Fällen automatisch $\widetilde{\rho}_*[S^{k-1}] = 0$ ist, wegen $\pi_{k-1}(K(G,n)) = 0$. Induktiv erhält man auf diese Weise die Fortsetzung

$$\rho : X/X^{n-1} \longrightarrow K(G,n) \,.$$

Die Gleichung $T[\rho] = q^* \rho^*(\alpha) = [\gamma]$ sieht man mit dem kommutativen Diagramm

$$H_n(X) \xrightarrow{\ q_* \ } H_n(X/X^{n-1}) \xrightarrow{\ \rho_* \ } H_n\big(K(G,n)\big) \xrightarrow{\ h_K^{-1} \ } G$$

$$H_n(X^n, X^{n-1})$$

mit Pfeilen i_* aufwärts und γ_* diagonal nach G.

in der zellulären Kohomologie. Der zelluläre Repräsentant $\gamma \in H^n(X^n, X^{n-1}; G)$ ist in dieser Darstellung durch $\gamma_* : H_n(X^n, X^{n-1}) \to G$ gegeben. Beachten Sie wieder $H_n(X/X^{n-1}) \cong H_n(X, X^{n-1})$ und die Inklusion $i : X^n \to X$. Die Abbildung ρ, insbesondere ihre Einschränkung ρ_n auf X^n, war ja gerade als Realisierung von γ konstruiert.

Damit ist die Surjektivität von T bewiesen. Beachten Sie für das weitere Verständnis des Beweises, dass nicht nur $\rho_n : X^n/X^{n-1} \to K(G,n)$ eindeutig bis auf Homotopie ist, sondern auch die Fortsetzung ρ auf X/X^{n-1}, warum?

Es sei dazu ρ' eine weitere Realisierung, $h_t : X^n/X^{n-1} \times I \to K(G,n)$ eine Homotopie zwischen ρ_n und ρ'_n und eine Zelle $e^{n+1} \subset X$ gegeben (falls nicht vorhanden, eine Zelle der nächsthöheren Dimension), angeheftet mit $\varphi : S^n \to X^n$. Die Abbildungen $\rho_n \varphi$ und ρ'_n sind homotop bezüglich $h_t \varphi(x,t) = h_t(\varphi(x))$, sodass sich nun die folgende Situation ergibt.

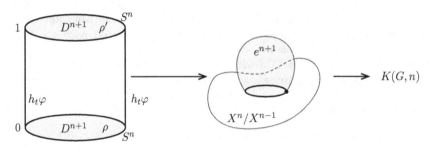

Auf $D^{n+1} \times 0$ lebt $\rho|_{X^{n+1}}$, auf $D^{n+1} \times 1$ haben wir $\rho'|_{X^{n+1}}$. Auf dem Mantel $S^n \times I$ des Zylinders existiert die Homotopie $h_t \varphi$ und ergibt insgesamt den Repräsentanten eines Elements in $\pi_{n+1}(K(G,n)) = 0$. Die zugehörige Nullhomotopie erlaubt eine Fortsetzung von $h_t \varphi$ auf den Vollzylinder, womit $\rho \simeq \rho'$ auf $X^n \cup e^{n+1}$ ist. Es ist klar, dass man dies parallel für alle $(n+1)$-Zellen durchführen kann (die offenen Zellen sind disjunkt und auf X^n wird stets die gleiche Homotopie h_t verwendet). Damit ist $\rho \simeq \rho'$ auf ganz X^{n+1}. Induktiv ergibt sich auf diese Weise $\rho \simeq \rho'$ auf X/X^{n-1}.

Die Injektivität von T ist schwieriger, wir brauchen hierfür eine Gruppenstruktur auf $\langle X, K(G,n) \rangle$, bezüglich der T ein Homomorphismus wird. Hierfür nutzt man die von früher bekannte Beziehung $K(G,n) \simeq \Omega K(G, n+1)$, die sich aus der Pfadraumfaserung $P_x \to K(G, n+1)$ mit der langen exakten Homotopiesequenz ergibt (Seite 91) und aus der Tatsache, dass auch der Schleifenraum $\Omega K(G, n+1)$ als CW-Komplex angenommen werden kann (Seite 100).

Damit sieht man nun die Mengenidentitäten

$$\langle X, K(G,n) \rangle = \langle X, \Omega K(G, n+1) \rangle = \langle \Sigma X, K(G, n+1) \rangle,$$

wobei $\Sigma X = SX/(x \times [-1,1])$ die **reduzierte Suspension** ist, in der die ganze Strecke $x \times [-1,1]$ zum Basispunkt identifiziert wird (in der gewöhnlichen Suspension gibt es keinen sinnvoll ausgezeichneten Basispunkt). Diese Strecke, von $x \times 1$ nach $x \times -1$, wird auf den konstanten Weg ω_y in ΩY abgebildet: auf den Basispunkt von ΩY, und damit ist die zweite Gleichung anschaulich anhand der folgenden Grafik plausibel:

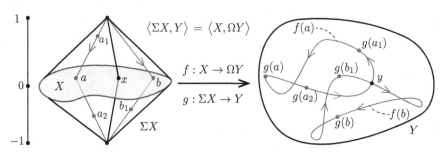

Die Gleichung $\langle \Sigma X, Y \rangle = \langle X, \Omega Y \rangle$ ist in der Tat ein schönes Beispiel dafür, dass der Beweis mit einer Zeichnung erhellender sein kann als die präzise Durchführung aller technischen Details. Machen Sie sich in Ruhe klar, dass eine basispunkt-erhaltende stetige Abbildung $f : X \to \Omega Y$, mit $x \mapsto \omega_y$ und der Kompakt-Offen-Topologie von ΩY, über das Durchlaufen der Strecken von $a \times 1$ nach $a \times -1$ in ΣX und das parallele Durchlaufen des an y geschlossenen Weges $f(a)$ in Y eine stetige basispunkt-erhaltende Abbildung $g : \Sigma X \to Y$ definiert. Und weiter, dass eine homotope Verformung von f auch eine homotope Verformung von g bewirkt, und dass die ganze Überlegung auch in die umgekehrte Richtung funktioniert: von $g : \Sigma X \to Y$ zu $f : X \to \Omega Y$.

Die Menge $\langle \Sigma X, Y \rangle$ hat nun eine naheliegende Gruppenstruktur, die von den höheren Homotopiegruppen π_n stammt und durch folgende Grafik motiviert ist.

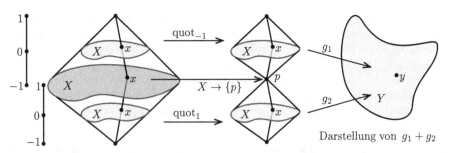

Darstellung von $g_1 + g_2$

Die Konstruktion der Summe $g_1 + g_2 : \Sigma X \to Y$ aus $g_1, g_2 : \Sigma X \to Y$ ist klar. Die Quotienten quot_* identifizieren $X \times *$ jeweils mit dem Wedgepunkt p, sodass aus g_1 auf der nördlichen Suspension und g_2 auf der südlichen Suspension insgesamt eine Abbildung $\Sigma X \to Y$ entsteht, die als $g_1 + g_2$ aufgefasst wird.

Es fällt Ihnen bestimmt sofort die Ähnlichkeit zur Gruppenstruktur in $\pi_n(Y)$ auf. Dort ist $X = S^{n-1}$ und anstelle der reduzierten Suspension ΣX tritt die gewöhnliche Suspension $SS^{n-1} \cong S^n$. Beachten Sie, dass für einen punktierten CW-Komplex (X, x) stets $\Sigma X \simeq SX$ ist, denn $x \times [-1,1]$ ist ein Teilkomplex in SX und damit $\Sigma X = SX/(x \times [-1,1])$ der Quotient eines guten Raumpaares. Daher ist $SX \to \Sigma X$ eine Homotopieäquivalenz[1], mithin $\langle \Sigma X, Y \rangle = \langle SX, Y \rangle$.

Man kann nun auf genau dem gleichen Weg wie bei den Homotopiegruppen $\pi_n(Y)$ zeigen, dass die so konstruierte Verknüpfung eine Gruppenstruktur auf $\langle \Sigma X, Y \rangle$ definiert, [38][105]. Die inversen Elemente werden durch Umkehr des Suspensionsparameters gebildet: Der Weg $f(a)$ wird durch $-f(a)$ in ΩY wieder zurückgelaufen, sodass die Komposition nullhomotop ist.

Etwas schwieriger ist die Frage, warum die Gruppenstruktur im Fall $Y = K(G, n)$ über die Abbildung $T : \langle X, K(G, n) \rangle \to H^n(X; G)$ mit der Gruppenstruktur auf $H^n(X; G)$ verträglich ist. Es seien dazu f_1 und f_2 stetige, basispunkterhaltende Abbildungen $X \to K(G, n) \cong \Omega K(G, n + 1)$. Wieder dürfen wir durch den Übergang zu X/X^{n-1} annehmen, dass X^{n-1} nur aus dem Basispunkt besteht.

Die Summe $(f_1 + f_2)(a)$ führt die Wege $f_1(a)$ und $f_2(a)$ in $\Omega K(G, n + 1)$ nacheinander aus. Die zentrale Frage lautet dann, wie sich die Gruppenstruktur in $\pi_n(\Omega K(G, n + 1))$ und $H_n(\Omega K(G, n + 1))$ visualisieren lässt, um dem bei der Konstruktion so wichtigen HUREWICZ-Homomorphismus

$$\pi_n(\Omega K(G, n + 1)) \xrightarrow{\ h_{\Omega K}\ } H_n(\Omega K(G, n + 1))$$

Gestalt zu geben. Es seien dazu $\varphi_1, \varphi_2 : (S^n, 1) \to (\Omega K(G, n + 1), \omega_p)$ Repräsentanten von f_1 und f_2. Betrachtet man dann die Konstruktionen genau, wird die Klasse $[\varphi_1 + \varphi_2]$ über die zwei verketteten Suspensionen $S^{n+1} \cong \Sigma S^n$ von einer Abbildung

$$\varphi : (S^n, 1) \longrightarrow (\Omega K(G, n + 1), \omega_p)$$

repräsentiert, die jedem Punkt $z \in S^n$ die Nacheinanderausführung der Wege $\varphi_1(z)$ und $\varphi_2(z)$ zuordnet. Dies ist ein genaues Abbild der Gruppenstruktur in $\langle X, K(G, n) \rangle$.

Analog dazu verhält es sich mit der Gruppenstruktur in $H_n(\Omega K(G, n + 1))$, in der die HUREWICZ-Entsprechungen von φ_1, φ_2 als Summe $h_{\Omega K}(\varphi_1) + h_{\Omega K}(\varphi_2)$ der Generatoren stehen bleiben. Wenn Sie nun die Konstruktion von T noch einmal Revue passieren lassen (Seite 269), und die Verträglichkeit der Homomorphismen h_K und $h_{\Omega K}$, erkennt man unmittelbar, dass T ein Gruppenhomomorphismus ist.

---

[1]Es ist übrigens nicht schwer zu zeigen, dass in diesem Fall sogar $\Sigma X \cong SX$ ist, denn Sie können eine offene Ballumgebung $B^k \subset SX$ angeben, die auf $x \times [-1,1]$ entlang disjunkter Wege deformationsretrahiert (Seite 432). Damit kann ein Homöomorphismus zwischen SX und ΣX konstruiert werden, wenn man gleichzeitig $x \times [-1,1]$ auf einen Punkt zusammenzieht (das ist ein Spezialfall des *Shrinking-Kriteriums* von R.H. BING, [14]).

Zurück also zur Injektivität von T, es sei $T[f] = 0$ und wir müssen eine Nullhomotopie für f konstruieren. Diese folgt offensichtlich aus einer Nullhomotopie für eine zelluläre Approximation f^c, die durch X^{n-1} faktorisiert und bei der Konstruktion von T den Zwischenschritt

$$H_n(X/X^{n-1}) \xrightarrow{\ f^c_*\ } H_n\big(K(G,n)\big) \xrightarrow{\ h^{-1}_K\ } \pi_n\big(K(G,n)\big) \cong G$$

ergab, mit $h^{-1}_K f^c_*$ in der Gruppe $H^n(X/X^{n-1};G) \cong \mathrm{Hom}\big(H_n(X/X^{n-1}),G\big)$. Beachten Sie, dass mit $q^* : H^n(X/X^{n-1};G) \to H^n(X;G)$ nach der Voraussetzung $T[f^c] = 0$ die Komposition $q^*(h^{-1}_K f^c_*) = 0$ ist.

1. Fall: Es ist bereits $h^{-1}_K f^c_* = 0$. Dies ist der einfache Fall, denn die Realisierung $\rho_{f^c} : X/X^{n-1} \to K(G,n)$ ist dann nullhomotop. Auf genau die gleiche Weise wie oben in der Bemerkung nach der Surjektivität folgt $f^c \simeq \rho_{f^c}$, denn die beiden Abbildungen sind auf X^n/X^{n-1} homotop (der Grad einer Abbildung $S^n \to S^n$ bestimmt eindeutig deren Homotopieklasse, siehe Seite 271).

2. Fall: Es ist $h^{-1}_K f^c_* \neq 0$. Wegen $q^*(h^{-1}_K f^c_*) = 0$ gibt es gemäß der langen exakten Kohomologiesequenz von (X, X^{n-1}) ein $[\eta] \in H^{n-1}(X^{n-1};G)$ mit $h^{-1}_K f^c_* = \delta[\eta]$.

Die Aufgabe besteht darin, für $\delta[\eta]$, aufgefasst in $\mathrm{Hom}\big(H_n(X/X^{n-1}),G\big)$, eine Realisierung $\rho_{\delta\eta}$ zu finden, sodass $\rho_{\delta\eta}q : X \to X/X^{n-1} \to K(G,n)$ nullhomotop ist. Beachten Sie, dass wir nicht erwarten können, dass die Homotopie relativ zu X^{n-1} sein wird, sonst wäre $h^{-1}_K f^c_* = \delta[\eta] = 0$, was im 2. Fall ausgeschlossen ist.

Nun werde die Gleichung $h^{-1}_K f^c_* = \delta[\eta]$ in der zellulären (Ko-)Homologie dargestellt. Erinnern Sie sich: Auf einem zellulären Generator $[S^n_\lambda] \in H_n(X^n, X^{n-1})$ war $f^c_*[S^n_\lambda] = [S^n_{g_\lambda}]$, die Sphäre S^n_λ wird also bei f^c mit dem Grad 1 auf die initiale Sphäre $S^n_{g_\lambda}$ des $K(G,n)$ abgebildet. Bezüglich des HUREWICZ-Isomorphismus h_K und der Konstruktion des $K(G,n)$ aus dem Sphärenstrauß aller S^n_g, $g \in G$, ist dann $h^{-1}_K f^c_*[S^n_\lambda] = g_\lambda \in G$.

In der zellulären Kohomologie ist $\delta[\eta][S^n_\lambda]$ hingegen repräsentiert durch $\eta(\partial e^n_\lambda)$. In der Darstellung dieser Tatsache mit dem kommutativen Diagramm

$$H_n(X^n, X^{n-1}) \xrightarrow{\ f^c_*\ } H_n\big(K(G,n)\big) \xrightarrow{\ h^{-1}_K\ } \pi_n\big(K(G,n)\big) \Longrightarrow G\,,$$

$$\downarrow{\scriptstyle\partial} \qquad\qquad\qquad\qquad\qquad {\scriptstyle\eta}$$

$$H_{n-1}(X^{n-1}, X^{n-2})$$

fällt dann zunächst eine Besonderheit auf, die bei der Surjektivität keine Rolle gespielt hat: Wir brauchen nun die $(n-1)$-Zellen von X, können also nicht mehr alles in dem Quotienten X/X^{n-1} abwickeln, sonst wäre ja $\eta\partial = 0$.

Bei der Anheftung $\varphi_\lambda : S^{n-1}_\lambda \to X^{n-1}$ der Zelle e^n_λ sei der Grad von φ_λ über S^{n-1}_μ mit $d_{\lambda\mu}$ bezeichnet, mit fast allen $d_{\lambda\mu} = 0$. Mit $\eta[S^{n-1}_\mu] = g_\mu$ ist $\eta\partial[S^n_\lambda]$ dann gegeben durch die (endliche) Summe

$$\eta\partial[S^n_\lambda] = \sum_\mu d_{\lambda\mu} g_\mu \in G\,.$$

Wegen $h_K^{-1} f_*^c = \delta[\eta]$ liefert diese Gleichung eine alternative Möglichkeit, die Abbildung f_*^c zu realisieren, denn in der Konstruktion des $K(G, n)$ haben wir auf diese Weise in G eine Relation

$$\sum_{g \in G} d_{\lambda g}(f^c) g - \sum_\mu d_{\lambda \mu} g_\mu = 0,$$

die durch Anheftung einer $(n+1)$-Zelle an die initialen Sphären S_g^n berücksichtigt wird. Diese Zelle ermöglicht (durch Fortsetzung auf X/X^{n-1}) eine Homotopie relativ X^{n-1} zwischen einer $\delta[\eta]$-Realisierung $\rho_{\delta[\eta]}$ und f^c, siehe die Bemerkung nach der Surjektivität von T (die von den Abbildungsgraden bis auf Homotopie eindeutig bestimmten Abbildungen $(\rho_\lambda)_n : S_\lambda^n \to K(G, n)$ auf X^n/X^{n-1} werden eindeutig zu $\rho_{\delta[\eta]}$ auf X/X^{n-1} fortgesetzt, Seite 271).

Nun ist die Einschränkung $\rho_{\delta[\eta]} : X^n/X^{n-2} \to K(G, n)$ in der Tat nullhomotop, warum? Betrachte dazu die Teilschritte bei der Konstruktion von $\rho_{\delta[\eta]}$, mit den durch Abbildungsgrade gegebenen initialen Teilrealisierungen

$$(\rho_\lambda)_n : e_\lambda^n \cup_{\varphi_\lambda} \bigvee_\mu S_\mu^{n-1} \longrightarrow K(G, n).$$

Das Ziel besteht darin, für $(\rho_\lambda)_n$ eine Faktorisierung der Form

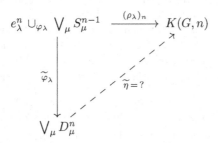

zu finden, die aufgrund der Zusammenziehbarkeit der D_μ^n offensichtlich nullhomotop ist. Die Anheftung $\varphi_\lambda : S^{n-1} \to X^{n-1}$ von e_λ^n ist als zellulärer Rand auf jeder S_μ^{n-1} homotop zu einer Winkelstreckung $\psi_{\lambda\mu}$ entlang der Breitenkreise, die man sich als iterierte Suspensionen der Abbildung $S^1 \to S^1$, $e^{it} \mapsto e^{d_{\lambda\mu}it}$, vorstellen kann. In der Grafik ein Beispiel für $d_{\lambda\mu} = 3$.

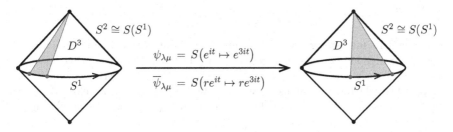

Solche Winkelstreckungen lassen sich nun in trivialer Weise radial auf D^n zu soliden Winkelstreckungen $\overline\psi_{\lambda\mu} : D^n \to D^n$ fortsetzen.

Diese Beobachtung wenden wir auf φ_λ an, das sich homotop zu einer Abbildung $\widetilde{\varphi}_\lambda$ verformen lässt, die auf äquator-parallelen Segmenten $\mathcal{T}_\mu$, begrenzt durch äquator-parallelen Ebenen, genau diese Winkelstreckungen $\mathcal{T}_\mu \to S_\mu^{n-1}$ darstellen. Beachten Sie, dass die begrenzenden Ebenen dabei jeweils auf den Basispunkt in $\bigvee_\mu S_\mu^{n-1}$ abgebildet werden, sodass die homotop verformte Anheftung $\widetilde{\varphi}_\lambda$ in durch eine (endliche) Sphärenkette $S^{n-1}/\{E_i\}$ faktorisiert.

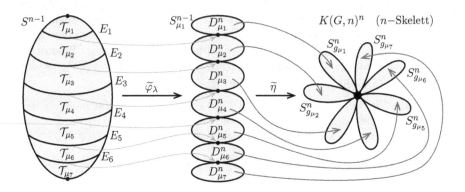

Da die Sphären $\partial \mathcal{T}_\mu/E_i$ mit Grad $d_{\lambda\mu}$ abgebildet werden, folgt $\varphi_\lambda \simeq \widetilde{\varphi}_\lambda$. Dies funktioniert mit dem HUREWICZ-Isomorphismus $\pi_{n-1}(S^{n-1}) \to H_{n-1}(S^{n-1})$, wonach die Identifikation der Ebenen E_i in S^{n-1} zu Punkten p_i zur Addition der Elemente in $\pi_{n-1}(S^{n-1}) \cong H_{n-1}(S^{n-1})$ führt, und damit im Bild von $\widetilde{\varphi}_\lambda$ zur Addition der entsprechenden Summanden in $H_{n-1}\left(\bigvee_\mu S_\mu^{n-1}\right)$ mit genau den Vielfachheiten, die dem homologischen Rand $\partial[S_\lambda^n]$ entsprechen.

Nun ist es leicht möglich, aus den solide fortgesetzten Winkelstreckungen die Abbildung $\widetilde{\eta} : \bigvee_\mu D_\mu^n \to K(G,n)$ zu definieren. Es muss zunächst $\widetilde{\eta}|_{S^{n-1}}$ konstant sein und all diese Sphären auf den Basispunkt in $K(G,n)$ abbilden.

Für ein $x \in \mathring{D}_\mu^n$ sei dann $\widetilde{\varphi}_\lambda^{-1}(x) = \{a_1, \ldots, a_{d_{\lambda\mu}}\} \subset \mathcal{T}_\mu$. Dieses Segment wird durch die Realisierung $\rho_{\delta[\eta]}$ auf $S_{g_\mu}^n \subseteq K(G,n)$ abgebildet, mit Grad $d_{\lambda\mu}$. Dabei kann $\rho_{\delta[\eta]}$ so gewählt werden, dass es auf dem Ball $\mathcal{T}_\mu/\{E_i, E_{i+1}\}$ einer soliden Winkelstreckung mit Faktor $d_{\lambda\mu}$ auf $S_{g_\mu}^n$ entspricht und damit alle Punkte in $\widetilde{\varphi}_\lambda^{-1}(x)$ auf denselben Punkt in $S_{g_\mu}^n \subseteq K(G,n)$ abgebildet werden. Damit ist die Festlegung

$$\widetilde{\eta}(x) = \rho_{\delta[\eta]}(a_1)$$

wohldefiniert und stetig. Wenn Sie nun alle Konstruktionen und Definitionen genau verfolgt haben, erkennen Sie, dass wir fast am Ziel sind. „Fast" deshalb, weil wir die originäre Anheftung φ_λ von e_λ^n homotop zu $\widetilde{\varphi}_\lambda$ verformt haben. Das entspricht nicht der CW-Struktur von X. Wir können jedoch $\widetilde{\eta}$ beibehalten und $\widetilde{\varphi}_\lambda$ zurückverformen auf φ_λ, was letztlich eine zu $(\rho_\lambda)_n$ homotope Abbildung

$$(\widetilde{\rho}_\lambda)_n : e_\lambda^n \cup_{\varphi_\lambda} \bigvee_\mu S_\mu^{n-1} \longrightarrow K(G,n)$$

in der oberen Zeile des Diagramms auf Seite 275 ergibt.

Führt man dies mit allen $e_\lambda^n \in X^n$ durch, erhalten wir damit eine zu $\rho_{\delta[\eta]}$ relativ X^{n-2} homotope Abbildung $\widetilde{\rho}_{\delta[\eta]}$, die das Diagramm

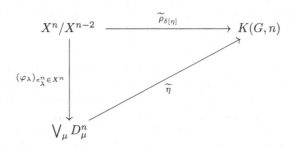

kommutativ macht. Damit ist wie gewünscht $\rho_{\delta[\eta]} \simeq \widetilde{\rho}_{\delta[\eta]} \simeq 0$. Beachten Sie, dass diese Nullhomotopie nicht relativ zu X^{n-1} ist, aber relativ X^{n-2}, denn die Sphären S_μ^{n-1} ziehen sich durch D_μ^n bis zum Wedgepunkt zusammen. Dieser Punkt wird zwar wie gefordert während des gesamten Verlaufs der Homotopie auf den Basispunkt in $K(G,n)$ abgebildet, aber in $\overset{\circ}{D}_\mu^n$ geht $\widetilde{\eta}$ nicht konstant auf den Basispunkt.

Insgesamt ist $\rho_{\delta[\eta]}$ (über die Homotopiefortsetzung wegen $\pi_k(K(G,n)) = 0$ für $k > n$) auch auf ganz X/X^{n-2} nullhomotop und die Injektivität von T bewiesen, denn wir hatten $f_c \simeq \rho_{\delta[\eta]}$ (sogar relativ X^{n-1}). $\qquad\square$

Ein über acht Seiten langer Beweis, der Ihnen außerdem noch ein gehöriges Maß an Anschauungsvermögen abverlangte, verdient eine kurze Nachbetrachtung. Übrigens war auch die Ausarbeitung relativ mühsam und benötigte mehrere Iterationen, bis sie zufriedenstellend war (die Idee folgt einer Skizze, die ich in einer undatierten Semesterarbeit des Physikers X. Yin gefunden habe, [113]).

Nachbetrachtung zu dem Beweis

Der Leitgedanke des Beweises ist einfach. Stellen Sie sich dafür den Raum X zunächst als einen Sphärenstrauß $\bigvee_{\lambda \in \Lambda} S_\lambda^n$ vor. Nach der zellulären Approximation sind dann alle stetigen Abbildungen $f : X \to K(G,n)$ homotop zu Abbildungen f^c in den initialen Sphärenstrauß $\bigvee_{g \in G} S_g^n \subseteq K(G,n)$ und daher auf jedem Generator $[S_\lambda^n]$ von $H_n(X)$ homotop zur Identität $\mathrm{id}_{\lambda g} : S_\lambda^n \to S_g^n$, mit $g = f_*[S_\lambda^n] \in H_n(K(G,n)) \cong G$ gemäß der zellulären Homologie und Hurewicz.

Schon hier bekommt erstmals die zentrale Eigenschaft des $K(G,n)$ Gewicht: Es spielt keine Rolle, welche zelluläre Approximation f^c gewählt wird, diese kann sich auch über mehrere (stets endlich viele) Sphären $S_{g_i}^n$ erstrecken. Sie erzeugt eine Relation $g - f_*^c[S_\mu^n] = 0$, die durch Anheften einer Zelle e^{n+1} berücksichtigt ist und eine homotope Deformation $f^c \simeq \mathrm{id}_{\lambda g}$ ermöglicht.

Es ist nun klar, dass die Homotopieklassen stetiger Abbildungen $X \to K(G,n)$ auf diese Weise bijektiv (über die zelluläre Homologie) den Homomorphismen $H_n(X) \cong \bigoplus_{\lambda \in \Lambda} \mathbb{Z}_\lambda \to G$ entsprechen, und diese Gruppe ist nichts anderes als $H^n(X;G)$ nach dem universellen Koeffiziententheorem der Kohomologie.

Im allgemeinen Fall wird es technischer. Zentral wichtig ist aber auch hier die Eigenschaft eines CW-Komplexes vom Typ $K(G,n)$, keine Homotopiegruppen $\neq 0$ oberhalb der Dimension n zu haben. Dies garantiert, dass man modulo Homotopie alles im n-Skelett X^n behandeln kann und eben keine weiteren Auswahlen auf dem Weg zu ganz X oder X/X^{n-1} berücksichtigen muss (Seite 271, Bemerkung nach dem Beweis der Surjektivität von T).

Dass beide Räume, X und $K(G,n)$, eine CW-Struktur haben, erlaubt dann anschauliche und direkte Konstruktionen von Abbildungen zwischen den Räumen, die über die Abbildungsgrade zwischen Sphären in der Homologie und Homotopie gegeben sind (diese Abbildungen aus Gruppenhomomorphismen haben wir *Realisierungen* genannt). Mit einer solchen Realisierung ist es dann relativ einfach, die Surjektivität von T zu zeigen, wir konnten so für jedes $\gamma \in H^n(X;G)$ ein Urbild in $\langle X, K(G,n) \rangle$ erzeugen, dass auf X/X^{n-1} eindeutig ist (Seite 269 f).

Am schwierigsten war ohne Zweifel der Beweis der Injektivität (Seite 271 f). Die Eindeutigkeit modulo X^{n-1} liefert dabei im Fall $T[f] = T[f^c] = 0$ über die lange exakte Kohomologiesequenz ein $[\eta] \in H^{n-1}(X^{n-1};G)$ mit $\delta[\eta] = h_K^{-1} f_*^c$. Dieser Ansatz funktionierte, weil wir vorher eine natürliche Gruppenstruktur auf $\langle X, K(G,n) \rangle$ definiert haben (Seite 272).

Das eigentliche Problem bestand dann darin, eine Realisierung von $\delta[\eta]$ zu finden, die nullhomotop ist – und zwar nullhomotop bestenfalls in X/X^{n-2}, weil wir für die Darstellung die $(n-1)$-Zellen brauchen. Hier sollte man sich ein wenig Zeit lassen, um die Argumente zu verstehen. Das gelingt meist nicht auf Anhieb, zumal man leicht den Überblick verliert und viele Sätze aus dem Standardrepertoire eines Topologen implizit verwendet werden. Hier leistet auch eine gewisse Sattelfestigkeit bei Argumenten mit iterierten Übergängen zu homotopen Abbildungen oder homotopen Deformationen von Homotopien gute Dienste.

Nicht zuletzt sollte noch erwähnt werden, dass dieses Ergebnis Spezialfall eines viel allgemeineren, abstrakten Theorems aus der Kategorientheorie ist, [38]. Man kann zeigen, dass der Funktor $h^n(X) = \langle X, K(G,n) \rangle$ eine **reduzierte Kohomologietheorie** definiert, die auf S^0 mit den uns bekannten Kohomologietheorien (simplizial, singulär, zellulär) übereinstimmt, und dass damit generell für alle CW-Komplexe $h^n(X) \cong H^n\big(X;h^0(S^0)\big)$ gilt, $n > 0$. In diesem Kontext spricht man auch davon, dass die Räume $K(G,n)$ **repräsentierende Räume** für den (kontravarianten) Funktor $X \mapsto H^n(X;G)$ sind.

In der größtmöglichen Allgemeinheit liefert dann das *Representability Theorem* von E.H. BROWN, [21], notwendige und hinreichende Bedingungen für einen kontravarianten Funktor, **darstellbar** zu sein als Menge von Homotopieklassen in einen speziellen CW-Komplex – in unserem Spezialfall in einen $K(G,n)$. Wenn man es dann auf die Spitze treiben wollte, würde dieses Theorem sogar einen alternativen Weg eröffnen, um generell die Existenz der EILENBERG-MACLANE-Räume zu beweisen. Für die Anwendungen in diesem Buch wäre ein solcher Grad an Abstraktion aber stark übertrieben.

Doch zurück zum Thema, den p-Lokalisierungen. Lassen Sie uns den roten Faden wieder aufgreifen und aus obigem Theorem eine wichtige Konsequenz herleiten.

Folgerung aus dem Theorem zur Homotopie und Kohomologie:
Für abelsche Gruppen G, H und $n \geq 2$ gibt es natürliche Isomorphismen

$$T : \langle K(G,n), K(H,n) \rangle \longrightarrow \mathrm{Hom}(G,H),$$

wobei die EILENBERG-MACLANE-Räume als CW-Komplexe konstruiert seien. Damit lässt sich die erste der beiden noch ausstehenden Aufgaben (Seite 264) auf dem Weg zu p-Lokalisierungen lösen.

Der **Beweis** ist (bei Verwendung starker Hilfsmittel) einfach: Mit $X = K(G,n)$ und $G = H$ liefert das Theorem auf Seite 269 zunächst einen Isomorphismus

$$T : \langle K(G,n), K(H,n) \rangle \longrightarrow H^n\big(K(G,n); H\big).$$

Mit HUREWICZ und dem universellen Koeffiziententheorem haben wir dann

$$H^n\big(K(G,n); H\big) \;\cong\; \mathrm{Hom}\big(H_n(K(G,n)), H\big)$$

$$\cong\; \mathrm{Hom}\big(\pi_n(K(G,n)), H\big) \;\cong\; \mathrm{Hom}(G,H),$$

wobei alle Isomorphismen natürlich sind. Für die erste Aufgabe (Seite 264) setze man einfach $G = \pi_n(X) \hookrightarrow \pi_n'(X) = H$. Dies ergibt eine natürliche Abbildung $\lambda_K : K(\pi_n(X), n+1) \to K(\pi_n'(X), n+1)$, induziert von $\pi_n(X) \hookrightarrow \pi_n'(X)$, für alle $n \geq 1$. Beachten Sie die CW-Struktur von $K(\pi_n(X), n+1)$ im POSTNIKOV-Turm nach dem Übergang zu Hauptfaserungen (Seite 261) und deren Eindeutigkeit modulo Homotopieäquivalenz (Seite 63). $\qquad\square$

Die zweite Aufgabe ist schwieriger. Zur Erinnerung: Wir hatten das Diagramm

$$
\begin{array}{ccccc}
X_n & \longrightarrow & X_{n-1} & \xrightarrow{\ k_{n-1}\ } & K(\pi_n(X), n+1) \\
\big\downarrow{\lambda_{(p)}} & & \big\downarrow{\lambda_{(p)}} & \nearrow{\widetilde{k}_{n-1}} & \big\downarrow{\lambda_K} \\
F_{k'_{n-1}} & \dashrightarrow & X'_{n-1} & \overset{k'_{n-1}\,?}{\dashrightarrow} & K(\pi_n'(X), n+1),
\end{array}
$$

in welchem der senkrechte Pfeil rechts und damit die schräg verlaufende Abbildung $\widetilde{k}_{n-1}$ nun etabliert sind (als Fortschritt gegenüber dem Stand auf Seite 264). Um von der induktiv angenommenen Lokalisierung $\lambda_{(p)} : X_{n-1} \to X'_{n-1}$ zu einer Lokalisierung $X_n \to X'_n$ zu gelangen (entstanden aus dem senkrechten Pfeil links), war zunächst $\widetilde{k}_{n-1} : X_{n-1} \to K(\pi_n'(X), n+1)$ auf den Raum X'_{n-1} fortzusetzen. Damit hatten wir die Abbildung

$$k'_{n-1} : X'_{n-1} \longrightarrow K(\pi_n'(X), n+1)$$

definiert, die das rechte Quadrat kommutativ macht ($k'_{n-1}\lambda_{(p)} = \lambda_K k_{n-1}$) und eine induktive Konstruktion der p-Lokalisierung $X_{(p)}$ des Raumes X über inverse Limiten ermöglichte (Seite 265 f).

Fortsetzungsfragen sind meist anspruchsvoll, es gibt dort mitunter unüberwindbare Hindernisse. Ein Beispiel ist die Identität $S^{n-1} \to S^{n-1}$, die nicht stetig auf D^n fortsetzbar ist. Wir wissen von $H^n(D^n, S^{n-1}) \neq 0$, und es ist wahrlich bemerkenswert, dass diese Gruppe genau das Hindernis für die Fortsetzung beschreibt.

> **Satz (Hindernis für die Fortsetzbarkeit von $A \to X$ auf $B \supset A$)**
> Es sei X ein CW-Komplex und (B, A) ein CW-Paar, mit $\pi_1(X) = 0$. Dann lässt sich jede Abbildung $A \to X$ zu einer Abbildung $B \to X$ fortsetzen, falls $H^{n+1}\big(B, A\,; \pi_n(X)\big)$ für alle $n \geq 1$ verschwindet.

Der **Beweis** verwendet den POSTNIKOV-Turm von X, bestehend aus Hauptfaserungen $X_n \to X_{n-1}$. Das Ziel ist zunächst, die Komposition $A \to X \to X_n$ induktiv fortzusetzen zu Abbildungen $f_n : B \to X_n$. Für den Induktionsanfang verlängern wir dazu den Turm um eine Abbildung $X_1 \to X_0 = \{pt\}$, dies ist ebenfalls eine Hauptfaserung (einfache **Übung**, denn X_1 ist einfach zusammenhängend und daher wegen der CW-Struktur sogar homotopieäquivalent zu X_0).

Wir haben dann für den Induktionsanfang $n = 0$ das Diagramm

$$
\begin{array}{ccccccc}
A & \longrightarrow & X & \longrightarrow & X_1 & \xrightarrow{k_1} & K(\pi_2(X), 3) \\
\downarrow{\scriptstyle \subseteq} & & & \searrow & \downarrow & & \\
B & \dashrightarrow & & & \{pt\} = X_0 & \xrightarrow{k_0} & K(\pi_1(X), 2),
\end{array}
$$

worin der gestrichelte Pfeil die triviale, weil konstante Fortsetzung $f_0 : B \to X_0$ ist.

Im Induktionsschritt nehmen wir $f_{n-1} : B \to X_{n-1}$ an und haben das Diagramm

$$
\begin{array}{ccccccc}
A & \longrightarrow & X & \dashrightarrow & X_n & \xrightarrow{k_n} & K(\pi_{n+1}(X), n + 2) \\
\downarrow & & {\scriptstyle ?} & \nearrow & \downarrow & & \\
B & & \xrightarrow{f_{n-1}} & & X_{n-1} & \xrightarrow{k_{n-1}} & K(\pi_n(X), n + 1)
\end{array}
$$

Gesucht ist der gestrichelte Pfeil $B \to X_n$. Da $X_n \to X_{n-1}$ eine Hauptfaserung ist, können wir es als Pullback einer Pfadraumfaserung über $K(\pi_n(X), n + 1)$ annehmen (gemäß der Konstruktion auf Seite 261) und es entsteht

$$
\begin{array}{ccccc}
A & \longrightarrow & X_n = k_{n-1}^* PK(\pi_n(X), n + 1) & \longrightarrow & PK(\pi_n(X), n + 1) \\
\downarrow & {\scriptstyle ?} \nearrow & \downarrow & & \downarrow{\scriptstyle p} \\
B & \xrightarrow{f_{n-1}} & X_{n-1} & \xrightarrow{k_{n-1}} & K(\pi_n(X), n + 1).
\end{array}
$$

Die Punkte in X_n haben dann die Form (a, γ), mit $a \in X_{n-1}$ und γ ein Weg von einem Basispunkt $b \in K(\pi_n(X), n + 1)$ zum Punkt $k_{n-1}(a)$. Die obere Zeile, verknüpft mit p, zeigt eine Nullhomotopie der Verkettung

$$
A \longrightarrow X_n \longrightarrow PK(\pi_n(X), n + 1) \longrightarrow K(\pi_n(X), n + 1),
$$

denn Pfadräume an einem Punkt sind zusammenziehbar. Damit ist wegen der Kommutativität des rechten Quadrats (nach Definition des Pullbacks) auch die Verkettung $A \to X_n \to X_{n-1} \to K(\pi_n(X), n + 1)$ nullhomotop. Das Ziel ist nun, diese Nullhomotopie auf B fortzusetzen, warum?

Es sei dazu der Basispunkt in $K(\pi_n(X),\, n+1)$ mit b bezeichnet. Eine Fortsetzung der Nullhomotopie $h_t : A \times I \to X_{n-1} \to K(\pi_n(X),\, n+1)$ mit $h_1(x) = b$ zu einer Nullhomotopie $\widetilde{h}_t : B \times I \to X_{n-1} \to K(\pi_n(X),\, n+1)$ mit $\widetilde{h}_1(x) = b$ bedeutet, dass für alle $x \in B$ der Weg $\gamma : t \mapsto h_t(x)$ von $k_{n-1}f_{n-1}(x)$ nach b läuft, also ein wohldefiniertes Element $(f_{n-1}(x), \gamma) \in X_n$ ergibt und dieses Element mit dem von A stammenden übereinstimmt, falls $x \in A$ war. Damit wäre die Fortsetzung $f_n : B \to X_n$ gefunden.

Die Nullhomotopie $h_t : A \times I \to K(\pi_n(X),\, n+1)$ definiert nun eine Abbildung

$$h_B : B \cup CA \longrightarrow K(\pi_n(X),\, n+1)\,,$$

mit dem Kegel $CA = (A \times I)\big/(A \times 1)$.

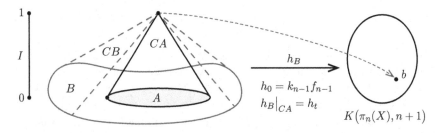

Nun kommt das Basistheorem der Hindernistheorie ins Spiel, der Zusammenhang von Homotopie und Kohomologie (Seite 269). Demnach entspricht die Homotopieklasse $[h_B]$ eindeutig einer **Hindernisklasse** (engl. *obstruction class*)

$$\omega_n \in H^{n+1}\big(B \cup CA; \pi_n(X)\big)\,,$$

und diese Gruppe ist nach dem Ausschneidungssatz, Seite I-478, isomorph zu $H^{n+1}\big(B, A\,;\, \pi_n(X)\big)$. Wählen Sie dazu für W eine kleine Umgebung der Kegelspitze, dann ist $(B \cup CA) \setminus W \simeq B$ und $CA \setminus W \simeq A$, mit CA zusammenziehbar.

Nach Voraussetzung ist $H^{n+1}\big(B, A\,;\, \pi_n(X)\big) = 0$, mithin $\omega_n = 0$. Dies bedeutet wiederum, dass $h_B : B \cup CA \to K(\pi_n(X),\, n+1)$ nullhomotop ist (im Theorem auf Seite 269 war T ein Gruppenisomorphismus). Die Aufgabe lautet nun, diese Abbildung zu einer Abbildung $CB \to K(\pi_n(X),\, n+1)$ fortzusetzen (womit die Nullhomotopie von $A \to K(\pi_n(X),\, n+1)$ wie gewünscht zu einer Nullhomotopie von $B \to K(\pi_n(X),\, n+1)$ fortgesetzt ist).

Dies wiederum ist ganz einfach, es ist die Homotopieerweiterung (Seite I-336) des CW-Paares $(CB, B \cup CA)$. Die konstante Abbildung $h_1 : A \to K(\pi_n(X), n+1)$ kann in einem ersten Schritt trivial auf CB fortgesetzt werden, und die Fortsetzung der rückwärts laufenden Homotopie $(x,t) \mapsto h_B(x, 1-t)$ auf CB ergibt schließlich die gesuchte Nullhomotopie $\widetilde{h}_t B \times I \to K(\pi_n(X),\, n+1)$.

Damit sind alle Abbildungen $A \to X \to X_n$ zu Abbildungen $f_n : B \to X_n$ fortgesetzt. An der Konstruktion erkennt man, dass die f_n auch mit den POSTNIKOV-Faserungen $X_n \to X_{n-1}$ kommutieren, womit wir insgesamt eine Fortsetzung $f = \varprojlim f_n : B \to \varprojlim X_n$ von $A \to X \to \varprojlim X_n$ erhalten.

Nun kommt man schnell ans Ziel, dank starker homotopietheoretischer Mittel wie dem Kompressionskriterium (Seite I-143) oder Abbildungszylindern (Seite I-177). Betrachte dazu den Abbildungszylinder M_f von $f : B \to \varprojlim X_n$, mit der Inklusion $i : B \hookrightarrow M_f \simeq \varprojlim X_n$. Die Einschränkung $f|_A$ faktorisiert durch X, woraus sich durch Nachschaltung der Inklusion $X \hookrightarrow \varprojlim X_n \subset M_f$ ein kommutatives Diagramm der Form

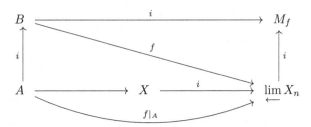

ergibt (in dem alle Inklusionen mit i bezeichnet sind). Hieraus sieht man eine Abbildung von Raumpaaren $(B, A) \to (M_f, X)$. Da die Inklusion $i^2 : X \to M_f$ eine schwache Homotopieäquivalenz ist (Seite 268, und $i : \varprojlim X_n \to M_f$ ist eine Homotopieäquivalenz nach Konstruktion von M_f, Seite I-177), folgt mit einer CW-Approximation $(M_f^{cw}, X) \to (M_f, X)$ und dem Fünferlemma, angewendet auf die Homotopiesequenzen der beiden Paare,

$$\pi_k(M_f, X) = 0$$

für alle $k \geq 0$. Damit kann $(B, A) \to (M_f, X)$ homotop (relativ A) auf eine Abbildung $(B, A) \to (X, X)$ deformiert werden, bei der die erste Komponente die gesuchte Fortsetzung $B \to X$ ist. Um das zu sehen, arbeitet man sich Zelle für Zelle in B voran, in den Dimensionen aufwärts, und wendet das Kompressionskriterium für relative Homotopiegruppen an (Seite I-143): Falls die Deformation auf dem Skelett B^r bereits existiert, also $(B^r, A) \to (M_f, X)$ bereits homotop relativ A zu $(B^r, A) \to (X, X)$ ist, sei eine nächsthöhere Zelle $e^{r+l} \subset B$ gegeben, $l \geq 1$. Deren charakteristische Abbildung $(D^{r+l}, S^{r+l-1}) \to (B, B^r)$, verknüpft mit der auf B^r bereits deformierten Abbildung $(B, B^r) \to (M_f, X)$, definiert dann ein Element $\alpha \in \pi_{r+l}(M_f, X)$.

Wegen $\pi_{r+l}(M_f, X) = 0$ ist das Kompressionskriterium (Seite I-143) anwendbar, welches besagt, dass $e^{r+l} \cup B^r \to M_f$ homotop relativ B^r zu einer Abbildung $e^{r+l} \cup B^r \to X$ ist. Verfährt man so mit allen Zellen der Dimension $r + l$, ergibt sich die Deformation für das Skelett B^{r+l}. Induktiv über alle Dimensionen in B ergibt sich damit die gewünschte Fortsetzung $B \to X$. $\qquad\square$

Was wir mit diesem Meilenstein gezeigt haben (inklusive des schwierigen Theorems auf Seite 269), ist einer der Hauptsätze der Hindernistheorie über das allgemeine Fortsetzungsproblem. Der Versuch ist naheliegend, ihn auf das letzte Problem anwenden, das bei der Lokalisierung $\lambda_{(p)} : X \to X_{(p)}$ noch im Weg ist: die Fortsetzung von $\widetilde{k}_{n-1} : X_{n-1} \longrightarrow K(\pi_n'(X), n+1)$ auf X_{n-1}' zu einer Abbildung $k_{n-1}' : X_{n-1}' \longrightarrow K(\pi_n'(X), n+1)$, vergleiche mit Seite 279. Die Übersetzung in relative Kohomologiegruppen eröffnet dabei völlig neue Möglichkeiten.

Dennoch ist eine genaue Analyse der beteiligten Räume erforderlich, denn diese haben keine CW-Struktur und sind nur vom Typ TCW. Die Hindernistheorie ist dort nicht direkt anwendbar. Rufen wir uns dazu – noch einmal – die Ausgangssituation in Erinnerung (Seite 279).

$$\begin{array}{ccccc}
X_n & \longrightarrow & X_{n-1} & \xrightarrow{\ k_{n-1}\ } & K(\pi_n(X), n+1) \\
\big| & & \Big\downarrow \lambda_{(p)} & \overset{\widetilde{k}_{n-1}}{\nearrow} & \Big\downarrow \lambda_K \\
\Big\downarrow \lambda_{(p)} & & & & \\
F_{k'_{n-1}} & \dashrightarrow & X'_{n-1} & \overset{k'_{n-1}\ ?}{\dashrightarrow} & K(\pi'_n(X), n+1),
\end{array}$$

Die obere Zeile entstand aus der Hauptfaserung $K(\pi_n(X), n) \to X_n \to X_{n-1}$ des POSTNIKOV-Turms für X, nach Definition aus den darunter liegenden, homotopieäquivalenten Räumen (Seite 259, die Bezeichnungen wurden der Einfachheit halber nicht geändert). X'_{n-1} in der unteren Zeile ist das (induktiv vorausgesetzte) oberste Stockwerk des gesuchten Turms aus p-lokalen TCW-Hauptfaserungen. Dieser Turm endet also momentan mit der Hauptfaserung $f'_{n-2} : X'_{n-1} \to X'_{n-2}$.

Wie oben angedeutet, können wir die Hindernistheorie leider nicht direkt auf die Abbildungen $\widetilde{k}_{n-1}$ und $\lambda_{(p)}$ anwenden, denn $\lambda_{(p)}$ ist keine Inklusion und die Räume X_{n-1}, X'_{n-1} sind keine CW-Komplexe. Doch die Lösung ist naheliegend.

Wir ersetzen X_{n-1} durch eine CW-Approximation $\alpha : C \to X_{n-1}$ und X'_{n-1} durch eine CW-Approximation $\beta' : X'_{n-1} \to C'$. Hier geht die TCW-Eigenschaft der Räume ein, denn CW-Approximationen sind in diesem Fall echte Homotopieäquivalenzen, können also in beide Richtungen erfolgen. Die Inklusion entsteht dann durch den Abbildungszylinder $M'_{\varphi_{\text{cell}}}$ einer zellulären Approximation φ_{cell} von $\beta' \lambda_{(p)} \alpha$. Wir erhalten so das Diagramm

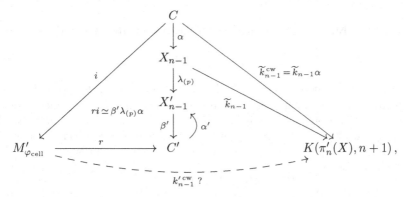

welches im linken Teil wegen der Approximation nur bis auf Homotopie kommutiert (was die weitere Argumentation aber nicht behindern wird). Wegen der Homotopieäquivalenz r ist auch $M'_{\varphi_{\text{cell}}}$ ein p-lokaler Raum und homotopieäquivalent zu X'_{n-1} über die Äquivalenz $\alpha' r : M'_{\varphi_{\text{cell}}} \to X'_{n-1}$. Da stetige Abbildungen zwischen p-lokalen Räumen $\mathbb{Z}_{(p)}$-Modulhomomorphismen induzieren (Seite 258), kann $f'_{n-2} : X'_{n-1} \to X'_{n-2}$ im Induktionsschritt durch $f'_{n-2}\alpha' r : M'_{\varphi_{\text{cell}}} \to X'_{n-2}$ ersetzt werden, mithin X'_{n-1} durch $M'_{\varphi_{\text{cell}}}$. Beachten Sie, dass $M'_{\varphi_{\text{cell}}}$ und $f'_{n-2}\alpha' r$ bezüglich der Homotopiegruppen exakt die gleichen Eigenschaften haben wie X'_{n-1} und f'_{n-2}. Wie hat sich die Situation nun verändert?

Wir können das Diagramm (verlustfrei) reduzieren auf

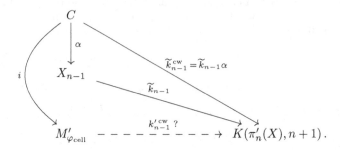

Die Abbildung $k'^{\,\mathrm{cw}}_{n-1}$ ist jetzt mit dem Hindernissatz (Seite 280) erreichbar, falls

$$H^{k+1}\bigl(M'_{\varphi_{\mathrm{cell}}}, C\,;\, \pi_k(K')\bigr) \;=\; 0$$

ist, für alle $k \geq 1$, wobei ab jetzt K' abkürzend für $K(\pi'_n(X), n+1)$ steht, falls der Text sonst zu sehr aufgebläht würde. Diese Bedingung lässt sich dank der einfachen Homotopie der EILENBERG-MACLANE-Räume abschwächen zu

$$H^{n+2}\bigl(M'_{\varphi_{\mathrm{cell}}}, C\,;\, \pi'_n(X)\bigr) \;=\; 0.$$

Werfen Sie nun noch einmal einen Blick auf das ursprüngliche Diagramm. Mit der Homotopieinversen $\beta : X_{n-1} \to C$ (in dem Diagramm nicht eingezeichnet) und dem Abbildungszylinder von $\lambda_{(p)}$,

$$X_{n-1} \xrightarrow{\;\;i_{(p)}\;\;} M'_{\lambda_{(p)}} \xrightarrow{\;\;r_{(p)}\;\;} X'_{n-1}\,,$$

ist wegen der Kommutativität der linken Diagrammhälfte modulo Homotopie

$$i_{(p)} \;\simeq\; r^{-1}_{(p)}\beta' r i \beta\,,$$

wobei $r^{-1}_{(p)}$ das Homotopieinverse zu der Retraktion $r_{(p)}$ sei. Da auf der rechten Seite außer i nur Homotopieäquivalenzen stehen, induziert i einen Isomorphismus in der Kohomologie genau dann, wenn dies bei $i_{(p)}$ der Fall ist. Mit der langen exakten Kohomologiesequenz übersetzt in die relativen Gruppen ist damit $H^{k+1}(M'_{\varphi_{\mathrm{cell}}}, C\,;\, \pi_k(K')) = 0$ für alle $k \geq 1$ genau dann, wenn stets

$$H^{k+1}\bigl(M'_{\lambda_{(p)}}, X_{n-1}\,;\, \pi_k(K')\bigr) \;=\; 0$$

ist, oder (wieder mit der EILENBERG-MACLANE-Eigenschaft)

$$H^{n+2}\bigl(M'_{\lambda_{(p)}}, X_{n-1}\,;\, \pi'_n(X)\bigr) \;=\; 0.$$

Diese Gleichung ist bewusst hervorgehoben, denn sie ist der letzte noch fehlende Baustein zur Lokalisierung von X: Sie garantieren die Existenz der Fortsetzung $k'^{\,\mathrm{cw}}_{n-1} : M'_{\varphi_{\mathrm{cell}}} \to K(\pi'_n(X), n+1)$ im obigen Diagramm.

Bevor wir die Gleichung beweisen (auch das ist leider noch einmal ein gutes Stück Arbeit), lassen Sie uns sehen, dass wir auch im oberen Teil (mit der Modifikation durch die CW-Approximation $C \to X_{n-1}$) nichts gegenüber der ursprünglichen Problemstellung verloren haben. Wir halten dazu das kommutative Diagramm

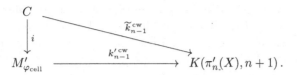

fest, in dem auch i eine Lokalisierung ist (siehe oben $\lambda_{(p)} = r_{(p)} i_{(p)} \simeq \beta' r i \beta$). Nun wandeln wir $\widetilde{k}_{n-1}^{\mathrm{cw}}$ in eine Faserung $E_{\widetilde{k}_{n-1}^{\mathrm{cw}}} \to K'$ um und erhalten mit der Deformationsretraktion $r^{\mathrm{cw}} : E_{\widetilde{k}_{n-1}^{\mathrm{cw}}} \to C$, $(c, \gamma_c) \mapsto c$, das kommutative Diagramm

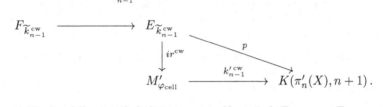

in dem ir^{cw} ebenfalls eine Lokalisierung ist. Nun sind $F_{\widetilde{k}_{n-1}^{\mathrm{cw}}} \to E_{\widetilde{k}_{n-1}^{\mathrm{cw}}} \to K'$ und $X_n \to X_{n-1} \to K'$ faserhomotopieäquivalent, mithin austauschbar wie zuvor schon X'_{n-1} und $M'_{\varphi_{\mathrm{cell}}}$. Dies folgt aus früheren Beobachtungen (Seite 117 f) durch die Umwandlung von $\widetilde{k}_{n-1}^{\mathrm{cw}} : C \to K'$ und $\widetilde{k}_{n-1} : X_{n-1} \to K'$ in Faserungen (was zunächst zu einer Faserhomotopieäquivalenz $E_{\widetilde{k}_{n-1}^{\mathrm{cw}}} \to (X_{n-1})_{\widetilde{k}_{n-1}}$ führt), und mit Beobachtung 2 auf Seite 119, die $(X_{n-1})_{\widetilde{k}_{n-1}} \to K'$ und $X_{n-1} \to K'$ als faserhomotopieäquivalent ausweist. Beachten Sie, dass $X_n \to X_{n-1} \to K'$ als untere Zeile der Hauptfaserung $f_{n-1} : X_n \to X_{n-1}$ ohnehin nur bis auf Faserhomotopieäquivalenz eindeutig bestimmt war (Seite 259 f). Wir können das Diagramm insgesamt also umschreiben zu

$$
\begin{array}{ccc}
X_n & \xrightarrow{\hspace{2cm}} & X_{n-1} \\[2pt]
\Big\downarrow{\scriptstyle \widetilde{\lambda}_{(p)}} & \quad\;\; {\scriptstyle \widetilde{k}_{n-1}} \searrow & \\[6pt]
M'_{\varphi_{\mathrm{cell}}} & \xrightarrow[\;k'^{\,\mathrm{cw}}_{n-1}\;]{} & K(\pi'_n(X), n+1)\,,
\end{array}
$$

womit nach Übergang zu einer Faserung $F'_{k'^{\mathrm{cw}}_{n-1}} \to E'_{k'^{\mathrm{cw}}_{n-1}} \to K'$ in der unteren Zeile $X'_n = F'_{k'^{\mathrm{cw}}_{n-1}}$ definiert werden kann. Modulo der Ersetzung von X'_{n-1} durch $M'_{\varphi_{\mathrm{cell}}}$, dies war legitim, ist damit auch die zweite Aufgabe auf Seite 264 gelöst und die Konstruktion der p-Lokalisierung $X \to X_{(p)}$ kann wie dort beschrieben fortgeführt werden. Halten wir fest:

Zwischenergebnis: Zur Existenz der p-Lokalisierung $\lambda_{(p)} : X \to X_{(p)}$ fehlt nur noch die kohomologische Aussage $H^{n+2}(M'_{\lambda_{(p)}}, X_{n-1} ; \pi'_n(X)) = 0$ aus der Hindernistheorie (siehe den Satz auf Seite 280), für alle $n \geq 2$.

Das Verschwinden dieser Gruppen ist gemäß der langen exakten Kohomologiesequenz äquivalent dazu, dass die induzierten Homomorphismen

$$i^*_{(p)} : H^k\big(M'_{\lambda_{(p)}}; \pi'_n(X)\big) \longrightarrow H^k\big(X_{n-1}; \pi'_n(X)\big)$$

für $k = n+1$ surjektiv und für $k = n+2$ injektiv sind (die Abbildung $i_{(p)}$ war die Inklusion $X_{n-1} \hookrightarrow M'_{\lambda_{(p)}}$ in den Abbildungszylinder). Dazu verwenden wir das universelle Koeffiziententheorem der Kohomologie (Seite 125) und notieren ganz allgemein für topologische Räume Y und $\mathbb{Z}_{(p)}$-Moduln M

$$H^k\big(Y; M\big) \;\cong\; \mathrm{Hom}_{\mathbb{Z}_{(p)}}\big(H_k(Y; \mathbb{Z}_{(p)}), M\big) \;\oplus\; \mathrm{Ext}_{\mathbb{Z}_{(p)}}\big(H_{k-1}(Y; \mathbb{Z}_{(p)}), M\big).$$

Wir müssen hier kurz innehalten, um die Aussage wirklich zu verstehen. Die universellen Koeffiziententheoreme kennen wir bisher mit Koeffizienten in Gruppen, also $\mathbb{Z}$-Moduln, und die Gruppenhomomorphismen sind als Homomorphismen von $\mathbb{Z}$-Moduln interpretierbar. Zur Verdeutlichung einmal ausführlich notiert lautet dies

$$H^k\big(Y; G\big) \;\cong\; \mathrm{Hom}_{\mathbb{Z}}\big(H_k(Y; \mathbb{Z}), G\big) \;\oplus\; \mathrm{Ext}_{\mathbb{Z}}\big(H_{k-1}(Y; \mathbb{Z}), G\big),$$

mit abelschen Gruppen ($\mathbb{Z}$-Moduln) G.

Nun kann die gesamte Homologie- und Kohomologietheorie wortwörtlich auch unter Verwendung von $\mathbb{Z}_{(p)}$-Koeffizienten entwickelt werden. Die Gruppen werden dabei zu $\mathbb{Z}_{(p)}$-Moduln, wobei auch hier jeder Gruppenhomomorphismus bereits ein $\mathbb{Z}_{(p)}$-Modul-Homomorphismus ist (elementare **Übung**, denn in $\mathbb{Z}_{(p)}$-Moduln ist jedes Element auf eindeutige Weise durch b teilbar, falls $p \nmid b$).

Nur eine Schwierigkeit ist beim universellen Koeffiziententheorem zu beachten: Die Hom- und Ext-Gruppen werden nun in der Kategorie der $\mathbb{Z}_{(p)}$-Moduln gebildet, und im Beweis dieses Theorems (Seite I-403 f) geht entscheidend ein, dass Untergruppen von frei abelschen Gruppen selbst frei abelsch sind.

Genau dies gilt aber auch bei freien $\mathbb{Z}_{(p)}$-Moduln, denn der Ring $\mathbb{Z}_{(p)}$ ist ein Hauptidealring (Seite 257). Der Beweis des universellen Koeffiziententheorems lässt sich dann wörtlich auch für die Kohomologiegruppen mit Koeffizienten in einem $\mathbb{Z}_{(p)}$-Modul M übernehmen – und um zu unserer Anwendung zurückzukehren: in dem $\mathbb{Z}_{(p)}$-Modul $\pi'_n(X) = \pi_n(X) \otimes \mathbb{Z}_{(p)}$.

Fasst man alles zusammen, erreichen wir unser Ziel, wenn die Homomorphismen

$$i_{(p)*} : H_k\big(X_{n-1}; \mathbb{Z}_{(p)}\big) \longrightarrow H_k\big(M'_{\lambda_{(p)}}; \mathbb{Z}_{(p)}\big)$$

für $n \le k \le n+2$ Isomorphismen sind (was im Licht der obigen Ausführungen sogar mehr ist, als wir bräuchten). Im folgenden Satz werden wir dies nun ganz allgemein zeigen, und zwar für beliebige TCW-Lokalisierungen einfach zusammenhängender Räume und sogar für alle $k \ge 1$. Das Ergebnis erinnert ein wenig an die Parallelen zwischen Homologie- und Homotopiegruppen, die wir schon häufig gesehen haben (schwache Homotopieäquivalenzen, Seite I-374, Theorem von HUREWICZ, Seite 47, oder dessen Erweiterung durch SERRE, Seite 200). Nicht zuletzt wird sich dabei auch eine $\mathbb{Z}_{(p)}$-Modulstruktur für die Gruppen $H_k(M'_{\lambda_{(p)}})$ ergeben.

Satz (p-Lokalisierungen und Homologiegruppen)
Es sei X ein einfach zusammenhängender TCW-Raum und $\lambda_{(p)} : X \to X_{(p)}$
eine TCW-Lokalisierung. Dann besitzen für $k \geq 1$ alle Gruppen $H_k(X_{(p)})$ die
Struktur eines $\mathbb{Z}_{(p)}$-Moduls und $\lambda_{(p)}$ induziert für $k \geq 1$ Isomorphismen

$$\lambda_{(p)*} : H_k(X; \mathbb{Z}_{(p)}) \longrightarrow H_k(X_{(p)}; \mathbb{Z}_{(p)}) \cong H_k(X_{(p)}).$$

Beachten Sie mit Blick auf den obigen Kontext, dass nach dem universellen Koeffizientheorem der Homologie (Seite I-211) stets $H_k(Y; \mathbb{Z}_{(p)}) \cong H_k(Y) \otimes \mathbb{Z}_{(p)}$ ist, für alle Räume Y, denn $\mathbb{Z}_{(p)}$ ist torsionsfrei.

Kurz zur Erinnerung: Wenn $\lambda_{(p)} : X \to X_{(p)}$ eine Lokalisierung ist, werden per definitionem für alle $k \geq 0$ Isomorphismen

$$\lambda_{(p)*} \otimes \mathbb{1} : \pi_k(X) \otimes \mathbb{Z}_{(p)} \longrightarrow \pi_k(X_{(p)}) \otimes \mathbb{Z}_{(p)} \cong \pi_k(X_{(p)})$$

induziert. Der Satz besagt, dass sich dies bei den Homologiegruppen der Dimensionen $k \geq 1$ genauso verhält. Mit diesem Satz ist die Existenz von p-Lokalisierungen für einfach zusammenhängende Räume X endgültig bewiesen.

Im **Beweis** können wir davon ausgehen, dass X und $X_{(p)}$ CW-Komplexe sind, denn die Aussage ist offensichtlich invariant modulo Homotopieäquivalenzen. Wir betrachten dann zunächst $X = K(G, n)$, $n \geq 1$. Dieser Schritt funktioniert auch ohne den einfachen Zusammenhang von X. Es ist in diesem Fall $X_{(p)} = K(G_{(p)}, n)$ und man kann sich die Lokalisierung als $\lambda_{(p)} : X \to K(G_{(p)}, n)$ vorstellen, induziert von der Inklusion $G \subset G_{(p)} = G \otimes \mathbb{Z}_{(p)}$, $g \mapsto g \otimes (1/1)$, gemäß der Folgerung zum Theorem für Homotopie und Kohomologie (Seite 279).

Wir gehen nun induktiv vor, beginnen mit $n = 1$ und beschränken uns zunächst auf den einfachsten Fall $G = \mathbb{Z}$. Es ist dann $G_{(p)}$ der direkte Limes

$$\mathbb{Z}_{(p)} \cong \varinjlim G_i$$

einer aufsteigenden Sequenz $G_1 \subset G_2 \subset \ldots$ von unendlichen zyklischen Gruppen. Versuchen Sie dies mit aufsteigenden n_i, $n_1 = 1$, und den Gruppen $G_i = (1/n_i)\mathbb{Z}$ als kleine **Übung**. So entsteht zum Beispiel $\mathbb{Z}_{(5)}$ aus der Sequenz

$$\mathbb{Z} \subset \mathbb{Z}/2 \subset \mathbb{Z}/6 \subset \mathbb{Z}/24 \subset \mathbb{Z}/168 \subset \mathbb{Z}/1512 \subset \mathbb{Z}/16632 \subset \ldots,$$

beachten Sie hierfür $6 = 2 \cdot 3$, $24 = 6 \cdot 4$, $168 = 24 \cdot 7$, $1512 = 168 \cdot 9$ und $16632 = 1512 \cdot 11$, womit alle Stammbrüche mit den Nennern 2,3,4,6,7,8,9 und 11 erfasst sind. Sie können diese Sequenz, unter Beachtung von $n_i | n_{i+1}$, nun leicht selbst fortsetzen.

Die Inklusion $G_i \subset G_{i+1}$ induziert nun eine Inklusion $K(G_i, 1) \subset K(G_{i+1}, 1)$, wenn man sich die $K(G_i, 1)$ aus initialen Sphärensträußen $\bigvee_{a/n_i \in G_i} S^1_{a/n_i}$ mit allen zugehörigen Relationen, zum Beispiel $1/n_i + 3/n_i - 4/n_i = 0$, konstruiert. Dabei bildet die Inklusion auf den jeweiligen 1-Skeletten die Sphäre S^1_{a/n_i} basispunkterhaltend und identisch (mit Grad 1) auf $S^1_{(an_{i+1}/n_i)/n_{i+1}} \subset \bigvee_{b/n_{i+1} \in G_{i+1}} S^1_b$ ab, eben mit $b = an_{i+1}/n_i$.

In $K(G_{i+1},1)$ gibt es zwar mehr Relationen, aber die Relationen von $K(G_i,1)$ finden sich auch in $K(G_{i+1},1)$ wieder, sodass alle höheren Zellen von $K(G_i,1)$ auch in der Konstruktion von $K(G_{i+1},1)$ gewählt werden können.

Auf diese Weise entstehen natürliche Inklusionen $K(G_i,1) \subset K(G_{i+1},1)$, die im Limes in einen Homöomorphismus

$$K(\varinjlim G_i,1) \;\cong\; \varinjlim K(G_i,1)$$

münden. Damit haben wir

$$X_{(p)} \;=\; K(\mathbb{Z}_{(p)},1) \;=\; K(\varinjlim G_i,1) \;\cong\; \varinjlim K(G_i,1) \;=\; \varinjlim X_i \,,$$

mit $X_i = K(G_i,1)$, wobei die Gleichheiten von EILENBERG-MACLANE-Räumen wie immer modulo Homotopieäquivalenzen zu verstehen sind (in der Kategorie der CW-Komplexe). Für die Homologiegruppen kann man hieraus nun einiges ablesen. So gilt

$$H_k(\varinjlim X_i) \;\cong\; \varinjlim H_k(X_i)\,,$$

denn sämtliche Ketten c und die zugehörigen Randbeziehungen spielen sich innerhalb von kompakten Trägern ab, weswegen man bei einem konkreten Fall $\partial c = 0$ oder $\partial c' = c$ den Grenzwertprozess $i \to \infty$ nicht vollständig berücksichtigen muss, sondern bei einem $i_{\max} < \infty$ anhalten darf. Die Aussage reduziert sich dann auf den trivialen Fall der Identität von $H_k(X_{i_{\max}})$. Fasst man zusammen, ergibt sich

$$H_k(X_{(p)}) \;\cong\; H_k(\varinjlim X_i) \;\cong\; \varinjlim H_k(X_i)\,.$$

Damit folgt $H_k(X_{(p)}) = 0$ für $k > 1$, denn es ist $G_i \cong \mathbb{Z}$ und daher $X_i \simeq S^1$. Für $k = 1$ ist wegen $H_1(X_i) \cong G_i$ gemäß HUREWICZ

$$H_1(X_{(p)}) \;\cong\; \varinjlim G_i \;\cong\; \mathbb{Z}_{(p)}\,.$$

Wir haben hier in der Tat die ursprüngliche Grenzwertentwicklung von $\mathbb{Z}_{(p)}$, was Sie an den Konstruktionen der X_i und des HUREWICZ-Isomorphismus im Zusammenhang mit der zellulären Homologie leicht erkennen können (die Inklusionen der Zellen e^1 von X_i in die von X_{i+1} entsprechen genau der Inklusion der Gruppenelemente von G_i in G_{i+1}). Damit hat $H_k(X_{(p)})$ für $k \geq 1$ eine $\mathbb{Z}_{(p)}$-Modulstruktur.

Für die Aussage über die Isomorphismen $\lambda_{(p)*} : H_k(X;\mathbb{Z}_{(p)}) \to H_k(X_{(p)})$ in der Homologie beachten Sie $X_{(p)} \supset X = X_1 = K(G_1,1) = K(\mathbb{Z},1) = S^1$ in den obigen Inklusionsketten. Damit ist

$$\lambda_{(p)*} : H_k(X;\mathbb{Z}_{(p)}) \;\longrightarrow\; H_k(X_{(p)})$$

ein Isomorphismus für $k > 1$, wegen $H_k(X;\mathbb{Z}_{(p)}) \cong H_k(X) \otimes \mathbb{Z}_{(p)} = 0$. Für $k = 1$ entspricht (aus den gleichen Gründen wie oben, mit zellulärer Homologie)

$$\lambda_{(p)*} \otimes \mathbb{1} : H_1(X) \otimes \mathbb{Z}_{(p)} \;\longrightarrow\; H_1(X_{(p)}) \otimes \mathbb{Z}_{(p)} \cong H_1(X_{(p)})$$

genau dem Gruppenisomorphismus $\mathbb{Z} \otimes \mathbb{Z}_{(p)} \to (\varinjlim G_i) \otimes \mathbb{Z}_{(p)} \cong \mathbb{Z}_{(p)}$, womit der Satz für den Spezialfall $X = K(\mathbb{Z},1)$ bewiesen ist.

Der Fall $X = K(\mathbb{Z}_{q^m},1)$, q prim, ist einfacher. Für $q = p$ ist $(\mathbb{Z}_{q^m})_{(p)} \cong \mathbb{Z}_{q^m}$ und daher $X \simeq X_{(p)}$, weswegen der Satz in diesem Fall trivial ist. Für $q \neq p$ ist $(\mathbb{Z}_{q^m})_{(p)} \cong \mathbb{Z}_{q^m} \otimes \mathbb{Z}_{(p)} = 0$ und die Aussage folgt aus $H_k\big(K(\mathbb{Z}_{q^m},1); \mathbb{Z}_{(p)}\big) = 0$ für alle $k \geq 1$. Letzteres ergibt sich aus dem Satz über die Homologie der Linsenräume (Seite 67), wieder mit dem universellen Koeffiziententheorem (Seite I-211).

Damit folgt der Satz für $X = K(G,1)$ mit endlich erzeugten abelschen Gruppen, wegen der KÜNNETH-Formel und $K(G_1 \oplus G_2,1) \simeq K(G_1,1) \times K(G_2,1)$ (was man mit der Bildung der Gruppen π_k auf beiden Seiten und dem Eindeutigkeitssatz zeigt, Seiten 63 und 74). Für unendlich erzeugtes G bildet man den direkten Limes über die endlich erzeugten Untergruppen von G, wieder mit dem Argument der kompakten Träger für alle homologischen Operationen. Damit ist der Satz für $X = K(G,1)$ mit einer beliebigen abelschen Gruppe G bewiesen.

Halten wir kurz inne. Sie erleben einen Beweis, der ohne Zweifel eine Geduldsprobe ist. Nicht nur beim Schreiben, sondern wahrscheinlich auch beim Lesen. Man hat nicht wirklich das Gefühl, etwas Aufregendes zu beweisen. Die Aussage des Satzes ist relativ unspektakulär und scheinbar wenig überraschend, aber schon der einfachste Spezialfall $X = K(\mathbb{Z},1)$, also die S^1 mit ihrer einfachen Homologie, verlangte eine mühsame Prüfung zahlloser Details.

Dass der Schein manchmal trügt, zeigt dann aber die schiere Unüberwindbarkeit der Fälle $X = K(\mathbb{Z},n)$ mit $n \geq 2$. Zwar können wir die Inklusionsketten mit den Gruppen G_i und den Räumen $K(G_i,n)$ mit n-dimensionalen Sphärensträußen $\bigvee_{G_i} S^n$ genauso bilden wie vorher bei $n = 1$, aber die $K(\mathbb{Z},n)$ sind nun keine MOORE-Räume mehr, weswegen ohne starke Hilfsmittel keinerlei Aussagen über die Homologiegruppen in den Dimensionen $k > n$ möglich sind (vergleichen Sie mit Seite 185).

Der Induktionsschritt gelingt hier mit dem Einsatz von Spektralsequenzen, wobei das Vorgehen ähnlich zur Bestimmung der Homologie eines $K(\mathbb{Z},2)$ ist (auf eben dieser Seite 185). Betrachte dazu die Pfadraumfaserung

$$K(G_{(p)}, n-1) \longrightarrow P_x \longrightarrow K(G_{(p)}, n)$$

am Wedgepunkt $x \in K(G,n) \subseteq K(G_{(p)},n)$. Wegen der Zusammenziehbarkeit ist $H_k(P_x) = 0$ für $k \geq 1$ und damit haben all diese Gruppen offensichtlich die Struktur eines $\mathbb{Z}_{(p)}$-Moduls. Nach Induktionsvoraussetzung gelte dies nun auch für $H_k(K(G_{(p)}, n-1))$. Die folgende Aussage ermöglich es dann, diese Eigenschaft auf die Basis zu übertragen.

Beobachtung 1

Falls in einer Faserung $F \to E \to B$ über einer einfach zusammenhängenden CW-Basis B alle Homologiegruppen $H_k(F)$ und $H_k(E)$, $k \geq 1$, die Struktur eines $\mathbb{Z}_{(p)}$-Moduls besitzen, gilt dies auch für die Gruppen $H_k(B)$ der Basis.

Beweis: Man nutzt die Tatsache, dass eine abelsche Gruppe G genau dann ein $\mathbb{Z}_{(p)}$-Modul ist, wenn die Multiplikation $\mu_q : x \mapsto qx$ für alle Primzahlen $q \neq p$ ein Isomorphismus von $\mathbb{Z}$-Moduln ist (einfache **Übung**, definiere $(1/q)x = \mu_q^{-1}(x)$).

Im Fall einer Homologiegruppe $H_k(X)$, $k \geq 1$, können wir dies etwas umformulieren. Betrachte dazu die kurze exakte Sequenz $0 \to \mathbb{Z} \xrightarrow{q} \mathbb{Z} \to \mathbb{Z}_q \to 0$, die eine kurze exakte Sequenz von Kettenkomplexen

$$0 \longrightarrow C_*(X;\mathbb{Z}) \xrightarrow{q} C_*(X;\mathbb{Z}) \longrightarrow C_*(X;\mathbb{Z}_q) \longrightarrow 0$$

induziert, und bilde die zugehörige lange exakte Homologiesequenz. Für alle $k \geq 1$ ist dann $\mu_{q*} : H_k(X) \xrightarrow{q} H_k(X)$ ein $\mathbb{Z}$-Modul-Isomorphismus, falls die Gruppen $H_k(X;\mathbb{Z}_q)$ für alle $k \geq 0$ verschwinden.

Die beiden Aussagen folgen dann aus der Spektralsequenz für $F \to E \to B$, mit $\mathbb{Z}_q$-Koeffizienten (Seite 191). Falls in der ersten Aussage für alle $q \neq p$ die Gruppen $H_k(F;\mathbb{Z}_q)$ und $H_k(E;\mathbb{Z}_q)$ verschwinden, folgt wegen

$$E_{k,l}^2 \cong H_k\big(B;H_l(F;\mathbb{Z}_q)\big)$$

die Tatsache $H_k(E;\mathbb{Z}_q) \cong H_k(B;\mathbb{Z}_q)$ für alle $k \geq 1$, denn es ist $H_0(F;\mathbb{Z}_q) \cong \mathbb{Z}_q$. Daher ergibt sich wie gewünscht $H_k(B;\mathbb{Z}_q) = 0$ für $k \geq 1$. $\qquad\square$

Kehren wir zurück zu der obigen Faserung $K(G_{(p)},n-1) \to P_x \to K(G_{(p)},n)$. Nach Beobachtung 1 und der Induktionsannahme haben alle höheren Homologiegruppen von $K(G_{(p)},n)$ die Struktur eines $\mathbb{Z}_{(p)}$-Moduls. Um dann auch die Homomorphismen

$$\lambda_{(p)*} : H_k(K(G,n);\mathbb{Z}_{(p)}) \longrightarrow H_k(K(G_{(p)},n);\mathbb{Z}_{(p)})$$

als Modulisomorphismen auszuweisen, nutzen wir für den Induktionsschritt wieder Spektralsequenzen und betrachten das Diagramm

$$
\begin{array}{ccccc}
K(G,n-1) & \longrightarrow & P_x & \longrightarrow & K(G,n) \\
\downarrow{\scriptstyle \lambda_{(p)}} & & \downarrow{\scriptstyle \lambda_{(p)}} & & \downarrow{\scriptstyle \lambda_{(p)}} \\
K(G_{(p)},n-1) & \longrightarrow & (P_x)_{(p)} & \longrightarrow & K(G_{(p)},n)
\end{array}
$$

aus Pfadraumfaserungen bezüglich des Wedgepunktes $x \in K(G,n) \subseteq K(G_{(p)},n)$, in dem das rechte $\lambda_{(p)}$ eine Lokalisierung sei. Der mittlere Pfeil kann ebenfalls als Inklusion verstanden werden und ist dann wegen der Zusammenziehbarkeit der Pfadräume trivialerweise eine Lokalisierung. Links steht die zugehörige Inklusion der jeweiligen Homotopiefasern F_x über dem Punkt x. Dies ist auch eine Lokalisierung, was sofort an den langen exakten Homotopiesequenzen und dem Fünferlemma erkennbar ist (elementare **Übung**).

Nach Induktionsvoraussetzung (und wieder wegen der Zusammenziehbarkeit der Pfadräume) induzieren der linke und der mittlere senkrechte Pfeil damit Isomorphismen der zugehörigen $H_k(-;\mathbb{Z}_{(p)})$-Gruppen. Der Schluss auf das rechte $\lambda_{(p)}$ funktioniert dann wieder mit Spektralsequenzen (auch wenn es hier noch einmal schwieriger wird), womit der Satz für alle $X = K(G,n)$ bewiesen wäre.

Beobachtung 2

Falls in einem kommutativen Diagramm von Faserungen über CW-Basen B, B'

$$
\begin{array}{ccccc}
F & \longrightarrow & E & \longrightarrow & B \\
\big\downarrow \tilde{f}\big|_{F} & & \big\downarrow \tilde{f} & & \big\downarrow f \\
F' & \longrightarrow & E' & \longrightarrow & B'
\end{array}
$$

die linke und rechte senkrechte Abbildung Isomorphismen aller Homologie-gruppen $H_k(-; \mathbb{Z}_{(p)})$ induzieren, dann gilt das auch für die mittlere Abbildung. Dito für den Schluss von der linken und mittleren Abbildung auf die rechte Abbildung.

Der **Beweis** insbesondere der zweiten Aussage ist noch einmal aufwändiger. Das Problem besteht darin, dass es für Faserungen keine lange exakte Sequenz von Homologiegruppen gibt (die mit dem Fünferlemma schnell zum Ziel führen würde). Wir müssen hier Spektralsequenzen einsetzen, mit ihrer Funktorialität, die schon bei der multiplikativen Struktur in $E_2^{p,q}$ verwendet wurde, vielleicht erinnern Sie sich an die übereinander liegenden Seiten (Seiten 232 oder 240).

Eine weitere Schwierigkeit kommt noch hinzu, denn Spektralsequenzen sind zwar ein guter Ersatz für exakte Homologiesequenzen, aber nicht so flexibel: Während das Fünferlemma bei exakten Homologiesequenzen an jeder Stelle einsetzbar ist, erlauben die Spektralsequenzen meist nur Rückschlüsse auf die Totalräume $H_{p+q}(E)$ und $H_{p+q}(E')$, deren graduierte Teile $E_{p,q}^{\infty}$ passend übereinander liegen.

Auf direktem Weg ist damit nur der Schluss vom linken und rechten Pfeil auf den mittleren möglich (was nach einigen topologischen Modifikationen dann aber auch die zweite Aussage möglich macht). Es induziere nun also der linke und rechte Pfeil einen Isomorphismus der $H_k(-; \mathbb{Z}_{(p)})$-Gruppen. Behauptung: Dann induziert auch der mittlere Pfeil Isomorphismen $H_k(E; \mathbb{Z}_{(p)}) \to H_k(E'; \mathbb{Z}_{(p)})$.

Beweis hierfür: Wir verformen f homotop zu einer zellulären Abbildung f^c und liften die Homotopie zu einer faserzellulären Abbildung $\tilde{f}^c : E \to E'$. Die Gruppenhomomorphismen bleiben dabei erhalten (die Abbildung links wird beim Übergang zu $\tilde{f}^c$ passend mitdeformiert). Nun verträgt sich das Diagramm mit der (faser-)zellulären Struktur der beteiligten Räume B, B', E und E'.

Aus der Konstruktion der Spektralsequenzen (Seite 159 ff) folgt dann, dass $\tilde{f}_*^c$ einen Homomorphismus $\tilde{f}_{\mathrm{spec}}^c$ der zugehörigen Treppendiagramme induziert, der mit den Randoperatoren verträglich ist. Die Situation ist genau dieselbe wie in früheren Beobachtungen bei der Herleitung der multiplikativen Struktur in der Kohomologie-Spektralsequenz (Seiten 232 oder 240), nur diesmal in der Homologie. Wegen der Darstellung

$$
\tilde{f}_{\mathrm{spec}}^c : E_{k,l}^2 \cong H_k\big(B; H_l(F; \mathbb{Z}_{(p)})\big) \longrightarrow H_k\big(B'; H_l(F'; \mathbb{Z}_{(p)})\big) \cong \big(E_{k,l}^2\big)'
$$

sind die Gruppen beider Treppendiagramme schon auf der zweiten Seite isomorph (aus der Konstruktion ergibt sich sogar, dass die Isomorphismen bezüglich der $E_{k,l}^2$-Darstellung von den Isomorphismen in Faser und Basis induziert sind).

Da sich die $E^2_{k,l}$-Gruppen mit den Randoperatoren vertragen, bleiben sie auf allen Seiten bis zu den $E^\infty_{k,l}$-Gruppen isomorph, weswegen auch die Filtrierungen der Gruppen $H_*(E; \mathbb{Z}_{(p)})$ und $H_*(E'; \mathbb{Z}_{(p)})$ isomorph sind und $\widehat{f}^c_*$ einen Isomorphismus $H_*(E; \mathbb{Z}_{(p)}) \to H_*(E'; \mathbb{Z}_{(p)})$ induziert. $(\square)$

Mit einem Standardtrick versuchen wir nun für die zweite Aussage das Manko zu beheben, nur über die Totalraum-Homomorphismen $H_*(E; \mathbb{Z}_{(p)}) \to H_*(E'; \mathbb{Z}_{(p)})$ etwas sagen zu können. Wenn $f : B \to B'$ eine Inklusion von CW-Komplexen wäre, genauer (B', B) ein CW-Paar, hätten wir Beobachtung 2 bewiesen, wenn alle relativen Gruppen $H_*(B', B; \mathbb{Z}_{(p)})$ verschwinden. Und tatsächlich könnten wir etwas über diese relativen Gruppen herausfinden, wenn auch **relative Spektralsequenzen** möglich wären. Dort würden die Gruppen $H_*(B', B; \mathbb{Z}_{(p)})$ nämlich in der untersten Zeile der (relativen) Spektralseiten $E^2(B', B)$ stehen.

Daher ein **kurzes Intermezzo zu relativen Spektralsequenzen:** Es sei allgemein (B, A) ein CW-Paar und mit der Inklusion $i : A \to B$ das Pullbackdiagramm

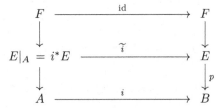

einer Faserung $F \to E \to B$ gegeben. Dann ist $i^* E = E|_A$ eine Teilmenge von E und auch $\widetilde{i}$ eine Inklusion. Man ersetze nun in der Konstruktion der Spektralsequenz (Seite 159 ff) die A-Gruppen $H_{k+l}(E_r; \mathbb{Z}_{(p)})$ durch die relativen Gruppen $H_{k+l}(E_r \cup E|_A, E|_A; \mathbb{Z}_{(p)})$ und die E-Gruppen $E^1_{k,l} = H_{k+l}(E_r, E_{r-1}; \mathbb{Z}_{(p)})$ durch die Gruppen $H_{k+l}(E_r \cup E|_A, E_{r-1} \cup E|_A; \mathbb{Z}_{(p)})$.

Die Treppenstufen der E^1-Seite werden dann zu den langen exakten Sequenzen der Raumtripel $(E_r \cup E|_A, E_{r-1} \cup E|_A, E|_A)$ und die Konstruktion lässt sich wörtlich vom absoluten Fall übernehmen. So gibt es auch im relativen Fall die Darstellung

$$E^2_{k,l} \cong H_k\big(B, A; H_l(F; \mathbb{Z}_{(p)})\big)$$

und die $E^r_{k,l}$-Gruppen konvergieren für $r \to \infty$ gegen eine Filtrierung der relativen Gruppe $H_k(E, E|_A; \mathbb{Z}_{(p)})$. Ähnlich zur relativen Homologie wird dabei einfach alles vernachlässigt, was sich innerhalb von A oder $E|_A$ abspielt. $(\square)$

Zurück zum Beweis von Beobachtung 2. Wir nehmen zunächst an, dass $f : B \to B'$ eine Inklusion ist – womit eine relative Spektralsequenz bezüglich des Faserungspaares $(F', F) \to (E', E) \to (B', B)$ möglich wird, mit $E = E'|_B$ und $F' = F$.

Da $\widetilde{i} : E \to E'$ nach Voraussetzung Isomorphismen aller $H_*(-; \mathbb{Z}_{(p)})$-Gruppen induziert, ist insbesondere $H_l(E', E; \mathbb{Z}_{(p)}) = 0$ für $l \geq 0$. Wegen $H_{-1}(B', B) = 0$ haben wir dann nach dem universellen Koeffiziententheorem (Seite I-211) in der ersten Spalte der E^2-Seite

$$E^2_{0,l} \cong H_0(B', B; H_l(F'; \mathbb{Z}_{(p)})) \cong H_0(B', B) \otimes H_l(F'; \mathbb{Z}_{(p)})$$

$$\cong H_0(B', B) \otimes \mathbb{Z}_{(p)} \otimes H_l(F'; \mathbb{Z}_{(p)}) \cong H_0(B', B; \mathbb{Z}_{(p)}) \otimes H_l(F'; \mathbb{Z}_{(p)}).$$

Für $l = 0$ ist damit $E_{0,0}^2 \cong H_0(B', B; \mathbb{Z}_{(p)}) \otimes \mathbb{Z}_{(p)} \cong H_0(B', B; \mathbb{Z}_{(p)})$. Diese Gruppe bleibt beim Übergang $r \to \infty$ bestehen (wie in Spektralsequenzen üblich) und muss daher verschwinden, denn sie ist bei $r = \infty$ ein direkter Summand von $H_0(E', E; \mathbb{Z}_{(p)}) = 0$. Als Konsequenz der obigen Berechnung von $E_{0,l}^2$ verschwindet damit die gesamte erste Spalte der relativen Spektralsequenz.

Wir nehmen nun an, es gäbe eine Gruppe $H_{k_0}(B', B; \mathbb{Z}_{(p)}) \neq 0$ mit einem $k_0 > 0$ als kleinsten positiven Index mit dieser Eigenschaft. Für alle Spalten der relativen Spektralsequenz mit Index $k < k_0$ gilt dann nach dem universellen Koeffiziententheorem

$$
\begin{aligned}
E_{k,l}^2 &\cong H_k\big(B', B; H_l(F'; \mathbb{Z}_{(p)})\big) \\
&\cong H_k(B', B; \mathbb{Z}_{(p)}) \otimes H_l(F'; \mathbb{Z}_{(p)}) \oplus \mathrm{Tor}\big(H_{k-1}(B', B; \mathbb{Z}_{(p)}), H_l(F'; \mathbb{Z}_{(p)})\big) \\
&= 0.
\end{aligned}
$$

Damit bestehen alle Spalten mit $k < k_0$ ausschließlich aus 0-Gruppen und die Gruppe $H_{k_0}(B', B; \mathbb{Z}_{(p)}) \neq 0$ würde die gesamte Entwicklung der Spektralsequenz bis zu E^∞ überleben. Als direkter Summand würde sie dann $H_{k_0}(E', E; \mathbb{Z}_{(p)}) \neq 0$ erzwingen, im Widerspruch zur Voraussetzung $H_k(E', E; \mathbb{Z}_{(p)}) = 0$ für alle $k \geq 0$.

Halten wir als Zwischenziel fest, dass Beobachtung 2 mit diesem Argument für CW-Inklusionen $f : B \hookrightarrow B'$ bewiesen ist. Wir wollen den allgemeinen Fall nun auf solche Inklusionen $B \subseteq B'$ zurückführen (dabei werden zum Ende des Beweises noch einige interessante topologische Modifikationen des Diagramms vorgenommen).

Zunächst dürfen wir, der Einfachheit halber, f und $\widetilde{f}$ als zelluläre und entsprechend faserzellulär geliftete Abbildungen annehmen (siehe den Anfang des Beweises). Die erste Modifikation ist dann eine Streckung des Diagramms, quasi wie bei einem Akkordeon, über den Pullback $f^*E' \to E'$ zu dem Diagramm

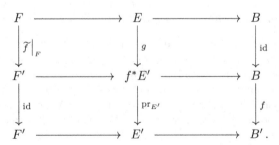

Darin ist $g|_x$ faserweise durch $e \mapsto (x, \widetilde{f}(e))$ definiert und induziert nach dem ersten Fall einen Isomorphismus der $H_*(-; \mathbb{Z}_{(p)})$-Gruppen, denn dies ist der Fall für id_B und für $\widetilde{f}\big|_F$ nach Voraussetzung. Beachten Sie $\widetilde{f} = \mathrm{pr}_{E'}g$, weswegen auch $\mathrm{pr}_{E'}$ Isomorphismen aller $H_*(-; \mathbb{Z}_{(p)})$-Gruppen induziert. Damit können wir den Fokus für die Aussage über die $f_* : H_k(B; \mathbb{Z}_{(p)}) \to H_k(B'; \mathbb{Z}_{(p)})$ auf die unteren beiden Zeilen legen: Auch hier haben wir Isomorphismen in der linken (id_*) und in der mittleren Spalte ($\mathrm{pr}_{E'*}$), also die gleiche Situation wie in der Voraussetzung von Beobachtung 2, und rechts steht wie gewünscht $f : B \to B'$.

Bei der zweiten Modifikation ist dann $f : B \to B'$ zusätzlich noch über den Abbildungszylinder $i : B \to M_f$ in eine Inklusion und eine Deformationsretraktion $r : M_f \to B'$ umgewandelt:

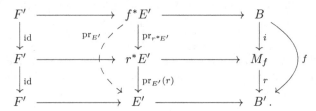

Beachten Sie dann in der obersten Zeile $f^*E' \cong i^*r^*E'$, was anhand der Definitionen des Pullbacks klar wird (Seite 85, die Zuordnung $(b, e') \mapsto \big(b, (i(b), e')\big)$ liefert den Homöomorphismus). Außerdem ist $r : M_f \to B'$ eine starke Deformationsretraktion und daher $\mathrm{pr}_{E'} : r^*E' \to E'$ eine Homotopieäquivalenz (Seite 86). Die ausgeklügelte Abbildungs- und Diagrammlogik wird nun komplettiert durch $\mathrm{pr}_{E'} = \mathrm{pr}_{E'}(r)\mathrm{pr}_{r^*E'}$, weswegen $\mathrm{pr}_{r^*E'}$ Isomorphismen der $H_*(-; \mathbb{Z}_{(p)})$ induziert.

Es genügt also in der Tat, die Inklusionen $i_* : H_k(B; \mathbb{Z}_{(p)}) \to H_k(M_f; \mathbb{Z}_{(p)})$ als Isomorphismen auszuweisen, denn r ist eine Homotopieäquivalenz und wir haben $f = ri$. Damit war es ausreichend, in dem vorigen Fall f selbst als eine Inklusion $B \hookrightarrow B'$ anzunehmen (es ist bemerkenswert, wie sich bekannte Techniken aus der Homologietheorie hier auch auf Faserungen übertragen lassen). Mit diesem Schritt ist Beobachtung 2 endgültig bewiesen.   □

Halten wir fest: Mit den beiden Beobachtungen 1 und 2 ist der Induktionsschritt von $K(G_{(p)}, n-1)$ auf $K(G_{(p)}, n)$ auf Seite 289 erledigt und der zu Lokalisierungen noch fehlende Satz auf Seite 287 für alle Räume vom Typ $K(G, n)$ bewiesen.

Wir können nun zum abschließenden Gipfelanstieg der ungewöhnlich langen Beweiskette übergehen (beginnend auf Seite 258), womit die Konstruktion der p-Lokalisierungen vollständig ist. Es sei dazu allgemein $\lambda_{(p)} : X \to X_{(p)}$ eine Lokalisierung einfach zusammenhängender Räume wie im Satz vorausgesetzt.

Zunächst erkennt man, dass $\lambda_{(p)}$ eine Lokalisierung der POSTNIKOV-Türme von X und $X_{(p)}$ induziert. Sehen wir uns dazu noch einmal die Konstruktion des k-ten Stockwerks $i : X \to X_k$ an (Seite 198 f). Über Generatoren $\varphi : S^n \to X$ von $\pi_n(X)$ wurden (induktiv für $n \geq k+1$) Zellen e^{n+1} an X geheftet, um $\pi_n(X_k) = 0$ für $n > k$ zu erreichen. Diese Zellen werden nun mit $\varphi_{(p)} = \lambda_{(p)}\varphi : S^n \to X_{(p)}$ auch an $X_{(p)}$ geheftet, woraus über die charakteristischen Abbildungen eine wohldefinierte Abbildung

$$\lambda_{(p),k} : X_k \longrightarrow X_{(p)} \bigcup_{\varphi_{(p)},\, n \geq k+1} \{e^{n+1}\text{-Zellen von } X_k\} = X_{(p),k}$$

entsteht. Beachten Sie, dass $\pi_i(X_{(p),k})$ für $i \leq k$ mit $\pi_i(X_{(p)})$ übereinstimmt und $\lambda_{(p),k*} \otimes \mathbb{1}$ für diese Indizes unverändert ein $\mathbb{Z}_{(p)}$-Modulisomorphismus ist, denn das Anheften von Zellen mit Dimension $\geq k+2$ ändert hier nichts. Aber für $i > k$ ist $\pi_i(X_{(p),k})$ generell nicht einmal mehr ein $\mathbb{Z}_{(p)}$-Modul, geschweige denn $\lambda_{(p),k*} \otimes \mathbb{1}$ ein $\mathbb{Z}_{(p)}$-Modulisomorphismus (die Homotopie der angehefteten Zellen gestattet kein Teilen durch zu p teilerfremde Zahlen r).

Dies sei zunächst nicht beachtet. Wir halten dagegen fest, dass die Abbildungen $f_k : X_{k+1} \to X_k$ über die charakteristischen Abbildungen der angehefteten Zellen eindeutige $f_{(p),k} : X_{(p),k+1} \to X_{(p),k}$ induzieren, die auf $X_{(p)}$ die Identität sind und mit den f_k im Sinne von $\lambda_{(p),k} f_k = f_{(p),k} \lambda_{(p),k+1}$ kommutieren. Damit ist eine Abbildung zwischen den Türmen (X_k, f_k) und $(X_{(p),k}, f_{(p),k})$ etabliert.

Nun zu dem oben erwähnten Problem, dass $\pi_i(X_{(p),k})$ für $i > k$ in der Regel kein $\mathbb{Z}_{(p)}$-Modul ist. Die Lösung hierfür ist naheliegend: Genau wie bei der Konstruktion eines POSTNIKOV-Turms werden induktiv Zellen der Dimension $\geq k + 2$ angeheftet, um all diese schädlichen Gruppen auszulöschen. Damit ergeben sich p-lokale Räume $(X_{(p)})_k$, zusammen mit Abbildungen $(f_{(p)})_k$, die auf den Teilräumen $i : X_{(p),k} \hookrightarrow (X_{(p)})_k$ mit den $f_{(p),k}$ übereinstimmen (das erkennen Sie, wenn Sie zur Konstruktion der f_k in POSTNIKOV-Türmen auf den Seiten 198 f zurückblättern – die Situation ist hier ein wenig allgemeiner, die Argumentation bleibt jedoch exakt gleich).

Zusammengefasst erhalten wir eine Lokalisierung der POSTNIKOV-Türme von X und $X_{(p)}$, also ein kommutatives Diagramm der Gestalt

$$\cdots \xrightarrow{f_{k+1}} X_{k+1} \xrightarrow{f_k} X_k \xrightarrow{f_{k-1}} X_{k-1} \xrightarrow{f_{k-2}} \cdots$$
$$\downarrow i\lambda_{(p),k+1} \quad \downarrow i\lambda_{(p),k} \quad \downarrow i\lambda_{(p),k-1}$$
$$\cdots \xrightarrow{(f_{(p)})_{k+1}} (X_{(p)})_{k+1} \xrightarrow{(f_{(p)})_k} (X_{(p)})_k \xrightarrow{(f_{(p)})_{k-1}} (X_{(p)})_{k-1} \xrightarrow{(f_{(p)})_{k-2}} \cdots$$

Geht man in beiden Zeilen wieder zu den äquivalenten (Haupt-)Faserungen über, ersetzt also $X_k \to X_{k-1}$ durch $E_{f_{k-1}} \to X_{k-1}$ und dito für die untere Zeile, so bleibt die Kommutativität erhalten (einfache **Übung**). Wir erhalten somit kommutative Diagramme der Form

$$\begin{array}{ccccc} K\big(\pi_k(X), k\big) & \longrightarrow & X_k & \longrightarrow & X_{k-1} \\ \downarrow & & \downarrow & & \downarrow \\ K\big(\pi_k(X_{(p)}), k\big) & \longrightarrow & (X_{(p)})_k & \longrightarrow & (X_{(p)})_{k-1}, \end{array}$$

in denen jeder senkrechte Pfeil eine Lokalisierung ist und die Zeilen Faserungen sind (verwenden Sie für den linken senkrechten Pfeil die lange exakte Homotopiesequenz von Faserungen und das Fünferlemma).

Wegen des einfachen Zusammenhangs von X_1 und $(X_{(p)})_1$ verschwinden alle Homotopiegruppen und nach HUREWICZ auch alle Homologiegruppen dieser beiden Räume, weswegen der Satz am rechten Rand der Türme offensichtlich erfüllt ist. Mit dem vorigen Fall $K(G, n)$ ergibt sich dann induktiv aus Beobachtung 2 (Seite 291), dass der Satz für alle Lokalisierungen $i\lambda_{(p),k} : X_k \to (X_{(p)})_k$ des POSTNIKOV-Turmes gilt. (Beachten Sie, dass in Beobachtung 2 die Basen eine CW-Struktur haben müssen. Für die Räume X_k ist diese nach Konstruktion gegeben, denn X ist als CW-Komplex vorausgesetzt. Die Lokalisierung $X_{(p)}$ ist nach Voraussetzung ein TCW-Raum, woraus mit einer Homotopieäquivalenz $\alpha : X_{(p)} \to C_{(p)}$ unmittelbar ersichtlich ist, dass $\alpha\lambda_{(p)}$ eine CW-Lokalisierung ist, mithin alle $(C_{(p)})_k$ eine CW-Struktur haben. Die Homomorphismen in der Homologie bleiben davon unberührt.)

Der Beweis des Satzes (Seite 287) wird nun abgeschlossen mit der Tatsache, dass die Inklusionen $i : X \to X_k$ und $i_{(p)} : X_{(p)} \to (X_{(p)})_k$ für $n < k$ Isomorphismen der n-ten Homologiegruppen induzieren. Dies folgt aus den langen exakten Homologiesequenzen der Paare (X_k, X) und $((X_{(p)})_k, X_{(p)})$, in denen die richtigen relativen Gruppen nach dem Theorem von HUREWICZ verschwinden (Seite 47). So erhält man das kommutative Diagramm

$$
\begin{array}{ccc}
X & \xrightarrow{\ \lambda_{(p)}\ } & X_{(p)} \\
\downarrow{\scriptstyle i} & & \downarrow{\scriptstyle i_{(p)}} \\
X_k & \xrightarrow{\ \lambda_{(p)\,k}\ } & (X_{(p)})_k \,,
\end{array}
$$

welches für die n-ten Homologiegruppen das Diagramm

$$
\begin{array}{ccc}
H_n(X; \mathbb{Z}_{(p)}) & \xrightarrow{\ \lambda_{(p)*}\ } & H_n(X_{(p)}; \mathbb{Z}_{(p)}) \cong H_n(X_{(p)}) \\
\downarrow{\scriptstyle i_*} & & \downarrow{\scriptstyle i_{(p)*}} \\
H_n(X_k; \mathbb{Z}_{(p)}) & \xrightarrow{\ \lambda_{(p)\,k*}\ } & H_n(X_{(p)\,k}; \mathbb{Z}_{(p)}) \cong H_n(X_{(p)\,k})
\end{array}
$$

induziert. Die senkrechten Pfeile sind Isomorphismen für $n < k$ und der untere Pfeil ist ein Isomorphismus für alle $n > 0$ nach obiger (induktiver) Konstruktion zwischen den POSTNIKOV-Türmen von X und $X_{(p)}$. Wählt man k groß genug, ist damit auch die obere Zeile ein Isomorphismus.   □

Damit ist einer der großen Meilensteine dieses Buches, die Existenz von Lokalisierungen einfach zusammenhängender Räume, erreicht (wenden Sie den eben bewiesenen Satz auf die Homomorphismen $H_k(X_{n-1}; \mathbb{Z}_{(p)}) \to H_k(M'_{\lambda_{(p)}}; \mathbb{Z}_{(p)})$ auf Seite 286 an, um die gesamte induktive Konstruktion in Gang zu setzen).

Ein solch langer Beweis, in aller Ausführlichkeit über fast 40 Seiten verteilt, benötigt natürlich eine Nachbetrachtung. Sonst entsteht die Gefahr, dass man die Argumentation immer nur in kleinen Ausschnitten versteht, ohne den großen Überblick zu bekommen. Doch bevor wir dies tun und die vergangenen 40 Seiten Revue passieren lassen, hier noch einige Bemerkungen zu dem Resultat selbst.

Zum Ersten lässt sich der Beweis wörtlich auch für $\mathcal{P}$-Lokalisierungen übernehmen, mit beliebigen Mengen $\mathcal{P}$ von Primzahlen, denn auch $\mathbb{Z}_{\mathcal{P}}$ ist ein Hauptidealring (Seite 256 f). Zum Zweiten kann die Forderung nach dem einfachen Zusammenhang von X abgeschwächt werden, wobei es ganz ohne Bedingungen an $\pi_1(X)$ nicht gehen kann. Ein Beispiel ist eine **triviale Wirkung** von $\pi_1(X)$ auf allen höheren Homotopiegruppen $\pi_n(X)$, die vom Basispunktwechsel in diesen Gruppen herrührt, [38][39][105]. Dies wird hier jedoch nicht benötigt.

Eine dritte Bemerkung ist wichtiger. Um im weiteren Verlauf auf sicherem Boden zu stehen, ist eine CW-Struktur für $X_{(p)}$, oder auch $X_{\mathcal{P}}$, von Vorteil. Dabei hilft es überraschenderweise nicht, dass alle X'_k in der Konstruktion TCW-Räume sind (Seite 264 ff, TCW war hier nur für den Induktionsschritt essentiell). Selbst wenn sie allesamt sogar CW-Komplexe wären, ist im Allgemeinen nicht garantiert, dass der inverse Limes $X_{\mathcal{P}} = \varprojlim X'_k$ auch nur ein TCW-Raum ist, [93].

Bei genauerem Blick auf die Konstruktion sieht man aber, dass $X \subseteq X_{\mathcal{P}}$ ist, denn wir haben $X \subseteq X_k$ im POSTNIKOV-Turm, und bei der Konstruktion war auch $X_k \to M'_{\varphi_{\mathrm{cell}}} \subseteq E'_{k'^{\,\mathrm{cw}}_{n-1}}$ als Inklusion wählbar. Mit einer CW-Approximation $\alpha : (C_{\mathcal{P}}, X) \to (X_{\mathcal{P}}, X)$, $\alpha|_X = \mathrm{id}_X$, ergibt sich so das kommutative Diagramm

$$
\begin{array}{ccc}
& & (C_{\mathcal{P}}, X) \\
& \stackrel{\lambda^{\mathrm{cw}}_{\mathcal{P}}}{\nearrow} & \downarrow \alpha \\
(X, X) & \xrightarrow{\quad \lambda_{\mathcal{P}} \quad} & (X_{\mathcal{P}}, X)\,,
\end{array}
$$

welches nach Anwendung der Homologiefunktoren $H_*(-;\mathbb{Z}_{\mathcal{P}})$ auch $\lambda^{\mathrm{cw}}_{\mathcal{P}}$ als eine $\mathcal{P}$-Lokalisierung ausweist. Halten wir insgesamt fest:

Theorem (Existenz von CW-$\mathcal{P}$-Lokalisierungen)

Für einen einfach zusammenhängenden CW-Komplex X und eine Teilmenge $\mathcal{P}$ der Primzahlen existiert stets eine **CW-$\mathcal{P}$-Lokalisierung** $X_{\mathcal{P}}$ von X, das ist eine stetige Abbildung

$$\lambda_{\mathcal{P}} : X \longrightarrow X_{\mathcal{P}},$$

wobei $X_{\mathcal{P}}$ ein $\mathcal{P}$-lokaler CW-Komplex ist: Alle $\pi_k(X_{\mathcal{P}})$ sind $\mathbb{Z}_{\mathcal{P}}$-Moduln und $\lambda_{\mathcal{P}}$ induziert für alle $k > 0$ Isomorphismen von $\mathbb{Z}_{\mathcal{P}}$-Moduln der Form

$$\lambda_{\mathcal{P}*} \otimes \mathbb{1} : \pi_k(X) \otimes \mathbb{Z}_{\mathcal{P}} \longrightarrow \pi_k(X_{\mathcal{P}}) \quad \text{und} \quad \lambda_{\mathcal{P}*} : H_k(X; \mathbb{Z}_{\mathcal{P}}) \longrightarrow H_k(X_{\mathcal{P}}). \ \Box$$

In den **Übungen** werden wir noch weitere Eigenschaften der Lokalisierungen kennenlernen, insbesondere deren Funktorialität innerhalb der Kategorie der einfach zusammenhängenden CW-Komplexe (Seite 314). Diese Resultat werden jedoch im weiteren Verlauf nicht benötigt.

Nachbetrachtung zur Konstruktion der $\mathcal{P}$-Lokalisierungen

Natürlich sollte eine über 40 Seiten dauernde Argumentationskette zusammenfassend erörtert werden. Die Idee zur Konstruktion einer Lokalisierung $\lambda_{\mathcal{P}} : X \to X_{\mathcal{P}}$ ist denkbar einfach: Man wählt einen POSTNIKOV-Turm (X_k, f_k) über X und definiert die Lokalisierungen für jedes Stockwerk induktiv nach $k \geq 1$, wobei der Induktionsanfang $X'_1 = X_1 = X$ trivial ist (Seite 264).

Hat man dann die Lokalisierungen $(\lambda_{\mathcal{P},k})_{k \geq 1} = \lambda : (X_k, f_k) \to (X_{\mathcal{P},k}, f_{\mathcal{P},k})$ für jedes Stockwerk erreicht, induziert λ eine stetige Abbildung

$$\varprojlim X_k \longrightarrow \varprojlim X_{\mathcal{P},k}$$

der inversen Limiten, und mit $X_{\mathcal{P}} = \varprojlim X_{\mathcal{P},k}$ sowie $X \to \varprojlim X_k$ ist die Aufgabe ohne größere Schwierigkeiten zu bewältigen (Beobachtungen 2–4, Seite 265 f). Die technischen Probleme beginnen beim Induktionsschritt von $\lambda_{\mathcal{P},k-1}$ zu $\lambda_{\mathcal{P},k}$.

Sie erinnern sich an das Diagramm (Seite 264)

$$
\begin{array}{ccc}
X_n \xrightarrow{\phantom{k_{n-1}}} & X_{n-1} \xrightarrow{\;k_{n-1}\;} & K(\pi_n(X), n+1) \\
\downarrow \lambda_{(p)}\, ? & \downarrow \lambda_{(p)} \quad {}^{\widetilde{k}_{n-1}} & \downarrow \lambda_K,\ \text{induziert von } \pi_n(X) \to \pi'_n(X)\, ? \\
F_{k'_{n-1}} \dashrightarrow & X'_{n-1} \dashrightarrow[\;k'_{n-1}\,?] & K(\pi'_n(X), n+1),
\end{array}
$$

das aus dem Konzept der Hauptfaserungen im POSTNIKOV-Turm von X entstanden war (Seite 259). Zunächst war der rechte senkrechte Pfeil zu definieren, und danach die Fortsetzung von $\widetilde{k}_{n-1}$ zu k'_{n-1}, nach Umwandlung des mittleren Pfeils $\lambda_{(p)}$ zu einer Inklusion in den Abbildungszylinder $M'_{\lambda_{(p)}}$.

Solche Fortsetzungsfragen sind hochkomplexe Aufgaben und führten uns zur Hindernistheorie, in der beide Fragen auf Kohomologiegruppen führen. Der senkrechte Pfeil rechts ließ sich relativ einfach aus dem Theorem über die Homotopie und Kohomologie konstruieren (Seite 279), wobei hier der Beweis des Theorems die eigentliche Hürde darstellte (Seite 269 f).

Die Fortsetzung von $\widetilde{k}_{n-1}$ zu k'_{n-1} war dann das größte Problem. Nach einem der Hauptsätze der Hindernistheorie war dabei $H^{n+2}(M'_{\lambda_{(p)}}, X_{n-1}; \pi'_n(X)) = 0$ zu zeigen (Seiten 280 und 285), und dieses Resultat konnte mit dem universellen Koeffiziententheorem der Kohomologie auf einen allgemeinen Satz über die Homologieeigenschaften von Lokalisierungen zurückgeführt werden (Seite 287, hier angewendet auf die Lokalisierung $M'_{\lambda_{(p)}}$ von X_{n-1}). Dieser Satz, so unscheinbar seine Aussage ist, stellte sich dann noch einmal als echtes Schwergewicht heraus und benötigte nach einem zähen Anfang über EILENBERG-MACLANE-Räume $X = K(G,1)$ über $X = K(G,n)$ schließlich Spektralsequenzen, inklusive deren Funktorialiät und einer relativen Form der Sequenzen, um endlich den letzten Puzzlestein zu finden, wobei (zum wiederholten Mal) der einfache Zusammenhang von X und das Theorem von HUREWICZ einging (Seite 296).

Es ist in der Tat eine äußerst schwierige Aufgabe, in dieser Beweislogik überhaupt den Überblick zu wahren. Und als ob dies nicht schon genug wäre, kommen noch all die Nebelkerzen rund um die Raumkategorien CW und TCW hinzu, welche die Sicht erschweren. Wenn Sie den Beweis genau verfolgt haben, ist Ihnen wahrscheinlich nicht entgangen, dass man die Fortsetzung $k'_{n-1} : M'_{\lambda_{(p)}} \to K(\pi'_n(X), n+1)$ letztlich nur bis auf Homotopie erhält. Hier mussten die Wechsel von der Faserung $X_n \to X_{n-1} \to K$ zu der (äquivalenten) Faserung $F_{\widetilde{k}^{\mathrm{cw}}_{n-1}} \to E_{\widetilde{k}^{\mathrm{cw}}_{n-1}} \to K'$ vorgenommen werden (Seite 285). Zuvor war ja schon $M'_{\lambda_{(p)}}$ gegen den CW-Komplex $M'_{\varphi_{\mathrm{cell}}}$ ausgetauscht worden (Seite 283). All diese Anstrengungen ermöglichten den Einsatz der Hindernistheorie, die (mit überschaubarem Aufwand) eben nur für CW-Komplexe beweisbar ist.

Und nicht zuletzt ist noch das Theorem von MILNOR zu erwähnen (Seite 100 und die Folgerung auf Seite 112). Dies war letztlich der entscheidende Impuls für den Induktionsschritt – er garantierte, dass die Faser $X'_n = F_{\widetilde{k}^{\mathrm{cw}}_{n-1}}$ von $E_{\widetilde{k}^{\mathrm{cw}}_{n-1}} \to K'$ ebenfalls vom Typ TCW ist, womit der Fortgang der Induktion gesichert war.

Interessanterweise war die TCW-Eigenschaft der Hauptfaserungen $X'_k \to X'_{k-1}$ weder notwendig noch hinreichend, um $X_{\mathcal{P}}$ eine CW-Struktur zu geben. Hier war es möglich, mit CW-Approximationen zu argumentieren (Seite 297), denn der CW-Komplex X ist in $X_{\mathcal{P}}$ und in $C_{\mathcal{P}}$ enthalten und CW-Approximationen funktionieren relativ zu enthaltenen CW-Komplexen (Seite I-369).

Lassen Sie uns nun zu Anwendungen der Lokalisierung kommen. Schon gleich zu Beginn fällt eine einfache Formulierung des Theorems von SERRE (Seite 222) auf.

8.2 Das Theorem von Serre mit $\mathbb{Q}$-Lokalisierungen

Wir haben die Lokalisierungen als CW-Komplexe konstruieren können (dank CW-Approximation), weswegen sie den Spektralsequenzen in diesem Buch direkt zugänglich sind. Vor einer suggestiven Neuformulierung des Theorems von SERRE verallgemeinern wir hierfür zunächst ein früheres Resultat (Seite 211).

Satz (Kohomologiering eines $K(\mathbb{Z}_{\mathcal{P}}, n)$ über $\mathbb{Q}$)

Für jede Teilmenge $\mathcal{P}$ der Primzahlen gilt

$$H^*\big(K(\mathbb{Z}_{\mathcal{P}}, n); \mathbb{Q}\big) \cong \begin{cases} \mathbb{Q}[x] & \text{für } n \geq 2 \text{ gerade}, \\ \Lambda_{\mathbb{Q}}[x] & \text{für } n \geq 3 \text{ ungerade}, \end{cases}$$

mit einem Generator $x \in H^n\big(K(\mathbb{Z}_{\mathcal{P}}, n); \mathbb{Q}\big)$.

Der **Beweis** dieser Verallgemeinerung ist bereits erbracht. Wir haben im Satz über die Homotopie und Homologie bei Lokalisierungen (Seite 287) schon gesehen, dass $K(\mathbb{Z}_{\mathcal{P}}, 1)$ sich sowohl bei den Homotopiegruppen als auch den Homologiegruppen zu $\mathbb{Z}_{\mathcal{P}}$ genauso verhält wie $S^1 = K(\mathbb{Z}, 1)$ zu $\mathbb{Z}$.

Da auch $\mathbb{Z}_{\mathcal{P}}$ ein Hauptidealring ist und die universellen Koeffiziententheoreme daher unverändert gelten, können die Theorie der Spektralsequenzen direkt von den Gruppen, also den $\mathbb{Z}$-Moduln, auf $\mathbb{Z}_{\mathcal{P}}$-Moduln übertragen werden. Der Beweis kann daher wörtlich vom Spezialfall $\mathcal{P} = $ Menge aller Primzahlen, also $\mathbb{Z}_{\mathcal{P}} = \mathbb{Z}$, übernommen werden (Seite 211 bis 221). $\qquad\square$

Mit $\mathcal{P} = \varnothing$, also $\mathbb{Z}_{\mathcal{P}} = \mathbb{Q}$ und einer Lokalisierung $S^n \to S^n_{\mathbb{Q}}$ ergibt sich daraus eine neue Form des Theorems von SERRE (man schreibt hier übrigens, aus optischen Gründen, $S^n_{\mathbb{Q}}$ anstelle von $S^n_{\varnothing}$, wie es per definitionem eigentlich sein müsste).

Satz (Theorem von Serre im Kontext von Lokalisierungen, Teil I)

Die lokalisierte Sphäre $S^{2n+1}_{\mathbb{Q}}$ ist vom Typ $K(\mathbb{Q}, 2n+1)$.

Beweis: Für $n = 0$ ist der Satz trivial. Für $n \geq 1$ ist $S^{2n+1}_{\mathbb{Q}}$ ein MOORE-Raum $M(\mathbb{Q}, 2n+1)$, wegen $H_k(S^{2n+1}_{\mathbb{Q}}) \cong H_k(S^{2n+1}) \otimes \mathbb{Q}$ für $k > 0$ (Seite 287). Dies gilt auch für CW-Komplexe vom Typ $K(\mathbb{Q}, 2n+1)$, warum?

Nach dem obigen Satz über den Kohomologiering von $K(\mathbb{Z}_\mathcal{P}, n)$ über $\mathbb{Q}$ ist (mit dem universellen Koeffizententheorem der Kohomologie)

$$H_0\big(K(\mathbb{Q},2n+1);\mathbb{Q}\big) \;\cong\; H_{2n+1}\big(K(\mathbb{Q},2n+1);\mathbb{Q}\big) \;\cong\; \mathbb{Q}\,,$$

und alle anderen Homologiegruppen verschwinden. Da $K(\mathbb{Q},2n+1)$ offensichtlich $\mathbb{Q}$-lokal ist, haben wir (wieder mit Seite 287)

$$
\begin{aligned}
H_{2n+1}\big(K(\mathbb{Q},2n+1)\big) \;&\cong\; H_{2n+1}\big(K(\mathbb{Q},2n+1)\big) \otimes \mathbb{Q} \\
&\cong\; H_{2n+1}\big(K(\mathbb{Q},2n+1);\mathbb{Q}\big) \;\cong\; \mathbb{Q}
\end{aligned}
$$

als einzige nicht-verschwindende (reduzierte) Homologiegruppe. Also ist unser $K(\mathbb{Q},2n+1)$ ein $M(\mathbb{Q},2n+1)$ und der Satz folgt aus der Eindeutigkeit der MOORE-Räume innerhalb der Kategorie der CW-Komplexe (Seite 71). $\qquad\square$

Mit $\pi_k(S^{2n+1}) \otimes \mathbb{Q} \cong \pi_k(S^{2n+1}_\mathbb{Q})$ erkennen Sie ohne Schwierigkeiten, dass der Satz äquivalent ist zur Endlichkeit aller Homotopiegruppen $\pi_k(S^n)$ für die Fälle $k \neq n$ bei ungeradem n (einfache **Übung**).

Die Fälle für $\pi_k(S^n)$ bei geradem n sind auch in der Formulierung mit Lokalisierungen etwas schwieriger.

Satz (Theorem von Serre im Kontext von Lokalisierungen, Teil II)
Es gibt für alle $n \geq 1$ eine Faserung $\mathbb{Q}$-lokaler Räume der Form

$$K(\mathbb{Q},4n-1) \;\longrightarrow\; S^{2n}_\mathbb{Q} \;\longrightarrow\; K(\mathbb{Q},2n)\,.$$

Beweis: Betrachte die Inklusion $S^{2n}_\mathbb{Q} \hookrightarrow K(\mathbb{Q},2n)$, die durch Anheften von Zellen in Dimensionen $\geq 2n+2$ an $S^{2n}_\mathbb{Q}$ entsteht und nach HUREWICZ (oder alternativ auch gemäß zellulärer Homologie) einen Isomorphismus der H_{2n}-Gruppen induziert. Die Inklusion sei nun in eine Faserung umgewandelt, wie inzwischen üblich ebenfalls mit $F \to S^{2n}_\mathbb{Q} \to K(\mathbb{Q},2n)$ bezeichnet.

Aus der langen exakten Homotopiesequenz ergibt sich F als einfach zusammenhängend, und wie früher erkennt man F mit dem Fünferlemma auch als $\mathbb{Q}$-lokalen Raum (Seite 264). Die Spektralsequenz in der Kohomologie mit $\mathbb{Q}$-Koeffizienten sieht dann auf der E_2-Seite (identisch zur E_{4n}-Seite) so aus:

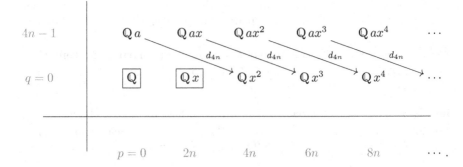

Die untere Zeile folgt dem Muster aus dem vorigen Satz über Kohomologieringe, angewendet auf die Basis $B = K(\mathbb{Q},2n)$. In der linken Spalte beobachten wir anhand der Ausschnitte

$$\pi_{q+1}(S^{2n}_{\mathbb{Q}}) \to \pi_{q+1}(B) \to \pi_q(F) \to \pi_q(S^{2n}_{\mathbb{Q}}) \to \pi_q(B) \to \pi_{q-1}(F) \to \pi_{q-1}(S^{2n}_{\mathbb{Q}})$$

in der langen exakten Homotopiesequenz $\pi_q(F) = 0$ für $1 \leq q \leq 2n$. Mit HUREWICZ ist in diesen Fällen $H_q(F;\mathbb{Q}) = 0$, mithin auch $H^q(F;\mathbb{Q}) = 0$. Es gilt aber mehr, wir haben $H^q(F;\mathbb{Q}) = 0$ sogar für alle $1 \leq q < 4n - 1$. Hierfür nutzen wir zunächst wegen der $\mathbb{Q}$-Lokalität des Totalraums $S^{2n}_{\mathbb{Q}}$

$$H^k(S^{2n}_{\mathbb{Q}};\mathbb{Q}) \cong H^k(S^{2n}) \otimes \mathbb{Q} \cong \mathbb{Q}$$

für $k = 0$ und $k = 2n$ und in allen anderen Fällen gleich 0. Dies führt einerseits dazu, dass $E^{2n,0}_2 \cong H^{2n}(S^{2n}_{\mathbb{Q}};\mathbb{Q})$ auf allen Seiten überlebt, andererseits aber bedeutet dies $H^q(F;\mathbb{Q}) = 0$ für alle $2n + 1 \leq q < 4n - 1$, sonst bliebe in $H^q(S^{2n}_{\mathbb{Q}})$ für $q > 2n$ ein Summand $\neq 0$ übrig (induktiv von $q = 2n + 1$ bis $q = 4n - 2$ anhand der Pfeilverläufe zu sehen).

Wegen $H^{4n}(S^{2n}_{\mathbb{Q}};\mathbb{Q}) = 0$ muss dann aber $E^{4n,0}_2$ ausgelöscht werden, und die einzige Möglichkeit dazu ist $d_{4n} : E^{0,4n-1}_2 \to E^{4n,0}_2$. Daher ist

$$E^{0,4n-1}_2 \cong H^{4n-1}(F;\mathbb{Q}) \cong \mathbb{Q},$$

mit Generator $a = d^{-1}_{4n}(x^2)$. Mit der multiplikativen Struktur in Spektralsequenzen (Seite 219) erhalten wir so das Muster der Zeile $q = 4n - 1$, die Generatoren ax^k der Gruppen $E^{2nk,4n-1}_2$ und den Isomorphismen d_{4n} (beachten Sie bei der Schreibweise ax^k die Berechnungsbeispiele auf Seite 218 und überlegen sich anhand der Pfeilverläufe, dass in dieser Zeile zwischen den $\mathbb{Q}ax^k$ alle Gruppen verschwinden).

Um die Faser als einen $K(\mathbb{Q},4n-1)$ auszuweisen, genügt es, $F = M(\mathbb{Q},4n-1)$ zu zeigen, denn F ist $\mathbb{Q}$-lokal und vom Typ TCW nach der Folgerung zum Theorem von MILNOR (Seite 112). Aus obigem Teil I folgt dann die Behauptung (ersetzen Sie dort einfach $S^{2n+1}_{\mathbb{Q}}$ durch F).

Für $F = M(\mathbb{Q},4n - 1)$ untersuchen wir dann also die linke Spalte der Spektralsequenz für die Indizes $q \geq 4n$. Die erste Gruppe $\neq 0$ könnte, wenn Sie die Pfeile auf den Seiten genau verfolgen, beim Index

$$q = 6n - 2 = (4n - 1) + (2n - 1)$$

sein. Sie würde bei ihrer Auslöschung durch d_{2n} aber $\mathbb{Q}ax$ mitreißen, und diese Gruppe brauchen wir noch auf der E_{4n}-Seite, um $\mathbb{Q}x^3$ auszulöschen. Also ist $E^{0,q}_2 = 0$ für $q = 6n-2$, und wegen der Pfeilverläufe sogar für alle $1 \leq q < 8n-2$.

Die nächste Frage stellt sich dann bei $q = 8n - 2$. Auf der E_{4n}-Seite gäbe es hier ein Differential zu $\mathbb{Q}ax^2$, doch dieses muss trivial sein, damit die Auslöschung von $\mathbb{Q}x^4$ noch funktionieren kann. Damit haben wir auch $E^{0,8n-2}_2 = 0$. Man sieht nun schnell, dass die erste Gruppe $E^{0,q}_2 \neq 0$ mit $q > 8n - 2$ den Prozess bis zur E_∞-Seite überleben würde – weswegen es eine solche nicht geben kann. $\qquad \square$

Ähnlich wie oben folgt aus Teil II das Theorem von SERRE für $\pi_k(S^n)$ bei geradzahligem $n \geq 2$, denn die lange exakte Homotopiesequenz der Faserung

$$K(\mathbb{Q},4n-1) \longrightarrow S_{\mathbb{Q}}^{2n} \longrightarrow K(\mathbb{Q},2n)$$

zeigt mit dem universellen Koeffiziententheorem, dass $\pi_i(S_{\mathbb{Q}}^{2n}) \cong \pi_i(S^{2n}) \otimes \mathbb{Q}$ genau für $i = 2n$ und $i = 4n - 1$ isomorph zu $\mathbb{Q}$ ist (sonst 0), mithin $\pi_i(S^{2n})$ für diese Indizes genau einen $\mathbb{Z}$-Summanden besitzt.

Vergleich der Beweise des Theorems von Serre

Der obige Beweis verfolgt einen konzeptionell klaren Ansatz, der zudem ausbaufähig ist (siehe den nächsten Abschnitt). Um dies besser einordnen zu können, erinnern wir uns an die ersten Beweis ohne Lokalisierungen (Seite 222 f): Zwar wurde die Torsion ebenfalls durch Übergang zur Spektralsequenz mit $\mathbb{Q}$-Koeffizienten gelöscht, doch ohne die $\mathbb{Q}$-Lokalisierung der S^n musste die initiale Faserung $F \to S^n \to K(\mathbb{Z},n)$ mehrfach modifiziert werden, womit man insgesamt nur auf relativ verschlungenen Pfaden zum Ziel kommt.

Mit Lokalisierungen gewinnt der Beweis an Durchsichtigkeit. Das Auslöschen der Torsion wird hier durch einen konsequenten Übergang zu den $\mathbb{Q}$-lokalen Räumen $S_{\mathbb{Q}}^k \to K(\mathbb{Q},k)$ bewirkt, die Aussagen $S_{\mathbb{Q}}^{2n+1} = K(\mathbb{Q},2n+1)$ oder die Faserung $K(\mathbb{Q},4n-1) \to S_{\mathbb{Q}}^{2n} \to K(\mathbb{Q},2n)$ stehen dann fest wie die Säulen eines klassischen Tempels und ermöglichen es, das Theorem von SERRE mehr oder weniger direkt abzulesen.

Wenn Sie den alten Beweis dann noch einmal genauer ansehen, fällt Ihnen auch auf, dass man damals die Differentiale d_r nur mit der Derivationsregel aus der multiplikativen Struktur als Isomorphismen erkennen konnte. Mit den lokalen Räumen reichten dafür klassische Sätze wie das Theorem von HUREWICZ oder allein die Position der Gruppen auf der E_2-Seite (was natürlich nicht darüber hinwegtäuschen soll, dass die Multiplikation in der Kohomologie-Spektralsequenz für den vorbereitenden Satz auf Seite 299 dennoch notwendig war).

8.3 p-Lokalisierungen in Spektralsequenzen

Wir wollen das gerade vorgestellte Verfahren nun auf $\mathbb{Z}_{(p)}$-Lokalisierungen anwenden, um die eingangs erwähnten, präziseren Aussagen über die Torsion in den Gruppen $\pi_k(S^n)$ zu treffen (Seite 255). Für den ersten Schritt brauchen wir eine kleine Berechnung vorab (die Sie gerne auch als eine willkommene Wiederholung bekannter Techniken sehen können).

Hilfssatz: Für CW-Komplexe $K(\mathbb{Z},3)$ gilt

$$H^n\big(K(\mathbb{Z},3);\mathbb{Z}\big) \cong \begin{cases} \mathbb{Z} & \text{für } n = 3\,, \\ 0 & \text{für } n = 4,5\,, \\ \mathbb{Z}_2 & \text{für } n = 6\,. \end{cases}$$

Der **Beweis** nutzt die Spektralsequenz der Kohomologie für die bekannte Pfadraumfaserung $K(\mathbb{Z},2) \to P \to K(\mathbb{Z},3)$ am Wedgepunkt $x \in K(\mathbb{Z},3)$. Wegen der Kohomologie von $K(\mathbb{Z},2)$ enthalten die ungeraden Zeilen nur triviale Gruppen und wir haben $E_2 = E_3$.

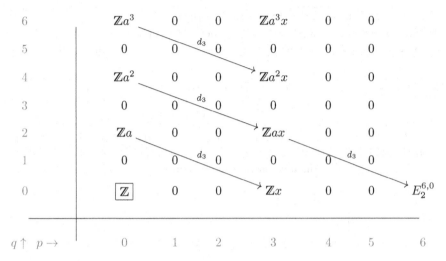

Dass die Spalten für $p = 1,2$ verschwinden, folgt aus dem Theorem von HUREWICZ für den Raum $K(\mathbb{Z},3)$, zusammen mit dem universellen Koeffiziententheorem (beachten Sie $H^q(F) \cong \mathbb{Z}$ für q gerade). Letzteres führt dann auch zur der Spalte $p = 3$. Der Eintrag an der Stelle $(4,0)$ verschwindet mitsamt der Spalte darüber, weil er von keinem Differential $\neq 0$ getroffen wird und der Eintrag $(5,0)$ verschwindet (auch mitsamt seiner Spalte), weil er erst auf der E_5-Seite von $\mathbb{Z}a^2$ an der Stelle $(0,4)$ getroffen wird. Wegen der Injektivität von $d_3 : \mathbb{Z}a^2 \to \mathbb{Z}ax$ verschwindet der Eintrag $(0,4)$ aber schon auf der E_4-Seite, beachten Sie dazu

$$d_3(a^2) = ax + (-1)^{3+2}xa = ax - xa = ax - (-ax) = 2ax$$

analog zu der früheren Berechnung mit $\mathbb{Q}$-Koeffizienten (Seite 220). Damit folgen die Aussagen für $n = 4,5$.

Das Differential $d_3 : \mathbb{Z}ax \to E_2^{6,0}$ kann dann nicht 0 sein, denn sonst würde der Eintrag $\mathbb{Z}ax/2\mathbb{Z}ax$ an der Stelle $(3,2)$ nicht mehr verschwinden. Aus genau diesem Grund muss es dann surjektiv sein, sonst bliebe ein Subquotient $\neq 0$ von $E_2^{6,0}$ stehen. Wegen $d_3(x) = 0$ induziert damit $d_3(ax) = x^2$ eine Surjektion und wir halten bei $E_2^{6,0} \cong \mathbb{Z}_2$, mit dem Generator $x^2 \in H^6(K(\mathbb{Z},3);\mathbb{Z})$. $\square$

Ein spannendes Resultat, erreichbar noch ohne Lokalisierungen mit den klassischen Argumenten in Spektralsequenzen. Bemerkenswert dabei ist der Einsatz der Derivationsregel aus der multiplikativen Struktur der E_2-Seite, die zu einem nichttrivialen Quotienten $\mathbb{Z}_2$ bei $E_\infty^{6,0}$ führt.

Man kann diese Rechnungen übrigens weiter verfolgen bis hin zu den Gruppen $H^{12}(K(\mathbb{Z},3);\mathbb{Z}) \cong \mathbb{Z}_2 \oplus \mathbb{Z}_5$ und $H^{13}(K(\mathbb{Z},3);\mathbb{Z}) \cong \mathbb{Z}_2$, erst bei $H^{14}(K(\mathbb{Z},3);\mathbb{Z})$ kommt man auf diesem Weg nicht weiter (Details dazu in [39], Seite 549).

Mit diesem Resultat können wir nun das Hauptziel des Kapitels beweisen . Es geht um die Berechnung erster konkreter Torsionsgruppen in der Sphärenhomotopie, die mit der Technik der Lokalisierung nun möglich wird – ein interessantes und vielseitiges Resultat (siehe dazu die Beispiele auf Seite 255).

Satz (p-Torsion in der Sphärenhomotopie)

Es sei p prim und $n \geq 3$. Dann verschwindet die p-Torsion der Gruppe $\pi_k(S^n)$ für $k < n + 2p - 3$ und ist für $k = n + 2p - 3$ ein direkter Summand $\mathbb{Z}_p$.

Der **Beweis** nutzt in Analogie zum Theorem von SERRE eine Faserung der Form

$$F \longrightarrow S^n_{(p)} \longrightarrow K(\mathbb{Z}_{(p)}, n),$$

wobei F wieder vom Typ TCW angenommen werden darf (Seite 112) und auch p-lokal ist (Seite 265). Die Spektralsequenz bildet man nun mit $\mathbb{Z}_{(p)}$-Koeffizienten und erhält die E_2-Seite für ungerades n in der Form

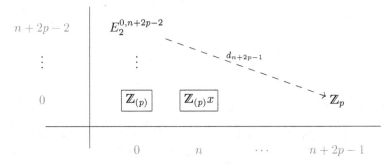

Die untere Zeile bedarf natürlich einer Erklärung. Sie fällt keineswegs vom Himmel, sondern ist ein eigenständiges und kompliziertes Resultat, dessen Beweis wir (der Lesbarkeit und des roten Fadens wegen) auf später verschieben:

Beobachtung:
Für $k < n + 2p - 1$ ist $H^k(K(\mathbb{Z}, n); \mathbb{Z}_{(p)})$ torsionsfrei und für $k = n + 2p - 1$ besteht die Torsion aus genau einem (direkten) Summanden der Form $\mathbb{Z}_p$.

Sie erkennen, wie hier das Muster der unteren Zeile in der $\mathbb{Z}_{(p)}$-Spektralsequenz erscheint. Um die Aussage voll zu verstehen, blicken wir zurück auf den Kohomologiering des $K(\mathbb{Z}, n)$ über $\mathbb{Q}$ (Seite 211, oder allgemeiner Seite 299). Wir hatten dort $H^n(K(\mathbb{Z}, n); \mathbb{Q}) \cong \mathbb{Q}$ gezeigt, als einzige nicht verschwindende Kohomologiegruppe positiver Dimension für ungerades n. Werden die Koeffizienten auf $\mathbb{Z}_{(p)} \subset \mathbb{Q}$ eingeschränkt, wird nicht mehr jede Torsion ausgelöscht, denn p-Torsion (und nur diese) bleibt in allen Kokettengruppen erhalten. Wenn Sie dann den Koeffizientenwechsel von $\mathbb{Z}_{(p)}$ nach $\mathbb{Q}$ vornehmen, so werden die freien $\mathbb{Z}_{(p)}$-Summanden in $H^*(K(\mathbb{Z}, n); \mathbb{Z}_{(p)})$ zu $\mathbb{Q}$-Summanden (**Übung**, beachten Sie stets, dass $H_*(K(\mathbb{Z}, n))$ endlich erzeugt ist nach HUREWICZ-SERRE, Seite 200, sowie das universelle Koeffizententheorem der Kohomologie und die Definition der Ext-Gruppen, womit auch alle $H^*(K(\mathbb{Z}, n))$ endlich erzeugt sind).

Mit dem Satz auf Seite 299 folgen damit die freien $\mathbb{Z}_{(p)}$-Anteile in den Moduln $H^k(K(\mathbb{Z}, n); \mathbb{Z}_{(p)})$ für die Indizes $k = 0$ und $k = n$. Die Beobachtung besagt dann, dass die p-Torsion in diesen Gruppen erst relativ spät (beim Index $k = n + 2p - 1$) auftaucht, und zwar in ihrer einfachsten Gestalt als einzelner $\mathbb{Z}_p$-Summand.

Sehen wir uns nach diesen Vorbemerkungen an, warum damit die untere Zeile der $\mathbb{Z}_{(p)}$-Spektralsequenz das obige Muster bekommt. Wieder spielt das universelle Koeffiziententheorem eine zentrale Rolle, denn es zeigt mit den Abkürzungen $K_{(p)} = K(\mathbb{Z}_{(p)}, n)$ und $K = K(\mathbb{Z}, n)$

$$
\begin{aligned}
H^k\big(K(\mathbb{Z}_{(p)}, n); \mathbb{Z}_{(p)}\big) &\cong \operatorname{Hom}_{\mathbb{Z}_{(p)}}\big(H_k(K_{(p)}), \mathbb{Z}_{(p)}\big) \oplus \\
&\quad \operatorname{Ext}_{\mathbb{Z}_{(p)}}\big(H_{k-1}(K_{(p)}), \mathbb{Z}_{(p)}\big) \\
&\cong \operatorname{Hom}_{\mathbb{Z}_{(p)}}\big(H_k(K) \otimes \mathbb{Z}_{(p)}, \mathbb{Z}_{(p)}\big) \oplus \\
&\quad \operatorname{Ext}_{\mathbb{Z}_{(p)}}\big(H_{k-1}(K) \otimes \mathbb{Z}_{(p)}, \mathbb{Z}_{(p)}\big) \\
&\cong \operatorname{Hom}_{\mathbb{Z}_{(p)}}\big(H_k(K), \mathbb{Z}_{(p)}\big) \oplus \operatorname{Ext}_{\mathbb{Z}_{(p)}}\big(H_{k-1}(K), \mathbb{Z}_{(p)}\big) \\
&\cong H^k\big(K(\mathbb{Z}, n); \mathbb{Z}_{(p)}\big).
\end{aligned}
$$

Die zweite Isomorphie folgt aus der Homologie von Lokalisierungen (Seite 287) und die dritte kommt von der Tensor-Hom-Adjunktion (Seite 145), beachten Sie, das diese hier auch für die Ext-Gruppen gilt (einfache **Übung** direkt mit der Definition der Ext-Gruppe aus einer freien Auflösung von $H_{k-1}(K) \otimes \mathbb{Z}_{(p)}$).

Die untere Zeile in der $\mathbb{Z}_{(p)}$-Spektralsequenz der Faserung

$$ F \longrightarrow S^n_{(p)} \longrightarrow K(\mathbb{Z}_{(p)}, n) $$

folgt damit unmittelbar. Die lange exakte Homotopiesequenz liefert dann mindestens den n-Zusammenhang von F, weswegen nach HUREWICZ und dem universellen Koeffiziententheorem in der ersten Spalte für $1 \leq q \leq n$ nur triviale Gruppen vorkommen (so bleibt $\mathbb{Z}_{(p)} x$ bis zur E_∞-Seite bestehen – was übrigens auch konsequent ist, denn der Totalraum ist $S^n_{(p)}$).

Damit stehen in den Zeilen $1 \leq q \leq n$ nur triviale Gruppen und ähnlich wie in dem Argument bei Teil II des SERRE-Theorems (Seite 300 f) erkennt man induktiv nach $q \geq n + 1$, dass die Kohomologie der Faser bis zur Dimension $q = n + 2p - 3$ verschwindet. Es muss dann $H^{n+2p-2}(F; \mathbb{Z}_{(p)}) \cong \mathbb{Z}_p$ sein, um über das Differential d_{n+2p-1} die Gruppe $E_2^{n+2p-1,0}$ auszulöschen. Da $H^{n+2p-2}(F; \mathbb{Z}_{(p)}) \cong \mathbb{Z}_p$ die erste Gruppe $\neq 0$ nach $\mathbb{Z}_{(p)}$ in der unteren Zeile ist, folgt mit dem universellen Koeffiziententheorem, dass $H_{n+2p-3}(F; \mathbb{Z}_{(p)}) \cong \mathbb{Z}_{(p)}$ die erste nichttriviale Homologiegruppe positiver Dimension ist, denn wegen

$$ \mathbb{Z}_p \cong \operatorname{Hom}_{\mathbb{Z}_{(p)}}\big(H_{n+2p-2}(F; \mathbb{Z}_{(p)}), \mathbb{Z}_{(p)}\big) \oplus \operatorname{Ext}_{\mathbb{Z}_{(p)}}\big(H_{n+2p-3}(F; \mathbb{Z}_{(p)}), \mathbb{Z}_{(p)}\big) $$

kann $H_{n+2p-2}(F; \mathbb{Z}_{(p)})$ keine freien $\mathbb{Z}_{(p)}$-Summanden enthalten (sonst wäre die Hom-Gruppe unendlich). Damit verschwindet aber die Hom-Gruppe und wir halten bei $\operatorname{Ext}_{\mathbb{Z}_{(p)}}\big(H_{n+2p-3}(F; \mathbb{Z}_{(p)}), \mathbb{Z}_{(p)}\big) \cong \mathbb{Z}_p$. Eine ausgeklügelte algebraische Argumentation zeigt dann, dass $H_{n+2p-3}(F; \mathbb{Z}_{(p)}) \cong \mathbb{Z}_p$ die erste nichttriviale Homologiegruppe positiver Dimension ist, mithin nach HUREWICZ die Gruppe $\pi_{n+2p-3}(F) \cong \mathbb{Z}_p$ die erste nichttriviale Homotopiegruppe. Wie sieht man dies?

Die Verallgemeinerung von abelschen Gruppen zu $\mathbb{Z}_\mathcal{P}$-Moduln

Wir erleben hier erstmalig die konsequente Übertragung der Theorie abelscher Gruppen auf $\mathbb{Z}_{(p)}$-Moduln, eine Idee, die schon bei den Spektralsequenzen mit $\mathbb{Q}$-Koeffizienten oder beim Satz über eine Basis in Untermoduln (Seite 257) angeklungen ist. Häufig wird dies in der Literatur nur implizit gemacht – es ist auch nicht wirklich schwierig, man sollte sich aber des Prinzips bewusst sein.

Alle abelschen Gruppen sind (mit der n-fachen Summe $na = a+\ldots+a$) Moduln über $\mathbb{Z}$. Der Hauptsatz über abelsche Gruppen besagt dann, dass jede endlich erzeugte abelsche Gruppe eine direkte Summe aus freien $\mathbb{Z}$-Summanden und Torsionsgruppen $\mathbb{Z}_n$ ist, die als Quotienten $\mathbb{Z}/n\mathbb{Z}$ von $\mathbb{Z}$ modulo eines **Ideals** realisiert sind. Beim Blick auf den Beweis fällt auf, dass immer wieder Elemente $a \in G$ mit ganzen Zahlen multipliziert werden, um zu na zu kommen, oder bei teilerfremden Zahlen $m, n \in \mathbb{Z}$ ausgenutzt wird, dass es eine ganzzahlige Kombination $z_1 m + z_2 n = 1$ gibt. Verantwortlich dafür ist, dass $\mathbb{Z}$ ein **Hauptidealring** ist, und diese Eigenschaft haben auch alle lokalen Ringe $\mathbb{Z}_\mathcal{P}$.

Die gesamte Algebra dieses Buches, angefangen vom Hauptsatz über endlich erzeugte abelsche Gruppen, Basen von Untergruppen mitsamt der Rangformel, die Homologie- und Kohomologietheorie inklusive der universellen Koeffiziententheoreme, alle Sätze über Ext- und Tor-Gruppen bis hin zu den Spektralsequenzen können damit wörtlich auf $\mathbb{Z}_\mathcal{P}$-Moduln übertragen werden. Man spricht dann einfach von $\mathbb{Z}_\mathcal{P}$-**Koeffizienten in der (Ko-)Homologie oder in den Spektralsequenzen**.

Eine kompliziertere Nutzanwendung dieses Prinzips ist auch das Theorem von HUREWICZ-SERRE (Seite 200) in der Variante mit $\mathbb{Z}_\mathcal{P}$-Koeffizienten. Demnach sind für einfach zusammenhängende Räume die Gruppen $H_k(X; \mathbb{Z}_\mathcal{P})$, $k > 0$, genau dann endlich (erzeugt), wenn dies für alle $\pi_k(X) \otimes \mathbb{Z}_\mathcal{P}$ gilt.

Nun also zurück zum universellen Koeffiziententheorem von $\mathbb{Z}_{(p)}$-Moduln,

$$\mathbb{Z}_p \cong \mathrm{Hom}_{\mathbb{Z}_{(p)}}\big(H_{n+2p-2}(F; \mathbb{Z}_{(p)}), \mathbb{Z}_{(p)}\big) \oplus \mathrm{Ext}_{\mathbb{Z}_{(p)}}\big(H_{n+2p-3}(F; \mathbb{Z}_{(p)}), \mathbb{Z}_{(p)}\big).$$

Nach der langen exakten Homotopiesequenz von $F \to S_{(p)}^n \to K(\mathbb{Z}_{(p)}, n)$ sind alle $\pi_k(F)$ endlich erzeugt, mithin auch alle $H_k(F; \mathbb{Z}_{(p)})$, also eine endliche direkte Summe von freien $\mathbb{Z}_{(p)}$-Summanden und Torsionsgruppen $\mathbb{Z}_{p^r}$, $r \geq 1$. Beachten Sie, dass in $\mathbb{Z}_{(p)}$ alle endlichen Ordnungen eine Potenz von p sein müssen und dass der Quotient $\mathbb{Z}_{(p)}/p^r\mathbb{Z}_{(p)} \cong \mathbb{Z}_{p^r}$ ist (einfache **Übung**, alle zu p teilerfremden Zahlen sind Einheiten in $\mathbb{Z}_{(p)}$).

Jetzt verstehen wir die obige Argumentation besser: Die Gruppe $H_{n+2p-2}(F; \mathbb{Z}_{(p)})$ kann keine freien $\mathbb{Z}_{(p)}$-Summanden enthalten (sonst wäre sie unendlich). Damit verschwindet die Hom-Gruppe vollständig und wir halten bei

$$\mathrm{Ext}_{\mathbb{Z}_{(p)}}\big(H_{n+2p-3}(F; \mathbb{Z}_{(p)}), \mathbb{Z}_{(p)}\big) \cong \mathbb{Z}_p.$$

Da die Ext-Gruppen auch mit $\mathbb{Z}_{(p)}$-Koeffizienten die Torsion von $H_{n+2p-3}(F; \mathbb{Z}_{(p)})$ herausfiltern, muss $H_{n+2p-3}(F; \mathbb{Z}_{(p)}) \cong \mathbb{Z}_p$ sein.

Mit exakt den gleichen Argumenten kann man dann zeigen, dass $H_k(F; \mathbb{Z}_{(p)}) = 0$ ist für alle $1 \leq k \leq n + 2p - 4$, weswegen (wie oben angedeutet) nach HUREWICZ die Gruppe $\pi_{n+2p-3}(F) \cong \mathbb{Z}_p$ die erste nichttriviale Homotopiegruppe von F ist. Die lange exakte Homotopiesequenz beweist damit den Satz für ungerades n.

Leider macht erneut der Fall für gerades n mehr Probleme. Auf der E_2-Seite der Spektralsequenz für die Faserung $F \to S^n_{(p)} \to K(\mathbb{Z}_{(p)}, n)$ haben wir hier (wieder unter Berücksichtigung der noch zu zeigenden Beobachtung auf Seite 304)

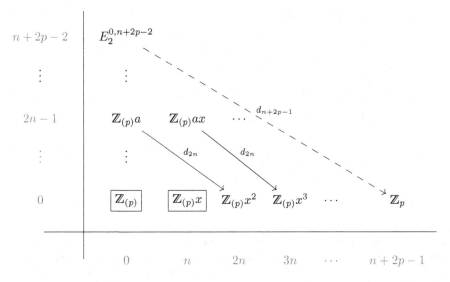

Nach HUREWICZ ist in der linken Spalte wieder $H^q(F; \mathbb{Z}_{(p)}) = 0$ für $1 \leq q \leq n$, und damit induktiv auch bis zum Index $q = 2n - 2$. Bei $q = 2n - 1$ ist die Gruppe $\mathbb{Z}_{(p)}$ notwendig, mit einem Generator $a \in H^{2n-1}(F; \mathbb{Z}_{(p)})$, um über das Differential d_{2n} die Gruppe $E_2^{2n,0} \cong \mathbb{Z}_{(p)}x^2$ auszulöschen. Wiederum müssen all die eingezeichneten d_{2n}-Differentiale Isomorphismen sein, um Quelle und Ziel auf der Folgeseite auslöschen, und zwischen den $\mathbb{Z}_{(p)}ax^k$ stehen nur triviale Gruppen. Die Gruppe $E_2^{0,n+2p-2} \cong H^{n+2p-2}(F; \mathbb{Z}_{(p)})$ muss $\mathbb{Z}_p$ sein, aus demselben Grund wie im Fall n ungerade.

Beachten Sie hier aber eine zusätzliche Schwierigkeit: Es kommt nun darauf an, wie n und p genau aussehen. Falls $2n - 1 > n + 2p - 2$ ist, kann die Aussage genauso bewiesen werden wie für ungerades n, weil dann bezüglich des Index $q = n + 2p - 2$ der Satz von HUREWICZ anwendbar ist.

Im obigen Beispiel ist aber $2n - 1 < n + 2p - 2$, und dort benötigt man einen eleganten Trick. Wir betrachten die bekannte Einbettung $F \to K(\mathbb{Z}_{(p)}, 2n-1)$, die einen Isomorphismus der Gruppen π_{2n-1} induziert (heften Sie Zellen der Dimensionen $> 2n$ an, um zu $K(\mathbb{Z}_{(p)}, 2n-1)$ zu gelangen). Wegen der TCW-Eigenschaft dürfen wir F und $K(\mathbb{Z}_{(p)}, 2n-1)$ als CW-Komplexe ansehen, damit die Spektralsequenzen anwendbar werden. Die Gruppen $\pi_k(F)$ ändern sich dadurch nicht und führen den Beweis wie im ersten Fall zu Ende (n ungerade).

Nach Umwandlung in eine Faserung $F' \to F \to K(\mathbb{Z}_{(p)}, 2n-1)$ erhalten wir dann eine neue Spektralsequenz, in deren erster Spalte alle Einträge zum Index $1 \leq q < n+2p-2$ verschwinden. Man sieht dies mit den gleichen Argumenten wie vorher: Zunächst ist wegen HUREWICZ und der langen exakten Homotopiesequenz $H^q(F'; \mathbb{Z}_{(p)}) = 0$ für $1 \leq q \leq 2n-1$, und danach bis zu $q = n+2p-3$, um die Kohomologie des Totalraums F abzubilden. An Position $(0, n+2p-2)$ muss dann aber die Gruppe $\mathbb{Z}_p$ stehen, um $H^{n+2p-2}(F; \mathbb{Z}_{(p)}) \cong \mathbb{Z}_p$ zu garantieren.

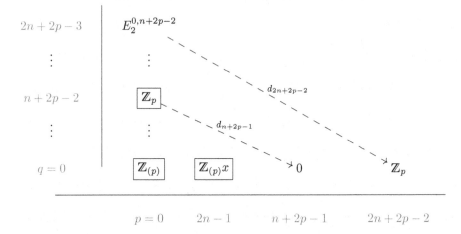

In der unteren Zeile steht aus den bekannten Gründen rechts von $\mathbb{Z}_{(p)}x$ zum ersten Mal an der Position $(0, 2n+2p-2)$ eine nichttriviale Gruppe, gemäß der Beobachtung auf Seite 304 und der Tatsache $2n+2p-2 = (2n-1) + 2p-1$.

Wie oben folgt dann $\pi_{n+2p-3}(F') \cong \mathbb{Z}_p$ als erste nichttriviale Homotopiegruppe, und die lange exakte Sequenz der Faserung $F' \to F \to K(\mathbb{Z}_{(p)}, 2n-1)$ liefert auch in dem ungünstigen Fall $2n-1 < n+2p-2$ die Aussage $\pi_{n+2p-3}(F) \cong \mathbb{Z}_p$. Damit wäre der Satz über die p-Torsion in der Sphärenhomotopie bewiesen, es fehlt nur noch die Beobachtung auf Seite 304. $\qquad(\square)$

Um nicht zuviel herumblättern zu müssen, sei diese hier kurz wiederholt.

Beobachtung:
Für $k < n+2p-1$ ist $H^k(K(\mathbb{Z}, n); \mathbb{Z}_{(p)})$ torsionsfrei und für $k = n+2p-1$ besteht die Torsion aus genau einem (direkten) Summanden der Form $\mathbb{Z}_p$.

Im **Beweis** betrachten wir, zunächst für $n = 3$, die wie gewohnt konstruierte Faserung $K(\mathbb{Z}, 2) \to P \to K(\mathbb{Z}, 3)$ und die Spektralsequenz mit $\mathbb{Z}_{(p)}$-Koeffizienten.

Wir kennen die Kohomologie von $K(\mathbb{Z}, 2)$ bereits sehr lange (Seite 185). Dies lässt sich nach dem obigen Prinzip (Seite 306) problemlos auf $\mathbb{Z}_{(p)}$-Koeffizienten übertragen: Für alle geraden $q \geq 0$ ist $H^q(K(\mathbb{Z}, 2); \mathbb{Z}_{(p)}) \cong \mathbb{Z}_{(p)}$, sonst 0, und mit einem Generator $a \in H^2(K(\mathbb{Z}, 2); \mathbb{Z}_{(p)})$ können wir mit der multiplikativen Struktur in der ersten Spalte der Spektralsequenz auf der E_2-Seite von Generatoren $1, a, a^2, \ldots$ ausgehen.

Die untere Zeile hat auf der E_2-Seite den Anfang $\mathbb{Z}_{(p)}$, 0, 0, $\mathbb{Z}_{(p)}x$ nach dem Satz von HUREWICZ, denn hier ist $n = 3$. Da die ungeraden Zeilen nur triviale Gruppen enthalten, ist $E_2 = E_3$.

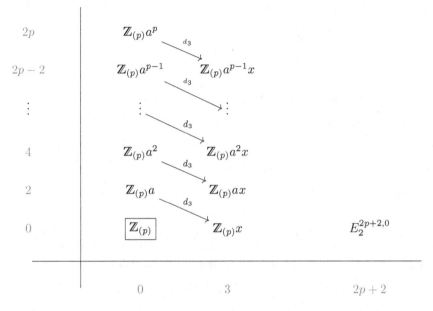

Im Fall $p = 2$ haben wir bei $d_3 : E_3^{0,2} \to E_3^{3,0}$ einen Isomorphismus (der Totalraum P ist zusammenziehbar) und bei $d_3 : E_3^{0,4} \to E_3^{3,2}$ wegen $d_3(a^2) = 2ax$ die Multiplikation mit 2. Es muss dann

$$d_3 : \mathbb{Z}_{(2)}ax \longrightarrow H^6\big(K(\mathbb{Z},3); \mathbb{Z}_{(2)}\big)$$

surjektiv sein. Wir halten bei $H^6\big(K(\mathbb{Z},3); \mathbb{Z}_{(2)}\big) \cong \mathbb{Z}_{(2)}/2\mathbb{Z}_{(2)} \cong \mathbb{Z}_2$. Das ist das Wunschresultat für die 2-Torsion bei $n = 3$ (beachten Sie $n + 2p - 1 = 6$).

Zwischenbemerkung: Bitte verwechseln Sie die Primzahl p nicht mit dem üblichen Spaltenindex in Spektralsequenzen (neben dem Zeilenindex q). Wir vermeiden daher die (p,q)-Indizes in diesem Beweis und verwenden stattdessen (r,s).

Für $p \geq 3$ ist die Derivation $d_3(a^k) = ka^{k-1}x$ injektiv, weswegen bis auf den eingerahmten Eintrag die erste Spalte auf der E_4-Seite ausgelöscht wird. Auch in der vierten Spalte werden dort alle Einträge für die Zeilen $0 \leq 2s < 2p - 2$ ausgelöscht, denn s ist hier Einheit in $\mathbb{Z}_{(p)}$, also d_3 ein Isomorphismus.

Anders verhält sich dies beim Eintrag $E_3^{3,2p-2}$. Hier beobachten wir zunächst, dass alle Gruppen $E_2^{r,0}$ mit $3 < r < 2p+2$ bereits auf der E_2-Seite trivial sind, was Sie als gute **Übung** anhand der Pfeilverläufe prüfen können (beachten Sie als Hinweis, dass eine Spalte bereits vollständig verschwindet, wenn nur deren unterste Gruppe trivial ist, wegen $E_2^{r,2s} \cong H^r(K(\mathbb{Z},3); \mathbb{Z}_{(p)}a^s) \cong H^r(K(\mathbb{Z},3); \mathbb{Z}_{(p)}) \cong E_2^{r,0}$).

Es liegt nun $d_3(a^{p-1}x)$ in der Spalte $E_3^{6,*}$, deren Gruppen allesamt verschwinden, weswegen $\mathbb{Z}_{(p)}a^{p-1}x$ an der Stelle $(3,2p - 2)$ auf der E_4-Seite zu $\mathbb{Z}_p$ wird.

Damit bleiben in dem Rechteck mit $r < 2p + 2$ und $s \leq 2p$ bis zur E_{2p-1}-Seite nur die hier gezeigten Gruppen an den Stellen $(0,0)$ und $(3,2p-2)$ übrig:

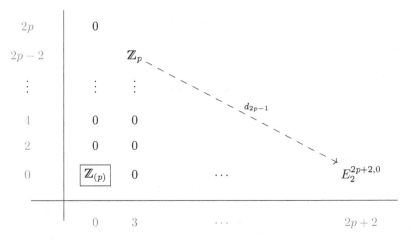

Die Derivation d_{2p-1} ist daher der einzige, der von einer Gruppe $\neq 0$ aus auf die untere Zeile trifft, und dies muss ein Isomorphismus sein, damit die beiden Gruppen verschwinden (es ist die letzte Chance dafür). Daher ist

$$E_2^{2p+2,0} \cong H^{3+2p-1}(K(\mathbb{Z},3); \mathbb{Z}_{(p)}) \cong \mathbb{Z}_p$$

und die Beobachtung insgesamt für $n = 3$ bewiesen.

Die Fälle $n \geq 4$ werden nun induktiv bewiesen, der Induktionsschritt von $n-1$ ungerade auf n gerade funktioniert nach dem gleichen Muster mit der Faserung $K(\mathbb{Z}, n-1) \to P \to K(\mathbb{Z}, n)$. Ein genauer Blick auf die Pfeilverläufe zeigt die E_n-Seite dann als

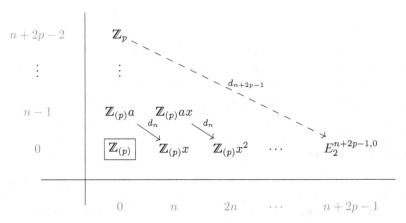

Wieder müssen alle $d_n : \mathbb{Z}_{(p)} a^k \to \mathbb{Z}_{(p)} a^{k-1} x$ Isomorphismen sein, damit die Gruppen auf der E_{n+1}-Seite bis auf den Eintrag bei $(0,0)$ und die Gruppe $\mathbb{Z}_p$ in der ersten Spalte oben verschwinden. Letztere wird dann auf der E_{n+2p-1}-Seite zielgenau auf $E_2^{n+2p-1,0}$ abgebildet, womit diese Gruppe auch isomorph zu $\mathbb{Z}_p$ ist.

Der Induktionsschritt von $n - 1$ gerade auf n ungerade zeigt mit der Faserung $K(\mathbb{Z}, n - 1) \to P \to K(\mathbb{Z}, n)$ die E_n-Seite (identisch zu E_2) in der Form

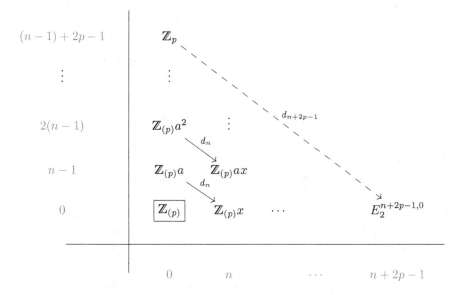

Sie erkennen wieder das Muster: Die unteren d_n sind Isomorphismen und löschen die Gruppen aus. Das erste d_n, welches kein Isomorphismus ist, geht in der Zeile mit Index $p(n - 1)$ aus (nicht eingezeichnet), dort ist $d_n(a^p) = pa^{p-1}x$. Diese Zeile befindet sich oberhalb von $n + 2p - 2$, wie Sie leicht nachrechnen können. Damit ist $d_n : \mathbb{Z}_p \to E_2^{n,2p-3}$ die Nullabbildung, denn $2p - 3$ ist ungerade und daher $E_2^{n,2p-3} = 0$. Mit dem gleichen Argument wie vorhin folgt $E_2^{n+2p-1,0} \cong \mathbb{Z}_p$, womit die Beobachtung – und damit der Satz auf Seite 304 – bewiesen ist. $\square$

Die Bedeutung dieses Satzes kann gar nicht hoch genug eingeschätzt werden. Bei der Berechnung von $\pi_k(S^n)$ für $k > n$ war zwar schon bekannt, dass die Torsion nur aus endlich vielen $\mathbb{Z}_{p^i}$-Summanden besteht und deren Berechnung folglich irgendwann abbricht (Seite 222). Aber man wusste vor diesem Satz eben nicht, wann genau dies (spätestens) der Fall ist. Mit dem Satz ist nun klar, dass in $\pi_k(S^n)$ die p-Torsion insgesamt nur für Primzahlen

$$p < \frac{k - n + 3}{2}$$

zu bestimmen ist. Für $p = (k - n + 3)/2$ besteht sie aus genau einem direkten Summanden $\mathbb{Z}_p$ und für alle $p \geq (k - n + 3)/2$ gibt es in der Gruppe $\pi_k(S^n)$ gar keine p-Torsion (siehe dazu auch Aufgabe 1).

Sie haben in diesem Kapitel wahrhaft erstaunliche Dinge kennengelernt. Zuerst hat Ihnen der äußerst komplizierte Existenzbeweis für $\mathcal{P}$-Lokalisierungen einfach zusammenhängender Räume sowohl algebraisch als auch topologisch ein Maximum an Geduld und Vorstellungskraft abverlangt, und danach haben Sie mit dem Satz über die p-Torsion in den Gruppen $\pi_k(S^n)$, $k > n$, eine bemerkenswert trickreiche Anwendung der Lokalisierungen in Spektralsequenzen erlebt.

Eine Nachbetrachtung – sonst nach schwierigen Sätzen üblich – würde hier aber nur wenig Vereinfachung bringen. Ich begnüge mich daher mit dem **Hinweis auf ein allgemeines Missverständnis** beim Aufbau der E_2-Seiten in Spektralsequenzen der Kohomologie, das beim ersten Lesen des obigen Beweises entstehen und Sie vielleicht in ähnlichem Kontext in die Irre führen könnte.

Die E_2-Seiten werden meist auf Grundlage bekannter Kohomologien der unteren Zeile (Basis B) und der linken Spalte (Faser F) aufgestellt, zusammen mit der Darstellung der E_2-Gruppen als $E_2^{r,s} \cong H^r(B; H^s(F; G))$. Dabei ist es offensichtlich legitim, von einem Eintrag $H^s(F; G) = 0$ in der linken Spalte auf das Verschwinden der ganzen dazugehörige Zeile zu schließen.

Von einer trivialen Gruppe $E_2^{r,0}$ in der unteren Zeile auf das Verschwinden der ganzen Spalte darüber zu schließen, funktioniert hingegen nur in bestimmten Fällen (zum Beispiel wenn alle Gruppen $H^s(F; G) \neq 0$ isomorph zu $H^0(F; G) \cong G$ sind, wie auf den Seiten 303 oder 309).

Im Allgemeinen bedeutet nämlich $H^r(B; H^0(F; G)) \cong H^r(B; G) = 0$ nicht, dass diese Gruppe mit anderen Koeffizienten auch verschwindet. Eines der einfachsten Gegenbeispiele mit einfach zusammenhängender Basis ist die Produktfaserung

$$F = \mathbb{P}_\mathbb{R}^2 \longrightarrow K(\mathbb{Z}_2, 2) \times \mathbb{P}_\mathbb{R}^2 \longrightarrow K(\mathbb{Z}_2, 2) = B$$

mit $H_1(B) = 0$ und $H_2(B) \cong \mathbb{Z}_2$ nach dem Theorem von Hurewicz, sowie $H^0(F) \cong \mathbb{Z}$ und $H^2(F) \cong \mathbb{Z}_2$ nach dem universellen Koeffiziententheorem der Kohomologie. Damit erkennen Sie ohne Schwierigkeiten

$$E_2^{2,0} \cong H^2(B; H^0(F)) \cong \mathrm{Hom}\big(H_2(B), \mathbb{Z}\big) \oplus \mathrm{Ext}\big(H_1(B), \mathbb{Z}\big) = 0\,,$$

hingegen ist

$$E_2^{2,2} \cong H^2(B; H^2(F)) \cong \mathrm{Hom}\big(H_2(B), \mathbb{Z}_2\big) \oplus \mathrm{Ext}\big(H_1(B), \mathbb{Z}_2\big) \cong \mathbb{Z}_2\,.$$

Das Verschwinden von ganzen Spalten der E_2-Seiten kann man also in der Regel nur dann zeigen, wenn man die Pfeilverläufe über mehrere Seiten verfolgt, Null-Zeilen beachtet, die multiplikative Struktur verwendet und die Kohomologie der Totalräume berücksichtigt – und das ist in der Regel nicht trivial.

Wir werden den Satz über die p-Torsion in $\pi_k(S^n)$ in einem späteren Kapitel verwenden, um die ungerade Torsion in $\pi_5(S^3)$ auszuschließen oder zu zeigen, dass es in $\pi_6(S^3)$ neben genau einem Summanden $\mathbb{Z}_3$ keine Torsion zu Primzahlen $p \geq 5$ geben kann (Seite 485). Damit kann man sich in den zugehörigen Spektralsequenzen auf $\mathbb{Z}_2$-Koeffizienten beschränken, was den Einsatz einer weiteren faszinierenden Technik ermöglicht hat (historisch gesehen kurz zuvor von N. Steenrod entwickelt, [95]). Es handelt sich um spezielle *Kohomologieoperationen*, die Steenrod-*Squares*, die wir im nächsten Kapitel (mit all ihren algebraischen Besonderheiten) besprechen werden und die das Potential der Spektralsequenzen weiter ausbauen, um einige der nichttrivialen höheren Homotopiegruppen von Sphären vollständig bestimmen zu können (Seite 409 ff).

Aufgaben und Wiederholungsfragen

1. Experimentieren Sie mit dem Satz über die p-Torsion in $\pi_k(S^n)$ mit $k > n$.

   a. Finden Sie selbst einige Beispiele. Was lässt sich über die Gruppe $\pi_{9785674856259}(S^{37568})$ sagen? Was über $\pi_{9785674856250}(S^{37568})$?

   b. Zeigen Sie, dass $\pi_5(S^3)$ keine Torsion mit ungerader Ordnung hat.

   c. Zeigen Sie, dass $\pi_6(S^3)$ einen direkten Summanden der Form $\mathbb{Z}_3$ besitzt und der Quotient $\pi_6(S^3)/\mathbb{Z}_3$ keine Torsionselemente mit einer Primzahl-Ordnung ≥ 5 hat.

2. Beweisen Sie die elementaren Eigenschaften der Lokalisierungen $\mathbb{Z}_{(p)}$ und $\mathbb{Z}_{\mathcal{P}}$ auf Seite 256.

3. Zeigen Sie weitere algebraische Eigenschaften der lokalisierten Ringe $\mathbb{Z}_{\mathcal{P}}$:

   a. $\mathbb{Z}_{\varnothing} = \mathbb{Q}$, $\mathbb{Z}_{\{p\}} = \mathbb{Z}_{(p)}$ und finden Sie die Menge $\mathcal{P}$ mit $\mathbb{Z}_{\mathcal{P}} = \mathbb{Z}$.

   b. Jeder Unterring in $\mathbb{Q}$, der die 1 enthält, ist von der Form $\mathbb{Z}_{\mathcal{P}}$, mit einer geeigneten Menge $\mathcal{P}$ von Primzahlen.

   c. Jeder lokalisierte Ring der Form $\mathbb{Z}_{\mathcal{P}}$ ist der direkte Limes

   $$\mathbb{Z}_{\mathcal{P}} = \varinjlim G_i$$

   einer aufsteigenden Sequenz $G_1 \subset G_2 \subset \dots$ von unendlichen zyklischen Gruppen (also Gruppen $\cong \mathbb{Z}$).

4. a. Zeigen Sie, dass in einem $\mathbb{Z}_{\mathcal{P}}$-Modul M die Einschränkung auf ganzzahlige Skalare der Form $a/1$, $a \in \mathbb{Z}$, die $\mathbb{Z}$-Modulstruktur der Gruppe M ergibt.

   b. Zeigen Sie, dass jeder Gruppenhomomorphismus $M \to N$ zwischen $\mathbb{Z}_{(p)}$-Moduln ein $\mathbb{Z}_{(p)}$-Modulhomomorphismus ist.

5. Verifizieren Sie auf Seite 261, dass die dortige Abbildung $i_{f'} : B \hookrightarrow B_{f'}$ eine Faserhomotopieäquivalenz ist.

   Hinweis: Verwenden Sie auch die Beobachtung 2 zu iterativen Pfadraumfaserungen (Seite 119).

6. Zeigen Sie auf Seite 262, dass die beiden Definitionen von Hauptfaserungen (über Pullbacks von Pfadraumfaserungen oder über die Sequenz von Faserungen) tatsächlich äquivalent sind.

   Hinweis: Betrachten Sie den Pfadraum $B_f = \Gamma_f(B, B')$, das kommutative Diagramm

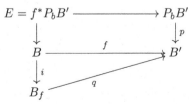

   und prüfen, dass $E = f^* P_{b'} B'$ die Homotopiefaser von $q : B_f \to B'$ ist.

7. Zeigen Sie, dass schwache Homotopieäquivalenzen zwischen TCW-Räumen echte Homotopieäquivalenzen sind, also insbesondere alle CW-Approximationen von TCW-Räumen.

8. Verifizieren Sie auf Seite 280, dass die Abbildung $X_1 \to X_0 = \{pt\}$ aus der Verlängerung des Postnikov-Turms von X eine Hauptfaserung ist.

9. Überprüfen Sie auf Seite 295, dass das Diagramm kommutativ bleibt, wenn man zu den äquivalenten (Haupt-)Faserungen übergeht, also $X_k \to X_{k-1}$ durch $E_{f_{k-1}} \to X_{k-1}$ ersetzt (dito für die untere Zeile).

10. Zeigen Sie die Funktorialität der CW-$\mathcal{P}$-Lokalisierungen: Jede stetige Abbildung $f : X \to Y$ induziert eine stetige Abbildung $f_{\mathcal{P}} : X_{\mathcal{P}} \to Y_{\mathcal{P}}$, die mit bestehenden Lokalisierungen $X \to X_{\mathcal{P}}$ und $Y \to Y_{\mathcal{P}}$ kommutiert. Falls $f \simeq g$ ist, dann ist auch $f_{\mathcal{P}} \simeq g_{\mathcal{P}}$.

    Hinweis: Verwenden Sie die Sätze zur Hindernistheorie (Seite 269 ff, insbesondere Seite 280).

11. Zeigen Sie, dass der Homotopietyp von CW-$\mathcal{P}$-Lokalisierungen $X_{\mathcal{P}}$ eindeutig durch den Homotopietyp von X bestimmt ist.

    Hinweis: Verwenden Sie Aufgabe 10.

12. Verifizieren Sie auf Seite 299, dass der Satz zum Theorem von Serre, Teil I, äquivalent ist zur Endlichkeit aller Homotopiegruppen $\pi_k(S^n)$ für die Fälle $k > n$ und n ungerade.

13. Zeigen Sie, dass alle $H_*(K(\mathbb{Z}, n))$ endlich erzeugte Gruppen sind.

    Hinweis: Verwenden Sie das Theorem von Hurewicz-Serre (Seite 200) und das universelle Koeffiziententheorem der Kohomologie.

14. Zeigen Sie anhand der Pfeilverläufe in der Spektralsequenz auf Seite 309, dass alle Gruppen $E_2^{r,0}$ mit $3 < r < 2p + 2$ bereits auf der E_2-Seite trivial sind (siehe auch die dortigen Hinweise).

9 Steenrod-Squares

In diesem Kapitel wollen wir dem Kohomologiering $H^*(X;\mathbb{Z}_2)$ eines topologischen Raumes zusätzliche Struktur geben – noch weit über das Cup-Produkt hinaus – und finden dabei ein mächtiges Instrument, um im nächsten Kapitel spezielle EILENBERG-MACLANE-Räumen genauer zu untersuchen.

Worum geht es? Sie kennen das Cup-Quadrat im Ring $H^*(X;\mathbb{Z}_2)$ als

$$H^n(X;\mathbb{Z}_2) \longrightarrow H^{2n}(X;\mathbb{Z}_2), \quad u \mapsto u \smile u = u^2.$$

In der Graduierung von $H^*(X;\mathbb{Z}_2)$ werden dabei die Grade $n+1,\ldots,2n-1$ übersprungen. Das ist ein relativ grobes Raster und es entsteht die Frage, ob es auch Zwischentöne von u in den Gruppen $H^i(X;\mathbb{Z}_2)$ für $n < i < 2n$ gibt.

Machen wir dazu als kleine Motivation einen Sprung zur Schulmathematik und betrachten die Funktion $f(x) = x^n$, in deren Definition x und x^n vorkommen, wodurch im Fall $n \geq 3$ auch Grade übersprungen werden. Mit einer zusätzlichen Variablen w, von der wir die Potenzen w^i kennen, können wir dann die fehlenden Potenzen $\boldsymbol{x^2},\ldots,\boldsymbol{x^{n-1}}$ erzeugen. Man wendet dazu f auf $w+x$ an und bildet

$$(w+x)^n = w^n + w^{n-1}(nx) + w^{n-2}\left(\frac{n(n-1)}{2}\boldsymbol{x^2}\right) + \ldots + w(n\boldsymbol{x^{n-1}}) + x^n$$

nach der bekannten binomischen Formel. Wir kennen alle Potenzen von w und die gesamte Funktion f. In diesem Kontext haben wir dann nicht nur den Potenzen $\boldsymbol{x^2},\ldots,\boldsymbol{x^{n-1}}$ eine Bedeutung gegeben, sondern auch noch etwas anderes gewonnen: die (Binomial-)Koeffizienten mit all ihren Gesetzmäßigkeiten, bis hin zum PASCALschen Dreieck. Sie begleiten die Potenzen von x auf Schritt und Tritt.

Auch wenn der Vergleich an manchen Stellen etwas hinkt, macht man bei den STEENROD-Squares etwas Ähnliches und versucht, für $1 < i < n$ Homomorphismen $D_i : H^n(X;\mathbb{Z}_2) \to H^{2n-i}(X;\mathbb{Z}_2)$ zu finden. Diese werden wie oben als Koeffizienten $w_i \times D_i(u)$ in gemischten Termen einer Summe vom Grad $2n$ konstruiert (beachten Sie, dass hier u^2, vom Grad $2n$, die Rolle von x^n in dem Beispiel oben spielt). Anschließend definiert man die STEENROD-Squares als $Sq^i = D_{n-i}$ für $0 \leq i \leq n$ und untersucht das Zusammenwirken dieser Homomorphismen – in der Hoffnung auf weitere Erkenntnisse über den Kohomologiering von X.

Auch wenn wir uns bei den STEENROD-Squares

$$Sq^i : H^n(X;\mathbb{Z}_2) \to H^{n+i}(X;\mathbb{Z}_2),$$

letztlich auf $\mathbb{Z}_2$-Koeffizienten beschränken müssen, entsteht hier dennoch ein mächtiges Werkzeug, zumal wir Lokalisierungen haben (Seiten 258 und 304), die bestimmte Torsionsanteile in den Gruppen a priori garantieren oder ausschließen.

Die Konstruktionen sind übrigens mit vertretbarem Aufwand ausbaufähig zu einer Definition von reduzierten Potenzen $P^i : H^n(X;\mathbb{Z}_p) \to H^{n+2i(p-1)}(X;\mathbb{Z}_p)$, für alle Primzahlen $p \geq 3$.

© Springer-Verlag GmbH Deutschland, ein Teil von Springer Nature 2023
F. Toenniessen, *Die Homotopie der Sphären*,
https://doi.org/10.1007/978-3-662-67942-5_9

9.1 Kettenhomotopien in der Kohomologie

Vor der Konstruktion der Sq^i noch eine wichtige Eigenschaft der Räume in diesem Kapitel und einige Ergänzungen zur zellulären Homologie, mit denen wir einen neuen Blickwinkel auf diese Theorie bekommen werden.

Generalvoraussetzung des Kapitels

Alle Räume X seien **reguläre CW-Komplexe** mit kompakten Skeletten X^n. Der Begriff „regulär" bedeutet in diesem Zusammenhang, dass die charakteristischen Abbildungen $\Phi_\lambda^n : (D^n, S^{n-1}) \to (X^n, X^{n-1})$ aller Zellen Homöomorphismen auf ihr Bild in X sind.

Später, nach Konstruktion der STEENROD-Squares, werden wir diese Einschränkungen aufheben können. Die Kompaktheit bietet die Möglichkeit, den Satz von EILENBERG-ZILBER in der Kohomologie zu nutzen (Seite 144). Die Regularität sorgt für ein anderes Phänomen, das wir später behandeln (Seiten 318 und 333).

CW-Komplexe als Kettenkomplexe

Wir werden die CW-Komplexe X hier konsequent mit ihren zellulären Kettenkomplexen $C_*^{\text{cell}}(X)$ identifizieren, die wegen der obigen Generalvoraussetzung in jeder Dimension n von den n-Zellen frei abelsch und endlich erzeugt sind. Der Randoperator ist dabei stets der zelluläre Randoperator (Seite 38).

Hinweis: Da wir uns auf die zelluläre (Ko-)Homologie beschränken, verwenden wir diese ab jetzt, ohne es bei den (Ko-)Kettengruppen separat zu notieren. Es ist also stets $H_n(X; G) = H_n^{\text{cell}}(X; G)$ und $H^n(X; G) = H_{\text{cell}}^n(X; G)$.

Ab einem gewissen Zeitpunkt werden wir der Kürze wegen gar keinen Unterschied mehr zwischen X und dem Kettenkomplex $C_*(X; G)$ machen. Der folgende Hilfssatz rechtfertigt diese neue Sichtweise.

Hilfssatz (Stetige Abbildungen und Kettenhomomomorphismen)

Es seien X, Y CW-Komplexe. Jede stetige Abbildung $f : X \to Y$ definiert dann einen Kettenhomomorphismus $C_f : C_*(X) \to C_*(Y)$ modulo Kettenhomotopie, und homotope Abbildungen $f \simeq g$ definieren kettenhomotope $C_f \simeq C_g$.

Beweis: Man wählt eine zelluläre Approximation $\widetilde{f}$ von f, offensichtlich eindeutig modulo Homotopie (Seite I-339). Für das Bild der n-Zellen e_X^n bestimme man dann die Abbildungsgrade von $\widetilde{f}$, eingeschränkt auf $S^n \cong \bar{e}_X^n / \partial \bar{e}_X^n$, bezüglich der getroffenen n-Zellen in Y, die ebenfalls durch Quotientenbildung in die Form S^n gebracht werden. Mit diesen Graden a_i als $\mathbb{Z}$-Koeffizienten werden abschließend die entsprechenden Zellen versehen und definieren das Bild $C_f(e_X^n)$ in $C_n(Y)$ als

$$C_f(e_X^n) = \sum_{i=1}^{r} a_i e_{Y,i}^n \, .$$

Beachten Sie, dass $r = 0$ möglich ist, die Summe also leer sein kann. Warum ist dies ein Kettenhomomorphismus? In der singulären Homologie ist bekanntlich $C_f^{\text{sing}} : C_*^{\text{sing}}(X) \to C_*^{\text{sing}}(Y)$ ein Kettenhomomorphismus, gegeben durch die Zuordnung $\sigma_X^n \mapsto f\sigma_X^n$ für alle n-Simplizes σ_X^n von X, Seite I-247. Das Diagramm

$$
\begin{array}{ccc}
C_*(X) & \xrightarrow{\;\;C_f\;\;} & C_*(Y) \\
\downarrow{\scriptstyle e_X^n \mapsto \Phi_X^n} & & \downarrow{\scriptstyle e_Y^n \mapsto \Phi_Y^n} \\
C_*^{\text{sing}}(X) & \xrightarrow{\;\;C_f^{\text{sing}}\;\;} & C_*^{\text{sing}}(Y)\,,
\end{array}
$$

in dem die Φ^n für die charakteristischen Abbildungen der n-Zellen stehen (bei geeigneter Identifikation von D^n mit Δ^n), kommutiert dann bis auf homotope Verformungen der $f\sigma_X^n : \Delta^n \to Y$ in der unteren Zeile, weswegen auch C_f in der oberen Zeile mit den (zellulären) Randoperatoren kommutiert.

Zwei Approximationen $\widetilde{f}$ und $\widetilde{f}'$ sind homotop, über eine Homotopie $h : I \times X \to Y$ mit $h|_{0 \times X} = \widetilde{f}$ und $h|_{1 \times X} = \widetilde{f}'$. Direktes Prüfen der Definitionen zeigt, dass der Kettenhomomorphismus $C_h : C_*(I \times X) \to C_*(Y)$ dann eine Kettenhomotopie

$$
D_h : C_{*-1}(X) \longrightarrow C_*(Y), \quad e_X^{*-1} \mapsto C_h(I \times e_X^{*-1})
$$

definiert, wobei hier I für die 1-Zelle im CW-Komplex $I = 0 \cup I \cup 1$ steht. Diese Kettenhomotopie zeigt, dass auch $C_{\widetilde{f}}$ und $C_{\widetilde{f}'}$ homotop sind. Die zweite Aussage $f \simeq g \Rightarrow C_f \simeq C_g$ folgt mit dem gleichen Argument. $\square$

Zusammengefasst, induzieren die Kettenhomomorphismen C_f dann eindeutige Homomorphismen $H_*(X) \to H_*(Y)$ der zellulären Homologiegruppen, die mit den von f induzierten Homomorphismen $H_*^{\text{sing}}(X) \to H_*^{\text{sing}}(Y)$ übereinstimmen. Selbstverständlich gelten diese Aussagen völlig analog auch für Abbildungen von CW-Paaren $(X, A) \to (Y, B)$ und die entsprechenden relativen Ketten- und Homologiegruppen. Der Beweis hierfür sei Ihnen zur **Übung** empfohlen, Sie müssen die relativen Gruppen nur in die entsprechenden kurzen exakten Sequenzen einfügen, zum Beispiel in $0 \to C_*(A) \to C_*(X) \to C_*(X, A) \to 0$.

Zu den wichtigsten Konstruktionen in diesem Kapitel gehört die Produktbildung von Kozyklen, sei es das interne Cup-Produkt oder das externe Kreuzprodukt. Hierfür spielt die Diagonale $X \to X \times X$ eine entscheidende Rolle.

Die zelluläre Diagonale $X \to X \times X$ als Kettenhomomorphismus

In der singulären Kohomologie werden Produkte über die Diagonale

$$
d_X : X \longrightarrow X \times X, \quad x \mapsto (x, x),
$$

konstruiert, gegeben durch Formeln wie $a \smile b = d_X^*(a \times b)$, siehe Seite 131.

Wir kennen bereits die zelluläre Approximation $\widetilde{d}_X$ der Diagonale (Seite 139), die jede n-Zelle in das n-Skelett $(X \times X)^n$ wirft. Auch diese Approximation ist eindeutig bis auf Homotopie und kann so gewählt werden, dass sie dort, wo d_X zellulär war (also auf dem 0-Skelett X^0), mit der ursprünglichen Diagonale übereinstimmt.

Das Bild zeigt am Beispiel $X = I \to I^2$ (und dem nicht ganz passenden, weil ungerade dimensionalen Beispiel $I \to I^3$), wie die Approximation $\tilde{d}_X$ erreicht werden kann.

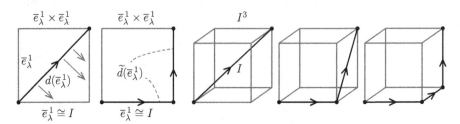

Ohne Schwierigkeiten erkennen Sie, dass auch für $n \geq 2$ die Approximation $\tilde{d}_X$ so gewählt werden kann, dass $\tilde{d}_X(\overline{e}_\lambda^n)$ stets ein Subkomplex von $\overline{e_\lambda^n \times e_\lambda^n}$ ist und die Homotopie $h : d_X \Rightarrow \tilde{d}_X$ innerhalb dieses Subkomplexes, und relativ zu $\partial \overline{e}_\lambda^n \times e_\lambda^n$ verlaufen kann. Dabei kommt die Regularität von $X \times X$ zu Hilfe, die es erlaubt, die Abschlüsse der Produktzellen als $2n$-dimensionale Würfel anzunehmen, um $d_X(\overline{e}_\lambda^n) \subseteq \overline{e_\lambda^n \times e_\lambda^n}$ in n Schritten induktiv und radial von Zellen e^i auf $\partial \overline{e}^i \cong S^{i-1}$ zu projizieren. Im letzten Schritt, von $i = n + 1$ auf $i = n$, werden schließlich alle n-Zellen von Y, je nach Orientierung, mit einem Abbildungsgrad von 1, 0 oder -1 getroffen (nehmen Sie für die Anschauung die obige Grafik zu Hilfe).

So ergibt sich nach den obigen Ausführungen ein (bis auf Kettenhomotopie) eindeutiger Kettenhomomorphismus

$$\tilde{d}_\# : C_*(X) \to C_*(X \times X), \quad e_\lambda^n \mapsto \sum_{i=0}^{k} a_i(e_{\lambda_i}^i \times e_{\mu_i}^{n-i}),$$

mit Koeffizienten $a_i \in \{-1, 0, 1\}$. Beachten Sie auch, dass wir $\tilde{d}_X$ gemäß EILENBERG-ZILBER auch als Kettenhomomorphismus $C_*(X) \to C_*(X) \otimes C_*(X)$ interpretieren können. Ja sogar noch mehr: Die zelluläre Kohomologie zusammen mit der Kompaktheit der Skelette X^n ermöglicht die Aussage, dass $\tilde{d}_X$ einen Kettenhomomorphismus

$$\tilde{d}_X^\# : C^*(X) \otimes C^*(X) \longrightarrow C^*(X)$$

induziert, der ebenfalls bis auf Homotopie eindeutig ist und (bis auf Kohomologie) der bekannten Formel $\tilde{d}_X^\#(a \otimes b) = a \smile b \in C^*(X)$ genügt. Die Geometrie und algebraischen Gesetze der Produktzellen $e^i \times e^j$ und ihrer dualen Zellen $\tilde{e}^i \times \tilde{e}^j$ tragen hier sehr weit und runden sich zu einem vollständigen Ganzen. Noch einmal zur Erinnerung (und Wertschätzung): Die Aussagen zur Kohomologie werden nur durch die Kompaktheit der Skelette in diesem Kapitel ermöglicht (Seite 144).

Zelluläre Kozyklen als Kettenhomomorphismen

Für Kozyklen in $C^n(X; G)$, G abelsche Gruppe, gibt es eine interessante Interpretation als Kettenhomomorphismen. Ein Kozyklus $u \in C^n(X; G)$ ist bekanntlich ein Homomorphismus $C_n(X) \to G$ mit $\delta u = 0$, und der δ-Operator ist gegeben als $\delta u(\sigma^{n+1}) = u(\partial \sigma^{n+1})$.

Damit kann u als Kettenhomomorphismus $C_*(X) \to G$ gesehen werden, wobei G als trivialer Kettenkomplex interpretiert wird (die 0-Ketten sind G, alle anderen Kettengruppen verschwinden):

$$C_{n+1}(X) \xrightarrow{\partial} C_n(X) \xrightarrow{\partial} \cdots \xrightarrow{\partial} C_1(X) \xrightarrow{\partial} C_0(X)$$

$$\begin{array}{ccccccc} & & & u & & u & \\ 0 & \longrightarrow & 0 & \longrightarrow & \cdots & \longrightarrow & 0 & \longrightarrow & G. \end{array}$$

Beachten Sie, dass u als Kettenhomomorphismus die Dimensionen um n verringert (alternativ könnte man die Indizes des G-Komplexes um n erhöhen, was wir aber nicht machen werden). Wir bezeichnen dies als $n{\downarrow}$-Kettenhomomorphismus oder kurz $n\downarrow$-Homomorphismus. Es ergibt sich nun eine (für den ein oder anderen Beweis nützliche) neue Interpretation kohomologer Kozyklen in $C^n(X;G)$.

> **Hilfssatz (Kohomologe Kozyklen sind kettenhomotop)**
> Zwei Kozyklen $u, v \in C^n(X;G)$ sind genau dann kohomolog, wenn ihre zugehörigen $n\downarrow$-Homomorphismen **homotop** sind, es also einen $n\downarrow$-Homomorphismus $D : C_*(I \times X) \to G$ gibt mit $D|_{0 \times X} = u$ und $D|_{1 \times X} = v$, siehe Seite 317.

Beachten Sie, dass hier der Faktor I als CW-Komplex interpretiert wird, mit den 0-Zellen 0 und 1 sowie einer 1-Zelle, die der Kürze wegen auch als I notiert ist. Der zelluläre Randoperator auf I schreibt sich dann suggestiv als $\partial I = 1 - 0$, was Sie (nicht zufällig) an den topologischen Rand erinnern soll, genauso wie die Kettenhomotopie D wie eine gewöhnliche Homotopie stetiger Abbildungen anmutet, obwohl hier $0 \times X$ und $1 \times X$ für Produktzellen der Form $0 \times e_\lambda^n$ oder $1 \times e_\mu^n$ im Produktkomplex $I \times X$ stehen. Nehmen Sie sich kurz Zeit, diese Interpretationen gedanklich durchzuspielen.

Beweis: Es ergibt sich aus D mit der Festlegung $a = D|_{I \times X} : C_*(X) \to G$ ein $(n-1){\downarrow}$-Homomorphismus, denn die n-Zellen im Produkt $I \times X$, welche als ersten Faktor I haben, sind von der Form $I \times e_\lambda^{n-1}$ und wir haben $\delta I = 0$. Da D ein $(n-1){\downarrow}$-Homomorphismus ist, gilt für $\sigma^n \in C_n(X)$ wegen $I \times \sigma^n \in C_{n+1}(I \times X)$

$$\begin{aligned} 0 &= \partial D(I \times \sigma^n) = D\big(\partial(I \times \sigma^n)\big) \\ &= D(\partial I \times \sigma^n - I \times \partial\sigma^n) \\ &= D(1 \times \sigma^n) - D(0 \times \sigma^n) - D(I \times \partial\sigma^n) \\ &= v(\sigma^n) - u(\sigma^n) - a(\partial\sigma^n) = (v - u - \delta a)(\sigma^n). \end{aligned}$$

Damit ist $v - u = \delta a$ und wir haben $u \sim v$.

Gilt umgekehrt diese Beziehung, so definieren die Festlegungen $D|_{0 \times X} = u$, $D|_{1 \times X} = v$ und $D|_{I \times X} = a$ den im Hilfssatz gesuchten $n\downarrow$-Kettenhomomorphismus $D : C_*(I \times X) \to G$. $\qquad \square$

Wir werden im Folgenden für G die Gruppe $\mathbb{Z}$ und den Körper $\mathbb{Z}_2$ einsetzen.

9.2 Die Konstruktion der Steenrod-Squares – Teil I

In diesem Abschnitt motivieren wir die grundsätzliche Problematik bei der Konstruktion der **Steenrod-Squares** als spezielle Beispiele sogenannter **Kohomologieoperationen**, also Homomorphismen

$$Sq^i : H^n(X; \mathbb{Z}_2) \longrightarrow H^{n+i}(X; \mathbb{Z}_2),$$

und gehen dabei experimentell explorativ vor, um ein besseres Verständnis für die komplizierte Materie zu bekommen.

Ein Versuch zur Konstruktion der reduzierten Potenzen D_i

Wir führen hier die reduzierten Potenzen $D_i : H^n(X; \mathbb{Z}_2) \to H^{2n-i}(X; \mathbb{Z}_2)$ als Vorstufe der Sq^i zunächst auf eine empirische, eher intuitive Weise ein – und beschreiten dabei sogar absichtlich einen Irrweg, denn dadurch wird später die entscheidende Idee motiviert, um die Konstruktion der STEENROD-Squares ohne großen technischen Aufwand zu erreichen (Seite 327 ff). STEENROD selbst wählte zunächst einen direkteren, aber technischeren Zugang, [95], um einige Jahre später die hier präsentierte, elegante Variante zu publizieren, [96][97]. Eine elementare Darstellung findet sich auch in dem Buch von MOSHER und TANGORA, [75].

Lassen Sie uns beginnen mit einem Element $[u] \in H^n(X; \mathbb{Z}_2)$, repräsentiert durch den Kozyklus $u \in C^n(X; \mathbb{Z}_2)$. Wie gelangen wir damit zu den in der Einleitung genannten gemischten Termen der Form $w_i \times D_i(u)$? Man bräuchte dafür einen nichttrivialen CW-Komplex $\mathcal{W}$, der aus je einer Zelle e^n in allen Dimensionen besteht, mit trivialem Randoperator, sodass alle Homologiegruppen $H_n(\mathcal{W}; \mathbb{Z}_2)$ von $[e^n]$ und alle Kohomologiegruppen $H^n(\mathcal{W}; \mathbb{Z}_2)$ von $[\tilde{e}^n]$ erzeugt sind.

Diesen Komplex gibt es tatsächlich: Es ist der Linsenraum $\mathcal{W} = L(2; 1, 1, \ldots)$ vom Typ $K(\mathbb{Z}_2, 1)$, siehe Seite 65. Man kennt ihn auch als den unendlich-dimensionalen reell projektiven Raum $\mathbb{P}_\mathbb{R}^\infty$. Sein zellulärer Kettenkomplex über $\mathbb{Z}$ lautet

$$\ldots \longrightarrow \mathbb{Z} \xrightarrow{0} \mathbb{Z} \xrightarrow{2} \mathbb{Z} \xrightarrow{0} \mathbb{Z} \xrightarrow{2} \ldots \xrightarrow{0} \mathbb{Z} \xrightarrow{2} \mathbb{Z} \xrightarrow{0} \mathbb{Z} \longrightarrow 0.$$

Arbeitet man dann mit Koeffizienten im Körper $\mathbb{Z}_2$, sind alle Randoperatoren im Kettenkomplex identisch 0 und wir erhalten $H_n(\mathcal{W}; \mathbb{Z}_2) \cong \mathbb{Z}_2$ für alle $n \geq 0$. Generatoren in jeder Dimension sind die Klassen $[e^n]$ der zugehörigen Zellen. Nach dem universellen Koeffiziententheorem (Seite 125) erhalten wir dann auch

$$H^n(\mathcal{W}; \mathbb{Z}_2) \cong \mathbb{Z}_2 \quad \text{für alle } n \geq 0,$$

mit den Dualen $w_n = \tilde{e}^n$ als Generatoren in jeder Dimension. Das ist übrigens nicht ganz trivial: Für ungerades n benötigt man $\text{Ext}(H_{n-1}(\mathcal{W}), \mathbb{Z}_2) = 0$ und $\text{Hom}(\mathbb{Z}_2, \mathbb{Z}_2) \cong \mathbb{Z}_2$. Für gerades $n \geq 2$ ist $H_n(\mathcal{W}) = 0$, aber $H_{n-1}(\mathcal{W}) \cong \mathbb{Z}_2$ und damit $\text{Ext}(H_{n-1}(\mathcal{W}), \mathbb{Z}_2) \cong \mathbb{Z}_2$. Bei $n = 0$ ist die Aussage trivial wegen $\text{Hom}(\mathbb{Z}, \mathbb{Z}) \cong \mathbb{Z}_2$. Versuchen Sie vielleicht, das als kleine Übung durchzuspielen.

In Band I haben wir mit der POINCARÉ-Dualität den gesamten Kohomologiering von $\mathcal{W} = \mathbb{P}_\mathbb{R}^\infty$ mit $\mathbb{Z}_2$-Koeffizienten bestimmt (Seite I-502), er ist isomorph zum Polynomring $\mathbb{Z}_2[w_1]$, mit einem Generator $w_1 \in H^1(\mathcal{W}; \mathbb{Z}_2)$.

Die Konstellation passt genau. Der Raum $\mathcal{W}$ liefert die „Variable" w_1, die exakt die Rolle von w im Polynomring des einleitenden Beispiels übernimmt. Nun bilden wir das Produkt $\mathcal{W} \times X$. Es ist auch ein CW-Komplex mit kompakten Skeletten, die n-Zellen sind von der Form $e^i \times e_X^{n-i}$, und diese generieren die frei abelschen zellulären Kettengruppen von $\mathcal{W} \times X$. Wegen der kompakten Skelette von X sind die Kettengruppen $C^n(\mathcal{W} \times X; \mathbb{Z}_2)$ des dualen Komplexes ebenfalls endlich erzeugt frei abelsch, generiert von den Kozellen $w_i \times \widetilde{e}_X^{n-i}$, für $0 \le i \le n$.

Versuchen wir, uns eine Vorstellung von den Kohomologiegruppen $H^n(\mathcal{W} \times X; \mathbb{Z}_2)$ zu machen. Es gilt nach der Produktformel $\delta\big(w_i \times \widetilde{e}_X^{n-i}\big) = (-1)^i w_i \times \delta\widetilde{e}_X^{n-i}$, wegen $\delta w_i = 0$, und diese Tatsache erleichtert den Zugang sehr.

Beobachtung:
Jedes Element in $H^n(\mathcal{W} \times X; \mathbb{Z}_2)$ hat eine KÜNNETH-Darstellung als

$$\omega^n = \sum_{i=0}^{n} w_i \otimes \xi_{n-i},$$

mit eindeutig bestimmten $\xi_{n-i} \in H^{n-i}(X; \mathbb{Z}_2)$.

Sie haben gemerkt, dass wir in den Notationen frei springen zwischen den Tensorprodukten $w_i \otimes \xi_{n-i}$ und den externen Produkten $w_i \times \xi_{n-i}$. Die bekannten Isomorphien bei der zellulären (Ko-)Homologie sind Ihnen aus der Einleitung gewiss noch vertraut (Seite 125 ff).

Zum **Beweis** der Beobachtung: Aus EILENBERG-ZILBER (Seite 144) folgt, dass sich die Gruppen $H^n(\mathcal{W} \times X; \mathbb{Z}_2)$ aus dem Komplex $C^*(\mathcal{W}; \mathbb{Z}_2) \otimes C^*(X; \mathbb{Z}_2)$ errechnen. Der Komplex $C^*(\mathcal{W}; \mathbb{Z}_2)$ ist trivial: alle Randoperatoren verschwinden und die Kettengruppe $C^i(\mathcal{W}; \mathbb{Z}_2)$ ist generiert von der einzigen Kozelle $\widetilde{e}^i$. Wegen der oben schon erwähnten Gleichung $\delta\big(w_i \times \widetilde{e}_X^{n-i}\big) = (-1)^i w_i \times \delta\widetilde{e}_X^{n-i}$ ergibt sich unmittelbar, dass jeder Kozyklus $c \in C^n(\mathcal{W} \times X; \mathbb{Z}_2)$ die Form

$$c = \sum_{i=0}^{n} \widetilde{e}^i \times c_{n-i}$$

haben muss, mit Kozyklen $c_{n-i} \in C^{n-i}(X; \mathbb{Z}_2)$. Die gleiche δ-Formel zeigt dann mit einer einfachen Rechnung, dass die c_{n-i} bis auf Koränder eindeutig sind und damit eindeutige Klassen $\xi_{n-i} \in H^{n-i}(X; \mathbb{Z}_2)$ definieren. $\qquad\Box$

Damit sind die Rahmenbedingungen geschaffen, um die in der Einleitung angesprochene Analogie zur Funktion $(w + x)^n$ zu verfolgen. Was dort die Potenz w^i war, ist hier der Generator $w_i \in H^i(\mathcal{W}; \mathbb{Z}_2)$. Wir können jetzt anfangen, die Koeffizienten ξ_{n-i} zu untersuchen – oder besser gesagt: ξ_{2n-i}, denn in unserem Kontext hat schon das Quadrat u^2 den Grad $2n$, wir bewegen uns also in den Dimensionen zwischen n und $2n$ (im Unterschied zu dem Beispiel aus der Einleitung).

Wir werden nun für $u \in C^n(X; \mathbb{Z}_2)$ das Cup-Produkt $u^2 \in C^{2n}(X; \mathbb{Z}_2)$ ins Spiel bringen und versuchen, es irgendwie mit dem Faktor $\mathcal{W}$ zu vermischen, sodass in den Koeffizienten die Grade zwischen n und $2n$ auftauchen.

Dies funktioniert, wie vorhin gesehen, auf dem üblichen Weg über das externe Produkt $X \times X$ und die zellulär approximierte Diagonale $\widetilde{d}_X : X \to X \times X$. So kommen wir zu einem wohldefinierten Homomorphismus

$$\widetilde{d}_X^* : H^i(X \times X; \mathbb{Z}_2) \longrightarrow H^i(X; \mathbb{Z}_2),$$

mit $\widetilde{d}_X^*(u \times u) = u^2$, wieder als Kettenhomomorphismus $C^*(X \times X) \to \mathbb{Z}_2$ interpretiert, der die Dimensionen um $2n$ verringert: als $2n\downarrow$-Homomorphismus. Wir schreiben ab jetzt auch kurz $X \otimes X$ für den Kettenkomplex von $X \times X$.

Wie können wir nun den Raum $\mathcal{W}$ in die Kalkulation einbringen? Versuchen wir es zuerst auf ganz einfache Weise, über die $\mathbb{Z}$-**Augmentierung** $\epsilon : \mathcal{W} \longrightarrow \mathbb{Z}$, das bedeutet $\epsilon(e^0) = 1$, und für $i > 0$ ist $\epsilon(e^i) = 0$. Auch die Augmentierung ist ein Kettenhomomorphismus, der die Dimensionen erhält, wenn $\mathbb{Z}$ wieder als Komplex $\ldots \to 0 \to \ldots \to 0 \to \mathbb{Z} \to 0$ gesehen wird, bei dem nur in Dimension 0 eine nichttriviale Gruppe steht. Beachten Sie, dass wir mit $\mathbb{Z}$-Koeffizienten arbeiten und $\mathcal{W}$ als Kettenkomplex mit $\partial e^{2i} = 2e^{2i-1}$ und $\partial e^{2i-1} = 0$ interpretieren.

Nun betrachten wir die (etwas seltsam anmutende) Komposition

$$(u \times u)(\epsilon \otimes \mathbb{1})(\mathbb{1} \otimes \widetilde{d}_X) : \mathcal{W} \otimes X \longrightarrow \mathcal{W} \otimes (X \otimes X) \longrightarrow X \otimes X \longrightarrow \mathbb{Z}_2$$

als Kozyklus $\Phi u \in C^{2n}(\mathcal{W} \otimes X; \mathbb{Z}_2)$. Beim genauen Blick sieht man allerdings, dass hier $\mathcal{W}$ nur scheinbar beteiligt ist, denn ϵ annulliert alle Zellen außer w_0. Es ist dann $[\Phi u] = w_0 \otimes [u]^2$, was Sie direkt an der Komposition der Kettenhomomorphismen nachprüfen. Wenn dies nach KÜNNETH in eine Summe zerlegt wird, erhält man

$$w_0 \otimes [u]^2 = \sum_{i=0}^{2n} w_i \otimes D_i(u),$$

und damit $D_i(u) = 0$ für alle $i > 0$. Ein Ergebnis, das absolut nicht sinnvoll verwertbar ist. Um eine nichttriviale Theorie aufzubauen, brauchen wir mindestens ein $D_i(u)$ mit $i > 0$, das nicht verschwindet (sonst haben wir nichts anderes gemacht, als das Cup-Produkt $H^n(X; \mathbb{Z}_2) \to H^{2n}(X; \mathbb{Z}_2)$ neu erfunden).

Gibt es einen Ausweg aus dem Dilemma? Versuchen wir, an einem konkreten Beispiel herauszufinden, ob sich der Ansatz retten lässt. Wir wählen $X = S^1$. Dieser Raum eignet sich wegen seiner einfachen Kohomologie, denn nach dem universellen Koeffizententheorem ist $H^n(S^1; \mathbb{Z}_2) = \mathbb{Z}_2$ für $n = 0,1$ und sonst ist $H^n(S^1; \mathbb{Z}_2) = 0$. Als regulärer CW-Komplex besteht er aus den zwei Punkten $0 = e_1^0$ und $1 = e_2^0$, sowie den 1-Zellen $I_1 = e_1^1$ und $I_2 = e_2^1$.

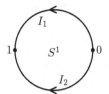

$\partial I_1 = \partial I_2 = 1 - 0$

Fundamentalzyklus $\mu_{S^1} = I_1 - I_2$

Es ist dann für einen Generator $u \in H^1(S^1; \mathbb{Z}_2)$ das Element $D_1(u) \in H^1(S^1; \mathbb{Z}_2)$ der Koeffizient bei w_1 in der Künneth-Zerlegung der Klasse von

$$(u \otimes u)(\epsilon \otimes \mathbb{1})(\mathbb{1} \otimes \tilde{d}_{S^1}): \mathcal{W} \otimes S^1 \longrightarrow \mathcal{W} \otimes (S^1 \otimes S^1) \longrightarrow S^1 \otimes S^1 \longrightarrow \mathbb{Z}_2$$

in $H^2(\mathcal{W} \otimes S^1; \mathbb{Z}_2)$. Um jetzt konkret rechnen zu können, müssen wir eine spezielle Diagonalapproximation $\tilde{d}_{S^1}: S^1 \to S^1 \otimes S^1$ finden, die auf dem 0-Skelett mit der Diagonale $0 \mapsto 0^2$ und $1 \mapsto 1^2$ übereinstimmt und u^2 darauf anwenden. Um es vorweg zu nehmen: Es wird dabei ein Repräsentant von $[\Phi u] \in H^2(\mathcal{W} \otimes S^1; \mathbb{Z}_2)$ herauskommen, der in der Künneth-Zerlegung zwar auch nur $w_0 \otimes D_0(u)$ ergibt, doch diesmal können wir noch ein wenig herumbasteln und Reparaturversuche unternehmen.

Wir beginnen $\tilde{d}_{S^1}$ mit den Vorgaben $\tilde{d}_{S^1}(0) = 0^2$, $\tilde{d}_{S^1}(1) = 1^2$ und definieren

$$\tilde{d}_{S^1}(I_1) = 0 \otimes I_1 + I_1 \otimes 1,$$
$$\tilde{d}_{S^1}(I_2) = 0 \otimes I_2 + I_2 \otimes 1.$$

Wegen $\partial I_1 = \partial I_2 = 1 - 0$ ist $\tilde{d}_{S^1}$ ein Kettenhomomorphismus. Mit $\mu_{S^1} = I_1 - I_2$ als Fundamentalzyklus von S^1 wählen wir für den Generator von $H^1(S^1; \mathbb{Z}_2)$ nun den Kozyklus $u(I_1) = 1$ und $u(I_2) = 0$ und berechnen damit den w_1-Summanden von Φu als den Homomorphismus

$$e_\mathcal{W}^1 \otimes \mu_{S^1} \xrightarrow{\mathbb{1} \otimes \tilde{d}_{S^1}} e_\mathcal{W}^1 \otimes \tilde{d}_{S^1}(\mu_{S^1}) \xrightarrow{\epsilon \otimes \mathbb{1}} 0 \xrightarrow{u^2} 0.$$

Damit verstehen wir besser, wie $w_1 \otimes D_1(u) = 0$ in der Künneth-Zerlegung des Elements $[\Phi u] \in H^2(\mathcal{W} \otimes S^1; \mathbb{Z}_2)$ entsteht. Wo in aller Welt können wir hier noch etwas reparieren?

Die meisten von Ihnen werden wahrscheinlich zuerst auf $\epsilon \otimes \mathbb{1}$ schauen. Schließlich ist dies die Stelle, an der wegen $\epsilon(e_\mathcal{W}^1) = 0$ niemals die 1 im Ziel entstehen kann. Aber selbst wenn die Augmentierung ϵ durch etwas anderes ersetzt würde, was einen skalaren Faktor $\neq 0$ erzeugt (es wären hier wegen $\mathbb{Z}_2$ im Ziel nur ungerade Skalare sinnvoll), hätten wir ein weiteres Problem: Da am Ende u^2 angewendet wird (daran dürfen wir nicht rütteln, sonst fällt alles auseinander), muss vorher der Grad der Kette in $(S^1)^2$ verdoppelt werden. Bedenken Sie, dass wegen der zellulären Approximation $\tilde{d}_{S^1}(\mu_{S^1})$ den Grad 1 hat und mit u^2 auch auf 0 abgebildet würde.

Die große Überraschung ist nun, dass $\epsilon \otimes \mathbb{1}$ so bleiben kann, wie es ist. In der Tat müssen wir uns dem Kettenhomomorphismus davor zuwenden, nämlich $\mathbb{1} \otimes \tilde{d}_{S^1}$. Genau darin liegt die Lösung und wird uns zu einer faszinierenden neuen Sicht auf die Kohomologie von CW-Komplexen führen. Lassen Sie uns also $\mathbb{1} \otimes \tilde{d}_{S^1}$ neu definieren und den Komplex $\mathcal{W}$ effektiver einbinden. Die neue Diagonale wollen wir $\tilde{d}_\pi$ nennen – eine Bezeichnung, die Ihnen bald klar wird.

Erster Versuch für $\tilde{d}_\pi$: Es bleibt zunächst bei $\mathbb{1} \otimes \tilde{d}_{S^1}$ auf dem Skelett $\mathcal{W}^0 \otimes S^1$. Das bedeutet $\tilde{d}_\pi(e^0 \otimes x) = e^0 \otimes \tilde{d}_{S^1}(x)$ für alle $x \in S^1$. Weiter sei wie bisher $\tilde{d}_\pi(e^1 \otimes 0) = \tilde{d}_\pi(e^1 \otimes 1) = 0$.

Wir setzen nun aber in Abweichung von $\mathbb{1} \otimes \tilde{d}_{S^1}$

$$\tilde{d}_\pi(e^1 \otimes I_1) = e^0 \otimes I_1 \otimes I_1 \quad \text{und} \quad \tilde{d}_\pi(e^1 \otimes I_2) = e^0 \otimes I_2 \otimes I_2 \,.$$

Eigentlich keine spektakuläre Idee, die Zelle $e^1 \in \mathcal{W}$ erzeugt ebenfalls die Quadrate der Intervalle I_i und wird dabei selbst zur 0-Zelle. Sie zeigt in der Komposition $(\epsilon \otimes \mathbb{1})\tilde{d}_\pi$ also eine Wirkung, bevor sie durch ϵ annulliert werden kann. Ist $\tilde{d}_\pi$, zumindest soweit wir es bisher konstruiert haben, ein Kettenhomomorphismus? Wir müssen dies nur für $e^1 \otimes I_i$ prüfen, $i = 1,2$. Die Rechnungen ergeben

$$\tilde{d}_\pi \partial(e^1 \otimes I_i) = \tilde{d}_\pi(\partial e^1 \otimes I_i - e^1 \otimes \partial I_i) = -\tilde{d}_\pi(e^1 \otimes \partial I_i) = 0 \quad \text{und}$$

$$\partial \tilde{d}_\pi(e^1 \otimes I_i) = \partial(e^0 \otimes I_i \otimes I_i) = e^0 \otimes \partial(I_i \otimes I_i)$$

$$= e^0 \otimes ((1-0) \otimes I_i - I_i \otimes (1-0)) \neq 0 \,.$$

So einfach geht es also leider nicht. Vom Prinzip her ist der Ansatz korrekt, doch es fehlt noch eine zündende Idee. Sie betrifft den Komplex $\mathcal{W}$ und liegt in einer Technik aus den Anfängen der algebraischen Topologie: in der universellen Überlagerung $p : S^\infty \to \mathcal{W}$, wobei S^∞ zusammenziehbar ist (Seite 66) und in seiner CW-Struktur aus zwei Zellen e^n_j in jeder Dimension besteht, $j = 1,2$.

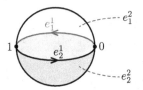

$$\partial e^1_1 = 1 - 0$$
$$\partial e^1_2 = 0 - 1$$
$$\partial e^2_1 = \partial e^2_2 = e^1_1 + e^1_2$$

Die Randoperatoren lauten dabei für ungerade Dimensionen

$$\partial e^{2n+1}_1 = e^{2n}_2 - e^{2n}_1 \quad \text{und} \quad \partial e^{2n+1}_2 = e^{2n}_1 - e^{2n}_2$$

sowie für gerade Dimensionen

$$\partial e^{2n}_1 = \partial e^{2n}_2 = e^{2n-1}_1 + e^{2n-1}_2 \,,$$

was man sich anhand der obigen Grafik plausibel machen kann. Auch fällt Ihnen bestimmt auf, dass die CW-Struktur von S^∞ regulär ist, im Gegensatz zu der CW-Struktur von $\mathcal{W}$.

Versuchen wir also, einen Kettenhomomorphismus $\tilde{d}_\pi : S^\infty \otimes S^1 \to S^\infty \otimes S^1 \otimes S^1$ zu konstruieren (wobei wir der Lesbarkeit halber wieder $e^0_1 = 0$, $e^0_2 = 1$, $e^1_1 = I_1$ und $e^1_2 = I_2$ schreiben), und zwar für $a, b \in \{0,1\}$, $i \in \{1,2\}$ zunächst über die Zuordnungen

$$\tilde{d}_\pi(a \otimes b) = 1 \otimes b \otimes b,$$
$$\tilde{d}_\pi(0 \otimes I_i) = 1 \otimes (0 \otimes I_i + I_i \otimes 1),$$
$$\tilde{d}_\pi(1 \otimes I_i) = 1 \otimes (I_i \otimes 0 + 1 \otimes I_i),$$
$$\tilde{d}_\pi(I_i \otimes a) = 0,$$
$$\tilde{d}_\pi(I_1 \otimes I_i) = \tilde{d}_\pi(I_2 \otimes I_i) = 1 \otimes I_i \otimes I_i \,.$$

Jetzt funktioniert die Prüfung auf Kettenhomomorphismus, wir zeigen das hier am Beispiel $I_1 \otimes I_2$:

$$
\begin{aligned}
\tilde{d}_\pi \partial (I_1 \otimes I_2) &= \tilde{d}_\pi (\partial I_1 \otimes I_2 - I_1 \otimes \partial I_2) \\
&= \tilde{d}_\pi \big((1 - 0) \otimes I_2 - I_1 \otimes (1 - 0) \big) \\
&= \tilde{d}_\pi (1 \otimes I_2) - \tilde{d}_\pi (0 \otimes I_2) \\
&= 1 \otimes (I_2 \otimes 0 + 1 \otimes I_2 - 0 \otimes I_2 - I_2 \otimes 1) \qquad \text{und}
\end{aligned}
$$

$$
\begin{aligned}
\partial \tilde{d}_\pi (I_1 \otimes I_2) &= \partial (1 \otimes I_2 \otimes I_2) = 1 \otimes \partial (I_2 \otimes I_2) \\
&= 1 \otimes \big((1 - 0) \otimes I_2 - I_2 \otimes (1 - 0) \big) \\
&= 1 \otimes 1 \otimes I_2 - 1 \otimes 0 \otimes I_2 - 1 \otimes I_2 \otimes 1 + 1 \otimes I_2 \otimes 0 .
\end{aligned}
$$

Weitere Beispiele können Sie gerne selbst probieren. Lassen Sie uns sehen, wie die Kokette $(u \otimes u)(\epsilon \otimes \mathbb{1})\tilde{d}_\pi \in C^{2n}(S^\infty \otimes S^1; \mathbb{Z}_2)$ nun beschaffen ist. Wir imitieren dabei das Vorgehen bei $\mathcal{W} \otimes S^1$ und wählen in dem Faktor S^∞ stellvertretend die 1-dimensionale Zelle I_1. Das kann nicht ganz verkehrt sein, denn das zu $p(I_1)$ duale Element in $C^1(\mathcal{W}; \mathbb{Z}_2)$ repräsentiert den Generator $w_1 \in H^1(\mathcal{W}; \mathbb{Z}_2)$. Der Generator $u \in H^1(S^1; \mathbb{Z}_2)$ sei wieder durch $u(I_1) = 1$ und $u(I_2) = 0$ gegeben. Damit ist (mit $u^2 = u \otimes u$)

$$
\begin{aligned}
D_1(u)[\mu_{S^1}] &= \big(\tilde{I}_1 \otimes D_1(u) \big)(I_1 \otimes \mu_{S^1}) = u^2(\epsilon \otimes \mathbb{1})\tilde{d}_\pi (I_1 \otimes \mu_{S^1}) \\
&= u^2(\epsilon \otimes \mathbb{1})\tilde{d}_\pi \big(I_1 \otimes (I_1 - I_2) \big) = u^2(\epsilon \otimes \mathbb{1})(1 \otimes I_1^2 - 1 \otimes I_2^2) \\
&= u^2(I_1^2 - I_2^2) = 1 \cdot 1 - 0 \cdot 0 = 1 .
\end{aligned}
$$

Dies wäre das Wunschergebnis, es ergibt sich $D_1(u) = u$. Beachten Sie bei der zweiten Gleichung, dass in der KÜNNETH-Zerlegung von $u^2(\epsilon \otimes \mathbb{1})\tilde{d}_\pi$ nur beim Summanden mit erstem Faktor $\tilde{I}_1 \in C^1(S^\infty; \mathbb{Z}_2)$ ein Wert $\neq 0$ entsteht.

Aber Achtung, wir dürfen uns nicht zu früh freuen. Die Sache hat noch mehrere Haken. Einerseits ist I_1 kein Zyklus und daher $\tilde{I}_1$ kein Kozyklus, der ein Element in $H^1(S^\infty; \mathbb{Z}_2)$ repräsentieren könnte. Andererseits ist S^∞ zusammenziehbar und hat bis auf $H^0(S^\infty; \mathbb{Z}_2)$ nur triviale Kohomologiegruppen. Mit einem (zwangsläufig nullhomologen) Kozyklus c^1 in S^∞ könnten wir $D_1(u)$ überhaupt nicht bestimmen, denn der Beifaktor $[c^1]$ hätte den Wert 0. Außerdem ist $\tilde{d}_\pi$ noch gar nicht vollständig definiert. Was zum Beispiel ist $\tilde{d}_\pi(e_1^2 \otimes 0)$, oder $\tilde{d}_\pi(e_1^5 \otimes I_1)$?

Zumindest die zweite Frage ist einfach zu klären, denn in der Tat kann man $\tilde{d}_\pi$ zu einem Kettenhomomorphismus auf ganz $S^\infty \otimes S^1$ fortsetzen (wir tun dies später auch für allgemeine reguläre Komplexe X anstelle von S^1, sobald die vagen Konzepte auf einem festen Fundament stehen, Seite 332). Aber die anderen Probleme sind schwieriger. Gibt es einen Ausweg?

Ja, es gibt ihn – und welch wunderbare Idee steckt dahinter! Der geniale Einfall besteht – etwas vereinfacht formuliert – darin, bei dem Zyklus $I_1 - I_2$, dessen Klasse ein Generator von $H_1(S^1)$ ist und der eben leider als Rand ∂e_1^2 in S^∞ nullhomolog ist, eben diese Null-Homologie quasi durch „höhere Auflagen" zu verbieten. Wie kann das gehen?

Nun denn, wir dürfen die Ränder ∂e_1^2 nicht zulassen – und das geht, wenn wir die Zelle e_1^2 (und natürlich auch ihr Gegenüber e_2^2) als autonome 2-Ketten in S^∞ ausschließen. Dafür eignet sich die klassische zelluläre Homologietheorie nicht, wir brauchen einen neuen Ansatz. Sehen Sie sich einmal die Definition von $\tilde{d}_\pi$ genauer an, insbesondere die Bilder in den Faktoren $S^1 \otimes S^1$. Die Symmetrie dort ist nicht zu übersehen. Und in der Tat, der Kettenhomomorphismus $\tilde{d}_\pi$ hat eine besondere Eigenschaft, er ist mit einer Gruppenoperation auf den Komplexen in Quelle und Ziel verträglich.

Die Gruppe ist $\pi \cong S(2)$, die symmetrische Gruppe der Permutationen von $\{1,2\}$. Übrigens: Man wählt in der Literatur den Buchstaben π, da er hier nicht mit der Kreiszahl verwechselt werden kann und $S(2)$ als Index zu sperrig ist (der Buchstabe p eignet sich auch nicht, weil dieser in der Topologie oft als Faserung $p : E \to B$ verwendet wird oder auch für Primzahlen $p \geq 2$, wenn die reduzierten Potenzen nicht nur für $p = 2$ entwickelt werden). Es sei daher die Bezeichnung π übernommen. Nun verstehen Sie auch die Bezeichnung $\tilde{d}_\pi$ für den obigen Kettenhomomorphismus. Die identische Permutation $(1\ 2)$ werde ab jetzt mit 1 bezeichnet, für $(2\ 1)$ wählen wir den Buchstaben ρ. Damit ist $\pi = \{1, \rho\}$.

Die Wirkung von π auf S^∞ sei nun gegeben durch $1 \triangleright e_i^n = e_i^n$ und $\rho \triangleright e_i^n = e_{\rho(i)}^n$, für $i = 1,2$, wobei wir für die Gruppenoperation ab jetzt das Symbol $\triangleright$ verwenden. Auf S^1 sei die Wirkung von π trivial und auf $S^1 \otimes S^1 = (S^1)^2$ gegeben durch die Vertauschung $\rho \triangleright (e_i^m \otimes e_j^n) = e_j^n \otimes e_i^m$. Die 1 wirkt stets als die Identität. Auf dem Produkt $S^\infty \otimes (S^1)^2$ wirkt π **diagonal**, das bedeutet $\rho \triangleright (a \otimes b) = (\rho \triangleright a \otimes \rho \triangleright b)$. Im Faktor S^∞ werden also die zwei Zellen jeder Dimension permutiert, im Ziel die beiden Faktoren S^1. Damit ergibt eine einfache Verifikation

$$\tilde{d}_\pi(\sigma \triangleright e) = \sigma \triangleright \tilde{d}_\pi(e) \qquad \textbf{(Definition der } \pi\textbf{-Äquivarianz)}$$

für alle Zellen e des Komplexes $S^\infty \otimes S^1$. Man nennt $\tilde{d}_\pi$ dann π-**äquivariant** oder, wenn die Gruppe klar ist, einfach nur **äquivariant** (engl. *equivariant*).

Die Äquivarianz kann übrigens viel allgemeiner formuliert werden, mit je einer Gruppe π und ρ in Quelle und Ziel sowie einem Homomorphismus $\pi \to \rho$ zwischen beiden Gruppen (das wird hier aber nicht benötigt).

Nun ahnen Sie wahrscheinlich schon, dass dieser äquivariante Kettenhomomorphismus $\tilde{d}_\pi : S^\infty \otimes S^1 \to S^\infty \otimes (S^1)^2$ einen gewöhnlichen Kettenhomomorphismus $(S^\infty/\pi) \otimes S^1 \to (S^\infty \otimes (S^1)^2)/\pi$ der Quotienten induziert. Dort werden die Bahnen der Gruppenoperation zu einem Punkt (oder besser formuliert: zu einer Zelle) verschmolzen. Für Quotientenkomplexe modulo π schreiben wir ab jetzt kurz

$$S^\infty \otimes_\pi (S^1 \otimes_\pi S^1) = S^\infty \otimes_\pi (S^1)_\pi^2 = \left(S^\infty \otimes (S^1)^2\right)/\pi .$$

Es wird spannend, denn wegen $S^\infty/\pi \cong \mathcal{W}$ kommen wir unserem Ziel immer näher. Lassen Sie uns jetzt all diese vagen Überlegungen auf ein solides Fundament stellen.

9.3 Äquivariante Homologie und Kohomologie

Wir betrachten einen (wie immer regulären) CW-Komplex X, aufgefasst als sein zellulärer Kettenkomplex, und wollen eine alternative Homologietheorie für X entwickeln, falls es eine **endliche Gruppe** π gibt, die auf dem Komplex X **von links operiert**[1]. Das bedeutet, es gibt Gruppenhomomorphismen

$$\pi \times C_*(X) \longrightarrow C_*(X), \quad (\sigma, e_\lambda^n) \mapsto \sigma \triangleright e_\lambda^n \in C_n(X),$$

die mit den Randoperatoren gemäß $\sigma \triangleright (\partial e_\lambda^n) = \partial(\sigma \triangleright e_\lambda^n)$ kommutieren und die üblichen Regeln $1 \triangleright e_\lambda^n = e_\lambda^n$ sowie $\sigma \triangleright (\tau \triangleright e_\lambda^n) = (\sigma\tau) \triangleright e_\lambda^n$ erfüllen. Wir bezeichnen die Untergruppe von $C_n(X)$, die aus den Ketten c mit $\sigma \triangleright c = c$, für alle $\sigma \in \pi$, besteht, als π**-äquivariante** (oder kurz **äquivariante**) **Kettengruppe** $C_n^\pi(X)$.

Als Zwischenbemerkung sei gesagt, dass die π-Äquivarianz auch für CW-Komplexe als topologische Räume einen Sinn ergibt (dies ist die **geometrische** Sicht auf Äquivarianz, die gleichbedeutend zur **algebraischen** Sicht mit zellulären Kettenkomplexen ist). Man nennt diese Räume dann π**-äquivariant**, falls sich die Zuordnungen $(\sigma, c) \mapsto \sigma \triangleright c$ punktweise zu einer stetigen Abbildung $\pi \times X \to X$ zusammenfügen, wenn π die diskrete Topologie erhält.

Wählen Sie als Beispiel dazu $X = S^\infty$. Die Zuordnung $e_\lambda^n \mapsto \sigma \triangleright e_\lambda^n$ definiert für jedes $\sigma \in \pi = S(2)$ gleichzeitig einen Automorphismus des Kettenkomplexes $C_*(X)$ und einen zellulären Homöomorphismus des Raumes X (die Inversen werden jeweils mit σ^{-1} gebildet). Versuchen Sie als kleine **Übung**, aus der obigen Wirkung von π die korrespondierenden zellulären Homöomorphismen $S^\infty \to S^\infty$ explizit zu konstruieren.

Beobachtung: $c \in C_n^\pi(X) \Rightarrow \partial c \in C_{n-1}^\pi(X)$.

Der **Beweis** geht direkt geradeaus. Es ist $\sigma \triangleright \partial c = \partial(\sigma \triangleright c)$ nach obiger Regel, und außerdem gilt $\partial(\sigma \triangleright c) = \partial c$, denn c war eine äquivariante Kette. $\square$

Damit definiert die Einschränkung von $C_*(X)$ auf $C_*^\pi(X)$ einen Kettenkomplex, den π**-äquivarianten Kettenkomplex** von X. Der Quotient

$$H_n^\pi(X) = Z_n^\pi(X)/B_n^\pi(X),$$

der **äquivarianten** n**-Zyklen** $Z_n^\pi(X)$ durch die **äquivarianten** n**-Ränder** $B_n^\pi(X)$ nennt man die n**-te äquivariante Homologiegruppe** von X. Beachten Sie, dass diese Gruppen als Untergruppen von endlich erzeugten und frei abelschen Gruppen ebenfalls endlich erzeugt frei abelsch sind (hier gehen die endlichen Skelette von X ein). Und nun nimmt das kleine Wunder seinen Lauf.

---

[1]Die Endlichkeit von π ist in dem hier gewählten Zugang notwendig, um die Theorie nach dem bekannten Muster über die äquivariante Homologie zur Kohomologie zu entwickeln (mit G-Dualisierung der Ketten). Es gibt auch eine direkte Definition für äquivariante Kohomologie, die auf die Endlichkeit der Gruppe π verzichten kann (Seite 331). In diesem Buch werden nur endliche Gruppen π verwendet.

Für die $H_*^\pi(X)$ läßt sich eine vollwertige Homologietheorie entwickeln, in der alle Sätze der gewöhnlichen Homologietheorien (simplizial, singulär oder zellulär) gelten. Zum Beispiel lassen sich **äquivariante Teilkomplexe** $A \subset X$ definieren (das bedeutet $\sigma \triangleright A \subseteq A$) und damit kann man, auch wieder für beliebige abelsche Koeffizientengruppen G, die **relativen äquivarianten Kettengruppen**

$$C_*^\pi(X, A; G) = C_*^\pi(X; G)\big/C_*^\pi(A; G)$$

definieren. Es existiert dann eine lange exakte Homologiesequenz genauso wie in den bekannten Homologietheorien.

Dasselbe gilt für den Ausschneidungssatz und die wichtige Aussage, dass für äquivariante CW-Paare (X, A) natürliche Isomorphien $H_*^\pi(X, A; G) \cong H_*^\pi(X/A; G)$ bestehen. Gleiches für Produkt-CW-Komplexe, den Satz von EILENBERG-ZILBER, das universelle Koeffiziententheorem und die KÜNNETH-Formel. Ja sogar die Konstruktion von Spektralsequenzen könnten in der äquivarianten Homologie wörtlich übertragen werden.

Wichtig dabei ist, dass man überall das Adjektiv „äquivariant" ergänzt, sowohl in den Voraussetzungen als auch in den Schlussfolgerungen. Ein Beispiel ist der Homotopiesatz. Es genügt nicht, die Homotopieäquivalenz zweier π-äquivarianter CW-Komplexe X und Y zu fordern, um $H_*^\pi(X) \cong H_*^\pi(Y)$ zu erhalten. Wir müssen die **äquivariante Homotopieäquivalenz** fordern, also zwei **äquivariante Kettenhomomorphismen** $f : X \to Y$ und $g : Y \to X$, das bedeutet $f(\sigma \triangleright c) = \sigma \triangleright f(c)$ für alle $\sigma \in \pi$ und $c \in C_*(X)$, dito für g, zusammen mit zwei äquivarianten Homotopien $h_X : I \times X \to Y$, $h_Y : I \times Y \to X$ mit $h_X|_{0 \times X} = gf$, $h_X|_{1 \times X} = \mathrm{id}_X$ und sinngemäß genauso für $fg : Y \to Y$.

Es ist in der Tat interessant – und manchmal auch etwas gefährlich – diese neue Theorie aufzubauen. Haben Sie zum Beispiel an der Definition bemerkt, was zum Homotopiesatz noch fehlt? Richtig, wir müssen noch klarstellen, was eine **äquivariante Homotopie** sein soll – auch wenn es einfach ist. Wir haben eigentlich keine andere Wahl, als die Gruppenoperation auf dem I-Faktor trivial zu definieren, also $\sigma \triangleright (e_I \times e_X) = e_I \times (\sigma \triangleright e_X)$ für alle Zellen $e_X \in X$ und die üblichen Zellen $e_I = 0, 1, I$. Das ist auch sinnvoll: So gibt es keine äquivariante Homotopie von S^∞ auf einen Punkt, obwohl S^∞ im klassischen Sinne zusammenziehbar ist und daher $H_*(S^\infty) = 0$ wäre ($k > 0$).

Lassen Sie uns also $H_n^\pi(S^\infty)$ berechnen. Mit $\pi = \{1, \rho\}$ ist die äquivariante Struktur von S^∞ durch $\rho(e_1^n) = e_2^n$ und $\rho(e_2^n) = e_1^n$ gegeben. Damit sind die Vielfachen von $e_\pi^n = e_1^n + e_2^n$ die einzigen Ketten in der Dimension n. In ungeraden Dimensionen $2n + 1$ sind dies äquivariante Zyklen (einfache **Übung**). In geraden Dimensionen gilt $\partial e_\pi^{2n} = \partial(e_1^{2n} + e_2^{2n}) = 2(e_1^{2n-1} + e_2^{2n-1}) = 2e_\pi^{2n-1}$. Die äquivarianten Ränder bestehen also in ungeraden Dimensionen aus den verdoppelten äquivalenten Zyklen. Durch die konsequente Forderung nach Äquivarianz haben wir also das homologische Geschehen im Quotienten $\mathcal{W} \cong S^\infty/\pi$ exakt nachgestellt, dort waren ja die Zellen e_1^n und e_2^n verschmolzen.

Wir erhalten damit für alle $n \geq 1$

$$H_0^\pi(S^\infty) \cong \mathbb{Z}, \quad H_{2n}^\pi(S^\infty) \cong 0 \quad \text{und} \quad H_{2n-1}^\pi(S^\infty) \cong \mathbb{Z}_2.$$

Mit $\mathbb{Z}_2$-Koeffizienten folgt damit aus dem universellen Koeffiziententheorem der Homologie (Seite I-211, in der äquivarianten Fassung) das Wunschergebnis

$$H_n^\pi(S^\infty; \mathbb{Z}_2) \cong \mathbb{Z}_2 \qquad \text{für alle } n \geq 0.$$

In der Kohomologie gibt es das Konzept der Äquivarianz natürlich auch. Die **äquivarianten n-Koketten** $C_\pi^n(X; G)$ eines äquivarianten Komplexes X ergeben sich als Homomorphismen $C_n^\pi(X) \to G$. Beachten Sie, dass diese Gruppe keine Untergruppe von $C^n(X; G)$ ist, sondern der Quotient

$$C_\pi^n(X; G) = C^n(X; G) / \operatorname{Ann}\big(C_n^\pi(X)\big)$$

von $C^n(X; G)$ nach dem **Annullator** $\operatorname{Ann}\big(C_n^\pi(X)\big)$, das sind alle Homomorphismen $C_n(X) \to G$, die auf der Untergruppe $C_n^\pi(X) \subseteq C_n(X)$ verschwinden. Der **äquivariante Kokettenkomplex** entsteht dann aus den kurzen exakten Sequenzen

$$
\begin{array}{ccccccccc}
0 & \longrightarrow & \operatorname{Ann}\big(C_n^\pi(X)\big) & \longrightarrow & C^n(X; G) & \longrightarrow & C_\pi^n(X; G) & \longrightarrow & 0 \\
& & \Big\downarrow{\scriptstyle\delta} & & \Big\downarrow{\scriptstyle\delta} & & \Big\downarrow{\scriptstyle\delta_\pi} & & \\
0 & \longrightarrow & \operatorname{Ann}\big(C_{n+1}^\pi(X)\big) & \longrightarrow & C^{n+1}(X; G) & \longrightarrow & C_\pi^{n+1}(X; G) & \longrightarrow & 0.
\end{array}
$$

Beachten Sie, dass $\operatorname{Ann}\big(C_n^\pi(X)\big)$ beim klassischen Korandoperator δ invariant ist, weil die Ränder von äquivarianten Ketten selbst äquivariant sind, und sich damit die rechte Abbildung $\delta_\pi : C_\pi^n(X; G) \to C_\pi^{n+1}(X; G)$ als wohldefinierter Gruppenhomomorphismus ergibt, der $\big(C_\pi^n(X; G), \delta_\pi\big)$ zu einem Kokettenkomplex macht, mit der Eigenschaft $\delta_\pi \delta_\pi = 0$.

Im Beispiel $X = S^\infty$ ist die Zuordnung $e_\pi^1 \mapsto 1$ und $e_\pi^n \mapsto 0$ für $n \neq 1$ das duale Element zu e_π^1. Wir schreiben dafür $\widetilde{e}_\pi^1$. Als Klasse in $C_\pi^n(X; G) = C^n(X; G)/\sim$ existieren hierfür die Repräsentanten $\widetilde{e}_1^1$ und $\widetilde{e}_2^1$. In einer einfachen **Übung** können Sie verifizieren, dass allgemein eine äquivariante Kozelle $\widetilde{e}_\pi^n$ in $C_\pi^n(X; G)$ repräsentiert wird durch jede duale Kozelle $\widetilde{e}_1^n$ aus dem **Orbit** von e_π^n bei der π-Wirkung, also aus der Summe (bei Mengen: der Vereinigung) aller Zellen $\sigma \triangleright e^n$, $\sigma \in \pi$.

Wichtig dabei: Falls $\sigma_1 \triangleright e_\lambda^n = \sigma_2 \triangleright e_\lambda^n$ ist für $\sigma_1 \neq \sigma_2$, zum Beispiel bei einer Diagonalzelle $e_\lambda^{2n} = e_\lambda^n \otimes e_\lambda^n \in X^2$, die durch ρ auf sich selbst abgebildet wird, ist die Gruppenoperation nicht **frei** (die **Standgruppe** von e_λ^{2n} ist ganz π). Im Orbit wird e_λ^{2n} aber dennoch nur einmal gezählt, wie bei der Vereinigung von Mengen.

Im obigen Beispiel genügt es also, für ein Element in $C_\pi^n(S^\infty \otimes (S^1)^2; \mathbb{Z}_2)$ das Bild aller Zellen der Form $e_1^k \otimes (e_i^m \otimes e_j^n)$ anzugeben, wodurch der tiefgestellte Index bei e_1^k wegfallen kann. Eine äquivariante Kokette in $C_\pi^2(S^\infty \otimes (S^1)^2; \mathbb{Z}_2)$ ist dann zum Beispiel über die Zuordnungen von Werten für $e^0 \otimes (e_i^1 \otimes e_j^1)$, $e^1 \otimes (e_i^1 \otimes e_j^0)$, $e^1 \otimes (e_i^0 \otimes e_j^1)$ und $e^2 \otimes (e_i^0 \otimes e_j^0)$, mit $i, j \in \{1, 2\}$ eindeutig definiert. Beachten Sie auch, dass die Wirkung von π auf $S^\infty \otimes X$ stets frei ist, denn sie ist frei auf S^∞.

Soweit diese Beispiele, nun zurück zur Theorie. Die Berechnung des äquivarianten Korandoperators δ_π erfolgt genauso wie in der gewöhnlichen Kohomologie: Es genügt $\delta_\pi(c_\pi^n)(c_{n+1}^\pi) = c_\pi^n(\partial c_{n+1}^\pi)$, denn äquivariante Koketten sind durch ihre Bilder auf den äquivarianten Ketten eindeutig bestimmt. Die Kohomologiegruppen

$$H_\pi^n(X;G) = Z_\pi^n(X;G)\big/B_\pi^n(X;G)\,,$$

wieder gegeben durch den Quotient aus **äquivarianten Kozyklen** ($\delta_\pi z_\pi^n = 0$) durch **äquivariante Koränder** ($b_\pi^n = \delta_\pi c_\pi^{n-1}$) nennt man die **$n$-ten äquivarianten Kohomologiegruppen** von X. Auch die Interpretation von Kozyklen als Kettenhomomorphismen funktioniert analog zur klassischen Kohomologie. So sind die **äquivarianten n-Kozyklen** auf einem äquivarianten CW-Komplex X interpretierbar als die äquivarianten $n\downarrow$-Homomorphismen $X \to G$, wobei die Wirkung von π auf G trivial sei (jedes Element in π erzeuge die Identität auf G). Auch der Hilfssatz auf Seite 319 gilt sinngemäß für die äquivariante Kohomologie.

Das universelle Koeffiziententheorem für die (äquivariante) Kohomologie zeigt dann wie erwartet auch $H_\pi^n(S^\infty;\mathbb{Z}_2) \cong \mathbb{Z}_2$ für alle $n \geq 0$, mit dem äquivarianten Generator $w_n = [e^n \mapsto 1] = \widetilde{e}^n$. Lassen Sie uns jetzt einen neuen Versuch für die Diagonale $\widetilde{d}_\pi$ unternehmen. In Abänderung des Versuchs von Seite 324 wählen wir nun für $d_\pi : (S^\infty)^1 \otimes S^1 \to S^\infty \otimes S^1 \otimes S^1$ die Zuordnungen

$$
\begin{aligned}
d_\pi(a \otimes b) &= a \otimes b \otimes b\,,\\
d_\pi(0 \otimes I_i) &= 0 \otimes (0 \otimes I_i + I_i \otimes 1)\,,\\
d_\pi(1 \otimes I_i) &= 1 \otimes (I_i \otimes 0 + 1 \otimes I_i)\,,\\
d_\pi(I_i \otimes b) &= I_i \otimes b \otimes b\,,\\
d_\pi(I_1 \otimes I_i) &= 0 \otimes I_i \otimes I_i + I_1 \otimes (I_i \otimes 0 + 1 \otimes I_i)\,,\\
d_\pi(I_2 \otimes I_i) &= 1 \otimes I_i \otimes I_i + I_2 \otimes (0 \otimes I_i + I_i \otimes 1)\,.
\end{aligned}
$$

Dies definiert zumindest auf dem Subkomplex $(S^\infty)^1 \otimes S^1$ einen äquivarianten Kettenhomomorphismus (beachten Sie, dass diese immer auf den vollen Kettengruppen C_* definiert sind, nicht nur auf den Untergruppen C_*^π). Die Korrekturterme bei den Bildern der 2-Zellen sind notwendig wegen der Äquivarianz. Die Definition ist außerdem redundant. Es würden die Werte für $0 \otimes b$, $0 \otimes I_i$, $I_1 \otimes b$ und $I_1 \otimes I_i$ genügen, mit äquivarianter Fortsetzung entlang der Orbits (Seite 329).

Wir betrachten nun wieder für einen Generator $[u] \in H^1(S^1;\mathbb{Z}_2)$, wie oben gegeben durch $u(I_1) = 1$ und $u(I_2) = 0$, die Komposition

$$(u \otimes u)(\epsilon \otimes \mathbb{1})\,d_\pi : S^\infty \otimes S^1 \longrightarrow S^\infty \otimes (S^1 \otimes S^1) \longrightarrow S^1 \otimes S^1 \longrightarrow \mathbb{Z}_2$$

als äquivarianten Kozyklus $\Phi_\pi u \in C_\pi^2(S^\infty \otimes S^1;\mathbb{Z}_2)$. Die (äquivariante) KÜNNETH-Formel, auf $[\Phi_\pi u]$ angewendet, ergibt dann

$$
\begin{aligned}
[\Phi_\pi u] &= w_0 \otimes D_0(u) + w_1 \otimes D_1(u) + w_2 \otimes D_2(u)\\
&= w_1 \otimes D_1(u) + w_2 \otimes D_2(u)\,,
\end{aligned}
$$

mit $D_i(u) \in H_\pi^{2-i}(S^1;\mathbb{Z}) \cong H^{2-i}(S^1;\mathbb{Z})$, wobei die Isomorphie von der trivialen π-Wirkung auf S^1 kommt. Beachten Sie zudem auch $D_0 = 0$ wegen $H^2(S^1;\mathbb{Z}) = 0$, wir haben eben mit der S^1 ein sehr einfaches Beispiel gewählt.

Um jetzt den Koeffizienten $D_1(u)$ zu bestimmen, führen wir die gleichen Argumente wie beim ersten Versuch durch (Seite 322). Hier liegt in der Tat die ganze Hoffnung auf eine nichttriviale Theorie verborgen. Wir verwenden dafür wieder den Fundamentalzyklus $\mu_{S^1} = I_1 - I_2$ als Repräsentant des Generators von $H^1(S^1; \mathbb{Z}_2)$ und erinnern uns an die Rechnung von oben, die wir nun mit gestärktem Selbstvertrauen wiederholen: Wieder mit $u(I_1) = 1$ und $u(I_2) = 0$, also $u = \widetilde{\mu}_{S^1}$, erhalten wir (beachten Sie, dass der Einfachheit halber kein Unterschied zwischen Klassen und deren Repräsentanten gemacht wird)

$$
\begin{aligned}
D_1(u)\mu_{S^1} &= \big(w_0 \otimes D_0(u) + w_1 \otimes D_1(u)\big)(I_1 \otimes \mu_{S^1}) \\
&= (u \otimes u)(\epsilon \otimes \mathbb{1})\, d_\pi(I_1 \otimes \mu_{S^1}) \\
&= (u \otimes u)(\epsilon \otimes \mathbb{1})\, d_\pi(I_1 \otimes (I_1 - I_2)) \\
&= (u \otimes u)(I_1^2 - I_2^2) = 1 \cdot 1 - 0 \cdot 0 = 1.
\end{aligned}
$$

Und diesmal stimmt alles, das Wunschergebnis steht in voller Pracht vor uns: Wir haben über die Konstruktion mit $[\Phi_\pi u] \in H_\pi^2(S^\infty \otimes S^1; \mathbb{Z}_2)$ tatsächlich $D_1(u) = u$ erreicht. Die Tür zu einer faszinierenden Entdeckungsreise in die äquivariante Homologie (und Kohomologie) ist nun weit geöffnet.

Äquivariante Koketten als Untergruppen von $C^n(X; G)$

Zuvor wollen wir aber noch eine technische Vereinfachung vornehmen. Es ist in manchen Argumentationen etwas schwerfällig, die äquivarianten Kokettengruppen in Form von Quotientengruppen zu haben, deren Repräsentanten nur auf äquivarianten Ketten getestet werden. Die Gruppen $C_\pi^n(X; G)$ können auch direkt als die Untergruppe $C_\pi^n(X; G)$ der Homomorphismen $C_n(X) \to G$ definiert werden, die invariant bei π sind, also über

$$
C_\pi^n(X; G) = \big\{ \alpha \in C^n(X; G) : \alpha(\sigma \triangleright c) = \alpha(c) \text{ für alle } \sigma \in \pi,\, c \in C_n(X) \big\}.
$$

Der Korandoperator, den wir nun wieder kurz als δ schreiben, ist hier identisch zum gewöhnlichen Korand mit $\delta\alpha(c_{n+1}) = \alpha(\partial c_{n+1})$ für alle $c_{n+1} \in C_{n+1}(X)$.

Versuchen Sie als elementare algebraische **Übung**, einen Kokettenisomorphismus

$$
\varphi : C^n(X; G)/\mathrm{Ann}\big(C_n^\pi(X)\big) \longrightarrow C_\pi^n(X; G)
$$

zwischen den beiden Definitionen zu finden, der verträglich mit den jeweiligen Korandoperatoren δ_π und δ ist (verwenden Sie eine Abbildung $C_n^\pi(X) \to X^n$, die jeder äquivarianten Kette e_π^n eine generierende Zelle $e_0^n \in e_\pi^n$ zuordnet).

9.4 Die Konstruktion der Steenrod-Squares – Teil II

Bei allem Überschwang sollten wir dennoch nicht vergessen, dass insgesamt noch viel zu tun ist. Wir haben die Approximation d_π bisher nur auf einem Teil des 2-Skeletts von $S^\infty \otimes S^1$ entwickelt (die Fortsetzung auf ganz $S^\infty \otimes S^1$ wird aber in Kürze gelingen). Und dann haben wir letztlich nur für einen Beispielraum, nämlich $X = S^1$ mit dem einen Generator $u \in H^1(S^1; \mathbb{Z}_2)$, neben dem (trivialen) Cup-Produkt $D_0(u) = u^2 = 0$ die Identität $D_1(u) = u$ konstruiert, mehr nicht. Aber auch nicht weniger, denn der Ansatz lässt sich signifikant ausbauen.

Blicken wir also kritisch zurück und sehen uns die bisherigen Schwachpunkte und einige **offene Fragen** an.

1. Wir haben eine für $X = S^1$ geeignete Konstruktion auf Ebene einiger Ketten bis zur Dimension 2 vorgenommen. Wie kann die Konstruktion vollständig und für einen beliebigen regulären CW-Komplex X gelingen?

2. Es haben sich wegen der Einfachheit des Kohomologierings $H^*(S^1; \mathbb{Z}_2)$ wohldefinierte reduzierte Potenzen D_0 und D_1 der Kohomologiegruppen ergeben. Induziert die (noch zu findende) Konstruktion in allen Fällen wohldefinierte reduzierte Potenzen $D_i : H^n(X; \mathbb{Z}_2) \to H^{2n-i}(X; \mathbb{Z}_2)$?

3. Sind die D_i unabhängig von der Konstruktion, wenn man gewisse, natürlich formulierbare Anfangsbedingungen verlangt?

4. Sind die D_i Homomorphismen?

5. Welchen algebraischen Gesetzmäßigkeiten gehorchen die D_i?

Fragen über Fragen. Beginnen wir mit den Nummern $1 - 3$, darin steckt bereits ein Großteil der Arbeit – um genau zu sein: in der äquivarianten Diagonalapproximation $d_\pi : S^\infty \otimes X \to S^\infty \otimes (X \otimes X)$ für CW-Komplexe X (sofern sie natürlich die Generalvoraussetzung erfüllen, Seite 316).

Wir beginnen d_π dabei auf dem 0-Skelett von $S^\infty \otimes X$, mit den Festlegungen

$$d_\pi^0(e^0 \otimes e_X^0) = e^0 \otimes e_X^0 \otimes e_X^0 = e^0 \otimes \left(e_X^0\right)^2 .$$

Dies stimmt mit dem obigen Beispiel $X = S^1$ überein (Seite 330). Der Kern der Konstruktion liegt nun in folgendem Satz.

Satz (Fortsetzung äquivarianter Kettenhomomorphismen)
In der obigen Situation gibt es eine Fortsetzung von d_π^0 zu einem äquivarianten Kettenhomomorphismus

$$d_\pi : S^\infty \otimes X \longrightarrow S^\infty \otimes X^2 ,$$

und diese Fortsetzung ist eindeutig bis auf äquivariante Homotopie.

Im **Beweis** gehen wir für die Existenz einer Fortsetzung induktiv nach der Dimension n der Skelette von $S^\infty \otimes X$ vor. Die Anfangsbedingung d_π^0 bedeutet den Induktionsanfang. Diese Abbildung hat nun aber noch eine weitere, interessante Eigenschaft, für die wir etwas ausholen müssen.

Zunächst beobachten wir, dass eine 0-Zelle $e^0 \otimes a$ bei d_π^0 auf die 0-Zelle $e_\pi^0 \otimes a^2$ abgebildet wird. Diese liegt in einem Subkomplex K_a von $S^\infty \otimes X^2$, der **azyklisch** ist im Sinne von

$$H_i(K_a; \mathbb{Z}) \cong \begin{cases} \mathbb{Z} & \text{für } i = 0, \\ 0 & \text{für } i > 0. \end{cases}$$

Wir können hier zum Beispiel $K_a = S^\infty \otimes a^2$ wählen, beachten Sie die Zusammenziehbarkeit von S^∞.

Hier befinden wir uns nun an der Stelle, an der die Generalvoraussetzung mit der **Regularität** der in diesem Kapitel behandelten CW-Komplexe wichtig wird, denn es gibt Beispiele für (äquivariante) Kettenhomomorphismen, die diese Eigenschaft nicht besitzen.

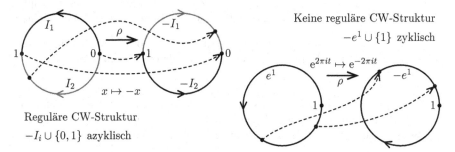

Reguläre CW-Struktur
$-I_i \cup \{0,1\}$ azyklisch

Keine reguläre CW-Struktur
$-e^1 \cup \{1\}$ zyklisch

Betrachte als Gegenbeispiel die Inversion $f : e^{2\pi i t} \mapsto e^{-2\pi i t}$ auf S^1, welche die (nicht reguläre) CW-Struktur $e^0 \cup e^1$ habe, bei trivialer Wirkung von π auf S^1. Es ist $f(e^1) = e^1$, und der einzige Subkomplex von S^1, der $f(e^1)$ enthält, ist ganz S^1 und dieser ist nicht azyklisch. Die zentrale Definition für den Beweis des Hilfssatzes, und eigentlich für das ganze Kapitel, lautet dann wie folgt.

Definition (Äquivarianter azyklischer Träger)
Es seien K und L zwei π-äquivariante CW-Komplexe (Seite 327). Dann nennt man eine Abbildung $\mathcal{C}$, die jeder Zelle $\tau \in K$ einen Subkomplex $\mathcal{C}\tau \subseteq L$ zuordnet, einen π-**äquivarianten, azyklischen Träger** von K nach L (engl. *equivariant acyclic carrier*), wenn folgende Eigenschaften für alle Zellen $\tau \in K$ erfüllt sind:

1. $\mathcal{C}\tau$ ist ein azyklischer Subkomplex von L,

2. $\mathcal{C}\sigma \subseteq \mathcal{C}\tau$ für alle Zellen σ im Rand $\partial\tau$,

3. $\mathcal{C}(a \rhd \tau) = a \rhd \mathcal{C}\tau$ für alle $a \in \pi$.

Man beachte, dass $\mathcal{C}\tau$ ein azyklischer Subkomplex von L sein muss, über dessen Dimension aber nichts weiter gesagt wird. Ein solcher Träger ist also in der Regel weit davon entfernt, ein Kettenhomomorphismus zu sein. Wegen Punkt 1 nennt man $\mathcal{C}$ azyklisch, Punkt 2 ist die grundlegende Trägereigenschaft und Punkt 3 bedeutet die Äquivarianz von $\mathcal{C}$.

Suchen wir als Beispiel einen solchen Träger von $S^\infty \otimes X$ nach $S^\infty \otimes X^2$. Da sowohl S^∞ als auch X eine reguläre CW-Struktur haben, gilt dies wegen der kompakten Skelette (die werden hier auch gebraucht) für die Produktkomplexe gleichermaßen. Der äquivariante, azyklische Träger ist dann schnell gefunden: In Dimension n hat $S^\infty \otimes X$ Zellen der Form $e^i \otimes e_X^j$ mit $i + j = n$ und wir setzen

$$\mathcal{C}(e^i \otimes e_X^j) = S^\infty \otimes \overline{e_X^j \otimes e_X^j} = S^\infty \otimes \overline{(e_X^j)^2}.$$

Beachten Sie wieder, dass wir das Mengen- und Tensorprodukt synonym verwenden dürfen. Insofern macht es Sinn, den ganzen Komplex S^∞ als ersten Faktor des Subkomplexes zu notieren. Aufgrund der Regularität von X ist der Abschluss jeder Produktzelle $e_X^j \otimes e_X^j$ in X^2 homöomorph zu D^{2j} und daher azyklisch. Insgesamt ist dann wegen der Azyklizität von S^∞ jeder Subkomplex $\mathcal{C}(e^i \otimes e_X^j)$ azyklisch. Die Eigenschaften 2 und 3 seien Ihnen als **Übung** empfohlen.

Zurück zum roten Faden, wir wollten eine äquivariante Fortsetzung d_π der Diagonalen d_π^0 konstruieren. Dabei stellen wir fest, dass offensichtlich jedes

$$d_\pi^0(e^0 \otimes e_X^0) \ = \ e^0 \otimes (e_X^0)^2$$

in $\mathcal{C}(e^0 \otimes e_X^0)$ enthalten ist. Man sagt dazu, der äquivariante Kettenhomomorphismus d_π^0 ist **von $\mathcal{C}$ getragen** (engl. *carried by $\mathcal{C}$*) oder **hat den Träger $\mathcal{C}$**. Der Satz (Seite 332) folgt dann unmittelbar aus folgendem Lemma.

Lemma (Azyklischer Trägersatz, engl. *acyclic carrier theorem*)
Es seien K und L äquivariante CW-Komplexe, π operiere frei auf K, und $\mathcal{C}$ ein äquivarianter azyklischer Träger von K nach L. Dann hat jeder äquivariante Homomorphismus $f : K' \to L$ eines äquivarianten Subkomplexes $K' \subseteq K$ eine Fortsetzung zu einem äquivarianten Homomorphismus $\tilde{f} : K \to L$, der von $\mathcal{C}$ getragen ist.

Dieses $\tilde{f}$ ist eindeutig bis auf eine äquivariante Homotopie $h : I \otimes K \to L$, welche ebenfalls von $\mathcal{C}$ getragen ist (dabei wirkt π trivial auf I).

Beweis: Wir konstruieren $\tilde{f}$ induktiv nach der Dimension und nehmen an, dass eine Fortsetzung $\tilde{f}_{n-1}$ auf dem $(n-1)$-Skelett von K bereits gefunden ist (der Induktionsanfang ist $n = 0$, auch $K' = \varnothing$ ist zugelassen).

Es sei dann e^n eine Zelle in $C_n(K)$. Nun liegt ∂e^n im $(n-1)$-Skelett, weswegen $\tilde{f}_{n-1}$ darauf anwendbar ist. Da $\tilde{f}_{n-1}$ nach Induktionsannahme mit Träger $\mathcal{C}$ konstruiert wurde, ist der Zyklus $\tilde{f}_{n-1}(\partial e^n) \subseteq \mathcal{C}e^n$, und wegen der Azyklizität von $\mathcal{C}e^n$ gibt es eine n-Kette c^n mit $\partial c^n = \tilde{f}_{n-1}(\partial e^n)$. Definiere nun $\tilde{f}_n(e^n) = c^n$ und setze dies äquivariant fort. Warum geht das? Zum einen war der azyklische Träger äquivariant und die Konstruktion ist mit der π-Wirkung verträglich. Zum anderen operiert π frei auf K, das bedeutet $\sigma_1 \triangleright e^n \neq \sigma_2 \triangleright e^n$ für $\sigma_1 \neq \sigma_2$, weswegen $\tilde{f}_n$ wohldefiniert ist (beachten Sie, dass c^n nicht invariant bei π sein muss). Verfährt man für alle n-Zellen so, erhält man $\tilde{f}_n$ auf dem n-Skelett und nach Induktion schließlich $\tilde{f} : K \to L$ als äquivariante Fortsetzung von f.

Eine kleine Zwischenbemerkung: Wir haben hier ein Beispiel eines Satzes aus der klassischen Homologie, den wir auf die äquivariante Homologie übertragen konnten. Der Beweis kann dabei von den Ideen her fast wörtlich kopiert werden, man muss nur hie und da das Adjektiv „äquivariant" separat prüfen, was aber meist trivial ist, wenn man die Voraussetzungen entsprechend angepasst hat (hier die Forderung nach der Äquivarianz des Trägers, der Komplexe und des Homomorphismus, die im klassischen Satz nicht nötig sind). Vielleicht wird Ihnen so noch einmal plausibel, dass man die äquivariante Homologie sinngemäß fast wörtlich aus der klassischen Homologie erhält.

Zurück zum Beweis des Lemmas, es fehlt noch die Eindeutigkeit von $\widetilde{f}$. Betrachte dazu eine weitere Fortsetzung $g : K \to L$ zur Anfangsbedingung f. Diese definiert einen äquivarianten Kettenhomomorphismus

$$h : (I \otimes K') \cup (0 \otimes K) \cup (1 \otimes K) \longrightarrow L$$

mit $h|_{I \otimes K'} = f$, $h|_{0 \otimes K} = \widetilde{f}$, $h|_{1 \otimes K} = g$ und Träger $\mathcal{C}$. Die Wirkung von π auf dem Faktor I sei dabei trivial. Dasselbe Argument wie bei der Existenz von $\widetilde{f}$ liefert dann eine Fortsetzung $\widetilde{h} : I \otimes K \to L$ mit Träger $\mathcal{C}$. Diese Fortsetzung ist eine äquivariante, von $\mathcal{C}$ getragene Kettenhomotopie zwischen $\widetilde{f}$ und g. $\qquad\square$

Damit ist nicht nur das Lemma, sondern auch der Satz über die Fortsetzung von d_π^0 zu einem (bis auf Homotopie eindeutigen) äquivarianten Homomorphismus $d_\pi : S^\infty \otimes X \to S^\infty \otimes X^2$ bewiesen (Seite 332).

> **Folgerung aus dem Lemma**: Falls K und L azyklisch sind und π-frei, gibt es nur einen äquivarianten Kettenhomomorphismus $K \to L$ modulo äquivarianter Homotopie. Die beiden Räume sind also äquivariant homotopieäquivalent.

Den **Beweis** überlasse ich Ihnen als lohnende **Übung**. Insbesondere könnten wir für die nun folgende Definition der reduzierten Potenzen den Raum S^∞ durch jeden anderen äquivarianten, azyklischen Raum T mit freier π-Wirkung ersetzen.

Wir haben einen Meilenstein erreicht, den wir nun zur Definition der reduzierten Potenzen und, durch eine einfache Umindizierung, auch der STEENROD-Squares führen. Kurz zur Wiederholung: Die Augmentierung $\epsilon : S^\infty \to \mathbb{Z}$, mit $\epsilon(e^0) = 1$ und $\epsilon(e^k) = 0$ für $k > 0$, ist ein dimensionserhaltender Kettenhomomorphismus, wenn $\mathbb{Z}$ als Komplex $\ldots \to 0 \to \ldots \to 0 \to \mathbb{Z} \to 0$ interpretiert wird, bei dem $\mathbb{Z}$ nur in der Dimension 0 steht. Für ein $[u] \in H^n(X; \mathbb{Z}_2)$ ist die Komposition

$$(u \otimes u)(\epsilon \otimes \mathbb{1})\, d_\pi : S^\infty \otimes X \longrightarrow S^\infty \otimes (X \otimes X) \longrightarrow X \otimes X \longrightarrow \mathbb{Z}_2$$

ein äquivarianter Kozyklus $\Phi_\pi u \in C_\pi^{2n}(S^\infty \otimes X; \mathbb{Z}_2)$. Bei der Summenzerlegung der Klasse $[\Phi_\pi u]$ nach der äquivarianten KÜNNETH-Formel erhalten wir

$$[\Phi_\pi u] = \sum_{i=0}^{2n} w_i \otimes D_i(u)\,, \qquad \textbf{(Definition der } D_i\textbf{)}$$

wobei w_i der Generator von $H_\pi^i(S^\infty; \mathbb{Z}_2)$ ist und $D_i(u) \in H^{2n-i}(X; \mathbb{Z}_2)$, denn wegen der trivialen Wirkung von π auf X folgt $H_\pi^*(X; \mathbb{Z}_2) \cong H^*(X; \mathbb{Z}_2)$ per definitionem. In dieser äquivarianten Version erkennen Sie die früheren Versuche wieder (Seite 320 f). Zusammengefasst, entsprechen die Generatoren $w_i = \widetilde{e}_1^i$ über den Quotienten $S^\infty \to S^\infty/\pi = \mathcal{W}$ den anfangs eingeführten Generatoren $w_i \in H^i(\mathcal{W}; \mathbb{Z}_2)$ und werden im Folgenden auch genau so bezeichnet.

Man kann übrigens verifizieren, dass die Projektion $p : S^\infty \otimes X \to \mathcal{W} \otimes X$ natürliche Isomorphismen $p^* : H^*(\mathcal{W} \otimes X; \mathbb{Z}_2) \to H^*_\pi(S^\infty \otimes X; \mathbb{Z}_2)$ induzieren – so gesehen könnte man auch von $(p^*)^{-1}[\Phi_\pi(u)] \in H^{2n}(\mathcal{W} \otimes X; \mathbb{Z}_2)$ ausgehen und darauf die klassische KÜNNETH-Formel anwenden (Seite 45). Hierfür stellt man fest, dass ein Isomorphismus $\psi : C^*_\pi(S^\infty \otimes X; \mathbb{Z}_2) \to C^*(\mathcal{W} \otimes X; \mathbb{Z}_2)$ zwischen Kokettengruppen besteht, induziert durch $\widetilde{e}^i_1 \otimes e^j_\mu \mapsto \widetilde{e}^i_\mathcal{W} \otimes e^j_\mu$. Diese Zuordnung kommutiert mit den δ-Operatoren in beiden Komplexen (einfache **Übung**), weswegen die Kohomologiegruppen in beiden Komplexen isomorph sind.   ($\square$)

Es sei kurz bemerkt, dass wir bei dieser Sichtweise wieder zu einem Element in $H^{2n}(\mathcal{W} \otimes X; \mathbb{Z}_2)$ kommen. Im Unterschied zum ersten Versuch (Seite 322) haben wir diesmal aber den Raum $\mathcal{W}$ viel effektiver an der Konstruktion der D_i beteiligt und es kommen die richtigen (weil nichttrivialen) reduzierten Potenzen dabei heraus. Vielleicht vergleichen Sie dazu noch einmal die anfänglichen Beispiele zu $\mathcal{W} \otimes S^1$ mit denen zu $S^\infty \otimes S^1$ auf den Seiten 323, 324 und 330.

Zurück zum Fragenkatalog auf Seite 332. Wir sind bei Nummer $1 - 3$ schon weit gekommen. Das azyklische Trägerlemma (Seite 334) war bei Nummer 1 und 3 hilfreich – die dortigen Anfangsbedingungen waren die Festsetzung von f auf dem Nullgerüst von $S^\infty \otimes X$, und die Fortsetzung $\widetilde{f}$ war eindeutig bis auf äquivariante Homotopie, was wiederum eindeutige Homomorphismen in der äquivarianten Kohomologie garantiert, mithin eindeutige KÜNNETH-Koeffizienten (Beobachtung auf Seite 321 in der äquivarianten Fassung).

Etwas kniffliger ist noch die Frage 2. Wir haben nun zwar die Zuordnung eines Kozyklus $u \in C^n(X; \mathbb{Z}_2)$ zu wohldefinierten Elementen $D_i(u) \in H^{2n-i}(X; \mathbb{Z}_2)$. Um daraus wohldefinierte Potenzen $H^n(X; \mathbb{Z}_2) \to H^{2n-i}(X; \mathbb{Z}_2)$ zu erhalten, müssen wir zeigen, dass $D_i(u)$ nur von der Kohomologieklasse $[u]$ abhängt.

Beobachtung: Für Kozyklen $u \sim v \in C^n(X; \mathbb{Z}_2)$ gilt $[\Phi_\pi u] = [\Phi_\pi v]$.

Beweis: Wir betrachten die Klassen $[v] = [u] \in H^n(X; \mathbb{Z}_2)$ mit $v - u = \delta a$. Wegen $a \in C^{n-1}(X; \mathbb{Z}_2)$ definiert $a : X \to \mathbb{Z}_2$ einen $(n - 1)$ $\downarrow$-Kettenhomomorphismus, der eine äquivariante Kettenhomotopie (mit trivialer π-Wirkung auf I und $\mathbb{Z}_2$)

$$D : I \otimes X \longrightarrow \mathbb{Z}_2$$

durch $D(0 \otimes e^i_X) = u(e^i_X)$, $D(1 \otimes e^i_X) = v(e^i_X)$ und $D(I \otimes e^{i-1}_X) = a(e^{i-1}_X)$ festlegt, gemäß dem einleitenden Hilfssatz (Seite 319, in äquivarianter Fassung (**Übung**)). Wie können wir daraus eine äquivariante Kettenhomotopie

$$\widetilde{D}_\pi : I \otimes (S^\infty \otimes X) \longrightarrow \mathbb{Z}_2$$

konstruieren, mit $\widetilde{D}_\pi|_{0 \otimes (S^\infty \otimes X)} = \Phi_\pi u$ und $\widetilde{D}_\pi|_{1 \otimes (S^\infty \otimes X)} = \Phi_\pi v$? Nun denn, die entscheidende Idee liegt in einer ausgeklügelten Homotopie

$$I \otimes S^\infty \otimes X^2 \xrightarrow{\varphi \otimes \mathbb{1}} I^2 \otimes S^\infty \otimes X^2 \xrightarrow{\mathbb{1} \otimes \epsilon \otimes \mathbb{1}} I^2 \otimes X^2 \xrightarrow{\sigma} (I \otimes X)^2 \xrightarrow{D \otimes D} \mathbb{Z}_2$$

von äquivarianten Homomorphismen, die wir $\widetilde{D}^2_\pi : I \otimes S^\infty \otimes X^2 \to \mathbb{Z}_2$ nennen.

Die Homotopie $\widetilde{D}_\pi^2$ zeigt $\Phi_\pi u \sim \Phi_\pi v$ genau dann, wenn $\varphi : I \otimes S^\infty \to I^2 \otimes S^\infty$ die Zuordnungen $0 \otimes e^i \to 0^2 \otimes e^i$ und $1 \otimes e^i \to 1^2 \otimes e^i$ auf den vollen Produktkomplex $I \otimes S^\infty$ fortsetzt, und zwar als ein dimensions-erhaltender, äquivarianter Kettenhomomorphismus. Der Homomorphismus $\sigma : I^2 \otimes X^2 \to (I \otimes X)^2$ ist übrigens selbsterklärend, er vertauscht nur die Faktoren. Offensichtlich ist $\Phi_\pi u = \widetilde{D}_\pi^2|_{0 \times (S^\infty \otimes X)}$ und $\Phi_\pi v = \widetilde{D}_\pi^2|_{1 \times (S^\infty \otimes X)}$, womit die Behauptung folgt.

Auf der Suche nach dem äquivarianten Homomorphismus $\varphi : I \otimes S^\infty \to I^2 \otimes S^\infty$ mit der Vorgabe $\varphi(0 \otimes e^i) = 0^2 \otimes e^i$ und $\varphi(1 \otimes e^i) = 1^2 \otimes e^i$ wird man schnell fündig. Bedenken Sie nur, dass die triviale Zuordnung $\mathcal{C}(e_{I^2}^j \otimes e_k^i) = I^2 \otimes S^\infty$ ein äquivarianter, azyklischer Träger der geforderten Eigenschaften ist, denn $I^2 \times S^\infty$ ist zusammenziehbar. Das azyklische Trägerlemma (Seite 334) liefert dann die gewünschte Aussage. $\qquad\square$

Damit sind die **Fragen 1–3** aus dem Katalog auf Seite 332 beantwortet und wir können festhalten:

Antwort auf die Fragen 1–3 von Seite 332: Mit der Zuordnung

$$[\Phi_\pi] : H^n(X; \mathbb{Z}_2) \ni [u] \longrightarrow \big[(u \otimes u)(\epsilon \otimes \mathbb{1}) \, d_\pi\big] \in H_\pi^{2n}(S^\infty \otimes X; \mathbb{Z}_2)$$

definiert jede Klasse $[u] \in H^n(X; \mathbb{Z}_2)$ ein Element $[\Phi_\pi u] \in H_\pi^{2n}(S^\infty \otimes X; \mathbb{Z}_2)$, woraus sich über den Isomorphismus

$$H_\pi^{2n}(S^\infty \otimes X; \mathbb{Z}_2) \cong H^{2n}\big((S^\infty \otimes X)/\pi; \mathbb{Z}_2\big) \cong H^{2n}(\mathcal{W} \otimes X; \mathbb{Z}_2),$$

induziert durch $\widetilde{e}^i \otimes \widetilde{e}_X^j \mapsto \widetilde{e}_{\mathcal{W}}^i \otimes \widetilde{e}_X^j$, für alle $0 \leq i \leq 2n$ die **reduzierten Potenzen** (engl. *reduced powers*)

$$D_i : H^n(X; \mathbb{Z}_2) \longrightarrow H^{2n-i}(X; \mathbb{Z}_2), \quad [u] \mapsto D_i(u)$$

als Koeffizienten bei der KÜNNETH-Zerlegung ergeben, gemäß der Gleichung

$$[\Phi_\pi u] = \sum_{i=0}^{2n} w_i \otimes D_i(u).$$

Man definiert formal noch $D_i(u) = 0$ für $i < 0$ und $i > 2n$. Wir werden bald sehen, dass schon für $i > n$ die reduzierte Potenz $D_i(u) = 0$ ist (Seite 343).

Nun zu **Frage 4**, durch sie erhalten die Potenzen D_i ihre wahre Kraft.

Satz: Die oben konstruierten reduzierten Potenzen definieren Gruppenhomomorphismen $D_i : H^n(X; \mathbb{Z}_2) \to H^{2n-i}(X; \mathbb{Z}_2)$ für alle $0 \leq i \leq 2n$.

Beweis: Wir betrachten für zwei Kozyklen $u, v \in C^n(X; \mathbb{Z}_2)$ den äquivarianten Kozyklus $\Phi_\pi(u + v) - \Phi_\pi u - \Phi_\pi v \in C_\pi^{2n}(S^\infty \otimes X; \mathbb{Z}_2)$. Es ist

$$\Phi_\pi(u + v) = (u + v)^2(\epsilon \otimes \mathbb{1}) \, d_\pi = (u^2 + v^2 + uv + vu)(\epsilon \otimes \mathbb{1}) \, d_\pi.$$

Damit ergibt sich $\Phi_\pi(u+v) - \Phi_\pi u - \Phi_\pi v = (uv + vu)(\epsilon \otimes \mathbb{1})\, d_\pi$ und wir müssen zeigen, dass diese Kokette (äquivariant) nullhomolog ist. Machen Sie sich klar, dass sie nicht zwingend die Nullabbildung ist, obwohl $uv + vu$ wegen der Äquivarianz von $(\epsilon \otimes \mathbb{1})\, d_\pi$ nur auf äquivariante Zellen $e_X^i \otimes e_X^j + e_X^j \otimes e_X^i$ angewendet wird. Ein Gegenbeispiel entsteht durch $u(e_X^i) = u(e_X^j) = 1$ und $v(e_X^i) = 0$, $v(e_X^j) = 1$, geeignet fortgesetzt zu Kozyklen (falls notwendig), mit denen die äquivariante Summe $e_X^i \otimes e_X^j + e_X^j \otimes e_X^i$ auf 1 abgebildet wird.

Man benötigt hierfür noch einen schönen Kunstgriff und definiert allgemein für π-äquivariante CW-Komplexe A und endliche abelsche Gruppen G den **Transfer**

$$\tau : C^*(A;G) \longrightarrow C_\pi^*(A;G), \quad u \mapsto \tau(u) = \left(e_A^i \mapsto \sum_{a \in \pi} u(a \triangleright e_A^i) \right).$$

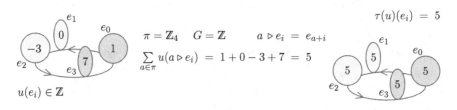

$$\pi = \mathbb{Z}_4 \quad G = \mathbb{Z} \quad a \triangleright e_i = e_{a+i}$$

$$\sum_{a \in \pi} u(a \triangleright e_i) = 1 + 0 - 3 + 7 = 5$$

$$u(e_i) \in \mathbb{Z} \qquad\qquad \tau(u)(e_i) = 5$$

Anschaulich kann man sich $\tau(u)$ so vorstellen: Man nehme für eine Zelle e_A^i ihren Orbit bei der π-Wirkung (das war die Summe aller Zellen $a \triangleright e_A^i$, $a \in \pi$) und setze $\tau(u)$ auf diesen Zellen gleich der Summe von u auf dem ganzen Orbit (damit ist $\tau(u)$ äquivariant). Außerdem kommutiert τ mit den Randoperatoren in beiden Komplexen (einfache **Übung**) und induziert einen funktoriellen Homomorphismus $H^*(A;G) \longrightarrow H_\pi^*(A;G)$. Die Komposition

$$C_\pi^*(A;G) \xrightarrow{i} C^*(A;G) \xrightarrow{\tau} C_\pi^*(A;G)$$

mit der Inklusion i ist dann offensichtlich die Multiplikation mit $\mathrm{ord}(\pi)$, woraus sich in unserem Kontext mit $\pi = \{1, \rho\} \cong \mathbb{Z}_2$ und $G = \mathbb{Z}_2$ ergibt, dass

$$\tau^* i^* : H_\pi^*(S^\infty \otimes X; \mathbb{Z}_2) \longrightarrow H_\pi^*(S^\infty \otimes X; \mathbb{Z}_2)$$

die Nullabbildung ist (sogar auf Ebene der Koketten). Mit der obigen Diagonalen

$$d_\pi^* : H_\pi^{2n}(S^\infty \otimes X^2; \mathbb{Z}_2) \longrightarrow H_\pi^{2n}(S^\infty \otimes X; \mathbb{Z}_2)$$

gilt aber auch $d_\pi^* \tau^* = 0$, wobei hier $\tau^* : H^{2n}(S^\infty \otimes X^2; \mathbb{Z}_2) \to H_\pi^{2n}(S^\infty \otimes X^2; \mathbb{Z}_2)$ der Transfer auf $S^\infty \otimes X^2$ ist. Um dies zu zeigen, betrachten wir das (wegen der Funktorialität bezüglich $d_\pi : S^\infty \otimes X \to S^\infty \otimes X^2$) kommutative Diagramm

$$
\begin{array}{ccc}
H^{2n}(S^\infty \otimes X^2; \mathbb{Z}_2) & \xrightarrow{\;\tau^*\;} & H_\pi^{2n}(S^\infty \otimes X^2; \mathbb{Z}_2) \\
{\scriptstyle d_\pi^*}\big\downarrow & & {\scriptstyle d_\pi^*}\big\downarrow \\
H_\pi^{2n}(S^\infty \otimes X; \mathbb{Z}_2) \xrightarrow{\;i^*\;} H^{2n}(S^\infty \otimes X; \mathbb{Z}_2) & \xrightarrow{\;\tau^*\;} & H_\pi^{2n}(S^\infty \otimes X; \mathbb{Z}_2),
\end{array}
$$

in dem $i^* : H_\pi^{2n}(S^\infty \otimes X; \mathbb{Z}_2) \to H^{2n}(S^\infty \otimes X; \mathbb{Z}_2)$ surjektiv ist, warum?

Hierfür stellen wir zunächst fest, dass $i_{S^\infty}^* : H_\pi^k(S^\infty; \mathbb{Z}_2) \to H^k(S^\infty; \mathbb{Z}_2)$ für $k > 0$ surjektiv und für $k = 0$ sogar ein Isomorphismus ist (insbesondere auch surjektiv). Beachten Sie dazu $H^k(S^\infty; \mathbb{Z}_2) = 0$ für $k > 0$ und $i_{S^\infty}^*[\widetilde{e}^0] = [\widetilde{e}_1^0 + \widetilde{e}_2^0]$ für $k = 0$.

Nun ist es kein weiter Weg mehr zur Surjektivität von

$$i^* : H_\pi^k(S^\infty \otimes X; \mathbb{Z}_2) \longrightarrow H^k(S^\infty \otimes X; \mathbb{Z}_2),$$

denn π operiert trivial auf X. Nach dem Satz von EILENBERG-ZILBER für die Kohomologie (Seite 144) und der KÜNNETH-Formel (Seite 140), in klassischer und äquivarianter Form, ergeben sich damit natürliche Isomorphismen

$$H_\pi^k(S^\infty \otimes X; \mathbb{Z}_2) \;\cong\; H_k\big(C_\pi^*(S^\infty; \mathbb{Z}_2) \otimes C_\pi^*(X; \mathbb{Z}_2)\big)$$

$$\cong\; \bigoplus_{i+j=k} H_\pi^i(S^\infty; \mathbb{Z}_2) \otimes H_\pi^j(X; \mathbb{Z}_2) \qquad \text{und}$$

$$H^k(S^\infty \otimes X; \mathbb{Z}_2) \;\cong\; H_k\big(C^*(S^\infty; \mathbb{Z}_2) \otimes C^*(X; \mathbb{Z}_2)\big)$$

$$\cong\; \bigoplus_{i+j=k} H^i(S^\infty; \mathbb{Z}_2) \otimes H^j(X; \mathbb{Z}_2).$$

Auf den rechten Seiten induzieren dann $i_{S^\infty} : C_\pi^*(S^\infty; \mathbb{Z}_2) \to C^*(S^\infty; \mathbb{Z}_2)$ und die Identität $C_\pi^*(X; \mathbb{Z}_2) = C^*(X; \mathbb{Z}_2)$, beachten Sie die triviale π-Wirkung in X, in jedem Summanden mit $i + j = k$ die natürlichen Surjektionen

$$i_{S^\infty}^* \otimes \mathbb{1} : H_\pi^i(S^\infty; \mathbb{Z}_2) \otimes H^j(X; \mathbb{Z}_2) \longrightarrow H^i(S^\infty; \mathbb{Z}_2) \otimes H^j(X; \mathbb{Z}_2)$$

für alle $k \geq 0$. Damit ist $i^* : H_\pi^*(S^\infty \otimes X; \mathbb{Z}_2) \to H^*(S^\infty \otimes X; \mathbb{Z}_2)$ surjektiv. Wenn Sie jetzt noch einmal auf das obige Diagramm sehen, erkennen Sie, dass wegen der Tatsache $\tau^* i^* = 0$ der Transfer in der unteren Zeile die Nullabbildung ist. Damit folgt in dem Diagramm auf dem Weg über die obere Zeile auch $d_\pi^* \tau^* = 0$.

Nun können wir den obigen Satz beweisen. Wir müssen nur zeigen, dass für zwei Kozyklen $u, v \in C^n(X; \mathbb{Z}_2)$ die Klasse

$$\big[(uv + vu)(\epsilon \otimes \mathbb{1})\big] \in H_\pi^{2n}(S^\infty \otimes X^2; \mathbb{Z}_2)$$

im Bild des Transfers $\tau^* : H^{2n}(S^\infty \otimes X^2; \mathbb{Z}_2) \to H_\pi^{2n}(S^\infty \otimes X^2; \mathbb{Z}_2)$ liegt. Zunächst ist $uv + vu = \tau_{X^2}(uv)$ im Bild des Transfers über X^2, weil π hier durch Vertauschung der Faktoren operiert, und daher $0 = [uv + vu] \in H_\pi^{2n}(X^2; \mathbb{Z}_2)$.

Wegen der Funktorialität des Transfers und der Äquivarianz von $\epsilon \otimes \mathbb{1}$ liegt dann auch $(\epsilon \otimes \mathbb{1})^\#(uv + vu) = (uv + vu)(\epsilon \otimes \mathbb{1})$ im Bild des Transfers über $S^\infty \otimes X^2$. Also ist $d_\pi^*[(uv + vu)(\epsilon \otimes \mathbb{1})] = [(uv + vu)(\epsilon \otimes \mathbb{1})d_\pi] = 0$. $\qquad\Box$

Wir werden den Transfer später noch einmal an entscheidender Stelle nutzen, um die Nullhomologie von äquivarianten Kozyklen zu zeigen (Seite 351).

Bevor wir uns der letzten offenen Frage von Seite 332 zuwenden, das ist **Frage 5**, soll die Gelegenheit genutzt sein, auf ihre wichtigste Konsequenz einzugehen und (endlich!) die **Steenrod-Squares** einzuführen.

Theorem (Steenrod-Squares, Existenz, elementare Eigenschaften)
Für alle regulären CW-Komplexe X mit kompakten Skeletten und alle natürlichen Zahlen $i, n \in \mathbb{N}$ gibt es (bezüglich X funktorielle) Homomorphismen

$$Sq^i : H^n(X; \mathbb{Z}_2) \longrightarrow H^{n+i}(X; \mathbb{Z}_2),$$

die sogenannten **Steenrod-Squares**, mit den folgenden Eigenschaften:

1. $Sq^0 = \mathbb{1}$,
2. $Sq^i u = u^2$ für $i = \deg u$,   (Cup-Produkt)
3. $Sq^i u = 0$ für $i > \deg u$,

4. $Sq^i(uv) = \sum_{k=0}^{i} (Sq^k u)(Sq^{i-k} v)$,   (CARTAN-Formeln)

In Punkt 4 kann für uv und $(Sq^k u)(Sq^{i-k} v)$ das Cup-Produkt $x \smile y$, das
Tensorprodukt $x \otimes y$ oder auch das externe Produkt $x \times y$ stehen (alle äquivalent
gemäß der Formel $u \smile v = d^*(u \times v)$ und EILENBERG-ZILBER, Seite 144). Die
Produktformeln sind nach H. CARTAN benannt, dem Lehrer von J.-P. SERRE.

Beweis: Für die Existenz definieren wir im Fall eines $u \in H^n(X; \mathbb{Z}_2)$

$$Sq^i u = D_{n-i}(u) \in H^{n+i}(X; \mathbb{Z}_2) \qquad \textbf{(Definition der } Sq^i).$$

Damit sind wegen $D_k(u) = 0$ für $k < 0$ nur die Punkte 1, 2 und 4 zu zeigen.
Wir geben dafür eine Teilantwort auf die noch offene **Frage 5** des Katalogs auf
Seite 332. Sie betrifft die einfacheren algebraischen Eigenschaften der Potenzen D_i
und teilt sich in mehrere Einzelschritte auf, die auch für sich gesehen interessante
Resultate sind und als separate Lemmata formuliert werden.

Am Anfang ein Resultat, das vordergründig so naheliegend erscheint, dass man
seine fundamentale Bedeutung (und Schwierigkeit) zunächst gar nicht vermutet.

Lemma 1 (Funktorialität der reduzierten Potenzen D_i): Für reguläre
CW-Komplexe X, Y und stetige Abbildungen $f : X \to Y$ gilt $f^* D_i = D_i f^*$.

Beweis: Ohne Einschränkung sei f zellulär (Homotopiesatz). Im ersten Schritt
habe f zusätzlich den azyklischen Träger $\mathcal{C}$ und damit auch $f^2 : X^2 \to Y^2$ den
π-äquivarianten azyklischen Träger $\mathcal{C} \times \mathcal{C}$. Das Diagramm

$$
\begin{array}{ccc}
S^\infty \otimes X & \xrightarrow{\quad d_\pi(X) \quad} & S^\infty \otimes X^2 \\
{\scriptstyle \mathbb{1} \otimes f}\downarrow & \overset{d_\pi(X,Y)}{\dashrightarrow} & \downarrow{\scriptstyle \mathbb{1} \otimes f^2} \\
S^\infty \otimes Y & \xrightarrow{\quad d_\pi(Y) \quad} & S^\infty \otimes Y^2
\end{array}
$$

ist dann kommutativ bis auf äquivariante Homotopie, warum?

Der Grund ist einfach. Offensichtlich ist $S^\infty \times \mathcal{C}$ ein äquivarianter azyklischer Träger von $S^\infty \otimes X$ nach $S^\infty \otimes Y$ für $\mathbb{1} \otimes f$, und $S^\infty \times \mathcal{C} \times \mathcal{C}$ von $S^\infty \otimes X^2$ nach $S^\infty \otimes Y^2$ für $\mathbb{1} \otimes f^2$. Die beiden Homomorphismen bilden eine äquivariante Fortsetzung von den 0-Skeletten der beteiligten Räume (eindeutig bis auf Homotopie gemäß dem azyklischen Trägersatz, Seite 334). Die Konstruktion der äquivarianten Diagonalen $d_\pi(X)$ und $d_\pi(Y)$ ist bekannt (Seite 332 f).

Die Einschränkung von $S^\infty \times \mathcal{C} \times \mathcal{C}$ auf Zellen der Form $e^i \otimes (e_X^j)^2$ bildet dann einen äquivarianten azyklischen Träger von $S^\infty \otimes X$ nach $S^\infty \otimes Y^2$. Da das Diagramm auf den 0-Skeletten der Räume kommutiert, kann ein äquivarianter Homomorphismus $d_\pi(X, Y) : S^\infty \otimes X \to S^\infty \otimes Y^2$ konstruiert werden, der bis auf äquivariante Homotopie identisch zu $d_\pi(Y)(\mathbb{1} \otimes f)$ und $(\mathbb{1} \otimes f^2)d_\pi(X)$ ist (diese Kompositionen sind auch äquivariant und stimmen auf dem 0-Skelett mit $d_\pi(X, Y)$ überein). Damit kommutiert das Diagramm modulo äquivarianter Homotopie.

Falls f keinen azyklischen Träger hat, benötigen wir noch einen Kunstgriff aus der Theorie der regulären CW-Komplexe. Auch für reguläre CW-Komplexe können **baryzentrische Unterteilungen** (Seite I-410) definiert werden, mit Schwerpunkten $\hat{e}_\lambda^n \in e_\lambda^n$, welche über die charakteristischen Abbildungen und kanonischen Homöomorphismen $(D^n, S^{n-1}) \cong (\Delta^n, \partial\Delta^n)$ gebildet werden. Dabei kann die Konstruktion der n-Simplizes einer baryzentrische Unterteilung über Inzidenzfolgen wie bei simplizialen Komplexen wörtlich auf die CW-Komplexe übertragen werden. Die technischen Details dazu sind nicht weiter schwierig und seien hier nicht ausgeführt.

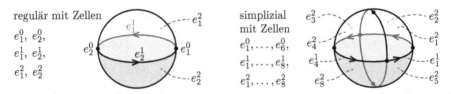

Die baryzentrische Unterteilung eines regulären CW-Komplexes wird dann zu einem **simplizialen CW-Komplex**, also zu einem regulären Komplex, bei dem jede Zelle durch die 0-Zellen in ihrem Rand eindeutig bestimmt ist. Bei simplizialen Komplexen ist dies stets erfüllt, hingegen bei dem linken Komplex in obiger Grafik nicht. Ein simplizialer CW-Komplex ist dann offensichtlich homöomorph zu einem simplizialen Komplex – es sind die Simplizes dort nur wie eine gummiartige Masse homöomorph deformiert (bei identischer Verklebung der Seitenflächen).

Es sei dann Y' die baryzentrische Unterteilung von Y und $(U_{v'})_{v \in Y'}$ die offene Überdeckung von Y durch die offenen Sterne der Eckpunkte von Y'. Wählt man nun für X eine genügend feine baryzentrische Unterteilung X', so ist für jedes Simplex $\sigma \in X'$ das Bild $f(\sigma)$ in einer der Mengen $U_{v'}$ enthalten. Machen Sie sich bitte klar, dass für diese scheinbar triviale Aussage das LEBESGUEsche Lemma (Seite I-23) eingeht, wonach alle Teilmengen mit Durchmesser kleiner als δ ganz in einer der Mengen $U_{v'}$ enthalten sind (für genügend kleines $\delta > 0$). Hierfür muss zunächst Y kompakt sein, aber auch X, denn nur die gleichmäßige Stetigkeit der Abbildung f garantiert, dass alle $f(\sigma)$ einen Durchmesser kleiner als δ haben.

An dieser Stelle gehen wieder die kompakten Skelette der Komplexe ein. Insgesamt beweisen wir ja mit $f^* D_i = D_i f^*$ eine kohomologische Aussage für die Gruppen $H^*(X; \mathbb{Z}_2)$ und $H^*(Y; \mathbb{Z}_2)$. Die Kohomologie von X und Y in den Dimensionen $n \leq i \leq 2n$, die für die Aussage relevant sind, ist aber durch die $(2n + 1)$-Skelette vollständig erfasst (Seite 127). Wir dürfen X und Y daher als kompakt annehmen.

Die Mengenidentität $\mathrm{id}_X : X \to X'$ ist dann einen azyklischer Träger für den zugehörigen Kettenhomomorphismus $X \to X'$, dito die Mengenidentität $\mathrm{id}_Y : Y' \to Y$ für $Y' \to Y$. Rufen Sie sich dazu die Definition der Kettenhomomorphismen bei baryzentrischen Zerlegungen in Erinnerung (Seite I-436). Betrachte nun die Komposition

$$ X \xrightarrow{\ \ \mathrm{id}_X\ \ } X' \xrightarrow{\ \ f\ \ } Y' \xrightarrow{\ \ \mathrm{id}_Y\ \ } Y \,, $$

die mit obiger Konstruktion die Verkettung π-äquivarianter Homomorphismen

$$ S^\infty \otimes X \xrightarrow{\ \mathbb{1} \otimes \mathrm{id}_X\ } S^\infty \otimes X' \xrightarrow{\ \mathbb{1} \otimes f\ } S^\infty \otimes Y' \xrightarrow{\ \mathbb{1} \otimes \mathrm{id}_Y\ } S^\infty \otimes Y \,, $$

ergibt, die jeweils eindeutig bis auf äquivariante Homotopie sind. Mit der Festlegung $f' = \mathrm{id}_Y f \mathrm{id}_X$ erhalten wir auf diese Weise einen äquivarianten Homomorphismus $\mathbb{1} \otimes f' : S^\infty \otimes X \to S^\infty \otimes Y$, und nach dem gleichen Prinzip $\mathbb{1} \otimes (f')^2 : S^\infty \otimes X^2 \to S^\infty \otimes Y^2$ sowie $d'_\pi(X, Y) : S^\infty \otimes X \to S^\infty \otimes Y^2$, mithin das (bis auf äquivariante Homotopien kommutative) Diagramm

$$
\begin{array}{ccc}
S^\infty \otimes X & \xrightarrow{\ \ d_\pi(X)\ \ } & S^\infty \otimes X^2 \\[2pt]
{\scriptstyle \mathbb{1} \otimes f'} \downarrow \ \ \ \raisebox{4pt}{$\xdashrightarrow{\ \ d'_\pi(X,Y)\ \ }$} & & \ \ \downarrow {\scriptstyle \mathbb{1} \otimes (f')^2} \\[2pt]
S^\infty \otimes Y & \xrightarrow{\ \ d_\pi(Y)\ \ } & S^\infty \otimes Y^2 \,.
\end{array}
$$

Beachten Sie, dass die drei von oben nach unten verlaufenden Homomorphismen aus Verkettungen entstanden sind, deren Teile zwar von Auswahlen abhängen, aber bis auf äquivariante Homotopien eindeutig sind (auf den 0-Skeletten blieben alle Zuordnungen unverändert erhalten, insbesondere die Kommutativität des Diagramms auf Kettenebene). Falls f doch einen azyklischen Träger hat, ist die Konstruktion wegen $\mathbb{1} \otimes f' \simeq \mathbb{1} \otimes f$ verträglich mit dem Anfang des Beweises, und auch unabhängig von der Tiefe der baryzentrischen Zerlegung X'.

Auf dem Weg zu den Potenzen D_i wird nun $\epsilon \otimes \mathbb{1}$ angewendet, und damit entsteht für alle Repräsentanten u eines Elements in $[u] \in H^n_\pi(Y; \mathbb{Z}_2) \cong H^n(Y; \mathbb{Z}_2)$ ein Diagramm der Form

$$
\begin{array}{ccccccc}
S^\infty \otimes X & \xrightarrow{\ d_\pi(X)\ } & S^\infty \otimes X^2 & \xrightarrow{\ \epsilon \otimes \mathbb{1}\ } & X^2 & \xrightarrow{\ (f')^*(u)^2\ } & \mathbb{Z}_2 \\[2pt]
{\scriptstyle \mathbb{1} \otimes f'} \downarrow & & {\scriptstyle \mathbb{1} \otimes (f')^2} \downarrow & & {\scriptstyle (f')^2} \downarrow & & \| \\[2pt]
S^\infty \otimes Y & \xrightarrow{\ d_\pi(Y)\ } & S^\infty \otimes Y^2 & \xrightarrow{\ \epsilon \otimes \mathbb{1}\ } & Y^2 & \xrightarrow{\ u^2\ } & \mathbb{Z}_2 \,,
\end{array}
$$

welches bis auf äquivariante Homotopien kommutativ ist.

Beim Übergang zu Kohomologiegruppen entsteht das kommutative Diagramm (der Homomorphismus f' ist der Einfachheit halber wieder mit f bezeichnet)

$$
\begin{array}{ccccc}
H_\pi^{2n}(Y^2;\mathbb{Z}_2) & \xrightarrow{(\epsilon\otimes 1)^*} & H_\pi^{2n}(S^\infty\otimes Y^2;\mathbb{Z}_2) & \xrightarrow{d_\pi^*(Y)} & H_\pi^{2n}(S^\infty\otimes Y;\mathbb{Z}_2) \\
{\scriptstyle (f^2)^*}\downarrow & & {\scriptstyle 1\otimes(f^2)^*}\downarrow & & {\scriptstyle 1\otimes f^*}\downarrow \\
H_\pi^{2n}(X^2;\mathbb{Z}_2) & \xrightarrow{(\epsilon\otimes 1)^*} & H_\pi^{2n}(S^\infty\otimes X^2;\mathbb{Z}_2) & \xrightarrow{d_\pi^*(X)} & H_\pi^{2n}(S^\infty\otimes X;\mathbb{Z}_2)\,,
\end{array}
$$

mit dem die KÜNNETH-Koeffizienten bei den Generatoren $w_i \in H_\pi^n(S^\infty;\mathbb{Z}_2)$ für $[u^2] \in H_\pi^{2n}(Y^2;\mathbb{Z}_2)$ auf dem Weg über die obere Zeile und rechte Spalte die Komposition $f^*D_i[u]$ ergeben. Über die linke Spalte und untere Zeile wird zunächst $u^2 \mapsto (f^2)^*(u^2) = (f^*u)^2$ angewendet und danach $d_\pi^*(X)(\epsilon \otimes 1)^*$, was über einen Koeffizientenvergleich bei den w_i unmittelbar zu $D_i f^*[u]$ führt. $\square$

Interessant an dem (überraschend schwierigen Beweis) ist die Notwendigkeit der Generalvoraussetzung an die CW-Komplexe dieses Kapitels: an die Regularität und die endlichen Skelette. Erst am Ende der Konstruktion werden wir diese Voraussetzungen fallen lassen können.

Die nächste Beobachtung ist eine wahrlich überraschende Konsequenz aus dem ersten Lemma und unterstreicht dessen zentrale Bedeutung.

Lemma 2:
Für alle $u \in H^n(X;\mathbb{Z}_2)$ gilt $D_n(u) = a_n u$, mit einer von u und X unabhängigen Konstante $a_n \in \mathbb{Z}_2$. Außerdem ist $D_k(u) = 0$ für alle $k > n$.

Machen Sie sich vor dem Beweis kurz klar, was dieses Lemma besagt. Es ist mehr als bemerkenswert, zumal die a_n unabhängig von u und – noch erstaunlicher – unabhängig von X sind. Wir kennen aus einer früheren Rechnung (Seite 330 f) die Aussage $D_1(u) = u$ als Element in $H^1(S^1;\mathbb{Z}_2)$. Mit Lemma 2 folgt damit, dass $D_1 : H^1(X;\mathbb{Z}_2) \to H^1(X;\mathbb{Z}_2)$ für alle Räume X die Identität ist. Und soviel sei jetzt schon verraten: Es wird auf den nächsten Seiten noch verblüffender.

Doch der Reihe nach, zuerst zum **Beweis** von Lemma 2. Er nutzt zunächst die Inklusion $i : X^n \to X$ des n-Skeletts in den gesamten Raum X und die Tatsache, dass $i^* : H^k(X;\mathbb{Z}_2) \to H^k(X^n;\mathbb{Z}_2)$ für $k \leq n$ injektiv ist (Seite 127). Wir dürfen damit annehmen, dass $X = X^n$ ist, denn falls die Aussage für $i^*u \in H^n(X^n;\mathbb{Z}_2)$ bewiesen ist, kann man wegen $D_k(i^*u) = i^*D_k(u)$ und der Injektivität von i^* von den bewiesenen Aussagen wieder auf X zurückschließen.

Es sei also X ein kompakter, n-dimensionaler CW-Komplex und $u \in H^n(X;\mathbb{Z}_2)$ gegeben. Durch einen überraschenden Trick kann man dann sogar $X = S^n$ annehmen, mit einem Generator $\widetilde{e}^n$ von $H^n(S^n;\mathbb{Z}_2)$. Man wähle dazu den Kettenhomomorphismus

$$
f : X \longrightarrow S^n, \quad f(X^{n-1}) \equiv e^0 \text{ und } f(e_\lambda^n) = a_\lambda \widetilde{e}^n\,,
$$

falls u durch einen Kozyklus gegeben ist, der auf e_λ^n den Wert $a_\lambda \in \mathbb{Z}_2$ hat. Dann ist $f^*(\widetilde{e}^n) = u$, mithin auch $D_k(u) = D_k(f^*\widetilde{e}^n) = f^*D_k(\widetilde{e}^n)$ nach Lemma 1.

Damit folgt die erste Behauptung: Es ist $D_n(\widetilde{e}^n) \in H^n(S^n; \mathbb{Z}_2) \cong \mathbb{Z}_2$ und diese Gruppe als Modul über $\mathbb{Z}_2$ durch $\widetilde{e}^n$ generiert. Insgesamt können wir daher $D_n(\widetilde{e}^n) = a_n\widetilde{e}^n$ schreiben, mit einem $a_n \in \{0,1\}$, woraus sich

$$D_n(u) \;=\; f^*D_n(\widetilde{e}^n) \;=\; f^*(a_n\widetilde{e}^n) \;=\; a_nf^*(\widetilde{e}^n) \;=\; a_nu$$

ergibt – wobei a_n weder von u noch von X abhängt. Eine bemerkenswerte Konsequenz der etwas unscheinbaren Eigenschaft $f^*D_i = D_if^*$ aus Lemma 1.

Für die zweite Behauptung sei $k > n$. Es könnte $D_k(\widetilde{e}^n)$ hier nur bei $k = 2n$ ungleich Null sein, denn wir haben $D_k(\widetilde{e}^n) \in H^{2n-k}(S^n; \mathbb{Z}_2)$. Wähle dann die Einbettung $g : e^0 \to S^n$, womit $g^*(\widetilde{e}^n) = 0$ und $g^* : H^0(S^n; \mathbb{Z}_2) \to H^0(e^0; \mathbb{Z}_2)$ ein Isomorphismus ist (zelluläre Kohomologie). Es folgt (wieder aus Lemma 1)

$$g^*D_{2n}(\widetilde{e}^n) \;=\; D_{2n}g^*(\widetilde{e}^n) \;=\; D_{2n}(0) \;=\; 0,$$

mithin $D_{2n}(\widetilde{e}^n) = 0$. Also bildet auch der Fall $k = 2n$ keine Ausnahme von der Aussage $D_k(\widetilde{e}^n) = 0$ für $k > n$. Wegen der obigen Gleichung $D_k(u) = f^*D_k(\widetilde{e}^n)$ gilt dies auch für $D_k(u)$. $\qquad\qquad\square$

Das Lemma 2 zeigt zum ersten Mal, dass die Freiheiten bei den D_i stark eingeschränkt sind. Unabhängig von X ist $D_n : H^n(X; \mathbb{Z}_2) \to H^n(X; \mathbb{Z}_2)$ stets die Multiplikation mit einer Konstanten in $\mathbb{Z}_2$. Es geht jetzt nur noch um die Frage, ob es sich dabei um die 0 oder die 1 handelt. Das nächste Resultat bringt uns hier ans Ziel.

Lemma 3: Für alle $n \geq 0$ gilt $a_n = a_1^n$.

In der Tat folgt damit $a_n = 1$ für alle $n \geq 0$, denn wir kennen bereits aus den Berechnungen von Seite 330 f die Konstante $a_1 = 1$.

Der **Beweis** des Lemmas verwendet Induktion nach n. Der Induktionsanfang $n = 1$ wäre verlockend (da trivial), wir müssen aber bei $n = 0$ beginnen. Es sei dazu $u \in H^0(X; \mathbb{Z}_2)$ gegeben. Es ist dann $u^2 = u$ wegen der $\mathbb{Z}_2$-Koeffizienten, womit der Induktionsanfang mit $D_0(u) = u^2$ erledigt wäre – ein Ergebnis, dass auch nicht unwahrscheinlich ist, Sie kennen es schon vom ersten Versuch zu den reduzierten Potenzen (Seite 322). Wir beweisen sogar gleich etwas mehr, nämlich $D_0(u) = u^2$ für alle Dimensionen von u. (Daraus folgt auch gleich Punkt 2 der Theorems zu den STEENROD-Squares (Seite 340), denn es ist $Sq^i(u) = D_0(u)$ für $i = \deg u$.

Wir betrachten zu diesem Zweck für die Kettenkomplexe X und X^2 die äquivarianten Inklusionen $i_X : X \to S^\infty \otimes X$, gegeben durch $e_X^i \mapsto e^0 \otimes e_X^i$. Der induzierte Homomorphismus $i_X^\# : C^*(S^\infty \otimes X) \to C^*(X)$ annulliert in den Koketten alle Summanden $\widetilde{e} \otimes \widetilde{e}_X^i$ mit $\widetilde{e} \neq \widetilde{e}^0$, ansonsten befolgt er $\widetilde{e}^0 \otimes \widetilde{e}_X^j \mapsto \widetilde{e}_X^j$.

Genau dasselbe für $i_{X^2} : X^2 \to S^\infty \otimes X^2$, durch $e_{X^2}^i \otimes e_{X^2}^j \mapsto e^0 \otimes e_{X^2}^i \otimes e_{X^2}^j$ gegeben. Hier annulliert $i_{X^2}^\# : C^*(S^\infty \otimes X^2) \to C^*(X^2)$ alle $\widetilde{e} \otimes \widetilde{e}_X^i \otimes \widetilde{e}_X^j$ mit $\widetilde{e} \neq \widetilde{e}^0$, ansonsten gilt $\widetilde{e}^0 \otimes \widetilde{e}_X^i \otimes \widetilde{e}_X^j \mapsto \widetilde{e}_X^i \otimes \widetilde{e}_X^j$.

Es ist dann eine einfache **Übung**, anhand der Definitionen zu zeigen, dass für ein Element $a \in H_\pi^{2n}(S^\infty \otimes X; \mathbb{Z}_2)$ der Koeffizient bei w_0 in der KÜNNETH-Zerlegung durch $i_X^*(a)$ gegeben ist, dito für $a \in H_\pi^{2n}(S^\infty \otimes X^2; \mathbb{Z}_2)$ und den KÜNNETH-w_0-Koeffizienten $i_{X^2}^*(a)$. Mit einer äquivarianten Diagonale $(d_X)_\pi : X \to X^2$ kommutiert dann das Diagramm

$$
\begin{array}{ccc}
H_\pi^{2n}(S^\infty \otimes X^2; \mathbb{Z}_2) & \xrightarrow{\;i_{X^2}^*\;} & H_\pi^{2n}(X^2; \mathbb{Z}_2) \\
\Big\downarrow{\scriptstyle d_\pi^*} & & \Big\downarrow{\scriptstyle (d_X)_\pi^*} \\
[2pt]\; H_\pi^{2n}(S^\infty \otimes X; \mathbb{Z}_2) & \xrightarrow{\;i_X^*\;} & H_\pi^{2n}(X; \mathbb{Z}_2)
\end{array}
$$

bis auf äquivariante Homotopie. Dies sehen Sie mit der gleichen Technik wie im Beweis von Lemma 1, mit der Fortsetzung des Diagramms vom 0-Skelett und azyklischen Trägern (Seite 340 f).

So ergibt sich beim Übergang zu Kohomologiegruppen für $u \in H^n(X; \mathbb{Z}_2)$ beim genauen Nachvollziehen aller Definitionen (siehe insbesondere Seite 335 für Φ_π)

$$
\begin{aligned}
D_0(u) &= i_X^*[\Phi_\pi u] = i_X^* d_\pi^*(\epsilon \otimes \mathbb{1})^*(u \otimes u) \\
&= (d_X)_\pi^* i_{X^2}^*(\epsilon \otimes \mathbb{1})^*(u \otimes u) = (d_X)_\pi^*(u \otimes u) = u \smile u = u^2,
\end{aligned}
$$

mithin wegen für $u \in H^0(X; \mathbb{Z}_2)$ auch der Induktionsanfang $n = 0$ im Beweis von Lemma 3. Halten wir zur Verdeutlichung auch kurz fest, was als Nebenprodukt des Induktionsanfangs herausgekommen ist:

Es ist **Punkt 2 des Theorems** bewiesen: $Sq^i(u) = u^2$ für $i = \deg u$. $(\Box)$

Der Induktionsschritt nutzt nun einen fabelhaften Trick, der zwar etwas mühsam ist, dafür aber nicht weniger als die CARTAN-Formeln als Nebenprodukt enthält.

Da bei $D_n(u) = a_n u$ für $u \in H^n(X; \mathbb{Z}_2)$ der Wert a_n nicht von X abhängt (wegen Lemma 2), können wir induktiv von einem $u \in H^{n-1}(X; \mathbb{Z}_2)$ ausgehen und es durch Multiplikation mit einem Generator $\widetilde{e}^1 \in H^1(S^1; \mathbb{Z}_2)$ zu einem Element $u \otimes \widetilde{e}^1 \in H^n(X \otimes S^1; \mathbb{Z}_2)$ machen. Es ist dann

$$
D_n(u \otimes \widetilde{e}^1) = a_n(u \otimes \widetilde{e}^1)
$$

und es besteht die Hoffnung, hier induktiv aus den Werten a_{n-1} und a_1 Rückschlüsse auf a_n ziehen zu können. Eine sehr gute Entwicklung des Beweises wäre dann zum Beispiel eine Formel der Gestalt

$$
D_n(u \otimes \widetilde{e}^1) = \pm \sum_{i=0}^{n} D_i(u) \otimes D_{n-i}(\widetilde{e}^1),
$$

denn es ist $D_{n-i}(\widetilde{e}^1) = 0$ außer bei $i = n - 1$, wegen $a_1 = 1$ und Lemma 2, und $i = n$, wegen $D_0(\widetilde{e}^1) = (\widetilde{e}^1)^2$. In der Tat liefert das folgende Lemma den richtigen Schlüssel für den Beweis der Beobachtung und das weitere Vorgehen (die Nähe zu den CARTAN-Formeln wirkt auf Sie bestimmt auch motivierend).

Lemma 4: Für reguläre CW-Komplexe X und Y sowie Kohomologieklassen $u \in H^m(X; \mathbb{Z}_2)$ und $v \in H^n(Y; \mathbb{Z}_2)$ gilt

$$D_k(u \otimes v) = \sum_{i=0}^{k} D_i(u) \otimes D_{k-i}(v).$$

Der **Beweis** stützt sich, das ist keine Überraschung, wesentlich auf die Definitionen und verlangt einen geschickten Umgang mit kommutativen Diagrammen. Wir beginnen mit dem Diagramm

$$H_\pi^*\big((S^\infty \otimes X^2) \otimes (S^\infty \otimes Y^2); \mathbb{Z}_2\big)$$

$$\sigma^* \downarrow$$

$$H_\pi^*\big(S^\infty \otimes (X \otimes Y)^2; \mathbb{Z}_2\big) \xleftarrow{\ d_{S^\infty}^* \otimes \sigma^* \ } H_\pi^*\big(S^\infty \otimes S^\infty \otimes X^2 \otimes Y^2; \mathbb{Z}_2\big)$$

$$d_\pi^* \downarrow \qquad\qquad\qquad\qquad (\sigma^*)(d_\pi^* \otimes d_\pi^*)(\sigma^*)^{-1} \downarrow$$

$$H_\pi^*\big(S^\infty \otimes (X \otimes Y); \mathbb{Z}_2\big) \xleftarrow{\ d_{S^\infty}^* \otimes \mathbb{1} \ } H_\pi^*\big(S^\infty \otimes S^\infty \otimes X \otimes Y; \mathbb{Z}_2\big)$$

$$(\sigma^*)^{-1} \downarrow$$

$$H_\pi^*\big((S^\infty \otimes X) \otimes (S^\infty \otimes Y); \mathbb{Z}_2\big),$$

das natürlich einiger Erklärungen bedarf. Zunächst entstehen die σ^* durch Vertauschung von Faktoren und sind daher Isomorphismen. Der mittlere Homomorphismus der rechten Spalte ist $d_\pi^* \otimes d_\pi^*$, jeweils auf X und Y angewendet und mit der Faktorpermutation σ^* transformiert.

Für eine kürzere Notation verwenden wir nun die Bezeichnung $Pu = u^2(\epsilon \otimes \mathbb{1})$. Es ist damit $\Phi_\pi u = d_\pi^* Pu$. In der gesamten rechten Spalte machen wir dann für

$$Pu \otimes Pv \in H_\pi^{2(m+n)}\big((S^\infty \otimes X^2) \otimes (S^\infty \otimes Y^2); \mathbb{Z}_2\big)$$

nichts anderes als (unabhängig voneinander) in den Faktoren den Übergang von Pu zu $d_\pi^* Pu \in H_\pi^{2m}(S^\infty \otimes X; \mathbb{Z}_2)$ und dito für Pv.

Beim genauen Nachvollziehen der Konstruktion stellen Sie dann fest, dass

$$d_\pi^* \otimes d_\pi^*(Pu \otimes Pv) = d_\pi^* Pu \otimes d_\pi^* Pv$$

$$= \sum_{i=0}^{2m} \Big(w_i \otimes D_i(u) \Big) \otimes \sum_{j=0}^{2n} \Big(w_j \otimes D_j(v) \Big)$$

ist, über die KÜNNETH-Formel in der Gruppe $H_\pi^{2(m+n)}\big((S^\infty \otimes X) \otimes (S^\infty \otimes Y); \mathbb{Z}_2\big)$ aufgefasst.

Permutiert man die Faktoren dann zu $(S^\infty \otimes S^\infty) \otimes (X \otimes Y)$, erhält man

$$d_\pi^* Pu \otimes d_\pi^* Pv = \sum_{i,j=0}^{2m,2n} (w_i \otimes D_i(u)) \otimes (w_j \otimes D_j(v))$$

$$= \sum_{i,j=0}^{2m,2n} (w_i \otimes w_j) \otimes (D_i(u) \otimes D_j(v)).$$

Beachten Sie, dass wir wegen der $\mathbb{Z}_2$-Koeffizienten keine Rücksicht auf Vorzeichen durch die Vertauschung von Faktoren nehmen müssen (wegen $1 = -1$ spielen Orientierungen der Zellen keine Rolle).

In der linken Spalte werden die reduzierten Potenzen $D_k(u \otimes v)$ berechnet. Hier ergibt die Standardkonstruktion mit der KÜNNETH-Zerlegung

$$d_\pi^* P(u \otimes v) = \sum_{k=0}^{2(n+m)} w_k \otimes D_k(u \otimes v).$$

Die Verbindung der Summen links und rechts geschieht dann, wieder mit einer Faktorpermutation $\sigma : (X \otimes Y)^2 \to X^2 \otimes Y^2$, durch die Homomorphismen $d_{S^\infty}^* \otimes \sigma^*$ und $d_{S^\infty}^* \otimes \mathbb{1}$, wobei $d_{S^\infty} : S^\infty \to S^\infty \times S^\infty$ eine äquivariante Diagonalapproximation ist (gemäß dem azyklischen Trägerlemma, Seite 334). Durch genaues Nachvollziehen der Konstruktionen können Sie sich überzeugen, dass das Diagramm kommutiert (analog zu der Argumentation auf Kokettenebene in Lemma 1 mit der Fortsetzung von den 0-Skeletten und äquivarianten Homotopien – ein wesentlicher Punkt ist auch die Kommutativität im zweiten Faktor bezüglich σ^* und $\mathbb{1}$, gegeben durch die $\mathbb{Z}_2$-Koeffizienten, bei denen Orientierungen keine Rolle spielen). Fasst man alles zusammen, können wir die Terme von Lemma 4 in die Gleichung

$$\sum_{i,j=0}^{2m,2n} (w_i \otimes w_j) \otimes (D_i(u) \otimes D_j(v)) = \sum_{k=0}^{2(n+m)} w_k \otimes D_k(u \otimes v)$$

bringen. Sie erkennen ohne Mühe, dass wir kurz vor dem Ziel stehen. Was noch fehlt ist die Aussage $w_i \smile w_j = w_{i+j}$ im Kohomologiering $H_\pi^*(S^\infty; \mathbb{Z}_2)$. Diesen kennen wir aber: Es ist der Polynomring $\mathbb{Z}_2[w_1]$, denn wir haben $S^\infty/\pi \cong \mathbb{P}_\mathbb{R}^\infty$ und die Aussage $H^*(\mathbb{P}_\mathbb{R}^\infty; \mathbb{Z}_2) \cong \mathbb{Z}_2[\beta]$ über den Kohomologiering der reell projektiven Räume (Seite I-502), mit Generator $\beta \in H^1(\mathbb{P}_\mathbb{R}^\infty; \mathbb{Z}_2)$. Ein Koeffizientenvergleich auf beiden Seiten liefert dann die Behauptung von Lemma 4. $\qquad\square$

Damit ist die Hauptarbeit auf dem Weg zu dem Theorem über die STEENROD-Squares (Seite 340) geleistet. Bevor wir mit Lemma 4 den Induktionsschritt von Lemma 3 beenden, halten wir fest, dass über die Indextransformation $Sq^i = D_{n-i}$ die CARTAN-Formeln bewiesen sind, denn es gilt mit den Bezeichnungen von oben

$$Sq^i(u \otimes v) = D_{m+n-i}(u \otimes v) = \sum_{j=0}^{m+n-i} D_j(u) \otimes D_{m+n-i-j}(v)$$

$$= \sum_{j=0}^{m+n-i} Sq^{m-j} u \otimes Sq^{i-(m-j)} v = \sum_{k=-n+i}^{m} Sq^k u \otimes Sq^{i-k} v.$$

Nach Lemma 2 ist $D_k(x) = 0$ für $k > \deg x$, und damit $Sq^i x = 0$ für $i < 0$. Per definitionem ist $D_k(x) = 0$ für $k < 0$, also für $i > \deg x$ auch $Sq^i x = 0$. Die Sq^i sind damit nur für $0 \leq i \leq \deg x$ nichttrivial. Damit stehen in der rechten Summe höchstens $i + 1$ Summanden $\neq 0$, nämlich die mit $0 \leq l \leq m$ und $0 \leq i - l \leq n$.

Nun dürfen wir $m \leq n$ annehmen, sonst wäre ein Wechsel zu $v \otimes u$ notwendig, wegen der $\mathbb{Z}_2$-Koeffizienten bei gleichem Vorzeichen möglich. Falls dann $i \leq n$ ist, haben wir in der Formel alle Summanden von $k = 0$ bis $k = i$. Falls $i > n$ ist, fehlen zwar die Summanden bis zu $k = -n + i - 1$, doch für diese ist $i - k > n$ und daher $Sq^{i-k} v = 0$. Insgesamt ergibt sich so die Summendarstellung der CARTAN-Formeln aus Punkt 4 des Theorems (Seite 340). Halten wir dies fest.

Es ist **Punkt 4 des Theorems** bewiesen: die CARTAN-Formeln

$$Sq^i(u \otimes v) = \sum_{k=0}^{i} Sq^k u \otimes Sq^{i-k} v. \qquad (\square).$$

Beachten Sie dazu Lemma 1, wenn es um die verschiedenen Produkte geht. Wir haben nach EILENBERG-ZILBER die Homotopieäquivalenz $f : X \times X \to X \otimes X$, weswegen $Sq^i(u \times v) = Sq^i\big(f^*(u \otimes v)\big) = f^* Sq^i(u \otimes v)$ ist. Und mit einer zellulären Diagonalen $\tilde{d} : X \to X \times X$ folgt $Sq^i(u \smile v) = Sq^i\big(\tilde{d}^*(u \times v)\big) = \tilde{d}^* Sq^i(u \times v)$. So gilt die hier für $u \otimes v$ bewiesenen CARTAN-Formeln auch für die anderen Produkte.

Mit Lemma 4 können wir nun den Induktionsschritt von Lemma 3 abschließen: Da im Fall $Y = S^1$ alle $D_{n-i}(\tilde{e}^1) = 0$ sind, außer bei $i = n - 1$, haben wir

$$D_n(u \otimes \tilde{e}^1) = D_{n-1}(u) \otimes D_1(\tilde{e}^1),$$

und dies ist nach Induktionsvoraussetzung $a_1^{n-1} u \otimes a_1 \tilde{e}^1 = a_1^n(u \otimes \tilde{e}^1)$. Damit ist auch Lemma 3 bewiesen. $\qquad (\square)$

Im Theorem über die STEENROD-Squares (Seite 340) fehlt noch **Punkt 1**, also $Sq^0 u = u$ für alle $u \in H^*(X; \mathbb{Z}_2)$. Dies ist nun ganz einfach, denn mit den Lemmata 2 und 3 folgt für alle $u \in H^n(X; \mathbb{Z}_2)$

$$Sq^0 u = D_n(u) = a_n u = a_1^n u = u,$$

womit auch der letzte noch fehlende **Punkt 1 des Theorems** bewiesen ist. $\qquad \square$

Nachbetrachtung zum Beweis des Theorems

Die hier vorgestellte Konstruktion der STEENROD-Squares hat nicht die erste, sehr technische Form aus dem Jahr 1947, [95], sondern stammt aus einer späteren Variante, in der elegantere, abstrakte Konzepte zum Einsatz kamen, [96][97].

Dadurch konnten langwierige, ermüdende Rechnungen vermieden und dank der Einschränkung auf die Primzahl 2 die Darstellung sogar noch weiter vereinfacht werden (es gibt die reduzierten Potenzen für alle Primzahlen, mit ähnlichen, aber zum Teil deutlich komplizierteren Beweisen).

Darüber hinaus halten wir noch einmal fest, dass die Eigenschaften der Sq^i äquivalent zu entsprechenden Eigenschaften der D_i sind. Es handelt sich hierbei für $u \in H^n(X; \mathbb{Z}_2)$ um $D_0(u) = u^2$, $D_n(u) = u$ und $D_k(u) = 0$ für alle $k > n$.

Außerdem sei auch für die reduzierten Potenzen noch einmal die Summenformel

$$D_k(u \otimes v) = \sum_{i=0}^{k} D_i(u) \otimes D_{k-i}(v),$$

festgehalten, die natürlich auch für die Produkte $u \times v$ und $u \smile v$ gilt.

Interessant ist die notationelle Einfachheit der CARTAN-Formeln. Auch wenn sich die darin vorkommenden Sq^i, Sq^k und Sq^{i-k} auf ganz verschiedene Potenzen D_r stützen, ihre Quellen in verschiedenen Gruppen $H^{m+n}(X; \mathbb{Z}_2)$, $H^m(X; \mathbb{Z}_2)$ und $H^n(X; \mathbb{Z}_2)$ haben und $D_r(x)$ nur für $0 \leq r \leq \deg x$ Werte ungleich 0 annehmen kann, ergibt sich dennoch die schöne Gestalt der Formeln, die an den binomischen Satz erinnert. Der Grund liegt darin, dass man (für $i > n \geq m$) gewisse Summanden künstlich hinzunehmen darf, weil sie einen Faktor $D_r(v)$ mit $r > n = \deg v$ enthalten und daher verschwinden.

Weiter ist Ihnen bestimmt aufgefallen, dass man in den Beweisen stets frei zwischen den Räumen $\mathcal{W}$ und S^∞ wechseln könnte, die Generatoren w_i also als Elemente von $H^i_\pi(S^\infty; \mathbb{Z}_2)$ oder $H^i(\mathcal{W}; \mathbb{Z}_2)$ auffassen kann. Wichtig war die äquivariante Version mit S^∞ nur bei der anfänglichen Komposition

$$(u \otimes u)(\epsilon \otimes \mathbb{1}) d_\pi : S^\infty \otimes X \longrightarrow S^\infty \otimes (X \otimes X) \longrightarrow X \otimes X \longrightarrow \mathbb{Z}_2,$$

weil sich nur so nichttriviale Squares ergeben. Entscheidend war die erfolgreiche Bestimmung von $a_1 = 1$ anhand des Referenzraumes $X = S^1$, was anfangs schon als Motivation für die äquivariante Homologie durchgeführt wurde (Seite 323 ff). Insofern schließt sich hier ein logischer Kreis, der über 22 Seiten verlief.

In diesem Zusammenhang sei auch noch einmal daran erinnert, dass die gesamte Konstruktion, inklusive aller Beobachtungen, vorbereitenden Sätze und Lemmata, auch mit dem anfänglichen, nicht-äquivarianten Fehlversuch über die Komposition

$$(u \times u)(\epsilon \otimes \mathbb{1})(\mathbb{1} \otimes \tilde{d}_X) : \mathcal{W} \otimes X \longrightarrow \mathcal{W} \otimes (X \otimes X) \longrightarrow X \otimes X \longrightarrow \mathbb{Z}_2$$

möglich gewesen wäre (Seite 322). Es hätte sich dann aber $a_n = a_1^n = 0^n = 0$ für alle $n \geq 1$ ergeben und wir hätten (wie schon früher bemerkt) nichts anderes gemacht, als das Cup-Produkt $H^n(X; \mathbb{Z}_2) \to H^{2n}(X; \mathbb{Z}_2)$ neu erfunden.

Es ist in der Tat verblüffend: An diesem Detail, quasi dem sprichwörtlichen Zünglein an der Waage, eben an dieser Gleichung $a_1 = 1$ durch den Übergang zur äquivarianten Homologie, wendet sich alles zum Guten. Wir konnten damit $a_n = 1$ für alle $n \geq 1$ zeigen, weswegen Sq^0 zur Identität auf $H^n(X; \mathbb{Z}_2)$ wird und nicht zur Nullabbildung. Kurioserweise war dieser (auf den ersten Blick scheinbar so einfache) Punkt 1 aus dem Theorem die mit Abstand schwierigste Aufgabe. Wir haben alles andere, inklusive die CARTAN-Formeln, dafür benötigt.

9.5   Bockstein-Homomorphismen

In diesem Abschnitt untersuchen wir die STEENROD-Squares genauer und wenden
uns dabei exemplarisch den Operatoren $Sq^1 : H^n(X; \mathbb{Z}_2) \to H^{n+1}(X; \mathbb{Z}_2)$ zu. Um
hier weitere algebraische Eigenschaften herzuleiten, betrachten wir eine andere
Konstruktion eines solchen Homomorphismus, ab etwa 1942 bekannt und systematisch untersucht von M. BOCKSTEIN, [16][17][18]: den nach ihm benannten
Bockstein-Operator $\beta : H^n(X; \mathbb{Z}_2) \to H^{n+1}(X; \mathbb{Z}_2)$. Dieser induziert einen
speziellen Komplex, eine sogenannte **Bockstein-Sequenz**

$$\ldots \xrightarrow{\beta} H^{n-1}(X; \mathbb{Z}_2) \xrightarrow{\beta} H^n(X; \mathbb{Z}_2) \xrightarrow{\beta} H^{n+1}(X; \mathbb{Z}_2) \xrightarrow{\beta} \ldots$$

mit $\beta^2 = 0$. Die BOCKSTEIN-Sequenz (es gibt sie in verschiedenen Varianten,
unter anderem auch für die ungeraden Primzahlen $p \geq 3$) ist schnell hergeleitet.
Sie entsteht im Fall $p = 2$ aus den kurzen exakten Sequenzen

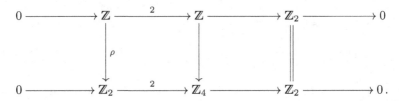

Die untere Zeile definiert über die lange exakte Homologiesequenz der kurzen
exakten Sequenz von Kokettenkomplexen

$$0 \longrightarrow C^*(X; \mathbb{Z}_2) \xrightarrow{2} C^*(X; \mathbb{Z}_4) \longrightarrow C^*(X; \mathbb{Z}_2) \longrightarrow 0$$

den BOCKSTEIN-Operator $\beta : H^*(X; \mathbb{Z}_2) \to H^{*+1}(X; \mathbb{Z}_2)$ und die obere Zeile
einen alternativen BOCKSTEIN-Operator, nämlich $\widetilde{\beta} : H^*(X; \mathbb{Z}_2) \to H^{*+1}(X; \mathbb{Z})$.
Mit dem durch $\mathbb{Z} \to \mathbb{Z}_2$ induzierten $\rho : H^*(X; \mathbb{Z}) \to H^*(X; \mathbb{Z}_2)$ gilt dann die
Identität $\beta = \rho\widetilde{\beta}$ und aus $\widetilde{\beta}\rho = 0$ folgt schließlich auch $\beta^2 = 0$ (das ist eine gute
Übung in elementarer Algebra).

Für die konkrete Berechnung von $\beta[u]$ wendet man die lange exakte Kohomologiesequenz auf die obige Komplexsequenz an. Zunächst wird dabei ein Kozyklus
$u \in C^*(X; \mathbb{Z}_2)$ als Kozyklus in $C^*(X; \mathbb{Z}_4)$ interpretiert und $\delta_4 u \in C^{*+1}(X; \mathbb{Z}_4)$
gebildet. Modulo 2 gesehen verschwindet dieses Element, weswegen $(1/2)\delta_4 u$ als
Kozyklus in $C^{*+1}(X; \mathbb{Z}_2)$ aufgefasst werden kann. Es ist dann

$$\beta[u] = \big[(1/2)\delta_4 u\big]$$

und diese Gleichung hängt nur von der Klasse $[u]$ ab (probieren Sie auch dies als
einfache algebraische **Übung**).

Das Konzept kann nun wörtlich auf die äquivariante Kohomologie übertragen
werden. Der BOCKSTEIN-Operator β_π ist hier für den Komplex $S^\infty \otimes X$ in der äquivarianten Kohomologie auf gleiche Weise über die Festlegung $\beta_\pi c^n = (1/2)\delta_4 c^n$
definiert, für äquivariante Kozyklen $c^n \in C^n_\pi(S^\infty \otimes X; \mathbb{Z}_2)$.

Die äquivarianten BOCKSTEIN-Operatoren β_π kommutieren dann auch mit der Diagonalapproximation

$$d_\pi^* : H_\pi^{2n}(S^\infty \otimes X^2; \mathbb{Z}_2) \longrightarrow H_\pi^{2n}(S^\infty \otimes X; \mathbb{Z}_2)$$

im Sinne der Gleichung $\beta_\pi d_\pi^* = d_\pi^* \beta_\pi$, was Sie an dem Diagramm

$$
\begin{array}{ccc}
H_\pi^{2n}(S^\infty \otimes X^2; \mathbb{Z}_2) & \xrightarrow{\ \beta_\pi\ } & H_\pi^{2n+1}(S^\infty \otimes X^2; \mathbb{Z}_2) \\
\downarrow{\scriptstyle d_\pi^*} & & \downarrow{\scriptstyle d_\pi^*} \\
H_\pi^{2n}(S^\infty \otimes X; \mathbb{Z}_2) & \xrightarrow{\ \beta_\pi\ } & H_\pi^{2n+1}(S^\infty \otimes X; \mathbb{Z}_2)
\end{array}
$$

erkennen. Es kommutiert tatsächlich, denn β_π ist als (modifizierter) Korandoperator funktoriell und $d_\pi : S^\infty \otimes X \to S^\infty \otimes X^2$ ist äquivariant.

Damit erhält man ohne Schwierigkeiten ein erstes Resultat zum Zusammenhang zwischen BOCKSTEIN-Operatoren und STEENROD-Squares.

> **Beobachtung**: Es sei $n = \deg u$ gerade und $[\Phi_\pi u] \in H_\pi^{2n}(S^\infty \otimes X; \mathbb{Z}_2)$ die für die Potenzen $D_i(u)$ konstruierte Klasse (Seite 335). Dann gilt $\beta_\pi[\Phi_\pi u] = 0$.

Beweis: Wegen $[\Phi_\pi u] = d_\pi^*(\epsilon \otimes \mathbb{1})^*[u^2]$ und der obigen Kommutativität genügt es, $\beta_\pi(\epsilon \otimes \mathbb{1})^*[u^2] = 0$ zu zeigen, für alle Kozyklen $u \in C^n(X; \mathbb{Z}_2)$. Nun folgt $\beta_\pi(\epsilon \otimes \mathbb{1})^*[u^2] = (\epsilon \otimes \mathbb{1})^*\beta_\pi[u^2]$ direkt aus den Definitionen, weswegen es letztlich sogar genügt, dass nur $\beta_\pi[u^2] = 0$ ist, oder eben $\beta_\pi u^2$ als äquivarianter Kozyklus in $C_\pi^{2n+1}(X^2; \mathbb{Z}_2)$ nullhomolog ist.

Dies sieht man wieder mit dem Transfer (Seite 338), also mit der äquivarianten Summenbildung $\tau : H^{2n+1}(X^2; \mathbb{Z}_2) \to H_\pi^{2n+1}(X^2; \mathbb{Z}_2)$ über die π-Orbits in X^2. Wir müssen zeigen, dass $\beta_\pi u^2$ im Bild des Transfers liegt. Es gilt nach der Produktregel $\delta_4 u^2 = (\delta_4 u)u + (-1)^{\deg u} u \delta_4 u = (\delta_4 u)u + u\delta_4 u$. Da π durch Vertauschung auf X^2 wirkt, haben wir

$$\beta_\pi u^2 = (1/2)\delta_4 u^2 = (1/2)(\delta_4 u)u + (1/2)u\delta_4 u = \tau\big((1/2)u\delta_4 u\big),$$

womit die Beobachtung bewiesen ist. $\qquad\square$

Die Beobachtung liefert den zentralen Zusammenhang der reduzierten Potenzen D_i zum BOCKSTEIN-Operator β. Er wirkt sich auch, das ist keine Überraschung, unmittelbar auf die Squares Sq^i aus.

> **Folgerung 1 (Die Potenzen D_i und Bockstein-Homomorphismen)**
> Für gerades $n = \deg u$ und alle $k \geq 1$ gilt $\beta D_0(u) = 0$, $\beta D_{2k}(u) = D_{2k-1}(u)$ und $\beta D_{2k-1}(u) = 0$.

Im **Beweis** sei daran erinnert, dass $D_i(u)$ der Koeffizient bei $w_i \in H_\pi^i(S^\infty; \mathbb{Z}_2)$ in der KÜNNETH-Zerlegung der Klasse $[\Phi_\pi u] \in H_\pi^{2n}(S^\infty \otimes X; \mathbb{Z}_2)$ ist (Seite 337). Um damit einen effektiven Koeffizientenvergleich machen zu können, benötigen wir die BOCKSTEIN-Werte für die w_i.

Hier gilt offensichtlich $\beta_\pi w_1 = w_2$ und $\beta_\pi w_2 = 0$, denn wir haben in S^∞ die Randformel $\partial_4 e_i^2 = e_1^1 + e_2^1$ und daher für die Repräsentanten $\widetilde{e}_1^i$ von w_i und die Abkürzung $e_\pi^i = e_1^i + e_2^i$ auf Kettenebene

$$\beta_\pi^\# \widetilde{e}_1^1(e_\pi^2) \;=\; (1/2)\,\delta_4 \widetilde{e}_1^1(e_\pi^2) \;=\; (1/2)\,\widetilde{e}_1^1(\partial_4 e_\pi^2) \;=\; (1/2)\,\widetilde{e}_1^1(2e_\pi^1) \;=\; 1\,.$$

Auf die gleiche Weise folgt wegen $\partial_4 e_i^3 = 0$ auch $\beta_\pi^\# \widetilde{e}_1^2(e_\pi^3) = 0$. Wie sieht es mit den Werten βw_{2k} und βw_{2k+1} für $k \geq 1$ aus? Wir kennen hierfür bereits

$$H^*(\mathcal{W}; \mathbb{Z}_2) \;\cong\; \mathbb{Z}_2[w_1]\,,$$

denn es ist $\mathcal{W} \cong \mathbb{P}_\mathbb{R}^\infty$ (Seiten 320 und I-502). Verfolgen Sie dann die Konstruktion der äquivarianten Kohomologie und beachten die Funktorialität, so stellt sich (als eine lohnende **Übung**) heraus, dass der natürliche Isomorphismus $H^*(\mathcal{W}; \mathbb{Z}_2) \cong H_\pi^*(S^\infty; \mathbb{Z}_2)$ mit dem Cup-Produkt verträglich ist und somit ein Ringisomorphismus ist. Als direkte Konsequenz ergibt sich daraus für alle $k \geq 0$

$$\beta_\pi w_{2k} \;=\; \beta_\pi w_1^{2k} \;=\; \beta_\pi w_2^k \;=\; 0$$

und

$$\beta_\pi w_{2k+1} \;=\; \beta_\pi(w_{2k} w_1) \;=\; w_{2k}\beta_\pi w_1 \;=\; w_2^k w_2 \;=\; w_2^{k+1}\,,$$

wobei in der zweiten Gleichung die Produktregel des Randoperators δ_4 und die gerade Dimension $2k$ eingeht. Die Folgerung ergibt sich nun ganz schnell.

Nach dem Hilfssatz (Seite 351) ist für gerades $n = \deg u$ stets $\beta_\pi[\Phi_\pi u] = 0$. Das bedeutet

$$\beta_\pi \left(\sum_{i=0}^{2n} w_i \otimes D_i(u) \right) \;=\; 0\,.$$

Mit den Werten für $\beta_\pi w_i$ und der Produktregel für β haben wir dann (beachten Sie, dass die Vorzeichen bei $\mathbb{Z}_2$-Koeffizienten keine Rolle spielen)

$$\sum_{i=0}^{n} w_{2i} \otimes \beta D_{2i}(u) + \sum_{i=0}^{n-1} w_{2i+2} \otimes D_{2i+1}(u) + \sum_{i=0}^{n-1} w_{2i+1} \otimes \beta D_{2i+1}(u) \;=\; 0\,,$$

und damit ergibt sich Folgerung 1 durch Koeffizientenvergleich. $\qquad\square$

Folgerung 2 (Sq^1 und Bockstein-Homomorphismen): Es gilt $Sq^1 = \beta$.

Beweis: Es sei $\deg(u)$ gerade. Dann ist $Sq^1 u = D_{n-1}(u) = \beta D_n(u) = \beta u$ nach Folgerung 1 und $D_n(u) = u$ (Seite 340). Bei ungerader Dimension n betrachte wieder $Sq^1(u \otimes v) = \beta(u \otimes v) \in H^{n+2}(X \otimes S^1; \mathbb{Z}_2)$ mit einem Generator $v \in H^1(S^1; \mathbb{Z}_2)$. Wegen $H^2(S^1; \mathbb{Z}_2) = 0$ ergeben die CARTAN-Formel und die Produktregel dann (wegen $\deg(u \otimes v)$ gerade)

$$Sq^1 u \otimes v \;=\; Sq^1(u \otimes v) \;=\; \beta(u \otimes v) \;=\; \beta(u) \otimes v$$

und der Koeffizientenvergleich beim Generator v führt zum Ziel. $\qquad\square$

Das Beweisprinzip von Folgerung 2 können wir noch ein wenig ausbauen zu einem allgemeineren technischen Lemma, das wir später an mancher Stelle gut gebrauchen können, wenn es darum geht, gewisse Kompositionen aus β und den Sq^i als Nullabbildungen zu erkennen (zum Beispiel Seite 369).

Lemma (Nullhomologie von (β, Sq^i)-Kompositionen)
Es sei Q ein Polynom in $\mathbb{Z}_2[\beta, Sq^i; i \geq 0]$ und $(n_j)_{j\geq0}$ eine streng monoton wachsende Folge natürlicher Zahlen. Falls dann die Komposition $Q(u) = 0$ ist für alle $u \in H^{n_j}(X; \mathbb{Z}_2)$, $j \geq 0$, ist $Q(u) = 0$ für alle $u \in H^*(X; \mathbb{Z}_2)$.

Sie erkennen, dass sich Folgerung 2 daraus als Spezialfall mit $Q = Sq^1 + \beta$, der Zahlenfolge $n_j = 2j$ und Folgerung 1 ergibt.

Beweis: Mit einem Generator $v \in H^1(S^1; \mathbb{Z}_2)$ ist offensichtlich $Q_0 = Sq^0 = \mathbb{1}$ das einzige solche Polynom mit $Q_0(v) \neq 0$. Wegen $Q_0(v) = v$ zeigt dann eine einfache **Übung**, dass sich die CARTAN-Formeln für $X \otimes S^1$ induktiv nach dem Grad eines Polynoms Q in die Form $Q(u \otimes v) = Q(u) \otimes v$ bringen lassen. Damit ist $Q(u \otimes v) = 0$ genau dann, wenn $Q(u) = 0$ ist und wir haben mit absteigender Induktion $Q(u) = 0$ für alle u mit $\deg u < n_j$, bei beliebigem $j \geq 0$. $\square$

Nachdem die STEENROD-Operationen $Sq^i : H^n(X; \mathbb{Z}_2) \to H^{n+i}(X; \mathbb{Z}_2)$ für reguläre CW-Komplexe nun konstruiert und ihre elementaren Eigenschaften bewiesen sind, geht es im nächsten Abschnitt darum, komplexere algebraische Zusammenhänge der Sq^i zu untersuchen. Dabei werden wir wundersame Formeln entdecken, die im abschließenden Kapitel zusammen mit Spektralsequenzen zum Einsatz kommen, um höhere Homotopiegruppen der Sphären zu bestimmen.

9.6 Die Steenrod-Algebra und die Adem-Relationen

Während die CARTAN-Formeln $Sq^i(uv) = \sum(Sq^k u)(Sq^{i-k}v)$ die einfacheren algebraischen Gesetze der STEENROD-Squares beschreiben, gehen wir nun mit den ADEM-Relationen weit darüber hinaus. J. ADEM entdeckte 1952 in seiner Dissertation bei N. STEENROD bemerkenswerte Zusammenhänge, die aus den Operationen Sq^i ein mächtiges Werkzeug für konkrete Berechnungen in der Kohomologie machen, [6][7].

Worum geht es? Es ist Ihnen bestimmt schon aufgefallen, dass man die Sq^i hintereinander ausführen kann, also beispielsweise die Komposition

$$Sq^1 Sq^2 : H^n(X; \mathbb{Z}_2) \longrightarrow H^{n+2}(X; \mathbb{Z}_2) \longrightarrow H^{n+3}(X; \mathbb{Z}_2)$$

bilden kann. Es stellt sich dann die Frage, wie sich $Sq^1 Sq^2$ zu Sq^3 verhält, das ja ebenfalls einen Homomorphismus $H^n(X; \mathbb{Z}_2) \to H^{n+3}(X; \mathbb{Z}_2)$ darstellt.

In der Tat wird sich auf den folgenden Seiten $Sq^1 Sq^2 = Sq^3$ zeigen – eine der einfacheren **Adem-Relationen** in der assoziativen (nicht kommutativen) graduierten $\mathbb{Z}_2$-Algebra, die als $\mathbb{Z}_2$-Vektorraum von den Monomen $Sq^{i_1} Sq^{i_2} \cdots Sq^{i_k}$ erzeugt wird und als **Steenrod-Algebra** $\mathcal{A}_2$ bekannt geworden ist.

Hier nun gleich zu Beginn des Abschnitts eines der Hauptresultate zur STEENROD-Algebra. Mit ihm lassen sich wahrhaft wundersam anmutende Formeln generieren, die ein tiefes Verständnis der inneren Struktur von $\mathcal{A}_2$ ermöglichen.

Theorem (Adem-Relationen in $\mathcal{A}_2$)

Für ganze Zahlen $0 < a < 2b$ gilt

$$Sq^a Sq^b = \sum_{j=0}^{\lfloor a/2 \rfloor} \binom{b-1-j}{a-2j} Sq^{a+b-j} Sq^j \, ,$$

wobei die Binomialkoeffizienten modulo 2 zu interpretieren sind.

Bevor wir diese Relationen herleiten, besprechen wir eine Konsequenz für die STEENROD-Algebra. Für ein Tupel $I = (i_1, \ldots, i_k)$ natürlicher Zahlen sei dazu $Sq^I = Sq^{i_1} \ldots Sq^{i_k}$ das zugehörige Monom in $\mathcal{A}_2$. Ein solches Tupel (oder Monom) heißt **zulässig** (engl. *admissible*), falls stets $i_{r-1} \geq 2i_r$ ist und zusätzlich $i_k > 0$. Beispiele für zulässige Monome sind $Sq^4 Sq^2 Sq^1$ oder $Sq^7 Sq^2$. Nicht zulässig sind dagegen $Sq^8 Sq^4 Sq^3 Sq^1$, $Sq^6 Sq^4$ oder $Sq^4 Sq^2 Sq^1 Sq^0$. Genau diese unzulässigen Monome werden durch die ADEM-Relationen erfasst und, salopp formuliert, schrittweise immer zulässiger gemacht. Was bedeutet das?

Man definiert hierfür das **Moment** von I (oder Sq^I) als

$$m(I) = \sum_{r=1}^{k} r i_r \, ,$$

und wenn Sie sich dann die ADEM-Relationen genau ansehen, stellen Sie fest, dass $Sq^a Sq^b$ in eine Summe zerfällt, bei der jeder Summand ein echt kleineres Moment hat als $Sq^a Sq^b$, denn es ist für $0 \leq j \leq \lfloor a/2 \rfloor$ und $0 < a < 2b$

$$m(Sq^a Sq^b) = a + 2b > a + b + j = (a+b-j) + 2j = m(Sq^{a+b-j} Sq^j).$$

Beachten Sie auch, dass man $Sq^0 = \mathbb{1}$ aus den Monomen immer streichen kann, der ADEM-Summand für $j = 0$ also immer nur aus Sq^{a+b} besteht. Das Anwenden einer ADEM-Relation auf eine unzulässige Folge $Sq^{i_{r-1}} Sq^{i_r}$ in einem Monom Sq^I bewirkt nun ebenfalls eine echte Verkleinerung des Moments in jedem Summanden, da nicht betroffene Sq^i mit $i \neq i_{r-1}, i_r$ unverändert in jedem Summanden stehen bleiben und damit zum Moment den gleichen Beitrag leisten wie vor der Anwendung der Relation.

Es ist klar, dass die Momente als natürliche Zahlen nicht ad infinitum immer kleiner werden können, die iterierte Anwendung der ADEM-Relationen also abbrechen muss. Dann ist aber jeder Summand zulässig und wir können festhalten:

Beobachtung:

Die zulässigen Monome Sq^I erzeugen $\mathcal{A}_2$ als $\mathbb{Z}_2$-Vektorraum. □

Hier einige Beispiele dieser Relationen. Es gibt sie nach speziellen Mustern systematisch aufgebaut, wie etwa $Sq^1 Sq^2 = Sq^3$, $Sq^1 Sq^2 Sq^4 = Sq^7$ oder ganz allgemein $Sq^{2^n-1} Sq^{2^n} = Sq^{2^{n+1}-1}$, was Sie als **Übung** induktiv mit der Summenformel herleiten können. Es gibt aber auch schwierigere Zerlegungen wie

$$Sq^3 Sq^5 Sq^8 = Sq^{13} Sq^3 + Sq^{15} Sq^1,$$

$$Sq^2 Sq^4 Sq^8 Sq^{16} = Sq^{23} Sq^7 + Sq^{25} Sq^5 + Sq^{29} Sq^1 + Sq^{30},$$

$$Sq^4 Sq^8 Sq^{15} Sq^{28} = Sq^{45} Sq^7 Sq^3 + Sq^{45} Sq^9 Sq^1 + Sq^{46} Sq^8 Sq^1 +$$
$$Sq^{46} Sq^9 + Sq^{47} Sq^7 Sq^1 + Sq^{48} Sq^7 + Sq^{49} Sq^5 Sq^1 +$$
$$Sq^{49} Sq^6 + Sq^{49} Sq^5 Sq^1 + Sq^{49} Sq^6 \qquad \text{oder}$$

$$Sq^5 Sq^8 Sq^{12} Sq^{29} Sq^{30} = Sq^{59} Sq^{21} Sq^3 Sq^1 + Sq^{61} Sq^{19} Sq^3 Sq^1 +$$
$$Sq^{61} Sq^{20} Sq^3 + Sq^{61} Sq^{21} Sq^2 + Sq^{63} Sq^{18} Sq^3 +$$
$$Sq^{63} Sq^{20} Sq^1 + Sq^{63} Sq^{21} + Sq^{65} Sq^{17} Sq^2 +$$
$$Sq^{65} Sq^{19} + Sq^{67} Sq^{13} Sq^3 Sq^1 + Sq^{69} Sq^{11} Sq^3 Sq^1 +$$
$$Sq^{69} Sq^{12} Sq^3 + Sq^{69} Sq^{13} Sq^2 + Sq^{71} Sq^9 Sq^3 Sq^1 +$$
$$Sq^{71} Sq^{10} Sq^3 + Sq^{71} Sq^{12} Sq^1 + Sq^{71} Sq^{13} +$$
$$Sq^{73} Sq^7 Sq^3 Sq^1 + Sq^{73} Sq^9 Sq^2 + Sq^{73} Sq^{11}.$$

Diese Formeln sind nicht manuell errechnet. Diskrete iterative Verfahren können Computer besser – hier ist es eine Internetseite, mit der Sie selbst experimentieren können, [77]. Die Syntax für die ADEM-Relationen in $\mathcal{A}_2$ ist einfach: Für das erste Monom zum Beispiel geben Sie auf der Seite im Texteditor

```
A = SteenrodAlgebra(basis="serre-cartan")
A.Sq(3)*A.Sq(5)*A.Sq(8)
```

ein und starten die Umformung anschließend mit der Schaltfläche „Evaluate". Es können auch mehrere Monome mit einem Pluszeichen verbunden werden, um jedes Element von $\mathcal{A}_2$ in eine zulässige Form zu bringen.

Natürlich ist der Mehrwert dieser Computerprogramme begrenzt, ähnlich wie bei der Bestimmung vieler Tausend Dezimalstellen der Kreiszahl π oder der Eulerschen Zahl e. Man erhält damit zwar ein Gefühl für die universale Größe einer mathematischen Aussage, kann aber nichts wirklich beweisen. Ganz anders verhält es sich bei der folgenden Aussage von CARTAN und SERRE zur Algebra $\mathcal{A}_2$, [90].

Satz (Cartan-Serre, 1953)
Die zulässigen Monome $Sq^I \in \mathcal{A}_2$ sind über $\mathbb{Z}_2$ linear unabhängig, bilden also eine $\mathbb{Z}_2$-Basis dieser Algebra. Man nennt sie die **Cartan-Serre-Basis**.

Die ADEM-Zerlegungen in zulässige Monome (die nicht mehr weiter zerlegt werden können) sind also bis auf die Reihenfolge der Summanden eindeutig.

Im **Beweis** des Satzes definiert man für $I = (i_1, \ldots, i_k)$ den **Grad** $\deg Sq^I$ eines Monoms als $i_1 + \ldots + i_k$ und die **Länge** von I als $l(I) = k$. Um dann zu zeigen, dass paarweise verschiedene zulässige Monome $Sq^{I_1}, \ldots, Sq^{I_r} \in \mathcal{A}_2$ linear unabhängig sind, betrachten wir den $\mathbb{Z}_2$-Untervektorraum $\mathcal{A}_2^{(n)}$ aller Elemente vom Grad $\leq n$ in $\mathcal{A}_2$, wobei n der maximale Grad der Monome $Sq^{I_1}, \ldots, Sq^{I_r}$ sei, sowie das Bild dieser Monome bei der $\mathbb{Z}_2$-linearen Abbildung

$$f_n : \mathcal{A}_2^{(n)} \to H^*(\mathcal{W}^n; \mathbb{Z}_2), \quad Sq^I \mapsto Sq^I(\alpha^n),$$

mit dem Generator $\alpha \in H^1(\mathcal{W}; \mathbb{Z}_2)$ und α^n als n-fachem externen Produkt (oder Tensorprodukt) in $H^n(\mathcal{W}^n; \mathbb{Z}_2)$.

Der Satz folgt dann unmittelbar aus der folgenden Beobachtung, denn bei keiner linearen Abbildung können die Bilder von in der Quelle linear abhängigen Vektoren linear unabhängige Vektoren im Ziel sein.

Beobachtung: Die Bilder $f_n(Sq^{I_1}), \ldots, f_n(Sq^{I_r})$ sind linear unabhängig.

Der Beweis hierfür erfolgt induktiv nach n. Im Fall $n = 1$ ist Sq^1 das einzige in Frage kommende Monom. Hier haben wir $f_1(Sq^1) = Sq^1\alpha = \alpha^2$, und dies ist (als Cup-Produkt verstanden) der Generator von $H^2(\mathcal{W}; \mathbb{Z}_2) \cong \mathbb{Z}_2$. Also ist $f_1(Sq^1) \neq 0$ und damit linear unabhängig.

Nun sei $n > 1$ und die Beobachtung für $n - 1$ bewiesen. Da die Bilder $f_n(Sq^I)$ und $f_n(Sq^J)$ für $\deg Sq^I \neq \deg Sq^J$ in verschiedenen Kohomologiegruppen liegen (das sind direkte Summanden von $H^*(\mathcal{W}^n; \mathbb{Z}_2)$ als $\mathbb{Z}_2$-Vektorraum), genügt die lineare Unabhängigkeit aller $f_n(Sq^{I_\rho})$ mit festem Grad $\deg Sq^{I_\rho} = d \leq n$. Es sei also für $d \leq n$ eine Linearkombination

$$L_d = \sum_{\deg Sq^{I_\rho} = d} b_{I_\rho} Sq^{I_\rho}(\alpha^n) = 0$$

gegeben. Wir müssen zeigen, dass zwingend alle $b_{I_\rho} = 0$ sind und schreiben hierfür

$$L_d = \sum_{l(I_\rho) = m} b_{I_\rho} Sq^{I_\rho}(\alpha^n) + \sum_{l(I_\rho) < m} b_{I_\rho} Sq^{I_\rho}(\alpha^n).$$

Wenn in der linken Summe bei den Sq^{I_ρ} mit maximaler Länge m für alle Koeffizienten $b_{I_\rho} = 0$ sind, ergibt eine absteigende Induktion nach eben dieser Länge die Trivialität von L_d und damit die gewünschte Aussage. Ohne Einschränkung der Allgemeinheit dürfen wir dabei von $m \geq 1$ ausgehen.

Mit der KÜNNETH-Zerlegung (vergleiche Seite 321) gilt

$$H^{n+d}(\mathcal{W}^n; \mathbb{Z}_2) \cong \bigoplus_{s=0}^{n+d} H^s(\mathcal{W}; \mathbb{Z}_2) \otimes H^{n+d-s}(\mathcal{W}^{n-1}; \mathbb{Z}_2)$$

und wir betrachten die Projektion p auf $H^{2^m}(\mathcal{W}; \mathbb{Z}_2) \otimes H^{n+d-2^m}(\mathcal{W}^{n-1}; \mathbb{Z}_2)$. Beachten Sie, dass die Dimension 2^m nicht übertrieben hoch ist, denn wir haben $n + d > 2^m$ im Fall $l(I_\rho) = m$, wegen $n > 1$ und $d \geq 2^m - 1$, da alle Monome zulässig sind.

Diese Projektion p ist ein wahrer Geniestreich und setzt der Idee mit der Abbildung $f_n : \mathcal{A}_2^{(n)} \to H^*(\mathcal{W}^n; \mathbb{Z}_2)$ die Krone auf: Sie garantiert über die Cartan-Formeln den Einsatz der Induktionsvoraussetzung für $n-1$. Wir definieren dazu für $I = (i_1, \ldots, i_k)$ und $J = (j_1, \ldots, j_k)$ mit allen $i_s \geq j_s \geq 0$ das Tupel $I - J$ als $(i_1 - j_1, \ldots, i_k - j_k)$. Mit dem **Minimaltupel** $J_m = (2^{m-1}, 2^{m-2}, \ldots, 2^1, 2^0)$, also dem längsten zulässigen Tupel, das bei $I \mapsto Sq^I$ Homomorphismen erzeugt, die den Grad um $2^m - 1$ erhöhen, gilt dann für alle in Frage kommenden Tupel I_ρ

$$p\big(Sq^{I_\rho}(\alpha^n)\big) = \begin{cases} 0 & \text{für } l(I_\rho) < m, \\ \alpha^{2^m} \otimes Sq^{I_\rho - J_m}(\alpha^{n-1}) & \text{für } l(I_\rho) = m. \end{cases}$$

Um dies zu sehen, benötigen wir noch ein elementares Resultat zu den Sq^i, das deren elementare Eigenschaften im Falle eindimensionaler Klassen erweitert.

Lemma: Für $\deg u = 1$ und $n \geq 0$ gilt

$$Sq^i(u^n) = \binom{n}{i} u^{n+i}.$$

Beweis: Für $n = 0$ folgt dies sofort aus $Sq^0 = \mathbb{1}$ und $Sq^i u^0 = 0$ für $i > \deg u^0 = 0$. Für $n \geq 1$ ist nach den Cartan-Formeln und der Induktionsannahme für $n-1$

$$\begin{aligned} Sq^i(u^n) &= Sq^i(uu^{n-1}) = Sq^0 u Sq^i(u^{n-1}) + Sq^1 u Sq^{i-1}(u^{n-1}) \\ &= u Sq^i(u^{n-1}) + u^2 Sq^{i-1}(u^{n-1}) \\ &= \binom{n-1}{i} u^{1+(n-1)+i} + \binom{n-1}{i-1} u^{2+(n-1)+(i-1)} = \binom{n}{i} u^{n+i} \end{aligned}$$

gemäß der Rechengesetze für Binomialkoeffizienten. $(\square)$

Eine Konsequenz davon ist $Sq^i(\alpha^{2^m}) = 0$ für $i \neq 0, 2^m$, denn $\binom{2^m}{i} \equiv 0 \bmod 2$ für $0 < i < 2^m$. Und daraus wiederum folgt $Sq^J \alpha = 0$ für alle J, die nicht Minimaltupel sind, und $Sq^{J_m} \alpha = \alpha^{2^m}$ für Minimaltupel J_m. Dies empfehle ich Ihnen als einfache **Übung**, die Sie mit dem Theorem über die einfacheren algebraischen Eigenschaften der Sq^i (Seite 340) sicher ohne Mühe schaffen.

Zurück zum Beweis des Satzes. Aus den Cartan-Formeln ergibt sich

$$Sq^{I_\rho}(\alpha^n) = Sq^{I_\rho}(\alpha \otimes \alpha^{n-1}) = \sum_{J \leq I_\rho} Sq^J \alpha \otimes Sq^{I_\rho - J}(\alpha^{n-1}),$$

wobei $J \leq I_\rho$ bedeutet, dass alle Indizes $j_s \leq (i_\rho)_s$ sind. Diese Erweiterung der Cartan-Formel auf Kompositionen der Form $Sq^I(uv)$ folgt aus der Linearität der Sq^i mit Induktion nach $l(I)$ (elementare **Übung**). Damit erhält man die obige Darstellung von $p(Sq^{I_\rho}(\alpha^n))$ einfach durch genaues Hinsehen: Für $l(I_\rho) < m$ gilt auch $l(J) < m$, und damit liegt $Sq^J \alpha$ nur dann in $H^{2^m}(\mathcal{W}; \mathbb{Z}_2)$, wenn J kein Minimaltupel, also nach obiger Überlegung $Sq^J \alpha = 0$ ist. Falls $l(I_\rho) = l(J) = m$ ist, kommt das Minimaltupel $J = J_m$ in der Cartan-Formel genau einmal vor (es gilt stets $J_m \leq I_\rho$) und ergibt $\alpha^{2^m} \otimes Sq^{I_\rho - J_m}(\alpha^{n-1})$ in dem zugehörigen Künneth-Summanden von L_d innerhalb der Gruppe $H^{n+d}(\mathcal{W}^n; \mathbb{Z}_2)$. $(\square)$

Damit ist die Hauptarbeit im Beweis des Satzes von CARTAN-Serre geleistet. Mit der eben bewiesenen Darstellung der $p(Sq^{I_\rho}(\alpha^n))$ ergibt sich wegen $L_d = 0$

$$0 = p(L_d) = \alpha^{2^m} \otimes \sum_{l(I_\rho)=m} b_{I_\rho} Sq^{I_\rho - J_m}(\alpha^{n-1}),$$

worin im zweiten Faktor die Induktionsannahme eingesetzt werden kann, denn dieser Faktor muss verschwinden, weil α^{2^m} der Generator von $H^{2^m}(\mathcal{W}; \mathbb{Z}_2)$ ist. Welche Form nehmen dabei die Monome $Sq^{I_\rho - J_m}$ an? Da $\deg Sq^{J_m} = 2^m - 1$ ist, haben wir $\deg Sq^{I_\rho - J_m} = d - 2^m + 1 < n$, wegen $m \geq 1$. Durch Streichung eventuell vorhandener 0-Einträge, sie stehen für $Sq^0 = 1$, werden aus den $I_\rho - J_m$ zulässige Tupel (einfache **Übung**) mit $l(I_\rho - J_m) \leq m$.

Fasst man alles zusammen, ergibt sich für $I'_\rho = I_\rho - J_m$ eine Gleichung der Form

$$\sum_{l(I'_\rho) \leq m} b_{I_\rho} Sq^{I'_\rho}(\alpha^{n-1}) = 0,$$

wobei sämtliche Grade $\deg Sq^{I'_\rho} \leq n - 1$ sind. Damit erfüllen die Monome $Sq^{I'_\rho}$ alle Voraussetzungen, die für die Induktionsannahme im Fall $n - 1$ verlangt sind. Die $Sq^{I'_\rho}$ sind daher linear unabhängig, mithin alle $b_{I_\rho} = 0$. Wie oben bereits erwähnt (Seite 356), ergibt eine absteigende Induktion nach m schlussendlich das Verschwinden aller b_{I_ρ} in der Linearkombination L_d und damit die lineare Unabhängigkeit der $f_n(Sq^{I_1}), \ldots, f_n(Sq^{I_r})$. $\qquad\square$

Ein schöner Beweis – trickreich, elegant und mit einem wahren Geniestreich zu Beginn, nämlich den $\mathbb{Z}_2$-linearen Abbildungen $f_n : \mathcal{A}_2^{(n)} \to H^*(\mathcal{W}^n; \mathbb{Z}_2)$ auf den $\mathcal{A}_2$-Untervektorräumen der Elemente vom Grad $d \leq n$. Die f_n bilden dabei endlich viele zulässige Monome Sq^I auf linear unabhängige $f_n(Sq^I)$ ab, wenn n groß genug ist, weil die Faktoren von $\mathcal{W}^n$ den nötigen Platz dafür schaffen. Im Produkt $\mathcal{W}^n$ hatte man dann auch genügend Struktur zur Verfügung, um über $\alpha^n = \alpha \otimes \alpha^{n-1}$ einen Faktor abzuspalten und auf dem Rest die Induktionsvoraussetzung anzuwenden, in zwei verschachtelten Induktionsschritten: einmal aufsteigend nach n und dann absteigend nach der maximalen Länge m der Monomtupel I_ρ. Garantiert wurde der äußerst subtile Induktionsschritt letztlich durch gewichtige Resultate wie die KÜNNETH-Zerlegung in der Kohomologie (Seite 356) und dem obigen Lemma über eine Ergänzung zu den CARTAN-Formeln (Seite 357).

Der Satz zeigt, dass die Anwendung der ADEM-Relationen auf Monome wie in den Beispielen auf Seite 355 immer auf die gleiche Summe führt – unabhängig vom Algorithmus, der die Reihenfolge dieser Anwendung vorgibt. Nun sind Sie bestimmt motiviert, diese magischen Relationen auch zu beweisen.

Vorbereitungen zum Beweis der Adem-Relationen

Worin könnte die Idee bestehen, eine Formel wie $Sq^5 Sq^8 = Sq^{11} Sq^2 + Sq^{13}$ zu beweisen? Die Argumentation wird ähnlich wie im Beweis der CARTAN-Formeln entlang geschickt ausgeklügelter Koeffizientenvergleiche geführt (Seite 346 f), allerdings mit einem entscheidenden Unterschied: Wir haben es bei den ADEM-Relationen mit Kompositionen von STEENROD-Squares zu tun, was den Beweis spürbar schwieriger macht.

Wir müssen hierfür eine passende Strategie finden und zerlegen eine Komposition der Form $Sq^i Sq^j : H^n(X;\mathbb{Z}_2) \to H^{n+i+j}(X;\mathbb{Z}_2)$ gedanklich in ihre Einzelschritte, in einen ersten Schritt $H^n(X;\mathbb{Z}_2) \to H^{n+j}(X;\mathbb{Z}_2)$ und einen Folgeschritt $H^{n+j}(X;\mathbb{Z}_2) \to H^{(n+j)+i}(X;\mathbb{Z}_2)$.

Gemäß der elementaren Eigenschaften der STEENROD-Squares (Seite 340) erhöht ein Sq^k den Grad $n = \deg u$ eines Elements auf maximal $2n$, für $n = \deg u = k$. Bei einer Komposition $Sq^i Sq^j \neq 0$ erfolgt die Erhöhung dann von $n = \deg u$ bis maximal zu $4n$ (für den Fall $n = \deg u = j = i/2$). Haben wir die Potenzen $D_i(u) \in H^{2n-i}(X;\mathbb{Z}_2)$ über das Produkt u^2 erhalten (Seite 335), sollten wir nun also u^4 betrachten, um kombinierte reduzierte Potenzen $D_{ij}(u) \in H^{4n-i-j}(X;\mathbb{Z}_2)$ zu erhalten, die alle relevanten Zusammenhänge erfassen. Dann werden wir sehen, welche Schlussfolgerungen durch geeignete Koeffizientenvergleiche möglich sind.

Wir betrachten dazu den $(\pi \times \pi)$-äquivarianten Komplex $S^\infty \otimes S^\infty \otimes X$, auf dem die Gruppe $\pi \times \pi$ über die Zuordnung

$$(a,b) \triangleright (e^i \otimes e^j \otimes e_X^k) = (a \triangleright e^i) \otimes (b \triangleright e^j) \otimes e_X^k$$

wirkt. Die Wirkung von $\pi \times \pi$ auf $X^4 = X^2 \otimes X^2$ besteht dann ebenfalls in geeigneten Vertauschungen der Faktoren, die in diesem Fall eine 4-elementige Untergruppe der symmetrischen Gruppe $S(4)$ erzeugen. Wir haben mit $z_1, z_2 \in X^2$

$$(a,b) \triangleright (z_1, z_2) = (b \triangleright z_{a(1)}, b \triangleright z_{a(2)}),$$

wobei $\pi = \{1, \rho\}$ wieder durch Permutationen der Menge $\{1,2\}$ wirkt: im Sinne von 1 als der Identität sowie der Festlegung $\rho(1) = 2$ und $\rho(2) = 1$. Beachten Sie, dass auch $\pi \times \pi$ nicht frei auf X^4 operiert, wie zuvor die Wirkung von π auf X^2 nicht frei war (Seite 335), denn wir haben mit $z_1 = (x_1, x_2)$ und $z_2 = (x_3, x_4)$

$$
\begin{aligned}
(1,1) \triangleright (x_1, x_2, x_3, x_4) &= (x_1, x_2, x_3, x_4), \\
(1,\rho) \triangleright (\mathbf{x_1}, \mathbf{x_2}, x_3, x_4) &= (\rho \triangleright (\mathbf{x_1}, \mathbf{x_2}), \rho \triangleright (x_3, x_4)) = (\mathbf{x_2}, \mathbf{x_1}, x_4, x_3), \\
(\rho,1) \triangleright (\mathbf{x_1}, x_2, \mathbf{x_3}, x_4) &= (1 \triangleright (\mathbf{x_3}, x_4), 1 \triangleright (\mathbf{x_1}, x_2)) = (\mathbf{x_3}, x_4, \mathbf{x_1}, x_2), \\
(\rho,\rho) \triangleright (\mathbf{x_1}, x_2, x_3, \mathbf{x_4}) &= (\rho \triangleright (x_3, \mathbf{x_4}), \rho \triangleright (\mathbf{x_1}, x_2)) = (\mathbf{x_4}, x_3, x_2, \mathbf{x_1}),
\end{aligned}
$$

und damit ist die Standgruppe von Diagonalzellen nicht trivial. Beachten Sie aber, dass auch hier bei Gruppenelementen $(a,b) \neq (1,1)$ keine Zelle an ihrem Platz verbleibt, also auch hier ein vollständiges Durchtauschen aller Faktoren stattfindet. Das Wunschresultat in dieser Konstellation wäre nun eine (bis auf Kettenhomotopie eindeutige) äquivariante Sequenz

$$\Phi_{ij}(u) = u^4 (\epsilon^2 \otimes \mathbb{1}) d_{\pi \times \pi} : S^\infty \otimes S^\infty \otimes X \longrightarrow S^\infty \otimes S^\infty \otimes X^4 \longrightarrow X^4 \longrightarrow \mathbb{Z}_2,$$

wobei ϵ wieder die äquivariante Augmentierung ist und $d_{\pi \times \pi}$ eine Fortsetzung von $\mathbb{1}^2 \otimes d_X$ mit $d_X(x) = (x, x, x, x)$ auf dem Nullgerüst von $S^\infty \otimes S^\infty \otimes X$. Diese bekommen Sie durch das Trägerlemma (Seite 334) auf dieselbe Weise wie bei der Definition der reduzierten Potenzen D_i, denn auch der Faktor $S^\infty \otimes S^\infty$ ist azyklisch und X regulär (Seite 316, siehe auch Seite 333).

Sie erkennen den Vorgang nun bestimmt wieder. Die Produkte $w_i \otimes w_j$ mit $i+j = k$ erzeugen $H^k(S^\infty \otimes S^\infty; \mathbb{Z}_2)$ und wir erhalten die Künneth-Zerlegung

$$\Phi_{ij}(u) = \sum_{k=0}^{4n} \sum_{i+j=k} w_i \otimes w_j \otimes D_{ij}(u), \qquad \text{(Definition der } D_{ij}\text{)}$$

mit wohldefinierten **doppeltreduzierten Potenzen** $D_{ij}(u) \in H^{4n-i-j}(X; \mathbb{Z}_2)$. Der Beweis der Wohldefiniertheit verläuft exakt wie auf den Seiten 335 ff.

Der entscheidende Schritt im Beweis der Adem-Relationen (Seite 354) ist nun die folgende, äußerst trickreiche Beobachtung.

Lemma: In der obigen Situation gilt mit den reduzierten Potenzen D_i

$$\sum_{i+j=k} w_i \otimes w_j \otimes D_{ij}(u) = \sum_{i=0}^{k} w_i \otimes D_i \left(\sum_{l=0}^{k-i} w_l \otimes D_l(u) \right)$$

und eine Symmetrie der Form $D_{ij} = D_{ji}$.

Überzeugen Sie sich zunächst davon, dass in der Formel mit den Graden alles stimmt. Auf der linken Seite landen wir in $H_\pi^{i+j+4n-i-j} = H_\pi^{4n}$, auf der rechten Seite in $H_\pi^{i+2(l+2n-l)-i} = H_\pi^{4n}$. Beachten Sie dabei $u \in H^n(X; \mathbb{Z}_2)$. Darüber hinaus erkennen Sie bestimmt den Sinn und Zweck dieses Lemmas: Es werden auf der rechten Seite die einfachen Potenzen D_i und D_l sequentiell ausgeführt, analog zu den Kompositionen der Steenrod-Squares in den Adem-Relationen.

Aus dem Lemma folgt übrigens auch, dass die D_{ij} genau wie die D_i Gruppenhomomorphismen sind, denn es ergibt sich für $u, v \in H^n(X; \mathbb{Z}_2)$

$$\sum_{i+j=k} w_i \otimes w_j \otimes D_{ij}(u+v) = \sum_{i=0}^{k} w_i \otimes D_i \left(\sum_{l=0}^{k-i} w_l \otimes D_l(u+v) \right)$$

und damit wegen der Homomorphismus-Eigenschaft von den D_i und D_l durch lineares Auseinanderziehen der rechten Seite

$$\sum_{i+j=k} w_i \otimes w_j \otimes D_{ij}(u+v) = \sum_{i+j=k} w_i \otimes w_j \otimes D_{ij}(u) + \sum_{i+j=k} w_i \otimes w_j \otimes D_{ij}(v)$$

$$= \sum_{i+j=k} w_i \otimes w_j \otimes \big(D_{ij}(u) + D_{ij}(v) \big).$$

Der Koeffizientenvergleich ergibt dann sofort $D_{ij}(u+v) = D_{ij}(u) + D_{ij}(v)$. $\quad(\Box)$

Der **Beweis** des Lemmas bedarf ausgeklügelter Konstruktionen, denn es müssen die doppeltreduzierten Potenzen D_{ij} in die sequentielle Ausführung der einfachen Potenzen D_i und D_l zerlegt werden. Dies geschieht in mehreren Schritten.

1. Schritt: Zunächst wird eine Operation von $\pi \times \pi$ auf $S^\infty \otimes (S^\infty \otimes X^2)^2$ definiert, auf ähnliche Weise wie oben, über die Zuordnung

$$(a,b) \triangleright \big(x, (y_1, z_1), (y_2, z_2)\big) = \big(a \triangleright x, (b \triangleright y_{a(1)}, b \triangleright z_{a(1)}), (b \triangleright y_{a(2)}, b \triangleright z_{a(2)})\big).$$

Achten Sie auch hier darauf, dass $\pi \times \pi$ nicht frei operiert. Völlig analog entsteht eine Operation von $\pi \times \pi$ auf $S^\infty \otimes (S^\infty)^2 \otimes (X^2)^2$ via

$$(a,b) \triangleright \big(x, (y_1, y_2), (z_1, z_2)\big) = \big(a \triangleright x, (b \triangleright y_{a(1)}, b \triangleright y_{a(2)}), (b \triangleright z_{a(1)}, b \triangleright z_{a(2)})\big).$$

Es ist offensichtlich, dass hier durch Umordnung der Faktoren Isomorphismen

$$\varphi^* : H^*_{\pi \times \pi}\big(S^\infty \otimes (S^\infty \otimes X^2)^2; \mathbb{Z}_2\big) \longrightarrow H^*_{\pi \times \pi}\big(S^\infty \otimes (S^\infty)^2 \otimes (X^2)^2; \mathbb{Z}_2\big)$$

entstehen. $\qquad\qquad$ ($\square$)

2. Schritt: Nun sei $d_S : S^\infty \to (S^\infty)^2$ eine äquivariante Diagonalapproximation, über das azyklische Trägerlemma (Seite 334) eindeutig modulo Homotopie. Sie induziert (angewendet im mittleren Faktor) einen Isomorphismus

$$\widetilde{d}_S^* \varphi^* : H^*_{\pi \times \pi}(S^\infty \otimes (S^\infty \otimes X^2)^2; \mathbb{Z}_2) \longrightarrow H^*_{\pi \times \pi}\big(S^\infty \otimes S^\infty \otimes X^4; \mathbb{Z}_2\big),$$

wobei $\widetilde{d}_S = \mathbb{1}_{S^\infty} \otimes d_S \otimes \mathbb{1}_{X^4}$ ist und die Wirkung von $\pi \times \pi$ auf $S^\infty \otimes S^\infty \otimes X^4$ die Produktoperation ist, gegeben durch $(a,b) \triangleright (s_1, s_2, z) = \big(a \triangleright s_1, b \triangleright s_2, (a,b) \triangleright z\big)$. Warum ist $\widetilde{d}_S^*$ ein Isomorphismus?

Hier müssen wir etwas ausholen, es ist

$$\widetilde{d}_S : S^\infty \otimes S^\infty \otimes X^4 \longrightarrow S^\infty \otimes (S^\infty)^2 \otimes X^4$$

ein äquivarianter Homomorphismus und sowohl $S^\infty \otimes S^\infty$ als auch $S^\infty \otimes (S^\infty)^2$ sind zusammenziehbare, also azyklische $(\pi \times \pi)$-äquivariante Komplexe mit freier $(\pi \times \pi)$-Wirkung. Daher induziert $\mathbb{1}_{S^\infty} \otimes d_S$ Isomorphismen

$$(\mathbb{1}_{S^\infty} \otimes d_S)^* : H^*_{\pi \times \pi}\big(S^\infty \otimes (S^\infty)^2; \mathbb{Z}_2\big) \longrightarrow H^*_{\pi \times \pi}(S^\infty \otimes S^\infty; \mathbb{Z}_2).$$

Machen Sie sich bitte klar, warum diese scheinbar selbstverständliche Aussage gilt (die äquivarianten Kohomologiegruppen verschwinden nämlich nicht, denn es sind keine gewöhnlichen Kohomologiegruppen, die wegen der Zusammenziehbarkeit der Räume trivial wären). Das Trägerlemma (Seite 334) kann aber auch in der Richtung von $S^\infty \otimes (S^\infty)^2$ nach $S^\infty \otimes S^\infty$ angewendet werden. Die Anfangsbedingungen lauten hier $e_i^0 \otimes (e_j^0)^2 \mapsto e_i^0 \otimes e_j^0$ für alle i, j und führen zu einer äquivarianten Fortsetzung $p : S^\infty \otimes (S^\infty)^2 \to S^\infty \otimes S^\infty$. Da diese Fortsetzungen alle eindeutig bis auf äquivariante Homotopie sind, sind die Kompositionen

$$S^\infty \otimes S^\infty \xrightarrow{\ \mathbb{1}_{S^\infty} \otimes d_S\ } S^\infty \otimes (S^\infty)^2 \xrightarrow{\ p\ } S^\infty \otimes S^\infty$$

und

$$S^\infty \otimes (S^\infty)^2 \xrightarrow{\ p\ } S^\infty \otimes S^\infty \xrightarrow{\ \mathbb{1}_{S^\infty} \otimes d_S\ } S^\infty \otimes (S^\infty)^2$$

jeweils homotop zu den Identitäten (diese setzen die Anfangsbedingungen ebenfalls fort), weswegen $\mathbb{1}_{S^\infty} \otimes d_S$ Isomorphismen in der (äquivarianten) Kohomologie induziert.

Mit der KÜNNETH-Zerlegung (Seite 140) und EILENBERG-ZILBER in der Kohomologie (Seite 144) ergeben sich nun wie auf Seite 339 die natürlichen Isomorphismen

$$H_{\pi\times\pi}^k(S^\infty\otimes(S^\infty)^2\otimes X^4;\mathbb{Z}_2) \;\cong\; H_k\big(C_{\pi\times\pi}^*(S^\infty\otimes(S^\infty)^2;\mathbb{Z}_2)\otimes C_{\pi\times\pi}^*(X^4;\mathbb{Z}_2)\big)$$

$$\cong\; \bigoplus_{i+j=k} H_{\pi\times\pi}^i(S^\infty\otimes(S^\infty)^2;\mathbb{Z}_2)\otimes H_{\pi\times\pi}^j(X^4;\mathbb{Z}_2)$$

und

$$H_{\pi\times\pi}^k(S^\infty\otimes S^\infty\otimes X^4;\mathbb{Z}_2) \;\cong\; H_k\big(C_{\pi\times\pi}^*(S^\infty\otimes S^\infty;\mathbb{Z}_2)\otimes C_{\pi\times\pi}^*(X^4;\mathbb{Z}_2)\big)$$

$$\cong\; \bigoplus_{i+j=k} H_{\pi\times\pi}^i(S^\infty\otimes S^\infty;\mathbb{Z}_2)\otimes H_{\pi\times\pi}^j(X^4;\mathbb{Z}_2).$$

Damit ist $(\mathbb{1}_{S^\infty}\otimes d_S)^*\otimes\mathbb{1}$ auf den rechten Seiten in jedem Summanden ein Isomorphismus und der 2. Schritt vollzogen. $(\Box)$

3. Schritt: Dieser Schritt ist eine Anwendung von Schritt 2. Anstelle des Faktors $X^4=(X^2)^2$ kann auch X^2 alleine betrachtet werden, mit der $(\pi\times\pi)$-Wirkung $(a,b)\rhd z=b\rhd z$ auf X^2. Wie in Schritt 2 ergeben sich so die Isomorphismen

$$\tilde{d}_S^*\varphi^*: H_{\pi\times\pi}^*(S^\infty\otimes(S^\infty\otimes X)^2;\mathbb{Z}_2)\;\longrightarrow\; H_{\pi\times\pi}^*\big(S^\infty\otimes(S^\infty\otimes X^2);\mathbb{Z}_2\big),$$

wobei $\varphi:S^\infty\otimes(S^\infty)^2\otimes X^2\to S^\infty\otimes(S^\infty\otimes X)^2$ die Faktoren tauscht. $(\Box)$

4. Schritt: Wir wollen nun die Komposition der Potenzen D_i in einem kommutativen Diagramm nachbilden, indem die Homomorphismen $d_\pi^*Pu=u^2(\epsilon\otimes\mathbb{1})d_\pi$ vorkommen. Die Idee besteht nun darin, für $u\in H^n(X;\mathbb{Z}_2)$ die Komposition $P(Pu)$ im Zusammenhang mit äquivarianten Diagonalen zu verstehen, zusammen mit den entsprechenden $(\pi\times\pi)$-Äquivarianzen der vorangegangenen Schritte.

Lassen Sie uns also beginnen. Für $u\in H^n(X;\mathbb{Z}_2)$ ergibt

$$S^\infty\otimes X \xrightarrow{d_\pi} S^\infty\otimes X^2 \xrightarrow{\epsilon\otimes\mathbb{1}} X^2 \xrightarrow{u^2} \mathbb{Z}_2$$

die bereits bekannten Homomorphismen $Pu=u^2(\epsilon\otimes\mathbb{1})\in H_\pi^{2n}(S^\infty\otimes X^2;\mathbb{Z}_2)$ und $d_\pi^*Pu\in H_\pi^{2n}(S^\infty\otimes X;\mathbb{Z}_2)$. Nun nehmen wir anstelle von X den Raum $S^\infty\otimes X^2$ und wenden erneut P an, was die $(\pi\times\pi)$-äquivariante Komposition

$$S^\infty\otimes(S^\infty\otimes X^2) \xrightarrow{d_{\pi\times\pi}} S^\infty\otimes(S^\infty\otimes X^2)^2 \xrightarrow{\epsilon\otimes\mathbb{1}} (S^\infty\otimes X^2)^2 \xrightarrow{(Pu)^2} \mathbb{Z}_2$$

ergibt, mithin $d_{\pi\times\pi}P(Pu)\in H_{\pi\times\pi}^{4n}(S^\infty\otimes(S^\infty\otimes X^2);\mathbb{Z}_2)$. Aus der Definition der obigen $(\pi\times\pi)$-Wirkungen können Sie als **Übung** zeigen, dass hier tatsächlich ein Element in $H_{\pi\times\pi}^{4n}(S^\infty\otimes(S^\infty\otimes X^2);\mathbb{Z}_2)$ entsteht. Die $(\pi\times\pi)$-äquivariante Diagonale $d_{\pi\times\pi}$ ergibt sich dabei mit dem Trägerlemma analog zu d_π (Seite 333). Versuchen Sie auch dies als **Übung** und verwenden Sie, dass

$$\mathcal{C}(e^i\otimes e^j\otimes e_X^k\otimes e_X^m) = S^\infty\otimes S^\infty\otimes(\overline{e_X^k})^2\otimes S^\infty\otimes(\overline{e_X^m})^2$$

einen $(\pi\times\pi)$-äquivarianten, azyklischen Träger vom Komplex $S^\infty\otimes(S^\infty\otimes X^2)$ nach $S^\infty\otimes(S^\infty\otimes X^2)^2$ bildet, der auf dem 0-Skelett die Mengendiagonale ist.

Nun können wir das Ziel von Schritt 4 formulieren: das kommutative Diagramm

$$
\begin{array}{ccc}
H^n(X) & \xrightarrow{\;\;P\;\;} H^{2n}_\pi(S^\infty \otimes X^2) & \xrightarrow{\;\;d^*_\pi\;\;} H^{2n}_\pi(S^\infty \otimes X) \\[2mm]
\Big\downarrow P & & \Big\downarrow P \\[2mm]
& H^{4n}_{\pi\times\pi}\big(S^\infty \otimes (S^\infty \otimes X^2)^2\big) & \xrightarrow{\;\widetilde{d}^*_{\pi\times\pi}\;} H^{4n}_{\pi\times\pi}\big(S^\infty \otimes (S^\infty \otimes X)^2\big),
\end{array}
$$

in dem die $\mathbb{Z}_2$-Koeffizienten aus Platzgründen weggelassen sind und in der unteren Zeile die modifizierte Diagonale $\widetilde{d}^*_{\pi\times\pi} = (\widetilde{d}^*_S \varphi^*)^{-1} d^*_{\pi\times\pi}$ steht, mit der Isomorphie $(\widetilde{d}^*_S \varphi^*)^{-1}$ von Schritt 3. Für dessen Kommutativität betrachten wir das Diagramm auf Ebene der Koketten, also

$$
\begin{array}{ccc}
C^{2n}_\pi(S^\infty \otimes X^2; \mathbb{Z}_2) & \xrightarrow{\;\;d^\#_\pi\;\;} & C^{2n}_\pi(S^\infty \otimes X; \mathbb{Z}_2) \\[2mm]
\Big\downarrow P & & \Big\downarrow P \\[2mm]
C^{4n}_{\pi\times\pi}\big(S^\infty \otimes (S^\infty \otimes X^2)^2; \mathbb{Z}_2\big) & \xrightarrow{\;\widetilde{d}^\#_{\pi\times\pi}\;} & C^{4n}_{\pi\times\pi}\big(S^\infty \otimes (S^\infty \otimes X)^2; \mathbb{Z}_2\big).
\end{array}
$$

Wir zeigen, dass es bis auf äquivariante Homotopie kommutiert und betrachten dazu ein $v : S^\infty \otimes X^2 \to \mathbb{Z}_2$ äquivariant vom Grad $2n$. Für die Berechnung von $P d^\#_\pi v : S^\infty \otimes (S^\infty \otimes X)^2 \to \mathbb{Z}_2$ sei eine Produktzelle $e^t_i \otimes (e^p_j \otimes x^q_1) \otimes (e^r_k \otimes x^s_2)$ der Dimension $2n$ gegeben. Wir können uns dabei auf den Fall $t = 0$ beschränken, denn in allen anderen Kombinationen ergibt die Augmentierung ϵ in der folgenden Rechnung den Wert 0. Die Anwendung von $P d^\#_\pi v$ liefert dann

$$
\begin{aligned}
e^0_i \otimes (e^p_j \otimes x^q_1) \otimes (e^r_k \otimes x^s_2) \;\mapsto\; & (d^\#_\pi v)^2 (\epsilon \otimes \mathbb{1}^2)\big(e^0_i \otimes (e^p_j \otimes x^q_1) \otimes (e^r_k \otimes x^s_2)\big) \\
=\; & (d^\#_\pi v)^2 \big((e^p_j \otimes x^q_1) \otimes (e^r_k \otimes x^s_2)\big) \\
=\; & (d^\#_\pi v)(e^p_j \otimes x^q_1) \cdot (d^*_\pi v)(e^r_k \otimes x^s_2) \\
=\; & v\big(d_\pi(e^p_j \otimes x^q_1)\big) \cdot v\big(d_\pi(e^r_k \otimes x^s_2)\big).
\end{aligned}
$$

Andererseits ist $\widetilde{d}^\#_{\pi\times\pi} P v : S^\infty \otimes (S^\infty \otimes X)^2 \to \mathbb{Z}_2$ gegeben durch

$$
\begin{aligned}
e^t_i \otimes (e^p_j \otimes x^q_1) \otimes (e^r_k \otimes x^s_2) \;\mapsto\; & (Pv)\widetilde{d}_{\pi\times\pi}\big(e^t_i \otimes (e^p_j \otimes x^q_1) \otimes (e^r_k \otimes x^s_2)\big) \\
=\; & v^2(\epsilon \otimes \mathbb{1}^2)\widetilde{d}_{\pi\times\pi}\big(e^t_i \otimes (e^p_j \otimes x^q_1) \otimes (e^r_k \otimes x^s_2)\big).
\end{aligned}
$$

Wir müssen nun zeigen, dass $\widetilde{d}_{\pi\times\pi} = \mathbb{1} \otimes d_\pi \otimes d_\pi$ bis auf äquivariante Homotopie ist. Beide Seiten stimmen auf dem Nullgerüst von $S^\infty \otimes (S^\infty \otimes X)^2$ überein, denn genau so waren φ, d_S und $d_{\pi\times\pi}$ definiert (Seite 361). Nach dem azyklischen Trägerlemma (Seite 334) ist dann noch zu prüfen, dass auch $\mathbb{1} \otimes d_\pi \otimes d_\pi$ ein $(\pi \times \pi)$-äquivarianter Homomorphismus ist. Dazu sei kurz daran erinnert, dass die Wirkung der Gruppe $\pi \times \pi$ auf $S^\infty \otimes (S^\infty \otimes X)^2$ durch

$$
(a,b) \triangleright \big(x, (y_1, w_1), (y_2, w_2)\big) = \big(a \triangleright x, (b \triangleright y_{a(1)}, w_{a(1)}), (b \triangleright y_{a(2)}, w_{a(2)})\big)
$$

gegeben war, und auf $S^\infty \otimes (S^\infty \otimes X^2)^2$ durch

$$
(a,b) \triangleright \big(x, (y_1, z_1), (y_2, z_2)\big) = \big(a \triangleright x, (b \triangleright y_{a(1)}, b \triangleright z_{a(1)}), (b \triangleright y_{a(2)}, b \triangleright z_{a(2)})\big).
$$

Die nun folgende Prüfung der $(\pi \times \pi)$-Äquivarianz von $\mathbb{1} \otimes d_\pi \otimes d_\pi$ sieht viel komplizierter aus, als sie ist. Da die Terme etwas länglich ausfallen, prüfen wir die linke (A) und rechte Seite (B) der Gleichung separat. Wir haben

$$
\begin{aligned}
A &= (\mathbb{1} \otimes d_\pi \otimes d_\pi)\big((a,b) \triangleright (x,(y_1,w_1),(y_2,w_2))\big) \\
&= (\mathbb{1} \otimes d_\pi \otimes d_\pi)\big(a \triangleright x, (b \triangleright y_{a(1)}, w_{a(1)}), (b \triangleright y_{a(2)}, w_{a(2)})\big) \\
&= \big(a \triangleright x, d_\pi(b \triangleright y_{a(1)}, w_{a(1)}), d_\pi(b \triangleright y_{a(2)}, w_{a(2)})\big) \\
&= \big(a \triangleright x, b \triangleright d_\pi(y_{a(1)}, w_{a(1)}), b \triangleright d_\pi(y_{a(2)}, w_{a(2)})\big) \,,
\end{aligned}
$$

denn d_π ist π-äquivariant. Analog dazu berechnen wir, mit den $d_\pi(y_i, w_i)$ als Summen von Monomen $(\xi_i, \zeta_i)_{\lambda_i} \in S^\infty \otimes X^2$,

$$
\begin{aligned}
B &= (a,b) \triangleright (\mathbb{1} \otimes d_\pi \otimes d_\pi)\big(x,(y_1,w_1),(y_2,w_2)\big) \\
&= (a,b) \triangleright \big(x, d_\pi(y_1,w_1), d_\pi(y_2,w_2)\big) \\
&= (a,b) \triangleright \big(x, \textstyle\sum_{\lambda_1}(\xi_1,\zeta_1)_{\lambda_1}, \sum_{\lambda_2}(\xi_2,\zeta_2)_{\lambda_2}\big) \\
&= (a,b) \triangleright \textstyle\sum_{\lambda_1,\lambda_2}\big(x, (\xi_1,\zeta_1)_{\lambda_1}, (\xi_2,\zeta_2)_{\lambda_2}\big) \\
&= \textstyle\sum_{\lambda_1,\lambda_2}(a,b) \triangleright \big(x, (\xi_1,\zeta_1)_{\lambda_1}, (\xi_2,\zeta_2)_{\lambda_2}\big) \\
&= \textstyle\sum_{\lambda_1,\lambda_2}\big(a \triangleright x, (b \triangleright \xi_{a(1)}, b \triangleright \zeta_{a(1)})_{\lambda_{a(1)}}, (b \triangleright \xi_{a(2)}, b \triangleright \zeta_{a(2)})_{\lambda_{a(2)}}\big) \\
&= \begin{cases} \big(a \triangleright x, b \triangleright \sum_{\lambda_1}(\xi_1,\zeta_1)_{\lambda_1}, b \triangleright \sum_{\lambda_2}(\xi_2,\zeta_2)_{\lambda_2}\big) & \text{für } a = 1\,, \\ \big(a \triangleright x, b \triangleright \sum_{\lambda_2}(\xi_2,\zeta_2)_{\lambda_2}, b \triangleright \sum_{\lambda_1}(\xi_1,\zeta_1)_{\lambda_1}\big) & \text{für } a = \rho\,. \end{cases} \\
&= \big(a \triangleright x, b \triangleright d_\pi(y_{a(1)}, w_{a(1)}), b \triangleright d_\pi(y_{a(2)}, w_{a(2)})\big) = A\,.
\end{aligned}
$$

Wegen $A = B$ ist $\mathbb{1} \otimes d_\pi \otimes d_\pi$ tatsächlich $(\pi \times \pi)$-äquivariant, also nach dem Trägerlemma (Seite 334) äquivariant homotop zu $\widetilde{d}_{\pi \times \pi}$. Damit können wir die obige Gleichung für $\widetilde{d}^*_{\pi \times \pi} Pv$ weiter ausführen und erhalten modulo äquivarianter Homotopie (wieder nur für $t = 0$ nicht verschwindend)

$$
\begin{aligned}
e_i^0 \otimes (e_j^p \otimes x_1^q) \otimes (e_k^r \otimes x_2^s) &\mapsto (Pv)\widetilde{d}_{\pi \times \pi}\big(e_i^0 \otimes (e_j^p \otimes x_1^q) \otimes (e_k^r \otimes x_2^s)\big) \\
&= (Pv)(\mathbb{1} \otimes d_\pi \otimes d_\pi)\big(e_i^0 \otimes (e_j^p \otimes x_1^q) \otimes (e_k^r \otimes x_2^s)\big) \\
&= v^2(\epsilon \otimes \mathbb{1}^2)\big(e_i^0 \otimes d_\pi(e_j^p \otimes x_1^q) \otimes d_\pi(e_k^r \otimes x_2^s)\big) \\
&= v^2\big(d_\pi(e_j^p \otimes x_1^q) \otimes d_\pi(e_k^r \otimes x_2^s)\big) \\
&= v\big(d_\pi(e_j^p \otimes x_1^q)\big) \cdot v\big(d_\pi(e_k^r \otimes x_2^s)\big)\,.
\end{aligned}
$$

Das war zu zeigen. Es folgt $\widetilde{d}^*_{\pi \times \pi} P = P d^*_\pi$ bis auf äquivariante Homotopie und der Beweis des 4. Schrittes ist abgeschlossen. $\qquad(\square)$

5. Schritt: Das Diagramm im 4. Schritt hatte oben links ein offenes Ende, das wir nun vervollständigen. Hierzu sei für ein $u \in C^n(X; \mathbb{Z}_2)$ der Homomorphismus

$$P' : C^n(X; \mathbb{Z}_2) \longrightarrow C^{4n}_{\pi \times \pi}(S^\infty \otimes S^\infty \otimes X^4; \mathbb{Z}_2), \quad u \mapsto u^4(\epsilon^2 \otimes \mathbb{1}_{X^4}),$$

definiert, der durch Vorschaltung von $d_{\pi \times \pi}$ zu den D_{ij} führt (Seite 360). Betrachte nun das kommutative Diagramm

$$
\begin{array}{ccc}
H^n(X; \mathbb{Z}_2) & \xrightarrow{\quad P \quad} & H^{2n}_\pi(S^\infty \otimes X^2; \mathbb{Z}_2) \\
\downarrow{\scriptstyle P'} & & \downarrow{\scriptstyle P} \\
H^{4n}_{\pi \times \pi}(S^\infty \otimes S^\infty \otimes X^4; \mathbb{Z}_2) & \xleftarrow{\widetilde{d}_S^* \varphi^*} & H^{4n}_{\pi \times \pi}(S^\infty \otimes (S^\infty \otimes X^2)^2; \mathbb{Z}_2),
\end{array}
$$

mit dem Isomorphismus $\widetilde{d}_S^* \varphi^*$ vom 2. Schritt. Es kommutiert in der Kohomologie, denn auf Ebene der Koketten gilt (modulo äquivarianter Homotopie)

$$P'u = \widetilde{d}_S^* \varphi^* \big(u^2(\epsilon \otimes \mathbb{1}_{X^2})\big)^2 \big(\epsilon \otimes \mathbb{1}_{(S^\infty \otimes X^2)^2}\big) = \widetilde{d}_S^* \varphi^* PPu,$$

was Sie als lohnende **Übung** mit den bekannten Techniken (direkte Kommutativität auf den 0-Skeletten und Trägerlemma, Seite 334) verifizieren können. ($\Box$)

6. Schritt: Wir ergänzen nun die zweite Zeile aus Schritt 4 und 5,

$$H^{4n}_{\pi \times \pi}(S^\infty \otimes S^\infty \otimes X^4) \xleftarrow{\widetilde{d}_S^* \varphi^*} H^{4n}_{\pi \times \pi}(S^\infty \otimes (S^\infty \otimes X^2)^2) \xrightarrow{\widetilde{d}_{\pi \times \pi}^*} H^{4n}_{\pi \times \pi}(S^\infty \otimes (S^\infty \otimes X)^2),$$

nach unten durch äquivariante Diagonalapproximationen ergänzen. Wieder mit dem Trägerlemma erhalten wir aus den 0-Skeletten der Komplexe $S^\infty \otimes S^\infty \otimes X$ und $S^\infty \otimes S^\infty \otimes X^2$ die äquivarianten Diagonalen

$$
\begin{array}{rcl}
d_1 : S^\infty \otimes S^\infty \otimes X & \longrightarrow & S^\infty \otimes S^\infty \otimes X^2 \\
d_2 : S^\infty \otimes (S^\infty \otimes X^2) & \longrightarrow & S^\infty \otimes (S^\infty \otimes X^2)^2 \\
d_3 : S^\infty \otimes (S^\infty \otimes X) & \longrightarrow & S^\infty \otimes (S^\infty \otimes X)^2 .
\end{array}
$$

Das folgende Diagramm kommutiert dann in den Koketten auf den 0-Skeletten und damit nach dem Trägerlemma modulo Homotopie auf den ganzen Kokettengruppen. Wie in den vorangehenden Schritten bedeutet das die Kommutativität in den Kohomologiegruppen und wir halten bei dem kommutativen Diagramm

$$
\begin{array}{ccccc}
H^{4n}_{\pi \times \pi}(S^\infty \otimes S^\infty \otimes X^4) & \xleftarrow{\widetilde{d}_S^* \varphi^*} & H^{4n}_{\pi \times \pi}(S^\infty \otimes (S^\infty \otimes X^2)^2) & \xrightarrow{\widetilde{d}_{\pi \times \pi}^*} & H^{4n}_{\pi \times \pi}(S^\infty \otimes (S^\infty \otimes X)^2) \\
\downarrow{\scriptstyle d_{\pi \times \pi}^*} & & \downarrow{\scriptstyle d_2^*} & & \downarrow{\scriptstyle d_3^*} \\
H^{4n}_{\pi \times \pi}(S^\infty \otimes S^\infty \otimes X) & \xleftarrow{d_1^*} & H^{4n}_{\pi \times \pi}(S^\infty \otimes S^\infty \otimes X^2) & \xrightarrow{d_1^*} & H^{4n}_{\pi \times \pi}(S^\infty \otimes S^\infty \otimes X),
\end{array}
$$

womit der 6. Schritt abgeschlossen ist. ($\Box$)

Damit sind wir in der Lage, den Beweis des Lemmas (Seite 360) durch Zusammenfügen der bisherigen Schritte zu beweisen.

Beweis des Lemmas: Die Schritte $1-6$ ergeben das kommutative Diagramm

$$
\begin{array}{ccccc}
H^n(X) & \xrightarrow{\ \ P\ \ } & H^{2n}_\pi(S^\infty \otimes X^2) & \xrightarrow{\ \ d^*_\pi\ \ } & H^{2n}_\pi(S^\infty \otimes X) \\
\downarrow{\scriptstyle P'} & & \downarrow{\scriptstyle P} & & \downarrow{\scriptstyle P} \\
H^{4n}_{\pi\times\pi}(S^\infty\otimes S^\infty\otimes X^4) \xleftarrow{d^*_S\varphi^*} & H^{4n}_{\pi\times\pi}(S^\infty\otimes(S^\infty\otimes X^2)^2) & \xrightarrow{d^*_{\pi\times\pi}} & H^{4n}_{\pi\times\pi}(S^\infty\otimes(S^\infty\otimes X)^2) \\
\downarrow{\scriptstyle d^*_{\pi\times\pi}} & & \downarrow{\scriptstyle d^*_2} & & \downarrow{\scriptstyle d^*_3} \\
H^{4n}_{\pi\times\pi}(S^\infty\otimes S^\infty\otimes X) \xleftarrow{\ d^*_1\ } & H^{4n}_{\pi\times\pi}(S^\infty\otimes S^\infty\otimes X^2) & \xrightarrow{\ d^*_1\ } & H^{4n}_{\pi\times\pi}(S^\infty\otimes S^\infty\otimes X)\,,
\end{array}
$$

in dem in der linken Spalte der Weg von $u \in H^n(X;\mathbb{Z}_2)$ zu der äquivarianten Klasse $\Phi_{ij}u \in H^{4n}_{\pi\times\pi}(S^\infty \otimes S^\infty \otimes X;\mathbb{Z}_2)$ beschrieben ist (Seite 359). Geht man den Weg über die rechte obere Gruppe, ergibt sich $d^*_3 P(d^*_\pi Pu)$. Über die mittlere Spalte und die Tatsache, dass in der unteren Zeile die beiden (entgegengesetzt verlaufenden) Pfeile identische Homomorphismen bezeichnen, ergibt die Kommutativität des Diagramms $\Phi_{ij}u = d^*_1 d^*_2 P(Pu) = d^*_3 P(d^*_\pi Pu)$. Wenn Sie nun die Definitionen genau prüfen, folgt der erste Teil des Lemmas unmittelbar, mithin

$$
\sum_{i+j=k} w_i \otimes w_j \otimes D_{ij}(u) \ = \ \sum_{i=0}^k w_i \otimes D_i\left(\sum_{l=0}^{k-i} w_l \otimes D_l(u)\right).
$$

Es bleibt noch zu zeigen, dass $D_{ij} = D_{ji}$ ist. Hierfür betrachten wir den äquivarianten Kettenautomorphismus

$$
\lambda : S^\infty \otimes S^\infty \otimes X \ \longrightarrow \ S^\infty \otimes S^\infty \otimes X\,, \quad (x,y,z) \mapsto (y,x,z)\,,
$$

der auf den Gruppen $H^{4n}_{\pi\times\pi}(S^\infty\otimes S^\infty\otimes X;\mathbb{Z}_2)$ die Automorphismen

$$
\lambda^*_k : \sum_{i+j=k} w_i\otimes w_j\otimes D_{ij}(u) \ \mapsto \ \sum_{i+j=k} w_j\otimes w_i\otimes D_{ij}(u) = \sum_{i+j=k} w_i\otimes w_j\otimes D_{ji}(u)
$$

induziert. Es folgt mit Koeffizientenvergleich unmittelbar $D_{ij}(u) = D_{ji}(u)$ für alle $u \in H^n(X;\mathbb{Z}_2)$, womit auch der zweite Teil des Lemmas bewiesen ist. $\qquad\square$

Der Beweis der Adem-Relationen

Mit diesen Vorbereitungen können die Adem-Relationen bewiesen werden, wir müssen dazu nur die einzelnen Bausteine zu einer Formel zusammensetzen.

Um die Rechnungen zu vereinfachen, wollen wir es vorher mit einer Konvention ermöglichen, alle Summationsindizes von $-\infty$ bis ∞ laufen zu lassen. Erinnern Sie sich dazu an die Cartan-Formeln (Seite 340)

$$
Sq^i(uv) \ = \ \sum_{k=0}^i (Sq^k u)(Sq^{i-k}v)\,.
$$

Diese Schreibweise war möglich, da einige Summanden darin verschwinden.

Wir können die Notation noch weiter vereinfachen, wenn wir ab jetzt w_i für den Generator von $H^i_\pi(S^\infty; \mathbb{Z}_2)$ schreiben und dann $w_i = 0$ und $Sq^i = 0$ für alle $i < 0$ definieren. Nach dem Hauptsatz (Seite 340) gilt bekanntlich auch $Sq^i u = 0$ für $i > \deg u$, oder äquivalent dazu $D_i(u) = 0$ für $i < 0$ oder $i > \deg u$. Die CARTAN-Formel wird damit zu

$$Sq^i(uv) = \sum_{k=-\infty}^{\infty} (Sq^k u)(Sq^{i-k} v) = \sum_k (Sq^k u)(Sq^{i-k} v),$$

und die Formel aus dem vorigen Lemma (Seite 360) wird zu

$$d^*_{\pi \times \pi} P' u = \sum_{i,j} w_i \otimes w_j \otimes D_{ij}(u) = \sum_i w_i \otimes D_i \left(\sum_l w_l \otimes D_l(u) \right).$$

Hier laufen i und j unabhängig von $-\infty$ bis ∞, also ist nach Umsortierung endlich vieler Summanden auch die Summation über k enthalten (im Lemma lief k von 0 bis $4 \deg u$). Eine wichtige **Folgerung** dieser Gleichung sei hier auch noch erwähnt. Wir kennen bereits $D_i(u) = 0$ außer im Fall $0 \le i \le \deg u$. Analog dazu können wir nun $D_{ij}(u) = 0$ behaupten, falls nicht $0 \le i, j \le 2 \deg u$ ist. Dies sieht man schnell: In der obigen Gleichung muss für $D_{ij} \ne 0$ zunächst $0 \le i \le 2 \deg u$ sein, denn das Argument von D_i hat den Grad $2 \deg u$. Wegen der Symmetrie $D_{ij} = D_{ji}$ gilt dasselbe auch für den Index j.

Lassen Sie uns nun das große Finale des Beweises beginnen. Das gerade bewiesene Lemma, diesmal mit den Indizes k und i formuliert (den Grund verstehen Sie sofort nach der Rechnung), liefert

$$
\begin{aligned}
d^*_{\pi \times \pi} P' u &= \sum_k w_k \otimes D_k \left(\sum_i w_i \otimes D_i(u) \right) \\
&= \sum_k w_k \otimes Sq^{2n-k} \sum_i \left(w_i \otimes Sq^{n-i} u \right) \\
&= \sum_k w_{2n-k} \otimes Sq^k \sum_i \left(w_{n-i} \otimes Sq^i u \right) \\
&= \sum_{k,i} w_{2n-k} \otimes Sq^k \left(w_{n-i} \otimes Sq^i u \right) \\
&= \sum_{k,i,j} w_{2n-k} \otimes Sq^j w_1^{n-i} \otimes Sq^{k-j} Sq^i u \\
&= \sum_{k,i,j} \binom{n-i}{j} w_{2n-k} \otimes w_{n-i+j} \otimes Sq^{k-j} Sq^i u,
\end{aligned}
$$

wobei in der fünften und sechsten Gleichung die CARTAN-Formel für den Ausdruck $Sq^k(w_{n-i} \otimes Sq^i u)$ eingeht, die Ring-Isomorphie $H^*_\pi(S^\infty; \mathbb{Z}_2) \cong \mathbb{Z}_2[w_1]$ und das Lemma von Seite 357. Ein Koeffizientenvergleich liefert dann mit der Indexsubstitution $l = n + i - j$

$$D_{2n-k, 2n-l} = \sum_i \binom{n-i}{n+i-l} Sq^{k+l-n-i} Sq^i.$$

Machen Sie sich dazu bitte zwei Dinge klar. Einerseits, dass es in der dreifachen Summe für den Koeffizientenvergleich bei $w_a \otimes w_b$ für $a = 2n-k$ nur ein $k = 2n-a$ gibt, das passt. Für $b = n - (i-j)$ sind mehrere Summanden möglich, je einer für die Indexpaare (i,j) mit $i - j = n - b$. Die Substitution $l = n + (i-j)$ fasst dies geeignet zusammen, sodass eine einfache Summation über den Index i ausreicht. Andererseits stellen Sie fest, dass die Indizes hier sehr stimmig gewählt sind: Wir wissen aus der obigen Folgerung, dass nur die Paare (k,l) mit $0 \le k, l \le 2n$ Werte von $D_{2n-k,2n-l}$ liefern können, die nicht verschwinden.

Damit ist der entscheidende Schritt für die Adem-Relationen getan. Die Symmetrie der doppeltreduzierten Potenzen (Seite 360) ergibt $D_{2n-k,2n-l} = D_{2n-l,2n-k}$ und damit

$$(*) \qquad \sum_i \binom{n-i}{n+i-l} Sq^{k+l-n-i} Sq^i \;=\; \sum_r \binom{n-r}{n+r-k} Sq^{k+l-n-r} Sq^r \,,$$

wobei zur Unterscheidung für die folgenden Umformungen auf der rechten Seite über r summiert wird. Beachten Sie den kleinen, aber feinen Unterschied der beiden Summen in den Binomialkoeffizienten (es wird l durch k ersetzt, nicht mehr, aber auch nicht weniger). Diese Abweichung sorgt dafür, dass hier keine triviale Gleichung steht, sondern bereits die vollständigen Adem-Relationen vorliegen. Der Rest des Beweises besteht nur noch darin, sie für $0 < a < 2b$ in normalisierte Gleichungen für die Ausdrücke $Sq^a Sq^b$ zu bringen.

Dies geschieht durch einen trickreichen Umgang mit den Binomialkoeffizienten in der Gleichung $(*)$. Da wir mod 2 rechnen, ist $\binom{2^m}{t} = 0$ für alle $0 < t < 2^m$, denken Sie einfach an die t-elementigen Teilmengen einer 2^m-elementigen Menge. Außerdem gibt es für $n \ge 0$ und zwei natürliche Zahlen

$$A = \sum_{i=0}^{n} a_i 2^i \quad \text{und} \quad B = \sum_{i=0}^{n} b_i 2^i \,,$$

wobei alle $a_i, b_i \in \mathbb{Z}_2$ sein sollen, die Darstellung

$$(**) \qquad \binom{B}{A} \equiv \prod_{i=0}^{n} \binom{b_i}{a_i} \bmod 2 \,.$$

Dies ist eine schöne **Übung** für Sie, hier ein kleiner Tipp: Bedenken Sie in $\mathbb{Z}_2[x]$ die Gleichung $(1+x)^{2^i} = 1 + x^{2^i}$. Entwickeln Sie dann $(1+x)^B$ über $\mathbb{Z}$ und betrachten den Koeffizienten bei x^A, er lautet $\binom{B}{A}$. Wenn Sie dies mit der Summendarstellung für A und B wiederholen (und zwar modulo 2, es entsteht ein Produkt von Summen), folgt die Behauptung mit einem Koeffizientenvergleich.

Es sei nun also $0 < a < 2b$. Um dann die Adem-Relation

$$Sq^a Sq^b = \sum_{j=0}^{\lfloor a/2 \rfloor} \binom{b-1-j}{a-2j} Sq^{a+b-j} Sq^j$$

zu zeigen, führen wir zunächst a in die Gleichung $(*)$ ein, indem wir es für k einsetzen.

Damit ergibt sich aus $(*)$ die Gleichung

$$\sum_i \binom{n-i}{n+i-l} Sq^{a+l-n-i} Sq^i = \sum_r \binom{n-r}{n+r-a} Sq^{a+l-n-r} Sq^r .$$

Im nächsten Schritt sei $n_d = 2^d - 1 + b$ eine streng monoton wachsende Folge von Graden, $d \geq 0$. Sie erkennen, dass wir nun dasselbe Prinzip verwenden, das schon im Beweis von $Sq^1 = \beta$ hilfreich war (Seite 352, allgemeiner mit dem Kriterium auf Seite 353). Ferner sei $l_d = n_d + b$. Für den zugehörigen Binomialkoeffizienten mod 2 in der linken Summe gilt dann

$$\binom{n_d - i}{n_d + i - l_d} = \binom{2^d - 1 - (i-b)}{i-b} = \begin{cases} 0 & \text{für } i \neq b, \\ 1 & \text{für } i = b. \end{cases}$$

Die obere Gleichung (für den Fall $i \neq b$) gilt, denn für $i < b$ ist der Binomialkoeffizient als 0 definiert und für $i > b$ können wir das obige Resultat $(**)$ verwenden: Mit $A = i - b > 0$ wähle man $B = 2^d - 1 - A$. Da mindestens ein Paar $(a_i, b_i) = (1, 0)$ sein muss – stellen Sie sich dazu die Zahlen A und B als Binärzahlen vor, $2^d - 1$ besteht nur aus Einsen – ist der zugehörige Faktor $\binom{b_i}{a_i} = 0$, mithin auch $\binom{B}{A} = 0$. Ein phänomenaler Trick. Wie mit einem Hoch- oder Tiefpassfilter in der Physik isolieren wir aus der linken Summe den gesuchten Summanden $Sq^a Sq^b$, denn nur im Fall $i = b$ ist der Binomialkoeffizient 1 und wir haben hier $a + l_d - n_d - i = a$.

Bleibt noch der Blick auf die rechte Summe. Hier ist nur $r \geq 0$ relevant, denn andernfalls ist $Sq^r = 0$. Ferner haben wir allgemein $\binom{x}{y} = \binom{x}{x-y}$, was nach unserer Konvention auch für $x < y$ gilt, und es ergibt sich

$$\binom{n_d - r}{n_d + r - a} = \binom{n_d - r}{n_d - r - (n_d + r - a)} = \binom{n_d - r}{a - 2r} = \binom{2^d - 1 + b - r}{a - 2r} .$$

Dieser Koeffizient verschwindet für $a < 2r$, die Summe läuft also effektiv in den Grenzen $0 \leq r \leq \lfloor a/2 \rfloor$. Wegen $a < 2b$ verschwindet der Koeffizient auch für $r \geq b$, also ist nur $b - r > 0$ zu berücksichtigen.

Nun seien die Exponenten d so groß, dass $2^d > \max\{a, b+1\}$ ist (n_d bleibt damit eine streng monoton wachsende Folge). Wegen $r \geq 0$ ist dann wieder mit $(**)$

$$\binom{2^d - 1 + b - r}{a - 2r} = \binom{b - r - 1}{a - 2r} ,$$

was Sie sehen, wenn Sie sich $2^d \leq 2^d - 1 + b - r \leq 2^{d+1}$ und $a - 2r < 2^d - 1 + b - r$ als Binärzahlen vorstellen, denn es fällt auf der rechten Seite nur der erste Faktor $\binom{1}{0} = 1$ weg, der aus den Stellen für die Zweierpotenz 2^d im Binärsystem entsteht. Damit erhalten wir für $0 < a < 2b$ auf der Gruppe $H^{n_d}(X; \mathbb{Z}_2)$

$$Sq^a Sq^b = \sum_{r=0}^{\lfloor a/2 \rfloor} \binom{b-r-1}{a-2r} Sq^{a+l_d-n_d-r} Sq^r = \sum_{r=0}^{\lfloor a/2 \rfloor} \binom{b-r-1}{a-2r} Sq^{a+b-r} Sq^r .$$

Weil die Folge n_d streng monoton gegen ∞ strebt, gilt diese Gleichung nach dem Kriterium auf Seite 353 auf ganz $H^*(X; \mathbb{Z}_2)$ und die ADEM-Relationen sind bewiesen. $\qquad\square$

Nachbetrachtung zum Beweis

Die ADEM-Relationen sind neben dem Hauptsatz über die Existenz der STEENROD-Squares (Seite 340) und dem noch zu zeigenden Eindeutigkeitssatz ohne Zweifel die zentralen Ergebnisse dieses Kapitels. Der Beweis teilte sich auf in zwei wesentliche Teile.

Im ersten Teil wurde der Ausdruck $Sq^a Sq^b$ durch eine trickreiche Zerlegung des Homomorphismus

$$d^*_{\pi \times \pi} P' : H^n(X; \mathbb{Z}_2) \longrightarrow H^{4n}(S^\infty \otimes S^\infty \otimes X; \mathbb{Z}_2)$$

in die Komposition $d^*_3 P(d^*_\pi P u)$ systematisch auf seinen Bestandteilen untersucht. Es ergab sich über ein großes kommutatives Diagramm (Seite 366), dessen Herleitung aus 6 Teilschritten bestand, die Formel

$$d^*_{\pi \times \pi} P'(u) = \sum_{i+j=k} w_i \otimes w_j \otimes D_{ij}(u) = \sum_{i=0}^{k} w_i \otimes D_i \left(\sum_{l=0}^{k-i} w_l \otimes D_l(u) \right),$$

woraus zusammen mit den CARTAN-Formeln die zentrale Beziehung

$$D_{2n-k,2n-l} = \sum_i \binom{n-i}{n+i-l} Sq^{k+l-n-i} Sq^i$$

folgte, wobei der Ausdruck nur für $0 \leq k, l \leq 2n$ Werte $\neq 0$ annehmen kann. Schon hier wurde erstmals eine ausgeklügelte Indexsubstitution vorgenommen, um die suggestive Form $D_{2n-k,2n-l}$ der doppeltreduzierten Potenzen zu erreichen (Seite 367). Mit der (offensichtlichen) Symmetrie $D_{ij} = D_{ji}$ standen die ADEM-Relationen dann aber plötzlich vor uns,

$$\sum_i \binom{n-i}{n+i-l} Sq^{k+l-n-i} Sq^i = \sum_r \binom{n-r}{n+r-k} Sq^{k+l-n-r} Sq^r,$$

wenn auch noch ziemlich versteckt (Seite 368).

Der zweite Teil des Beweises bestand in weiteren arithmetischen Kunstgriffen, um die Binomialkoeffizienten in den Griff zu bekommen und die schöne, normalisierte Form der ADEM-Relationen zu gewinnen. Bei der Vielzahl von Variablen mit all ihren Ungleichungen mussten Sie den Text wahrscheinlich mehrmals prüfen. Die Rechnungen sind in der Tat verwirrend, haben aber als trickreiche Elementarmathematik zweifellos einen ganz speziellen Reiz. Besonders der Einsatz des binären Zahlensystems für die Rechnungen modulo 2 war hier bemerkenswert.

Am Ende des Beweises wurde wieder auf höhere topologische Methoden gesetzt und das induktive Kriterium für eine Nullhomologie verwendet (Seite 353), das seinen Ursprung ebenfalls in den CARTAN-Formeln hat.

Wir haben den ersten großen Meilenstein dieses Kapitels erreicht. Die STEENROD-Squares mit ihren elementaren Eigenschaften und den ADEM-Relationen sind nun für reguläre CW-Komplexe mit kompakten Skeletten konstruiert. Wir wollen die Konstruktion jetzt ausweiten, um diese Operationen auch in Spektralsequenzen von CW-Faserungen zur Verfügung zu haben.

9.7 Steenrod-Squares für allgemeine CW-Paare

Um die nun konstruierten Operationen $Sq^i : H^n(X; \mathbb{Z}_2) \to H^{n+i}(X; \mathbb{Z}_2)$ in den Kohomologie-Spektralsequenzen dieses Buches einsetzen zu können, müssen wir beachten, dass ein Teil der dort vorkommenden Räume (Fasern von Pfadräumen) in der Regel keine CW-Struktur haben. Gemäß der früheren Untersuchungen zu TCW-Räumen (Seite 99 ff, insbesondere der Folgerung auf Seite 112) kann man aber davon ausgehen, dass alle in Frage kommenden Räume zumindest den Homotopietyp eines CW-Komplexes haben.

Sind dann die STEENROD-Squares Sq^i_{cw} mit ihren elementaren Eigenschaften auf allgemeinen CW-Komplexen X_{cw} definiert, ergeben sich bei einer Homotopieäquivalenz $f : X_{\text{cw}} \to X$ mit homotopieinverser Abbildung $g : X \to X_{\text{cw}}$ in natürlicher Weise die Operationen Sq^i auf X in der Gestalt

$$Sq^i : H^n(X; \mathbb{Z}_2) \to H^{n+i}(X; \mathbb{Z}_2), \quad u \mapsto g^* Sq^i_{\text{cw}}(f^* u),$$

mit identischen Eigenschaften (beachten Sie, dass g eindeutig modulo Homotopie ist, die so gewonnenen Sq^i also wohldefiniert sind).

So weit ein erster Überblick zur Motivation. Um das notwendige Programm konsequent durchzuführen, zeigen wir gleich viel mehr (wir benötigen dies auch bei dem essentiell wichtigen Eindeutigkeitssatz der STEENROD-Squares, Seite 376 ff).

Beobachtung 1: Die Sq^i sind funktoriell in dem Sinne, dass für stetige Abbildungen $f : X \to Y$ stets $f^* Sq^i_Y = Sq^i_X f^* : H^n(Y; \mathbb{Z}_2) \to H^{n+i}(Y; \mathbb{Z}_2)$ ist.

Beweis: Dies folgt unmittelbar aus Lemma 1 auf Seite 340. $\square$

Beobachtung 2: Die Operationen Sq^i gibt es auch in relativer Form für reguläre CW-Paare (X, A) mit endlichen Skeletten, als funktorielle Homomorphismen

$$Sq^i : H^n(X, A; \mathbb{Z}_2) \longrightarrow H^{n+i}(X, A; \mathbb{Z}_2),$$

mit identischen Eigenschaften. Auf dem trivialen Paar $(X, \varnothing)$ stimmen sie mit der absoluten Form überein.

Im **Beweis** sei zunächst A zusammenziehbar. Da in diesem Fall die Homomorphismen $H^n(X; \mathbb{Z}_p) \to H^n(A; \mathbb{Z}_p)$ in der langen exakten Kohomologiesequenz für alle $n \geq 0$ surjektiv sind (nur bei $n = 0$ ist das nicht trivial, liegt aber auf der Hand), hat man für alle $n \geq 0$ das kommutative Diagramm

$$
\begin{array}{ccccccccc}
0 & \longrightarrow & H^n(X, A; \mathbb{Z}_p) & \longrightarrow & H^n(X; \mathbb{Z}_p) & \longrightarrow & H^n(A; \mathbb{Z}_p) & \longrightarrow & 0 \\
& & \Big\downarrow{\scriptstyle Sq^i} & & \Big\downarrow{\scriptstyle Sq^i} & & \Big\downarrow{\scriptstyle Sq^i} & & \\
0 & \longrightarrow & H^{n+i}(X, A; \mathbb{Z}_p) & \longrightarrow & H^{n+i}(X; \mathbb{Z}_p) & \longrightarrow & H^{n+i}(A; \mathbb{Z}_p) & \longrightarrow & 0,
\end{array}
$$

aus dem sich die gestrichelten Homomorphismen in der linken Spalte durch eine einfache Diagrammjagd ergeben (beachten Sie hierfür auch Beobachtung 1).

Genauso problemlos übertragen sich auch die elementaren Eigenschaften der Sq^i und deren Funktorialität bei Abbildungen $(X, A) \to (Y, B)$.

Für allgemeine Teilräume $A \subseteq X$ gibt es den eleganten Trick mit dem Kegel CA.

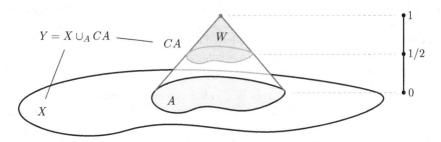

Der Ausschneidungssatz (Seite I-478) ergibt mit $Y = X \cup_A CA$ und dem Teilraum $W = CA \setminus A \times [0,1/2]$ natürliche, von den Inklusionen induzierte Isomorphien $H^n(Y, CA) \cong H^n(Y \setminus W, CA \setminus W)$. Offensichtlich ist (X, A) ein starker Deformationsretrakt von $(Y \setminus W, CA \setminus W)$, weswegen sich insgesamt eine (wieder von der Inklusion stammende) natürliche Isomorphie $H^n(Y, CA) \cong H^n(X, A)$ ergibt. Damit ist das Paar (X, A) auf den Fall des zusammenziehbaren Teilraums $CA \subseteq Y$ zurückgeführt und mit obigem Isomorphismus lassen sich die auf (Y, CA) existierenden Operatoren Sq^i mit allen Eigenschaften, inklusive der Funktorialität, auf das Paar (X, A) übertragen.

Offensichtlich stimmen die relativen STEENROD-Squares für ein Paar $(X, \varnothing)$ bezüglich des kanonischen Isomorphismus $H^*(X; \mathbb{Z}_2) \cong H^*(X, \varnothing; \mathbb{Z}_2)$ mit den absoluten Squares auf X überein. $\square$

Halten wir kurz inne. Wir haben nun relative STEENROD-Squares für CW-Paare, die der Generalvoraussetzung genügen (Seite 316). Sie ahnen vielleicht, dass es nun kein allzu weiter Weg mehr sein kann, von dieser Voraussetzung abzurücken. Von der **Regularität** können wir sofort absehen, denn jedes CW-Paar mit endlichen Skeletten ist homotopieäquivalent zu einem simplizialen Paar mit endlichen Skeletten (Seite 34 f), und simpliziale Komplexe sind offensichtlich regulär. Die STEENROD-Squares erhält man dann mit einer Homotopieäquivalenz $(X_{\mathrm{cw}}, A_{\mathrm{cw}}) \to (K, L)$ zu einem simplizialen Paar auf die gleiche Weise wie oben, zu Beginn des Abschnitts, beschrieben.

Um auch die Forderung nach endlichen Skeletten loszuwerden, benötigt man inverse Limiten in der Kohomologie (siehe Seite 265 für Homotopiegruppen). Betrachte dazu einen CW-Komplex X und die Familie all seiner Teilkomplexe $(X_j)_{j \in J}$ mit endlichen Skeletten. Auf den X_j gibt es die Teilordnung der Inklusion und für $f_{jk} : X_j \hookrightarrow X_k$, man schreibt in diesem Fall $j \leq k$, die Homomorphismen $f_{jk}^* : H^*(X_k; \mathbb{Z}_2) \to H^*(X_j; \mathbb{Z}_2)$, die sich transitiv verhalten. Der **inverse Limes**

$$\varprojlim H^*(X_j; \mathbb{Z}_2) = \left\{ (u_j)_{j \in J} : u_j \in H^*(X_j; \mathbb{Z}_2) \text{ und } f_{jk}^*(u_k) = u_j \text{ für } j \leq k \right\}$$

mit der komponentenweisen Addition $(v_j)_{j \in J} + (u_j)_{j \in J} = (v_j + u_j)_{j \in J}$ ist dann kanonisch isomorph zu $H^*(X; \mathbb{Z}_2)$, warum?

Offensichtlich gilt wegen $X = \varinjlim X_j$ die entsprechende Aussage in der Homologie, denn wir haben

$$H_*(X;\mathbb{Z}_2) \cong H_*\big(\varinjlim X_j;\mathbb{Z}_2\big) \cong \varinjlim H_*(X_j;\mathbb{Z}_2)\,,$$

wobei die Isomorphie rechts aufgrund der Tatsache zustandekommt, dass alle homologischen Zyklus- und Randbedingungen bereits in kompakten, also endlichen Teilkomplexen sichtbar werden (im Gegensatz zur Kohomologie).

In der Kohomologie benötigt man das universellen Koeffiziententheorem

$$H^n(X;\mathbb{Z}_2) \cong \mathrm{Hom}\big(H_n(X),\mathbb{Z}_2\big) \oplus \mathrm{Ext}\big(H_{n-1}(X),\mathbb{Z}_2\big)\,,$$

zusammen mit der wichtigen (und nicht trivialen) Aussage aus der homologischen Algebra, dass über $\mathbb{Z}_2$-Koeffizienten auch der Ext-Funktor mit direkten Limiten vertauscht (Seite 151). So ergibt sich

$$
\begin{aligned}
H^n(X;\mathbb{Z}_2) \ &\cong\ \mathrm{Hom}\big(H_n(X),\mathbb{Z}_2\big) \oplus \mathrm{Ext}\big(H_{n-1}(X),\mathbb{Z}_2\big)\\
&\cong\ \mathrm{Hom}\big(H_n(\varinjlim X_j),\mathbb{Z}_2\big) \oplus \mathrm{Ext}\big(H_{n-1}(\varinjlim X_j),\mathbb{Z}_2\big)\\
&\cong\ \mathrm{Hom}\big(\varinjlim H_n(X_j),\mathbb{Z}_2\big) \oplus \mathrm{Ext}\big(\varinjlim H_{n-1}(X_j),\mathbb{Z}_2\big)\\
&\cong\ \varprojlim \mathrm{Hom}\big(H_n(X_j),\mathbb{Z}_2\big) \oplus \varprojlim \mathrm{Ext}\big(H_{n-1}(X_j),\mathbb{Z}_2\big)\\
&\cong\ \varprojlim \Big(\mathrm{Hom}\big(H_n(X_j),\mathbb{Z}_2\big) \oplus \mathrm{Ext}\big(H_{n-1}(X_j),\mathbb{Z}_2\big)\Big)\\
&\cong\ \varprojlim H^n(X_j;\mathbb{Z}_2)\,.
\end{aligned}
$$

Mit dem Isomorphismus $\varphi : H^*(X;\mathbb{Z}_2) \to \varprojlim H^*(X_j;\mathbb{Z}_2)$ liefert das Diagramm

$$
\begin{array}{ccc}
H^n(X;\mathbb{Z}_2) & \xrightarrow{\ \varphi\ } & \varprojlim H^n(X_j;\mathbb{Z}_2)\\[2pt]
\Big\downarrow{\scriptstyle Sq^i_X} & & \Big\downarrow{\scriptstyle \lim Sq^i_{X_j}}\\[2pt]
H^{n+i}(X;\mathbb{Z}_2) & \xleftarrow{\ \varphi^{-1}\ } & \varprojlim H^{n+i}(X_j;\mathbb{Z}_2)\,,
\end{array}
$$

über die Festlegung $Sq^i_X = \varphi^{-1} \lim Sq^i_{X_j}\,\varphi$ wohldefinierte STEENROD-Squares auch auf X, denn in der rechten Spalte vertauschen die $Sq^i_{X_j}$ mit inversen Limiten wegen ihrer Funktorialität (Seite 371). Es ist klar, dass sich auch sämtliche Eigenschaften dieser Operationen auf Sq^i_X übertragen, inklusive deren Funktorialität. Mit Beobachtung 2 von vorhin, der Beweis kann wörtlich übernommen werden, können wir nun den folgenden wichtigen Meilenstein festhalten.

Satz (Sq^i für allgemeine CW-Paare)
Die Operationen Sq^i gibt es für allgemeine CW-Paare (X,A), als funktorielle Homomorphismen

$$Sq^i : H^n(X,A;\mathbb{Z}_2) \longrightarrow H^{n+i}(X,A;\mathbb{Z}_2)\,,$$

mit den Eigenschaften auf Seite 340 und den ADEM-Relationen (Seite 354). Auf dem trivialen Paar $(X,\varnothing)$ stimmen sie mit der absoluten Form überein. □

Hier entsteht nun eine natürliche Frage, die ganz offensichtlich für sich beantwortet werden muss, um die Theorie konsequent weiterentwickeln zu können. Bei einem CW-Paar (X, A) mit der Inklusion $i : A \to X$ und dem Quotienten $j : X \to X/A$ stehen die Sq^i zwischen den langen exakten Kohomologiesequenzen

$$
\begin{array}{cccccccc}
H^n(X, A; \mathbb{Z}_2) & \xrightarrow{j^*} & H^n(X; \mathbb{Z}_2) & \xrightarrow{i^*} & H^n(A; \mathbb{Z}_2) & \xrightarrow{\delta} & H^{n+1}(X, A; \mathbb{Z}_2) \\
\downarrow{Sq^i} & & \downarrow{Sq^i} & & \downarrow{Sq^i} & & \downarrow{Sq^i} \\
H^{n+i}(X, A; \mathbb{Z}_2) & \xrightarrow{j^*} & H^{n+i}(X; \mathbb{Z}_2) & \xrightarrow{i^*} & H^{n+i}(A; \mathbb{Z}_2) & \xrightarrow{\delta} & H^{n+i+1}(X, A; \mathbb{Z}_2),
\end{array}
$$

und während das linke und mittlere Rechteck wegen der Funktorialität der Sq^i kommutiert, stellt sich die Frage nach dem Rechteck mit den Korandoperatoren.

Satz (Steenrod-Squares und Kohomologiesequenzen)
Die Operationen Sq^i kommutieren mit $\delta : H^q(A; \mathbb{Z}_2) \to H^{q+1}(X, A; \mathbb{Z}_2)$ für alle CW-Paare (X, A), womit das obige Diagramm überall kommutiert.

Der **Beweis** führt δ auf ein Mengenprodukt von A mit $S^1 \cong I/\partial I$ zurück.

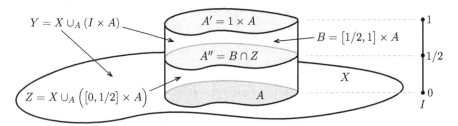

Wir erhalten (mit den Bezeichnungen aus der Grafik, wegen Homotopieäquivalenzen und dem Fünferlemma) Isomorphien in den Zeilen des Diagramms

$$
\begin{array}{ccccc}
H^n(A; \mathbb{Z}_2) & \xrightarrow{\cong} & H^n(I \times A; \mathbb{Z}_2) & \xrightarrow{\cong} & H^n(A'; \mathbb{Z}_2) \\
\downarrow{\delta} & & \downarrow{\delta} & & \downarrow{\delta} \\
H^{n+1}(X, A; \mathbb{Z}_2) & \xrightarrow{\cong} & H^{n+1}(Y, I \times A; \mathbb{Z}_2) & \xrightarrow{\cong} & H^{n+1}(Y, A'; \mathbb{Z}_2),
\end{array}
$$

weswegen es genügt, die Kommutativität der Sq^i mit der rechten Spalte zu zeigen. Diese findet sich links in folgendem kommutativen Diagramm wieder:

$$
\begin{array}{ccccc}
 & \overset{\text{surjektiv}}{\underset{\text{surjektiv}}{\longleftarrow}} & & & \\
H^n(A'; \mathbb{Z}_2) & \xleftarrow{\text{surjektiv}} & H^n(A' \cup Z; \mathbb{Z}_2) & \longrightarrow & H^n(A' \sqcup A''; \mathbb{Z}_2) \\
\downarrow{\delta} & & \downarrow{\delta} & & \downarrow{\delta} \\
H^{n+1}(Y, A'; \mathbb{Z}_2) & \longleftarrow & H^{n+1}(Y, A' \cup Z; \mathbb{Z}_2) & \xleftarrow{\cong} & H^{n+1}(B, A' \sqcup A''; \mathbb{Z}_2),
\end{array}
$$

Auch hier stammen die Isomorphien von der klassischen Anwendung des Fünferlemmas und des Ausschneidungssatzes (schneiden Sie $W = X \cup_A ([0,1/3] \times A)]$ aus Y und $Z \cup A'$ aus).

Wegen der Funktorialität der Sq^i genügt es, deren Kommutativität mit der rechten Spalte zu zeigen, denn $H^n(A' \sqcup A''; \mathbb{Z}_2) \to H^n(A'; \mathbb{Z}_2)$ ist surjektiv. Machen Sie sich dies an folgendem dreidimensional kommutativen Diagramm klar.

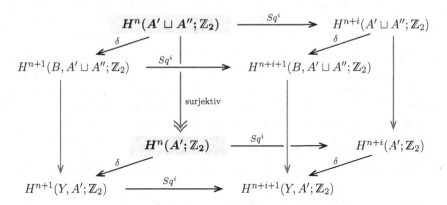

Man geht aus von einem $\alpha \in H^n(A'; \mathbb{Z}_2)$ und möchte die Kommutativität des unteren Quadrats zeigen. Dazu wählt man ein Urbild in $H^n(A' \sqcup A''; \mathbb{Z}_2)$ und nutzt die Kommutativität des oberen Quadrats. Mit den senkrechten Abbildungen und der Kommutativität der Seitenflächen folgt dann die Kommutativität des unteren Quadrats (das Vorgehen erinnert ein wenig an die Isomorphismen zwischen Spektralsequenzen, zum Beispiel auf Seite 232 oder 240).

Die Kommutativität an der Decke des Würfels kann man nun mit zellulärer Kohomologie direkt nachweisen. Es sei dazu, um die Notation etwas zu vereinfachen, $A' \sqcup A'' = \partial I \times A$ und $B = I \times A$ geschrieben. Die Erzeugenden von $H^0(\partial I; \mathbb{Z}_2)$ seien $\widetilde{e}_0^0$ und $\widetilde{e}_1^0$, der Kozyklus $\widetilde{e}_0^1$ erzeuge $H^1(I, \partial I; \mathbb{Z}_2)$. Es gelten nach der zellulären Kohomologie (Seite 128 f) die Formeln $\delta \widetilde{e}_1^0 = \widetilde{e}_1^1$ und $\delta \widetilde{e}_0^0 = -\widetilde{e}_1^1$, wobei hier $\delta : H^0(\partial I; \mathbb{Z}_2) \to H^1(I, \partial I; \mathbb{Z}_2) \cong H^1(S^1; \mathbb{Z}_2)$ aus der langen exakten Sequenz des Paares $(I, \partial I)$ stammt. Nun sei $u \in H^n(A; \mathbb{Z}_2)$. Wir müssen $Sq^i \delta = \delta Sq^i$ dann auf den Elementen $\widetilde{e}_0^0 \times u$ und $\widetilde{e}_1^0 \times u$ bestätigen. Man rechnet hierfür

$$
\begin{aligned}
Sq^i \delta(\widetilde{e}_1^0 \times u) &= Sq^i(\widetilde{e}_1^1 \times u) = Sq^0(\widetilde{e}_1^1) \times Sq^i u + Sq^1(\widetilde{e}_1^1) \times Sq^{i-1} u \\
&= Sq^0(\widetilde{e}_1^1) \times Sq^i u + (\widetilde{e}_1^1)^2 \times Sq^{i-1} u \\
&= Sq^0(\widetilde{e}_1^1) \times Sq^i u = \widetilde{e}_1^1 \times Sq^i u \\
&= \delta(\widetilde{e}_1^0 \times Sq^i u) = \delta Sq^i(\widetilde{e}_1^0 \times u) \,,
\end{aligned}
$$

wobei die elementaren Eigenschaften der Sq^i, mitsamt der Cartan-Formeln, einfließen. Beachten Sie auch $\delta u = \delta Sq^i u = 0$, denn in dem Komplex $(I, \partial I) \otimes A$ des Paares $(I \times A, \partial I \times A)$ entspricht δ auf dem Faktor A der Nullabbildung (absolute Kohomologie). Die Rechnung für $\widetilde{e}_0^0 \times u$ verläuft dann ähnlich, man kann sie bis auf ein Vorzeichen identisch übernehmen, womit der Satz bewiesen ist. $\square$

Eine durchaus bemerkenswerte Beweislogik. Man kann ganz X vernachlässigen (ausschneiden) und den Satz dann auf den einfachen Spezialfall $S^1 \times A$ zurückführen, bei dem die Grundeigenschaften der Sq^i ausreichen.

9.8 Der Eindeutigkeitssatz

Für die Anwendungen der Steenrod-Squares ist es wichtig, dass sie, obwohl scheinbar willkürlich konstruiert, durch ihre elementaren Eigenschaften eindeutig bestimmt (insbesondere durch $Sq^0 = $ id, siehe die Beweis-Nachbetrachtung auf Seite 349) und damit insgesamt wohldefinierte Kohomologieoperationen sind.

Wir zeigen das Resultat zunächst für eine kleinere Klasse von CW-Komplexen, um den Satz von Eilenberg-Zilber in der Kohomologie zur Verfügung zu haben. Nach den Konstruktionen im vorigen Abschnitt folgt dann aber die Eindeutigkeit der Sq^i auch in der relativen Kohomologie, auf beliebigen CW-Paaren (X, A) und dazu homotopieäquivalenten Raumpaaren – mithin auf allen Gegenständen der Anwendung von Spektralsequenzen oder Lokalisierungen in diesem Buch. Versuchen Sie sich dies noch vor dem (sehr trickreichen und schwierigen) Beweis des Theorems klarzumachen (**Übung**, siehe auch die dortigen Hinweise, Seite 406).

Theorem (Eindeutigkeit der Steenrod-Squares)

Für endliche, reguläre CW-Komplexe X und alle $i, n \geq 0$ sind die Steenrod-Squares $Sq^i : H^n(X; \mathbb{Z}_2) \to H^{n+i}(X; \mathbb{Z}_2)$ als funktorielle Kohomologieoperationen durch ihre elementaren Eigenschaften (Seite 340) eindeutig bestimmt.

Beweis: Angenommen, es seien auf X weitere Kohomologieoperationen $R^i, i \geq 0$, mit den besagten Eigenschaften konstruiert. Demnach wäre $Sq^i = R^i$ für $i = 0$ und für $i \geq n$. Für den interessanten Bereich $1 \leq i < n$ sei ein $u \in H^n(X; \mathbb{Z}_2)$ gegeben. Wir betrachten dann in $H^{2n+1}_\pi(S^\infty \otimes X; \mathbb{Z}_2)$ die Elemente

$$\alpha = \sum_{j=1}^{n+1} w_j \otimes Sq^{n+1-j} u \qquad \text{und} \qquad \beta = \sum_{j=1}^{n+1} w_j \otimes R^{n+1-j} u ,$$

mit den Generatoren $w_j \in H^j_\pi(S^\infty; \mathbb{Z}_2)$. Wegen $Sq^0 u = R^0 u$ und $Sq^n u = R^n u$ fallen die Indizes $j = 1$ und $j = n + 1$ in der Differenz weg und wir erhalten

$$\alpha - \beta = \sum_{j=2}^{n} w_j \otimes (Sq^{n+1-j} u - R^{n+1-j} u) \in H^{2n+1}_\pi(S^\infty \otimes X; \mathbb{Z}_2) .$$

Mit $\alpha - \beta = 0$ folgt dann $Sq^i = R^i$ auch für $1 \leq i < n$ und damit das Theorem.

Sie ahnen wahrscheinlich, dass es einer genauen algebraischen Analyse bedarf, um aus den elementaren Eigenschaften der Sq^i deren Eindeutigkeit zu zeigen. Im ersten Schritt beschränken wir uns bei X auf $\mathbb{Z}_2$-Koeffizienten.

Beobachtung 1:

Im obigen Kontext sind die Sq^i genau dann auf X eindeutig bestimmt, wenn sie über $\mathbb{Z}_2$-Koeffizienten, also auf $X' = X \otimes \mathbb{Z}_2$ eindeutig bestimmt sind.

Beweis: Es sei dazu $X \to X'$ die Restklassenbildung modulo 2. Die Squares $Sq^i_2 : H^n(X \otimes \mathbb{Z}_2; \mathbb{Z}_2) \to H^{n+i}(X \otimes \mathbb{Z}_2; \mathbb{Z}_2)$ können dann zunächst genauso konstruiert werden wie die klassischen Squares über X auf den Seiten 331 ff.

Mit dem kommutativen Diagramm (Seite 335, in der oberen Zeile hat auch der Komplex S'^∞ Koeffizienten in $\mathbb{Z}_2$)

$$
\begin{array}{ccccc}
H^n(X';\mathbb{Z}_2) & \xrightarrow{P'} & H^{2n}_\pi(S'^\infty \otimes X'^2;\mathbb{Z}_2) & \xrightarrow{d^*_\pi} & H^{2n}_\pi(S'^\infty \otimes X';\mathbb{Z}_2) \\
\downarrow{\scriptstyle (\mathrm{mod}\ 2)^*} & & \downarrow{\scriptstyle (\mathrm{mod}\ 2)^*} & & \downarrow{\scriptstyle (\mathrm{mod}\ 2)^*} \\
H^n(X;\mathbb{Z}_2) & \xrightarrow{P} & H^{2n}_\pi(S^\infty \otimes X^2;\mathbb{Z}_2) & \xrightarrow{d^*_\pi} & H^{2n}_\pi(S^\infty \otimes X;\mathbb{Z}_2)
\end{array}
$$

und der Funktorialität der KÜNNETH-Koeffizienten in den Zerlegungen

$$
d^*_\pi P u = \sum_{i=0}^{2n} w_i \otimes D_i(u) \quad \text{und} \quad d^*_\pi P' u' = \sum_{i=0}^{2n} w_i \otimes D'_i(u')
$$

für $u \in H^n(X;\mathbb{Z}_2)$ und $u' \in H^n(X';\mathbb{Z}_2)$ erkennt man dann für alle $i \geq 0$ das kommutative Diagramm (mit Isomorphismen in den Spalten)

$$
\begin{array}{ccc}
H^n(X';\mathbb{Z}_2) & \xrightarrow{Sq^i_2} & H^{n+i}(X';\mathbb{Z}_2) \\
\cong \downarrow{\scriptstyle (\mathrm{mod}\ 2)^*} & & \cong \downarrow{\scriptstyle (\mathrm{mod}\ 2)^*} \\
H^n(X;\mathbb{Z}_2) & \xrightarrow{Sq^i} & H^{n+i}(X;\mathbb{Z}_2).
\end{array}
$$

Beobachtung 1 folgt damit aus der Tatsache, dass allgemein die Restklassenbildung mod $2 : K \to K'$ einen Isomorphismus $(\mathrm{mod}\ 2)^\# : C^*(K';\mathbb{Z}_2) \to C^*(K;\mathbb{Z}_2)$ der Kokettenkomplexe induziert. □

Im weiteren Verlauf des Beweises sei X ohne Einschränkung ein endlicher, regulärer CW-Komplex, dessen (zelluläre) Homologiegruppen über $\mathbb{Z}_2$-Koeffizienten gebildet sind, dito für S^∞ und die Kohomologieoperationen Sq^i und R^i.

Der Beweis gründet sich nun auf das π-äquivariante Raumpaar $(S^\infty \times X^2, S^\infty \times X)$, wobei $S^\infty \times X$ mit seinem Bild bei der Diagonaleinbettung $i_d : w \times x \to w \times (x,x)$ identifiziert wird. In der langen exakten (äquivarianten) Kohomologiesequenz wird $i^*_d : H^*_\pi(S^\infty \times X^2;\mathbb{Z}_2) \to H^*_\pi(S^\infty \times X;\mathbb{Z}_2)$ auf den zugehörigen Kettenkomplexen durch die äquivariante Diagonalapproximation $d_\pi : S^\infty \otimes X \to S^\infty \otimes X^2$ induziert (vergleichen Sie mit Seite 340). Insbesondere ist damit $i^*_d = d^*_\pi$.

Das Schlüsselargument ist dann das Bild $\delta(\alpha - \beta)$ beim Korandoperator

$$
\delta : H^{2n+1}_\pi(S^\infty \otimes X;\mathbb{Z}_2) \longrightarrow H^{2n+2}_\pi(S^\infty \otimes X^2, S^\infty \otimes X;\mathbb{Z}_2).
$$

Zunächst erkennt man sofort, dass das Element $\alpha - \beta$ in einer Untergruppe G^{2n+1} von $H^{2n+1}_\pi(S^\infty \otimes X;\mathbb{Z}_2)$ liegt, die von allen Produkten generiert ist, in denen der w_j-Grad kleiner als die Hälfte des Gesamtgrades $2n+1$ ist, also in

$$
G^{2n+1} = \bigoplus_{j=0}^{n} H^j_\pi(S^\infty;\mathbb{Z}_2) \otimes H^{2n+1-j}(X;\mathbb{Z}_2),
$$

und damit kann das Theorem auf zwei weitere Beobachtungen reduziert werden.

Beobachtung 2:
Es ist $\delta|_{G^{2n+1}} : G^{2n+1} \to H_\pi^{2n+2}(S^\infty \otimes X^2, S^\infty \otimes X; \mathbb{Z}_2)$ injektiv.

Beobachtung 3:
Es ist $\delta\alpha = \delta\beta = 0$, mithin $\delta(\alpha - \beta) = 0$.

Beachten Sie die etwas seltsame Logik. Die Aussage $\delta\alpha = \delta\beta = 0$ ist viel stärker als $\delta(\alpha - \beta) = 0$. Wegen $\alpha, \beta \notin G^{2n+1}$ wird aber dennoch nichts verschenkt, denn für nichttriviale Räume X ist im Allgemeinen $\alpha, \beta \neq 0$. Die Injektivität von δ kann dann nur auf die Differenz $\alpha - \beta$ angewendet werden, da dort der Summand mit w_j-Grad $n + 1$ verschwindet (der w_j-Grad wird damit kleiner als $(2n + 1)/2$).

Für den **Beweis** von Beobachtung 2 zeigen wir, dass an der Stelle $2n + 1$ in der langen exakten Kohomologiesequenz des Paares $(S^\infty \times X^2, S^\infty \times X)$

$$\mathrm{Im}(i_d^*) \cap G^{2n+1} = \mathrm{Im}(d_\pi^*) \cap G^{2n+1} = 0$$

ist. Daraus folgt in der Tat Beobachtung 2, wegen $\mathrm{Im}(d_\pi^*) = \mathrm{Ker}(\delta)$. Aus der bekannten Sequenz

$$H^n(X; \mathbb{Z}_2) \xrightarrow{\ P\ } H_\pi^{2n}(S^\infty \otimes X^2; \mathbb{Z}_2) \xrightarrow{\ d_\pi^*\ } H_\pi^{2n}(S^\infty \otimes X; \mathbb{Z}_2)$$

ergibt sich dann die entscheidende Frage: Wie wird das Bild $\mathrm{Im}(d_\pi^*)$ vom Bild der Komposition $d_\pi^* P$ generiert? Normalerweise ist nur $\mathrm{Im}(d_\pi^* P) \subseteq \mathrm{Im}(d_\pi^*)$.

Interpretieren Sie dazu die Gruppen $H_\pi^*(S^\infty \otimes X; \mathbb{Z}_2)$ und $H_\pi^*(S^\infty \otimes X^2; \mathbb{Z}_2)$ als $H_\pi^*(S^\infty; \mathbb{Z}_2)$-Moduln, über die Festlegung

$$w_i \cdot \sum_{j \in J} w_j \otimes z_j = \sum_{j \in J}(w_i \smile w_j) \otimes z_j = \sum_{j \in J} w_{i+j} \otimes z_j$$

für alle endlichen Indexmengen J und alle (äquivarianten) Kozyklen z_j in $C_\pi^*(X; \mathbb{Z}_2) = C^*(X; \mathbb{Z}_2)$ beziehungsweise $C_\pi^*(X^2; \mathbb{Z}_2)$. Beachten Sie, dass wir hier nicht auf die Dimensionen n oder $2n$ fixiert sind, sondern die ganzen Kohomologieringe berücksichtigen. Die skalare Multiplikation entspricht dem Cup-Produkt mit $w_i \otimes 1$ respektive $w_i \otimes 1^2$, wobei 1 der Generator in $H^0(X; \mathbb{Z}_2) \cong \mathbb{Z}_2$ ist.

Beobachtung 4:
Das Bild $\mathrm{Im}(d_\pi^*)$ wird als $H_\pi^*(S^\infty; \mathbb{Z}_2)$-Modul von $\mathrm{Im}(d_\pi^* P)$ erzeugt.

Machen Sie sich kurz klar, was das bedeutet, es handelt sich in der Tat um eine verblüffende Gesetzmäßigkeit. Für jedes $\gamma \in \mathrm{Im}(d_\pi^*) \subseteq H_\pi^{2n}(S^\infty \otimes X; \mathbb{Z}_2)$ gibt es demnach Elemente $u_1, \ldots, u_r \in H^*(X; \mathbb{Z}_2)$, sodass

$$\gamma = \sum_{l=1}^r c_l \otimes d_\pi^* P u_l$$

ist, mit Koeffizienten $c_l \in H_\pi^*(S^\infty; \mathbb{Z}_2)$.

Die Dimensionen der Pu_l können dabei unterschiedlich und nur durch die Faktoren c_l auf $2n$ angehoben sein. So wird durch die Mithilfe der Kohomologiegruppen $H^k(X; \mathbb{Z}_2)$, $k < n$, zusammen mit geeigneten Faktoren $w_i \otimes 1$, das Defizit im Bild $\mathrm{Im}(d_\pi^*)$ bei der Vorschaltung von P ausgeglichen.

Der **Beweis** von Beobachtung 4 ist, das überrascht nicht, sehr trickreich und erstreckt sich bis zu Seite 382. Zunächst zeigen wir für die Kohomologieringe

$$H_\pi^*(S^\infty \otimes X^2; \mathbb{Z}_2) \;=\; H_\pi^*(S^\infty; \mathbb{Z}_2) \cdot \mathrm{Im}(P) \,+\, \mathcal{T}, \qquad (*)$$

wobei $\mathcal{T}$ im Bild des Transfers $\tau^* : H^*(S^\infty \otimes X^2; \mathbb{Z}_2) \to H_\pi^*(S^\infty \otimes X^2; \mathbb{Z}_2)$ liegt, blättern Sie dafür bei Bedarf zurück zu Seite 338. Der erste Summand ist der von $\mathrm{Im}(P)$ erzeugte $H_\pi^*(S^\infty; \mathbb{Z}_2)$-Untermodul in $H_\pi^*(S^\infty \otimes X^2; \mathbb{Z}_2)$.

Aus dieser Gleichung folgt in der Tat die Beobachtung 4, denn wir haben einerseits $d_\pi^* \mathrm{Im}(\tau^*) = 0$ nach den früheren Ausführungen zum Transfer. Andererseits ist d_π^* ein $H_\pi^*(S^\infty; \mathbb{Z}_2)$-Modulhomomorphismus, denn wie oben gesehen ist $d_\pi^* = i_d^*$, mit der (stetigen) Diagonaleinbettung $i_d : S^\infty \otimes X \to S^\infty \otimes X^2$, und die Cup-Produkte $w_j \otimes z_j \mapsto (w_i \otimes 1) \smile (w_j \otimes z_j) = w_{i+j} \otimes z_j$ der $H_\pi^*(S^\infty; \mathbb{Z}_2)$-Modulstruktur kommutieren mit i_d^* sogar auf Kokettenebene. Damit respektiert auch d_π^* die Modulstruktur und wir haben mit Gleichung $(*)$ wie gewünscht

$$\mathrm{Im}(d_\pi^*) \;=\; d_\pi^* \big(H_\pi^*(S^\infty; \mathbb{Z}_2) \cdot \mathrm{Im}(P) \big) \;=\; H_\pi^*(S^\infty; \mathbb{Z}_2) \cdot \mathrm{Im}(d_\pi^* P) \,.$$

Warum also gilt die Summenzerlegung $(*)$ von $H_\pi^*(S^\infty \otimes X^2; \mathbb{Z}_2)$?

Wir nehmen hierfür eine trickreiche Manipulation des Komplexes X vor, um genauere Aussagen über die Modulstruktur der Homologie- und Kohomologiegruppen zu gewinnen. Den Anfang macht die Aussage, dass es eine Homotopieäquivalenz zwischen dem Komplex (X, ∂) und dem Komplex $(H_*(X), \partial = 0)$ gibt, bei dem alle Randoperatoren $\partial = 0$ sind.

Hierfür genügt ein genauer Blick auf die Definitionen und die Tatsache, dass X mit $\mathbb{Z}_2$-Koeffizienten betrachtet werden kann (nach Beobachtung 1, Seite 376). So ist jede Kettengruppe X_k eine endliche Summe von $\mathbb{Z}_2$-Summanden. Es seien $B_k = \partial X_{k+1}$ die Ränder, $Z_k = \mathrm{Ker}(\partial)$, und $D_k = X_k / Z_k$ die Komplementgruppe der Zyklen, bei der $\partial : D_k \to B_{k-1}$ ein Isomorphismus ist, mit Umkehrabbildung $\partial^{-1} : B_{k-1} \to D_k$. Die Filtrierung $0 \subseteq B_k \subseteq Z_k \subseteq X_k$ liefert dann eine Zerlegung der Form

$$X_k \;\cong\; H_k(X) \oplus B_k \oplus D_k \,,$$

mit $\partial|_{H_k(X) \oplus B_k} = 0$. Die Festlegung $\partial^{-1}|_{H_k(X) \oplus D_k} = 0$ definiert dann Homomorphismen $\partial^{-1} : X_k \to X_{k+1}$ und eine einfache **Übung** zeigt für $h \in H_k(X)$, $b \in B_k$, $d \in D_k$, die Projektion $p_H : X_k \to H_k(X)$ und die Inklusion $i : H_k(X) \to X_k$

$$(\mathbb{1}_{X_k} - i p_H)\big(h \oplus (b \oplus d)\big) \;=\; \partial \partial^{-1}\big(h \oplus (b \oplus d)\big) + \partial^{-1} \partial \big(h \oplus (b \oplus d)\big) \,,$$

wodurch die Komplexe (X, ∂) und $(H_*(X), 0)$ als homotopieäquivalent erkennbar sind (beachten Sie dazu auch die triviale Umkehrung $p_H i = \mathbb{1}_{H_k(X)}$). $\qquad (\square)$

Als nächstes beobachten wir, dass $S^\infty \otimes X^2$ und $S^\infty \otimes H_*(X)^2$ äquivariant homotop sind, und zwar über den Kettenhomomorphismus $\mathbb{1} \otimes p_H^2$.

Hierfür genügt es nachzuweisen, dass allgemein bei homotopen $f, g : K \to L$ die Homomorphismen $\mathbb{1} \otimes f^2$ und $\mathbb{1} \otimes g^2$ zwischen $S^\infty \otimes K^2$ und $S^\infty \otimes L^2$ äquivariant homotop sind, und verwenden dazu den äquivarianten Kettenhomomorphismus $\varphi : I \otimes S^\infty \to I^2 \otimes S^\infty$ von früher (Seite 337), mit $\varphi(0 \otimes e^i) = 0^2 \otimes e^i$ und $\varphi(1 \otimes e^i) = 1^2 \otimes e^i$.

In der Tat ist dann mit einer Homotopie $D : I \otimes K \to L$ zwischen f und g

$$I \otimes S^\infty \otimes K^2 \xrightarrow{\varphi \otimes 1} I^2 \otimes S^\infty \otimes K^2 \xrightarrow{\cong} S^\infty \otimes (I \otimes K)^2 \xrightarrow{1 \otimes D^2} S^\infty \otimes L^2$$

eine π-äquivariante Homotopie zwischen $\mathbb{1} \otimes f^2$ und $\mathbb{1} \otimes g^2$.   ($\square$)

Insgesamt induziert die Inklusion $H_*(X) \hookrightarrow X$ damit funktorielle Isomorphismen

$$H^*_\pi(S^\infty \otimes X^2; \mathbb{Z}_2) \cong H^*_\pi\big(S^\infty \otimes H_*(X)^2; \mathbb{Z}_2\big)$$

der äquivarianten Kohomologiegruppen. Der Komplex $S^\infty \otimes H_*(X)^2$ hat gegenüber $S^\infty \otimes X^2$ den Vorteil trivialer Randoperatoren (beachten Sie, dass dies bei $H_*(X)$ und bei S^∞ der Fall ist), wodurch auch hier die Kohomologiegruppen bereits in den Kokettengruppen vorliegen. Wir erhalten somit

$$H^*_\pi(S^\infty \otimes X^2; \mathbb{Z}_2) \cong \mathrm{Hom}^*_\pi\big(S^\infty \otimes H_*(X)^2, \mathbb{Z}_2\big),$$

was uns der Zerlegung (∗) ein großes Stück näherbringt, denn die rechte Seite erlaubt (für endliches X) eine präzise algebraische Analyse.

Der Komplex $H_*(X)$ hat als $\mathbb{Z}_2$-Modul von endlichem Typ die Zerlegung

$$H_*(X) = \bigoplus_{j \in J} A_j ,$$

mit allen $A_j \cong \mathbb{Z}_2$ und einer endlichen Indexmenge J. Damit gilt

$$H_*(X)^2 \cong \bigoplus_{j \in J} A_j^2 + \mathbb{Z}_2(\pi) \otimes B ,$$

mit $B = \bigoplus_{j_1 < j_2} A_{j_1} \otimes A_{j_2}$ und dem **Gruppenring** (engl. *group ring*)

$$\mathbb{Z}_2(\pi) = \{0, 1, \rho, 1 + \rho\},$$

wobei $\pi = \{1, \rho\}$ ist, mit der (inzwischen bekannten) Vertauschung ρ der Faktoren. Er besteht aus allen Abbildungen $f : \pi \to \mathbb{Z}_2$, mit der durch $\mathbb{Z}_2$ induzierten Gruppenstruktur und der Multiplikation $fg(x) = \sum_{ab=x} f(a)g(b)$, wobei π hier multiplikativ geschrieben ist. Die Elemente in $\mathbb{Z}_2(\pi)$ können so als formale Linearkombinationen in π mit $\mathbb{Z}_2$-Koeffizienten geschrieben werden, also ist $\mathbb{Z}_2(\pi) = \{0, 1, \rho, 1 + \rho\}$. Darin gilt zum Beispiel $\rho + \rho = 0$ oder $\rho\rho = 1$ und $\rho(1 + \rho) = \rho + \rho\rho = \rho + 1 = 1 + \rho$. Das Einselement in $\mathbb{Z}_2(\pi)$ ist die 1.

Die Zuordnungen $1 \otimes (a \otimes b) \mapsto a \otimes b$ und $\rho \otimes (a \otimes b) \mapsto b \otimes a$ definieren dann einen π-äquivarianten Isomorphismus $\mathbb{Z}_2(\pi) \otimes B \to \bigoplus_{j_1 \neq j_2} A_{j_1} \otimes A_{j_2}$, wobei hier die π-Wirkung auf B trivial und auf $\mathbb{Z}_2(\pi)$ durch $1 \triangleright x = x$ sowie $\rho \triangleright 1 = \rho$ und $\rho \triangleright \rho = 1$ gegeben ist (**Übung**).

Machen Sie sich diese etwas schwierige Beziehung an einem Beispiel klar. Mit $H_*(X) = A_1 \oplus A_2 \oplus A_3$, wobei es für $H_*(X) \otimes H_*(X) = H_*(X)^2$ keine Rolle spielt, in welcher konkreten Gruppe $H_k(X)$ sich die A_j befinden, ist

$$
\begin{aligned}
H_*(X)^2 \;=\; & A_1^2 \oplus A_2^2 \oplus A_3^2 \;\oplus \\
& (A_1 \otimes A_2) \oplus (A_1 \otimes A_3) \oplus (A_2 \otimes A_3) \;\oplus \\
& (A_2 \otimes A_1) \oplus (A_3 \otimes A_1) \oplus (A_3 \otimes A_2) \,.
\end{aligned}
$$

Die reinen Terme sind mit dem Summanden $\bigoplus_{j \in J} A_j$ erfasst, und über die Tensorierung mit 1 ergeben sich alle Summanden $A_i \otimes A_j$ mit $i < j$, die Tensorierung mit ρ spiegelt diese jeweils auf $A_j \otimes A_i$. Die gemischten π-äquivarianten Summen

$$
(\mathbf{a_{1,1}} \otimes a_{2,1}) \oplus (\mathbf{a_{1,2}} \otimes a_{3,1}) \oplus (\mathbf{a_{2,2}} \otimes a_{3,2}) \oplus (a_{2,1} \otimes \mathbf{a_{1,1}}) \oplus (a_{3,1} \otimes \mathbf{a_{1,2}}) \oplus (a_{3,2} \otimes \mathbf{a_{2,2}})
$$

enstehen dann aus B in eindeutiger Weise über die Tensorierung mit $1 + \rho$ als

$$
(1 + \rho) \otimes \big((\mathbf{a_{1,1}} \otimes a_{2,1}) \oplus (\mathbf{a_{1,2}} \otimes a_{3,1}) \oplus (\mathbf{a_{2,2}} \otimes a_{3,2}) \big) \;\in\; \mathbb{Z}_2(\pi) \otimes B \,.
$$

Insgesamt erhält man so die Isomorphismen

$$
\operatorname{Hom}_\pi^* \big(S^\infty \otimes H_*(X)^2 \,, \mathbb{Z}_2 \big) \;\cong\; \operatorname{Hom}_\pi^* \big(S^\infty \otimes \bigoplus_{j \in J} A_j^2, \mathbb{Z}_2 \big) \;+
$$

$$
\operatorname{Hom}_\pi^* \big(S^\infty \otimes \mathbb{Z}_2(\pi) \otimes B, \mathbb{Z}_2 \big) \,,
$$

oder äquivalent dazu

$$
H_\pi^* \big(S^\infty \otimes X^2, \mathbb{Z}_2 \big) \;\cong\; H_\pi^* \big(S^\infty \otimes \bigoplus_{j \in J} A_j^2; \mathbb{Z}_2 \big) \;+
$$

$$
H_\pi^* \big(S^\infty \otimes \mathbb{Z}_2(\pi) \otimes B; \mathbb{Z}_2 \big) \,,
$$

worin der erste Summand mit $H_\pi^*(S^\infty; \mathbb{Z}_2) \cdot \operatorname{Im}(P)$ in der Zerlegung $(*)$ übereinstimmt (Seite 379). Es seien dazu u_j die Generatoren der dualen Gruppen $A_j^* = \operatorname{Hom}(A_j, \mathbb{Z}_2)$, $j \in J$, jeweils dual zu direkten Summanden $\mathbb{Z}_2 \in H_n(X)$ für geeignete $n \geq 0$ und auf die übrigen Summanden dieser Gruppen trivial fortgesetzt. So sind sie als Elemente in $H^n(X; \mathbb{Z}_2)$ interpretierbar und wir haben

$$
P u_j \;=\; u_j^2 (\epsilon_\pi \otimes \mathbf{1}) \;=\; 1 \otimes u_j^2 \;\in\; H_\pi^{2n} \big(S^\infty \otimes X^2; \mathbb{Z}_2 \big) \,.
$$

Für $w \in H_\pi^*(S^\infty; \mathbb{Z}_2)$ ist dann $w \cdot P u_j = (w \otimes 1^2) \smile P u_j = w \otimes u_j^2$, womit klar ist, dass die Elemente $P u_j$ die Gruppe $H_\pi^* \big(S^\infty \otimes A_j^2; \mathbb{Z}_2 \big)$ als $H_\pi^*(S^\infty; \mathbb{Z}_2)$-Modul generieren. Wir erhalten so den ersten Summanden der Zerlegung $(*)$ in Form von

$$
H_\pi^* \big(S^\infty \otimes \bigoplus_{j \in J} A_j^2; \mathbb{Z}_2 \big) \;=\; H_\pi^*(S^\infty; \mathbb{Z}_2) \cdot \operatorname{Im}(P) \,.
$$

Es bleibt noch zu zeigen, dass der zweite Summand $H_\pi^* \big(S^\infty \otimes \mathbb{Z}_2(\pi) \otimes B; \mathbb{Z}_2 \big)$ im Bild des Transfers liegt, also die Rolle von $\mathcal{T}$ übernehmen kann (Seite 379). Betrachte hierfür die kanonischen Ringhomomorphismen

$$
\lambda : \mathbb{Z}_2 \longrightarrow \mathbb{Z}_2(\pi), \, 1 \mapsto 1 \qquad \text{und} \qquad \nu : \mathbb{Z}_2(\pi) \longrightarrow \mathbb{Z}_2, \, 1 \mapsto 1, \, \rho \mapsto 0 \,.
$$

Sie induzieren die Ringhomomorphismen

$$\lambda^* : C^*\big(S^\infty \otimes \mathbb{Z}_2(\pi) \otimes B; \mathbb{Z}_2\big) \longrightarrow C^*\big(S^\infty \otimes \mathbb{Z}_2 \otimes B; \mathbb{Z}_2\big) \qquad \text{und}$$

$$\nu^* : C^*\big(S^\infty \otimes \mathbb{Z}_2 \otimes B; \mathbb{Z}_2\big) \longrightarrow C^*\big(S^\infty \otimes \mathbb{Z}_2(\pi) \otimes B; \mathbb{Z}_2\big),$$

wobei eine äquivariante Kokette $c_\pi \in C^*_\pi\big(S^\infty \otimes \mathbb{Z}_2(\pi) \otimes B; \mathbb{Z}_2\big)$ durch $\lambda^* c_\pi$ eindeutig bestimmt ist. Beachten Sie hierfür, dass λ^* die Koketten auf $S^\infty \otimes \rho \otimes B$ annulliert und auf $S^\infty \otimes 1 \otimes B$ unverändert lässt. Eine Festlegung auf $A_i \otimes A_j$ determiniert dann wegen der Äquivarianz die Werte auch auf $A_j \otimes A_i$.

Offensichtlich ist $\lambda^* \nu^* = \mathbb{1}$. Wir müssen zeigen, dass jeder äquivariante Kozyklus $c_\pi \in C^*_\pi\big(S^\infty \otimes \mathbb{Z}_2(\pi) \otimes B; \mathbb{Z}_2\big)$ das Bild eines Kozyklus $c \in C^*\big(S^\infty \otimes \mathbb{Z}_2(\pi) \otimes B; \mathbb{Z}_2\big)$ beim Transfer ist, also $\tau c = c_\pi$ gilt. Da äquivariante Kozyklen durch ihr Bild bei λ^* eindeutig festgelegt sind (siehe oben), genügt hierfür $\lambda^* \tau c = \lambda^* c_\pi$. Man sieht nun schnell, dass $c = \nu^* \lambda^* c_\pi$ die richtige Lösung ist: Es gilt

$$\lambda^* \tau c = \lambda^* \tau \nu^* \lambda^* c_\pi = (\lambda^* \tau \nu^*) \lambda^* c_\pi = \lambda^* c_\pi,$$

denn aus der Definition von τ folgt $\lambda^* \tau \nu^* = \mathbb{1}$. Damit haben wir $\mathcal{T} \in \operatorname{Im}(\tau^*)$ und **Beobachtung 4** ist bewiesen. $\qquad\square$

Der Weg zu Beobachtung 2 ist nun nicht mehr weit. Gehen wir dafür zurück zum Anfang des Beweises (Seite 378). Wegen Beobachtung 4 ist in der Sequenz

$$H^n(X; \mathbb{Z}_2) \xrightarrow{\ P\ } H^{2n}_\pi(S^\infty \otimes X^2; \mathbb{Z}_2) \xrightarrow{\ d^*_\pi\ } H^{2n}_\pi(S^\infty \otimes X; \mathbb{Z}_2)$$

das Bild $\operatorname{Im}(d^*_\pi)$ als $H^*_\pi(S^\infty; \mathbb{Z}_2)$-Modul von $\operatorname{Im}(d^*_\pi P)$ erzeugt. Ziel war die Aussage $\operatorname{Im}(d^*_\pi) \cap G^{2n+1} = 0$, und dies ist nun äquivalent zu

$$\big(H^*_\pi(S^\infty; \mathbb{Z}_2) \cdot \operatorname{Im}(d^*_\pi P)\big) \cap G^{2n+1} = 0.$$

Die Elemente in $\big(H^*_\pi(S^\infty; \mathbb{Z}_2) \cdot \operatorname{Im}(d^*_\pi P)\big) \cap G^{2n+1}$ bestehen aus Summanden

$$w_k \cdot d^*_\pi P u_l = w_k \cdot \sum_{i=0}^{n_l} w_i \otimes D_i(u_l) = \sum_{i=0}^{n_l} w_{i+k} \otimes D_i(u_l),$$

mit den $w_k \in H^k_\pi(S^\infty; \mathbb{Z}_2)$ und Elementen $u_l \in H^{n_l}(X; \mathbb{Z}_2)$, $k + 2n_l = 2n + 1$. Wegen $D_{n_l}(u_l) = u_l$ sind diese Summanden für $u_l \neq 0$ nicht in G^{2n+1} enthalten, denn dafür ist ihr w-Grad d_w zu hoch: $d_w = n_l + k = 2n + 1 - n_l \geq n + 1$. Beachten Sie hierfür $n_l \leq n$, weil $k \geq 1$ sein muss ($k + 2n_l = 2n + 1$). Dieser ausgeklügelte Widerspruch zur Annahme $u_l \neq 0$ zeigt, dass alle Elemente in dem Durchschnitt verschwinden und damit **Beobachtung 2** wahr ist. $\qquad\square$

Es bleibt für den Eindeutigkeitssatz nur noch zu zeigen, dass die Elemente

$$\alpha = \sum_{j=1}^{n+1} w_j \otimes Sq^{n+1-j} u \qquad \text{und} \qquad \beta = \sum_{j=1}^{n+1} w_j \otimes R^{n+1-j} u$$

bei δ auf 0 abgebildet werden, also $\delta\alpha = \delta\beta = 0$ ist (Beobachtung 3).

Dafür wird ein **modifizierter Transfer**

$$\tilde{\tau}^* : H^*(S^\infty \otimes X^2; \mathbb{Z}_2) \longrightarrow H^*_\pi(S^\infty \otimes X^2, S^\infty \otimes X; \mathbb{Z}_2)$$

eingeführt, der mit $j^* : H^*_\pi(S^\infty \otimes X^2, S^\infty \otimes X; \mathbb{Z}_2) \to H^*_\pi(S^\infty \otimes X^2; \mathbb{Z}_2)$ aus der langen exakten Kohomologiesequenz mit dem klassischen Transfer τ verträglich ist, in Form der Gleichung $\tau^* = j^*\tilde{\tau}^*$.

$$
\begin{array}{ccc}
H^*(S^\infty \otimes X^2; \mathbb{Z}_2) & \xdashrightarrow{\tilde{\tau}^*} & H^*_\pi(S^\infty \otimes X^2, S^\infty \otimes X; \mathbb{Z}_2) \\
& \searrow{\tau^*} \qquad \swarrow{j^*} & \\
& H^*_\pi(S^\infty \otimes X^2; \mathbb{Z}_2). &
\end{array}
$$

Hierfür verwenden wir die gleiche Argumentation wie im Beweis der Funktorialität der reduzierten Potenzen (Seite 340), oder von Beobachtung 2 (Seite 377), mit der Äquivalenz der Mengendiagonalen i_d in der singulären Homologie und deren Approximation d_π in der zellulären Homologie. Wir betrachten also zunächst die singulär-äquivariante Kohomologie und das Diagramm

$$
\begin{array}{ccc}
C^*(S^\infty \times X^2; \mathbb{Z}_2) & \xdashrightarrow{\tilde{\tau}} & C^*_\pi(S^\infty \times X^2, S^\infty \times X; \mathbb{Z}_2) \\
& \searrow{\tau} \qquad \swarrow{j^\#} & \\
& C^*_\pi(S^\infty \times X^2; \mathbb{Z}_2), &
\end{array}
$$

bezüglich der Diagonalen $i_d : S^\infty \times X \to S^\infty \times X^2$, $(s,x) \mapsto (s,x,x)$, die das Produkt $S^\infty \times X \cong \mathrm{Im}(i_d)$ zu einem Teilraum von $S^\infty \times X^2$ macht. Wir haben nun $H^*(S^\infty \times X^2; \mathbb{Z}_2) \cong H^*(X^2; \mathbb{Z}_2)$, denn S^∞ ist zusammenziehbar. Daher ist jeder Kozyklus $\alpha \in C^*(S^\infty \times X^2; \mathbb{Z}_2)$ kohomolog zu $\epsilon \times v$, mit einem $v \in C^*(X^2; \mathbb{Z}_2)$. Auf den Simplizes $w \times z$ der Diagonalen $\mathrm{Im}(i_d)$ ist dann wegen $\rho z = z$

$$\tau(\epsilon \times v)(w \times z) = \epsilon(w)v(z) + \epsilon(\rho w)v(\rho z) = \big(\epsilon(w) + \epsilon(\rho w)\big)v(z) = (1+1)v(z) = 0,$$

denn wegen der $\mathbb{Z}_2$-Koeffizienten ist $\epsilon(w) + \epsilon(\rho w) = 1 + 1 = 0$. Damit verschwindet $\tau(\epsilon \times v)$ auf allen Ketten in $i_d(S^\infty \times X) \cong S^\infty \times X$ und liegt somit, etwas verkürzt geschrieben, in dem Quotienten $C^*_\pi(S^\infty \times X^2, S^\infty \times X; \mathbb{Z}_2)$.

Diese Konstellation kann nun mit dem azyklischen Trägerlemma (Seite 334) über zelluläre Approximationen auf die zelluläre Kohomologie transformiert werden, denn S^∞ ist azyklisch. Beachten Sie hierfür, dass die Komposition

$$S^\infty \otimes X^2 \xrightarrow{\epsilon \otimes \mathbb{1}} X^2 \xrightarrow{e_1^0 \otimes \mathbb{1}} S^\infty \otimes X^2 \xrightarrow{\alpha} \mathbb{Z}_2$$

auf dem Subkomplex $e_1^0 \otimes X^2$ mit α übereinstimmt. Das azyklische Trägerlemma (in vereinfachter Version ohne Äquivarianz) zeigt dann, dass $\alpha(\tilde{e}_1^0 \otimes \mathbb{1})(\epsilon \otimes \mathbb{1})$ kettenhomotop zu α ist, mithin die Koketten α und $\alpha' = \alpha(\tilde{e}_1^0 \otimes \mathbb{1})(\epsilon \otimes \mathbb{1})$ kohomolog sind (Seite 319). Mit der Festlegung $v(u) = \alpha(\tilde{e}_1^0 \otimes u)$ ist dann $\alpha \sim \epsilon \otimes v$.

Mit dem gleichen Argument wie oben ergibt sich dann $\tau(\epsilon \otimes v)(w \otimes z) = 0$ für alle $z \in C_*(X^2; \mathbb{Z}_2)$ mit $\rho z = z$. Wenn wir nun $d_\pi(S^\infty \otimes X)$ als Subkomplex von $S^\infty \otimes X^2$ ebenfalls abkürzend mit $S^\infty \otimes X$ notieren, erhalten wir die Komposition

$$S^\infty \otimes X \xrightarrow{\ d_\pi\ } S^\infty \otimes X^2 \xrightarrow{\ \epsilon \otimes \mathbb{1}\ } X^2 \xrightarrow{\ e_1^0 \otimes \mathbb{1}\ } S^\infty \otimes X^2 \xrightarrow{\ \alpha\ } \mathbb{Z}_2 \, ,$$

die auf $e_1^0 \otimes X^0$ verschwindet. Die Fortsetzung auf das Paar $(S^\infty \otimes X^2, S^\infty \otimes X)$ liefert nun ein bis auf Homotopie kommutatives Diagramm

$$
\begin{array}{ccc}
C^*(S^\infty \otimes X^2; \mathbb{Z}_2) & \dashrightarrow \ \widetilde{\tau} \ \dashrightarrow & C_\pi^*(S^\infty \otimes X^2, S^\infty \otimes X; \mathbb{Z}_2) \\[4pt]
& \searrow{\scriptstyle \tau} \qquad \swarrow{\scriptstyle j^\#} & \\[4pt]
& C_\pi^*(S^\infty \otimes X^2; \mathbb{Z}_2) &
\end{array}
$$

und damit auch für die zelluläre Kohomologie den **modifizierten Transfer**

$$\widetilde{\tau}^* : H^*(S^\infty \otimes X^2; \mathbb{Z}_2) \longrightarrow H_\pi^*(S^\infty \otimes X^2, S^\infty \otimes X; \mathbb{Z}_2)$$

als wohldefinierten Gruppenhomomorphismus. Beachten Sie, dass die äquivariante Diagonalapproximation $d_\pi : S^\infty \otimes X \to S^\infty \otimes X^2$ hier die Rolle der Inklusion $i_d : S^\infty \times X \subset S^\infty \times X^2$ in der langen exakten Kohomologiesequenz übernimmt (Seite 377). Dieser Übergang von der **geometrischen** Sichtweise mit der Mengendiagonalen i_d auf $S^\infty \times X$ zur **algebraischen** Sichtweise mit der zellulären Diagonalapproximation d_π auf $S^\infty \otimes X$ ist zentral wichtig für den Beweis des Eindeutigkeitssatzes (sie wird auch in der nächsten Beobachtung verwendet). Der Schlüssel zum Beweis von Beobachtung 3 ist nun das folgende Resultat.

Beobachtung 5:

Für ein Element $u \in H^n(X; \mathbb{Z}_2)$, $i \geq 1$, die Generatoren $w_i \in H_\pi^i(S^\infty; \mathbb{Z}_2)$ und den Korand $\delta : H_\pi^{n+i-1}(S^\infty \otimes X; \mathbb{Z}_2) \to H_\pi^{n+i}(S^\infty \otimes X^2, S^\infty \otimes X; \mathbb{Z}_2)$ aus der langen exakten Kohomologiesequenz ist

$$\delta(w_{i-1} \otimes u) = w_i \cdot \widetilde{\tau}^*(\epsilon \otimes h^*u) \, ,$$

mit der Projektion $h = \mathbb{1} \otimes \epsilon : X^2 \to X$ auf den ersten Faktor und der obigen $H_\pi^*(S^\infty; \mathbb{Z}_2)$-Modulstruktur (Seite 378) auf $H_\pi^*(S^\infty \otimes X^2, S^\infty \otimes X; \mathbb{Z}_2)$.

Der **Beweis** verläuft über die Auswertung der Terme auf beiden Seiten, wobei wir uns wegen $\delta(w_{i-1} \otimes u) = \pm w_{i-1} \otimes \delta u = w_{i-1} \otimes \delta u$ (über $\mathbb{Z}_2$) auf den Fall $i = 1$ beschränken können. Wir beginnen mit $w_1 \cdot \widetilde{\tau}^*(\epsilon \otimes h^*u)$, wobei w_1 als Generator von $H_\pi^1(S^\infty; \mathbb{Z}_2)$ durch den Kozyklus $\widetilde{e}_2^1 + \widetilde{e}_2^1$ repräsentiert sei und ϵ für w_0 steht. Unter Beachtung der $H_\pi^*(S^\infty; \mathbb{Z}_2)$-Modulstruktur haben wir einen Repräsentanten für $w_1 \cdot \widetilde{\tau}^*(\epsilon \otimes h^*u)$ in Form des äquivarianten Kettenhomomorphismus

$$S^\infty \otimes X^2 \xrightarrow{\ w_1 \otimes h(1+\rho)\ } X \xrightarrow{\ u\ } \mathbb{Z}_2 \ .$$

Beachten Sie, dass die Anwendung von $1 + \rho \in \mathbb{Z}_2(\pi)$ auf eine Produktzelle $e_1^m \otimes e_2^n$ der Linearkombination $e_1^m \otimes e_2^n + e_2^n \otimes e_1^m$ entspricht und sich damit auf Ebene der Koketten bei der $\mathbb{Z}_2$-Dualisierung der Transfer $\tau : C^*(X^2; \mathbb{Z}_2) \to C_\pi^*(X^2; \mathbb{Z}_2)$ als $\tau = (1 + \rho)^\#$ ergibt. Der Faktor w_1 kommt von der $H_\pi^*(S^\infty; \mathbb{Z}_2)$-Modulstruktur, also der Cup-Produkt-Multiplikation mit $w_1 \otimes 1^2$. Etwas kürzer schreiben wir nun für diese Komposition $w_1 \otimes uh(1 + \rho) : S^\infty \otimes X^2 \to \mathbb{Z}_2$.

Im nächsten Schritt zerlegen wir den Homomorphismus $uh : X^2 \to \mathbb{Z}_2$ in einen bezüglich $S^\infty \otimes X^2$ äquivarianten und einen nicht-äquivarianten Teil. Dazu wählt man eine äquivariante Diagonalapproximation $S^\infty \otimes X \to X^2$ als

$$S^\infty \otimes X \xrightarrow{\quad d_\pi \quad} S^\infty \otimes X^2 \xrightarrow{\quad \epsilon \otimes 1 \quad} X^2 \,,$$

mit der Diagonalen $D = \mathrm{Im}\big((\epsilon \otimes 1)d_\pi\big) \subseteq X^2$, und schreibt für uh die Summe $uh = u_D + u_{\overline{D}}$, mit $u_D(e_{X^2}^n) = 0$ für $e_{X^2}^n \notin D$ und $u_{\overline{D}}(e_{X^2}^n) = 0$ für $e_{X^2}^n \in D$. Die bekannte Argumentation (Trägerlemma ohne Äquivarianz), über die Fortsetzung von den 0-Skeletten, ergibt dann die Kohomologien $u_D(1 + \rho) \sim 0$, denn es ist $u_D|_{X^2 \setminus D} \equiv 0$ und $D^0 = \rho D^0$, womit insgesamt $uh(1 + \rho) \sim u_{\overline{D}}(1 + \rho)$ folgt. Dies alles mündet für $w_1 \cdot \widetilde{\tau}^*(\epsilon \otimes h^*u)$ in den (äquivarianten) Repräsentanten

$$S^\infty \otimes X^2 \xrightarrow{\quad w_1 \otimes u_{\overline{D}}(1+\rho) \quad} \mathbb{Z}_2 \,.$$

Nun zur linken Seite in Beobachtung 5. Wie kann man die relative, äquivariante Ableitung $\delta(\epsilon \otimes u)$ als Homomorphismus $S^\infty \otimes X^2 \to \mathbb{Z}_2$ repräsentieren? Der Einfachheit wegen argumentieren wir hier zunächst geometrisch, mit der stetigen Diagonalen $d : X \to X^2$, $x \mapsto (x, x)$, notieren auch hier $D = d(X) \subseteq X^2$ und übernehmen die Bezeichnungen h, u_D und $u_{\overline{D}}$ von oben. Beachten Sie im jetzigen Kontext aber den Homöomorphismus $d^{-1} : D \to X$, $(x, x) \mapsto x$, womit ein repräsentierender Kozyklus $u \in Z^n(X; \mathbb{Z}_2)$ aus der Formulierung von Beobachtung 5 mit $(d^{-1})^\# u \in Z^n(D; \mathbb{Z}_2)$ identifiziert werden kann.

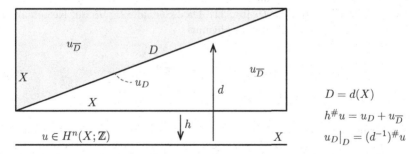

Für den relativen Korandoperator (wir identifizieren X via d mit D)

$$\delta : H_\pi^n(S^\infty \times D; \mathbb{Z}_2) \longrightarrow H_\pi^{n+1}(S^\infty \times X^2, S^\infty \times D; \mathbb{Z}_2)$$

gilt für die Kozyklen $\delta(\epsilon \times (d^{-1})^\# u) = \epsilon \times \delta((d^{-1})^\# u) = \epsilon \times \delta(u_D|_D)$, denn bei $\mathbb{Z}_2$-Koeffizienten gibt es keine Vorzeichen.

Wir wählen für die Darstellung von $\delta(u_D\big|_D)$ jetzt die Kokette u_D als Fortsetzung von $u_D\big|_D$ über X^2. Beachten Sie, dass u_D zwar eine äquivariante Fortsetzung ist, aber nicht notwendig ein Kozyklus, weswegen wir in der relativen äquivarianten Kohomologie richtig unterwegs sind. Es ist dann $\delta u_D \in C_\pi^{n+1}(X^2; \mathbb{Z}_2)$ eine äquivariante Kokette, die auf D verschwindet ($u_D\big|_D$ war ein Kozyklus). Sie repräsentiert das Element $\delta(u_D\big|_D) \in H_\pi^{n+1}(S^\infty \times X^2, S^\infty \times D; \mathbb{Z}_2)$. So haben wir für $\epsilon \times \delta(u_D\big|_D) = \delta(\epsilon \times (d^{-1})^\# u)$, oder kurz für das damit identifizierte $\delta(\epsilon \times u)$, einen Repräsentanten der Form

$$ S^\infty \times X^2 \xrightarrow{\quad 1 \times \partial \quad} S^\infty \times X^2 \xrightarrow{\quad \epsilon \times u_D \quad} \mathbb{Z}_2 \,. $$

Hier ergibt sich nun eine interessante Umformung. In der gewöhnlichen Kohomologie ist $h^\# u \in C^{n+1}(X^2; \mathbb{Z}_2)$ zwar ein Kozyklus, aber generell nicht äquivariant. Wegen $h^\# u = u_D + u_{\overline{D}}$ und $\delta h^\# u = 0$ haben wir dann $0 = (h^\# u)\partial = (u_D + u_{\overline{D}})\partial$, mithin $u_D\partial = -u_{\overline{D}}\partial = u_{\overline{D}}\partial$, denn über $\mathbb{Z}_2$ fallen die Vorzeichen weg. Insgesamt erhalten wir damit für $\delta(\epsilon \times u)$ als Zwischenergebnis die Darstellung

$$ S^\infty \times X^2 \xrightarrow{\quad \epsilon \times u_{\overline{D}}\partial \quad} \mathbb{Z}_2 \,. $$

Wir müssen nun von der geometrischen wieder zur algebraischen Sicht gelangen, also den Übergang vom äquivarianten Produkt $S^\infty \times X^2$ und der singulär äquivarianten Kohomologie auf (kubisch singulären) Produktsimplizes $\sigma_{S^\infty}^k \times \sigma_X^m \times \sigma_X^n$ (Seite 242) zum Tensorkomplex $S^\infty \otimes X^2$ mit der zellulär äquivarianten Kohomologie schaffen. Eine Hürde besteht dabei darin, dass es im Allgemeinen keine äquivariante Diagonale $\widetilde{d} : X \to X^2 = X \otimes X$ gibt, denn die Gruppe π operiert nicht frei auf X, was eine Voraussetzung im azyklischen Trägerlemma ist. Außerdem existiert keine Umkehrung $\widetilde{d}(X) \to X$, denn $\widetilde{d}$ ist kein Isomorphismus.

Wie oben gesehen (Seite 385), können wir hier aber mit der äquivarianten Diagonalen $d : S^\infty \otimes X \to X^2$ arbeiten, und verwenden $D = \mathrm{Im}(d) \subseteq X^2$. Auf dem 0-Skelett der beteiligten Komplexe ist die obige Mengenkonstruktion identisch mit der algebraischen Sicht, denn die zelluläre Diagonale ist dort gegeben durch $e_j^0 \otimes e_X^0 \mapsto e_j^0 \otimes e_X^0 \otimes e_X^0$ und mit dem azyklischen Trägerlemma äquivariant auf ganz $S^\infty \otimes X^2$ fortsetzbar (Seite 334). Da dies eindeutig bis auf Kettenhomotopie ist, definiert der Kettenhomomorphismus

$$ S^\infty \otimes X^2 \xrightarrow{\quad \epsilon \otimes u_{\overline{D}}\partial \quad} \mathbb{Z}_2 $$

auf Ebene der Koketten einen zu $\delta(\epsilon \otimes u)$ kohomologen Kozyklus. In der Gruppe $H_\pi^*(S^\infty \otimes X^2, S^\infty \otimes X; \mathbb{Z}_2)$ entspricht dies genau dem Ausdruck auf der linken Seite von Beobachtung 5 (beachten Sie, dass wir wieder $X = D$ gesetzt haben).

Was noch bleibt, ist die Übereinstimmung von $\epsilon \otimes u_{\overline{D}}\partial$ und $w_1 \otimes u_{\overline{D}}(1 + \rho)$ auf allen repräsentierenden Zyklen in $S^\infty \otimes X^2$ zu zeigen, deren Rand in dem π-äquivarianten Subkomplex $d_\pi(S^\infty \otimes X)$ liegt, also (in der abgekürzten Schreibweise) auf den relativen Zyklen in $C_{n+1}(S^\infty \otimes X^2, S^\infty \otimes X)$.

Warum genügt dies? Beachten Sie, dass es normalerweise nicht ausreicht, die Übereinstimmung nur auf den (relativen) Zyklen zu prüfen, denn das wäre eine notwendige, aber keine hinreichende Bedingung für die Kohomologie zweier Kozyklen. Wir arbeiten jedoch auch in der Homologie mit $\mathbb{Z}_2$-Koeffizienten (Seite 377), weswegen die Gruppen $H_*(S^\infty \otimes X^2, S^\infty \otimes X)$ als $\mathbb{Z}_2$-Moduln frei sind (Vektorräume) und das universelle Koeffiziententheorem eine natürliche Isomorphie

$$H^n(S^\infty \otimes X^2, S^\infty \otimes X; \mathbb{Z}_2) \cong \mathrm{Hom}_{\mathbb{Z}_2}\big(H_n(S^\infty \otimes X^2, S^\infty \otimes X), \mathbb{Z}_2\big)$$

liefert (die Ext-Gruppen freier Moduln verschwinden). Repräsentierende Kozyklen sind damit kohomolog, wenn deren Entsprechungen auf der rechten Seite übereinstimmen – und diese sind durch Homomorphismen $Z_n(S^\infty \otimes X^2, S^\infty \otimes X) \to \mathbb{Z}_2$ auf den repräsentierenden Zyklen von Elementen in der Homologiegruppe gegeben.

Hier also noch einmal die Aufgabe: Die beiden Homomorphismen in der Zeile

$$S^\infty \otimes X^2 \xrightarrow[w_1 \otimes u_{\overline{D}}(1+\rho)]{\epsilon \otimes u_{\overline{D}}\partial} \mathbb{Z}_2$$

müssen auf den relativen Zyklen in $C_{n+1}(S^\infty \otimes X^2, S^\infty \otimes X)$ übereinstimmen. Für die konkrete Berechnung verwenden wir dabei relative Zyklen in der Form

$$z = \sum_{k=0}^{n+1} e_1^k \otimes c_{n+1-k}, \qquad \text{mit} \quad \partial z \in C_n(S^\infty \otimes X),$$

wobei $e_1^k \in C_k(S^\infty)$ die erste der k-Zellen von S^∞ und $c_{n+1-k} \in C_{n+1-k}(X^2)$ eine Summe aus Produktzellen der Form $e_X^r \otimes e_X^s$ mit Dimension $r+s = n+1-k$ ist. Wegen der Äquivarianz von $\epsilon \otimes u_{\overline{D}}\partial$ und $w_1 \otimes u_{\overline{D}}(1+\rho)$ kann man sich auf eine Linearkombination aus den Zellen e_1^k beschränken, denn die Kozyklen haben auf $e_2^k \otimes c'_{n+1-k}$ denselben Wert wie auf $\rho(e_2^k \otimes c'_{n+1-k}) = e_1^k \otimes \rho c'_{n+1-k}$.

Direkt aus der Definition von z erhalten wir damit

$$(\epsilon \otimes u_{\overline{D}}\partial)z = u_{\overline{D}}\partial c_{n+1} \quad \text{und} \quad (w_1 \otimes u_{\overline{D}}(1+\rho))z = u_{\overline{D}}(1+\rho)c_n,$$

womit die Summe aus beiden Zeilen, über $\mathbb{Z}_2$ identisch zu der gesuchten Differenz dieser Zeilen, genau $u_{\overline{D}}\big(\partial c_{n+1} + (1+\rho)c_n\big)$ ergibt. Wir müssen jetzt noch zeigen, dass $\partial c_{n+1} + (1+\rho)c_n$ in der Diagonalen $D \subseteq X^2$ liegt, auf der $u_{\overline{D}}$ verschwindet.

Dazu betrachten wir den Rand ∂z und berücksichtigen bei dessen Darstellung, dass wir mit $\mathbb{Z}_2$-Koeffizienten rechnen (Seite 377). Mit $\partial e_1^k = e_1^k + e_2^k$ in S^∞, gemäß Seite 324 und dem Wegfallen von Vorzeichen in $\mathbb{Z}_2$, erhalten wir damit

$$\partial z = \sum_{k=0}^{n+1} \big((1+\rho)e_1^{k-1} \otimes c_{n+1-k} + e_1^k \otimes \partial c_{n+1-k}\big),$$

was für die Anwendung äquivarianter Kozyklen dargestellt werden kann als

$$\partial z \sim_\pi \sum_{k=0}^{n} e_1^k \otimes \big(\partial c_{n+1-k} + (1+\rho)c_{n-k}\big).$$

Damit ist die Hauptarbeit zu Beobachtung 5 geleistet. Da z ein relativer Zyklus ist, liegt ∂z in dem Subkomplex $d_\pi(S^\infty \otimes X)$ von $S^\infty \otimes X^2$. Insbesondere ist damit $(\epsilon \otimes 1\!\!1)\partial z = \partial c_{n+1} + (1 + \rho)c_n \subseteq D$, also $u_{\overline{D}}\big(\partial c_{n+1} + (1 + \rho)c_n\big) = 0$. Es folgt $\epsilon \otimes u_{\overline{D}}\partial \sim w_1 \otimes u_{\overline{D}}(1 + \rho)$ als relative Kozyklen $S^\infty \otimes X^2 \to \mathbb{Z}_2$, womit Beobachtung 5 bewiesen ist. $\qquad\square$

Nun sind wir in der Lage, den Beweis des Eindeutigkeitssatzes abzuschließen. Es fehlte dazu noch Beobachtung 3, also $\delta\alpha = \delta\beta = 0$, mit $u \in H^n(X; \mathbb{Z}_2)$ und

$$\alpha = \sum_{j=1}^{n+1} w_j \otimes Sq^{n+1-j}u \quad \text{und} \quad \beta = \sum_{j=1}^{n+1} w_j \otimes R^{n+1-j}u.$$

Am Beispiel α erhalten wir (beachte wieder, dass der relative Korandoperator δ ein $H_\pi^*(S^\infty; \mathbb{Z}_2)$-Modulhomomorphismus ist)

$$\delta\alpha \;=\; \delta\sum_{j=1}^{n+1} w_j \otimes Sq^{n+1-j}u \;\overset{a}{=}\; \sum_{j=1}^{n+1} w_j \cdot \delta(w_0 \otimes Sq^{n+1-j}u)$$

$$\overset{b}{=}\; \sum_{j=0}^{n+1} w_j \cdot \delta(w_0 \otimes Sq^{n+1-j}u) \;\overset{c}{=}\; \sum_{j=0}^{n+1} w_j \cdot \delta Sq^{n+1-j}(w_0 \otimes u)$$

$$\overset{d}{=}\; \sum_{j=0}^{n+1} w_j \cdot Sq^{n+1-j}\delta(w_0 \otimes u) \;\overset{e}{=}\; \sum_{j=0}^{n+1} w_j \cdot Sq^{n+1-j}\big(w_1 \cdot \tilde\tau^*(w_0 \otimes h^*u)\big)$$

$$\overset{f}{=}\; w_1 \cdot Sq^{n+1}\tilde\tau^*(w_0 \otimes h^*u) \;\overset{g}{=}\; 0.$$

Diese entscheidende Rechnung auf dem Weg zum Eindeutigkeitssatz lässt sich identisch auch für $\delta\beta$ durchführen, denn in den Gleichungen $a-g$ werden neben den inhärenten Strukturen der Ringe $H_\pi^*(S^\infty \otimes X^2, S^\infty \otimes X; \mathbb{Z}_2)$ und $H_\pi^*(S^\infty; \mathbb{Z}_2)$ nur die elementaren Eigenschaften der Operationen verwendet (Seite 340). Gleichung a nutzt die $H_\pi^*(S^\infty; \mathbb{Z}_2)$-Modulstruktur von $H_\pi^*(S^\infty \otimes X^2, S^\infty \otimes X; \mathbb{Z}_2)$, die Verträglichkeit von δ damit und $w_i \otimes w_0 = w_i$, in Gleichung b wird $\delta(w_0 \otimes Sq^{n+1}u) = 0$ addiert (beachte $\deg u = n$), Gleichung c folgt aus der CARTAN-Formel wegen $Sq^0 w_0 = w_0$ und $Sq^i w_0 = 0$ für $i > 0$, Gleichung d ist $Sq^i \delta = \delta Sq^i$ (Seite 374), Gleichung e ist Beobachtung 5 und Gleichung g ist $Sq^{n+1}v = 0$ für $\deg v = n$, denn es ist $\deg \tilde\tau^*(w_0 \otimes h^*u) = n$.

Es bleibt noch Gleichung f übrig. Hier ergibt sich aus der CARTAN-Formel für beliebiges $v \in H_\pi^n(S^\infty \otimes X^2, S^\infty \otimes X; \mathbb{Z}_2)$

$$Sq^{n+1-j}(w_1 \cdot v) = Sq^{n+1-j}\big((w_1 \otimes 1^2) \smile v\big)$$

$$= Sq^0(w_1 \otimes 1^2) \smile Sq^{n+1-j}v + Sq^1(w_1 \otimes 1^2) \smile Sq^{n-j}v$$

$$= (w_1 \otimes 1^2) \smile Sq^{n+1-j}v + (w_2 \otimes 1^2) \smile Sq^{n-j}v$$

$$= w_1 \cdot Sq^{n+1-j}v + w_2 \cdot Sq^{n-j}v.$$

In der Summe über $w_j \cdot Sq^{n+1-j}(w_1 \cdot \tilde{\tau}^*(w_0 \otimes h^*u))$ von $j = 0$ bis $j = n + 1$ kommen dann alle Summanden doppelt vor (und verschwinden), bis auf den ersten Summanden $w_1 \cdot Sq^{n+1}\tilde{\tau}^*(w_0 \otimes h^*u)$ bei $j = 0$. Damit ist die noch fehlende **Beobachtung 3** bewiesen und mit den Ausführungen davor (Seite 376 f) auch der Eindeutigkeitssatz für die Kohomologieoperationen Sq^i. $\square$

Der Beweis des Eindeutigkeitssatzes ist eine bemerkenswerte Konstruktion, ohne Zweifel gehören die vergangenen gut 10 Seiten mit zu den trickreichsten Stellen des gesamten Buches. Beim ersten Lesen der Einzelschritte ist es fast unmöglich, alle Kerngedanken des Beweises vollständig zu erfassen und im Überblick zu begreifen, was eigentlich passiert ist. Lassen wir ihn daher noch einmal Revue passieren.

Nachbetrachtung zum Beweis des Eindeutigkeitssatzes

Der Ausgangspunkt waren zwei Kohomologieoperationen Sq^i und R^i mit den elementaren Eigenschaften des Existenzsatzes (Seite 340). Wir mussten zeigen, dass die Wahrung dieser Eigenschaften eine zu große Einschränkung bedeutet, um irgendwelche Unterschiede zwischen Sq^i und R^i zu erlauben. Interessanterweise führt dann bei einem $u \in H^n(X; \mathbb{Z}_2)$ die Differenz (beachten Sie die Eigenschaften $Sq^0u = R^0u = u$, $Sq^nu = R^nu = u^2$ und $Sq^iu = R^iu = 0$ für $i > n$)

$$Sq - R = \sum_{j=0}^{n} w_j \otimes (Sq^{n-j}u - R^{n-j}u) = \sum_{j=1}^{n-1} w_j \otimes (Sq^{n-j}u - R^{n-j}u)$$

als Element von $H^{2n}(S^\infty \otimes X)$ nicht direkt zum Ziel, um $Sq^iu = R^iu$ auch für den noch fehlenden Bereich $1 \le i < n$ zu zeigen. Was aber auffällt – es ist in der Tat der einzige Ansatzpunkt (!) – ist der relativ kleine w-Grad $\deg_w < n$ dieser Summe: weniger als die Hälfte des Gesamtgrades $2n$.

Es würde uns also ans Ziel bringen, hier im Fall $Sq - R \ne 0$ eine größere Streuung des w-Grades nachzuweisen, weil dann für die Differenz nur noch $Sq - R = 0$ übrigbliebe. Das motivierte den genialen Gedanken, die äquivariante Diagonalapproximation $d_\pi : S^\infty \otimes X \to S^\infty \otimes X^2$ ins Spiel zu bringen. Es ist bemerkenswert, dass sie nicht nur in der Konstruktion der Sq^i, sondern auch bei deren Eindeutigkeit die Schlüsselrolle spielt. Wie kann man d_π in diesem Kontext einbringen?

In der langen Kohomologiesequenz von $(S^\infty \otimes X^2, S^\infty \otimes X)$ gilt für den Korand $\delta : H^{2n}(S^\infty \otimes X^2, S^\infty \otimes X; \mathbb{Z}_2) \to H^{2n+1}(S^\infty \otimes X; \mathbb{Z}_2)$ stets $\mathrm{Ker}(\delta) = \mathrm{Im}(d_\pi^*)$. Eine naheliegende Umformulierung des Problems lag dann in der Definition von

$$\alpha = \sum_{j=1}^{n+1} w_j \otimes Sq^{n+1-j}u \qquad \text{und} \qquad \beta = \sum_{j=1}^{n+1} w_j \otimes R^{n+1-j}u$$

als Elemente von $H_\pi^{2n+1}(S^\infty \otimes X; \mathbb{Z}_2)$, mitsamt der modifizierten Differenz

$$\alpha - \beta = \sum_{j=2}^{n} w_j \otimes (Sq^{n+1-j}u - R^{n+1-j}u) = 0.$$

Könnten wir damit $\delta(\alpha - \beta) = 0$ zeigen, hätten wir $\alpha - \beta \in \mathrm{Im}(d_\pi^*)$, mithin die Existenz eines $\omega \in H_\pi^{2n+1}(S^\infty \otimes X^2, S^\infty \otimes X; \mathbb{Z}_2)$ mit $\alpha - \beta = d_\pi^*\omega$.

Der w-Grad n von $\alpha - \beta$ ist ebenfalls kleiner als die Hälfte des Gesamtgrades $2n+1$. Eine technische Vermutung über d_π macht dann vielleicht klar, wo die Ideen dieses erstaunlichen Beweises ihren Ursprung haben: in der potentiellen Fähigkeit, den w-Grad eines Elementes $\neq 0$ signifikant zu erhöhen. Den w-Grad von $d_\pi^* \omega$ testet man auf Produktzellen der Form $e^k \otimes e_X^{2n+1-k}$, also über Berechnungen der Art

$$d_\pi^* \omega (e^k \otimes e_X^{2n+1-k}) \;=\; \omega d_\pi (e^k \otimes e_X^{2n+1-k}),$$

dies sei hier als kleine Gedankenstütze in dem folgendem Diagramm dargestellt.

$$S^\infty \otimes X \xrightarrow{\;\;d_\pi\;\;} S^\infty \otimes X^2 \xrightarrow{\;\;\omega\;\;} \mathbb{Z}_2\,.$$

Überprüfen Sie selbst, dass es dabei sehr plausibel ist, in $\mathrm{Im}(d_\pi^*) \setminus \{0\}$ auch höhere w-Grade vorzufinden. Anhand der Konstruktion (Seite 330) für $X = S^1$ bis hin zum Subkomplex $(S^\infty)^1 \otimes S^1$ erkennen Sie zum Beispiel, dass es (sehr wahrscheinlich) auch für allgemeines X eine Darstellung von d_π in der Form

$$d_\pi (e^k \otimes e_X^{2n+1-k}) \;=\; \sum_{j=0}^{2n+1} e^j \otimes \big\{\text{Kette} \;\neq 0 \text{ der Dimension } 2n+1-j\big\}$$

geben müsste (man bedenke nur all die Korrekturketten im Faktor X^2, um die Äquivarianz herzustellen).

Für ein $k > (2n+1)/2$ wäre dann $\omega d_\pi (e^k \otimes e_X^{2n+1-k}) \neq 0$ auch mit $\deg_w \omega = d < k$ möglich, denn d_π verteilt die Zellen von S^∞ so stark in den Faktor X^2 hinein, dass aus $e^k \otimes e_X^{2n+1-k}$ ein Summand $e^d \otimes \{\text{Kette} \neq 0 \text{ der Dimension } 2n+1-d\}$ entstehen könnte und damit in $d_\pi^* \omega$ ein w-Grad $> (2n+1)/2$ nachweisbar wird.

Dies alles sind natürlich nur vage Hinweise darauf, dass d_π^* nur w-Grade größer der Hälfte des Gesamtgrads $2n+1$ generiert. Wenn Sie dann aber noch die Tatsache bedenken, dass der erste Versuch (Seite 323) mit der zellulären Diagonalen $\mathbb{1} \otimes \widetilde{d}_X$ über $\mathcal{W} \otimes X$ hier völlig versagt (der $\mathcal{W}$-Anteil blieb hier unverändert erhalten, also $(\mathbb{1} \otimes \widetilde{d}_X)\omega(e^k \otimes e_X^{2n+1-k}) = 0$ für $k > d$, mithin $\deg_w((\mathbb{1} \otimes \widetilde{d}_X)\omega) \le d$), erscheint die Beweisstrategie mit dem Ziel $\delta(\alpha - \beta) = 0$ sehr vielversprechend und gewinnt spürbar an Durchsichtigkeit.

Ein exakter Beweis dieser besonderen Verteilungsfähigkeit von d_π und damit auch von d_π^* musste in irgendeiner Form die elementaren Eigenschaften der STEENROD-Squares ins Spiel bringen, und dazu lag es nahe, den Vergleich von $\mathrm{Im}(d_\pi^*)$ mit $\mathrm{Im}(d_\pi^* P)$ anzustellen. Die $H_\pi^*(S^\infty; \mathbb{Z}_2)$-Modulstruktur der beteiligten Gruppen erlaubte hier die bemerkenswerte Aussage (Seite 379)

$$H_\pi^{2n+1}(S^\infty \otimes X^2; \mathbb{Z}_2) \;=\; H_\pi^*(S^\infty; \mathbb{Z}_2) \cdot \mathrm{Im}(P)\,,$$

modulo einer Teilmenge $\mathcal{T}$, die im Bild des Transfers τ liegt und bei d_π keinen Beitrag leistet (Seite 338 f). Anders formuliert: Die für d_π^* relevanten Aspekte der Gruppe $H_\pi^{2n+1}(S^\infty \otimes X^2; \mathbb{Z}_2)$ entstehen aus allen $\omega \in P\big(H^k(X; \mathbb{Z}_2)\big)$, $k \le n$, jeweils multipliziert mit $w_{2n+1-2k}$.

Der Beweis hierfür erforderte im ersten Schritt eine trickreiche algebraische Analyse des Kettenkomplexes von X, welche schon ganz zu Beginn durch die konsequente Einschränkung auf $\mathbb{Z}_2$-Koeffizienten möglich wurde (Seite 377). Das entscheidende Argument (Seite 382) war aber erneut $D_n(u) = u$ für $\deg u = n$, wieder also diese schwierige Aussage. Der $d_\pi^* P$-Teil in $H_\pi^*(S^\infty \otimes X; \mathbb{Z}_2)$ lieferte damit stets einen Summanden $w_n \otimes D_n(u) \neq 0$, und die noch fällige Multiplikation mit w_1 für den Gesamtgrad $2n + 1$ erzeugte den Summanden $w_{n+1} \otimes D_n(u)$, dessen w-Grad mit $n + 1$ größer als die Hälfte von $2n + 1$ ist. Nicht zuletzt ging in diese Aussage noch ein, dass d_π^* ein $H_\pi^*(S^\infty; \mathbb{Z}_2)$-Modulhomomorphismus ist, was sich aus der langen exakten Kohomologiesequenz ergibt. Fazit: Trickreicher kann es wirklich kaum gehen, aus $\delta(\alpha - \beta) = 0$ würde so in der Tat über die Zwischenstationen $\alpha - \beta \in \mathrm{Im}(d_\pi^*)$ und $\deg_w(\alpha - \beta) > (2n + 1)/2$ im Fall $\alpha \neq \beta$ mit einem Widerspruch das Wunschergebnis $\alpha = \beta$ folgen.

Nach all dieser Detailarbeit war es dann fast kurios, dass sich $\delta(\alpha - \beta) = 0$ aus der vermeintlich viel gröberen Aussage ergab, dass bereits $\delta\alpha$ und $\delta\beta$ für sich gesehen verschwinden (woraus man wegen des zu hohen w-Grads $n + 1$ übrigens nicht schließen kann, dass α und β gleich 0 sind). Nun denn, $\delta\alpha = \delta\beta = 0$ ergibt sich in beiden Fällen durch eine direkte Berechnung (Seite 388), in die neben dem modifizierten Transfer (Seite 384) und der $H_\pi^*(S^\infty; \mathbb{Z}_2)$-Modulstruktur nur die elementaren Eigenschaften der Kohomologieoperationen eingehen. Es gelang dabei, aus $\delta\alpha$ (dito $\delta\beta$) einen skalaren Faktor w_1 abzuspalten, sodass Sq^{n+1} (dito R^{n+1}) auf die n-dimensionale Klasse $\tilde{\tau}^*(1 \otimes h^*u)$ angewendet wird, mit dem Ergebnis 0.

Blickt man noch einmal zurück, waren es letztlich subtile Grenzphänomene um die Dimensionen n und $n+1$ in $H_\pi^{2n+1}(S^\infty \otimes X; \mathbb{Z}_2)$ und $H_\pi^{2n+1}(S^\infty \otimes X^2; \mathbb{Z}_2)$, welche die Eindeutigkeit der STEENROD-Squares bewirkt haben. Es ist erstaunlich, das man bei Wahrung der elementaren Eigenschaften keine Freiheiten mehr bei der Definition der $Sq^k : H^n(X; \mathbb{Z}_2) \to H^{n+k}(X; \mathbb{Z}_2)$ hat, obwohl deren technische Konstruktion auf den ersten Blick sehr willkürlich erscheint (Seite 331 ff).

9.9 Mit Steenrod-Squares zu $\pi_5(S^3) \neq 0$ und $\pi_2^s \neq 0$

Nach soviel Theorie wollen wir abschließend noch zwei wichtige Anwendungen der STEENROD-Squares besprechen. Wir beginnen in diesem Abschnitt mit einer Aussage zur Homotopie von Sphären. Es seien dazu $h : S^3 \to S^2$ die HOPF-Faserung (Seite 8) und SX die Suspension (Seite 18) eines Raumes X.

> **Satz (die Gruppen $\pi_{n+2}(S^n)$ für $n \geq 2$)**
> Für $n \geq 2$ enthält $\pi_{n+2}(S^n)$ ein Element der Ordnung 2, repräsentiert durch die Abbildung $S^{n-2}(hSh) : S^{n+2} \to S^n$. Insbesondere ist $\pi_{n+2}(S^n) \neq 0$.

Beweis: Zunächst sei daran erinnert, dass der komplex projektive Raum $\mathbb{P}_\mathbb{C}^2$ als CW-Komplex durch Anheftung einer e^4 an die S^2 entsteht (Seite 23 f), mit der HOPF-Faserung $h : S^3 \to S^2$ als Anheftungsabbildung: $\mathbb{P}_\mathbb{C}^2 \cong S^2 \cup_h D^4$. Die Konstruktion ist verträglich mit Suspensionen $X \to SX$, weswegen wir für alle $n \geq 0$ von einer Homöomorphie $S^n \mathbb{P}_\mathbb{C}^2 \cong S^{n+2} \cup_{S^n h} D^{n+4}$ ausgehen können.

Eine andere Interpretation der CW-Struktur von $\mathbb{P}^2_{\mathbb{C}}$ ist der Abbildungskegel C_h, womit sich unmittelbar $S^n \mathbb{P}^2_{\mathbb{C}} \cong S^n C_h \cong C_{S^n h}$ ergibt.

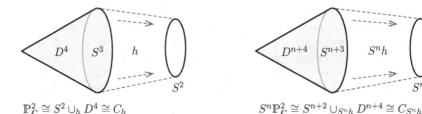

$\mathbb{P}^2_{\mathbb{C}} \cong S^2 \cup_h D^4 \cong C_h$ $S^n \mathbb{P}^2_{\mathbb{C}} \cong S^{n+2} \cup_{S^n h} D^{n+4} \cong C_{S^n h}$

Nun sei $S^{n-2}(hSh) : S^{n+2} \to S^n$ gegeben, mit $f = S^{n-1}h$ und $g = S^{n-2}h$ ist dann $S^{n-2}(hSh) = gf$. Da Suspensionen nullhomotoper Abbildungen nullhomotop sind und $2[hSh] = 0 \in \pi_4(S^2)$ ist (Seite 21 f), ist auch $\text{ord}[S^{n-2}(hSh)] = 2$, falls diese Klasse in $\pi_{n+2}(S^n)$ nicht verschwindet. Wir müssen daher nur $[S^{n-2}(hSh)] \neq 0$ zeigen und nehmen hierfür das Gegenteil an: $gf \sim 0$.

Die nächste Grafik zeigt, dass eine Nullhomotopie $(gf)_t : gf \Rightarrow 0$ eine Fortsetzung Φ von g auf den Kegel C_f ermöglicht, als Abbildung $\Phi : C_f \to S^n$ mit $\Phi|_{S^{n+1}} = g$.

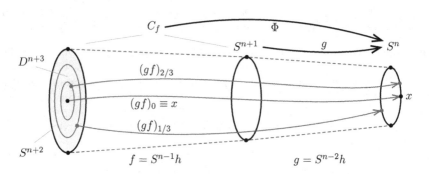

Der entscheidende Raum ist dann der Abbildungskegel C_Φ, als CW-Komplex dargestellt in der folgenden Grafik (die Kegelspitze ist der Mittelpunkt von D^{n+2}).

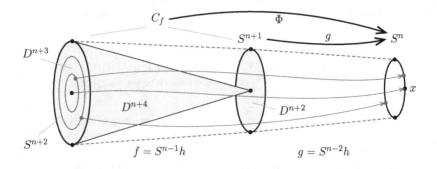

Es ist $C_\Phi \cong S^n \cup_g D^{n+2} \cup_{(gf)_t} D^{n+4}$, mit Subkomplex $C_g \cong S^n \cup_g D^{n+2} \cong S^{n-2}\mathbb{P}^2_{\mathbb{C}}$. Der Quotient C_Φ/S^n ist der Kegel der Abbildung $q\Phi : C_f \to S^n \to \{x\}$, mithin die Suspension SC_f.

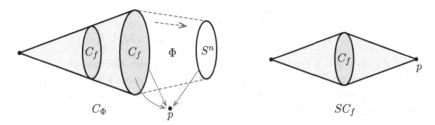

$$C_\Phi \qquad\qquad\qquad\qquad\qquad SC_f$$

Dies folgt aus der einfachen Tatsache, dass für jede stetige Abbildung $\varphi : X \to Y$ mit Punktabbildung $q : Y \to \{p\}$ der Kegel $C_{q\varphi} \cong SX$ homöomorph zu C_φ/Y ist. Außerdem ist stets $SC_\varphi \cong C_{S\varphi}$, woraus $C_g \cong S^{n-2}C_h \cong S^{n-2}\mathbb{P}^2_{\mathbb{C}}$ folgt, sowie $C_\Phi/S^n \cong SC_f \cong SC_{S^{n-1}h} \cong SS^{n-1}C_h \cong S^n\mathbb{P}^2_{\mathbb{C}}$. Fassen wir zusammen: Aus $gf \sim 0$ folgt die Existenz eines CW-Komplexes C_Φ mit einem Subkomplex $C_g \cong S^{n-2}\mathbb{P}^2_{\mathbb{C}} \subset C_\Phi$ und einem Quotienten $C_\Phi/S^n \cong S^n\mathbb{P}^2_{\mathbb{C}}$.

In diese Konstellation seien nun die STEENROD-Squares Sq^2 eingebracht. Die Inklusion $i : S^{n-2}\mathbb{P}^2_{\mathbb{C}} \to C_\Phi$ und der Quotient $q : C_\Phi \to S^n\mathbb{P}^2_{\mathbb{C}}$ induzieren ein kommutatives Diagramm der Form

$$
\begin{array}{ccccc}
H^n(S^{n-2}\mathbb{P}^2_{\mathbb{C}};\mathbb{Z}_2) & \xrightarrow{\;Sq^2\;} & H^{n+2}(S^{n-2}\mathbb{P}^2_{\mathbb{C}};\mathbb{Z}_2) & & \\
\uparrow{\scriptstyle i^*} & & \uparrow{\scriptstyle i^*} & & \\
H^n(C_\Phi;\mathbb{Z}_2) & \xrightarrow{\;Sq^2\;} & H^{n+2}(C_\Phi;\mathbb{Z}_2) & \xrightarrow{\;Sq^2\;} & H^{n+4}(C_\Phi;\mathbb{Z}_2) \\
& & \uparrow{\scriptstyle q^*} & & \uparrow{\scriptstyle q^*} \\
& & H^{n+2}(S^n\mathbb{P}^2_{\mathbb{C}};\mathbb{Z}_2) & \xrightarrow{\;Sq^2\;} & H^{n+4}(S^n\mathbb{P}^2_{\mathbb{C}};\mathbb{Z}_2) \,.
\end{array}
$$

Darin sind die senkrechten Pfeile i^* Isomorphismen, denn die Anheftung der Zelle $e^{n+4} \subset C_\Phi$ an den $(n+2)$-dimensionalen Kegel C_g leistet keinen Beitrag für die Kohomologiegruppen bis zur Dimension $n + 2$. Dies sieht man unmittelbar am zellulären Kokettenkomplex (Seite 128). Mit dem gleichen Argument folgt, dass auch die senkrechten Pfeile q^* Isomorphismen sind, denn die Zellen bis zur Dimension n können ohne Bedenken zu einem Punkt zusammengeschlagen werden, ohne die Kohomologie in den Dimensionen $\geq n + 2$ zu beeinflussen.

Für die waagerechten Pfeile Sq^2 werfen wir zuerst einen Blick auf den Operator $Sq^2 : H^n(S^{n-2}\mathbb{P}^2_{\mathbb{C}};\mathbb{Z}_2) \to H^{n+2}(S^{n-2}\mathbb{P}^2_{\mathbb{C}};\mathbb{Z}_2)$. Für $n = 2$ haben wir in diesem Fall $Sq^2 : H^2(\mathbb{P}^2_{\mathbb{C}};\mathbb{Z}_2) \to H^4(\mathbb{P}^2_{\mathbb{C}};\mathbb{Z}_2)$ in der Form $u \mapsto u^2$. Dies ist ein Isomorphismus, denn der Kohomologiering von $\mathbb{P}^2_{\mathbb{C}}$ ist der **abgeschnittene Polynom-ring** (engl. *truncated polynomial ring*) der Gestalt $\mathbb{Z}_2[\alpha]/(\alpha^3)$, mit dem Generator $\alpha \in H^2(\mathbb{P}^2_{\mathbb{C}};\mathbb{Z}_2)$, siehe Seite 24, oder I-498.

Im Fall $n > 2$ betrachten wir ganz allgemein für CW-Komplexe X und $k \geq 1$ den **Suspensions-Isomorphismus** $s : H^k(X;G) \to H^{k+1}(SX;G)$. Dieser ergibt sich aus der Isomorphie $\gamma : H^*(CX,X;G) \cong H^*(CX/X;G) \cong H^*(SX;G)$ und der langen exakten Kohomologiesequenz des Paares (CX,X), in dem CX als zusammenziehbarer Raum eine triviale Kohomologie hat:

$$0 = H^k(CX;G) \to H^k(X;G) \xrightarrow{\delta} H^{k+1}(CX,X;G) \to H^{k+1}(CX;G) = 0.$$

Mit $s = \gamma\delta$ gilt wegen der Funktorialität (Seite 371) und der Kommutativität der Sq^i mit dem relativen Korandoperator (Seite 374) die Formel $sSq^i = Sq^i s$, also die Vertauschung von Sq^i mit s. Eine iterative Anwendung der Suspension führt dann für alle $n \geq 0$ zu dem kommutativen Diagramm

$$
\begin{array}{ccc}
H^k(X;G) & \xrightarrow{\;\;Sq^i\;\;} & H^{k+i}(X;\mathbb{Z}_2) \\
\Big\downarrow{\scriptstyle s^n}\;\cong & & \cong\;\Big\downarrow{\scriptstyle s^n} \\
H^{k+n}(S^n X;G) & \xrightarrow{\;\;Sq^i\;\;} & H^{k+n+i}(S^n X;G).
\end{array}
$$

Damit sind wir am Ziel einer bemerkenswerten Argumentationskette. Aus dem Isomorphismus $Sq^2 : H^2(\mathbb{P}^2_{\mathbb{C}};\mathbb{Z}_2) \to H^4(\mathbb{P}^2_{\mathbb{C}};\mathbb{Z}_2)$, der sich letztlich aus der zellulären Struktur von $\mathbb{P}^2_{\mathbb{C}}$ ergeben hat, folgt, dass alle waagerechten Pfeile Sq^2 in dem großen Diagramm ebenfalls Isomorphismen sein müssen. Damit wäre auch die mittlere Zeile $Sq^2Sq^2 : H^n(C_\Phi;\mathbb{Z}_2) \to H^{n+4}(C_\Phi;\mathbb{Z}_2)$ ein Isomorphismus, und dies kann mit den ADEM-Relationen (Seite 354) einfach zum Widerspruch geführt werden: Es gilt $Sq^2Sq^2 = Sq^3Sq^1$, aber $Sq^1 : H^n(C_\Phi;\mathbb{Z}_2) \to H^{n+1}(C_\Phi;\mathbb{Z}_2)$ ist die Nullabbildung, denn wir haben $H^{n+1}(C_\Phi;\mathbb{Z}_2) = 0$. Dies wiederum folgt aus dem zellulären Kokettenkomplex als Hom-Dualisierung des zellulären Kettenkomplexes (Seite 128) und der Tatsache, dass C_Φ keine $(n + 1)$-Zelle besitzt (sehen Sie sich dazu die CW-Struktur noch einmal an, Seite 392, und beachten, dass die S^{n+1} nur Quelle der Anheftung für die Zelle $e^4 \subset \mathbb{P}^2_{\mathbb{C}}$ ist).

Die trickreichen algebraischen und topologischen Konstruktionen, zusammen mit der genauen Analyse der STEENROD-Algebra $\mathcal{A}_2$ durch die ADEM-Relationen, liefern so den gewünschten Widerspruch zu der Annahme $gf \sim 0$. $\qquad\square$

Wie schon in der Einführung erwähnt (Seite 25), konnte mit Methoden der Differentialtopologie schon um das Jahr 1950, also kurz nach Einführung der Kohomologieoperationen durch STEENROD, die Gruppe $\pi_5(S^3)$ und der stabile Stamm π_2^s sogar als isomorph zu $\mathbb{Z}_2$ nachgewiesen werden. So gesehen repräsentieren die $S^{n-2}(hSh)$ den (einzigen) Generator dieser Gruppen. Im nächsten Kapitel werden wir aber weitere ADEM-Relationen einsetzen, um im Wechselspiel mit Spektralsequenzen noch viel mehr zu erreichen (Seite 409 ff).

Im nächsten Abschnitt eine weitere bedeutende Anwendung der STEENROD-Algebra und der ADEM-Relationen. Sie ergibt sich im Zusammenhang mit einer bekannten Frage der klassischen Algebra aus dem 19. Jahrhundert, die zum Zeitpunkt der Arbeiten von STEENROD schon etwa 100 Jahre ungelöst war.

9.10 Steenrod-Squares und Divisionsalgebren

Die Struktur der STEENROD-Algebra $\mathcal{A}_2$ hat eine bemerkenswerte Anwendung bei der Klassifikation von reellen Divisionsalgebren.

Definition (reelle Divisionsalgebra)
Eine **reelle Divisionsalgebra** D ist ein $\mathbb{R}$-Vektorraum mit einer Bilinearform

$$D \times D \longrightarrow D, \quad (a,b) \mapsto ab,$$

sodass jede Gleichung $ax = b$ und $ya = b$ mit $a \neq 0$ genau eine Lösung x und y in D hat (man kann links- und rechtsseitig auf eindeutige Weise durch Elemente $\neq 0$ dividieren).

Ohne zu sehr ins Detail zu gehen, sei hier kurz auf die Geschichte dieser speziellen Zahlenräume eingegangen. Bis etwa Mitte des 19. Jahrhunderts waren vier reelle Divisionsalgebren bekannt. Zunächst sind dies die reellen Zahlen $\mathbb{R}$ und die komplexen Zahlen $\mathbb{C} = \mathbb{R} \oplus \mathbb{R}i$ mit den üblichen Multiplikationen als Bilinearform (insbesondere $i^2 = -1$). Ab dem Jahr 1843 machte W.R. HAMILTON eine weitere, reell vierdimensionale Divisionsalgebra populär[2], die **Quaternionen** $\mathbb{H} = \mathbb{R} \oplus \mathbb{R}i \oplus \mathbb{R}j \oplus \mathbb{R}k$ mit der Bilinearform $i^2 = j^2 = k^2 = -1$ sowie $ijk = -1$, siehe [37]. Diese bilden keinen Körper, denn die Multiplikation ist nicht kommutativ, so ist zum Beispiel $ij = k$ und $ji = -k$ (man nennt die Quaternionen daher einen **Schiefkörper**).

Schon kurz nach den Quaternionen entdeckten A. CAYLEY und J.T. GRAVES unabhängig voneinander die **Oktaven**, [23], auch als **Oktonionen** oder **Cayley-Zahlen** bekannt (engl. *octonions*). Die Oktaven sind eine 8-dimensionale reelle Algebra, also ein Vektorraum $\mathbb{O} \cong \mathbb{R}^8$, zusammen mit einer Bilinearform

$$\mathbb{O} \times \mathbb{O} \longrightarrow \mathbb{O}, \quad (a,b) \mapsto ab,$$

die auf der $\mathbb{R}$-Basis $\{1, i, j, k, l, m, n, o\}$ definiert ist durch

$$i = jk = lm = on, \quad j = ki = ln = mo,$$
$$k = ij = lo = nm, \quad l = mi = nj = ok,$$
$$m = il = oj = kn, \quad n = jl = io = mk,$$
$$o = ni = jm = kl, \quad x^2 = -1, \ xy = -yx \ \text{für} \ x \neq y \in \{i,j,k,l,m,n,o\}.$$

Die Oktaven sind weder kommutativ noch assoziativ. Wegen $a(ab) = (aa)b$ und $a(bb) = (ab)b$ sind sie aber wenigstens noch ein **Alternativkörper**.

---

[2]Die grundlegenden Ideen dazu gab es schon vorher, ohne weitergehende Ausarbeitung. So findet sich im achten Band der Werke von C.F. GAUSS im Kapitel „Mutation des Raumes", datiert auf 1819, eine Notiz über eine „Multiplikation und Konjugation von Quadrupeln", die sich nur notationell von der Definition HAMILTONs unterscheidet, [34]. Auch O. RODRIGUES hat schon 1840 darüber publiziert, [86].

Spätestens Ende des 19. Jahrhunderts stellte man sich nun die Frage, ob noch weitere reelle, endlichdimensionale Divisionsalgebren existieren außer den vier Standardbeispielen $\mathbb{R}$, $\mathbb{C}$, $\mathbb{H}$ und $\mathbb{O}$. So konnte HURWITZ im Jahr 1898 zeigen, dass es keine weiteren Divisionsalgebren gab, sofern sie ein Einselement 1 und eine nicht-degenerierte quadratische Form $Q : D \to \mathbb{R}$ besitzen, die mit der Multiplikation im Sinne von $Q(ab) = Q(a)Q(b)$ kommutiert, [56]. Solche Divisionsalgebren nennt man **normierte Divisionsalgebren**, auch **Kompositionsalgebren** oder **Hurwitz-Algebren**. Offensichtlich sind $\mathbb{R}$, $\mathbb{C}$ und $\mathbb{H}$ normiert, denn man hat auf $\mathbb{R}$ das gewöhnliche Quadrat $Q(x) = x^2$, auf $\mathbb{C}$ das Produkt $Q(z) = z\bar{z}$ und auf $\mathbb{H}$ die Form $Q(q) = q\bar{q}$. Diese quadratischen Formen induzieren jeweils eine **Norm** auf $\mathbb{R}$, $\mathbb{C}$ und $\mathbb{H}$.

Die Oktaven können nach CAYLEY-DICKSON auch als Paare $(a, b) \in \mathbb{H}^2$ gesehen werden, mit der Addition $(a, b) + (c, d) = (a + b, c + d)$ und der Multiplikation $(a, b) \cdot (c, d) = (ac - \bar{d}b, da + b\bar{c})$. Damit ist für eine Oktave $p = (a, b)$ die **konjugierte** Oktave $\bar{p}$, in der alle Koeffizienten bei den (imaginären) Basiselementen i, j, k, l, m, n, o einen Vorzeichenwechsel erfahren, darstellbar als $\bar{p} = (\bar{a}, -b)$. Sie erkennen damit in $\mathbb{O}$ eine nicht-degenerierte quadratische Form

$$
\begin{aligned}
Q(a, b) &= \overline{(a, b)} \cdot (a, b) = (\bar{a}, -b) \cdot (a, b) = (\bar{a}a + \bar{b}b, b\bar{a} - b\bar{a}) \\
&= (\bar{a}a + \bar{b}b, 0) = |a|^2 + |b|^2,
\end{aligned}
$$

die mit der Multiplikation in den Oktaven kommutiert, denn Sie überzeugen sich durch eine direkte Rechnung von der Gleichheit der beiden Ausdrücke

$$
Q\big((a, b) \cdot (c, d)\big) = \big|ac - \bar{d}b\big|^2 + \big|da + b\bar{c}\big|^2 \quad \text{und}
$$

$$
Q(a, b) \cdot Q(c, d) = \big(|a|^2 + |b|^2\big)\big(|c|^2 + |d|^2\big).
$$

(Hilfreich dabei ist übrigens die Quaternionen-Identität $\mathrm{Re}(q_1 q_2 q_3 q_4) = \mathrm{Re}(\bar{q}_1 \bar{q}_4 \bar{q}_3 \bar{q}_2)$, die sich ganz einfach aus $\overline{pq} = \bar{q}\,\bar{p}$ und daher $\mathrm{Re}(pq) = \mathrm{Re}(qp)$ ergibt.)

Satz (Reelle Kompositionsalgebren; Hurwitz 1898)
Endlich-dimensionale Kompositionsalgebren sind isomorph zu $\mathbb{R}$, $\mathbb{C}$, $\mathbb{H}$ oder $\mathbb{O}$.

Ein bemerkenswerter Satz. Insbesondere zeigt er, dass ein zu CAYLEY-DICKSON analoges Vorgehen von den Oktaven zu den **Sedenionen** $\mathbb{S} \cong \mathbb{O}^2 \cong \mathbb{R}^{16}$ keine Divisionsalgebra mehr erzeugt. In der Tat lassen sich in $\mathbb{S}$ Nullteiler identifizieren.

Der Beweis von HURWITZ nutzt beide Zusatzvoraussetzungen an entscheidender Stelle. So ist die Aussage falsch, wenn man zum Beispiel das Einselement weglässt. Nehmen Sie hierfür die zweidimensionale reelle Divisionsalgebra mit Basis $\{b_1, b_2\}$ und der Multiplikation $b_1 b_1 = b_1$, $b_1 b_2 = b_2 b_1 = -b_2$ und $b_2 b_2 = -b_1$. Sie prüfen ohne Schwierigkeiten, dass diese Divisionsalgebra nicht isomorph zu $\mathbb{C}$ ist. Auch die Bedingung $\dim D < \infty$ ist wichtig, denn die Quotientenkörper der Polynomringe über $\mathbb{R}$ liefern unendlich viele nicht isomorphe, normierte reelle Divisionsalgebren mit Einselement.

Trotz dieses Erfolgs blieb die Frage offen, ob man eine ähnliche Klassifikation auch ohne die Forderung nach einem Einselement oder einer quadratischen Form erreichen kann. Das obige Gegenbeispiel $\mathbb{R}b_1 \oplus \mathbb{R}b_2$ zeigt eine reell zweidimensionale Divisionsalgebra, die zwar nicht isomorph zu $\mathbb{C}$ ist, aber zumindest reell zweidimensional. Um die Jahrhundertwende kristallierte sich daher die folgende Vermutung heraus.

Vermutung (Reelle Divisionsalgebren)
Endlich-dimensionale reelle Divisionsalgebren gibt es ausschließlich in den Dimensionen $n = 1, 2, 4$ oder 8.

Ein Beweis mit algebraischen Mitteln ist bis heute außer Reichweite. HOPF gelang aber im Jahr 1940 ein erster Durchbruch mit topologischen Methoden, [47].

Satz (Reelle Divisionsalgebren; Hopf 1940)
Endlich-dimensionale reelle Divisionsalgebren gibt es bestenfalls in den Dimensionen $n = 2^m$, mit natürlichen Zahlen $m \geq 0$.

Beweis: Ohne Einschränkung sei ab jetzt $A \cong \mathbb{R}^n$ eine endlichdimensionale Divisionsalgebra mit $n \geq 2$ und Multiplikation $(x, y) \mapsto xy$. Dann ist die Abbildung

$$g : S^{n-1} \times S^{n-1} \longrightarrow S^{n-1}, \qquad (x, y) \mapsto xy/|xy|,$$

stetig (Bilinearformen auf $\mathbb{R}^n$ haben eine Matrixdarstellung $(x, y) \mapsto xMy$). Beachten Sie, dass $|xy| \neq 1$ sein kann, denn der Betrag in $\mathbb{R}^n$ muss nicht mit der Multiplikation in A verträglich sein. Der **Bigrad** von g besteht aus den (vom jeweiligen Punkt $x_0, y_0 \in S^{n-1}$ unabhängigen) Graden der Abbildungen $g_{x_0}(y) = g(x_0, y)$ und $g_{y_0}(x) = g(x, y_0)$ und wird als (d_1, d_2) notiert, mit $d_1 = \deg(g_{y_0})$ und $d_2 = \deg(g_{x_0})$. Da man in A die Gleichungen $x_0 y = p$ und $x y_0 = q$ durch Divisionen eindeutig lösen kann, ist $d_1 d_2 = \pm 1$.

HOPF konstruierte aus g auf einfache Weise eine Abbildung $f : S^{2n-1} \to S^n$. Wir betrachten dazu die S^{2n-1} als Rand von D^{2n} und diesen wiederum als homöomorph zu $D^n \times D^n$. Mit $S^{2n-1} \cong \partial D^{2n} \cong \partial(D^n \times D^n)$ und der Formel für den Rand eines Produktes erhalten wir die **Heegaardsche Torus-Zerlegung**

$$S^{2n-1} \cong \partial(D^n \times D^n) \cong (S^{n-1} \times D^n) \cup_{S^{n-1} \times S^{n-1}} (D^n \times S^{n-1}),$$

wobei die beiden Teilmengen auf der rechten Seite über den gemeinsamen Rand $S^{n-1} \times S^{n-1}$ verklebt sind.

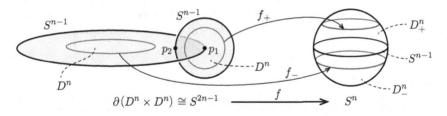

Damit gelingt eine Fortsetzung von g auf die S^{2n-1} über die Festlegungen

$$f_+ : S^{n-1} \times D^n \longrightarrow D^n_+ \quad (x,y) \mapsto |y| \cdot g\big(x, y/|y|\big)$$

und

$$f_- : D^n \times S^{n-1} \longrightarrow D^n_- \quad (x,y) \mapsto |x| \cdot g\big(x/|x|, y\big) \,.$$

Die Abbildungen f_+ und f_- stimmen auf $S^{n-1} \times S^{n-1}$ überein (sie sind dort identisch zu g) und sind auch in den Fällen $x = 0$ oder $y = 0$ wohldefiniert und stetig. Sie ergeben also insgesamt eine stetige Abbildung

$$(f_+, f_-) : S^{2n-1} \longrightarrow D^n_+ \sqcup D^n_- \,,$$

die auf $S^{n-1} \times S^{n-1}$ mit g übereinstimmt und dort ihr Bild in $S^{n-1} \subset D^n_\pm$ hat. Daher lassen sich die zwei Teile im Bild von (f_+, f_-) zu $D^n_+ \cup_{S^{n-1}} D^n_- \cong S^n$ verschmelzen und ergeben die gesuchte Abbildung $f : S^{2n-1} \to S^n$.

Wir bilden nun den Kegel $C_f = S^n \cup_f D^{2n}$, also einen CW-Komplex bestehend aus einer e^0-Zelle, einer e^n- und einer e^{2n}-Zelle. Damit haben wir

$$H^k(C_f; \mathbb{Z}) \cong \begin{cases} \mathbb{Z} & \text{für } k = 0 \,, \text{ mit Generator } 1, \\ \mathbb{Z} & \text{für } k = n \,, \text{ mit Generator } \alpha, \\ \mathbb{Z} & \text{für } k = 2n \,, \text{ mit Generator } \beta, \\ 0 & \text{sonst} \,. \end{cases}$$

Es ist nicht schwer zu erraten, dass der Kohomologiering $H^*(C_f; \mathbb{Z})$ eine zentrale Rolle im weiteren Verlauf des Beweises spielt. Entscheidend für die Ringstruktur ist das Cup-Produkt $\alpha^2 \in H^{2n}(C_f; \mathbb{Z})$, das bezüglich des Generators β als

$$\alpha^2 = H(f)\beta$$

geschrieben werden kann, mit der **Hopf-Invariante** $H(f) \in \mathbb{Z}$, die nur von der Homotopieklasse $[f] \in \pi_{2n-1}(S^n)$ abhängt.

HOPF hat in seiner Originalarbeit aus der Abbildung $g : S^{n-1} \times S^{n-1} \to S^{n-1}$ eine Abbildung $\mathbb{P}^{n-1} \times \mathbb{P}^{n-1} \to \mathbb{P}^{n-1}$ konstruiert und über direkte Rechnungen mit den damals noch gelegentlich verwendeten BETTI-Zahlen (die Vorläufer der Kohomologieklassen) nachgewiesen, dass n eine Potenz von 2 sein muss. Der Beweis lässt sich in die moderne Sprache der Kohomologieringe $H^*(\mathbb{P}^{n-1})$ und $H^*(\mathbb{P}^{n-1} \times \mathbb{P}^{n-1})$ übertragen, siehe [38] oder Seite I-504 f.

Wir verwenden hier nun aber die wichtigen Beiträge von STEENROD aus dem Jahr 1949, die den Beweis noch wesentlich durchsichtiger machen und etwa zehn Jahre später sogar eine Lösung der obigen Vermutung über die Existenz von Divisionsalgebren ausschließlich in den Dimensionen 1,2,4 und 8 ermöglichten[3], [2].

---

[3]Es ist bemerkenswert, dass diese Frage damals kurz zuvor schon in einem Briefwechsel zwischen MILNOR und BOTT geklärt wurde, in dem es um die Parallelisierbarkeit von Sphären geht, mithin um ein Thema aus der Differentialgeometrie, [74].

In einem ersten Schritt konnte STEENROD die oben im Kontext des Kohomologierings $H^*(C_f)$ definierte HOPF-Invariante auf das Produkt der Zahlen d_1 und d_2 im Bigrad der Abbildung g zurückführen.

Satz (Bigrad und Hopf-Invariante; Steenrod 1949)
In obigem Kontext gilt $H(f) = d_1 d_2$.

Vor dem Beweis dieses Satzes zeigen wir, wie sich daraus der Satz von HOPF sehr einfach und geradlinig ableiten lässt. Anhand der obigen Ausführungen zum Bigrad von g erkennen Sie, dass man ausgehend von einer Divisionsalgebra A die HOPF-Invariante $d_1 d_2 = \pm 1$ erhält, womit im Kohomologiering $H^*(C_f)$

$$\alpha^2 = \pm \beta$$

gilt und dieser damit isomorph zu einem abgeschnittenen Polynomring $\mathbb{Z}[\alpha]/(\alpha^3)$ ist. Es genügen nun die arithmetischen Gesetze der STEENROD-Algebra $\mathcal{A}_2$, um daraus $n = \dim_{\mathbb{R}}(A) = 2^m$ herzuleiten, für ein $m \in \mathbb{N}$.

Satz (polynomiale Kohomologieringe; Adem 1952, [6])
Falls für einen CW-Komplex X der Kohomologiering $H^*(X)$ ein (gewöhnlicher oder abgeschnittener) Polynomring über $\mathbb{Z}$ ist, mit einem Generator $\alpha \in H^n(X)$ und $\alpha^2 \neq 0$, muss n eine Zweierpotenz sein.

Beweis: Falls $H^*(X) \cong \mathbb{Z}[\alpha]$ oder $H^*(X) \cong \mathbb{Z}[\alpha]/(\alpha^k)$ ist, mit $k \geq 3$, dann ist $H^*(X; \mathbb{Z}_2) \cong \mathbb{Z}_2[\alpha]$ oder $H^*(X; \mathbb{Z}_2) \cong \mathbb{Z}_2[\alpha]/(\alpha^k)$. Dies sieht man schnell, denn wegen des Kokettenisomorphismus $C^*(X; \mathbb{Z}_2) \cong C^*(X) \otimes \mathbb{Z}_2$ haben wir $H^i(X; \mathbb{Z}_2) \cong (H^i(X) \otimes \mathbb{Z}_2) \oplus \mathrm{Tor}(H^{i-1}(X), \mathbb{Z}_2)$ nach dem universellen Koeffiziententheorem der Homologie (Seite I-211). Berücksichtigt man $H^i(X) \cong \mathbb{Z}$ für $i = 0, n, 2n$ und $H^i(X) = 0$ sonst, ergibt sich die Aussage mit $\mathrm{Tor}(\mathbb{Z}, \mathbb{Z}_2) = 0$ (beachten Sie $n \geq 2$).

Nach Voraussetzung ist nun $Sq^n(\alpha) = \alpha^2 \neq 0$ und $Sq^i(\alpha) = 0$ für $0 < i < n$. Falls $n \geq 2$ keine Zweierpotenz wäre, dann können wir $n = a + b$ schreiben, mit einem $b = 2^k$ und $0 < a < 2^k$. Die ADEM-Relationen (Seite 354) für ganze Zahlen $0 < a < 2b$ lauten, umgeformt mit der Isolierung des Summanden für $j = 0$,

$$\binom{b-1}{a} Sq^{a+b} = Sq^a Sq^b + \sum_{j=1}^{\lfloor a/2 \rfloor} \binom{b-1-j}{a-2j} Sq^{a+b-j} Sq^j .$$

Beachten Sie, dass es in $\mathbb{Z}_2$ keine Vorzeichen gibt. Nun ist $b - 1 = 1 + \ldots + 2^{k-1}$ und daher nach der früheren Formel für Binomialkoeffizienten (Seite 368)

$$\binom{b-1}{a} \equiv \prod_{i=0}^{k-1} \binom{1}{0 \text{ oder } 1} \equiv 1 \mod 2 .$$

Damit wäre Sq^n **zerlegbar** (engl. *decomposable*) in eine Summe aus Monomen $Sq^i Sq^j$ mit $i + j = n$ und $0 < i, j < n$. Wegen $Sq^i = 0$ für $0 < i < n$ folgt der Widerspruch $Sq^n = 0$ zur Annahme, dass n keine Zweierpotenz ist. $\qquad \square$

Die Zerlegbarkeit einer Operation Sq^i, bei der i keine Zweierpotenz ist, liefert hier einen bestechend einfachen Widerspruch für den Beweis des Satzes von HOPF. Viel einfacher als die originären technischen Berechnungen mit BETTI-Zahlen oder auch in moderner Form in den Ringen $H^*(\mathbb{P}^{n-1})$ und $H^*(\mathbb{P}^{n-1} \times \mathbb{P}^{n-1})$.

Es gibt dazu auch eine Umkehrung, die hier zwar nicht weiter benötigt wird, aber der Vollständigkeit halber erwähnt und Ihnen als **Übung** empfohlen sei.

Lemma:
Die Operationen Sq^i sind genau dann zerlegbar, wenn i keine Zweierpotenz ist.

Anstelle eines **Beweises** hier nur der Hinweis, dass für ein $u \in H^1(X; \mathbb{Z}_2)$

$$Sq^i\left(u^{2^k}\right) = \begin{cases} u^{2^k} & \text{für } i = 0, \\ 0 & \text{für } i \notin \{0, 2^k\}, \\ u^{2^{k+1}} & \text{für } i = 2^k \end{cases}$$

gilt. Verwenden Sie hierfür das Ergebnis zu $Sq^i(u^k)$ auf Seite 357. Zeigen Sie dann unter der Annahme der Zerlegbarkeit von Sq^{2^k} die (widersprüchliche) Beziehung $u^{2^{k+1}} = 0$ für den Generator $u \in H^1(\mathcal{W}; \mathbb{Z}_2)$.   ($\square$)

Die iterative Zerlegung eines Monoms $Sq^I \in \mathcal{A}_2$ bis zu Faktoren der Form Sq^{2^k} zeigt, dass die Squares Sq^{2^k} die STEENROD-Algebra $\mathcal{A}_2$ generieren – wenn auch nicht eindeutig im Sinne einer $\mathbb{Z}_2$-Basis wie der CARTAN-SERRE-Basis (Seite 355), denn es ist nach den ADEM-Relationen einerseits $Sq^3 Sq^1 = Sq^2 Sq^2$ und andererseits auch $Sq^3 Sq^1 = (Sq^1 Sq^2) Sq^1$.

Es bleibt für den Satz von HOPF noch der **Beweis** des Satzes über den Zusammenhang des Bigrads (d_1, d_2) von $g : S^{n-1} \times S^{n-1} \to S^{n-1}$ und der HOPF-Invariante von $f : S^{2n-1} \to S^n$ in Form der Beziehung $H(f) = d_1 d_2$, siehe Seite 399.

Es sei dazu $C_f = S^n \cup_f D^{2n}$ der Abbildungskegel, in dem sich die charakteristische Abbildung der $(2n)$-Zelle e^{2n} als stetige Abbildung

$$\Phi : (D^n \times D^n, S^{n-1} \times D^n, D^n \times S^{n-1}) \longrightarrow (C_f, D^n_+, D^n_-)$$

interpretieren lässt. Hier noch einmal als Gedankenstütze die Grafik dazu.

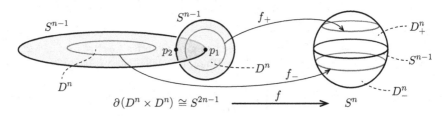

Dabei war $f_+ : S^{n-1} \times D^n \to D^n_+$ definiert durch $(x, y) \mapsto |y| \cdot g\big(x, y/|y|\big)$ und $f_- : D^n \times S^{n-1} \to D^n_-$ durch $(x, y) \mapsto |x| \cdot g\big(x/|x|, y\big)$. Die Zelle e^{2n} von C_f ist hier von den beiden soliden Tori $S^{n-1} \times D^n$ und $D^n \times S^{n-1}$ berandet.

Nun sei $\alpha \in H^n(C_f)$ der Generator. Er lässt sich zerlegen in einen Teil α_+ als Urbild des Isomorphismus $j_+^* : H^n(C_f, D_-^n) \longrightarrow H^n(C_f)$ aus der langen exakten Kohomologiesequenz, und dito für α_- als Urbild von $j_-^* : H^n(C_f, D_+^n) \to H^n(C_f)$. Die obigen Isomorphismen, zusammen mit dem (ebenfalls aus der langen exakten Kohomologiesequenz stammenden) Isomorphismus $j^* : H^{2n}(C_f, S^n) \to H^{2n}(C_f)$ ergeben dann ein kommutatives Diagramm der Form

$$
\begin{array}{ccc}
H^n(C_f, D_-^n) \otimes H^n(C_f, D_+^n) & \xdashrightarrow{\ x_+ \otimes y_- \ \mapsto\ x_+ \smile y_-\ } & H^{2n}(C_f, S^n) \\[2mm]
\cong \Big\downarrow{\scriptstyle j_+^* \otimes j_-^*} & & {\scriptstyle j^*}\Big\downarrow \cong \\[2mm]
H^n(C_f) \otimes H^n(C_f) & \xrightarrow{\ \ x \otimes y \ \mapsto\ x \smile y\ \ } & H^{2n}(C_f),
\end{array}
$$

in dem $\alpha_+ \otimes \alpha_-$ über die linke Spalte und untere Zeile auf $\alpha^2 \in H^{2n}(C_f)$ abgebildet wird. Das Urbild von α^2 bei dem Isomorphismus $j^* : H^{2n}(C_f, S^n) \to H^{2n}(C_f)$ sei nun suggestiv als $\alpha_+ \smile \alpha_- \in H^{2n}(C_f, S^n)$ bezeichnet. So gesehen ist in der oberen Zeile $x_+ \smile y_- = (j^*)^{-1}(j_+^*(x_+) \smile j_-^*(y_-))$.

Um weiter rechnen zu können, schränken wir die charakteristische Abbildung Φ auf die Teilmengen $p_1 \times D^n$ und anschließend auf $p_1 \times S^{n-1}$ ein. Dies liefert das folgende kommutative Diagramm, in dem jede Gruppe isomorph zu $\mathbb{Z}$ ist:

$$
\begin{array}{ccc}
H^n(C_f, D_-^n) & \xrightarrow{\quad\quad \Phi^* \quad\quad} & H^n(D^n \times D^n, D^n \times S^{n-1}) \\[2mm]
\cong \Big\downarrow & & \Big\downarrow \cong \\[2mm]
H^n(D_+^n, S^{n-1}) & \xrightarrow{\ (\Phi|_{p_1 \times D^n})^* \ } & H^n(p_1 \times D^n, p_1 \times S^{n-1}) \\[2mm]
{\scriptstyle \delta}\Big\downarrow \cong & & \cong \Big\uparrow {\scriptstyle \delta} \\[2mm]
H^{n-1}(S^{n-1}) & \xrightarrow{\ (\Phi|_{p_1 \times S^{n-1}})^* = d_2 \ } & H^{n-1}(p_1 \times S^{n-1}).
\end{array}
$$

Die Kommutativität ist offensichtlich, denn Φ^* ist mit δ verträglich und die Zeilen entstehen aus Restriktionen ein und derselben Abbildung $\Phi : D^n \times D^n \to C_f$. Die Isomorphismen δ sind klar, auch der Isomorphismus rechts oben folgt sofort aus der Inklusion $(p_1 \times D^n, p_1 \times S^{n-1}) \to (D^n \times D^n, D^n \times S^{n-1})$ und der Zusammenziehbarkeit des ersten Faktors. Es bleibt noch der Isomorphismus links oben zwischen $H^n(C_f, D_-^n)$ und $H^n(D_+^n, S^{n-1})$. Betrachte dazu das Diagramm

$$
\begin{array}{ccc}
H^n(C_f) & \xleftarrow[\ \cong\ ]{\quad\quad j^* \quad\quad} & H^n(C_f, D_-^n) \\[2mm]
{\scriptstyle i^*}\Big\downarrow \cong & {\scriptstyle i^*}\nearrow\!\!\!\!\!\!\!\!- & \Big\downarrow {\scriptstyle i^*} \\[2mm]
H^n(S^n) \xleftarrow[\ j^*\ ]{\cong} & H^n(S^n, D_-^n) \xrightarrow[\ i^*\ ]{\cong} & H^n(D_+^n, S^{n-1}).
\end{array}
$$

Eine direkte Prüfung auf den Kozyklen ergibt dessen Kommutativität: Ausgehend von einem Kozyklus $c^n \in Z^n(C_f, D_-^n)$ erhalten wir entlang der oberen Zeile $j^\#(c^n) = c^n \in Z^n(C_f)$, und damit die Einschränkung $i^\# j^\#(c^n) = c^n\big|_{S^n}$. Geht man den Weg über den gestrichelten Pfeil und $j^\#$ in der unteren Zeile, ergibt sich ebenfalls $c^n\big|_{S^n}$. Die Kommutativität der drei Inklusionen unten rechts ist trivial.

Da in der linken Spalte der Generator $\tilde{e}^n \in C^n(C_f)$ auf $\tilde{e}^n \in C^n(S^n)$, mithin auf das Hom-Duale des Fundamentalzyklus μ_{S^n} abgebildet wird, ergibt sich unmittelbar, dass die linke Spalte i^* ein Isomorphismus ist. Die j^* sind Isomorphismen wie oben besprochen. In der unteren Zeile ist i^* ebenfalls ein Isomorphismus, denn die relativen Kozyklen in $Z^n(D^n_+, S^{n-1})$ entsprechen genau denen im Paar (S^n, D^n_-). Damit ist auch i^* in der rechten Spalte ein Isomorphismus. $\qquad(\square)$

Aus obigem Diagramm ergibt sich $\Phi^*(\alpha_+) = d_2 w_+$, mit einem Generator w_+ der Gruppe $H^n(D^n \times D^n, D^n \times S^{n-1}) \cong \mathbb{Z}$. Auf exakt dieselbe Weise, mit Vertauschung der Subskripte „+" und „−", erhält man $\Phi^*(\alpha_-) = d_1 w_-$, mit einem Generator $w_- \in H^n(D^n \times D^n, S^{n-1} \times D^n) \cong \mathbb{Z}$. Wegen der Zusammenziehbarkeit von D^n im ersten Faktor können wir $w_+ = 1 \times \alpha_2$ und $w_- = \alpha_1 \times 1$ schreiben, mit Generatoren $\alpha_i \in H^n(D^n, S^{n-1})$. Dies folgt für w_+ aus dem Isomorphismus $H^n(D^n \times D^n, D^n \times S^{n-1}) \to H^n(p_1 \times D^n, p_1 \times S^{n-1})$, und analog für w_-.

Nach dem gleichen Prinzip wie bei $H^n(C_f, D^n_-) \otimes H^n(C_f, D^n_+) \xrightarrow{\smile} H^n(C_f, S^n)$ können wir nun ein Cup-Produkt

$$H^n(D^n \times D^n, D^n \times S^{n-1}) \otimes H^n(D^n \times D^n, S^{n-1} \times D^n) \xrightarrow{\smile}$$

$$\xrightarrow{\smile} H^{2n}\big(D^n \times D^n, (D^n \times S^{n-1}) \cup (S^{n-1} \times D^n)\big)$$

definieren, das mit Φ^* in den obigen Diagrammen kommutiert. Wir erhalten damit

$$w_+ \smile w_- = (1 \times \alpha_2) \smile (\alpha_1 \times 1) = \alpha_1 \times \alpha_2,$$

und dieses Element generiert $H^{2n}\big(D^n \times D^n, (D^n \times S^{n-1}) \cup (S^{n-1} \times D^n)\big)$ nach Definition des zellulären Kreuzproduktes (Seite 137)

$$H^n(D^n, S^{n-1}) \times H^n(D^n, S^{n-1}) \longrightarrow H^{2n}\big(D^n \times D^n, (D^n \times S^{n-1}) \cup (S^{n-1} \times D^n)\big).$$

Sie müssen dafür nur die Isomorphien $H^n(D^n, S^{n-1}) \cong H^n(D^n \times D^n, S^{n-1} \times D^n)$ und $H^n(D^n, S^{n-1}) \cong H^n(D^n \times D^n, D^n \times S^{n-1})$ bedenken sowie die Tatsache, dass $\alpha_1 \times \alpha_2$ der zum relativen Fundamentalzyklus $\mu_{D^{2n}} \in H^{2n}(D^{2n}, \partial D^{2n})$ gehörige Hom-duale Kozyklus ist. Nach Definition ist dann

$$(\alpha_1 \times \alpha_2)(\mu_{D^{2n}}) = (\alpha_1 \times \alpha_2)(\mu_{D^n_1} \times \mu_{D^n_2}) = \alpha_1(\mu_{D^n_1}) \cdot \alpha_2(\mu_{D^n_2}) = 1 \cdot 1 = 1.$$

Insgesamt ergibt sich

$$\Phi^*(\alpha_+ \smile \alpha_-) = \Phi^*(\alpha_+) \smile \Phi^*(\alpha_-) = d_1 d_2 (w_+ \smile w_-) = d_1 d_2 (\alpha_1 \times \alpha_2),$$

wobei Φ für die erste Gleichung als Abbildung $(D^{2n}, \partial D^{2n}) \to (C_f, S^n)$ interpretiert wird und damit Φ^* mit dem Cup-Produkt in den beiden Raumpaaren kommutiert. Da Φ als charakteristische Abbildung von $e^{2n} \subset C_f$ ein relativer Homöomorphismus ist (es induziert einen Homöomorphismus $C_f/S^n \to S^{2n}$), ist $\Phi^*: H^{2n}(C_f, S^n) \to H^{2n}(D^{2n}, \partial D^{2n})$ ein Isomorphismus. Mit Blick auf das erste Diagramm ist dann $\alpha_+ \smile \alpha_- = d_1 d_2 \overline{\beta}$, wobei $\overline{\beta} = (j^*)^{-1}\beta$ der Generator von $H^{2n}(C_f, S^n)$ ist. Damit haben wir auch $\alpha^2 = d_1 d_2 \beta$ in $H^{2n}(C_f)$. $\qquad\square$

Der Beweis hier folgt STEENROD, [97], kann aber auch mit Verschlingungszahlen $f^{-1}(p) \odot f^{-1}(q)$ von Punktinversen erfolgen. Dies benötigt mehr simpliziale Techniken und die POINCARÉ-Dualität (skizziert in I-504 ff, oder ausführlicher in [100]).

Die STEENROD-Algebra $\mathcal{A}_2$ hat sich in der Tat als mächtiges Instrument erwiesen, um klassische, rein algebraische Aussagen über Divisionsalgebren zu beweisen. So folgte deren Dimension als Zweierpotenz unmittelbar aus den ADEM-Relationen und der Tatsache, dass Sq^i im Fall $i \neq 2^k$ zerlegbar ist.

Die Argumentation reichte aber noch bedeutend weiter. So konnte J.F. ADAMS in den Jahren 1958–1960 unter Verwendung äußerst subtiler Regeln in $\mathcal{A}_2$ zeigen, dass $H(f) = \pm 1$ nur für die Dimensionen $n = 2$, 4 und 8 möglich ist, [2], was eine Bestätigung der obigen Vermutung (Seite 397) über die Existenz von Divisionsalgebren ausschließlich in den Dimensionen $n = 1$, 2, 4 und 8 war. ADAMS betrachtete hierzu die nach ihm benannten **sekundären Adams-Operationen**

$$\Phi_{i,j} : H^n(X, \mathbb{Z}_2) \longrightarrow H^{n+2^i+2^j-1}(X, \mathbb{Z}_2) \big/ Q^*(X; i, j),$$

wobei $Q^*(X; i, j)$ ein polynomialer Ausdruck mit speziellen STEENROD-Squares ist. Der Beweis ist fast 80 Seiten lang und mündet in die Aussage, dass die $Sq^{2^{k+1}}$ für $k \geq 3$ über diese sekundären Operationen $\Phi_{i,j}$ zerlegbar sind und daher widersprüchlich $Sq^{2^{k+1}}(u) = 0$ folgen würde, wo das nicht sein darf: in $\mathbb{P}_{\mathbb{C}}^\infty$. In Anlehnung an die ADEM-Relationen fand ADAMS hierzu Formeln der Gestalt

$$\lambda Sq^{2^{k+1}}(u) = \sum_{i,j;\, j \leq k} a_{i,j,k} \Phi_{i,j}(u),$$

mit STEENROD-Squares $a_{i,j,k}$ und einem zunächst unbekannten Faktor $\lambda \in \mathbb{Z}_2$. Bei Anwendung auf eben den $\mathbb{P}_{\mathbb{C}}^\infty$ konnte er schließlich $\lambda = 1$ zeigen und hatte eine Formel für den Widerspruch $Sq^{2^{k+1}}(u) = 0$ in allen Fällen mit $k \geq 3$ gefunden. Da es in den Dimensionen $n = 1$, 2, 4 und 8 die bereits erwähnten Divisionsalgebren gibt, war diese Frage nach beinahe 100 Jahren endgültig geklärt.

Der Korrektheit halber sei hier noch kurz erwähnt, dass dieser Beweis von ADAMS weder der erste noch der einfachste für das Divisionsalgebren-Problem war. Kurz zuvor haben R. BOTT und J. MILNOR einerseits, aber auch M. KERVAIRE unabhängig voneinander dasselbe Resultat erreicht, ebenfalls technisch äußerst kompliziert und mit Methoden, welche die Parallelisierbarkeit von Sphären (aus der Differentialgeometrie) zum Gegenstand haben, [63][74]. Aber ADAMS blieb am Ball und im Jahr 1966 gelang ihm und M. ATIYAH ein erneuter Beweis des Divisionsalgebren-Problems, wieder mithilfe der HOPF-Invariante, [5]. Dieser Beweis gilt heute in Fachkreisen als der durchsichtigste und eleganteste von allen. Er verwendet aber auch keine STEENROD-Squares, sondern die K-Theorie, [10].

Als abschließende Bemerkung noch der kurze Hinweis, dass dieses Kapitel ohne Schwierigkeiten auf die höheren Kohomologieoperationen

$$P^i : H^n(X; \mathbb{Z}_p) \longrightarrow H^{n+2i(p-1)}(X; \mathbb{Z}_p)$$

für alle Primzahlen $p \geq 3$ übertragen werden kann, die Konstruktionen sind allgemein genug und in der Literatur ausgeführt, [97]. In diesem Kapitel wurde ein vereinfachtes Extrakt davon für den Fall $p = 2$ präsentiert, bei dem keine Vorzeichen zu berücksichtigen sind und die Kettenhomomorphismen dadurch signifikant einfacher werden.

Wir stehen vor dem großen Finale dieses Buches. Lassen Sie uns jetzt die zentralen Themen der HUREWICZ-Faserungen, $\mathcal{P}$-Lokalisierungen, STEENROD-Squares und SERRE-Spektralsequenzen zusammenbringen, um konkrete höhere Homotopiegruppen von Sphären zu berechnen.

Aufgaben und Wiederholungsfragen

1. Zeigen Sie den Hilfssatz auf Seite 316 für Abbildungen $(X, A) \to (Y, B)$ von CW-Paaren und die entsprechenden relativen Ketten- und Homologiegruppen.

   Hinweis: Fügen Sie die relativen Gruppen in kurze exakte Sequenzen ein, zum Beispiel in $0 \to C_*(A) \to C_*(X) \to C_*(X, A) \to 0$.

2. Zeigen Sie auf Seite 320 mit dem universellen Koeffiziententheorem der Kohomologie die Formel $H^n(\mathcal{W}; \mathbb{Z}_2) \cong \mathbb{Z}_2$ für alle $n \geq 0$.

3. Zeigen Sie $\partial e_\pi^{2n+1} = 0$ in der äquivarianten Homologie (Seite 328).

4. Formulieren und verifizieren Sie das universelle Koeffiziententheorem der Homologie (Seite I-211) in der Fassung für die äquivariante Homologie und zeigen Sie damit $H_n^\pi(S^\infty; \mathbb{Z}_2) \cong \mathbb{Z}_2$ für $n \geq 0$.

5. Zeigen Sie, dass eine äquivariante Kozelle $\widetilde{e}_\pi^n$ in $C_\pi^n(X; G)$ durch jede dualen Kozelle $\widetilde{e}^n$ aus dem Orbit von e_π^n bei der π-Wirkung repräsentiert wird.

6. Definieren Sie die zu der Wirkung von $\pi = \{1, \rho\}$ auf S^∞ gehörigen zellulären Homöomorphismen $S^\infty \to S^\infty$, gemäß Seite 327.

   Hinweis: Beginnen Sie mit dem 0-Skelett und arbeiten induktiv weiter.

7. Definieren Sie auf Seite 331 einen Kokettenisomorphismus

   $$\varphi : C^n(X; G) \big/ \mathrm{Ann}\big(C_n^\pi(X)\big) \longrightarrow C_\pi^n(X; G)$$

   zwischen den beiden Definitionen äquivarianter Kokettengruppen, der mit den jeweiligen Korandoperatoren δ_π und δ verträglich ist.

   Hinweis: Verwenden Sie die Tatsache, dass die Elemente in der Quelle durch die Bilder ihrer Repräsentanten auf äquivarianten Ketten eindeutig festgelegt sind. Konstruieren Sie dann eine Abbildung $C_n^\pi(X) \to X^n$, die jeder äquivarianten Kette e_π^n eine generierende Zelle $e_0^n \in e_\pi^n$ zuordnet und definieren Sie danach φ und die Umkehrung φ^{-1} explizit.

8. Verifizieren Sie die Eigenschaften 2 und 3 der Definition äquivarianter azyklischer Träger (Seite 333) für die Diagonale $S^\infty \otimes X \to S^\infty \otimes X^2$.

9. Begründen Sie, warum bei der äquivarianten, zellulären Diagonalapproximation $d_\pi : S^\infty \otimes X \to S^\infty \otimes X^2$ der Faktor S^∞ essentiell wichtig ist. Zeigen Sie, dass es keine solche Diagonale $X \to X^2$ geben kann.

10. Zeigen Sie, dass zwei azyklische und π-freie CW-Komplexe K und L äquivariant homotopieäquivalent sind.
    Hinweis: Verwenden Sie das Lemma über azyklische Träger (Seite 334).

11. Konstruieren Sie mit der zellulären KÜNNETH-Formel und dem Quotienten $S^\infty \to S^\infty/\pi = W$ einen Isomorphismus
    $$p^* : H^*(W \otimes X; \mathbb{Z}_2) \longrightarrow H^*_\pi(S^\infty \otimes X; \mathbb{Z}_2).$$

12. Wie sind die Beobachtung zu den eindeutigen KÜNNETH-Koeffizienten (Seite 321) und der Hilfssatz über Kohomologie und homotope Kettenhomomorphismen (Seite 319) in einer äquivarianten Fassung zu formulieren und zu beweisen?

13. Warum ist $\tau : C^*(X; \mathbb{Z}_2) \to C^*_\pi(X; \mathbb{Z}_2)$ ein Kettenhomomorphismus?

14. Finden Sie eine geeignete Formulierung für die Funktorialität des Transfers $\tau : C^*(X; G) \to C^*_\pi(X; G)$ und beweisen Sie sie (Seite 338).

15. Zeigen Sie auf Seite 345, dass für ein Element $a \in H^{2n}_\pi(S^\infty \otimes X; \mathbb{Z}_2)$ der Koeffizient bei w_0 in der KÜNNETH-Zerlegung gleich $i^*_X(a)$ ist, und dito für $a \in H^{2n}_\pi(S^\infty \otimes X^2; \mathbb{Z}_2)$ und den KÜNNETH-Koeffizienten $i^*_{X^2}(a)$ bei w_0.

16. Aufgaben zu den BOCKSTEIN-Operatoren (Seite 350):

    a. Zeigen Sie für die Operatoren $\beta : H^*(X; \mathbb{Z}_2) \to H^{*+1}(X; \mathbb{Z}_2)$ und $\tilde{\beta} : H^*(X; \mathbb{Z}_2) \to H^{*+1}(X; \mathbb{Z})$ die Formeln $\beta = \rho\tilde{\beta}$, $\tilde{\beta}\rho = 0$ und $\beta^2 = 0$.

    b. Zeigen Sie für einen Kozyklus $u \in C^*(X; \mathbb{Z}_2)$ mit der langen exakten Kohomologiesequenz der Komplexsequenz auf Seite 350 die Beziehung $\beta[u] = \big[(1/2)\delta_4 u\big]$, und dass diese nur von der Klasse $[u]$ abhängt.

17. Es sei $v \in H^1(S^1; \mathbb{Z}_2)$ der Generator und $u \in H^*(X; \mathbb{Z}_2)$. Zeigen Sie für ein Polynom $Q \in \mathbb{Z}_2[\beta, Sq^i; i \geq 0]$ mit den CARTAN-Formeln
    $$Q(u \otimes v) = Q(u) \otimes v.$$

18. Zeigen Sie mit den ADEM-Relationen die Formel $Sq^{2^n-1}Sq^{2^n} = Sq^{2^{n+1}-1}$ für $n \geq 0$ und geben Sie einige Beispiele dafür.

19. Zum Beweis des Satzes über die CARTAN-SERRE-Basis von $\mathcal{A}_2$, Seite 355:

    a. Zeigen Sie $Sq^J\alpha = 0$ für alle J, die nicht Minimaltupel sind, und $Sq^{J_m}\alpha = \alpha^{2^m}$ für Minimaltupel J_m.

    b. Zeigen Sie die Erweiterung
    $$Sq^{I_\rho}(\alpha^n) = Sq^{I_\rho}(\alpha \otimes \alpha^{n-1}) = \sum_{J \leq I_\rho} Sq^J\alpha \otimes Sq^{I_\rho - J}(\alpha^{n-1})$$

    der CARTAN-Formeln für Sq^{I_ρ}. Dabei bedeutet $J \leq I_\rho$, dass $j_s \leq (i_\rho)_s$ ist, $1 \leq s \leq k$.
    Hinweis: Verwenden Sie die Linearität der Sq^i und vollständige Induktion nach der Länge $l(I_\rho)$.

20. Zeigen Sie für ein zulässiges Tupel $I = (i_1, \ldots, i_m)$ der Länge m und das Minimaltupel $J_m = (2^{m-1}, \ldots, 2, 1)$, dass $I - J_m$ zulässig ist.

21. Es seien $u, v \in H^n(X; \mathbb{Z}_2)$. Zeigen Sie, dass es ein Element $w \in H^{4n}(X^4; \mathbb{Z}_2)$ gibt, sodass $u^4 + v^4 - (u + v)^4 = \tau_{X^4}(w) \in H^{4n}_\pi(X^4; \mathbb{Z}_2)$ ist, mit dem Transfer $\tau_{X^4} : H^{4n}(X^4; \mathbb{Z}_2) \to H^{4n}_\pi(X^4; \mathbb{Z}_2)$. Machen Sie sich auch klar, dass dies beim Exponenten 4 signifikant schwieriger zu beweisen ist als bei der Primzahl 2 im Exponenten (wie auf Seite 339).

    Hinweis: Die Aufgabe ist viel einfacher, als sie klingt – eigentlich nur eine Umformulierung und Wiederholung der verwendeten Begriffe (nutzen Sie das Lemma auf Seite 360).

22.   a. Konstruieren Sie auf Seite 362 die $(\pi \times \pi)$-äquivariante Diagonale $d_{\pi \times \pi}$ mit den Trägerlemma analog zu d_π auf Seite 333. Verwenden Sie dabei den $(\pi \times \pi)$-äquivarianten, azyklischen Träger

$$\mathcal{C}(e^i \otimes e^j \otimes e^k_X \otimes e^m_X) = S^\infty \otimes S^\infty \otimes (\overline{e^k_X})^2 \otimes S^\infty \otimes (\overline{e^m_X})^2$$

von $S^\infty \otimes (S^\infty \otimes X^2)$ nach $S^\infty \otimes (S^\infty \otimes X^2)^2$.

   b. Rekapitulieren Sie danach, dass für ein $u \in H^n(X; \mathbb{Z}_2)$ die Komposition $d_{\pi \times \pi} P(Pu)$ ein Element in $H^{4n}_{\pi \times \pi}(S^\infty \otimes (S^\infty \otimes X)^2; \mathbb{Z}_2)$ ist.

23. Verifizieren Sie auf Seite 365, dass für ein $u \in C^n(X; \mathbb{Z})$ die Elemente $P'u = u^4(\epsilon^2 \otimes \mathbb{1}_{X^4})$ und $\tilde{d}^*_S \varphi^* PPu = \tilde{d}^*_S \varphi^*(u^2(\epsilon \otimes \mathbb{1}_{X^2}))^2(\epsilon \otimes \mathbb{1}_{(S^\infty \otimes X^2)^2})$ modulo äquivarianter Homotopie übereinstimmen.

    Hinweis: Prüfen Sie zunächst auf den 0-Skeletten und verwenden dann das azyklische Trägerlemma (Seite 334).

24. Zeigen Sie mit dem Theorem auf Seite 376, dass die Sq^i auch in der relativen Kohomologie, auf beliebigen CW-Paaren (X, A) und Raumpaaren vom Typ TCW eindeutig bestimmt sind.

    Hinweis: Beginnen Sie mit der Verallgemeinerung auf beliebige, unendliche CW-Komplexe über den inversen Limes $\varprojlim H^*(X_\lambda; \mathbb{Z}_2) \cong H^*(X; \mathbb{Z}_2)$ der endlichen Subkomplexe. Zwei verschiedene STEENROD-Squares auf dem inversen Limes wären auch in mindestens einem $H^*(X_\lambda; \mathbb{Z}_2)$ als solche erkennbar, denn verschiedene Kozyklen unterscheiden sich auf mindestens einer Kette, und diese haben kompakten Träger. Die Verallgemeinerung auf CW-Paare benötigt lange exakte Kohomologiesequenzen, das Fünferlemma und die Funktorialität der Sq^i, und TCW-Raumpaare sind abschließend über die zugehörigen Homotopieäquivalenzen erfassbar.

25. Verifizieren Sie auf Seite 380 den π-äquivarianten Isomorphismus

$$\mathbb{Z}_2(\pi) \otimes B \longrightarrow \bigoplus_{j_1 \neq j_2} A_{j_1} \otimes A_{j_2}$$

in der Konstruktion mit dem Gruppenring $\mathbb{Z}_2(\pi)$.

26. Zeigen Sie, dass die Komposition

$$S^\infty \otimes X^2 \xrightarrow{\epsilon \otimes \mathbb{1}} X^2 \xrightarrow{e_1^0 \otimes \mathbb{1}} S^\infty \otimes X^2$$

als äquivarianter Kettenhomomorphismus äquivariant homotop zur Identität auf $S^\infty \otimes X^2$ ist.

Hinweis: Verwenden Sie das azyklische Trägerlemma (Seite 334).

27. Zeigen Sie das Lemma auf Seite 400: Die Operationen Sq^i sind genau dann zerlegbar, wenn i keine Zweierpotenz ist. Beachten Sie die dortigen Hinweise zur Lösung.

10 Konkrete Berechnungen in der Sphärenhomotopie

Im diesem Kapitel werden die bisher besprochenen Techniken vereint, um alle Homotopiegruppen $\pi_{n+k}(S^n)$ für $k \leq 5$ sowie die Gruppen $\pi_k(S^3)$ für $k \leq 10$ und deren unmittelbare Derivate $\pi_k(S^4)$ für $k \leq 11$ zu bestimmen. Sie erleben dabei ein bemerkenswertes Zusammenspiel von SERRE-Spektralsequenzen und STEENROD-Squares, POSTNIKOV-Türmen, TCW-Faserungen und $\mathcal{P}$-Lokalisierungen[1].

Der Vollständigkeit halber (und um die Einordnung der Resultate zu erleichtern) sei noch darauf hingewiesen, dass H. TODA schon 1962, also etwa 10 Jahre nach dem Durchbruch von SERRE, sämtliche Gruppen $\pi_{n+k}(S^n)$ für $k \leq 19$ bestimmt hat, [103], allerdings unter Zuhilfenahme äußerst aufwändiger Hilfsmittel[2].

In diesem Kapitel kann auf all diese Techniken verzichtet werden, was jedoch nicht zu der Annahme verleiten soll, die Beschränkung auf die vier anfangs erwähnten Hauptthemen würde einen einfachen Zugang zu den oben erwähnten Resultaten ermöglichen. Nein, die Schlussfolgerungen sind immer noch äußerst trickreich und in ihrer Gesamtheit sehr schwer zu durchschauen, weswegen hier zu Beginn eine grobe Skizze der weiteren Argumentation gegeben sei.

10.1 Die Bestimmung von $\pi_k(S^n)$ für $k > n$ im Überblick

Obwohl die Berechnungen der Hauptresultate dieses Buches eindeutig von den SERRE-Spektralsequenzen geprägt ist – nicht umsonst wird immer wieder behauptet, dass sie die Homotopietheorie revolutioniert haben wie keine andere Technik davor – zeigt sich an vielen Stellen der Einfluss anderer, teils klassischer Resultate, woraus eine gewisse Heterogenität der Beweise entsteht, die selbst diesen groben Überblick zu einer Herausforderung werden lässt. Es sei dennoch versucht, eine ungefähre Marschrichtung dieses Kapitels zu skizzieren.

Wir wissen bereits aus dem 2. Teil, dass die in Frage kommenden Gruppen endlich sind, bis auf die bekannten Ausnahmen mit einem zusätzlichen $\mathbb{Z}$-Summanden in den Fällen $\pi_{2n-1}(S^n)$, n gerade (Seite 222). Allen weiteren Schritten ist damit gemein, nacheinander die p-**Komponenten** der Gruppen $\pi_k(S^n)$ zu bestimmen, $p \geq 2$ Primzahl, also deren Summanden mit Elementen der Ordnung p^r, $r \geq 1$.

---

[1]Die Lokalisierung von topologischen Räumen (Seite 256 ff) ermöglicht im Verlauf des Kapitels eine etwas elegantere Argumentation, ist aber nicht zwingend notwendig. An der entsprechenden Stelle wird darauf hingewiesen, wie die topologische Lokalisierung durch eine pauschale algebraische Konstruktion vermieden werden kann.

[2]Zu erwähnen sind hier die Raumtriaden-Homotopie von BLAKERS und MASSEY, [15], die generalisierte HOPF-Invariante von G.W. WHITEHEAD, [42][110], spezielle Join-Operationen von BARRATT und HILTON, [13], oder das JAMES-Produkt, [60][61][62].

© Springer-Verlag GmbH Deutschland, ein Teil von Springer Nature 2023
F. Toenniessen, *Die Homotopie der Sphären*,
https://doi.org/10.1007/978-3-662-67942-5_10

Hier unterscheidet sich nun die gerade Torsion ($p = 2$) ganz grundsätzlich von der ungeraden Torsion ($p \geq 3$). Es bezeichne dazu im weiteren Verlauf des Kapitels $\pi_k(S^n)|_p$ die p-Komponente von $\pi_k(S^n)$. Wir kennen bereits das folgende Theorem für $n \geq 3$, welches über Lokalisierungen gewonnen wurde (Seite 304).

$$\pi_k(S^n)|_p \;\cong\; \begin{cases} 0 & \text{für } k < n + 2p - 3\,, \\[2mm] \mathbb{Z}_p & \text{für } k = n + 2p - 3\,. \end{cases}$$

Als unmittelbare Folge erkennt man dort das klassische Ergebnis $\pi_{n+1}(S^n) \cong \mathbb{Z}_2$ für alle $n \geq 3$, mithin den stabilen Stamm $\pi_1^s \cong \mathbb{Z}_2$. Dies ist das einzig mögliche Resultat für die gerade Torsion, aber der Satz leistet wertvolle Dienste für die ungerade Torsion, denn wir erkennen damit sofort

$$\pi_6(S^3)|_3 \;\cong\; \mathbb{Z}_3 \qquad \text{oder} \qquad \pi_{10}(S^3)|_5 \;\cong\; \mathbb{Z}_5\,,$$

zwei konkrete Ergebnisse, die für uns noch Bedeutung erlangen (beachten Sie auch die allgemeinen Formeln dazu: $\pi_{n+3}(S^n)|_3 \cong \mathbb{Z}_3$ und $\pi_{n+7}(S^n)|_5 \cong \mathbb{Z}_5$ für $n \geq 3$).

Zwei Dinge sind hier bemerkenswert. Zum einen gelingt mit dem obigen Satz nicht die Bestimmung von $\pi_5(S^3)$, obwohl man erkennt, dass diese Gruppe keine ungerade Torsion besitzen kann (wie auch der Stamm π_2^s, der bei $\pi_6(S^4)$ beginnt). Zum anderen werden Sätze dieser Form tatsächlich die einzigen Mittel bleiben, bei den Gruppen $\pi_k(S^n)$ ungerade Torsion aufzuspüren (zumindest in diesem Buch).

Die Bestimmung der ungeraden Torsion von $\pi_{n+k}(S^n)$

Das Theorem zeigt, dass bei der ungeraden Torsion $\pi_{n+k}(S^n)$ für $k \leq 6$ höchstens 3-Torsion haben kann, und für $k = 7$ zusätzlich genau einen $\mathbb{Z}_5$-Summanden. Die große Unbekannte ist bei den für uns interessanten Gruppen $\pi_{n+k}(S^n)$ also die 3-Torsion – und diese ist von dem Theorem für die Fälle $4 \leq k \leq 7$, insbesondere also für $k = 4$ und $k = 5$, nicht erfasst.

Dass es hier nicht geradeaus, sondern nur selektiv und auf recht verschlungenen Wegen vorangeht, merken Sie schon an der seltsamen Einschränkung auf $k = 4$ und $k = 5$, wo doch vorher von $4 \leq k \leq 7$ die Rede war. Dies liegt daran, dass SERRE mit trickreichen topologischen Konstruktionen zwei Theoreme beweist, die ich als die **Reduktionssätze A und B** bezeichne ([91], Seiten 425 ff).

Theorem A ist weniger kompliziert und erlaubt, modulo gerader Torsion, eine Rückführung von $\pi_k(S^n)$ auf die Summe $\pi_{k-1}(S^{n-1}) \oplus \pi_k(S^{2n-1})$ im Fall $n \geq 2$ gerade. In den Beweis gehen die Spektralsequenzen nur an einer Stelle ein: beim Theorem von WHITEHEAD-SERRE (Seite 424), das wiederum aus einer Verfeinerung des Theorems von HUREWICZ-SERRE folgt (Seite 420), von dem wir eine einfache Variante schon früher gesehen haben (Seite 200).

Darüber hinaus gehen ausschließlich klassische Sätze aus der Homotopietheorie bis Anfang der 1940er Jahre ein, zum Beispiel ein kleines, aber nützliches Lemma von B. ECKMANN (Seite 417) über die FREUDENTHAL-Suspension oder die zelluläre Struktur der $SO(3)$, aus der wir die Homologie des Tangentialsphärenbündels $W_{2n-1} \to S^n$ für gerades n erhalten haben (Seite 55). Der Reduktionssatz A gilt ohne Einschränkung für alle ungeraden Torsionsbestandteile von $\pi_k(S^n)$.

Schwieriger ist **Theorem B** für Sphären ungerader Dimension (Seite 426). Hier beanspruchen ausgeklügelte Konstruktionen mit iterierten Schleifenräumen $\Omega^2(S^n)$ und der FREUDENTHAL-Suspension zunächst unser Anschauungsvermögen, um dann mit Spektralsequenzen die ungerade Torsion von $\pi_{n+k}(S^n)$ auf diejenige von $\pi_{3+k}(S^3)$ zurückzuführen. Im Unterschied zu Theorem A funktioniert dies aber nur für $k < 4p - 6$, weswegen es bei $p = 3$ nur bis zu $k = 5$ reicht. Daher die besondere Betonung der Werte $k = 4$ und $k = 5$. (Modulo 3-Torsion käme man hier sogar bis zu $k = 13$, doch die Bestimmung der geraden Torsion ist nur bis zu $k = 7$ möglich, siehe weiter unten.)

Mit Theorem B wird der Fokus endgültig auf die Homotopiegruppen der S^3 gelegt. Es ist schließlich einem glücklichen Umstand zu verdanken, dass hierbei die 3-Torsion mit den uns zur Verfügung stehenden Mitteln sogar bis zu $\pi_{10}(S^3)$ bestimmt werden kann (womit im obigen Kontext auch $k = 6$ und $k = 7$ erfasst sind), denn es genügt ein gegenüber der originalen Publikation [91] vereinfachtes Argument mit der Homotopie-Ausschneidung (Seite 435 f). Zusammenfassend kann man somit bei der ungeraden Torsion die folgenden Fakten erreichen:

Für den ungeraden Torsionsanteil der S^3-Homotopie gilt $\pi_4(S^3) = \pi_5(S^3) = 0$, $\pi_6(S^3) \cong \mathbb{Z}_3$, $\pi_7(S^3) = \pi_8(S^3) = 0$, $\pi_9(S^3) \cong \mathbb{Z}_3$ und $\pi_{10}(S^3) \cong \mathbb{Z}_{15}$.

Mit den Theoremen A und B sieht man damit für die ungerade Torsion erneut $\pi_6(S^4) = \pi_2^s = 0$, sowie $\pi_7(S^4) = \mathbb{Z}_3$, $\pi_8(S^4) = \pi_9(S^4) = 0$, $\pi_{10}(S^4) \cong \mathbb{Z}_3 \oplus \mathbb{Z}_3$ und $\pi_{11}(S^4) \cong \mathbb{Z}_{15}$, oder auch $\pi_{10}(S^7) \cong \mathbb{Z}_3$ und $\pi_{11}(S^7) = \pi_{12}(S^7) = 0$, womit für die stabilen Stämme $\pi_3^s \cong \mathbb{Z}_3$ und $\pi_4^s = \pi_5^s = 0$ gilt.

Entsprechende Resultate modulo gerader Torsion für $\pi_k(S^5)$ oder $\pi_k(S^6)$ lassen sich mit den Reduktionssätzen ebenfalls ohne Schwierigkeiten ableiten, jedoch nur bis zu $\pi_{10}(S^5) \cong \pi_8(S^3) = 0$ und $\pi_{11}(S^6) \cong \pi_{10}(S^5) \oplus \pi_{11}(S^{11}) \cong \mathbb{Z}$, denn Theorem B ist für $p = 3$ schon bei $\pi_{11}(S^5)$ nicht mehr anwendbar (hier liegt der Index $11 = n + 4p - 6$ außerhalb des zulässigen Bereichs für die Anwendung von Reduktionssatz B).

Die Bestimmung der geraden Torsion von $\pi_{n+k}(S^n)$

Die meiste Komplexität bei den für uns in Frage kommenden Gruppen liegt in deren 2- und 3-Komponenten. Die Bestimmung der geraden Torsion ist in der Tat nicht weniger trickreich, wenn auch methodisch geradliniger, homogener und durchsichtiger als die der ungeraden Torsion. Ausgangspunkt für $\pi_k(S^n)|_2$ ist der POSTNIKOV-Turm $S^n \hookrightarrow (X_k, f_k)_{k \geq n}$ über der Sphäre S^n (Seite 198).

Die Stockwerke des Turms, der mit der Inklusion $S^n \hookrightarrow X_n = K(\mathbb{Z}, n)$ beginnt, haben demnach die Form von Faserungen

$$K(\pi_k S^n, k) \longrightarrow X_k \longrightarrow X_{k-1}, \qquad k > n,$$

wobei hier ein paar Worte der Erklärung nötig sind. Der Vorteil der kurzen Schreibweise $\pi_k S^n$ anstelle von $\pi_k(S^n)$, was ja seinerseits die Abkürzung von $\pi_k(S^n, 1)$ ist, leuchtet unmittelbar ein. In der Kohomologie-Spektralsequenz über $\mathbb{Z}$-Koeffizienten sehen wir in der Faser den Kohomologiering $H^*\big(K(\pi_k S^n, k); \mathbb{Z}\big)$, der im weiteren Verlauf des Kapitels kurz als

$$H^*(\pi_k S^n, k; \mathbb{Z}) = H^*\big(K(\pi_k S^n, k); \mathbb{Z}\big) \qquad \text{(abkürzende Schreibweise)}$$

notiert sei, um die Formeln nicht zu überfrachten (dito für die Homologie). Das universelle Koeffizententheorem der Kohomologie ermöglicht nun eine bemerkenswerte Argumentationskette, falls die Gruppe $\pi_k(S^n)$ endlich ist: Es ist demnach

$$H^{k+1}(\pi_k S^n, k; \mathbb{Z}) \cong \operatorname{Hom}\big(H_{k+1}(\pi_k S^n, k), \mathbb{Z}\big) \oplus \operatorname{Ext}\big(H_k(\pi_k S^n, k), \mathbb{Z}\big)$$

$$\cong \operatorname{Hom}\big(\{\text{endliche Gruppe}\}, \mathbb{Z}\big) \oplus \operatorname{Ext}\big(\pi_k S^n, \mathbb{Z}\big)$$

$$\cong 0 \oplus \operatorname{Ext}\big(\pi_k S^n, \mathbb{Z}\big) \cong \pi_k(S^n)$$

die erste nicht verschwindende Gruppe positiver Dimension im Kohomologiering $H^*(\pi_k S^n, k; \mathbb{Z})$ der Faser $K(\pi_k S^n, k)$. Hier geht das Theorem von Hurewicz-Serre ein, wonach alle Gruppen $H_*(\pi_k S^n, k)$ endlich sind, wenn dies für die Homotopiegruppen gilt (Seite 420). Nach obiger Annahme ist dies für $K(\pi_k S^n, k)$ gegeben. In der Spektralsequenz von $K(\pi_k S^n, k) \to X_k \to X_{k-1}$ zeigt sich dann folgendes Bild.

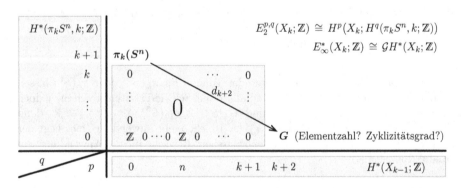

Aus der Konstruktion der Räume X_k folgt in der unteren Zeile unmittelbar, dass $H^i(X_{k-1}; \mathbb{Z})$ für $n < i \leq k$ verschwindet, denn X_{k-1} entsteht durch Anheftung von Zellen der Dimension $\geq k+1$ an die S^n, also ist $H_i(X_{k-1}; \mathbb{Z}) = 0$ für $n < i \leq k$ und die Aussage ergibt sich direkt aus dem universellen Koeffizententheorem. Es gilt aber sogar $H^{k+1}(X_{k-1}; \mathbb{Z}) = 0$, denn dieser Eintrag würde bis zur E_∞-Seite überleben und dann in der Filtrierung der Gruppe $H^{k+1}(X_k; \mathbb{Z})$ auftauchen, die somit widersprüchlich $\neq 0$ wäre.

Aus demselben Grund ist dann auf der E_{k+2}-Seite $d_{k+2} : \pi_k(S^n) \to G$ notwendigerweise ein Isomorphismus, und da alle vorherigen Differentiale d_* auf G die Nullabbildung sind, halten wir bei

$$\pi_k(S^n) \cong H^{k+2}(X_{k-1}; \mathbb{Z}).$$

Dies ist der Mechanismus, um die $\pi_k(S^n)$ auf die Kohomologie eines POSTNIKOV-Turms zurückzuführen und sie den Spektralsequenzen zugänglich zu machen.

Leider ist die Welt nicht immer so einfach, wie sie auf den ersten Blick erscheint. Wenn $k - n$ groß wird, muss man, beginnend bei der Faserung für $k = n + 1$, also bei

$$K(\pi_{n+1}S^n, n+1) \longrightarrow X_{n+1} \longrightarrow X_n = K(\mathbb{Z}, n),$$

sehr weit in den ersten Quadranten der E_2-Seite schauen und dort nichttriviale Differentiale untersuchen (die nur schwer, ja teilweise unmöglich zu berechnen sind), um schließlich bis zu $H^*(X_{k-1}; \mathbb{Z})$ zu gelangen. Ab Seite 461 bekommen Sie einen Eindruck, wie das für $5 \leq k - n \leq 7$ aussehen kann.

Die Rechnungen werden nun erheblich vereinfacht (oder besser: überhaupt erst ermöglicht), wenn in der Kohomologie $\mathbb{Z}_2$-Koeffizienten zum Einsatz kommen. Dort gibt es ein subtiles Zusammenspiel von Spektralsequenzen und STEENROD-Squares (Seite 455 ff), mit dem es tatsächlich gelingt, durch schrittweises Emporklettern des POSTNIKOV-Turms $S^n \hookrightarrow (X_k, f_k)_{k \geq n}$ die gerade Torsion in den Fällen $k \leq n + 7$ zu bestimmen. Hierbei kommen vier Phänomene zum Tragen:

1. Über $\mathbb{Z}_2$-Koeffizienten sind die Kohomologieringe $H^*(\pi_k S^n, k; \mathbb{Z}_2)$ bekannt, es sind Subalgebren der STEENROD-Algebra $\mathcal{A}_2$ (Seite 455 ff).

2. Mit den BOCKSTEIN-Homomorphismen $\beta : H^i(X; \mathbb{Z}_2) \to H^{i+1}(X; \mathbb{Z}_2)$ und dem zugehörigen Komplex (Seite 350) kann man Schlüsse von der geraden Torsion in der $\mathbb{Z}$-Kohomologie auf die $\mathbb{Z}_2$-Kohomologie ziehen, und teilweise auch umgekehrt (Seite 462).

3. Die Kohomologiealgebra $E_2^*(X_k; \mathbb{Z}_2)$ ist bezüglich der multiplikativen Struktur isomorph zur Tensoralgebra $H^*(X_{k-1}; \mathbb{Z}_2) \otimes H^*(\pi_k S^n, k; \mathbb{Z}_2)$ und besitzt ebenfalls einen BOCKSTEIN-Operator (Seite 462), der eine Verbindung zwischen der $\mathbb{Z}_2$- und der $\mathbb{Z}$-Kohomologie herstellt.

4. Mit diesem Wissen, einem Theorem von A. BOREL (Seite 446) und den ADEM-Relationen (Seite 354) lassen sich die notwendigen Differentiale d_r auf den E_r-Seiten der Spektralsequenz bestimmen, auch innerhalb des ersten Quadranten für Gruppen $E_r^{p,q}(X_k; \mathbb{Z}_2)$ mit $p, q > 0$.

Bei allen Argumenten ist es eine gute Gedankenstütze, sich den POSTNIKOV-Turm bei $p = 2$ lokalisiert vorzustellen (Seite 263 ff), als $S_{(2)}^n \hookrightarrow (X_k', f_k)_{k \geq n}$. Sämtliche Gruppen sind dann $\mathbb{Z}_{(2)}$-Moduln, haben keine ungerade Torsion und exakt die gerade Torsion der originären, nicht lokalisierten Gruppen. (Alternativ könnte man für alle Gruppen der Spektralsequenz die Tensorierung mit $\mathbb{Z}_{(2)}$ durchführen, die ein exakter Funktor ist und die ungerade Torsion auslöscht. Beachten Sie dazu, dass $\mathbb{Z}_{(2)}$ als Hauptidealring ein flacher $\mathbb{Z}$-Modul ist, was Sie zum Beispiel in [67] nachlesen können.)

Summa summarum wird es mit diesen Kunstgriffen gelingen (Seite 461 ff), über die Filtrierung von $H^{k+2}(X_{k-1}; \mathbb{Z}_2)$ durch die sukzessiven Quotienten $E_\infty^{p,q}(X_{k-1}; \mathbb{Z}_2)$, $p + q = k + 2$, die Zahl der Elemente von

$$G|_2 \;=\; H^{k+2}(X'_{k-1}; \mathbb{Z}) \;\cong\; H^{k+2}(X_{k-1}; \mathbb{Z})|_2$$

zu bestimmen, dies ist stets eine Zweierpotenz (über $\mathbb{Z}$-Koeffizienten). Im finalen Schluss wird dann über induktive Argumente mit dem universellen Koeffiziententheorem die Anzahl der direkten Summanden dieser Gruppe bestimmt. Falls dann zum Beispiel 4 Elemente herauskommen und ein einziger Summand (zyklische Gruppe), hätten wir $H^{k+2}(X'_{k-1}; \mathbb{Z}) \cong \mathbb{Z}_4$ und damit über den Isomorphismus d_{k+2} in diesem exemplarischen Fall das Ergebnis $\pi_k(S^n)|_2 \cong \mathbb{Z}_4$ erreicht.

Zusammenfassung der Ergebnisse

In der folgenden Tabelle sind die Ergebnisse dieses Kapitels in Tabellenform dargestellt (inklusive Übungen). Die hellgrauen Gruppen sind hier nur modulo 3-Torsion berechenbar und ohne diese dargestellt. Tatsächlich gilt $\pi_{n+6}(S^n) \cong \mathbb{Z}_2$ für $n \geq 5$, also insbesondere $\pi_6^s \cong \mathbb{Z}_2$, sowie $\pi_{12}(S^5) \cong \mathbb{Z}_{30}$, $\pi_{13}(S^6) \cong \mathbb{Z}_{60}$, $\pi_{14}(S^7) \cong \mathbb{Z}_{120}$, $\pi_{15}(S^8) \cong \mathbb{Z} \oplus \mathbb{Z}_{120}$ und $\pi_{16}(S^9) \cong \pi_7^s \cong \mathbb{Z}_{240}$, siehe [103]. Die ersten Gruppen der stabilen Stämme sind eingerahmt und grau hinterlegt.

$$k \longrightarrow \qquad\qquad \pi_k(S^n)$$

n	1	2	3	4	5	6	7	8	9	10	11	12	13	14	15	16
1	$\mathbb{Z}$	0	0	0	0	0	0	0	0	0	0	0	0	0	0	0
2	0	$\mathbb{Z}$	$\mathbb{Z}$	$\mathbb{Z}_2$	$\mathbb{Z}_2$	$\mathbb{Z}_{12}$	$\mathbb{Z}_2$	$\mathbb{Z}_2$	$\mathbb{Z}_3$	$\mathbb{Z}_{15}$						
3	0	0	$\mathbb{Z}$	$\mathbb{Z}_2$	$\mathbb{Z}_2$	$\mathbb{Z}_{12}$	$\mathbb{Z}_2$	$\mathbb{Z}_2$	$\mathbb{Z}_3$	$\mathbb{Z}_{15}$						
4	0	0	0	$\mathbb{Z}$	$\mathbb{Z}_2$	$\mathbb{Z}_2$	$\mathbb{Z} \oplus \mathbb{Z}_{12}$	$\mathbb{Z}_2^2$	$\mathbb{Z}_2^2$	$\mathbb{Z}_3 \oplus \mathbb{Z}_{24}$	$\mathbb{Z}_{15}$					
5	0	0	0	0	$\mathbb{Z}$	$\mathbb{Z}_2$	$\mathbb{Z}_2$	$\mathbb{Z}_{24}$	$\mathbb{Z}_2$	$\mathbb{Z}_2$	$\mathbb{Z}_2$	$\mathbb{Z}_{10}$				
6	0	0	0	0	0	$\mathbb{Z}$	$\mathbb{Z}_2$	$\mathbb{Z}_2$	$\mathbb{Z}_{24}$	0	$\mathbb{Z}$	$\mathbb{Z}_2$	$\mathbb{Z}_{20}$			
7	0	0	0	0	0	0	$\mathbb{Z}$	$\mathbb{Z}_2$	$\mathbb{Z}_2$	$\mathbb{Z}_{24}$	0	0	$\mathbb{Z}_2$	$\mathbb{Z}_{40}$		
8	0	0	0	0	0	0	0	$\mathbb{Z}$	$\mathbb{Z}_2$	$\mathbb{Z}_2$	$\mathbb{Z}_{24}$	0	0	$\mathbb{Z}_2$	$\mathbb{Z} \oplus \mathbb{Z}_{40}$	
9	0	0	0	0	0	0	0	0	$\mathbb{Z}$	$\mathbb{Z}_2$	$\mathbb{Z}_2$	$\mathbb{Z}_{24}$	0	0	$\mathbb{Z}_2$	$\mathbb{Z}_{80}$

Lassen Sie uns nun die grob skizzierten Argumente ausarbeiten. Wir beginnen mit der Bestimmung der ungeraden Torsion in den Gruppen $\pi_k(S^n)$ und wenden uns dafür zunächst einigen klassischen Resultaten zu.

10.2 Klassische Beiträge zur Sphärenhomotopie

Wenige Jahre nach den Resultaten von HOPF, HUREWICZ und FREUDENTHAL untersuchte B. ECKMANN allgemeine Eigenschaften von höheren Homotopiegruppen, insbesondere von denen der Sphären, [28][29]. Um was ging es dabei?

Man wusste seit HOPF, dass die Nachschaltung einer Abbildung $T^d : S^n \to S^n$ von Grad d die Multiplikation $x \mapsto d \cdot x$ auf $\pi_n(S^n) \cong \mathbb{Z}$ induziert, [44]. Nun kann man sich natürlich die gleiche Frage stellen, auch ohne die Gruppen $\pi_k(S^n)$ explizit zu kennen: Was macht die Nachschaltung von T^d mit dem Repräsentanten $g : S^k \to S^n$ eines Elements in $\pi_k(S^n)$?

Es sei dazu eine Homotopiegruppe $\pi_k(S^n)$ als **eckmannsch** bezeichnet, wenn für eine Abbildung $T^d : S^n \to S^n$ vom Grad d die induzierte Abbildung

$$T_*^d : \pi_k(S^n) \longrightarrow \pi_k(S^n)$$

für alle $k \geq 0$ der Multiplikation $[f] \mapsto d \cdot [f]$ entspricht (wir lassen im Folgenden die Klammern $[\,]$ bei den Homotopieklassen weg, wenn Missverständnisse ausgeschlossen sind). Wie oben motiviert sind offensichtlich alle Gruppen $\pi_k(S^n)$ mit $k \leq n$ eckmannsch.

Im Jahr 1941 machte ECKMANN einige einfache, aber interessante Beobachtungen über diese Eigenschaft, wenn die S^n zum Beispiel selbst eine Gruppenstruktur besitzt oder die Gruppen über die FREUDENTHAL-Suspension E in Bezug zueinander stehen, [28].

Lemma I (Eckmann, 1941)

  a. Eine Gruppe $\pi_k(S^n)$ ist eckmannsch, falls es auf S^n eine stetige Multiplikation gibt, mit der S^n zu einer (topologischen) Gruppe wird.

  b. Falls die FREUDENTHAL-Suspension $E : \pi_k(S^n) \to \pi_{k+1}(S^{n+1})$ bijektiv ist, ist $\pi_{k+1}(S^{n+1})$ genau dann eckmannsch, wenn dies für $\pi_k(S^n)$ der Fall ist („dann" im Fall der Surjektivität, „nur dann" bei Injektivität).

Beweis: Für Teil a. sei kurz die Addition $f + g$ zweier Elemente $f, g \in \pi_k(S^n)$ rekapituliert. Wenn sie als Repräsentanten die Form $f, g : (I^k, \partial I^k) \to (S^n, 1)$ haben, ist $f + g$ repräsentiert durch die Zuordnung

$$(x_1, x_2, \ldots, x_k) \mapsto \begin{cases} f(2x_1, x_2, \ldots, x_k) & \text{für } 0 \leq x_1 < 1/2, \\ g(2x_1 - 1, x_2, \ldots, x_k) & \text{für } 1/2 \leq x_1 \leq 1. \end{cases}$$

Falls $(S^n, \cdot, 1)$ dann eine multiplikative Gruppe ist, kann man für $f, g \in \pi_k(S^n)$ die (nur von den Homotopieklassen abhängige) Multiplikation

$$(f \cdot g)(x) = f(x) \cdot g(x)$$

definieren und es gilt für $f_1, f_2, g_1, g_2 \in \pi_k(S^n)$

$$(f_1 + g_1) \cdot (f_2 + g_2) = f_1 \cdot f_2 + g_1 \cdot g_2,$$

wie Sie direkt an den obigen Definitionen verifizieren können (einfache **Übung**). Beachten Sie, dass diese Rechnungen wegen $x \cdot 1 = 1 \cdot x = x$, insbesondere also $1 \cdot 1 = 1$, wohldefinierte Elemente in $\pi_k(S^n)$ ergeben.

Nun sei die konstante Abbildung $(x_1, \ldots, x_k) \mapsto 1$ als Repräsentant in $\pi_k(S^n)$ gegeben, bezeichnet mit 1. Dann ergibt sich für $f, g \in \pi_k(S^n)$ als erstes Zwischenergebnis

$$f \cdot g = (f + 1) \cdot (1 + g) = f \cdot 1 + 1 \cdot g = f + g.$$

In Worten ausgedrückt: Das von der Gruppenstruktur auf S^n induzierte Produkt $f \cdot g \in \pi_k(S^n)$ ist identisch zu der Addition $f + g$ im Sinne der Gruppenstruktur von $\pi_k(S^n)$. Als direkte Folge erkennt man induktiv für $f \in \pi_k(S^n)$ die Beziehung

$$f^r = rf \,,$$

wobei $f^r = f \cdot \ldots \cdot f$ und $rf = f + \ldots + f$ ist. Dies lässt sich mit der Gruppenstruktur auf S^n, welche die Definition von f^{-1} über $f^{-1}(x) = (f(x))^{-1}$ erlaubt, auch auf negative Werte von r übertragen: im Sinne der Gleichung $f^{-r} = -rf$.

Man kann nun auch eine Art **Distributivität** der Gruppenoperationen formulieren. Für $f \in \pi_k(S^n)$ und $g_1, g_2 \in \pi_n(S^n)$ gilt offensichtlich

$$(g_1 + g_2)f = (g_1 \cdot g_2)f = g_1 f \cdot g_2 f = g_1 f + g_2 f$$

und damit induktiv für alle $r \in \mathbb{Z}$ die Gleichung $(rg)f = r(gf)$.

Für $T^d : S^n \to S^n$ vom Grad d, also mit $T^d = dT^1$, gilt somit

$$T^d f = (dT^1)f = d(T^1 f) = df,$$

womit Teil a. des Lemmas bewiesen ist.

Für Teil b. machen Sie sich klar, dass die Suspension E mit der Komposition von Abbildungen verträglich ist (Seite 18), also $E(T_n^d f) = E T_n^d E f = T_{n+1}^d E f$ ist, für $T_n^d : S^n \to S^n$ vom Grad d. Beachten Sie, dass $E T_n^d : S^{n+1} \to S^{n+1}$ ebenfalls den Grad d hat, hierfür also der Repräsentant T_{n+1}^d in $\pi_{n+1}(S^{n+1})$ gewählt werden konnte. Falls nun $E : \pi_k(S^n) \to \pi_{k+1}(S^{n+1})$ ein Isomorphismus ist und $\pi_{k+1}(S^{n+1})$ eckmannsch, gilt mit dem Inversen E^{-1} für alle $f \in \pi_k(S^n)$

$$\begin{aligned} T_n^d f &= E^{-1} E(T_n^d f) = E^{-1}\big(T_{n+1}^d(Ef)\big) = E^{-1}(dEf) \\ &= d E^{-1}(Ef) = df \,, \end{aligned}$$

mithin ist auch $\pi_k(S^n)$ eckmannsch.

Der Beweis der anderen Richtung verläuft analog und sei Ihnen als **Übung** empfohlen, genauso wie die (hier nicht weiter benötigte) Präzisierung der Aussage mit der Surjektivität und Injektivität von E. □

Folgerung: Die Gruppen $\pi_k(S^6)$ sind eckmannsch für $k \le 10$.

Der **Beweis** verwendet die Multiplikation der Oktaven (Seite 395) auf $S^7 \subset \mathbb{R}^8$. Da die Suspension $E : \pi_k(S^6) \to \pi_{k+1}(S^7)$ in den genannten Fällen ein Isomorphismus ist, folgt die Aussage unmittelbar aus Lemma I. □

Ein anspruchsvolleres, für die Anwendungen auf höhere Homotopiegruppen der Sphären sehr effektives Resultat von ECKMANN stammt aus dem Jahr 1950, [29], und befasst sich mit der Untersuchung von Schnitten einer Faserung $X \to S^n$. Es zeigt später bei einem Theorem von SERRE zu $\pi_k(S^n)$ für gerades $n \ge 2$ seine Bedeutung (Seite 425 f).

Lemma II (Eckmann, 1950)

Es sei $F \to X \xrightarrow{p} S^n$ eine Faserung und ι_n ein Generator von $\pi_n(S^n)$. Weiter seien $d_k : \pi_k(S^n) \to \pi_{k-1}(F)$, $k \geq 1$, die Ableitungshomomorphismen in der langen exakten Homotopiesequenz von p. Dann gilt für alle $\alpha \in \pi_k(S^{n-1})$

$$d_{k+1}E(\alpha) = d_n(\iota_n) \circ \alpha \in \pi_k(F),$$

wobei E die FREUDENTHAL-Suspension ist (Seite 18).

Beweis: Es sei α durch eine punktierte stetige Abbildung $\alpha : S^k \to S^{n-1}$ repräsentiert (ebenfalls mit α bezeichnet). Mit der Inklusion $i : S^{n-1} \to D^n$ kann $E(\alpha)$ als Verklebung zweier Nullhomotopien h_t^+ und h_t^- von $i\alpha : S^k \to D^n$ an der Stelle $t = 0$, also über $S^k \times 0$, interpretiert werden, wobei im Ziel die Kreisscheiben D^n als Nord- und Südhalbkugeln entlang ihres Randes S^{n-1} identifiziert werden (was wiederum die Quotientenbildung „quot" in der Quelle ermöglicht).

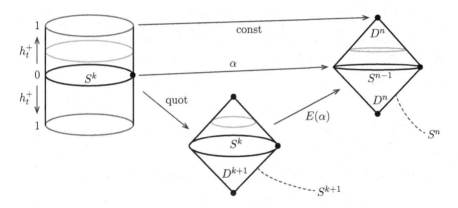

In der langen exakten Homotopiesequenz von p ist $p_* : \pi_{k+1}(X, F) \to \pi_{k+1}(S^n)$ ein Isomorphismus mit Inversem p^* und $d_{k+1} = \partial_* p^*$, mit dem Randhomomorphismus $\partial_* : \pi_{k+1}(X, F) \to \pi_k(F)$.

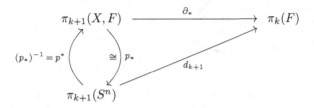

Damit entsteht die linke Seite $d_{k+1}E(\alpha)$, indem $E(\alpha) : S^{k+1} \to S^n$ nach X geliftet wird zu $p^*E(\alpha) : (D^{k+1}, S^k) \to (X, F)$ und diese Liftung mit ∂_* auf S^k eingeschränkt wird zu $\partial_* p^*E(\alpha) : S^k \to F$, deren Homotopieklasse in $\pi_k(F)$ nur von der Homotopieklasse von α abhängt (Faserungen haben die Homotopieliftung). An der Konstruktion ist zu sehen, dass $d_{k+1}E(\alpha)$ im Bild von $\pi_{k+1}(X, F)$ liegt.

Um die rechte Seite $d_n(\iota_n) \circ \alpha$ darzustellen, sei $d_n(\iota_n) = \partial_* p^* \iota_n$ repräsentiert durch eine Abbildung $f : S^{n-1} \to F$, die Einschränkung von

$$g = p^* \iota_n : (D^n, S^{n-1}) \longrightarrow (X, F)$$

im Sinne von $\partial_* g = g|_{S^{n-1}} = f$ ist. Diese Abbildungen induzieren für $k \geq 1$ Homomorphismen $f_k : \pi_k(S^{n-1}) \to \pi_k(F)$ und $g_k : \pi_k(D^n, S^{n-1}) \to \pi_k(X, F)$, die zusammen mit dem kanonischen Quotienten $q : (D^n, S^{n-1}) \to S^n$ ein kommutatives Diagramm der Form

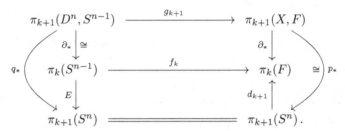

ergeben. Zur Gleichung $q_* = E \partial_*$ in der linken Spalte sei wieder $\alpha \in \pi_k(S^{n-1})$ gegeben, repräsentiert durch die gleich notierte Abbildung $\alpha : S^k \to S^{n-1}$ und (modulo Homotopie) eindeutig fortgesetzt zu $\beta : (D^{k+1}, S^k) \to (D^n, S^{n-1})$, beachten Sie hierfür, dass ∂_* wegen $\pi_*(D^n) = 0$ ein Isomorphismus ist.

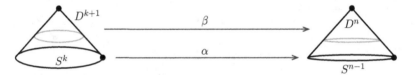

Für die Gleichung $q_*(\beta) = E(\alpha)$ verändern wir β homotop zu β' wie folgt:

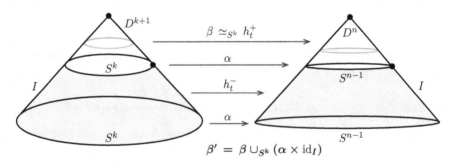

$$\beta' = \beta \cup_{S^k} (\alpha \times \mathrm{id}_I)$$

In der unteren Hälfte $S^k \times I$ ist β' durch $(x, t) \mapsto (\alpha(x), t) \in S^{n-1} \times I$ gegeben, in der oberen Hälfte durch $\beta : D^{k+1} \to D^n$. Geht man nun im Bild von β' zum Quotienten $D^n/S^{n-1} \cong S^n$ über, so erkennt man bei $q_*(\beta') \in \pi_{k+1}(S^n)$ eine zu $E(\alpha)$ homotope Abbildung: Mit den Bezeichnungen von oben ist sie auf der Südhalbkugel identisch zu h_t^- und auf der Nordhalbkugel zu β. Wieder wegen des Isomorphismus $\partial_* : \pi_{k+1}(D^n, S^{n-1}) \to \pi_k(S^{n-1})$ ist letztere Abbildung homotop relativ S^k zum nördlichen Teil h_t^+ von $E(\alpha)$. Damit ist das Diagramm in der linken Spalte kommutativ.

Direkt aus den Definitionen folgt die Kommutativität in der rechten Spalte und im oberen Rechteck. Zudem sieht man schnell $q_* = p_* g_{k+1}$, denn mit $g = p^* \iota_n$ folgt aus der relativen Homotopieliftung (Seite 82) bezüglich der Abbildung

$$\iota_n q : (I^n, \partial I^n, J) \longrightarrow (S^n, b, b)$$

das Diagramm

$$
\begin{array}{ccccc}
 & & & & (X, F, y) \\
 & & {\scriptstyle p^* \iota_n} \nearrow & & \downarrow {\scriptstyle p} \\
(I^n, \partial I^n, J) & \xrightarrow{\ q\ } & (S^n, 1, 1) & \xrightarrow{\ \iota_n\ } & (S^n, b, b) ,
\end{array}
$$

mithin $\iota_n q = p(p^* \iota_n)$, woraus für die Homotopiegruppen π_{k+1} die gesuchte Gleichung $q_* = p_* g_{k+1}$ folgt. Damit ist das Diagramm an jeder Stelle kommutativ und wir erhalten $f_k = d_{k+1} E$ als Homomorphismen $\pi_k(S^{n-1}) \to \pi_k(F)$, $k \geq 1$. So ergibt sich $d_{k+1} E(\alpha) = f_k(\alpha) = f \circ \alpha = d_n(\iota_n) \circ \alpha$. $\qquad\square$

Eine bemerkenswerter Zusammenhang zwischen Faserungen $F \to X \to S^n$ über Sphären, der zugehörigen langen exakten Homotopiesequenz und der FREUDENTHAL-Suspension. Sie wird, wie schon angedeutet, später wie maßgeschneidert zu einem Satz von SERRE passen, um die Gruppen $\pi_k(S^n)$ für gerade-dimensionale Sphären auf niedriger-dimensionale Gruppen zurückzuführen (Seite 425 ff).

Versuchen Sie (als **Übung** zum besseren Verständnis der Konstruktion) sich klarzumachen, dass $d_n(\iota_n) = 0$ äquivalent zur Existenz eines **Schnitts** $s : S^n \to X$ ist. Und dass man im Fall $d_n(\iota_n) \neq 0$ einen partiellen Schnitt $s' : (D^n, S^{n-1}) \to (X, F)$ erhält, der nicht vollständig durch $S^n = D^n/S^{n-1}$ faktorisiert, sondern in dem ausgezeichneten Punkt S^{n-1}/S^{n-1} eine **topologische Singularität** hat.

Doch erinnern wir uns jetzt an einen der wichtigsten Sätze des zweiten Teils, an die Verallgemeinerung des Theorems von HUREWICZ im Kapitel über die rationalen Homotopiegruppen (Seite 200 ff). Noch relativ informell behandelt, haben wir damals die Klassen der endlichen und der endlich erzeugten abelschen Gruppen betrachtet. Die Theorie dieser als **Serre-Klassen** $\mathcal{C}$ bezeichneten Gesamtheit von Gruppen wollen wir nun systematisch weiter untersuchen.

10.3 Die Sätze von Hurewicz und Whitehead modulo $\mathcal{C}$

Wir gehen gleich in medias res und starten mit der zentralen Definition.

Definition (Serre-Klasse)

Eine nicht-leere Sammlung $\mathcal{C}$ von abelschen Gruppen ist eine **Serre-Klasse**, wenn sie stabil bei der Bildung von Tensorprodukten sowie der Bildung von Tor-, Unter- und Quotientengruppen ist, und wenn in jeder exakten Sequenz $A \to B \to C$ mit $A, C \in \mathcal{C}$ auch $B \in \mathcal{C}$ ist (Stabilität bei **Extensionen**).

Offensichtlich bilden die endlichen und auch die endlich erzeugten abelschen Gruppen SERRE-Klassen, und deren Eigenschaften genügten, um mit Spektralsequenzen den Satz von HUREWICZ zu verallgemeinern (Seite 200 ff).

Die Subklasse $\mathcal{C}$ der endlichen (oder endlich erzeugten) abelschen Gruppen mit Summanden, deren Ordnung unendlich oder p^r für ein $p \in \mathcal{P}$ ist, mit einer ausgewählten Teilmenge $\mathcal{P}$ der Primzahlen, erfüllt ebenfalls alle Bedingungen an eine SERRE-Klasse (versuchen Sie dies als einfache **Übung**). Es gilt daher auch hier die Verallgemeinerung des Satzes von HUREWICZ (mit identischem Beweis):

Satz (Hurewicz-Serre, die Gruppen $\pi_k(X)$ und $H_k(X)$)

Falls ein Raum X einfach zusammenhängend ist, mit $\pi_k(X) \in \mathcal{C}$ für $k < n$, dann ist $H_k(X) \in \mathcal{C}$ für $0 < k < n$ und der HUREWICZ-Homomorphismus $h_n : \pi_n(X) \to H_n(X)$ ein Isomorphismus modulo $\mathcal{C}$ für $n > 0$.

Hier ist eine Erklärung zu der Formulierung „modulo $\mathcal{C}$" notwendig. Man nennt einen Homomorphismus $f : A \to B$ **injektiv modulo** $\mathcal{C}$, wenn $\mathrm{Ker}(f) \in \mathcal{C}$ ist. Analog dazu ist er **surjektiv modulo** $\mathcal{C}$, wenn $\mathrm{Coker}(f) \in \mathcal{C}$ ist. Ein **Isomorphismus modulo** $\mathcal{C}$ (oder auch kurz $\mathcal{C}$-**Isomorphismus**) ist dann per definitionem injektiv und surjektiv modulo $\mathcal{C}$. Etwas gewöhnungsbedürftig sind diese Begriffe durchaus. Zum Beispiel ist jeder Homomorphismus $A \to B$ zweier Gruppen in $\mathcal{C}$ automatisch ein Isomorphismus modulo $\mathcal{C}$, besonders bei den Nullabbildungen $A \to 0$ oder $0 \to B$ wirkt das auf den ersten Blick befremdlich.

Eine echte Aussagekraft erhält dieser Begriff nur, wenn man die Menge der Primzahlen einschränkt. So sind zum Beispiel bei $\mathcal{C}$ als Menge der endlichen 2-Gruppen sämtliche p-Komponenten für $p \neq 2$ von modulo $\mathcal{C}$ isomorphen Gruppen auch im gewöhnlichen Sinne isomorph. Wir werden in Kürze für dieses $\mathcal{C}$ beweisen, dass bei geradem $n \geq 2$ stets $\pi_k(S^n) \cong \pi_{k-1}(S^{n-1}) \oplus \pi_k(S^{2n-1})$ modulo $\mathcal{C}$ ist. Diese Isomorphie gilt dann uneingeschränkt für alle p-Komponenten mit $p \geq 3$, mithin für die gesamte ungerade Torsion dieser Gruppen – ein großer Fortschritt für die Ziele in diesem Kapitel.

Es ist nun eine gute **Übung** (und lohnende Wiederholung), wenn Sie sich anhand des Beweises klar machen, warum die Formulierung des obigen Satzes stärker ist als dessen frühere Fassung (Seite 200), und dass sein Beweis wörtlich auch für beliebige SERRE-Klassen durchführbar ist (beachten Sie dazu die Ausführungen zum HUREWICZ-Homomorphismus, Seite 203 f, und die dortige Beobachtung 3).

Ein wichtiger Schritt für die Anwendungen in diesem Kapitel ist dann die folgende, relative Form dieses Satzes (für beliebige SERRE-Klassen $\mathcal{C}$).

Satz (Hurewicz-Serre, relative Form für $\pi_k(X, A)$ und $H_k(X, A)$)

Es seien X und $\varnothing \neq A \subseteq X$ einfach zusammenhängend, alle $H_k(X)$ endlich erzeugt und $\pi_2(A) \to \pi_2(X)$ surjektiv (induziert von $A \hookrightarrow X$).

Falls dann $\pi_k(X, A) \in \mathcal{C}$ für $k < n$ ist ($n > 0$ gegeben), ist auch $H_k(X, A) \in \mathcal{C}$ für $0 \leq k < n$ und der relative HUREWICZ-Homomorphismus

$$h_n : \pi_n(X, A) \longrightarrow H_n(X, A)$$

ein Isomorphismus modulo $\mathcal{C}$.

Beweis: Beachten Sie zunächst, dass unter den Voraussetzungen des Satzes stets $H_0(X, A) = 0$ ist, also $H_0(X, A) \in \mathcal{C}$. Wir gehen von $A \neq \varnothing$ aus, da sonst die absolute Form des Satzes vorliegt. Der Fall $n = 1$ ist trivial und wir nehmen induktiv an, dass der Satz für $k < n-1$ gilt: Es ist $H_k(X, A) \in \mathcal{C}$ für $0 \leq k < n-1$ und $h_{n-1} : \pi_{n-1}(X, A) \to H_{n-1}(X, A)$ ein $\mathcal{C}$-Isomorphismus, weswegen unter der Voraussetzung des Satzes, $\pi_{n-1}(X, A) \in \mathcal{C}$, auch $H_{n-1}(X, A) \in \mathcal{C}$ ist. Wir müssen im Induktionsschritt noch zeigen, dass $h_n : \pi_n(X, A) \to H_n(X, A)$ ein Isomorphismus modulo $\mathcal{C}$ ist.

Dafür sei $x \in A \subseteq X$, $P_X \to X$ die Pfadraumfaserung (Seite 88 f) und $P_A^* \to A$ deren Pullback, also der Raum aller Pfade in X von x zu einem Punkt in A. Es ist

$$p : (P_X, P_A^*) \longrightarrow (X, A)$$

dann ein **Paar von Faserungen**: Für alle mit der Inklusion $A \subseteq X$ verträglichen Homotopien $f_t : (Y, Y) \to (X, A)$ und Liftungen $\tilde{f}_0 : (Y, Y) \to (P_X, P_A^*)$ existiert eine Fortsetzung in Form einer Liftung $\tilde{f}_t : (Y, Y) \to (P_X, P_A^*)$, verträglich mit der Inklusion $P_A^* \subseteq P_X$. Die gemeinsame Faser ist der Schleifenraum $F = \Omega(X, x)$.

Eine interessante kleine Entdeckung von SERRE besteht nun darin, dass (im Gegensatz zum absoluten Fall) die Paare (P_X, P_A^*) und (X, A) **schwach homotopieäquivalent** sind, mithin die Projektion p für alle $k \geq 0$ Isomorphismen $p_* : \pi_k(P_X, P_A^*) \to \pi_k(X, A)$ induziert (anschaulich gesprochen, kann man bei den Isomorphismen $\pi_k(P_X, F) \to \pi_k(X)$ und $\pi_k(P_A^*, F) \to \pi_k(A)$ aus der langen exakten Homotopiesequenz durch die Abbildung $F \to \{x\}$ kürzen).

Dies ist schnell gezeigt: Man betrachte das kommutative Diagramm

$$
\begin{array}{ccccccccc}
\pi_k(P_A^*, F) & \xrightarrow{i_*} & \pi_k(P_X, F) & \xrightarrow{j_*} & \pi_k(P_X, P_A^*) & \xrightarrow{\partial} & \pi_{k-1}(P_A^*, F) & \xrightarrow{i_*} & \pi_{k-1}(P_X, F) \\
\downarrow{\scriptstyle p_*} & & \downarrow{\scriptstyle p_*} & & \downarrow & & \downarrow{\scriptstyle p_*} & & \downarrow{\scriptstyle p_*} \\
\pi_k(A, x) & \xrightarrow{i_*} & \pi_k(X, x) & \xrightarrow{j_*} & \pi_k(X, A) & \xrightarrow{\partial} & \pi_{k-1}(A, x) & \xrightarrow{i_*} & \pi_{k-1}(X, x) \, ,
\end{array}
$$

in dem die Zeilen exakt sind. In der unteren Zeile ist das die lange exakte Homotopiesequenz des Paares (X, A), in der oberen Zeile die lange exakte Sequenz des Raumtripels (P_X, P_A^*, F), die sich mit nur geringem Zusatzaufwand genauso herleiten lässt wie im Fall von Raumpaaren (siehe Seite 16). Die Isomorphismen $p_* : \pi_k(P_X, P_A^*) \to \pi_k(X, A)$ folgen dann direkt aus dem Fünferlemma, da alle senkrechten Pfeile bis auf den mittleren Pfeil Isomorphismen sind.   ($\square$)

Nun weiter mit dem Beweis des Satzes. Da P_X zusammenziehbar ist (Achtung: das ist für P_A^* nicht notwendig der Fall, warum?), folgt $\pi_k(X, A) \cong \pi_{k-1}(P_A^*)$ aus der langen exakten Sequenz des Paares (P_X, P_A^*) mit obigem Diagramm, und wegen der Surjektivität von $\pi_2(A) \to \pi_2(X)$ ergibt sich $\pi_1(X, A) = \pi_2(X, A) = 0$ aus der langen exakten Sequenz des Paares (X, A), also insgesamt $\pi_0(P_A^*) = \pi_1(P_A^*) = 0$.

Nach Voraussetzung ist $\pi_k(P_A^*) \cong \pi_{k+1}(X, A) \in \mathcal{C}$ für $k < n-1$ und nach dem absoluten Fall des Satzes sind für $0 < k < n-1$ alle $H_k(P_A^*) \in \mathcal{C}$ und der HURE-WICZ-Homomorphismus $h_{n-1} : \pi_{n-1}(P_A^*) \to H_{n-1}(P_A^*)$ ein $\mathcal{C}$-Isomorphismus.

Für das Faserungspaar $(P_X, P_A^*) \to (X, A)$ ist nun $p_* : H_n(P_X, P_A^*) \to H_n(X, A)$ ein $\mathcal{C}$-Isomorphismus, warum? Dies sieht man mit einem klassischen Argument über Spektralsequenzen. Zunächst sind alle $H_q(F)$, $q \geq 0$, endlich erzeugt: Wegen des einfachen Zusammenhangs von X ist $F = \Omega(X, x)$ zusammenhängend und daher $H_0(F) \cong \mathbb{Z}$ endlich erzeugt. Unter der Annahme des Gegenteils sei dann $m > 0$ der kleinste Index, bei dem $H_m(F)$ nicht endlich erzeugt ist. Nach Voraussetzung sind alle $H_k(X)$ in der unteren Zeile der Spektralsequenz endlich erzeugt, und damit sind die Gruppen $E_{p,q}^2 \cong H_p(X, H_q(F))$ mit $p + q = m$ endlich erzeugt, mit Ausnahme von $E_{0,m}^2 \cong H_m(F)$. Diese Gruppe kann durch die anderen Gruppen mit kleinerem q-Index nicht ausgelöscht werden (der Kokern der Differentiale von endlich erzeugten Gruppen nach $E_{0,m}^r$ ist niemals endlich erzeugt) und verbleibt folglich bis zur E^∞-Seite. Damit wäre $H_m(P_X) \neq 0$, nicht einmal von endlichem Typ, im Widerspruch zur Zusammenziehbarkeit von P_X.

Da nun also alle $H_q(F)$ endlich erzeugte abelsche Gruppen sind, ist $G \otimes H_q(F) \in \mathcal{C}$ und auch $\mathrm{Tor}(G, H_q(F)) \in \mathcal{C}$, für alle $G \in \mathcal{C}$ und $q \geq 0$, mithin liegen in der Spektralsequenz für $p : (P_X, P_A^*) \to (X, A)$ nach dem universellen Koeffiziententheorem auch die $E_{p,q}^2$ mit $0 \leq p < n$ in $\mathcal{C}$, denn wir hatten $H_k(X, A) \in \mathcal{C}$ für $k < n$ (siehe den Anfang des Beweises). Der Satz ergibt sich nun aus einem allgemeinen Lemma zu Spektralsequenzen, das hier (aus Bedarfsgründen) nachgereicht wird.

Lemma (die Projektion $p_* : H_*(E) \to H_*(B)$ in Spektralsequenzen)

Es seien $F \to E \xrightarrow{p} B$ eine Faserung, F zusammenhängend, B einfach zusammenhängend, $E_{p,q}^*$ die zugehörige Homologie-Spektralsequenz und $n \geq 1$.

1. Mit $p_* : H_n(E) \to H_n(B)$ ist $\mathrm{Im}(p_*) \cong E_{n,0}^\infty$.

2. $\mathrm{Ker}(p_*)$ besitzt eine assoziierte graduierte Gruppe in Form von

$$\mathcal{G}\mathrm{Ker}(p_*) \cong \bigoplus_{p+q=n,\, p<n} E_{p,q}^\infty .$$

Die Aussage gilt sinngemäß für Faserungspaare $p : (E, E') \to (B, B')$ mit zusammenhängender Faser und einfach zusammenhängenden Basen B und B'.

Vor dem Beweis des Lemmas zeigen wir, wie damit der Induktionsschritt des Satzes vollendet werden kann. Im ersten Schritt folgt aus dem Lemma, dass $p_* : H_n(P_X, P_A^*) \to H_n(X, A)$ tatsächlich ein $\mathcal{C}$-Isomorphismus ist: Zunächst ist $\mathrm{Ker}(p_*) \in \mathcal{C}$, denn dies ist offensichtlich äquivalent dazu, dass jede assoziierte Graduierung von $\mathrm{Ker}(p_*)$ in $\mathcal{C}$ liegt, und es liegen tatsächlich alle Summanden von Punkt 2 in $\mathcal{C}$.

Für $\mathrm{Coker}(p_*) = H_n(X, A)/\mathrm{Im}(p_*)$ beachte, dass $E_{n,0}^\infty \cong \mathrm{Im}(p_*)$ nach Punkt 1 des Lemmas ist. $E_{n,0}^\infty$ ist die Untergruppe von $H_n(X, A)$, die durch $(n-1)$-malige Bildung des Kerns der Differentiale $d_r : E_{n,0}^r \to E_{n-r,r-1}^r$, $r = 2, 3, \ldots, n$, entsteht. Da alle $E_{n-r,r-1}^r$ als Subquotienten von Gruppen in $\mathcal{C}$ auch in $\mathcal{C}$ liegen, ist $H_n(X, A)/\mathrm{Ker}(d_2) \cong E_{n,0}^2/\mathrm{Ker}(d_2) = E_{n,0}^3 \in \mathcal{C}$ und damit wegen der exakten Sequenz $\mathrm{Ker}(d_2) \to H_n(X, A) \to H_n(X, A)/\mathrm{Ker}(d_2)$ die Inklusion $\mathrm{Ker}(d_2) \subseteq H_n(X, A)$ ein $\mathcal{C}$-Isomorphismus.

Induktiv sind dann alle Inklusionen $\mathrm{Ker}(d_r) \subseteq E_{n,0}^r$ Isomorphismen modulo $\mathcal{C}$, weswegen auch $\mathrm{Im}(p_*) \cong E_{n,0}^\infty \subseteq H_n(X, A)$ ein $\mathcal{C}$-Isomorphismus ist. Damit ist auch $\mathrm{Coker}(p_*) \in \mathcal{C}$, also $p_* : H_n(P_X, P_A^*) \to H_n(X, A)$ ein $\mathcal{C}$-Isomorphismus.

Mit dem (definitionsgemäß) kommutativen Diagramm

$$
\begin{array}{ccc}
\pi_{n-1}(P_A^*) & \xrightarrow[\cong\ \text{modulo}\ \mathcal{C}]{h_{n-1}} & H_{n-1}(P_A^*) \cong H_n(P_X, P_A^*) \\
\Big\downarrow{\cong} & & \Big\downarrow{\cong\ \text{modulo}\ \mathcal{C}} \\
\pi_n(X, A) & \xrightarrow{h_n} & H_n(X, A)
\end{array}
$$

ist auch $h_n : \pi_n(X, A) \to H_n(X, A)$ ein Isomorphismus modulo $\mathcal{C}$ und der Satz von HUREWICZ-SERRE in der relativen Form bewiesen (bis auf das Lemma). $\square$

Beweis des Lemmas: Betrachte das kommutative Diagramm

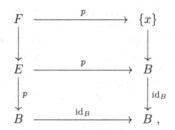

welches die Faserung $F \to E \to B$ auf die triviale Faserung $\{x\} \to B \to B$ abbildet, wobei $p^{-1}(x) = F$ sei. Die Überlegung ist nun dieselbe wie in der früheren Beobachtung 2 zu den Homologiegruppen von Faserungen (Seite 291), oder später bei analogen Betrachtungen in der Kohomologie (Seite 441).

Die Abbildung $p : E \to B$ in der mittleren Zeile induziert Homomorphismen der relativen Homologiegruppen, die mit den Filtrierungen verträglich sind und Homomorphismen $p_*^r : E_{k,l}^r(E) \to E_{k,l}^r(B)$ induzieren, die mit den Operatoren d_r verträglich sind und daher stets $p_*^{r+1} : E_{k,l}^{r+1}(E) \to E_{k,l}^{r+1}(B)$ von p_*^r induziert ist.

Die stabile Gruppe $E_{n,0}^\infty(E)$ ist der Quotient $H_n(E)/F_{n-1}^n$ in der assoziierten graduierten Gruppe (Seite 166). Wegen $E_{n,0}^\infty(B) \cong H_n(B)$ ergibt sich so das kommutative Diagramm

$$
\begin{array}{ccc}
H_n(E) & \xrightarrow{\ p_*\ } & H_n(B) \\
\Big\downarrow{\mathrm{mod}\ F_{n-1}^n} & & \Big\uparrow{\mathrm{id}} \\
E_{n,0}^\infty(E) & \xrightarrow{\ p_*^\infty\ } & E_{n,0}^\infty(B)\ .
\end{array}
$$

Die untere Zeile ist die Komposition $E_{n,0}^\infty(E) \subseteq E_{n,0}^2(E) \xrightarrow{p_*^2} E_{n,0}^2(B) \cong E_{n,0}^\infty(B)$ und wegen $E_{n,0}^2(E) \cong H_n(B; H_0(F)) \cong H_n(B) \cong E_{n,0}^2(B)$ injektiv. Damit folgt $\mathrm{Im}(p_*) \cong E_{n,0}^\infty(E)$, denn bei einer Faktorisierung $p_* : H_n(E) \to G \to H_n(B)$ in eine Surjektion, gefolgt von einer Injektion, muss $G \cong \mathrm{Im}(p_*)$ sein. Dies war Punkt 1 des Lemmas.

Punkt 2 folgt ähnlich: Das obige Diagramm wird wegen $E^2_{k,l}(B) = 0$ für $l > 0$ zu

$$
\begin{array}{ccc}
H_n(E) \supseteq F^n_k & \xrightarrow{\quad p_* \quad} & H_n(B) \\
\Big\downarrow \text{mod } F^n_{k-1} & & \Big\uparrow \\
E^\infty_{k,l}(E) & \xrightarrow{\quad p^\infty_* \quad} & 0 \ ,
\end{array}
$$

weswegen alle Elemente in F^n_k für $0 \le k < n$ in $\mathrm{Ker}(p_*)$ liegen. Damit ergibt sich die Zerlegung von $\mathrm{Ker}(p_*)$ als graduierte Summe gemäß Punkt 2, denn nach dem ersten Punkt ist $E^\infty_{n,0} \cap \mathrm{Ker}(p_*) = 0$, mithin $0 \subseteq F^n_1 \subseteq \ldots \subseteq F^n_{n-1}$ die zur Spektralsequenz E_* gehörende Filtrierung von $\mathrm{Ker}(p_*)$. $\qquad\square$

Ein schönes, weil sehr suggestives Resultat, dass (endlich) auch der Projektion $p_* : H_n(E) \to H_n(B)$ eine anschauliche Interpretation in der Spektralsequenz gibt: Es ist die Gruppe $E^\infty_{n,0}$ auf der untersten Zeile gleich dem Bild von p_*, und der Kern von p_* setzt sich als graduierte Gruppe aus der Summe der $E^\infty_{n-r,r}$ für $r > 0$ zusammen. Wie schon angedeutet, gehört diese Erkenntnis eigentlich zum Grundlagenwissen über Spektralsequenzen und existiert natürlich auch in der Kohomologie als Lemma über $p^* : H^k(B) \to H^k(E)$, siehe die **Übungen**.

Eine Standardanwendung des Satzes von HUREWICZ-SERRE in der relativen Form ist eine Verallgemeinerung des Theorems von WHITEHEAD (Seite I-345).

Satz (Whitehead-Serre, schwache Homotopieäquivalenzen modulo $\mathcal{C}$)
Es seien X, Y einfach zusammenhängend, alle Gruppen $H_k(Y)$ endlich erzeugt, $f : X \to Y$ stetig und $f_* : \pi_2(X) \to \pi_2(Y)$ surjektiv. Dann sind die folgenden Aussagen für gegebenes $n > 0$ äquivalent:

1. $f_* : \pi_k(X) \to \pi_k(Y)$ ist ein Isomorphismus modulo $\mathcal{C}$ für $k < n$ und surjektiv modulo $\mathcal{C}$ für $k = n$.

2. $f_* : H_k(X) \to H_k(Y)$ ist ein Isomorphismus modulo $\mathcal{C}$ für $k < n$ und surjektiv modulo $\mathcal{C}$ für $k = n$.

Im **Beweis** können wir annehmen, dass f eine Inklusion ist (Übergang zum Abbildungszylinder $X \hookrightarrow M_f \to Y$, Seite I-177 oder 34 f). Gemäß der langen exakten Homotopie- und Homologiesequenzen des Paares (M_f, Y) genügt es dann, die Äquivalenz von $\pi_k(M_f, Y) \in \mathcal{C}$ und $H_k(M_f, Y) \in \mathcal{C}$ für $k \le n$ zu zeigen, und dies folgt direkt aus dem obigen Satz von HUREWICZ-SERRE für Raumpaare. $\qquad\square$

10.4 Die Reduktionssätze von Serre für $\pi_k(S^n)$

Kommen wir nun zu konkreten Anwendungen der beiden zurückliegenden, eher technischen Abschnitte auf die Homotopie von Sphären. Hier kann man aus der vielleicht wichtigsten Arbeit von SERRE zu diesem Thema ([91], eingereicht im Juni 1952), zwei zentrale Sätze extrahieren, die ich hier als seine **Reduktionssätze** bezeichnen möchte.

Der erste, einfachere Satz von beiden, ist universeller einsetzbar als der zweite und reduziert die Homotopie von S^n für gerades $n \geq 2$ auf die von S^{n-1} und S^{2n-1}, zumindest modulo der endlichen 2-Gruppen. Damit ergeben sich später wichtige Aussagen über die ungerade Torsion dieser Gruppen.

Theorem A (Serre, Reduktion der Homotopie für gerade Sphären)
Es sei $\mathcal{C}$ die Klasse der endlichen 2-Gruppen. Für gerades $n \geq 2$ gilt dann

$$\pi_k(S^n) \cong \pi_{k-1}(S^{n-1}) \oplus \pi_k(S^{2n-1}) \text{ modulo } \mathcal{C}.$$

Für Primzahlen $p \geq 3$ sind damit die p-Komponenten von $\pi_k(S^n)$, n gerade, isomorph zu denen von $\pi_{k-1}(S^{n-1}) \oplus \pi_k(S^{2n-1})$.

Beweis: Im ersten Schritt sei an das (S^{n-1})-Bündel $p : \mathbf{W}_{2n-1} \to S^n$ erinnert, $n \geq 2$, das Tangentialsphärenbündel, dessen CW-Struktur und (zelluläre) Homologie schon früher besprochen wurde (Seite 48 ff). Seine Homologie ist

$$H_k(\mathbf{W}_{2n-1}) \cong \begin{cases} \mathbb{Z} & \text{für } k = 0 \text{ und } k = 2n - 1, \\ \mathbb{Z}_2 & \text{für } k = n - 1, \\ 0 & \text{sonst.} \end{cases}$$

Aus der langen exakten Homotopiesequenz und HUREWICZ folgt daraus

$$\pi_n(S^n) \xrightarrow{\partial} \pi_{n-1}(S^{n-1}) \longrightarrow \pi_{n-1}(\mathbf{W}_{2n-1}) \cong \mathbb{Z}_2 \longrightarrow \pi_{n-1}(S^n) = 0,$$

mithin ist $\partial(\iota_n) = 2\iota_{n-1} \in \pi_{n-1}(S^{n-1})$, mit den jeweiligen Generatoren ι_n und ι_{n-1} von $\pi_n(S^n)$ und $\pi_{n-1}(S^{n-1})$.

Nach Lemma II von ECKMANN (Seite 417) gilt daher für alle $\alpha \in \pi_k(S^{n-1})$

$$\partial E(\alpha) = \partial(\iota_n) \circ \alpha = 2\iota_{n-1} \circ \alpha,$$

und damit ist $\partial E : \pi_k(S^{n-1}) \to \pi_k(S^{n-1})$ von einer Abbildung $S^{n-1} \to S^{n-1}$ mit Grad 2 induziert, mithin

$$\partial E = T^2,$$

wobei die Bezeichnung T^2 aus der Definition einer eckmannschen Homotopiegruppe stammt (Seite 415). Nun ist $T^2 : \pi_k(S^{n-1}) \to \pi_k(S^{n-1})$ für alle $k \geq 0$ und $n \geq 1$ ein Isomorphismus modulo $\mathcal{C}$, der Klasse der endlichen 2-Gruppen. Dies folgt unmittelbar aus dem Theorem von WHITEHEAD-SERRE (Seite 424), denn die Aussage gilt für die Homologiegruppen $H_k(S^{n-1})$.

Werfen wir einen neuen Blick auf die lange exakte Homotopiesequenz. Die Tatsache, dass ∂E ein $\mathcal{C}$-Automorphismus von $\pi_i(S^{n-1})$ ist, zeigt zwei Schnitte modulo $\mathcal{C}$ gegen die Randoperatoren ∂ wie in folgender Sequenz dargestellt.

$$\pi_{k+1}(S^n) \underset{E}{\overset{\partial}{\longrightarrow}} \pi_k(S^{n-1}) \longrightarrow \pi_k(\mathbf{W}_{2n-1}) \xrightarrow{p_*} \pi_k(S^n) \underset{E}{\overset{\partial}{\longrightarrow}} \pi_{k-1}(S^{n-1}).$$

Es ist nun eine einfache **Übung** in elementarer Algebra, dass unter diesen Umständen der Homomorphismus

$$p_* \oplus E : \pi_k(\mathbf{W}_{2n-1}) \oplus \pi_{k-1}(S^{n-1}) \longrightarrow \pi_k(S^n)$$

ein Isomorphismus modulo $\mathcal{C}$ ist. Zu Theorem A fehlt noch ein $\mathcal{C}$-Isomorphismus $\pi_k(S^{2n-1}) \to \pi_k(\mathbf{W}_{2n-1})$. Dieser ist gegeben durch $f : S^{2n-1} \to \mathbf{W}_{2n-1}$ als Repräsentant eines Generators $[f] \in \pi_{2n-1}(\mathbf{W}_{2n-1}) \cong \mathbb{Z}$, denn nach dem Theorem von HUREWICZ-SERRE (Seite 420) wird dadurch für alle $k \geq 0$ ein Isomorphismus modulo $\mathcal{C}$

$$f_* : H_k(S^{2n-1}) \longrightarrow H_k(\mathbf{W}_{2n-1})$$

induziert, und daher (wieder mit dem Theorem von WHITEHEAD-SERRE) für alle $k \geq 0$ ein $\mathcal{C}$-Isomorphismus $f_* : \pi_k(S^{2n-1}) \to \pi_k(\mathbf{W}_{2n-1})$.   □

Diese (verhältnismäßig) einfache Folgerung aus den Sätzen von HUREWICZ-SERRE und WHITEHEAD-SERRE ermöglicht es, die ungerade Torsion in den Homotopiegruppen gerader Sphären auf Homotopiegruppen ungerader Sphären zurückzuführen. So ist damit zum Beispiel modulo einer endlichen 2-Gruppe

$$\pi_{10}(S^6) \cong \pi_9(S^5) \quad \text{oder} \quad \pi_{11}(S^6) \cong \mathbb{Z} \oplus \pi_{10}(S^5),$$

und es bleibt nur noch, die gerade Torsion in $\pi_{10}(S^6)$ und $\pi_{11}(S^6)$ zu bestimmen, sowie die ungerade Torsion in $\pi_9(S^5)$ und $\pi_{10}(S^5)$. Die beiden letzteren sind Gegenstand des zweiten Reduktionssatzes (siehe unten) und werden sich als $\pi_9(S^5)|_{\text{odd}} = \pi_{10}(S^5)|_{\text{odd}} = 0$ ergeben. Zusammen mit den größeren Berechnungen am Ende des Kapitels, aus denen wir $\pi_{10}(S^6)|_2 = \pi_{11}(S^6)|_2 = 0$ erhalten, können wir daraus schließlich die beiden Gruppen $\pi_{10}(S^6) = 0$ und $\pi_{11}(S^6) \cong \mathbb{Z}$ bestimmen (mit der Ersten beginnt der stabile Stamm π_4^s). Doch nun zu dem bereits erwähnten zweiten Reduktionssatz.

Theorem B (Serre, Reduktion der Homotopie für ungerade Sphären)

Für ungerades $n \geq 3$, p Primzahl und $k < n + 4p - 6$ sind die p-Komponenten von $\pi_k(S^n)$ und $\pi_{k-n+3}(S^3)$ isomorph.

Die große Leistung dieses Satzes besteht darin, die Homotopiegruppen ungerader Sphären auf diejenigen der S^3 zurückzuführen. Leider darf $k - n$ nicht zu groß werden, was uns später bei den 3-Komponenten spürbar einschränken wird.

Beweis: Wir betrachten S^n mit $n \geq 3$ ungerade. Außerdem sei $p \geq 3$, denn der Fall $p = 2$ ist klar (stabiler Stamm π_1^s). Es existieren dann Spektralsequenzen der k-fach an $x \in S^n$ iterierten Pfadraumfaserungen

$$\Omega^k(S^n, x) \longrightarrow P_{\Omega^{k-1}(S^n, x)} \longrightarrow \Omega^{k-1}(S^n, x)$$

für $1 \leq k < n$, denn in diesen Fällen ist $\Omega^{k-1}(S^n, x)$ einfach zusammenhängend. Wir schreiben im Folgenden kurz $\Omega_n^k = \Omega^k(S^n, x)$. Der wesentliche Schritt für Theorem B besteht nun in der Bestimmung der Kohomologieringe von Ω_n^k über dem Körper $\mathbb{Z}_p$. (Man spricht hier auch von **Kohomologiealgebren**.)

Satz (Kohomologiealgebren von Ω_n^k über $\mathbb{Z}_p$-Koeffizienten)
In der obigen Situation gilt für $1 \leq k \leq (n-1)/2$ und Primzahlen $p \geq 3$

a. $H^*(\Omega_n^{2k-1}; \mathbb{Z}_p)$ hat für die Dimensionen $\leq p(n-2k+1)$ eine $\mathbb{Z}_p$-Basis der Form $\{1, x, x^2, \ldots, x^{p-1}, y\}$, mit $\deg(x) = n-2k+1$, $x^p = 0$ und $\deg(y) = p(n-2k+1)$.

b. $H^*(\Omega_n^{2k}; \mathbb{Z}_p)$ hat für die Dimensionen $\leq p(n-2k+1) - 2$ eine $\mathbb{Z}_p$-Basis der Form $\{1, v, t\}$, mit $\deg(v) = n-2k$ und $\deg(t) = p(n-2k+1) - 2$.

Der Satz gilt auch für $p = 2$, doch der Beweis ist dann aufwändiger, [89]. Auch der **Beweis** für die obige Fassung nutzt mehrere Teilresultate. Vorab ein (später noch wichtiges) Lemma über die E_2-Seiten in der Kohomologie-Spektralsequenz mit Koeffizienten in einem Körper K. Es geht dabei um die Algebra E_2^*, also die E_2-Seite der Spektralsequenz mit der multiplikativen Struktur (Seite 226 ff). Die Frage lautet, wann man von $E_2^* \cong H^*(B; K) \otimes H^*(F; K)$ ausgehen darf und wie dafür die Multiplikation in der Tensoralgebra aussehen muss.

Lemma (Kohomologiealgebra E_2^* über einem Körper K)
In der obigen Situation gilt $E_2^{p,q} \cong H^p(B; K) \otimes H^q(F; K)$, falls $H_p(B; K)$ endlich erzeugt ist. Falls $H_i(B; K)$ für alle $0 \leq i \leq k \leq \infty$ endlich erzeugt ist, wird dadurch ein Isomorphismus

$$\Phi : E_2^*\big|_{\deg \leq k} \longrightarrow H^*(B; K) \otimes H^*(F; K)\big|_{\deg \leq k}$$

auf den Gruppen mit Totalgrad $\leq k$ in den zugehörigen K-Algebren induziert. Die Multiplikation auf $H^*(B; K) \otimes H^*(F; K)$ ist dabei (notwendigerweise) gegeben als

$$(x \otimes a) \cdot (y \otimes b) = (-1)^{\deg(a)\deg(y)} xy \otimes ab.$$

Beweis: Es ist $H_{p-1}(B; K)$ nach Voraussetzung ein freier K-Modul. Daher ist nach dem universellen Koeffiziententheorem der Kohomologie (Seite I-403)

$$E_2^{p,q} \cong H^p\big(B; H^q(F; K)\big) \cong \mathrm{Hom}_K\big(H_p(B, K), H^q(F; K)\big),$$

denn $\mathrm{Ext}_K(H_{p-1}(B; K), H^q(B; K))$ verschwindet. Dieses Theorem kommt hier für K-Vektorräume zum Einsatz, ähnlich wie bei den Lokalisierungen für Moduln über einem Hauptidealring R (Seite 286).

Die rechte Seite ist isomorph zu $\mathrm{Hom}_K(H_p(B; K), K) \otimes H^q(F; K)$, da $H_p(B; K)$ endlich-dimensional ist, und wieder das universelle Koeffiziententheorem zeigt $\mathrm{Hom}_K(H_p(B; K), K) \cong H^p(B; K)$, also ist Φ ein K-linearer Isomorphismus. Beim Blick auf die Multiplikation in der E_2^*-Algebra (Seite 217) erkennt man, dass für $u^p \otimes x^q \in H^p(B; K) \otimes H^q(F; K)$ und $v^s \otimes y^t \in H^s(B; K) \otimes H^t(F; K)$

$$(u^p \otimes x^q) \cdot (v^s \otimes y^t) = (-1)^{qs}(u^p \smile v^s) \otimes (x^q \smile y^t) \in H^{p+s}(B; K) \otimes H^{q+t}(F; K)$$

zu definieren ist, damit Φ zu einem Isomorphismus von K-Algebren wird. $\quad\square$

Wie schon angedeutet, wird dieses Lemma auch am Ende des Kapitels, wenn mit $\mathbb{Z}_2$-Koeffizienten gerechnet wird, entscheidende Bedeutung erlangen. Beginnen wir nun aber den Beweis des obigen Satzes über die Kohomologiealgebren $H^*(\Omega_n^k; \mathbb{Z}_p)$.

Beobachtung 1:

Es sei $n \geq 3$ ungerade und X ein TCW-Raum mit $H^k(X; \mathbb{Z}_p) \cong H^k(S^n; \mathbb{Z}_p)$ für $k \leq p(n-1) + 2$. Dann hat der Untervektorraum von $H^*(\Omega X, \mathbb{Z}_p)$, der aus den Elementen vom Grad $\leq p(n-1)$ besteht, eine $\mathbb{Z}_p$-Basis der Form $\{1, x, x^2, \ldots, x^{p-1}, y\}$, mit $\deg(x) = n-1$, $x^p = 0$ und $\deg(y) = p(n-1)$.

Beweis: Ausgehend von der Pfadraumfaserung $\Omega X \to P_X \to X$ gilt nach obigem Lemma für $s + t \leq p(n-1) + 1$ in der Kohomologie-$\mathbb{Z}_p$-Spektralsequenz die Formel $E_2^{s,t} \cong H^s(X; \mathbb{Z}_p) \otimes H^t(\Omega X; \mathbb{Z}_p)$. Die einzigen Einträge $\neq 0$ mit einem Totalgrad $\leq p(n-1) + 2$ erscheinen entweder in dem Unterraum $1 \otimes H^*(\Omega X; \mathbb{Z}_p)$ oder in $u \otimes H^*(\Omega X; \mathbb{Z}_p)$, mit einem Generator $u \in H^n(X; \mathbb{Z}_p)$. Außerdem ist $H^t(\Omega X; \mathbb{Z}_p) = 0$ für $0 < t < n-1$. Dies folgt wieder mit der Zusammenziehbarkeit von P_X, andernfalls würde in E_∞ bei den Totalgraden > 0 etwas stehen bleiben.

Am Verlauf der Spektralsequenz, initial der ($E_2 = E_n$)-Seite, kann das Resultat von Beobachtung 1 nun direkt abgelesen werden.

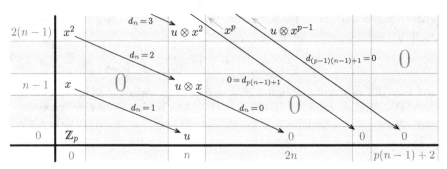

Mit einem Generator $x \in H^{n-1}(\Omega X; \mathbb{Z}_p)$, für den $d_n(x) = u$ ist, haben wir gemäß der Derivationsregel (Seite 219)

$$d_n(x^k) = k u \otimes x^{k-1},$$

wegen der induktiven Rechnung

$$d_n(x x^{k-1}) = u x^{k-1} + x d_n(x^{k-1}) = u x^{k-1} + x(k-1) u x^{k-2},$$

in der die Tensorsymbole der Kürze wegen nicht notiert sind, und $xu = ux$ in E_2^* gemäß obigem Lemma (beachten Sie, dass $\deg(x)$ gerade ist und alle $u \otimes x^k \neq 0$ Generatoren der Gruppen $\mathbb{Z}_p \otimes \mathbb{Z}_p \cong \mathbb{Z}_p$ sind, denn $\mathbb{Z}_p$ ist nullteilerfrei). Damit sind alle d_n bis hin zu $x^{p-1} \mapsto (p-1) u x^{p-2}$ Isomorphismen und bei x^p die Nullabbildung, weswegen $H^*(\Omega X; \mathbb{Z}_p)$ bis zum Grad $(p-1)(n-1)$ die Basis $\{1, x, x^2, \ldots, x^{p-1}\}$ hat, mit $x^p = 0$ (sonst würde x^p bis zu E_∞ überleben).

Da auf der unteren Zeile alle Gruppen von $E_2^{n+1,0}$ bis einschließlich $E_2^{p(n-1)+2,0}$ verschwinden, muss $H^{p(n-1)}(\Omega X; \mathbb{Z}_p)$ isomorph zu $\mathbb{Z}_p$ sein, um das bei $d_n(x^p) = 0$ verschont gebliebene $u \otimes x^{p-1} \in E_2^{n,(p-1)(n-1)}$ mit d_n auszulöschen (und dabei selbst zu verschwinden), denn für alle Differentiale von $E_*^{n,(p-1)(n-1)}$ nach rechts gilt $d_* = 0$. Wähle abschließend einen Generator $y \in H^{p(n-1)}(\Omega X; \mathbb{Z}_p) \cong \mathbb{Z}_p$.   □

Die folgende, ähnlich zu beweisende Beobachtung erlaubt nun ein induktives Vorgehen für die iterative Bildung von höheren Schleifenräumen $\Omega^k X$.

Beobachtung 2:
Es sei $m \geq 2$ gerade und X ein TCW-Raum, bei dem $H^*(X; \mathbb{Z}_p)$ für die Elemente mit Grad $\leq pm$ eine $\mathbb{Z}_p$-Basis der Form $\{1, x, x^2, \ldots, x^{p-1}, y\}$ hat, mit $\deg(x) = m$, $x^p = 0$ und $\deg(y) = pm$. Dann hat der Teilraum der Elemente mit Grad $\leq pm - 2$ von $H^*(\Omega X; \mathbb{Z}_p)$ eine $\mathbb{Z}_p$-Basis der Form $\{1, v, t\}$, mit $\deg(v) = m - 1$ und $\deg(t) = pm - 2$.

Beweis: Man geht aus von der Pfadraumfaserung $\Omega X \to P_X \to X$ und bildet die Kohomologie-Spektralsequenz mit $\mathbb{Z}_p$-Koeffizienten. Da P_X zusammenziehbar ist, hat die E_2-Seite für die Totalgrade $\leq 2pm - 2$ den folgenden Ausschnitt.

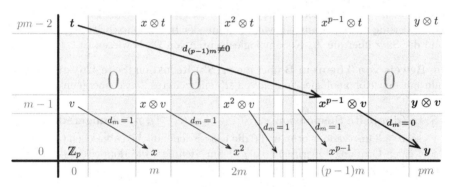

In den grau unterlegten Bereichen stehen ausschließlich 0-Gruppen, was durch genaues Nachvollziehen der Differentiale schnell zu sehen ist. Zunächst erkennt man $E_2^{0,q} = 0$ für $0 < q < m - 1$, denn diese Gruppen können durch kein Differential ausgelöscht werden. Damit $x \in H^m(X; \mathbb{Z}_p)$ verschwindet, muss es den isomorphen Gegenpart $E_2^{0,m-1}$ geben, generiert von $v \in H^{m-1}(\Omega X; \mathbb{Z}_p)$, mit $d_m(v) = x$. Nach der Derivationsregel ist $d_m(x^k \otimes v) = x^{k+1}$, beachten Sie $\deg(x) = m$ gerade, weswegen auf der E_{m+1}-Seite alle eingezeichneten Einträge positiven Totalgrades für $q \leq m - 1$ verschwinden, bis auf $x^{p-1} \otimes v$, y und $y \otimes v$. (Beachten Sie $x^p = 0$ nach Voraussetzung, weswegen $d_m(x^{p-1} \otimes v) = 0$ ist.)

Der Bereich über den Basisgraden $0 < d < (p-1)m - 1$ enthält ab der E_{m+1}-Seite keinen Eintrag $\neq 0$ mehr, weswegen von dort kein Differential $\neq 0$ entspringen kann, um die von $x^{p-1} \otimes v$ generierte Gruppe $E_2^{(p-1)m,m-1} \cong \mathbb{Z}_p$ auszulöschen. Die erste (und einzige) Möglichkeit hierfür besteht in dem Gegenpart $E_2^{0,pm-2}$, generiert von $t \in H^{mp-2}(\Omega X; \mathbb{Z}_p)$ mit $d_{(p-1)m}(t) = x^{p-1} \otimes v$.   □

Damit können wir den **Beweis** des Satzes über die Kohomologiealgebren von Ω_n^k vollenden (Seite 427). Kurz zur Wiederholung: Wir betrachteten die Sphäre S^n mit $n \geq 3$ ungerade, eine Primzahl $p \geq 3$ und die Spektralsequenzen der k-fach an $x \in S^n$ iterierten Pfadraumfaserungen $\Omega_n^k \to P_{\Omega_n^{k-1}} \to \Omega_n^{k-1}$ für $1 \leq k < n$, wobei kurz $\Omega_n^k = \Omega^k(S^n, x)$ notiert sei ($\Omega_n^0 = S^n$). Für $k = 1$ ist Teil a der Aussage identisch zu Beobachtung 1 (mit $X = S^n$ und $k = 1$), und danach ist Teil b identisch zu Beobachtung 2 (mit $X = \Omega_n^1$ und $m = n - 1$).

Die Aussage stimme nun induktiv für $k \geq 1$ und wir zeigen sie für $k + 1$. Nach Induktionsannahme (Teil b) hat $H^*(\Omega_n^{2k}; \mathbb{Z}_p)$ für die Grade $\leq p(n - 2k + 1) - 2$ die Basis $\{1, v, t\}$, mit $\deg(v) = n - 2k$ und $\deg(t) = p(n - 2k + 1) - 2$, es ist also $H^r(\Omega_n^{2k}; \mathbb{Z}_p) \cong H^r(S^{n-2k}; \mathbb{Z}_p)$ für $r \leq p(n - 2k + 1) - 3$, mithin auch für $r \leq p(n - 2k - 1) + 2$ (beachte $2p \geq 6$). Außerdem bedeutet der Satz in der Formulierung für $k + 1$, dass $1 \leq k + 1 \leq (n-1)/2$, also $n - 2k \geq 3$ ungerade ist. Dies alles passt genau auf Beobachtung 1 mit S^{n-2k}, also hat $H^*(\Omega_n^{2k+1}; \mathbb{Z}_p)$ in den Dimensionen $\leq p(n - 2k - 1)$ eine $\mathbb{Z}_p$-Basis der Form $\{1, x, x^2, \ldots, x^{p-1}, y\}$, wobei $\deg(x) = n - 2k - 1$, $x^p = 0$ und $\deg(y) = p(n - 2k - 1)$ ist. Dies ist Teil a in der Formulierung mit $k + 1$ anstelle von k.

Teil b folgt dann aus Beobachtung 2 mit $X = \Omega_n^{2k+1}$ und $m = n - 2k - 1$ gerade. Demnach hat $H^r(\Omega_n^{2k+2}; \mathbb{Z}_p)$ für $r \leq p(n - 2k - 1) - 2$ eine Basis $\{1, v, t\}$, mit $\deg(v) = n - 2k - 2$ und $\deg(t) = p(n - 2k - 1) - 2$. Dies ist Teil b in der Formulierung mit $k + 1$ anstelle von k, womit der Induktionsschritt abgeschlossen und der Satz über die $\mathbb{Z}_p$-Kohomologiealgebren von Ω_n^k bewiesen ist. $\square$

Im **Beweis von Theorem B** über die $\pi_k(S^n)$-Reduktion (Seite 426) streben wir nun mit den Kohomologiealgebren von Ω_n^k ein weiteres Zwischenergebnis an.

Satz (doppelte Suspension $\pi_k(S^n) \to \pi_{k+2}(S^{n+2})$, $n \geq 3$ ungerade):

Es sei $n \geq 3$ ungerade, p prim und $\mathcal{C}$ die Klasse der endlichen abelschen Gruppen mit einer Ordnung teilerfremd zu p. Dann definiert die doppelte FREUDEN-THAL-Suspension

$$E^2 : \pi_k(S^n) \longrightarrow \pi_{k+2}(S^{n+2})$$

einen Isomorphismus modulo $\mathcal{C}$ für $k < p(n + 1) - 3$ und für $k = p(n + 1) - 3$ eine Surjektion modulo $\mathcal{C}$.

Beweis: Zunächst wird E^2 mit den Räumen Ω_{n+2}^j ausgedrückt, $j = 1,2$. Die lange exakte Homotopiesequenz von $\Omega_{n+2}^1 \to P_{S^{n+2}} \xrightarrow{p} S^{n+2}$ liefert Isomorphismen $\eta : \pi_k(\Omega_{n+2}^1) \to \pi_{k+1}(S^{n+2})$, $\eta = p_* \partial^{-1}$, und durch die Komposition $\eta(\Omega\eta)$ kann $\pi_k(\Omega\Omega_{n+2}^1) = \pi_k(\Omega_{n+2}^2)$ mit $\pi_{k+2}(S^{n+2})$ identifiziert werden, denn die Schleifenraumbildung $X \Rightarrow \Omega X$ ist funktoriell: Eine Abbildung $f : (X, x_0) \to (Y, y_0)$ induziert $\Omega f : \Omega(X, x_0) \to \Omega(Y, y_0)$ so, dass für die Faserungen $\Omega X \to P_X \to X$ und $\Omega Y \to P_Y \to Y$ der folgende Ausschnitt kommutiert:

$$
\begin{array}{ccc}
\pi_k(X) & \xrightarrow{\quad f_* \quad} & \pi_k(Y) \\
{\scriptstyle \partial p_*^{-1}} \downarrow {\scriptstyle \cong} & & {\scriptstyle \partial p_*^{-1}} \downarrow {\scriptstyle \cong} \\
\pi_{k-1}(\Omega X) & \xrightarrow{\quad \Omega f_* \quad} & \pi_{k-1}(\Omega Y)
\end{array}
$$

Damit zeigt man schnell, dass $\Omega\eta = \Omega p_* \partial^{-1} : \pi_k(\Omega^2_{n+2}) \to \pi_{k+1}(\Omega^1_{n+2})$ der entsprechende Isomorphismus für das Paar $(P_{\Omega^1_{n+2}}, \Omega^2_{n+2})$ ist, mithin auch die Komposition $\eta(\Omega\eta) : \pi_k(\Omega^2_{n+2}) \to \pi_{k+2}(S^{n+2})$ ein Isomorphismus ist.   ($\square$)

> **Beobachtung 3**: Es gibt eine Einbettung $\Phi : S^n \to \Omega^2_{n+2}$, sodass
>
> $$\eta(\Omega\eta)\Phi_* : \pi_k(S^n) \longrightarrow \pi_k(\Omega^2_{n+2}) \longrightarrow \pi_{k+2}(S^{n+2})$$
>
> identisch zur doppelten FREUDENTHAL-Suspension E^2 ist.

Ein erster Schritt hierfür stammt von E. PITCHER, [78], der **Beweis** hier folgt G.W. WHITEHEAD, [111]. Zunächst kann die S^n in Ω^1_{n+1} eingebettet werden: Man betrachte die Punkte $x \in S^n$ als Äquator der Sphäre S^{n+1}, die damit in Hemisphären E^{n+1}_+ und E^{n+1}_- zerfällt, welche durch die senkrechten Projektionen p_+ und p_- homöomorph auf $D^{n+1} \times 0 \subset \mathbb{R}^{n+2}$ abgebildet werden. Definiere dann

$$i : S^n \longrightarrow \Omega^1_{n+1}, \qquad x \mapsto \overrightarrow{x_-} \, \overrightarrow{x_+}^{-1},$$

wobei $\overrightarrow{x_-} = p_-^{-1}[1,x]$ das Urbild in E^{n+1}_- der Strecke von 1 nach x ist, dito für $\overrightarrow{x_+} = p_+^{-1}[x,1]$ als Urbild in E^{n+1}_+ der Strecke von x nach 1.

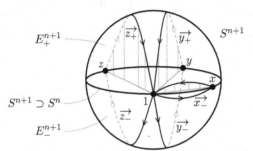

Die Isomorphismen $\eta : \pi_k(\Omega^1_{n+1}) \to \pi_{k+1}(S^{n+1})$ von $\Omega^1_{n+1} \to P_{S^{n+1}} \xrightarrow{p} S^{n+1}$ lassen sich mit $p_* : \pi_k(P_{S^{n+1}}, \Omega^1_{n+1}) \to \pi_k(S^{n+1}, 1)$ wie folgt beschreiben: Ein Element in $\pi_k(\Omega^1_{n+1})$ sei repräsentiert durch $\alpha : (I^k, \partial I^k) \to (\Omega^1_{n+1}, \gamma_1)$, wobei γ_1 den konstanten Weg am Punkt $1 \in S^{n+1}$ bezeichne. Es gibt nun eine Fortsetzung von α zu einer Abbildung $\overline{\alpha} : (I^{k+1}, \partial I^{k+1}, J^{k+1}) \to (P_{S^{n+1}}, \Omega^1_{n+1}, \gamma_1)$.

$$I^k \times I = I^{k+1}$$
$$J^{k+1} = \partial I^{k+1} \setminus I^k \times 1$$

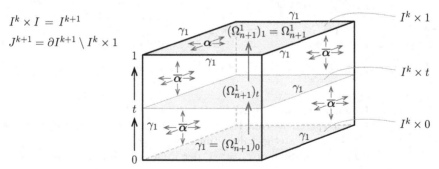

Zunächst sei $\overline{\alpha}\big|_{I^k \times 1} = \alpha$ definiert, als Abbildung $I^k \times 1 \to \Omega^1_{n+1}$, und α trivial auf J^{k+1} fortgesetzt (identisch zu γ_1). Da $P_{S^{n+1}}$ zusammenziehbar ist, existiert eine Fortsetzung auf das Innere von I^{k+1}, wobei $(\Omega^1_{n+1})_t \subset P_{S^{n+1}}$ die Teilmenge ist, die durch Einschränkung der Schleifen in Ω^1_{n+1} auf die Parameter $0 \leq s \leq t$ entsteht.

So repräsentiert $p\overline{\alpha} : (I^{k+1}, \partial I^{k+1}) \to (S^{n+1}, 1)$ ein Element $\eta[\alpha] \in \pi_{k+1}(S^{n+1})$ und man erkennt die Darstellung

$$p\overline{\alpha} : I^{k+1} = I^k \times I \longrightarrow S^{n+1}, \qquad (x,t) \mapsto \alpha(x)(t).$$

Behauptung: Die Komposition $\eta i_* : \pi_k(S^n) \to \pi_k(\Omega^1_{n+1}) \to \pi_{k+1}(S^{n+1})$ ist identisch zur FREUDENTHAL-Suspension $E : \pi_k(S^n) \to \pi_{k+1}(S^{n+1})$. Um dies zu sehen, sei noch einmal an den Homöomorphismus $f : S^{n+1} = S(S^n) \to \Sigma(S^n)$ zwischen der gewöhnlichen Suspension und der reduzierten Suspension von S^n erinnert.

Es gibt verschiedene Wege, diesen Homöomorphismus zu konstruieren. Eine Möglichkeit verwendet zunächst den Homöomorphismus $g : \mathbb{R}^n \setminus D^n \to \mathbb{R}^n \setminus \{0\}$, hier veranschaulicht am Beispiel $\mathbb{R}^2$.

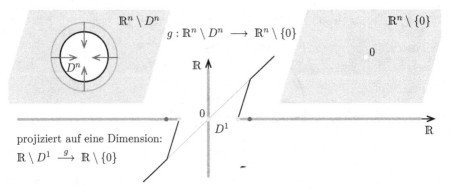

Man nimmt einen schmalen Puffer um D^n und dehnt diesen homöomorph bis zum Ursprung aus, während alle Punkte außerhalb des Puffers auf ihrer Stelle verweilen. Auf ähnliche Weise gelingt ein Homöomorphismus $h : \mathbb{R}^n \setminus D^n \to \mathbb{R}^n \setminus I$, wobei I hier für das Intervall $[-1,1]$ steht:

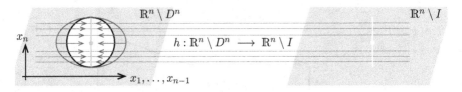

Wie in der Grafik angedeutet, wird hierfür die obige Punktkontraktion g in jeder horizontalen Hyperebene (mit Koordinaten $x_1, \ldots, x_{n-1}$) durchgeführt und entlang der Koordinate x_n stetig skaliert (maximal bei $x_n = 0$, auf Null gestaucht beim Nordpol $x_n = 1$ und Südpol $x_n = -1$, der Puffer ist ellipsenförmig).

Die Komposition $f = gh^{-1}$ ist ein Homöomorphismus $\mathbb{R}^n \setminus I \to \mathbb{R}^n \setminus \{0\}$, mit dessen Hilfe sich die zugehörigen Quotientenräume $\mathbb{R}^n/I$ und $\mathbb{R}^n/\{0\} = \mathbb{R}^n$ ebenfalls als homöomorph herausstellen (siehe dazu auch die Fußnote auf Seite 273). Mit diesen Vorbereitungen ist es unmittelbar klar, dass die reduzierte Suspension $\Sigma(S^n) = S(S^n)/(1 \times I)$ durch die homöomorphe Kontraktion von $1 \times I$ auf 1×0 homöomorph zur klassischen Suspension $S(S^n)$ ist.

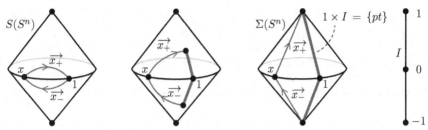

Zurück zu $\eta i_* = E$. An der Grafik ist zu erkennen, dass $i : S^n \to \Omega S^{n+1}$ nun auch als Abbildung $i : S^n \to \Omega\Sigma(S^n) \cong \Omega S^{n+1}$ interpretiert werden kann. Zusammen mit der Definition von $\eta[\alpha] = [p\overline{\alpha}]$ und der Interpretation, dass $p\overline{\alpha}$ über die Koordinate $t_{k+1} = 0$ bis $t_{k+1} = 1$ die Wege $i(x) \in \Omega\Sigma(S^n)$ vom Südpol zum Nordpol durchläuft, erkennt man im rechten Bild bei der Komposition ηi_* nichts anderes als die FREUDENTHAL-Suspension $\pi_k(S^n) \to \pi_{k+1}(S^{n+1})$, wobei der konstante Weg im Punkt 1 entlang $1 \times I$ vom Südpol zum Nordpol verläuft (was wegen der Homöomorphie $f : S^{n+1} \to \Sigma(S^n)$ eine legitime Sichtweise ist). Anders ausgedrückt: Bei der Suspension E werden durch die nachgeschaltete Identifikation der Strecke $1 \times I$ zum Punkt $1 \in S^n$ alle Strecken $x \times I$ stetig verbogen zu den jeweiligen Wegen $i(x) \in \Omega(S^{n+1},1)$. Der damit verbundene Homöomorphismus induziert einen natürlichen Isomorphismus $\pi_{k+1}(S^{n+1}) \cong \pi_{k+1}(\Sigma S^n)$.   ($\square$)

Halten wir kurz inne. Die obige Argumentation ist (wieder einmal) eines der schönen Beispiele dafür, dass die Mengentopologie bisweilen ein beachtliches Vorstellungsvermögen erfordert, den unerschrockenen Leser dann aber mit bemerkenswerten Konstruktionen umso reichlicher belohnt.

Man kann dies nun weiterführen und $E^2 : \pi_k(S^n) \to \pi_{k+2}(S^{n+2})$ als die Zeile

$$\pi_k(S^n) \xrightarrow{i_*} \pi_k(\Omega_{n+1}^1) \xrightarrow{\eta} \pi_{k+1}(S^{n+1}) \xrightarrow{i_*} \pi_{k+1}(\Omega_{n+2}^1) \xrightarrow{\eta} \pi_{k+2}(S^{n+2})$$

schreiben. Da die Schleifenraumbildung $X \Rightarrow \Omega X$ wie bereits bemerkt funktoriell ist (Seite 430), kann diese Zeile ergänzt werden mit einer weiteren Zeile zu

$$\pi_k(S^n) \xrightarrow{i_*} \pi_k(\Omega_{n+1}^1) \xrightarrow{\eta} \pi_{k+1}(S^{n+1}) \xrightarrow{i_*} \pi_{k+1}(\Omega_{n+2}^1) \xrightarrow{\eta} \pi_{k+2}(S^{n+2})$$

$$\left\| \quad \partial p_*^{-1} \right\downarrow \cong \qquad \partial p_*^{-1} \downarrow \cong \qquad \partial p_*^{-1} \downarrow \cong \qquad \uparrow \eta$$

$$\pi_k(\Omega_{n+1}^1) \xrightarrow{\Omega i_*} \pi_k(\Omega_{n+2}^2) \xrightarrow{\Omega\eta} \pi_{k+1}(\Omega_{n+2}^1).$$

An den fett hervorgehobenen Gruppen und Homomorphismen erkennt man schließlich die Abbildung $\Phi : S^n \xrightarrow{i} \Omega_{n+1}^1 \xrightarrow{\Omega i} \Omega_{n+2}^2$ mit $\eta(\Omega\eta)\Phi_* = E^2$, womit Beobachtung 3 bewiesen ist. $\square$

Nun weiter mit dem Beweis des Satzes auf Seite 430. Wir haben eine Einbettung $S^n \hookrightarrow \Omega^2_{n+2}$ konstruiert, die bezüglich der natürlichen Isomorphismen $\eta = p_* \partial^{-1}$ aus den langen exakten Sequenzen von Pfadraumfaserungen die doppelte Suspension $E^2 : \pi_k(S^n) \to \pi_{k+2}(S^{n+2})$ aus der Formulierung des Satzes induziert. Gemäß dessen Voraussetzungen sei dann $k < p(n+1) - 3$ für eine Primzahl p und $\mathcal{C}$ die Klasse der endlichen abelschen Gruppen, deren Ordnung teilerfremd zu p ist.

Man wende nun Beobachtung 1 (Seite 428) auf $X = S^{n+2}$ an und erhält für den Kohomologiering $H^*(\Omega^1_{n+2}; \mathbb{Z}_p)$ in den Dimensionen $\leq p(n+1)$ eine $\mathbb{Z}_p$-Basis der Form $\{1, x, x^2, \dots, x^{p-1}, y\}$ mit $\deg(x) = n+1$, $\deg(y) = p(n+1)$ und $x^p = 0$. Hierauf Beobachtung 2 angewendet (Seite 429), erhalten wir mit $X = \Omega^1_{n+2}$ und $m = n+1$ für den Ring $H^*(\Omega^1_{n+2}; \mathbb{Z}_p)$ in den Dimensionen $\leq p(n+1) - 2$ eine $\mathbb{Z}_p$-Basis der Form $\{1, v, t\}$, mit $\deg(v) = n$ und $\deg(t) = p(n+1) - 2$. Es folgt

$$H^k(\Omega^2_{n+2}; \mathbb{Z}_p) = 0 \quad \text{für } 0 < k < n \text{ und } n < k < p(n+1) - 2.$$

Für die durch $\Phi = (\Omega i)i : S^n \hookrightarrow \Omega^2_{n+2}$ induzierten Homomorphismen in der Kohomologie bedeutet dies, dass $H^k(\Omega^2_{n+2}; \mathbb{Z}_p) \to H^k(S^n; \mathbb{Z}_p)$ für $k < p(n+1) - 2$ ein Isomorphismus ist: Dies ist an jeder Stelle $k < p(n+1) - 2$ trivial, nur bei $k = n$ genügt es nicht, zu wissen, dass $\dim_{\mathbb{Z}_p} H^n(\Omega^2_{n+2}; \mathbb{Z}_p) = \dim_{\mathbb{Z}_p} H^n(S^n; \mathbb{Z}_p) = 1$ ist. Hier hilft aber Beobachtung 3 (Seite 431), wonach $\Phi_* = (\eta(\Omega\eta))^{-1}E^2$ als (quasi) FREUDENTHAL-Suspension einen Isomorphismus der Gruppen π_n induziert. Gemäß des HUREWICZ-Isomorphismus ist dies dann auch ein Isomorphismus der Homologiegruppen (mit $\mathbb{Z}$-Koeffizienten) und mit dem universellen Koeffiziententheorem der Kohomologie (Seite 125) folgt schließlich, dass auch

$$\Phi^* : H^n(\Omega^2_{n+2}; \mathbb{Z}_p) \longrightarrow H^n(S^n; \mathbb{Z}_p)$$

ein Isomorphismus ist. Wiederum mit dem universellen Koeffiziententheorem sieht man dann unmittelbar das folgende Zwischenresultat in der Homologie:

Die Homomorphismen $\Phi_* : H_k(S^n; \mathbb{Z}_p) \to H_k(\Omega^2_{n+2}; \mathbb{Z}_p)$ sind Isomorphismen für $k \leq p(n+1) - 3$.

Als direkte Folge der langen exakten Homologiesequenz ergibt sich daraus

$$H_k(\Omega^2_{n+2}, S^{n+2}; \mathbb{Z}_p) = 0$$

für $k \leq p(n+1) - 3$. Das universelle Koeffiziententheorem (Seite I-211), hier in der relativen Form, besagt in diesen Fällen

$$0 = H_k(\Omega^2_{n+2}, S^{n+2}) \otimes \mathbb{Z}_p \oplus \mathrm{Tor}(H_{k-1}(\Omega^2_{n+2}, S^{n+2}), \mathbb{Z}_p)$$

und da alle hier vorkommenden Homologiegruppen endlich erzeugt sind, folgt $H_k(\Omega^2_{n+2}, S^{n+2}) \in \mathcal{C}$ für $k \leq p(n+1) - 3$ (sonst würde in der Summe rechts etwas $\neq 0$ auftauchen). Mit der langen exakten Homologiesequenz des Paares $(\Omega^2_{n+2}, S^{n+2})$ und dem Zusammenhang der Inklusion $\Phi : S^n \hookrightarrow \Omega^2_{n+2}$ mit der doppelten Suspension E^2 ist schließlich der Satz auf Seite 430 bewiesen. $\qquad\square$

Der **Beweis von Theorem B** (Seite 426) ist nun ganz einfach. Man beginnt induktiv mit $n = 3$, wo die Aussage trivial ist. Für $n \ge 5$ betrachte die Doppel-suspension $E^2 : \pi_{k-2}(S^{n-2}) \to \pi_k(S^n)$, nach dem obigen Satz ein Isomorphismus modulo $\mathcal{C}$ für $k \le p(n-1)$. Laut Voraussetzung des Theorems ist $k \le n + 4p - 7$, und dies ist für $n \ge 5$ deutlich kleiner als $\le p(n-1)$, denn es war $p \ge 3$. $\square$

Das letzte Argument würde auch für $p = 2$ funktionieren (hier sind die Abschät-zungen sogar scharf), aber keinen zusätzlichen Gewinn bringen und der Rest des Beweises wäre schwieriger: Man bräuchte Beobachtung 1 unter der schwächeren Voraussetzung $H^k(X; \mathbb{Z}_p) \cong H^k(S^n; \mathbb{Z}_p)$ für $k \le p(n-1) + 1$, siehe [89].

Mit Bezug zu der Bemerkung auf Seite 426 kann Theorem B genutzt werden, um die ungerade Torsion von $\pi_9(S^5)$ auf die von $\pi_7(S^3)$ zurückzuführen, und dito für $\pi_{10}(S^5)$ sowie $\pi_{12}(S^7)$ auf diejenige von $\pi_8(S^3)$. Hierdurch wird der Fokus auf die ungerade Torsion in den Homotopiegruppen von S^3 gelegt.

10.5   Die ungerade Torsion in $\pi_k(S^3)$ für $4 \le k \le 10$

Die Reduktionstheoreme A und B von SERRE unterstreichen die Bedeutung der Gruppen $\pi_k(S^3)$ auf die höheren Homotopiegruppen der Sphären. In diesem Abschnitt wird die p-Torsion dieser Gruppen für $p \le 5$ und $k \le 10$ berechnet (höhere Torsion gibt es in diesen Fällen nicht, siehe Seite 304).

Theorem (Serre 1953, [91]): Die Homotopiegruppen $\pi_4(S^3)$, $\pi_5(S^3)$, $\pi_7(S^3)$ und $\pi_8(S^3)$ haben keine ungerade Torsion. Die ungerade Torsion von $\pi_6(S^3)$ und $\pi_9(S^3)$ ist $\mathbb{Z}_3$, die von $\pi_{10}(S^3)$ ist $\mathbb{Z}_{15}$.

Beweis: Die Aussagen über die 3-Torsion von $\pi_4(S^3)$, $\pi_5(S^3)$ und $\pi_6(S^3)$ sowie über die 5-Torsion von $\pi_k(S^3)$ für alle $k \le 10$ ergeben sich unmittelbar aus dem oben erwähnten Satz (Seite 304). Dieser Satz ist aber für die 3-Torsion schon bei $\pi_7(S^3)$ nicht mehr anwendbar, denn hier ist $7 > n + 2p - 3$. Wir benötigen in diesem Fall eine Reihe trickreicher Argumente, die auch auf die Beiträge von ECKMANN zurückgreifen (Seite 415 f). Der erste Schritt ist die Konstruktion eines speziellen kompakten CW-Komplexes, nämlich

$$S^6|3 = D^7 \cup_f S^6 ,$$

bei dem eine Zelle e^7 mit einer Anheftungsabbildung $f : \partial D^7 = S^6 \to S^6$ vom Grad $\deg f = 3$ an die S^6 angeheftet ist (die Konstruktion und die damit verbun-denen Sätze sind allgemeiner für analog konstruierte Räume der Form $S^{2p}|p$ möglich, werden der Einfachheit halber aber nur für $p = 3$ durchgeführt). Wir betrachten dann die lange exakte Homotopiesequenz des Paares $(S^6|3, S^6)$,

$$\pi_8(S^6|3, S^6) \xrightarrow{\partial} \pi_7(S^6) \longrightarrow \pi_7(S^6|3) \longrightarrow \pi_7(S^6|3, S^6) \xrightarrow{\partial} \pi_6(S^6) ,$$

in der die Randoperatoren ∂ durch die Zuordnung $a \mapsto 3a$ gegeben sind: Dies ist rechts klar, denn die Einschränkung von id_{D^7} als Repräsentant des Generators von $\pi_7(S^6|3, S^6) \cong \pi_7(S^7)$ auf die mit Grad 3 angeheftete S^6 hat auch Grad 3. Beachten Sie bei $\pi_7(S^6|3, S^6)$ die Homotopie von Quotientenräumen (Seite 22).

Diesen Quotientensatz kann man noch weiter ausreizen, denn das Paar $(S^6|3, S^6)$ ist 6-zusammenhängend: Offensichtlich ist $\pi_6(S^6|3) \cong \mathbb{Z}_3$ wegen der zellulären Homologie und dem Theorem von HUREWICZ. Damit ist $\pi_6(S^6) \to \pi_6(S^6|3)$ surjektiv, mithin $\pi_6(S^6|3, S^6) = 0$ wegen $\pi_5(S^6) = 0$ (betrachten Sie die lange exakte Sequenz eine Dimension niedriger als oben). Mit dem 5-Zusammenhang von S^6 und dem Quotientensatz ergibt sich daraus eine für den weiteren Verlauf essentiell wichtige Aussage:

Beobachtung: Der Quotient $q : (S^6|3, S^6) \to (S^7, 1)$ modulo S^6 induziert für $k \le 5 + 6 = 11$ Isomorphismen

$$q_* : \pi_k(S^6|3, S^6) \longrightarrow \pi_k(S^7).$$

Damit ergibt sich am rechten Ende der Sequenz $\pi_8(S^6|3, S^6) \cong \pi_8(S^7) \cong \mathbb{Z}_2$, und der Generator ι dieser Gruppe sei repräsentiert durch eine Abbildung

$$\alpha : (I^8, \partial I^8, J^8) \longrightarrow (S^6|3, S^6, 1).$$

Das Bild von ι in $\pi_7(S^6)$ ist repräsentiert durch die Einschränkung $\alpha|_{\partial I^8}$, und dies entspricht (wieder durch die Anheftung von D^7 an S^6 mit der Abbildung f vom Grad 3) der Komposition

$$\partial : S^7 \longrightarrow S^6 \xrightarrow{f} S^6,$$

wobei ∂I^8 nach dem üblichen Muster mit S^7 identifiziert ist. Nach Lemma I von ECKMANN (Seite 415 f) ist $\pi_7(S^6)$ eckmannsch und daher in der obigen Sequenz auch der linke Randoperator ∂ gegeben durch $a \mapsto 3a$, mithin ein Isomorphismus $\mathbb{Z}_2 \to \mathbb{Z}_2$. Es folgt als wichtiges Zwischenergebnis

$$\pi_7(S^6|3) = 0.$$

Wir werden in Kürze sehen (Lemma auf Seite 437), dass damit die 3-Komponente von $\pi_7(S^3)$ verschwindet. Wir bewegen uns aber in der langen exakten Homotopiesequenz von $(S^6|3, S^6)$ weiter und betrachten den Ausschnitt

$$\pi_9(S^6|3, S^6) \xrightarrow{\partial} \pi_8(S^6) \longrightarrow \pi_8(S^6|3) \longrightarrow \pi_8(S^6|3, S^6) \xrightarrow{\partial} \pi_7(S^6).$$

Die Randoperatoren sind hier ebenfalls durch $a \mapsto 3a$ gegeben, denn auch $\pi_8(S^6)$ ist eckmannsch, isomorph zu $\mathbb{Z}_2$. Da $\pi_9(S^6|3, S^6) \cong \pi_9(S^7)$ auch isomorph zu $\mathbb{Z}_2$ ist, haben wir am rechten und linken Rand Isomorphismen, mithin ist

$$\pi_8(S^6|3) = 0.$$

Wieder mit dem Lemma auf Seite 437 wird sich ergeben, dass auch die 3-Torsion von $\pi_8(S^3)$ verschwindet.

Für die Bestimmung von $\pi_9(S^6|3)$ nehmen wir ein Ergebnis vorweg, dass (aus Gründen der thematischen Kohärenz) erst im übernächsten Abschnitt besprochen wird (Seite 467): die gerade Torsion von $\pi_9(S^6)$ in Form von $\mathbb{Z}_8$. Aus dem früheren Satz über die p-Torsion (Seite 304) folgt damit $\pi_9(S^6) \cong \mathbb{Z}_{24}$.

Man betrachtet nun den nächsten Ausschnitt der obigen $(S^6|3, S^6)$-Sequenz,

$$\pi_{10}(S^6|3, S^6) \xrightarrow{\partial} \pi_9(S^6) \longrightarrow \pi_9(S^6|3) \longrightarrow \pi_9(S^6|3, S^6) \xrightarrow{\partial} \pi_8(S^6),$$

mit dem Isomorphismus $\partial(a) = 3a$ auf der rechten Seite. Auch $\pi_9(S^6) \cong \mathbb{Z}_{24}$ ist eckmannsch (Seite 416) und daher links $\partial : \pi_{10}(S^7) \to \pi_9(S^6)$ ebenfalls die Multiplikation mit 3. Damit ist auf der linken Seite der Sequenz $\mathrm{Im}(\partial) \cong \mathbb{Z}_8$, mithin $\mathrm{Coker}(\partial) \cong \mathbb{Z}_{24}/\mathbb{Z}_8 \cong \mathbb{Z}_3$. So erkennt man wie oben

$$\pi_9(S^6|3) \cong \mathbb{Z}_3,$$

und das bereits erwähnte Lemma zeigt $\pi_9(S^3)|_3 \cong \mathbb{Z}_3$. Der nächste Ausschnitt nach diesem Muster ist dann

$$\pi_{11}(S^6|3, S^6) \xrightarrow{\partial} \pi_{10}(S^6) \longrightarrow \pi_{10}(S^6|3) \longrightarrow \pi_{10}(S^6|3, S^6) \xrightarrow{\partial} \pi_9(S^6),$$

in dem die beiden Gruppen links verschwinden: auch dies ein Vorgriff auf den Stamm $\pi_4^s = 0$, er wird auf Seite 470 besprochen. Der Randoperator ∂ rechts ist die Multiplikation mit 3 in $\mathbb{Z}_{24}$, also ist in diesem Fall $\mathrm{Ker}(\partial) = \{0, 8, 16\} \cong \mathbb{Z}_3$. Wir erhalten auf diese Weise auch

$$\pi_{10}(S^6|3) \cong \mathbb{Z}_3,$$

und das folgende, schon mehrfach erwähnte Lemma zeigt $\pi_{10}(S^3)|_3 \cong \mathbb{Z}_3$, womit der Satz von SERRE zur ungeraden Torsion von $\pi_k(S^3)$ für alle $k \leq 10$ vollständig bewiesen wäre. Hier der noch fehlende Baustein dafür:

Lemma (Die p-Komponenten von $\pi_k(S^3)$ für $k \leq 4p - 2$)
Es gibt für jede Primzahl p eine stetige Abbildung $\Phi : S^{2p}|p \to S^3$, die einen Homomorphismus

$$\Phi_* : \pi_k(S^{2p}|p) \longrightarrow \pi_k(S^3)|_p$$

auf $\pi_k(S^3)|_3$ induziert, der für $k \leq 4p - 2$ ein Isomorphismus ist.

Beweis: Es sei $(S^3, 4)$ der TCW-Raum mit $\pi_k(S^3, 4) = \pi_k(S^3)$ für $k \geq 4$ und $\pi_k(S^3, 4) = 0$ für $k \leq 3$. Er entsteht aus der S^3 durch die doppelte Pfadraumfaserung zur Einbettung $S^3 \hookrightarrow K(\mathbb{Z}, 3)$, gemäß einer speziellen Form der Auslöschung von Homotopiegruppen (Seite 92). Dies führt zu der Faserung $K(\mathbb{Z}, 2) \to (S^3, 4) \xrightarrow{p} S^3$ und ein wichtiger Schritt für den Einsatz von Spektralsequenzen ist die Bestimmung der Homologie des Totalraums $(S^3, 4)$.

Hierfür gibt es ein schönes Resultat, das ebenfalls mit Spektralsequenzen erreicht werden kann und dessen Beweis der Einfachheit halber auf das Ende des Beweises verschoben sei:

$$H_k(S^3,4) \cong \begin{cases} 0 & \text{für } k \text{ ungerade}, \\ \mathbb{Z}_{k/2} & \text{für } k \text{ gerade}. \end{cases}$$

Mit diesem Wissen kann man den Beweis des Lemmas relativ zügig vollenden. Damit die Argumentation etwas anschaulicher wird, sei dies hier konkret nur für die Primzahl 3 durchgeführt (und Ihnen für $p \neq 3$ als **Übung** empfohlen).

Es sei $\mathcal{C}$ die Klasse aller endlichen abelschen Gruppen, deren Ordnung teilerfremd zu 3 ist. Aus HUREWICZ-SERRE modulo $\mathcal{C}$ (Seite 420) und der Homologie von $(S^3,4)$ folgt, dass $\pi_k(S^3,4)|_3 = 0$ ist für $k < 6$, sowie $\pi_6(S^3,4)|_3 \cong \mathbb{Z}_3$. Bedenken Sie dazu, dass „modulo $\mathcal{C}$" hier die gewöhnliche Isomorphie der ersten nicht-verschwindenden 3-Komponente von $H_*(S^3,4)$ und $\pi_*(S^3,4)$ bewirkt, auch wenn manche Gruppen vorher $\neq 0$ waren (wie beim Index $k = 4$).

Man benötigt nun eine wahrlich interessante topologische Konstruktion. Es sei $g : S^6 \to (S^3,4)$ Repräsentant eines Generators von $\pi_6(S^3,4)$ mit $3[g] = 0$. Diese Abbildung existiert, weil $\pi_6(S^3,4) \cong \mathbb{Z}_3 \oplus \{\text{Gruppe in } \mathcal{C}\}$ ist und man dort einen Repräsentanten des Elements $1 \oplus 0$ finden kann. Die Abbildung g lässt sich dann fortsetzen zu einer Abbildung

$$\tilde{g} : S^6|3 \longrightarrow (S^3,4).$$

Betrachte dazu eine Nullhomotopie $h_t : S^6 \times I \to (S^3,4)$ von $3g : S^6 \to (S^3,4)$. Diese Nullhomotopie definiert eine Abbildung $D^7 \to (S^3,4)$, zum Beispiel über die bekannte konzentrische Kontraktion der D^7 auf den Mittelpunkt, die durch den Quotienten $S^6|3$ faktorisiert, denn dort wird $S^6 = \partial D^7$ mit Grad 3 an die S^6 angeheftet (beachte, dass $3g$ auf ∂D^7 das Dreifache der Abbildung g ist, also modulo Homotopie je 3 Punkte auf denselben Punkt in $(S^3,4)$ abbildet). Man definiere nun die Abbildung Φ aus dem Lemma als

$$\Phi = p\tilde{g} : S^6|3 \longrightarrow (S^3,4) \longrightarrow S^3,$$

mit der obigen Faserung $p : (S^3,4) \to S^3$. Es ist zu zeigen, dass der induzierte Homomorphismus Φ_* für $k \leq 10$ ein Isomorphismus der 3-Komponenten ist.

Zunächst sieht man, dass Φ_* generell die Gruppe $\pi_k(S^6|3)$ in die Gruppe $\pi_k(S^3)|_3$ abbildet, denn $H_k(S^6|3) = 0$ für $k > 0$, mit der einzigen Ausnahme $H_6(S^6|3) \cong \mathbb{Z}_3$ gemäß zellulärer Homologie. Nach dem Satz von HUREWICZ-SERRE sind dann alle $\pi_k(S^6|3)$ endliche 3-Gruppen und die Ordnung aller Elemente im Bild von Φ_* ist eine Dreierpotenz, das Bild liegt also in $\pi_k(S^3)|_3$.

Nun ist $\tilde{g}_* : H_k(S^6|3) \to H_k(S^3,4)$ für $0 < k \leq 11$ ein $\mathcal{C}$-Isomorphismus, und damit natürlich auch $\Phi_* : H_k(S^6|3) \to H_k(S^3)$. Nach dem Satz von WHITEHEAD-SERRE (Seite 424) folgen daraus die $\mathcal{C}$-Isomorphismen $\Phi_* : \pi_k(S^6|3) \to \pi_k(S^3)$, also gewöhnliche Isomorphismen $\Phi_* : \pi_k(S^6|3) \to \pi_k(S^3)|_3$ für $k \leq 10$.

Damit ist das Theorem von SERRE über die ungerade Torsion von $\pi_k(S^3)$ für $k \leq 10$ bis auf wenige Lücken bewiesen: Es fehlen noch die geraden Torsionen von $\pi_9(S^6) \cong \pi_3^s$ und $\pi_{10}(S^6) \cong \pi_{11}(S^7) \cong \pi_4^s$, die wie schon angedeutet ab Seite 461 bestimmt werden, und eben die Homologie von $(S^3,4)$, die wir jetzt nachholen.

Man verwendet dazu die Faserung $K(\mathbb{Z},2) \to (S^3,4) \to S^3$, in der $H^*(S^3)$ klassisch ist und wir bereits früher für die Faser den Kohomologiering als $H^*(\mathbb{Z},2) \cong \mathbb{Z}[a]$ mit einem $a \in H^2(\mathbb{Z},2)$ bestimmt haben (Seite 218). Beachten Sie, dass wir aus Gründen der Notation für alle abelschen Gruppen G und Koeffizienten in A die **abkürzenden Schreibweisen**

$$H^*(G, n; A) = H^*\big(K(G,n); A\big) \quad \text{und} \quad H_*(G, n; A) = H_*\big(K(G,n); A\big)$$

verwenden, bei denen wieder A im Fall $\mathbb{Z}$ weggelassen werden kann (siehe auch Seite 412). So ist also $H^*(\mathbb{Z},2)$ die Kurzschreibweise für $H^*\big(K(\mathbb{Z},2); \mathbb{Z}\big)$.

Die E_2-Seite der Kohomologie-Spektralsequenz über $\mathbb{Z}$ hat dann die Gestalt

$$K(\mathbb{Z},2) \to (S^3,4) \to S^3$$

q					
6	$\mathbb{Z}\,a^3$	$\xrightarrow{\ d_2\ }$	$\mathbb{Z}\,a^3 x$	0	$\cdots$
4	$\mathbb{Z}\,a^2$	$\xrightarrow{\ d_2\ }$	$\mathbb{Z}\,a^2 x$	0	$\cdots$
2	$\mathbb{Z}\,a$	$\xrightarrow{\ d_2\ }$	$\mathbb{Z}\,ax$	0	$\cdots$
$q = 0$	$\mathbb{Z}$		$\mathbb{Z}\,x$	0	$\cdots$
	$p = 0$		3	4	$\cdots,$

in der die dargestellten, allesamt zu $\mathbb{Z}$ isomorphen Gruppen die einzigen $\neq 0$ sind. In der Tat sind alle $H^k(S^3)$ in der Basis endlich erzeugte, freie $\mathbb{Z}$-Moduln, weswegen der Beweis des Lemmas über die Kohomologiealgebren (Seite 427) wörtlich auch für Koeffizienten im Hauptidealring $\mathbb{Z}$ anstelle des Körpers K durchführbar ist. So sind alle a^r und $a^r x$ freie Generatoren ihrer (zu $\mathbb{Z}$ isomorphen) Gruppen.

Nach dem Satz von HUREWICZ ist $H_k(S^3,4) = 0$ für $0 < k \leq 3$, also nach dem universellen Koeffiziententheorem $H^k(S^3,4) = 0$ für mindestens $0 < k \leq 3$ (wir wissen wegen $\pi_4(S^3,4) \cong \pi_4(S^3) \cong \mathbb{Z}_2$ und $\mathrm{Hom}(\mathbb{Z}_2, \mathbb{Z}) = 0$, dass dies sogar für $0 < k \leq 4$ gilt). Damit ist zwingend $d_2 a = x$ und allgemein nach der Derivationsformel $d_2(a^r) = r a^{r-1} x$, siehe auch Seite 220 f. Damit überleben nur die Gruppen zu $p = 3$ den Übergang zur E_3-Seite und bleiben dort bis zu E_∞ bestehen. Wegen $\mathrm{Coker}(\mathbb{Z} \xrightarrow{r} \mathbb{Z}) = \mathbb{Z}_r$ folgt $H^{k+1}(S^3,4) \cong \mathbb{Z}_{k/2}$ für k gerade und 0 für k ungerade. Wieder mit dem universellen Koeffiziententheorem folgt die gesuchte Homologie von $(S^3,4)$.

Der Beweis des Theorems auf Seite 435 ist damit bis auf die geraden Torsionen in π_3^s und π_4^s erbracht (was sich unabhängig davon ab Seite 461 ergibt). Wir fassen zur Orientierung noch einmal zusammen, dass nach dem Lemma auf Seite 437 die 3-Komponenten von $\pi_k(S^3)$ für $k \leq 10$ mit denen von $\pi_k(S^6|3)$ übereinstimmen, und letztere wurden bereits vorab berechnet (Seite 435 f). $\square$

Somit haben wir bis zu diesem Zeitpunkt die folgenden Informationen über die Homotopiegruppen der S^3:

$$
\pi_k(S^3) \; \cong \; \begin{cases}
\mathbb{Z} & \text{für } k = 0 \text{ und } k = 3\,, \\
0 & \text{für } k = 1 \text{ und } k = 2\,, \\
\mathbb{Z}_2 & \text{für } k = 4\,, \\
2\text{-Gruppe} \neq 0 & \text{für } k = 5\,, \\
2\text{-Gruppe} \oplus \mathbb{Z}_3 & \text{für } k = 6\,, \\
2\text{-Gruppe} & \text{für } k = 7 \text{ und } k = 8\,, \\
2\text{-Gruppe} \oplus \mathbb{Z}_3 & \text{für } k = 9\,, \\
2\text{-Gruppe} \oplus \mathbb{Z}_{15} & \text{für } k = 10\,.
\end{cases}
$$

Damit erhält man mit Blick auf die Reduktionssätze A und B (Seite 425 ff) praktisch alle Ergebnisse dieses Buches, wenn die 2-Komponenten der Gruppen $\pi_k(S^3)$ für $5 \leq k \leq 10$ bestimmt sind.

Es geht sogar mehr: Die Homologie von $(S^3,4)$ zeigt mit den Argumenten davor, insbesondere dem Lemma zu der Abbildung $\Phi : S^{2p}|p \to S^3$, dass $\pi_k(S^3)|_p = 0$ ist für $k < 2p$ und $\pi_k(S^3)|_p \cong \mathbb{Z}_p$ für $k = 2p$. Mit den Reduktionssätzen kann so ein alternativer Beweis des Theorems über die p-Komponenten in $\pi_k(S^n)$ gewonnen werden, für das wir früher Lokalisierungen benötigt haben (Seite 304 ff). Dies sei Ihnen als lohnende **Übung** empfohlen.

10.6   Intermezzo: Technische Ergänzungen zu Spektralsequenzen

Bevor wir uns in den finalen Abschnitten der geraden Torsion von $\pi_k(S^n)$ zuwenden, hier in einem kurzen technischen Zwischenabschnitt drei allgemeine Resultate zu Kohomologie-Spektralsequenzen.

Sie erscheinen hier in einem eigenen Abschnitt, da die erste Einführung in das Thema (Seite 159 ff) sonst zu umfangreich geworden wäre, andererseits aber die späteren Anwendungen unnötig ausgedehnt und an Durchsichtigkeit verlieren würden, wenn diese Ergebnisse erst dort „on demand" besprochen werden (was auch manchmal gemacht wird, es ist stets eine didaktische Abwägung).

Bei der ersten Orientierung können Sie die folgenden Ausführungen gerne als gegeben annehmen und gleich mit dem nächsten Abschnitt fortsetzen.

Zunächst eine einfache Beobachtung, auch als Ergänzung zu den relativen Spektralsequenzen (Seite 292), die Ihnen teilweise (in den routinemäßigen Details) als kleine **Übung** empfohlen sei.

Beobachtung (Funktorialität der Kohomologie-Spektralsequenzen)
Es seien

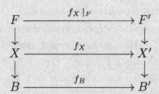

TCW-Faserungen, mit B und B' einfach zusammenhängend, und G eine abelsche Gruppe. Dann gilt

1. Das Paar $f = (f_B, f_X)$ induziert auf allen Seiten der Spektralsequenzen E_r und E'_r Homomorphismen $f_r^* : (E')_r^{p,q} \to E_r^{p,q}$, die mit den Differentialen d_r verträglich sind. Die f_{r+1}^* sind dabei von f_r^* induziert.

2. Der induzierte Homomorphismus $f_X^* : H^*(X';G) \to H^*(X;G)$ verträgt sich mit den jeweiligen absteigenden Filtrierungen durch die Gruppen F_k^* und $(F')_k^*$ beim Übergang zu den E_∞-Seiten.

3. Auf den E_2-Seiten ist der Homomorphismus

    $$f_2^* : H^{p+q}\big(B'; H^q(F';G)\big) \longrightarrow H^{p+q}\big(B; H^q(F;G)\big)$$

    induziert von f_B^* auf $H^*(B')$ und $(f_X\big|_F)^* : H^*(F';G) \to H^*(F;G)$.

Der **Beweis** verlangt die Prüfung vieler technischer Details, geht aber völlig geradeaus. Zu Beginn besteht die Notwendigkeit, die Abbildung f_B homotop zu einer zellulären Abbildung zu verformen (zelluläre Approximation, Seite I-339) und diese Homotopie auf f_X hochzuheben. Wenn dann also f_B zellulär ist, folgen die Punkte 1 und 2 sofort durch direktes Überprüfen der Definitionen.

Für Punkt 3 benötigt man die Konstruktion des Isomorphismus

$$E_1^{p,q} = H^{p+q}(X_p, X_{p-1}; G) \cong H^p\big(B^p, B^{p-1}; H^q(F;G)\big)$$

auf den E_1-Seiten von Spektralsequenzen in der Kohomologie (Seite 189 f), der im Wesentlichen von Faserhomotopieäquivalenzen in der Form

$$\psi_{D_\lambda^p} : \big(\widetilde{D}_\lambda^p, \widetilde{S}_\lambda^{p-1}\big) \longrightarrow (D_\lambda^p, S_\lambda^{p-1}) \times F = \big(D_\lambda^p \times F, S_\lambda^{p-1} \times F\big)$$

abhing, unter Mitwirkung der Sätze von EILENBERG-ZILBER und KÜNNETH. All diese Konstruktionen und Hilfsmittel sind für sich gesehen funktoriell und da $f_B : B \to B'$ zellulär ist, entsprechen sich diese Konstruktionen auf den E_2-Seiten und wir haben $f_2^* = (f_B, f_X)_2^*$. Genaues Prüfen der Details (wie gesagt, dem Leser als **Übung** nahegelegt) liefert dann auch Punkt 3. $\square$

Der **Vergleichssatz** von Spektralsequenzen (engl. *spectral sequence comparison theorem*) ist das zweite Hilfsresultat dieses Abschnitts. Schon früher haben wir die Isomorphie von Spektralsequenzen durch Übereinanderlegen verwendet (Seiten 232 oder 240). Hier nun in gewisser Weise eine von mehreren möglichen Umkehrschlüssen davon.

Satz (Vergleichssatz von Spektralsequenzen)

Es seien $\widetilde{E}_*$ und E_* Kohomologie-Spektralsequenzen und $\varphi_{p,0} : \widetilde{E}_2^{p,0} \to E_2^{p,0}$ sowie $\varphi_{0,q} : \widetilde{E}_2^{0,q} \to E_2^{0,q}$ Homomorphismen der Gruppen auf den beiden Achsen. Außerdem sei $\widetilde{E}_2^{p,q} \cong \widetilde{E}_2^{p,0} \otimes \widetilde{E}_2^{0,q}$ und $E_2^{p,q} \cong E_2^{p,0} \otimes E_2^{0,q}$ für alle $p, q \geq 0$, und $\varphi = \varphi_{p,0} \otimes \varphi_{0,q}$ induziere auf den E_2-Seiten einen Homomorphismus $\widetilde{E}_* \to E_*$ der Spektralsequenzen (sukzessive Verträglichkeit mit den Differentialen d_* auf E_2 und allen Folgeseiten).

Falls dann alle $\varphi_{0,q} : \widetilde{E}_2^{0,q} \to E_2^{0,q}$ und die von φ induzierten Homomorphismen $\varphi_{p,q}^{\infty} : \widetilde{E}_\infty^{p,q} \to E_\infty^{p,q}$ Isomorphismen sind, gilt dies auch für alle $\varphi_{p,0}$.

In diesem speziellen Kontext ist es also möglich, von der (stabilen) E_∞-Seite auf die Basiszeile zurückzuschließen und so wichtige Informationen zum Kohomologiering $H^*(B; R)$ von Faserungen gewinnen. Der Satz ist auch gültig für den Schluss von den Homomorphismen φ_∞ und $\varphi^{p,0}$ auf die Homomorphismen $\varphi^{0,q}$, dies wird im weiteren Verlauf jedoch nicht benötigt.

Beweis: Induktiv sei $\varphi_{p,0} : \widetilde{E}_2^{p,0} \to E_2^{p,0}$ ein Isomorphismus für $p \leq k$. Im Induktionsschritt auf $p = k+1$, also um die Isomorphie von $\varphi_{k+1,0} : \widetilde{E}_2^{k+1,0} \to E_2^{k+1,0}$ zu zeigen, verwendet man eine Abwärtsinduktion nach dem Index r der E_r-Seiten. Nach Voraussetzung gibt es ein $m \geq 0$, sodass $\varphi_{k+1,0}^{(m)} : \widetilde{E}_m^{k+1,0} \to E_m^{k+1,0}$ ein Isomorphismus ist. Für die Abwärtsinduktion nach r betrachte man dann das in den Zeilen exakte Diagramm

in dem $\varphi_Z^{(r)} = \varphi_{k-r+1,r-1}^{(r)}\big|_{\widetilde{Z}_r^{k-r+1,r-1}}$ ist und wir den rechten senkrechten Pfeil induktiv als Isomorphismus annehmen dürfen. Zu zeigen ist, dass der Pfeil links daneben ein Isomorphismus ist (womit man abwärts induktiv zu $\varphi_{k+1,0}^{(2)} = \varphi_{k+1,0}$ gelangt). Dies wird durch drei interessante Beobachtungen geleistet:

(a) Die $\varphi_{p,q}^{(r)} : \widetilde{E}_r^{p,q} \to E_r^{p,q}$ sind Isomorphismen für $p \leq k - r + 1$.

(b) Die $\varphi_{p,q}^{(r)} : \widetilde{E}_r^{p,q} \to E_r^{p,q}$ sind injektiv für $p \leq k$.

(c) Die Abbildungen $\varphi_Z^{(r)} : \widetilde{Z}_r^{k-r+1,r-1} \to Z_r^{k-r+1,r-1}$ sind Isomorphismen.

In diesem Fall folgt die gesuchte Isomorphie $\varphi_{k+1,0}^{(r)} : \widetilde{E}_r^{k+1,0} \to E_r^{k+1,0}$ ohne Umwege aus dem Fünferlemma. Es bleibt, die Aussagen (a), (b) und (c) zu zeigen.

Beweis von (a) und (b): Dies wird wieder mit aufsteigender Induktion nach r gezeigt, wobei der Induktionsanfang $r = 2$ klar ist wegen $\widetilde{E}_2^{p,q} \cong \widetilde{E}_2^{p,0} \otimes \widetilde{E}_2^{0,q}$ und $\varphi = \varphi_{p,0} \otimes \varphi_{0,q}$. Für den Induktionsschritt $r \to r+1$ betrachte das Diagramm

$$
\begin{array}{ccccccc}
0 & \longrightarrow & \widetilde{Z}_r^{p,q} & \longrightarrow & \widetilde{E}_r^{p,q} & \xrightarrow{d_r} & \widetilde{E}_r^{p+r,q-r+1} \\
& & & & \Big\downarrow{\varphi_{p,q}^{(r)}} & & \Big\downarrow{\varphi_{p+r,q-r+1}^{(r)}} \\
0 & \longrightarrow & Z_r^{p,q} & \longrightarrow & E_r^{p,q} & \xrightarrow{d_r} & E_r^{p+r,q-r+1}.
\end{array}
$$

Nach Induktionsannahme (a) ist der mittlere senkrechte Pfeil ein Isomorphismus für $p \leq k - r + 1$ und nach (b) ist der rechte Pfeil injektiv für $p \leq k - r$. Eine einfache Diagrammjagd zeigt dann, dass $\varphi_{p,q}^{(r)}$ für $p \leq k - r$ einen Isomorphismus

$$\varphi_Z^{(r)} : \widetilde{Z}_r^{p,q} \longrightarrow Z_r^{p,q}$$

induziert (hierbei ist nur die Surjektivität nicht trivial, sie benötigt neben dem Inversen von $\varphi_{p,q}^{(r)}$ auch die Injektivität von $\varphi_{p+r,q-r+1}^{(r)}$).

Für die Untersuchung der Kokerne $\widetilde{E}_r^{p,q}/\widetilde{B}_r^{p,q}$ und $E_r^{p,q}/B_r^{p,q}$ von d_r betrachte das Diagramm

$$
\begin{array}{ccccccc}
\widetilde{E}_r^{p-r,q+r-1} & \xrightarrow{d_r} & \widetilde{E}_r^{p,q} & \longrightarrow & \widetilde{E}_r^{p,q}/\widetilde{B}_r^{p,q} & \longrightarrow & 0 \\
\Big\downarrow{\varphi_{p-r,q+r-1}^{(r)}} & & \Big\downarrow{\varphi_{p,q}^{(r)}} & & \Big\downarrow & & \\
E_r^{p-r,q+r-1} & \xrightarrow{d_r} & E_r^{p,q} & \longrightarrow & E_r^{p,q}/B_r^{p,q} & \longrightarrow & 0.
\end{array}
$$

Wieder mit der Induktionsannahme (a) ist der mittlere Pfeil ein Isomorphismus für $p \leq k-r+1$ und der linke Pfeil ein Isomorphismus für $p \leq k+1$. Eine ähnliche Diagrammjagd wie oben ergibt dann ohne Schwierigkeiten für $p \leq k - r + 1$ einen Isomorphismus

$$\varphi_{E/B}^{(r)} : \widetilde{E}_r^{p,q}/\widetilde{B}_r^{p,q} \longrightarrow E_r^{p,q}/B_r^{p,q}.$$

Aus der kurzen exakten Sequenz $0 \to B_r^{p,q} \to E_r^{p,q} \to E_r^{p,q}/B_r^{p,q} \to 0$, mit oder ohne die Tilde über den Gruppen, erkennt man damit für $p \leq k - r + 1$ den von $\varphi_{p,q}^{(r)}$ induzierten Isomorphismus

$$\varphi_B^{(r)} : \widetilde{B}_r^{p,q} \longrightarrow B_r^{p,q}.$$

Verbindet man nun die kurzen exakten Sequenzen $0 \to \widetilde{B}_r^{p,q} \to \widetilde{Z}_r^{p,q} \to \widetilde{E}_{r+1}^{p,q} \to 0$ und $0 \to B_r^{p,q} \to Z_r^{p,q} \to E_{r+1}^{p,q} \to 0$ über $\varphi_B^{(r)}$ und $\varphi_Z^{(r)}$, erkennt man, dass $\varphi_{p,q}^{(r)}$ für $p \leq k - r$ einen Isomorphismus

$$\varphi_{p,q}^{(r+1)} : \widetilde{E}_{r+1}^{p,q} \longrightarrow E_{r+1}^{p,q}$$

induziert. Das ist Aussage (a) für $r + 1$ anstelle von r.

Es ist nicht überraschend, dass auch der Induktionsschritt für Aussage (b) dem gleichen Muster folgt. Die Induktionsannahme (b) liefert durch Einschränkung auf $\widetilde{Z}_r^{p,q}$, dass $\varphi_{p,q}^{(r)}$ für $p \leq k$ auf $\widetilde{Z}_r^{p,q}$ injektiv ist. Das Diagramm

$$
\begin{array}{ccccc}
\widetilde{E}_r^{p-r,q+r-1} & \xrightarrow{\;d_r\;} & \widetilde{B}_r^{p,q} & \longrightarrow & 0 \\[2mm]
\varphi_{p-r,q+r-1}^{(r)} \downarrow & & \varphi_B^{(r)} \downarrow & & \\[2mm]
E_r^{p-r,q+r-1} & \xrightarrow{\;d_r\;} & B_r^{p,q} & \longrightarrow & 0
\end{array}
$$

zeigt, dass $\varphi_B^{(r)} : \widetilde{B}_r^{p,q} \to B_r^{p,q}$ für $p - r \leq k - r + 1$ oder eben $p \leq k + 1$ surjektiv ist, denn der linke senkrechte Pfeil ist für diese p ein Isomorphismus nach (a). Mit dem Diagramm

$$
\begin{array}{ccccccccc}
0 & \longrightarrow & \widetilde{B}_r^{p,q} & \longrightarrow & \widetilde{Z}_r^{p,q} & \longrightarrow & \widetilde{E}_{r+1}^{p,q} & \longrightarrow & 0 \\[2mm]
 & & \varphi_B^{(r)} \downarrow & & \varphi_Z^{(r)} \downarrow & & \varphi_{p,q}^{(r+1)} \downarrow & & \\[2mm]
0 & \longrightarrow & B_r^{p,q} & \longrightarrow & Z_r^{p,q} & \longrightarrow & E_{r+1}^{p,q} & \longrightarrow & 0
\end{array}
$$

erkennt man für $p \leq k$, dass $\varphi_{p,q}^{(r+1)}$ injektiv ist: Nehmen Sie hierfür ein $x \in \widetilde{E}_{r+1}^{p,q}$ mit $\varphi_{p,q}^{(r+1)}(x) = 0$, ein Urbild $y \in \widetilde{Z}_r^{p,q}$ von x und zeigen Sie anschließend mit der unteren Zeile $y \in \widetilde{B}_r^{p,q}$. Dies war der Induktionsschritt für Aussage (b).

Beweis von (c): Dass die $\varphi_Z^{(r)} : \widetilde{Z}_r^{k-r+1,r-1} \to Z_r^{k-r+1,r-1}$ Isomorphismen sind, zeigt man wieder mit absteigender Induktion nach r. In dem Diagramm

$$
\begin{array}{ccccccccc}
\widetilde{Z}_m^{k-r-m+1,r+m-2} & \longrightarrow & \widetilde{E}_m^{k-r-m+1,r+m-2} & \xrightarrow{\;d_m\;} & \widetilde{Z}_m^{k-r+1,r-1} & \longrightarrow & \widetilde{E}_{m+1}^{k-r+1,r-1} & \longrightarrow & 0 \\[2mm]
\varphi_Z^{(m)} \downarrow & & \varphi_{k-r-m+1,r+m-2}^{(m)} \downarrow & & \varphi_Z^{(m)} \downarrow & & \varphi_{k-r+1,r-1}^{(m+1)} \downarrow & & \\[2mm]
Z_m^{k-r-m+1,r+m-2} & \longrightarrow & E_m^{k-r-m+1,r+m-2} & \xrightarrow{\;d_m\;} & Z_m^{k-r+1,r-1} & \longrightarrow & E_{m+1}^{k-r+1,r-1} & \longrightarrow & 0
\end{array}
$$

kann man im linken Teil $\varphi_Z^{(m)}$ und $\varphi_{k-r-m+1,r+m-2}^{(m)}$ gemäß Aussage (a) als Isomorphismen annehmen (wegen $k - r - m + 1 \leq k - m$).

Etwas subtiler wird es beim rechten Pfeil $\varphi_{k-r+1,r-1}^{(m+1)}$. Wegen $m \geq r$ ist im Verlauf der gesamten Induktion das Differential $d_{m+1} = 0$, denn der q-Index $r - 1$ wird negativ (bei $m = r$ wird er genau zu -1). Man kann also in dem Diagramm von $\widetilde{E}_{m+1}^{k-r+1,r-1} \cong \widetilde{Z}_{m+1}^{k-r+1,r-1}$ und $E_{m+1}^{k-r+1,r-1} \cong Z_{m+1}^{k-r+1,r-1}$ ausgehen und induktiv (für genügend großes $m \geq r$) die rechten Pfeile

$$
\varphi_{k-r+1,r-1}^{(m+1)} : \widetilde{Z}_{m+1}^{k-r+1,r-1} \longrightarrow Z_{m+1}^{k-r+1,r-1}
$$

als Isomorphismen annehmen. Wieder ist es das Fünferlemma, mit dem wir dann auch $\varphi_Z^{(m)} : \widetilde{Z}_m^{k-r+1,r-1} \to Z_m^{k-r+1,r-1}$ als Isomorphismus erkennen. Damit ist der Induktionsschritt für Aussage (c) getan und der Beweis des Vergleichssatzes von Spektralsequenzen abgeschlossen. $\qquad\square$

Eine bemerkenswerte Argumentationskette, die zwar aufgrund der vielen Indizes und der wechselnden Induktionsrichtungen nicht einfach zu überblicken ist, aber auf beeindruckende Weise die inneren Mechanismen der Spektralsequenzen ausleuchtet, die hier wie die Zahnräder eines großes Uhrwerks ineinander greifen (vergleichbar ist dies, wenn auch geringer im Umfang, mit dem Beweis der multiplikativen Struktur in der Kohomologie, Seite 226 ff).

Der obige Vergleichssatz hat eine wichtige Anwendung in einem weiteren allgemeinen Satz über Kohomologie-Spektralsequenzen, den A. BOREL, ein Schüler von J. LERAY und befreundet mit J.-P. SERRE, Anfang der 1950-er Jahre während der fulminanten Entwicklung dieser Theorie entdeckte.

Der Satz von Borel

Zunächst ist etwas Technik notwendig. Es sei dazu A eine graduierte Algebra über einem Körper K. Eine Teilmenge von A der Form

$$\mathcal{G} = \{x_i \in A : i \in \mathcal{I}\}$$

heißt dann **einfaches Generatorensystem** (engl. *simple system of generators*), wenn die Produkte

$$\mathcal{B} = \{x_{i_1} x_{i_2} \cdots x_{i_k} : k \geq 0 \text{ und alle } x_{i_j} \in A \text{ verschieden}\}$$

eine K-Basis von A bilden. **Beispiele** hierfür sind

1. der Polynomring $K[x]$ mit dem Generatorensystem $\mathcal{B} = \{x, x^2, x^4, x^8, \ldots\}$,

2. $K[x_1, \ldots, x_n]$ mit $\mathcal{B} = \bigcup_{i=1}^{n} \mathcal{B}_i$, wobei $\mathcal{B}_i = \{x_i, x_i^2, x_i^4, x_i^8, \ldots\}$ ist,

3. der abgeschnittene Polynomring $K[x]/(x^{2^i})$, mit $\mathcal{B} = \{x, \ldots, x^{2^{i-1}}\}$, in entsprechender Form auch mit mehreren Variablen $x_1, \ldots, x_n$,

4. die externe Algebra $\Lambda_K[x]$ mit einem Generator, bei mehreren Variablen muss hier wegen $x_i \wedge x_j = -x_j \wedge x_i$ die Charakteristik des Körpers 2 sein, was zum Beispiel bei $K = \mathbb{Z}_2$ der Fall ist.

Betrachten wir nun eine Kohomologie-Spektralsequenz über K-Koeffizienten zu einer Faserung $F \to X \to B$. Die Differentiale $d_r : E_r^{0, r-1} \to E_r^{r, 0}$ sind dabei von besonderer Bedeutung, man nennt sie **Kantendifferentiale** (engl. *edge maps*) oder **Transgression** und schreibt dafür auch allgemein $\tau : E_r^{0, r-1} \to E_r^{r, 0}$.

Die Quelle der Transgression ist eine Untergruppe von $E_2^{0, r-1} \cong H^{r-1}(F; K)$, deren Elemente x dadurch charakterisiert sind, dass sie auf allen vorherigen Differentialen $d_2, \ldots, d_{r-1}$ verschwinden (sie heißen dann **transgressiv**). Das Ziel der Transgression ist ein sukzessiver Quotient von $E_2^{r, 0} \cong H^r(B; K)$ durch die Untergruppen $d_2(E_2^{r-2,1})$ bis $d_{r-1}(E_{r-1}^{1, r-2})$.

Über die transgressiven Elemente in der Faser gibt es nun den bereits erwähnten Satz von BOREL, [19], der bei bestimmten Eigenschaften der beteiligten Räume anwendbar ist und auf den folgenden Seiten besprochen wird.

Satz (Borel, 1952/53)

Es sei $F \to X \to B$ eine TCW-Faserung, in der X zusammenziehbar und B einfach zusammenhängend ist sowie alle Gruppen $H_k(B)$ endlich erzeugt sind.

Falls dann in der Spektralsequenz der Kohomologie über einem Körper K die graduierte Algebra $H^*(F; K)$ ein einfaches Generatorensystem $\{x_i : i \in \mathcal{I}\}$ aus transgressiven Elementen besitzt, ist $H^*(B; K)$ isomorph zu dem Polynomring $K[y_i : i \in \mathcal{I}]$, wobei $y_i = \tau(x_i)$ die Transgression ist.

Ein Beispiel hierfür ist die $\mathcal{P}$-lokale Faserung $K(\mathbb{Z}_\mathcal{P}, n-1) \to P \to K(\mathbb{Z}_\mathcal{P}, n)$, mit $n \geq 2$ und $K = \mathbb{Q}$, für beliebige Teilmengen $\mathcal{P}$ der Primzahlen (Seite 299).

Der **Beweis** gründet sich auf eine Modell-Spektralsequenz $\widetilde{E}_*$, die sich wie gewünscht verhält. Anschließend zeigt man, dass dieses Modell isomorph zu der originären Spektralsequenz E_* von $F \to X \to B$ ist.

Wir erfinden hierfür zunächst für jedes x_i mit $|x_i| = r - 1$ und $d_r(x_i) = y_i$ eine eigene ${}^i\widetilde{E}_2^{p,q}$-Seite über deren K-Basen als Generatoren wie folgt.

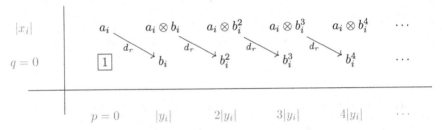

Deren Einträge befinden sich allesamt in $\Lambda_K[a_i] \otimes K[b_i]$ und es gilt $d_r(a_i) = b_i$, sowie $|a_i| = |x_i|$ und $|b_i| = |y_i|$.

Die Gruppe ${}^i\widetilde{E}_2^{p,0}$ ist dabei der von b_i^p, die Gruppe ${}^i\widetilde{E}_2^{p,1}$ der von $a_i \otimes b_i^p$ erzeugte Untervektorraum, weitere Einträge gibt es nicht, all diese Gruppen bleiben bis zur $\widetilde{E}_r$-Seite bestehen und werden durch die Isomorphismen d_r gelöscht – bis auf den Körper K an der Position (0,0). Die Sequenz erinnert in der Tat an die Faserungen $K(\mathbb{Z}_\mathcal{P}, n-1) \to P \to K(\mathbb{Z}_\mathcal{P}, n)$ für $n \geq 2$ gerade, die eingezeichneten Differentiale sind Isomorphismen und auch die einzigen Differentiale $\neq 0$.

Diese Bausteine ${}^i\widetilde{E}_2^{p,0}$ betrachten wir nun parallel für alle $i \in \mathcal{I}$ und erhalten in der unteren Zeile $\widetilde{E}_2^{*,0} = K[b_i : i \in \mathcal{I}]$ und in der Spalte links $\widetilde{E}_2^{0,*} = \Lambda_K[a_i : i \in \mathcal{I}]$. Die Zeilen und Spalten haben eventuell 0-Zeilen und 0-Spalten als Zwischenräume, je nach den individuellen Lücken zwischen den Graden der x_i oder y_i. Die Seite $\widetilde{E}_2$ der Modellsequenz besteht damit aus den Gruppen

$$\widetilde{E}_2^{p,q} = \widetilde{E}_2^{0,q} \otimes \widetilde{E}_2^{p,0}$$

als Unterräume von $\Lambda_K[a_i : i \in \mathcal{I}] \otimes K[b_i : i \in \mathcal{I}]$. Die Differentiale d_2 sind durch die obigen Bausteine, mithin durch die Transgressionen $a_i \mapsto b_i$ mitsamt derivativer Fortsetzung definiert. Dies alles funktioniert, da wir mit Koeffizienten aus einem Körper arbeiten und die Homologie eines Tensorprodukts von Kettenkomplexen gleich dem Tensorprodukt der einzelnen Homologien ist.

Machen wir einige Beispiele und versuchen, $d_2 : \widetilde{E}_2^{1,1} \to \widetilde{E}_2^{3,0}$ zu bestimmen. Es ist $\widetilde{E}_2^{1,1} = \widetilde{E}_2^{0,1} \otimes \widetilde{E}_2^{1,0}$, also wäre $a_i \otimes b_j$ mit $|a_i| = |b_j| = 1$ ein mögliches Element in dieser Gruppe. Der Baustein $^i\widetilde{E}_2$ mit a_i zeigt dann $d_2(a_i) = b_i$ mit $|b_i| = 2$. Da stets $d_2(b_j) = 0$ ist, liefert die derivative Fortsetzung

$$d_2(a_i \otimes b_j) = \overset{\prime}{d_2}(a_i) \otimes b_j = b_i b_j \in \widetilde{E}_2^{2+1,0} = \widetilde{E}_2^{3,0}.$$

Versuchen wir noch $d_2 : \widetilde{E}_2^{2,3} \to \widetilde{E}_2^{4,2}$ zu bestimmen. Es ist $\widetilde{E}_2^{2,3} = \widetilde{E}_2^{0,3} \otimes \widetilde{E}_2^{2,0}$, also wäre $a_i a_j \otimes b_k b_l$ mit $|a_i| = 1$, $|a_j| = 2$ und $|b_k| = |b_l| = 1$ ein mögliches Element dieser Gruppe. Die derivative Fortsetzung zeigt hier (beachten Sie $d_2(a_j) = 0$)

$$\begin{aligned} d_2(a_i a_j \otimes b_k b_l) &= d_2(a_i a_j) \otimes b_k b_l = b_i a_j \otimes b_k b_l \\ &= (-1)^{|a_j||b_i|} a_j \otimes b_i b_k b_l \\ &= a_j \otimes b_i b_k b_l \in \widetilde{E}_2^{2+1+1,2} = \widetilde{E}_2^{4,2}. \end{aligned}$$

Das Vorzeichen $(-1)^{|a_j||b_i|}$ entsteht beim Vertauschen der Reihenfolge $b_i a_j \mapsto a_j b_i$, wodurch das typische Verhalten einer Multiplikation auf der $\widetilde{E}_2$-Seite simuliert wird (vergleichen Sie mit einem früheren Hilfssatz, Seite 217, oder dem Lemma über die Kohomologiealgebra, Seite 427). Insgesamt wird so der von $a_i a_j \otimes b_k b_l$ erzeugte Unterraum isomorph auf einen eindimensionalen Unterraum in $\widetilde{E}_2^{4,2}$ abgebildet und beide Teile verschwinden auf der $\widetilde{E}_3$-Seite.

Mit diesem Wissen können wir nun die $\widetilde{E}_3$-Seite bestimmen: Alle a_i-Faktoren mit $|a_i| = 1$ verschwinden in $\widetilde{E}_3$, denn diese werden isomorph auf b_i abgebildet (daher verschwinden auch alle b_i mit $|b_i| = 2$). Alle anderen a_i und b_i bleiben erhalten, denn diese a_i werden bei d_2 auf Null abgebildet und die zugehörigen b_i von keinem nichttrivialen Differential getroffen. Fazit: Auf der $\widetilde{E}_3^{p,0}$-Zeile haben wir $K[b_i : i \in \mathcal{I}, |b_i| > 2]$ und auf der $\widetilde{E}_3^{0,q}$-Spalte $\Lambda_K[a_i : i \in \mathcal{I}, |a_i| > 1]$.

Es ist dann wieder $\widetilde{E}_3^{p,q} = \widetilde{E}_3^{0,q} \otimes \widetilde{E}_3^{p,0}$ und alle Faktoren a_i mit $|a_i| = 2$ werden bei d_3 auf b_i mit $|b_i| = 3$ abgebildet. Wir kommen induktiv zum gleichen Fazit: Auf der $\widetilde{E}_4^{p,0}$-Zeile haben wir damit $K[b_i : i \in \mathcal{I}, |b_i| > 3]$ und auf der $\widetilde{E}_4^{0,q}$-Spalte $\Lambda_K[a_i : i \in \mathcal{I}, |a_i| > 2]$. Es ist dann $\widetilde{E}_4^{p,q} = \widetilde{E}_4^{0,q} \otimes \widetilde{E}_4^{p,0}$, und in diesem Stil geht es immer weiter für alle $\widetilde{E}_r$-Seiten.

Es sei nun E_* die Spektralsequenz der Faserung $F \to X \to B$. Die Voraussetzungen des Satzes implizieren, dass alle $H^k(B; K)$ endlich-dimensional sind und daher auch alle $H^k(F; K)$, denn X hat triviale Kohomologie, weswegen die Transgressionen Isomorphismen sein müssen (einfache **Übung**). In jeder Dimension befinden sich also nur endlich viele x_i und y_i, und man kann insgesamt von $E_2^* \cong H^*(F; K) \otimes H^*(B; K)$ ausgehen (Seite 427).

Wir definieren nun auf den linken Spalten Isomorphismen $\varphi_q : \widetilde{E}_2^{0,q} \to E_2^{0,q}$ durch $a_i \mapsto x_i$, und auf den unteren Zeilen $\varphi_p : \widetilde{E}_2^{p,0} \to E_2^{p,0}$ durch $b_i \mapsto \xi_i$, wobei ξ_i beim Quotienten $E_2^{p,0} \longrightarrow E_r^{p,0}$ für $r = |y_i|$ ein Bild ergibt, dass zu $y_i = \tau(x_i)$ identisch ist. So entstehen die Gruppenhomomorphismen

$$\varphi_{p,q}^{(2)} : \widetilde{E}_2^{p,q} \to E_2^{p,q},$$

definiert durch $a_i \otimes b_j \mapsto \varphi_q(a_i) \otimes \varphi_p(b_j)$ samt linearer Fortsetzung.

Es ist nun eine einfache **Übung**, zu zeigen, dass alle $\varphi_{p,q}^{(2)}$ mit den d_2-Operatoren kommutieren und so Homomorphismen auf den E_3-Seiten induzieren, die ihrerseits mit den d_3-Operatoren verträglich sind. Dieser Prozess lässt sich dann auch ad infinitum fortsetzen und wir erhalten so einen Homomorphismus $\varphi_* : \widetilde{E}_* \to E_*$ der gesamten Spektralsequenzen.

Die Situation kommt Ihnen vielleicht bekannt vor, wenn Sie sich mit der Multiplikation in den Kohomologie-Spektralsequenzen beschäftigt haben (Seite 232 ff). Dort konnten wir ableiten, dass ein Isomorphismus auf den E_2-Gruppen, der mit den Differentialen kommutiert, letztlich einen Isomorphismus der gesamten Spektralsequenzen induziert, insbesondere auf der E_∞-Seite.

Hier benötigen wir eine ähnliche Schlussfolgerung, nur diesmal geht sie in die anderen Richtung: Da B zusammenziehbar ist, induziert φ offensichtlich (triviale) Isomorphismen der E_∞-Seiten, und auf den $E_2^{0,q}$-Gruppen ist das per definitionem der φ_q auch der Fall. Der Vergleichssatz (Seite 442) zeigt dann, dass auch die Homomorphismen $\varphi_p : \widetilde{E}_2^{p,0} \to E_2^{p,0}$ Isomorphismen sind, und dies ist in der Tat die Aussage des Satzes von BOREL, denn die φ_p sind sogar Ring-Isomorphismen, was Sie unmittelbar an den Definitionen erkennen können. □

Damit sind die technischen Hilfsmittel vorbereitet, um im nächsten Abschnitt ein wahrlich faszinierendes Zusammenspiel von Kohomologie-Spektralsequenzen (aus der französischen Schule um LERAY und SERRE) und Kohomologieoperationen, speziell den STEENROD-Squares (aus der US-amerikanischen Schule um STEENROD und ADEM) zu erleben. Dieses mathematische Wunder ermöglicht es schließlich, eine beeindruckende Reihe von 2-Komponenenten in den Homotopiegruppen $\pi_k(S^n)$ zu berechnen – was Anfang der 1950er Jahre einen der spektakulärsten methodischen Durchbrüche in der algebraischen Topologie bedeutete.

10.7 Steenrod-Squares in Spektralsequenzen

Mit diesem Abschnitt beginnt der letzte thematische Block dieses Buches, wir wenden uns nun den 2-Komponenten, also der geraden Torsion in der Sphärenhomotopie zu. Was ist das Besondere daran?

Die bisherigen Sätze waren teils nur beschränkt gültig, was den Wert k in $\pi_k(S^n)$ angeht: Der Satz über die p-Torsion (Seite 304) funktioniert nur für $k \leq n+2p-3$, oder der Reduktionssatz B (Seite 426) nur im Fall $k \leq n+4p-7$. Speziell für $p = 2$ wäre die Reduktion B deutlich schwieriger zu beweisen gewesen und hätte nur bis zum Stamm π_1^s gereicht. Auch der oben angesprochene Satz über die p-Torsion reicht bei $p = 2$ nur bis zu $k = n + 1$. In jedem Fall zeigen solche Überlegungen, dass die Aussagen über die p-Torsion in $\pi_k(S^n)$ umso schwieriger zu erreichen sind, je größer k und je kleiner p ist.

Umso erstaunlicher ist es dann, dass man mit dem Zusammenspiel von Spektralsequenzen und STEENROD-Squares bei der geraden Torsion in den Gruppen $\pi_k(S^n)$ bis zu $k = n + 7$ gelangen kann. Hier ist die einfache Arithmetik des Körpers $\mathbb{Z}_2$ von Vorteil, der ab jetzt (in den meisten Fällen, bis auf wenige Ausnahmen beim Übergang zu $\mathbb{Z}$) den Koeffizientenring für die Kohomologie bilden wird.

Wir beginnen mit einem Satz über die Transgression (Seite 445) von STEENROD-Squares. Er ist nicht überraschend, zumal sich die Sq^i mit den relativen Korand-operatoren $\delta : H^q(A; \mathbb{Z}_2) \to H^{q+1}(X, A; \mathbb{Z}_2)$ vertragen (Seite 374), im Sinne der Gleichung $\delta(Sq^i(x)) = Sq^i(\delta(x))$.

Satz (Steenrod-Squares und Transgression)
Es sei $F \to X \to B$ eine TCW-Faserung, B einfach zusammenhängend. Falls dann $x \in H^n(F; \mathbb{Z}_2)$ transgressiv ist, ist auch $Sq^i(x) \in H^{n+i}(F; \mathbb{Z}_2)$ transgressiv und es gilt $\tau(Sq^i(x)) = Sq^i(\tau(x))$.

Beweis: Wir wenden die Funktorialität der Spektralsequenzen (Seite 441) auf den Homomorphismus der relativen TCW-Faserungen

$$
\begin{array}{ccc}
(F, F) & \xrightarrow{\ f_X \mid_F\ } & (pt, pt) \\
\downarrow & & \downarrow \\
(X, F) & \xrightarrow{\ \overline{p}\ } & (B, b) \\
\downarrow & & \downarrow{\scriptstyle\mathrm{id}} \\
(B, b) & \xrightarrow{\ \mathrm{id}\ } & (B, b)
\end{array}
$$

an. Beachten Sie, dass die Funktorialität auch für relative Faserungen und die zugehörigen relativen Spektralsequenzen gegeben ist (Seite 292).

Ganz offensichtlich ist $\overline{p}$ von der ursprünglichen Faserung $p : X \to B$ induziert und liefert einen Homomorphismus $\overline{p}^* : H^*(B, b; \mathbb{Z}_2) \to H^*(X, F; \mathbb{Z}_2)$. Wir haben zusätzlich $\delta : H^{n-1}(F; \mathbb{Z}_2) \to H^n(X, F; \mathbb{Z}_2)$ und $j : H^*(B, b; \mathbb{Z}_2) \to H^*(B; \mathbb{Z}_2)$. Damit ergibt sich ein Diagramm $D_{\overline{p}^*, 1}$ der Form

$$
\begin{array}{ccc}
H^n(B, b; \mathbb{Z}_2) & \xrightarrow{\ j\ } & H^n(B; \mathbb{Z}_2) = E_2^{n,0} \\
\downarrow{\scriptstyle \overline{p}^*} & & \\
E_2^{0,n-1} = H^{n-1}(F; \mathbb{Z}_2) & \xrightarrow{\ \delta\ } & H^n(X, F; \mathbb{Z}_2) .
\end{array}
$$

Beobachtung: Ein $[x] \in H^{n-1}(F; \mathbb{Z}_2)$ ist genau dann transgressiv, wenn $\delta[x]$ im Bild von $\overline{p}^*$ liegt. Die Abbildung j ist ein Isomorphismus für $n \geq 1$, und damit definiert $j(\overline{p}^*)^{-1}\delta$ eine Abbildung der transgressiven Elemente in $H^{n-1}(F; \mathbb{Z}_2)$ nach $H^n(B; \mathbb{Z}_2)/\mathrm{Ker}(\overline{p}^* j^{-1}) \cong H^n(B, b; \mathbb{Z}_2)/\mathrm{Ker}(\overline{p}^*)$. Es gilt dann $\tau = j(\overline{p}^*)^{-1}\delta$.

Beweis: Im **ersten Schritt** wird die Isomorphie $H^n(B, b; \mathbb{Z}_2)/\mathrm{Ker}(p^*) \cong E_n^{n,0}$ gezeigt, wir landen also mit $j(\overline{p}^*)^{-1}\delta$ im richtigen Subquotienten von $E_2^{n,0}$.

Betrachte dazu die Spektralsequenz $\overline{E}_r$ zu $p : (X, F) \to (B, b)$. Es ist $E_2 \cong \overline{E}_2$ bis auf $\overline{E}_2^{0,*} = 0$ wegen $H^0(B, b; \mathbb{Z}_2) = 0$. Beachten Sie dabei den Homomorphismus $\overline{E}_* \to E_*$, induziert von $f_B : B = (B, \varnothing) \hookrightarrow (B, b)$, $f_X : X = (X, \varnothing) \hookrightarrow (X, F)$, mit Fasern $F = (F, \varnothing)$ und (F, F) gemäß der Funktorialität (Seite 441).

Damit induziert (f_X, f_B) für alle $r \geq 2$ Surjektionen $\overline{E}_r^{\,p,q} \to E_r^{p,q}$ für $p \geq 1$, denn die relativen Gruppen $\overline{E}_r^{\,p,q}$ unterscheiden sich von den originalen Gruppen $E_r^{p,q}$ nur dadurch, dass eine (eventuelle) Quotientenbildung durch das Bild eines von der ersten Spalte ausgehenden Differentials $d_r : \overline{E}_r^{\,0,q} = 0 \to \overline{E}_r^{\,r,q-r+1}$ unterbleibt.

Induktiv erkennt man dann aber auch, dass die Homomorphismen $\overline{E}_r^{\,p,q} \to E_r^{p,q}$ für $p \geq r$ allesamt Isomorphismen sind. Hier lohnt sich ein Versuch, diesem Phänomen genauer nachzugehen: Zunächst ist die Aussage offensichtlich wahr für $r = 2$, denn dort bestehen die Isomorphismen sogar für $p \geq 1$. Auch auf den E_3-Seiten, also für $r = 3$, entstehen keine Probleme, da für $p \geq 3$ die in Frage kommenden Differentiale d_2 auf den E_2-Seiten frühestens in der zweiten Spalte ($p = 1$) beginnen, zum Beispiel bei

$$d_2 d_2 : E_2^{1,5} \to E_2^{3,4} \to E_2^{5,3} \qquad \text{oder} \qquad d_2 d_2 : \overline{E}_2^{\,1,5} \to \overline{E}_2^{\,3,4} \to \overline{E}_2^{\,5,3}\,,$$

sodass es für die E_3-Seiten ab dem Index $p = 3$ egal ist, ob die erste Spalte verschwindet oder nicht. Interessanter wird es auf den E_4-Seiten. Auch hier ist der Fall $p = 4$ noch einfach wie oben, aber bei $p = 5$ entsteht eine Schwierigkeit. Warum ist zum Beispiel $(f_X, f_B)_4^* : \overline{E}_4^{\,5,3} \to E_4^{5,3}$ ein Isomorphismus?

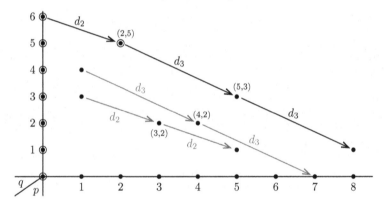

Die Grafik veranschaulicht das Geschehen (die Gruppen, die sich in den Spektralsequenzen $\overline{E}_*$ und E_* unterscheiden können, sind durch gerahmte Punkte hervorgehoben). Die unteren Sequenzen sind unkritisch, dort sind alle Gruppen der jeweiligen E_2- und E_3-Seiten isomorph. So sind $(f_X, f_B)_3^* : \overline{E}_3^{\,3,2} \to E_3^{3,2}$ und $(f_X, f_B)_4^* : \overline{E}_4^{\,4,2} \to E_4^{4,2}$ Isomorphismen. In der oberen Sequenz ist jedoch $\overline{E}_3^{\,2,5} \not\cong E_3^{2,5}$ möglich, denn es ist $\overline{E}_3^{\,2,5} \cong \overline{Z}_2^{\,2,5}$ wegen $\overline{B}_2^{\,2,5} = 0$, und andererseits haben wir $E_3^{2,5} \cong Z_2^{2,5}/B_2^{2,5}$. Da $d_3[x] = 0$ ist für $x \in B_2^{2,5}$ (sonst hätten wir keinen Homomorphismus auf dem Quotienten), sind die Bilder von d_3 an der Position (5,3) in den Spektralsequenzen aber identisch: $\overline{B}_3^{\,5,3} \cong B_3^{5,3}$. Für die Kerne gilt stets $\overline{Z}_3^{\,5,3} \cong Z_3^{5,3}$, also folgt $\overline{E}_4^{\,5,3} \cong E_4^{5,3}$ mit dem Isomorphismus $(f_X, f_B)_4^*$.

Man erkennt das Muster: Für $p > r$ sind die Bilder der Differentiale d_r, die von $\overline{E}_r^{\,p-r,q+r-1}$ nach $\overline{E}_r^{\,p,q}$ verlaufen, identisch zu den entsprechenden Bildern auf den E_r-Seiten (trotz der zusätzlichen Quotientenbildung in der Quelle). So ergibt sich, dass die $(f_X, f_B)_r^* : \overline{E}_r^{\,p,q} \to E_r^{p,q}$ für $p \geq r$ Isomorphismen sind.

Wenn wir dann in der Entwicklung der Spektralsequenzen bei $\overline{E}_n$ und E_n angekommen sind, ist also $\overline{E}_n^{n,0} \to E_n^{n,0}$ ein Isomorphismus. Das Differential d_n, das bei $\overline{E}_n^{n,0} \cong H^n(B,b;\mathbb{Z}_2)$ ankommt, verschwindet wegen $\overline{E}_n^{0,n-1} = 0$. Damit ist $\overline{E}_n^{n,0} \cong \overline{E}_\infty^{n,0}$. Um nun das erste Zwischenresultat vom Anfang des Beweises zu zeigen, genügt es also, die Isomorphie

$$\overline{E}_\infty^{n,0} \cong H^n(B,b;\mathbb{Z}_2) \big/ \mathrm{Ker}(\overline{p}^*)$$

herzuleiten, und dies funktioniert mit der Funktorialität relativer Spektralsequenzen (Seite 441), angewendet auf $(X,F) \to (B,b)$ einerseits und auf die Identitätsfaserung $(B,b) \to (B,b)$ andererseits. Es ergibt sich das Diagramm

$$
\begin{array}{ccc}
H^n(B,b;\mathbb{Z}_2) & \xrightarrow{\;\;\overline{p}^*\;\;} & H^n(X,F;\mathbb{Z}_2) \\
\Big\| \mathrm{id} & & \Big\uparrow \mathrm{inclusion} \\
\overline{E}_\infty^{n,0}(B,b) & \xrightarrow{\;(\overline{p}_\infty)^*\;} & \overline{E}_\infty^{n,0}(X,F)\, ,
\end{array}
$$

in dem mit dem Isomorphismus $\overline{E}_2^{n,0}(B,b) \to \overline{E}_2^{n,0}(X,F)$ in der unteren Zeile die Surjektion

$$(\overline{p}_\infty)^* : \overline{E}_\infty^{n,0}(B,b) \cong \overline{E}_2^{n,0}(B,b) \cong \overline{E}_2^{n,0}(X,F) \longrightarrow \overline{E}_\infty^{n,0}(X,F)$$

erscheint. Insgesamt faktorisiert $\overline{p}^*$ damit in die Surjektion $(\overline{p}_\infty)^*$, gefolgt von einer Injektion in der Form

$$\overline{p}^* : H^n(B,b;\mathbb{Z}_2) \twoheadrightarrow \overline{E}_\infty^{n,0}(X,F) \hookrightarrow H^n(X,F;\mathbb{Z}_2)\, ,$$

und dies ist äquivalent zu $\overline{E}_\infty^{n,0}(X,F) \cong H^n(B,b;\mathbb{Z}_2)/\mathrm{Ker}(\overline{p}^*)$, denn wir können das Bild von $\overline{p}^*$ problemlos auf $\overline{E}_\infty^{n,0}(X,F) \subseteq H^n(X,F;\mathbb{Z}_2)$ einschränken.

Damit ist der **erste Schritt** erbracht und wir haben $E_n^{n,0} \cong H^n(B,b;\mathbb{Z}_2)/\mathrm{Ker}(\overline{p}^*)$, die Abbildung $j(\overline{p}^*)^{-1}\delta$ verläuft also, genau wie die Transgression τ auch, von $E_n^{0,n-1}$ nach $E_n^{n,0}$.   ($\square$)

Im **zweiten Schritt** berechnen wir die Transgression $\tau : E_n^{0,n-1} \to E_n^{n,0}$ und zeigen die Gleichung $\tau = j(\overline{p}^*)^{-1}\delta$. Dazu betrachten wir das Diagramm $D_{\overline{p}^*,2}$ (hier ohne $\mathbb{Z}_2$-Koeffizienten dargestellt) und zeigen zunächst dessen Kommutativität.

$$
\begin{array}{ccccc}
E_n^{0,n-1} & \xrightarrow{\;\subseteq\;} & E_1^{0,n-1} = H^{n-1}(F) & \xrightarrow{\;\;\delta\;\;} & H^n(X,F) \\
\Big\downarrow \tau & & & \nearrow & \Big\downarrow \mathrm{inclusion} \\
E_n^{n,0} & \xleftarrow{\;q\;} & E_1^{n,0} = H^n(X_n,X_{n-1}) & \xrightarrow{\;j\;} & H^n(X_n,F)\, .
\end{array}
$$

Da B als einfach zusammenhängender CW-Komplex mit einer einzigen 0-Zelle $B_0 = \{b\}$ angenommen werden darf, ist $X_0 = b \times F$ und damit

$$E_1^{0,n-1} \cong H^{n-1}(X_0, \varnothing) \cong H^{n-1}(b \times F) \cong H^{n-1}(F).$$

Die Abbildung $H^n(X, F) \to H^n(X_n, F)$ in der rechten Spalte ist nach einem Standardargument über die lange exakte Kohomologiesequenz und das relative Theorem von HUREWICZ injektiv, denn (X, X_n) ist n-zusammenhängend.

Es sei nun $t^{n-1} \in E_n^{0,n-1}$ ein transgressives Element. Nach Beobachtung 1 zur Multiplikation in E_* (Seite 228) ist mit einem Kozyklus $y \in C^{n-1}(X_{n-1})$, für den $[j(t^{n-1})] = i^{n-1}[y]$ gilt, $\delta[y] \in H^n(X_n, X_{n-1})$ ein Repräsentant von $\tau(t^{n-1})$. Beachten Sie $j(t^{n-1}) = t^{n-1}$, weswegen wir von $t^{n-1} = i^{n-1}[y]$ ausgehen können. Die Klasse $[y]$ liegt in $H^{n-1}(X_{n-1})$, und mit $i : H^{n-1}(X_k) \to H^{n-1}(X_{k-1})$ wird sie im Treppendiagramm nach oben geschoben und auf immer niedrigere Skelette X_k eingeschränkt, bis zu $i^{n-1}[y] \in H^{n-1}(X_0, \varnothing) \cong H^{n-1}(F)$. Das Element $\delta[y]$ liegt dann in $H^n(X_n, X_{n-1})$, gemäß der langen exakten Kohomologiesequenz des Paares (X_n, X_{n-1}). Es repräsentiert $\tau(t^{n-1}) \in E_n^{n,0}$, wir haben also in dem Diagramm $\tau(t^{n-1}) = q\delta[y]$. Außerdem ist $j\delta[y] = \delta[y]$, denn wegen $F \subseteq X_{n-1}$ bedeutet die Annullierung auf X_{n-1} automatisch die Annullierung auf F und j kann hier auch als Identität auf den Repräsentanten angenommen werden.

Die obere Zeile definiert dieselbe Ableitung für die Einschränkung $t^{n-1} = [y|_F]$. Es entsteht $\delta[y|_F]$ durch die obere Zeile und anschließende Einschränkung auf X_n über die Inklusion $H^n(X, F) \to H^n(X_n, F)$. Nun ist $y - y|_F$ identisch Null für alle Simplizes in F, also $\delta y - \delta(y|_F)$ ein Korand in $C^n(X_n, F)$. Wir erhalten

$$\delta[y] - \delta[y|_F] = 0 \in H^n(X_n, F)$$

und damit die Kommutativität des äußeren Rechtecks. Für das untere Dreieck sei $[x] \in H^n(X_n, X_{n-1}; \mathbb{Z}_2) = E_1^{n,0}$ gegeben. Im Quotient $E_2^{n,0}$ kann dieses Element in $H^n(B; \mathbb{Z}_2) \cong H^n(B, b; \mathbb{Z}_2)$ angenommen werden und die weitere Quotientenbildung mit q führt auf das Element $q[x] \in E_n^{n,0} \cong H^n(B, b; \mathbb{Z}_2)/\mathrm{Ker}(\overline{p}^*)$.

Das obige Diagramm (es sei hier noch einmal wiederholt)

$$
\begin{array}{ccc}
H^n(B, b; \mathbb{Z}_2) & \xrightarrow{\overline{p}^*} & H^n(X, F; \mathbb{Z}_2) \\
\Big\| \mathrm{id} & & \Big\uparrow \mathrm{inclusion} \\
\overline{E}_\infty^{n,0}(B, b) & \xrightarrow{(\overline{p}_\infty)^*} & \overline{E}_\infty^{n,0}(X, F),
\end{array}
$$

zeigt dann, dass $q[x]$ durch $\overline{p}^*$ nicht verändert wird, mithin x (trivial auf X fortgesetzt) auch als Repräsentant von $\overline{p}^* q[x]$ gesehen werden kann. Beachten Sie dazu die Funktorialität der Spektralsequenzen (Seite 441): Die Gruppe $E_n^{n,0}$ war ja bezüglich der Faserung $(X, F) \to (B, b)$ identisch mit $\overline{E}_\infty^{n,0}(X, F)$. In der obigen Surjektion $(\overline{p}_\infty)^*$ verlief der Übergang von der Faserung $(B, b) \to (B, b)$ zu $(X, F) \to (B, b)$ über die jeweiligen E_2-Gruppen. Nach Punkt 3 der Funktorialität geschieht hier der Übergang durch die Identität $[x]_{\overline{E}_2(B,b)} \mapsto [x]_{\overline{E}_2(X,F)}$. Dadurch wird letztlich garantiert, dass $[x]$ unverändert von der linken in die rechte Spalte wandert: $\overline{p}^* q[x] = [x] \in H^n(X, F; \mathbb{Z}_2)$.

Die Einschränkung von $[x]$ auf X_n ergibt $[x] \in H^n(X_n, F)$. Da offensichtlich auch $j[x] = [x]$ ist, kommutiert das untere Dreieck und damit das gesamte Diagramm $D_{\overline{p}^*, 2}$. Es folgt $\tau = (\overline{p}^*)^{-1}\delta$ und mit $j : H^n(B, b; \mathbb{Z}_2) \to H^n(B; \mathbb{Z}_2)$ die Identität $\tau = j(\overline{p}^*)^{-1}\delta$, womit der **zweite Schritt** abgeschlossen ist. $(\square)$

Im **dritten Schritt** zeigen wir, dass $[x] \in H^{n-1}(F; \mathbb{Z}_2)$ genau dann transgressiv ist, wenn $\delta[x] \in H^n(X, F; \mathbb{Z}_2)$ im Bild von $\overline{p}^*$ liegt (womit die Beobachtung auf Seite 449 bewiesen ist). Dies ergibt sich aus dem (etwas umfänglichen) Diagramm

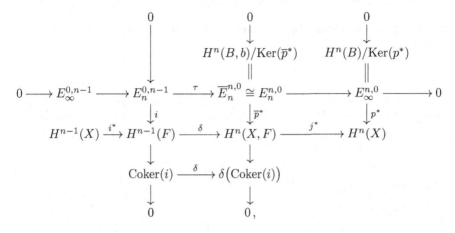

in dem die Kommutativität bis auf den gerade eben bewiesenen Fall $\tau = (\overline{p}^*)^{-1} \delta i$ an allen Stellen offensichtlich ist. Eine standardmäßige Diagrammjagd zeigt dann $\mathrm{Coker}(\overline{p}^*) = \delta\big(\mathrm{Coker}(i)\big)$, womit schließlich auch der **dritte Schritt** der Beobachtung bewiesen ist. $\qquad \square$

Beachten Sie, dass der Beweis unabhängig von den $\mathbb{Z}_2$-Koeffizienten funktioniert und für beliebige Koeffizientengruppen G gilt. Um hier keine zu großen gedanklichen Sprünge zu machen (wir haben in diesem Abschnitt nur $\mathbb{Z}_2$-Koeffizienten), wurde er, etwas eingeschränkt, nur mit $\mathbb{Z}_2$-Koeffizienten formuliert.

Mit der Beobachtung lässt sich der Beweis des Satzes auf Seite 449 nun zügig vollenden. Nach einem früheren Resultat (Seite 374) kommutieren die Sq^i mit dem δ-Operator. Wegen der Funktorialität gilt dies auch für $\overline{p}^*$ und j im Diagramm $D_{\overline{p}^*, 1}$ auf Seite 449, und damit ist der Satz über die Vertauschung der Sq^i mit den Transgressionen $\tau : E_n^{0,n-1} \to E_n^{n,0}$ bewiesen. $\qquad \square$

Ein Satz, der noch einmal einen tieferen technischen Blick in die Mechanismen der Spektralsequenzen erforderte. Für das Folgende hat er eine immense Bedeutung.

10.8 Die Kohomologieringe $H^*(\mathbb{Z}, n; \mathbb{Z}_2)$ und $H^*(\mathbb{Z}_{2^k}, n; \mathbb{Z}_2)$

Zu Beginn sei noch einmal an die Abkürzungen $H^*(G, n; \mathbb{Z}_2) = H^*\big(K(G,n); \mathbb{Z}_2\big)$ erinnert (Seiten 412 oder 439). Worum geht es in diesem Abschnitt?

Wir kennen den Kohomologiering $H^*(\mathbb{Z}, n; \mathbb{Q})$ schon sehr lange (Seite 211), und haben das Resultat von $K(\mathbb{Z}, n)$ über Lokalisierungen auf die Räume $K(\mathbb{Z}_{\mathcal{P}}, n)$ erweitern können (Seite 299). In diesem Abschnitt widmen wir uns diesen Ringen im Kontext endlich erzeugter abelscher Gruppen G mit gerader Torsion, wobei die Koeffizientengruppe der Körper $\mathbb{Z}_2$ ist, was konsequent auf den Einsatz der STEENROD-Squares Sq^i und der STEENROD-Algebra $\mathcal{A}_2$ hindeutet.

Für ein Tupel $I = (i_1, \ldots, i_k)$ natürlicher Zahlen sei dazu $Sq^I = Sq^{i_1} \ldots Sq^{i_k}$ ein Monom aus der STEENROD-Algebra $\mathcal{A}_2$ (Seite 353). Ein solches Monom nannten wir zulässig, falls stets $i_{r-1} \geq 2i_r$ ist (und $i_k > 0$). Beispiele für zulässige Monome sind $Sq^5 Sq^2$, $Sq^8 Sq^4 Sq^2 Sq^1$ oder $Sq^{63} Sq^{17} Sq^8 Sq^4 Sq^2 Sq^1$.

Für ein zulässiges Monom Sq^I definiert man nun den **Überschuss** (engl. *excess*) als die Summe

$$e(I) = \sum_{r=1}^{k} (i_r - 2i_{r+1}),$$

wobei der letzte Summand gleich i_k ist, denn die Konvention $i_{k+1} = 0$ ändert nichts an Sq^I, wegen $Sq^0 = \mathbb{1}$. Der Überschuss ist ein Maß dafür, wie weit I die Zulässigkeit sogar übertrifft. So ist $e(8,4,2,1) = 1$, $e(5,2,1) = 1 + 1 = 2$ und $e(14,5,2) = 4 + 1 + 2 = 7$.

Beobachtung: Für alle zulässigen Monome Sq^I gilt

1. $Sq^I(\alpha) = 0$, falls $e(I) > |\alpha|$.

2. Die Elemente $Sq^I(\alpha)$ mit $e(I) = |\alpha|$ sind genau die Potenzen $\left(Sq^J(\alpha)\right)^{2^r}$ für $r \geq 1$ und zulässige Sq^J mit $e(J) < |\alpha|$.

Beweis: Eine einfache Teleskopsumme zeigt $e(I) = i_1 - (i_2 + \ldots + i_k)$, oder anders formuliert $i_1 = e(I) + i_2 + \ldots + i_k$. Im Fall $e(I) > |\alpha|$ gilt $Sq^I(\alpha) = Sq^{i_1}(\beta)$ mit $|\beta| = |\alpha| + i_2 + \ldots + i_k$, also $i_1 > |\beta|$ und daher ist $Sq^{i_1}(\beta) = 0$, womit Teil 1 bewiesen ist.

Für den zweiten Punkt sei $e(I) = |\alpha|$, also $i_1 = |\alpha| + i_2 + \ldots + i_k$, weswegen

$$Sq^I(\alpha) = \left(Sq^{i_2} \cdots Sq^{i_k}(\alpha)\right)^2$$

ist. Da Sq^I zulässig war, haben wir $e(i_2, \ldots, i_k) \leq e(I) = |\alpha|$. Falls $< |\alpha|$, steht die Form $\left(Sq^{i_2} \cdots Sq^{i_k}(\alpha)\right)^2$, und im Fall $= |\alpha|$ können wir iterativ fortsetzen zu $Sq^{i_2} \cdots Sq^{i_k}(\alpha) = \left(Sq^{i_3} \cdots Sq^{i_k}(\alpha)\right)^2$, sodass insgesamt

$$Sq^I(\alpha) = \left(Sq^{i_2} \cdots Sq^{i_k}(\alpha)\right)^2 = \left(Sq^{i_3} \cdots Sq^{i_k}(\alpha)\right)^{2^2}$$

entsteht. So hat jedes $Sq^I(\alpha)$ mit $e(I) = |\alpha|$ die in Punkt 2 beschriebene Form, denn irgendwann terminiert die Iteration, weil der Fall $< |\alpha|$ eintritt.

Es sei dann umgekehrt $\left(Sq^J(\alpha)\right)^{2^r}$ gegeben, mit zulässigem $J = (j_1, \ldots, j_k)$ und $e(J) < |\alpha|$. Wir suchen ein I mit $e(I) = |\alpha|$, sodass $Sq^I(\alpha) = \left(Sq^J(\alpha)\right)^{2^r}$ ist.

Betrachte zunächst $r = 1$. Setzt man $i = |\alpha| + j_1 + \ldots + j_k$, ist $I = (i, j_1, \ldots, j_k)$ ebenfalls zulässig, $e(I) = |\alpha|$ und wie oben $Sq^I(\alpha) = \left(Sq^J(\alpha)\right)^2$.

Induktiv sei $I = (i_1, \ldots, i_k)$ gefunden mit $e(I) = |\alpha|$ und $Sq^I(\alpha) = \left(Sq^J(\alpha)\right)^{2^{r-1}}$. Mit $i = |\alpha| + i_1 + \ldots + i_k$ und $I' = (i, i_1, \ldots, i_k)$ ist dann $Sq^{I'}(\alpha) = \left(Sq^J(\alpha)\right)^{2^r}$, wobei offensichtlich auch I' zulässig ist, mit $e(I') = |\alpha|$. $\qquad \Box$

Nach dieser elementaren, aber durchaus trickreichen Erkenntnis können wir den ersten Teil eines Theorems von SERRE über die Ringe $H^*(\mathbb{Z}_2, n; \mathbb{Z}_2)$ beweisen ([90], siehe dazu auch Seite 299). Es legt den Grundstein für alle weiteren Berechnungen und ist ein bestechend schönes Resultat, eine bahnbrechende Zusammenführung komplexer Strukturen in der algebraischen Topologie.

Theorem (Serre, Teil I; Kohomologiering modulo 2 eines $K(\mathbb{Z}_2, n)$)

Für den Kohomologiering von $K(\mathbb{Z}_2, n)$ über $\mathbb{Z}_2$-Koeffizienten gilt

$$H^*(\mathbb{Z}_2, n; \mathbb{Z}_2) \cong \mathbb{Z}_2\big[Sq^I(\iota_n) : e(I) < n\big],$$

mit einem Generator $\iota_n \in H^n(\mathbb{Z}_2, n; \mathbb{Z}_2) \cong \mathbb{Z}_2$.

Beweis: Man nutzt vollständige Induktion nach n. Der Fall $n = 1$ ist bereits bekannt – beachten Sie hierzu, dass ein $K(\mathbb{Z}_2, 1)$ als Linsenraum $L(2; 1, 1, 1, \ldots)$ homöomorph zu $\mathbb{P}_{\mathbb{R}}^\infty$ ist (Seiten 67 und 320, siehe auch Seite I-502). Wir haben demnach

$$H^*(\mathbb{Z}_2, 1; \mathbb{Z}_2) \cong \mathbb{Z}_2[\iota_1] \cong \mathbb{Z}_2\big[Sq^I(\iota_1) : e(I) = 0\big],$$

denn $Sq^0 = \mathbb{1}$ ist das einzige zulässige Monom mit $e(I) = 0$.

Für den Fall $n = 2$ betrachte die Pfadraumfaserung $K(\mathbb{Z}_2, 1) \to P_x \to K(\mathbb{Z}_2, 2)$. In der Faser haben wir nach Induktionsannahme den Ring $H^*(\mathbb{Z}_2, 1; \mathbb{Z}_2) \cong \mathbb{Z}_2[\iota_1]$. Dieser hat ein einfaches Generatorensystem (Seite 445) aus den Polynomen $\iota_1^{2^r}$ mit $r \geq 0$. Nach den Eigenschaften der STEENROD-Squares ist $Sq^1(\iota_1) = \iota_1^2$, denn $\deg \iota_1 = 1$. Wegen $\deg \iota_1^2 = 2$ ist dann $Sq^2(\iota_1^2) = \iota_1^4$ und so fort. Insgesamt ist $Sq^I(\iota_1) = \iota_1^{2^r}$ für $I = (2^{r-1}, \ldots, 2, 1)$.

Um den Satz von BOREL (Seite 446) einzusetzen stellen wir fest, dass ι_1 transgressiv ist mit $\tau(\iota_1) = \iota_2$ als Generator von $H^2(K(\mathbb{Z}_2, 2); \mathbb{Z}_2) \cong \mathbb{Z}_2$. Beachten Sie, dass dies aus den inzwischen wohlbekannten Gründen so sein muss, sonst würden an den Stellen $(0, 1)$ und $(2, 0)$ Gruppen $\neq 0$ bis zur E_∞-Seite überleben. Der Satz von BOREL und der Satz über die Transgression der $Sq^i(\iota_1)$ (Seite 449) besagen dann, dass $H^*(\mathbb{Z}_2, 2; \mathbb{Z}_2)$ der Polynomring

$$\mathbb{Z}_2\big[\tau(Sq^I(\iota_1)) : e(I) < 2\big] = \mathbb{Z}_2\big[Sq^I(\iota_2) : e(I) < 2\big]$$

ist. Dabei sind die I von der Form $(2^i, 2^{i-1}, \ldots, 2, 1)$, es werden also alle I mit $e(I) = 1$ durchlaufen. Für das Element ι_2 benötigen wir zusätzlich noch $Sq^0(\iota_2)$, also das Tupel $I = (0)$ mit $e(I) = 0$. Insgesamt gilt dann stets $e(I) < 2$.

Im Schritt von n nach $n+1$ verwende die Faserung $K(\mathbb{Z}_2, n) \to P_x \to K(\mathbb{Z}_2, n+1)$. Induktiv sei

$$H^*(\mathbb{Z}_2, n; \mathbb{Z}_2) \cong \mathbb{Z}_2\big[Sq^I(\iota_n) : e(I) < n\big],$$

das einfache Generatorensystem bestehe also aus den 2^r-ten Potenzen, $r \geq 0$, der $Sq^I(\iota_n)$ mit $e(I) < n$. Nach der vorigen Beobachtung (Seite 454) sind das genau die $Sq^J(\iota_n)$ mit $e(J) \leq n$. Nun ist ι_n transgressiv, da nach HUREWICZ und dem universellen Koeffiziententheorem die Spalten $E_2^{p,*}$ mit $1 \leq p \leq n$ verschwinden. Es gilt dann wieder $\tau(\iota_n) = \iota_{n+1}$ und der Satz von BOREL liefert wie oben die Aussage $H^*(\mathbb{Z}_2, n+1; \mathbb{Z}_2) \cong \mathbb{Z}_2\big[Sq^I(\iota_n) : e(I) < n+1\big]$. $\square$

Die Beweisstrategie trägt noch weiter. Wir werden später auch die Kohomologie modulo 2 der Räume vom Typ $K(\mathbb{Z}, n)$ und $K(\mathbb{Z}_{2^k}, n)$ benötigen. Speziell bei $K(\mathbb{Z}, n)$ kennen wir bisher den trivialen Fall $H^*(\mathbb{Z}, 1; \mathbb{Z}_2)$, wegen $K(\mathbb{Z}, 1) \simeq S^1$. In einem früheren Satz (Seite 211) haben wir außerdem das Resultat für die rationale Kohomologie erreicht, hier adressieren wir erstmals $\mathbb{Z}_2$-Koeffizienten.

Theorem (Serre, Teil II; Kohomologiering modulo 2 eines $K(\mathbb{Z}, n)$)

Der $\mathbb{Z}_2$-Kohomologiering eines $K(\mathbb{Z}, n)$ hat für $n \geq 2$ die Form

$$H^*(\mathbb{Z}, n; \mathbb{Z}_2) \cong \mathbb{Z}_2[Sq^I(\iota_n) : e(I) < n \text{ und } 1 \notin I],$$

mit einem Generator $\iota_n \in H^n(\mathbb{Z}, n; \mathbb{Z}_2) \cong \mathbb{Z}_2$.

Beweis: Hier beginnt die Induktion nach n bei $n = 2$ und der Pfadraumfaserung $K(\mathbb{Z}, 1) \to P_x \to K(\mathbb{Z}, 2)$. Nach dem universellen Koeffiziententheorem (und $K(\mathbb{Z}, 1) \simeq S^1$) ist $H^k(\mathbb{Z}, 1; \mathbb{Z}_2) \cong \mathbb{Z}_2$ für $k \in \{0, 1\}$ und sonst 0. In der Spalte $E_2^{0,*}$ steht an Position $(0,0)$ wieder $\mathbb{Z}_2$ und bei $(0,1)$ wie gewohnt $\iota_1 \mathbb{Z}_2$. Es ist dann $H^*(\mathbb{Z}, 1; \mathbb{Z}_2) \cong \mathbb{Z}_2 \oplus \iota_1 \mathbb{Z}_2 = \Lambda_{\mathbb{Z}_2}[\iota_1]$. Das Element ι_1 bildet das einfache Generatorensystem, ist transgressiv und es gilt $\tau(\iota_1) = \iota_2$, was aus den bekannten Argumenten heraus ein Generator von $H^2(\mathbb{Z}, 2; \mathbb{Z}_2)$ sein muss. Mit dem Satz von BOREL folgt dann $H^2(\mathbb{Z}, 2; \mathbb{Z}_2) \cong \mathbb{Z}_2[\iota_2]$, und das ist die gewünschte Aussage: Es kommt bei den Monomen Sq^I nur $I = (0)$ in Frage, denn Sq^1 ist ausgeschlossen.

Für $n = 3$ haben wir über die Faserung $K(\mathbb{Z}, 2) \to P_x \to K(\mathbb{Z}, 3)$ in $H^2(\mathbb{Z}, 2; \mathbb{Z}_2)$ das einfache Generatorensystem aus ι_2 und den Monomen $\iota_2^{2^j}$, $j \geq 1$. Der Satz von BOREL und der Satz über die Transgression der $Sq^i(\iota_1)$ (Seite 449) liefern dann für die untere Zeile $E_2^{*,0}$ den Polynomring $H^*(\mathbb{Z}, 3; \mathbb{Z}_2)$ über $\iota_3 = \tau(\iota_2)$ und alle $Sq^I(\iota_3)$ mit $e(I) < 3$ und $1 \notin I$. Induktiv kann nun das Vorgehen aus dem Theorem von SERRE, Teil I, wörtlich kopiert werden – beachten Sie nur, dass bei der Induktion die Sq^1-Bestandteile stets wegfallen. □

Machen Sie sich anhand der Beweise klar, warum zum Beispiel $H^*(\mathbb{Z}, 3; \mathbb{Z}_2)$ ein Polynomring mit vielen Generatoren ist, während $H^*(\mathbb{Z}, 3; \mathbb{Q})$ nicht mehr als nur $\Lambda_{\mathbb{Q}}[\iota_3] = \mathbb{Q} \oplus \iota_3 \mathbb{Q}$ ist. (Hinweis: Beim Rechnen in $\mathbb{Z}_2$ haben Sie die STEENROD-Squares und den Satz auf Seite 449. Wie sieht es dagegen im Satz über den Kohomologiering $H^*(\mathbb{Z}, 3; \mathbb{Q})$, Seite 211, bei der Transgression aus?)

Vor dem großen Finale mit der 2-Torsion in $\pi_k(S^n)$ hier noch der dritte Baustein zur $\mathbb{Z}_2$-Kohomologie, in diesem Fall für einen $K(\mathbb{Z}_{2^k}, n)$, $k, n > 1$. Wir benötigen ihn später nur für die Gruppen $\pi_{n+r}(S^n)$ mit $r = 4$ oder $r = 5$.

Theorem (Serre, Teil III; Kohomologiering modulo 2 eines $K(\mathbb{Z}_{2^k}, n)$)

Für den $\mathbb{Z}_2$-Kohomologiering von $K(\mathbb{Z}_{2^k}, n)$ und $k, n > 1$ gilt

$$H^*(\mathbb{Z}_{2^k}, n; \mathbb{Z}_2) \cong \mathbb{Z}_2[Sq^I(\iota_n) : e(I) < n; Sq^J(\kappa_{n+1}) : e(J) \leq n; 1 \notin I, J],$$

mit einem Generator $\iota_n \in H^n(\mathbb{Z}_{2^k}, n; \mathbb{Z}_2) \cong \mathbb{Z}_2$ und einem davon unabhängigen Generator $\kappa_{n+1} \in H^{n+1}(\mathbb{Z}_{2^k}, n; \mathbb{Z}_2) \cong \mathbb{Z}_2$.

Beweis: Zunächst machen wir uns klar, dass in der Tat für alle $k \geq 1$ und $n > 1$

$$H^{n+1}(\mathbb{Z}_{2^k}, n; \mathbb{Z}_2) \cong \mathbb{Z}_2$$

ist. Dies sei Ihnen als gute **Übung** zur Technik der Spektralsequenzen empfohlen. Hinweis: Verwenden Sie das universelle Koeffiziententheorem, das Theorem von HUREWICZ, induktiv die Pfadraumfaserungen $K(\mathbb{Z}_{2^k}, n-1) \to P_x \to K(\mathbb{Z}_{2^k}, n)$ und die Homologie von Linsenräumen (Seite 67) für die Faser beim Induktionsanfang $n = 2$.

Warum ist der Kohomologiering eines $K(\mathbb{Z}_{2^k}, n)$ für $k > 1$ komplizierter als der für $k = 1$, also für einen $K(\mathbb{Z}_2, n)$ in Teil I? Erinnern Sie sich: Dort war mit dem Generator $\iota_n \in H^n(\mathbb{Z}_2, n; \mathbb{Z}_2)$ stets $Sq^1(\iota_n)$ der Generator von $H^{n+1}(\mathbb{Z}_2, n; \mathbb{Z}_2)$.

Das Problem für $k > 1$ besteht darin, dass hier $Sq^1(\iota_n) = 0$ ist. Dies liegt daran, dass ι_n die $\mathbb{Z}_2$-Reduktion einer Klasse in $H^n(\mathbb{Z}_{2^k}, n; \mathbb{Z}_4)$ ist: Man kann hierfür von $H^n(\mathbb{Z}_{2^k}, n; \mathbb{Z}_4) \cong \mathrm{Hom}(\mathbb{Z}_{2^k}, \mathbb{Z}_4)$ und $H^n(\mathbb{Z}_{2^k}, n; \mathbb{Z}_2) \cong \mathrm{Hom}(\mathbb{Z}_{2^k}, \mathbb{Z}_2)$ gemäß dem universellen Koeffiziententheorem ausgehen. Für $k > 1$ ist dann

$$\widetilde{\iota}_n : \mathbb{Z}_{2^k} \longrightarrow \mathbb{Z}_4, \qquad [x]_{2^k} \mapsto [x]_4$$

ein wohldefiniertes Element in $\mathrm{Hom}(\mathbb{Z}_{2^k}, \mathbb{Z}_4)$, dessen Reduktion $[x]_{2^k} \mapsto [x]_2$ als Element von $\mathrm{Hom}(\mathbb{Z}_{2^k}, \mathbb{Z}_2)$ dem Generator ι_n entspricht. Die schon früher besprochene exakte Sequenz aus der Definition des BOCKSTEIN-Operators (Seite 350)

$$H^n(\mathbb{Z}_{2^k}, n; \mathbb{Z}_4) \xrightarrow{\ \rho\ } H^n(\mathbb{Z}_{2^k}, n; \mathbb{Z}_2) \xrightarrow{\ Sq^1 = \beta\ } H^{n+1}(\mathbb{Z}_{2^k}, n; \mathbb{Z}_2),$$

sie entstand aus der langen exakten Homologiesequenz der kurzen exakten Sequenz von Kokettenkomplexen $0 \to C^*(X; \mathbb{Z}_2) \to C^*(X; \mathbb{Z}_4) \to C^*(X; \mathbb{Z}_2) \to 0$, zeigt $Sq^1(\iota_n) = \beta\rho(\widetilde{\iota}_n) = 0$. Man benötigt daher in $H^{n+1}(\mathbb{Z}_{2^k}, n); \mathbb{Z}_2) \cong \mathbb{Z}_2$ einen neuen Generator κ_{n+1}.

Nach dieser Analyse der Schwierigkeiten bei $k > 1$ beginnen wir den eigentlichen Beweis von Teil III mit dem Kohomologiering eines $K(\mathbb{Z}_{2^k}, 1)$. Aus den Teilen I und II erkennen Sie unmittelbar die Bedeutung der folgenden Aussage.

Behauptung: Es ist $H^*(\mathbb{Z}_{2^k}, 1; \mathbb{Z}_2) \cong \Lambda_{\mathbb{Z}_2}[\iota_1] \otimes \mathbb{Z}_2[\kappa_2]$.

Beweis: Wir verwenden für $K(\mathbb{Z}_{2^k}, 1)$ den Linsenraum $L_{2^k}^\infty = L(2^k, 1, 1, \ldots)$ und setzen nun der Kürze halber $m = 2^k$. Wenn man nun einen Blick auf die geometrische Konstruktion von L_m^∞ und dem komplex projektiven Raum $\mathbb{P}_\mathbb{C}^\infty$ wirft, erkennt man, dass mit $S^\infty = \bigcup_{n \geq 0} S^{2n+1}$ die Projektion $p : S^\infty \to \mathbb{P}_\mathbb{C}^\infty$ durch L_m^∞ faktorisiert,

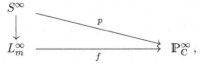

wodurch sich eine stetige Projektion $f : L_m^\infty \to \mathbb{P}_\mathbb{C}^\infty$ ergibt, deren zellulärer Aufbau nun genau zu analysieren ist.

Wir beginnen mit $\mathbb{P}_{\mathbb{C}}^{\infty}$ und betrachten (als kurze Wiederholung) das $2n$-Skelett

$$\mathbb{P}_{\mathbb{C}}^{n} = e^0 \cup e^2 \cup \ldots \cup e^{2n}$$

seiner CW-Struktur (Seite 23 und I-147, I-360). Beginnend bei einem Punkt e^0 werden sukzessive die Zellen e^{2i}, $i = 1, \ldots, n$ angeheftet. Dabei ist in jedem Schritt ein Punkt auf e^{2i} zu einem (eindeutigen) Repräsentanten eines Elements in $\mathbb{P}_{\mathbb{C}}^{i} \setminus \mathbb{P}_{\mathbb{C}}^{i-1}$, wenn in der komplexen Koordinaten z_{i+1} nur positive reelle Zahlen zugelassen werden, was durch die folgende Grafik visualisiert ist.

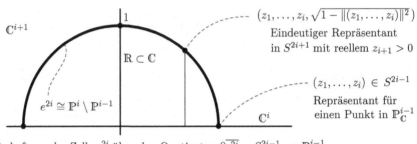

Anheftung der Zelle e^{2i} über den Quotienten $\partial \overline{e^{2i}} = S^{2i-1} \to \mathbb{P}_{\mathbb{C}}^{i-1}$,
$(z_1, \ldots, z_i) \sim \lambda(z_1, \ldots, z_i)$, $|\lambda| = 1$

Somit ist $\mathbb{P}_{\mathbb{C}}^{n} \cong S^{2n+1}/(S^1)^{n+1}$, was so zu verstehen ist, dass in jedem Schritt auf $S^{2i+1} \subset \mathbb{C}^{i+1}$ die Punkte der $(i+1)$-ten Koordinate modulo S^1 identifiziert werden. Warum faktorisiert die Projektion $S^{2n+1} \to \mathbb{P}_{\mathbb{C}}^{n}$ durch den Linsenraum L_m^{2n+1}? Hierfür rufen wir uns die Konstruktion eines L_m^{2i+1} anhand der folgenden Grafik in Erinnerung (siehe Seite 65 f).

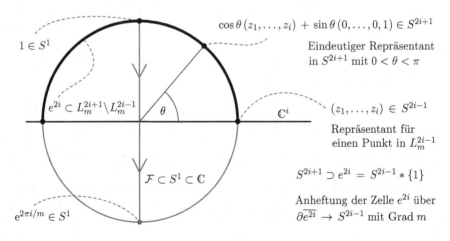

Damit ist $L_m^{2n+1} \cong S^{2n+1}/(\mathbb{Z}_m)^{n+1}$, in jedem Schritt werden auf $S^{2i+1} \subset \mathbb{C}^{i+1}$ die Punkte der $(i+1)$-ten Koordinate modulo $\mathbb{Z}_m \cong \{e^{2\pi k/m} : 0 \le k < m\} \subset S^1$ identifiziert. Die Faktorisierung $S^{2n+1} \to L_m^{2n+1} \to \mathbb{P}_{\mathbb{C}}^{n}$ ergibt sich also aus der Faktorisierung $S^1 \to \mathbb{Z}_m \to \{pt\}$, und zwar zellenweise in jedem Konstruktionsschritt.

Beim Übergang zu $n = \infty$ ergibt sich so eine Projektion $f : L_m^\infty \to \mathbb{P}_{\mathbb{C}}^\infty$, und aus den Grafiken erkennt man, dass alle Zellen $e^{2i} \subset L_m^\infty$ dabei homöomorph, also in der zellulären Homologie mit Grad 1 auf die Zellen $e^{2i} \subset \mathbb{P}_{\mathbb{C}}^\infty$ abgebildet werden. Dies bedeutet für die zellulären Komplexe einen Homomorphismus

$$\cdots \longrightarrow \mathbb{Z} \xrightarrow{0} \mathbb{Z} \xrightarrow{m} \mathbb{Z} \xrightarrow{0} \mathbb{Z} \xrightarrow{m} \mathbb{Z} \xrightarrow{0} \mathbb{Z} \longrightarrow 0$$
$$\downarrow{(f_\#)_5} \quad \downarrow{(f_\#)_4} \quad \downarrow{(f_\#)_3} \quad \downarrow{(f_\#)_2} \quad \downarrow{(f_\#)_1} \quad \downarrow{(f_\#)_0}$$
$$\cdots \longrightarrow 0 \longrightarrow \mathbb{Z} \longrightarrow 0 \longrightarrow \mathbb{Z} \longrightarrow 0 \longrightarrow \mathbb{Z} \longrightarrow 0,$$

also durch Hom-Dualisierung $\mathbb{Z}_2^* = \mathrm{Hom}(\mathbb{Z}, \mathbb{Z}_2) \cong \mathbb{Z}_2$ einen Kokettenhomomorphismus $f^\# : C_{\mathrm{cell}}^*(\mathbb{P}_{\mathbb{C}}^\infty; \mathbb{Z}_2) \to C_{\mathrm{cell}}^*(L_m^\infty; \mathbb{Z}_2)$ in der Form

$$\cdots \longrightarrow 0 \longrightarrow \mathbb{Z}_2^* \longrightarrow 0 \longrightarrow \mathbb{Z}_2^* \longrightarrow 0 \longrightarrow \mathbb{Z}_2^* \longrightarrow 0$$
$$\downarrow{(f^\#)_5} \quad \downarrow{(f^\#)_4} \quad \downarrow{(f^\#)_3} \quad \downarrow{(f^\#)_2} \quad \downarrow{(f^\#)_1} \quad \downarrow{(f^\#)_0}$$
$$\cdots \longrightarrow \mathbb{Z}_2^* \xrightarrow{0} \mathbb{Z}_2^* \xrightarrow{0} \mathbb{Z}_2^* \xrightarrow{0} \mathbb{Z}_2^* \xrightarrow{0} \mathbb{Z}_2^* \xrightarrow{0} \mathbb{Z}_2^* \longrightarrow 0.$$

Beachten Sie, dass in der unteren Zeile wegen $m = 2^k$ alle Korandoperatoren verschwinden. Wegen der Homöomorphismen $e^{2i} \to e^{2i}$ sind die $(f^\#)_i$ für alle geraden $i \geq 0$ die Identität und induzieren Isomorphismen

$$(f^*)_i : H^i(\mathbb{P}_{\mathbb{C}}^\infty; \mathbb{Z}_2) \longrightarrow H^i(L_m^\infty; \mathbb{Z}_2) \,.$$

Mit den Generatoren $y_i \in H^i(\mathbb{P}_{\mathbb{C}}^\infty; \mathbb{Z}_2)$ und $\kappa_i = (f^*)_i(y_i)$ gilt mit der bekannten Ringstruktur auf $\mathbb{P}_{\mathbb{C}}^\infty$ (Seite I-502) für das Cup-Produkt

$$\kappa_i \smile \kappa_j = (f^*)_i(y_i) \smile (f^*)_j(y_j) = (f^*)_{i+j}(y_i \smile y_j) = (f^*)_{i+j}(y_{i+j}) = \kappa_{i+j} \,,$$

weswegen $H^*(L_m^\infty; \mathbb{Z}_2)$ in den geraden Dimensionen der Polynomring $\mathbb{Z}_2[\kappa_2]$ ist.

Betrachte nun den Generator $\iota_1 \in H^1(L_m^\infty; \mathbb{Z}_2)$. Mit den BOCKSTEIN-Operatoren β und $\widetilde{\beta}$ zu den beiden Koeffizientensequenzen $0 \to \mathbb{Z}_2 \xrightarrow{2} \mathbb{Z}_4 \to \mathbb{Z}_2 \to 0$ und $0 \to \mathbb{Z} \xrightarrow{2} \mathbb{Z} \to \mathbb{Z}_2 \to 0$ sowie dem Diagramm (siehe auch Seite 350)

$$H^n(L_m^\infty; \mathbb{Z}) \xrightarrow{\rho} H^n(L_m^\infty; \mathbb{Z}_2) \xrightarrow{\widetilde{\beta}} H^{n+1}(L_m^\infty; \mathbb{Z}) \xrightarrow{2} H^{n+1}(L_m^\infty; \mathbb{Z})$$
$$\searrow{\beta} \qquad \downarrow{\rho}$$
$$H^{n+1}(L_m^\infty; \mathbb{Z}_2)$$

erkennt man, dass β für ungerades n ein Isomorphismus und für gerades n die Nullabbildung, denn ρ ist für gerades n surjektiv und die Multiplikation mit 2 stets die Nullabbildung. Beachten Sie dazu $H^n(L_m^\infty; \mathbb{Z}) \cong \mathbb{Z}_m$ für gerades $n \geq 2$ und $H^n(L_m^\infty; \mathbb{Z}) = 0$ für ungerades n nach dem universellen Koeffiziententheorem.

Insgesamt folgt $\beta(\iota_1) = \kappa_2$ und $\beta(\kappa_2) = 0$. Mit der Produktregel für β, die sich zum Beispiel aus $\beta = Sq^1$ und den CARTAN-Formeln (Seite 340) ergibt, haben wir dann $\beta(\iota_1 \kappa_2^i) = \kappa_2^{i+1}$ für alle $i \geq 0$ und es ist $\iota_1 \kappa_2^i$ ein Generator von $H^{2i+1}(L_m^\infty; \mathbb{Z}_2)$.

Genau dieses Verhalten als Ring wird durch das Produkt $\Lambda_{\mathbb{Z}_2}[\iota_1] \otimes \mathbb{Z}_2[\kappa_2]$ abgebildet, womit die Behauptung auf Seite 457 bewiesen ist. $\qquad (\Box)$

Man erkennt nun sofort, dass für $H^*(L_m^\infty; \mathbb{Z}_2)$ ein einfaches Generatorensystem der Form ι_1, κ_2, $\kappa_2^2 = Sq^2(\kappa_2)$, $\kappa_2^4 = Sq^4 Sq^2(\kappa_2)$, $\kappa_2^8 = Sq^8 Sq^4 Sq^2(\kappa_2)$, ... vorliegt, wobei $\iota_1 \in H^1(L_m^\infty; \mathbb{Z}_2)$ und $\kappa_2 \in H^2(L_m^\infty; \mathbb{Z}_2)$ die $\mathbb{Z}_2$-Generatoren sind.

Für den **Beweis von Teil III** des Theorems von SERRE beginnen wir nach dem gleichen Muster wie in Teil I und II mit der Faserung $K(\mathbb{Z}_m, 1) \to P_x \to K(\mathbb{Z}_m, 2)$. Aus dem Satz von BOREL und dem Satz über die Transgression der Sq^i folgt dann im Induktionsanfang für $n = 2$ wie gewünscht

$$H^*(\mathbb{Z}_m, 2; \mathbb{Z}_2) \cong \mathbb{Z}_2 \left[\iota_2, \kappa_3, Sq^2(\kappa_3), Sq^4 Sq^2(\kappa_3), Sq^8 Sq^4 Sq^2(\kappa_3), \ldots \right]$$

mit den Generatoren $\iota_2 = \tau(\iota_1) \in H^2(\mathbb{Z}_m, 2; \mathbb{Z}_2)$ und $\kappa_3 = \tau(\kappa_2) \in H^3(\mathbb{Z}_m, 2; \mathbb{Z}_2)$. Sie überzeugen sich ohne Probleme, dass diese Generatoren genau die $Sq^I(\iota_2)$ mit $e(I) < 2$ und $1 \notin I$, sowie $Sq^J(\kappa_3)$ mit $e(J) \leq 2$ und $1 \notin J$ sind.

Auch hier wird beim expliziten Übergang zu $n = 3$ das Verständnis erleichtert. Wir können im Tensorprodukt die Polynomringe in ι_2 und in den $Sq^J(\kappa_3)$ separat behandeln. Das einfache Generatorensystem von $H^*(\mathbb{Z}_m, 2; \mathbb{Z}_2)$ besteht dann im ι-Faktor aus ι_2, $\iota_2^2 = Sq^2(\iota_2)$, $\iota_2^4 = Sq^4 Sq^2(\iota_2)$, $\iota_2^8 = Sq^8 Sq^4 Sq^2(\iota_2)$, ..., was durch die Transgression $\iota_3 = \tau(\iota_2)$ zu den polynomialen (zulässigen) Generatoren $Sq^I(\iota_3)$ mit $e(I) < 3$ und $1 \notin I$ führt, nach dem gleichen Muster wie zuvor bei κ_3.

Etwas schwieriger wird es im κ-Faktor mit $\kappa_4 = \tau(\kappa_3)$. Das einfache Generatorensystem für die Faser $H^*(\mathbb{Z}_m, 3; \mathbb{Z}_2)$ besteht hier aus der abzählbar unendlichen Vereinigung der abzählbar unendlichen Mengen

$$\mathcal{G}_1 = \left\{ \kappa_3, Sq^3(\kappa_3), Sq^6 Sq^3(\kappa_3), Sq^{12} Sq^6 Sq^3(\kappa_3), \ldots \right\},$$

$$\mathcal{G}_2 = \left\{ Sq^2(\kappa_3), Sq^5 Sq^2(\kappa_3), Sq^{10} Sq^5 Sq^2(\kappa_3), Sq^{20} Sq^{10} Sq^5 Sq^2(\kappa_3), \ldots \right\},$$

$$\mathcal{G}_3 = \left\{ Sq^4 Sq^2(\kappa_3), Sq^9 Sq^4 Sq^2(\kappa_3), Sq^{18} Sq^9 Sq^4 Sq^2(\kappa_3), \ldots \right\},$$

$$\mathcal{G}_4 = \left\{ Sq^8 Sq^4 Sq^2(\kappa_3), Sq^{17} Sq^8 Sq^4 Sq^2(\kappa_3), Sq^{34} Sq^{17} Sq^8 Sq^4 Sq^2(\kappa_3), \ldots \right\},$$

$$\ldots$$

Man erkennt hier alle zulässigen $Sq^J(\kappa_3)$ mit $e(J) \leq 3$ und $1 \notin J$. Die polynomialen κ-Generatoren von $H^*(\mathbb{Z}_m, 3; \mathbb{Z}_2)$ sind damit alle $Sq^J(\kappa_4)$ mit $\kappa_4 = \tau(\kappa_3)$, $e(J) \leq 3$ und $1 \notin J$, womit der Fall $n = 3$ bewiesen ist.

Der Induktionsschritt von $H^*(\mathbb{Z}_m, n - 1; \mathbb{Z}_2)$ zu $H^*(\mathbb{Z}_m, n; \mathbb{Z}_2)$ ist dann elementare Kombinatorik. Im ι_n-Faktor wird die Aufzählung des κ_n-Faktors aus dem Fall $n - 1$ wiederholt, und der κ_{n+1}-Faktor entsteht wie oben aus den Transgressionen der 2^i-ten Potenzen aller $Sq^J(\kappa_n)$ mit $e(J) \leq n - 1$ und $1 \notin J$ und ergibt alle polynomialen Generatoren $Sq^J(\kappa_{n+1})$ mit $e(J) \leq n$ und $1 \notin J$. $\qquad\square$

Nach diesen technischen Vorbereitungen können wir den großen Gipfelanstieg beginnen, wir bestimmen den schwierigsten Torsionsteil, die gerade Torsion, in den Gruppen $\pi_k(S^n)$ für alle $k \leq n + 5$ sowie die gerade Torsion in den Gruppen $\pi_9(S^3)$ und $\pi_{10}(S^3)$, um im Licht der Reduktionssätze (Seite 425 ff) die hier zur Verfügung stehenden Mittel maximal auszureizen.

10.9 Die stabilen Stämme π_k^s für $k \leq 5$

Wir berechnen hierfür die 2-Komponenten der Gruppen $\pi_k(S^7)$ für $8 \leq k \leq 12$. Nach den früheren Resultaten, insbesondere den oben angesprochenen Reduktionssätzen (Seite 425 ff) und der ungeraden Torsion von $\pi_k(S^3)$ (Seite 440), ist $\pi_{10}(S^7)$ die einzige der hier in Frage kommenden Gruppen mit ungerader Torsion, hier in Form eines $\mathbb{Z}_3$-Summanden. Man geht nun nach dem Schema vor, das in der Einführung zu diesem Kapitel skizziert wurde (Seite 411 f).

Generelle Annahme für diesen und den folgenden Abschnitt:
Alle topologischen Räume seien 2-lokalisiert (ohne dass dies explizit erwähnt wird). Die Lokalisierungen existieren, da wir ausschließlich einfach zusammenhängende TCW-Räume betrachten (Seite 297).

Damit sind im weiteren Verlauf alle (relativen) Homotopie-, Homologie- und Kohomologiegruppen, insbesondere auch die zugehörigen Subquotienten $E_r^{p,q}$ in Spektralsequenzen, Moduln über dem lokalen Ring $\mathbb{Z}_{(2)}$ und besitzen als solche keine ungerade Torsion. Die gerade Torsion und die freien $\mathbb{Z}$-Bestandteile der originären Räume stimmen mit denen der lokalisierten Räume überein.

Wir beginnen mit zwei einfachen Resultaten, um die Vorgehensweise zu verdeutlichen (später werden wir dies schrittweise verfeinern).

Satz I: Es ist $\pi_8(S^7)|_2 \cong \pi_9(S^7)|_2 \cong \mathbb{Z}_2$ und damit $\pi_1^s \cong \pi_2^s \cong \mathbb{Z}_2$.

Hier ist übrigens nur $\pi_2^s \cong \mathbb{Z}_2$ neu (wir kennen das Argument zu $\pi_4(S^3) \cong \mathbb{Z}_2$ mit STEENROD-Squares von Seite 25 und das zu $\pi_{n+2}(S^n) \neq 0$ von Seite 391).

Beweis: Ausgangspunkt ist der POSTNIKOV-Turm $(X_n)_{n \geq 7}$ aus TCW-Faserungen für S^7, den wir als $\ldots \to X_9 \to X_8 \to X_7 = K(\mathbb{Z}, 7)$ notieren. Die unterste Faserung ist dann $K(\pi_8 S^7, 8) \to X_8 \to K(\mathbb{Z}, 7)$ und wir bestimmen die zugehörige Kohomologie-Spektralsequenz mit $\mathbb{Z}_2$-Koeffizienten.

Eine Besonderheit davon ist, dass alle Gruppen $\mathbb{Z}_2$-Moduln sind, mithin direkte Summen von $\mathbb{Z}_2$-Summanden. Wir müssen also zu gegebener Zeit immer wieder an die $\mathbb{Z}$-Kohomologie denken (wegen der 2-Lokalität der Räume ist dies äquivalent zur $\mathbb{Z}_{(2)}$-Kohomologie), um zum Beispiel $\mathbb{Z}_2 \oplus \mathbb{Z}_2$ von $\mathbb{Z}_4$ unterscheiden zu können. Beachten Sie, dass man beim Wechsel zu $\mathbb{Z}$- oder $\mathbb{Z}_{(2)}$-Koeffizienten alle Torsionsgruppen der Form $\mathbb{Z}_{2^k}$ zuverlässig erkennen kann.

Jedes POSTNIKOV-Stockwerk X_n ist nun (bis auf Homotopieäquivalenz) so gebaut, dass an die S^7 Zellen der Dimensionen $\geq n+2$ angeheftet werden, um $\pi_k(X_n) = 0$ für $k > n$ zu garantieren. Damit gilt gemäß zellulärer Homologie die

Regel 1: Es ist $H_k(X_n) \cong H_k(S^7)$ für $k \leq n+1$, also nach dem universellen Koeffiziententheorem $H^k(X_n) = H^k(X_n; \mathbb{Z}_2) = 0$ für $7 < k \leq n+1$. $\square$

Speziell auf $K(\pi_8 S^7) \to X_8 \to S^7$ angewendet, ist damit $H^7(X_8) \cong \mathbb{Z}$ und $H^7(X_8; \mathbb{Z}_2) \cong \mathbb{Z}_2$, sowie $H^8(X_8) = H^8(X_8; \mathbb{Z}_2) = H^9(X_8) = H^9(X_8; \mathbb{Z}_2) = 0$.

Eine weitere Regel betrifft die Kohomologiealgebra E_2^* (Seite 427): Wegen der endlichen Erzeugtheit aller relevanten Homologie- und Kohomologiegruppen gilt

Regel 2: Für die Kohomologiealgebra E_2^* einer Faserung $F \to E \to B$, bei der alle $H^*(B; \mathbb{Z}_2)$ von endlichem Typ sind, gilt

$$E_2^* \cong H^*(B; \mathbb{Z}_2) \otimes H^*(F; \mathbb{Z}_2).$$

Dadurch kann man auf der E_2-Seite sämtliche Generatoren $y \in H^*(B; \mathbb{Z}_2)$ und $a \in H^*(F; \mathbb{Z}_2)$ pragmatisch zu Produkten $ax = a \otimes x$ multiplizieren, die 1 in den Gruppen H^0 jeweils weglassen und auch Vorzeichen vernachlässigen, denn in $\mathbb{Z}_2$-Moduln ist $-1 = 1$. So ist $1 \otimes x = x$ und $a \otimes 1 = a$, und die Multiplikation auf der E_2-Seite schreibt sich als $ax \cdot by = (a \smile b)(x \smile y)$. □

Bevor es richtig losgeht, brauchen wir eine weitere Regel. Sie betrifft das Umschalten von der (einfacheren) Kohomologie mit $\mathbb{Z}_2$-Koeffizienten zu der mit $\mathbb{Z}$-Koeffizienten. In den folgenden Diagrammen, allesamt $\mathbb{Z}_2$-Spektralsequenzen, steht dann jeder Punkt für den Generator eines $\mathbb{Z}_2$-Summanden. Dabei werden zwei Arten von Punkten unterschieden: Ein weißer Punkt (○) steht für den Generator eines $\mathbb{Z}_2$-Summanden, den es in der $\mathbb{Z}$-Kohomologie nicht gibt. Ein schwarzer Punkt (●) steht für die $\mathbb{Z}_2$-Koeffizientenreduktion eines Generators in der Spektralsequenz mit $\mathbb{Z}$-Koeffizienten. Wegen der Lokalisierung aller Räume bei $p = 2$ kann dies ein $\mathbb{Z}$-Summand sein oder ein $\mathbb{Z}_{2^k}$-Summand für ein $k \geq 1$.

Regel 3: Es gibt einen Homomorphismus $\widetilde{\beta} : H^n(X; \mathbb{Z}_2) \to H^{n+1}(X; \mathbb{Z})$, der mit dem BOCKSTEIN-Operator β und der $\mathbb{Z}_2$-Koeffizientenreduktion ρ das folgende kommutative Diagramm bildet.

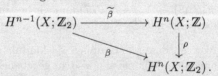

1. Ein $\mathbb{Z}$-Summand in $H^n(X; \mathbb{Z})$ liefert bei ρ einen $\mathbb{Z}_2$-Summanden in der **Bockstein-Kohomologiegruppe** $BH^n(X; \mathbb{Z}_2) = \mathrm{Ker}(\beta)/\mathrm{Im}(\beta)$ in der BOCKSTEIN-Sequenz an der Stelle $H^n(X; \mathbb{Z}_2)$.

2. Ein $\mathbb{Z}_2$-Summand in $H^n(X; \mathbb{Z})$ liefert bei ρ einen $\mathbb{Z}_2$-Summanden in $H^{n-1}(X; \mathbb{Z}_2)$ und $H^n(X; \mathbb{Z}_2)$, die mit β isomorph aufeinander abgebildet werden, also nichts zu der BOCKSTEIN-Gruppe $BH^n(X; \mathbb{Z}_2)$ beitragen.

3. Ein $\mathbb{Z}_{2^k}$-Summand in $H^n(X; \mathbb{Z})$, mit $k > 1$, liefert bei ρ jeweils einen $\mathbb{Z}_2$-Summanden in $BH^n(X; \mathbb{Z}_2)$ und in $BH^{n-1}(X; \mathbb{Z}_2)$.

Insbesondere ist die Koeffizientenreduktion ρ auf den $\mathbb{Z}_2$-Summanden von $H^n(X; \mathbb{Z})$ injektiv, mit Bild $\mathrm{Im}(\rho) = \mathrm{Im}(\beta)$.

Beweis: Die Aussage am Ende folgt sofort aus Punkt 2, denn wir kennen bereits das kommutative Diagramm

$$H^{n-1}(X;\mathbb{Z}_2) \xrightarrow{\widetilde{\beta}} H^n(X;\mathbb{Z}) \xrightarrow{\ 2\ } H^n(X;\mathbb{Z})$$

$$\beta \searrow \qquad \downarrow \rho$$

$$H^n(X;\mathbb{Z}_2),$$

in dem die obere Zeile exakt ist (Seite 459). Beachten Sie, dass es von einem $\mathbb{Z}_{2^k}$ nur für $k = 1$ injektive Abbildungen in eine direkte Summe von $\mathbb{Z}_2$-Summanden geben kann, denn dort haben alle Elemente $\neq 0$ die Ordnung 2.

Es bleibt also, die Punkte 1–3 zu zeigen. Hier verwendet man eine (überraschend einfache und suggestive) algebraische Technik, die unter dem Namen **minimale Kettenkomplexe** (engl. *minimal chain complexes*) bekannt ist. Da in der aktuellen Situation alle $H_n(X)$ endlich sind, gibt es für alle $n \geq 0$ endlich viele zyklische Gruppen $G_1^{(n)}, \ldots, G_{r_n}^{(n)}$ mit $H_n(X) \cong \bigoplus_{i=1}^{r_n} G_i^{(n)}$. Es seien $g_i^{(n)}$ die Generatoren der Gruppen $G_i^{(n)}$.

Falls $G_i^{(n)} \cong \mathbb{Z}$ ist, definiere den minimalen Kettenkomplex $M_i^{(n)}$ als

$$\ldots \xrightarrow{\partial} 0 \xrightarrow{\partial} 0 \xrightarrow{\partial} 0 \xrightarrow{\partial} \mathbb{Z} \xrightarrow{\partial} 0 \xrightarrow{\partial} 0 \xrightarrow{\partial} \ldots,$$

mit $\mathbb{Z}$ an der Stelle n, generiert von $z_i^{(n)}$. Falls $G_i^{(n)} \cong \mathbb{Z}_{2^k}$ ist, mit einem $k \geq 1$, definiere den minimalen Kettenkomplex $M_i^{(n)}$ als

$$\ldots \xrightarrow{\partial} 0 \xrightarrow{\partial} 0 \xrightarrow{\partial} 0 \xrightarrow{\partial} \mathbb{Z} \xrightarrow{\partial\,=\,2^k} \mathbb{Z} \xrightarrow{\partial} 0 \xrightarrow{\partial} 0 \xrightarrow{\partial} \ldots,$$

mit $\mathbb{Z}$ an den Stellen $n+1$ und n, generiert von $y_i^{(n+1)}$ und $x_i^{(n)}$. Wir haben dann $\partial y_i^{(n+1)} = 2^k x_i^{(n)}$. Definiere nun den Kettenkomplex

$$M_* = \bigoplus_{n \geq 0} \bigoplus_{i=1}^{r_n} M_i^{(n)},$$

also die direkte Summe aus den minimalen Kettenkomplexen $M_i^{(n)}$. Es ist nun einfach, einen Homomorphismus $\varphi : M_* \to C_*(X)$ zu konstruieren, der für $n \geq 0$ Isomorphismen der Homologiegruppen $\varphi_n : H_n(M_*) \to H_n(X)$ induziert. Es sei dazu $\varphi_n(z_i^{(n)}) = \zeta_i^{(n)}$, mit einem Zyklus $\zeta_i^{(n)} \in Z_n(X)$, der $g_i^{(n)} \in G_i^{(n)} \cong \mathbb{Z}$ repräsentiert. Dito $\varphi_n(x_i^{(n)}) = \xi_i^{(n)}$, mit $\xi_i^{(n)} \in Z_n(X)$, das $g_i^{(n)} \in G_i^{(n)} \cong \mathbb{Z}_{2^k}$ repräsentiert, und dito $\varphi_n(y_i^{(n+1)}) = \eta_i^{(n+1)}$, mit einer Kette $\eta_i^{(n+1)} \in C_{n+1}(X)$ und $\partial \eta_i^{(n+1)} = 2^k \xi_i^{(n)}$.

Nach dem universellen Koeffiziententheorem induziert der Kettenhomomorphismus φ für $n \geq 0$ und alle abelschen Gruppen A (insbesondere $\mathbb{Z}$ und $\mathbb{Z}_2$) Isomorphismen $\varphi^n : H^n(X;A) \to H^n(M_*;A) = H_n(\mathrm{Hom}(M_*,A))$, und offensichtlich spaltet der duale Komplex $\mathrm{Hom}(M_*,A)$ als $\bigoplus_{n \geq 0} \bigoplus_{i=1}^{r_n} \mathrm{Hom}(M_i^{(n)},A)$, wobei für die zu $x_i^{(n)}$ und $y_i^{(n+1)}$ dualen Generatoren $x_i^{(n)*}$ und $y_i^{(n+1)*}$ die Formel $\delta(x_i^{(n)*}) = 2^k y_i^{(n+1)*}$ gilt. Was bedeutet dies für die Gruppen $H^n(M_*;A)$?

Für $A = \mathbb{Z}_2$ ergibt ein dualer Generator $z_i^{(n)*}$, der zu einem $\mathbb{Z}$-Summanden in $H^n(X)$ gehört, einen $\mathbb{Z}_2$-Summanden in $H^n(M_*; \mathbb{Z}_2)$. Die dualen Generatoren $x_i^{(n)*}$ und $y_i^{(n+1)*}$ ergeben ebenfalls $\mathbb{Z}_2$-Summanden, je einen in $H^n(M_*; \mathbb{Z}_2)$ und $H^{n+1}(M_*; \mathbb{Z}_2)$, denn die Multiplikation mit 2^k ist bei Koeffizienten in $\mathbb{Z}_2$ die Nullabbildung. An dem BOCKSTEIN-Diagramm

$$H^{n-1}(M_*; \mathbb{Z}_2) \xrightarrow{\;\widetilde{\beta}\;} H^n(M_*; \mathbb{Z}) \xrightarrow{\;2\;} H^n(M_*; \mathbb{Z})$$
$$\searrow_{\beta} \quad \downarrow^{\rho}$$
$$H^n(M_*; \mathbb{Z}_2),$$

das über die Zerlegung $M_* = \bigoplus_{n \geq 0} \bigoplus_{i=1}^{r_n} M_i^{(n)}$ in eine Summe über die BOCKSTEIN-Diagramme der Minimalkomplexe $M_i^{(n)}$ in Form von

$$H^{n-1}(M_i^{(n)}; \mathbb{Z}_2) \xrightarrow{\;\widetilde{\beta}\;} H^n(M_i^{(n)}; \mathbb{Z}) \xrightarrow{\;2\;} H^n(M_i^{(n)}; \mathbb{Z})$$
$$\searrow_{\beta} \quad \downarrow^{\rho}$$
$$H^n(M_i^{(n)}; \mathbb{Z}_2)$$

zerfällt, kann das Wunschresultat für die Kohomologie von M_* abgelesen werden, und zwar summandenweise für alle $M_i^{(n)}$: Zunächst ist $\beta\big(z_i^{(n)*}\big) = \widetilde{\beta}\big(z_i^{(n)*}\big) = 0$, weswegen die ρ-Reduktion von $z_i^{(n)*}$ einen $\mathbb{Z}_2$-Summanden in $\mathrm{Ker}(\beta)$ liefert, also einen $\mathbb{Z}_2$-Summanden in der BOCKSTEIN-Kohomologiegruppe $\mathrm{Ker}(\beta)/\mathrm{Im}(\beta)$ wie in Punkt 1 gefordert.

Gemäß der Definition der BOCKSTEIN-Operatoren (Seite 350) ist nun für die Summanden der Gestalt $\mathbb{Z}_{2^k}$ in $H^n(M_*; \mathbb{Z})$

$$\beta\big[x_i^{(n)*}\big] = \big[(1/2)\delta_{\mathbb{Z}_2} x_i^{(n)*}\big] = \big[(2^{k-1}) y_i^{(n+1)*}\big] \in H^{n+1}(M_i^{(n)}; \mathbb{Z}_2) \quad \text{sowie}$$
$$\widetilde{\beta}\big[x_i^{(n)*}\big] = \big[(1/2)\delta_{\mathbb{Z}} x_i^{(n)*}\big] = \big[(2^{k-1}) y_i^{(n+1)*}\big] \in H^{n+1}(M_i^{(n)}; \mathbb{Z}).$$

In der oberen Gleichung steht $y_i^{(n+1)*}$ für das $\mathbb{Z}_2$-Duale, in der unteren Gleichung für das $\mathbb{Z}$-Duale von $y_i^{(n+1)}$. Dies entspricht nun genau den Punkten 2 und 3, denn für $k = 1$ folgt $\beta\big[x_i^{(n)*}\big] = \big[y_i^{(n+1)*}\big]$ und für $k > 1$ folgt $\beta\big[x_i^{(n)*}\big] = 0$. Beachten Sie stets $\beta\big[y_i^{(n+1)*}\big] = 0$. Mit dem kommutativen Diagramm

$$
\begin{array}{ccccc}
& & \beta & & \\
& & \overset{\frown}{} & & \\
H^{n-1}(X; \mathbb{Z}_2) & \xrightarrow{\;\widetilde{\beta}\;} & H^n(X; \mathbb{Z}) & \xrightarrow{\;\rho\;} & H^n(X; \mathbb{Z}_2) \\
\varphi^* \downarrow & & \varphi^* \downarrow & & \varphi^* \downarrow \\
H^{n-1}(M_*; \mathbb{Z}_2) & \xrightarrow{\;\widetilde{\beta}\;} & H^n(M_*; \mathbb{Z}) & \xrightarrow{\;\rho\;} & H^n(M_*; \mathbb{Z}_2) \\
& & \underset{\smile}{} & & \\
& & \beta & &
\end{array}
$$

lassen sich die Punkte 1–3 mit den Isomorphismen φ^* dann unmittelbar von den Gruppen $H^*(M_*; A)$ auf die Gruppen $H^*(X; A)$ übertragen. $\qquad\Box$

Mit diesem Regelwerk wenden wir uns wieder dem Anfang des Beweises zu, der Faserung $K(\pi_8 S^7, 8) \to X_8 \to K(\mathbb{Z}, 7)$ und der zugehörigen $\mathbb{Z}_2$-Kohomologie-Spektralsequenz. Nachfolgend ein Ausschnitt der E_2-Seite, in dem wir bewusst darauf verzichten, unser Wissen von $\pi_8(S^7) \cong \mathbb{Z}_2$ einzusetzen, um die kommenden Argumente an einem ganz einfachen Beispiel zu demonstrieren.

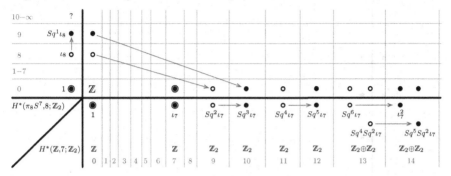

In der unteren Zeile ist der Ring $H^*(\mathbb{Z}, 7; \mathbb{Z}_2)$ abgebildet, gemäß dem Theorem von SERRE, Teil II (Seite 456). Die BOCKSTEIN-Isomorphismen sind in der unteren Zeile als graue Pfeile eingezeichnet. Beachten Sie dazu $\beta = Sq^1$ und die ADEM-Relationen $Sq^1 Sq^2 = Sq^3$, $Sq^1 Sq^4 = Sq^5$ und $Sq^1 Sq^6 = Sq^7$.

Nach Regel 3 (Seite 462) existieren damit $Sq^2 \iota_7$, $Sq^4 \iota_7$, $Sq^6 \iota_7$ und $Sq^4 Sq^2 \iota_7$ nur in der $\mathbb{Z}_2$-Kohomologie und sind als weiße Punkte (∘) dargestellt, während $Sq^3 \iota_7$ und $Sq^5 \iota_7$ als ρ-Reduktionen von $\mathbb{Z}_2$-Summanden in der $\mathbb{Z}$-Kohomologie stammen und als schwarze Punkte (•) erscheinen. Ein Sonderfall ist der Generator ι_7 von $H^7(\mathbb{Z}, 7) \cong H^7(S^7)$, der die Reduktion eines $\mathbb{Z}$-Summanden ist (und im weiteren Verlauf keine Rolle spielen wird).

Wegen Regel 1 (Seite 461) ist $H^k(X_8; \mathbb{Z}_2) = 0$ für $k \geq 9$, weswegen der Generator ι_8 in der $\mathbb{Z}_2$-Kohomologie der Faser notwendig ist, um in der Transgression $\tau = d_9$ das Element $Sq^2 \iota_7$ auszulöschen. Nach dem Satz über die Transgression der STEENROD-Squares (Seite 449) ist dann auch $Sq^1 \iota_8$ transgressiv und es gilt $\tau(Sq^1 \iota_8) = Sq^1 \tau(\iota_8) = Sq^1 Sq^2 \iota_7 = Sq^3 \iota_7$. Wieder wegen Regel 3 ist $Sq^1 \iota_8$ die Reduktion eines $\mathbb{Z}_2$-Summanden in $H^9(\pi_8 S^7, 8)$, der mit $\tau = d_{10}$ isomorph auf den $\mathbb{Z}_2$-Summanden von $Sq^3 \iota_7$ abgebildet wird.

Weitere Summanden in $H^9(\pi_8 S^7, 8)$ kann es nicht geben, denn diese würden nach Regel 3 freie $\mathbb{Z}$-Summanden bedeuten. Da die Faser $K(\pi_8(S^7), 8)$ aber nur endliche Homotopiegruppen besitzt (dies ist das einzige Wissen, welches wir über $\pi_8(S^7)$ voraussetzen), gilt dies nach dem Theorem von HUREWICZ-SERRE (Seite 420) auch für alle Homologiegruppen und nach dem universellen Koeffiziententheorem für alle Kohomologiegruppen $H^*(\pi_8 S^7, 8)$. Wir halten also bei $H^9(\pi_8 S^7, 8) \cong \mathbb{Z}_2$ und wieder mit dem universellen Koeffiziententheorem ergibt sich

$$\mathbb{Z}_2 \cong H^9(\pi_8 S^7, 8) \cong \mathrm{Hom}\big(H_9(\pi_8 S^7, 8), \mathbb{Z}\big) \oplus \mathrm{Ext}\big(H_8(\pi_8 S^7, 8), \mathbb{Z}\big) \cong \pi_8(S^7).$$

Beachten Sie hierfür die Endlichkeit von $H_9(\pi_8 S^7, 8)$ und $H_8(\pi_8 S^7, 8) \cong \pi_8(S^7)$ nach HUREWICZ, sowie die bekannten Formeln für $\mathrm{Hom}(-, \mathbb{Z})$ und $\mathrm{Ext}(-, \mathbb{Z})$.

Mit dieser Argumentation – sie ist das Herzstück der weiteren Berechnungen und wird noch verfeinert – haben wir schlussendlich $\pi_8(S^7) \cong \mathbb{Z}_2$ hergeleitet, mithin $\pi_1^s \cong \mathbb{Z}_2$. Damit können wir mit Teil I des Theorems von SERRE (Seite 455) die linke Spalte als $H^*(\mathbb{Z}_2, 8; \mathbb{Z}_2)$ genauer notieren und erhalten folgendes Bild.

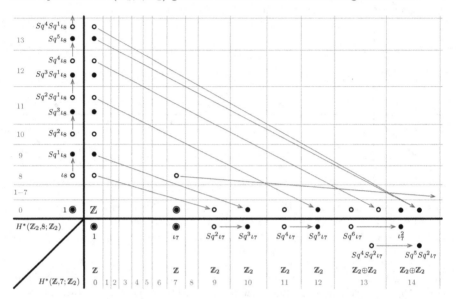

Die Situation ist hier besonders einfach, denn für den notwendigen Verlauf bis zur E_∞-Seite sind nur die Einträge auf den Achsen relevant. Der niedrigste gemischte Term $\iota_7 \otimes \iota_8$ hat Dimension 15 und wird, gemäß der Derivationsregel in der Kohomologie-Spektralsequenz (Seite 219), erst bei d_9 zusammen mit $\iota_7 Sq^2 \iota_7 \in E_2^{16,0}$ ausgelöscht (er ist exemplarisch noch in der Grafik aufgenommen). Uns genügen in diesem Abschnitt aber die Dimensionen ≤ 13, und damit entsteht auf der E_∞-Seite folgendes Bild.

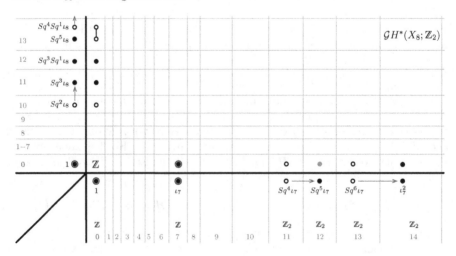

Damit sind wir in der Lage, den Kohomologiering $H^*(X_8; \mathbb{Z}_2)$ des Totalraumes zu bestimmen (inklusive der Information zur $\mathbb{Z}$-Kohomologie), um anschließend zur nächsten Faserung $K(\pi_9 S^7,9) \to X_9 \to X_8$ überzugehen, womit sich nicht nur die Gruppe $\pi_9(S^7)$ ergibt, sondern das gesamte weitere Vorgehen für die Bestimmung der 2-Torsionen in diesem Buch motiviert ist (bis auf diverse technische Verfeinerungen).

In den Diagonalen $p+q = n$ der E_∞-Seite stehen die Graduierungen der Gruppen $H^n(X_8; \mathbb{Z}_2)$. Man sieht $H^7(X_8) \cong \mathbb{Z}$, repräsentiert gemäß Regel 2 (Seite 462) durch $\iota_7 \otimes 1$, wofür wir ab jetzt kurz ι_7 schreiben. Dieses ι_7 ist die $\mathbb{Z}_2$-Reduktion eines Generators von $H^7(X_8)$ und zieht sich als konstante Erscheinung durch alle weiteren Berechnungen (Regel 3.1).

Man erkennt $H^8(X_8; A) = H^9(X_8; A) = 0$ für $A = \mathbb{Z}$ und $A = \mathbb{Z}_2$, wie gemäß Regel 1 erwartet. Ähnlich einfach ist $H^{10}(X_8) = 0$ und $H^{10}(X_8; \mathbb{Z}_2) \cong \mathbb{Z}_2$, generiert von $1 \otimes Sq^2 \iota_8 = Sq^2 \iota_8$. Darüber hinaus haben wir $H^{11}(X_8) \cong \mathbb{Z}_2$, generiert von γ_{11} mit Reduktion $\rho(\gamma_{11}) = Sq^3 \iota_8$ und $H^{11}(X_8; \mathbb{Z}_2) \cong \mathbb{Z}_2 \oplus \mathbb{Z}_2$, generiert von $Sq^3 \iota_8$ und $Sq^4 \iota_7$. Die Spektralsequenz von $K(\pi_9 S^7,9) \to X_9 \to X_8$ beginnt dann wie oben mit dem Diagramm

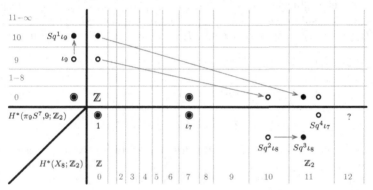

und mit der gleichen Argumentation wie oben ergeben sich wegen $H^{10}(X_9) = 0$ die Generatoren ι_9 von $H^9(\pi_9 S^7,9; \mathbb{Z}_2)$ und $Sq^1 \iota_9$ von $H^{10}(\pi_9 S^7,9; \mathbb{Z}_2)$, die in der $\mathbb{Z}_2$-Kohomologie mit den Transgressionen $\tau = d_{10}$ und $\tau = d_{11}$ isomorph auf $Sq^2 \iota_8$ und $Sq^3 \iota_8$ abgebildet werden (bei d_{11} auch in der $\mathbb{Z}$-Kohomologie). Damit ist wie oben $\pi_9(S^7) \cong \pi_2^s \cong \mathbb{Z}_2$. $\quad\square$

Satz II: Es ist $\pi_{10}(S^7)|_2 \cong \mathbb{Z}_8$ und damit $\pi_3^s \cong \mathbb{Z}_{24}$.

Beweis: Die Spektralsequenzen dazu wurden schon in Satz I vorbereitet, man muss die Argumente nur konsequent weiterführen. Interessant wird es bei der ursprünglichen Faserung $X_8 \to K(\mathbb{Z},7)$ in Dimension 12. Der $\mathbb{Z}_2$-Summand $Sq^5 \iota_7$ überlebt nicht in der $\mathbb{Z}_2$-Kohomologie, aber sehr wohl in der $\mathbb{Z}$-Kohomologie und ist daher auf der E_∞-Seite grau dargestellt. Beachten Sie die Besonderheit dieses grauen Punktes: Er existiert als $\mathbb{Z}_2$-Summand zunächst nur in der graduierten Gruppe $\mathcal{G}H^{12}(X_8)$. Diese Gruppe hat noch einen zweiten Überlebenden in der $\mathbb{Z}$-Kohomologie, nämlich $Sq^3 Sq^1 \iota_8$.

Damit hat $H^{12}(X_8)$ vier Elemente. Ob es sich dabei um $\mathbb{Z}_2 \oplus \mathbb{Z}_2$ oder $\mathbb{Z}_4$ handelt, zeigt eine interessante Überlegung mit dem universellen Koeffiziententheorem. Zunächst ist $H_9(X_8) = 0$ nach Regel 1 und daher wegen $H^{10}(X_8; \mathbb{Z}_2) \cong \mathbb{Z}_2$

$$\mathbb{Z}_2 \cong H^{10}(X_8; \mathbb{Z}_2) \cong \mathrm{Hom}\big(H_{10}(X_8), \mathbb{Z}_2\big) \oplus 0,$$

weswegen $H_{10}(X_8)$ zyklisch ist. Wir schreiben dafür ab jetzt kurz $H_{10}(X_8) = Z$. Ein subtiles Argument zeigt dann, dass all diese zyklischen Gruppen Z endlich sind: Falls sie unendlich wären, also isomorph zu $\mathbb{Z}$, wäre $H^{10}(X_8) \cong \mathbb{Z}$ und würde bis zu E_∞ überleben, denn in der Faser $H^*(\pi_9 S^7, 9)$ stehen nur endliche Gruppen nach dem Theorem von HUREWICZ-SERRE (Seite 420). Nach Regel 2 kommen dann alle Differentiale d_r zu $H^{10}(X_8)$ von endlichen Gruppen und können dem (unendlichen) Summanden Z nichts anhaben. So würde die Gruppe Z auch als Summand in $H^{10}(X_9)$ stehenbleiben, im Widerspruch zu $H^{10}(X_9) = 0$.

Weiter erkennen wir wegen $H^{11}(X_8; \mathbb{Z}_2) \cong \mathbb{Z}_2 \oplus \mathbb{Z}_2$

$$\mathbb{Z}_2 \oplus \mathbb{Z}_2 \cong H^{11}(X_8; \mathbb{Z}_2) \cong \mathrm{Hom}\big(H_{11}(X_8), \mathbb{Z}_2\big) \oplus \mathrm{Ext}\big(H_{10}(X_8), \mathbb{Z}_2\big),$$

und wegen der Endlichkeit von $H_{10}(X_8)$ ist $\mathrm{Ext}\big(H_{10}(X_8), \mathbb{Z}_2\big) \cong \mathbb{Z}_2$ (beachten Sie, dass wir 2-lokal arbeiten, also $H_{10}(X_8)$ eine endliche 2-Gruppe ist). Es bleibt $\mathrm{Hom}\big(H_{11}(X_8), \mathbb{Z}_2\big) \cong \mathbb{Z}_2$, womit auch $H_{11}(X_8) = Z$ ist. Die Weiterführung mit

$$\mathbb{Z}_2 \cong H^{12}(X_8; \mathbb{Z}_2) \cong \mathrm{Hom}\big(H_{12}(X_8), \mathbb{Z}_2\big) \oplus \mathrm{Ext}\big(H_{11}(X_8), \mathbb{Z}_2\big)$$

zeigt dann $H_{12}(X_8) = 0$, mithin ist nach dem universellen Koeffiziententheorem

$$H^{12}(X_8) \cong \mathrm{Hom}\big(H_{12}(X_8), \mathbb{Z}\big) \oplus \mathrm{Ext}\big(H_{11}(X_8), \mathbb{Z}\big) = Z$$

zyklisch, also haben wir $H^{12}(X_8) \cong \mathbb{Z}_4$, dessen ρ-Reduktion von γ_{12} generiert ist. Entwickelt man die E_2-Seite der Faserung $K(\pi_9 S^7) \to X_9 \to X_8$ nun mit dem Wissen $\pi_9(S^7) \cong \mathbb{Z}_2$ aus Satz I, ergibt sich der folgende Ausschnitt.

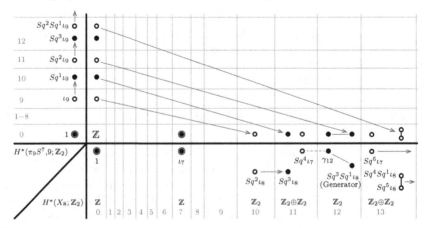

In der unteren Zeile passt das Paar $(Sq^4\iota_7, \gamma_{12})$ genau zu Regel 3.3 und ist damit konform, dass γ_{12} die Reduktion eines $\mathbb{Z}_{2^k}$-Summanden generiert (hier $k = 2$). Die Elemente $Sq^3Sq^1\iota_9$ und $Sq^4\iota_9$ verschwinden auf der E_∞-Seite, denn es ist $\tau(Sq^4\iota_9) = Sq^4Sq^2\iota_8$, welches als weißer Punkt in $H^{14}(X_8; \mathbb{Z}_2)$ überlebt, denn es ist $\tau(Sq^4Sq^2\iota_8) = Sq^4Sq^3Sq^1\iota_7 = 0$. Der schwarze Punkt $Sq^3Sq^1\iota_9$ transgrediert auf $Sq^5Sq^1\iota_8$ im Bild des BOCKSTEIN-Operators der Summe $Sq^4Sq^1\iota_8 + Sq^5\iota_8$ (dies ist nicht grafisch dargestellt). Es ergibt sich folgendes Bild auf der E_∞-Seite.

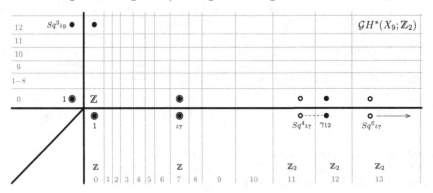

Wegen $Sq^3Sq^2 = 0$ geht $Sq^3\iota_9$ bei $\tau = d_{12}$ auf $Sq^3Sq^2\iota_8 = 0$ und bleibt als $\mathbb{Z}_2$-Summand in $\mathcal{G}H^{12}(X_9)$ erhalten, genau wie auch der $\mathbb{Z}_4$-Summand $\rho^{-1}(\gamma_{12})$. Damit hat $H^{12}(X_9)$ acht Elemente, und die Untersuchung der Zyklizität bringt das genaue Ergebnis. Es ist $H_{10}(X_9) = 0$ und daher wegen $\tau(Sq^2\iota_9) = Sq^3Sq^1\iota_8$ in der $\mathbb{Z}_2$-Kohomologie

$$\mathbb{Z}_2 \cong H^{11}(X_9; \mathbb{Z}_2) \cong \mathrm{Hom}\big(H_{11}(X_9), \mathbb{Z}_2\big) \oplus 0,$$

also $H_{11}(X_9) = Z$. Damit ist wieder

$$H^{12}(X_9) \cong \mathrm{Hom}\big(H_{12}(X_9), \mathbb{Z}\big) \oplus \mathrm{Ext}\big(H_{11}(X_9), \mathbb{Z}\big) = Z,$$

denn die zyklischen 2-Gruppen Z sind endlich und auch $H_{12}(X_9)$ kann keinen freien $\mathbb{Z}$-Summanden enthalten, mit dem gleichen Argument wie in Satz I. Also ist $H^{12}(X_9) \cong \mathbb{Z}_8$, mit $\mathbb{Z}_2$-Reduktion generiert von θ_{12}. Die E_2-Seite von $K(\pi_{10}S^7, 10) \to X_{10} \to X_9$ startet somit in der Form

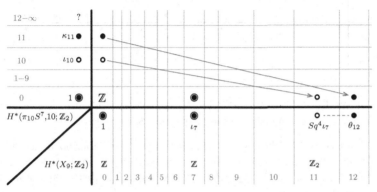

Es ist in der $\mathbb{Z}_2$-Kohomologie $\tau(Sq^1\iota_{10}) = Sq^1Sq^4\iota_7 = Sq^5\iota_7 = 0$ in $H^*(X_9;\mathbb{Z}_2)$, weswegen $Sq^1\iota_{10} = 0$ ist, um $H^{11}(X_{10};\mathbb{Z}_2) = 0$ zu ermöglichen. Wir benötigen dann für $H^{11}(X_{10}) = 0$ einen Generator κ_{11}. Dieser ist gemäß Regel 3.3 die Reduktion eines Generators von $\mathbb{Z}_8$ in $H^{11}(\pi_{10}S^7,10)|_2 \cong \pi_{10}(S^7)|_2$ und geht isomorph auf θ_{12}, denn es ist wieder $H^{12}(X_{10}) \cong \mathrm{Hom}\big(H_{12}(X_{10}),\mathbb{Z}\big) \oplus 0 = 0$ nach dem universellen Koeffiziententheorem, wegen der Endlichkeit von $H_{12}(X_{10})$ (die man mit dem gleichen Argument wie in Satz I sieht). Insgesamt ist, wegen $\pi_{10}(S^7) \cong \mathbb{Z}_3 \oplus \{\text{2-Gruppe}\}$ gemäß der Überlegungen zur ungeraden Torsion, das Resultat $\pi_{10}(S^7) \cong \pi_3^s \cong \mathbb{Z}_3 \oplus \mathbb{Z}_8 \cong \mathbb{Z}_{24}$ bewiesen.   □

Gehen wir nun noch einen Schritt weiter und bestimmen $\pi_{11}(S^7)$ und $\pi_{12}(S^7)$. Das Vorgehen bleibt unverändert, nur müssen wir anfangs mehr ausholen und auf dem Weg die ein oder andere zusätzliche Hürde nehmen.

Satz III: Es ist $\pi_{11}(S^7)|_2 = \pi_{12}(S^7)|_2 = 0$ und damit $\pi_4^s = \pi_5^s = 0$.

Beweis: Wir starten noch einmal mit der Faserung $K(\mathbb{Z}_2,8) \to X_8 \to K(\mathbb{Z},7)$ und der E_2-Seite der zugehörigen $\mathbb{Z}_2$-Kohomologie-Spektralsequenz. Diesmal betrachten wir die Kohomologiealgebra E_2^* bis zur Dimension 15.

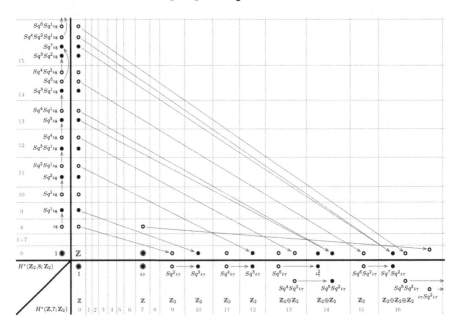

Beachten Sie $d_9(\iota_7\iota_8) = \iota_7 d_9(\iota_8) = \iota_7 Sq^2\iota_7$ gemäß der Derivationseigenschaft der Differentiale d_r in der multiplikativen Struktur (Seite 219).

Eine Besonderheit, die schon in Satz II zu sehen war (dort aber noch nicht wirklich zum Tragen kam), sind die Summen $Sq^4Sq^1\iota_8 + Sq^5\iota_8$ in $H^{13}(\mathbb{Z}_2,8;\mathbb{Z}_2)$ und $Sq^4Sq^2Sq^1\iota_8 + Sq^7\iota_8$ in $H^{15}(\mathbb{Z}_2,8;\mathbb{Z}_2)$, welche bis zu E_∞ überleben, obwohl deren einzelne Summanden $Sq^4Sq^1\iota_8$, $Sq^5\iota_8$, $Sq^4Sq^1\iota_8$ und $Sq^5\iota_8$ ausgelöscht werden.

Diese Elemente der Form $1 \oplus 1 \in \mathbb{Z}_2 \oplus \mathbb{Z}_2$ generieren übrigens auch direkte Summanden $\mathbb{Z}_2$, denn in einer endlichen Summe aus $\mathbb{Z}_2$-Summanden sind alle Untergruppen direkte Summanden (über einen geeigneten Automorphismus).

Wie bisher sind alle $H_k(X_n)$ und $H^k(X_n)$ für $k > 7$ endlich (wegen Regel 1 und dem Satz von HUREWICZ-SERRE in der Faser). Die notwendigen ADEM-Relationen gibt es am einfachsten mit elektronischer Unterstützung, zum Beispiel über [77].

Die E_∞-Seite für die Bestimmung von $H^*(X_8; \mathbb{Z}_2)$ und $H^*(X_8)$ sieht damit aus wie folgt.

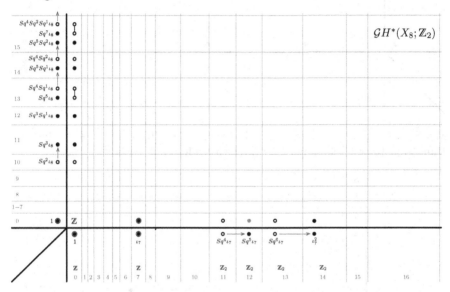

Wir erhalten damit die E_2- und E_∞-Seiten der Faserung $K(\mathbb{Z}_2, 9) \to X_9 \to X_8$ erneut, diesmal bis zur Dimension 14 berechnet.

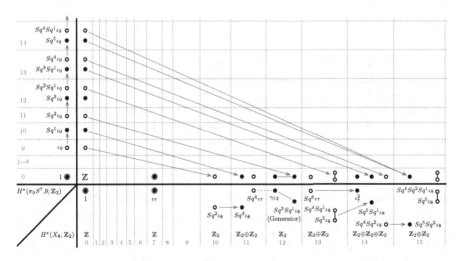

Hier die E_∞-Seite zur Faserung $K(\mathbb{Z}_2,9) \to X_9 \to X_8$:

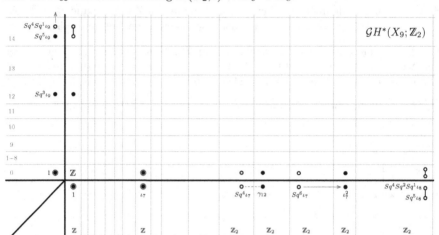

Mit Satz III kann man daraus die Faserung $K(\mathbb{Z}_8,10) \to X_{10} \to X_9$ bis zur Dimension 13 entwickeln und es ergibt sich die folgende E_2-Seite:

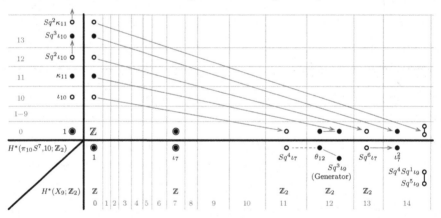

Beachten Sie den Aufbau von $H^*(\mathbb{Z}_8,10;\mathbb{Z}_2)$ gemäß Teil III des Theorems von SERRE (Seite 456). Zusätzlich sind zwei erklärende Bemerkungen zu den Transgressionen $d_{12}(\kappa_{11})$ und $d_{14}(Sq^2\kappa_{11})$ nötig. In Satz II haben wir bei $d_{12}(\kappa_{11})$ nur in der $\mathbb{Z}$-Kohomologie gedacht und gewusst, dass dies ein Isomorphismus $\mathbb{Z}_8 \to \mathbb{Z}_8$ sein musste, um das Resultat $\pi_{10}(S^7)|_2 \cong \mathbb{Z}_8$ zu erreichen. Nun müssen wir den Verlauf von d_{12} in der $\mathbb{Z}_2$-Kohomologie genau kennen, und dazu stellen wir fest, dass die Graduierung von $\mathbb{Z}_8 = (\theta_{12})$ von der $E_\infty^{p,q}$-Filtrierung

$$0 \subset (Sq^5\iota_7) \subset (Sq^5\iota_7, Sq^3Sq^1\iota_8) = (\gamma_{12}) \subset (\gamma_{12}, Sq^3\iota_9) = (\theta_{12}) \cong \mathbb{Z}_8$$

stammt. Damit generiert $\rho^{-1}(\gamma_{12})$ die Gruppe $\mathbb{Z}_4 \cong \{0,2,4,6\} \subset \mathbb{Z}_8$, die keinen Generator von $\mathbb{Z}_8$ enthält. Das die Koeffizientenreduktion ρ mit dem Differential d_{12} ein kommutatives Quadrat bildet, muss in der $\mathbb{Z}_2$-Kohomologie zwingend $d_{12}(\kappa_{11}) = Sq^3\iota_9$ sein, denn $Sq^3\iota_9$ ist die Reduktion eines Generators von $\mathbb{Z}_8$. Damit haben wir $d_{14}(Sq^2\kappa_{11}) = Sq^2Sq^3\iota_9 = Sq^4Sq^1\iota_9 + Sq^5\iota_9$ nach ADEM.

Damit ergibt sich ein ganz besonderes Bild der E_∞-Seite:

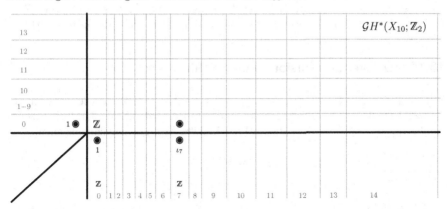

Es besagt, dass für $7 < k \leq 13$ die Kohomologie $H^k(X_{10}; \mathbb{Z}_2) = 0$ ist. Setzt man damit an zu der Faserung $K(\pi_{11}S^7, 11) \to X_{11} \to X_{10}$, erhält man folgendes Bild:

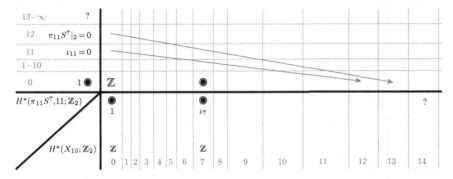

Aus der Logik der Spektralsequenzen ergibt sich damit $\pi_{11}(S^7)|_2 = 0$. Mit den Reduktionssätzen von SERRE (Seite 425 ff) und der ungeraden Torsion von $\pi_k(S^3)$ erhalten wir zunächst $\pi_{11}(S^7) = 0$. Damit ist die TCW-Faser $K(\pi_{11}S^7, 11)$ homotopieäquivalent zu einem Punkt und wir dürfen $X_{11} = X_{10}$ annehmen. Es folgt dann für die Faserung $K(\pi_{12}S^7, 12) \to X_{12} \to X_{11} = X_{10}$ der Anfang

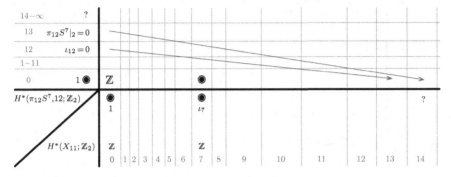

und damit wie oben auch $\pi_{12}(S^7) = 0$. Damit ist Satz III bewiesen. $\square$

Es ist bemerkenswert, wie die Spektralsequenzen und Kohomologieoperationen hier zusammenspielen. Man kann die Berechnungen bis zu π_7^s weiterführen, [75], und erhält diese Gruppen zumindest modulo 3-Torsion (siehe die **Übungen**).

10.10　Die gerade Torsion in $\pi_k(S^3)$ für $4 \leq k \leq 10$

Wir beginnen mit der E_2-Seite zu $K(\pi_4 S^3, 4) \to X_4 \to K(\mathbb{Z}, 3)$. Die Diagramme sind als PDF-Dateien verfügbar, [106], und zum Beispiel mit dem Grafikwerkzeug Adobe Illustrator® und dem Plugin LaTeX2AI®, [98], gut nachzuvollziehen.

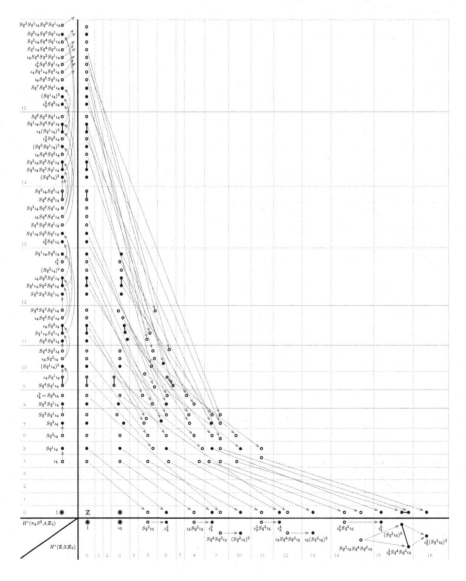

Hier ist $\pi_4(S^3) \cong \mathbb{Z}_2$ vorausgesetzt. Der Ring $H^*(\mathbb{Z}_2,4; \mathbb{Z}_2)$ in der Faser ergibt sich aus Teil I des Theorems von SERRE (Seite 455) und hat in Dimension $n = 4$ einige Besonderheiten gegenüber den Fällen $n \geq 7$ im vorigen Abschnitt.

So haben wir es hier einerseits exzessiv mit Produkten zu tun, in den höheren Dimensionen mit bis zu drei Faktoren wie zum Beispiel $(Sq^1\iota_4)^3$ oder $\iota_4 Sq^1\iota_4 Sq^2\iota_4$. Zum anderen entstehen Mehrdeutigkeiten in der $\mathbb{Z}$-Kohomologie, denn es ist $\beta(Sq^4\iota_4) = \beta(\iota_4^2) = 0$ und $\beta(Sq^4 Sq^1\iota_4 + \iota_4 Sq^1\iota_4) = 0$, weswegen sowohl ι_4^2 als auch $Sq^4 Sq^1\iota_4 + \iota_4 Sq^1\iota_4$ je einen $\mathbb{Z}_2$-Summanden in den BOCK-STEIN-Gruppen $BH^8(\mathbb{Z}_2,4; \mathbb{Z}_2)$ und $BH^9(\mathbb{Z}_2,4; \mathbb{Z}_2)$ erzeugen.

Nach Regel 3 (Seite 462) ist dann $Sq^4 Sq^1\iota_4 + \iota_4 Sq^1\iota_4$ entweder die $\mathbb{Z}_2$-Reduktion eines $\mathbb{Z}_{2^k}$-Summanden in $H^9(\mathbb{Z}_2,4; \mathbb{Z})$, $k \geq 2$, oder überhaupt keine $\mathbb{Z}_2$-Reduktion (zwei isolierte $\mathbb{Z}$-Summanden sind wegen des bekannten Arguments mit dem HUREWICZ-SERRE-Theorem, Seite 420, a priori ausgeschlossen). Daher sind die Punkte dieser Summe im Inneren grau dargestellt. Es wird sich dann erst im weiteren Verlauf der Spektralsequenz zeigen, welche der beiden Optionen die richtige Wahl ist – soll heißen: welche der Optionen keinen Widerspruch erzeugt (dieses Phänomen kommt in der ersten Spalte übrigens noch einmal vor: in $H^{12}(\mathbb{Z}_2,4; \mathbb{Z}_2)$ und $H^{13}(\mathbb{Z}_2,4; \mathbb{Z}_2)$ mit den $\mathbb{Z}_2$-Summanden $(Sq^2\iota_4)^2$ und $Sq^2\iota_4 Sq^3\iota_4 + Sq^6 Sq^3\iota_4$).

Anders verhält es sich bei der Summe $\beta(\iota_4 Sq^2\iota_4) = Sq^1\iota_4 Sq^2\iota_4 + \iota_4 Sq^3\iota_4$. Im Bild des BOCKSTEIN-Operators stellt sie die $\mathbb{Z}_2$-Reduktion eines $\mathbb{Z}_2$-Summanden in $H^{11}(\mathbb{Z}_2,4; \mathbb{Z}_2)$ dar und ist daher als schwarzes Punktepaar dargestellt. Beachten Sie die BOCKSTEIN-Sequenz: Es ist $\beta(Sq^1\iota_4 Sq^2\iota_4 + \iota_4 Sq^3\iota_4) = 0$, denn beide Summanden gehen auf den Generator $Sq^1\iota_4 Sq^3\iota_4$. Solche schwarzen Punkte-paare gibt es noch in $H^{12}(\mathbb{Z}_2,4; \mathbb{Z}_2)$, $H^{14}(\mathbb{Z}_2,4; \mathbb{Z}_2)$ und in der Basis $K(\mathbb{Z},3)$ bei $H^{15}(\mathbb{Z},3; \mathbb{Z}_2)$ mit der Summe $\beta(Sq^2\iota_3 Sq^4 Sq^2\iota_3) = \iota_3^2 Sq^4 Sq^2\iota_3 + (Sq^2\iota_3)^3$. Beachten Sie, dass dies alles definitiv $\mathbb{Z}_2$-Reduktionen aus der $\mathbb{Z}$-Kohomologie sind, wegen $\mathrm{Im}(\rho) = \mathrm{Im}(\beta)$ nach Regel 3.

Eine wichtige Beobachtung betrifft die gemischten Terme der Spektralsequenz, die nicht auf den Achsen liegen, zum Beispiel $Sq^2\iota_3 \otimes \iota_4 \in E_2^{5,4} \subset E_2^9$, wir schreiben kurz $\iota_4 Sq^2\iota_3$ dafür (das Tensorprodukt über $\mathbb{Z}_2$-Koeffizienten ist kommutativ). Bei TCW-Faserungen $F \to E \to B$ lässt sich nun die Logik der BOCKSTEIN-Operatoren $\beta, \widetilde{\beta}$ mit der Reduktion ρ auf die Kohomologiealgebren

$$E_2^*(G) = \bigoplus_{n \geq 0}\left(\bigoplus_{i=0}^n E_2^{n-i,i}(G)\right) = \bigoplus_{n \geq 0}\left(\bigoplus_{i=0}^n H^{n-i}\big(B, H^i(F; G)\big)\right)$$

übertragen (für $G = \mathbb{Z}$ oder $G = \mathbb{Z}_2$). Die elementaren Summanden der rechten Summe sind im Fall $G = \mathbb{Z}_2$ identisch zu $H^*(B; \mathbb{Z}_2) \otimes H^*(F; \mathbb{Z}_2)$ nach Regel 2. In diesem Fall ergibt sich aus der Koeffizientensequenz $0 \to \mathbb{Z}_2 \xrightarrow{2} \mathbb{Z}_4 \to \mathbb{Z}_2 \to 0$ der **Bockstein-Spektraloperator**

$$\beta_E = (\beta_B \otimes \mathbb{1}) + (\mathbb{1} \otimes \beta_F) : E_2^n(\mathbb{Z}_2) \longrightarrow E_2^{n+1}(\mathbb{Z}_2),$$

dito $\widetilde{\beta}_E : E_2^n(\mathbb{Z}_2) \to E_2^{n+1}(\mathbb{Z})$ aus der Sequenz $0 \to \mathbb{Z} \xrightarrow{2} \mathbb{Z} \to \mathbb{Z}_2 \to 0$, mit der Koeffizientenreduktion $\rho : E_2^{n+1}(\mathbb{Z}) \to E_2^{n+1}(\mathbb{Z}_2)$. Auch die β_E bilden einen Komplex, wegen $\beta_E^2(x \otimes y) = \beta_B^2 x \otimes y + x \otimes \beta_F^2 y + 2\beta_B x \otimes \beta_F y = 0$.

Man sieht dann die Kommutativität des Diagramms

$$E_2^{n-1}(\mathbb{Z}_2) \xrightarrow{\widetilde{\beta}_E} E_2^n(\mathbb{Z}) \xrightarrow{2} E_2^n(\mathbb{Z})$$

$$\beta_E \searrow \qquad \downarrow \rho$$

$$E_2^n(\mathbb{Z}_2),$$

mit der exakten oberen Zeile, was eine direkte Übertragung von Regel 3 auf die Kohomologiealgebren E_2^* ermöglicht (lohnende **Übung**).

Werfen wir nun einen Blick auf einen vorläufigen Ausschnitt der E_∞-Seite der Faserung $K(\pi_4 S^3, 4) \to X_4 \to K(\mathbb{Z}, 3)$, in der die meisten Pfeile zwischen gleichfarbigen Einträgen gelöscht sind, und inspizieren den obigen Eintrag $\iota_4 Sq^2 \iota_3$ genauer. Welcher Einfluss auf die Entwicklung zur E_∞-Seite geht von diesem Eintrag aus?

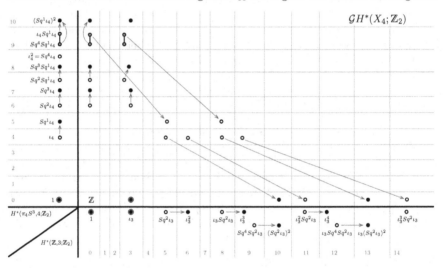

Holen wir hierfür etwas aus und nehmen zunächst an, dass ι_4^2 und die Summe $Sq^4 Sq^1 \iota_4 + \iota_4 Sq^1 \iota_4$ keinen Beitrag gemäß Regel 3.3 in der $\mathbb{Z}$-Kohomologie leisten (das kann man nicht a priori ausschließen). Dann erhalten wir aber Widersprüche im Kohomologiering von X_4. So verschwindet $\iota_4 Sq^1 \iota_4$ durch d_5, denn es ist

$$d_5(\iota_4 Sq^1 \iota_4) = d_5(\iota_4) Sq^1 \iota_4 + \iota_4 d_5(Sq^1 \iota_4) = Sq^2 \iota_3 Sq^1 \iota_4.$$

Der Eintrag $Sq^4 Sq^1 \iota_4$ bleibt aber trotz $d_{10}(Sq^4 Sq^1 \iota_4) = Sq^4 Sq^1 d_5(\iota_4) = (Sq^2 \iota_3)^2$ bis zur E_∞-Seite bestehen, denn in der $\mathbb{Z}_2$-Kohomologie verschwindet der Generator $(Sq^2 \iota_3)^2$ schon auf der E_6-Seite durch $d_5(\iota_4 Sq^2 \iota_3) = (Sq^2 \iota_3)^2$.

Was würde auf der E_∞-Seite in $\mathcal{G}H^{10}(X_4)$ überleben? Es sind (als Reduktionen von $\mathbb{Z}_2$-Summanden) die BOCKSTEIN-Paare $\beta_E(Sq^4 Sq^1 \iota_4) = (Sq^1 \iota_4)^2$, $\beta_E(\iota_3 Sq^2 \iota_4) = \iota_3 Sq^3 \iota_4$ und ein alleine stehender $\mathbb{Z}_2$-Generator, dessen Reduktion $(Sq^2 \iota_3)^2$ ist (das BOCKSTEIN-Urbild $Sq^4 Sq^2 \iota_3$ wurde ausgelöscht). Im Beweis von Satz II (Seite 467) haben wir nun schließen können, dass $H^{10}(X_4)$ genau 8 Elemente besitzt (in der Diagonalen $p + q = 10$ bleiben drei schwarze Punkte), und dass gemäß des BOCKSTEIN-Musters nur $\mathbb{Z}_2 \oplus \mathbb{Z}_4$ oder $\mathbb{Z}_8$ möglich sind.

Dies funktioniert hier jedoch nicht, denn das BOCKSTEIN-Urbild $Sq^4Sq^2\iota_3$ fehlt in der unteren Zeile und damit ist $\rho^{-1}(Sq^2\iota_3)^2$ kein Generator von $\mathbb{Z}_4$ oder $\mathbb{Z}_8$ (sondern gemäß der E_∞-Filtrierung von $H^{10}(X_4)$ nur Generator einer Untergruppe $\{0,2\} \subset \mathbb{Z}_4$ oder $\{0,4\} \subset \mathbb{Z}_8$). In jedem Fall würde dann entweder $Sq^4Sq^1\iota_4$ oder $\iota_3Sq^2\iota_4$ mit β_E auf die Reduktion eines Generators von $\mathbb{Z}_4$ oder $\mathbb{Z}_8$ gehen, im Widerspruch zu Regel 3.3 (für β_E). Ein letzter Rettungsversuch für Regel 3 könnte darin bestehen, dass ein ρ-Urbild von $(Sq^2\iota_3)^2$ einen $\mathbb{Z}$-Summanden in $H^{10}(X_4)$ generiert, doch das ist gegen Regel 1 (Seite 461, zusammen mit der Anwendung auf Seite 468).

All diese Widersprüche zeigen, dass $(Sq^2\iota_3)^2$ mit $\mathbb{Z}$-Koeffizienten verschwinden muss, und sogar noch mehr: dass in $\mathcal{G}H^9(X_4)$ überhaupt nichts überleben darf, denn es fehlt in $\mathcal{G}H^8(X_4;\mathbb{Z}_2)$ der dafür nötige weiße Punkt (wieder gemäß den Regeln 1 und 3). Für all dies ist nun die Annahme zu verwerfen, $Sq^4Sq^1\iota_4 + \iota_4Sq^1\iota_4$ würde keinen Beitrag in der $\mathbb{Z}$-Kohomologie leisten. Nach Regel 3.3 generiere dann ein Element $\gamma_9 \in H^9(\mathbb{Z}_2,4)$ einen $\mathbb{Z}_{2^k}$-Summanden in dieser Gruppe, für ein $k \ge 2$.

Damit stellt sich die Frage, woher in $E_5^{10}(\mathbb{Z})$ die fehlenden Einträge $\ne 0$ kommen könnten, denn bei $H^9(\mathbb{Z}_2,4)$ in der Faser steht mindestens ein $\mathbb{Z}_4$-Summand, während wir bei $H^{10}(\mathbb{Z},3)$ in der Basis nur $\mathbb{Z}_2$ haben. Beachten Sie dabei, dass $d_3(\gamma_9) = 0$ ist, denn es ist $\rho d_3(\gamma_9) = d_3\rho(\gamma_9) = d_3(Sq^4Sq^1\iota_4 + \iota_4Sq^1\iota_4) = 0$ und ρ auf $E_2^{3,7}(\mathbb{Z})$ injektiv (Regel 3).

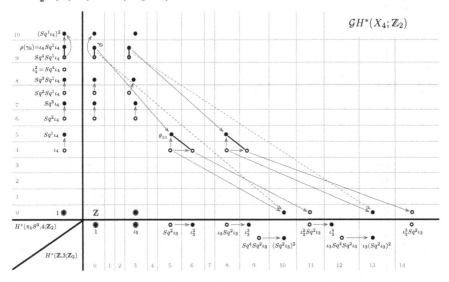

Hier liefert $\iota_4Sq^2\iota_3$ die BOCKSTEIN-Relation $\beta_E(\iota_4Sq^2\iota_3) = Sq^1\iota_4Sq^2\iota_3 + \iota_4\iota_3^2$, und damit gemäß Regel 3.2 den Generator θ_{10} eines $\mathbb{Z}_2$-Summanden in $E_2^{10}(\mathbb{Z})$. Wegen $\rho d_5(\gamma_9) = d_5\rho(\gamma_9) = d_5(Sq^4Sq^1\iota_4 + \iota_4Sq^1\iota_4) \ne 0$ bleibt schlussendlich nur $\theta_{10} = d_5(\gamma_9) \in E_2^{5,5}(\mathbb{Z})$ widerspruchsfrei, denn es ist $\rho d_6(\gamma_9) = 0$. Bis zur E_{10}-Seite haben wir so in $E_{10}^{10}(\mathbb{Z})$ ein $\mathbb{Z}_{2^{k-1}}$ an der Stelle $(0,9)$, generiert von γ_9'. Dies eröffnet nun den Weg, in $E_2^{10}(\mathbb{Z})$ den $\mathbb{Z}_2$-Summanden $(Sq^2\iota_3)^2$ zu löschen. Es ist $d_{10}(\gamma_9') = \rho^{-1}(Sq^2\iota_3)^2 \ne 0 \in E_{10}^{10,0}(\mathbb{Z})$, was durch den gestrichelten Pfeil angedeutet ist, wobei $\rho^{-1}(Sq^2\iota_3)^2$ der $\mathbb{Z}_2$-Summand in der $H^{10}(\mathbb{Z},3)$ ist.

Man kann übrigens bei d_{10} nicht wie bei d_5 mit dem Transgessionssatz rechnen, denn $(Sq^2\iota_3)^2$ existiert in der $\mathbb{Z}_2$-Kohomologie schon auf der E_6-Seite nicht mehr. Die Logik ist eine andere: Es muss in der $\mathbb{Z}$-Kohomologie $d_{10}(\gamma_9') = \rho^{-1}(Sq^2\iota_3)^2$ sein, weil sich sonst die obigen Widersprüche zu Regel 3 in $H^*(X_4)$ ergäben.

Hier nun ein Zwischenschritt zur E_∞-Seite. Der Eintrag $\iota_3^2 Sq^4 Sq^1\iota_4 + \iota_3^2\iota_4 Sq^1\iota_4$ steht in der $\mathbb{Z}$-Kohomologie für einen $\mathbb{Z}_2$-Summanden und wird über d_{10} auf der E_{10}-Seite durch $\iota_3^2(Sq^2\iota_3)^2$ ausgelöscht, leistet also keinen Beitrag zu $\mathcal{G}H^{15}(X_4)$. Dito $Sq^2\iota_3(Sq^1\iota_4)^2 + \iota_3^2\iota_4 Sq^1\iota_4$, das durch d_5 aus $E_2^{0,14}$ gelöscht wird (dies erkennt man wie oben mit der Kommutativität $d_r\rho = \rho d_r$).

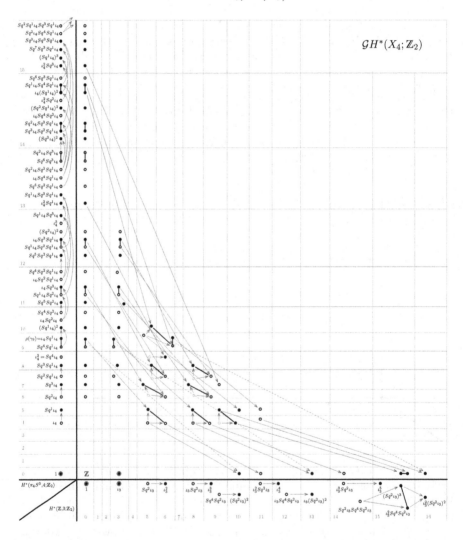

Um das Diagramm nun vollständig bis zur E_∞-Seite zu entwickeln, müssen zunächst alle weißen Punkte mit Pfeilberührung gelöscht werden, und alle schwarzen Punktpaare, die untereinander durch Pfeile verbunden sind.

Ein wichtiger Punkt ist dabei die Bestimmung des $\mathbb{Z}_{2^k}$-Summanden in $H^9(\mathbb{Z}_2,4)$. Hierfür gehen wir noch einmal zu der $\mathbb{Z}$-Derivation $d_{10}(\gamma_9') = \rho^{-1}(Sq^2\iota_3)^2$. Da sich (wie bereits erwähnt) kein weißer Punkt in $H^8(X_4)$ befindet, muss auch der verbleibende $\mathbb{Z}_{2^{k-1}}$-Summand durch die $\mathbb{Z}$-Transgression gegen $\rho^{-1}(Sq^2\iota_3)^2$ verschwinden (sonst hätten wir wieder einen $\mathbb{Z}$-Summanden in $H^9(X_4)$ gemäß Regel 3.1). Dies ist nur mit $k = 2$ möglich und führt zu dem (im Folgenden aber nicht weiter benötigten) **Nebenresultat 1**: Es ist $H^9(\mathbb{Z}_2,4) \cong \mathbb{Z}_4$.

Hier nun die E_∞-Seite, in der alle Pfeile verschwunden sind und sich der Kohomologiering von X_4 sowohl mit $\mathbb{Z}_2$- als auch mit $\mathbb{Z}$-Koeffizienten ablesen lässt.

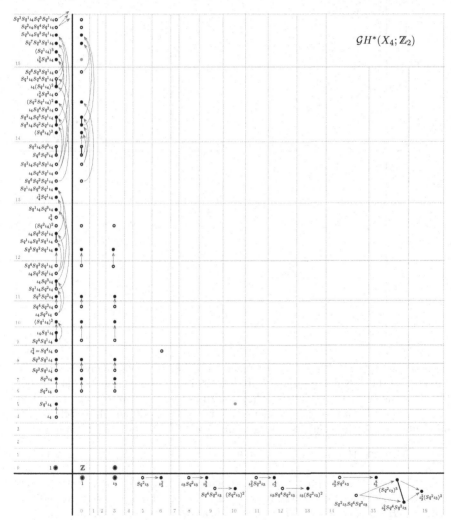

Kommen wir nun zu dem großen Diagramm der Faserung $K(\pi_5 S^3,5) \to X_5 \to X_4$, in dem sich $\pi_5(S^3) \cong \mathbb{Z}_2$ genauso ergibt wie zuvor $\pi_9(S^7) \cong \mathbb{Z}_2$ (Satz I, Seite 461) und für den Kohomologiering der Faser bereits verwendet wird.

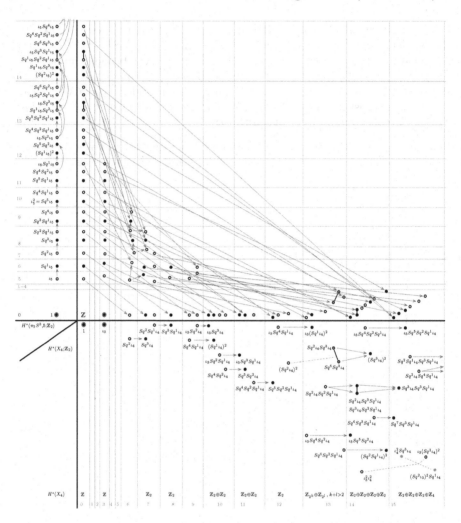

In der Basis steht $H^*(X_4; \mathbb{Z}_2)$, mit einigen farblichen Kennzeichnungen (schwarze Punkte) für die $\mathbb{Z}$-Kohomologie. Es gibt keine Schwierigkeiten mit $\mathbb{Z}$-Koeffizienten für die Dimensionen $k \leq 9$. Bei $H^{10}(X_4)$ wird es erstmals interessant, wir haben dort aus der E_∞-Graduierung 4 Elemente und es ist zu klären, ob es sich um $\mathbb{Z}_4$ oder um $\mathbb{Z}_2 \oplus \mathbb{Z}_2$ handelt. Es geht also um die Zyklizitätseigenschaft von

$$H^{10}(X_4) \cong \mathrm{Hom}\big(H_{10}(X_4), \mathbb{Z}\big) \oplus \mathrm{Ext}\big(H_9(X_4), \mathbb{Z}\big) \cong \mathrm{Ext}\big(H_9(X_4), \mathbb{Z}\big),$$

wobei die rechte Isomorphie von der Endlichkeit der $H_k(X_4)$ für $k \geq 4$ herrührt (nach der inzwischen bekannten Anwendung von Regel 1, aus der sich die Endlichkeit aller $H^k(X_4)$ für $k \geq 4$ ergab). Die Anzahl der zyklischen Summanden von $H_9(X_4)$ stimmt damit mit derjenigen von $H^{10}(X_4)$ überein und ergibt sich aus

$$\mathbb{Z}_2 \oplus \mathbb{Z}_2 \cong H^9(X_4; \mathbb{Z}_2) \cong \mathrm{Hom}\big(H_9(X_4), \mathbb{Z}_2\big) \oplus \mathrm{Ext}\big(H_8(X_4), \mathbb{Z}_2\big),$$

was wiederum die Bestimmung von $H_8(X_4)$ voraussetzt.

Die Lösung hierfür liegt in einer allgemeinen, induktiv-algebraischen Vorgehensweise mit den universellen Koeffiziententheoremen für $\mathbb{Z}$- und $\mathbb{Z}_2$-Koeffizienten, das schon früher (Seite 468) informell verwendet wurde und den folgenden Überlegungen nun explizit vorangestellt sei.

Satz (Zyklizitätsgrad von $H^i(X_k)$ im Postnikov-Turm von S^n)
In einem POSTNIKOV-Turm $(X_k)_{k \geq n}$ aus TCW-Faserungen über S^n, n ungerade, kann der **Zyklizitätsgrad** (damit ist ab jetzt die Anzahl der direkten Summanden gemeint) von $H^i(X_k)$ aus der E_∞-Seite der $\mathbb{Z}_2$-Spektralsequenz der Faserung $K(\pi_k S^n, k) \to X_k \to X_{k-1}$ abgelesen werden und ergibt sich dabei induktiv aus dem Zyklizitätsgrad von $H_{i-1}(X_k)$ und $H_{i-2}(X_k)$.

Beweis: Mit dem universellen Koeffiziententheorem

$$\mathcal{G}H^i(X_k; \mathbb{Z}_2) \cong H^i(X_k; \mathbb{Z}_2) \cong \mathrm{Hom}\big(H_i(X_k), \mathbb{Z}_2\big) \oplus \mathrm{Ext}\big(H_{i-1}(X_k), \mathbb{Z}_2\big)$$

kann der Zyklizitätsgrad von $H_i(X_k)$ bestimmt werden, wenn er per Induktionsannahme von $H_{i-1}(X_k)$ bekannt ist, denn sowohl $\mathrm{Hom}(-, \mathbb{Z}_2)$ als auch $\mathrm{Ext}(-, \mathbb{Z}_2)$ zählt die direkten Summanden endlicher abelscher Gruppen mit ausschließlich gerader Torsion. Mit

$$H^i(X_k) \cong \mathrm{Hom}\big(H_i(X_k), \mathbb{Z}\big) \oplus \mathrm{Ext}\big(H_{i-1}(X_k), \mathbb{Z}\big)$$

$$\cong \mathrm{Ext}\big(H_{i-1}(X_k), \mathbb{Z}\big) \cong H_{i-1}(X_k)$$

erhält man dann den Zyklizitätsgrad von $H^i(X_k)$ aus dem von $H_{i-1}(X_k)$. $\square$

Die Wirkung des Satzes sei am konkreten Beispiel $k = 4$ für die S^3 demonstriert. Den Induktionsanfang macht $i = 6$, wegen $H_4(X_4) = H_5(X_4) = 0$ nach Konstruktion des POSTNIKOV-Turms. Es ist dann $H^6(X_4; \mathbb{Z}_2) \cong \mathrm{Hom}(H_6(X_4), \mathbb{Z}_2)$.

Mit Blick auf die E_∞-Seite von $X_4 \to K(\mathbb{Z}, 3)$ folgt $\mathrm{Hom}(H_6(X_4), \mathbb{Z}_2) \cong \mathbb{Z}_2$, generiert von $Sq^2 \iota_4$, mithin $H_6(X_4) = Z$. Dabei steht hier und auch im Folgenden der Buchstabe Z für eine endliche, zyklische 2-Gruppe. (Es ergibt sich dann unmittelbar auch $H^7(X_4) = Z$.)

Mit $H^7(X_4; \mathbb{Z}_2) \cong \mathbb{Z}_2 \oplus \mathbb{Z}_2$, generiert von $Sq^2 Sq^1 \iota_4$ und $Sq^3 \iota_4$, folgt aus der Aufteilung auf $\mathrm{Hom}\big(H_7(X_4), \mathbb{Z}_2\big) \oplus \mathrm{Ext}\big(H_6(X_4), \mathbb{Z}_2\big) \cong \mathrm{Hom}\big(H_7(X_4), \mathbb{Z}_2\big) \oplus \mathbb{Z}_2$ schließlich $H_7(X_4) = Z$ (und damit auch $H^8(X_4) = Z$).

Und mit $H^8(X_4; \mathbb{Z}_2) \cong \mathbb{Z}_2$, generiert von $Sq^3 Sq^1 \iota_4$, folgt aus der Aufteilung auf $\mathrm{Hom}\big(H_8(X_4), \mathbb{Z}_2\big) \oplus \mathrm{Ext}\big(H_7(X_4), \mathbb{Z}_2\big) \cong \mathrm{Hom}\big(H_8(X_4), \mathbb{Z}_2\big) \oplus \mathbb{Z}_2$ schließlich $H_8(X_4) = 0$ (und damit auch $H^9(X_4) = 0$). Aus den beiden Isomorphien vor dem Satz folgt damit $H_9(X_4) = Z^2$ und damit auch $H^{10}(X_4) = Z^2$. Abzählen der schwarzen Punkte liefert zwei $\mathbb{Z}_2$-Punkte nach Regel 3.2, also 4 Elemente in der $\mathbb{Z}$-Kohomologie und wir halten bei $H^{10}(X_4) \cong \mathbb{Z}_2 \oplus \mathbb{Z}_2$.

Auf analoge Weise erhält man $H^{11}(X_4) \cong \mathbb{Z}_2 \oplus \mathbb{Z}_2$ mit $H_{10}(X_4) = Z^2$ und $H^{12}(X_4) \cong \mathbb{Z}_2$ mit $H_{11}(X_4) = Z$, wobei letzteres Resultat sogar direkt aus der finalen Spektralseite abgelesen werden kann (einfache **Übung**).

Ein spannender Fall ist dann $H^{13}(X_4)$. Wegen $\mathrm{Ext}(H_{11}(X_4), \mathbb{Z}_2) = \mathbb{Z}_2$ folgt

$$\mathbb{Z}_2 \oplus \mathbb{Z}_2 \oplus \mathbb{Z}_2 \cong H^{12}(X_4; \mathbb{Z}_2) \cong \mathrm{Hom}(H_{12}(X_4), \mathbb{Z}_2) \oplus \mathbb{Z}_2,$$

also $H_{12}(X_4) = Z^2$ und daher enthält $H^{13}(X_4)$ zwei zyklische Summanden, weswegen $Sq^2 \iota_4 Sq^3 \iota_4 + Sq^6 Sq^3 \iota_4$ einen Summanden in der $\mathbb{Z}$-Kohomologie liefern muss. Aufgrund von Regel 3.3 ist dies ein $\mathbb{Z}_{2^m}$, für ein $m \geq 2$, mit zugehörigem BOCKSTEIN-Partnerelement $(Sq^2 \iota_4)^2 \in H^{12}(X_4; \mathbb{Z}_2)$. Aus der Graduierung von $\mathcal{G}H^{13}(X_4)$ folgt dann, dass $H^{13}(X_4)$ genau 2^{m+1} Elemente hat, weswegen $H^{13}(X_4) \cong \mathbb{Z}_{2^r} \oplus \mathbb{Z}_{2^s}$ ist, für $r, s > 0$ und $r + s = m + 1$. Die weiteren Rechnungen auf der E_∞-Seite von $X_4 \to K(\mathbb{Z}, 3)$ zeigen dann $H^{14}(X_4) \cong \mathbb{Z}_2^4$ und $H^{15}(X_4) \cong \mathbb{Z}_2 \oplus \mathbb{Z}_2 \oplus \mathbb{Z}_2 \oplus \mathbb{Z}_4$, was Ihnen ebenfalls zur **Übung** empfohlen sei.

Hier nun nach den gleichen Regeln wie zuvor der Zwischenschritt zur E_∞-Seite, bei dem einige offensichtliche Auslöschungen vorgenommen wurden.

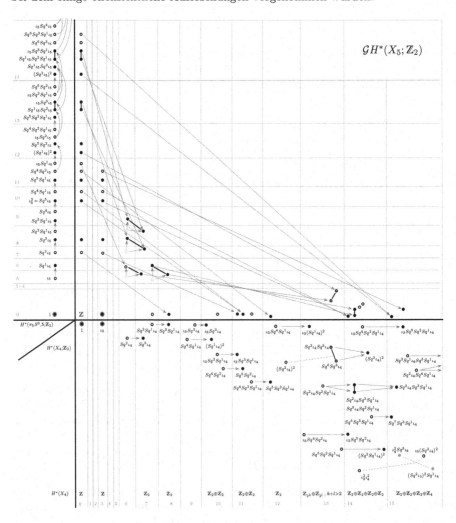

Ähnlich wie man zuvor $H^*(X_4; \mathbb{Z}_2)$ und $H^*(X_4)$ bis zur Dimension 15 entwickeln musste (wofür es partiell in der Basis bis Dimension 16 geht), berechnen wir nun $H^*(X_5; \mathbb{Z}_2)$, und danach $H^*(X_5)$, bis zu Dimension 14 und benötigen $H^{15}(X_4; \mathbb{Z}_2)$ nur partiell. Alle Punktepaare stehen wegen der BOCKSTEIN-Relationen mit β_E für $\mathbb{Z}_2$-Summanden in der $\mathbb{Z}$-Kohomologie, bis auf $Sq^2\iota_4 Sq^3\iota_4 + Sq^6 Sq^3\iota_4$, das gemäß Regel 3 entweder keine $\mathbb{Z}_2$-Reduktion ist oder von einem $\mathbb{Z}_{2^k}$-Summanden stammt, $k \ge 2$. Bis auf diesen Term ist im folgenden Bild alles bis zur E_∞-Seite fertig entwickelt.

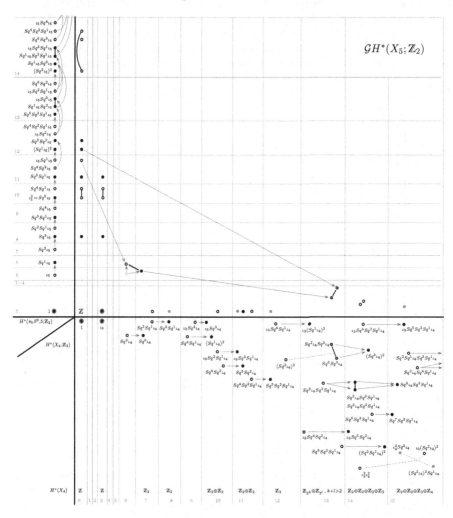

In der Tat kann man aktuell nicht entscheiden, ob $Sq^2\iota_4 Sq^3\iota_4 + Sq^6 Sq^3\iota_4$ eine Reduktion ist (das ist nicht so einfach wie bei $H^9(X_4)$, wo die Annahme einer Nicht-Reduktion bei $Sq^4 Sq^1\iota_4 + \iota_4 Sq^1\iota_4$ unmittelbar zu einem Widerspruch geführt hat, Seite 477). Wir müssen bis zur Klärung dieser Frage zweigleisig weiterrechnen.

Zunächst bemühen wir wieder den Satz, oder besser: das induktive Berechnungsprinzip zum Zyklizitätsgrad (Seite 481), um die Gruppen $H^*(X_5)$ mit der obigen E_∞-Seite exakt zu bestimmen. Offensichtlich ist dabei $H^7(X_5) = 0$, und wegen $H_6(X_5) = 0$ halten wir bei

$$\mathbb{Z}_2 \cong H^7(X_5;\mathbb{Z}_2) \cong \mathrm{Hom}(H_7(X_5),\mathbb{Z}_2)\,, \text{ also } H_7(X_5) = Z\,,$$

woraus wieder die Zyklizität von $H^8(X_5)$ folgt. Beim Blick auf die E_∞-Seite erkennt man dort 4 Elemente in der $\mathbb{Z}$-Kohomologie, mithin ist $H^8(X_5) \cong \mathbb{Z}_4$. Mit genau dem gleichen Vorgehen wie bei der Bestimmung der stabilen Gruppe $\pi_3^s \cong \pi_{10}(S^7)$ auf Seite 469 erhält man für $H^8(X_5)$ zunächst den Generator γ_8 mit $\rho(\gamma_8) = Sq^3\iota_5$ und anschließend mit der Faserung $K(\pi_6 S^3,6) \to X_6 \to X_5$ die Aussage $\pi_6(S^3)|_2 \cong \mathbb{Z}_4$, generiert von $\kappa_7 \in H^7(\pi_6 S^3,6;\mathbb{Z}_2)$ mit $d_8(\kappa_7) = Sq^3\iota_5$.

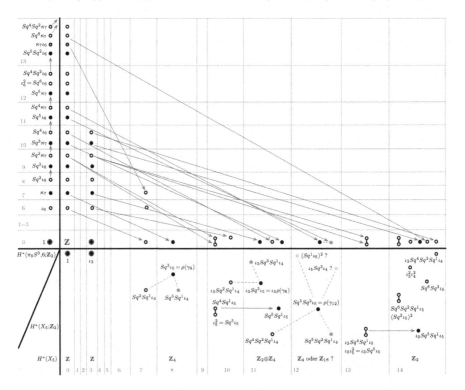

Versuchen Sie sich zunächst klarzumachen, warum $Sq^1\iota_6 = 0$ ist, man also in $H^7(\pi_6 S^3,6;\mathbb{Z}_2)$ einen neuen Generator κ_7 braucht: Nach dem Transgressionssatz ist $Sq^1\iota_6$ transgressiv und wir haben $\tau(Sq^1\iota_6) = Sq^1(\tau(\iota_6)) = Sq^3 Sq^1\iota_4 = 0$ in der $\mathbb{Z}_2$-Kohomologie von X_5, weswegen $H^7(X_6;\mathbb{Z}_2) \neq 0$ wäre, im Widerspruch zu $H_6(X_6) = H_7(X_6) = 0$, zusammen mit dem universellen Koeffiziententheorem. Da $d_8(\kappa_7)$ der Generator $Sq^3\iota_5$ ist, muss d_8 auch der Isomorphismus $\mathbb{Z}_4 \xrightarrow{\;1\;} \mathbb{Z}_4$ in der $\mathbb{Z}$-Kohomologie sein. Halten wir die Resultate, die sich bis jetzt ergeben haben, als ein Zwischenergebnis fest (beachten Sie dabei die Aussagen zur ungeraden Torsion, Seite 440).

Satz IV: Es gilt $\pi_4(S^3) \cong \pi_5(S^3) \cong \mathbb{Z}_2$ sowie $\pi_6(S^3) \cong \mathbb{Z}_{12}$. $\square$

Um die fehlenden Gruppen $\pi_7(S^3)$ bis $\pi_{10}(S^3)$ zu bestimmen, benötigen wir $H^*(X_5)$ bis zur Dimension $k = 14$. Mit dem Satz über den Zyklizitätsgrad ergibt sich wegen $H_7(X_5) = Z$ und $\mathrm{Ext}(H_7(X_5), \mathbb{Z}_2) \cong \mathbb{Z}_2$

$$\mathbb{Z}_2 \cong H^8(X_5; \mathbb{Z}_2) \cong \mathrm{Hom}(H_8(X_5), \mathbb{Z}_2) \oplus \mathbb{Z}_2,$$

also $H_8(X_5) = 0$ und damit $H^9(X_5) = 0$ (was auch direkt ablesbar wäre). Weiter folgt wegen $\mathrm{Ext}(H_8(X_5), \mathbb{Z}_2) = 0$

$$0 = H^9(X_5; \mathbb{Z}_2) \cong \mathrm{Hom}(H_9(X_5), \mathbb{Z}_2),$$

mithin $H_9(X_5) = 0$ oder $H^{10}(X_5) = 0$. Interessanter wird es bei $H^{11}(X_5)$. Wegen $\mathrm{Ext}(H_9(X_5), \mathbb{Z}_2) = 0$ folgt

$$\mathbb{Z}_2 \oplus \mathbb{Z}_2 \cong H^{10}(X_5; \mathbb{Z}_2) \cong \mathrm{Hom}(H_{10}(X_5), \mathbb{Z}_2),$$

und damit $H_{10}(X_5) = Z^2$ beziehungsweise $H^{11}(X_5) \cong \mathbb{Z}_2 \oplus \mathbb{Z}_4$. Setzt man in diesem Stil fort (**Übung**), erhält man $H^{12}(X_5) \cong \mathbb{Z}_4$ oder $\mathbb{Z}_{16}$, $H^{13}(X_5) = 0$ und $H^{14}(X_5) \cong \mathbb{Z}_2$. Bilden wir daraus nun die E_∞-Seite der Spektralsequenz.

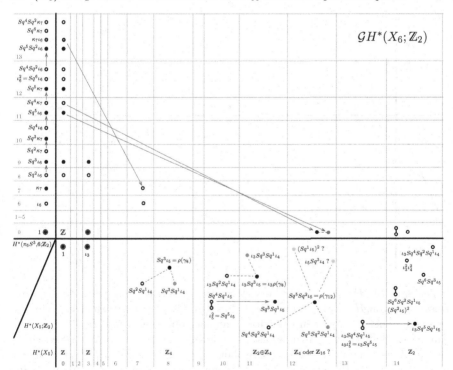

Dabei induziert auch $d_8(\iota_3\kappa_7) = \iota_3 Sq^3\iota_5$ einen Isomorphismus $\mathbb{Z}_4 \to \mathbb{Z}_4$, denn in $H^9(X_6; \mathbb{Z}_2)$ und $H^{10}(X_6; \mathbb{Z}_2)$ bleiben keine weißen Punkte und daher auch keine $\mathbb{Z}$-Reduktionen in $H^{10}(X_6)$ und $H^{11}(X_6)$ (Regeln 1 und 3, mit Seite 468). Beachten Sie hierfür $(\iota_3\rho^{-1}(\kappa_7)) \cong (\iota_3\gamma_8) \cong \mathbb{Z}_4$ wegen der BOCKSTEIN-Muster.

Interessant ist auch die Transgression $d_{12} : E_{12}^{0,11} \to E_{12}^{12,0}$, bei der $Sq^5\iota_6$ in der $\mathbb{Z}_2$-Kohomologie überlebt (nicht in der $\mathbb{Z}$-Kohomologie), während $Sq^4\kappa_7$ verschwindet, wie auch eine $\mathbb{Z}_2$-Untergruppe in $H^{12}(X_5)$, weswegen dort in $H^{12}(X_6)$ noch ein Beitrag der Form $\mathbb{Z}_2$ oder $\mathbb{Z}_8$ bleibt.

Nach dem bekannten Muster ergibt sich daraus $H^9(X_6) \cong \mathbb{Z}_2$ und wieder mit der ungeraden Torsion (Seite 440) können wir das folgende Zwischenergebnis festhalten:

Satz V: Es ist $\pi_7(S^3) \cong \mathbb{Z}_2$. ☐

Die restliche Entwicklung zur E_∞-Seite von $X_6 \to X_5$ verläuft standardgemäß und ergibt folgende E_2-Seite der Faserung $K(\pi_7S^3,7) \to X_7 \to X_6$, in der $\pi_7(S^3) \cong \mathbb{Z}_2$ aus Satz V bereits eingesetzt ist.

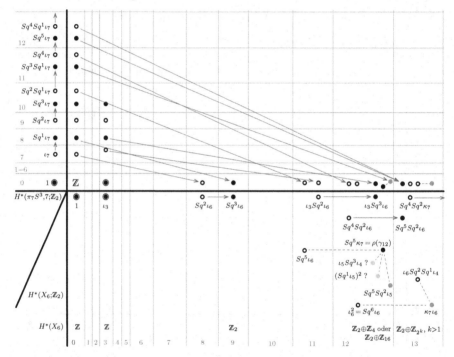

In der Basis ist $H^{12}(X_6)$ die für die weiteren Berechnungen entscheidende Gruppe. Ausgehend von $H^8(X_6) = 0$ und $H^7(X_6) = 0$ arbeitet man sich zunächst schrittweise mit dem Satz über den Zyklizitätsgrad nach oben und erhält $H^{12}(X_6) = Z^2$. Auf der E_2-Seite erkennt man den Isomorphismus $d_9(\iota_3Sq^1\iota_7) = \iota_3Sq^3\iota_6$ zwischen zwei $\mathbb{Z}_2$-Summanden auch in der $\mathbb{Z}$-Kohomologie, denn auch $d_9(Sq^1\iota_7) = Sq^3\iota_6$ musste wegen des Resultats $\pi_7(S^3) \cong \mathbb{Z}_2$ ein Isomorphismus $\mathbb{Z}_2 \to \mathbb{Z}_2$ sein. So ergibt sich $H^{12}(X_6) \cong \mathbb{Z}_2 \oplus \mathbb{Z}_4$ oder $\mathbb{Z}_2 \oplus \mathbb{Z}_{16}$, aufgrund der Filtrierung von $H^{12}(X_6)$ mit dem neuen Generator $Sq^5\kappa_7 = \rho(\gamma_{12})$. Ähnlich ergibt sich auch $H^{13}(X_6) \cong \mathbb{Z}_2 \oplus \mathbb{Z}_{2^k}$, mit einem $k > 1$.

Auf dem Weg zur E_∞-Seite sind in dem folgenden Diagramm wieder alle Pfeile und Generatoren gelöscht, die keiner besonderen Erwähnung bedürfen.

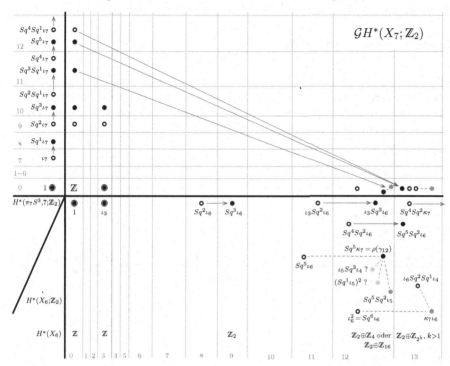

Durch die verbleibenden Pfeile entsteht zunächst in der Graduierung von $H^{12}(X_7; \mathbb{Z}_2)$ ein $\mathbb{Z}_2$-Summand durch $d_{13}(Sq^4 Sq^1 \iota_7 + Sq^5 \iota_7) = 0$. Die weitere Argumentation ist schwieriger, woher kommt die Transgression von $Sq^3 Sq^1 \iota_7$? Formal ist in der Tat $d_{12}(Sq^3 Sq^1 \iota_7) = Sq^3 Sq^1 d_8(\iota_7) = Sq^3 Sq^1 Sq^2 \iota_6 = 0$ gemäß der ADEM-Relation $Sq^3 Sq^3 = Sq^5 Sq^1$ und $Sq^1 \iota_6 = 0$.

Dennoch ist in der $\mathbb{Z}$-Kohomologie $d_{12}(\rho^{-1}(Sq^3 Sq^1 \iota_7)) \ne 0$, denn es überlebt auf der E_∞-Seite kein weißer Punkt für die Graduierung von $H^{10}(X_7; \mathbb{Z}_2)$, der nach Regel 3 einen $\mathbb{Z}_2$-Summanden von $H^{11}(X_7)$ anzeigen würde. Dass die Transgression d_{12} hier in der $\mathbb{Z}$-Kohomologie injektiv sein muss, folgt also mit der gleichen Logik wie früher: Es muss so sein, weil sonst ein Widerspruch in $H^*(X_7)$ entstehen würde. Als Konsequenz entsteht folgendes (nur teilweise wiedergegebenes) Bild des Kohomologierings von X_7.

$H^*(X_7;\mathbb{Z}_2)$ (teilweise)	●	●							○ ⟶ ●			○ -------------		$Sq^5\kappa_7 = \gamma_{12}$ ●	
	1	ι_3						$Sq^2\iota_7$	$Sq^3\iota_7$		$Sq^3Sq^1\iota_7$	?			
													? ● ? ●	
$H^*(X_7)$	$\mathbb{Z}$	$\mathbb{Z}$							$\mathbb{Z}_2$			$\mathbb{Z}_2$ oder $\mathbb{Z}_8$		
	0	1 2 3	4 5	6	7	8	9	10		11		12		13

Bei der nächsten Faserung $K(\pi_8 S^3, 8) \to X_8 \to X_7$ werden sich dann auch die Fragezeichen auflösen, insbesondere was die Verbindung von $Sq^3 Sq^1 \iota_7$ und $Sq^5 \kappa_7$ angeht, die bei $(\gamma_{12}) \cong \mathbb{Z}_2$ anders aussehen müsste als bei $(\gamma_{12}) \cong \mathbb{Z}_8$.

Zunächst bewegen wir uns aber auf vertrautem Terrain schließen mit der BOCK-
STEIN-Relation $\beta(Sq^2\iota_7) = Sq^3\iota_7$ auf $H^{10}(X_7) \cong \mathbb{Z}_2$, woraus in der E_2-Seite der
Faserung $K(\pi_8 S^3, 8) \to X_8 \to X_7$ das folgende Resultat abgelesen werden kann.

Satz VI: Es ist $\pi_8(S^3) \cong \mathbb{Z}_2$. $\qquad\qquad\qquad\qquad\qquad\qquad\qquad$ $\square$

Hier nun die oben erwähnte E_2-Seite, in der nur noch bis zur Dimension 12
gerechnet werden muss und keine Einträge außerhalb der Achsen relevant sind
(beachten Sie auch die korrekten Zyklizitätsgrade in der Basis gemäß Seite 481).

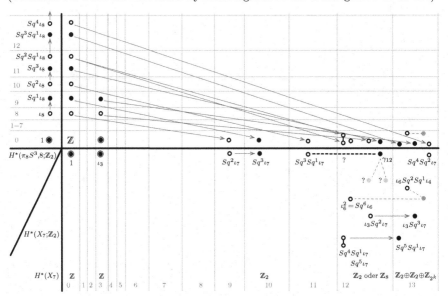

Auf der E_∞-Seite löst sich jetzt (endlich) die offene Frage bezüglich $H^{12}(X_7)$:

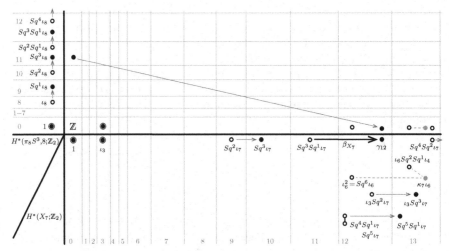

Zunächst erwirken die Transgressionen $d_{12}(Sq^2 Sq^1 \iota_8) = Sq^4 Sq^1 \iota_7 + Sq^5 \iota_7$ und $d_{11}(Sq^2 \iota_8) = Sq^3 Sq^1 \iota_7$, dass die Graduierung von $H^k(X_8; \mathbb{Z}_2)$ für $0 \leq k \leq 11$ keinen weißen Punkt mehr besitzt, mithin keinen $\mathbb{Z}_2$-Summanden, der nicht eine Reduktion aus der $\mathbb{Z}$-Kohomologie ist und eine Dimension höher nach Regel 3 einen $\mathbb{Z}_2$- oder $\mathbb{Z}_{2^k}$-Summanden ermöglichen würde. So steht einzig $Sq^3 \iota_8$ zur Verfügung, um über die Transgression d_{12} die $\mathbb{Z}$-Bestandteile aus $E_2^{12,0} \cong H^{12}(X_7)$ zu löschen. Dies wiederum ist nur möglich, wenn die beiden hellgrauen Punkte mit den Fragezeichen wegfallen und γ_{12} schlussendlich nur einen $\mathbb{Z}_2$-Summanden in der $\mathbb{Z}$-Kohomologie generiert.

Nach Regel 3 muss dann in X_7 die BOCKSTEIN-Relation $\beta_{X_7}(Sq^3 Sq^1 \iota_7) = \rho(\gamma_{12})$ bestehen, was nur damit erklärt werden kann, dass die Reduktion $\rho(\gamma_{12})$ bei der Projektion $i^* : H^{12}(X_7; \mathbb{Z}_2) \to H^{12}(\pi_7 S^3, 7; \mathbb{Z}_2)$, induziert von der Inklusion $K(\pi_7 S^3, 7) \hookrightarrow X_7$ der Faser in den Totalraum, auf Null abgebildet wird: $i^*(\rho(\gamma_{12})) = 0$. So gilt in der Faser weiterhin $\beta(Sq^3 Sq^1 \iota_7) = 0$.

Beachten Sie das subtile Argument: Die Relationen $\beta_{X_7}(Sq^3 Sq^1 \iota_7) = \rho(\gamma_{12})$ und $i^*(\rho(\gamma_{12})) = 0$ müssen stimmen, weil alle anderen Annahmen zu unausweichlichen Widersprüchen bei den Regeln 1 und 3 führen würden. Als Konsequenz erzeugt ein ρ-Urbild der Summe $Sq^2 \iota_4 Sq^3 \iota_4 + Sq^6 Sq^3 \iota_4$ in der anfänglichen Faser $K(\pi_4 S^3, 4)$ einen $\mathbb{Z}_4$-Summanden in der $\mathbb{Z}$-Kohomologie (Seite 479), der die beiden fraglichen Punkte $(Sq^1 \iota_5)^2$ und $\iota_5 Sq^3 \iota_4$ in der Faserung $X_5 \to X_4$ (Seite 483) löscht. Wir erhalten so noch das **Nebenresultat 2**: Es ist $H^{13}(\mathbb{Z}_2, 4) \cong \mathbb{Z}_2 \oplus \mathbb{Z}_2 \oplus \mathbb{Z}_4$.

Damit ergibt sich für die finalen Schritte eine sehr einfache Kohomologie von X_8, die in den Dimensionen $4 - 11$ gar keine Einträge mehr besitzt.

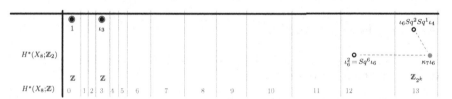

Mit den gleichen Argumenten wie zuvor folgt nun über das Diagramm

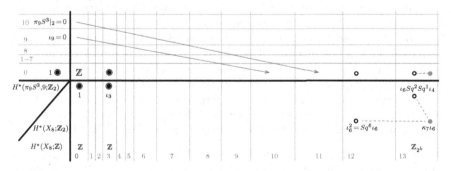

die Identität $\pi_9(S^3)|_2 = 0$.

Wir können damit unter Einbezug der ungeraden Torsion (Seite 440) ein weiteres Resultat zur Homotopie der S^3 festhalten.

Satz VII: Es ist $\pi_9(S^3) \cong \mathbb{Z}_3$.   □

Da wir in diesem Abschnitt alle Räume als 2-lokalisierte TCW-Räume annehmen, bedeutet dies die Trivialität der Faserung $X_9 \to X_8$, denn die Faser ist als $K(0,9)$ zusammenziehbar. Also darf man von $X_9 = X_8$ ausgehen und die folgende Faserung $K(\pi_{10},10) \to X_{10} \to X_9$ liefert das Diagramm

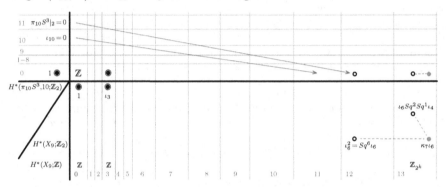

und damit $\pi_{10}(S^3)|_2 = 0$. So ergibt sich mit der ungeraden Torsion das letzte Resultat dieser wahrlich langen und anstrengenden Kaskade von Spektralsequenzen auf den vergangenen 17 Seiten.

Satz VIII: Es ist $\pi_{10}(S^3) \cong \mathbb{Z}_{15}$.   □

Nachbetrachtung zu dem Beweis

Eine Argumentationskette, die sich über 17 Seiten erstreckte, verdient ohne Zweifel ein kurzes Resümee. Zum einen haben Sie beobachten können, dass man allgemein für die Bestimmung von $\pi_k(S^n)$ einen umso größeren Aufwand betreiben muss, je größer $k-n$ ist. Im Falle $k-n = 7$ mussten wir bei der initialen Faserung in der Basis bis zur Dimension 16 gehen, sie liegt 13 Dimensionen über der von S^3. Insbesondere die gemischten Terme im Inneren der Spektralsequenz waren schwieriger zu behandeln, weil man den Transgressionssatz nicht unmittelbar anwenden konnte. Zum anderen hat man aber gesehen, dass sich die Diagramme mit jeder neuen Faserung vereinfachen, die maximale Dimension verringert sich (von oben) und die trivialen Nullzeilen und Spalten vermehren sich (von unten). Am Ende verdichtet sich alles auf wenige Gruppen, die Schwierigkeiten bestehen damit nur am Anfang, bei dem man sehr aufpassen muss, keinen Fehler zu machen.

Die Schlussfolgerungen innerhalb der Spektralseiten verlaufen dabei auf zwei unterschiedliche Arten. Zunächst durch direkte Berechnung in der $\mathbb{Z}_2$-Kohomologie, wo die STEENROD-Operationen, insbesondere der Transgressionssatz und die multiplikative Struktur auf der E_2-Seite wertvolle Dienste leisten.

Andererseits helfen beim (unvermeidbaren) Übergang zu $\mathbb{Z}$-Koeffizienten die BOCKSTEIN-Muster (insbesondere Regel 3) und die grundlegenden Aussagen zur Endlichkeit der $\pi_k(S^n)$ in den besprochenen Fällen (mit Regel 1), um bei der $\mathbb{Z}$-Kohomologie der Totalräume immer wieder subtilen Widersprüchen aus dem Weg zu gehen und so die letzte verbleibende Möglichkeit als (korrekt bewiesenes) Ergebnis auszuweisen. Fast möchte man sagen, dass die vergangenen 17 Seiten eine kleine Hommage an das Prinzip des Widerspruchsbeweises waren.

Das Beweismuster lässt sich übrigens nicht fortsetzen für die Bestimmung von $\pi_{11}(S^3)|_2$, hier werden erstmals explizit Grenzen der SERRE-Spektralsequenzen sichtbar. Man erkennt formal $\pi_{11}(S^3)|_2 \cong \mathbb{Z}_{2^k}$ mit einem $k \geq 1$, doch lässt sich dieses k nicht weiter eingrenzen. Man weiß spätestens seit der Arbeit von TODA, dass $k = 1$ ist, [103]. Das ist insofern bemerkenswert, weil damit $\kappa_7\iota_6$ aus der Faser $K(\pi_6 S^3, 6)$ als Generator eines zyklischen Summanden der Ordnung ≥ 4 mindestens einmal an einem Pfeil der $\mathbb{Z}$-Kohomologie beteiligt sein muss.

Ohne dafür weitere Untersuchungen im Diagramm der Faserung $X_6 \to X_5$ anzustellen, könnte dies an der Summe $\iota_6 Sq^3\iota_5 + \kappa_7 Sq^2 Sq^1\iota_4$ in der Kohomologiealgebra $E_2^*(X_6)$ liegen, zusammen mit der Tatsache, dass $\kappa_7 Sq^3\iota_5$ dort in $E_2^{8,7}$ ebenfalls einen $\mathbb{Z}_4$-Summanden generiert. So gesehen entstünde auch in $H^*(X_6; \mathbb{Z}_2)$ notwendigerweise eine BOCKSTEIN-Relation der Form $\beta_{X_6}(\iota_6^2) = \rho(\gamma_{13})$, auch wenn zuvor in der Faser $\beta_{K(\pi_6 S^3, 6)}(\iota_6^2) = 0$ war. Im folgenden Diagramm ist noch einmal dargestellt, wie $\kappa_7\iota_6$ eine Reduktion von einem $\mathbb{Z}_4$ (oder $\mathbb{Z}_8$) auf einen $\mathbb{Z}_2$-Summanden mit Generator γ_{13} erfahren könnte. Dieses spekulative Argument sei hier aber nicht weiter verfolgt.

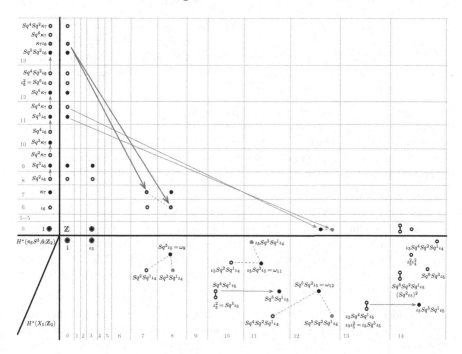

Abschließend noch eine einfache Folgerung aus der S^3-Homotopie dieses Kapitels für die Homotopiegruppen der S^4, die noch einmal an die klassischen Wurzeln der Theorie, insbesondere ein früheres Lemma von ECKMANN erinnert.

Satz IX: Es ist $\pi_7(S^4) \cong \mathbb{Z} \oplus \mathbb{Z}_{12}$, $\pi_8(S^4) \cong \pi_9(S^4) \cong \mathbb{Z}_2 \oplus \mathbb{Z}_2$, $\pi_{10}(S^4) \cong \mathbb{Z}_{24} \oplus \mathbb{Z}_3$ und $\pi_{11}(S^4) \cong \mathbb{Z}_{15}$.

Beweis: Betrachte Lemma II von ECKMANN (Seite 417) für die HOPF-Faserung $S^3 \to S^7 \to S^4$. In der langen exakten Homotopiesequenz sind die Homomorphismen $i_* : \pi_k(S^3) \to \pi_k(S^7)$ die Nullabbildung, denn $S^3 \hookrightarrow S^7$ ist nullhomotop. Insbesondere ist damit $d_4 : \pi_4(S^4) \to \pi_3(S^3)$ surjektiv, also $d_4(\iota_4) = \pm\iota_3$ in der Formulierung von Lemma II, welches nun besagt, dass für alle $k \geq 1$ und $\alpha \in \pi_k(S^3)$

$$d_{k+1}E(\alpha) = d_4(\iota_4) \circ \alpha = \pm\alpha$$

und damit die FREUDENTHAL-Suspension $E : \pi_k(S^3) \to \pi_{k+1}(S^4)$ ein Schnitt gegen d_{k+1} ist (modulo eines Vorzeichens), wie im folgenden Ausschnitt dargestellt.

$$\pi_{k+1}(S^4) \xrightarrow{d_{k+1}} \pi_k(S^3) \xrightarrow{0} \pi_k(S^7) \xrightarrow{p_*} \pi_k(S^4) \xrightarrow{d_k} \pi_{k-1}(S^3) \xrightarrow{0}$$

Elementare Algebra zeigt dann $\pi_k(S^4) \cong \pi_k(S^7) \oplus \pi_{k-1}(S^3)$, woraus sich Satz IX unmittelbar aus den vorangegangenen Resultaten ergibt. □

Mit Satz IX endet dieser Exkurs in die konkrete Berechnung höherer Homotopiegruppen der Sphären. Dabei konnten alle Resultate aus den bahnbrechenden Arbeiten von SERRE der Jahre 1951-53 dargestellt werden, sie stehen sinnbildlich für den ersten Einsatz und die grundsätzlichen Möglichkeiten kohomologischer Methoden in der Homotopietheorie.

Die Grenzen der kohomologiebasierten Spektralsequenzen bestehen darin, dass zu viele Differentiale d_n trivial sind und die seltenen Exemplare $d_n \neq 0$ dann, bildlich ausgedrückt, eine zu schwere Last tragen müssen, um stets eindeutige Aussagen zu liefern (siehe das Beispiel auf Seite 491). So ist es nicht überraschend, dass in den vergangenen 70 Jahren große methodische Fortschritte erzielt wurden, von denen hier abschließend noch einige erwähnt seien.

Im Jahr 1962 hat H. TODA, aufbauend auf der Arbeit von SERRE, sämtliche Gruppen $\pi_k(S^n)$ mit $k \leq n + 19$ bestimmen können, jeweils zusammen mit der Angabe konkreter Generatoren dieser Gruppen (was durch den Einsatz der klassisch motivierten Kompositionsmethoden möglich war, [103]). Allerdings traten auch in dieser Arbeit keine wie auch immer gearteten Muster bei der Verteilung der p-Torsion in den Gruppen $\pi_k(S^n)$ auf.

Auch die Idee der Spektralsequenzen hat zahlreiche Varianten erfahren. Hier sind besonders die EHP-Spektralsequenzen, [68], und die ADAMS-Spektralsequenzen zu erwähnen, [1][4], mit denen die stabilen Stämme π_k^s wesentlich weiter berechnet werden konnten und insbesondere auch die ungerade Torsion adressiert wurde.

Wesentliche Impulse in der stabilen Homotopietheorie kamen dann Mitte der 1980er-Jahre durch D.C. RAVENEL, dessen zahlreiche Vermutungen inzwischen großteils bewiesen sind, [84]. Dabei entstanden erstmals Muster in den stabilen Stämmen, was F. ADAMS 1992 zu dem Zitat

> „*At one time it seemed as if homotopy theory was utterly without system; now it is almost proved that systematic effects predominate.*"

veranlasste, [3].

Die Homotopie der Sphären erweist sich bis heute als vitales, aber sehr schwieriges Forschungsgebiet. So gelang es D.C. ISAKSEN, G. WANG und Z. XU im Jahr 2020, die stabilen Stämme π_k^s für alle $k \leq 90$ zu bestimmen, [59]. Und für die noch offen stehende „Teleskop-Vermutung" von RAVENEL aus dem Jahr 1984 wurde erst Anfang Juni 2023 eine Widerlegung angekündigt, die derzeit geprüft wird.

Aufgaben und Wiederholungsfragen

1. Zeigen Sie in Lemma I (Seite 415), dass $\pi_{k+1}(S^{n+1})$ eckmannsch ist, falls dies für $\pi_k(S^n)$ gilt. Präzisieren Sie dort auch die Aussage mit der Surjektivität und Injektivität der FREUDENTHAL-Suspension E.

2. Zeigen Sie, dass die Subklasse $\mathcal{C}$ der endlichen (oder endlich erzeugten) abelschen Gruppen mit Summanden, deren Ordnung unendlich ist oder p^r für p aus einer Teilmenge der Primzahlen, eine SERRE-Klasse ist.

3. Machen Sie sich auf Seite 420 klar, warum die Formulierung des Satzes von HUREWICZ-SERRE stärker ist als dessen frühere Fassung (Seite 200), und dass sein Beweis wörtlich auch für beliebige SERRE-Klassen durchführbar ist (beachten Sie dazu die Ausführungen zum HUREWICZ-Homomorphismus, Seite 203 f, und die dortige Beobachtung 3).

4. Formulieren und zeigen Sie die Kohomologievariante zu dem Lemma über die Projektion $p : E \to B$ auf Seite 422.

5. Verallgemeinern Sie die Aussage auf Seite 425 für Primzahlen $p > 2$: Es ist $T^p : \pi_k(S^{n-1}) \to \pi_k(S^{n-1})$ für alle $k \geq 0$ und $n \geq 1$ ein Isomorphismus modulo $\mathcal{C}$, der Klasse der endlichen p-Gruppen.

   Hinweis: Nutzen Sie das Theorem von WHITEHEAD-SERRE (Seite 424), denn die Aussage gilt für die (endlich erzeugten) Homologiegruppen $H_k(S^{n-1})$.

6. Zeigen Sie auf Seite 426, dass im dortigen Kontext der Homomorphismus

$$(p_*, E) : \pi_k(\mathbf{W}_{2n-1}) \times \pi_{k-1}(S^{n-1}) \longrightarrow \pi_k(S^n)$$

ein Isomorphismus modulo $\mathcal{C}$ ist.

7. Führen Sie die Konstruktion des Raumes $S^6|3$ auf Seite 435 allgemeiner für Räume der Form $S^{2p}|p$ durch und zeigen Sie die damit verbundenen Sätze.

8. Verfahren Sie analog zu Aufgabe 7 für das Lemma auf Seite 437.

9. Geben Sie im Kontext von Seite 440, insbesondere mit der Homologie von $(S^3,4)$ und dem Lemma zu der Abbildung $\Phi : S^{2p}|p \to S^3$, einen alternativen Beweis des Theorems über die p-Komponenten in $\pi_k(S^n)$ (Seite 304).

10. Zeigen Sie auf Seite 447, dass alle $H^k(B; K)$ endlich-dimensional sind (und daher auch alle $H^k(F; K)$, denn X hat triviale Kohomologie, weswegen die Transgressionen Isomorphismen sein müssen).

11. Verifizieren Sie die Konstruktion eines natürlichen Homorphismus der Spektralsequenzen auf Seite 448.

   Hinweis: Die Konstruktion folgt den Argumenten bei der Multiplikation in Kohomologie-Spektralsequenzen (Seite 232 ff).

12. Verifizieren Sie auf Seite 475 anhand der Definitionen (Seite 228 f), dass die Reduktion ρ mit allen Differentialen $d_2 : E_2^n(G) \to E_2^{n+1}(G)$ verträglich ist ($G = \mathbb{Z}$ oder $\mathbb{Z}_2$) und ein kommutatives Diagramm

$$
\begin{array}{ccc}
E_2^n(\mathbb{Z}) & \xrightarrow{\;d_2\;} & E_2^{n+1}(\mathbb{Z}) \\
\downarrow{\scriptstyle\rho} & & \downarrow{\scriptstyle\rho} \\
E_2^n(\mathbb{Z}_2) & \xrightarrow{\;d_2\;} & E_2^{n+1}(\mathbb{Z}_2)
\end{array}
$$

ergibt, sowie die Tatsache, dass die Kommutativität des Diagramms

$$
\begin{array}{ccccc}
E_r^{n-1}(\mathbb{Z}_2) & \xrightarrow{\;\widetilde{\beta}_E\;} & E_r^n(\mathbb{Z}) & \xrightarrow{\;2\;} & E_r^n(\mathbb{Z}) \\
 & \searrow{\scriptstyle\beta_E} & \downarrow{\scriptstyle\rho} & & \\
 & & E_r^n(\mathbb{Z}_2). & &
\end{array}
$$

eine wörtliche Übertragung der Regel 3 (Seite 462) aus dem Kontext der Kohomologieringe auf die Kohomologiealgebren E_2^* erlaubt.

13. Zeigen Sie $H^{n+1}\big(K(\mathbb{Z}_{2^k}, n); \mathbb{Z}_2\big) \cong \mathbb{Z}_2$.

   Hinweis: Verwenden Sie die Homologie von Linsenräumen (Seite 67) für den Fall $n = 1$, und anschließend ein induktives Argument über die Homologie-Spektralsequenzen zu den Faserungen $K(\mathbb{Z}_{2^k}, n-1) \to P_x \to K(\mathbb{Z}_{2^k}, n)$.

14. Verifizieren Sie die Bestimmungen der Zyklizitätsgrade von $H_*(X_k)$ in der $\mathbb{Z}$-Kohomologie auf

   a. Seite 481 für $H_{10}(X_4) = Z^2$ und $H_{11}(X_4) = Z$,

   b. Seite 482 für $H_{13}(X_4) = Z^4$ und $H_{14}(X_4) = Z^4$, und

   c. Seite 485 für $H_{11}(X_5) = Z$, $H_{12}(X_5) = 0$ und $H_{13}(X_5) = Z$.

15. Verifizieren Sie die Grenzen der SERRE-Spektralsequenzen (Seite 491) bei der Bestimmung der geraden Torsion in $\pi_{11}(S^3)$.

   Hinweis: Betrachten Sie die Faserung $K(\pi_{11}S^3, 11) \to X_{11} \to X_{10} = X_8$ und führen die (mittlerweile bekannte) Tatsache $\pi_{11}(S^3) \cong \mathbb{Z}_2$ auf einen Widerspruch.

Bei den folgenden Aufgaben kann es teilweise sinnvoll sein, die Kohomologieringe $H^*(\mathbb{Z}, n; \mathbb{Z}_2)$ oder $H^*(\mathbb{Z}_{2^k}, n; \mathbb{Z}_2)$ gemäß der Sätze I–III von SERRE (Seite 455 f) nicht manuell selbst zu bestimmen, sondern ein kleines JavaScript-Programm zu nutzen, [106], um in den höheren Dimensionen nicht versehentlich Generatoren zu übersehen (was eine mühsame Diagrammarbeit dann am Ende scheitern ließe).

16. Berechnen Sie π_1^s durch die Bestimmung von $\pi_4(S^3)$, und π_2^s durch die Bestimmung von $\pi_6(S^4)$.

17. Berechnen Sie die gerade Torsion von π_6^s und π_7^s durch Fortführung von Abschnitt 10.9 (Achtung, die Diagramme ähneln denen von Abschnitt 10.10, sind also ziemlich umfangreich).

18. Zeigen Sie $\pi_{11}(S^6) \cong \mathbb{Z}$.

19. a. Begründen Sie, warum sich mit den hier zur Verfügung gestellten Mitteln in der Tabelle auf Seite 414 die Gruppen $\pi_k(S^n)$ für $5 \leq n < 10$ und $n + 6 \leq k < n + 8$ nur modulo 3-Torsion ergeben können.

    b. Bestimmen Sie davon einige Gruppen ihrer Wahl (der Fall $k = n+7$ ist schwieriger und verlangt anfangs Diagramme wie in Abschnitt 10.10).

Literaturverzeichnis

[1] J.F. Adams. *On the structure and applications of the Steenrod algebra.* Commentarii Mathematici Helvetici, 32 (1), 1958.

[2] J.F. Adams. *On the non-existence of elements of hopf invariant one.* Annals of Mathematics, Vol. 72, 1960.

[3] J.F. Adams. *The work of M. J. Hopkins.* Cambridge University Press, Cambridge, Seite 525–529, 1992.

[4] J.F. Adams. *Stable homotopy theory.* Lecture Notes in Mathematics, vol. 3, Springer, 2013.

[5] J.F. Adams and M.F. Atiyah. *K-Theory and the Hopf Invariant.* The Quarterly Journal of Mathematics, Volume 17, Issue 1, 1966.

[6] J. Ádem. *The iteration of the Steenrod squares in algebraic topology.* Proc. of the Nat. Acad. of Sc. of the USA, 38 (8), 1952.

[7] J. Ádem. *Relations on iterated reduced powers.* Proc. of the Nat. Acad. of Sc. of the USA, 39 (7), 1953.

[8] P. Alexandroff. *Some results in the theory of topological spaces, obtained within the last 25 years.* Russian Math. Survey, 15 Nr. 2, 1960.

[9] Andrade and Goodwillie. *Example of fiber bundle that is not a fibration.* https://mathoverflow.net/q/119115, 2012/13, accessed 01-2021.

[10] M. Atiyah. *K-Theory.* Westview Press, 1994.

[11] M.F. Atiyah and F. Hirzebruch. *Vector bundles and homogeneous spaces.* Proc. Sympos. Pure Math., Vol. III, Providence, R.I.: American Mathematical Society, 1961.

[12] M. Barratt. *Simplicial and semisimplicial complexes.* mimeographed at Princeton University, 1956.

[13] M.G. Barratt and P.J. Hilton. *On join operations of homotopy groups.* Proc. London Math. Soc., 3, 1953.

[14] R.H. Bing. *A homeomorphism between the 3-sphere and the sum of two solid horned spheres.* Annals of Mathematics, Second Series, 56, 1952.

[15] A.L. Blakers and W.S. Massey. *The homotopy groups of a triad II.* Annals of Math., 55, 1952.

[16] M. Bockstein. *Universal systems of ∇-homology rings.* C. R. (Doklady) Acad. Sci. URSS (N.S.) 37, 1942.

© Springer-Verlag GmbH Deutschland, ein Teil von Springer Nature 2023
F. Toenniessen, *Die Homotopie der Sphären*,
https://doi.org/10.1007/978-3-662-67942-5

[17] M. Bockstein. *A complete system of fields of coefficients for the ∇-homological dimension.* C. R. (Doklady) Acad. Sci. URSS (N.S.) 38, 1943.

[18] M. Bockstein. *Sur la formule des coefficients universels pour les groupes d'homologie.* Comptes Rendus de l'Académie des Sciences, Série I, 247, 1958.

[19] A. Borel. *Sur la cohomologie des espaces fibrés principaux et des espaces homogènes de groupes de Lie compacts.* Ann. of Math. 57, 1953.

[20] L. E. J. Brouwer. *Über Abbildungen von Mannigfaltigkeiten.* Mathematische Annalen 71, 1911.

[21] E.H. Brown. *Cohomology theories.* Annals of Mathematics, Second Series, 75, 1962.

[22] H. Cartan and S. Eilenberg. *Homological Algebra.* Princeton University Press, 1956.

[23] A. Cayley. *On Jacobi's Elliptic functions, in reply to the Rev. Brice Bronwin; and on Quaternions.* Philosophical Magazine Series 3, 1832-1850, 1845.

[24] E. Čech. *Höherdimensionale Homotopiegruppen.* Verhandlungen des Internationalen Mathematikerkongress, Zürich, 1932.

[25] J. Dieudonné. *Une généralisation des espaces compacts.* Journal de Mathématiques Pures et Appliquées, Neuvième Série 23, 1944.

[26] A. Douady. *La suite spectrale des espaces fibrés.* Séminaire Henri Cartan, 11 (1), 1958/59.

[27] C. Dowker. *Topology of metric complexes.* American Journal of Mathematics, 1952.

[28] B. Eckmann. *Über die Homotopiegruppen von Gruppenräumen.* Commentarii Mathematici Helvetici, Band 14, 1941.

[29] B. Eckmann. *Espaces fibrés et homotopie.* Colloque de Topologie, Bruxelles, 1950.

[30] S. Eilenberg and S. Mac Lane. *Relations between homology and homotopy groups of spaces.* Ann. of Math. 46, 1945.

[31] S. Eilenberg and S. Mac Lane. *Relations between homology and homotopy groups of spaces II.* Ann. of Math. 51, 1950.

[32] R.H. Fox. *On fibre spaces II.* Bull. Amer. Math. Soc. vol. 49, 1943.

[33] H. Freudenthal. *Über die Klassen der Sphärenabbildungen I. Große Dimensionen.* Compositio Mathematica, 5, 1938.

[34] C.F. Gauß. *Mutationen des Raumes.* In C.F. Gauß, Werke, Achter Band; König. Gesell. d. Wissen. Göttingen, 1900, 1819.

[35] S. Goette and J. Rognes. *Multiplicative structure on spectral sequence*. mathoverflow.net/questions/24025/multiplicative-structure-on-spectral-sequence, 2016.

[36] A. Grothendieck. *Sur quelques points d'algèbre homologique*. Tôhoku Mathematical Journal, 1957.

[37] W.R. Hamilton. *On quaternions, or on a new system of imaginaries in algebra*. Philosophical Magazine, Vol. 25, nb. 3, 1844.

[38] A. Hatcher. *Algebraic Topology*. Cambridge University Press, 2002.

[39] A. Hatcher. *Spectral Sequences (incomplete 5. chapter of Algebraic Topology)*. Unpublished, available on pi.math.cornell.edu/~hatcher/, 2004.

[40] F. Hebestreit, A. Krause, and T. Nikolaus. *Spectral Sequences*. 2017 (Der Link zur Vorlesung ist nicht mehr vorhanden).

[41] P. Heegaard. *Forstudier til en topologisk teori for de algebraiske fladers sammenhaeng*. Dissertation, Kopenhagen 1898, 1898.

[42] P.J. Hilton. *Suspension theorems and generalized Hopf invariant*. Proc. London Math. Soc., 1, 1951.

[43] P.J. Hilton and U. Stammbach. *A Course in Homological Algebra, 2nd Edition*. Springer New York, 1997.

[44] H. Hopf. *Abbildungsklassen n-dimensionaler Mannigfaltigkeiten*. Mathematische Annalen, 26, 1927.

[45] H. Hopf. *Über die Abbildungen der dreidimensionalen Sphäre auf die Kugelfläche*. Math. Ann. 104, 1931.

[46] H. Hopf. *Über die Abbildungen von Sphären auf Sphären niedrigerer Dimension*. Fundamenta Mathematicae, Band 25, 1935.

[47] H. Hopf. *Ein topologischer Beitrag zur reellen Algebra*. Comm. Math. Helvetici, Band 13, 1940/41.

[48] S.-T. Hu. *Homotopy Theory*. Acad. Press, New York and London, 1959.

[49] W. Huebsch. *Covering homotopy*. Duke Mathematical Journal, 23, 1956.

[50] W. Hurewicz. *Beiträge zur Theorie der Deformationen I: Höherdimensionale Homotopiegruppen*. Proc. Akad. Wetensch. Amsterdam 38 Ser. A (1), 1935.

[51] W. Hurewicz. *Beiträge zur Theorie der Deformationen II: Homotopie- und Homologiegruppen*. Proc. Akad. Wetensch. Amsterdam 38 Ser. A (5), 1935.

[52] W. Hurewicz. *Homotopie, Homologie und lokaler Zusammenhang*. Fundamenta Mathematicae 25, 1935.

[53] W. Hurewicz. *Beiträge zur Theorie der Deformationen IV: Asphärische Räume*. Proc. Akad. Wetensch. Amsterdam 39 Ser. A (2), 1936.

[54] W. Hurewicz. *Homotopy relations in fiber spaces (mit N.Steenrod)*. Proc. Nat. Acad. Sci. USA, 27, 1941.

[55] W. Hurewicz. *On the concept of fiber space*. Proc. Nat. Acad. Sci. USA, 41, 1955.

[56] A. Hurwitz. *Über die Komposition der quadratischen Formen von beliebig vielen Variablen*. Nachr. von der k. Ges. der Wiss. zu Göttingen, 1898.

[57] D. Husemoller. *Fibre bundles*. McGraw-Hill, 1966.

[58] M. Hutchings. *Introduction to Spectral Sequences*. Unpublished, available on math.berkeley.edu/~hutching/, 2011.

[59] D.C. Isaksen, G. Wang, and Z. Xu. *More stable stems*. arXiv.org:2001.04511, 2020.

[60] I.M. James. *Reduced product spaces*. Annals of Math., 62, 1955.

[61] I.M. James. *Suspension triad of a sphere*. Annals of Math., 63, 1956.

[62] I.M. James. *The intrinsic join: A study of the homotopy groups of Stiefel manifolds*. Proc. London Math. Soc., 8, 1958.

[63] M. Kervaire. *Non-parallelizability of the n-sphere, n > 7*. Proc. Nat. Acad. U.S.A. 44, 1958.

[64] S. Lefschetz. *Algebraic Topology*. Amer. Math. Soc. Colloquium Publ., 27, 1942.

[65] J. Leray. *L'anneau spectral et l'anneau filtré d'homologie d'un espace localement compact et d'une application continue*. J. Math. Pures Appl., 29, 1950.

[66] J. Leray. *L'homologie d'un espace fibre dont la fibre est connexe*. J. Math. Pures Appl., 29, 1950.

[67] Q. Liu. *Algebraic Geometry and Arithmetic Curves*. Oxford University Press, Cor. 1.2.14, 2006.

[68] M. Mahowald. *EHP spectral sequence*. Encyclopedia of Mathematics, EMS Press, 2001.

[69] W.S. Massey. *Exact couples in algebraic topology. I, II*. Annals of Mathematics. (2). 56, 1952.

[70] J. McCleary. *A History of Manifolds and Fibre Spaces: Tortoises and Hares*. Referat in Oberwolfach, 2000.

[71] J. McCleary. *A User's Guide to Spectral Sequences*. Cambridge University Press, 2001.

[72] J.P. Meyer. *Principal fibrations*. Trans. Am. Math. Soc. (1963), 1963.

[73] J.W. Milnor. *On spaces having the homotopy type of a CW-complex*. Transactions of the American Mathematical Society 90(2), 1959.

[74] J.W. Milnor and R. Bott. *On the parallelizability of the spheres*. Bull. Amer. Math. Soc. 64(3.P1), 1958.

[75] R.-E. Mosher and M.C. Tangora. *Cohomology Operations and Applications in Homotopy Theory*. Harper and Row, Publishers, New York, Evanston, and London, 1968.

[76] J.R. Munkres. *Elements of Algebraic Topology*. Addison Wesley Publishing Company, 1984.

[77] J.H. Palmieri. *The SageMathCell Project*. https://sagecell.sagemath.org, 2008-10.

[78] E. Pitcher. *Abstract 56-1-38*. Bull Amer. Math. Soc., 1950.

[79] L.S. Pontryagin. *A classification of continuous transformations of a complex into a sphere*. C. R. (Dokl.) Akad. Sci. URSS (N.S.) 19, 1938.

[80] L.S. Pontryagin. *Homotopy classification of the mappings of an (n+2)-dimensional sphere on an n-dimensional one*. Dokl. Akad. Nauk SSSR (N.S.) 70, 1950.

[81] L.S. Pontryagin. *Smooth manifolds and their applications in homotopy theory*. Trudy Mat. Inst. Steklov., 45, Acad. Sci. USSR, Moscow, 1955.

[82] M.M. Postnikov. *Determination of the homology groups of a space by means of the homotopy invariants*. Doklady Akademii Nauk SSSR. 76, 1951.

[83] P. Pstrągowski. *Answer to: Inverse Limit to Sequence of Fibrations*. math.stackexchange.com/questions/659645/inverse-limit-of-sequence-of-fibrations, Zugriff im April 2022, 2014.

[84] D.C. Ravenel. *Complex cobordism and stable homotopy groups of spheres (2nd ed.)*. AMS Chelsea, 2003.

[85] K. Reidemeister. *Homotopieringe und Linsenräume*. Abh. Math. Sem. Univ. Hamburg 11, 1935.

[86] O. Rodrigues. *Des lois géométriques qui régissent les déplacements d'un système solide dans l'espace, et la variation des coordonnées provenant de ses déplacements consideérés indépendamment des causes qui peuvent les produire*. Journal de Mathématiques pure et appliquées, 5, 1840.

[87] M.E. Rudin. *A new proof that metric spaces are paracompact*. Proc. Amer. Math. Soc. vol.20 (1969), 1969.

[88] H. Seifert. *Konstruction drei-dimensionaler geschlossener Räume*. Berichte der Sächsischen Akademie Leipzig, Math.-Phys. Kl. (83), 1931.

[89] J.-P. Serre. *Homologie singulière des espaces fibrés*. Annals of Mathematics, 2nd Ser., Vol. 54, No. 3, 1951.

[90] J.-P. Serre. *Cohomologie modulo 2 des complexes d'Eilenberg-MacLane*. Commentarii Mathematici Helvetici, 27 (1), 1953.

[91] J.-P. Serre. *Groupes d'homotopie et classes de groupes abéliens.* Annals of Mathematics, Vol. 58, No. 2, 1953.

[92] J.-P. Serre. *Interview anlässlich der Verleihung des Abel-Preises 2003.* https://www.youtube.com/watch?v=NTZh6cuezv4, 2003.

[93] E.G. Skljarenko. *Certain remarks on limit spaces of Postnikov systems.* Mat. Sb. (N.S.) 69 (111), 1966.

[94] N. Steenrod. *The Topology of Fibre Bundles.* PMS 14, Princeton University Press, 1999.

[95] N.-E. Steenrod. *Products of cocycles and extensions of mappings.* Annals of Mathematics, Second Series, 48 (2), 1947.

[96] N.-E. Steenrod. *Cohomology operations derived from the symmetric group.* Comm. Math. Helv. 31, 1957.

[97] N.-E. Steenrod and D.B.A. Epstein. *Cohomology operations.* Annals of Mathematical Studies 50, Princeton University Press, 1962.

[98] I. Steinbrecher. *Link zum Download des Illustrator-Plugins LaTeX2AI®.* https://github.com/isteinbrecher/latex2ai, 2021.

[99] E. Stiefel. *Richtungsfelder und Fernparallelismus in n-dimensionalen Mannigfaltigkeiten.* Comm. Math. Helv., 8:4, 1936.

[100] R. Stöcker and H. Zieschang. *Algebraische Topologie.* Vieweg+Teubner Verlag, Stuttgart, 1994.

[101] A.H. Stone. *Paracompactness and product spaces.* Bull. Amer. Math. Soc. 54, 1948.

[102] H. Tietze. *Über die topologischen Invarianten mehrdimensionaler Mannigfaltigkeiten.* Monatshefte für Mathematik und Physik (19), 1908.

[103] H. Toda. *Composition Methods in Homotopy Groups of Spheres.* Ann. of Math. Studies 49, 1962.

[104] F. Toenniessen. *Topologie.* Springer Spektrum, Berlin Heidelberg, 2017.

[105] F. Toenniessen. *Errata und Ergänzungen zu Topologie Band 1, 1. Auflage.* extras.springer.com/?query=978-3-662-54963-6, 2021.

[106] F. Toenniessen. *PDF-Abbildungen und Zusatzmaterial zu Spektralsequenzen.* extras.springer.com/?query=978-3-662-67941-8, 2023.

[107] J. Vakil. *Spectral Sequences, friend or foe?* math.stanford.edu/~vakil/0708-216/216ss.pdf, 2008.

[108] E. R. van Kampen. *On the connection between the fundamental groups of some related spaces.* American Journal of Mathematics, vol. 55, 1933.

[109] H.C. Wang. *The homology groups of the fibre bundles over a sphere.* Duke Mathematical Journal, 16, 1949.

[110] G.W. Whitehead. *A generalization of the Hopf invariant.* Annals of Math., 52, 1950.

[111] G.W. Whitehead. *On the Freudenthal Theorems.* Annals of Mathematics, Vol. 57, No. 2, 1953.

[112] J.H.C. Whitehead. *Combinatorial homotopy I, II.* Bull. Amer. Math. Soc., Volume 55, Number 5, 1949.

[113] X. Yin. *On Eilenberg-MacLane Spaces (Term paper at Harvard University).* https://sites.google.com/view/xi-yin/miscellaneous-notes, Zugriff im April 2022, undatiert.

Symbolverzeichnis

Symbol	Erklärung
$a \triangleright e^i$	Wirkung von $a \in G$ auf eine Zelle $e^i \in X$
$\mathcal{A}_2$	STEENROD-Algebra
$B_r^{p,q}$	Bild von $d_r : E_r^{p-r,q+r-1} \to E_r^{p,q}$ in Spektralsequenzen
CX	$X \times [0,1] \big/ X \times \{1\}$, Kegel von X
$C_f : CX \to CY$	Kegel einer Abbildung $f : X \to Y$, $C_f(x,t) = \big(f(x),t\big)$
D_i	reduzierte Potenz $H^n(X;\mathbb{Z}_2) \to H^{2n-i}(X;\mathbb{Z}_2)$
D_{ij}	doppeltreduzierte Potenz $H^n(X;\mathbb{Z}_2) \to H^{4n-i-j}(X;\mathbb{Z}_2)$
Δ^n	Standard-n-Simplex $[v_0, \dots, v_n]$
$\Delta : X \to X \times X$	Diagonalabbildung $x \mapsto (x,x)$
$\widetilde{\Delta} : X \to X \times X$	zellulär approximierte Diagonalabbildung
d_π	π-äquivariante Diagonalapproximation $S^\infty \otimes X \to S^\infty \otimes X^2$
$E_{p,q}^r$	Gruppe auf der r-ten Seite der Homologie-Spektralsequenz
$E_r^{p,q}$	Gruppe auf der r-ten Seite der Kohomologie-Spektralsequenz
$E_{p,q}^\infty$	stabile Gruppe der Homologie-Spektralsequenz
$E_\infty^{p,q}$	stabile Gruppe der Kohomologie-Spektralsequenz
Δ^n	Standard-n-Simplex $[v_0, \dots, v_n]$
$\mathrm{Ext}(A,B)$	Ext-Gruppe auf der homologischen Algebra
$\mathcal{G}H_n(X;G)$	graduierte n-te Homologiegruppe bezüglich einer Filtrierung
$\mathcal{G}H^n(X;G)$	graduierte n-te Kohomologiegruppe bezüglich einer Filtrierung
$\Gamma_f(X,Y)$	Pfadraum(faserung) zu einer Abbildung $f : X \to Y$
$H_n(X;G)$	n-te Homologiegruppe von X mit G-Koeffizienten
$H_n^\pi(X;G)$	n-te π-äquivariante Homologiegruppe von X
$H_n(G,n;G')$	n-te Homologiegruppe eines Raumes vom Typ $K(G,n)$
$H_n(X,A;G)$	n-te relative Homologiegruppe des Paares (X,A)
$H^n(X;G)$	n-te Kohomologiegruppe von X mit G-Koeffizienten
$H_\pi^n(X;G)$	n-te π-äquivariante Kohomologiegruppe von X
$H^n(G,n;G')$	n-te Kohomologiegruppe eines Raumes vom Typ $K(G,n)$
$H^n(X,A;G)$	n-te relative Kohomologiegruppe des Paares (X,A)
$K(G,n)$	EILENBERG-MACLANE-Raum zur Gruppe G
$|K|$	Polyeder eines simplizialen Komplexes K
$K' < K$	Subdivision K' eines simplizialen Komplexes K
$L(m; l_1, l_2, \dots, l_n)$	endlich-dimensionaler Linsenraum
$L(m; l_1, l_2, \dots)$	unendlich-dimensionaler Linsenraum

© Springer-Verlag GmbH Deutschland, ein Teil von Springer Nature 2023
F. Toenniessen, *Die Homotopie der Sphären*,
https://doi.org/10.1007/978-3-662-67942-5

Symbol	Erklärung
$\Lambda_k[x_1,\ldots,x_n]$	externe k-Algebra mit n Generatoren
M_f	Abbildungszylinder zu einer Abbildung $f : X \to Y$
$M(G,n)$	MOORE-Raum zur Gruppe G
$\Omega(X,x_0)$	Schleifenraum von X am Punkt x_0
P_x, auch P_xX, PX	Pfadraum(faserung) zur Inklusion $i : \{x\} \hookrightarrow X$
$\pi_1(X,x_0)$, $\pi_1(X)$	Fundamentalgruppe von X (zum Basispunkt x_0)
$\pi_n(X,x_0)$, $\pi_n(X)$	n-te Homotopiegruppe von X (zum Basispunkt x_0)
$\pi_n(X,A,x_0)$	n-te relative Homotopiegruppe des Paares (X,A)
$\pi_n'(\ldots)$	n-te lokalisierte Homotopiegruppe (je nach Kontext)
$\pi_k(S^n)|_p$, p prim	p-Komponente von $\pi_k(S^n)$, Elemente der Ordnung p^r, r
SX	$X \times [-1,1] \,/\, X \times \{-1,1\}$, Suspension (Einhängung) von
$Sf : SX \to SY$	Suspension einer Abbildung $f : X \to Y$, $Sf(x,t) = \big(f(x$
Sq^i	STEENROD-Square $H^n(X;\mathbb{Z}_2) \to H^{n+i}(X;\mathbb{Z}_2)$
$\mathrm{Tor}(A,B)$	Tor-Gruppe auf der homologischen Algebra
$|x|$ für ein $x \in H^*(X;G)$	Grad von x im (graduierten) Kohomologiering
$X_{(p)}$, p prim	p-Lokalisierung des topologischen Raumes X
$X_{\mathcal{P}}$, alle $p \in \mathcal{P}$ prim	$\mathcal{P}$-Lokalisierung des topologischen Raumes X
X'	Lokalisierung des topologischen Raumes X (je nach Kor
X^k	k-Skelett (k-Gerüst) eines CW-Komplexes X
$\mathbb{Z}_n$	Restklassenring $\mathbb{Z}/n\mathbb{Z}$, für n prim ein Körper
$\mathbb{Z}_{(p)}$, p prim	lokaler Ring $\{a/b \in \mathbb{Q} : a,b$ teilerfremd, $p \nmid b\}$
$\mathbb{Z}_{\mathcal{P}}$, alle $p \in \mathcal{P}$ prim	lokaler Ring $\{a/b \in \mathbb{Q} : a,b$ teilerfremd, $p \nmid b$ für alle $p \in$
$\mathbb{Z}_2(\pi)$	Gruppenring $\{0,1,\rho,1+\rho\}$, $\pi = \{1,\rho\}$
$Z_r^{p,q}$	Kern von $d_r : E_r^{p,q} \to E_r^{p+r,q-r+1}$ in Spektralsequenzen

Index

© Springer-Verlag GmbH Deutschland, ein Teil von Springer Nature 2023
F. Toenniessen, *Die Homotopie der Sphären*,
https://doi.org/10.1007/978-3-662-67942-5